ORDENACIÓN TERRITORIAL

DOMINGO GÓMEZ OREA

ORDENACIÓN TERRITORIAL

2.ª edición
revisada y ampliada

Ediciones Mundi-Prensa
Madrid • Barcelona • México
2008

Grupo Mundi-Prensa

• Mundi-Prensa Libros, s. a.
Castelló, 37 - 28001 Madrid
Tel. 914 36 37 00 - Fax 915 75 39 98
E-mail: libreria@mundiprensa.es

www.mundiprensa.com
www.agrolibreria.com

• Mundi-Prensa Barcelona
• Editorial Aedos, s. a.
Aptdo. de Correos 33388 - 08080 Barcelona
Tel. +34 629 26 23 28 - Fax +34 933 063 499
E-mail: barcelona@mundiprensa.es

• Mundi-Prensa México, s. a. de C. V.
Río Pánuco, 141 - Col. Cuauhtémoc
06500 México, D. F.
Tel. 00 525 55 533 56 58 - Fax 00 525 55 514 67 99
E-mail: mundiprensa@mundiprensa.com.mx

ISBN: 978-84-8476-325-3
Depósito Legal: M. 42.918-2007

GÓMEZ OREA, D.
Ordenacion territorial, 2.ª ed.
Madrid: *Ediciones Mundi-Prensa, 2007. 766 p.; il. color;*
16,5 x 23,5 cm
ISBN: 978-84-8476-325-3
Materia: 711.4

IMPRESO EN ESPAÑA - PRINTED IN SPAIN

Imprime: Artes Gráficas Cuesta, S. A. - Seseña, 13 - 28024 Madrid

Manos artífices que ponían nuevas cosas junto a las eternas cosas de la naturaleza. A esa especial forma de creación la llamaban «techne» —técnica— territorio extendido al lado de ese otro inmenso dominio, que se desarrollaba por sí mismo, que no había creado mano alguna y que llamaron «physis», naturaleza.

Emilio Lledó, 1990

A esto quiero que estén todos avisados, que por eso es pobre España, porque o no emplean cada tierra en aquello para que es propia y porque dejan muchos baldíos sin provecho de muchas cosas que se podrían aprovechar más de lo que se aprovechan. Y porque en ella se mantienen muchos ociosos y holgazanes naturales y forasteros.

Alonso de Herrera, 1513

El ciudadano medio puede llegar a producir doble número de ideas cuando trabaja en grupo que cuando trabaja solo.

Osborn, 1957

Fui de nuevo afortunado cuando elegía la física teórica, porque todo está en la mente.

S. W. Hauking

Así es, si así os parece.

Pirandelo

Veo desde lejos un pueblecito; parece pintado en la ladera; quisiera estar en él. Ya estoy en él: rabio por marcharme.

La Bruyère. (Citado por Azorín en el artículo «El Forastero en Madrid»)

ÍNDICE

PRESENTACIÓN DE ESTA EDICIÓN

Esta nueva edición es el último paso de la serie a la que se refiere el autor en la presentación de la edición anterior, y como tal ha evolucionado con respecto a aquella en los aspectos siguientes: añade un capítulo, el cero, sobre los precedentes históricos de la ordenación territorial; el capítulo I hace una conceptualización más directa y precisa de la ordenación del territorio; el capítulo II incluye la correspondencia entre niveles territoriales e instrumentos de ordenación territorial; el capítulo III clarifica la fase preparatoria para la formulación de un plan, simplifica las metodologías de referencia e incorpora la participación ciudadana al proceso de elaboración del plan; el capítulo IV estructura mejor el enfoque del diagnóstico y añade la idea de diagnóstico percibido; el capítulo V clarifica el tratamiento de la matriz DAFO y reelabora el concepto de prospectiva y escenarios; el capítulo VI, por fin, introduce la evaluación ambiental estratégica (EAE) de acuerdo con la legislación actual y su aplicación a los planes de ordenación del territorio.

Madrid, septiembre de 2007

Domingo Gómez Orea

PRESENTACIÓN DE LA EDICIÓN ANTERIOR

Este libro es el último de una serie iniciada por el autor en el año 1975 con *El Medio Físico y la Planificación*, continuada después en *El Espacio Rural en la Ordenación del Territorio*, de 1985, y perfeccionada con *Ordenación del Territorio: una aproximación desde el Medio Físico*, publicado en 1994. Toda la serie contempla el territorio desde el «campo» y está presidida por la misma idea: desarrollar criterios, metodologías y técnicas orientadas a incorporar de forma activa el denominado «medio físico» (de physis, naturaleza: «elementos y procesos del medio natural en su estado actual») a la ordenación del territorio y a la planificación del desarrollo en general.

La obra que ahora se presenta es el más reciente paso de este proceso, que ve la luz cuando su contenido ha sido refrendado por la amplia utilización de sus precedentes en la docencia universitaria y en numerosos trabajos profesionales. Aunque mantiene el espíritu de las anteriores y utiliza materiales de ellos, no es una nueva edición, sino un libro nuevo que ha ampliado el contenido y alcance de los temas tratados; a lo largo de más de 700 densas páginas trasciende aquel enfoque con una concepción más equilibrada del territorio y de su ordenación, donde la perspectiva desde el medio físico no ignora que también es esencia territorial la red formada por los núcleos urbanos y los canales de relación por donde intercambian personas, mercancías, energía e información; que, además de los naturales, en el territorio hay recursos humanos, construidos y de localización; y que la funcionalidad del sistema territorial va más allá del respeto a la vocación natural del medio físico.

El libro aporta un concepto de la ordenación territorial desde la perspectiva señalada y desde la experiencia del autor en la docencia y en la elaboración de numerosos planes, desde sus propias limitaciones y deformación profesional, por tanto; pero en la idea de equilibrar lo conceptual y lo instrumental, dedica más espacio a presentar enfoques metodológicos y técnicas para la elaboración de planes de ordenación del territorio, enfatizando el «cómo» sobre el «por qué» y el «para qué», sin ignorarlos, de la ordenación territorial, asumiendo que hoy día está sobradamente justificada la superioridad del desarrollo planificado frente al crecimiento espontáneo, y la necesidad, en aras de un desarrollo sostenible, de vincular éste a la «lectura» del medio físico. Y todo ello presidido por un sentimiento de sensibilidad y compromiso ambiental, como corresponde al papel central de la localización de las actividades en la gestión ambiental y a la larga experiencia del autor en esta materia.

De acuerdo con lo anterior la obra resulta útil al estudiante universitario, tanto de grado como de postgrado, y al titulado o profesional que desea orientar su actividad hacia este campo y a otros indisociables de él: desarrollo, medio ambiente, gestión de recursos o espacios naturales, ...

Se estructura en seis capítulos y dos apéndices; el primero, el marco conceptual, aporta un modelo nuevo de ordenación del territorio utilizable en la elaboración del diagnóstico y planificación territoriales, pero también para el tratamiento de cualquier espacio y para planificar el desarrollo de regiones o comarcas, incluido el desarrollo local; incorpora los criterios técnicos de sostenibilidad a través de la idea de desarrollo territorial, que postula el desarrollo del conjunto del sistema: el sistema territorial, y no alguna parte aislada de él.

El segundo capítulo hace una síntesis de la legislación en materia de ordenación territorial, en los niveles comunitario, español y autonómico.

El tercero, destinado a metodología, contiene dos importantes aportaciones: una fase preparatoria para la elaboración de un plan y la presentación de varios enfoques metodológicos: comprensivo, sinóptico y estratégico, con algunas variantes.

El capítulo destinado al diagnóstico territorial, el cuarto, añade al contenido tradicional, la forma de realizar el diagnóstico integrado, desarrollando a fondo la idea y el tratamiento de problemática territorial, de potencialidad, las técnicas e instrumentos de integración, de sinergia, etc.

Un capítulo completamente nuevo: el cinco, preparación para la planificación, introduce esta interfase entre las de diagnóstico y de planificación, de ella destaca la aportación de un modelo para determinar la población y las actividades económicas sostenibles a partir de la «lectura» o capacidad de acogida del medio físico.

El capítulo seis, dedicado a la planificación territorial, aporta cuatro importantes novedades: la evaluación ambiental de planes de ordenación territorial, la evaluación de impacto territorial y la gestión territorial, que en el libro precedente solo estaba esbozada.

El Apéndice 1 hace un poco de historia de la forma en que ha evolucionado la planificación del medio físico en España y expone los antecedentes metodológicos más significativos de esta obra.

El Apéndice 2, por fin, presenta dos trabajos complementarios desarrollados por el autor: un plan de desarrollo socioeconómico de una comarca deprimida, el Alto Tajo, y otro de ordenación física de una cuenca, la del río sucio en el Salvador.

AGRADECIMIENTOS

Esta obra difícilmente hubiera culminado sin la ayuda, directa e indirecta, de un equipo que ha extendido hasta límites impensables las posibilidades del autor; sugerí ya hace un par de años la preparación de materiales a Emilia y Marcela, pasantes de la Universidad Nacional de Río Cuarto (Argentina) en el Departamento de Proyectos y Planificación Rural de la UPM, y utilicé parte de ellos después. Daniel Rubio ha tenido una presencia desde el principio y han pasado al libro muchas de las aportaciones de los trabajos que juntos hemos realizado; otras han quedado para futuras publicaciones porque el editor advertía seriamente sobre la necesidad de limitar el tamaño de la obra. Rogelio Garrido ha revisado algunos capítulos y los ha dispuesto en una formato adecuado a la capacidad de los ordenadores de que disponemos. Mi hija Maite preparó, con los materiales que le proporcioné y alguna aportación personal, la primera versión del capítulo IV, el más largo, y el Apéndice 1 así como la versión digital de numerosas figuras. Alberto Colino, Joaquín Quiñonero y Luis Cabanilllas facilitaron la utilización de figuras y otros materiales de trabajos en que colaboramos, de los que destaca el ejemplo del modelo de sostenibilidad que se da en el capítulo V. José Gerardo Martínez, preparó la versión digital de diversos textos y figuras. De la empresa consultora MELISSA no sólo he utilizado material de sus trabajos, sino sus equipos informáticos para tratar ficheros muy grandes. Mauricio me ayudó a preparar el ejemplo sobre sinergia, Alejandro me liberó tiempo al ocuparse de ciertas obligaciones que me concernían y Miguel ha elaborado interesantes ideas para la portada. Teresa, por último, que no la última, ha sufrido mi obsesiva absorción por la obra, me ha proporcionado material gráfico y ... comprensión: prometo enjugar el déficit de ocio que juntos acumulamos.

A todos mi agradecimiento y consideración, porque sin cada uno de ellos esta obra nunca habría visto la luz.

En Madrid, septiembre de 2001.

Domingo Gómez Orea

PRÓLOGO

En los últimos años hemos asistido a dos hechos de gran calado que inciden directamente en la temática de este libro. De un lado el avance de los procesos de globalización económica, que han acabado generando, como era previsible, un movimiento antiglobalización; de otro, la difusión de la apuesta de Naciones Unidas por un Desarrollo Sostenible. Por otra parte, se ha producido en España la revisión de la Ley del Suelo en 1998, junto a la publicación de diversas leyes de Ordenación del Territorio en varias Comunidades Autónomas.

Siendo la Ordenación del Territorio, tal y como Domingo Gómez Orea la define en el texto «la proyección espacial de las políticas social, cultural, ambiental y económica de una sociedad», se comprende además de la gran complejidad de esta técnica que busca el diseño y gestión de usos óptimos del suelo, su inevitable interrelación con los hechos antes apuntados, que acaban teniendo incidencia regional y local, ámbitos más frecuentes de la Ordenación Territorial.

Dada su complejidad, esta ingeniería del territorio, geográfica, altamente integradora, necesita apoyarse en un amplio trabajo interdisciplinar científico y técnico, aportado principalmente en la fase de Análisis y Diagnóstico del Territorio. En este sentido, desde el punto de vista científico, junto a las Ciencias Sociales y Naturales clásicas, merecen resaltarse las aportaciones sintetizadoras de la Geografía Humana y de la Ecología Humana, disciplinas científicas que estudian precisamente los factores que gobiernan la relación entre las comunidades humanas y el territorio, factores variables a lo largo de la Historia. Por otra parte, la aportación de la Ecología clásica como disciplina integradora de los aspectos naturalistas sectoriales del Medio Físico, es así mismo esencial dada la sensibilidad social ante los Impactos Ambientales. Desde el punto de vista tecnológico, junto a las aportaciones de las diversas Ingenierías sectoriales, principalmente las que interactúan directamente con el terreno (Agronómica, Civil, Minas y Geológica y Montes), es necesario resaltar el papel integrador de la Ingeniería Ambiental, indisolublemente unida a la Territorial o Geográfica que nos ocupa.

Este planteamiento pluridisciplinar resulta esencial para evitar lo que el Profesor Gómez Orea ha denominado desviaciones corporativistas en la Ordenación del Territorio. Junto a los reduccionismos economicista, urbanista y ruralista que él describe, yo señalaría otros dos al menos, el naturalista y el tecnocrático. El reduccionismo naturalista, presente aun entre científicos naturalistas y en un sector del movimiento ecologista, minusvalora el papel de la Cultura en las sociedades humanas, reduciendo al ser humano a una especie natural más. Aunque el papel del Medio Físico, relativamente adverso en los países mediterráneos, ha sido mucho más importante del que gran parte de los historiadores del desarrollo le otorgan en el proceso del despegue industrial y aun sigue condicionando profundamente la geografía del subdesarrollo en el mundo, actualmente, en los países desarrollados, los principales recursos productivos de un país son la población, su educación, organización y actitudes, el capital humano en suma, junto a su economía e infraestructuras, de transporte y urbanas, y especialmente digitales. La sensibilización, afortunadamente creciente, ante los problemas ecológicos, ha potenciado este sesgo naturalista, en cualquier caso menos peligroso que los otros porque ayuda a la conservación ecológica, un valor indisociablemente ligado a la calidad de vida, objetivo clave de la Ordenación del Territorio. El reduccionismo tecnocrático tiende a minusvalorar también los aspectos sociales y políticos de la Ordenación del Territorio, presentes en la propia naturaleza de la misma, reduciendo lo sociopolítico a lo económico y esto a lo científico-técnico y despreciando además el valor de las aportaciones de los propios implicados y afectados, la participación pública. Frente a estos reduccionismos se hace necesario subrayar que la Ordenación Territorial no puede reducirse ni a la modelización bioecológica ni a la meramente tecnológica, expresiones en definitiva de ideologías cientifistas o tecnocráticas. Debemos señalar, sin embargo, que la organización académica, profesional, competencial y administrativa, potencia los reduccionismos, generalmente de base corporativa, reduccionismos que conducen a visiones, planteamientos y actuaciones sesgadas en el terreno de lo público, lo que nos pertenece por derecho a todos. En este sentido, la Ordenación del Territorio debe ser un campo abierto en lo profesional que, junto a las profesiones clásicas, vaya incorporando a los titulados en nuevas profesiones.

La aportación de los especialistas debe combinarse con las valoraciones y opiniones de los implicados y afectados, reconocida hoy en España a través de la figura de la participación pública, a menudo minusvalorada por los expertos, que a veces la consideran desde su torre de marfil como un mero trámite, y no pocas veces insuficiente en un país con una sociedad civil desmantelada consciente y metódicamente durante cuarenta años por la dictadura franquista y que no acaba de recuperarse a pesar de los meritorios esfuerzos del ecologismo y otros movimientos. Esta participación, desde la perspectiva del Desarrollo Sostenible, no solo es algo jurídicamente legítimo, sino estrictamente necesaria y deseable, ya que un plan debe llevarse a cabo a lo largo del tiempo, y difícilmente sin una asunción del mismo por sus supuestos beneficiarios puede llegar a buen puerto. La época del despotismo ilustrado debería ser solo historia.

La organización pluridisciplinar del trabajo, necesaria en éste y en muchos otros campos, es un tema complejo, ya que la variedad implica disensos y la definición de un plan exige un amplio fondo de consenso. Se hace pues necesario organizar el consenso, no solo entre profesionales, sino también incorporando la necesaria participación pública. En este campo la aportación metodológica del libro, donde se exponen detalladamente los diversos procedimientos para la toma de decisiones racionales, resulta especialmente enriquecedora.

Junto a estos problemas, inherentes al proceso de formación de consenso, es necesario subrayar otro sesgo particularista estructural, el derivado del nivel de planificación, de la escala municipal a la supranacional. En definitiva, las unidades de planificación menores se integran de forma orgánica y sistémica en unidades cada vez mayores, y debe tenerse presente este hecho y las consecuencias que se derivan de él a todos los niveles, del jurídico al económico o político. Esto resulta especialmente necesario en un mundo interconectado y globalizado como es el actual. Esta complejidad incide en uno de los puntos más vulnerables de la Ordenación del Territorio: la difícil previsión del futuro. Siendo los Planes en definitiva, en un sentido conceptual, proyectos que incorporan hipótesis sobre la evolución de los escenarios que los enmarcan, su validez queda condicionada en mayor o menor medida por lo adecuado de las previsiones. Si se confirmara por ejemplo una tendencia al trabajo en el propio hogar gracias a la telemática, en buena medida deseable en las grandes y medias urbes, el escenario de la Ordenación del Territorio variaría significativamente. Por tanto el Análisis Prospectivo practicado con las diversas técnicas de base científica disponibles, debería integrarse a la hora del Diagnóstico y en la elaboración del propio Plan. Sin embargo, dado lo escurridizo del Futuro y la creciente velocidad del cambio tecnológico, la incorporación de cláusulas de revisión y un cierto carácter flexible, parecen estrictamente necesarias, junto a una vigencia temporal limitada.

Otro elemento a tener en cuenta es una de las aportaciones de la Geografía actual y la Sicología Ambiental: la relatividad del espacio en las sociedades tecnológicas. A medida que los medios de transporte y la telemática, del correo electrónico a internet o las videoconferencias, han ido progresando y convirtiéndose en más accesibles, la percepción del espacio, medible en términos temporales, de desplazamiento o telecomunicación, ha ido cambiando en el sentido de contraerse; el espacio que cuenta en lo económico y social se diferencia cada vez más del que aparece en los mapas. De hecho, en la medida en que la accesibilidad de transportes y comunicaciones (pensemos en las posibilidades multimedia abiertas por la telefonía inalámbrica y los satélites para gran parte del Globo), se difunden por un territorio, van disminuyendo las ventajas de localización derivadas de factores naturales. A este respecto, la mayor riqueza en información diferencia a la sociedad del siglo XXI de la del XX: la información sustituye en cierta medida a los transportes y energía, desmaterializando economía y sociedad. Esta es sólo una de las diferencias entre el espacio social, geográfico, y el natural, diferencia a tener en cuenta en la Ordenación. Obviamente, si esta democratización de las posibilidades por todo el territorio no encuentra comunidades abiertas al cambio, no llegará a transformar la realidad.

Hechas estas observaciones sobre algunos factores condicionantes de la teoría y práctica de la Ordenación del Territorio, es necesario subrayar el valor de disponer de una metodología rigurosa que haciendo honor a su etimología, derivada del griego «métodos», camino, sirva de guía en un tema tan amplio y complejo. Es aquí quizá donde se encuentra la principal aportación de Gómez Orea, que ha estructurado y analizado rigurosa y ordenadamente todos los elementos que confluyen en el proceso de Ordenación del Territorio, volcando en ello su larga experiencia nacional e internacional. Destaca en el conjunto, y de ahí el título, el amplio tratamiento del subsistema físico-natural, del Medio Físico, hasta llegar a determinar la capacidad de acogida y los conflictos potenciales. Este tratamiento amplio, que no sesgo reduccionista, resulta especialmente justificado por la integración en el sistema de valores de nuestra sociedad de la conservación y protección del Medio Ambiente. Por ello es lógico que se tenga tan en cuenta como la visión económica, productiva, del Medio Físico.

Los procesos planificadores, el intento en definitiva de diseñar el futuro previsible desde el presente, vienen sufriendo desde hace dos décadas, junto a todo lo público, un fuerte proceso de crítica, en parte justificado frente a los excesos planificadores del keynesianismo, desde posiciones neoliberales. Los orígenes de este enfoque crítico hay que buscarlos en Adam Smith, en el siglo XVIII, en una época que estaba presenciando el despegue industrial inglés y los empresarios necesitaban del «laissez faire». Mucho agua ha corrido desde entonces, y sin menospreciar lo correcto para el desarrollo económico de muchas de sus ideas, especialmente la relativa a poner freno a la tendencia expansiva del crecimiento del estado y su interferencia en lo económico (salvaguardando las normas laborales, ecológicas y otras y la persecución del delito), cualquiera puede constatar las enormes externalidades sociales y ambientales que el funcionamiento «natural» del sistema económico que Smith reclamaba ha ido produciendo por doquier, como hacen todas las opciones reduccionistas, en este caso la economicista. Por ello cualquier sociedad civilizada debe prever, planificar en suma, porque las sociedades son algo más que mercados, y deben también aprender de los errores para no volverlos a cometer. En este sentido, la Ordenación del Territorio, bastardeada a menudo justamente por los intereses económicos que interfieren en lo público para llevar el agua a su molino, es algo irrenunciable. La planificación estratégica que supone la Ordenación del Territorio, una dimensión que cualquier empresa incorpora, es una herramienta indispensable también en la gestión de lo público.

En este sentido, el profesor Gómez Orea ha incorporado la filosofía del Desarrollo Sostenible, estrategia que tiene en la Ordenación del Territorio una de sus herramientas básicas, haciendo un especial hincapié en la dimensión de sostenibilidad ecológica propia del Desarrollo Sostenible, un campo que el autor, uno de los pioneros en España, conoce en profundidad y al que ha realizado contribuciones tan valiosas como su libro de Evaluación de Impacto Ambiental y sus investigaciones sobre indicadores ambientales.

La nueva Ley española del Suelo, de 1998, ha cambiado la filosofía de la anterior en el sentido de liberalizar el uso del suelo en la medida en que no existan restricciones fundadas para su uso urbano o industrial, dando plazos perentorios a los ayuntamientos para la resolución de los expedientes. Esta filosofía, correcta para abaratar el precio del suelo urbano, principal componente del coste de las viviendas, si no va compensada por la realización urgente de cartografías y estudios básicos que permitan conocer las restricciones a escala municipal desde puntos de vista como la conservación ecológica o los riesgos, va a llevar a un uso poco racional del suelo en cuanto a las dimensiones no económicas.

España se encuentra en este comienzo de siglo ante algunos retos de gran importancia en los que la Ordenación Territorial debe jugar un papel central. Está ante todo el derivado del abandono de cultivos excedentarios o no competitivos, principalmente de secano, debido a la Política Agraria Común de la Comunidad Europea y los compromisos en la Organización Mundial del Comercio. La reconversión de usos del territorio que este fenómeno plantea ya, y planteará de forma más acusada en poco tiempo, es, por la superficie afectada y por el breve lapso de tiempo en que parece va a desarrollarse, la más importante que ha habido en toda nuestra Historia. De la bondad de su resolución saldrá una España con un desierto interior que abarque la mayor parte de su superficie, o un medio natural por fin recuperado y capaz de un desarrollo económico autosostenido y autónomo que posibilite una vida digna y útil socialmente a sus habitantes y al conjunto de la nación y la Unión Europea.

Otro reto en el que la Ordenación Territorial debería jugar un papel fundamental, es el derivado del crecimiento progresivo de la presión sobre el litoral español, uno de los espacios clave de ocio y desarrollo, en el cual se concentra buena parte del potencial demográfico español. El estilo de urbanización elegido en numerosas zonas, especialmente mediterráneas, de baja densidad, está llevando a una preocupante degradación de la calidad ambiental de amplios sectores del litoral, y a denuncias reiteradas de invasión del dominio público marítimo-terrestre desde la Sociedad Civil. El Cambio Climático en marcha, inductor de la subida del nivel del mar, muy preocupante en la década de 1990, puede llevar a una situación conflictiva a este dominio público con los intereses privados si no se actúa de forma enérgica en defensa del patrimonio público. Herramienta básica para este fin sería la publicación de un mapa de todo el litoral con la delimitación de este dominio que los ciudadanos tienen derecho a conocer, entre otras cosas para ayudar a defenderlo, algo inexistente tras quince años de Ley de Costas mientras se emplea abundante dinero público en regeneraciones de playas de efectos ecológicos a menudo problemáticos.

Está además el reto derivado de la profunda degradación de nuestros ecosistemas fluviales, ríos y riberas, claves en un país con clima mediterráneo, por una versión tecnocrática y corporativa de la Política del Agua que ha reducido ésta a una política hidráulica que concibe los ríos poco más que como tuberías, ignorando la múltiple funcionalidad del agua: económica, ecológica y cultural. Las externalidades inducidas en nuestros ríos por los lobbys privados que se han beneficiado de esta política, hoy en declive por razones económicas, fiscales, ecológicas y sociales, requerirán a lo largo de este siglo que comienza de acciones reparadoras y restauradoras sostenidas que vayan retornando tramos a su régimen natural a medida que las obras en los cauces vayan dejando de tener justificación, reparación en la que deberían implicarse financieramente en profundidad los beneficiarios de esta vieja política y este patrimonio público, en aplicación del principio de internalización de externalidades, de que «quien contamina, paga».

Otro problema de gran calado es la proliferación desmedida y rapidísima de parques eólicos por toda nuestra geografía en las cuerdas de nuestros sistemas montañosos, que está produciendo junto a una amplia degradación de un valor y recurso ambiental clave, el paisaje, el surgimiento de «mesas eólicas» contrarias a la política insostenible que se está materializando a ritmo acelerado, un tema en el que la mayor parte de las Comunidades Autónomas han demostrado una escasa operatividad. Aunque la promoción de esta energía renovable es un valor compartido por la mayoría, sería necesaria una moratoria que permita justamente una Ordenación del Territorio para estos usos que determine claramente las zonas utilizables y armonice de forma sostenible, económica, social y ecológicamente, el uso del territorio.

Por último, «last but not the least», está el problema de la utilización de nuestro territorio para el emplazamiento de los residuos que son el subproducto, en cierta medida inevitable a pesar del reciclaje, de nuestro bienestar. España afortunadamente tiene el entorno geológico más variado de Europa Occidental, pero los amplios problemas de rechazo social de los pequeños municipios a convertirse en vertederos y las facilidades que da la variedad geológica, aconsejarían como método disuasorio contra la producción excesiva de residuos, concienciando a población y autoridades, que éstos se colocaran cercanos al centro de gravedad de los núcleos generadores, que el espacio para emplazar los desechos fuera parte indisociable de la Ordenación Urbana de cada municipio. Aunque es fácil con la lógica de las mayorías obligar a los pequeños núcleos a convertirse en vertederos, no está de sobra recordar que un sistema realmente democrático se caracteriza también por el respeto a las minorías.

En esta quíntuple perspectiva, la contribución de este libro riguroso, fruto de la reflexión desde los nuevos paradigmas sobre una amplia y dilatada experiencia, cuya segunda edición supone en realidad un nuevo libro, estoy seguro de que será de gran utilidad en el marco de una sociedad democrática y de una era presidida por dos ideas-fuerza, la Globalización y el Desarrollo Sostenible, dos ideas que deberían converger hacia una Globalización Sostenible.

Francisco Javier Ayala-Carcedo
Profesor de la Universidad Politécnica de Madrid
e investigador del Instituto Geológico y Minero de España
(Ministerio de Ciencia y Tecnología)

PREFACIO: NOSOTROS Y LO DEMÁS

Desde hace un tiempo alejado de la práctica en temas ambientales la sugerencia de Domingo Gómez Orea para que hiciera una reflexión que enmarcara su nuevo libro, ha sido una manifestación más de la oscilante amistad que desde hace años hemos mantenido y que ha ido desde momentos intensos, casi conspiratorios, hasta prolongados silencios afectivos. Su deseo me ha demostrado que silencio puede ser lo opuesto a olvido.

Creo que una de las razones de su propuesta fue el saber que no coincidimos en muchas de nuestras ideas. Ambos sabemos que nadie tiene las mismas ideas que otro, al menos entre aquellos que tienen lo que se ha llamado «ideas propias». Cada uno, a nuestra manera, hemos sido capaces de destilar de lo que recibimos aquello que ha sido objeto de nuestro interés, dándole nuestra propia forma.

Cada cual tiene o debería tener sus ideas «propias» ya que ésta es la única forma que tenemos de «encontrarnos», de darnos cuenta que contamos con alguien con el que deberemos pasar el resto de nuestra vida, y ésto en el lugar y época que nos ha tocado vivir.

Este «encontrarse», como descubrimiento obligatorio, es lo que marca desde el inicio la relación tan peculiar que el hombre ha mantenido con la naturaleza y que lo ha separado del resto de los comportamientos de las demás especies. Para éstas es su entorno quien dicta las normas de comportamiento y los individuos están supeditados al comportamiento de la especie, de tal forma que sus modos de vida son mecánicos y predecibles. La supervivencia de una especie depende exclusivamente de las reglas de su entorno, cualquier desavenencia la condena a su desaparición. La especie se adapta porque su fin es la supervivencia.

El hombre, desde su aparición, ha manifestado una oposición constante a adaptarse a las reglas que la naturaleza le marca, lo que nos debería al menos alertar sobre que su fin principal no debe ser la mera subsistencia de su especie, ya que de ser así su comportamiento hubiera sido similar al resto de los animales. Su peculiaridad radica en que el hombre además de nacer en un mundo ajeno en el que tiene que subsistir se percata que se «encuentra» con su propia realidad y que esta realidad está «por hacer», que es incompleto y se lanza a la incierta y colosal tarea de hacerse, de «ser» como objetivo final de sus esfuerzos.

La primera decisión del hombre como tal es la de sentirse extraño al mundo que ha recibido, que le ha sido impuesto y que a su vez le impone unas reglas de hierro que acepta o desaparece. Su reacción es la de aceptar el reto que se le impone e inicia la lucha con su entorno: en primer lugar lo observa, y descubre que existen secuencias periódicas que puede utilizarlas a su favor controlándolas. Es el comienzo de la agricultura y de la actualmente llamada «Ordenación del territorio», por lo que podríamos decir que la ordenación del territorio consiste en dejar en la naturaleza la impronta de la acción del hombre, en cierta forma «humanizarla», ya que con el conocimiento de su comportamiento la transforma en algo «propio» algo que puede controlar y dominar. En esta tarea de transformar la naturaleza se afana hasta lograr una forma de proceder tan sumamente eficaz como la ciencia y su derivada la técnica, que aplica sistemáticamente en todos los ámbitos de su entorno.

Paralelamente, como consecuencia inmediata de su extrañamiento de la naturaleza, el hombre necesita construir un mundo propio, afín, que le permita encarar en mejores condiciones la inmensa lucha por ir desarrollándose como propiamente humano. Nace un nuevo territorio, una nueva naturaleza, nace lo social, lo urbano, lo civilizado.

Pero ¿cuál es el fin último de todos estos esfuerzos descomunales? Digámoslo sin más demora. El fin hacia el que el hombre dirige todos sus esfuerzos es el de ir haciéndose. Esta es nuestra tarea final: ser.

A diferencia del resto de los seres vivos, cuyo fin parece ser el mantenimiento de la especie y para ello está perfectamente constituido, el hombre tiene un plus de actividad pues siente que ha sido hecho incompleto y que su vivir consiste precisamente en eso, en lograr hacerse, vuelvo a decirlo, en ser.

Sin entrar en análisis más pormenorizados, creo que podemos contestar con cierta seguridad si nos preguntan qué es un caballo o un roble, pero ¿sabríamos hacerlo si la pregunta se refiriese al hombre?

En fin, nuestra ocupación primordial consiste en ir perfeccionando y afinando la herramienta que somos nosotros mismos para conseguir la capacidad de discernir entre las diferentes alternativas que nuestro entorno bipolar nos ofrece y de decidir entre ellas aquellas que nos van haciendo más humanos. Como hemos dicho antes, ocupación ardua y además incierta pues eso que hemos llamado humano sólo lo sabemos afirmar cuando lo hemos encontrado y siempre que lo hemos hecho nos hemos dado cuenta que únicamente era un peldaño de una escalera que parece no tener fin.

El problema del medio ambiente nace como choque de esos dos mundos bipolares entre los que nos encontramos: el natural y el construido.

Creo que el mayor error que hemos cometido en hacer un mundo diferente del natural ha sido que hemos caído en la imitación, hemos hecho una segunda naturaleza y por lo tanto también ahora nos sentimos extraños. Las ciudades son tan agresivas como los inviernos y las normas son tan implacables como las de la naturaleza; una vez más lo importante es el sistema y el individuo debe ser inmolado en su honor. En su desarrollo hemos traicionado conceptos fundamentales, se cambia el concepto de verdad por los de utilidad y eficacia aduciendo que lo que fue verdad en un tiempo dejó de serlo en otro, llegando a defender que lo que da validez a una teoría es que «funcione» y que, como cualquier otra herramienta, es buena unas veces y mala otras tantas. El concepto de utilidad se hace predominante y se menosprecia cualquier otra clase de crítica tachándola despectivamente de «metafísica».

Las teorías científicas fueron ideadas por individuos que amaban la contemplación y la idea de verdad, de esta idea que cada uno debe ir buscando permanentemente para ir haciéndose. Por eso cambia el «contenido» de cada verdad, por eso abandonamos uno y lo sustituimos por otro, porque esperamos que esta nueva verdad nos permita avanzar en el trabajo de hacernos. Los adeptos a los conceptos de utilidad y eficacia han sido incapaces de tener otra idea de la ciencia y del pensamiento que aquella que les permite aumentar sus ansias de poder. El pragmatismo trata a ambos mundos como un producto más y olvida que nuestras relaciones con ambos mundos están encaminadas a impulsar nuestras ansias de perfección personal.

Obsesionados y débiles con su única idea de utilidad ni admite la crítica ni el libre examen porque su poder enflaquecería y apelan a criterios de autoridad autoproclamada traicionando a lo más noble de la ciencia; la revisión y crítica permanentes de sus enunciados y consecuencias. ¿Estarían nuestros prohombres dispuestos a comprometerse como Einstein, que si un solo experimento contradecía su teoría, ésta sería falsa y por lo tanto abandonada? La ciencia no es partidaria de imposiciones de autoridad.

El modo en que opera esta segunda naturaleza que hemos desarrollado con su premisa que hay que competir y que el más fuerte es el que prevalece es una pésima imitación al sistema de funcionamiento de aquélla de la que nos sentimos extraños y abandonamos, y donde el individuo estaba sometido a la especie y ésta al entorno. Por mi parte todavía creo que el hombre debe ser dueño de su destino.

En su día definí el medio ambiente como aquello con lo que tenemos que «estar», entendiendo el «estar» en su forma funcional de atribuir al sujeto una manera circunstancial de vivir. Pero vivir es «hacerse», decidir lo que nos va a hacer más humanos para ir avanzando en nuestro fin último: ser. Por esto creo firmemente en que lo que tiene más valor de nuestra vida esté en los estratos más bajos de la sociedad, en los problemas individuales, en la lucha personal por saber ir decidiendo cada día en cada situación.

Spinoza, que vivió de acuerdo a sus recomendaciones y pensamientos filosóficos, aconsejaba a los hombres que vivieran los acontecimientos pasajeros «bajo el aspecto de la eternidad». Aquel que piensa y ha logrado tener ideas propias y lo hace en su época, sentirá que no puede lograr ser una buena persona mientras haya alguien desgraciado.

Ramiro Subira

0

PRECEDENTES HISTÓRICOS DE LA ORDENACIÓN TERRITORIAL

La ordenación del territorio es un concepto muy complejo con tres facetas complementarias: el *Diagnóstico territorial,* o interpretación de la estructura y funcionamiento del sistema territorial (medio físico, población y sus actividades, asentamientos humanos e infraestructuras), la *planificación territorial*, o diseño del modelo territorial objetivo al que tender en un horizonte temporal determinado o indeterminado y el curso de acción para avanzar hacia él, y la *gestión territorial* o conducción del sistema territorial en su avance hacia el modelo objetivo. En la actualidad, la ordenación del territorio se entiende como una disciplina técnica, aunque incorpora elementos de percepción y preferencia social, que se aplica de forma multi e interdisciplinar, a la consecución de dos objetivos básicos: *la corrección de desequilibrios territoriales* y la *localización espacial de las actividades humanas* en el espacio al que se aplica de acuerdo con ciertos criterios y prioridades. Además, la ordenación del territorio se utiliza como un *instrumento preventivo de gestión ambiental* en cuanto controla la localización y el comportamiento de las actividades humanas y como *enfoque y metodología para planificar el desarrollo sostenible*, en cuanto integra las tres facetas: social, económica y ambiental, de la calidad de vida.

1. LOS ALBORES DE LA CIVILIZACIÓN

Explícita o implícitamente la ordenación territorial es consustancial a la acción humana: cuando el hombre del paleolítico buscaba refugios naturales para utilizarlos como habitáculo, analizaba el territorio para detectar los lugares donde podía encontrar agua, frutos, caza, ... y donde pudiera defenderse con facilidad de sus depredadores, hacía planificación territorial cuando evaluaba

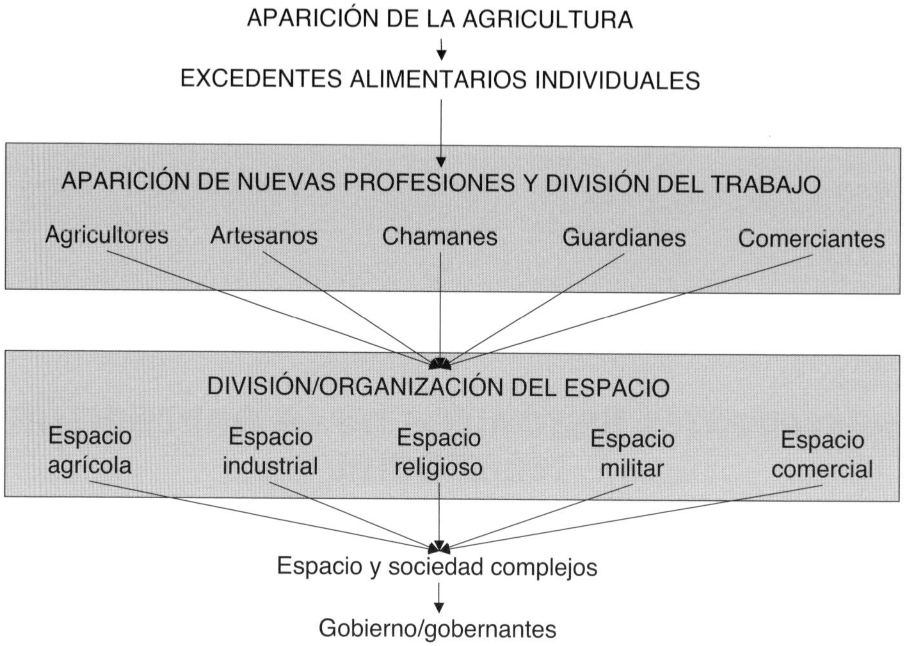

Figura 0.1. *La ordenación del territorio es consustancial a proceso evolutivo del hombre.*

distintas opciones para decidirse por un emplazamiento concreto y gestionaba el espacio así colonizado cuando lo adaptaba a sus necesidades. También ordenó el territorio cuando pasó de la caverna natural al habitáculo construido, cuando comenzó a domesticar animales y a cultivar la tierra, momento en que necesariamente tuvo que separar espacios; en el Neolítico, las familias se reúnen en aldeas simples, cuya localización (sobre elevaciones, islas, penínsulas, lagos), forma (recinto cerrado, aldea circular) y elementos (fosos, empalizadas, etc.) se orientan a facilitar su defensa; posteriormente la aldea se hace más compleja separando los lugares de reunión, de intercambio, de culto y de entretenimiento, y luego evoluciona hasta la aparición de la ciudad, cuando los productores de alimentos son capaces de abastecer a una población de especialistas: artesanos, guerreros, comerciantes y sacerdotes, cuando la economía de subsistencia se sustituye por una economía de trueque y la división de funciones determina la discriminación funcional del espacio.

2. LA EDAD ANTIGUA

El desplazamiento de los ejércitos romanos, el comercio y la administración del Imperio, requirió una amplia red de vías de comunicación, notables por su novedad técnica, y cuya aplicación, regular y uniforme, articuló y equilibró el territorio español. Por su parte, la colonización romana de zonas concretas, se basaba en una organización del territorio cultivable *(centuriatio)* sobre dos ejes principales, en cuyo cruce estaba la ciudad, y la división del campo en lotes cuadrados de 50 has *(centuriae)* cada uno de los cuales podía ser asignado a uno o más propietarios.

3. LA EDAD MEDIA Y EL RENACIMIENTO

En la Edad Media, la imagen del territorio viene determinada por una gran cantidad de ciudades medias, surgidas, generalmente, sobre las encrucijadas (cruce de caminos, vados de ríos, etc.) y por un poblamiento campesino organizado en aldeas, localizadas en función de dos factores: la protección de los señores feudales y el acceso a la explotación agrícola del suelo; peculiaridad española es el poblamiento de los territorios que los reyes cristianos recuperaban a los musulmanes, entre los cuales hay que destacar la colonización del sur tras la victoria de las Navas de Tolosa (1212).

Estructura territorial de enorme importancia, con origen medieval pero que ha perdurado hasta nuestros días, son las Vías Pecuarias (cañadas, cordeles, veredas, coladas y descansaderos) o caminos que seguían con periodicidad anual los ganados trashumantes en un recorrido de ida y vuelta, hacia las montañas del norte en primavera para pasar allí el verano y hacia los llanos del sur en otoño para invernar en ellos. En la actualidad gran parte de estas vías han perdido su función, han sufrido todo tipo de invasiones y se intenta mantenerlas buscándoles unas utilidades (ambientales, recreativas, de desarrollo rural, etc.) que justifiquen la gestión capaz de garantizar su integridad.

En el Renacimiento el poblamiento es una prolongación del de la Edad Media: ciudades pequeñas cuya distancia permite desplazamientos de ida y vuelta en una misma jornada, un vigoroso poder municipal, una vida mercantil libre y una artesanía organizada en sólidos cuerpos gremiales; para facilitar los desplazamientos entre ellas, Carlos V (que como los Reyes Católicos no tuvo capital fija sino que desplazaba la corte constantemente) arregló las vías de comunicación, construyó puentes y su espíritu universal, unido a las ideas renacentistas de la época, determinó una mayor racionalización del espacio que se somete a la geometría, dando origen, con el tiempo, a los conjuntos reales (El Pardo, Aranjuez, Balsaín, La Zarzuela) cuya nota más destacada son los jardines y plantaciones que los rodeaban, geométricamente diseñados.

4. LA COLONIZACIÓN AMERICANA

En ultramar los conquistadores y los mercaderes encontraron enormes extensiones de espacios vacíos en los que realizaron una ingente labor urbanizadora y colonizadora de tierras, labor que se puede entender como la prolongación en el tiempo de la tradición colonizadora de tierras españolas desde el siglo XIII; su objetivo pretendía resultados prácticos: facilidad de replanteo, distribución y defensa. Fue Ovando, gobernador de Las Indias entre 1501 y 1509, quien marcó un precedente con su actuación en La Española, donde creó un rosario de ciudades, ideó el sistema de encomiendas, estimuló la producción agrícola, fomentó la ganadería y la minería, desarrolló un programa de edificios públicos, etc. En 1573 Felipe II dicta las «Ordenanzas de Descubrimiento, Nueva Población y Pacificación», que parece ser la primera legislación urbanística en el mundo, al menos en la Edad Moderna, orientadas a unificar la creación de nuevas ciudades en América; las ordenanzas establecen el trazado de las ciudades mediante un plano regulador en damero, definido por calles rectas conformando manzanas iguales que se irán construyendo cuando lo desee su adjudicatario; la ciudad puede extenderse en todos los sentidos sin más que prolongar los ejes, añadiendo así nuevas manzanas; en el centro se encuentra la plaza donde se ubican los edificios principales: iglesia, edificio de gobierno, etc. El contraste entre ciudad y campo queda muy atenuado por la ausencia de límites y por la abundancia de espacios no edificados en su interior, y la uniformidad da al poblamiento un aspecto más simple que el medieval.

Este modelo español de 1500, tuvo su antecedente en los campamentos romanos y fue copiado por franceses e ingleses en 1600 y 1700 para la colonización de la América septentrional.

5. LA ILUSTRACIÓN Y LAS COLONIZACIONES DE CARLOS III

La aparición de los Estados Nacionales y la consiguiente complejidad administrativa, determinó la creación de una burocracia estable que exigía una corte permanente: surge así la capital, una creación barroca, que tiende a concentrar población y, con ello, a desequilibrar la distribución de ésta en el espacio, volviendo a la gran ciudad como elemento político y social decisivo, en detrimento del más equilibrado poblamiento medieval. La imagen territorial que caracteriza al Barroco (época en que reina la Casa de Borbón) queda determinada por tres elementos presentes en todas sus realizaciones: la línea recta, la perspectiva y la uniformidad.

Bajo *Fernando VI* (siglo XVIII) el Marqués de la Ensenada impulsa la construcción de vías de comunicación y canales para riego y elabora el famoso inventario de la riqueza tributable, conocido como «Catastro de Ensenada».

En su reinado de 28 años (1759-1788), *Carlos III* realizó una inmensa labor animada de un profundo sentido social; no solo es un insigne constructor sino un ordenador en el más alto sentido de la palabra, cuya impronta se puede percibir tanto en grandes conjuntos (Ordenanzas para Madrid), como en el medio rural donde continúa la creación de caminos y canales del reinado anterior, la construcción de embalses, la ampliación de zonas de cultivo e incluso intentos de reforma agraria. Pero su acción territorial más importante reside en las nuevas colonizaciones, cuyos pueblos muestran la puesta en práctica con todo rigor de los principios del urbanismo barroco: la línea recta, la perspectiva y la uniformidad, de lo que son ejemplos significativos Nuevo Baztan (Madrid), las bases navales creadas a raíz de la restauración de la Marina realizada por Fernando VI y los Sitios Reales.

La colonización de Carlos III, muestra el deseo de las autoridades absolutistas —animadas por los ilustrados— de mejorar las condiciones del país: impulso del comercio mediante la mejora de caminos, desarrollo de la agricultura, puesta en cultivo de tierras baldías, mejora de la distribución de la propiedad, etc., que conforman el fondo de las colonizaciones, mientras la forma viene determinada por una serie de ciudades que son un compendio de adaptación a las necesidades prácticas y a la belleza, basada sobre todo en la perspectiva. En el eje Madrid-Cádiz, primera ruta comercial del país, existían zonas despobladas donde no había llegado la civilización, escondrijo de maleantes y bandidos, constante amenaza de los viajeros; la colonización pretendía evitar esto y añadir nuevas fuentes de riqueza. Con esa intención se ubicaron poblaciones en los tres «desiertos andaluces»: Sierra Morena, Desierto de la Parrilla —entre Córdoba y Écija— y Desierto de La Moncloa —entre Écija y Carmona—; así surgieron La Carolina, Navas de Tolosa, Guarromán, Mojón Blanco, etc. en la provincia de Jaén, y La Carlota, Pinedas, Aldea del Río, Villalón, etc. en las provincias de Sevilla y Córdoba. Para disponer de un punto muy floreciente en el Mediterráneo, se creó, también en la época de Carlos III, San Carlos de la Rápita; asimismo se planearon otros asentamientos en el camino de Extremadura y en la que fue provincia de Ciudad Rodrigo, aunque solo se llevó a cabo una ínfima parte de los previstos. En Extremadura se pusieron en marcha los proyectos de Encinas del Príncipe y Villarreal de San Carlos promovidos por iniciativa pública. Hubo también iniciativas de repoblación privadas como los del Baldío de Calilla (Badajoz) y Sierra de San Pedro (Cáceres), ambas fracasadas, entre otras razones, porque se oponía la población vecina al lugar objeto de repoblación.

6. EL SIGLO XIX

A partir de la mitad del siglo XVIII, la revolución industrial, primero en Inglaterra y luego en el resto del mundo, marca fuertemente la estructura territorial a consecuencia de dos fenómenos que interaccionan en espiral, el aumento de población y el progreso tecnológico en la agricultura, la industria y los servicios, con el consiguiente incremento de la productividad: más habitantes reclaman más bienes y servicios, que permiten, a su vez, un ulterior aumento de la población. Este fenómeno, unido a un rápido desarrollo de los medios de comunicación: carreteras, canales navegables, ferrocarriles, buques de vapor, etc., que incrementaron extraordinariamente la movilidad, produjo una redistribución de los habitantes en el territorio, rápido e inestable, abocado, por tanto, a otras transformaciones más profundas.

La ciudad industrial queda determinada por la velocidad de las transformaciones y por el pensamiento liberal que limita la intervención pública en los aspectos económicos y territoriales; así *Adam Smith* aconseja a los gobiernos la venta de los terrenos públicos para saldar sus deudas. En estas condiciones florece el fenómeno de la especulación, donde lo que cuenta es la *posesión frente a la función,* y, siendo esta última la responsable de la diferenciación de los espacios, determina ciudades monótonas, indiferenciadas y de baja calidad, donde sólo los barrios de la burguesía liberal, que muestra su poder, marcan la diferencia. Son las «ciudades carbón» surgidas en la Europa industrial y en EE.UU. En España la revolución industrial se retrasa mucho, prácticamente hasta los años sesenta ya en el siglo XX, de tal manera que en la época que se describe, la mayor parte de la población reside en el campo, depende de la agricultura y habita los pueblos de origen medieval. No obstante se concentra población en algunas ciudades, lo que motivó la escasez de viviendas y el descenso de la calidad, manifestada en el hacinamiento y en la crisis de los servicios. En el periodo de la Restauración (primer tercio del siglo XX) se inicia el urbanismo en el sentido en que hoy se entiende, cuyo marco jurídico adecuado se establece primero con las *Ordenanzas Municipales* de edificación, y luego con las *Leyes de Ensanche* orientadas a regular la expansión de las ciudades.

Sobre la crítica de la ciudad industrial y de la sociedad de la época, surgen una serie de pensadores: *Engels, Ruskin, Arnold, Fourier, Proudhom, Carlyle*, incluso *Marx*, ... que coinciden en criticar la deplorable higiene y situación de las ciudades; en esta circunstancia surge el *urbanismo moderno* con dos corrientes de pensamiento: la de aquellos que plantean un modelo nuevo global y la de aquellos que solo tratan de corregir los defectos de la ciudad industrial; ambas líneas tienden a confluir, porque las tentativas de los modelos teóricos conducen a la dura realidad y el intento de resolver los problemas reales ponen de manifiesto la necesidad de formular modelos predictivos; en suma ambas corrientes confluyen en la necesidad de diagnosticar, planificar y gestionar el sistema territorial.

7. LA DESAMORTIZACIÓN

La Desamortización, desencadenada por los liberales del siglo XIX bajo la influencia del famoso informe de *Jovellanos* de 1795, modificó profundamente el paisaje rural a consecuencia de la roturación de grandes extensiones de tierra (entre 1836 y 1860 se subastó mas del 20 % de la superficie total del país): la demanda creciente de alimentos y el rendimiento decreciente de las tierras roturadas, exigía nuevas roturaciones de pastos y bosques, frecuentemente inadecuadas para el cultivo, con la consiguiente reducción de la cabaña ganadera, destrucción de ecosistemas naturales y alteración brutal del paisaje.

8. LA ORDENACIÓN FORMAL DEL TERRITORIO

La ordenación del territorio se sitúa en el intento de eliminar el contraste entre la ciudad y el campo, problema planteado ya por *Engels y Marx*, cuya base económica está en la explotación de éste por aquella, la expropiación de los campesinos y la ruina de la mayor parte de la población rural como consecuencia del desarrollo de la industria, del comercio y del sistema crediticio del capital. La industrialización maximizaba los beneficios concentrando la inversión en unas pocas áreas y sectores; pronto surge la idea de aumentar la base territorial de la industria para lo que hay que apoyarse en las regiones industrializadas pero también en la explotación de nuevas tierras y nuevas riquezas naturales, lo que lleva a organizar una nueva ordenación espacial de la economía; así la descentralización industrial pretende eliminar las diferencias entre regiones industriales y agrícolas y también, dentro de cada región, reducir los contrastes entre campo y ciudad.

9. LAS REPOBLACIONES INTERIORES

Con el precedente de las nuevas poblaciones realizadas en el reinado de Felipe II en la Sierra de Jaén, como Mancha Real y Valdepeñas de Jaén, se produce un proceso histórico de repoblaciones interiores que puede estructurarse en cinco grandes etapas:

- Liberal, en la segunda mitad del XVIII, que operó bajo una legislación orientada al fomento de la población rural y al establecimiento de colonias agrícolas.
- Restauracionista, en el primer cuarto del siglo XX: bajo legislación denominada de colonización y repoblamiento interior.
- Primorriverista, en la época de esta Dictadura: adquisición de fincas con fines de parcelación y colonización.
- Republicano, entre 1931 y 1936: bajo la ley de obras de puesta en riego.
- Franquista, desde el 1936 a 1977, que ha de entenderse como la continuación del largo proceso anterior complementado con algunas influencias extranjeras.

Las que dejaron más huella en el territorio fueron la primera a la que se aludió más arriba, y la última. que se describe a continuación

10. LA OBRA DEL INSTITUTO NACIONAL DE COLONIZACIÓN

La colonización realizada entre 1936 y 1977 es la continuación del largo proceso colonizador anterior complementado con influencias extranjeras; sus objetivos eran la mejora de tierras para incrementar su productividad, en una época marcada por la escasez, y el subsiguiente asentamiento de campesinos en extensas áreas de secanos mejorados, de marismas desecadas y, sobre todo, de nuevos regadíos realizados mediante la actuación complementaria del Estado y los poseedores de grades fincas: los latifundistas. Afectó a numerosas zonas repartidas por toda España, principalmente en las provincias de Badajoz, Cáceres, Cádiz, Ciudad Real, Córdoba, Granada, Jaén, Salamanca, Sevilla, Toledo, Zaragoza, Alicante, Santander y otras.

La colonización en esta época priorizó lo técnico sobre lo social, en contraposición a la Reforma Agraria de la Segunda República, quien había disociado los programas de colonización agrícola y de Reforma Agraria, reorientado ésta hacia el simple reparto de latifundios.

La política de colonización se implantó a través del *Instituto Nacional de Colonización (I.N.C.)*, creado en 1939, y posteriormente del *Instituto para la Reforma y Desarrollo Agrario (I.R.Y.D.A.)*; en este periodo se construyeron unos 300 poblados de colonos en grandes espacios rurales deshabitados, se realizaron numerosos embalses (caso del Guadiana), se sanearon marismas (caso del Guadalquivir) y deltas (caso del Ebro), se desecaron lagunas (caso de Antela en Orense, etc.), se parcelaron latifundios y se pusieron grandes superficies en regadío. Esta última supuso la introducción de la cultura de huerta en antiguas estepas cerealistas, en zonas adehesadas, etc. con resultados espectaculares en la diversificación de cultivos y en la ruptura de su ancestral dependencia del calendario y del clima. El ensamblamiento en la acción colonizadora de programas de industrialización, electrificación, etc. hizo posible su presentación como modelo de desarrollo regional, del que son exponentes relevantes los Planes de Badajoz y de Jaén.

11. LA GRAN EMIGRACIÓN RURAL DE LOS SESENTA

El *Plan de Estabilización y Liberalización de la Economía* de 1959-62, plantea la industrialización decidida del país, donde va a encontrar acomodo el excedente laboral campesino, iniciándose así un largo periodo de emigración que alteró profundamente la ancestral estructura del sistema de asentamientos, y que se manifiesta en el crecimiento de las ciudades hasta su congestión y en la paralela desertización rural, fenómeno que parece concluir en nuestros días con la desaparición de numerosos núcleos rurales o su conversión en simples colonias de vacaciones para los antiguos habitantes o sus descendientes. El asentamiento de colonos a partir de este momento quedó como una estrategia superada.

12. LA CONCENTRACIÓN PARCELARIA Y LA «REVOLUCIÓN VERDE»

A partir de 1953, en España, entra en juego la concentración parcelaria, a cargo del *Servicio de Concentración Parcelaria*, el cual pronto sería completado con la inclusión de la ordenación rural, creándose el *Servicio de Concentración Parcelaria y Ordenación Rural*. Este servicio tuvo una importante actuación en el territorio con varias acciones sinérgicas: incremento del tamaño de las parcelas de cultivo y de las explotaciones, construcción de caminos, obras y mejoras del medio rural, etc. que hicieron posible la intensa mecanización de las labores agrarias, lo que unido a la «revolución verde»: mejora de semillas y utilización masiva de fertilizantes, herbicidas y fitosanitarios, produjo un enor-

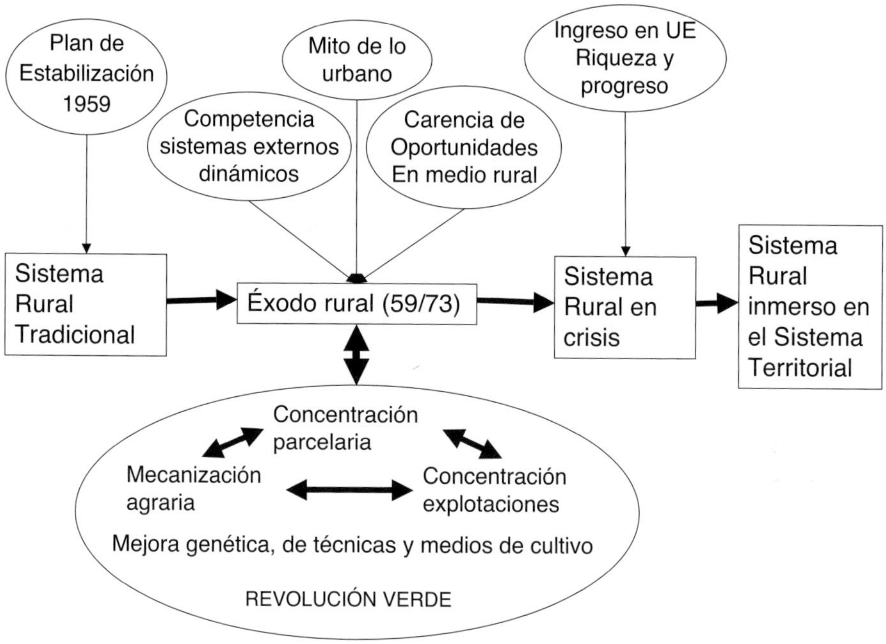

Figura 0.2. *La evolución del medio rural a partir del 59 y su inserción en el sistema territorial.*

me incremento de la producción y mientras se reducía la población activa agrícola que pasó a satisfacer la demanda de mano de obra que exigía la industrialización de las ciudades.

Pero esta mayor eficiencia productiva tuvo también efectos que, con la perspectiva de hoy, pueden considerarse negativos: pérdida de biodiversidad en las estepas cerealistas y una fuerte simplificación del paisaje rural, particularmente de su textura (del tejido definido por un mosaico de pequeñas parcelas, ribazos, muretes, lomas, arroyos, mangadas, entrepanados, etc.), incluida la rectificación de los cursos de agua, y su sustitución por parcelas mayores de límites precisos y rectilíneos.

Otro importante efecto de la actuación descrita fue el incremento de accesibilidad que proporcionó al territorio la magnífica red de vías rurales; este efecto, en principio positivo, tuvo su contrapunto en la penetración, frecuentemente incontrolada e indeseable, de parcelaciones urbanísticas en suelo rústico.

El espacio rural es muy heterogéneo; la despoblación afecta al denominado espacio rural profundo, y se complica por el envejecimiento y el desequilibrio entre sexos. La despoblación arranca con el Plan de Estabilización de 1959 y se justifica por el desplazamiento, entre este año y la crisis de 1973, de unos tres millones de personas del campo a las ciudades para abastecer de mano de obra a una industria en expansión.

Hacia el futuro se pueden esbozar tres escenarios en el mundo rural profundo: uno basado en una vuelta a la naturaleza cuya imagen estaría representada por un medio rural profundo dominado por los bosques y una muy baja densidad de población; otro orientado a recuperar la población que había en los censos del año 1955 (último antes del Plan de Estabilización del 59) y con ella la cultura, las tradiciones y el patrimonio rural, que parece a todas luces inviable; y otro por fin, basado en el modelo territorial que propone la Estrategia Europea de Ordenación Territorial (ver punto 16) que propicia un modelo nucleado de asentamientos poblacionales de todos los tamaños, conectados por una potente red de infraestructuras de comunicaciones y de transportes, basado en unas nuevas relaciones campo ciudad, en el que se homogeneiza el espacio en términos de las oportunidades que ofrece para satisfacer las demandas y aspiraciones del ciudadano, proporcionándole así la posibilidad de elegir individualmente y sin penalizaciones el tamaño del núcleo donde vivir; un modelo, en fin, en el que no existe la dicotomía rural-urbano, sino un territorio regional funcionalmente homogéneo. Este último es el escenario que parece más viable e interesante hacia el futuro.

13. LAS SUCESIVAS LEYES DEL SUELO DESDE EL 73 HASTA LA ÉPOCA ACTUAL

La Ley del Suelo del 73, formaliza la ordenación del territorio en una serie de planes que si bien se enuncian como documentos de ordenación integral, en realidad suponen una visión del territorio desde las ciudades, como se manifiesta en el hecho de que en la clasificación del suelo que realizan los Planes Generales, figura central de la ley, se utiliza el término «no urbanizable» para definir al suelo que debe permanecer como rústico. El cambio político del 78, con la configuración de las Comunidades Autónomas y la transferencia a éstas de las competencias en materia de ordenación del territorio, restaron eficacia a la ley, permaneciendo prácticamente inéditas dos de sus figuras: El Plan Nacional de Urbanización y los Planes Directores Territoriales de Coordinación.

La ley del suelo ha sufrido numerosas reformas poniendo de manifiesto la conflictividad y los enormes intereses que giran en torno a la clasificación y calificación urbanística del suelo; la última en 2007, asumiendo la transferencia de la ordenación del territorio a las comunidades autónomas, no establece tipos de planes y clases de suelo y enfatiza la función social de la propiedad, el uso racional de los recursos naturales, la transparencia y el control de la especulación urbanística.

14. LA EXPERIENCIA DE COPLACO: DESDE EL PRODUCTIVISMO AL AMBIENTALISMO

La Ley del Suelo introduce dos conceptos fundamentales: la función social de la propiedad y la protección del suelo por razones ambientales. Es la época en que se pasa del productivismo al ambientalismo o ecologismo, que se había iniciado a partir del año 67 en EE.UU. Figura relevante en la incorporación de los nuevos planteamientos a la ordenación del territorio es la *Comisión de Planeamiento y Coordinación de Madrid (COPLACO)*, organismo que reúne a un equipo multidisciplinar que incorpora los criterios ambientales al Esquema Director de la región Central y, particularmente, elabora el Plan Especial de Protección del Medio Físico, que es el primer documento que, de forma vinculante, establece las limitaciones que los valores ambientales del territorio imponen a la localización y funcionamiento de las actividades humanas.

15. LA SITUACIÓN ACTUAL

La OT está transferida a las CC.AA, las cuales han elaborado su propia legislación en la materia. Con ciertas diferencias entre ellas, la mayor parte han establecido cuatro figuras legales: las Directrices de Ordenación Territorial, que se refiere a la totalidad del ámbito autonómico, los Planes Integrales, los Planes Sectoriales y los Planes de Ordenación del Medio Natural, que se vienen aplicando con distinta diligencia. Tal aplicación cuenta con una importante limitación: la competencia en materia de localización y trazado de las grandes infraestructuras permanece en la Administración Central, lo que condiciona fuertemente las determinaciones territoriales de las Comunidades Autónomas.

Por otro lado se viene aplicando la expresión desarrollo territorial para aludir a los procesos de planificación del desarrollo sostenible en cuanto supone un enfoque y un método que aúna con el mismo interés lo económico, lo social y lo ecológico-ambiental.

16. HACIA EL FUTURO: LA ESTRATEGIA TERRITORIAL EUROPEA (ETE)

En 1999 surge la Estrategia Territorial Europea (ETE), con el objetivo de progresar hacia la cohesión económica y social, el desarrollo sostenible y la competitividad equilibrada del territorio europeo, objetivos que deben informar toda previsión de futuro con repercusiones territoriales.

Para avanzar hacia tales objetivos, la ETE establece las siguientes proposiciones:

- *Desarrollo territorial policéntrico y nueva relación entre el campo y la ciudad.*
  - Desarrollo Territorial policéntrico y equilibrado.
  - Ciudades y regiones urbanas dinámicas, atractivas y competitivas.
  - Desarrollo endógeno, diversidad y eficacia de los espacios rurales.
  - Asociación entre el campo y la ciudad.
- *Acceso equivalente a las infraestructuras y al conocimiento.*
  - Enfoque integrado para mejorar la conexión a las redes de transporte y del conocimiento.

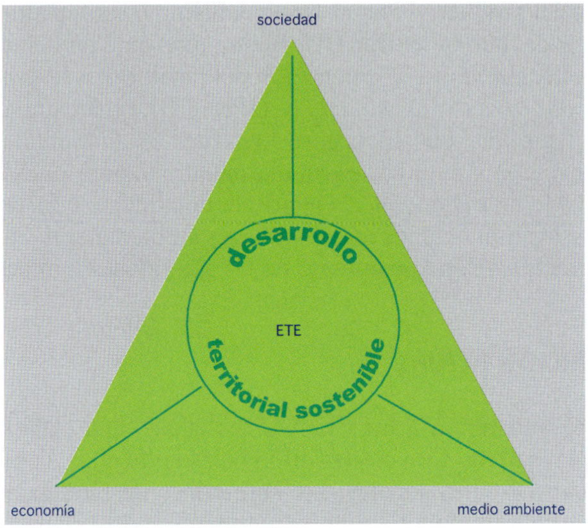

Figura 0.3. *Triángulo de objetivos para un desarrollo sostenible propuesto por la Estrategia Territorial Europea.*

- Desarrollo policéntrico: modelo para una mejor accesibilidad.
- Utilización eficaz y sostenible de las infraestructuras.
- Difusión de la innovación y el conocimiento.

– *Gestión prudente de la Naturaleza y el patrimonio Cultural.*

- Naturaleza y patrimonio cultural como potenciales de desarrollo.
- Conservación y desarrollo del patrimonio natural.
- Gestión de los recursos hídricos: un reto para el desarrollo territorial.
- Gestión creativa de los paisajes.
- Gestión creativa del patrimonio cultural.

En síntesis, un modelo territorial equilibrado, polinucleado y en red, con asentamientos poblacionales de diverso tamaño, compactos y polifuncionales, entre los que existe solidaridad intermunicipal, conectados por una potente red de infraestructuras de transportes y de comunicaciones que les proporcione oportunidades similares de acceso a la salud, la ciencia, la cultura y el ocio, y unas nuevas relaciones campo ciudad; un modelo, en fin, que permite al ciudadano elegir el tamaño del núcleo de residencia y definir, por tanto, su propia función de calidad de vida.

En este modelo el mundo rural se inserta con naturalidad en el sistema territorial de tal manera que resulta ocioso diferenciar lo urbano y lo rural porque todo el territorio se comporta como una unidad funcional en el que cada parte tiene su propio papel y solo tiene sentido en función del conjunto.

I
MARCO CONCEPTUAL DE LA ORDENACIÓN TERRITORIAL

1. EL SISTEMA TERRITORIAL

El sistema territorial es una construcción social que representa el estilo de desarrollo de una sociedad; se forma mediante las actividades que la población practica sobre el medio físico y de las interacciones entre ellas a través de los canales de relación que proporcionan funcionalidad al sistema.

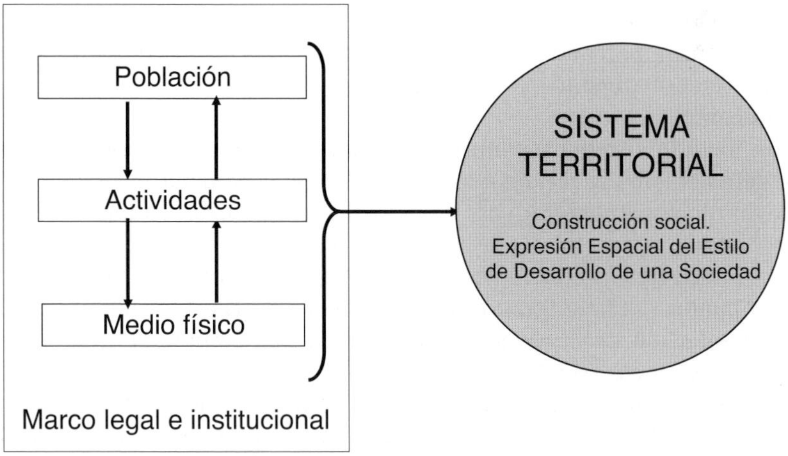

Figura I.1. *El sistema territorial.*

La población se organiza en grupos de interés y genera instituciones que la vertebran así como normas legales que, junto a las propias de todo sistema, definen las reglas del juego gracias a las cuales el sistema funciona de una forma que tiende al equilibrio.

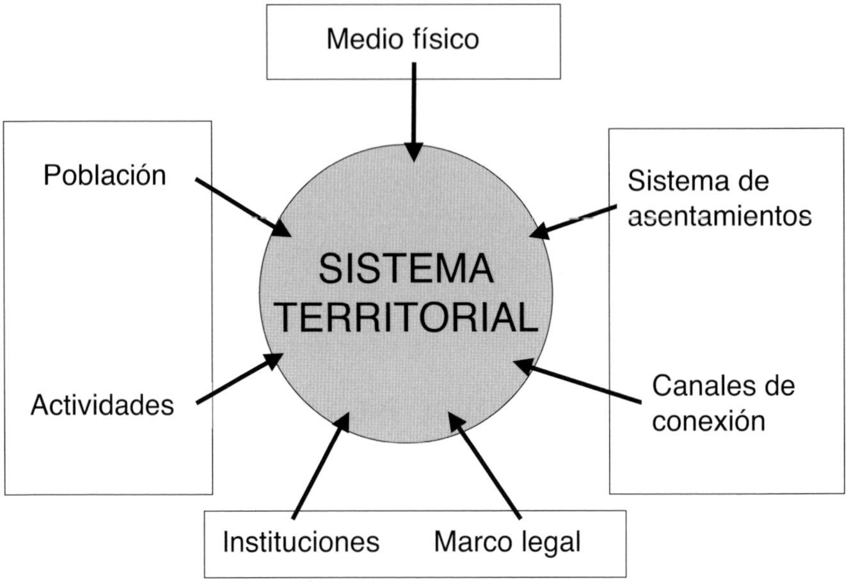

Figura I.2. *Las componentes del sistema territorial.*

Por consiguiente las componentes del sistema territorial son las que muestra la figura I.2.: el *medio físico* o sistema natural tal como se encuentra, la *población* y las *actividades* que practica: de producción, consumo y relación social, el *poblamiento* o sistema de asentamientos poblacionales, los *canales de relación* o infraestructuras a través de las cuales éstos intercambian personas, mercancías, energía e información, las *instituciones* que facilitan el funcionamiento social y el *marco normativo* o *legal* que regula tal funcionamiento.

La idea de sistema territorial esbozada es aplicable a cualquier espacio, pero generalmente se refiere a los siguientes tipos paradigmáticos de regiones:

- Políticoadministrativas, asociadas a la organización territorial de cada país.
- Homogéneas o formales, definidas por criterios de semejanza entre sus puntos. La homogeneidad puede referirse a aspectos temáticos (área de extensión de la identidad cultural de una comunidad, hábitat de una especie, etc.) o integrales.
- Funcionales, conformadas por las relaciones recíprocas entre lugares, generalmente *polarizadas* por uno más importante, o por flujos de relación *direccionales* cual son las cuencas hidrográficas.
- Estratégicas: definidas por razones operativas en función del área de extensión del tema a tratar: recurso, valor, potencial, problema, etc.

El sistema territorial de un país se organiza en subsistemas según niveles jerárquicos donde las unidades territoriales de cada nivel se integran en las de nivel superior. A cada nivel corresponden estructuras, potencialidades y problemas territoriales propios y específicos de su rango[1], de tal manera que no se pueden planificar desde niveles inferiores las estructuras que corresponden a niveles territoriales superiores, ni prevenir o resolver sus problemas ni aprovechar las potencialidades; pero ello no impide que las instituciones de niveles inferiores y todos los ciudadanos puedan participar en las decisiones que se adoptan en niveles superiores. En términos generales opera el principio de *coherencia* que indica cómo a cada tipo de problema corresponde un nivel en el que debe ser atendido (previsto o resuelto) y el principio de *subsidiaridad* que establece cómo cada problema deber ser tratado y cada potencialidad aprovechada en el nivel jerárquico más bajo posible.

Seis niveles típicos definen la jerarquía de los sistemas territoriales, a cada uno de los cuales corresponde una escala característica de estudio, diagnóstico y planificación:

— Supranacional, por ejemplo la Unión Europea, el Cono Sur americano o el Corredor Centroamericano. Escala característica 1:1.000.000 o superior.
— Nacional o nivel estado nacional. Escala característica 1:500.000/ 1:1.000.000.
— Regional, primer nivel bajo el nacional. Escala 1:50.000/1:100.000.
— Subregional o comarcal, primer nivel por encima del municipal. Escala 1:25.000.
— Local o municipal. Escala 1:25000 a 1:10.000 o mayor.

Nivel particular, división del municipio en «aldeas» polígonos, etc. Escala 1:5.000 o mayor.

2. EL MODELO TERRITORIAL

Como todo sistema, el territorial es muy complejo lo que exige recurrir a modelos para describirlo e interpretarlo; un modelo es una imagen simplificada de un sistema, cuya calidad depende no tanto de la fidelidad con que representa el sistema modelizado cuanto de su capacidad para ayudar a la interpretación de su estructura y de su funcionamiento[2].

---

[1] Son estructuras de primer nivel y rango estatal, por ejemplo, la red básica de infraestructuras de transporte vertebradoras del país, los aeropuertos de carácter internacional, los grandes puertos, las grandes redes de distribución energética o de comunicaciones, los grandes espacios protegidos y, en general, cuantas estructuras den servicio al conjunto del país. En el segundo nivel y rango regional se sitúan muchas infraestructuras hidráulicas como ciertos embalses, carreteras de nivel regional, numerosos equipamientos docentes, sanitarios o asistenciales, red de espacios protegidos de importancia regional, etc. Son características de rango municipal, último nivel administrativo, numerosas infraestructuras y servicios ambientales como la recogida y tratamiento de basuras, el abastecimiento y saneamiento de aguas, el control del ruido, etc., aunque en ocasiones pueden atender a esta necesidad de forma más favorable las mancomunidades o agrupamientos de varios municipios. Asimismo existen estructuras territoriales supraestatales, como ciertas redes de ferrocarril europeas o la carretera Panamericana.

[2] Se trata de buscar el equilibrio de acuerdo con la vieja idea «lo sencillo es erróneo, lo complejo es inútil».

El modelo territorial es una imagen simplificada del sistema territorial, que utiliza los elementos más estructurantes y más fácilmente representables de él (figura I.3) cual son los siguientes:

— El medio físico y los usos primarios del suelo, expresados por manchas de color.
— El sistema de asentamientos poblacionales, generalmente representado por círculos de diámetro asociado al tamaño o importancia de cada núcleo poblacional.
— Los canales de relación, especialmente las infraestructuras de transporte (conexiones interiores y con el exterior), representadas por líneas de diferente grosor o color según su importancia.
— Otros elementos significativos y representables.

El modelo territorial es aplicable a cualquier nivel de la jerarquía antes citada y a cualquier momento: al pasado, al presente o al futuro. En él las actividades son ubicuas, llenan todo el espacio, no hay recintos sin actividad porque son éstas quienes definen el carácter de cada zona: urbana, rural o infraestructural.

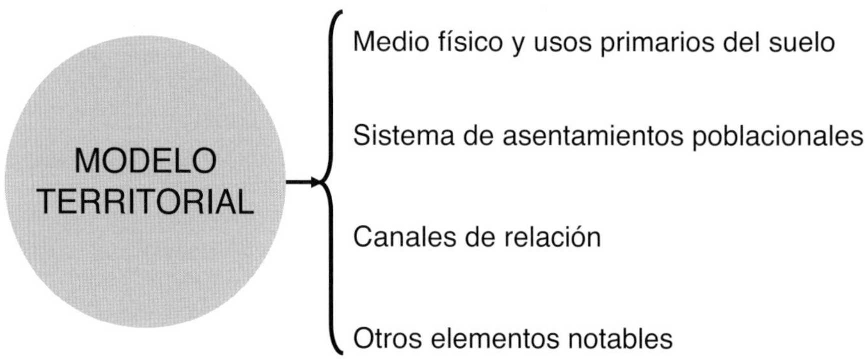

Figura I.3. *Elementos que se suelen incluir en el modelo territorial: representación simplificada del sistema territorial.*

El sistema territorial, y el modelo que lo representa, es la proyección espacial del estilo de desarrollo de la sociedad en el espacio al que se refiere, de tal manera que estrategias distintas de desarrollo económico, social y ambiental conducen a modelos distintos de organización espacial (figuras I.4. y I.5).

3. EVOLUCIÓN TENDENCIAL DEL SISTEMA TERRITORIAL

En todo sistema territorial, además de relaciones causales, existen interrelaciones dialécticas que determinan conflictos (figura I.6) entre agentes socioeconómicos, entre sectores de actividad, entre las propias actividades y entre las instituciones públicas, esta última a causa de la confluencia de competencias administrativas sobre un mismo espacio producida por la fragmentación de la

Administración Pública en las complejas sociedades modernas. El carácter dialéctico de tales interrelaciones requiere aplicar el método dialéctico para entenderlas.

En ausencia de planificación pública los conflictos se resuelven en beneficio del interés privado y del más fuerte y con una visión a corto plazo; es lo que corresponde a la evolución tendencial, sin intervención voluntarista («laisser faire»), que suele conducir a sistemas territoriales indeseables desde el punto de vista del interés general, caracterizados por:

- Desequilibrio territorial.
- Desintegración espacial.
- Desvertebración social.
- Disfuncionalidad entre actividades.
- Ineficacia e ineficiencia económica de las actividades.
- Inaccesibilidad al territorio.
- Mezcla y superposición desordenada de usos.
- Exposición a riesgos naturales.
- Despilfarro de recursos territoriales.
- Degradación ambiental.
- Marco inadecuado para la calidad de vida.

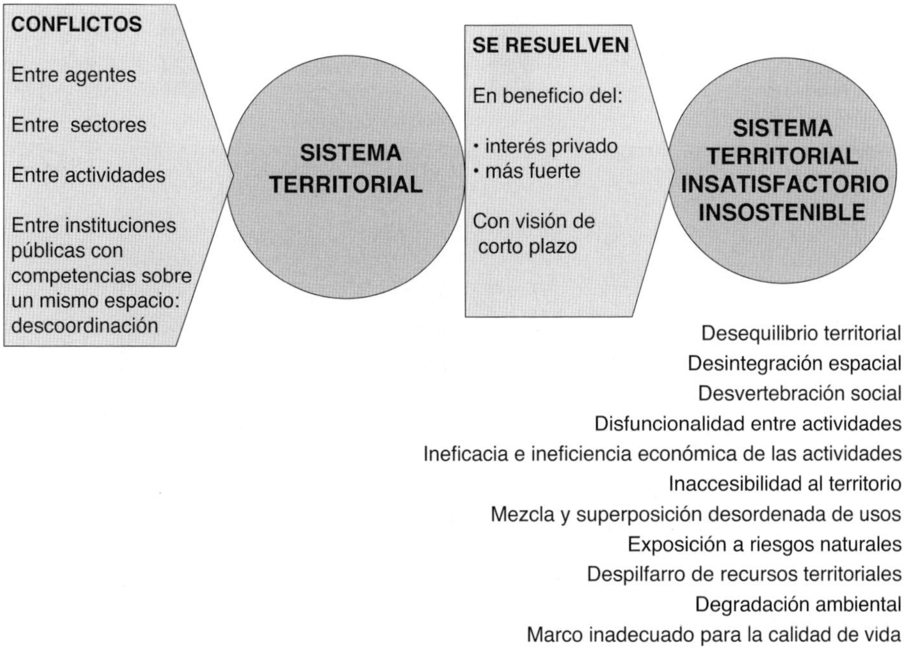

Figura I. 6. *La evolución tendencial («laisser faire») del sistema territorial conduce, generalmente, a un sistema territorial insatisfactorio.*

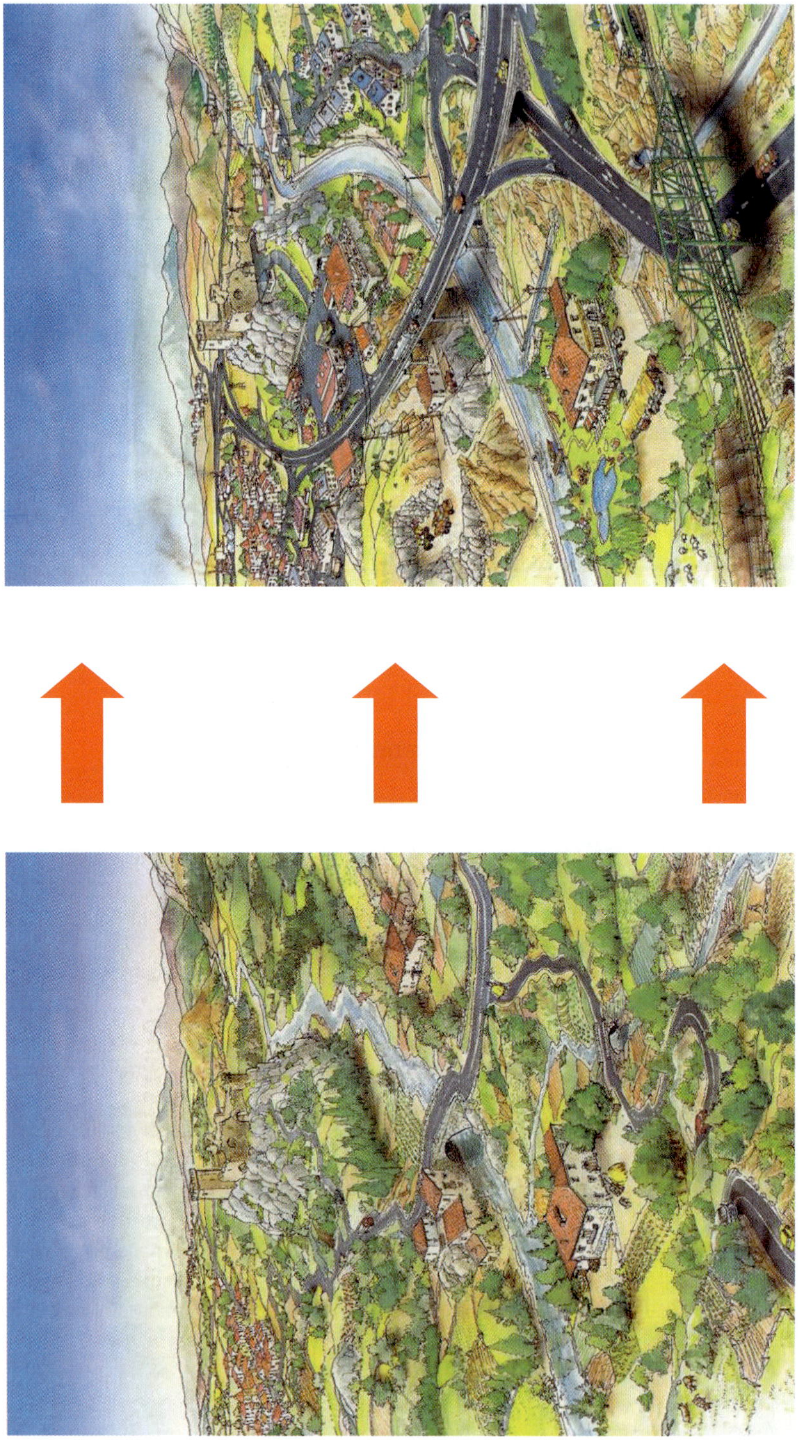

Figura I.4. *El sistema territorial, y el modelo que lo representa, son la proyección espacial del estilo de desarrollo; la imagen de la izquierda denuncia un estilo de desarrollo basado en la agricultura, mientras la de la derecha representa ese mismo ámbito bajo una economía más evolucionada basada en la industria y los servicios.*

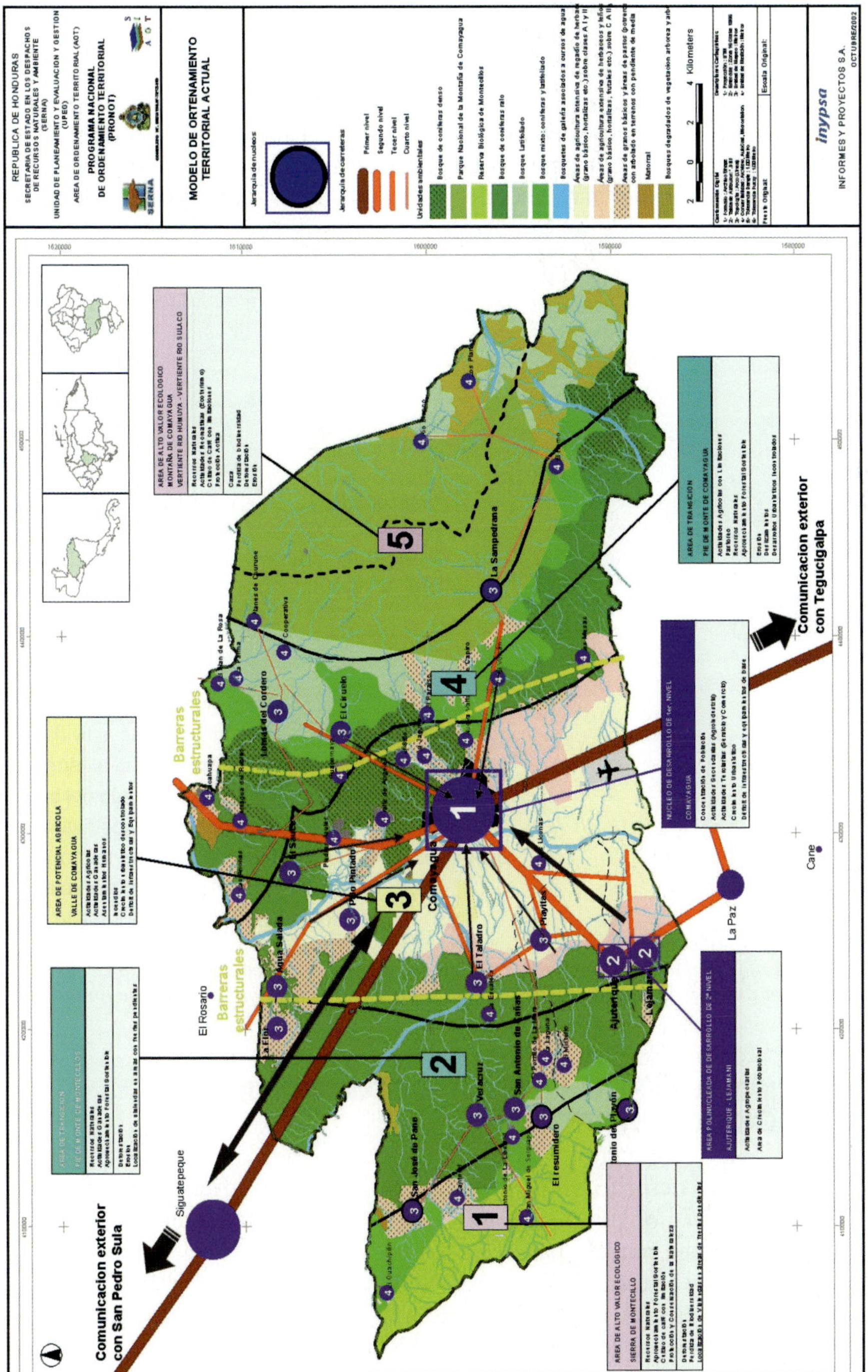

Figura I.5. *Modelo territorial de un sistema real mostrando los elementos característicos: el medio físico y los usos primarios del suelo, el sistema de asentamientos poblacionales, las conexiones interiores y con el exterior y algún elemento singular.*

En realidad, la evolución tendencial, sin intervención, no existe; la realidad es que en todo sistema territorial hay algún tipo de planificación porque siempre hay alguien que reflexiona sobre la situación actual y su tendencia hacia el futuro y sobre la forma de incidir sobre ella para reorientar su evolución hacia unos objetivos definidos, que eso es la planificación. El problema es que tal iniciativa no sea pública y, por tanto, orientada al interés general, sino privada y por quien tiene capacidad para hacerlo, y orientada por ello a intereses privados, generalmente alejados de los públicos y con visión de corto plazo.

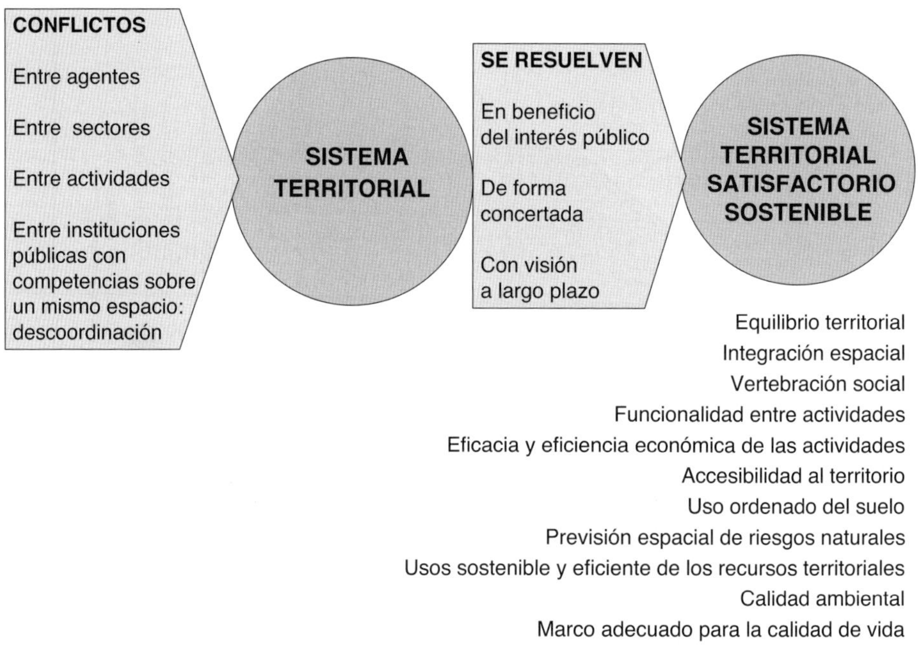

Figura I.7. *La evolución planificada del sistema territorial (ordenación territorial) es ineludible para avanzar hacia un sistema satisfactorio y sostenible que proporcione un marco adecuado a la calidad de vida de los ciudadanos.*

4. EVOLUCIÓN PLANIFICADA DEL SISTEMA TERRITORIAL: LA ORDENACIÓN TERRITORIAL

En el contexto descrito se justifica la evolución planificada del sistema territorial (figura I.7), objetivo primordial de la ordenación del territorio (figura I.8). Se trata de una función básica de los poderes públicos orientada a resolver los conflictos en beneficio del interés común, de forma concertada entre los agentes socieconómicos y en un horizonte temporal de largo plazo, donde tan importante como «lo que se debe hacer» es lo que «no se debe hacer», y donde tan importante como resolver los problemas actuales es prevenir los potenciales.

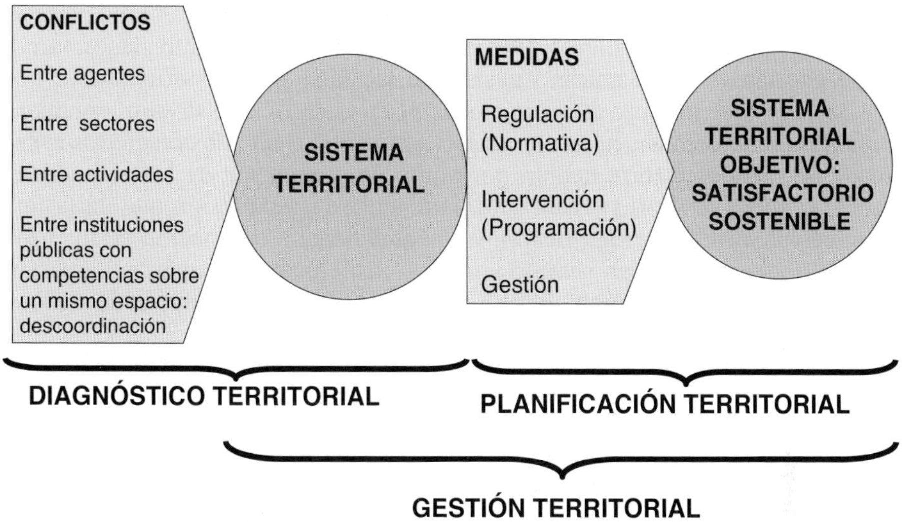

Figura I.8. *Las tres facetas de la ordenación territorial: Diagnóstico Territorial, Planificación Territorial y Gestión Territorial.*

La ordenación territorial implica, pues, tres facetas complementarias e iterativas (figura I.8):

- El *diagnóstico territorial* o análisis e interpretación del sistema territorial a la luz de la evolución histórica y de las tendencias evolutivas sin intervención.
- La *planificación territorial* o definición del sistema territorial futuro y de las medidas (de regulación, de intervención y de gestión) para avanzar hacia él[3]. Dentro de ésta, la *prospectiva territorial,* define escenarios o situaciones futuras imaginables que se adoptan como referencia para seleccionar la imagen objetivo a conseguir a largo plazo.
- La *gestión territorial* o conjunto de diligencias para aplicar las medidas capaces de conducir el sistema territorial en la dirección marcada por la imagen objetivo.

5. ORDENACIÓN TERRITORIAL

5.1. Las actividades humanas y el espacio en que se ubican

Mas allá de lo señalado en el punto anterior, la expresión ordenación territorial, o del territorio, expresa un concepto muy amplio, difícil de reducir a los tér-

[3] En prospectiva se denomina *escenario,* a la descripción de una situación futura y el encadenamiento coherente de sucesos y medidas que, partiendo de la situación actual, llega a la futura. Una técnica de planificación muy utilizada en el mundo de los negocios es el «backcasting» que consiste en identificar escenarios futuros deseables, para, retrocediendo desde ellos, identificar las acciones necesarias para alcanzarlos.

minos de una definición precisa, que se aplica de diferente manera según quien la utilice, aunque siempre girando en torno a tres elementos: las actividades humanas, el espacio en que se ubican y el sistema que entre ambos configuran.

Básicamente, ordenar un territorio significa identificar, distribuir, organizar y regular las actividades humanas en ese territorio de acuerdo con ciertos criterios y prioridades; cabría hablar, por tanto, de ordenación de las actividades humanas en un territorio organizado para acogerlas, expresión que daría una idea más precisa de tal significado, y es equivalente a ordenación de los usos del suelo —que se usa en sentido similar—, en cuanto éstos y aquellas están biunívocamente correlacionados[4]. Se trata, en suma, de poner cada «cosa» (actividad) en el lugar que le corresponde.

En este sentido son ilustrativas las citas que se exponen a continuación.

> *La ordenación del territorio tiene por objeto (...) la delimitación de los diversos usos a que puede destinarse el suelo o espacio físico territorial.*
>
> Sentencia 77/84 del Tribunal Constitucional

> La ordenación del territorio es *«el conjunto de criterios, normas y planes que regulan las actividades y asentamientos sobre el territorio con el fin de conseguir una adecuada relación entre territorio, población, actividades, servicios e infraestructuras».*
>
> Ley Cántabra en materia de Ordenación del Territorio

> *La Ley 1/1994 de Ordenación del Territorio de Andalucía, entiende la ordenación del territorio como una función pública de la Administración destinada a establecer una configuración física del territorio acorde con las necesidades de la sociedad. Sus objetivos son la articulación territorial interna y externa de la Comunidad Autónoma, la distribución geográfica de las actividades y usos del suelo, armonizada con el desarrollo económico, las potencialidades existentes en el territorio y la protección de la naturaleza; todo ello con el fin de conseguir la plena cohesión e integración de la Comunidad Autónoma, su desarrollo equilibrado y el bienestar de sus habitantes.*

La idea expresada es la que marca el contenido de esta obra; en ella se contempla el sistema territorial desde el medio físico o territorio en el sentido más literal de la palabra: la tierra, «lo que se pisa». Aún reconociendo que la ordenación territorial admite otras aproximaciones, no es ajena a la que aquí se utiliza ni la finalidad de desarrollo, que está implícita a través de la identificación de las actividades a ordenar, ni la de integración vertical (con otras áreas en las

---

[4] La correspondencia entre actividad y uso del suelo es evidente, hasta el punto de que ambos términos se utilizan como si fueran equivalentes: así un uso agrícola del suelo es aquél sobre el que se practica la agricultura, un uso industrial está determinado por la localización de una actividad manufacturera y un uso de infraestructura de transporte corresponde a la actividad de desplazamiento de personas o mercancías.

de orden superior e inferior) y horizontal (entre áreas y entre sectores), ni la de equilibrio territorial, si bien esta última matizada por el protagonismo que se da aquí a los recursos endógenos como inspiradores de un desarrollo específico para cada unidad geográfica.

5.2. La ordenación territorial como expresión física del estilo de desarrollo

La ordenación del territorio puede interpretarse como la proyección en el espacio de las políticas económica, social, cultural y ambiental de una sociedad, y el sistema territorial, como el resultado de aquellas.

En el presente, el estilo de desarrollo definido por tales políticas, se plasma en las actividades —los usos del suelo— que se localizan en el territorio, en los asentamientos poblacionales y en los canales de relación (infraestructura viaria, de comunicaciones y otras) que dan funcionalidad al sistema; y todo ello configura el modelo territorial: la expresión física y visible de una sociedad, la cristalización de los conflictos que en ella se dan, el reflejo de los cambios que se producen en el estilo de desarrollo y, en suma, en la escala de valores sociales[5].

De acuerdo con la Carta Europea de Ordenación del Territorio, la ordenación del territorio es

> *«la expresión espacial de la política económica, social, cultural y ecológica de toda la sociedad, cuyos objetivos fundamentales son el desarrollo socioeconómico y equilibrado de las regiones, la mejora de la calidad de vida, la gestión responsable de los recursos naturales, la protección del medio ambiente y, por último, la utilización racional del territorio».*
>
> Carta Europea de Ordenación del Territorio de 1983

Hacia el futuro, la ordenación del territorio define la estructura espacial o marco físico (forma de utilización del suelo, redes formadas por los núcleos de población y por los canales que conectan el conjunto) en el que se han de ubicar las actividades propiciadas por las políticas social, económica, cultural y ambiental de la sociedad, y regula el comportamiento de los agentes socioeconómicos; todo ello orientado a conseguir un desarrollo equitativo, equilibrado y sostenible de las diferentes regiones.

Esta idea de futuro justifica el contenido planificatorio que caracteriza a la ordenación territorial. En este sentido, se hace ordenación territorial cuando se toma en cuenta el territorio en la definición de la estrategia de desarrollo y cuando se vinculan a él las actividades que configuran dicha estrategia.

Tal como ilustran las figuras I.4 y I.5, el territorio, o su imagen simplificada: el modelo territorial refleja el estilo de desarrollo, la base económica de una

[5] La expresiones sistema territorial y modelo territorial, se utilizan frecuentemente como sinónimas; sin embargo la segunda: modelo territorial, se refiere solo a la representación simplificada del sistema territorial.

sociedad, las actividades que soportan el tejido social y la forma en que se agrupan y relacionan los ciudadanos, de tal manera que distintas estrategias de desarrollo económico, social, cultural y ambiental, implican usos, aprovechamientos y comportamientos del suelo que producen modelos territoriales diferentes.

La Carta Europea de Ordenación del Territorio añade, además, que la ordenación del territorio

> *«es a la vez, una disciplina científica, una técnica administrativa y una política, concebida como actuación interdisciplinaria y global cuyo objetivo es un desarrollo equilibrado de las regiones y la organización física del espacio según un concepto rector».*
>
> Carta Europea de Ordenación del Territorio, 1983

Las dos citas expuestas de la Carta Europea ponen de manifiesto las ideas focales a que atiende la ordenación del territorio: desarrollo (definido en términos de calidad de vida), equilibrio intra e interregional, organización física del espacio, utilización racional de los recursos naturales y conservación ambiental.

Por otra parte, el carácter técnico científico que la Carta atribuye a la ordenación del territorio deriva de la necesidad de este tipo de conocimientos para la elaboración y gestión de los planes; la iniciativa sobre la elaboración de éstos y su aprobación corresponde a la Administración Pública, de ahí su condición administrativa, mientras es una decisión política la implantación de un sistema formalizado de ordenación territorial en un país determinado.

Y todo ello, de acuerdo con dicho texto, realizado de forma democrática: con participación de los ciudadanos; global: mediante la colaboración de todos los sectoreS; funcional[6]: adaptada a la conciencia de cada región, y prospectiva: considera las tendencias económicas, sociales, culturales y ambientales a largo plazo y sus consecuencias territoriales, así como los posibles escenarios que, no siendo tendenciales, podrían darse en ciertas circunstancias futuras.

Técnicamente, pues, la ordenación del territorio utiliza, de forma interdisciplinar, conocimientos científicos en el análisis y diagnóstico territorial, incluyendo la modelización del sistema territorial actual, su proyección futura y escenarios prospectivos, en el diseño del sistema territorial hacia el futuro o imagen objetivo y en la gestión a realizar para conseguirlo.

Desde el punto de vista administrativo, la ordenación del territorio es una función pública que responde, fundamentalmente, a la necesidad de controlar desde los poderes públicos el crecimiento espontáneo de las actividades humanas, públicas y privadas, con el fin de evitar los problemas que aquél provoca y de garantizar una especie de justicia socioespacial: el respeto al principio que proclama la función social de la propiedad, y un desarrollo que, trascendiendo el

[6] Los términos global y funcional se utilizan en el texto de la Carta en el sentido apuntado; sin embargo conviene advertir que en la actualidad el término global se aplica a los fenómenos que afectan al planeta tierra, y el término funcional al funcionamiento de un sistema.

mero crecimiento económico, se centra en la calidad de vida de la población. Tal función se ejerce por organismos públicos a través de planes, y tiene carácter horizontal (corta a los sectores) por lo que condiciona y prevalece sobre la planificación sectorial, así como sobre dos funciones públicas también horizontales: una de ámbito inferior, el urbanismo, y otra superior: la planificación económica.

Por fin, el carácter político de la ordenación del territorio se justifica porque son los poderes públicos quienes definen el estilo de desarrollo y, en consecuencia, las actividades a través de las que se ha de producir aquél, y deciden los instrumentos de planificación a utilizar, en legislación específica, y la formas de comportamiento en legislación sectorial.

En síntesis, esta obra adopta la siguiente definición:

La Ordenación del Territorio es una función de la Administración Pública, de carácter integral, que corta horizontalmente a todas las componentes del sistema territorial, orientada a conseguir el desarrollo sostenible de la sociedad mediante la previsión de sistemas territoriales armónicos, funcionales y equilibrados capaces de proporcionar a la población una calidad de vida satisfactoria.

La Ordenación del Territorio se hace operativa a través de un sistema coherente de planes, previstos en legislación específica y no específica, que se ejecutan en tres fases: diagnóstico, planificación y gestión, cuyo impulso, elaboración, aprobación y aplicación corresponde a la institución responsable de la Administración Pública, y requiere una aproximación científicotécnica, la participación pública y la concertación de los agentes socioeconómicos.

En términos más directos, la Ordenación del Territorio consiste en elaborar los planes previstos en la legislación y en ejecutarlos después, según un proceso continuo e iterativo de diagnóstico, planificación y gestión.

La Ordenación del Territorio se aplica de forma multi e interdisciplinar, en direcciones diversas y complementarias:
— A la corrección de desequilibrios territoriales entre los sistemas territoriales de cada nivel (nacional, regional, comarcal, local o particular) e internamente en cada uno de ellos.
— Como enfoque y metodología para planificar el desarrollo sostenible, en cuanto identifica las actividades que soportan las dimensiones del desarrollo, las distribuye en el espacio de acuerdo con la vocación natural de medio físico y con las relaciones de sinergia, complementariedad, disfuncionalidad, compatibilidad e incompatibilidad que se dan entre ellas, regula su funcionamiento y atiende a todas las facetas —social, económica y ambiental— de la calidad de vida.
— Como un instrumento preventivo de gestión ambiental en cuanto controla la localización y el funcionamiento de las actividades humanas.
— Como instrumento preventivo de riesgos naturales y tecnológicos en cuanto evita localizar población y actividades en las zonas sometidas a riesgo.

En la Ordenación del Territorio destacan tres componentes:

— institucional: determinante de la eficacia del proceso,
— cientificotécnica: aplicación de metodologías sistemáticas a procesos de decisión abiertos y persigue el máximo beneficio social,
— democrática: se basa en la participación de la población implicada y en la concertación de los agentes socioeconómicos.

6. LOS PLANES DE ORDENACION TERRITORIAL

En cuanto planificación, como se ha visto, la ordenación del territorio es un concepto que integra la planificación socioeconómica con la física en una unidad geográfica concreta, cuyas determinaciones prevalecen sobre la planificación sectorial, incluidos, como se dijo, el urbanismo y la planificación económica.

Se aplica a todos los niveles territoriales: supranacional, nacional, regional, provincial, comarcal, municipal/local e inferior, mediante un conjunto de planes (instrumentos legales) que la legislación prevé para cada nivel. Tradicionalmente, éstos se desarrollan en cascada, según un proceso de arriba abajo, en el que los de nivel superior y ámbito más extenso, se adoptan como referencia para los de nivel inferior; no obstante, con independencia de la legislación, conceptualmente nada impide que el enfoque y las técnicas de ordenación territorial se apliquen sin considerar tales referencias, siempre que se conozca el espacio a ordenar y se definan las actividades. Asimismo, es posible ascender según un proceso de integración de abajo a arriba, desde los niveles inferiores hacia los superiores. Es el caso de la planificación del desarrollo local que se aplica a los niveles territoriales más bajos: municipios y comarcas, integrándose en un proceso ascendente en los niveles superiores.

En un país cualquiera (en España, en una comunidad autónoma cualquiera), la ordenación del territorio se materializa a través de un conjunto de planes previstos en la legislación específica en la materia, a los que tal legislación denomina instrumentos de ordenación territorial.

Además de los citados instrumentos específicos, existen planes contemplados en cierta legislación sectorial que tienen repercusiones territoriales, algunos de ellos muy fuertes, de tal manera que el modelo territorial en un determinado ámbito, no es solo el fruto de lo previsto en los planes de ordenación territorial, sino que toda decisión que de una u otra forma estimula o disuade la aparición y localización de las actividades humanas, acaba dejando su huella en el modelo territorial resultante.

Cada país tiene, cuando lo tiene, su propio sistema de instrumentos o figuras de ordenación del territorio; la existencia de tal sistema, su carácter y la forma en que se aplica, se suele asociar al grado de desarrollo socioeconómico y de comportamiento cívico de una sociedad; porque la existencia y aplicación de tal sistema es la única garantía de un desarrollo sostenible, equilibrado y equitativo que asume la existencia de límites al derecho de propiedad del suelo basados en el principio que establece la función social de la propiedad.

En España, las figuras específicas de ordenación territorial se encuentran en la legislación de las comunidades autónomas. En el nivel estatal no existe legislación específica si no es la Ley del Suelo de contenido básicamente urbanístico; además en este nivel opera la legislación desarrollada en la Unión Europea sobre cohesión territorial, planificación regional y numerosa legislación sectorial de gran importancia territorial, tal como la relativa a las infraestructuras, a la conservación de los espacios naturales, de la flora y de la fauna, a las aguas, a las costas, al desarrollo rural, a la contaminación, etc.

La complejidad del sistema sociofísico a diagnosticar, los cambios a que está sometido —incluso en la percepción de los agentes— y los intereses conflictivos que operan en él, impregnan de incertidumbre a las determinaciones de los planes de ordenación territorial; ello aconseja elaborarlos bajo la idea de adaptación, flexibilidad y aprendizaje social, de tal manera que, lejos de finalistas, sus determinaciones han de ser abiertas, permitiendo así adaptarlos en la fase de gestión a la realidad cambiante; pero ello sin dar opción a la arbitrariedad de los responsables de tal gestión.

Los planes operan tanto a través de sus determinaciones cuanto por la cultura que generan: sobre políticos, administradores, técnicos y público en general, de tal manera que su eficacia no depende estrictamente del fiel cumplimiento de su normativa y programa de actuaciones; antes bien la evidencia que proporcionan sobre la racionalidad y prioridad de los objetivos a conseguir y sobre la exigencia de coordinación y concertación entre unidades territoriales, sectores de actividad y agentes sociales, muy particularmente los de la administración pública, los hace completamente justificables.

7. ENFOQUES PARCIALES DE LA ORDENACIÓN TERRITORIAL

El carácter interdisciplinar de la ordenación del territorio y la relativa imprecisión de su significado, facilita interpretaciones parciales, frecuentemente interesadas, según los campos de conocimiento que intervienen en ella y que se deben, fundamentalmente, a la vía de entrada al sistema (figuras I.9 y I.10), lo que origina estilos de diagnóstico y modelos territoriales diferentes.

Los *economistas*, preocupados por la cohesión económica y social del sistema, e influidos por la ciencia regional, suelen vincular la ordenación territorial a la localización espacial de las inversiones, las cuales, solo en el mejor de los casos, se destinan a corregir desequilibrios territoriales.

En su práctica de la ordenación territorial priorizan el diagnóstico económico-social, ignorando el papel del medio físico. Es la economía y su estructura lo que focaliza su preocupación, y las leyes del mercado lo que determina, para ellos, el funcionamiento del sistema, de tal manera que pierde valor todo aquello que no pueda ser reducido a una contabilidad monetaria. De esta forma minimizan los elementos y procesos naturales que no cuentan con un precio de mercado; la tala de un bosque, por ejemplo, aparecería en su contabilidad como un incremento de producción no compensada, por el lado de los costes, por la

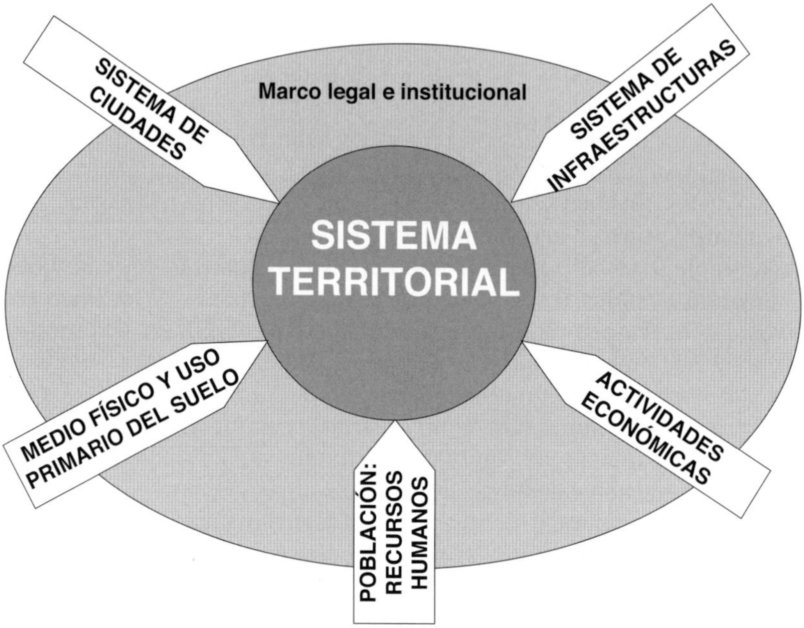

Figura I. 9. *Entradas al sistema; desde el «campo», desde las ciudades, desde las infraestructuras y desde las actividades económicas.*

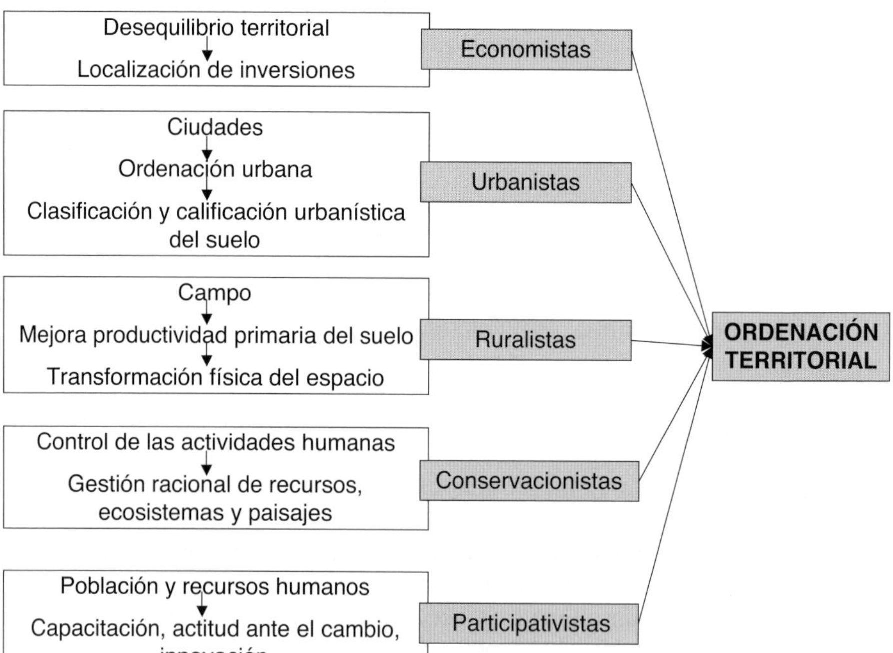

Figura I.10. *Puntos focales de atención según campos de acceso a la práctica de la ordenación territorial.*

merma de biodiversidad o de las funciones que tal bosque tiene en el ciclo del agua, en la conservación de suelos, en el equilibrio ecológico o en el paisaje; del mismo modo la ocupación de un suelo fértil por una industria asumiría el coste que corresponde al precio de mercado, introduciendo así un error en cuanto dicho precio no representa en absoluto la pérdida del recurso, medida, incluso, en términos de pérdida de la producción que correspondería a la explotación sostenible del recurso edáfico durante un tiempo indefinido.

El sentido de equilibrio y desequilibrio se reduce con frecuencia, al peso relativo de los sectores productivos o de las diferentes zonas, en una región o un país, y se juzga por comparación con otras regiones de referencia, sin considerar que cada unidad geográfica puede entender el desarrollo de manera específica: endógena, adaptado a sus propias circunstancias y recursos. Este enfoque propicia patrones homogéneos de desarrollo, contrapuestos a la idea de diversidad y adaptación al medio físico que están en la base de la sustentabilidad.

El equilibrio, entendido en el sentido de conseguir una calidad de vida equivalente en todo el territorio, constituye un objetivo prioritario de la ordenación territorial, pero debe precisarse que las formas de alcanzarlo son muy diversas y que entre ellas están las que valoran la función social de los elementos y procesos naturales en un doble sentido: en cuanto fuente de ingresos derivados de las externalidades positivas que generan, y en términos de su aportación a la calidad ambiental, componente importante de la calidad de vida.

Con la generalización de la sensibilidad ambiental, se han intentado diversas formas de introducir en la contabilidad de costes y beneficios los elementos y procesos del medio físico. El deterioro de éstos y la competencia por su uso, ha provocado que bienes tradicionalmente de libre disposición, hayan pasado a ser escasos sin que ello se registre como una pérdida de riqueza, pese a que la escasez y el aumento de la demanda, les ha dotado de una dimensión económica de la que carecían. La lógica de la teoría de mercado ha reaccionado ante esta anomalía, denominada externalidad, de varias formas: atribuyendo un valor de mercado mediante la imputación de un coste a la utilización del bien ambiental, a través de impuestos o de una regulación pública ajena al mercado. Esta diatriba se plantea por la dificultad de asignar valores monetarios a hechos, en principio, tan extraeconómicos, como la belleza de un paisaje o la diversidad biológica, y la desvirtuación que supone someter a las leyes del mercado factores cuyo valor es de carácter funcional, ético o estético, independiente, por tanto, del precio de mercado. No han faltado intentos en este sentido, tales como métodos que valoran recursos intangibles a través de la «disposición al pago» por parte de los usuarios potenciales, otros que lo hacen calculando los gastos ocasionados por quienes los visitan, u otros que los valoran en función de los ingresos generados de forma indirecta por elementos naturales, como por ejemplo el incremento de valor de una propiedad próxima a un paisaje bello o con vistas al mar; más adecuadas, parecen las medidas que asocian el valor ambiental a un valor de mercado mediante relaciones simples y directas, por ejemplo, el precio de un factor ambiental puede determinarse por el lado de los costes, en función de las pérdidas directas que ocasiona su alteración o del coste que supone la corrección de su deterioro; solo en ciertos casos los factores ambientales tienen ya un valor de mercado perfectamente definido.

En todo caso, la economía tradicional, basada en mecanismos de mercado, se considera insatisfactoria desde el punto de vista del medio natural, por lo que surge la *Economía Ecológica* que entiende el sistema social como un ecosistema y la economía en términos de flujo de energía y materiales entre sus agentes, como hace la ecología en el mundo natural; considera el sistema económico como un subsistema del sistema global, en el que deben engranar la economía con la ecología para producir un desarrollo ambientalmente sano, socialmente solidario en el espacio con las generaciones actuales y en el tiempo con las futuras y económicamente viable a largo plazo, que añade a los indicadores económicos los activos y pasivos naturales. De esta manera el consumo de los recursos naturales, la tala de un bosque, por ejemplo, en actividades productivas, se contabiliza como una pérdida de riqueza, gasto, y no un aumento de riqueza, ingreso.

Los *urbanistas* desenfocan el concepto de ordenación territorial desde su punto de mira, la ciudad, reduciéndolo a la clasificación y calificación urbanística del suelo, de tal manera que, en sus planes y realizaciones, el suelo rústico queda como un espacio residual, mero soporte para la expansión de las ciudades, y sólo se trata con detalle el urbano o aquel que va a ser convertido en urbano (suelo urbanizable).

El urbanismo ha abusado de concepciones y estereotipos geométricos en la ordenación del espacio, como si el territorio fuese una especie de lámina en blanco a la que se puede traducir todo tipo de formas idealizadas en un dibujo, sin considerar que el territorio es anterior a las actividades humanas y que existe una especie de determinismo geográfico fundamentado en la «lectura» de aquél, en el conocimiento de las oportunidades y condicionantes del territorio para acogerlas.

No obstante el planeamiento urbanístico es, probablemente, el campo que más rápidamente ha incorporado en la época moderna los criterios del medio físico a sus actuaciones. La estrechez espacial marcada por la expansión de las ciudades, determinó una especie de huida hacia arriba, hacia ámbitos de planificación de mayor tamaño. Han sido precisamente figuras de planeamiento previstas en la Ley del Suelo las pioneras en adoptar metodologías de integración en ámbitos supramunicipales, tal como los Planes Directores Territoriales de Coordinación; pero esta figura apenas ha sido utilizada, no tanto por la complejidad de su contenido cuanto porque el procedimiento de aprobación trasciende el nivel autonómico, en una estructura política en que las competencias en materia de ordenación territorial han sido nominalmente transferidas a las comunidades autónomas. La ordenación del territorio supera ampliamente al planeamiento urbanístico hasta tal punto que la legislación autonómica vigente exige la revisión de los planes locales de urbanismo cuando no se adapten a las previsiones de los planes de ordenación territorial.

Los *ruralistas*, cuyo enfoque está representado por las realizaciones históricas en materia de colonización de tierras, de transformación económico-social de zonas rurales o de conservación de la naturaleza, apenas han utilizado la expresión ordenación del territorio, a pesar de que tradicionalmente han aplicado el concepto, pero asimilado, implícitamente, a un conjunto de proyectos orientados a la transformación física del espacio para mejorar las condiciones de productividad primaria, para dotar de infraestructuras y equipamientos sociales a los núcleos rurales y para definir los espacios protegidos y la forma en que deben ser gestionados. En general este tipo de ordenamiento ha adolecido de la rigidez y falta de globalidad inherente al enfoque de proyectos y, paralelamente, de la flexibilidad que proporciona la consideración dinámica del sistema territorial propia de la ordenación del territorio. Tal consideración, algo simplista y estática, de la realidad, se justificó en su momento, por la prioridad absoluta de la producción frente a otras funciones del medio rural. Se entendían las zonas húmedas, por ejemplo, en términos de sus posibilidades agrícolas, ignorando que este aprovechamiento es incompatible con la función que cumplen en la conservación de la avifauna migratoria. El hecho de que los profesionales de este enfoque estuvieran familiarizados con los elementos del ambiente natural, ha supuesto una rémora (y un retraso en relación con los urbanistas, por ejemplo) para la aceptación de los nuevos criterios de ordenación de zonas rurales. Esta situación está cambiando rápidamente con el problema de los excedentes agrarios en la UE y la consiguiente adaptación de la agricultura al mercado establecida por la nueva política agrícola comunitaria y el nuevo concepto de «multifuncionalidad» que se atribuye a la agricultura. Sin embargo, la mentalidad tradicional se manifiesta en muchos de los planes y programas operativos realizados en aplicación de la reglamentación sobre los fondos estructurales de procedencia comunitaria. La irrupción del desarrollo rural y el enfoque desde lo local hace que estén cambiando rápidamente las cosas, al adoptar el enfoque de ordenación territorial que aquí se postula.

Los *conservacionistas* vinculan la ordenación del territorio a una planificación y gestión del espacio que garantice el uso racional de los recursos naturales y a la previsión de espacios naturales protegidos de acuerdo con las figuras de protección disponibles.

Por último, aquellos que focalizan el sistema territorial desde lo social, consideran a la población protagonista fundamental de su futuro, y a la innovación como motor del desarrollo y del sistema territorial que lo soporta; por ello enfatizan la preparación de los recursos humanos tanto desde el punto de vista de su capacitación profesional como de su actitud ante el cambio y la incertidumbre que caracterizan el futuro.

La ordenación territorial participa de estas y otras aproximaciones sectoriales, pero las supera envolviendo a todas ellas: adopta un enfoque global y sistémico, que incorpora en un modelo conjunto los aspectos económicos, sociales, culturales, estéticos y físiconaturales, que busca el equilibrio y la cohesión territorial mediante la integración de los sectores y de las diferentes unidades territoriales. Este enfoque integral es más difícil de concebir y de gestionar, pero resulta más racional y ajustado a la realidad que los enfoques sectoriales.

8. JUSTIFICACIÓN DE LA ORDENACIÓN TERRITORIAL

8.1. Un enfoque planificado del desarrollo

Ya en 1994, los ministros de ordenación del territorio y Medio Ambiente de la UE acuerdan por unanimidad *«reclamar una política de Ordenación del Territorio como instrumento básico para alcanzar el Desarrollo Sostenible»*, entendiendo la ordenación territorial como un planteamiento integrado llamado a ser el marco de referencia para la coordinación del desarrollo económico y social de la UE.

La ordenación del territorio se justifica, en primer lugar, por la preferencia del enfoque planificado frente a la evolución espontánea, regida por las leyes del mercado y el juego de los grupos de interés, del sistema territorial. La simple exposición del concepto de ordenación territorial descrito evidencia esta afirmación y justifica su utilidad como método planificado de ataque y prevención de los problemas inherentes a la evolución espontánea del sistema; en efecto, el «dejar hacer» difícilmente puede garantizar el cumplimiento de los criterios de racionalidad y sostenibilidad que el concepto comporta ni la función social que se exige a la propiedad; antes bien, la experiencia enseña que sin reflexión y previsión de futuro, el crecimiento espontáneo lleva a la aparición de actividades desvinculadas del medio, a su localización desordenada, a un comportamiento insolidario e insostenible a largo plazo, y provoca desequilibrio territorial, ocupación y uso desordenado del suelo, degradación ambiental, destrucción de recursos, externalidades negativas[7] de todo tipo, respecto de los cuales los mecanismos de mercado resultan inoperantes, cuando no contraproducentes.

Esta aseveración se corrobora cuando se constata cómo los países y regiones social y económicamente más evolucionados, son los que hacen un mayor y mejor uso de este enfoque, y a la inversa, cómo los países menos desarrollados tienen enormes dificultades para elaborar y aplicar planes de ordenación territorial.

Ello es así porque los intereses particulares —generalmente económicos— que giran en torno a la localización de las actividades humanas son de tal potencia, que merman la capacidad de intervención en aras del bien común, y solo una sociedad muy desarrollada puede prever primero los mecanismos de intervención y luego aplicarlos con agilidad y eficacia.

En segundo lugar la ordenación del territorio se justifica por la necesidad de superar la parcialidad y reduccionismo que comporta la planificación secto-

[7] El concepto de externalidad se refiere a los efectos de un agente socioeconómico sobre otro u otros agentes por cualquier vía que no sea el mercado. Pueden existir en el lado del consumo y en el de la producción, y ser, en ambos casos, positivas (economías externas) o negativas (deseconomías externas). Para el tratamiento de las externalidades se utilizan tradicionalmente dos tipos de instrumentos: los impuestos para las negativas y las subvenciones para las positivas. Pero en la actualidad se exploran otros métodos basados en el mercado, es decir en atribuir un precio a este tipo de efectos que los beneficiarios estén dispuestos a pagar.

rial, ya que el desarrollo se plasma en un sistema territorial, que, de acuerdo con la teoría de sistemas, no puede ser entendido ni planificado si no es como un todo. En este sentido, lo que se desarrolla es un territorio en toda su complejidad, en el que la población dispone de una satisfactoria calidad de vida.

8.2. La superación de ciertos paradigmas sociales

A niveles más detallados, la sociedad moderna presenta diversos paradigmas que de forma recurrente se dan en todos los países y regiones, los cuales justifican con más claridad el enfoque integral y planificado que comporta la ordenación territorial; son los siguientes:

— *La tendencia del estilo de desarrollo hacia el desequilibrio territorial.* El modelo de desarrollo que impera se proyecta en el territorio según el denominado modelo *centro-periferia*, que se caracteriza por la concentración de población y actividad en determinados puntos, ejes o zonas: *los centros,* y el paralelo vaciado de otras: *las periferias*. El modelo se da a todos los niveles: mundial, regional y local, e incluso es aplicable a las relaciones campo-ciudad, y se manifiesta en graves desequilibrios territoriales.

— *Las pautas de consumo y comportamiento irracional de la población.* Equivocadamente, la población suele relacionar la felicidad con un continuo aumento del consumo de energía y bienes materiales, lo que tiene consecuencias evidentes en la explotación de los recursos, mientras el potencial de formas de vida y comportamiento menos consumista se vislumbra con solo pensar en las consecuencias de unos hábitos más andariegos en las ciudades, de la adopción de formas más naturales de recreo y esparcimiento o del desplazamiento de la dieta humana hacia los vegetales.

— *La pugna entre interés público e interés privado.* El interés privado y a corto plazo de los agentes socioeconómicos impide asumir en todas sus consecuencias la función social de la propiedad como principio capaz de garantizar la coherencia y funcionalidad del sistema territorial.

— *La aparente contradicción entre conservación y desarrollo.* El comportamiento de los agentes socioeconómicos manifiesta una idea depredadora sobre la naturaleza y sus recursos, a cuya explotación difícilmente reconocen límites, mientras consideran más rentable contaminar que depurar. Esta idea está cambiando, al menos en los países más desarrollados, cuando se presenta al medio ambiente como el gran *fondo de empleo*[8] hacia el futuro, y ello en el medio rural, en la industria y en los

[8] El empleo tiene una importancia creciente en las sociedades modernas, y ello no solo porque permite allegar ingresos para atender a las necesidades materiales de las familias, sino porque se comporta como uno de los principales elementos de inserción social, aspecto cuyo interés aumenta en la medida en que la población se hace más urbana y en que, por ello, muchas relaciones sociales se realizan a partir del lugar de trabajo. Una reciente encuesta

servicios, como *factor de localización* de actividades económicas de vanguardia[9], como *componente de la calidad de vida* de los ciudadanos, cuya importancia crece en la medida en que las otras componentes, nivel de renta y condiciones de vida y trabajo, van consolidando unos niveles razonables en los distintos países, y como elemento de *competitividad* en las empresas en cuanto mejora la imagen de éstas, ahorra insumos, mejora la eficacia productiva, crea una cultura de responsabilidad y de mejora en todos los empleados, facilita las relaciones con la administración y con el entorno social y proporciona seguridad ante los riesgos de todo tipo, incluyendo la posibilidad de incurrir en delito ecológico.

— *La competencia entre sectores socioeconómicos*. Que se manifiesta en términos de competencia por diversos recursos, entre los que destaca las que se producen por el espacio, y en desconfianza de unos sectores con otros. En este juego de competencias muchas actividades son expulsadas de las ciudades hacia el campo donde compiten con la agricultura o con las áreas naturales, y todas buscan aquellos lugares privilegiados por sus características o por sus valores.

— *La conflictividad entre interés local e intereses derivados de ámbitos superiores*. Esta conflictividad deriva de la diferente perspectiva que se tiene del sistema territorial según el punto de vista de abajo a arriba o al contrario.

8.3. Problemas concretos a los que atiende la ordenación territorial

En un tercer nivel de concreción, se citan los problemas más importantes derivados de estos conflictos, cuya solución, hacia el pasado, y prevención, hacia el futuro, reclama un enfoque de ordenación territorial; son los siguientes.

Problemas derivados del desequilibrio territorial

El desequilibrio territorial que comporta el estilo de desarrollo imperante produce dos fenómenos paralelos: la *congestión* de unas zonas y la *desertificación* en otras.

---

prospectiva de la UE, sobre *yacimientos de empleo y nichos de mercado,* ha puesto de manifiesto los sectores y subsectores en los que es posible crear empleo de forma masiva y donde la inversión es mucho más rentable, en términos de empleo, que la realizada en los sectores clásicos. Se trata de los siguientes: la vida cuotidiana (servicios a domicilio, protección a la infancia, a la ancianidad, nuevas tecnologías de información y comunicación, ayuda a los jóvenes con dificultades), el entorno vital (mejora de la vivienda, seguridad, transportes colectivos locales, espacios públicos urbanos, comercio de proximidad), el tiempo libre (turismo, sector audiovisual, patrimonio cultural local, desarrollo cultural local) y el medio ambiente (tratamiento de residuos, gestión del agua, conservación de zonas naturales, tratamiento de la contaminación).

[9] Actividades económicas de vanguardia: aquellas que a partir de una reducida cantidad de materias primas, alta tecnología y mano de obra muy cualificada, producen un elevado valor añadido.

El crecimiento espontáneo y excesivo en los «centros»: metrópolis, ejes de desarrollo, es responsable de un deplorable marco vital, tan poco deseable como la paralela desertización del campo. Se percibe un curioso paralelismo entre los inconvenientes de ambos tipos de hábitats, más evidente cuanto mayores son los contrastes, motivado precisamente por sus profundas diferencias; podría decirse que, como en otros casos, los extremos se tocan (figura I.11): en el medio urbano faltan dotaciones de equipamientos e infraestructuras por congestión, mientras en el medio rural el déficit se debe al denominado *efecto sumidero*[10] (figura I.12): círculo vicioso que se inicia porque el declive de la inversión y de las oportunidades en el medio rural propicia el vaciado de población, consecuencia que justifica, a su vez, la ausencia de inversión y, ésta, más despoblación... así se repite de forma cíclica según una espiral de declive hasta el total agotamiento poblacional, como se agota el agua girando sobre el sumidero abierto de un depósito. Las ciudades producen deterioro en su entorno por depredación de ecosistemas y paisajes a causa de una intensificación del uso del suelo, en el medio rural en declive se deteriora el entorno por la subexplotación debida a la falta de manos que practiquen una conservación activa; en aquéllas se da una degradación del patrimonio edificado por mezcla y superposición desordenada de usos, en éste por falta de actividad; el sentimiento de soledad propio de las ciudades grandes y densas tiene su

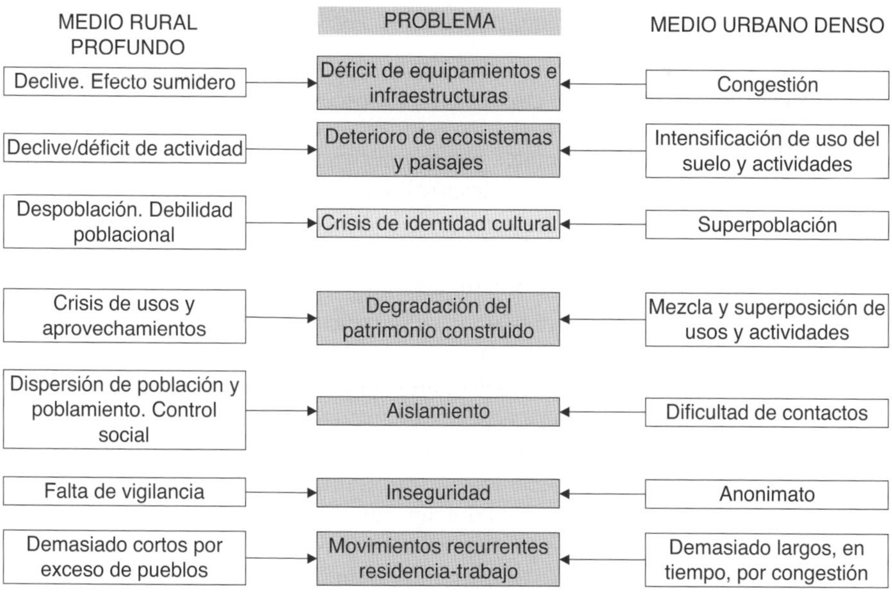

Figura I.11. *La congestión en las áreas urbanas produce efectos indeseables similares a los que produce la paralela desertización del medio rural.*

[10] El término «sumidero» también se aplica al fenómeno por el que el campo, el medio rural, fija contaminantes emitidos por fuentes localizadas en los «centros» o por actividades industriales.

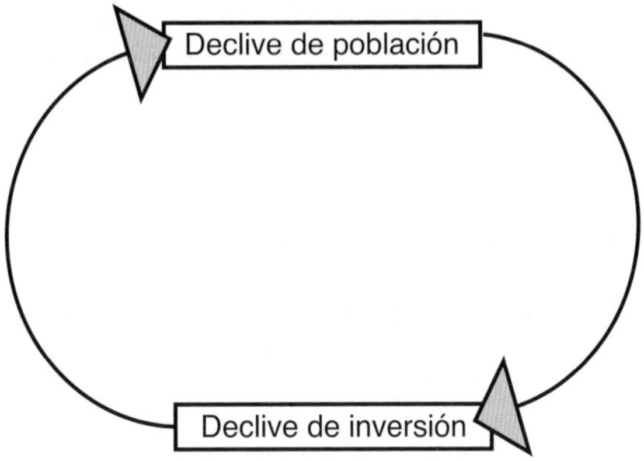

Figura I.12. *Efecto sumidero en el medio rural profundo.*

paralelo en los núcleos rurales por causas contrarias: escasez y dispersión de la población; las dificultades de desplazamiento en las ciudades tienen su paralelo en el campo por la baja cantidad y calidad de las infraestructuras; si en el medio rural se produce una pérdida de culturas y tradiciones por insuficiencia de sustento y densidad poblacional, en la ciudad también, pero por un exceso de densidad; la inseguridad y delincuencia que induce el anonimato en la ciudad tiene su paralelo en el campo por falta de vigilancia, etc.

Degradaciones ecológicas y despilfarro de recursos naturales

Las degradaciones ambientales pueden derivar de una incorrecta selección de las actividades que soportan el desarrollo, de su localización no respetuosa con la capacidad de acogida del medio, de la sobreexplotación de los recursos naturales renovables y no renovables y, por último, del olvido de la capacidad de asimilación de los vectores ambientales: aire, agua y suelo.

Por otro lado, la falta de población que explote y, por consiguiente, cuide los recursos naturales, supone la degradación de éstos. La subexplotación de recursos naturales es una causa típica de impactos ambientales; es el caso de las dehesas, ecosistemas silvopastorales modélicos de uso múltiple, conservados y creados por el hombre mediante la adaptación del bosque primigenio y «domesticación» del arbolado, de los aterrazamientos y otros paisajes producidos por la acción lenta y tradicional del agricultor, etc. A ello se añade la pérdida de culturas y tradiciones de gran interés, formas de explotación adaptadas y originales que forman parte del patrimonio cultural de la humanidad.

Paralelamente hay que citar el denominado impacto de la pasividad: abandono a su propia evolución de situaciones ambientalmente indeseables, cuyas causas pueden ser naturales o artificiales, que se autoalimentan, magnificándose si no se interviene. Es el caso, por ejemplo, de los procesos erosivos en los cuales los «efectos se convierten en causas».

Como se vio en epígrafes anteriores la ordenación del territorio es el enfoque que previene tales problemas y los planes el instrumento más adecuados para ello.

Prevención de riesgos

La relación uso del suelo/territorio es recíproca: si las actividades humanas pueden alterar los elementos y procesos naturales, también algunos de estos, genéricamente denominados riesgos naturales, pueden producir efectos indeseados en la actividad según su localización. Por consiguiente condicionan la capacidad de acogida del territorio.

Tal es el caso de los riesgos de inundación, movimientos de ladera, expansividad, hundimientos, subsidiencias y colapsos, sismicidad, vulcanismo, etc., que deben ser inventariados, valorados y cartografiados para evitar la localización en zonas donde se producen o utilizar las tecnologías adecuadas para soportarlos.

Toda localización debe analizar esa doble perspectiva del territorio, que, unida a la potencialidad de éste, define sus posibilidades en cuanto soporte de actividades; la localización dependerá, pues, de la aptitud del medio o punto de vista del «proyecto», de su fragilidad o punto de vista del «medio» y de la existencia de riesgos naturales (confluencia de ambos puntos de vista) que puedan suponer una amenaza para la actividad.

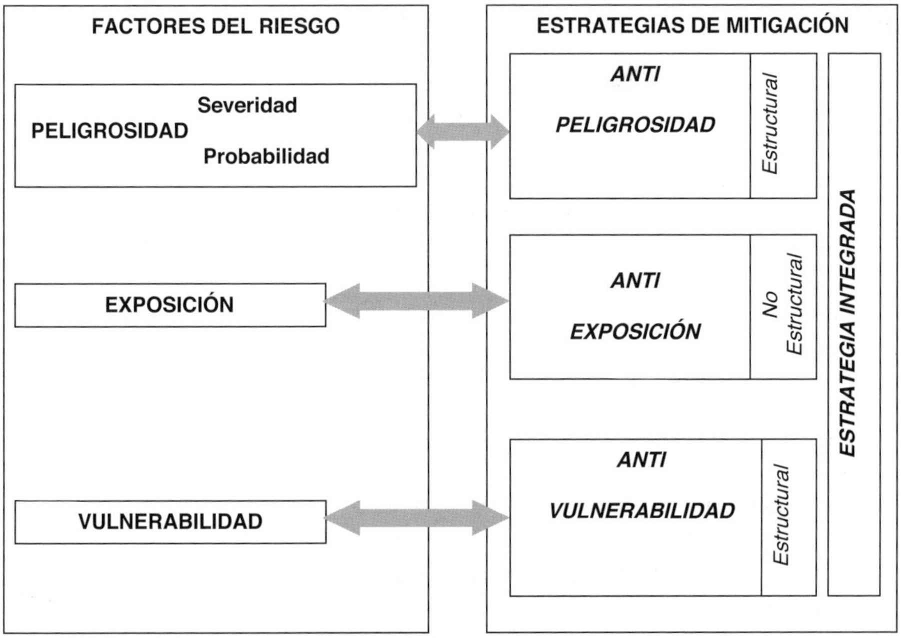

Figura I.13. *Estrategias de Mitigación de Riesgos.*

LA ORDENACIÓN DEL TERRITORIO EN LA PREVENCIÓN DE RIESGOS

(Redactado a partir de un texto de Francisco J. Ayala-Carcedo)

El análisis de ciertas catástrofes recientes en Europa, señalan al uso del territorio como factor determinante de ellas. Así, en los años 70, un camión que transportaba sustancias peligrosas se salió de la carretera y explosionó en el camping de Los Alfaques (Tarragona) provocando más de un centenar de víctimas; en los noventa, una inundación-relámpago en Biescas (Pirineo Aragonés), arrasó un camping ubicado sobre el cono de deyección del torrente Arás; en el 98 la rotura del terreno producida por los empujes de la presa de una balsa de residuos mineros en Aznalcóllar (Sevilla), vertió una enorme cantidad de lodos al río Guadiamar que los llevó al Parque Nacional de Doñana, produciendo el mayor desastre ambiental de la Historia de España; por esa época, en Sarno (Italia), unos flujos de lodo procedentes de los deforestados montes circundantes tras unas intensas lluvias, produjeron numerosas víctimas mortales; los accidentes nucleares de Chernobyl o de Three Miles Island, además de las víctimas, han hipotecado el destino del suelo directa o indirectamente afectado.

Todos estos desastres tienen en común el hecho de que los riesgos que los precedieron estaban asociados al territorio, que eran previsibles y por tanto evitables a través de la Ordenación Territorial.

Tres son los factores, Factores del Riesgo, que deben coexistir para que exista riesgo o pérdida esperada:

- Peligrosidad: conjunto de características que hacen más peligroso un fenómeno potencialmente dañino; se compone de dos aspectos relacionados: la Severidad y la Probabilidad de ocurrencia.
- Exposición: conjunto de personas y bienes potencialmente expuestos a la acción de un Peligro.
- Vulnerabilidad: porcentaje de pérdida que puede producir un Peligro de una determinada Severidad.

El Riesgo anual, R, suele calcularse con la ecuación general del riesgo: R = S P.E.V, donde P: Probabilidad anual de excedencia, E: Exposición (personas: riesgo humano; valor: riesgo económico) y V: Vulnerabilidad (tanto por uno de pérdida)

Las Estrategias de Mitigación o Reducción del Riesgo son cuatro:

- anti-Peligrosidad: una presa de laminación de avenidas por ejemplo;
- anti-Exposición: la Ordenación del Territorio como fórmula de reducción permanente de la Exposición; la evacuación tras la alerta, como fórmula temporal;
- anti-Vulnerabilidad: el diseño sismorresistente por ejemplo, y
- Estrategias Integradas, que combinan elementos de las anteriores.

La estrategia a aplicar depende del tipo de peligro, natural o tecnológico, pero la ordenación del territorio es de aplicación universal en la medida en que evita poner la población bajo el riesgo. A este respecto, hay que considerar lo limitado de las alertas seguidas de evacuación y las repercusiones de ello en el sosiego de la población.

La vigente Ley del Suelo establece que los suelos sometidos a riesgos naturales podrán declararse no urbanizables. Por su parte el viejo Reglamento de Actividades Molestas, introduce un elemento de Ordenación Territorial en su Art. 4 al señalar que las actividades clasificadas como peligrosas deben estar a 2.000 m de los núcleos poblados.

La Evaluación de Impacto Ambiental, aplicada a proyectos, y la Evaluación Ambiental Estratégica, aplicada a políticas, planes y programas, constituyen instrumentos de prevención de riesgos en la medida en que incluyen la salud y el sosiego público entre los factores ambientales. No obstante parece razonable desarrollar un procedimiento administrativo específico en materia de riesgos similar a los anteriores e independiente de ellos, gestionado por la Administración de Protección Civil, que podría desarrollarse en los pasos siguientes:

1. Envío por el promotor del Proyecto de una Memoria-Resumen
2. Consulta a organizaciones y personas expertas por parte de la Administración y envío de resultados al promotor para que se recogieran en el Estudio de Evaluación de Riesgos para la Población.
3. Información y participación pública.
4. Declaración de Riesgo con la decisión pertinente y envío a la Administración de Ordenación del Territorio y Ayuntamiento/s implicado/s para su cumplimiento.

Mezcla y superposición desordenada de usos

La evolución espontánea produce sistemas afuncionales, de alta entropía negativa, en los que se mezclan usos y actividades incompatibles, disfuncionales o de relaciones incoherentes, que se manifiestan externamente por paisajes amorfos en los que falta la estructura que les dé vigor.

Accesibilidad a la explotación de los recursos territoriales

La proximidad a los recursos es condición necesaria para su explotación; una población concentrada en ciertos puntos o zonas difícilmente puede hacer una explotación racional, eficaz y eficiente de todos los recursos territoriales.

Accesibilidad de la población a los lugares de trabajo

Se suele producir en numerosas zonas una fuerte incoherencia entre localización de residencia y empleo, que se traduce en lejanía y en la necesidad de fuertes dotaciones de infraestructuras de comunicación, que podrían obviarse con una localización más funcional de las actividades.

Este hecho se asocia a las ciudades, pero tiene su paralelo en el campo, en éste por un problema de inadecuación del sistema de asentamientos a las formas de producción agraria (mecanizada) y de desplazamientos actuales; en efecto en las zonas rurales profundas suele existir una nube de pueblos cuya localización se explica por razones defensivas atávicas o por la accesibilidad a las áreas de cultivo en épocas en que se cultivaba a mano o con caballerías y los desplazamientos se hacían a pie; con la llegada del tractor y la generalización del automóvil, los tiempos de desplazamiento y de realización de las tareas agrarias se han reducido hasta el punto de que la explotación primaria del suelo puede hacerse desde distancias mucho mayores y en tiempos mucho menores; si a ello se une la reducción de mano de obra en la agricultura y la fuerte despoblación del agro, nos encontraremos con un modelo territorial en el medio rural tan insatisfactorio como el señalado para las áreas dominadas por lo urbano.

Dificultades territoriales para dotar de equipamientos y servicios públicos a la población

Para dotar a la población de los equipamientos y servicios públicos necesarios, de una manera económica, es preciso que esté organizada en asentamientos distribuidos y jerarquizados en el territorio, de acuerdo con ciertas reglas; el cumplimiento de éstas no suele ser espontáneo sino que requiere del enfoque planificado propio de la ordenación territorial.

Conflictos entre actividades y sectores

La visión sectorial de los problemas y la falta de perspectiva espacial ocasionan conflictos cuya resolución requiere el enfoque integral, sistémico y espacialmente amplio de la ordenación territorial.

Actividades positivas desde un punto de vista sectorial, pueden ser indeseables al generar deseconomías en otros sectores, que la ordenación territorial puede resolver mediante un análisis de las relaciones entre las actividades y la jerarquización conjunta de aquellos objetivos entre los que pueden producirse relaciones de disfuncionalidad o de incompatibilidad (figura I.14).

Estos conflictos no sólo derivan de la incompatibilidad o disfuncionalidad relativa a la localización espacial, sino que a la competencia por el espacio se une la competencia por la fuerza de trabajo y por el capital. De nuevo aquí el ejemplo de la desagrarización, en muchas ocasiones indeseable, motivada por la expansión de algún sector (el turismo es un caso típico, aunque no el único), resulta ilustrativo de la competencia por la mano de obra, que se añade a la ocupación de terrenos agrarios productivos por los desarrollos urbanos, industriales o infraestructurales, y a la inversión urbana de capitales de extracción rural, que si hoy parece no tener vigencia (incluso parece orientarse en sentido contrario), sí fue un factor de depresión rural en momentos históricos no demasiado lejanos.

Figura I.14. *Conflictos recurrentes en la ordenación territorial: el plan es un elemento de concertación entre intereses conflictivos.*

Descoordinación entre organismos públicos del mismo rango y entre distintos niveles administrativos

La existencia diferentes organismos administrativos de carácter sectorial con competencias superpuestas sobre un mismo territorio, suele adolecer de descoordinación en sus acciones, lo que producen desánimo en los agentes socioeconómicos y en la población; un plan de ordenación territorial, en la medida en que define con nitidez la acción de cada entidad, se comporta en el mejor instrumento de coordinación, no solo entre las entidades administrativas, sino entre todas aquellas fuerzas que intervienen en la evolución del sistema.

Este papel de la planificación como generadora de una cultura de la racionalidad y la coordinación (figura I.15) entre fuerzas diferentes, debe ser resaltado en la medida en que, frecuentemente, los efectos de un plan no están tanto en el cumplimiento taxativo y rígido de sus determinaciones, cuanto en el hecho de posibilitar y exigir la coordinación entre los múltiples entes administrativos, tanto de carácter sectorial y rango similar como de índole territorial y diferente nivel. La coordinación se extiende, además, a los agentes socioeconómico de carácter privado, como forma de garantizar la coherencia de las realizaciones y la consecución de objetivos a largo plazo.

Figura I.15. *El plan es un elemento de coordinación entre organismos sectoriales y territorial de diferente rango.*

9. PRINCIPIOS Y OBJETIVOS DE LA ORDENACION TERRITORIAL

Teniendo como telón de fondo la Carta Europea de Ordenación del Territorio y la justificación descrita, se puede definir una serie de objetivos genéricos a los que atiende esta disciplina.

9.1. Desarrollo sostenible integral, equilibrado y en términos de calidad de vida

El objetivo final de la ordenación del territorio es el desarrollo sostenible de las unidades territoriales a que se aplica, entendido en términos de calidad de vida y plasmado en el sistema territorial: se desarrolla el sistema territorial, no uno o más sectores o dimensiones del sistema, de tal manera que la población dispone de una elevada calidad de vida.

Por ello se utiliza frecuentemente la expresión desarrollo territorial en sentido equivalente a desarrollo integral, en la medida en que el desarrollo del sistema implica equilibrio, integración, funcionalidad, uso racional de los recursos y calidad ambiental, conceptos que encuentran su expresión a través de la ordenación territorial.

Equilibrio Territorial

Este objetivo, que se concreta en prevenir y corregir los desequilibrios territoriales, incorpora una especie de justicia territorial al desarrollo y la idea de que el equilibrio entre las diferentes unidades territoriales es garantía de progreso y de estabilidad. Así la ordenación territorial controla el crecimiento de las regiones demasiado dinámicas, estimula el de las que manifiestan retraso o entran en decadencia y procura conectar las de carácter periférico con los centros más progresivos.

Para ello utiliza diversos instrumentos entre los que destacan:

— La localización de inversiones productivas publicas y el estímulo de las privadas, ambas generadoras de empleo y renta.
— La dotación de infraestructuras públicas y de equipamientos colectivos.
— La generación de sistemas de transporte capaces de cohesionar y articular internamente cada región o unidad geográfica, así como las diferentes regiones entre sí.
— La dotación de infraestructuas de comunicación soporte de las TIC's, por donde circula la información y el conocimiento.
— La dinamización y capacitación de los recursos humanos.
— La difusión/transferencia de formas apropiadas de gestión pública y privada.
— El estímulo a la transferencia de tecnologías e innovaciones de unas regiones a otras.

Integración

Esta idea está muy relacionada con la de equilibrio, y tiene sentido territorial y sectorial. El primero, a su vez, puede manifestarse en dirección vertical: conexión de cada unidad territorial hacia arriba, con las de orden superior, o con el contexto exterior, si se prefiere, y al mismo tiempo hacia abajo con las de orden inferior, y horizontal: articulación de cada unidad territorial con las de su mismo nivel, para formar unidades integradas superiores.

La integración entre sectores se refiere a las relaciones entre los diferentes sectores, evidentemente no solo económicos, de tal manera que se consiga un sistema funcional en el que queda resuelta la competencia entre sectores.

Asimismo la idea de integración implica una especie de justicia social: concilia los intereses conflictivos de los diferentes agentes socioeconómicos y hace prevalecer el interés de la comunidad sobre los intereses privados, contribuyendo así a la cohesión y la vertebración social.

Funcionalidad

La idea de funcionalidad es una característica inherente al sistema territorial, que se plasma, fundamentalmente, en la optimización de las relaciones entre las actividades a través de los flujos de relación que se producen entre ellas. Eficacia y eficiencia, en suma, de las actividades económicas.

La funcionalidad implica organización espacial, control del uso del suelo, accesibilidad de la población a la explotación de los recursos territoriales, a los lugares de trabajo y a los equipamientos y servicios públicos, incluyendo la dotación de suficiente de éstos.

9.2. Utilización racional del territorio y gestión responsable de los recursos naturales

Conservar los procesos ecológicos esenciales

Se asume, tal como enseñan los postulados del desarrollo sostenible y la estrategia mundial para la conservación, la idea de que existen límites a la utilización de los recursos, presididos por la necesidad de conservar y desarrollar los fundamentos naturales de la vida (biodiversidad, procesos ecológicos esenciales) y de mantener a largo plazo el potencial de utilización del suelo y los recursos que contiene.

Respetar los criterios ecológicos para la sostenibilidad

Más concretamente se trata de entender el territorio como fuente de recursos (tangibles e intangibles), como soporte de actividades y como receptor de efluentes, consideración que lleva a los criterios ecológicos de la sostenibilidad, que se detallan en el capítulo IV donde se expone el Análisis y Diagnósti-

PRINCIPIOS GENERALES DE LA ORDENACION DEL TERRITORIO EN EL AREA DE INFLUENCIA DEL AREA METROPOLITANA DE MADRID

En relación con el modelo territorial en su conjunto

Contribuir a una distribución más homogénea de la población y actividad económica en el territorio regional, atendiendo a:

- Una mayor gradación de tamaños de los núcleos de población.
- Una distribución más homogénea de estos núcleos en el territorio.
- Una adecuada dotación de equipamientos y servicios públicos en cada núcleo.
- Una distribución territorial de las rentas más equitativa, contribuir a un mayor equilibrio en la estructura urbana del área metropolitana y de los núcleos que la componen, evitando la segregación espacial:
  - De la población y el empleo.
  - De la población y el equipamiento de las clases sociales.
  - De la población por edades.

En relación con la vivienda y su entorno

Contribuir a la dotación de una vivienda digna en un entorno adecuado, que debe incluir:

- Equipamientos y servicios públicos suficientes.
- Separación o protección de actividades incompatibles.
- Identidad de la fisonomía local de barrio y municipio.
- Integración social de diferentes grupos de edad y estrato social.
- Integración en un medio ambiente adecuado.

En relación con las actividades productivas

Contribuir a la distribución adecuada y accesible de los medios de producción y consumo de forma que no se discrimine a la población en cuanto:

- A la necesidad de cambiar de residencia y a emigrar de su entorno para conseguir un trabajo adecuado.
- Al tiempo y el coste de acceso al trabajo que repercute negativamente en la renta percibido.
- A las consecuencias sobre la población de los efectos externos negativos, como la contaminación y congestión de áreas urbanas.
- Fomentar la creación de industrias que permitan una mayor utilización de mano de obra y recursos renovables.

En relación con las infraestructuras de soporte

Reducir las necesidades de transporte mediante la adecuada distribución de actividades en el espacio, procurando homogeneizar las oportunidades de acceso a los distintos puntos del territorio para los diferentes grupos de edad y estratos sociales.

Adecuar las infraestructuras existentes, tanto de transporte como de abastecimiento de agua, energía y saneamiento, a las necesidades actuales según estándares adecuados.

Prever las necesidades futuras, adelantándose a la ocupación del suelo residencial o industrial para garantizar que se haga un uso racional de los recursos y del territorio y se obtengan los servicios necesarios de forma segura, estable y no contaminante.

Procurar evitar los impactos negativos de las infraestructuras sobre el medio ambiente natural y humano.

En relación con el medio ambiente y los recursos naturales y culturales

Utilizar racionalmente los recursos naturales y sociales, prestando especial atención a los no renovables o degradables, tales como:

- Patrimonio cultural e histórico.
- Recursos energéticos.
- Recursos agropecuarios.
- Recursos hidrográficos.
- Recursos de esparcimiento y actividades colectivas.

Conservar, proteger y potenciar los elementos valiosos o necesarios para el desarrollo equilibrado del territorio y la consecución de un medio ambiente de calidad como:

- Suelo agrícola y forestal.
- Espacios libres.
- Paisajes.
- Patrimonio histórico y cultural.
- Hábitat urbano y rural.
- Agua y aire.

co del Medio Físico. Se trata de conciliar lo económico y lo ecológico superando los enfoques interesados y contrapuestos.

Evitar la localización de actividades en zonas de riesgo

La racionalidad del uso del suelo atiende también a los riesgos y procesos naturales (inundación, sismicidad, vulcanismo, etc.) evitando las zonas de riesgo en la localización de las actividades humanas.

9.3. Calidad ambiental

Este objetivo persigue la calidad de los vectores ambientales: aire, agua y suelo, la conservación de los ecosistemas y procesos ecológicos esenciales, del paisaje, del patrimonio cultural,..., entendiendo el medio ambiente como yacimiento de empleo, nicho de mercado, factor de localización, elemento de competitividad para las empresas y componente de la calidad de vida.

9.4. Calidad de la gestión pública y coordinación administrativa

La consecución de sistemas territoriales ambientalmente integrados y socioeconómicamente eficientes, requiere planteamientos integrados. La compartimentación de la ciencia y de la técnica y la falta de perspectiva espacial de numerosas realizaciones, son causa de insatisfacción técnica y económica al producir efectos indeseados no previstos. Esta compartimentación de la ciencia y de la técnica tiene su paralelo en la estructura y organización de los poderes públicos, responsables de la gestión del sistema territorial.

Se comprende así la importancia de la coordinación intersectorial entre los entes administrativos del mismo nivel competencial, mediante el intercambio de información entre entidades del mismo nivel y de niveles superior e inferior.

Ambos tipos de coordinación administrativa, horizontal y vertical, unida a la necesidad de concertación entre los agentes socioeconómicos, requieren de un plan previo (figura I.15) como condición necesaria aunque no suficiente, de la misma manera que para la realización de una obra o actuación compleja es necesaria la redacción de un proyecto. Solo así podrá darse una gestión responsable del sistema territorial.

10. MODELO CONCEPTUAL DE ORDENACIÓN DEL TERRITORIO QUE UTILIZA ESTA OBRA

10.1. Presentación del modelo

La idea de ordenación del territorio expuesta, las razones que la justifican y los objetivos que persigue, aplicada a una unidad territorial determinada, se puede representar según el modelo de la figura I.16. Como todo modelo, se trata de una imagen simplificada del concepto, cuya virtualidad radica en su capacidad para facilitar la comprensión del concepto representado, más que en la fidelidad con que los reproduce.

El modelo se ha elaborado desde la sensibilidad ambiental, y de acuerdo con los criterios de sostenibilidad que se exponen en el Capítulo IV, punto 3.1.2; por otra parte, en él están presentes todos los elementos que conforman la ordenación territorial, y que se han expuesto en epígrafes anteriores:

- En cuanto desarrollo: identifica y selecciona las actividades a ordenar según criterios de integración y coherencia con las características del espacio.
- En cuanto organización espacial: distribuye de forma coherente, entre sí y con el medio, las actividades en el espacio, de acuerdo con criterios de integración ambiental y de funcionalidad.
- En cuanto control: además de controlar el uso del suelo —aludido en el punto anterior—, regula el comportamiento de las actividades según criterios de sostenibilidad.
- Los puntos anteriores garantizan el uso racional de los recursos naturales y la conservación del medio ambiente[11].
- Los objetivos de integración horizontal y vertical de las unidades territoriales (regiones, comarcas, municipios) se buscan asignándoles un papel en el conjunto, utilizando para ello criterios de complementariedad en el mismo nivel y de jerarquía hacia arriba y hacia abajo. Los criterios de complementariedad se aplican también a la integración entre sectores.
- En cuanto al equilibrio territorial, o entre los distintos ámbitos territoriales, se entiende en términos de calidad de vida, es decir, de similares niveles de renta, condiciones de vida y trabajo y calidad ambiental, todo ello de acuerdo con criterios de equidad entre unidades territoriales como garantía de estabilidad y cohesión social.

Así pues, *promoción, ordenación, regulación, funcionalidad, integración y equilibrio*, son las palabras mágicas, los conceptos, que caracterizan a la ordenación territorial y a sus objetivos, las cuales si bien están presentes en cual-

---

[11] Podrían ilustrarse los puntos anteriores, que centran el concepto de ordenación territorial, con la formación de una biblioteca sobre una estantería, donde los libros serían las actividades humanas, la estantería sería el territorio, y los anaqueles corresponderían a las unidades de integración, homogéneas o ambientales, en que se organiza el territorio; en el símil, ordenar la biblioteca corresponderá a ordenar el territorio en una unidad geográfica, según los siguientes pasos:

1. Decidir qué libros van a formar la biblioteca, es decir, los libros a ordenar en la estantería.
2. Distribuirlos en los diferentes anaqueles de acuerdo con:
3. La «capacidad de acogida», cabida o dimensiones, de cada uno de ellos.
   Facilidad de manejo (funcionalidad), lo que requiere organizarlos según alguna regla o criterio, normalmente por materias o por autores.
4. El problema está en que estos dos criterios generalmente serán discordantes, de tal manera que no será posible optimizar al mismo tiempo la capacidad de acogida de cada anaquel y la funcionalidad de la estantería.
5. Establecer las reglas según las cuales va a ser utilizada la biblioteca.

quier plan, su importancia varía con la problemática de la zona a que se aplican: si en zonas rurales profundas, por ejemplo, hay que poner el énfasis en la promoción, es decir, en la búsqueda de actividades capaces de diversificar la economía, en las zonas dinámicas hay que atender más al control de la localización y del comportamiento de las actividades a ordenar.

10.2. Desarrollo del modelo

Situados en una determinada unidad geográfica, ubicada en un contexto exterior, tres elementos proporcionan la estructura básica del modelo:

— Las actividades humanas que soportan y dan cauce al desarrollo.
— Su localización en el espacio.
— La regulación de su comportamiento.

Cada uno de estos tres elementos viene definido, en un segundo nivel, por otros que se explican a continuación.

10.2.1. Las actividades a ordenar

Las actividades que el plan de ordenación territorial ha de tomar en cuenta son todas aquellas que están presentes o expectantes en la zona, porque existan recursos que las sugieren o porque exista demanda por parte de agentes externos; incluso deben ser consideradas, si bien para rechazarlas, aquellas indeseables. En principio habría que considerar las siguientes:

— Las existentes, para las cuales se analizará su coherencia con el medio, su localización y su comportamiento.
— Las que aprovechan los recursos endógenos: naturales, construidos y humanos existentes en el ámbito a ordenar. Como recursos naturales hay que incluir los *materiales* y los *intangibles*; son materiales los de carácter tradicional: el suelo, el agua, los vegetales, los animales y los minerales, susceptibles de propiedad privada y de transacciones comerciales. Otros atributos y funciones de los factores ambientales han adquirido la condición de recurso recientemente y no tienen mercado, por el momento; de éstos algunos son materiales: la biodiversidad, el aire limpio, la capacidad de asimilación de efluentes, la función de soporte del suelo, etc., y otros son intangibles: el esplendor de la naturaleza, el misterio de un bosque, el murmullo de un arroyo, un espacio abierto y grandioso o la belleza de un paisaje, y proporcionan goce de carácter espiritual.
— Las que se desprenden de las oportunidades de localización de la zona, entendiendo por tal la posibilidad de generar actividades que ofrece la posición relativa de una determinada zona; es el caso, por ejemplo, de proximidad a una ciudad grande, al área de influencia de un eje de desarrollo, la ubicación en el cruce de dos ejes de comunicaciones o la posición fronteriza entre países.
— Las que derivan de unas perspectivas de demanda basadas en el incremento del tiempo libre (ocio, cultura, recreo al aire libre, etc.), de la

sensibilidad ambiental (conservación de la naturaleza, gestión de vectores ambientales: aire, agua, suelo, recuperación ambiental, etc.), de la incorporación de la mujer al trabajo (servicios del hogar, atención a niños, etc.), envejecimiento de la población (servicios de proximidad, etc.), telemática, incremento de la red de transportes rápidos, «neorurales» o incorporación de nuevas profesiones al medio rural, y otras muchas que se deducen de un análisis prospectivo.

— Las que derivan del objetivo de integración horizontal con las otras unidades territoriales de su mismo nivel, teniendo en cuenta su papel en el conjunto. Las diferentes unidades territoriales deben enfocar su desarrollo sobre la complementariedad y no sobre la competencia.
— Las que derivan del objetivo de integración entre sectores para que el sistema territorial resulte diverso y equilibrado, siempre en la medida en que lo permitan los recursos endógenos.
— Las que derivan de la conveniencia de integración vertical hacia arriba en el nivel superior al que pertenece la zona a ordenar y que, generalmente, vendrán determinadas por decisiones de niveles administrativos de orden superior.
— Las que derivan de la conveniencia de integración vertical hacia abajo, generalmente definidas en demandas y previsiones administrativas de niveles inferiores.
— Las que derivan de los problemas, necesidades, expectativas y aspiraciones de la población. Por ejemplo un basurero debe ser considerado en una zona donde existan asentamientos poblaciones porque se necesita, otra cosa es su localización y la forma en que se gestiona.
— Por último también habrá que considerar aquellas actividades de carácter exógeno, es decir, de coherencia dudosa con la zona pero que son demandadas por agentes externos; con independencia del análisis de tal coherencia, que puede conducir al rechazo, deberán ser objeto de un férreo control sobre su localización y sobre su comportamiento en la zona objeto de ordenación.

10.2.2. La localización de las actividades a ordenar

Tal como se explica en el punto 6 e ilustra la figura I.16, la localización de las actividades consideradas ha de atender a tres criterios:

— Respeto a la capacidad de acogida del medio físico.
— Funcionalidad: optimización de las relaciones entre las actividades.
— Búsqueda del uso múltiple de los ecosistemas.

Respeto a la capacidad de acogida del medio físico

La capacidad de acogida representa la relación del medio físico con las actividades humanas, se refiere al «grado de idoneidad», al uso que puede hacerse del medio teniendo en cuenta su fragilidad y su potencialidad, es decir internalizando todos los costes. Viene a expresar la concertación de quienes ven tal relación desde el medio, prioritariamente en términos de *impacto*: los *«conservacionistas»,* y quienes la perciben desde la actividad, prioritariamente también, en términos de *aptitud* o potencial del territorio: los *«promotores»;* la aptitud corresponde a la búsqueda de las condiciones más favorables que hace el responsable de una actividad en proyecto cuando no internaliza los costes sociales que genera: el promotor pone el medio al servicio de la actividad y tiende a ignorar las alteraciones indeseables que ésta puede producir en aquél —externalidades negativas—, a no ser que afecten al propio funcionamiento de la actividad; en el concepto se incluyen también los riesgos derivados del funcionamiento para la actividad: inundación, sismicidad, vulcanismo, etc.

La determinación de la capacidad de acogida requiere la participación de un equipo multidisciplinar, en el que intervengan conocedores del medio y de las actividades, que interpreta el funcionamiento y dinámica de los ecosistemas evalúa los riesgo naturales; a su determinación se destina una parte sustantiva de esta obra: el capítulo IV. Podrá expresarse en términos de oferta y demanda: la capacidad de acogida representa la «oferta» del territorio para acoger las actividades que «demandan» un lugar para ubicarse.

Se suele formalizar la capacidad de acogida mediante las denominadas *matrices de capacidad de acogida* (figura I.17): cuadros de doble entrada en una de las cuales se disponen las unidades de integración en que se estructura el territorio y en la otra las actividades que se juzgan; las casillas de cruce se rellenan con códigos numéricos o símbolos expresivos del grado de idoneidad de la unidad ambiental para la actividad correspondiente; suelen ser tres, cuatro o cinco, dependiendo del grado de confianza o finura del análisis, y se expresan según una escala semántica del tipo muy alto, alto, medio, bajo o muy bajo, términos equivalentes a vocacional, compatible con o sin limitaciones e incompatible, respectivamente, que también se utilizan; además se añade a las entradas por unidades de integración los riesgos o aspectos críticos que operan de forma superpuesta a las unidades de integración. La atribución de los citados códigos se hace teniendo en cuenta:

- La medida en que cada unidad de integración cubre los requisitos que implica la localización y funcionamiento de la actividad correspondiente.
- Los efectos (benéficos o perjudiciales) que la actividad puede producir a la unidad de integración correspondiente, en el caso de que se localice sobre ella.

La matriz de capacidad de acogida asociada al plano de unidades de integración y a las sobrecargas derivadas de los aspectos críticos que operan en el medio, representa la vocación natural del territorio, y constituye un ideal al que tender a la hora de distribuir las actividades en el espacio y de diseñar los canales que las relacionan: imagen objetivo.

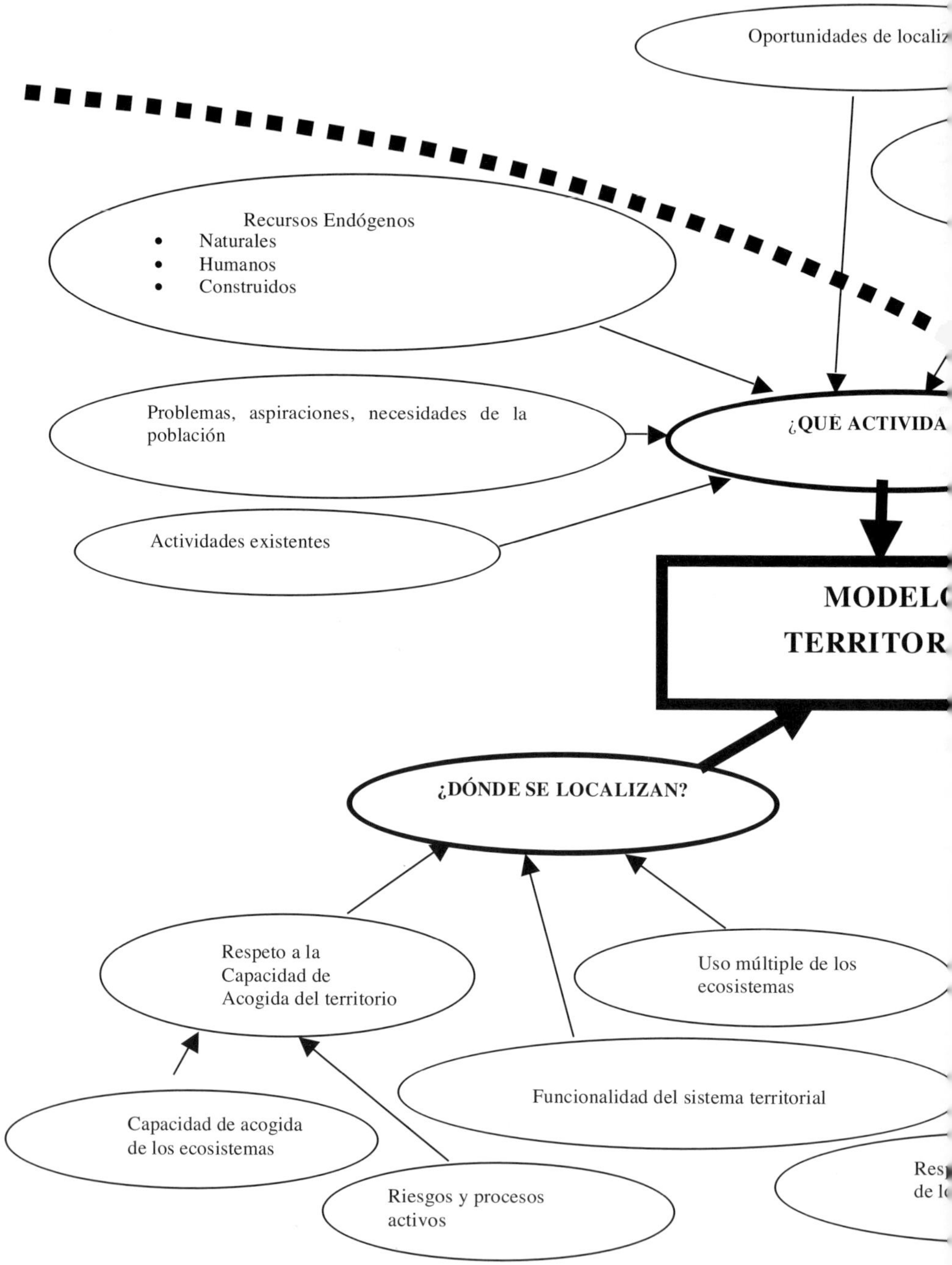

Figura I.16. *Modelo conceptual de*

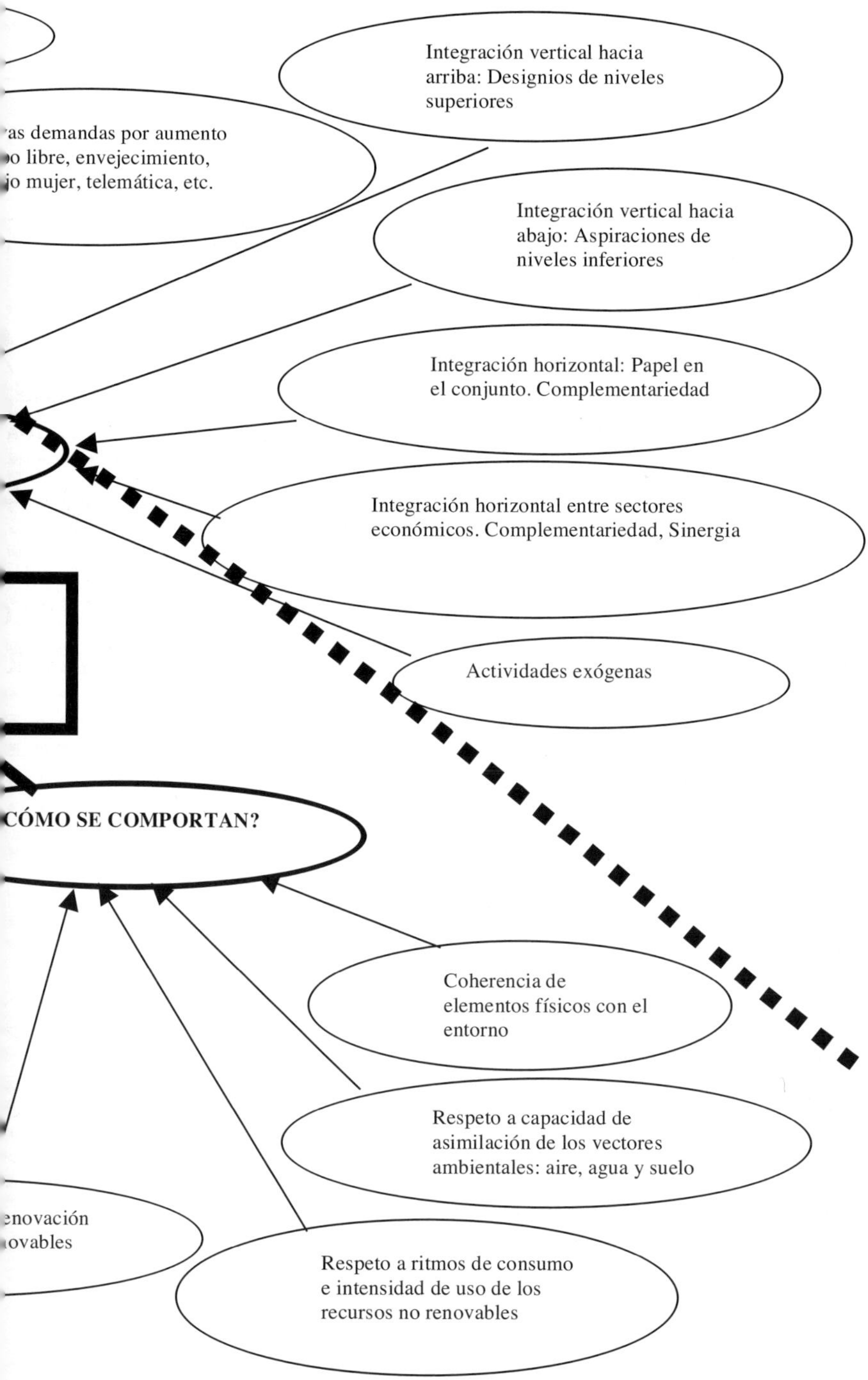

ón Territorial que utiliza esta obra.

MATRIZ DE ACOGIDA

SIMBOLOGIA

USOS Y ACTIVIDADES

- △ PROPICIADOS
- PERMITIDOS
  - □ . Sin limitaciones
  - ⊡ . Con limitaciones
  - ■ . Con estudio de impacto ambiental
- ● PROHIBIDOS

Unidad	Subunidad	Elemento	Subelemento	A. CONSERVACION Y REGENERACION DE LA NATURALEZA: PRESERVACION ESTRICTA	CONSERVACION ACTIVA	REGENERACION DEL ECOSISTEMA Y / O PAISAJE	ACTIVIDADES CIENTIFICO-CULTURALES	REPOBLACION FORESTAL: BOSQUE PROTECTOR	B. ESPARCIMIENTO Y DEPORTES AL AIRE LIBRE: EXCURSIONISMO Y CONTEMPLACION	RECREO CONCENTRADO	CAMPING	BAÑO Y ACTIVIDADES NAUTICAS	CAZA	PESCA	MOTOCROSS, TRIAL,CIRCULACION	CAMPO A TRAVES CON VEHICULOS TODO TERRENO	RECOLECION DE ESPECIES AROMATICAS Y/O MEDICINALES
I. UNIDADES DEFINIDAS POR CRITERIOS ECOLOGICOS	I.a. ECOSISTEMAS BIEN CONSERVADOS	I.a.1. ECOSISTEMAS EVOLUCIONADOS EN SITUACION CLIMAX O CUASICLIMAX	I.a.1.1. BOSQUES AUTOCTONOS EN BUEN ESTADO		△		⊡		⊡	●	●		●		●	●	⊡
			I.a.1.2. ACANTILADOS CUBIERTOS DE VEGETACION	△		△	⊡		⊡	●	●		●		●	●	⊡
		I.a.2. ZONAS HUMEDAS	I.a.2.1. RIAS Y MARISMAS	△		△	⊡		⊡	●	●	●	●	●	●	●	⊡
			I.a.2.2. LAGUNAS	△		△	⊡		⊡	●	●	●		●	●	●	⊡
			I.a.2.3. EMBALSES		□	△	□	△	△	●	⊡	⊡		□	●	●	⊡
		I.a.3. COMPLEJOS FLUVIALES			△	△	⊡	△	⊡	●	●	⊡		⊡	●	●	⊡
	I.b. ECOSISTEMAS DEFINIDOS POR ASPECTOS ECOLOGICOS PARTICULARES	I.b.1. POR VEGETACION SOBRESALIENTE	I.b.1.1. AREAS DE VEGETACION ESPECIAL	△		△	⊡	△	⊡	●	●		●		●	●	●
			I.b.1.2. REPOBLACIONES FORESTALES BIEN ORDENADAS		△		□	△	⊡	●	●		⊡		●	●	⊡
		I.b.2. POR CONSTITUIR HABITATS FAUNISTICOS DE INTERES	I.b.2.1. HABITATS CON ENDEMISMOS	△		△	⊡	△	⊡	●	●	●	●	●	●	●	●
			I.b.2.2. HABITATS DE RAPACES	△		△	⊡	△	⊡	●	●	●	●	●	●	●	●
			I.b.2.3 RUTAS MIGRATORIAS, PTOS. DE PASO														
		I.b.3. VEGETACION DE CANTILES, ROQUEDOS.ETC.		△		△	⊡	△	⊡	●	●		●		●	●	⊡
		I.b.4. DUNAS		△		△	⊡	■	⊡	●	●				●	●	
	I.c. ECOSISTEMAS DEGRADADOS O DE SUSTITUCION	I.c1. BOSQUE AUTOCTONO DEGRADADO				△	⊡	△	□	●	●		⊡		●	●	⊡
		I.c.2 IDEM CON ENCLAVES DE PINUS INSIGNIS				△	□	△	□	●	●		⊡		●	●	⊡
		I.c.3. MATORRALES DE DEGRADACION EN EVOLUCION PROGRESIVA				△	□	△	□	⊡	■		□		■	■	⊡
		I.c.4 . REPOBLACIONES FORESTALES DE PINUS INSIGNIS O EUCALIPTO NO INCLUIDAS EN I.b.2					□		□	⊡	■		□		●	●	⊡
II. UNIDADES DEFINIDAS POR CRITERIOS CIENTIFICO-CULTURALES	II.a. YACIMIENTOS PALEONTOLOGICOS	II.a.1. CUEVA CON YACIMIENTO PALEONTOLOGICO		△			⊡		⊡	●	●		●		●	●	●
	II.b. AREAS DE INTERES GEOLOGICO Y GEOMORFOLOGICO			△			⊡	●	⊡	●	●		●		●	●	□
		II.a.2 YACIMIENTO AL AIRE LIBRE			△	△	⊡	⊡	⊡	●	●	⊡	⊡	⊡	●	●	⊡
III. UNIDADES DEFINIDAS POR CRITERIOS DE PRODUCTIVIDAD PRIMARIA	III.a. AREAS DE ALTA PRODUCTIVIDAD AGRICOLA ACTUAL	III.a.1. POR SUIS INFRAESTRUCTURAS AGRARIAS	III.a.1.1. REGADIOS		△		□	●	□	●	●				●	●	
			III.a.1.2. HUERTAS		△		□	●	□	●	●				●	●	
		III.a.2. POR SU CALIDAD Y APROVECHAMIENTO ACTUAL DE LOS SUELOS	III.a.2.1.PRADERAS FERTILES Y PRODUCTIVAS		△		□	□	□	●	■		⊡		●	■	⊡
			III.a.2.2. PASTIZALES CACUMINALES		△		□	□	□	●	●		⊡		●	■	⊡
			III.a.2.3. SECANOS DE ALTA PRODUCTIVIDAD SOBRE SUELOS A ó B		△		□		□	●	●		⊡		●	●	
			III.a.2.4. CULTIVOS DE FRUTALES EN SECANO		△		□		□	●	●		⊡		●	●	
			III.a.2.5. VIÑEDOS DE LA RIOJA ALAVESA		△		□	●	□	●	●		●		●	●	
			III.a.2.6. CHOPERAS		△		□	□	□	●	●		⊡		●	●	□
	III.b. AREAS DE ALTA PRODUCTIVIDAD AGRICOLA POTENCIAL	III.b.1 SUELOS DE CLASE AGROLOGICA A ó B NO INCLUIDOS EN III.a.2.3, I.a ó I.b				□	□	□	□	●	●		⊡		●	●	⊡
	III.c. AREAS DE MEDIANA PRODUCTIVIDAD AGRICOLA	III.c.1 PASTIZALES				□	□	□	□	⊡	■		□		■	■	⊡
		III.c.2 CULTIVOS EN SUELOS DE CLASE C Y D				□	□	□	□	●	■		⊡		●	●	⊡
IV. UNIDADES DEFINIDAS POR CRITERIOS PAISAJISTICOS	IV.a. PAISAJES DE ALTA CALIDAD INTRINSECA				△	△	⊡	⊡	□	●	●	⊡	●	⊡	●	●	⊡
	IV.b. ZONAS DE ALTA INCIDENCIA VISUAL																
	IV.c. ZONAS DE ALTO POTENCIAL DE VISTAS				△	△	⊡	●	⊡	●	●		●		●	●	⊡
	IV.d. ZONAS CULMINANTES			△		△	⊡		⊡	●	●		●	⊡	●	●	⊡
	IV.e. PLAYAS				△		□		□	⊡	●	△		⊡	●	●	
	IV.f. ISLAS			△		△	⊡	⊡	⊡	●	●	⊡	●	⊡	●	●	⊡
V. CONDICIONANTES	Areas vulnerables a la contaminación de acuíferos				△		⊡		⊡	●	●	●					
	Areas potencialmente erosionables					△	⊡	△	●	●	●				●	●	
	Areas susceptibles de fenómenos de solifluxión					△	⊡	△	⊡	●	●				●	●	
	Areas sensibles al fuego				△		⊡		⊡	●	●		●		●	●	

Figura I.17. *Estructura*

…GRARIAS			D. URBANIZACION					E. ACTIVIDADES INDUSTRIALES				F. INFRAESTRUCTURAS Y EQUIPAMIENTOS									
PASCICULTURA	EDIFICACIONES GANADERAS	REPOBLACION FORESTAL BOSQUE PRODUCTOR	URBANIZACION INSTITUCIONAL	URBANIZACION DISPERSA EN PARCELA GRANDE	URBANIZACION DISPERSA EN PARCELA PEQUEÑA	URBANIZACION DE MEDIA DENSIDAD	URBANIZACION DE ALTA DENSIDAD	POLIGONOS INDUSTRIALES	INDUSTRIA PESADA AISLADA	INDUSTRIA LIMPIA	INDUSTRIA EXTRACTIVA	AUTOPISTAS	AUTOVIAS	CARRETERAS	LINEAS AEREAS DE CONDUCCION ELECTRICA,TELEGRAFICA O TELEFONICA	REPETIDORES DE TELEVISION Y OTRAS INSTALACIONES PUNTUALES	EMBALSES	CEMENTERIOS	ESCOMBRERAS	VERTEDERO DE RESIDUOS URBANOS	VERTIDOS TOXICOS
●	●	●	●	●	●	●	●	●	●	●	●	●	●	■	●	●	●	●	●	●	●
●		●	●	●	●	●	●			●	●			●	●	●		●	●	●	●
●	●	●	●	●	●	●	●	●	●	●	●	●	●	●	●	●	●	●	●	●	●
●	●	●	●	●	●	●	●	●	●	●	●	●	●	●	●		●		●	●	●
□	●	▣	●	●	■	●	●	■	●	●	●	●	●	■	●	●	△		●	●	●
	●	●	●	●	●	●	●	●	●	●	●	●	●	●	●	●	●		●	●	●
●	●	●	●	●	●	●	●	●	●	●	●	●	●	●	●	●	●	●	●	●	●
▣	▣	△	●	●	●	●	●	●	●	●	●	●	●	■	■	■	●	●	●	●	●
●	●	●	●	●	●	●	●	●	●	●	●	●	●	●	●	●	●	●	●	●	●
●	●	●	●	●	●	●	●	●	●	●	●	●	●	●	●	●	●	●	●	●	●
		●	●	●	●	●	●	●	●	●	●	●	●	●	●	●		●	●	●	●
	●	●	●	●	●	●	●	●	●	●	●	●	●	●	●	●		●	●	●	●
●	▣	●	●	●	■	●	●	●	●	●	●	●	●	■	■	●	■	●	●	●	●
▣	▣	▣	●	●	■	●	●	●	●	●	●	●	●	■	■	■	■	●	●	●	●
□	▣	□	■	■	■	■	■	■	■	■	■	■	■	■	■	■	□	■	■	■	■
▣	▣	△	■	■	■	■	■	■	■	■	■	■	■	■	■	■	●	●	■	■	■
	●										●							●	●	●	●
●	●	●	●	●	●	●	●	●	●	●	●	●	●	●	●	●	●	●	●	●	●
■	■	■	■	■	■	■	■	■	■	■	■	■	■	■	■	■	■	■	●	●	●
●	●	●	●	●	●	●	●	●	●	●	●	●	●	●	●	●	●	●	●	●	●
●	●	●	●	●	●	●	●	●	●	●	●	●	●	●	●	●	●	●	●	●	●
△	□	□	●	●	●	●	●	●	●	●	■	■	■	■	■	■	■	●	●	●	●
△	□	●	●	●	●	●	●	●	●	●	●	●	●	■	■	■		●	●	●	●
▣	●	●	●	●	●	●	●	●	●	●	■	■	■	■	■	■	■	●	●	●	●
▣	●	●	●	●	●	●	●	●	●	●	■	■	■	■	■	■	■	●	●	●	●
●	●	●	●	●	●	●	●	●	●	●	●	●	●	■	■	■	●	●	●	●	●
●	●	□	●	●	●	●	●	●	●	●	●	●	●	●	●	●	■	●	●	●	●
▣	▣	▣	■	●	■	●	●	●	●	●	■	■	■	■	■	■	■	●	●	●	●
△	▣	□	■	■	■	■	■	■	■	■	■	■	■	■	■	■	■	■	■	■	■
▣	▣	▣	■	■	●	●	●	●	●	■	■	■	■	■	■	■	■	●	●	●	●
▣	●	●	●	●	●	●	●	●	●	●	●	●	●	■	●	●	■	●	●	●	●
●	●	●	●	●	●	●	●	●	●	●	●	●	●	■	●	●		●	●	●	●
●	●		●	●	●	●	●	●	●	●	●	●	●	●	●	●		●	●	●	●
			●	●	●	●	●	●	●	●	●							●	●	●	●
●	●	●	●	●	●	●	●	●	●	●	●			■	■	■		●	●	●	●
	■							●	●	●	●							●	●	●	●
●	●	▣	●	●	●	●	●	●	●	●	●	●	●	●	●	●	●	●			
●		●	●	●	●	●	●	●	●	●	●	●	●	●	●	●	●	●	●	●	●
																		●			

OBSERVACIONES

1. Se entiende que los vertidos han de ser controlados.
2. Tambien tiene consideracion de zona húmeda el entorno próximo
3. La regeneración se refiere solamente a sitios localmente degradables
4. Incluye entorno próximo
5. Siempre y cuando la pascicultura no suponga una modificación del uso a que esté dedicado el suelo
6. Se entiende que las limitaciones deberán ser impuestas atendiendo a la tipología de edificaciones ganaderas, ajustándose en cada caso al entorno en el que se enmarcan
7. Prevalecen los criterios de protección paisajística sobre los puramente recreativos en el caso de que existieran
8. Se limitarán todas aquellas actividades capaces de alterar el equilibrio de estas zonas.

de capacidad de acogida.

Funcionalidad del sistema

Se refiere a la optimización de las interacciones entre las actividades a localizar, de tal forma que se consiga un sistema funcionalmente correcto, que proporcione accesibilidad a los recursos naturales, a las zonas de producción y a los equipamientos públicos, así como dotaciones de éstos suficientes y económicas.

Para conseguir un sistema territorial armónico y funcional, hay que analizar las relaciones entre las actividades para, a partir de ahí, plantear la imagen objetivo del territorio a ordenar, incluyendo los canales de relación entre las actividades. El primer problema a solventar se refiere a la posibilidad de coexistencia de dichas actividades en el tiempo y en el espacio, en función de sus requerimientos e influjos mutuos, expresadas en términos de compatibilidad o incompatibilidad; esta dicotomía admite situaciones intermedias según una gradación que va desde la incompatibilidad total (urbanización y conservación de ecosistemas, caza y recreo extensivo, por ejemplo) hasta la compatibilidad clara (repoblación forestal con la caza), pasando por situaciones intermedias definidas por grados más o menos intensos de disfuncionalidad (explotación ganadera con pastoreo extensivo a diente y recreo al aire libre); también se dan relaciones de complementariedad entre actividades, cuando se completan o perfeccionan entre ellas, y de sinergia, cuando se produce un efecto de reforzamiento de unas actividades sobre otras: dos o más actividades entran en sinergia cuando el efecto resultante de su acción conjunta es superior a la suma de los efectos actuando independientemente; por ejemplo, el equipamiento turístico en medio rural con la caza y pesca. Los conceptos de complementariedad y sinergia se pueden confundir, porque frecuentemente cuando dos actividades se complementan, se perfeccionan, suele producirse, a la vez, un efecto de reforzamiento.

En síntesis las relaciones entre las actividades pueden ser de neutralidad, complementariedad, sinergia, disfuncionalidad e incompatibilidad, y ello en el tiempo y en el espacio; la ordenación territorial exige optimizar tales relaciones localizando las actividades en el territorio de acuerdo con los siguientes criterios:

— Maximizar las sinergias positivas.
— Maximizar las relaciones de complementariedad.
— Minimizar las disfuncionalidades.
— Evitar las incompatibilidades en el tiempo y en el espacio.

Se facilita el análisis de la relación entre pares de actividades cruzándolas entre sí en una matriz de doble entrada, cuyas celdas se formalizan con una serie de símbolos expresivos de la relación. La matriz de relaciones admite la intervención de la variable tiempo, tal como ilustra la figura I.9, que recoge una interacción entre actividades en los siguientes términos:

— *Compatibles*: dos actividades pueden coexistir en el mismo espacio y al mismo tiempo sin merma para ninguna de ellas. Por ejemplo, la agricultura y la caza.

— *Incompatibles en el tiempo*: las actividades pueden practicarse en el mismo lugar, pero no al mismo tiempo. Por ejemplo, la caza y las actividades recreativas al aire libre.
— *Incompatibles en el tiempo y en el espacio*: dos actividades no pueden coexistir al mismo tiempo y en el mismo lugar. Hay muchos ejemplos: la urbanización y la agricultura.
— *Disfuncionales*: el ejercicio de una actividad disminuye la calidad de los factores que determinan la otra; por ejemplo, la urbanización en las proximidades de un vertedero, la pesca y el baño en el mismo tramo de un río o en la misma zona del mar.
— *Complementarias*: una instalación de depuración en un polígono industrial, un centro de recogida de purines en una zona de ganadería intensiva, una planta de reciclado de plástico en un zona de invernaderos, la explotación apícola en una zona frutícola, etc.
— *Sinérgicas*: La promoción turística de una zona se promociona gracias al reforzamiento mutuo entre la construcción de buenos accesos, instalaciones de hostelería y recuperación del patrimonio construido, por ejemplo.

El sistema funcional que pretende la ordenación del territorio puede esquematizarse en términos de las relaciones entre diversos tipos de ecosistemas, temáticamente bien contrastados, pero que espacialmente se solapan en una penetración difusa del territorio; resultan paradigmáticos los siguientes, figura I.19:

— Ecosistemas protectores, sin función productora directa de bienes, aunque sí de servicios. Son los ecosistemas más o menos naturales, en equilibrio dinámico, reserva genética, refugio de biodiversidad que alberga las especies silvestres y fuente de recursos naturales tangibles e intangibles.
— Ecosistemas productores, especializados en la producción primaria: agrícola, forestal y ganadera.
— Ecosistemas difusos, intersticiales, con usos indiferenciados, mezclados y superpuestos sin criterio de orden, que reflejan una carencia de planificación y de gestión territorial.
— Ecosistemas urbanos, con multitud de usos y actividades de los sectores secundario y terciario.

Entre estos compartimentos del espacio, existe un flujo de materiales, de energía, de organismos y de información, a través de canales de relación, que debe ser optimizado evitando las interacciones negativas: exportaciones contaminantes o degradaciones de otro tipo.

Separan los ecosistemas citados zonas de transición más o menos amplias, que participan de las características de uno y otro lado y en las que se intensifican los procesos, lo que hace particularmente difícil su gestión; es el fenómeno conocido en la ciencia ecológica como ecotono que se asocia a las zonas que separan ecosistemas diferentes; resulta particularmente conflictiva e interesante la que corresponde a los espacios periurbanos donde se superponen y coexis-

	COMTEMPLACION	CAZA FOTOGRAFICA	SENDERISMO	MERIENDA	ACAMPADA	MARCHA	ESCALADA	ESQUI ALPINO	ESQUI NORDICO	CAZA	PESCA	REMO	BAÑO	VELA	MOTONAUTICA	MOTORISMO	DEPORTES
CONTEMPLACION	C																
CAZA FOTOGRAFICA	C	C															
SENDERISMO	C	C	C														
MERIENDA	D	D	C	C													
ACAMPADA	D	D	C	C	C												
MARCHA	C	C	C	C	C	C											
ESCALADA	C	D	C	C	C	C	C										
ESQUI ALPINO	D		IT	IT	IT	C	C	C									
ESQUI NORDICO	C	C	C	IT	IT	C	C	C	C								
CAZA	IT	IT	IT	IT	IT	IT	IT	IT	IT	C							
PESCA	C	C	C	C	C	C	C			IT	C						
REMO	C	D	C	C	C	C	C			IT	C	C					
BAÑO	D	D	C	C	C	C	C	IT	IT	IT	D	C	C				
VELA	C	D								IT	D	C	C	C			
MOTONAUTICA	D	D								IT	D	D	IT	D	C		
MOTORISMO	IT	IT	D	D	D	D	C	IT	IT	IT	C	C				C	
DEPORTES	I	I	I	IT	IT			I	I	IT						I	C

C Actividades compatibles
I Actividades incompatibles en tiempo y espacio
IT Actividades incompatibles en el tiempo
D Disfuncional
❑ No aplicable

Figura I.18. *Tabla que ilustra las relaciones entre actividades incorporando la variable tiempo.*

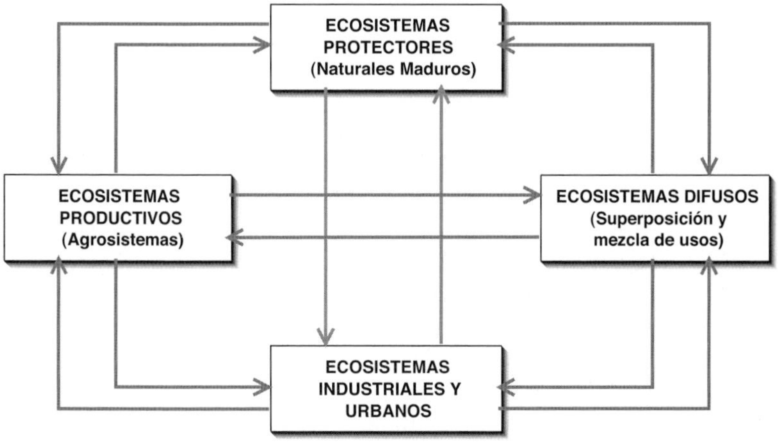

Figura I.19. *Ecosistemas presentes en el territorio y que intervienen en su ordenación.*

ten aprovechamientos agrícolas, forestales y ganaderos con las actividades que expulsa la ciudad por requerir demasiado espacio, por resultar molestas, insalubres, nocivas o peligrosas, porque simplemente se desarrollan mejor en un entorno despejado o porque no pueden competir con actividades dispuestas a pagar más por el mismo suelo.

Búsqueda del uso múltiple de los ecosistemas

Todo ecosistema permite distintas formas de uso y aprovechamiento; un bosque puede producir madera, leña, plantas aromáticas y medicinales, hongos y setas, y ser utilizado para la caza, la pesca o el esparcimiento y recreo al aire libre; un ecosistema fluvial es un elemento singular del paisaje, actúa como refugio para las especies cinegéticas, soporta fauna ictícola, ofrece solaz para los ciudadanos, permite el baño, admite la aportación de aguas residuales por debajo de su capacidad de autodepuración, dispone del recurso agua, en fin, un conjunto de elementos que sugieren un aprovechamiento múltiple del ecosistema; igualmente un campo agrícola crea paisaje, puede soportar especies cinegéticas y ofrece otras posibilidades. La ordenación territorial propicia el aprovechamiento de todas ellas, en la medida en que tales aprovechamientos sean compatibles, complementarios o sinérgicos.

10.2.3. La regulación del comportamiento de las actividades

Regular el comportamiento de las actividades, significa, de acuerdo con el esquema anterior, conseguir una gestión respetuosa con el medio físico en términos de los influentes que utiliza, de los efluentes que emite y de la presencia de los elementos físicos: edificios, terrenos e instalaciones, que la forman.

La utilización racional de influentes o insumos: materias primas, energía y agua, fundamentalmente, se pueden concretar en los siguientes: respeto a las tasas de renovación para los recursos naturales renovables, y respeto a unos ritmos e intensidades de uso para los recursos no renovables.

Respetar el medio ambiente en la emisión de efluentes significa no superar la capacidad de asimilación o, más concretamente, la carga crítica, de los vectores ambientales: agua, aire y suelo; por carga crítica se entiende el umbral de concentración de un efluente en un vector ambiental a partir del cual se producen impactos significativos en los ecosistemas, en los seres vivos o en el patrimonio construido.

Estos conceptos se desarrollan en el capítulo IV, punto 3.1.2, donde se expone el papel del medio físico para las actividades de desarrollo y los criterios ecológicos para la sostenibilidad derivados de ellos.

En cuanto a los elementos físicos —edificios e instalaciones—, la ordenación territorial busca la *coherencia* con el entorno según las siguientes facetas:

- Coherencia *ecológica*, es decir con el clima, los ecosistemas, los hábitats y la biocenosis.
- Coherencia *paisajística*, particularmente visual —formas, materiales, colores, volumen/escala— pero también olfativa y sonora, en cuanto el paisaje es la expresión externa del medio y su percepción polisensorial. La coherencia paisajística puede ser por armonía o por contraste, según se de similitud o discrepancia con el entorno.
- Coherencia *territorial*, es decir con la estructura territorial, de tal manera que la actividad sea una pieza coherente en el entramado de usos del suelo, favoreciendo las relaciones de complementariedad y sinérgia y evitando las de disfuncionalidad e incompatibilidad.
- Coherencia *socia*l, en términos de atención a necesidades, demandas, exigencias, aspiraciones y expectativas de la población, consideración de las preferencias de la población en el diseño y participación de la población en la gestión, en la medida de lo posible.
- Coherencia *institucional*; previsión sobre el comportamiento de las instituciones[12].

10.3. Utilización del modelo

El modelo se puede aplicar al sistema territorial presente, en cuyo caso se comporta como método de análisis y diagnóstico, o hacia el futuro, en cuyo caso se comporta como metodología para la planificación del sistema territorial en cualquier ámbito.

Asimismo se puede aplicar a otros casos que solo pueden entenderse bajo la idea de la sostenibilidad, como por ejemplo la Evaluación Ambiental Estratégica.

---

[12] Así por ejemplo, en ocasiones se culpa a un ayuntamiento de la falta de conservación de un espacio restaurado; pero el proyectista debió prever tal comportamiento y concebir el diseño de acuerdo con él.

10.3.1. Utilización del modelo para el análisis y diagnóstico territorial

En el primer caso: aplicación al análisis y diagnóstico de la situación actual, opera sobre tres reflexiones básicas:

— ¿Son las actividades humanas existentes coherentes con la problemática, el carácter, los recursos endógenos, la localización y la función de la zona?
— ¿Están localizadas dichas actividades de acuerdo con la capacidad de acogida del medio físico, es decir, de los ecosistemas o de las unidades ambientales que lo forman, y de los procesos y riesgos activos? ¿configuran un sistema funcionalmente correcto? ¿hacen un uso múltiple de los ecosistemas?
— ¿Se comportan de tal manera que cumplen los requisitos ecológicos para la sotenibilidad?

10.3.2. Utilización del modelo para la planificación del desarrollo sostenible

En cuanto el modelo territorial es la proyección espacial de una estrategia de desarrollo económico y social, la planificación del desarrollo, en una unidad territorial dada, no es otra cosa que el diseño de un sistema territorial futuro y de la forma en que se puede llegar a conseguirlo. De ahí que se pueda hablar de desarrollo territorial para identificar un desarrollo integral en el que la población dispone de una elevada calidad de vida[13]. Porque es en términos de calidad de vida, como la ordenación del territorio entiende el desarrollo. La calidad de vida de un individuo está determinada por la integración de tres componentes: nivel de renta, condiciones de vida y de trabajo y calidad ambiental, con distinto peso según momento y lugar (figura I.20).

> *...Debe existir un medio ambiente sano y un crecimiento económico sostenible. Nuestra economía va a ser sostenible y en ella la norma será el aumento de la calidad. Esto nos proporciona salud continua y una forma de garantizar el suministro de bienes y servicios a las generaciones venideras.*
>
> Visión de Manitoba sobre desarrollo sostenible.
> Manitoba, 1992: 3.

El nivel de renta tiene un significado evidente. Las condiciones de vida se asocian a la posibilidad de gozar de aquellos atributos que suelen caracterizar a las sociedades democráticas evolucionadas: garantías de libertad, participación

---

[13] Sin embargo, la ordenación del territorio no suele llegar al nivel de desarrollo de los instrumentos, particularmente de los productivos, a los que llega un plan de desarrollo económico: aquella se suele quedar en la preparación de las bases territoriales favorables para que surjan las iniciativas empresariales, mientras los planes de desarrollo económico dirigen sus propuestas al nivel empresarial directamente.

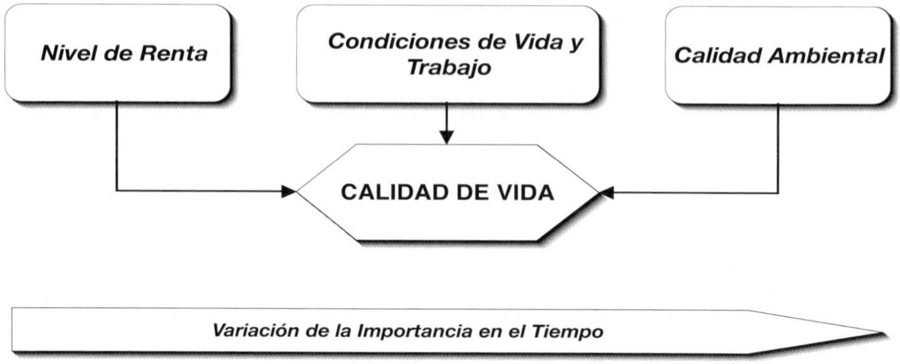

Figura I.20. *El desarrollo se entiende en términos de calidad de vida, la importancia de cuyas componentes varían en el espacio y en el tiempo.*

en la sociedad, igualdad de oportunidades, igualdad ante la justicia, acceso a la educación, seguridad social, etc. Las condiciones de trabajo se refieren al ambiente físico ruido vibraciones, contaminación, temperatura, iluminación y la carga mental: consideración, riesgo, iniciativa, apremio de tiempo, atención, minuciosidad, etc.[14]

La calidad ambiental, que debe ser interpretada en clave humana, se refiere en términos generales al grado de conservación de los ecosistemas y del paisaje, a la pureza del aire, a la calidad del agua, al estado y limpieza del suelo y a las condiciones de la escena urbana.

> *Aquellos que son pobres y están hambrientos destruirán, en su intento por sobrevivir el medio ambiente, talarán los bosques, practicarán el sobre pastoreo, sobreexplotarán las tierras marginales y un número creciente de personas se amontonarán en las ciudades.*
>
> Comisión Mundial para el Medio Ambiente y el desarrollo, 1987: 28.

En el pasado reciente la importancia atribuida a la renta era tal que, prácticamente, los procesos de decisión estaban basados en modelos de factor único: el económico. Este reduccionismo se explica parcialmente por la insatisfacción de las necesidades primarias de la sociedad y por el modelo socioeconómico imperante. Donde dichas necesidades básicas, alimento, vivienda, vestido, sanidad, educación, distan mucho de ser satisfactorias, el factor económico se ve como condición necesaria, casi exclusiva, de acceder a ellas. Pero en los países cuya población ha superado tales necesidades primarias, cada vez más personas están dispuestas a sacrificar parte de sus ingresos por una mejor cali-

[14] Si se tiene en cuenta que la población pasa la mayor parte de su tiempo en ambiente artificial, en el trabajo o en casa, y la quiebra de la cultura «agorafóbica» prevista por análisis prospectivos como consecuencia de la imparable difusión de la telemática, se comprende la importancia de este ambiente individual, y en consecuencia, de la calidad de los ambientes interiores.

dad ambiental, y pagar más por aquellos bienes o servicios producidos en condiciones de compromiso ambiental.

Este modelo explicaría, por ejemplo, por qué son los países más desarrollados los que disponen de políticas más activas en materia ambiental, cómo solo a partir de un umbral de renta se adoptan medidas ambientales eficaces, y por qué se vincula el desarrollo sostenible a la solidaridad en términos de erradicación de pobreza.

La ordenación del territorio, dado su enfoque integral, atiende a los tres aspectos determinantes de la calidad de vida; al nivel de renta en cuanto propone las actividades humanas a través de las cuales ha de canalizarse el desarrollo económico; a las condiciones de vida y trabajo en cuanto mejora el marco de vida cotidiano: vivienda, trabajo, cultura, ocio, relaciones humanas; y el bienestar individual: dotación de empleo y de equipamientos socioculturales localizados de forma fácilmente accesible para toda la población; al medio ambiente, por fin, en cuanto regula y controla la localización y el funcionamiento de las actividades humanas.

10.3.2.1. Las actividades de desarrollo

El modelo señala las que deben ser consideradas. La argumentación anterior permite ampliar lo que tradicionalmente se entiende como actividades de desarrollo para incluir a cualquiera que pueda inscribirse en alguna de las componentes de la calidad de vida; si contribuye al desarrollo la construcción de una industria de automóviles, también lo hace la creación de un centro de cultura, la conservación de un ecosistema importante o la restauración ambiental de un espacio periurbano, por ejemplo. En realidad toda actividad ambientalmente integrada atiende en mayor o menor medida a las tres componentes; algunas se orientan prioritariamente a la producción de bienes y se inscriben plenamente en la primera componente, pero puede tener efectos en las otras dos, como ocurre con una explotación agrícola extensiva que, además de producir alimentos, genera externalidades ambientales positivas; el objetivo principal de otras puede ser la promoción cultural de la sociedad, la formación profesional o el fomento de la solidaridad entre los ciudadanos, pero al mismo tiempo genera empleo. Las actividades de conservación, restauración o gestión ambiental en general contribuyen directamente a la calidad ambiental, pero a la vez generan empleo y riqueza y propician la cultura de la corresponsabilidad en productores y consumidores.Y todas ellas se traducen físicamente en edificios e instalaciones a los que entran recursos de su entorno y de los que salen efluentes.

10.3.2.2. Preguntas que plantea el modelo

En este sentido, el modelo expuesto permite planificar el desarrollo en una unidad territorial determinada, sobre las siguientes preguntas:

- ¿Cuáles son las actividades a través de las cuales se va a producir el desarrollo, es decir, las que van a soportar la población de la zona, en términos de empleo, renta, equipamientos y servicios?

— ¿Cómo se organizan en el espacio?
— ¿Cómo se comportan con el entorno?
— ¿Cómo se conecta la zona con el exterior, con los ejes y centros de desarrollo de cara a su integración hacia arriba? ¿Cuál es la imagen hacia el exterior? ¿atrae o disuade la localización de actividades exógenas?
— ¿Cómo se integra hacia abajo, es decir, cómo está articulada interiormente la zona?¿Cuáles son los pueblos viables hacia el futuro? ¿Permite el poblamiento, el sistema de asentamientos, acceder a la explotación de los recursos, proporcionar equipamiento y servicios de forma económica, unas relaciones entres las gentes que lleven a la vertebración?

De acuerdo con lo señalado se puede diseñar la metodología sinóptica que se expone en el capítulo III.

10.3.2.3. Carácter de las respuestas

El modelo sugiere respuestas que dan al desarrollo carácter *endógeno, local y de abajo a arriba, integrado* y *sistémico, dinámico, flexible, concertado, prospectivo, funcional, continuo y cíclico, sostenible, progresivo o con enfoque incremental, estratégico y planificado*, todo ello en los términos en que se describen en el capítulo III.

En cuanto planificación del sistema territorial en general, y en una determinada unidad geográfica en particular, y en cuanto el modelo territorial es la plasmación de las medidas de desarrollo, la ordenación territorial se aplica a desarrollar diversos espacios definidos por un problemática específica, por ejemplo:

— El medio rural, y en tal caso, se comporta como enfoque para planificar el desarrollo rural, así se puede aplicar para elaborar los programas correspondientes a las Iniciativas Comunitarias LEADER y PRODER.
— Espacios degradados.
— Espacios protegidos: PORN y PRUG.
— Otros espacios definidos por una problemática particular.

10.3.3. Aplicación del modelo al desarrollo rural. El enfoque de ordenación del territorio en la planificación del desarrollo rural

El espacio rural se caracteriza por su heterogeneidad; en este sentido se pueden diferenciar varios estereotipos: espacios rurales profundos, espacios rurales desequilibrados por intensificación de actividad, espacios rurales equilibrados, espacios periurbanos, etc.

A todos ellos se puede aplicar el modelo de ordenación territorial ilustrado en la figura I.7, si bien cada uno de ellos enfatiza aspectos diferentes de dicho modelo; en efecto el citado modelo tiene tres partes: la de promoción, caracterizada por la búsqueda de recursos endógenos y de actividad, la de ordenación caracterizada por el respeto a la capacidad de acogida y a la funcionalidad, y la de regulación: caracterizada por el respeto a unos límites en el aprovechamiento de los recursos.

De acuerdo con lo anterior, en los espacios rurales profundos se enfatiza la diversificación económica y por lo tanto la búsqueda de los recursos endógenos que puedan dar origen a nuevas actividades, pero también la creación de condiciones atractivas para la localización de actividades exógenas, si bien cumpliendo los requisitos de localización y de comportamiento que establezca el plan de acuerdo con los criterios de sostenibilidad enunciados. En el extremo opuesto en los espacios rurales desequilibrados por exceso o fuerte dinámica de actividad se ha de enfatizar la localización y la regulación de las actividades, minimizando la búsqueda de recursos que propicien nuevas actividades; este suele ser también el caso de los espacios periurbanos, donde la localización y regulación en orden a insertarse sin estridencias en las demandas urbanas, priman sobre la innovación. Por último en los espacios equilibrados el énfasis ha de ponerse en la continuidad del equilibrio, lo que suele estar asociado a la comercialización de los productos como garantía de rentabilidad, que, a su vez, es garantía de continuidad.

En cuanto a las actividades, parece evidente que en el espacio rural, la agricultura, ha dejado de ser la base económica y social, casi exclusiva, y entran otras muchas actividades demandadas por razones de diversificación o expulsadas o inducidas por los centros de producción: las ciudades.

Entra así en juego la idea de *huella ecológica,* indicador que mide la carga impuesta por una población a la naturaleza, representada por la superficie de suelo (has/persona) que necesita para extraer los influentes que consume, para deponer los efluentes que emite y para ubicar los elementos que dan soporte físico a las actividades humanas. Se forma con varias componentes: huella de los alimentos, fibra y madera, huella energética, huella de los residuos, huella del agua, huella de la vivienda, infraestructuras y servicios y huella de los bienes de consumo. En este sentido la huella ecológica se puede entender como una medida de las *externalidades positivas* del campo para la ciudad: servicios que le presta y por los que no cobra, situación injusta cuya solución constituye un elemento de desarrollo rural.

En los espacios rurales profundos el problema es de falta de actividad, por lo que su desarrollo pasa por movilizar los sectores alternativos al agrario, aunque éste seguirá siendo prioritario en muchas zonas; debe basarse en un enfoque integrado e incremental, que tenga en cuenta la globalización de los mercados, que inserte en un mismo marco el reajuste y desarrollo de la agricultura, la diversificación de la economía (especialmente e través de las pequeñas y medianas empresas y de los servicios rurales), la gestión de los recursos naturales, incluyendo la biodiversidad y el paisaje, el fomento de la cultura, el turismo y las actividades recreativas, y las derivadas de las nuevas funciones que la problemática y sensibilidad ambiental otorga al medio rural, en la medida en que este espacio amplia su histórica función como fuente de recursos naturales y materias primas, con otras dos crecientemente demandadas por una sociedad que adopta un estilo de desarrollo basado en el consumo, en los altos rendimientos y en la competitividad; se trata de la función de soporte para nuevas actividades y de la función receptora de efluentes, ambas indispensables para garantizar la sostenibilidad del desarrollo.

En cuanto soporte, al medio rural acuden actividades exógenas necesarias para las ciudades: generadores de energía eólica, o centrales de energía solar, campos de tiro que requieren áreas despobladas, cementerios de residuos radiactivos u otros peligrosos, centrales térmicas, embalses, etc., ante las cuales, parece inútil la oposición siendo preferible una actitud exigente en términos de seguridad, impacto ambiental y beneficio económico, precisamente por este orden.

La función sumidero del medio rural sobre los tres efluentes típicos de las ciudades: gases, agua y residuos sólidos, y la forma de compensarla económicamente, requiere estudiar la capacidad de fijación de gases de efecto invernadero por el campo, la viabilidad de acogerse a las recientes previsiones de ayudas establecidas al amparo de los convenios relativos al efecto invernadero, los productos orgánicos sólidos: origen, cantidad, tipo y viabilidad de convertirse en enmienda y fertilizante para los cultivos y la posibilidad de reutilizar las aguas residuales.

Definidas las actividades, se trata después de dar respuesta a las preguntas que se plantean en el punto 10.3.2.2.

10.3.4. Planificación de espacios degradados

Aunque el concepto de degradación es relativo, es posible identificar ciertos estereotipos, o espacios problema paradigmáticos:

- Espacios agrícolas marginales.
- Espacios deforestados y erosionados.
- Espacios periurbanos.
- Espacios afectados por la construcción de infraestructuras lineales y otras obras públicas.
- Espacios residuales abandonados por pérdida de uso del suelo.
- Espacios afectados por actividades mineras.
- Espacios degradados por actividades turísticas y recreativas.
- Espacios degradados por acumulación de vertidos.
- Espacios contaminados.
- Espacios ocupados por agricultura bajo plástico.

Restaurar o recuperar un espacio degradado significa, sobre todo, buscar la utilización (o dada su presumible complejidad, utilizaciones) más adecuada a sus características y siempre en concordancia con las expectativas de la población circundante sobre él.

En esta idea encuentra justificación el enfoque de ordenación territorial, de manera que las respuestas que solicita el modelo tienen aquí su aplicación. En efecto, el espacio a tratar, y la actuación que se plantee sobre él, debe ser entendido como una pieza en un ámbito más amplio y su tratamiento ha de venir marcado por la idea de «integración»: adaptación al medio, funcionalidad y regulación:

- ¿Cuáles son las actividades que darán sentido al espacio recuperado justificando una gestión activa?

— ¿Cómo se organizan en el espacio?
— ¿Cómo se comportan con el entorno próximo?
— ¿Cuáles son las redes —viario fundamentalmente— que da funcionalidad al espacio?
— ¿Cómo se conecta la zona con el exterior?

De acuerdo con lo señalado puede diseñarse una metodología cuyo diagrama de flujos y algoritmo de aplicación se representan en el capítulo III.

10.3.5. Utilización del modelo en la gestión ambiental

En la medida en que el modelo va orientado a un desarrollo sostenible presidido por la idea de integración, se comporta como un instrumento preventivo de gestión ambiental; en efecto, el modelo permite identificar las actividades razonables que soportarán el desarrollo, las ubica de acuerdo con la «lectura» del medio en que se ubican y regula su comportamiento en relación con los vectores ambientales, aire, agua y suelo. De esta forma se evitan las degradaciones ambientales asociadas al estilo de desarrollo, a la localización, a la sobreexplotación y a la contaminación.

10.3.6. Utilización del modelo para la Evaluación Ambiental Estratégica

Tal como se describe en el capítulo VI, el modelo es de utilidad para realizar la evaluación ambiental de planes y programas, a la que se denomina estratégica, ya que su aplicación garantiza el objetivo de integración ambiental y de sostenibilidad, como repetidamente se ha indicado, porque establece las actividades razonables, las distribuye de forma coherente con el medio y consigo mismas y las regula para que tengan un comportamiento comprometido con su entorno.

10.3.7. Otras utilizaciones

El modelo, por fin, es útil en todos aquellos desafíos en que haya que identificar, localizar, concebir y desarrollar actividades en el territorio, sea en el nivel de política, de plan, de programa o de proyecto.

II
MARCO LEGAL DE LA ORDENACIÓN TERRITORIAL

La ordenación del territorio es una actividad propiciada por la UE, regulada legalmente en los niveles nacional y autonómico (regional) aplicada en éstos y en los ámbitos subregional, comarcal, supramunicipal (mancomunidades), local y particular o submunicipal; en estos dos últimos, generalmente, bajo la forma del planeamiento urbanístico.

La práctica de la ordenación territorial requiere, entre otras, tres condiciones básicas:

- Voluntad política, para imponer el control del uso del suelo y del comportamiento de las actividades.
- Cobertura legal de los planes.
- Capacidad institucional para gestionar la ejecución, el seguimiento y el control de los planes.

Los dos últimos aspectos se desarrollan en este capítulo.

1. LOS SISTEMAS DE ORDENACIÓN TERRITORIAL

Se dijo en el Capítulo I que el sistema territorial de un país se organiza en subsistemas según niveles jerárquicos (figura II.1) donde las unidades territoriales de cada nivel se integran en las de nivel superior; que a cada nivel corresponden estructuras, potencialidades y problemas territoriales propios y específicos de su rango, de tal manera que no se pueden planificar desde niveles inferiores las estructuras que corresponden a niveles territoriales superiores, ni prevenir o resolver sus problemas ni aprovechar las potencialidades; y que en términos generales opera el principio de *coherencia* que indica cómo a cada tipo de problema corresponde un nivel en el que debe ser tratado y el principio de *subsidiariedad* que establece cómo cada problema deber ser atendido (pre-

1. Nivel supranacional (por ejemplo: Perspectiva Europea de Ordenamiento Territorial, Estructuras del Corredor Centroamericano, etc.) 2. Nivel nacional (Escala característica 1:500.000/1:1.000.000) 3. Nivel regional o (Escala 1:50.000/1:100.000) 4. Nivel subregional/comarcal (agregación de municipios. Escala 1:25.000)
Nivel local/municipal (Escala 1:25000 a 1:10.000, o mayor en lugares concretos) 5. Nivel particular (polígono. Escala 1:5.000 o mayor)

Figura II.1. *Niveles típicos que definen la jerarquía de los sistemas territoriales a cada uno de los cuales corresponde un nivel de planificación.*

visto o resuelto) y cada potencialidad aprovechada en el nivel jerárquico más bajo posible.

Reconociendo la jerarquía de niveles, estructuras, potencialidades y problemas territoriales señalados, generalmente, los sistemas de ordenación territorial establecidos en los países que adoptan este enfoque como elemento imprescindible de su política de desarrollo sostenible (los más evolucionados), operan a través de un conjunto coherente de planes (instrumentos de planificación), de carácter integral y sectorial, previstos en un legislación específica en materia de ordenación territorial (y en otras leyes sectoriales con incidencia territorial, como las de carreteras, de aguas, de espacios protegidos, etc.), que se desarrollan en cascada desde los niveles territoriales superiores hasta los inferiores, según un proceso de arriba abajo, en el que las determinaciones previstas en los niveles superiores y ámbitos más extensos, se adoptan como referencia obligada para la elaboración de los que corresponden a niveles inferiores (figura II.2.). De esta forma se garantiza la coherencia y la integración vertical de las unidades territoriales de cada nivel, así como las decisiones que se adopten, en las de orden superior, incluyendo las estructuras territoriales que les corresponden.

En este esquema, a los principios de coherencia y subsidiariedad, antes enunciados, se añade el de *contracorriente* que señala cómo los planes de ámbitos geográficos superiores deben contemplar el desarrollo de los ámbitos menores, mientras desde estos últimos se debe impulsar el desarrollo de los mayores.

El desarrollo en cascada se refiere a los ámbitos geográficos, no a los individuos, los cuales quedan afectados por todos los planes, de tal manera que las

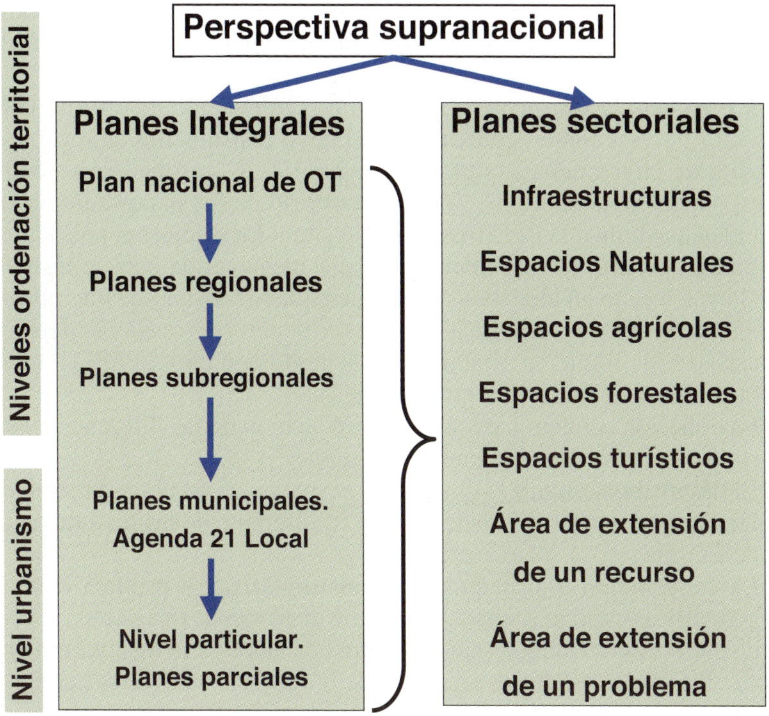

Figura II.2. *Los instrumentos de ordenación territorial se desarrollan en cascada.*

instituciones de niveles inferiores han de participar en las decisiones que se adoptan en niveles superiores y los ciudadanos, agentes y actores, en los planes de cualquier nivel según un proceso capaz de acoger las iniciativas de abajo a arriba y de acuerdo con los principios de participación, concertación y transparencia.

2. LEGISLACIÓN ESPECÍFICA DE LA ORDENACIÓN DEL TERRITORIO

2.1. El carácter orientativo en la Unión Europea (UE)

Destaca como base de referencia general en la concepción de la legislación específica, la Carta Europea de Ordenación del Territorio, aprobada en la Sexta Conferencia Europea de Ministros responsables de la Ordenación del Territorio, texto que establece el concepto, las características y los objetivos de la ordenación territorial.

En 1994, los ministros de Medio Ambiente de la Unión Europea se reunieron para anunciar *cambios profundos en el sistema fiscal y en la Ordenación del Territorio* y acordaron por unanimidad *reclamar una política de Ordenación del Territorio como instrumento básico para alcanzar el desarrollo soste-*

nible. En suma se considera a la ordenación territorial como un planteamiento integrado que está llamado a ser el marco de referencia para la coordinación del desarrollo económico y social de la UE.

Por otro lado la Perspectiva Europea de Ordenación Territorial (PEOT), de carácter no vinculante, constituye un nuevo instrumento de reflexión que fue objeto de largos debates durante 1998 y 1999 y aprobado por los ministros responsables de la ordenación del territorio de los países miembros.

La idea que guía a la PEOT consiste en situar las diferentes políticas sectoriales en un contexto territorial europeo, y viene sugerida porque las políticas que se llevan a cabo en todos los niveles de poder de los países miembros de la UE dependen cada vez más unas de otras y tienen repercusiones territoriales que traspasan las fronteras estatales. De acuerdo con ello, la PEOT se enfoca hacia la consecución de cuatro grandes metas:

- La cohesión económica y social: la reducción de las diferencias de desarrollo y de nivel de vida entre las regiones.
- El desarrollo sostenible: duradero y respetuoso con el medio ambiente.
- Una mayor competitividad, aunque equilibrada, de las distintas regiones de Europa.
- La cooperación transnacional y transfronteriza; la primera entre zonas geográficas contiguas que cubren parte de al menos tres países, y la segunda entre zonas contiguas situadas a ambos lados de la misma frontera.

Para alcanzarlas establece una serie de propuestas en diversos campos que se enumeran a continuación:

- Mayor complementariedad entre las ciudades; a diferencia de la tendencia actual de expansión y congestión de las zonas urbanas en forma de «racimos de ciudades» se plantea la cooperación entre unas y otras para favorecer la complementariedad; se propone constituir redes de pequeñas ciudades en las zonas rurales poco pobladas, para permitir el acceso a bienes y servicios, a los que cada una de las ciudades no podría acceder por sí sola.
- Ciudades más dinámicas, atractivas y competitivas; la PEOT recomienda elaborar políticas urbanas que incluyan la lucha contra la exclusión social, la revitalización de ciudades, la correcta gestión de los espacios verdes y la aplicación de ciertos criterios equilibrados de ocupación del suelo.
- Patrimonio urbano mejor conservado; la PEOT recuerda los objetivos del Convenio de Granada, de 3 de octubre de 1998, para fomentar la «conservación integrada» del patrimonio arquitectónico.
- Nuevas relaciones entre el campo y la ciudad; se debe procurar mantener un nivel mínimo de servicios en los núcleos de las zonas rurales, y realzar el potencial económico local.
- Economías rurales más diversificadas; en las zonas rurales se propone una diversificación de la economía gracias al turismo rural, o a actividades relacionadas con la investigación y el desarrollo tecnológico; la agricultura se enfrenta a una inevitable reconversión.

- Paisajes rurales mejor revalorizados; el paisaje rural, por su belleza o por su interés cultural e histórico, puede contribuir al desarrollo económico mediante el turismo y las inversiones derivadas de éste.
- Mejor protección del medio ambiente; la PEOT insiste en la necesidad de acelerar la creación de una red ecológica europea de espacios protegidos: Red Natura 2000.
- Gestión inteligente de los recursos hídricos; Europa está amenazada por las dificultades de abastecimiento de agua, tanto en términos de calidad como de cantidad, por lo que se propone la gestión conjunta de las grandes capas acuíferas y las aguas costeras.
- Infraestructuras más accesibles; es preciso construir nuevas infraestructuras en las regiones peor dotadas y utilizar las que ya funcionan de una forma más eficaz, y mejorar el acceso a ellas.
- Capacidad de divulgación e innovación; las tecnologías de información y comunicación permiten saltar los obstáculos y barreras territoriales (aislamiento, situación periférica, etc.).

En 1999 se acuerda en Potsdam la Estrategia Territorial Europea (ETE) que establece la necesidad de asociar los tres objetivos políticos fundamentales: *la cohesión económica y social, el desarrollo sostenible y la competitividad equilibrada del territorio europeo,* objetivos que deben informar a toda previsión de futuro con repercusiones territoriales. Para avanzar hacia tales objetivos, la ETE establece las proposiciones de la figura II.4, las cuales se pueden concretar en la propuesta de un modelo territorial en red, nucleado de ciudades compactas que no segrega sino entremezcla las actividades, conectadas por una potente red de infraestructuras de comunicaciones y de transportes y unas nuevas relaciones campo-ciudad; un modelo caracterizado por la homogeneización del espacio en términos de las oportunidades que ofrece para satisfacer las demandas del ciudadano, facilita el transporte público entre núcleos densos y ofrece al ciudadano la posibilidad de elegir el tamaño del núcleo donde vivir.

2.2. La insuficiencia de la regulación en el nivel estatal

El modelo territorial existente es el resultado de la actividad de numerosos agentes operando bajo regulaciones legales de muy distinta naturaleza, pero con fuertes repercusiones en el espacio. En este sentido no puede decirse que la ordenación del territorio se encuentre regulada en un cuerpo legal específico, sino que existiendo éste en el nivel autonómico, se complementa con una abundante y diversa legislación sectorial: sobre infraestructuras viarias, energéticas, de comunicaciones, obras hidráulicas..., sobre espacios protegidos, sobre sectores económicos, etc.

Para el conjunto del estado español no existe una ley de ordenación territorial, se ha venido supliendo por sucesivas Leyes «del Suelo», que establecían las siguientes figuras:

- El Plan Nacional de Ordenación, no ejecutado hasta el momento y sin posibilidades de que se ejecute en el futuro, tiene como finalidad la deter-

Figura II.3. *Estrategia Territorial Europea.*

Desarrollo territorial policéntrico y nueva relación entre el campo y la ciudad	Acceso equivalente a las infraestructuras y al conocimiento	Gestión prudente de la Naturaleza y el patrimonio cultural
• Desarrollo Territorial policéntrico y equilibrado de la Unión Europea • Ciudades y regiones urbanas dinámicas, atractivas y competitivas • Desarrollo endógeno, diversidad y eficacia de los espacios rurales • Asociación entre el campo y la ciudad	• Un planteamiento integrado para mejorar la conexión a las redes de transporte y el acceso al conocimiento • Desarrollo policéntrico: modelo para una mejor accesibilidad • Utilización eficaz y sostenible de las infraestructuras • Difusión de la innovación y el conocimiento	• Naturaleza y patrimonio cultural como potenciales de desarrollo • Conservación y desarrollo del patrimonio natural • Gestión de los recursos hídricos: un reto para el desarrollo territorial • Gestión creativa de los paisajes • Gestión creativa del patrimonio cultural

Figura II.4. *Objetivos políticos y opciones de la ETE para el territorio europeo.*

minación de las grandes directrices de ordenación del territorio en coordinación con la planificación económica y social.

- Los Planes Directores Territoriales de Coordinación (PDTC), de acuerdo con el Plan Nacional de Ordenación, con la planificación económica y social y con las exigencias del desarrollo regional, establecen las directrices para la ordenación del territorio, el marco físico en que han de cumplirse las previsiones del plan y el modelo territorial que coordine los planes y normas a que afecte. Se trata de una figura que responde al concepto integrador y global de la ordenación del territorio pero de aplicación problemática por dos razones: una porque su vinculación a ámbitos regionales/autonómicos y lo complejo de su contenido la convierten en un documento técnicamente inabarcable; otra porque el carácter estatal de la legislación que la ampara hace que entre en conflicto con las atribuciones de las comunidades autónomas en la materia; tan sólo se ha realizado uno (el de Doñana) en un ámbito subregional más acorde, por su tamaño, con el enfoque integral de este tipo de planes y, curiosamente, operando como instrumento de planificación del ambiente natural. Los PDTC contendrán las siguientes determinaciones:
  - *a)* El esquema para la distribución geográfica de los usos y actividades a que debe destinarse prioritariamente el suelo afectado.
  - *b)* El señalamiento de las áreas en que se hayan de establecer limitaciones por exigencias de la defensa nacional, teniendo en cuenta la legislación específica de la materia, o por razones de interés público.
  - *c)* Las medidas de protección a adoptar en orden a la conservación del suelo, de los demás recursos naturales y a la defensa, mejora, desarrollo o renovación del medio ambiente natural y del patrimonio histórico.
  - *d)* El señalamiento y localización de las infraestructuras básicas relativas a las comunicaciones terrestres, marítimas y aéreas, el abastecimiento de agua, saneamiento, suministro de energía y otras análogas.

Los PDCT comprenderán los estudios que justifiquen la elección del modelo territorial, los planos, normas y programas que requieran su realización y las bases técnicas y económicas para el desarrollo y ejecución del propio Plan.

- Los Planes Generales Municipales de Ordenación (PGMO), de ámbito municipal o afectando a varios municipios, resultan descompensados hacia el urbanismo al dar un tratamiento muy diferente según el carácter de las clases de suelo que determina; desarrollan mucho el urbano y el urbanizable y reducen el suelo no urbanizable a un papel meramente residual. Estos contendrán las siguientes determinaciones con carácter general:
  - *a)* Clasificación del suelo con expresión de las superficies asignadas a cada una de las categorías de suelo asignadas: suelo urbano, suelo urbanizable y suelo no urbanizable.

b) Estructura del territorio, es decir, integración de los sistemas de comunicación, de los espacios verdes, y equipamientos y servicios públicos.

c) Medidas de protección del medio ambiente, conservación de la naturaleza, defensa del paisaje y elementos artístico-históricos.

d) Programación en dos etapas de cuatro años el desarrollo del plan, modificándolo al finalizar éstas.

- Los Planes Parciales se desarrollan en un sector inframunicipal; tienen por objeto desarrollar, mediante la ordenación detallada, una parte del territorio ordenado por los anteriores.
- Los Planes Especiales de Protección que pueden afectar a ámbitos de tamaño muy variable, regulan aspectos parciales de la ordenación territorial, si bien de gran importancia por la vinculación que introducen para todo tipo de actividades. En relación con el medio ambiente, debe añadirse que esta figura es muy adecuada para la protección y conservación de espacios ambientalmente valiosos. Pionero, en este orden de ideas, fue el Plan Especial de Protección del Medio Físico de la Región de Madrid, aprobado en 1975, referencia obligada durante muchos años en el planeamiento territorial y ambiental.
- Las Normas Subsidiarias de Planeamiento, que se redactan para ser aplicadas en los municipios que carezcan de Plan General.
- Las Normas Complementarias de Planeamiento que vienen a regular aspectos no previstos o insuficientemente desarrollados en los planes.

Todos estos planes son meros instrumentos de planeamiento urbanístico que, aunque son utilizados como figura de ordenación territorial, sus posibilidades quedan lejos de los enfoques globales exigidos a un plan de este tipo.

Conviene insistir explícitamente en la importancia del planeamiento urbanístico, y, más concretamente, de la clasificación y calificación urbanística del suelo, para la utilización racional del territorio y sus recursos naturales y, en consecuencia, para la conservación y gestión ambiental del espacio. Puede afirmarse que una correcta clasificación y calificación urbanística del suelo es condición necesaria, aunque no suficiente, para la conservación de los elementos y procesos ambientales.

La ley del suelo ha sufrido sucesivas reformas, incrementando la complejidad de este sector del ordenamiento, y clasificando el suelo en urbano, urbanizable y no urbanizable.

La última Ley 8/2007 del suelo, asumiendo que la ordenación del territorio está transferida a las comunidades autónomas, no establece tipos de planes ni clases de suelo, enfatiza la función social de la propiedad, el interés general, el uso racional de los recursos naturales, etc.; y se refiere específicamente en el artículo 15 a la evaluación y seguimiento de la sostenibilidad del desarrollo urbano señalando la vinculación de los instrumentos de ordenación territorial a evaluación ambiental estratégica (EAE), estableciendo la obligatoriedad de incluir un mapa de riesgos naturales del ámbito objeto de ordenación en el informe de sostenibilidad previsto en el procedimiento administrativo de EAE, y dando carácter determinante a los informes de la Administración Hidrológica sobre suficiencia de los recursos hídricos para satisfacer las nuevas demandas de agua, de la Administración de Costas sobre el deslinde y protección del dominio público marítimo-terrestre y de las Administraciones competentes en materia de carreteras y demás infraestructuras sobre la afección del plan a la capacidad de servicio de tales infraestructuras.

Por otro lado, otorga a los Ayuntamientos un papel fundamental en la aplicación de la Ley y establece la transparencia y el control de la especulación urbanística. En este sentido, las Administraciones competentes en materia de suelo deberán proporcionar a los ciudadanos que lo soliciten copias de los instrumentos de ordenación territorial y urbanística vigentes en su ámbito territorial, de los documentos de gestión y de los convenios urbanísticos. Además, habrán de publicar en Internet el contenido actualizado de sus planes territoriales y urbanísticos, los anuncios de información pública y los actos relevantes de su tramitación.

La nueva Ley modifica el régimen de valoraciones del suelo, de tal forma que su precio se establecerá sobre la base de la valoración real del terreno en cada momento.

2.3. La legislación específica en el nivel autonómico

La ordenación del territorio ha tomado carta de naturaleza como tal en España, a partir de la referencia explícita que hace el artículo 148, tercero, de la Constitución Española del 78 a la posibilidad de que las Comunidades Autónomas asuman competencias en esta materia. Todos los estatutos de autonomías se han acogido a esta opción, adoptando con carácter exclusivo las potestades públicas —legislativas, reglamentarias y ejecutivas— relativas a la ordenación territorial, tratando de articular las diferentes competencias que recaen sobre el territorio. Sin embargo tal competencia queda mediatizada en la práctica al reservarse el Estado las competencias exclusivas en relación con infraestructuras de fuerte incidencia territorial (defensa nacional, obras de interés general, puertos, aeropuertos, ferrocarriles y transportes terrestres cuando transcurran por más de una Comunidad Autónoma, aprovechamientos hidráulicos, etc.), en relación con el establecimiento de las bases y coordinación de la planificación general de la actividad económica, la legislación básica sobre medio ambiente y para la defensa del patrimonio cultural, artístico y monumental español.

Numerosas Comunidades Autónomas disponen de legislación específica en materia de ordenación territorial. Por orden cronológico de aprobación son las siguientes:

- Cataluña: Ley 23/1983, de 21 de noviembre, de Política Territorial y Ley 1/1995, de 16 de marzo, sobre Ordenación del Territorio por la que se deroga los artículos 9 y 10 de la Ley anterior y se aprueba el Plan Territorial General de Cataluña.

— Principado de Asturias: Ley 1/1987, de 30 de marzo, de Coordinación y Ordenación Territorial y Ley 6/1990, de 20 de junio, de Edificación y Usos del Suelo en el Medio Rural.
— Canarias: Ley 1/1987, de 13 de marzo, reguladora de los Planes Insulares de Ordenación y Ley 5/1987, de 7 de abril, sobre Ordenación Urbanística del Suelo Rústico.
— Baleares: Ley 8/1987, de 1 de abril, de Ordenación Territorial y Ley 6/1997, de 8 de julio, de Regulación del Suelo Rústico.
— Valencia: Ley 6/1989, de 1 de abril, de Ordenación del Territorio.
— Cantabria: Ley 7/1990, de 30 de marzo, de Ordenación Territorial y Ley 9/1994, de 29 de septiembre, sobre usos del suelo en el medio rural.
— País Vasco: Ley 4/1990, de 31 de mayo, sobre Ordenación del Territorio y Decreto 28/97, de 11 de febrero, de Directrices sobre Ordenación del Territorio.
— Murcia: Ley 4/1992, de 30 de julio, de Ordenación del Territorio.
— Aragón: Ley 11/1992, de 24 de noviembre, de Ordenación del Territorio.
— Andalucía: Ley 1/1994, de 11 de enero, sobre Ordenación del Territorio.
— Navarra: Ley Foral 10/1994, de 4 de julio, de Ordenación del Territorio y Urbanismo.
— Madrid: Ley 9/1995, de 28 de marzo, de Medidas de Política Territorial, Suelo y Urbanismo.
— Galicia: Ley 10/1995, de 23 de noviembre, de Ordenación del Territorio y Ley 7/1996, de 10 de julio, de Ordenación del Territorio y Desarrollo Comarcal.
— Castilla La Mancha: Ley 2/1998, de 4 de junio, de Ordenación del Territorio y Urbanismo.
— La Rioja: Ley 10/1998, de 2 de julio, de Ordenación del Territorio y Urbanismo.
— Castilla-León: Ley 10/1998, de 5 de diciembre, de Ordenación del Territorio.

2.3.1. Elementos comunes a la legislación autonómica

Con las peculiaridades propias de cada caso, las figuras que va adoptando la legislación de las diferentes Comunidades Autónomas puede esquematizarse en torno a los tres tipos siguientes de planes, los cuales se corresponden con ámbitos específicos: regionales, comarcales/supramunicipales y variables desde lo local a lo regional.

- Directrices de ordenación territorial, que afectan al conjunto del territorio de la comunidad autónoma y cuyas determinaciones deben proporcionar un marco físico de referencia para las actividades socioeconómicas, a las que vinculan, en orden a la consecución de equilibrio territorial y a la utilización racional del territorio y sus recursos naturales.

- Planes integrales de ordenación territorial, de ámbito subregional/comarcal/supramunicipal, los cuales se aplican a aquellos espacios cuyas características o situación requiere una ordenación integral más detallada; frecuentemente constituyen un desarrollo de las directrices.
- Planes sectoriales de ordenación territorial, referidos a un sector de intervención y con finalidad de coordinación sectorial e intersectorial de las actividades con incidencia territorial de los organismos de la administración nacional, autonómica y local.

Varias comunidades autónomas añaden a los tres tipos citados, los Planes de Ordenación del Medio Físico o del Medio Natural, orientados a la conservación y fomento de los recursos y procesos naturales del suelo rústico en ámbitos supramunicipales.

El planeamiento urbanístico que se realiza en aplicación de la nacional Ley del Suelo opera, a nivel local, como prolongación de los planes de ordenación territorial y vinculado a sus determinaciones.

En todo caso la ordenación del territorio se concibe en términos de planteamiento de un modelo territorial a conseguir y de la adopción de unas medidas para alcanzarlo. Estas responden, en esquema, a tres ideas: vinculación de los usos del suelo, directamente o a través del planeamiento urbanístico, coordinación de actividades sectoriales particularmente en relación con las infraestructuras, y acciones de fomento y orientación: inversiones, subvenciones, estímulos fiscales, gravámenes, etc.

2.3.2. Contenido exigido por la legislación para diversos instrumentos

En términos generales el tipo de contenido que fijan las diferentes legislaciones para los principales instrumentos de ordenación territorial se señala a continuación:

Para las Directrices regionales

- Descripción e interpretación de las características del territorio y diagnóstico de los problemas existentes en relación con el medio físico, el poblamiento, los asentamientos productivos y las pautas de desarrollo territorial manifestadas y previsibles.
- Criterios de actuación en relación con los problemas detectados, de acuerdo con los objetivos políticos de la comunidad.
- Regulación de las actuaciones públicas y privadas de acuerdo con el punto anterior.
- Propuesta sobre el intercambio de información entre las distintas administraciones y organismos públicos que permita compatibilizar, coordinar y programar sus actuaciones.
- Criterios para resolver los conflictos entre las distintas administraciones y organismos públicos que intervienen en el territorio.

- Definición de los criterios de protección del medio natural y áreas de protección.
- Definición de las áreas homogéneas de ámbito supramunicipal en función de su potencial de desarrollo y situación socioeconómica.
- Definición de los núcleos de población que deban ejercer un papel impulsor o reequilibrador del desarrollo.
- Fijación de criterios para la localización y ejecución de las infraestructuras y equipamientos públicos de carácter supramunicipal.
- Condiciones para el desarrollo de las actividades urbanas, agrícolas, industriales, turísticas, etc.
- Esquema para la distribución geográfica de los usos y actividades a los que debe destinarse prioritariamente el suelo a escala regional.
- Criterios para la compatibilización del planeamiento urbanístico.
- Definición de los ámbitos donde deben hacerse otros planes previstos en la legislación que desarrollen las directrices con especificaciones sobre la figura adecuada, enfoque, plazos, etc.
- Relaciones de las directrices con la planificación económica regional.
- Causas y supuestos que determinen la revisión, adaptación o modificación de las directrices en un proceso continuo de seguimiento y adaptación a la realidad cambiante.

Para los planes integrales de nivel subregional, supramunicipal o comarcal

- Justificación del ámbito adoptado como objeto del plan.
- Descripción y diagnóstico de la estructura territorial y de las tendencias de la evolución hacia el futuro.
- Posibilidades de desarrollo socioeconómico.
- Medidas generales de protección, conservación, mejora, recuperación, restauración y puesta en valor de los elementos y procesos del medio.
- Determinación de los espacios a conservar o ampliar por su interés natural, agrícola, forestal o paisajístico.
- Determinación de las áreas de protección de los elementos del patrimonio histórico artístico y/o cultural, así como de los que deban ser objeto de recuperación, remodelación o rehabilitación.
- Esquema de la distribución espacial de los usos del suelo y actividades a los que debe destinarse prioritariamente el suelo, señalando el uso principal o secundario, excluyente o alternativo de tales usos y actividades.
- Esquema de la distribución y función de los asentamientos de población, así como las relaciones entre ellos, áreas de servicio, etc.
- Definición de los núcleos más adecuados para localizar los equipamientos de ámbito comarcal.
- Espacios aptos para la ubicación de las grandes infraestructuras según sus características.
- Determinación de los servicios a crear de nivel comarcal o para utilización común de los municipios incluidos en el ámbito del plan.

- Criterios, principios y normas generales a los que habrá de atenerse el planeamiento urbanístico.
- Previsiones para la coordinación de las diversas administraciones, organismos públicos y otros agentes socioeconómicos.
- Estudio económico financiero.
- Causas y criterios para su actualización y revisión.

Para los planes territoriales sectoriales

Planes que se orientan a la ordenación y coordinación de un sector con incidencia territorial con el resto de los sectores, así como entre las diferentes administraciones y órganos públicos.

- Sector a que se refiere, distinguiéndolo de los afines y las relaciones con ellos.
- Delimitación del ámbito espacial.
- Justificación de su necesidad para el sector y objetivos que persigue.
- Problemática territorial que plantea el sector.
- Propuestas.
- Articulación y relaciones con la planificación territorial en el marco regional y subregional y con el planeamiento urbanístico.
- Criterios de coordinación con otros sectores y relaciones con los planes o programas con incidencia territorial.
- Criterios para evaluación de alternativas, para la evaluación de la incidencia estructural y del impacto ambiental.
- Causas y procedimiento para su actualización continua.

Para los planes de ordenación del medio físico y/o del medio natural

Este tipo de planes, con espíritu y contenido similar, aparecen con la denominación de «ordenación del medio físico» en las leyes madrileña y navarra y de «ordenación del medio natural» en las de Baleares y Cantabria. En conjunto su contenido se estructura sobre los aspectos que se enumeran, con la particularidad de que es el único instrumento de planificación que prevé la constitución de un ente específico de gestión.

- Definición de objetivos.
- Delimitación del ámbito objeto de ordenación y descripción de sus características diferenciales.
- Valoración del medio y detección de sus potencialidades como soporte de actividades de índole agrícola, ganadero, forestal, extractivo, ecológico, cultural, científico y recreativo.
- Diagnóstico sobre los problemas suscitados por los usos y aprovechamientos existentes y por las tendencias previsibles.
- Identificación de las zonas con características homogéneas en orden a su destino exclusivo o compatible con usos de conservación, científicos, recreativos, agropecuarios, forestales u otros que puedan considerarse.

- Establecimiento de las relaciones de complementariedad recíproca entre las zonas destinadas a la defensa o explotación de los recursos naturales y los asentamientos de desarrollo urbano, residenciales o productivos, comprendidas en el ámbito ordenado o limítrofes con él.
- Medidas, normas y actuaciones, públicas o privadas, orientadas a la preservación, restauración o mejora de las distintas zonas que garanticen su adecuación a las funciones y usos correspondientes.
- Articulación con la ordenación y el planeamiento vigentes y definición, en su caso, de la existencia de un núcleo de población.
- Localización, magnitud y tipo de los asentamientos vinculados a la explotación y disfrute de los recursos naturales.
- Definición y criterios de diseño de las infraestructuras y equipamientos vinculados a la explotación y disfrute de los usos y actividades regulados.
- Señalamiento, en su caso, de la localización de las unidades de explotación agrícola, ganadera o forestal de interés general o de carácter colectivo o experimental.
- Programa de actuaciones y establecimiento de prioridades, en orden a la protección, conservación, mejora o puesta en valor del medio físico con especificación de los entes públicos o privados que hayan de asumir las inversiones y/o la gestión correspondiente.
- Medidas de apoyo para aquellas actuaciones que coadyuven a la consecución de los objetivos propuestos.
- Estudio económico-financiero.
- Constitución de los órganos de gestión, públicos o mixtos, a quienes se atribuya la tutela o fomento de las actividades propias del ámbito ordenado y el desarrollo de los programas correspondientes.
- Evaluación de la incidencia estructural y ambiental del plan.
- Criterios de actualización y revisión.

Este contenido deducido de la legislación específica orientará la metodología que se desarrolla en este capítulo, la cual no es otra cosa que la disposición secuencial y concatenada de las tareas que conducen, de una forma ordenada y sistemática, a la consecución de tales contenidos.

Para los Planes de Ordenación de los Recursos Naturales previstos en la Ley 4/1989

- Delimitación del ámbito territorial objeto de ordenación y descripción e interpretación de sus características físicas y biológicas.
- Definición del estado de conservación de los recursos naturales, los ecosistemas y los paisajes que integran el ámbito territorial en cuestión, formulando un diagnóstico del mismo y una previsión de su evolución futura.
- Determinación de las limitaciones de uso y actividad, generales y específicas, necesarias para la conservación de los espacios y especies a proteger, con especificación, en su caso, de las distintas zonas.

- Aplicación, en su caso, de alguno de los regímenes de protección establecidos en la ley: Parques, Reservas Naturales, Monumentos Naturales y Paisajes Protegidos.
- Concreción de aquellas actividades, obras o instalaciones, públicas o privadas, que el plan vincule al procedimiento de evaluación de impacto ambiental.
- Establecimiento de criterios de referencia orientadores de las políticas sectoriales y de las actividades económicas y sociales, públicas y privadas, que inciden en el ámbito territorial.

Para los Planes de Ordenación de Recursos Naturales de la Ley Forestal Andaluza

- Delimitación del ámbito territorial o especial y descripción del medio físico objeto de ordenación.
- Inventario y análisis de la situación de los ecosistemas existentes y de los recursos naturales que los conforman, formulando un diagnóstico del mismo y una previsión de su evolución futura.
- Estudio del entorno socioeconómico.
- Determinación de las directrices, orientaciones y limitaciones para que la protección y conservación de los recursos naturales sean compatibles con el desarrollo socioeconómico.
- Actuaciones necesarias para el cumplimiento de los objetivos fijados.
- Medidas de fomento y apoyo para el desarrollo de las actuaciones previstas.
- La declaración de la utilidad pública o interés social de las actuaciones contenidas en el plan.
- Determinación de las actividades, obras e instalaciones a las que deba aplicárseles el régimen de evaluación previsto en la legislación específica de Evaluación de Impacto Ambiental, así como las que deben quedar sujetas al estudio socioeconómico.
- Criterios orientativos para las diversas políticas sectoriales.
- Análisis económicos, financieros y de generación de empleo.

2.3.3. Especificidades de la legislación autonómica

Cataluña: Ley 23/1983, de 21 de noviembre, de Política Territorial

La Ley Catalana de Política Territorial, tiene por objeto establecer las directrices de ordenación del territorio y de las acciones administrativas con incidencia territorial, a fin de corregir los desequilibrios que se producen y de alcanzar un mayor bienestar de la población. Plantea los siguientes objetivos:

- Fomentar una distribución equilibrada del crecimiento.
- Favorecer la implantación ordenada de las actividades en el territorio de tal manera que se consiga una mayor eficacia productiva y una mejor calidad de vida.

• Potenciar el crecimiento económico.

Para ello utiliza un sistema de planificación escalonado cuyos instrumentos constituyen un marco para la aplicación de la legislación urbanística y la consiguiente calificación del suelo. Estos son:

a) El Plan Territorial General para toda Cataluña; define los objetivos de equilibrio territorial y es el marco orientador de los otros instrumentos de planificación.

b) Los Planes Territoriales Parciales, de ámbito comarcal o pluricomarcal; definen los objetivos de equilibrio de una parte del territorio siendo el marco orientador de las acciones que se emprendan.

c) Los Planes Territoriales Sectoriales; relativos a la planificación de un sector de intervención o del uso de un recurso en toda la Comunidad Autónoma.

d) Los Planes de Espacios de Interés Natural de la Ley Catalana de Espacios Naturales; relativos a la conservación de espacios naturales de especial interés.

Cataluña: Ley 1/1995, de 16 de marzo, sobre Ordenación del Territorio por la que se deroga los artículos 9 y 10 de la Ley anterior

Se aprueba el Plan Territorial General de Cataluña, formulado por el Gobierno de la Generalidad, de conformidad con la Ley 23/1983, de 21 de noviembre, de política territorial y se define su ámbito de aplicación, estrategias, objetivos y otras disposiciones.

Asturias: Ley 1/1987, de 30 de marzo, de Coordinación y Ordenación Territorial

La ley tiene como finalidad establecer los principios básicos y crear los instrumentos necesarios para la coordinación de la política territorial y la ordenación del espacio del Principado de Asturias. Plantea los siguientes objetivos:

• Favorecer una utilización racional del territorio.
• Proteger el medio ambiente.
• Mejorar la calidad de vida.
• Contribuir al equilibrio territorial.

Que pretende conseguir mediante tres figuras concebidas de tal manera que abarcan todo el proceso de actuación administrativa en la materia, desde la planificación hasta la ejecución:

a) Directrices de Ordenación Territorial; son el instrumento expresivo de los fines y objetivos de la política territorial, siendo la base de referencia para los otros instrumentos. Se clasifican en función de su ámbito territorial en:
   • Regionales; para la totalidad del territorio.
   • Subregionales; para territorios menores al de la región y homogéneos.
   • Sectoriales; destinadas a regular y orientar el impacto territorial de las actividades sectoriales en un ámbito más reducido.

b) Programas de Actuación Territorial; tienen como objeto recoger de forma sistemática las actuaciones con incidencia en el territorio que vayan a realizarse por los organismos y entidades de la Administración del Principado; este conjunto de planes, como en el caso catalán, se despliega en cascada, pero con la originalidad de que extiende la ordenación del territorio hasta la evaluación de la incidencia territorial de las actuaciones identificadas por las directrices o por los programas, mediante las evaluaciones de impacto.

c) Evaluaciones de Impacto; pueden referirse al impacto ambiental y al estructural. Este sistema aporta una gran coherencia al proceso general de toma de decisiones porque facilita la integración de las actuaciones en el medio ambiente y en la estructura territorial, primero por estar previstas en un plan previo y segundo por la exigencia de someterlas a evaluación de su impacto.

Canarias: Ley 1/1987, de 13 de marzo, reguladora de los Planes Insulares de Ordenación y Ley 5/1987, de 7 de abril, sobre Ordenación Urbanística del Suelo Rústico

La ley Canaria reguladora de los Planes Insulares de Ordenación pretende llenar el vacío que existe en la Ley del Suelo entre los Planes Directores Territoriales de Coordinación, figura demasiado compleja y de nivel regional y los Planes Generales, de ámbito territorial demasiado reducido, mediante unos instrumento de planificación adaptados a los espacios insulares, los cuales deben ser tratados desde una perspectiva global para cada isla. Se conciben como instrumentos de planificación territorial y urbanística (jerárquicamente superiores al planeamiento municipal) que deben establecer las determinaciones de ordenación, de coordinación sectorial y de compatibilidad sobre el marco físico. Desde el punto de vista del medio físico resulta particularmente interesante la Ley 5/1987, de 7 de abril, sobre Ordenación Urbanística del Suelo Rústico, que establece las categorías de ordenación a que debe ajustarse este tipo de suelo.

Baleares: Ley 8/1987, de 1 de abril, de Ordenación Territorial

La ley Balear de Ordenación Territorial, utiliza tres figuras similares a las del sistema catalán y añade una cuarta: los Planes de Ordenación del Medio Natural, configurando en conjunto un sistema de planificación territorial completo en el que los instrumentos de planificación se suceden de forma escalonada. Las Directrices de Ordenación Territorial son el instrumento ordenador de toda la comunidad; estas se desarrollan mediante los Planes Territoriales Parciales de contenido integral y ámbito supramunicipal, los Planes Directores Sectoriales orientados a la coordinación de los sistemas generales de infraestructuras, equipamientos, servicios y actividades de explotación de recursos, y los Planes de Ordenación del Medio Natural cuya finalidad se orienta a definir medidas para la conservación y explotación de los elementos y procesos naturales.

Baleares: Ley 8-7-1997 Regulación del Suelo Rústico

La Ley Balear sobre Regulación del Suelo Rústico, actúa complementando la Ley de Ordenación del Territorio de 1987, y se ha creado con el fin de regular el suelo rústico de las Islas Baleares, sustituyendo una normativa demasiado parca basada en el Texto Refundido de la Ley del Suelo, desde la óptica de la protección global del suelo rústico frente a los procesos de desarrollo urbanístico, limitando, ordenando y reconduciendo los procesos de transformación a que se enfrenta. En la definición de suelo rústico, esta ley considera aquellos terrenos cuya función determina que se preserven de los procesos de desarrollo urbanístico y que se protejan los elementos de identidad que los caracterizan. Con el fin de regular y proteger el suelo rústico de las Islas Baleares, esta ley propone una serie de disposiciones generales: define los terrenos que lo constituyen y las calificaciones básicas para su ordenación; establece su régimen jurídico; y regula las actividades que en él pueden admitirse.

Actualmente opera la Ley 14/2000 de Ordenación Territorial.

Valencia: Ley 6/1989, de 7 de julio, de Ordenación del Territorio

La ordenación del territorio en la Comunidad Valenciana, según la Ley 6/89, pretende obtener un marco territorial global y flexible, no determinista, que sirva de referencia a las actuaciones de las distintas administraciones. Cuenta para ello con los instrumentos que se mencionan; el proceso completo de ordenación se basa fundamentalmente en el primero y tercero de los instrumentos, ambos de carácter global:

- *a)* Plan de Ordenación del Territorio; es el instrumento básico de la ley, se refiere al conjunto de la comunidad autónoma, y sus determinaciones constituyen el fundamento de los criterios y previsiones que se contengan en los Programas económicos Valencianos.
- *b)* Planes de Acción Territorial; de ámbito más reducido, se redactarán en desarrollo del Plan de Ordenación del Territorio, y tienen como finalidad la compatibilizarán y coordinación de políticas sectoriales y urbanísticas a nivel supramunicipal, estando concebidos tanto para satisfacer las necesidades de un sector como para afrontar la problemática específica de un área territorial.
- *c)* Programas de Ordenación del Territorio; es un instrumento de coordinación que definirá los criterios, acciones y proyectos de interés territorial de la Comunidad Valenciana para un período máximo de cuatro años; sus determinaciones se incorporarán a los Programas Económicos Valencianos, cumpliendo así funciones de integración entre los objetivos de la ordenación territorial y los de la programación económica.
- *d)* Proyectos de Ejecución; se refieren a actuaciones concretas debiendo ajustarse a las previsiones de los planes de ordenación territorial.

Cantabria: Ley 7/1990, de 30 de marzo, de Ordenación Territorial

La Ley Cántabra entiende la ordenación del territorio como el conjunto de criterios, normas y planes que regulan las actividades y asentamientos sobre el territorio con el fin de conseguir una adecuada relación entre territorio, población, actividades, servicios e infraestructuras. Utiliza los instrumentos que se menciona a continuación, los cuales podrán ser desarrollados por medio de las figuras de planeamiento previstas en la Ley del Suelo:

a) Directrices de Ordenación Territorial que pueden ser, según su ámbito, Comarcales o Regionales.
   - Las Directrices Regionales regularán, con carácter global, los procesos de asentamiento de las actividades económicas y sociales, serán la referencia del planeamiento local y coordinarán las decisiones municipales, las políticas sectoriales y la programación de recursos de las distintas administraciones.
   - Las Directrices Comarcales desarrollarán las regionales en áreas geográficas supramunicipales de características homogéneas cuyo tamaño y vecindad aconseje una organización de equipamientos e infraestructuras de tipo comarcal.

b) Los Planes Directores Sectoriales; de ámbito supramunicipal, tienen por objeto regular la implantación territorial de las infraestructuras, dotaciones e instalaciones de interés público que se asienten o incidan sobre más de un término municipal así como integrar y coordinar las actuaciones propuestas.

c) Los Planes Directores del Medio Natural; desarrollan las directrices en el sentido de ordenar, proteger y recuperar determinadas zonas —fijadas por las directrices o delimitadas por ellos mismos en función de sus especiales características naturales, ecológicas paisajísticas y culturales— estableciendo las medidas de fomento y las condiciones de aprovechamiento agropecuario, forestal, extractivo y de disfrute recreativo compatible con su protección y conservación.

País Vasco: Ley 4/1990, de 31 de mayo, sobre Ordenación del Territorio

La ley vasca considera como objetivo último de la ordenación del territorio el desarrollo socioeconómico equilibrado de las regiones y la mejora de la calidad de vida, con eliminación de las diferencias existentes entre los distintos sectores de población. Integra en el concepto de ordenación territorial, el conjunto de actuaciones orientadas a conseguir la más racional utilización del suelo y de sus recursos, incluyendo la definición de las relaciones que han de establecerse entre las distintas instancias cuya actividad incide sobre el territorio; a través de ella se han de definir los usos aceptables o potenciales en cada tipo de suelo, las infraestructuras precisas y el acceso de la población a los equipamientos sanitarios, docentes, administrativos, comerciales, etc, la gestión responsable de los recursos naturales y la protección del medio ambiente.

La ley plantea la formulación escalonada de los siguientes instrumentos, cuyas determinaciones de todos ellos tendrán carácter vinculante:

a) Las Directrices de Ordenación Territorial; han de constituir el marco general de referencia para la formulación de los restantes instrumentos de ordenación; no constituyen un documento finalista sino que se desarrolla a través de los Planes Territoriales Parciales.

b) Los Planes Territoriales Parciales; habrán de formularse para aquellos ámbitos concretos que, por razón de sus características y situación, requieran una ordenación más detallada.

c) Los Planes Territoriales Sectoriales; son instrumentos de ordenación sectorial con incidencia territorial elaborados por los Departamentos del Gobierno Vasco o por los Organos Forales de los Territorios Históricos, en cuya formulación debe prevalecer el carácter integrador y prevalente de la ordenación territorial y de las directrices.

Cuando sea preciso los instrumentos citados se desarrollarán mediante las figuras de planeamiento general y especial de la Ley del Suelo ajustándose a las determinaciones de aquellos.

Murcia: Ley 4/1992, de 30 de julio, de Ordenación del Territorio

La Ley de Ordenación del Territorio de la Región de Murcia se formula a partir de un intento de integración de los aspectos rurales, urbanos y naturales dentro de un concepto general del territorio que contemple conjuntamente la ordenación de los diferentes usos del suelo, armonizando a través de normas y directrices los objetivos de esos aspectos sobre el territorio. Esta ley opera dentro de un respeto a la autonomía de los municipios para materias de interés local.

Con el fin de potenciar el uso racional del suelo con perspectivas de futuro, respetando las condiciones medioambientales, la ley crea los siguientes instrumentos:

- Las Directrices de Ordenación Territorial; manifiestan los fines y objetivos de la política territorial en los ámbitos regionales, subregionales o comarcales y sectoriales.
- Los Programas de Actuación Territorial; recogen las actuaciones con incidencia en el territorio a realizar por los diversos organismos y entidades públicas.
- Las Actuaciones de Interés Regional; son actuaciones concretas sobre el territorio promovidas por entidades públicas y privadas que contribuyan a alcanzar los objetivos planteados por la política territorial.

Aragón: Ley 11/1992, de 24 de noviembre, de Ordenación del Territorio

La Ley aragonesa de Ordenación del Territorio nace como respuesta a los artículos 40 y 45 de la Constitución y al artículo 6 del Estatuto de Autonomía de Aragón, conforme al cual se impulsa una política de mejora de las condiciones de vida y trabajo de los aragoneses y una corrección de los desequilibrios económicos, sociales y culturales. Plantea los siguientes objetivos:

- Definir, proteger y mejorar la estructura territorial.
- Mejorar la calidad de vida, facilitando el acceso a los equipamientos.
- Promover una gestión eficaz de los recursos naturales.
- Procurar la utilización racional y equilibrada del territorio.
- Identificar áreas territoriales con idoneidad actual o potencial para algún tipo de uso del suelo.
- Recuperar el patrimonio natural, cultural o económico deteriorado.
- Favorecer la vertebración del territorio y su conexión interna y externa.

A través de los instrumentos siguientes:

- Las Directrices Generales de Ordenación Territorial, aprobadas por la Ley 7/1998, de 16 de julio, son el instrumento básico de ordenación conjunta e integrada de todo el territorio, encargado de determinar las previsiones necesarias para alcanzar los objetivos generales. Constituye además el marco de referencia territorial para la formulación, desarrollo y aplicación de las políticas sectoriales.
- Las Directrices Parciales de Ordenación Territorial desarrollan las Directrices Generales, pudiendo referirse: a partes determinadas del territorio de Aragón, o Directrices Territoriales, a aspectos concretos y precisos de algún determinado sector, o Directrices Sectoriales.
- Los Programas Específicos de Gestión o Actuación de Ámbito Territorial ejecutan las previsiones contenidas en las Directrices Parciales de Ordenación Territorial mediante la definición de actuaciones concretas. Excepcionalmente pueden ejecutar directamente las previsiones contenidas en las Directrices Generales de Ordenación Territorial.
- Los Procedimientos de Gestión Coordinada, que organizan la gestión, en el ámbito territorial específico, de órganos de diferentes Administraciones Públicas.

Andalucía: Ley 1/1994, de 11 de enero, sobre Ordenación del Territorio

La Ley de Ordenación del Territorio de Andalucía establece la organización y estructura territorial que se pretende para el conjunto de la Comunidad Autónoma. Plantea los siguientes objetivos:

- La articulación territorial interna y externa de la Comunidad Autónoma.
- La distribución geográfica de las actividades y de los usos del suelo, armonizada con el desarrollo económico, las potencialidades existentes en el territorio y la conservación del medio.
- La protección de la naturaleza y del Patrimonio Histórico.

Mediante como instrumentos de ordenación integral:

- El Plan de Ordenación del Territorio de Andalucía; establece los elementos básicos para la organización y estructura del territorio, siendo el marco de referencia territorial para los demás planes, de ámbitos inferiores, así como para la planificación del Estado Español y de la Unión Europea.
- Los Planes de Ordenación del Territorio de Ámbito Subregional; establecen los elementos básicos para la organización y estructuración del terri-

torio en su ámbito, siendo el marco de referencia territorial para el desarrollo y coordinación de las políticas, planes, programas y proyectos de las Administraciones y Entidades Públicas, así como para las actividades privadas.

- Los Planes con Incidencia en la Ordenación del Territorio; establece las actuaciones de planificación que se consideren como planes de este tipo, definiendo como Actividades con Incidencia en la Ordenación del Territorio aquellas de intervención singular no incluidas en los planes previstos por la ley, pero sí su anexo. La formulación de los Planes con Incidencia en la Ordenación del Territorio corresponde al Consejo de Gobierno de la Comunidad Autónoma.

Navarra: Ley Foral 10/1994, de 4 de julio, de Ordenación del Territorio y Urbanismo

La Ley Foral navarra sobre Ordenación del Territorio y Urbanismo se crea como consecución de las distintas leyes que sobre este tema se han desarrollado desde 1986 en la Comunidad Foral (Ordenación del Territorio, Suelo y Vivienda y Ley del Suelo).

Objetivos:

- Adecuar Navarra a las disposiciones normativas establecidas en la legislación estatal según lo dicho en el Texto Refundido de la Ley 1/1992, de 26 de junio, sobre Régimen del Suelo y Ordenación Urbana en cuanto a ordenación urbanística se refiere.
- Armonizar en un solo cuerpo normativo los preceptos legales reguladores de la ordenación del territorio y el urbanismo.
- Incorporar los principios de eficacia y celeridad que requieren los ámbitos del urbanismo y de la ordenación del territorio.

Instrumentos. Los previstos para desarrollar esta ley son complementarios al régimen establecido en la Ley del Suelo:

- Las Directrices de Ordenación Territorial; constituyen el marco de referencia para la formulación y ejecución de las políticas sectoriales y suministran las previsiones y los criterios básicos para la formulación de las políticas sectoriales y la programación de los recursos de las Administraciones que se aplique en la Comunidad Foral.
- Las Normas Urbanísticas Comarcales; tienen por objeto ordenar el territorio en zonas superiores en su ámbito al de un municipio cuyas características hagan conveniente su regulación coordinada a través de un ordenamiento común.
- Los Planes y Proyectos Sectoriales de Incidencia Supramunicipal; se encargan de ordenar determinados ámbitos en los que se pretende desarrollar actuaciones industriales, residenciales, dotacionales o relativos a infraestructuras, siempre que el plan afecte a más de un municipio.
- Los Planes de los Recursos Naturales se rigen por lo dispuesto en la legislación estatal sobre conservación de espacios Naturales.

Madrid: Ley 9/1995, de 28 de marzo, de Medidas de Política Territorial, Suelo y Urbanismo

La Ley madrileña de Ordenación del Territorio, Suelo y Urbanismo nace a partir de una anterior, la Ley 10/84 sobre Ordenación Territorial, segunda ley cronológicamente después de la Catalana. Se promulga a partir del claro convencimiento por parte de la Administración de la diversidad de espacios existentes en la Comunidad de Madrid en la que conviven ámbitos rurales, zonas de montaña y espacios urbanos de gran magnitud. Dada la importancia de estos últimos, la ley se centra principalmente en la actividad urbanística, la cual, anteriormente a esta ley se regía por la ordinaria y general municipal y ahora se desarrolla según el interés regional al convertirse en una actividad autonómica.

Objetivos. Son los siguientes:

- La más idónea articulación territorial de la Comunidad de Madrid y de ésta con el resto de España.
- Las determinaciones de ámbito regional dirigidas a mejorar las condiciones de vida en colectividad y a armonizar el desarrollo económico-social con el medio ambiente en general, la preservación de la naturaleza y la protección del patrimonio histórico y cultural.
- La coordinación de la acción territorial entre las Administraciones Públicas y de sus programas de infraestructuras estableciendo las reservas de suelo necesarias para su ejecución.

Instrumentos. Esta ley se establece a partir de éstos:

- El Plan Regional de Estrategia Territorial; establece los elementos básicos para la organización y estructuración del conjunto del territorio, sus objetivos y define el marco de referencia para los demás instrumentos.
- Los Programas Coordinados de la Acción Territorial; establecen la articulación de las acciones de las Administraciones Públicas que requieren el uso del suelo con relevante repercusión territorial.
- Los Planes de Ordenación del Medio Natural y Rural; tienen por objeto la protección, conservación y mejora de ámbitos territoriales supramunicipales.

Con posterioridad se promulga la Ley 20/1997 de Medidas Urgentes sobre Suelo y Urbanismo, la Ley 9/2001 del Suelo.

Galicia: Ley 10/1995, de 23 de noviembre, de Ordenación del Territorio

La Ley gallega de Ordenación del Territorio surge como respuesta a la carencia de un claro sentido territorial en las iniciativas de las distintas Administraciones Públicas que actúan sobre el territorio gallego, y que se traduce en un marcado desequilibrio territorial como muestra la gran diferencia entre el desarrollo del llamado Corredor Atlántico y las malas condiciones de las restantes zonas del interior de la Comunidad gallega. Así pues, esta ley viene a colmar las insuficiencias que ofrecía el sistema de planificación urbanística creando otro sistema, el de ordenación territorial.

El arraigo de la idiosincrasia gallega al medio rural —comarca, parroquia y núcleo de población—, exige un mayor esfuerzo en el estudio del medio físico y de su relación con el modelo de asentamiento poblacional, en los planes y normas, con el fin de conservar sus valores y potenciales intrínsecos de forma activa, contrarrestando el carácter residual que se les atribuye en la aplicación habitual de la Ley del Suelo.

La ley establece los siguientes objetivos:

- El desarrollo socioeconómico equilibrado de las regiones, con una clara tendencia a la eliminación de las grandes diferencias en el nivel de vida.
- La mejora de la calidad de vida, que, entre otras cosas, se concreta en una mayor accesibilidad de la población a los equipamientos colectivos de todo tipo y en la mejora de las infraestructuras.
- La gestión responsable de los recursos naturales y la protección del medio natural que haga compatible la satisfacción de las necesidades crecientes de recursos y su conservación, así como el respeto a las peculiaridades propias de cada comarca en cuanto a sus formas de vida.
- La utilización racional y equilibrada del territorio, definiendo los usos aceptables o a potenciar para cada tipo de suelo, creando las adecuadas redes infraestructurales e incluso fomentando, con medidas incentivadoras, aquellas actuaciones que mejor persigan el fortalecimiento del espíritu comunitario.

Instrumentos. La ley idea los enumerados a continuación:

- Las Directrices de Ordenación del Territorio, con carácter global y que constituyen el marco de referencia para la formulación de los restantes instrumentos.
- Los Planes Territoriales Integrados, dirigidos a la organización de áreas geográficas supramunicipales de características homogéneas. Su objetivo es la definición de un modelo territorial que haga compatible el desarrollo y la defensa del medio natural.
- Los Programas Coordinados de Actuación, destinados a la coordinación y racionalidad presupuestaria y temporal. Complementan los Planes Territoriales Integrados.
- Los Planes y Proyectos Sectoriales de Incidencia Supramunicipal; regulan la implantación de determinadas actuaciones en materia de infraestructuras, dotaciones y otras instalaciones.
- Los Planes de Ordenación del Medio Físico; establecen la ordenación integrada de ámbitos determinados en razón de sus especiales características naturales, ecológicas y paisajísticas.

Castilla-La Mancha: Ley 2/1998, de 4 de junio, de Ordenación del Territorio-Urbanismo

La Ley castellano-manchega de Ordenación del Territorio-Urbanismo, tiene como objetivo central el diseño de una política territorial y urbanística propia, entendiéndola como una pieza básica en la programación de las acciones a desarrollar. Se refuerza al mismo tiempo, el ámbito de decisión correspondiente a los Ayuntamientos sobre la base de un nuevo Plan de Ordenación.

Objetivos. Los fines de la actuación pública territorial son:

- El desarrollo racional y equilibrado de las actuaciones.
- La armonización de los requerimientos del desarrollo económico y social con la preservación y mejora del medio ambiente urbano y natural.
- La promoción de la cohesión e integración social.

Instrumentos. El esquema de ordenación territorial y urbanística descansa en tres piezas:

a) Las Normas y las Instituciones Técnicas de Planeamiento.
b) Las Ordenaciones Municipales en la Edificación y la Urbanización.
c) Los Planes de Ordenación del Territorio y Urbanística.

El ámbito de aplicación es por un lado horizontal y por otro vertical y sectorial, con cuya interacción se encarna un sistema de planeamiento caracterizado por la actuación de planes en dos ámbitos:

- Supramunicipal, cuya conservación se regula con los Planes de Ordenación del Territorio y los Proyectos de Singular Interés.
- Municipal, cuya conservación se regula con los Planes de Ordenación Territorial y se complementa con los Planes Especiales:
  a) Las Normas y las Instituciones Técnicas de Planeamiento, tienen por objeto determinar los requisitos mínimos de calidad para los planes de Ordenación del Territorio y Urbanística, la concreción y aumento de los estándares mínimos de suelo para dotaciones públicas, y la precisión de los conceptos de urbanización y edificación. Las Instituciones, en cambio, fijan los criterios y directrices sobre: los objetivos y prioridades de los planes de ordenación territorial y urbanística; las soluciones-tipo para cuestiones de planeamiento; y los modelos de regulación de las zonas de ordenación urbanística más usuales.
  b) Las Ordenaciones Municipales en la Edificación y la Urbanización regulan los aspectos relativos a las actuaciones urbanas ajustándose a las disposiciones legales que les afecte.
  c) Los Planes de Ordenación del Territorio y Urbanística, se dividen según el ámbito de aplicación en supramunicipales, municipales y especiales:
    — Planes Supramunicipales: se regulan con los Planes de Ordenación del Territorio, integrales o sectoriales; establecen las directrices de coordinación territorial para los planes de ámbito menor.
    — Planes Municipales: se regulan con los Planes de Ordenación Municipal; definen la estrategia de uso del territorio y su ordenación urbanística.
    — Planes Especiales: se utilizan como complemento al planeamiento territorial o urbanístico.

La Rioja: Ley 10/1998, de 2 de julio, de Ordenación del Territorio y Urbanismo

La Ley riojana de Ordenación del Territorio y Urbanismo, suple la Ley del suelo y está muy enfocada a la ordenación urbanística. Definen cuatro instrumentos:

a) Las Directrices de Ordenación Territorial; constituyen la ordenación básica del territorio definiendo el modelo orientativo de la política territorial de acuerdo con las políticas sociales económicas, medioambientales y culturales. Tiene como cometidos el formular el conjunto de criterios y normas de regulación y orientación de los procesos de asentamiento de las distintas actividades económicas y sociales; establecer previsiones y criterios básicos para la formulación de las políticas sectoriales y proponen las acciones territoriales con actuación conjunta con otras Comunidades Autónomas.

b) Las Normas Urbanísticas Territoriales; vigentes desde 1988, tienen por objeto establecer para toda la Comunidad Autónoma la normativa general sobre protección y aprovechamiento del suelo, urbanización y edificación.

c) El Plan Especial de Protección del Medio Ambiente Natural de la Rioja; establece las medidas, tanto en el orden urbanístico como en el territorial, de protección, conservación, catalogación y mejora de las especies naturales, del paisaje y del medio físico rural, teniendo en cuenta la Red de Espacios Protegidos de La Rioja.

d) Los Planes de Ordenación de Recursos Naturales y otros Planes Especiales Supramunicipales; los primeros proporcionan la ordenación y gestión de áreas de especial interés según sus valores ecológicos, paisajísticos y culturales, y los segundos regulan la implantación territorial de las infraestructuras, dotaciones e instalaciones de interés social o utilidad pública para que se asienten sobre más de un término municipal.

Castilla y León: Ley 10/1998, de 5 de diciembre, de Ordenación del Territorio

Esta ley define una serie de instrumentos de planeamiento territorial que solucione las insuficiencias de los planes de ordenación urbanística y de la planificación sectorial, en especial en cuanto al tratamiento de los problemas de ámbito supramunicipal y a las dificultades para coordinar adecuadamente las actuaciones con incidencia territorial.

Objetivos:

- Definición de un modelo territorial para Castilla y León, capaz de favorecer el desarrollo equilibrado y sostenible de la Comunidad, así como la articulación e integración de su territorio y su conexión con el exterior.
- Compatibilización entre los procesos de desarrollo del sistema productivo y de la urbanización con la protección del medio ambiente y del patrimonio cultural de la Comunidad.

- Establecimiento de los criterios y procedimientos necesarios para asegurar la coordinación de las actuaciones con incidencia territorial.

Instrumentos:

a) Directrices de Ordenación del Territorio; es el marco de referencia para los demás instrumentos.

b) Directrices de Ordenación de ámbito subregional; tienen como objetivo la planificación de las áreas que precisen una consideración conjunta y coordinada de sus problemas territoriales, en especial en lo relativo a sus recursos, infraestructuras y equipamientos.

c) Planes y Proyectos regionales; son los instrumentos de intervención directa.

d) Planes de los Recursos Naturales; son los instrumentos para la ordenación y gestión de los recursos naturales, y prevalecen sobre los otros instrumentos de ordenación del territorio.

3. OTRA LEGISLACIÓN NO ESPECÍFICA CON INCIDENCIA TERRITORIAL

Además de la legislación específica en la materia, existen otras numerosas disposiciones legales de contenido sectorial que rigen actividades con tal incidencia territorial que su aplicación al margen de la regulación específica, puede invalidar la consecución del modelo territorial planteado por ésta. Las más importantes son las relacionadas con las infraestructuras territoriales, con el urbanismo y la edificación, con el medio físico y recursos naturales, con el medio ambiente y con el patrimonio cultural, sin olvidar las relativas a la programación económica general. Tal legislación procede de los tres niveles administrativos que operan en España: UE, nacional y autonómico. No se trata aquí de hacer una revisión exhaustiva de ella, sino de comentar los aspectos más significativos.

En el nivel comunitario destacan las importantísimas repercusiones del desarrollo de la legislación relativa a los Fondos Estructurales de la Unión Europea (FEDER o Fondo Europeo para el Desarrollo regional, FSE o Fondo Social Europeo, FEOGA, sección Orientación, FEADER), diseñados como instrumentos de la política comunitaria en materia de cohesión económica y social. Esta contempla importantísimas inversiones que se prevén y canalizan a través de los Planes de Desarrollo Regional, de los denominados Programas Operativos y otros instrumentos. Tales inversiones se refieren a las de tipo productivo, creación de infraestructuras, desarrollo del potencial endógeno, medio ambiente, formación de recursos humanos, reconversión de la producción agraria, repoblación forestal, abandono de tierras, etc. Si se tiene en cuenta el elevado montante de las inversiones previstas y el tipo de actuaciones a que se refieren, se comprenderá las fortísimas repercusiones en la realidad espacial del territorio español. A pesar de ello, la aplicación de la legislación en materia de los fondos estructurales y los de cohesión se suele realizar desvinculada de la política territorial y en ausencia de diagnóstico territorial.

Los textos legales básicos que destacan en el nivel nacional son los siguientes:

Carreteras (figura II.5)

Ley 25/1988, de 29 de julio, de Carreteras y Caminos. *BOE* núm. 279, 30-7-1988; clasifica a las vías de dominio y uso público en: autopistas, autovías, vías rápidas y carreteras. Establece directrices y normas para la planificación, construcción, financiación y explotación de las carreteras. El capítulo III de uso y defensa de las carreteras es el que tiene una mayor incidencia territorial, estableciendo las siguientes zonas:

- Zona de domino público: franja de terreno de 8 m de anchura en vías autopistas, autovías y vías rápidas y de 3 m de anchura en el resto de carreteras, a cada lado de la vía, donde sólo se permiten actividades de conservación de la misma o de servicio público viario.
- Zona de servidumbre: dos franjas de 25 m de anchura en vías autopistas, autovías y vías rápidas y de 8 m de anchura en el resto de carreteras, donde solo se permiten actividades compatibles con la seguridad vial y previa autorización del ministerio responsable.
- Zona de afección: dos franjas de 100 m de anchura en vías autopistas, autovías y vías rápidas y de 25 m de anchura en el resto de carreteras, donde las actividades que se vayan a ubicar requieran una autorización del ministerio responsable. Asimismo determina la línea límite de edificación a 50 m en autopistas, autovías y vías rápidas y 25 m en el resto medida horizontalmente desde la arista de explanación exterior.

Aguas marinas (figura II.6)

Ley de Costas 22/1988, de 28 de julio de 1988. *BOE* núm. 181, 29-7-1988 (ver gráfico 2).

Real Decreto 1741/1989, por el que se aprueba el Reglamento para desarrollo y ejecución de la Ley de Costas. *BOE* 12-12-1989.

Real Decreto 258/89 de vertido de sustancias peligrosas desde tierra al mar.

Aguas continentales (figura II.7)

Ley de Aguas 29/1985, de 2 de agosto de 1985. *BOE* núm. 189, 8-8-1985; en esta ley se consideran dos zonas a ambos lados de los márgenes (terrenos que lindan con los cauces) en el caso de cauces de dominio público:

a) Una zona de servidumbre de 5 m de anchura para uso público.
b) Una zona de policía de 100 m de anchura en la que se condicionará el uso del suelo y las actividades que se desarrollen.

Se consideran cauces de dominio privado, cuando estos atraviesen exclusivamente fincas de dominio particular. El dominio privado no autoriza hacer en

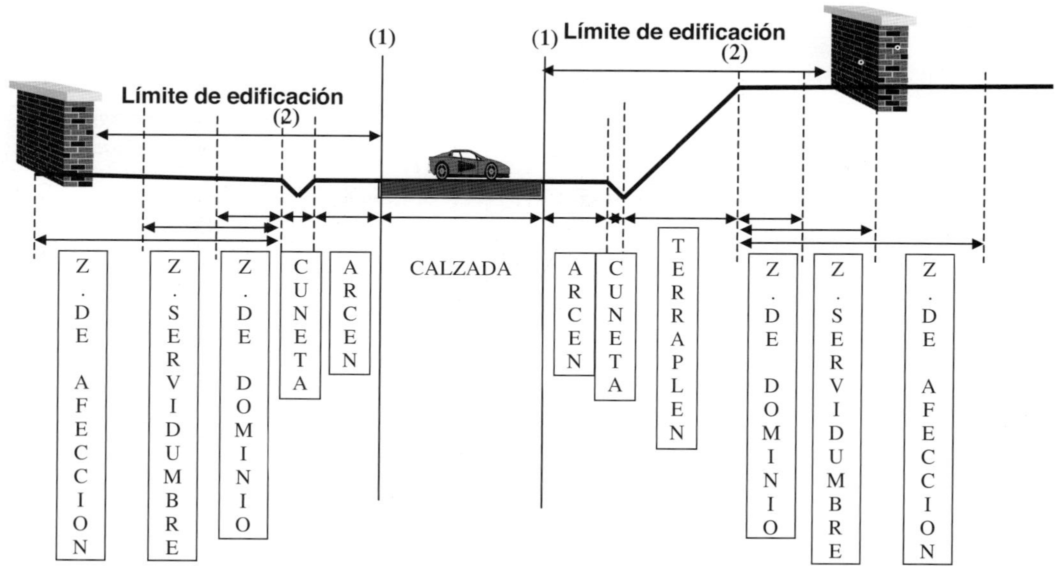

	Zona de dominio	Zona de servidumbre	Zona de afección	Límite de edificación
Autopistas, autovías y vías rápidas	8 m (2)	25 m (2)	100 m (2)	50 m (1)
Otras carreteras	3 m (2)	8 m (2)	50 m (2)	25 m (1)

(1) Medidos desde la arista exterior de la calzada.
(2) Medidos desde la arista exterior de explanación.

Figura II.5. *Zonificación según la Ley de Carreteras.*

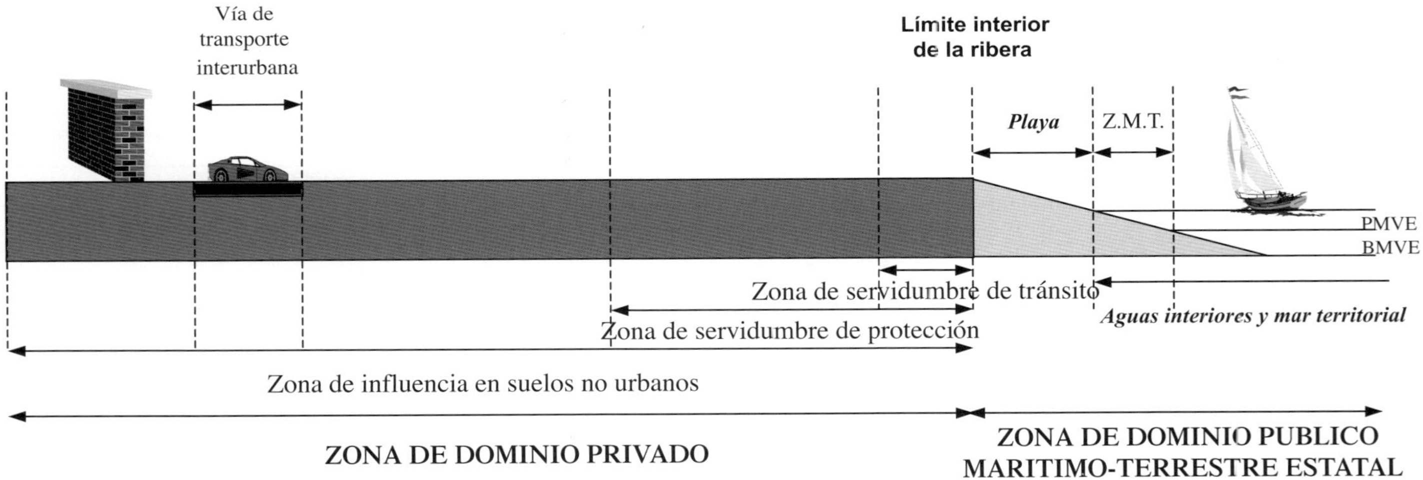

(ZMT) Zona marítimo terrestre (BMVA) Bajamar m áxima viva equinoccial (PMVA) Pleamar m áxima viva equinoccial

	Zona de servidumbre de tránsito	Zona de servidumbre de protección	Zona de influencia en suelos no urbanos
Suelo urbanizable no programado	*6 m (*)*	*100 m*	
Suelo urbanizable programado	*6 m (*)*	*< 100 m*	
Suelo urbano	*6 m (*)*	*20 m*	
Suelo no urbano	*6 m (*)*	*100 m*	*> = 500 m*

(*) Paso público y vehículo de vigilancia y salvamento (Paseos marítimos). Ampliable hasta 20 m.

Figura II.6. *Zonificación según la Ley de Costas.*

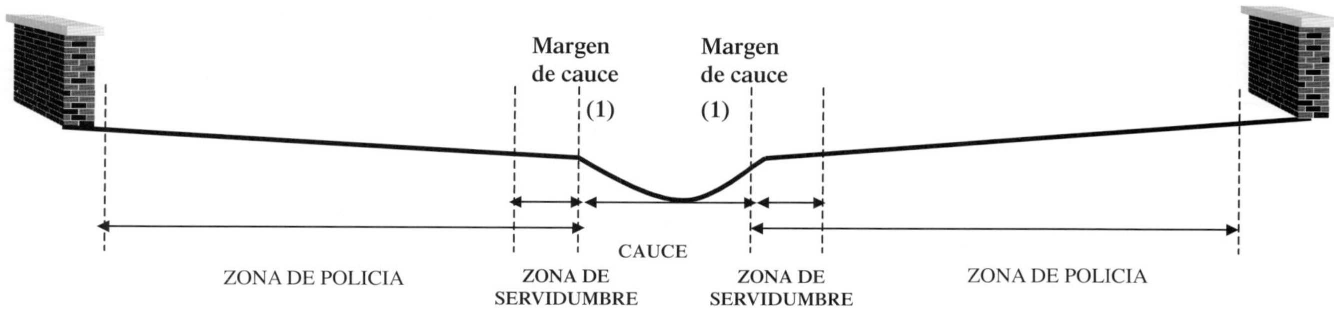

Zonas	Zona de servidumbre	Zona de policía
Distancias	5 m (1)	100 m (1)
Restricciones	Se prohiben todos los usos excepto: 1. Paso para servicio del personal de vigilancia del cauce. 2. Pesca. 3. Operaciones de salvamento. 4. Varado y amarre de embarcaciones de forma ocasional.	Se prohiben: 1. Las alteraciones sustanciales del relieve natural. 2. Las extracciones de áridos. 3. Las construcciones de todo tipo (de carácter definitivo o provisional). 4. Cualquier uso o actividad que pueda ser causa de degradación o deterioro del dominio público hidráulico.

(1) Medidos desde las márgenes del cauce.

Figura II.7. *Zonificación según la Ley de Aguas.*

ellos labores ni construir obras que puedan hacer variar el curso natural de las aguas en perjuicio del interés público.

Real Decreto 849/1986, de 11 de abril, por el que se aprueba el Reglamento del Dominio Público Hidráulico. *BOE* núm. 103, 30-4-1986 (1.ª Parte).

Real Decreto 927/1988, por el que se aprueba la Ley 29/85 (2.ª Parte).

Real Decreto 1315/92 por el que se modifica el Reglamento de la Ley de Aguas.

Real Decreto 484/95 de regularización y control de vertidos.

Conservación de la naturaleza

Ley 4/1989, de 27 de marzo, de Conservación de los Espacios naturales y de la Flora y Fauna Silvestres. *BOE* núm. 74, 28-3-1989. Esta ley ha sido parcialmente modificada por la Ley 40/1997 para completar ciertos aspectos de la regulación cinegética, y por la Ley 41/1997 para resolver ciertos problemas de competencias entre el estado y las comunidades autónomas en la gestión de Parques Nacionales (figura II.8).

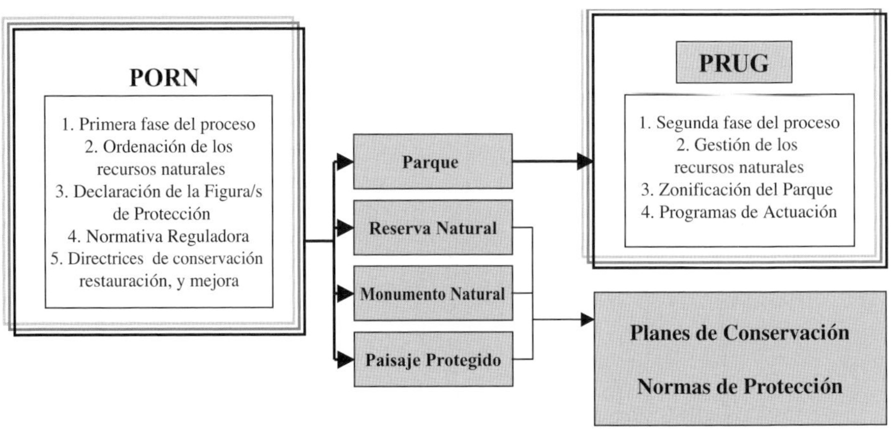

Figura II.8. *Diferentes tipos de espacios protegidos según la Ley 4/1989 de «Espacios y Especies». PORN: Plan de Ordenación de los Recursos Naturales; PRUG: Plan Rector de Uso y Gestión.*

Patrimonio

Ley 6/1985, de 25 de junio, del Patrimonio Histórico Español.

Vías pecuarias

Ley de 3/1995, de 1974, de Vías Pecuarias; por la que se clasifican las vías pecuarias según su ancho en: Cañada (hasta 90 varas o 75 m de ancho), Cordel (hasta 45 varas o 37,5 m de ancho) y Vereda (hasta 25 varas o 20 m de ancho).

Montes

La Ley 43/2003, de Montes establece una nueva herramienta de planificación forestal en el marco de la ordenación del territorio: los Planes de Ordenación de Recursos Forestales (PORF), cuyo ámbito territorial serán los territorios forestales con características geográficas, socioeconómicas, ecológicas, culturales o paisajísticas homogéneas, de extensión comarcal o equivalente. El contenido de estos planes será obligatorio y ejecutivo en las materias reguladas por la citada ley.

4. MARCO INSTITUCIONAL

Aunque la legislación autonómica sobre ordenación del territorio define el procedimiento de tramitación para los distintos instrumentos que contempla, la organización administrativa e institucional para su ejecución se encuentra escasamente desarrollada. Tal como se señaló más arriba, a pesar de que teóricamente esta función es competencia exclusiva de las comunidades autónomas, se plantean conflictos entre actuaciones sectoriales y territoriales, de nivel nacional determinantes en la estructuración del territorio, para los que no existen mecanismos de concertación que eviten el recurso a la vía judicial, o cuando existen resultan de muy dificultosa aplicación.

Por otra parte también se encuentran insuficientemente desarrolladas las relaciones de los planes de ordenación del territorio con el planeamiento urbanístico pero, sobre todo, con la planificación sectorial.

Por último conviene señalar la escasez de figuras institucionales de nivel supramunicipal, infraregional o comarcal, debiendo recurrirse a fórmulas de tipo mancomunado para aspectos concretos, insuficientes para la gestión integral de los planes a este nivel.

5. PROCEDIMIENTO ADMINISTRATIVO PARA APROBAR UN PLAN

La elaboración de un plan de ordenación del territorio, con carácter general, pasa por cuatro grandes hitos:

1. *Impulso* de la Administración competente.
2. *Formulación del plan a nivel de Avance*, por un equipo redactor de la propia Administración competente o contratado por ella.
3. *Oficialización del plan,* El documento que surge del equipo redactor solo tiene la consideración de un mero *avance* técnico sin carácter de plan. Tal condición la adquirirá a través de un proceso de participación, concertación y adaptación conducente a convertirlo en el documento vinculante capaz de cumplir las previsiones de la legislación que lo contempla. La figura II.9. ilustra dicho proceso con carácter general, aunque la legislación específica puede tener sus propias peculiaridades

procedimentales. Se trata de un procedimiento administrativo en el que se completa la participación y concertación que ha debido estar presente en todo el proceso de elaboración del plan. Tal procedimiento administrativo supone una salvaguarda para la tarea del técnico planificador que le permite elaborar su avance de plan con cierta osadía, aunque siempre basada en una racionalidad técnica objetivamente beneficiosa para el conjunto de la sociedad y con visión de largo plazo, pero que puede no ser aceptada por unos agentes socieconómicos con visión de corto plazo, intereses contrapuestos y diferente capacidad de intervención.

4. *Gestión*, o aplicación del plan.

Elaboración del Avance del Plan por el equipo técnico redactor

↓

Presentación del Avance al Órgano Promotor/responsable del plan

↓

Aprobación inicial del Avance del Plan

↓

Proceso de Participación Pública y Concertación: particulares, agentes socioeconómicos e instituciones. Alegaciones

↓

Revisión del Avance del Plan: Documento Provisional del Plan

↓

Presentación del Documento Provisional al Órgano Promotor/responsable del plan

↓

Aprobación Provisional del plan

↓

Segundo proceso de Participación Pública y Concertación: particulares, agentes socioeconómicos e instituciones. Alegaciones

↓

Segunda revisión del Avance del Plan: Documento Definitivo del Plan

↓

Aprobación definitiva del Plan

Figura II.9. *Procedimiento administrativo general para la aprobación de un plan.*

INSTRUMENTOS ESPECÍFICOS DE ORDENACIÓN TERRITORIAL PREVISTOS EN LAS COMUNIDADES AUTÓNOMAS

Comunidad Autónoma	Legislación	Instrumento o figura	Ambito	Carácter y contenido
Cataluña	Ley 23/1983 de Política Territorial	Plan territorial general	C. Autónoma	Marco orientador general
	Ley 1/1995 Plan Territorial General	Planes territoriales parciales	Comarcal o varias comarcas	Integral
		Planes territoriales sectoriales	C. Autónoma o parte de ella	Sectorial
Principado de Asturias	Ley 1/1987 de Coordinación y Ordenación Territorial	Directrices de ordenación territorial	Regional o subregional según el tipo de directrices	General y sectorial según tipo de directrices
		Programas de actuación territorial	Toda o parte de la C. Autónoma	Coordinación sectorial o intersectorial
		Evaluaciones de impacto	Entorno de una actuación	Control del efecto ambiental o estructural
Canarias	Ley 1/1987 de Planes Insulares de Ordenación	Planes insulares de ordenación	Islas completas	Integral
Baleares	Ley 8/1987 de Ordenación Territorial	Directrices de ordenación territorial	Toda la C. Autónoma	Marco de referencia general
	Ley 6/1997 de Regulación del Suelo Rústico	Planes territoriales parciales	Supramunicipal	Integral
		Planes directores sectoriales	Referidos a sistemas generales	Coordinación sectorial
		Planes de ordenación del medio natural	Variable	Conservación y gestión de recursos naturales
Valencia	Ley 6/1989 de Ordenación del Territorio	Plan de ordenación del territorio	Toda la C. Autónoma	Marco de referencia general
		Planes de acción territorial	Variable	Compatibilización y coordinación sectorial urbanística
		Programas de ordenación del territorio	Variable	Integración de ordenación territorial y programación económica
		Proyectos de ejecución	Local	Proyecto

Comunidad Autónoma	Legislación	Instrumento o figura	Ambito	Carácter y contenido
Cantabria	Ley 7/1990 de Ordenación Territorial	Directrices de ordenación del territorio	Regional o comarcal	Marco espacial de referencia para urbanismo y actividades sectoriales
		Planes directores sectoriales	Supramunicipal	Integración y coordinación sectorial
		Planes de ordenación del territorio	Variable y supramunicipal	Ordenación, protección y recuperación del medio natural
País Vasco	Ley 4/1990 sobre Ordenación del Territorio	Directrices de ordenación territorial	Toda la C. Autónoma	Marco general de referencia
		Planes territoriales parciales	Variable	Integral
		Planes territoriales sectoriales	Variable	Sectorial
Murcia	Ley 4/1992, de 30 de julio, de Ordenación del Territorio	Directrices de ordenación territorial	Totalidad de la C. Autónoma o subregional	Normas, criterios, fines y objetivos para la política territorial
		Los programas de actuación territorial	Subregional o comarcal	Actuaciones a realizar por los organismos públicos
		Actuaciones de interés regional	Toda o parte de la Comunidad Autónoma	Acciones que benefician a la región
Aragón	Ley 11/1992, de 24 de noviembre, de Ordenación del Territorio	Directrices generales de ordenación territorial	C. Autónoma	Marco de referencia general
		Directrices parciales de ordenación territorial	Toda o parte de la Comunidad Autónoma	Integral o sectorial
		Los programas específicos de gestión o actuación de ámbito territorial	Toda o parte de la Comunidad Autónoma	Ejecución de las directrices generales y parciales
		Procedimientos de gestión coordinada	Toda o parte de la Comunidad Autónoma	Coordinación de actividades generales y sectoriales

Comunidad Autónoma	Legislación	Instrumento o figura	Ambito	Carácter y contenido
Andalucía	Ley 1/1994, de 11 de enero, sobre Ordenación del Territorio	Plan de ordenación del territorio	C. Autónoma	Marco de referencia territorial
		Planes de ordenación del territorio de ámbito subregional	Subregional	Marco de referencia para coordinación de políticas, programas y proyectos
		Planes con incidencia en la ordenación del territorio	Subregional	Actividades de planificación de la junta
Navarra	Ley Foral 10/1994, de 4 de julio, de Ordenación del Territorio y Urbanismo	Directrices de ordenación territorial	C. Autónoma	Normas y criterios reguladores de los asentamientos de actividades y de las políticas sectoriales
		Normas urbanísticas comarcales	Supramunicipal	Integral
		Planes y proyectos sectoriales de incidencia supramunicipal	Supramunicipal	Regulación de la implantación territorial de actividades de carácter sectorial
		Planes de los recursos naturales	Supramunicipal	Ordenación y gestión de los recursos naturales
Madrid	Ley 9/1995, de 28 de marzo, de Ordenación del Territorio, Suelo y Urbanismo	Plan regional de estrategia territorial	C. Autónoma	Marco de referencia para los demás instrumentos y planes
		Programas coordinados de la acción territorial	Toda o parte de la Comunidad Autónoma	Articulación de las acciones de las administraciones públicas
		Planes de ordenación del medio natural y rural	Supramunicipal	Protección, conservación y mejora de ámbitos supramunicipales
Galicia	Ley 10/1995, de 23 de noviembre, de Ordenación del Territorio	Directrices de ordenación del territorio	Regional o subregional	Pautas espaciales de asentamiento de las actividades
		Planes territoriales integrados	Supramunicipal o comarcal	Desarrollo de las directrices
		Programas coordinados de actuación	Toda o parte de la Comunidad Autónoma	Sectorial o intersectorial
		Los planes y proyectos sectoriales de incidencia supramunicipal	Municipal o supramunicipal	Regulación de la implantación de actividades de carácter sectorial

Comunidad Autónoma	Legislación	Instrumento o figura	Ambito	Carácter y contenido
		Planes de ordenación del medio físico	Supramunicipal o zonas homogéneas	Desarrollan las directrices en ámbitos que exijan un tratamiento unitario
Castilla La Mancha	Ley 2/1998, de 4 de junio, de Ordenación del Territorio-Urbanismo	Las normas y las instituciones técnicas de planeamiento	Depende del plan urbanístico o de ordenación del territorio al que se estén refiriendo	Planeamiento y legalidad de la ordenación
		Las ordenaciones municipales en la edificación y la urbanización	Urbanístico	Regulación de aspectos morfológicos y estéticos para construcción y edificación
		Los planes de ordenación del territorio y urbanística	Municipal o supramunicipal	Sectorial o integral
La Rioja	Ley 10/1998, de 2 de julio, de Ordenación del Territorio y Urbanismo	Directrices de ordenación territorial	C. Autónoma	Marco de referencia general
		Normas urbanísticas territoriales	C. Autónoma	Normativa sobre protección y aprovechamiento del suelo, urbanización y edificación
		Plan especial de protección del medio ambiente natural	Urbanístico y territorial	Protección, conservación, catalogación de espacios naturales
		Planes especiales supramunicipales	Municipal o supramunicipal	Sectorial
Castilla-León	Ley 10/1998, de 5 de diciembre, de Ordenación del Territorio	Directrices de ordenación del territorio	Totalidad de la C. Autónoma	Marco de referencia para los demás instrumentos
		Directrices de ordenación de ámbito subregional	Subregional	Planificación de áreas que precisen una consideración conjunta y coordinada de sus problemas territoriales
		Planes y proyectos regionales	C. Autónoma	Instrumentos de intervención directa
		Planes de ordenación de los recursos naturales	Supramunicipal o zonas homogéneas	Ordenación de los recursos naturales

III

METODOLOGÍA PARA ELABORAR UN PLAN DE ORDENACIÓN TERRITORIAL

1. INTRODUCCIÓN

La ordenación territorial puede concebirse como un proceso secuencial e iterativo que, orientado hacia objetivos a largo plazo, se desarrolla en ciclos de tres fases: *análisis territorial, planificación territorial y gestión territorial*. Por extensión, las dos primeras fases se pueden englobar bajo el término planificación, refiriéndose la fase de gestión a las tareas que comporta la puesta en práctica y seguimiento de un plan, gestión que, por otra parte, debe quedar prevista y definida en el plan.

En este sentido la ordenación del territorio se materializa a través de la elaboración y ejecución de un conjunto de planes (instrumentos legales para la ordenación territorial), que pueden ser específicos de la ordenación del territorio o corresponder a otros campos; los primeros son los previstos en la legislación desarrollada por las comunidades autónomas en materia de ordenación del territorio, cuyas competencias han asumido; tal legislación configura un sistema coherente de planificación y ordenación territorial en el que las distintas figuras tienen funciones, ámbitos y contenidos complementarios; pero, además, se realizan otros planes con fuerte incidencia territorial en aplicación de legislación sectorial de ámbito nacional o autonómico, de legislación urbanística de nivel nacional y de la reglamentación de la UE en materia de desarrollo y cohesión regional.

En consecuencia, el profesional de la ordenación del territorio puede encontrarse ante el reto de elaborar diversos tipos de planes, con muy diferentes funciones, ámbitos, estilos, enfoques, contenidos y determinaciones, según el carácter del plan, la problemática particular del ámbito ordenado y, en consecuencia, los aspectos en que se ponga el énfasis: regionales, subregionales, comarcales o locales, sectoriales frente a integrales, estratégicos frente a comprensivos, referidos al suelo rústico, enfatizando el medio físico, los aspectos económicosociales...

La elaboración de cualquiera de dichos planes constituye una tarea compleja, propia de un equipo multi e interdisciplinar, que requiere una preparación detenida, cuya parte central es una metodología sistemática que actúa como hilo conductor en torno al cual se estructura el trabajo en equipo. Esta preparación, que puede entenderse como una fase más en la realización de un plan, se desarrolla a través de varias tareas, y desempeña un papel con respecto al plan equivalente al del plan con respecto a la conducción del sistema territorial (o su equivalente, el proyecto, con respecto a la obra), en cuanto aquella hace posible la coordinación entre los diferentes aspectos, sectores y expertos que intervienen en su elaboración y el plan es el instrumento sobre el que se coordina la acción de los diferentes agentes y sectores que conforman el sistema territorial.

Pero la elaboración del plan, además del esfuerzo técnico-científico al que se refiere la metodología, ha de contar con la participación y la concertación de los agentes y de la población.

2. FASES POR LAS QUE PASA LA ELABORACIÓN DE UN PLAN

Cualquiera que sea la orientación, el alcance, el contenido y la metodología que se adopte, así como los requerimientos legales establecidos para el tipo de plan de que se trate, la elaboración de un plan puede describirse en términos de una serie de fases que, admitiendo una esquematización secuencial, en la práctica se desarrollan de forma iterativa, en un continuo ir y venir de atrás hacia adelante y de adelante hacia atrás, según un proceso de aprendizaje sobre la realidad compleja, cambiante e incierta del sistema objeto del plan y las medidas a adoptar para mejorar su estructura y funcionamiento.

Las fases que aquí se consideran son las tres clásicas señaladas al principio, a las que, por razones operativas, se añade otra de carácter preparatorio; se esquematizan en la figura I.1, y se describen en los epígrafes que siguen; son las siguientes:

— Fase preparatoria.
— Fase de información y diagnóstico.
— Fase de planificación.
— Fase de gestión.

Como se ha dicho, las fases, así como las subfases que componen cada una de ellas, se van desarrollando de forma iterativa mediante avances y retrocesos en un continuo ir y venir por ciclos más o menos amplios hasta que el equipo autor queda satisfecho.

3. FASE PREPARATORIA

Esta fase puede entenderse como el «proyecto del plan», es decir, un documento en que se plantea el espacio objeto del plan y las intenciones de la enti-

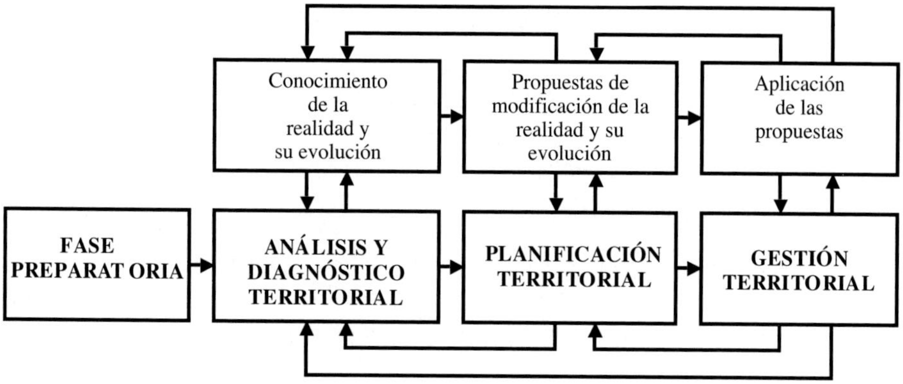

Figura III.1. *Fases por las que pasa la elaboración de un plan.*

dad que lo promueve, la problemática y las oportunidades a tratar, la filosofía con que se va a enfocar el tema, la figura legal en su caso, contenido y alcance del plan a realizar en función de las características y problemática, la forma en que se va a trabajar, el equipo que desarrollará el trabajo, el programa y el presupuesto requerido para la elaboración del plan. La importancia de esta fase para la calidad y economía del plan es comparable a la de un proyecto con respecto a una obra.

Como términos de referencia han de adoptarse de un lado, las directrices emanadas de instancias administrativas de rango superior, y de otro las previsiones y aspiraciones de los niveles de decisión inferiores. Por otra parte el plan debe ajustarse a las características y problemática del área tratada.

Las tareas que conforman esta fase son las siguientes (ver figura III.2):

1. Definición provisional del ámbito o ámbitos a los que afectará el plan.
2. Prediagnóstico.
3. Tipo, estilo, y principios a partir de los que se realizará el plan.
4. Contenido y alcance del plan.
5. Elaboración de la metodología a seguir.
6. Diseño del equipo que ha de desarrollar el trabajo.
7. Programa de trabajo: cronograma de tareas.
8. Atribución de responsabilidades a los miembros del equipo.
9. Presupuesto para la elaboración del plan.

3.1. La definición del ámbito espacial

El ámbito se refiere al espacio geográfico objeto de ordenación; éste puede ser nacional, regional, comarcal, local o particular, y vendrá dado de forma taxativa por las instancias responsables; cuando al ámbito no está definido por límites administrativos, incluso en este caso, los resultados del análisis pueden aconsejar la modificación del ámbito inicialmente previsto así como una diferenciación en subámbitos si existen fuertes contrastes entre partes del territorio

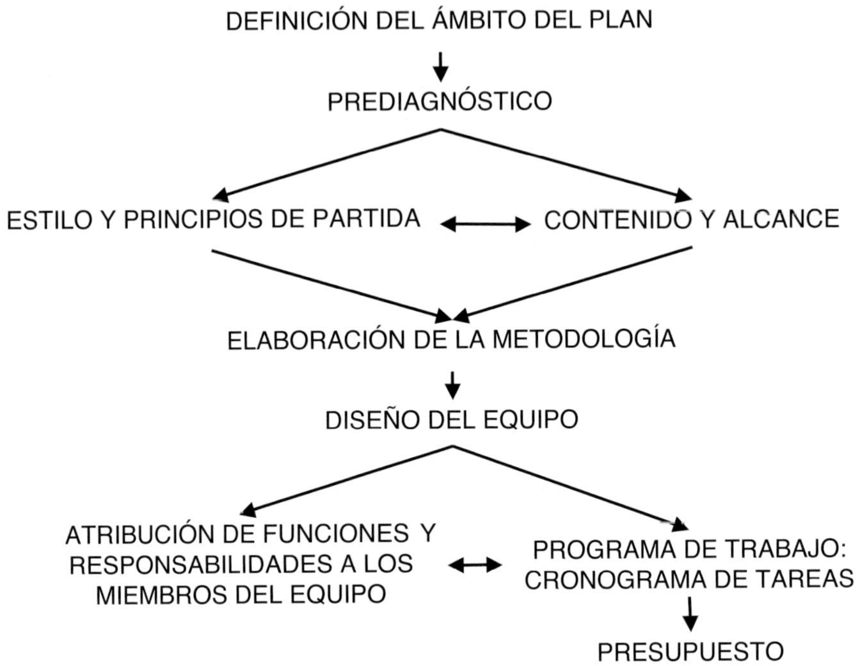

Figura III.2. *Tareas que forman la fase preparatoria.*

y por tanto problemas y potenciales específicos, no generalizables al conjunto. En ocasiones resulta obligado superar en el análisis la extensión del ámbito establecido en función de la localización de las causas de los problemas, de sus efectos o de las soluciones planteadas.

Cuando el plan se redacte en desarrollo de otro plan de rango superior, el ámbito estará determinado por aquél; cuando esto no ocurra, vendrá, generalmente, dado por la entidad responsable quien lo habrá definido de acuerdo con diferentes criterios: administrativos, de homogeneidad, de funcionalidad, de localización y extensión de los problemas a tratar, etc. No obstante en relación con él, pueden diferenciarse otros ámbitos justificados por diferentes razones, tales como:

- Excepto en el caso de límites administrativos, generalmente bien marcados, el ámbito definido obedece al área de extensión de ciertos problemas, relaciones funcionales o características, de límites imprecisos o que responden a zonas de transición de difícil encuadre en una u otra unidad geográfica. Ello implica un proceso de reflexión dentro de la elaboración del plan y un ajuste del ámbito, o ámbitos, a tratar.
- Ciertos problemas tienen sus causas y agentes fuera del ámbito definido, otros generan efectos más allá de sus fronteras, debiendo extender a esas zonas ciertas determinaciones del plan.

— Las acciones propuestas en el ámbito del plan, pueden producir efectos fuera de él, los cuales deben quedar previstos en aquél.

Por otro lado, en esta fase previa existe una idea por parte de la entidad responsable sobre lo que se pretende con el plan, lo que unido a las especificaciones o directrices emanadas de otros planes de mayor rango, determina la finalidad, aquello que se pretende alcanzar con las determinaciones del plan.

3.2. El prediagnóstico o diagnóstico preliminar

Esta tarea consiste básicamente en una primera aproximación al conocimiento de las características y funcionamiento de la zona y a la identificación de los problemas más significativos, de las potencialidades más relevantes, de las debilidades que la aquejan, de las fortalezas de que dispone, de las oportunidades y de las amenazas que aparecen en el contexto exterior. Y todo ello realizado con la información de que se dispone o que resulta fácilmente accesible y después de una primera toma de contacto con la zona, con su población y con personas cualificadas que se pueda consultar.

Se trata de un esbozo del diagnóstico destinado a orientar la realización de las otras tareas: el estilo del plan, el instrumento legal que mejor se adapta a la problemática esbozada, matizar, dentro de ella, la filosofía que lo sustente, el contenido, alcance y escala de trabajo, la metodología a seguir y el equipo necesario para desarrollarla, así como la información relevante y las fuentes informativas más adecuadas.

La elaboración de un prediagnóstico se justifica, además, por la economía de medios que supone avanzar por aproximaciones, en la medida en que permite identificar los aspectos más relevantes en los que se debe profundizar en el diagnóstico detallado.

3.3. Tipo y estilo del plan: principios de partida desde los que se accede a la elaboración del plan

Ante la situación prediagnosticada, habrá que reflexionar primero sobre el instrumento o los instrumentos legales más adecuados para afrontarla, y aplicarlos después. El instrumento o tipo de plan a elaborar será, normalmente, alguno de los disponibles en la legislación vigente, pero también se podría optar por uno *ex novo* con carácter específico para la problemática a tratar; en el primer caso el procedimiento de iniciación, elaboración y aprobación así como los efectos que surte el plan, estarán contemplados en dicha legislación, mientras en el segundo caso la real aplicación del plan debe pasar primero por la adopción de un compromiso por parte de las partes afectadas.

El estilo del plan se refiere a la manera de entender la problemática y de enfocar su resolución por parte del equipo redactor. Es el reflejo de la carga de subjetividad y voluntarismo inherente a su elaboración, lo que supone que, como en una obra de arte, el producto lleve las señas de identidad del autor. No obstante, en la medida de lo posible, el equipo ha de procurar el máximo respeto a la objetividad técnica, a las posibilidades económicas y la racionalidad ambiental.

Aporta luz sobre el estilo a adoptar en la elaboración de un plan, el reconocimiento de que el sistema territorial está sometido a un funcionamiento marcado por:

— *La complejidad:* las relaciones entre los aspectos territoriales y culturales son difíciles de predecir, múltiples interacciones invalidan su representación mediante relaciones simples causa-efecto, y su evolución está marcada por la espontaneidad, el desorden y los cambios repentinos e impredecibles.

— *El cambio:* lo único constante en el sistema territorial es el cambio, que afecta tanto a su funcionamiento cuanto a la percepción social, de tal manera que lo que se acepta en un momento, puede no ser aceptado en un período posterior.

— *La incertidumbre:* la complejidad y lo imprevisible del cambio supone que el sistema se comporta de forma incierta, y los planificadores han de decidir bajo condiciones de incertidumbre; de ahí la idea de adaptación, flexibilidad y aprendizaje social con que deben ser concebidos los planes.

— *El conflicto:* las diferencias de intereses y expectativas entre los agentes socioecoómicos supone la existencia de conflictos cuya resolución requiere la concertación entre los agentes socioeconómicos.

Asumir las características anteriores supone la sustitución del *paradigma determinista*, basado en la simplicidad, uniformidad, independencia, estabilidad, control y alta entropía del sistema territorial, por otro más complejo e incómodo, de más difícil aprehensión, el *paradigma de la incertidumbre*, que se caracteriza por la complejidad, diversidad, interdependencia, dinamismo, riesgo y baja entropía del sistema.

Las ideas expuestas llevan a una serie de principios de carácter general que constituyen la plataforma ideológica desde la que se elabora el plan; con carácter orientativo se definen a continuación los más significativos, entre los que el redactor del plan puede elegir y complementar con otros no incluidos.

3.3.1. Responsabilidad compartida

El desarrollo compete a la sociedad en su conjunto, y no solo a las autoridades, por lo que requiere la movilización de los agentes socioeconómicos y de la población en general. Por otro lado los problemas, actuales o potenciales, no residen tanto en su manifestación cuanto en el comportamiento de los agentes socioeconómicos que los motivan, de tal manera que para prevenirlos o resolverlos es preciso influir sobre la actitud y aptitud de los agentes y de los ciudadanos en general; para ello se considera preferible actuar por la vía del convencimiento y de la incentivación de medidas positivas, que por la coacción o el castigo para evitar comportamientos indeseables; se incluyen los hábitos individuales en la medida en que pueden presionar a las autoridades y motivar a los agentes socioeconómicos, por ejemplo, a través de las pautas de consumo. En esta idea hay que reflexionar sobre los siguientes aspectos en la elaboración de un plan:

- *Participación*. Consiste en dar cauces a la expresión de la sensibilidad y preferencias de la población, directamente o a través de sus representantes, en todas las fases del proceso, y en contar con su aceptación.
- *Sensibilización, formación, motivación*. De todo el personal, como base para una participación comprometida en la elaboración del plan y en su gestión.
- *Comunicación*. Transmitir la información de manera fluida y fidedigna, horizontal y vertical, para que todos los afectados se sientan implicados y tomen sus iniciativas mirando hacia el objetivo común de mejora continua.
- *Concertación*. Negociación entre los diversos agentes socioeconómicos, a fin de repartir correctamente las responsabilidades entre ellos, las cargas y los beneficios del plan.
- *Subsidiariedad*. Señala que los problemas deben resolverse al nivel de responsabilidad más bajo posible, y en este sentido, procura que cada nivel adopte sus propias responsabilidades.
- *Calidad*. Se refiere a la excelencia del espacio, del ambiente, de los procesos, de los servicios, de los productos y de la gestión para conseguir una buena calidad de vida, comprometiendo a todos en ello.

3.3.2. Carácter endógeno y desde lo local (figura III.3)

Endógeno. Parte de los recursos propios: naturales, construidos, humanos y territoriales, de cada comunidad, que puede entender como un factor de oferta. Promueve las actividades acordes con las actitudes y aptitudes de la población e implica a ésta en la gestión de dichas actividades, incluyendo la autogestión. Por último considera como demanda de actividades las que se deducen de un análisis prospectivo de la sociedad: incremento del tiempo libre, que sugiere actividades de ocio y cultura, de recreo al aire libre, etc.; envejecimiento de la población, que exigirá actividades relacionadas con servicios de proximidad, incorporación de la mujer al trabajo con lo que significa respecto a la atención al hogar o a los niños, etc.; incremento de la sensibilidad ambiental y las oportunidades que ofrece para las actividades relacionadas con la conservación, mejora y gestión en este campo; desarrollo de la telemática, de los transportes rápidos, que van a propiciar la ubicación de «neorurales» en el medio rural, etc.

De abajo a arriba. Se inicia en las comunidades locales, se localiza de forma difusa en el territorio facilitando así la integración ambiental y contribuyendo a un mejor equilibro territorial.

3.3.3. Enfoque de sistemas

Integración del sistema. Adopta un enfoque de sistemas atendiendo más que a las componentes al funcionamiento del conjunto, de tal manera que, rela-

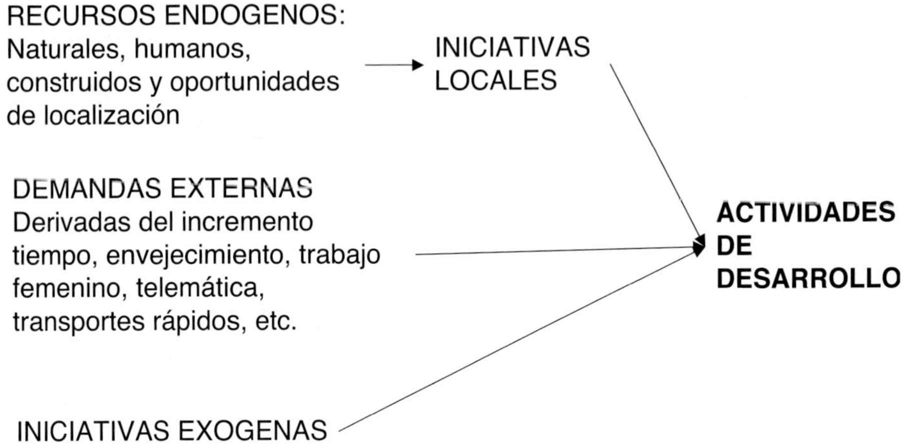

Figura III.3. *Las actividades a considerar en el plan, además de las existentes, derivan de los recursos endógenos, de las demandas externas y las iniciativas exógenas.*

cionando unos aspectos con otros, consiga sinergias positivas. En este enfoque la contraposición, interesada y a corto plazo, de economía y ecología, se sustituye por la idea de complemetariedad, según la cual «lo económico es ecológico y lo ecológico es económico».

Funcionalidad. Interdependencia, procura la consecución de un sistema armónico que funcione correctamente.

Dinamismo. Considera los procesos de interacción, cambio y regulación que utiliza todo sistema en un continuo proceso de adaptación que garantice su principal objetivo: permanecer.

Globalidad. Atiende a todos los aspectos que conforman la realidad territorial, asegurando la coordinación de las políticas sectoriales y de los diferentes niveles territoriales, así como la concertación de los agentes sociales que inciden en el territorio.

Precaución. Las medidas pueden no dar los resultados previstos, de tal manera que conviene dejar otras salidas en reserva no hipotecadas por las que se apliquen.

Flexibilidad. Se interpreta en la doble dimensión de tiempo y espacio; flexibilidad en el tiempo significa susceptibilidad del proceso para ser reconducido, una vez puesto en marcha, sin graves quebrantos económicos, social o territoriales. Admite, por tanto, variaciones tácticas para alcanzar la imagen objetivo a largo plazo. Ello no impide que ciertas partes o determinaciones del plan deban ser rígidas: aquellas sobre las que existe gran seguridad, pero aquellas sometidas a incertidumbre deben permitir la adaptación a circunstancias cambiantes. Flexibilidad en el espacio significa que los criterios de ordenación pueden aplicarse de diferente manera en cada punto del espacio, adaptándose a las circunstancias locales o microlocales.

No finalista. En relación con lo anterior parece recomendable que el plan no pretenda llegar a un fin o imagen concreta, sino que va adoptando decisiones que pueden modificar o reorientar la idea primitiva.

Evolución. El plan atiende a la evolución previsible mediante proyecciones del sistema. Pronóstico.

Prospectiva. El plan considera distintos escenarios futuros, derivados no tanto de las tendencias evolutivas que pueden proyectarse, cuanto de suposiciones que la imaginación muestra como posibles en un futuro más o menos remoto.

3.3.4. Sensibilidad y compromiso ambiental

Sostenibilidad. Solidaridad temporal: con las generaciones futuras, y espacial: con otras zonas; respetuoso con los criterios que definen la racionalidad en el uso de los recursos del entorno. Consideración no utilitaria de la naturaleza, para reconocerla como patrimonio de todos, lo que no implica una negación del desarrollo económico sino un control de éste para garantizar el equilibrio ecológico ahora y en el futuro. La sostenibilidad exige respetar los criterios ecológicos que se describen en el capítulo IV: respeto a las tasas de renovación de los recursos naturales renovables, a unos ritmos e intensidades de uso para los recursos naturales no renovables, a la capacidad de acogida de los ecosistemas y del territorio y a la capacidad de asimilación de los vectores ambientales, aire, agua y suelo. La sostenibilidad también se refiere a la posibilidad de mantener un tejido social y una población con una calidad de vida tal que haga indeseable la emigración.

Integración ambiental de las actividades. Este principio plantea la identificación de las actividades de desarrollo, el diseño de los proyectos y la gestión de las actividades económicas con sensibilidad ambiental. En el caso de la gestión ambiental de la empresa se trata no tanto de solventar los problemas ambientales que vayan surgiendo cuanto de incluir el medio ambiente en la gestión global de la empresa.

Interdependencia entre lo económico y lo ecológico. Lejos de una rémora para el desarrollo el medio ambiente es motivo de actividad socioeconómica: creador de empleo y renta, por tanto, elemento de calidad de vida y factor de competitividad.

Prevención. Orientado a evitar o reducir los problemas antes de que se produzcan y gestionar las actividades de tal forma que se piense no solo en problemas actuales sino, con mentalidad previsora, en los potenciales.

Internalizar todos los costes. Se trata de que las actividades productivas asuman todos los costes en que incurren, tangibles e intangibles, evitando su transferencia a la sociedad. En gestión ambiental este principio se ha popularizado desde hace tiempo con la expresión *el que contamina, paga,* que atribuya al responsable de la contaminación la obligación de asumir los costes inherentes a ella. Este principio ha seguido una interesante evolución: primero se planteaba en términos de sufragar los costes derivados de los efectos achacables a la contaminación y, en el mejor de los casos, del tratamiento de los efluentes una vez producidos, es decir, «al final del tubo», como se conoce en el argot ambiental; después se priorizó por este orden, el reciclado (reintroducción en el mismo proceso que lo originó), la reutilización (introducción en un proceso distinto del que lo generó) y la recuperación (de los recursos existentes en los residuos), luego la minimización, para llegar en la actualidad al objetivo de la no generación. Se trata del denominado principio de las tres P: «Polution, Prevention, Pays»: Pagar la prevención de la contaminación. Este principio no solo se aplica a la contaminación, sino que se generaliza a todas las acciones degradantes. Una extensión hacia lo positivo de este principio es *el que conserva, cobra,* que tiene gran aplicación en la corrección de los desequilibrios territoriales provocados por la ausencia de actividad en numerosas áreas de las que son paradigmáticas las rurales profundas, en la medida en que justifica la transferencia de rentas de los centros y ejes densos a las áreas despobladas, como compensación de las externalidades positivas que produce en términos de conservación de ecosistemas y paisajes u otros recursos tangibles e intengibles.

Marketing ecológico. «Lo verde vende» es un principio de marketing que pone de manifiesto la aptitud favorable de los consumidores, clientes, etc. hacia los «productos y procesos ecológicos» y al interés de establecer marchamos o marcas que mejoren la imagen y garanticen al consumidor la veracidad de los comportamientos que se proclaman. Actualmente la credibilidad queda garantizada en la UE por el «Sistema de Ecoetiqueta» para los productos y por el «Sistema de Ecogestión y Ecoauditoría» (evaluación de organizaciones) para los procesos productivos, y por las Normas ISO 14000 en el nivel internacional.

3.3.5. Enfoque del plan

a) En relación con el contenido:

- *Enfoque comprensivo.* Opera formalizando, de forma iterativa, las fases clásicas de un plan: analiza la zona para identificar los problemas y las oportunidades, fija los objetivos, identifica las alternativas para alcanzarlos, las evalúa para seleccionar una de ellas que luego aplica adoptado los correspondientes controles y evaluación de resultados. Este modelo implica una gran confianza en la capacidad de comprender la problemática del mundo real y de adoptar la solución óptima, lo que no siempre es posible porque frecuentemente no se dispone de los datos necesarios, otras aún disponiendo de los datos, no se tiene capacidad para entenderlos en toda su complejidad y evolución, etc. La teoría del caos, que señala cómo hay un orden que no podemos entender y cómo pequeñas variaciones pueden tener grandes consecuencias, enseña que este enfoque es poco adecuado para abordar situaciones complejas e inciertas.

  Teniendo en cuenta que todo está conectado aboga por un tratamiento de todo a la vez, lo que frecuentemente supera la capacidad de intervención y los recursos y medios disponibles; lleva a la idea de creer que la única forma de mejorar estas interconexiones es tratándolas todas a la vez, lo que resulta imposible.

- *Enfoque estratégico*. Se orienta a los aspectos críticos que estrangulan el sistema y hacia los campos de mayor repercusión en el desarrollo, por sí mismos o por su capacidad de generar sinergias y efectos inducidos.

  Este concepto se puede ampliar con la idea de planificación estratégica que es aquella que define estrategias para alcanzar un fin; una estrategia es una línea de acción definida en términos cualitativos para alcanzar un fin a largo plazo.

b) **En relación con el método:**

- *Enfoque incremental* (figura III.4). Este enfoque considera inabarcable, o prohibitivo por razones de tiempo o de economía, hacer un diagnóstico de la situación en toda su complejidad, y opta por una simplificación a partir de la cual se pueden hacer propuestas suficientemente satisfactorias aunque no sean las óptimas. Hace una aproximación cualitativa a los problemas y considera la forma en que previsiblemente evolucionarán, relativiza los valores y los objetivos admitiendo la posibilidad de modificarlos en función de los medios disponibles, considera pocas alternativas con pequeñas diferencias de carácter incremental, adopta medidas ya probadas entendiendo como satisfactorias las que gozan de acuerdo entre las partes implicadas, se aplica un proceso continuo de decisión que consiste en una cadena secuencial de decisiones incrementales que tienden a resolver los problemas poco a poco.

  Se critica a este enfoque cierto carácter «reactivo»: incapacidad para adoptar cambios importantes e innovadores muy diferentes de las practicas habituales, cuando frecuentemente las soluciones hay que buscarlas por la vía «proactiva», es decir, abordando cambios de rumbo importantes.

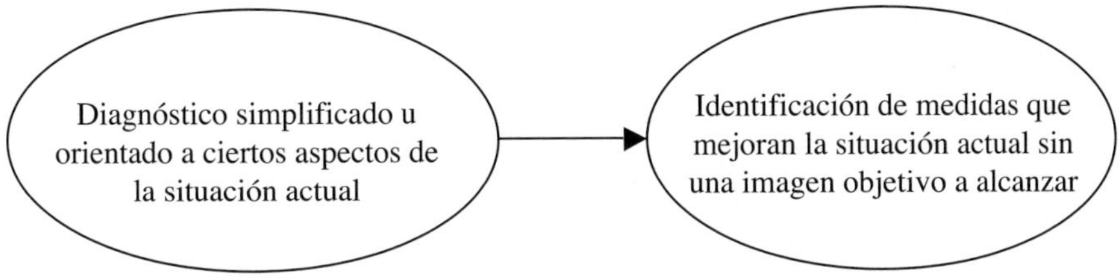

Figura III.4. *Esquema que ilustra el enfoque incremental de la planificación.*

- *Espiral de mejora* (figura III.5). La denominada «espiral de mejora» o «mejora continua y cíclica», es una variante del enfoque incremental que opera por ciclos: plantea, en un primer ciclo, metas alcanzables a corto plazo y mediante pequeñas acciones, que utiliza como plataforma desde la que acceder a nuevos y progresivamente más

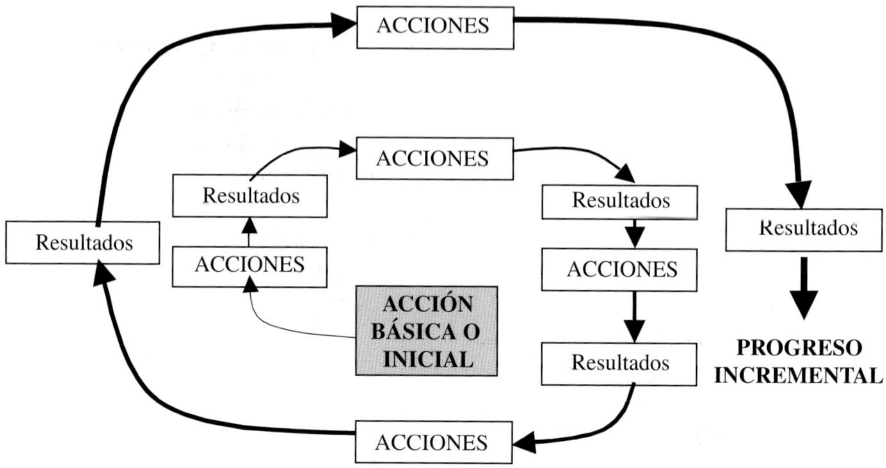

Figura III.5. *Esquema de la espiral de mejora.*

ambiciosos objetivos, en ciclos sucesivos, hasta llegar a la imagen objetivo a largo plazo, según una espiral de mejora continua.

- *Continuidad*. Analiza la realidad para tomar decisiones cuyas consecuencias realimentan ese análisis en ciclos a corto plazo orientados a conseguir una imagen objetivo a largo plazo. En este enfoque la fase de gestión no es la aplicación de la de planificación, sino que ambas se entremezclan en la medida en que continuamente se está analizando y diagnosticando el sistema, tomando decisiones, aplicándolas y evaluando sus resultados, según un proceso continuo que no tiene fin.
- *Enfoque finalista* (figura III.6). Define una imagen objetivo y adopta las medidas necesarias para conseguirla en un plazo de tiempo dado.

Figura III.6. *Enfoque finalista de la planificación.*

- *Enfoque Mixto*. La acumulación de decisiones incrementales pueden producir cambios fundamentales y, a su vez, decisiones fundamentales pueden conseguirse por efecto acumulativo de muchas decisiones incrementales. De ahí que este enfoque aboga por el diagnóstico comprensivo y por la toma continua de decisiones incrementales en las que el planificador/gestor examina continuamente un conjunto limitado de alternativas.

Los enfoques descritos tienen ventajas e inconvenientes, de tal manera que son las circunstancias existentes y la opinión de la población quienes determinan el enfoque más apropiado para cada momento y lugar.

3.3.6. Horizonte temporal

Se refiere al plazo de tiempo sobre el que se hacen las proyecciones y prognosis y en el que se supone se han llegado a conseguir los fines últimos del plan. Suele ser de 20 ó 25 años o incluso más. No confundir con el periodo de vigencia del plan o plazo en el que debe ser obligatoriamente revisado.

3.4. Contenido y alcance de un plan de ordenación territorial

El contenido del plan concreto a realizar, se refiere a las variables y aspectos que deben ser objeto de información, al tipo de problemas, aspiraciones y oportunidades a considerar en el diagnóstico territorial, y al carácter de las determinaciones, fundamentalmente.

El alcance se refiere al grado de detalle o nivel de profundidad con que se pretende analizar y diagnosticar cada uno de los aspectos considerados. Está íntimamente relacionado con la extensión del ámbito del plan y, por consiguiente, con la escala de trabajo. Se consideran niveles de aproximación típicos los que corresponden a los siguientes ámbitos y escalas:

— Nivel estatal: desde 1:1.000.000 a 1:100.000
— Nivel regional/autonómico: desde 1:100.000 a 1:50.000
— Nivel subregional/comarcal/ supramunicipal: desde 1:50.000 a 1:10.000, siendo la escala más característica la 1:25.000.
— Nivel local: entre 1:25.000, y 1:5.000, siendo característico la 1:10.000.
— Nivel particular: entre 1:5.000 y 1:1.000.

Por debajo de estas escalas se entra en el nivel de anteproyecto y de proyecto.

El contenido y el alcance de un plan se desprenden de la figura legal que se adopta, del estilo que va a informar su elaboración y de las instrucciones y directrices que señale el promotor o agente desencadenante del plan, quien, en principio, establecerá los objetivos, el contenido y alcance del plan; frecuentemente la opción a realizar un plan de ordenación del territorio se resuelve mediante concurso público, en cuyo caso será el pliego de condiciones técnicas la base de partida para elaborar la metodología.

3.4.1. Contenido Legal

La legislación establece para cada tipo de plan el contenido que debe tener, por lo que antes de iniciar la redacción del plan a realizar, conviene leer detenidamente la legislación que lo sustenta, para ajustar su contenido y determinaciones a las demandas legales. Las leyes autonómicas específicamente promulgadas para la ordenación del territorio, atribuyen contenidos dispares a planes cuya denominación y finalidad son similares. No obstante, una lectura de ellas permite obtener una especie de envolvente de tales contenidos para cada uno de los planes típicos comunes a la citada legislación, que puede esquematizarse alrededor de los puntos que se relacionan más abajo. Por otro lado no debe olvidarse que la profundidad con que se desarrolle tal contenido ha de ser coherente con la escala que corresponde a cada nivel territorial.

3.4.2. Contenido conceptual

Con independencia de la regulación legal, el proceso lógico de ordenación territorial se desarrolla según una línea vertical, figura III.7, donde las determinaciones se transmiten en cascada de unos niveles a otros. Este es el modelo más común previsto en la legislación específica de las comunidades autónomas, configurando un sistema de planificación que se desarrolla de arriba a abajo, de tal manera que los planes de ámbito superior constituyen elementos de referencia para los de ámbito inferior, los cuales, a su vez, no son sino el desarrollo y concreción de aquellos a menor escala y mayor detalle.

Tal es la estructura definida por las directrices regionales de ordenación territorial, los planes integrales de ámbito subregional, supramunicipal o comarcal y los planes sectoriales de ordenación territorial, previstos en la mayor parte de la legislación autonómica, a los que se añade el planeamiento

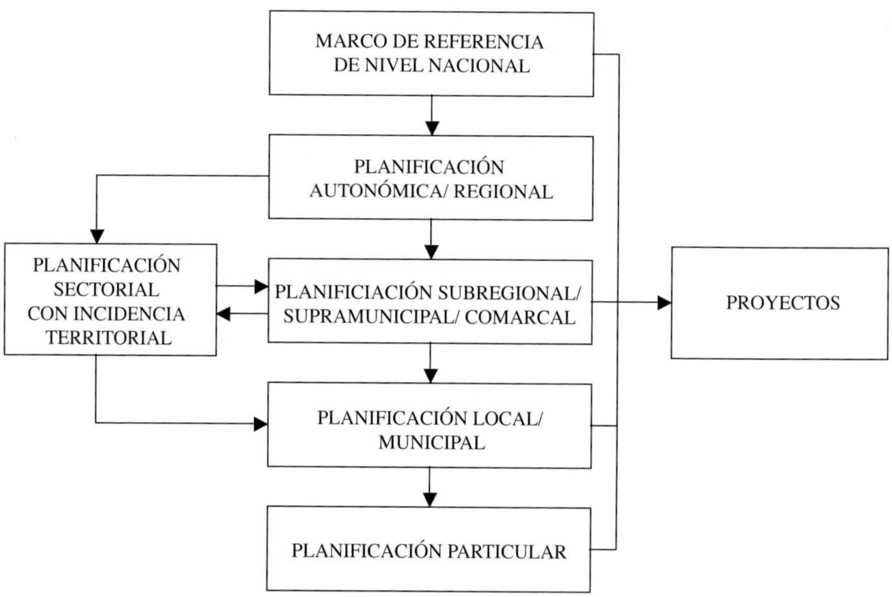

Figura III.7. *Esquema vertical del sistema de planificación.*

urbanístico de nivel local/municipal, desarrollado según la Ley del Suelo. A partir de aquí la Ley del Suelo prevé los planes parciales que se refieren a un sector del término municipal, denominado como nivel particular en el esquema de la figura. De cada uno de los planes surgen los proyectos o unidades de inversión, lo que completa el ciclo de toma de decisiones.

En cuanto al proceso de elaboración de un plan en cualquiera de los niveles, puede esquematizarse según una línea horizontal que, como se dijo, consta de tres fases (figura III.1):

- El *análisis territorial* o información y diagnóstico sobre el sistema objeto de estudio; implica el conocimiento y la interpretación de la realidad para detectar problemas, oportunidades y condicionantes.
- La *planificación territorial*, que incluye la definición de los objetivos a conseguir y las propuestas para alcanzarlos: implica la modificación de la realidad y de su evolución en el tiempo según pautas previstas en el plan.
- La *gestión territorial* o aplicación a la realidad de las citadas propuestas.

Tal como muestra la figura III.8, dicho proceso requiere la intervención de numerosas disciplinas o campos de conocimiento, tantos como aspectos integran la realidad, y de una serie de técnicas que permiten formalizar cada una de las tareas que conforman dichas fases.

3.4.3. Contenido documental

El texto y los planos en que se materializa un plan han de organizarse de tal manera que permitan la fácil transmisión de lo propuesto a los responsables de su gestión. Con carácter general, un plan consta de los siguientes tipos de documentos:

- Documento de intenciones previas, en el que se recogen la finalidad y los criterios de las instancias políticas o de los órganos de poder responsables de la ordenación territorial.
- Documentos informativos, que contienen la información, recogida para la comprensión del sistema bajo estudio y su representación cartográfica cuando sea necesario.
- Documentos interpretativos o valorativos, que corresponden al diagnóstico, incluyendo, en su caso, los criterios de la administración en orden al tratamiento de los problemas detectados.
- Documentos propositivos, conteniendo básicamente objetivos y propuestas.
- Documentos de gestión, relativos a la puesta en marcha, seguimiento y control del plan.

La legislación específica sobre ordenación territorial suelen distinguir los siguientes documentos:

- Estudios y planos de información.
- Memoria explicativa del plan.
- Estudio económico-financiero.
- Programa de ejecución desglosado en etapas.
- Planos y normas de ordenación.

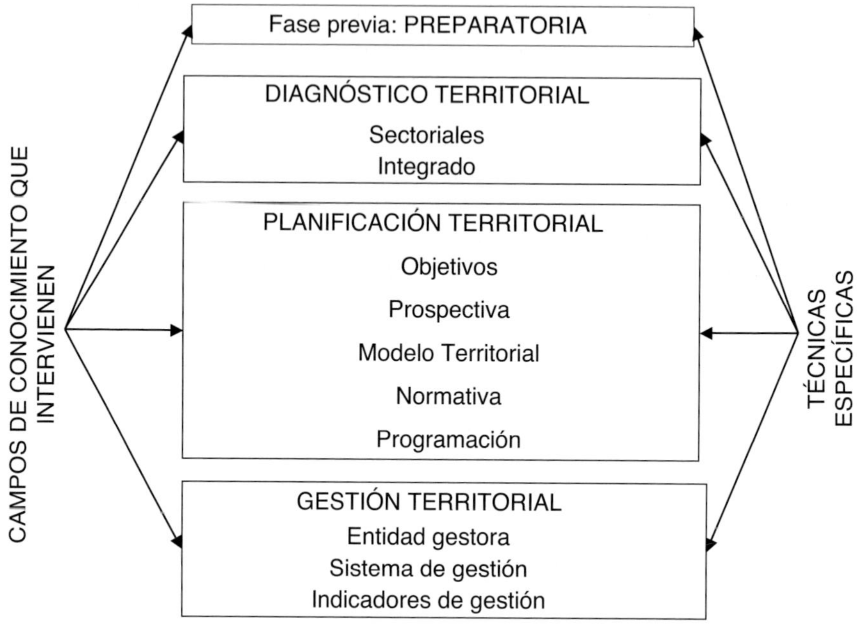

Figura III.8a. *Fases y contenido del proceso de elaboración de un plan de ordenación territorial.*

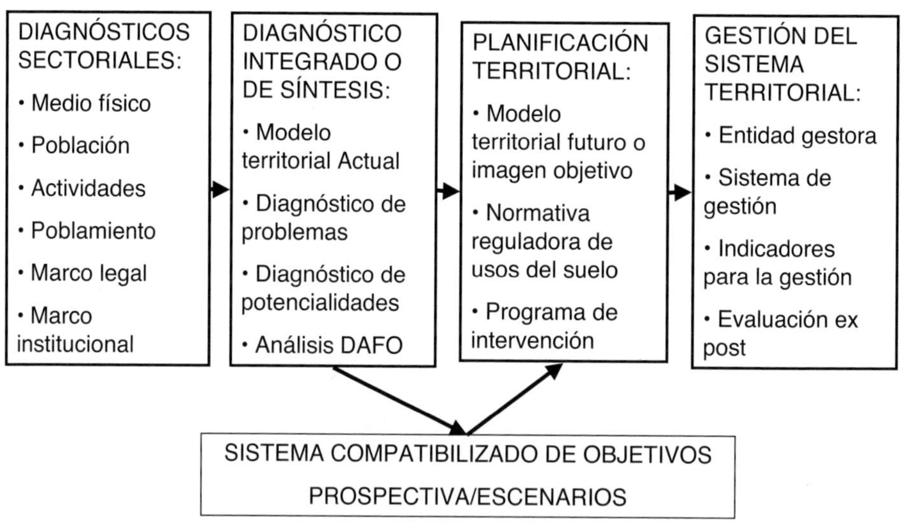

Figura III.8b. *Fases y contenido del proceso de elaboración de un plan de ordenación territorial: esbozo de una metodología comprensiva.*

El documento que contiene el plan ha de ser capaz de transmitir fácilmente lo planeado a los encargados de ejecutarlo, por lo que su redacción y presentación han de atender a este objetivo. Por otro lado no debe olvidarse la elaboración de documentos de participación y debate, los cuales, igualmente, conviene redactar de forma clara, concisa, progresiva en la exposición y fácilmente entendibles por los no iniciados, de tal forma que sirvan de base al debate sobre aspectos conflictivos.

La definición de la filosofía, contenido y alcance adoptadas para el plan, constituye un hito importante que conviene aprovechar para la elaboración de un documento de participación y debate público, sobre el cual se organizará un primer proceso de participación pública que permita incorporar la opinión de la población afectada a la redacción del plan en una etapa temprana del proceso.

3.5. Metodología

El término metodología deriva de método, cuya raíz griega significa «camino hacia». Una metodología es *una secuencia lógica de tareas bien diferenciadas concatenadas que se ejecutan según un orden determinado,* para conducir el proceso de reflexión a través del cual se da respuesta al contenido fijado para el plan.

La definición es aplicable al concepto de proyecto, hasta el punto de que la metodología puede entenderse como el «proyecto del plan»: la metodología es al plan lo que un proyecto a la obra proyectada, idea que permite comprender la rentabilidad, en tiempo y en economía de medios, del esfuerzo que se dedique a elaborar la metodología específica del plan a realizar; tan impensable como hacer una obra sin proyecto resulta hacer un plan sin metodología; en este sentido, la metodología es el hilo conductor de la compleja secuencia de operaciones a realizar que permite coordinar la aportación de los distintos miembros del equipo para obtener un producto integrado. Sin embargo, una idea básica diferencia a la metodología del proyecto: el carácter iterativo inherente a la materialización de las tareas de la metodología que no es aplicable a la ejecución del proyecto.

3.5.1. El Diagrama de Flujos: modelo de un proceso

La metodología se representa mediante un diagrama de flujos, acompañado de un texto explicativo, que puede entenderse como el *modelo del proceso metodológico* o sistema de tareas concatenadas a través de las cuales se va elaborando el plan.

El diagrama de flujos se estructura en bloques cada uno de los cuales corresponde a las fases por las que pasa la realización de un plan*: diagnóstico, propuestas/medidas y gestión.*

3.5.2. La metodología: vehículo para la integración de conocimientos, criterios y percepciones distintas

La elaboración de un plan requiere la colaboración de expertos con conocimientos y con criterio, y la participación de agentes socioeconómicos con diferente percepción del sistema territorial; la metodología es el instrumento en el que se insertan e integran las aportaciones de aquellos actuando como hilo conductor para el trabajo interdisciplinar de un equipo complejo, sin más que señalar para cada uno de sus miembros, las tareas que le corresponden así como su función en el trabajo conjunto, tal como se indica más adelante.

En cuanto a integrar la percepción de los afectados por el plan, el desarrollo del proceso metodológico que se presenta establece cauces para la participación pública, con independencia del trámite exigido por el procedimiento administrativo.

3.5.3. La metodología: «camino iniciático» orientado a entender la problemática y adoptar medidas

Todo ello conjuntamente es lo que prepara para entender la problemática y adoptar las medidas preventivas y correctoras adecuadas; en este sentido, toda metodología ha de ser sistemática y, aunque muestra un camino de tipo secuencial, su aplicación debe hacerse alternando avances y retrocesos a través de los cuales se va comprendiendo el sistema en toda su complejidad, los cambios que le afectan, los conflictos que operan sobre él y la incertidumbre con que se accede al conocimiento de su estructura y funcionamiento; se trata de un proceso de carácter iterativo y cíclico que se va desarrollando en un continuo ir y venir sobre las componentes y los procesos. A lo largo de esta especie de «camino iniciático», el equipo va formando opinión fundada sobre los problemas, las oportunidades y la forma de prevenir y resolver los primeros y aprovechar las segundas.

3.5.4. Metodología frente a índice del trabajo

Es frecuente confundir la metodología con el índice de un trabajo, lo que conduce a mimetismos indeseables y déficit de espontaneidad que caracteriza a muchas realizaciones profesionales. La metodología es el «modelo del proceso» a través del cual se va a desarrollar el trabajo; marca, por tanto, el camino a seguir y la forma en que se va insertando la aportación de los expertos que intervienen en él, de modo que el papel de la metodología es interno al equipo en la medida en que permite coordinar el trabajo de todos sus miembros para conseguir un producto integrado. El índice, en cambio, es el «modelo del trabajo», o más bien del documento que lo contiene, cuya función consiste en facilitar la comprensión de éste por parte de aquellos a quienes va destinado; tiene, por tanto, un papel orientado hacia el exterior del equipo, mientras el de la metodología se orientaba al interior. Evidentemente existen fuertes concomitancias entre ellos, pero no deberían coincidir; la metodología señala la secuencia temporal en que se han desarrollado las tareas, mientras el índice solo anuncia, de la forma más atractiva y comprensible que pueda, el contenido del trabajo realizado sin que deba adaptarse a la secuencia temporal con que se han realizado sus diferentes apartados; es lícito, por ejemplo, incluso recomendable en muchas ocasiones, disponer al principio del documento las conclusiones del trabajo, a pesar de que se han elaborado al final. El contenido conceptual y legal para el plan a realizar debe estar presente en ambos, pero mientras en la metodología ese contenido estará diluido aquí y allá a lo largo de la secuencia de tareas que constituyen el proceso, el índice podría ser una simple expansión de dicho contenido.

3.5.5. Diseño de la metodología

El diseño de la metodología a seguir parte del contenido fijado para el plan, ya que la metodología representa la forma en que se va a dar respuesta a tal contenido. Se facilita el diseño analizando la metodología general o comprensiva que se expone en las figuras III.9a. y III.9b revisando después los esquemas que se presentan en el epígrafe siguiente para seleccionar el que mejor se adapte al caso; se puede utilizar éste, pero generalmente será necesario someterlo a un proceso de ajuste fino que lleve al diagrama de flujos definitivo de la metodología.

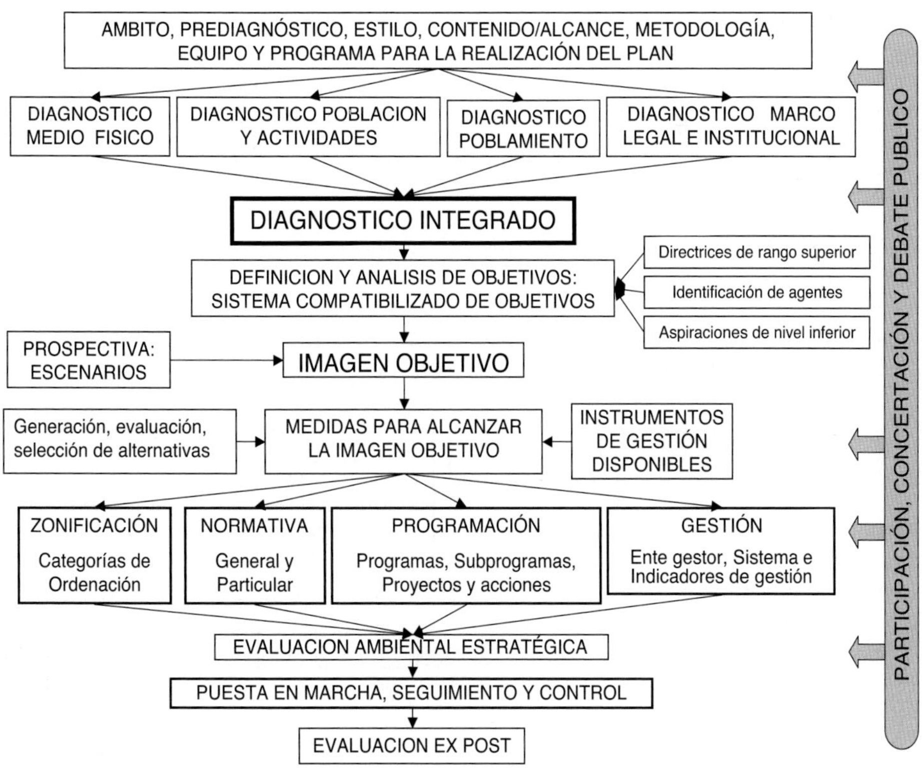

Figura III.9a. *Metodología comprensiva general.*

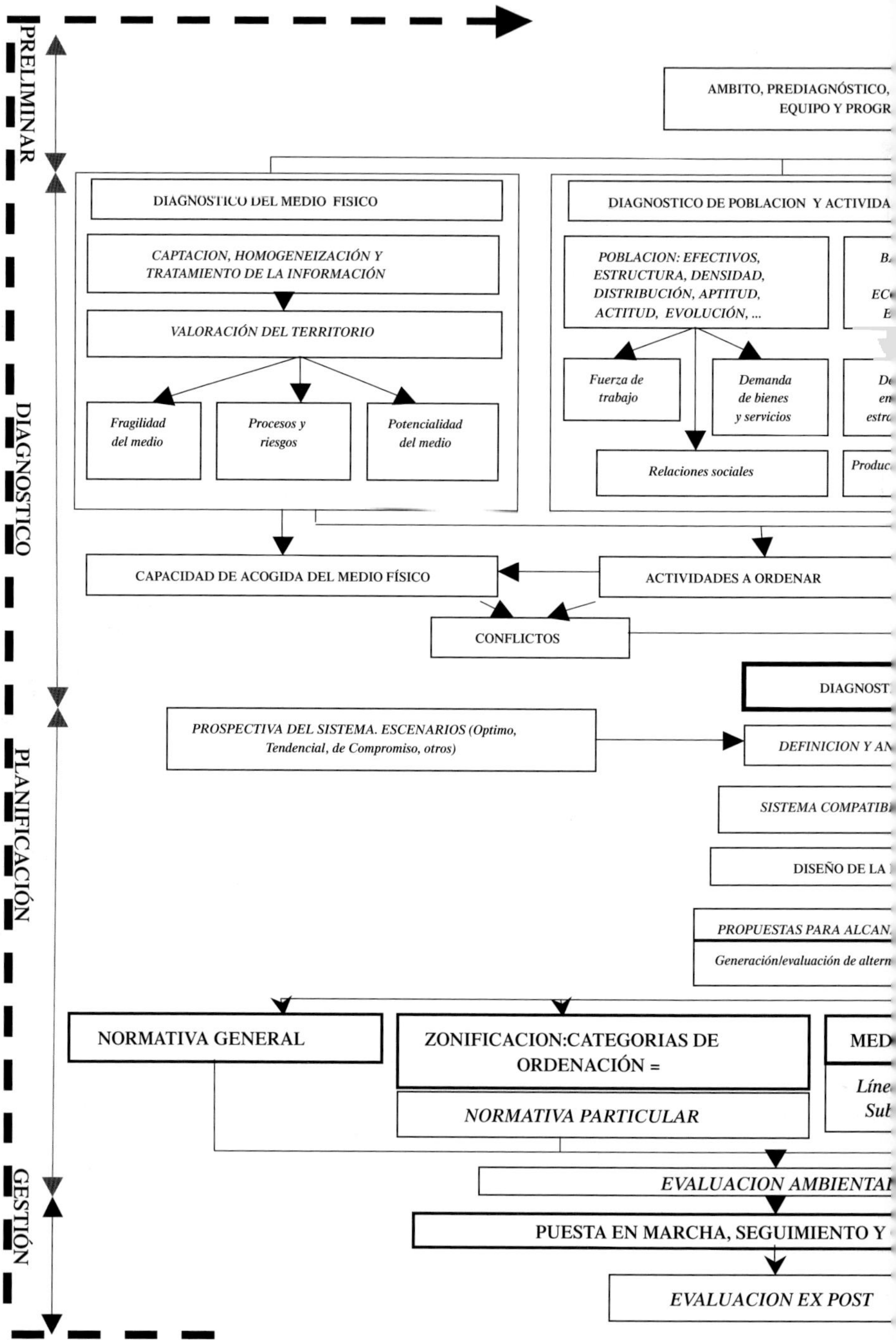

Figura III.9b. *Metodología comprensiva general desarrollada.*

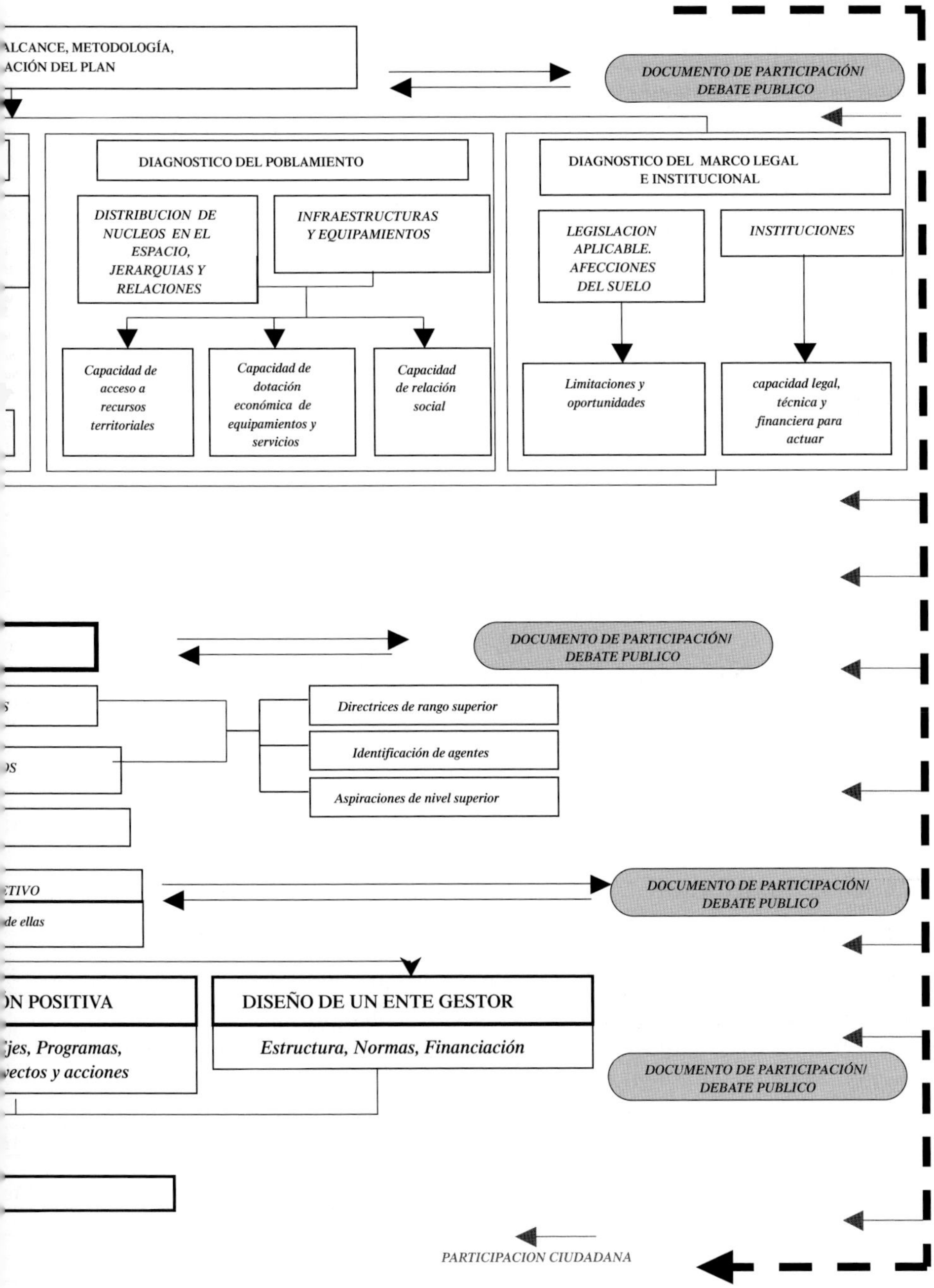
ALCANCE, METODOLOGÍA,
ACIÓN DEL PLAN
DOCUMENTO DE PARTICIPACIÓN/ DEBATE PUBLICO
DIAGNOSTICO DEL POBLAMIENTO
DISTRIBUCION DE NUCLEOS EN EL ESPACIO, JERARQUIAS Y RELACIONES
INFRAESTRUCTURAS Y EQUIPAMIENTOS
Capacidad de acceso a recursos territoriales
Capacidad de dotación económica de equipamientos y servicios
Capacidad de relación social
DIAGNOSTICO DEL MARCO LEGAL E INSTITUCIONAL
LEGISLACION APLICABLE. AFECCIONES DEL SUELO
INSTITUCIONES
Limitaciones y oportunidades
capacidad legal, técnica y financiera para actuar
DOCUMENTO DE PARTICIPACIÓN/ DEBATE PUBLICO
Directrices de rango superior
Identificación de agentes
Aspiraciones de nivel superior
TIVO
de ellas
DOCUMENTO DE PARTICIPACIÓN/ DEBATE PUBLICO
N POSITIVA
jes, Programas,
ectos y acciones
DISEÑO DE UN ENTE GESTOR
Estructura, Normas, Financiación
DOCUMENTO DE PARTICIPACIÓN/ DEBATE PUBLICO
PARTICIPACION CIUDADANA

3.5.6. Sobre credibilidad del plan

La incertidumbre inherente al proceso de elaboración de un plan, plantea la idea de credibilidad y solvencia, cuya importancia se comprenderá si se tiene en cuanta que de ellas depende la aceptación y consiguiente aprobación del plan, trámite indispensable para su puesta en marcha. Tres elementos están en la base de lo anterior:

— La utilización de una metodología sistemática.
— La real participación pública en el proceso planificatorio.
— La calidad, independencia y funcionamiento del equipo de trabajo.

Una metodología sistemática aporta credibilidad al plan. Los dos aspectos anteriores, unidos a su carácter sistemático, hace que su utilización aporte credibilidad a los resultados del plan.

La participación pública. La real participación de la población es otro de los elementos de credibilidad y confianza del plan. Generalmente la legislación prevé un proceso de participación pública que precede a su aprobación, pero más allá de esta previsión, la participación pública se refiere a la consideración de las aficiones, preferencias, aspiraciones, intereses, etc. de la población en el propio proceso de elaboración del plan; ello se justifica en la medida en que los objetivos del plan han de ser interpretados en clave de calidad de vida y ésta es indisociable de la escala de valores sociales. Así la población afectada ha de participar en todo el proceso de elaboración del plan; por otro lado, los diagramas de flujo que representan la metodología deben señalar los hitos o momentos críticos en los que la participación se considera crucial.

El equipo de trabajo. A este importante tema se destina el epígrafe siguiente.

3.6. Equipo de trabajo

El equipo no solo es un elemento de solvencia del plan, además la forma en que funcione determinará el coste del plan, lo que unido a lo numeroso y diverso que generalmente será, justifica la conveniencia de dedicar mucha atención a diseñarlo. El equipo deberá quedar definido en los siguientes términos:

— Perfil curricular o composición temática del equipo en relación con los campos de conocimiento implicados y la capacidad de cada uno de los miembros.
— Organización, en términos de áreas o unidades de trabajo y de niveles de responsabilidad.
— Funcionamiento, asignando a cada miembro un papel en el trabajo del conjunto y, por consiguiente, unas tareas específicas.
— Dedicación de cada miembro.

3.6.1. Perfil del equipo

En cuanto al perfil, el equipo debe ser multidisciplinar, es decir, formado por representantes de los diversos campos que intervienen en la realización del plan, y trabajar de forma integrada, de tal manera que, interaccionando los conocimientos, se pueda conseguir un resultado interdisciplinar. La multidisciplinaridad debe entenderse a nivel de experto, no de titulación, en la idea de que la condición de conocedor especializado de un tema solo se adquiere a través de la experiencia, de que se puede acceder a la elaboración de un plan desde cualquier campo profesional y de que el conocimiento que acredita la titulación no va más allá de una simple base de partida insuficiente para garantizar la capacidad de criterio requerido por el plan. La interdisciplinaridad se justifica por el carácter de sistema con que se entiende el territorio, cuyo funcionamiento solo puede entenderse a partir de la interacción de diversos campos de conocimiento; conseguir interdisciplinaridad es difícil, dándose más una estéril yuxtaposición enciclopédica de conocimientos; requiere unas aptitudes y disposición de ánimo para el trabajo en equipo: espíritu de colaboración, actitud positiva, dotes de diálogo, precisión en el lenguaje y una capacidad de reflexionar sobre el tema en su conjunto desde el propio campo de especialización, siendo consciente de la multiplicidad de dimensiones que lo forman.

Por último, la credibilidad del estudio se asocia a la independencia de criterio, cuestión que adquiere relieve por la catidad e intensidad de intereses conflictivos que operan

3.6.2. Organización del equipo

La organización del equipo se representa mediante un diagrama, en el que aparecen los diferentes órganos que lo forman y los miembros del equipo asignados a cada órgano.

El equipo debe estar formado (figura III.10) por un coordinador con formación generalista, por especialistas en los diferentes factores ambientales y por asesores que proporcionen seguridad a los especialistas en aspectos concretos.

3.6.3. Funcionamiento del equipo

Sobre el propio diagrama orgánico se pueden representar el funcionamiento del equipo, por medio de flechas indicativas de los flujos de información.

Figura central para el funcionamiento del equipo es el coordinador, respecto del cual tan importante como la labor coordinadora sobre el resto de los miembros, es llenar las lagunas no cubiertas por éstos. El coordinador recibe las orientaciones que reflejan el criterio de la entidad responsable del plan de un director, director institucional, nombrado por dicha entidad. A su vez el coordinador, en cuya figura coincide la dirección técnica de los trabajos, dirige

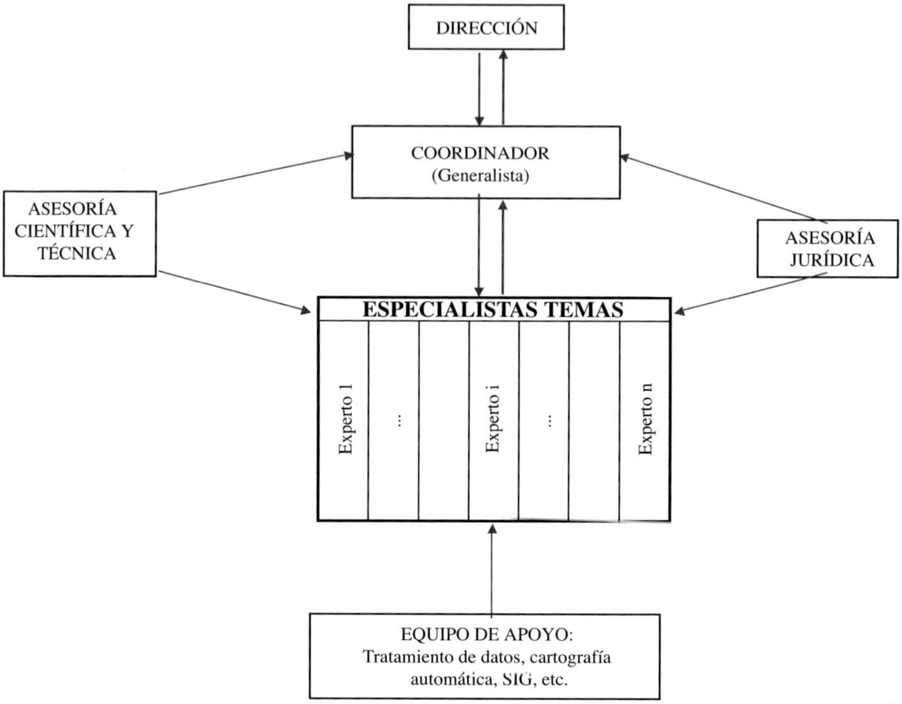

Figura III.10. *Estructura genérica de un equipo para la realización de un plan de ordenación territorial y relaciones funcionales entre los miembros que lo forman.*

a los equipos encargados de recoger y digerir la información temática para la elaboración de los diagnósticos sectoriales. Asimismo cuenta con unos equipos de apoyo (informática, mecanografía, delineación, toma de muestras, análisis, etc.) cuya principal tarea consiste en ayudar a los equipos de información y diagnóstico sectorial. La actuación de estos equipos queda asimismo respaldada en los aspectos jurídicos y científicos por las correspondientes asesorías.

La fase de planificación se realiza por un nuevo equipo, formado por un representante, al menos, de cada uno de los equipos de información y diagnósticos sectoriales. Este equipo de planificación cuenta, a su vez, con las asesorías jurídica y científica. Por otra parte, este equipo debe trascender el enfoque sectorial, para funcionar de manera interdisciplinar (figura III.11) de forma que la interacción de conocimientos aboque a la obtención de soluciones integradas.

Para ello se necesita la participación de un grupo de especialistas coordinado por un generalista, cuyo papel, además de coordinar la acción de los demás, estará en rellenar las lagunas de conocimiento que siempre existen.

El funcionamiento coordinado del equipo no requiere la presencia física de los miembros que lo forman en el mismo lugar y al mismo tiempo, sino que cada cual cumple su labor en el momento y lugar que desee, siempre que res-

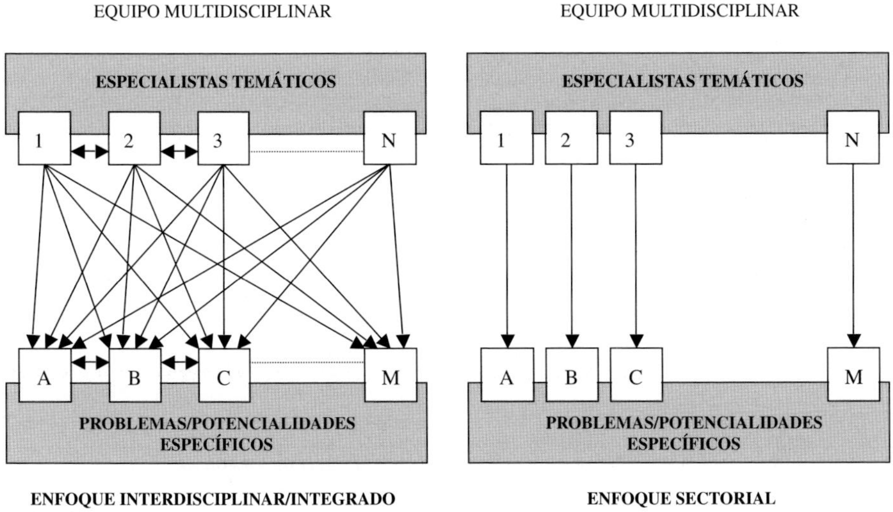

Figura III.11. *Enfoques interdisciplinar y sectorial de un equipo multidisciplinar.*

pete los contenidos y plazos fijados en la metodología, siga los criterios definidos por el coordinador y se relacione con el resto del equipo asistiendo a reuniones de trabajo y manteniendo contactos bilaterales. En todo caso la metodología es crucial para el funcionamiento del equipo y para la consecución de un resultado interdisciplinar.

El grupo puede funcionar en equipo o en panel; el equipo se convierte en panel, por ejemplo, cuando se trata de valorar elementos cualitativos, como ponderar problemas u objetivos, etc. en el primer caso cada miembro y su función solo tienen sentido en relación con los demás, de tal manera que las tareas que realizan se van alimentado y retroalimentado unas a otras y se estimula la relación e interacción entre los participantes con el objetivo de llegar a resultados interdisciplinares. El funcionamiento en panel significa que cada uno de los miembros opera desde su interés propio o del grupo social que representa, sin considerar a los demás; al panelista se le pide su opinión sincera en función de sus intereses y no se pretende que interaccione con el resto de los participantes.

Dado que en el enfoque estratégico, el diagnóstico es un perfeccionamiento del prediagnóstico en el que se dimensionan los problemas, se señalan sus relaciones, se mapifican, se describen, etc., el perfil del equipo se estable a partir de la relación de problemas y recursos/potencialidades, y debe existir una correspondencia aunque no biunívoca entre ambos, pero todo problema y/o recurso debe contar con un experto y a la inversa (ver figura III.12).

3.6.4. Reparto de tareas entre los miembros del equipo

Se completa el diseño del equipo con la atribución de tareas a cada uno de sus miembros; esto se puede representar en una tabla (figura III.13) de doble

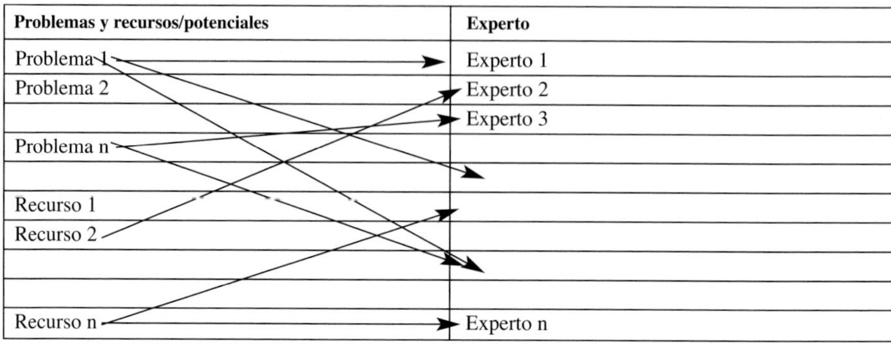

Figura III.12. *Diseño del equipo en el enfoque estratégico.*

		MIEMBROS DEL EQUIPO DE TRABAJO			
		Miembro 1	Miembro 2	....	Miembro n
TAREAS A REALIZAR	Tarea 1	C	R		C
	Tarea 2	R	C		E
	Tarea n	E	E		R

Figura III.13. *Distribución de tareas entre los miembros del equipo con especificación del grado de compromiso: R, Responsable; E, Ejecutor; C, Colaborador. Las tareas son las especificadas en la metodología.*

entrada, en una de las cuales se disponen las tareas identificadas en la metodología, y en la otra los miembros del equipo; en las casillas de cruce se señala con una letra o símbolo el tipo y grado de la responsabilidad atribuida: R; responsable, E, ejecutor, C, colaborador, etc., por ejemplo. Esta asignación de tareas debe también reflejarse en el programa de trabajo añadiendo una columna al diagrama de barras, aunque esto puede ser redundante con la tabla anterior. Conviene señalar que el responsable de una tarea no tiene que ser necesariamente el ejecutor de la misma, solo adquiere el compromiso de que esté lista en el tiempo disponible y con la calidad adecuada.

3.7. Programa de trabajo: cronograma de tareas

Un cronograma (o programa de tareas/tiempo, figura III.14) es el elemento que permite controlar los tiempos para el equipo conjunto y para cada uno de sus miembros. El cronograma suele adoptar la forma de un diagrama de barras o cuadro de doble entrada tareas/tiempo, en el que para cada tarea se representa los paralelismos y solapamientos temporales, el tiempo disponible para realizarla, el tiempo que se supone va a consumir su realización y el miembro del equipo responsable. El tiempo total ha de ser el disponible para la realización del plan.

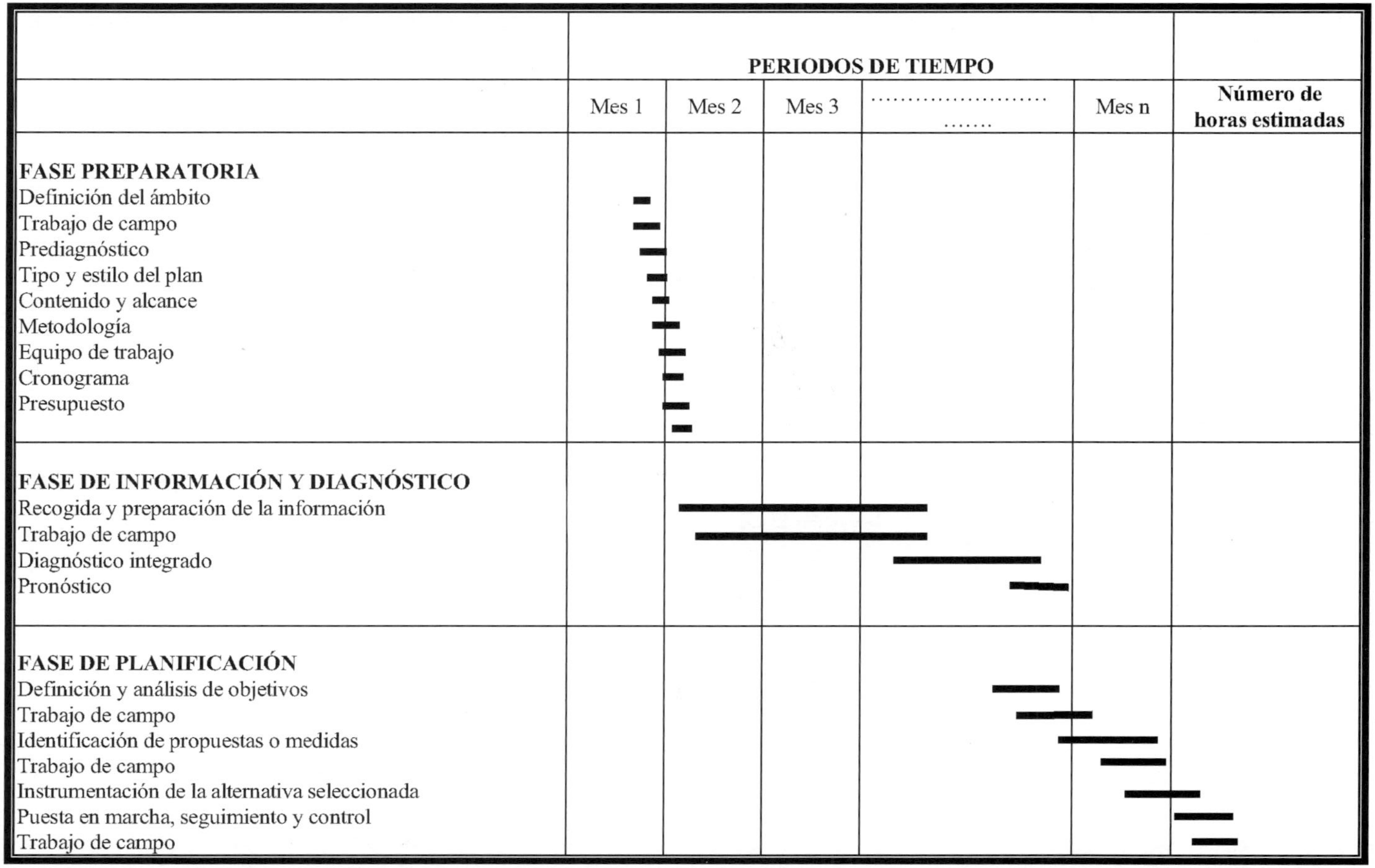

Figura III.14. *Estructura del cronograma de tareas para la elaboración de un plan de ordenación del territorio.*

Las dos tablas anteriores, junto con el diagrama de flujos, permiten conducir con orden y eficacia la elaboración del plan, realizar un control de tiempos, de costes por tanto, y un correcto funcionamiento del equipo multidisciplinar.

3.8. Presupuesto para la elaboración del plan

A partir de la tarea anterior, la formación del presupuesto relativo al personal (el más importante) es inmediata: se trata simplemente de aplicar un precio unitario a la dedicación de los diferentes miembros del equipo; la cifra obtenida se puede mayorar en las cantidades pertinentes relativas a gastos generales, impuestos, etc. si no se incluyeron en los preciso unitarios.

4. FASE DE INFORMACIÓN Y DIAGNÓSTICO

Esta fase se refiere al conocimiento e interpretación del sistema territorial a la luz de su evolución histórica y de su tendencia hacia el futuro en ausencia de intervención. La elaboración del diagnóstico implica conocer y entender cómo es y cómo funciona el sistema, que problemas le afectan y de qué potencialidades dispone, con un nivel de detalle tal que permita tomar decisiones acertadas sobre ella: garantizar su trayectoria tendencial, si se considera conveniente, o modificarla en caso contrario.

La elaboración del análisis y diagnóstico territorial, de los objetivos y de las propuestas, debe apoyarse tanto en una serie de datos y de conocimientos científico-técnicos, como en un empapamiento de la realidad, adquirido por una especie de ósmosis, mediante la presencia del equipo de trabajo en la zona objeto de planeamiento; éste observa los elementos del sistema, la forma en que evolucionan, conversa con la población de manera más o menos informal para conocer cómo ésta percibe la situación real, los problemas y las oportunidades, su disposición al cambio, su capacidad para llevarlo a cabo, etc.; aplica técnicas de análisis y de síntesis y así va conformando una imagen o modelo de la situación actual, sus tendencias, sus valores, sus disfunciones y las posibilidades de cambio.

Se facilita el diagnóstico precediendo en dos pasos: diagnósticos consecutivos de los subsistemas y diagnóstico integrado del sistema territorial.

4.1. Diagnósticos sectoriales

Esta fase consiste en recoger la información relevante, entendiendo por tal la necesaria y suficiente para comprender la estructura del sistema territorial y su funcionamiento; en el caso más general y complejo, afecta a los cuatro subsistemas que lo conforman, cual son el territorio y sus recursos naturales (medio físico), la población y sus actividades de producción, consumo y relación social, los asentamientos de población con las infraestructuras de relación y el marco legal e institucional que rige y administra las reglas del juego.

Antes de utilizar la información recogida ha de pasar unos filtros para comprobar su validez, traducirla a índices o parámetros complejos de aplicación más o menos directa, disponerla en soporte fácilmente utilizable y homogeneizarla, en términos de escalas y grado de concreción, para hacer comparable la que corresponde a aspectos temáticos diferentes.

El análisis de la información, una vez operativa, permitirá entender el funcionamiento del sistema territorial y detectar su problemática y sus potencialidades; dentro de ambos términos se incluyen los *condicionantes,* las *debilidades* y *fortalezas,* los *estrangulamientos,* los *problemas,* las *aspiraciones* de la población, las *posibilidades* y niveles administrativos más adecuados de actuación y las *oportunidades* que brindan los recursos inexplotados tanto naturales como construidos y humanos.

La realización de esta tarea admite dos enfoques básicos, que se corresponden con diferentes esquemas metodológicos (figura III.15). Uno procede en dos pasos sucesivos: realización primero de diagnósticos sectoriales para cada uno de los cuatro subsistemas, e integración posterior de éstos en un diagnóstico de síntesis. Se trata de un enfoque de carácter comprensivo en cuanto se orienta a conocer la estructura y el funcionamiento de los cuatro subsistemas y, a través de ellos, la del sistema territorial, para deducir después los problemas y las potencialidades: primero se analiza el sistema y luego se valora su funcionamiento.

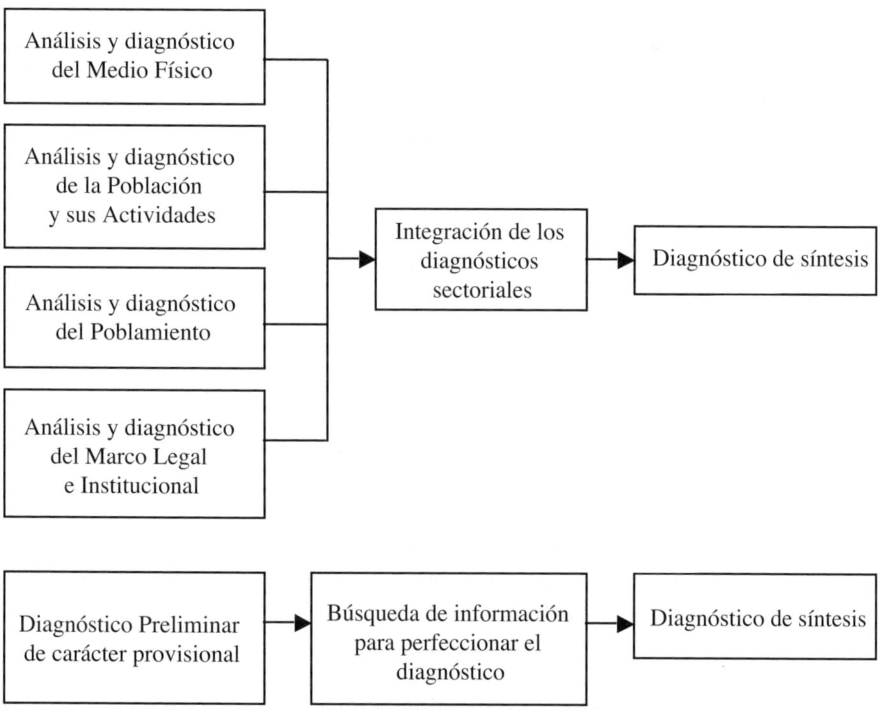

Figura III.15. *Enfoques comprensivo (arriba) y estratégico (abajo) en la elaboración del diagnóstico.*

Otro enfoque procede por aproximaciones sucesivas a partir de los problemas y potencialidades detectados en un diagnóstico provisional, de tal manera que solo busca la información útil para identificarlos con precisión, localizarlos, describirlos según una serie de atributos y valorarlos. Se trata de un enfoque de carácter estratégico, en la medida en que se centra en los aspectos clave para el funcionamiento y desarrollo del sistema: primero hace una valoración provisional del funcionamiento del sistema y luego lo analiza para verificar dicha valoración, corregirla y completarla.

Evidentemente existen otros enfoques de carácter intermedio que se pueden aproximar más o menos a uno u otro de los anteriores.

La captación de información, por su volumen, dispersión, heterogeneidad —de temas, escalas, calidad y soporte gráfico— y escasez, resulta una tarea cara en recursos económicos y humanos, que requiere tiempo, de tal manera que la preparación previa para realizarla resulta muy rentable. Cualquiera que sea el enfoque adoptado, la primera reflexión a la hora de planear la captación de datos, se refiere a la identificación de la información relevante, la realmente útil para los objetivos del plan, en la idea de que tan malo puede ser el defecto como el exceso de información; si el primero implica lagunas informativas, el segundo puede conducir a un enmascaramiento de la realidad por la imposibilidad de tratar y asimilar información sobreabundante; y ello cuando tal exceso no oculta una incapacidad para entender las líneas maestras del funcionamiento del sistema y su problemática.

La segunda reflexión se orienta a identificar y seleccionar los organismos, personas o instituciones que presumiblemente cuentan con la información que se desea, así como la posibilidad de obtenerla y de utilizarla.

Una vez obtenida la información hay que analizar su fiabilidad y, para la que resulte fiable, disponerla de forma operativa para facilitar su utilización. La información puede ser:

- recogida directamente por el equipo de trabajo en recorridos de campo; para ello es muy importante aprender a ver, a observar la realidad, a captar los signos que indican problemas y oportunidades, a valorar de «visu» los elementos y procesos del medio,
- derivada del contacto con las personas, tanto con la población afectada en general como con expertos u otros individuos cuya posición, características, influencia o responsabilidad les acredita como conocedores de la zona, y
- documental, la recogida de antemano y expresada en todo tipo de documentos, publicados o no: textos, mapas, gráficos tablas, etc. cuyo uso se facilita cuando se encuentra geográficamente referenciada; es la más espectacular por su carácter explícito y por la formalidad de su presentación: papel o soporte digital.

En los epígrafes siguientes se da una orientación sintética sobre el tipo de diagnóstico que corresponde a cada subsistema y la información necesaria para soportarlo, la cual es aplicable cualquiera que sea el enfoque que se adopte.

4.1.1. Información y diagnóstico del medio físico: territorio y recursos naturales (figura III.16)

La información correspondiente a este subsistema se orientan a conocer los elementos y procesos que operan en el territorio: clima, agua, materiales, formas, procesos, biocenosis, ecosistemas y paisaje, tal como se encuentran en la actualidad, para detectar en que medida puede cumplir las tres funciones que loas actividades humanas demandan a este subsistema: fuente de recursos y materias primas, capacidad de acogida y receptor de efluentes.

El tratamiento de esta información puede hacerse de varias formas, tal como se describe con detalle en el diagnóstico correspondiente al medio físico (capítulo IV), pero siempre debe pasar por la determinación de los siguientes conceptos:

- *Valoración* del territorio: determinación de los méritos de conservación de cada punto del territorio teniendo en cuenta sus componentes y los procesos que se dan. Conviene complementar esta valoración incluyendo una reflexión sobre la forma y signo en que está evolucionando el valor citado, y una estimación de la calidad primigenia, es decir, la que tenía antes de ser alterado por el hombre.
- Determinación de la *fragilidad* del territorio y sus recursos frente a una serie de actividades que deben quedar ordenadas por el plan. Por tal se entiende el grado de vulnerabilidad de sus elementos y procesos, es decir la mayor o menor facilidad de soportar las incidencias procedentes de tales actividades.
- Determinar la *capacidad receptora* efluentes.
- Determinación de la *potencialidad* del territorio y sus recursos para las mismas actividades consideradas en el caso de la fragilidad; es decir, determinación de la medida en que un punto del territorio resulta más o menos adecuado para dicha actividad.
- Determinar las *tasas de renovación, ritmos de consumo e intensidad* de uso de los recursos.
- Detección, localización y valoración de los *procesos y riesgos naturales* (inundación, erosión, desprendimientos, deslizamientos, expansividad, sismicidad, vulcanismo, etc.) en cuanto pueden suponer una amenaza para las actividades a ordenar y condicionan, por tanto, su localización.

Estas tareas son la antesala desde la que se aborda la determinación del concepto más importante que aporta el análisis y diagnóstico del medio físico a la ordenación territorial. Se trata de la *capacidad de acogida* o cabida del territorio para las distintas actividades a ordenar teniendo en cuenta, en pie de igualdad, el binomio «*territorio-actividad*»: en qué medida el territorio cubre los requisitos locacionales de la actividad y en qué medida ésta puede afectar a las características y valores de aquél. La capacidad de acogida, por tanto, no es otra cosa que la expresión de la relación territorio-actividades en términos de vocacionalidad, compatibilidad e incompatibilidad para cada punto o unidad operacional que se adopte.

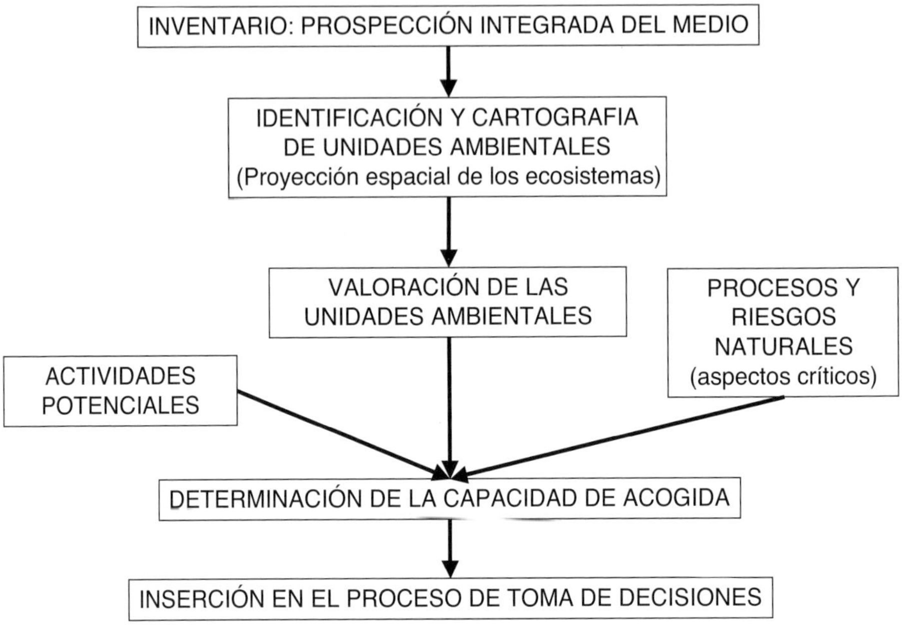

Figura III.16. *Síntesis del análisis y diagnóstico del medio físico: «lectura» del medio físico o determinación de la capacidad de acogida.*

La determinación de la capacidad de acogida del territorio puede considerarse como un invariante en todas las metodologias, porque representa la «lectura» del territorio, su vocación natural, y es, por tanto, un paso obligado para establecer el control del uso del suelo así como para formular la imagen objetivo optima del sistema en todos los aspectos que lo componen: uso del suelo (ordenación del medio fisico), actividades económicas, equlibrios intersectoriales, empleo, población y su distribución en el espacio, redes de conexión, etc.

Cuestión básica para ello, será definir la citada unidad operacional. Los conceptos esbozados, que más adelante se tratarán en profundidad, se refieren a la valoración del territorio en términos de méritos de conservación y de su comportamiento frente a una serie de actividades a ordenar por el plan. Pero el territorio no es homogéneo y funciona como elemento integrador de la información sectorial, puesto que sobre él se superponen e interactúan los elementos y procesos que lo constituyen. Por consiguiente las valoraciones aludidas requieren la definición de unidades territoriales a las que puedan referirse; las llamaremos *unidades operacionales,* en términos de las cuales se expresará el comportamiento del medio respecto a las actividades a ordenar. Asimismo servirán de base para la definición del modelo de ordenación del medio físico *(categorías de ordenación),* funcionando como unidades operativas en el planeamiento.

La potencialidad, fragilidad y capacidad de acogida, son conceptos relativos, que sólo cobran sentido cuando se enfrenta el territorio, sus características y valores, con las actividades a localizar. Resulta, por tanto, tarea inexcusable identificar y definir dichas actividades con la precisión que requiere el nivel de detalle y el alcance del plan. Para ello se remite al lector al modelo conceptual de ordenación del territorio que utiliza esta obra, capítulo I, figura I.7.

En el desarrollo de cualquier actividad intervienen elementos y atributos procedentes de los cuatro subsistemas: ¿cómo promocionar la minería o el turismo rural sin la actitud favorable de la población o sin la mano de obra capaz de llevarla a cabo?, ¿cómo desarrollar la agricultura sin considerar a las limitaciones del medio físico o la funcionalidad del sistema de asentamientos? Por tanto se trata de uno de los hitos de la elaboración del plan donde resulta conceptualmente más clara, metodológicamente más necesaria y operativamente más eficaz, la colaboración entre los expertos de los diferentes subsistemas.

Determinada la capacidad de acogida del territorio es posible pasar a otra de las tareas fundamentales y más útiles de la metodología: la detección de conflictos. No se trata tanto de detectar problemas actuales en la realidad cuanto de los conflictos procedentes de las previsiones de las instancias públicas: clasificación y calificación urbanística del suelo, previsiones de la planificación sectorial (transportes, agricultura, etc.) o tendencias no planeadas pero confirmadas por la realidad. Existirá un conflicto cuando exista discordancia entre la capacidad de acogida establecida y las previsiones de uso del suelo o de sus tendencias. La idea esbozada de conflicto puede confundirse con la de amenaza, que se ha descrito formando parte de uno de los bloques informativos del medio físico; la diferencia entre ambos conceptos, siendo próximos, está en que las amenazas se entienden como una especie de prospectiva sobre las degradaciones detectadas y son previas a la determinación de la capacidad de acogida, mientras los conflictos surgen en un momento más elaborado de la información como resultado de la confrontación entre probables determinaciones del plan y las previsiones externas a él.

La detección de los conflictos es condición indispensable para la coordinación entre distintos sectores, debiendo engrosar, tales conflictos, el árbol de problemas en que finalmente se conforma y resume el diagnóstico integrado.

4.1.2. Información y diagnóstico de la población y sus actividades de producción, consumo y relación social (figura III.17)

Si el medio físico es el soporte del sistema territorial, con un papel más bien pasivo, el subsistema que se trata ahora es el elemento activo de la relación entre ambos. La población es el agente fundamental: adapta el medio físico para ubicar sus actividades, toma recursos de él para transformarlos en su propio beneficio y le incorpora los desechos o productos no deseados.

Por consiguiente el diagnóstico de este subsistema atenderá, de un lado, a la propia población en cuanto destinatario último del proceso de ordenación territorial, y de otro, a las actividades que practica: producción consumo y relaciones sociales.

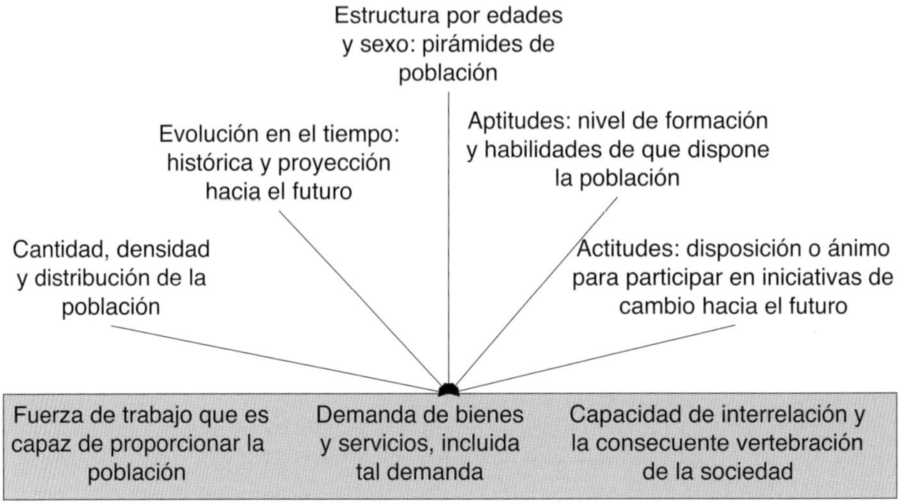

Figura III.17. *Síntesis del análisis y diagnóstico de la población.*

La población. Este diagnóstico se orienta a valorar la población en términos de problemas, aspiraciones y oportunidades respecto de los siguientes aspectos:

— Fuerza de trabajo, o capacidad, cuantitativa y cualitativa, de desarrollar actividades de producción.
— Consumidora de bienes y servicios.
— Sujeto de relaciones sociales.

Para ello resulta indispensable conocer una serie de datos, cuantitativos y cualitativos, y compararlos con los valores que adquieren en otros ámbitos que se adoptan como referencia (provincia, región u otras áreas de rango similar):

— Datos cuantitativos: efectivos existentes, totales y por unidad de superficie (densidad), su evolución en el tiempo, su distribución en el espacio (población por cada asentamiento), su estructura por edades y sexo (pirámides), población activa y dependiente, población ocupada y en paro, etc.
— Características cualitativas, determinantes de la *aptitud* o capacidad técnica de la población y *actitud* o disposición, estado de ánimo, para la acción.
— Cultura, estilos de vida o pautas de comportamiento dignos de conservación y/o que constituyen recursos explotables, y que están en la base de la escala de valores sociales.
— Nivel de participación en relación con decisiones de la colectividad y con la cohesión política y social.

Las actividades. Se trata, de un lado, de analizar las actividades existentes desde los puntos de vista de su localización, su viabilidad, su comportamiento y su relación con las demás o papel en el conjunto, y de otro, de identificar las actividades que han de ser objeto de regulación en el plan, respecto de las cuales se determinará la capacidad de acogida del territorio y sobre las que se apoyará el desarrollo socioeconómico del ámbito de trabajo. En el capítulo IV, se da una relación orientativa de ellas, donde se ve el amplio espectro que abarcan: conservación y mejora y restauración de la naturaleza, primarias y recreativas, de transformación, residenciales y comerciales, servicios, infraestructuras de apoyo, vertidos, etc.

En cuanto a las actividades económicas, producción y consumo, han de ser analizadas en un marco general y en el nivel de las explotaciones o unidades de producción. El estudio en el conjunto del ámbito objeto del diagnóstico, conducirá a detectar:

— La base económica o actividad/es que generan más empleo y/o más renta.
— Los desequilibrios intersectoriales existentes por comparación con otros ámbitos de referencia.
— Los problemas derivados de las relaciones inter e intrasectores: producción, transformación, intermediación y venta.
— Las relaciones con ámbitos externos: exportación y nivel de autoconsumo.
— Las carencias de servicios e infraestructuras de apoyo a las actividades económicas, a través del análisis de la inversión pública.
— Los estrangulamientos que impiden un desarrollo adecuado de actividades y sectores.

En el nivel de las unidades de producción, primero habrá que determinar la explotación o explotaciones tipo y luego analizarlas para detectar problemas en relación con la:

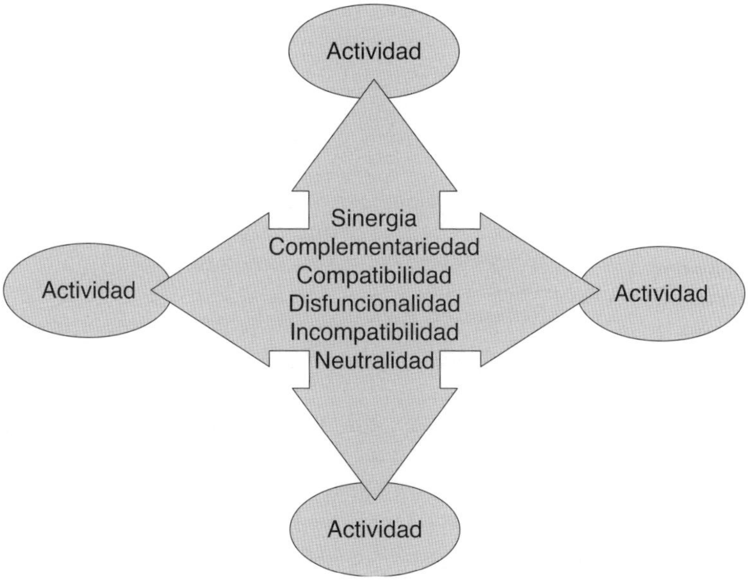

Figura III.18. *Diagnóstico de la funcionalidad entre las actividades: relaciones.*

— Productividad, de la mano de obra y del capital.
— De rentabilidad.
— De gestión, indicando sus causas, sus efectos, los agentes implicados y las posibilidades de intervención.

Además, se analiza la funcionalidad o relación entre las actividades existentes (figura III.18).

4.1.3. Información y diagnóstico del sistema de asentamientos e infraestructuras (figura III.19)

Se refiere este subsistema a los núcleos de población (ciudades, pueblos, aldeas, caseríos, etc.) y a las infraestructuras o canales de relación, a través de los cuales intercambian personas, mercancías, energía e información. El diagnóstico se basa en detectar la capacidad de este subsistema para:

— Que la población pueda acceder fácilmente a la explotación de los recursos naturales.
— Dotar a la población de los bienes y servicios sociales necesarios, en cantidad, calidad y accesibilidad, de forma económica.
— Que la población pueda acceder con comodidad y rapidez a los lugares de trabajo.
— Que resulte fácil el intercambio de mercancías, personas e información.
— Que se produzca una fluida interrelación social.

Este diagnóstico implica la recogida y tratamiento de la información en torno a los siguientes aspectos:

— Distribución de los asentamientos en el espacio, y su comparación con los modelos «horizontales» de estructura espacial.

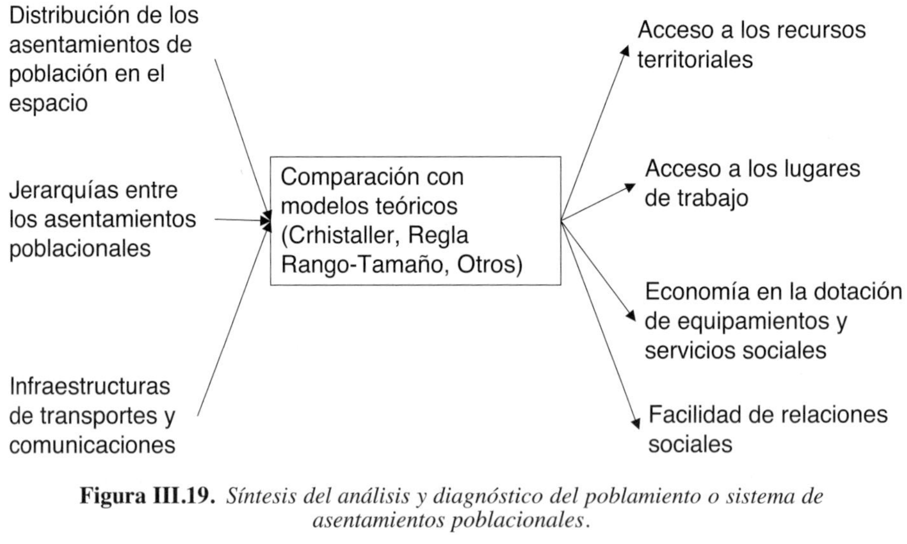

Figura III.19. *Síntesis del análisis y diagnóstico del poblamiento o sistema de asentamientos poblacionales.*

— Jerarquía de los asentamientos y relaciones de dependencias entre ellos.
— Canales a través de los cuales se producen las relaciones entre los asentamientos.
— Intercambio de personas, mercancías, energía e información.
— Dotaciones de infraestructuras y equipamientos colectivos.

A todo ello hay que añadir un análisis interno de cada núcleo de población, para conocer:

— Su estructura, tipologías edificatorias, elementos de carácter histórico, artístico o cultural, etc. y su comparación con modelos teóricos de referencia.
— Cantidad y calidad de su patrimonio construido.
— Viabilidad hacia el futuro, teniendo en cuenta la cantidad y estructura de la población y las fuentes de riqueza con que puede contar para sostener un número mínimo de efectivos poblacionales.

4.1.4. Información y diagnóstico del marco legal e institucional

El conocimiento de la legislación y disposiciones administrativas con incidencia territorial, resulta necesario en cualquier plan en cuanto éste es el instrumento capaz de prolongar el espíritu de las leyes a las peculiaridades de cada caso particular. Su estudio debe detectar:

— Las *condiciones y/o limitaciones* que las leyes imponen a las determinaciones del plan.
— Las *oportunidades* que ciertas leyes ofrecen para las propuestas del plan. En este sentido, y particularmente en zonas de cierto carácter rural, resulta indispensable conocer la legislación, autonómica, nacional y comunitaria, que regula las actividades que cuentan con ayudas y financiación. Estas deberán ser consideradas en la relación de actividades objeto de regulación en el plan.
— *Las afecciones normativas* o estado legal del suelo: espacios directamente afectados por legislación sectorial, régimen de propiedad, espacios protegidos, montes y terrenos públicos, vías pecuarias, clasificación urbanística del suelo, reservas y cotos de caza, cotos de pesca, previsiones de planificación sectorial o territorial, etc.

Las instituciones públicas —comunitarias, nacionales o autonómicas— que administran el sistema, y opcionalmente las privadas así como organizaciones no gubernamentales, deben ser inventariadas y diagnosticadas en los siguientes términos (figura III.20):

— Inventario de las existentes o de las más significativas.
— Capacidad legal de acción de acuerdo con la legislación que les sirve de soporte.
— Capacidad técnica, en función de la dotación de personal con que cuentan.
— Capacidad financiera a partir de los presupuestos que manejan.
— Trayectoria seguida, en términos de eficacia, en el pasado reciente.

	INDICADORES DE CALIDAD			
	Capacidad legal de intervenir	Capacidad financiera para la acción	Capacidad técnica para desarrollar su actividad	Trayectoria histórica de acción
Institución 1				
....				
Institución n				

Figura III.20. *Formato de tabla para sintetizar el diagnóstico del marco institucional.*

4.2. Diagnóstico integrado o de síntesis

Consiste en la interpretación/valoración de la situación actual del sistema a la vista de su trayectoria histórica y de su evolución previsible. Ello requiere sintetizar en un esquema breve y coherente los diagnósticos sectoriales esbozados, poniendo de manifiesto las interconexiones que se dan entre los problemas y las oportunidades de los diferentes subsistemas.

El diagnóstico, y la información que le da fundamento, debe entenderse como una profundización del prediagnóstico realizado en la fase preparatoria, de tal manera que la información a recoger ha de rellenar las lagunas que permitan precisar la problemática esbozada en aquél.

Los principales elementos en los que se puede concretar el diagnóstico integrado son los siguientes:

1. Un plano mostrando el modelo territorial, es decir una representación sintética y simplificada de la estructura y el funcionamiento del territorio. Los elementos básicos de este modelo son:
   - El sistema de asentamientos existente representado por la distribución espacial de los núcleos de población (dimensión horizontal del modelo) y las jerarquías existentes entre ellos (dimensión vertical del modelo).
   - La red de comunicaciones entre ellos que marca las posibilidades de relación.
   - Unidades territoriales que definen el carácter del medio físico, las cuales pueden hacer coincidir con las unidades ambientales antes esbozadas.

2. Uno o más grafos o redes de relaciones causa efecto mostrando la concatenación de los problemas y conflictos en términos de relaciones de todo tipo.
3. Una tabla en la que se relacionen las causas con los elementos o procesos del sistema sobre los que se manifiestan los problemas.
4. Un árbol de problemas estructurado por niveles representativos de las relaciones verticales de causa efecto entre ellos. Se puede complementar este árbol cruzado los problemas del mismo nivel en una matriz cuadrada sobre la que se señalan las relaciones horizontales, particularmente las sinérgias o reforzamientos, entre ellos.
5. Un plano representando los problemas identificados que admitan una localización más o menos precisa.
6. Una seric de fichas en las que se describen los problemas identificados en términos de su manifestación, sus causas, agentes implicados, efectos, localización, cuantificación, gravedad, evolución, etc.
7. Una relación de recursos o potencialidades aprovechables del sistema.
8. Una tabla descriptiva de los recursos en términos de tipo, localización, razones por las que permanecen ociosos, actividades a través de las cuales se podrían explotar, etc.
9. Un plano de potencialidades.
10. Una descripción de las características y funcionamiento del medio físico: unidades ambientales y redes de relación.
11. Una matriz DAFO: Debilidades, Fortalezas; Amenazas y Oportunidades, que es la base para definir la estrategia del plan.
12. Una memoria explicativa de todo lo anterior.

4.3. Capacidad de intervención e instrumentos de gestión disponibles

El grado de madurez de la sociedad, el comportamiento de las instituciones, la escala de valores sociales, la disponibilidad de recurso de todo tipo, etc. define la capacidad de la sociedad para prevenir o resolver los problemas y aprovechar las oportunidades; tal capacidad de intervención debe quedar reflejada en el diagnóstico.

Por otro lado existen ciertos instrumentos que facilitan la intervención, y que han demostrado su eficacia, que el diagnóstico debe identificar y valorar en términos de su oportunidad para ser aplicados al caso; paralelamente a los de gestión ambiental, estos instrumentos pueden ser:

- Según el momento en que operan: preventivos, correctores, curativos, potenciativos y de puesta en valor de recursos.
- Según su naturaleza: normativos/legales, económicos, fiscales (cánones, impuestos, exenciones, subsidios, etc.), financieros (créditos, gravámenes aplicados a incumpliminetos, depósitos de buen fin, etc.), de mercado, de participación social (mesas sectoriales, mesas de concertación, etc.).
- Otros.

4.4. Subfase de Prospectiva. Escenarios

La Prospectiva se refiere a predecir, desde el presente, los futuros posibles de las variables, componentes o sistema al que se aplica, a representarlos traduciéndolos a modelos y a orientar a los planificadores sobre la trayectoria a seguir para avanzar hacia los que se consideran deseables.

Para hacer sus predicciones, el análisis prospectivo parte del diagnóstico (que incluye el devenir histórico) e imagina supuestos de futuro sobre las variables y componentes más representativas y determinantes del sistema territorial así como sobre otros aspectos relevantes indirectamente relacionados con él. Algunos supuestos se basan en las tendencias observables, si bien la esencia de la prospectiva estriba en aquellos otros basados en ejercicios de imaginación y reflexión, independientes de tales tendencias e incluso que pueden suponer una ruptura respecto a ellas.

El esfuerzo prospectivo se justifica por el convencimiento, antifatalista, de que el futuro se puede decidir y construir, lo que constituye la esencia y el fundamento de la planificación; para hacerlo es preciso definir un futuro lejano y deseable y la forma de caminar hacia él, a través de un ejercicio de creatividad e innovación colectiva en el que participan expertos e interesados en general; en tal proceso se utilizan técnicas prospectivas, tales como tormenta de ideas, análisis estructural, juego de actores, matrices de impacto cruzado, consultas tipo Delphi, analogías, etc., entendidas como elementos de búsqueda e investigación que generan propuestas anticipatorias del futuro.

En la elaboración del plan, el ejercicio prospectivo opera a través de la idea de escenario; un escenario es la descripción de una situación futura y el encadenamiento coherente de sucesos que, partiendo de la situación actual, permite avanzar hacia la futura o llegar a ella. Por tanto si se identifica el futuro deseable, será posible, retrocediendo, identificar las acciones necesarias para conseguirlo; éstas no son necesariamente las más probables, sino otras que voluntariamente deben aplicarse si se desea llegar al escenario definido.

Para elaborar un escenario, el planificador fija su atención en la dinámica y en las interacciones entre sectores y espacios, establece una serie de suposiciones sobre el futuro y describe las consecuencias que tendría el cumplimiento de tales suposiciones. Las variables objeto de prospectiva son las que conforman las componentes del sistema territorial y otras que puedan afectarle: los ecosistemas y procesos del medio físico, el paisaje, la población en términos de cantidad, escala de valores, sensibilidad ambiental, aptitud y actitud ante el cambio, la tasa de actividad y de desempleo, la inversión productiva y social, el PIB, la estructura económica por sectores, los cambios en los precios y en los costes relativos, las tasas de descuento, la localización de la población y de las actividades económicas, etc. y, naturalmente, las predicciones de avances en la ciencia y en la tecnología.

El escenario derivado del ejercicio prospectivo consistirá, obviamente, en diseñar un modelo territorial deseable a largo plazo (definido en estructura, función, imagen y variables descriptivas cuantificadas) fundamentado en una visión compartida del futuro y en identificar las medidas necesarias (de regulación, de intervención y de gestión) para avanzar hacia él. Para llegar a este modelo se pueden generar múltiples escenarios, pero existen tres paradigmáticos: tendencial, óptimo y de compromiso o concertación, basados, respectivamente, en las tres predicciones siguientes:

- Cuál es el futuro más probable si no se interviene sobre el sistema; se trata de una especie de extrapolación temporal de la situación actual o proyección de las tendencias.
- Cuál es el futuro más deseable u óptimo, supuesto que no existen restricciones de medios, recursos y voluntades.
- Cuál es el futuro más viable, dadas las circunstancias que concurren en el sistema objeto de estudio y el juego de intereses y conflictos que se dan en el sistema.

El último de éstos da origen al escenario de compromiso o concertación que es el más próximo o el que directamente se adopta como imagen de futuro, si bien se pueden formular varios alternativos y someterlos a evaluación para quedarse con uno de ellos.

Como referencia para orientar el diseño de la imagen objetivo, conviene reflexionar sobre la visión y la misión del sistema territorial. La visión se refiere a un ideal utópico, a largo plazo, inalcanzable, que ayuda a avanzar de forma solvente y deseable. La misión se refiere a la función que, de forma utópica también, se espera que cumpla el sistema al que se aplica en un horizonte temporal muy largo.

5. FASE DE PLANIFICACIÓN

El análisis DAFO, la prospectiva y la formulación del sistema de objetivos, pueden entenderse como una subfase de carácter preparatorio para acceder a la fase de planificación; aquí no se incluye como tal subfase, pero en el desarrollo de la obra se le destina un capítulo, el V.

5.1. Definición y análisis de objetivos

Un objetivo es aquello a lo que se tiende con pretensiones de conseguirlo. Por tanto, esta tarea consiste en la expresión formal de la voluntad de resolver los problemas actuales, prevenir los futuros, aprovechar las oportunidades y satisfacer las demandas de la población, así como de cumplir las directrices de rango superior, si existen, y las previsiones de niveles institucionales de rango inferior al del ámbito en estudio.

Existe un neto paralelismo entre problemas y oportunidades con los objetivos, de tal manera que, de forma paralela al árbol de problemas, es posible estructurar los objetivos según un árbol expresivo de las relaciones verticales de medio a fin y analizar las relaciones horizontales en cada nivel. Completa el análisis el establecimiento de preferencia o jerarquía entre los objetivos del mismo nivel, lo que es particularmente importante para aquellos entre los que se den relaciones de disfuncionalidad o incompatibilidad.

El análisis descrito permite definir un sistema compatibilizado de objetivos a partir del diagnóstico establecido, en el que cada problema, cada conflicto, cada amenaza, cada estrangulamiento, cada recurso, cada oportunidad, cada directriz de rango superior, cada demanda o aspiración... debe quedar contemplado, al menos, en un objetivo, y cada objetivo debe atender, al menos, a uno de tales aspectos, no dándose una relación biunívoca.

De acuerdo con todo lo anterior, la formalización de esta tarea pasa por las siguientes etapas:

— Identificación de los objetivos concretos a partir del diagnóstico realizado.
— Disposición de los objetivos en forma de árbol con varios niveles de desagregación, expresivo de las relaciones verticales, de medio a fin, entre ellos.
— Análisis de las relaciones horizontales entre objetivos del último nivel, el más concreto, expresándolas en términos de incompatibilidad, disfuncionalidad o competencia, neutralidad, complementariedad y sinergia.
— Orden de prioridad entre los objetivos de un mismo nivel preferencias en caso de incompatibilidad.
— Sistema compatibilizado de objetivos: versión depurada del primer árbol de objetivos.

5.2. Identificación de propuestas o medidas

Esta tarea consiste en la búsqueda de soluciones dirigidas a conseguir los objetivos planteados en la fase anterior. Para ello tan importante como «lo que hay que hacer» es «lo que no hay que hacer» y cómo se va a hacer; por tanto hay tres clases de medidas: de regulación (que luego se traducen a normas), de intervención (que se hacen operativas a través de otros planes, programas y proyectos) y de gestión (que operan a través de un ente gestor y de un sistema de gestión).

El método que parece más adecuado para ello, se basa en la idea de progresividad o avance por aproximaciones sucesivas, que comienza con una primera aproximación a la identificación de medidas potenciales que luego se van depurando una y otra vez hasta concretarlas a un nivel tal de detalle que permita su valoración en términos de su efecto en la consecución de los objetivos y su comportamiento en relación con ciertos criterios de evaluación.

La identificación de medidas (y la posterior tarea de generación de alternativas, en su caso) es una fase fundamentalmente creativa, que añade al bagaje de conocimientos científicos y técnicos, una importante dosis de intuición e imaginación, donde no sólo es lícito, sino muy recomendable explorar vías no contrastadas por la experiencia, hacer alarde de imaginación y creatividad, incluso sacrificando un punto la seguridad de lo comprobado, en la idea de que fases posteriores evaluarán las propuestas garantizando su viabilidad o serán motivo de controles en la gestión. Se trata de pensar en términos de conexiones entre los problemas y entre los elementos que configuran el diagnóstico de cada uno de ellos, en la idea de que cada acontecimiento es un eslabón en una larga cadena de hechos susceptibles de ser unidos.

Siendo esta tarea un ejercicio fundamentalmente creativo, resulta difícil encorsetarla mediante técnicas de generación, si bien pueden utilizarse algunas que faciliten el 'lapsus' creativo: tormenta de ideas, escenarios comparados, juegos de simulación, encuestas tipo Delphi, y otras de carácter más formal, entre las que destaca la basada en la determinación del potencial de desarrollo de las diferentes zonas. Para ello se contará con expertos y con interesados en el plan.

Aprovechando el paralelismo existente entre problemas/oportunidades —objetivos— medidas, éstas se pueden organizar, como aquellos, por niveles, es decir según un árbol con sus ramas; luego para hacerlas aplicables se traducen a normas reguladoras de los usos y aprovechamientos del suelo, a proyectos o a formas de gestión.

La tarea de identificar y decidir las propuestas que el plan va definitivamente a adoptar puede concluir con este proceso, si se considera suficiente, o prolongarse con dos tareas más: la generación y evaluación de alternativas, que conviene formalizar cuando las ideas no están suficientemente claras.

5.2.1. Generación de alternativas

Una *alternativa es un conjunto coherente y compatibilizado de propuestas o medidas para la consecución del conjunto de los objetivos*.

Las determinaciones de un plan se concretan en un modelo territorial o imagen objetivo y en las propuestas instrumentales para conseguirlo a medio o largo plazo. Cada alternativa que se genere debe atender a ambos elementos, debiendo estar definidas las medidas que la forman con el detalle suficiente para que pueda ser evaluada.

De acuerdo con lo anterior, la generación de alternativas implica:

- Diseñar *imágenes objetivo* alternativas y evaluarlas para seleccionar una de ellas. Los elementos fundamentales que forman cada imagen objetivo son: un modelo de ordenación del medio físico, una población, una base económica que la sustente, un sistema de asentamientos que la cobije y unas infraestructuras de comunicación que le den funcionalidad.
- Un conjunto de propuestas para la consecución de cada una de ellas; de éstas unas se orientan a mantener los elementos de la situación actual que no cambian en la imagen objetivo (normas), otras a conducir las situación actual hacia la prevista en aquello en que no coincida con el estado presente, y otras a gestionar la aplicación de las anteriores.

Cuando el plan adopta un enfoque incrementalista, no habría una imagen objetivo definida, sino simplimente una serie de propuestas que se supone van a mejorar la situación actual del sistema.

La imagen objetivo tiene carácter voluntarista, por tanto diverge generalmente de la imagen prognosis o evolutiva del sistema. Para diseñarla resulta útil definir varios escenarios enmarcados entre el *tendencial*, determinado por la extrapolación de las tendencias, y el *óptimo*: aquel que se deduce de un respeto escrupuloso a la «lectura» del territorio, que cumple rigurosamente los criterios de sostenibilidad definidos en el capítulo I, punto 10.3.2 y en el capítulo IV, punto 3.1.2 entre ambos se pueden formular otros con diferente carácter: *productivista* —el que aprovechando economías de escala y de localización, maximiza la producción—, de *equilibrio territorial* —el que plantea inversiones para favorecer el desarrollo de las zonas más deprimidas—, etc. para acabar seleccionando uno que siendo adecuado resulte alcanzable: el denominado de compromiso. El diseño final de la imagen objetivo ha de tomar muy en cuenta la capacidad de acogida del territorio determinada en el diagnóstico del medio físico, y los modelos teóricos de organización espacial existentes en relación con el sistema de asentamientos. Sobre todo ello se razonará para hacer las propuestas a partir del conocimiento acumulado de que se dispone en esta fase del trabajo.

5.2.2. Evaluación de alternativas y selección de una de ellas

En esta tarea se mide el comportamiento de cada una de las alternativas generadas en relación con una serie de criterios, para seleccionar la mejor; frecuentemente el propio proceso de evaluación aconseja la adopción de nuevas alternativas o la modificación de alguna de las generadas incorporando otras propuestas o modificando las existentes. De esta forma la evaluación retroalimenta la generación en ciclos sucesivos hasta llegar a una solución que se estima la mejor. Si en la generación de alternativas predominaba el elemento creativo sobre el técnico, en la evaluación ocurre lo contrario, de tal manera que la solución elegida debe resultar completamente viable en todos sus extremos: técnicos, económicos, sociales y ambientales.

Generación y evaluación de alternativas no son secuenciales sino iterativas, retroalimentándose una a la otra tantas veces como se desee en la búsqueda de la solución óptima, y se justifica por la incapacidad de encontrar directamente dicha alternativa óptima que hiciese innecesaria la evaluación.

La evaluación puede hacerse de manera informal mediante discusión en equipo de las ventajas e inconvenientes de cada alternativa. No obstante conviene formalizarla a través de las siguientes tareas:

- Selección de los criterios de evaluación.
- Reflexión y comprensión de los efectos de cada alternativa sobre el sistema territorial.
- Formación de una matriz de datos, disponiendo las alternativas en una de las entradas, los criterios de evaluación en otra asociados a los pesos que representan su importancia relativa y el valor que adquiere cada alternativa para cada criterio en las casillas de cruce.
- Selección de un método para la agregación de los datos y selección.
- Decisión.

El proceso orientará la decisión, la cual corresponde a las instancias políticas y/o administrativas responsables del plan.

5.3. Instrumentación de la alternativa seleccionada

Consiste esta tarea en expresar la alternativa seleccionada de tal manera que pueda ser puesta en práctica. Se trata, por tanto, de decidir qué no se hace, qué se hace, cuándo se hace, cómo se hace, quién lo hace, quién lo financia y quién lo controla.

Ello significa agrupar y disponer las propuestas en términos de los siguientes conceptos u otros similares:

- *Medidas dirigidas a controlar el uso del suelo*. Son las Normas reguladoras del uso del suelo, los aprovechamientos, los comportamientos y los actos administrativos, cuyo cumplimiento evitará que se alteren los elementos coincidentes de la situación actual con la imagen objetivo. Suele haber tres tipos de normas:
  - Normas Generales.
  - Normas particulares, asociadas a una zonificación o modelo de ordenación del medio físico.
  - Normas para la gestión.
- *Medidas de intervención positiva*. Son aquellas acciones generalmente asociadas a una inversión, como:
  - Otros Planes.
  - Programas: conjunto de medidas orientados a un mismo objetivo, Subprogramas: desagregación de los programas, Proyectos: unidades concretas de inversión y otras acciones: incentivos, ayudas técnicas y de gestión, subvenciones y estímulos fiscales, gravámenes y desgravaciones, etc. que animen a la iniciativa privada a implicarse en el plan.
  - Presupuesto de las medidas y forma de financiación.
  - Cronograma de aplicación de las medidas.
  - Asignación de responsabilidades entre los diferentes agentes socioeconómicos que deben materializar el plan, particularmente las entidades públicas, pero no solo ellas.
- *Medidas para la gestión del plan*. Se refiere a las medidas que se adoptan para la ejecución del plan; las cuales se describen en el punto siguiente.

6. FASE DE GESTIÓN

6.1. Puesta en marcha, seguimiento y control

Consiste en pasar a la fase ejecutiva en la que se materializan las propuestas de acuerdo con lo establecido en las determinaciones antes citadas y en seguir y controlar la forma de su ejecución, todo ello de acuerdo con lo previsto en el plan.

Comporta las tareas siguientes:

- Diseño de un Ente Gestor (diagrama orgánico y funcional) o asignación de la responsabilidad gestora a una entidad ya existente. Se trata de definir una organización capaz de conducir la materialización del plan; debe ser ágil y actuar como animador y catalizador de las actuaciones públicas y privadas.
- Sistema de gestión: flujos de decisiones, flujos de información y normas de funcionamiento.
- Indicadores para la gestión.
- Programa de puesta en marcha: diagrama de flujos y cronograma (diagrama de barras) que define la forma en que se suceden las intervenciones, así como instrucciones para iniciar y materializar las propuestas.
- Programa de seguimiento y control: indicadores, controles e instrucciones para seguir la ejecución de las medidas y comprobar en qué grado las realizaciones se aproximan o alejan de lo previsto; definición de señales de alerta que denuncien las separaciones inaceptables de los previsto y las medidas a adoptar en tal caso, según un proceso de adaptación continua; criterios sobre las causas y supuestos que hagan necesaria la revisión del plan y procedimiento a seguir para ello.
- Presupuesto para la gestión.

Las actuaciones citadas y sus costes pueden expresarse en forma de tabla o de fichas, tal como la que se indica en el epígrafe destinado a instrumentación del plan en el capítulo VI; en ellas se describe cada medida por una serie de atributos tal como: prioridad o urgencia, momento de su ejecución, localización, relación con otras actuaciones, carácter público o privado, coste de inversión, coste de mantenimiento, costes anuales, especificaciones para la redacción de proyectos y su ejecución, etc.

Tarea importante del seguimiento es analizar la realidad de forma continua para tomar continuamente decisiones capaces de adaptar las determinaciones del plan a la realidad cambiante.

6.2. Evaluación «ex post»

Se refiere a la valoración del comportamiento a medida que se va materializando el plan. Esta tarea puede estar encomendada al ente gestor, cuando existe, o a una comisión de seguimiento creada al efecto, con funciones de control, la cual ha de evaluar dicho comportamiento del plan en términos de:

- Aproximación a la trayectoria planeada.
- Medida que conviene introducir acciones en caso de alejamiento de lo previsto.
- Medida en que conviene modificar o no dicha trayectoria prevista.

6.3. Revisión del plan

Cuando se den las causas previstas en el programa de seguimiento, se ha de proceder obligatoriamente a la revisión y actualización del plan.

* * *

Cada una de las fases descritas requiere, tal como se ilustra en diversas figuras de este capítulo, el concurso de conocimientos de muy distinta procedencia: medio físico, población y actividades, poblamiento e infraestructuras y marco legal e institucional. Asimismo, cada fase utiliza para su desarrollo, métodos y técnicas diferentes, con los cuales se puede jugar para conformar diferentes metodologías.

Estas circunstancias: la intervención de conocimientos y técnicas de muy diversos campos, demuestran el carácter multidisciplinar inherente a la ordenación territorial en general y a la elaboración de los planes en particular. Pero la multidisciplinariedad resulta estéril para entender el funcionamiento del sistema territorial si no se produce la interacción de aquellos conocimientos, completada con la participación de las diferentes sensibilidades de los agentes socioeconómicos, de los intereses conflictivos y del conocimiento local. Ello es así porque dicha interacción representa el paralelo, en el campo de las ideas, de la interacción entre componentes del sistema, en el campo de la realidad.

Por último conviene señalar que el plan puede estructurarse, a efectos de su presentación, por capítulos coincidentes con las fases descritas.

7. ENFOQUES METODOLÓGICOS Y METODOLOGÍAS DE REFERENCIA

A pesar de la diversidad de figuras de ordenación territorial que contempla la legislación vigente y las variaciones de enfoque, contenido, alcance y determinaciones que pueden adoptarse, existen elementos comunes a todo proceso de elaboración de un plan, cual son las fases descritas y ciertas tareas para cumplimentarlas. Los diagramas (figuras III.9a y III.9b) y su descripción presentados en el epígrafe anterior constituyen una metodología genérica o comprensiva. Pero existen otros esquemas metodológicos, como las que se describen en los puntos siguientes, que vienen sugeridos por el modelo de que parten: del modelo del sistema territorial, del modelo de ordenación del territorio, de un modelo en forma de red representativo de la problemática o de otros.

A cada uno de ellos se les designa con un nombre representativo del enfoque que le da fundamento y se representa en un diagrama de flujos: secuencia lógica de tareas concretas cuya formalización iterativa permite conducir sistemáticamente el proceso de reflexión que va desde la recogida de información hasta la ejecución de las propuestas.

Todos los esquemas metodológicos que se describen, se estructuran en cuatro bloques: la fase preparatoria y las tres que corresponden a los tres elementos básicos de la ordenación territorial: diagnóstico territorial, planificación territorial y gestión territorial. Estos bloques, a su vez, se desagregan en tareas simples que se van deduciendo unas de otras, tal como señalan las flechas, formando así el esqueleto de la metodología. Cada uno de ellos es sistemático y, aunque presenta un camino de tipo secuencial, permite alternativamente avances y retrocesos, tal como corresponde al carácter iterativo y cíclico del proceso de toma de decisiones que representa. Debe aplicarse, pues, progresando en un continuo ir y venir sobre los elementos que conforman la realidad orientado al mejor conocimiento de sus relaciones, de los problemas, oportunidades y las formas de resolverlos y prevenirlos.

La mayor parte de la información que se utiliza, así como los resultados intermedios que proporcionan las tareas a través de las cuales se desarrolla el proceso, admiten representación cartográfica. Siendo el territorio el soporte y la base sobre la que se integran todos los aspectos, tal representación resulta de gran interés para el planificador así como para los decisores del plan y los afectados por él, en cuanto que se facilita la comprensión de todo el proceso.

7.1. Metodología comprensiva o genérica

Esta metodología parte del modelo clásico del sistema territorial representado en la figura I.2 del Capítulo I, que conduce a un enfoque metodológico de carácter comprensivo (estudia todos los aspectos, relevantes o no, del sistema), en cuyo desarrollo se va analizando/diagnosticando cada subsistema para hacer después un diagnóstico de síntesis o integrado que muestre las disfuncionalidades y los recursos del sistema, y luego proponer las medidas.

Se representa en los diagramas de flujos de las figuras III.9a y III.9b que pueden considerarse descritos en las fases genéricas expuestas en el epígrafe anterior. No obstante, a fin de darle una mínima autosuficiencia, se explica aquí de forma sucinta. Las primeras tareas corresponden a la fase de Preparación y no se comentan. Las siguientes se describen brevemente a continuación.

7.1.1. Información y diagnósticos sectoriales

Esta tarea consiste en recoger la información relevante, analizarla, hacerla operativa, es decir, fácilmente utilizable, y tratarla, con el fin de entender el funcionamiento del sistema territorial y detectar su problemática; dentro de este término se incluyen los *condicionantes*, las *debilidades* y *fortalezas,* los *estrangulamientos*, los *problemas*, las *aspiraciones* de la población, las *posibilidades* y niveles administrativos más adecuados de actuación y las *oportunidades* que brindan los recursos inexplotados tanto naturales como construidos y humanos. Se desarrolla esta tarea en dos pasos sucesivos: realización primero de diagnósticos sectoriales para cada uno de los cuatro subsistemas que conforman la realidad territorial: Medio Físico, Población y Actividades, Poblamiento y marco legal e institucional, e integración posterior de estos en un diagnóstico conjunto.

Información y diagnóstico del medio físico. Recoge la información necesaria y suficiente para entender el funcionamiento del sistema, para valorar los méritos de conservación del medio, y para determinar, utilizando alguno de los métodos que se describen en el capítulo IV, la capacidad de acogida del territorio para las actividades actuales o expectantes en el ámbito del plan.

Información y diagnóstico de la población y sus actividades de producción, consumo y relación social. Se trata aquí de recabar la información necesaria para conocer las necesidades, y expectativas de la población, evaluar su capacidad para iniciar y atender a las actividades de desarrollo así como su capacidad de relación para llegar a vertebrar la sociedad.

Asimismo esta tarea analiza las actividades económicas para conocer la base económica, los problemas y los potenciales en términos de localización, estructura, relaciones y mercados.

Información y diagnóstico del sistema de asentamientos e infraestructuras. Se trata aquí de entender el modelo de asentamientos en términos de localización y jerarquías y los canales a través de los que se relacionan para estimar la capacidad del modelo para proporcionar acceso a la explotación de los recursos territoriales, para satisfacer de forma económica la demanda de equipamientos y servicios públicos y para facilitar las relaciones sociales.

Información y diagnóstico del marco legal e institucional. Identificación y análisis de la legislación relevante para los objetivos del plan en términos de oportunidades y limitaciones así como de conocer las instituciones y evaluarlas en términos de capacidad acción legal, técnica y financiera.

En síntesis puede decirse que se trata de caracterizar cada uno de los subsistemas y de diagnosticarlo en términos de sus recursos y fortalezas de que dispone, oportunides que se le presentan, limitaciones, debilidades y amenazas que le aquejan.

7.1.2. Diagnóstico integrado

Esta tarea viene exigida por la fuerte interconexión entre los subsistemas, y consiste en integrar los diagnósticos sectoriales esbozados para obtener una panorámica del funcionamiento del conjunto. Los instrumentos utilizables son los sugeridos en la exposición de las fases: representación cartográfica de un modelo del sistema territorial, diagramas de redes, árboles de problemas y potencialidades por niveles —no por temas— y análisis DAFO: Debilidades, Fortalezas, Amenazas y Oportunidades, fundamentalmente.

7.1.3. Prospectiva

Definición de varios escenarios de futuro, al menos tres: óptimo, tendencial e intermedio o de compromiso, e identificación de las medidas para avanzar hacia él.

7.1.4. Identificación de los instrumentos de gestión disponibles

Se trata de descubrir y analizar los instrumentos existentes que puedan tener aplicación para utilizarlos en la consecución de los objetivos.

7.1.5. Definición de un sistema compatibilizado de objetivos concretos

Creación de un árbol compatibilizado de objetivos, paralelo al de problemas y potencialidades, mediante análisis de las relaciones verticales y horizontales entre ellos.

7.1.6. Diseño de la imagen objetivo

Modelo del sistema al que tender a largo plazo, basado en los objetivos definidos y en la prognosis. Puede diseñarse una sola imagen o un conjunto de ellas, en cuyo caso habrá que proceder a su evaluación para seleccionar una de ellas.

7.1.7. Identificación de un sistema coherente de medidas para avanzar hacia la imagen objetivo

Identificación de las medidas de todo tipo a adoptar para avanzar en la dirección de la imagen objetivo. Como se señaló las medidas básicamente son de tres tipos: de regulación, de acción o intervención positiva y de gestión.

Como antes, estas medidas pueden someterse a un proceso de depuración para seleccionar el conjunto compatibilizado de medidas que el plan adopta, o proceder a un proceso forma de formulación de alternativas y evaluación, en los términos en que se describió.

7.1.8. Instrumentación de la alternativa seleccionada

Se cual sea el método seguido, las propuestas quedarán englobadas en tres documentos básicos: las Normas para controlar el uso del suelo asociadas a un modelo territorial, las Medidas de acción positiva y el Sistema, Ente y Normas para la gestión.

7.1.9. Gestión del plan

Se trata de aplicar el programa de puesta en marcha, seguimiento y control, realizar la evaluación ex post y revisar el plan en su caso.

7.2. Metodología comprensiva adaptada a facilitar la organización del equipo de trabajo y orientada al desarrollo

Esta metodología coincide básicamente con la anterior pero tiene una intención orientada a identificar y regular las actividades a través de las cuales se ha de producir el desarrollo del ámbito del plan.

El diagrama de flujos que la representa, figura III.17 ilustra sobre la forma en que puede organizarse el equipo para llevarla a cabo.

La explicación del diagrama de flujos hecha en el punto anterior sirve en todos sus extremos para éste.

7.3. Metodología basada en el modelo conceptual de ordenación territorial que utiliza esta obra

El modelo conceptual de ordenación territorial que utiliza esta obra descrito en el punto 10 del Capítulo I (figura I.16, que se reproduce de forma sintética en la figura III.21) sugiere la metodología representada en el diagrama de flujos de la figura III.22. La explicación de la metodología general realizada a los largo de todo este capítulo permite entender el diagrama, por lo que aquí solo se complementa con los aspectos no incluidos allí.

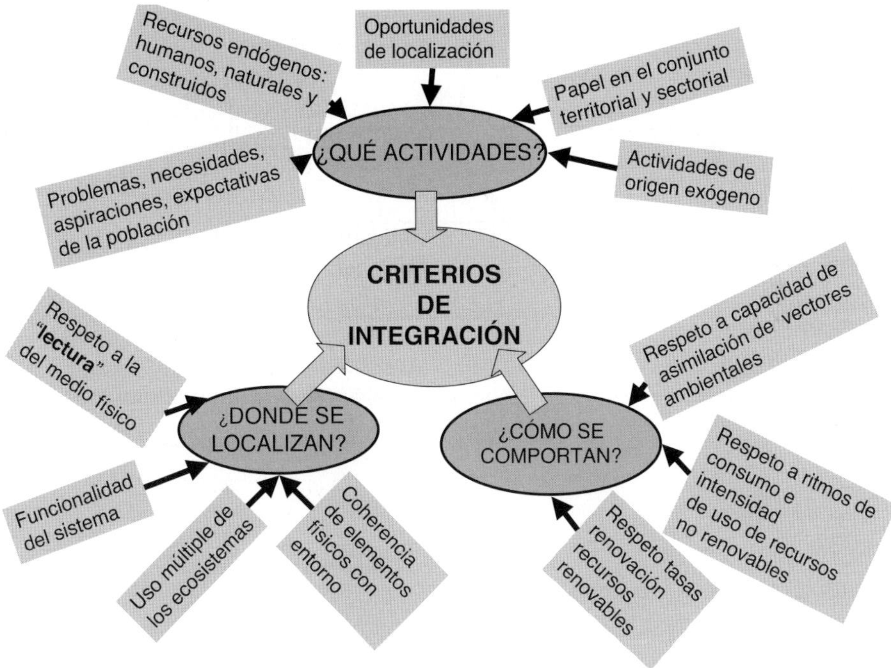

Figura III.21. *Modelo conceptual de ordenación territorial que utiliza esta obra.*

El diagnóstico es una interpretación del sistema territorial a la luz de su evolución histórica y de las tendencias observables hacia el futuro si no se actúa; se facilita su realización haciendo primero los diagnósticos sectoriales correspondientes a las componentes del sistema: medio físico, población y actividades, poblamiento y marco legal e institucional para luego integrarlos en un diagnóstico conjunto; los diagnósticos sectoriales y el integrado se elaboran como se describirá en el capítulo IV. No obstante se incluyen aquí los elementos fundamentales de tal diagnóstico:

- Un modelo territorial: expresión simplificada del sistema territorial en la situación actual representando las unidades ambientales del medio físico, el poblamiento o sistema de asentamientos poblacionales y los canales de relación (particularmente las infraestructuras de transporte).
- La Problemática o diagnóstico integrado de problemas organizado en grafos de relaciones causa-efecto o tablas de relación causa-efecto, un árbol de problemas por niveles, un plano de problemas y una serie de

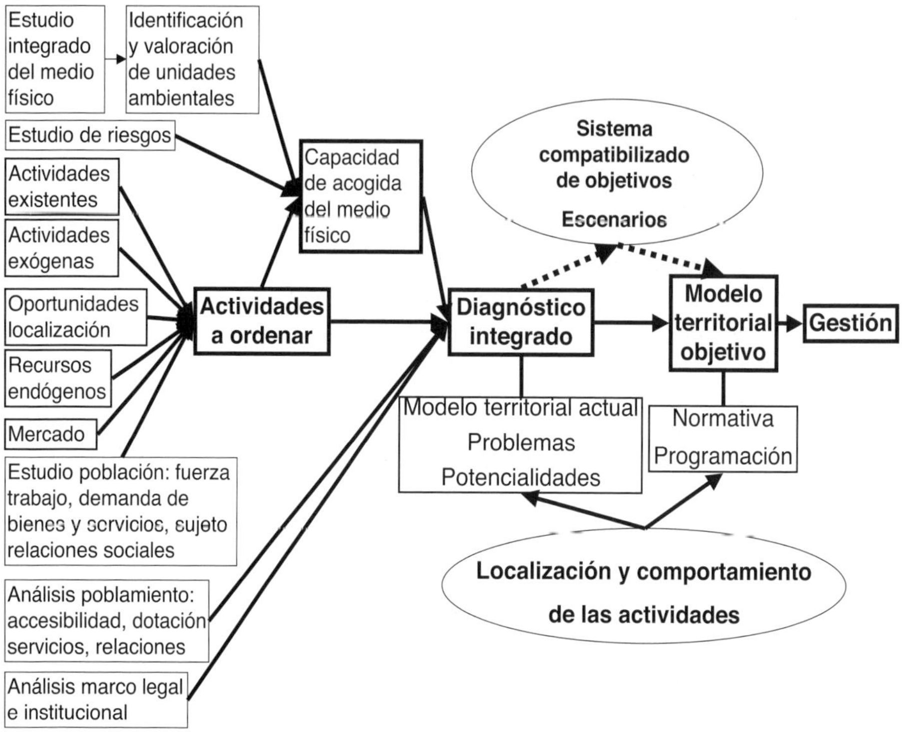

Figura III.22. *Metodología basada en el modelo conceptual de ordenación territorial de la figura I.16 adaptado en la figura III.20.*

fichas de problemas en las que se describan por sus atributos más importantes.

— Las potencialidades, expresadas en términos de recursos aprovechables, un plano de potencialidades, y una serie de fichas de recursos en las que se describan por sus atributos más importantes.

— Una relación de instrumentos de gestión territorial (incluyendo los de gestión ambiental) disponibles.

— Una memoria explicativa de todo lo anterior

El modelo territorial objetivo es la imagen del sistema territorial que se desea alcanzar a largo plazo (generalmente más de 10 años). Para avanzar en la dirección de tal imagen, el plan ha de utilizar dos tipos de medidas:

— Una normativa que regula los usos del suelo, los aprovechamientos, los comportamientos y los actos administrativos en el sistema territorial.

— Una serie de medidas de intervención positiva que implican inversión y que se organizan en programas, subprogramas y proyectos.

La gestión se refiere a la ejecución del plan previendo para ello la puesta en marcha, el seguimiento y el control de las determinaciones que establece.

7.4. Otra versión de la metodología anterior

Como la anterior, parte del modelo conceptual de ordenación territorial descrito en el punto 10 del Capítulo I (figura I.16, que se reproduce de forma sintética en la figura III.21) y se representa en la figura III.23. Según se progresa por este diagrama de flujos se va dando respuesta a las demandas del modelo. La descripción que sigue se entenderá mejor si se tiene a la vista la citada figura III.21 del modelo conceptual.

Las actividades a considerar. La primera pregunta que plantea el modelo es ¿cuáles son las actividades a ordenar?, a lo que el diagrama de flujos responde revisando los elementos que las determinan, tal como se ve en la representación del modelo; en este sentido la metodología parte de la prospección integrada del medio (ver diagnóstico del medio físico en el capítulo IV), es decir, realizada por un equipo de expertos que estudian el territorio trabajando de forma conjunta e integrada, y a partir de ella plantea las siguientes tareas:

— Identificación de las actividades existentes.
— Identificación de las actividades exógenas.
— Identificación de los recursos endógenos: naturales y construidos.
— Estudio de las tasas de renovación para los renovables y de los ritmos e intensidades de uso aceptables para los no renovables; si no se pueden determinar estos conceptos, hay que prever una medida reguladora para controlarlos en la fase de gestión.
— Identificación de los recursos u oportunidades de localización.
— Estudio de los vectores ambientales y de su capacidad de asimilación; si no es posible determinarla hay que prever una medida reguladora en la fase de gestión.
— Identificación de problemas y aspiraciones de la población.
— Identificación de requerimientos de integración en unidades territoriales superiores, aspiraciones de las inferiores, así como en el plano horizontal entre sectores y entre unidades territoriales del mismo nivel.

Con ello se completa el primer bloque de tareas del diagrama de flujos, que concluye con la identificación de las actividades objeto de ordenación, o de promoción en el caso de un plan de desarrollo.

La localización de las actividades. La segunda pregunta del modelo es ¿dónde se localizan las actividades?; para darle respuesta el diagrama de flujos parte de la prospección integrada del medio físico y luego determina la capacidad de acogida del territorio aplicando para ello alguno de los modelo que se describen en el diagnóstico del medio físico, capítulo IV. El diagrama señala al más sintético: definición de unidades ambientales, valoración de las mismas y determinación de la capacidad de acogida del territorio, enfrentado las actividades a ordenar con las citadas unidades ambientales.

Para responder a los requisitos de funcionalidad, la metodología analiza la relación entre las actividades en la forma en que se expuso al describir la metodología comprensiva (ver también figura I.9); para determinar cuales pueden

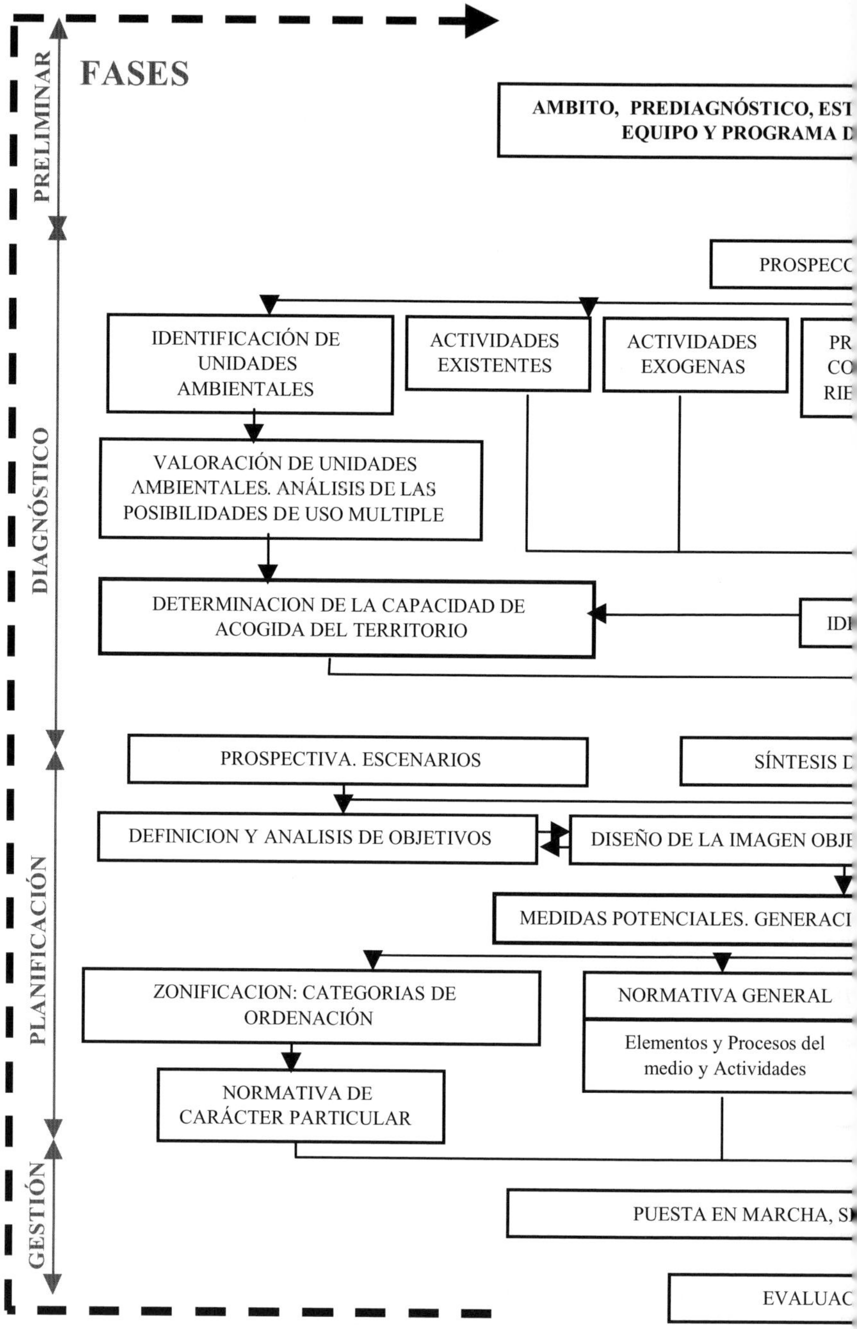

Figura III.23. *Metodología sinóptica 1, ba.*

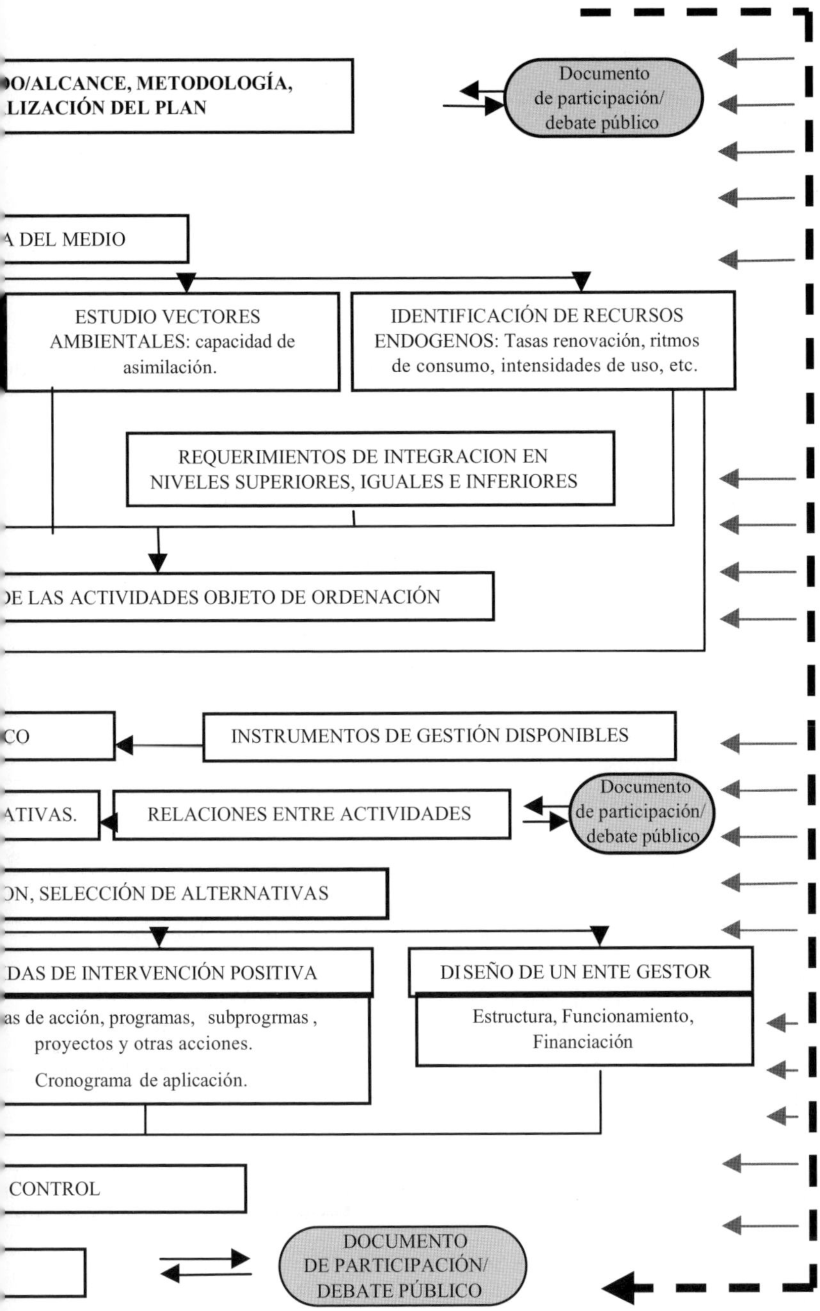

'elo conceptual de la ordenación territorial.

coexistir en tiempo y espacio, cuales se refuerzan por sinergia, cuales se molestan y cuales con incompatibles.

Los procesos y riesgos se analizan en una de las tareas del primer bloque; por su parte el uso múltiple de los ecosistemas se determina para cada unidad ambiental a partir del conocimiento proporcionado por la prospección integrada realizada al comienzo.

Regulación de las actividades. La tercera cuestión del modelo se refiere a la regulación del comportamiento de las actividades en relación con su entorno; ésta requiere el conocimiento de conceptos tan difíciles de determinar como tasas de renovación de recursos renovables, ritmo de consumo o intensidad de uso de los recursos no renovables, capacidad de asimilación y cargas críticas de los vectores ambientales; la carencia de información para determinar estos conceptos simplemente significa que es preciso extremar el control sobre los efluentes que producen las actividades y que el plan debe prever instrumentos de gestión ambiental (preferiblemente de los normalizados existentes) para reaccionar en consecuencia cuando se sobrepasen los límites establecidos por ellos. No se trata tanto de imponer unos límites al funcionamiento de las actividades, cuanto de crear en ellas el espíritu de la vigilancia y el control, porque, frecuentemente, solo de forma empírica es posible conocer tales límites; incluso estos no son generalizables sino específicos para cada situación y lugar.

A partir de aquí la metodología no difiere de la general o comprensiva; se trata de sintetizar la información, ya elaborada, en un diagnóstico integrado, representado en un modelo del sistema territorial, diagramas de redes, árboles de problemas y potencialidades por niveles —no por temas— y análisis DAFO: Debilidades, Fortalezas, Amenazas y Oportunidades, fundamentalmente. Se incluye también la elaboración de varios escenarios (al menos óptimo, tendencial e intermedio o de compromiso) mediante análisis de prospectiva, se identifican y analizan también los instrumentos de gestión disponibles y que puedan ser útiles, se construye un árbol objetivos y se analizan las relaciones verticales y horizontales entre ellos; se diseña una imagen objetivo. O modelo del sistema a largo plazo; se identifican, depuran y estructuran en forma de árbol, las medidas —reguladoras, de acción y de gestión— para conseguir la imagen objetivo; se disponen las medidas en términos ejecutables: Zonificación, Normas, Programa de intervención, Ente Gestor, Programa de puesta en marcha, seguimiento y control, para pasar ya a la aprobación del plan y a su aplicación.

7.5. Metodología basada en la lectura del medio físico

Representada en la figura III.24, se trata de una variación de la metodología anterior elaborada con más intención hacia la planificación del desarrollo en unidades territoriales concretas, por lo que el diagrama de flujos que la representa no necesita explicación.

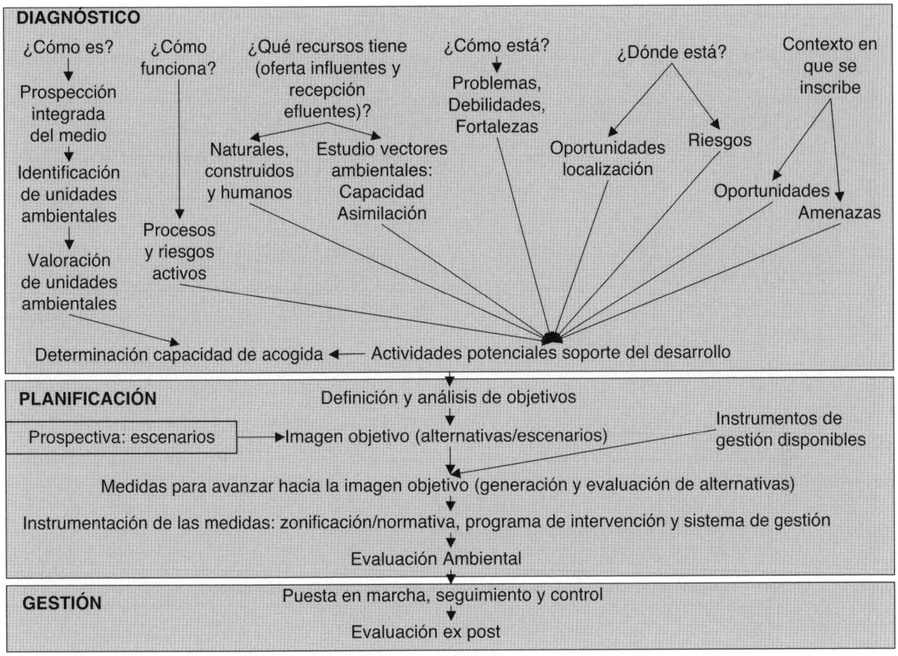

Figura VI.24. *Metodología basada en la «lectura» del medio físico y orientada a la planificación del desarrollo territorial.*

7.6. Metodología estratégica (aproximaciones sucesivas)

Parte de un modelo basado en el diagnóstico de los problemas y las potencialidades, o si se prefiere en la matriz DAFO, que viene a ser lo mismo. El modelo (figura III.25) procede por aproximaciones sucesivas: primero se hace un diagnóstico provisional, formado con los elementos del diagnóstico señalados en el punto 4 de este capítulo, a partir de la información de que se dispone o que sea fácilmente accesible, y del conocimiento local que se pueda recabar en una visita rápida; luego este diagnóstico se va perfeccionando con nueva información hasta llegar a un diagnóstico satisfactorio. A partir de aquí la metodología sigue los pasos convencionales ya expuestos en las anteriores.

7.7. Metodologías específicas para casos particulares

En este epígrafe se aportan varias metodologías aplicables a casos específicos significativos, cual es la recuperación de un espacio degradado, la elaboración de un PORN: Plan de Ordenación de los Recursos Naturales, y de un PRUG: Plan Rector de Uso y Gestión de un Espacio Protegido.

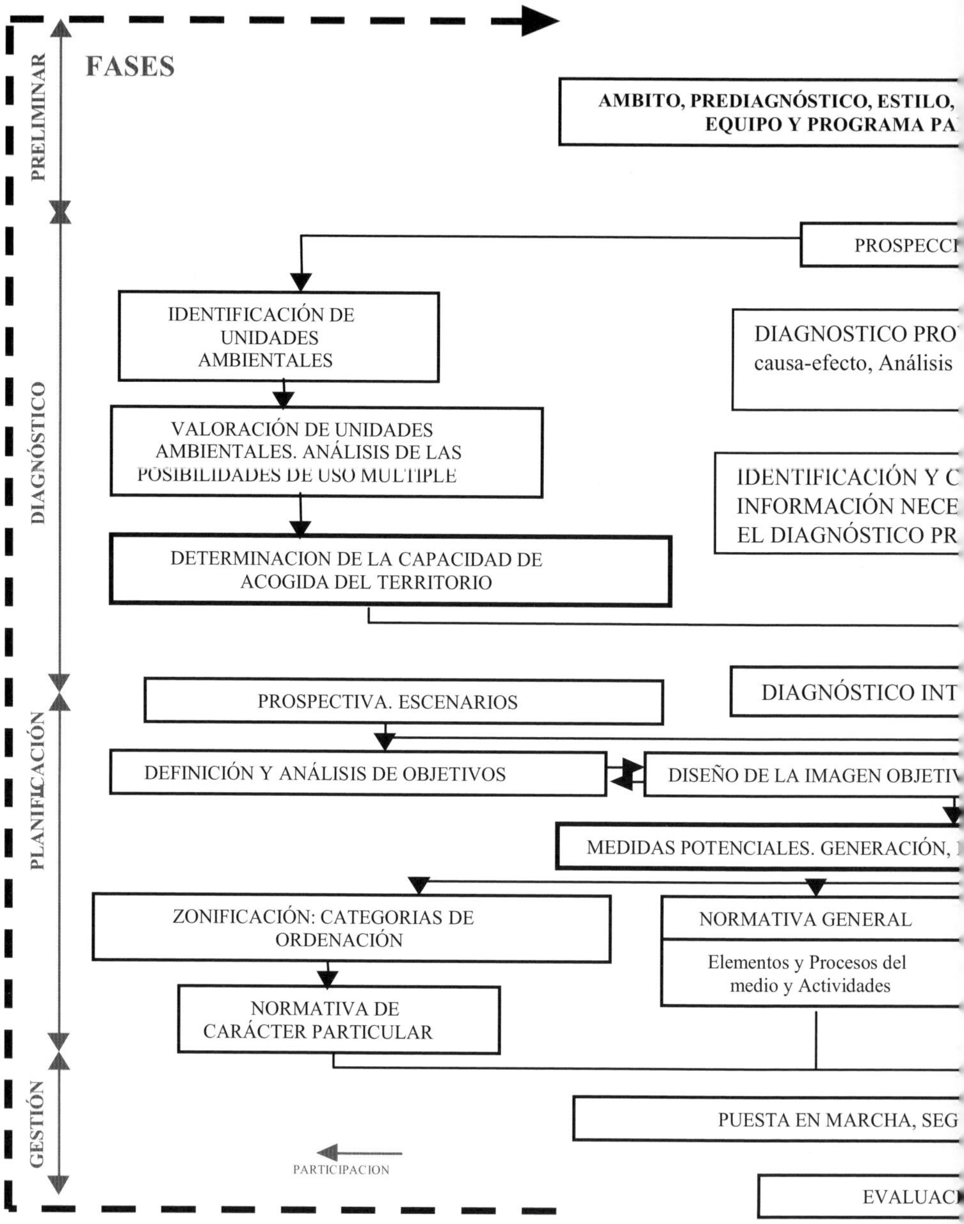

Figura III.25. *Metodo*

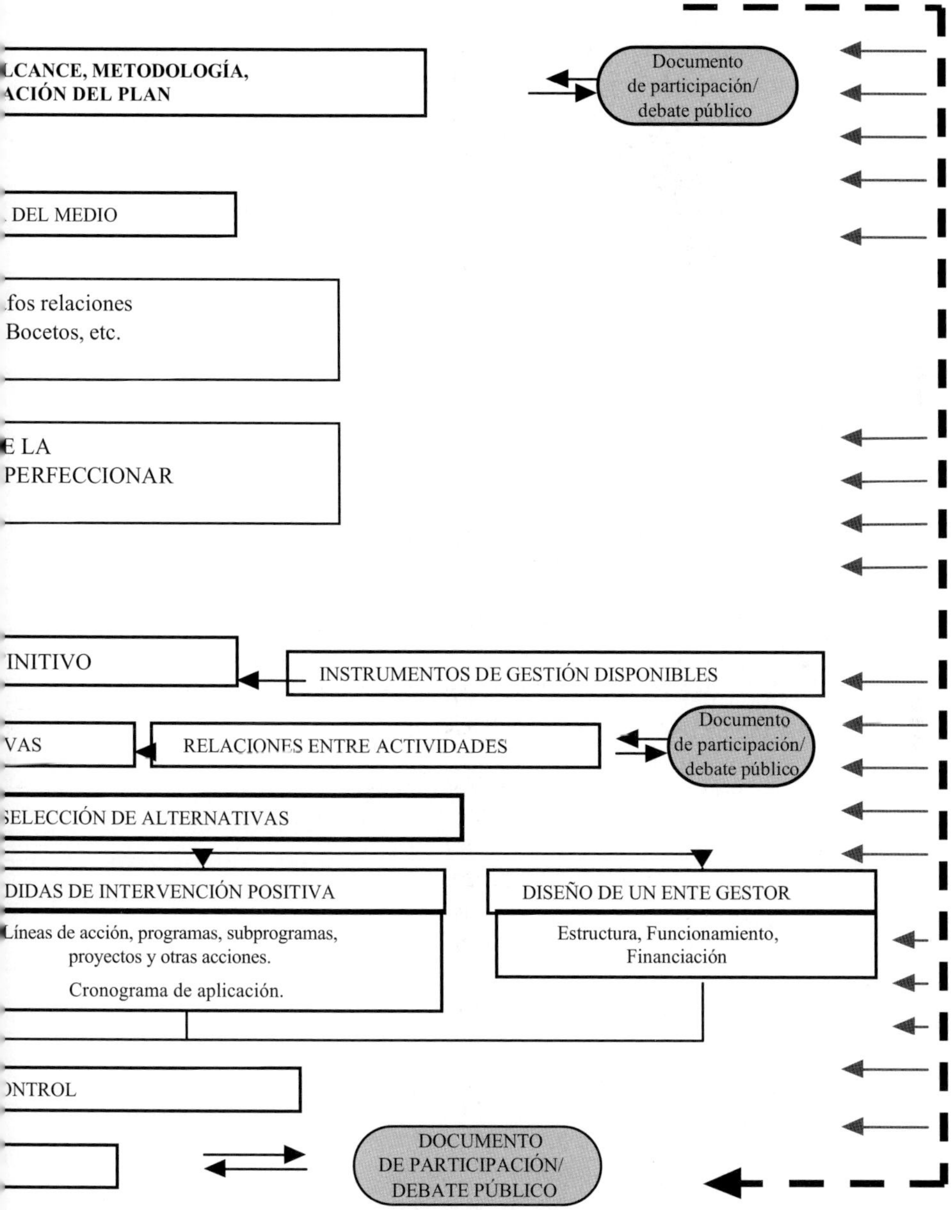

ca, disposición vertical.

7.7.1. Plan para recuperación de un espacio degradado

El concepto de degradación es relativo, en general alude a una situación insatisfactoria, como las señaladas en la figura III.26, donde se incluyen algunos tipos más significativos. A cualquiera de ellos es aplicable la metodología que se representa en el diagrama de flujos de la figura III.27, la cual se aplica a través del algoritmo que se describe a continuación; bien entendido que no se desarrollan de forma secuencial, sino iterativa, según un proceso de aprendizaje sobre el espacio y su futuro.

1. Análisis y diagnóstico del problema y o proceso de degradación, en los términos en que se diagnostica cualquier problema, tal como se explica en el epígrafe 6.3 del capítulo IV.
2. Estudio de las posibilidades de actuación y su enfoque, definición del estilo del tratamiento.
3. Estado legal del suelo.
4. Análisis del medio físico en el espacio alterado.
5. Síntesis de la información del medio físico: definición de unidades ambientales o zonas homogéneas.
6. Análisis del entorno: socioeconómico, territorial y ambiental, del espacio degradado, para detectar las posibles demandas, necesidades, aspiraciones o expectativas sociales sobre el espacio a restaurar, definir las características ambientales del entorno, en términos de ecología, paisaje y usos del suelo, como referencia para diseñar la imagen final de la restauración y entender los efectos mutuos e intercambios de todo tipo (materiales, energía, animales o personas) que se producen o pueden producir entre ambos sistemas.
7. Actividades potenciales a considerar.
8. Análisis de las relaciones entre las actividades.
9. Determinación de la capacidad de acogida o vocación del suelo.
10. Diseño del modelo o imagen final del espacio recuperado. Actuaciones para alcanzar la imagen objetivo.
11. Conservación y mantenimiento.
12. Gestión.
13. Presupuesto y financiación.
14. Programación de la intervención.

7.7.2. Planificación de espacios naturales protegidos: PORN y PRUG

La ley 4/1989 sobre Conservación de los Espacios Naturales y de la Flora y Fauna Silvestres, contempla dos figuras de planificación aplicables a aquellos espacios con valores naturales relevantes: los Planes de Ordenación de los Recursos Naturales (PORN) y los Planes Rectores de Uso y Gestión (PRUG) de espacios protegidos; el primero de ellos es el instrumento base para otorgar un estatus de protección a un espacio natural, mientras el segundo es un desa-

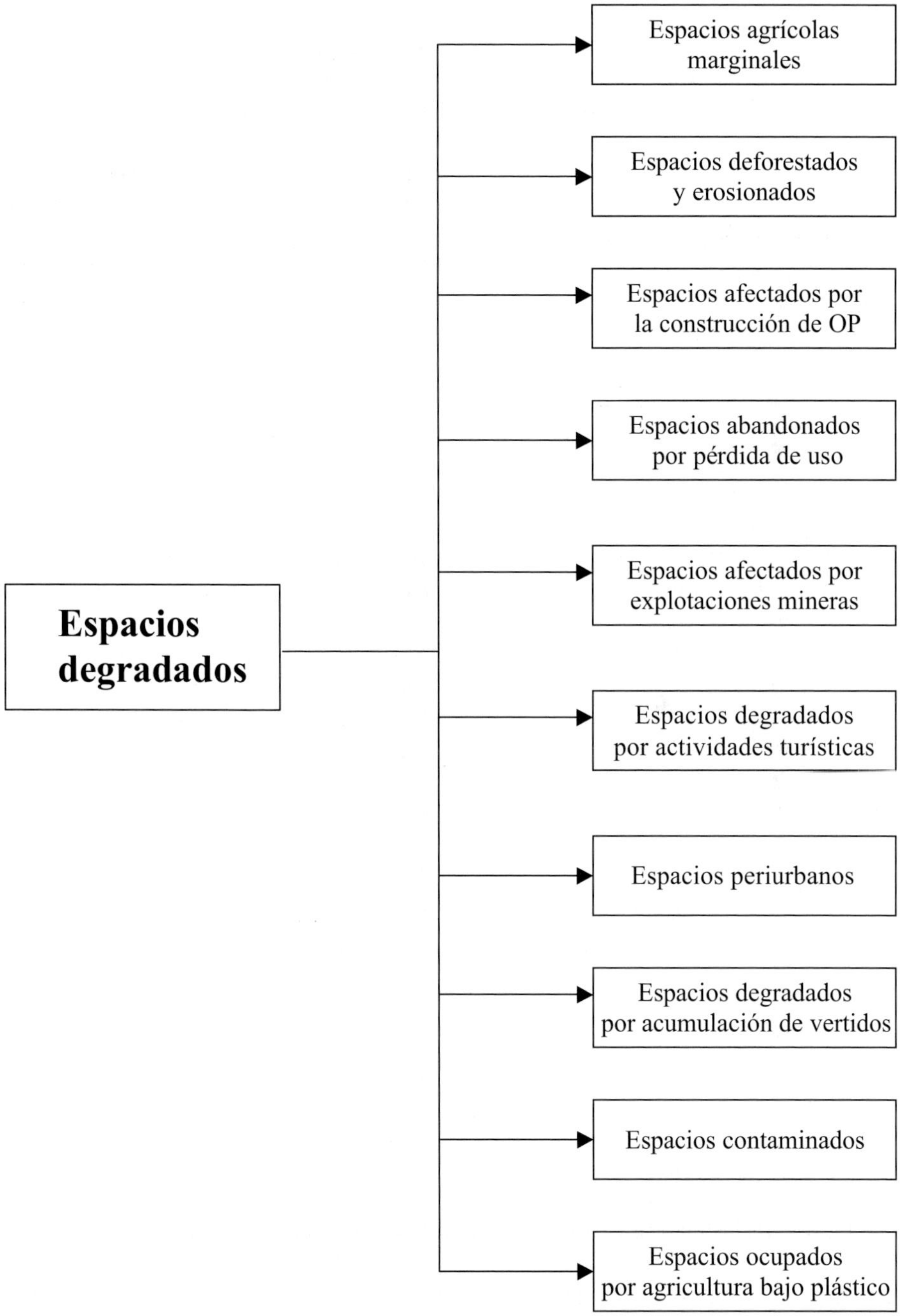

Figura III.26. *Tipos de espacios degradados.*

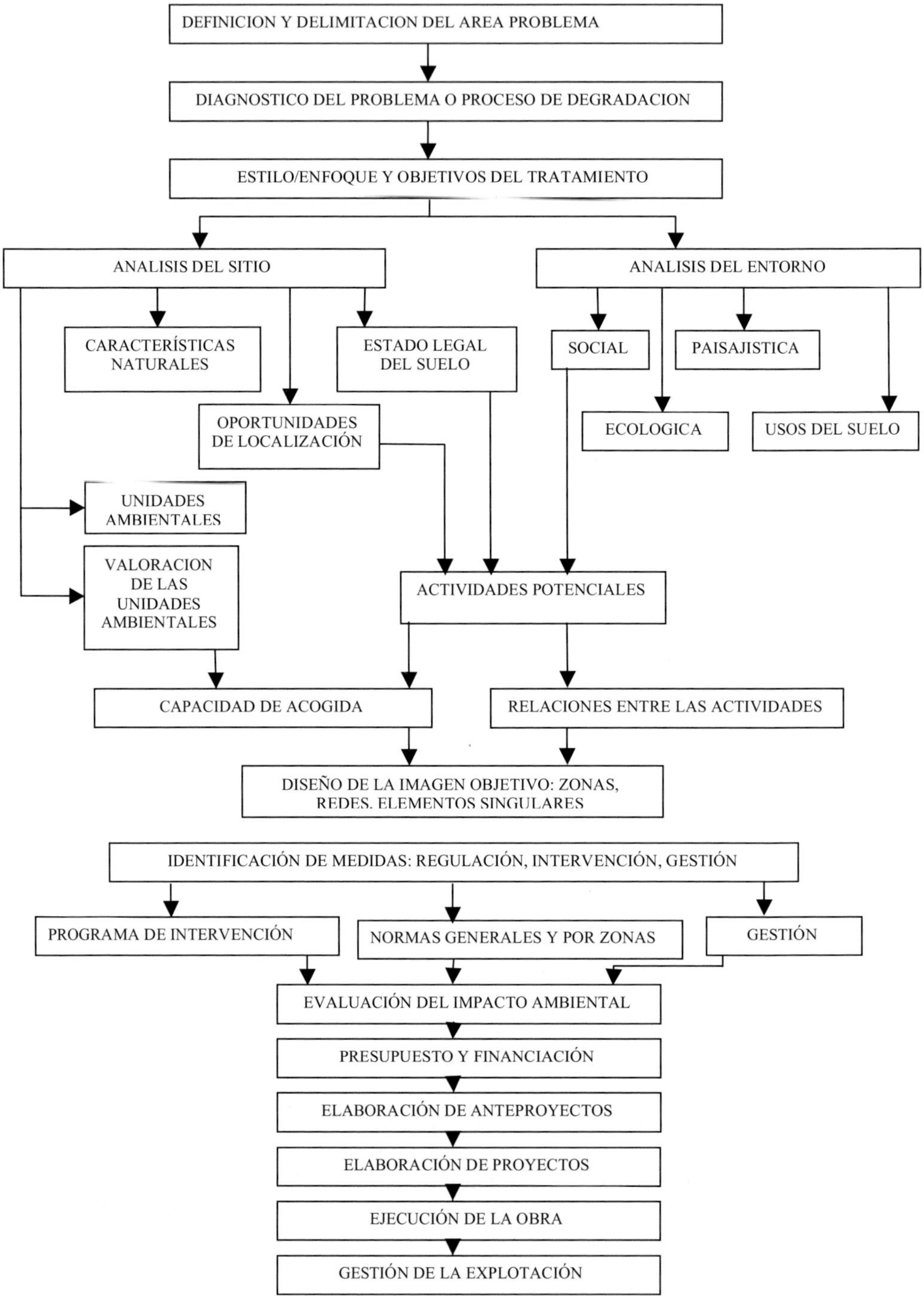

Figura III.27. *Metodología genérica para el tratamiento de un espacio degradado.*

rrollo de aquél (ver figura II.8, Cap. II); su importancia se comprende a la luz del artículo 52 de dicha ley que señala:

> *«las determinaciones de los PORN constituyen un límite para cualesquiera otros instrumentos de ordenación territorial o física, cuyas determinaciones no podrán alterar o modificar dichas disposiciones. Los instrumentos de ordenación territorial o física existentes que resulten contradictorios con los PORN deberán adaptarse a éstos. Entretanto dicha adaptación no tenga lugar, las determinaciones de los PORN se aplicarán, en todo caso, prevaleciendo sobre los instrumentos de ordenación territorial o física existentes...»*

La Ley 4/89 establece cuatro categorías de espacios protegidos:

— *Parques*. Son espacios poco transformados cuya belleza de sus paisajes, representatividad de sus ecosistemas o singularidad de su medio biótico (flora y fauna) o geomorfológico, les hace merecedores de conservación. Según el área de extensión y la calidad de sus valores se clasifican a su vez en:
  - Parques Nacionales; áreas en las que existan ecosistemas, de máxima relevancia dentro del contexto nacional, con unos valores ecológicos, paisajísticos y culturales sobresalientes, cuya conservación es de interés general para el Estado.
  - Parques Regionales; áreas de gran extensión donde los ecosistemas conservan notables valores.
  - Parques Naturales; áreas de relativa extensión, notable valor natural y de singular calidad biológica.

— *Reservas Naturales*. Son espacios que se crean para proteger ecosistemas, comunidades o elementos biológicos que, por su rareza, fragilidad, importancia o singularidad lo merecen. Suelen ser espacios más pequeños que los parque y en ocasiones se incluyen dentro de ellos. Se subdividen a su vez en:
  - Reservas Naturales Científicas, cuando posean un valor científico concreto.
  - Reservas Naturales Integrales, cuando posean comunidades biológicas muy frágiles en perfecto estado de conservación.

— *Monumentos Naturales*. Son elementos o espacios de pequeña extensión que protegen aquellas formaciones geológicas, yacimientos paleontológicos y demás elementos de la gea que reúnan un interés especial por sus valores científico-culturales o paisajísticos.

— *Paisajes protegidos*. Son aquellos lugares concretos del medio natural que, por su valor paisajístico merecen de una protección especial.

Área o Zona Periférica de Protección. Algunos Espacios Naturales Protegidos pueden disponer de una zona destinada a evitar los impactos ecológicos o paisajísticos de influencia negativa, que procedan del exterior. Se trata de un área «colchón» que deberá prever el correspondiente PORN.

El papel de «plan cabecera» asignado al PORN y su concepción como marco dentro del que deben desarrollarse el resto de los instrumentos, hace que no pueda regular con detalle todas las materias, sino que deberá limitarse en la mayoría de los casos a establecer criterios y directrices orientados a los siguientes objetivos (ver figura III.28):

- Definir y señalar el estado de conservación de los recursos y ecosistemas en el ámbito territorial que se trate.
- Evaluar la situación socio-económica y las perspectivas de futuro de su población.
- Determinar las limitaciones que deban establecerse a la vista del estado de conservación.
- Señalar los regímenes de protección que procedan.
- Promover la aplicación de medidas de conservación, restauración y mejora de los recursos naturales que lo precisen.
- Formular criterios orientadores de políticas sectoriales y ordenadores de las actividades económicas y sociales, publicas y privadas para que seas compatibles con la conservación del espacio.
- Determinar la potencialidad de las actividades económicas y sociales compatibles con la conservación del espacio y ayudar al progreso socio económico de las poblaciones en el asentadas.

En cuanto a las determinaciones del PORN, la ley especifica las siguientes como mínimo:

- Delimitación del ámbito territorial objeto de ordenación así como la descripción e interpretación de sus características físicas y biológicas.
- Aplicación, si procede de alguna o algunas de las figuras de protección previstas en la Ley 4/1989: Parques, Reservas, Monumentos y/o Paisajes Protegidos.
- Definición y evaluación del estado de conservación de los recursos naturales, los ecosistemas y paisajes.
- Determinación de una Normativa reguladora de las limitaciones generales y específicas que respecto de los usos y actividades hayan de establecerse en las distintas zonas del espacio.
- Determinación de las directrices orientadoras en la conservación, restauración y mejora de los recursos naturales.
- Determinación de un órgano asesor propio para la gestión, denominado Junta Rectora del Parque, que será el encargado de la elaboración del posterior PRUG en el caso de que la figura de protección elegida sea la de Parque.
- Clasificación de las actividades potenciales y usos del suelo en:
  - — Compatibles.
  - — Autorizables.
  - — A regular por los instrumentos de planificación del espacio natural.
  - — Sometidas a Evaluación de Impacto Ambiental.
  - — Prohibidas.

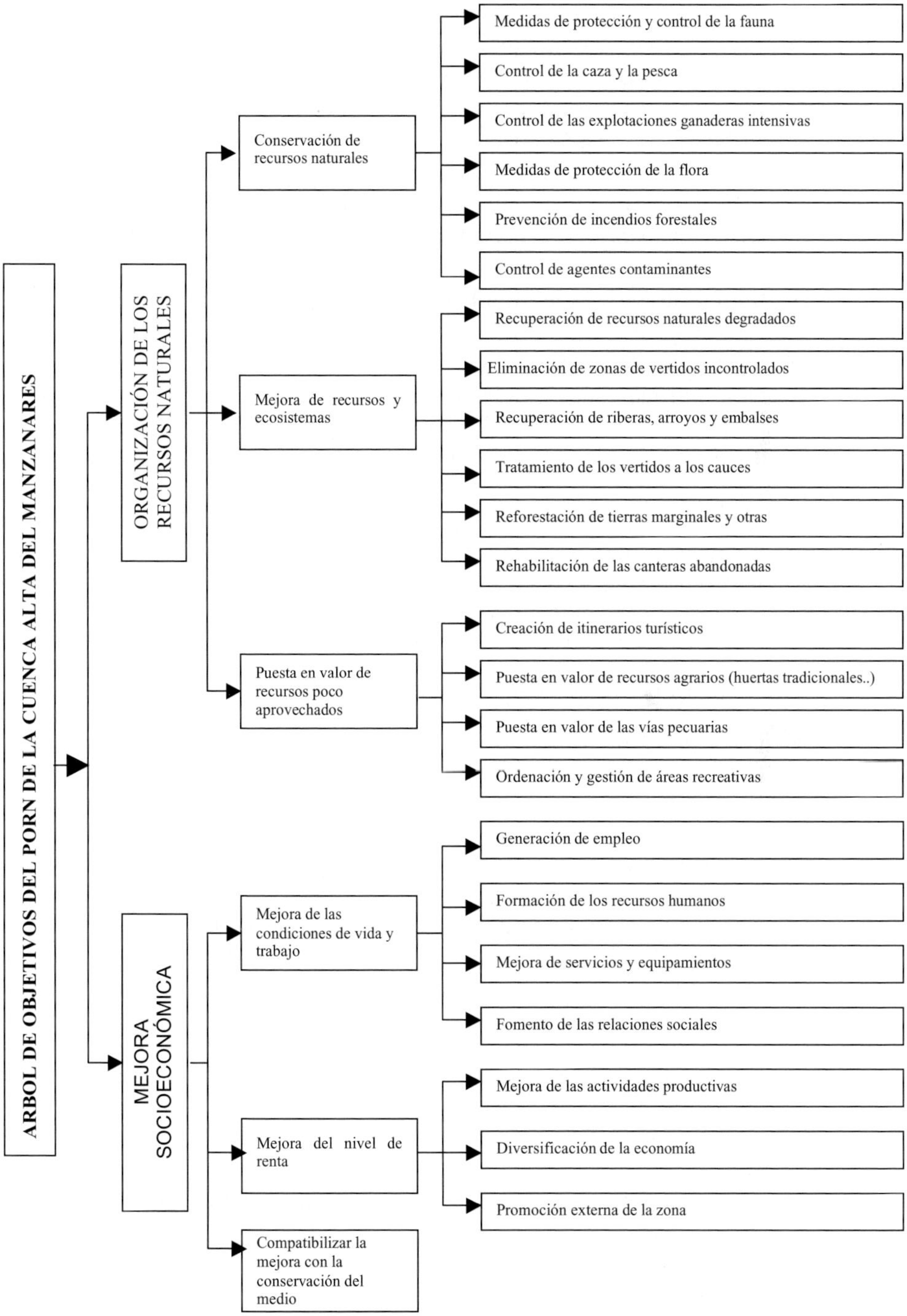

Figura III.28. *Ejemplo de objetivos de un PORN: el de la Cuenca Alta del Manzanares (Madrid).*

A la parte de la delimitación del espacio, evaluación de los recursos y aplicación de las figuras de protección se unirá un anejo cartografiado.

La normativa[1] incluida en estos tipos de planes se desglosa en:

- *Normas directas;* son aquellas que se aplican de forma inmediata sin necesidad de desarrollo posterior de otros instrumentos de planificación (incluido el PRUG); dado el carácter de documento marco que revisten los PORN lo normal será que se limite bastante la inclusión de este tipo de normas, usándolas para aspectos que requieren una regulación inmediata.
- *Normas indirectas;* son aquellas que suponen un marco de referencia para los instrumentos de planificación posteriores, siendo vinculantes; así como ejemplo, puede señalarse desde el PORN una normativa de edificación (edificaciones ligadas a explotaciones agrarias) para el rústico, pero esta normativa operará únicamente a través del planeamiento urbanístico que la recoja (PG, NNSS o NNCC), y no directamente desde el PORN.

Así como las normas directas deben estar bien desarrolladas y claramente definidas, las normas indirectas son de carácter más genérico, limitándose a dar una serie de criterios para su posterior elaboración. La figura III.26 muestra una metodología adaptada a la realización de un PORN.

7.7.3. Planes Rectores de Uso y Gestión (PRUG)

Un PRUG es un instrumento que, en desarrollo del PORN con el que forma un todo coherente, se orienta a la gestión de los recursos de un espacio protegido, con el fin de garantizar un aprovechamiento sostenido en armonía con el desarrollo de las poblaciones que lo habitan. Si el PORN, viene a establecer la filosofía de conservación del Espacio Natural Protegido, marcando la figura de protección elegida y las líneas maestras que dirigirán la actuación de la administración del Parque, el PRUG, debe dejar claro cómo deben hacerse las cosas en el Espacio Natural mediante actuaciones específicas, y concretar la normativa esbozada en el PORN. La elaboración de un PRUG se realizará en el plazo máximo de un año a partir de la aprobación del correspondiente PORN.

El artículo 19.2 de la Ley 4/1989 de Conservación de Espacios Naturales Protegidos y la Flora y Fauna Silvestres expone literalmente:

> *«los Planes Rectores de Uso y Gestión prevalecerán sobre el planeamiento urbanístico. Cuando sus determinaciones sean incompatibles con las de la normativa urbanística en vigor, ésta se revisará de oficio por los órganos competentes…»*

---

[1] Jorge Castanyer Vila. Prácticas para la planificación de espacios naturales. Colección Técnica del MAPA-ICONA.

La finalidad de un PRUG es compatibilizar la conservación, el uso y la gestión de un Parque con el desarrollo socioeconómico de las poblaciones que lo habitan. Para ello los objetivos de un PRUG se concretan de la forma siguiente:

- Mantener los procesos ecológicos esenciales y conservar los recursos naturales.
- Preservar la diversidad genética.
- Utilizar de forma ordenada los recursos naturales garantizando el aprovechamiento sostenido, la recuperación y la mejora de las especies y de los ecosistemas.
- Fomentar las actividades de interés educativo, cultural, recreativo y turístico, compatibilizándolas con la conservación de la zona.
- Potenciar las actividades económicas y sociales que tengan alguna relación con la conservación del espacio.
- Ayudar al progreso socioeconómico de las poblaciones asentadas en los parques naturales; se justifica con la siguiente reflexión: la calidad ecológica y paisajística del espacio, es no solo el resultado de la acción de la naturaleza, sino del comportamiento ancestral de la población residente; dicha calidad debe ser interpretada como una externalidad positiva, es decir, como un servicio que estas áreas producen para el conjunto de la sociedad y por el que no es retribuida; así, en el espíritu de la elaboración del PRUG debe estar presente la búsqueda de mecanismos capaces de compensar económicamente dicho servicio, por parte de quienes podrían estar dispuestos a pagar por ello; en este sentido deben ser entendidas las cuantiosas inversiones públicas que requiere la conservación y recuperación de un Espacio Natural Protegido.

En la idea anterior, el contenido de los PRUG se limita a la regulación de los temas propios del funcionamiento de un espacio natural, es decir, investigación, uso público y conservación, protección y mejora de valores ambientales, y gestión del mismo. De cualquier manera el contenido de los PRUG está condicionado al nivel de detalle, concreción y desarrollo con el que se ha realizado su predecesor PORN, siendo en ocasiones muy complicado el determinar donde este límite acaba. En este sentido no será igual desarrollar un PORN que tenga normas muy detalladas que otro que se limite a establecer una serie de criterios orientadores para el desarrollo de las mismas. En cuanto a su contenido, se puede concretar así:

- Objetivos Generales del Parque y metas a alcanzar dentro del horizonte temporal del plan.
- Contexto del Parque: situación, accesos, características y recursos, estado actual, población, actividades y usos del suelo, actitudes de la población en relación con él, otras.
- Zonificación del espacio a efectos de la aplicación y localización de las normas y de los programas de intervención
- Normas necesarias para la protección, conservación y mejora del espacio natural, elaboradas a partir de los objetivos que han justificado su declaración, y normas reguladoras de las actividades culturales, didácticas,

recreativas y económicas que se desarrollen dentro del espacio protegido. Las normas deben considerar como mínimo: 1. Conservación, protección y mejora del espacio (suelo, vegetación, fauna, complejos fluviales, acuíferos subterráneos, embalses, paisaje, patrimonio geológico, patrimonio arqueológico, etc.), y 2. Regulación de las actividades en general, y del uso público del espacio en particular, o sea, el acceso público a las diversas áreas y el desarrollo de actividades relacionadas con la función cultural, educativa y recreativa del parque.

- Programas de intervención en relación con la protección y conservación, la investigación, la interpretación, la educación ambiental, el progreso socioeconómico de la población que vive en la zona, el uso público y disfrute de los visitantes.
- Relación de ayudas técnicas y económicas destinadas a compensar las limitaciones que supone la protección y conservación del espacio.
- Infraestructura administrativa y de servicios del Parque.
- Seguimiento y revisión del plan; se trata de buscar una serie de indicadores y medidores de los efectos surtidos a lo largo del horizonte temporal del plan.

En cuanto a la zonificación consiste en la división de la superficie total, en zonas homogéneas según la calidad ambiental de sus recursos, la práctica e intensidad de los aprovechamientos, así como la vocación en los usos del suelo. De forma orientativa se puede establecer la siguientes:

- *Zonas de Reserva;* son las zonas de mayor calidad biológica o que contengan en su interior los elementos bióticos más frágiles, amenazados o representativos. A estas zonas no se puede acceder libremente.
- *Zonas de Uso Limitado;* son las zonas que toleran un moderado uso público que no requiera instalaciones permanentes. Se incluyen las áreas de alta calidad, pero que sus características permiten aquel tipo de uso, incluyéndose áreas sometidas a aprovechamiento forestal y ganadero extensivo. Se dividen a su vez en:
  - Zonas de Uso Limitado de actuación prioritaria.
  - Zonas de Uso Limitado de actuación menos prioritaria.
- *Zonas de Uso Compatible;* son aquellas áreas donde las características del medio natural permiten compatibilizar su conservación con actividades recreativas y educativas, permitiendo un modelo de servicios con finalidades de uso público o de mejora de la calidad de vida de sus habitantes.
- *Zonas de Uso General;* son las incluidas principalmente bajo el régimen de suelo urbano y suelo urbanizable; son las áreas de menor calidad natural relativa, donde se instalarán la gran mayoría de actividades e instalaciones.

La zonificación permite la localización y el establecimiento de las normas y de los programas de actuación, siempre que ello no lleve asociado la modificación de las zonas establecidas en el PORN correspondiente, si es que hubiere.

Tanto la metodología general de ordenación del territorio como las adaptaciones expuestas en este capítulo son completamente aplicables con muy ligeras adaptaciones a la elaboración de los PORN y de los PRUG, tan solo en el caso de los primeros hay que introducir una tarea al final del diagnóstico integrado referida a la identificación de la figura de protección más adecuada al caso.

8. LA PARTICIPACIÓN CIUDADANA EN LA ELABORACIÓN DE UN PLAN DE ORDENACIÓN TERRITORIAL

La virtualidad de un plan de ordenación territorial depende de su aceptación social por parte de los agentes socioeconómicos y de la población en general. Para ello es indispensable involucrar a las instituciones, actores relevantes y población del ámbito del plan en todo el proceso técnico que conduce a su elaboración y desde las fases iniciales.

Por otro lado, el procedimiento administrativo que establece la legislación para aprobar los planes exige un trámite formal de participación pública propiciado, dirigido y coordinado por la entidad promotora del plan.

Por consiguiente la participación pública en la elaboración del plan debe ser entendida de dos formas complementarias:

1. Dando entrada a los conocimientos y a la percepción de los agentes socioeconómicos implicados desde el principio y a lo largo de todo el proceso de elaboración técnica del plan. Participación que se va desarrollando de forma continua en tal proceso pero que adopta métodos formalizados en ciertos momentos o hitos significativos en la progresión del plan, cual son la finalización del diagnóstico para verificar la realidad de los problemas y potencialidades detectados, la formalización y jerarquización del sistema de objetivos, el ciclo iterativo generación-evaluación de alternativas, y, por supuesto, en la validación de las propuestas.
2. En la fase específica del trámite de participación pública previsto en el procedimiento administrativo para la aprobación del plan. En este trámite la población se limita a presentar alegaciones al final del proceso, que luego considera el equipo de trabajo y deber ser respondida y en caso de rechazo, justificada.

Cualquier aspecto del plan, es o puede ser motivo de información a los agentes socioeconómicos, autoridades y público interesado, y objeto de aportación en forma de conocimiento, interés, compromiso y opinión.

La figura III.29. esquematiza las tareas a desarrollar en cada una de las fases por las que pasa el ISA y el proceso de elaboración y aprobación del plan.

FASE INICIAL

Identificación de grupos de interés, de agentes y de conflictos asociados

Recopilación de los puntos de vista de cada uno de ellos (declaraciones, etc.)

Identificación de necesidades, aspiraciones y expectativas de la población

↓

FASE DE ELABORACIÓN DEL PLAN

Conocimiento local de interés para el diagnóstico

Percepción del entorno por la población e identificación de aspectos más sensibles

Presentación del diagnóstico y objetivos y validación mediante proceso participativo

Recogida de ideas para formulación de propuestas

Presentación de propuestas y validación mediante proceso participativo

Identificación de aspectos que deben ser objeto de seguimiento y señales de alerta que requieren revisar el plan

↓

TRÁMITE DE PARTICIPACIÓN PÚBLICA

Presentación del documento elaborado y recogida de opiniones sobre él

Figura III.29. *Fases y contenido de la participación ciudadana.*

Más allá de lo expresado, considerar y dar cauces de participación a la población afectada, es uno de los elementos básicos de credibilidad y confianza del plan, que se justifica por diversos motivos básicos y otros complementarios:

1. Porque lo exige una sociedad que reclama participación y concertación a los procesos de toma de decisiones, los cuales han de ser interpretados en clave de calidad de vida de los ciudadanos y ésta es indisociable de la escala de valores sociales. Se trata, por tanto, de un vehículo para expresar la opinión y las preocupaciones sociales, y en suma, la escala de valores que rige sus comportamientos, que facilitará la aceptación social del plan y reducirá la conflictividad generada por la dificultad de satisfacer todos los intereses facilitando el entendimiento y la concertación.
2. Porque técnicamente se requiere para conocer e interpretar el sistema objeto de atención y para ayudar a la toma de decisiones sobre él. En este sentido, la participación pública exige un esfuerzo de clarificación, sistematización y expresión simple y comprensible, de la información y de los criterios adoptados, que ayuda a los planificadores, evaluadores y decisores a concretar y a precisar sus propias ideas.
3. Porque el diagnóstico técnico requiere ser complementado con el diagnóstico percibido para obtener un conocimiento suficiente sobre el sistema territorial y sus conflictos, sobre necesidades, aspiraciones y expectativas de la población. Tal información facilita la transparencia

y la aplicación del principio de responsabilidad compartida que compromete a todos en la forma de desarrollo, facilita la innovación y evita propuestas de dudosa aceptación; en suma, mejora la eficacia, la eficiencia del proceso y la calidad de las decisiones, proporcionando así legitimidad al plan.

4. Porque, por último, contribuye a mejorar la cohesión social, a entender lo público como propio, a la concienciación ambiental y a mejorar la confianza en las instituciones; a mejorar la sociedad, en suma.

8.1. Metodología del proceso de participación

La metodología de participación se puede realizar, tal como muestra la figura III.30, en tres fases: identificación de los agentes que deben participar, diseño del proceso de participación y ejecución de tal proceso. A ello se añade la formación de equipos de participación que den la máxima operatividad al proceso.

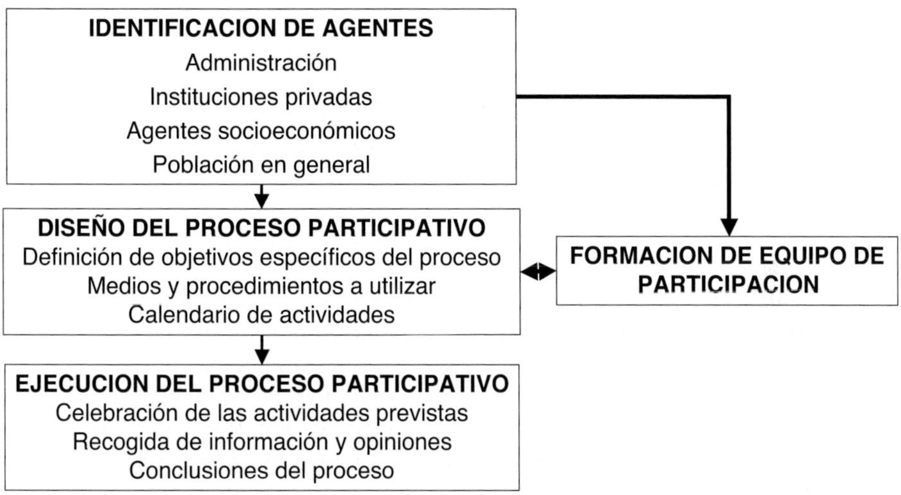

Figura III.30. *Esquema metodológico para la participación ciudadana.*

8.1.1. Identificación de agentes clave y formación del Equipo de Participación

La determinación de quiénes deben intervenir en el proceso es doble: por un lado el equipo redactor del plan deberá identificar a los agentes que puedan proporcionar más información y criterio al proceso de elaboración; por otro lado el Órgano responsable de la Administración identificará a quienes deben participar en el trámite establecido como parte del procedimiento administrativo.

Para el primer caso, relativo a la elaboración del plan, conviene involucrar a representantes de la Administración, de los agentes socioeconómicos seleccionados por consenso entre el equipo de trabajo y de la población. Para ello se comienza identificando a los agentes clave de la vida política, económica, social y cultural del ámbito en estudio, sigue con la determinación de sus expectativas y motivaciones, y continúa propiciando su implicación en el proceso y el enfoque de su atención hacia los elementos y etapas del plan con mayor importancia y significación para ellos mismos.

Es conveniente identificar a los agentes sociales y a los líderes que existen en la zona, para conformar después *equipos de participación*, que se constituyen como grupos de trabajo. La respuesta depende, en gran medida, del contexto social y cultural, pero se pueden identificar de entrada tres tipos de agentes clave:

1. Responsables de la Administración Pública, municipal, estatal y autonómica.
2. Miembros de grupos de intereses económicos, sociales y culturales locales: asociaciones de hoteleros, agrupaciones profesionales, etc.
3. Voluntarios e ilustres de la zona.

La experiencia ha demostrado que grupos por encima de 40 personas aproximadamente, son difíciles de manejar, y por ello la tarea anterior toma una vital importancia; por otra parte las personas que integren el grupo deben cumplir una serie de requisitos:

1. Ser representantes de incidencia en la zona: no sirve identificar a personas que no tengan relevancia en la toma de decisiones,
2. Ser personas con carácter participativo y que se comprometan con el plan: de nada sirve convocar a agentes que no asisten a los talleres y eventos; esto es de vital importancia, ya que la experiencia ha demostrado que son largos y pesados, y existen ciertos representantes y líderes, que abandonan el proceso.
3. Que exista un equilibrio entre ellos: entre el sector público y privado, entre los distintos sectores económicos: primario, secundario y terciario, diferentes tipo de foremación y especialidad laboral, etc.

La participación del sector privado es fundamental para la ejecución del plan, es decir, para el cumplimiento de la normativa y el desarrollo de los programas y proyectos de intervención, ya que suele ser reacia a estos procesos, porque los entiende como una limitación a los grados de libertad y a la iniciativa empresarial.

También es importante contar con otros actores y agentes que tienen incidencia en la zona: universidades, ONGs, asociaciones, etc.

En cuanto a los agentes identificados por el Órgano responsable de la Administración se refiere a las administraciones públicas que tienen competencias específicas en las materias que regula el plan, a otras personas físicas o jurídicas, públicas o privadas, afectadas por el plan y al público interesado en particular.

8.1.2. Diseño del proceso participativo

El éxito del plan está ligado a la medida en que la población se sienta identificada e involucrada en él. Para que la población responda debe tener el sentimiento de que la consulta se efectúa de buena fe y se refiere a temas que tienen un interés para ella. Por lo tanto, es esencial que los métodos, las formas y lo que está en juego se adapten al público interesado.

Los talleres de participación constituyen el medio tradicional más empleado y útil para la difusión de la información del PP y para la concertación, ofreciendo un marco de debate abierto a toda la colectividad.

En principio los talleres se programan (figura III.31) para cada una de las fases esenciales en la elaboración del plan, incluidos los hitos a los que antes se hizo referencia; los talleres deben ir precedidos de la aportación de la documentación pertinente para cada uno de ellos y de su presentación al auditorio participante. A título de ejemplo se señalan los siguientes:

1. Presentación de la metodología para la realización del plan y del ISA, así como las primeras impresiones del equipo redactor; con ello se pretende que los integrantes del equipo de participación se vayan conociendo, y que el equipo planificador tome contacto con los líderes locales.
2. Participación a partir de la presentación de las conclusiones más relevantes del diagnóstico, principales problemas, potencialidades, etc.; el objetivo de este taller es que los representantes y líderes sociales, ayuden identificar otros problemas y potencialidades, y a jerarquizar todos ellos, operación fundamental para asignar y programar los recursos técnicos, materiales, económicos y financieros.
3. Participación, correspondiente a los objetivos, los escenarios planteados (tendencial, óptimo y de consenso) y la imagen de futuro; con ello

Hito	Participantes	Lugar	Fecha	Observaciones
Prediagnóstico				
Diagnóstico				
Objetivos				
Propuestas				
Identificación y valoración de impactos				
Adopción de medidas correctoras				
Seguimiento y control del plan y de sus impactos				

Figura III.31. *Ejemplo de formato de tabla para programación de talleres de participación.*

se pretende que los integrantes del equipo de participación ayuden a perfeccionar los objetivos y la imagen de futuro y a definir la estrategia para avanzar hacia tales objetivos.

4. Participación sobre las propuestas de acción, regulación y gestión, con el objetivo de que los integrantes del equipo de participación ayuden a identificar y perfeccionar tales medidas, se sientan involucrados en el plan, lo hagan suyo y lo divulguen.
5. Participación sobre una presentación del borrador del plan elaborado.
6. Participación sobre los impactos potenciales del plan, su valoración, las medidas correctoras que se proponen y el programa de seguimiento.
7. Comienzo de un período de alegaciones públicas, donde la población podrá expresar sus dudas, disconformidades, inquietudes etc.

El desarrollo de los talleres exige distintos medios y métodos: aportación de información, mesas de concertación sectorial, encuestas Delphi, etc.

8.1.3. Realización del proceso participativo

Existen tres grandes formas de realizar la participación que, a su vez, se dividen en otras:

1. Informal mediante conversaciones, entrevistas, recorridos por la zona, etc. a través de las cuales se va adquiriendo conocimiento sobre la realidad social.
2. Formalizada a través de técnicas de investigación social, de las cuales las más comúnmente empleadas son:
   Encuestas: la más frecuentemente utilizada porque proporciona opiniones subjetivas e información objetiva y verificable. Las encuestas pueden ser cualitativas o cuantitativas, estructuradas o no, orales o escritas, individuales o colectivas y requieren definir el universo de encuestados, elaborar el cuestionario, definir el tamaño de los realmente encuestados, explotar la información y emitir un informe final.
   Entrevistas en profundidad: se realizan a los denominados «testigos privilegiados», es decir personas que por su trabajo, experiencia, relaciones o conocimiento directo pueden aportar datos y opiniones más solventes y representativas.
   Reuniones de grupo: se emplea para extraer información y opinión de grupos constituidos por personas simplemente interesadas o implicadas en el tema elegidas aleatoriamente, por expertos, por líderes, por representantes de grupos de interés, etc., pero deben estar representados todos los segmentos e intereses de la población.
3. Celebración de eventos o actos de participación en los que se reúne a la población cuya participación se desea, se le informa, se le explica lo que se espera de su colaboración y se reciben sus aportaciones. Esta forma de participación se suele asociar a los hitos significativos del proceso, cual es la finalización del diagnóstico para verificar la interpretación que se hace, de ponderar la importancia relativa de las face-

tas que la forman y de explorar las posibles opciones o medidas a adoptar; la definición del sistema de objetivos para verificar su pertinencia, y ordenarlos o cuantificarlos según su importancia; y la formulación de propuestas y la identificación y valoración de impactos, la propuesta de medidas protectoras, correctoras y compensatorias y el programa de seguimiento del plan.

Por otra parte la colaboración se puede realizar en fases: primero a una audiencia restringida formada por iniciados en el tema, incluso con cierta especialización, para luego ampliar al resto del universo de participantes.

En todo caso la participación ciudadana debe superar el carácter de mero trámite que frustra a la audiencia y compromete procesos futuros; se trata de un riesgo que se une a los derivados de la complejidad de la elaboración de los planes, así como a la incertidumbre asociada a todo planteamiento de futuro. Todo ello supone dificultades y riesgos que hay que prever antes de iniciar el proceso participativo y que se resumen en la figura III.32.

Figura III.32. *Dificultades y riesgos del proceso de participación ciudadana.*

IV

ANÁLISIS Y DIAGNÓSTICO DEL SISTEMA TERRITORIAL

El sistema territorial, en un ámbito geográfico cualquiera, es el conjunto de todos los elementos y procesos, naturales y culturales, existentes en el territorio.

El *análisis territorial* se orienta a comprender el modelo territorial, es decir, la expresión simplificada del sistema constituido por las características naturales, los procesos económicos, sociales y ambientales y sus repercusiones territoriales.

El *diagnóstico territorial* utiliza este análisis para interpretar dicho modelo a la luz de su trayectoria histórica y de su evolución previsible si no se interviene, y lo expresa en términos de problemas, actuales o potenciales, y de potencialidades.

Entre las numerosas formas en que puede enfocarse el análisis y el diagnóstico del sistema territorial, esta obra adopta una aproximación por subsistemas; en este sentido se considera el sistema territorial formado por los que a continuación se enumeran (figura IV.1a):

— El medio físico, es decir, los elementos y procesos naturales del territorio.

— La población y sus actividades de producción, consumo y relación social.

— El poblamiento o conjunto de los asentamientos humanos y los canales a través de los que se relacionan.

— El marco legal e institucional, que regula y administra las reglas de funcionamiento.

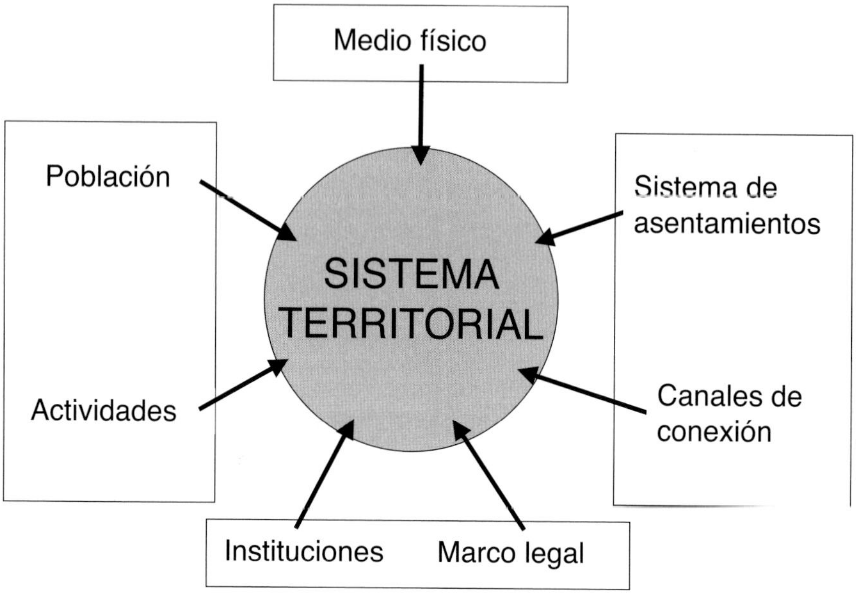

Figura IV.1a. *Sistema Territorial y subsistemas que lo forman.*

A su vez, cada uno de los subsistemas queda configurado por un universo de relaciones entre elementos y procesos más simples, tal como muestra la figura IV.1b.

En este capítulo se desarrolla a fondo la metodología para el análisis del medio físico, pero dado que no es posible entenderlo si no es en relación con los otros subsistemas, se hace, también, una incursión en el tratamiento que requieren estos últimos.

1. EL ÁMBITO ESPACIAL DEL PLAN

El proceso de elaboración de un plan comienza con la definición del ámbito geográfico al que afectará, cuyos límites —administrativos o no— pueden venir dados por un plan de rango superior o por los «decisores»[1], o bien dejarse al criterio del equipo redactor quien los definirá en función de los objetivos específicos que se persigan y teniendo en cuenta el área de extensión de los fenómenos a analizar y la viabilidad funcional de las medidas que se adopten.

La adopción de unidades administrativas, o conjuntos de ellas, como ámbito del plan, tiene ventajas en cuanto a la captación de información socioeconómica, pues los datos estadísticos vienen referidos a este tipo de unidades, y a la asignación de responsabilidades en la gestión del plan; pero presenta el incon-

[1] Por «decisores» del plan se entiende aquellas personas o instituciones responsables de la aprobación del plan.

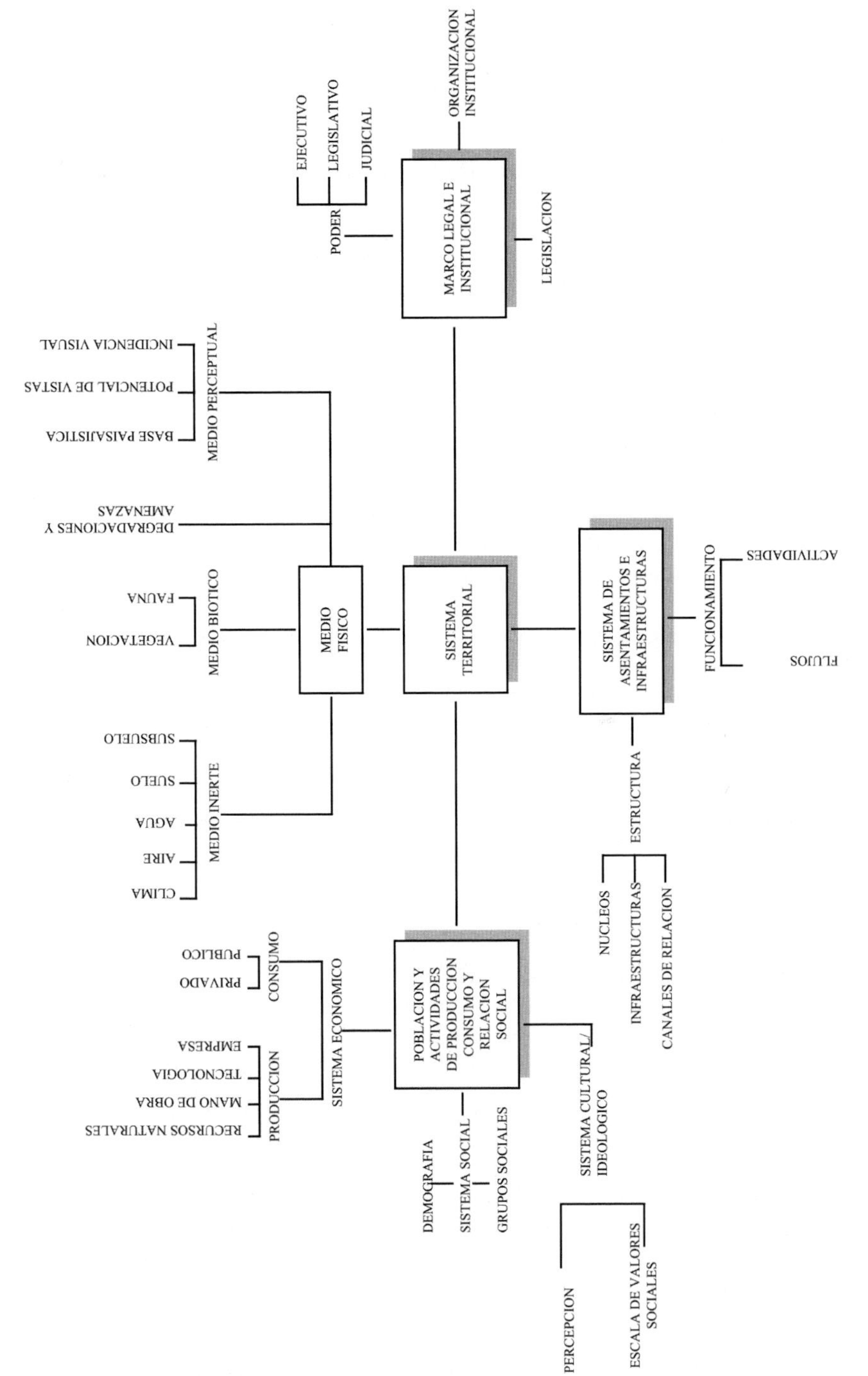

Figura IV.1b. *Subsistemas del sistema territorial y universo de relaciones que lo forman.*

veniente de que no se acomodan a la lógica de funcionamiento del sistema territorial, particularmente del medio físico, y que sólo casualmente o para determinados temas, se ajustan al área de extensión de la problemática a tratar o al ámbito en el que deben aplicarse las medidas que se adopten[2].

1.1. Regionalización: región administrativa, homogénea, polarizada y estratégica

Cuando existe un sistema de planificación que se desarrolla en cascada desde los ámbitos superiores hacia los inferiores, o cuando se adopta como estrategia de ordenación territorial una aproximación por regiones, surge el problema de la regionalización, es decir, de la división del territorio en partes cada una de las cuales será objeto de un plan específico realizado de acuerdo con las determinaciones del plan de nivel superior.

El concepto de región[3], tradicionalmente utilizado por los geógrafos para organizar la información geográfica, se ha incorporado a otros campos y dado origen, en economía por ejemplo, a la ciencia regional; se trata de un concepto de límites imprecisos que alude a una unidad espacial genérica. Administrativamente se le atribuye el rango inmediatamente inferior a la nación, pero tam-

---

[2] La provincia y el municipio han sido los Pilares de la organización administrativa del territorio español, desde el establecimiento del Estado Liberal Unitario. El concepto de región, sólidamente enraizado por razones históricas, aunque de límites difusos, ha quedado desde entonces oficialmente desdibujado; la división en provincias (Real Decreto de 30 de noviembre de 1833) eliminaba los antiguos reinos y principados y dividía a cada uno en provincias; por último, la Constitución de 1978 revitaliza el escalón intermedio entre provincia y estado: las Comunidades Autónomas. En esta nueva organización regional autonómica, la provincia pierde su importancia anterior, pero mantiene su papel como división de segundo grado, porque su existencia durante cinco generaciones ha creado intereses materiales y un verdadero espíritu provincial, y porque las importantes competencias que no se transfieren o delegan de la Administración Central a los Gobiernos Autónomos, continuarán ejerciéndose a través de las instituciones provinciales. Los partidos judiciales, corresponden a una división administrativa sectorial (la judicial, en cuanto jurisdicción de los Juzgados de Primera Instancia e Instrucción) y han sido utilizados a efectos administrativos, lo que les ha dado una cierta apariencia de funcionalidad, que realmente no tienen, pues su demarcación se fijó solamente bajo criterios de distancia del área servida por el juzgado y de una cierta regularidad en su distribución sobre el territorio, quedando fuera aspectos tan importantes como los geográficos, históricos, sociales y económicos. Las comarcas, en cambio, no constituyendo entidades administrativas (excepto en Cataluña) por el momento, parecen llamadas a jugar un papel importante en la organización y gestión del territorio, sobre todo en el contexto de los gobiernos autonómicos, en cuanto unidades funcionales y relativamente homogéneas, con raíces históricas, psicológicas y geográficas, difusoras a su vez del posible centralismo del gobierno regional. Los términos municipales resultan en general demasiado pequeños, en superficie y población, para adoptarlos como delimitación de un sistema en el que pueda resultar operativo la planificación; sin embargo, razones de conciencia y arraigo municipal, y el hecho de constituir unidad de referencia en la información estadística, parecen recomendar su inclusión por unidades completas en las fronteras del área problema; la propia Ley de Régimen Local prevé, y en ciertos casos impone, la asociación de municipios en mancomunidades para algunos servicios.

[3] Diccionario de la Lengua: «región: porción de territorio determinada por caracteres étnicos o circunstancias especiales de clima, topografía, administración, gobierno, etc.».

bién se utiliza para referirse a espacios supranacionales y en general a cualquier porción de un espacio.

Esta imprecisión en el concepto ha dado origen a una disyuntiva tradicional que persiste en la actualidad[4]:

— Las regiones constituyen una realidad objetiva, sancionada por el medio físico y la historia.
— Las regiones son construcciones mentales que se elaboran con finalidades concretas.

La primera actitud es clásica en la escuela geográfica francesa, si bien se diferencia una postura tradicional que considera la región como un territorio concreto, resultado de la interacción secular del hombre con su medio, cuya delimitación se basa en la homogeneidad geográfica, se deduce de la síntesis entre los elementos físicos y humanos y se describe por sus componentes, de otra contrapuesta más moderna que interpreta la región como un sistema abierto, caracterizado por su funcionamiento, es decir por las relaciones entre componentes: medio físico, actividades, población, y entre lugares. En este sentido regionalizar consistiría[5] en hacer una síntesis de las relaciones entre componentes y entre lugares. Según esta actitud no existiría diferencia esencial entre región polarizada y región homogénea (ver más abajo), sino que toda región participa en mayor o menor medida de ambos conceptos.

Los geógrafos modernos —particularmente los anglosajones— y otros estudiosos del tema regional, consideran que las regiones no tienen realidad objetiva, sino que son meras construcciones mentales, un ideal, un modelo, simples divisiones destinadas a satisfacer necesidades específicas[6], que se identifican en función de unos objetivos; en este sentido, definir el ámbito del plan, consistirá en fijar los límites espaciales de los fenómenos relevantes para un objetivo concreto: ordenación, desarrollo o recuperación ambiental de un espacio degradado, por ejemplo.

Entender la región como una simple división operativa para fines concretos, induce a diferenciar entre *región homogénea o formal,* de características relativamente uniformes en toda su extensión, y *región polarizada o nodal,* organizadas en torno a un foco con el que se producen interacciones que se debilitan desde el centro a la periferia.

En suma, tal como se especificó en el punto 1 del Capítulo I de esta obra, se pueden adoptar como sistema territorial objeto de ordenación cuatro tipos paradigmáticos de regiones:

— Político-administrativas, asociadas a la organización territorial de cada país.
— Homogéneas o formales, definidas por criterios de semejanza entre sus puntos. La homogeneidad puede referirse a aspectos temáticos (área de

[4] Sobre el concepto de región ver Puyol Antolín, R. (1980): *Región y Comarca.* «La Región en la Geografía Española». Asociación Geógrafos Españoles. Valladolid.

[5] Dumolard, P. (1975): «Région et Régionalisation». «Une approche systémique». *L'espace géographique,* núm. 2, págs. 93-111.

[6] Haggett, P. (1976): «Análisis Locacional» en *Geografía humana.* Gustavo Gili. Barcelona.

extensión de la identidad cultural de una comunidad, hábitat de una especie, etc.) o integrales.

- Funcionales, conformadas por las relaciones recíprocas entre lugares, generalmente *polarizadas* por uno más importante, o por flujos de relación *direccionales* cual son las cuencas hidrográficas.
- Estratégicas: definidas por razones operativas en función del área de extensión del tema a tratar: recurso, valor, potencial, problema, etc.

1.2. La delimitación del ámbito del plan o área problema

Cualquiera de los cuatro tipos de regiones señalados, o combinaciones de ellas, pueden adoptarse como ámbito del plan, considerando siempre la idea de conciencia regional o sentido de pertenencia de la población a un espacio.

Las regiones administrativas se encuentran institucionalizadas, disponiendo de órganos rectores o de gobierno que facilitan el impulso del plan, su aprobación y su posterior aplicación.

Los espacios homogéneos admiten con facilidad unos contornos, mientras los polarizados se adaptan mejor a la representación de relaciones por medio de flechas (u otras formas) que marcan el sentido y la intensidad de tales relaciones; así resultan representaciones más abstractas pero más acordes con el carácter de sistema de la región. El problema de la delimitación consiste, pues, en identificar los indicadores que definen la homogeneidad, los que miden la intensidad y dirección de las interacciones (el funcionamiento más o menos polarizado) y los que denuncian la conciencia regional, y en aplicar luego un método determinado, cartográfico: por ejemplo superposición, o numérico: técnicas de agrupamiento, por ejemplo; y todo ello en función de los objetivos perseguidos.

Aceptado el carácter abierto del concepto de región y su definición *ad hoc* en función de unas necesidades, puede resultar útil definir más de un ámbito para un plan, en función del tipo de espacio, de la problemática que le afecta y del marco, físico y administrativo, más adecuado para que las soluciones sean eficaces. Por ejemplo, en el Plan Especial de Protección de la Playa de Carnota y Marismas de Caldebarcos[7], el ámbito propuesto por la Diputación Provincial de La Coruña estaba enmarcado por líneas naturales (línea del mar), administrativas (término municipal) y artificiales (carretera); pero el estudio de la zona hizo ver pronto, que el ámbito así definido no tenía sentido para los problemas de la marisma, por ejemplo, cuya existencia y funcionamiento dependía de superficies externas: el total de la cuenca vertiente y el propio medio marino, y en consecuencia de poco serviría un control a través del plan sobre el área propuesta, si no se controlaban a su vez las acciones en la cuenca vertiente —deforestación, urbanización, contaminación y erosión, por ejemplo— y en el propio mar el lavado de tanques de los petroleros o los accidentes de éstos. Asimismo, en la ordenación territorial de la zona del Mar Menor y su entorno[8], se hace dis-

[7] Diputación Provincial de la Coruña, 1981-82, Plan Especial de Protección de la Playa de Carnota y Marisma de Caldebarcos. EUSYA. Madrid (no publicado).

tinción entre área problema, área actuante y área programa, que se corresponden respectivamente con la zona donde se ubican los problemas a tratar, el ámbito espacial donde debe actuarse para resolverlos y los términos municipales responsables de esas actuaciones.

Esta diferenciación en ámbitos distintos se justifica, además, porque en el espacio cabe diferenciar múltiples categorías de regiones, dependiendo de la escala de trabajo, desde regiones supranacionales hasta inframunicipales, como corresponde a una organización vertical en sistemas y subsistemas presididos por lugares centrales de diferente rango que concentran población y actividad y conforman unidades espaciales de diferente rango.

La forma de aproximarse a la delimitación de regiones puede ser intuitiva e informal o sistemática y formalizada; la primera sólo resulta útil a gran escala y cuando se utilizan criterios históricos y políticos, pero a mayor detalle aparecen divisiones, subdivisiones y franjas frontera, que obligan a adoptar algún procedimiento formal[9]. Estos se suelen desarrollar en cuatro fases:

— Identificación de las variables que se van a utilizar: de conciencia regional, de funcionalidad y/o de homogeneidad.
— Adopción de una unidad básica o de análisis para la medida de las variables.
— Medida de esas variables en las unidades de análisis.
— Aplicación de una técnica de clasificación, diferente para regiones polarizadas y homogéneas.

La selección de la unidad de análisis es un problema delicado pues condiciona los resultados; una retícula superpuesta al territorio o las unidades administrativas menores (términos municipales) son las más frecuentemente utilizadas.

Los datos se suelen disponer en formato matricial y se representan sobre un plano a escala adecuada.

Los datos representados en mapas que reflejan la distribución espacial de las variables, permiten utilizar técnicas de superposición y análisis visuales cualitativos que facilitan la identificación de áreas homogéneas. Cuando los datos se encuentran en disposición matricial (figura IV.2), se pueden hacer agrupamientos mediante técnicas de estadística descriptiva y multivalente. Las más útiles para la identificación de regiones homogéneas son las técnicas de clasificación como Medidas de Similitud, Coeficientes de Correlación entre unidades, Coeficientes de Correlación de rangos de Spearman, Kendal o Hoeffding, Distancia Euclídea, Técnicas de «clustering» o Agrupamiento, Análisis Discriminante, Análisis Factorial, Polígonos de Thiessen, etc. Para la obtención de regiones polarizadas se pueden utilizar Grafos de Interacción, Cadenas de Markov, Análisis de Componentes Principales, Análisis factorial, Técnicas de «clustering», Modelos gravitacionales, etc.

---

[8] CEOTMA, 1981. Plan de Ordenación Territorial del Mar Menor (Murcia). (Doc. no publicado).

[9] Una descripción de las técnicas de regionalización puede verse en Haggett, P. (1976): *Análisis locacional en Geografía Humana*. G. Gil. Barcelona.

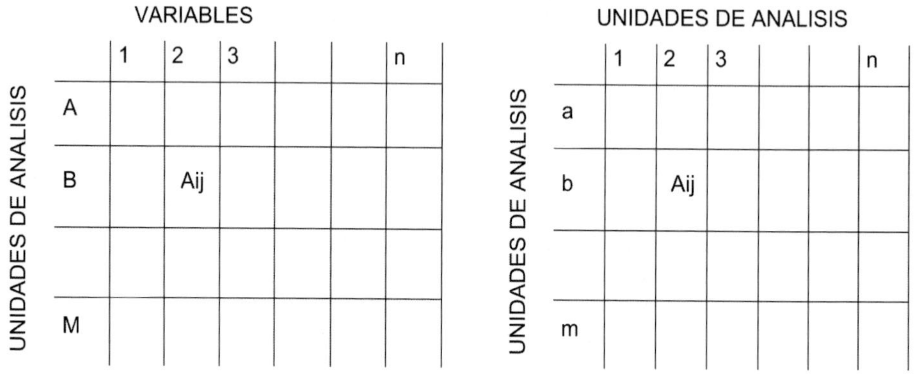

Aij: Medida de la variable j en la unidad i.

Aij:Medida de la interacción entre las unidades i y j: flujos de mercancías, viajes, etc.

Figura IV.2. *Disposición matricial de los datos para definir regiones homogéneas, en el primer formato, y polarizadas o funcionales, en el segundo.*

Un tipo interesante de regionalización es la que se basa en conflictos o problemas para identificar «áreas problema» que se adoptan como ámbito de planificación. Opera según los siguientes pasos:

1. Tipificación de los conflictos.
2. Búsqueda de indicadores para cada tipo de conflicto.
3. Medida de cada indicador y representación cartográfica.
4. Valoración de cada indicador para cada zona mediante una función de calidad o de transformación.
5. Modelo de agregación por zonas.
6. Agrupación de zonas similares.

1.3. La comarca como unidad de planificación

La comarca se adapta muy bien al enfoque integral que hace la ordenación del territorio porque constituye una síntesis de funcionalidad, polarizada hacia la cabecera comarcal y jerarquizada en varios niveles, y de homogeneidad, y porque cuenta con un alto arraigo popular en la mayor parte del país. A ello se une la complementariedad entre las actividades que suelen caracterizar a las comarcas en una región.

El argumento anterior se refuerza cuando se considera el papel que puede desempeñar la comarca en la organización territorial española en un momento en el que los municipios rurales tienden a reducir su población hasta límites inviables y hay que pensar en la siguiente entidad: la comarca polarizada en torno a la cabecera comarcal; así las modernas teorías municipalistas preconizan la comarca como unidad para organizar la administración local, la Constitución Española señala que «se podrán crear agrupaciones de municipios diferentes de la provincia» y existe el precedente (Decreto de 23 de septiembre de 1965 que aprobó el Plan de Ordenación de la Tierra de Campos) de creación del «Municipio Comarca»: fusión de municipios con población excesivamente dispersa y concentración de los servicios en los seleccionados.

La experiencia también demuestra que la adopción de la comarca como unidad de planificación, y posterior actuación, es más eficaz que las políticas sectoriales decididas desde instancias más altas. Este ha sido el enfoque tradicional en el medio rural, así el Servicio de Concentración Parcelaria y Ordenación Rural y su sucesor el IRYDA (Instituto de Reforma y Desarrollo Agrario) actuaban por comarcas[10]; Planes Provinciales planteó su política de selección de núcleos —cabeceras de comarca y núcleos de expansión— a nivel comarcal. La ordenación del territorio por planes insulares en los archipiélagos Canario y Balear es la aplicación de este enfoque al caso insular, etc.

En síntesis, se puede afirmar que la comarca por su arraigo histórico derivado de un primer asentamiento, ubicado en un lugar preciso y particular, que ha irradiado su influjo a un territorio, su número y tamaño que permite tratar los problemas a un nivel próximo al ciudadano, su inserción en provincias y regiones hacia arriba, su homogeneidad, su funcionalidad polarizada en torno a la cabecera comarcal y su complementariedad, permite vertebrar el territorio nacional y resolver los problemas hacia abajo en el nivel local; en particular es el ámbito más adecuado para aplicar el enfoque de ordenación territorial en la planificación del desarrollo rural.

1.4. Las áreas funcionales

Son territorios organizados en torno a un núcleo central con el que se producen fuertes interacciones (flujos de personas, información, mercancías...) y del que dependen. Las comarcas pueden constituir áreas funcionales, pero en ellas suele predominar la homogeneidad y sentido de pertenencia.

1.5. Las Cuencas hidrográficas

Las cuencas hidrográficas son unidades fisiográficas organizadas por el medio físico y, más concretamente, en torno al factor agua. Su funcionamiento unitario y características biofísicas las hacen muy adecuadas para diagnosticar, planificar y gestionar el medio físico y más concretamente, el ciclo del agua. Por estos motivos, se requeriría institucionalizar la gestión de dicho ciclo a través, por ejemplo, de Organismos de Cuenca o instancias similares mediante

---

[10] Consideraban la comarca como la unidad para «ordenar el territorio colonizado con vistas al régimen de vida y convivencia de la población». Leal García, A. (1968): *La transformación del medio rural a través de la puesta en regadío y de la colonización*. DGC y OR. Ministerio de Agricultura.

una Ley específica. Sin embargo, adoptarlas como unidades de ordenación territorial integral exigiría crear una Entidad Gestora que tuviera capacidad vinculante sobre todos los agentes públicos y privados implicados y de coordinación sobre todos. Esto supone una dificultad notable en países que están organizados desde el punto de vista político/administrativo/territorial en unidades con cierta tradición, identidad histórica, homogeneidad geográfica y sentido de pertenencia. En consecuencia, para compatibilizar el enfoque por cuencas correspondiente a la planificación del medio físico con el enfoque por unidades administrativas para la ordenación territorial, el mecanismo más adecuado consistiría en llevar las determinaciones del plan físico de la cuenca a las determinaciones de los planes de Ordenamiento Territorial de las unidades administrativas en aquellos ámbitos donde se superpongan la cuenca y las citadas unidades en cada uno de los niveles: nacional, departamental y municipal.

Esta idea tiene una gran tradición en España desde las Comunidades de Regantes, con origen en la Edad Media, hasta los actuales Organismos de Cuenca.

1.6. Síntesis

Como síntesis de todo lo dicho, que es fundamento, a su vez, de los epígrafes siguientes, aceptamos en esta obra:

- Que solamente tienen realidad objetiva las divisiones territoriales administrativamente definidas: provincia, partido judicial, municipio y comunidad autónoma.
- Que el territorio se organiza, sobre un soporte físico (medio físico) según una red formada por las entidades de población de diferente rango y por los canales de relación a través de los que intercambian personas, mercancías e información. En este esquema cada elemento tiene su función y resulta difícilmente clasificable en la sencilla dicotomía urbano y rural.
- Que el concepto genérico de región, y en particular el de comarca, es abierto y no tiene realidad objetiva, por lo que sus límites deben precisarse en función de unos objetivos, a partir de criterios de funcionalidad, homogeneidad y conciencia de pertenencia de la población a un espacio.
- Que el ámbito de un plan puede hacerse coincidir con las unidades territoriales administrativas o definirse por otro tipo de límites.
- Que la comarca, en tanto concepto relativamente definido y utilizado por diferentes organismos, puede adoptarse como unidad básica para organizar y ordenar el territorio, y en particular para la planificación del desarrollo en áreas rurales.
- Que la cuenca hidrográfica es otra interesante unidad de planificación y gestión integral del medio.
- Que se pueden definir unidades territoriales funcionales y adoptarlos como unidades básicas de ordenación territorial.

2. SOBRE DIAGNÓSTICO TERRITORIAL

El término diagnóstico se refiere al conocimiento e interpretación del sistema territorial al que se aplica a la luz de su evolución histórica y de su tendencia hacia el futuro en ausencia de intervención. La elaboración del diagnóstico implica conocer y entender cómo es y cómo funciona el sistema, qué problemas le afectan y de qué potencialidades dispone, con un nivel de detalle tal que permita tomar decisiones acertadas sobre él: garantizar su trayectoria tendencial, si se considera conveniente, o modificarla en caso contrario.

2.1. Importancia del conocimiento local

Un diagnóstico correcto requiere la colaboración entre los conocimientos y herramientas propios del campo de la ciencia y de la técnica, sin despreciar procedimientos diferentes al método científico, y los conocimientos locales, es decir los que tienen los ciudadanos que forman parte de la realidad que se diagnostica, adquirido por métodos más o menos intuitivos a través de una observación directa y continua determinada por la experiencia. Esto es así porque comprender el funcionamiento de cualquier sistema, no se consigue mediante la búsqueda de relaciones causa efecto u otras relaciones más o menos simples, lineales y modelizables, sino que se producen interrelaciones muy complejas cuyo conocimiento se adquiere de forma progresiva a lo largo de periodos dilatados de tiempo, por aquellos cuya supervivencia va en ello, que evolucionan con el sistema que los acoge, a un ritmo similar, y que llegan a aprehenderlo mediante el procedimiento de prueba y error. La información directa recogida mediante recorridos de campo es inevitable, pero se perfecciona con los conocimientos (más cualitativos que cuantitativos) y opiniones de la población local, insustituible para elaborar un diagnóstico certero del sistema.

2.2. Diagnóstico objetivo y perceptivo

Además de la aproximación técnica y científica al diagnóstico, presumiblemente objetiva, existe otra aproximación perceptiva, basada en la apreciación subjetiva de la realidad por los ciudadanos, los agentes y los actores sociales. En la medida en que progresivamente los procesos de toma de decisiones son más participativos y concertados, esta segunda aproximación acrecienta su importancia y resulta, generalmente, indispensable en la sociedad actual. En el sentido apuntado surge la idea de gobernanza, que denuncia la insuficiencia de la democracia representativa para una sociedad de la información y del conocimiento, y reclama su prolongación hacia una democracia participativa, en la que las decisiones trascienden a la clase política para inscribirse en los agentes sociales y, más allá, en el conjunto de la sociedad; para avanzar en esta idea, la gobernanza utiliza cinco principios básicos: apertura y transparencia de las instituciones públicas, participación de la sociedad, responsabilidad, eficacia y coherencia, cuya aplicación requiere un diagnóstico objetivo completado con otro basado en la percepción de los agentes sociales, administración, instituciones, asociaciones y particulares.

De acuerdo con lo anterior, tres aproximaciones informativas conforman el diagnóstico del sistema territorial: la científicotécnica elaborada por expertos internos *y externos* al ámbito diagnosticado, el conocimiento local de quienes están directamente implicados en el sistema y la percepción de la población y actores sociales.

2.3. Fases del diagnóstico

En esta obra se enfoca el diagnóstico del sistema territorial en dos fases sucesivas (figura IV.3): diagnósticos sectoriales, referidos a todos subsistema que conforman el sistema y diagnóstico integrado que proporciona la interpretación del conjunto.

Por otra parte, la elaboración de un diagnóstico pasa por tres tareas sucesivas, cuya elaboración combina la aproximación técnica objetiva, los conocimientos locales y la percepción de los agentes implicados; son las siguientes:

— Definir y delimitar el ámbito espacial al que se refiere.

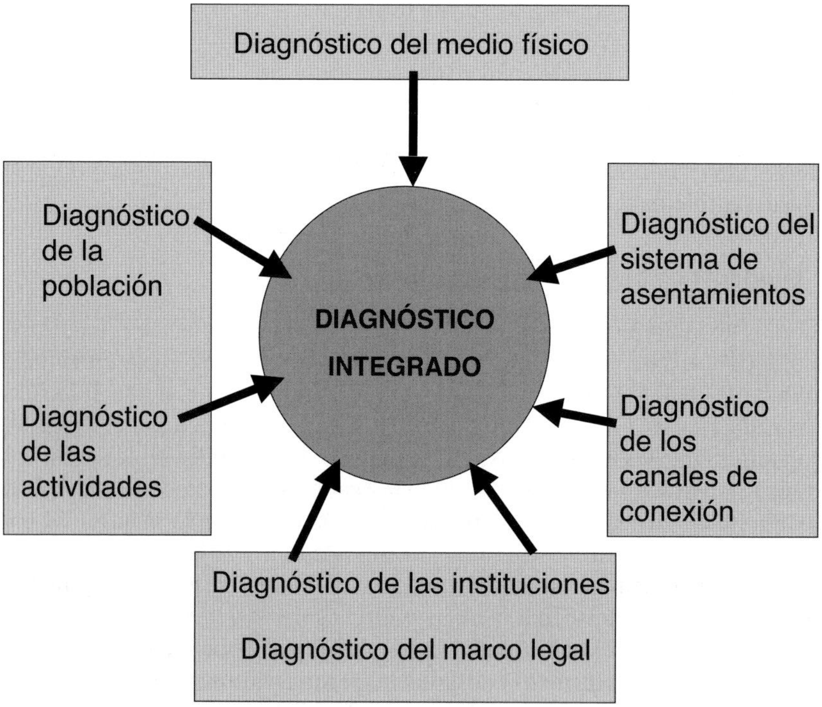

Figura IV.3. *Enfoque del diagnóstico: diagnósticos sectoriales e integrado.*

— Identificar la información relevante para el caso, recogerla y elaborarla para facilitar su tratamiento e interpretación; toda elaboración implica ya un cierto nivel de interpretación.
— Interpretar la información en función de los objetivos por los que se hace el diagnóstico.

Diagnosticar un sistema territorial consume mucho tiempo, personal cualificado y recursos de todo tipo, por lo que conviene realizarla de acuerdo con un plan; cada aspecto objeto de reflexión, comienza con el análisis previo de la bibliografía y fuentes documentales existentes, sigue con trabajo de campo, que alterna y se ayuda con la interpretación de fotogramas aéreos, teleimágenes u otras formas de teledetección, se perfecciona con la consulta a conocedores locales y a expertos de relevancia así como con la participación de los agentes sociales y de la población y, en ocasiones, concluye con la realización de muestreos, análisis de laboratorio, encuestas, etc. para atender a aspectos de detalle.

La finalización del diagnóstico constituye un hito tan importante en cualquier trabajo y con repercusiones tan evidentes en las propuestas del plan, que debe ser objeto de un proceso específico de participación y consulta a los «clientes» con la triple finalidad de verificar la interpretación que se hace, de ponderar la importancia relativa de las facetas que la forman y de explorar las posibles opciones o medidas a adoptar.

3. ANÁLISIS Y DIAGNÓSTICO DEL MEDIO FÍSICO

Por medio físico (del griego «physis»: naturaleza) se entiende el territorio y sus recursos en el más genuino y literal sentido de la palabra territorio: la tierra, la naturaleza más o menos transformada. Se trata de un sistema (figura IV.4) formado por los elementos y procesos del ambiente natural, tal y como se encuentran en un momento dado: el clima y el aire; los materiales, los procesos y las formas que adoptan tales materiales bajo la acción de dichos procesos; el suelo y el subsuelo; el agua; la biocenosis: vegetación y fauna, y sus relaciones con el hábitat que ocupan; los procesos activos y los riesgos de todo tipo: recarga de acuíferos subterráneos, erosión y sedimentación, procesos edáficos, ciclos de los materiales y de la energía, cadenas alimentarias, las formas antrópicas de aprovechamiento de los recursos naturales y de utilización primaria del suelo; el paisaje o manifestación externa de todo ello.

La figura IV.4 representa el significado del medio físico y la figura IV.5, describe la forma en que se relaciona con las actividades humanas; a partir de esta relación se derivan los criterios de sostenibilidad aplicables a dichas actividades; todo ello debe entenderse también como complemento a la explicación del modelo que ilustra el concepto de ordenación territorial descrito en el capítulo I.

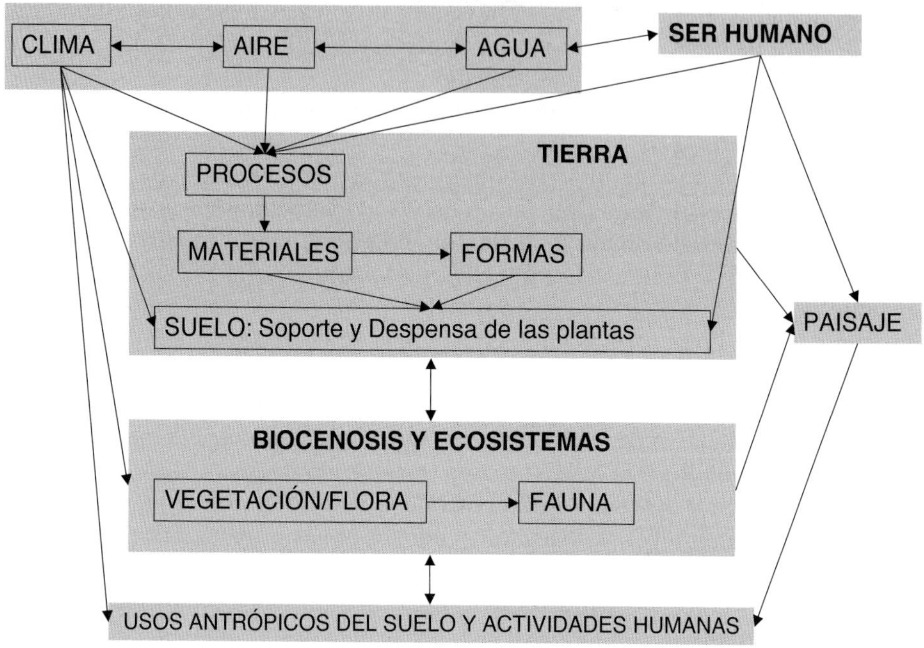

Figura IV.4. *Elementos y procesos que conforman el medio físico y las relaciones entre ellos.*

3.1. Papel del medio físico en la ordenación del territorio. Criterios ecológicos de sostenibilidad[11]

El papel del medio físico en la ordenación territorial se entiende en términos de relación con las actividades humanas; a partir de esta relación, es posible traducir las formulaciones abstractas del concepto de sostenibilidad a criterios técnicos medibles y controlables, según explica el razonamiento que sigue. Parte de la idea de que toda actividad se ubica necesariamente sobre un entorno físico natural, y se relaciona con él a través de lo que entra en la actividad (insumos o influentes), de lo que sale de ella (salidas o efluentes) y de los elementos físicos (edificios, instalaciones y espacios) que la forman; y ambos: medio físico y actividad han de formar un sistema armónico y funcional; en la medida en que la actividad esté integrada en su entorno físico natural será sostenible y contribuirá a la sostenibilidad del desarrollo. En este sentido, y de acuerdo con un modelo de tipo metabólico, toda actividad, se puede entender en términos de:

— Los insumos (influentes) que utiliza: agua, energía, recursos naturales, materias primas, mano de obra, etc.

[11] Este epígrafe se ha tomado del libro Gómez Orea, D. 2002. *Evaluación de Impacto Ambiental*. Ed. Mundi-Prensa, y se incluye para dar autosuficiencia a este libro.

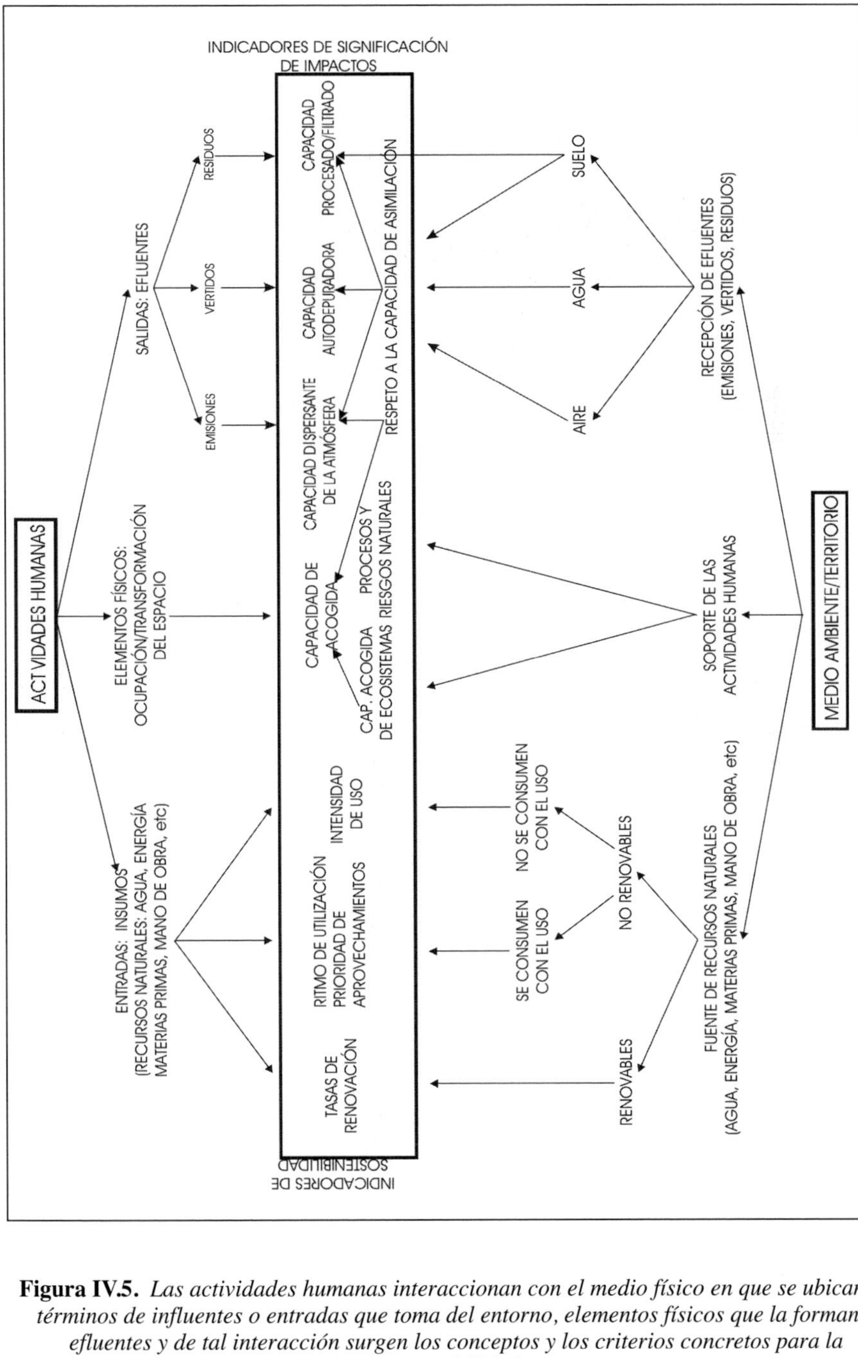

Figura IV.5. *Las actividades humanas interaccionan con el medio físico en que se ubican en términos de influentes o entradas que toma del entorno, elementos físicos que la forman y efluentes y de tal interacción surgen los conceptos y los criterios concretos para la sostenibilidad.*

— Los elementos físicos que la forman, los cuales ocupan y transforman un espacio: edificios, infraestructuras, terrenos, instalaciones y equipos de todo tipo.
— Los efluentes[12] que emite en forma de materiales (emisiones, vertidos, residuos) y energía.

Esta interpretación metabólica de la actividad, requiere que el *medio físico* en que se ubica cumpla tres funciones indispensables:

— *Fuente* de recursos naturales y materias primas que utilizará la actividad.
— *Soporte* de los elementos físicos que forman la actividad.
— *Receptor* de los efluentes que emite la actividad.

Todo punto del territorio cumple o puede cumplir, en mayor o menor medida, estas funciones y debe ser enjuiciado desde esos tres puntos de vista. A ellos hay que añadir otras funciones menos relevantes desde el punto de vista de la ordenación del territorio, pero importantes también: elemento de investigación científica y cultural, indicador de cambios ambientales, regulador del equilibrio natural (filtración de radiaciones cósmicas, amortiguación de fluctuaciones climáticas...), etc.

3.1.1. Nuevas funciones como recursos

Las tres funciones citadas se comportan como recursos naturales, porque cumplen la doble condición de utilidad y escasez. Se trata de la «oferta» que hace el medio físico al desarrollo, oferta que, a su vez, define —en positivo— las actividades *razonables* desde el punto de vista del territorio; la función «fuente de recursos y materias primas» sugiere las actividades a través de las cuales se pueden aprovechar dichos recursos, mientras las otras dos informan —en negativo— sobre las que serían tolerables por el medio.

3.1.2. Criterios ecológicos para la sostenibilidad[13]

Las interacciones entre la actividad y el territorio deben entenderse en términos de los seis conceptos citados en el modelo; una disposición como la que

[12] Son efluentes aquellas «producciones» inevitables que no tienen utilidad para nadie y, por ello, no disponen de mercado; se diferencian de los denominados subproductos en que éstos también se producen sin desearlo, pero son útiles para alguien que está dispuesto a pagar por ellos. Esta distinción es importante porque la gestión de ciertos efluentes puede requerir, legalmente, la intervención de un gestor autorizado, y porque pueden convertirse en subproductos con la aparición de nuevas tecnologías o a través de ciertos mecanismos como las denominadas bolsas de residuos: boletines en que los productores de efluentes anuncian de forma anónimas tal producción por si hubiera alguna actividad para la que el efluente fuera útil; en la medida en que surgen nuevas tecnologías y en que se incrementa la conciencia ambiental, aparece la idea de recursos de los residuos lo que da origen al interés de reciclar, reutilizar y recuperar.

[13] Se trata de una concreción de las llamadas Reglas de Daly (Daly, D., 1990 y 1991):
La tasa o ritmo sostenible de explotación de todo recurso renovable no puede superar su tasa de regeneración.

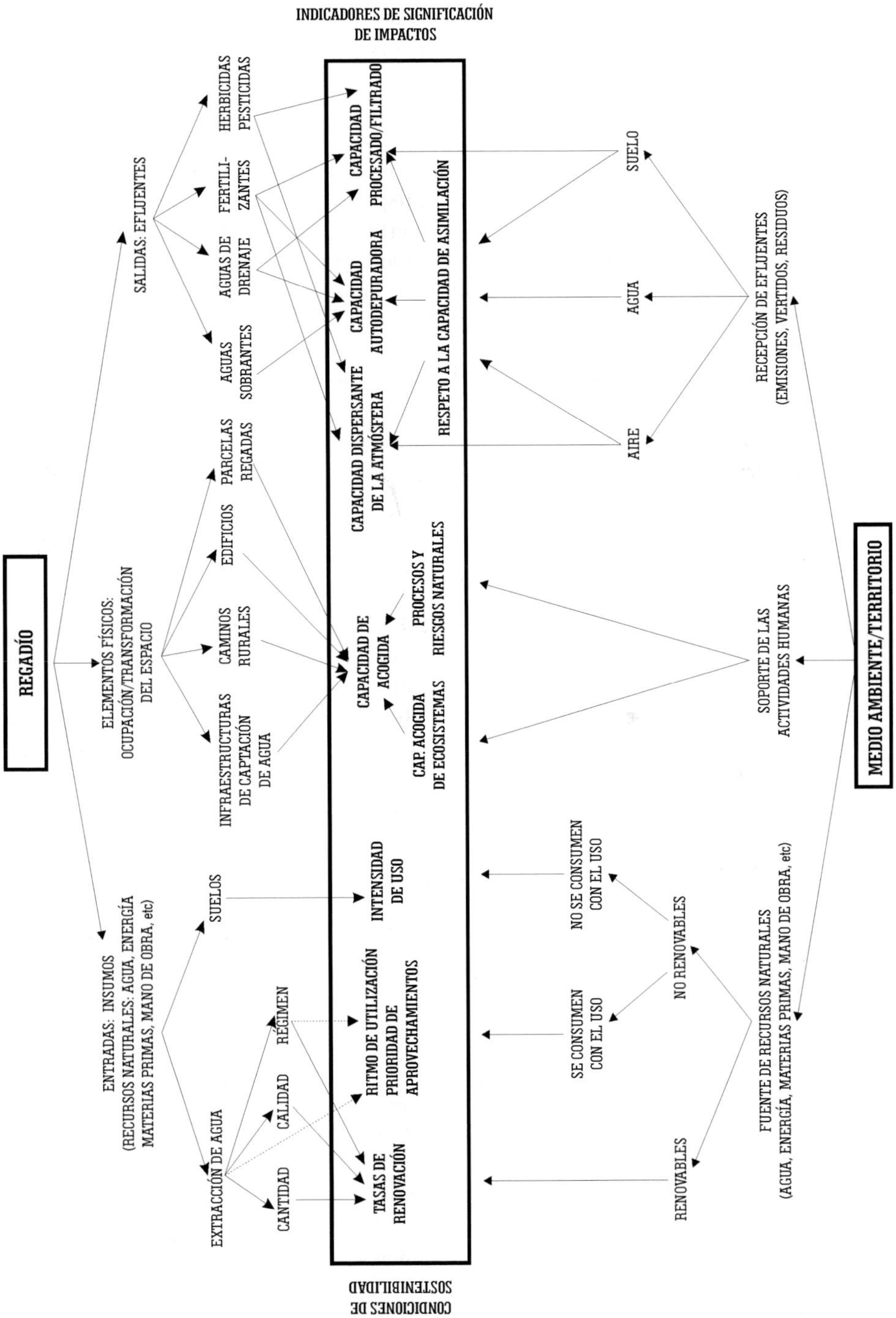

Figura IV.6. *Aplicación del esquema de la figura IV.4 a una actividad agraria, regadío.*

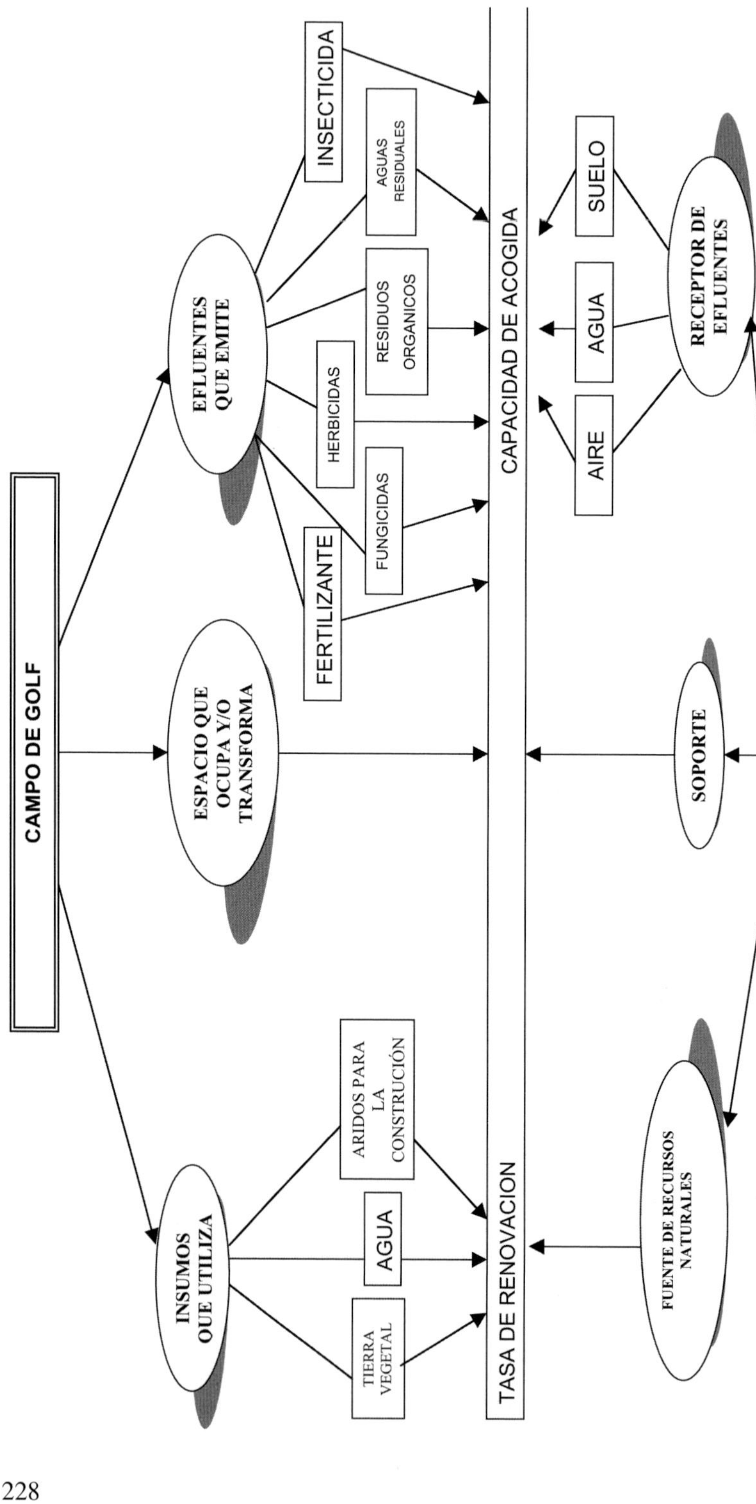

Figura IV.7. *Aplicación del esquema de la figura IV.4 a un campo de golf.*

señala la figura IV.5. ayuda a entenderlas y a concretar los criterios ecológicos de la sostenibilidad.

3.1.2.1. Los criterios de sostenibilidad derivados de la utilización de recursos territoriales

A los efectos aquí tratados, los recursos naturales existentes en el medio físico son de dos tipos: renovables y no renovables.

Los *recursos naturales renovables* son aquellos que se autorreproducen en unos determinados ciclos temporales y de acuerdo con unas determinadas tasas de renovación, las cuales marcan un límite a la extracción si no se quiere incurrir en sobreexplotación y, al final, agotamiento del recurso. Es el caso de los recursos biológicos: vegetales y animales, de los recursos edáficos de renovabilidad lenta generalmente, del agua contenida en un acuífero subterráneo con un flujo limitado de recarga, etc. El criterio de sostenibilidad para las actividades que utilizan este tipo de recursos, consiste en respetar sus tasas de renovación; así la capacidad biológica de reproducción de los recursos madereros, cinegéticos o piscícolas, constituyen el umbral por encima del cual el consumo agota el propio recurso; la extracción de agua de un acuífero subterráneo solo es sostenible si, por término medio, se hace por debajo de su recarga anual o interanual.

Para conocer las tasas de renovación de un recurso determinado hay que recurrir a la información bibliográfica que, generalmente, será insuficiente, debiendo complementarla con información directa; por otra parte, todo recurso forma parte de un ecosistema y está relacionado con otros a través de relaciones muy complejas, por lo que la información obtenida hay que interpretarla a la luz del conjunto, haciendo uso para ello de la denominada *prospección integrada* del medio (ver el epígrafe de este mismo capítulo dedicado a la Información del Medio Físico). Resulta muy útil, también, recurrir al conocimiento de la población local, que habiendo evolucionado con el ecosistema, dispone de información empírica obtenida por el procedimiento de prueba y error a lo largo de mucho tiempo; así la población local proporciona un tipo de información (que se puede denominar «osmótica» o «por empapamiento») difícil de explicar en términos científicos, la cual resulta insustituible para complementar el conocimiento científico y elaborar un juicio certero sobre la situación en que se encuentran los recursos y su renovabilidad.

Con frecuencia no se valoran suficientemente los conocimientos locales ni el acceso al conocimiento por procedimientos más o menos intuitivos y distintos del método científico. En efecto la comprensión del funcionamiento de los sistemas no se presta a la búsqueda rápida de relaciones causa efecto u otras

---

La tasa sostenible de explotación de todo recurso no renovable no puede ser superior a la tasa a la cual una fuente renovable sustitutiva puede ser aprovechada de forma sostenible.
La tasa sostenible de emisión de cualquier tipo de contaminante no puede superar la tasa a la cual puede ser reciclado, absorbido o esterilizado por el medio ambiente.

relaciones más o menos simples y modelizables, sino que se producen interrelaciones muy complejas cuyo conocimiento se adquiere de forma progresiva a lo largo de períodos dilatados de tiempo, por aquellos cuya supervivencia va en ello, que evolucionan con el sistema que los acoge, a su mismo ritmo, y que llegan a aprehenderlo mediante el procedimiento de prueba y error.

Gómez Orea, D. 1999

La ciencia moderna, para la que el hombre es un ser apartado del mundo natural, ha tenido un éxito extraordinario en la comprensión y manejo de los sistemas más simples. Sin embargo, esta visión del mundo no ha tenido éxito al enfrentarse a sistemas ecológicos complejos, que varían mucho en el espacio y en el tiempo, de forma que las generalizaciones a las que una ciencia positivista puede llegar tienen escaso valor práctico para abordar el uso sostenible de los recursos. La ciencia, cuyo objeto de estudio son las sociedades, ha tendido a simplificar la complejidad de los sistemas ecológicos, lo que ha originado una serie de problemas en relación con el agotamiento de los recursos y la degradación ambiental.

En este contexto, el conocimiento que las sociedades indígenas han acumulado a largo de los años, es de una importancia vital. Considerar que el hombre forma parte del mundo natural es la clave para el desarrollo de relaciones sostenibles con los recursos naturales básicos.

Gadgil *et al.*, 1993:151

Existen también los llamados *recursos fluentes* o renovables puros, cuyo origen esta en la energía solar: el viento, la energía de las mareas o la propia radiación solar directa, que se producen continuamente según un flujo que marca el umbral o límite para su aprovechamiento, pero que no se pueden agotar, y, aunque se pierden cuando no se utilizan, ello no merma las posibilidades de aprovechamiento futuro. Su condición de inagotables hace que no les sean de aplicación los criterios de sostenibilidad.

Los *recursos no renovables* son aquellos que no se autorreponen o lo hacen de forma extremadamente lenta; se pueden distinguir, a su vez, dos tipos:

1. Los que *se consumen* cuando se utilizan, como los minerales[14] y combustibles fósiles, cuya disponibilidad disminuye inexorablemente con el tiempo. El criterio de sostenibilidad para este tipo de recursos consiste en:
   - Utilizarlos dando prioridad a los aprovechamientos que admitan el *reciclado, la reutilización o la recuperación* de los recursos sobre aquellos que supongan un consumo definitivo de ellos.
   - *Jerarquizar* aquellos aprovechamientos en los que no es posible el reciclado o reutilización para dar prioridad a los más eficaces desde el punto de vista de la calidad de vida de los ciudadanos.
   - Respetar unos *ritmos* en su consumo. El ritmo a que puede ser consumido un recurso de este tipo tiene tres puntos de vista; primero,

[14] Conviene advertir sobre la gran cantidad de metales que se reciclan.

en el lenguaje de los economistas, el ritmo debe ser tal que de un margen de tiempo suficiente para la aparición de otro recurso y/o tecnología que lo sustituya antes de su agotamiento; segundo el ritmo ha de ser suficientemente lento para garantizar que las obras e instalaciones necesarias se localizan y diseñan de acuerdo con la capacidad de acogida del medio físico y que se realiza una gestión ambiental correcta de la explotación: es sabido que la rapidez es generalmente incompatible con una gestión responsable; tercero el ritmo se relaciona también con la capacidad de adaptación del medio a las nuevas condiciones impuestas por la explotación, a la sustitución de una dinámica por otra; a estos efectos, conviene señalar que el alto valor ecológico y paisajístico de muchos ecosistemas artificiales se explica porque se han generado de forma pausada, progresiva, a través de un largo proceso de adaptación.

2. Los que no se consumen cuando se hace uso de ellos; tienen generalmente carácter cultural: cuevas, puntos de interés geológico, yacimientos arqueológicos y paleontológicos, paisajes minerales o monumentos histórico artísticos. El criterio de sostenibilidad se asocia aquí al respeto a una intensidad máxima de uso: número de personas que pueden hacer uso de él por unidad de tiempo y de superficie, sin que se produzcan deteriores significativos en su cantidad y calidad[15]. Este concepto de intensidad, tiene una segunda interpretación, relacionada con la idea de congestión: el número de personas por unidad de tiempo y de superficie que puede hacer uso de un recurso paisajístico o cultural debe estar por debajo de la sensación de congestión para los visitantes, momento a partir del cual el recurso deja de ser atractivo, incluso, para ciertas personas, pierde la condición de recurso.

3.1.2.2. Los criterios de sostenibilidadad derivados de la función de soporte

Toda actividad necesita de un espacio o soporte físico que ocupa y transforma; en realidad toda actividad implica un uso del suelo y éste no es otra cosa que la adaptación de un espacio para las funciones de la actividad que sobre él se realiza; una finca agrícola es un espacio adaptado para la producción primaria, un polígono industrial es un espacio adaptado para la transformación de

[15] Las Cuevas de Altamira, por ejemplo, se encuentran actualmente cerradas al público porque la modificación de las condiciones de humedad y temperatura motivadas por una intensidad demasiado elevada de visitantes y los efectos directos de éstos estaba poniendo en peligro sus pinturas rupestres. Los gestores del Parque Nacional de Timanfaya en la isla de Lanzarote, tienen establecido un número máximo de visitas al día, por encima del cual los efectivos de que dispone no pueden controlar adecuadamente el comportamiento de los visitantes —los cuales manifiestan una extraña tendencia a apropiarse de fragmentos minerales—, hasta el punto de que esta capacidad de gestión se convirtió en un criterio efectivo para determinar la capacidad turística de la isla.

materias primas, y una carretera es un espacio adaptado para la circulación rápida y segura de vehículos automóviles. Por su parte el territorio, a través del cual se realiza la función de soporte, no es homogéneo, sino que se organiza en «unidades ambientales» (o espacios relativamente homogéneos cada uno de los cuales constituye la expresión externa de un ecosistema subyacente) y está afectado por todo tipo de procesos y riesgos, algunos de los cuales determinan poderosamente la localización de las actividades, como los de inundación, erosión, etc.; pues bien, las unidades ambientales y los procesos activos, definen el concepto de *capacidad de acogida* del territorio para las actividades humanas, concepto que define la relación entre los ecosistemas y las actividades expresada en términos de vocacionalidad, compatibilidad o incompatibilidad, y representa la concertación entre los dos elementos que intervienen en la dialéctica conservación-desarrollo: la aptitud o potencialidad y el impacto o fragilidad (ver figuras IV.8 y IV.9):

- *Aptitud*: medida en que el medio cumple los requisitos locacionales de una actividad. El concepto incluye los riesgos (inundaciones, movimientos del terreno, erosión, etc.) del medio para la actividad.
- *Impacto*: efecto de la actividad sobre el medio, dependiente de la fragilidad de aquél, y en consecuencia, de la homeostasia y resiliencia de los ecosistemas y de los recursos del medio físico.

También podría entenderse y expresarse esta función distinguiendo entre «capacidad de acogida de los ecosistemas» y «capacidad de acogida del territorio» La primera se deduce de los conceptos de impacto y aptitud explicados, mientras la segunda se forma añadiendo a aquella los riesgos naturales, tal como ilustra la figura IV.10.

El criterio de sostenibilidad para esta función viene definido por el respeto a la capacidad de acogida del territorio; en la medida en que la localización de las actividades de desarrollo se aproxime más o menos a ella se estará consiguiendo mejor o peor la coherencia con el territorio, la sostenibilidad, en suma. Como antes, el criterio de respeto a la capacidad de acogida es un objetivo de sostenibilidad al que se tiende, pero que no siempre es posible conseguir; en cualquier caso será tolerable una cierta desviación en la medida en que resulte justificada, sea conocida y esté controlada.

3.1.2.3. Los criterios de sostenibilidad derivados de la función receptora de efluentes

Toda actividad produce bienes deseados, subproductos y efluentes; efluente es aquello que se produce sin desearlo y que, por el momento no es útil para nadie; los efluentes se denominan emisiones cuando son gaseosos, vertidos cuando líquidos y residuos cuando sólidos; la función receptora del medio físico se produce a través de los denominados vectores ambientales, que son el aire, el agua y el suelo; a pesar de que la intuición puede indicar lo contrario, no existe correspondencia biunívoca entre emisiones, vertidos y residuos con los vectores aire, agua y suelo, respectivamente, antes bien la contaminación tiene

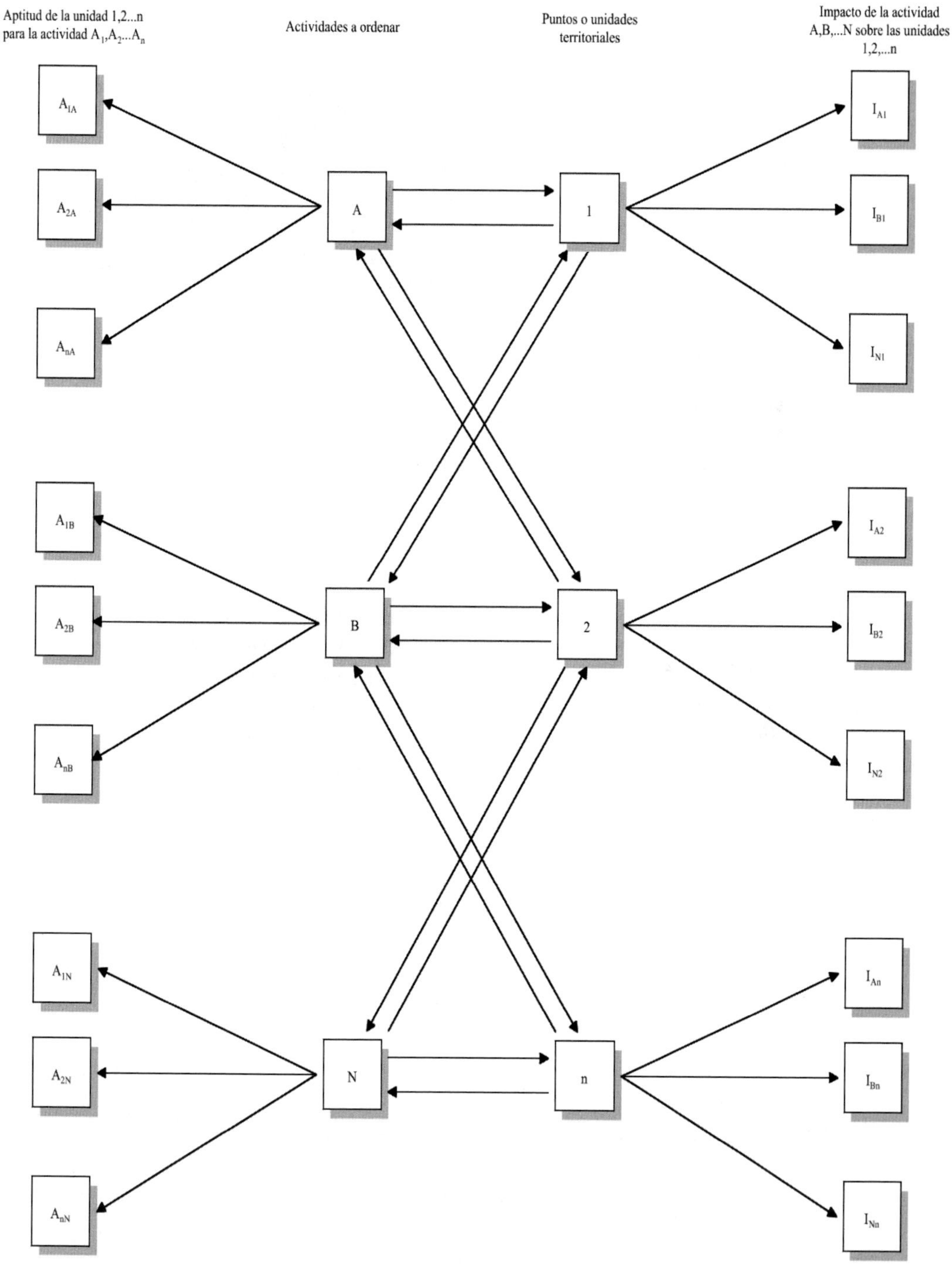

Figura IV.8. *Ilustración de los conceptos de Aptitud e Impacto.*

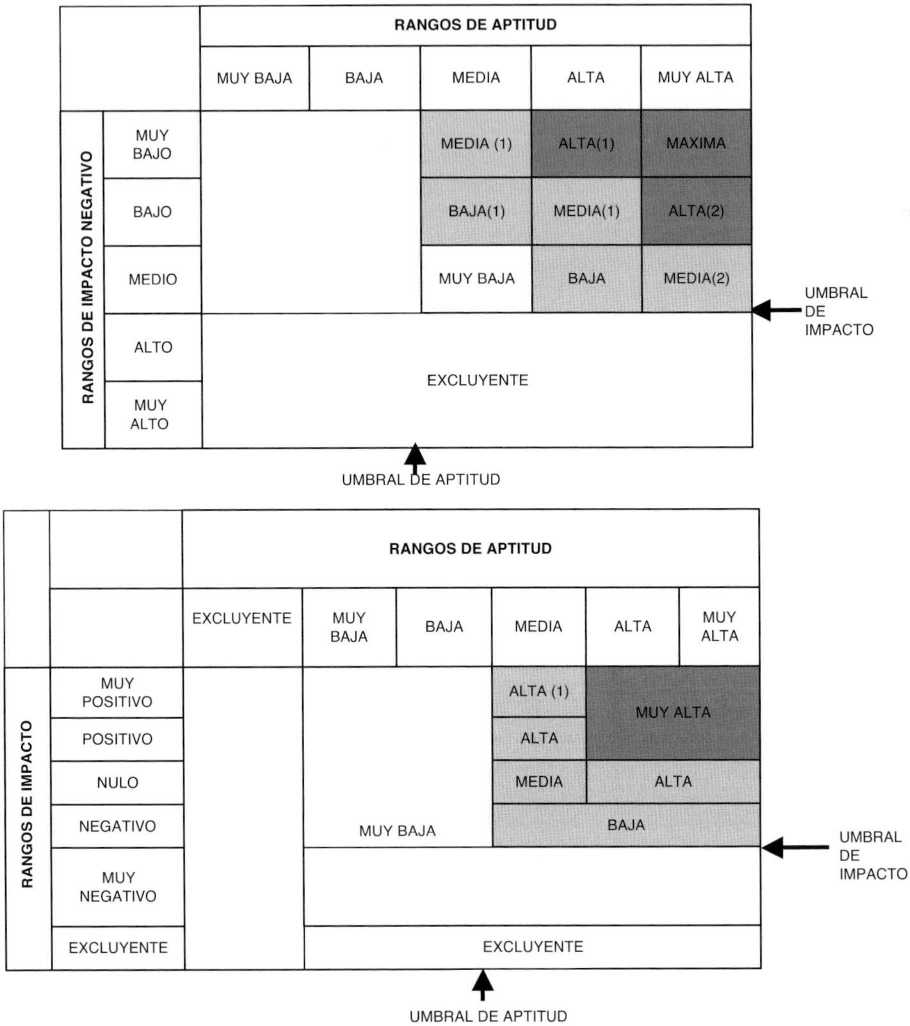

Figura IV.9. *Deducción de las clases de capacidad de acogida a partir de los niveles de aptitud e impacto.*

carácter intervectorial: las emisiones van primero al aire pero una parte considerable de ellas acaban en el suelo o en el agua, los vertidos emiten gases y depositan sedimentos (sólidos) y los residuos emiten, asimismo, gases y lixiviados (líquidos).

Los vectores ambientales, tienen una propiedad común: la *capacidad de asimilación* o medida en que pueden absorber vertidos sin consecuencias ambientales significativas; el criterio de sostenibilidad aquí vendrá marcado por el respeto a dicha propiedad. Entra así en juego el complejo fenómeno de la

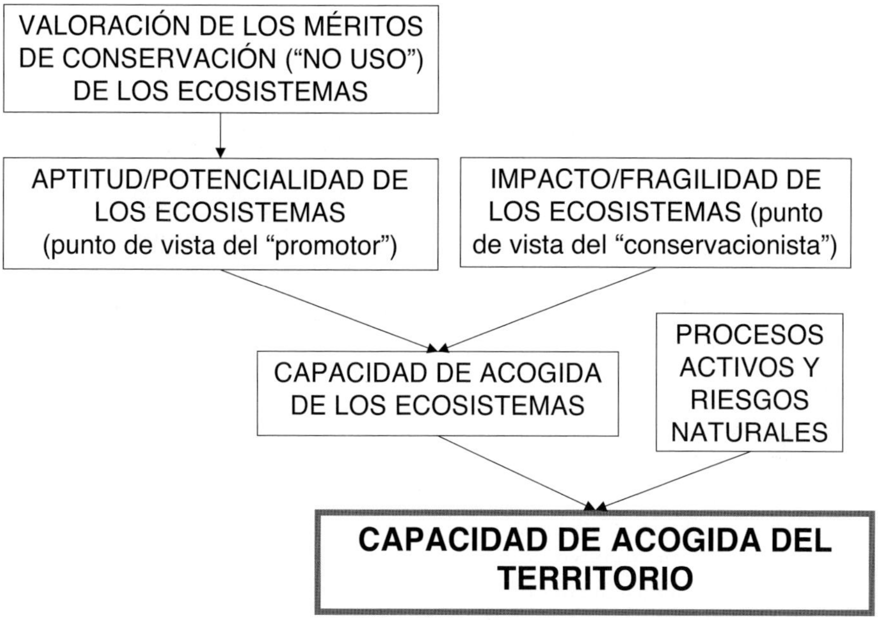

Figura IV.10. *Formación del concepto de capacidad de acogida.*

contaminación, que, más allá de la simple emisión, implica, al menos, cuatro procesos:

— *Emisión* o incorporación de un efluente al correspondiente vector.
— *Dispersión/dilución y transformación* del efluente en el seno del vector.
— *Inmisión* o nivel que queda en el vector. El concepto de *carga crítica* se aplica a la inmisión, entendiéndose por tal el umbral de concentración de un contaminante a partir del cual se producen efectos ambientales significativos.
— *Consecuencias* ambientales de los procesos anteriores, es decir efectos sobre el ser humano, el biotopo, la biocenosis o los bienes materiales.

En el caso del aire la relación entre emisión e inmisión se deriva de la *capacidad dispersante*, o potencial del aire para diluir y dispersar agentes contaminantes potenciales; se trata de una propiedad relacionada con la estabilidad de la atmósfera en una determinada zona, que depende, a su vez, de la frecuencia y dirección de los vientos, de turbulencias, de mezclado vertical, de la presencia de fenómenos de inversión térmica, de la frecuencia de nieblas, lluvias, etc. parámetros que se sintetizan en una matriz de estabilidad atmosférica.

En el caso del agua la capacidad de asimilación se asocia a la *capacidad de autodepuración* o capacidad del agua —en cualquiera de las formas en que se encuentre: ríos, masas, etc., en cuanto recurso, ligado, por tanto, a un uso, y en cuanto ecosistema— para procesar los vertidos que se le incorporen; esta facultad depende fundamentalmente de la cantidad de agua, del caudal en el caso de un río, del régimen —el régimen turbulento produce una gran aireación que contribuye mucho a la capacidad autodepuradora, mientras ocurre lo contrario en el régimen laminar—, de la renovación, etc. La carga crítica del vector agua distingue su función como soporte de vida: ecosistema o biotopo en el que se desarrolla una forma particular de biocenosis, y en cuanto recurso destinado a muy diferentes usos: doméstico, recreativo, agrario, industrial, etc.; en el primer caso la calidad del agua se asocia a la biocenosis que soporta, mientras en el segundo la calidad está vinculada a los requerimientos del uso; en ambos casos la calidad y la cantidad del agua son conceptos inseparables.

Por último el vector suelo es un medio lleno de vida con multitud de microorganismos, en el que se producen complicados flujos de interacción que le confieren un elevado papel de filtrado y de procesado para los elementos que se le incorporan; el suelo hace suyos dichos elementos y se beneficia de ellos hasta un cierto nivel; incorporar estiercol líquido al suelo, por ejemplo, debería ser interpretado como beneficioso, en términos generales, sin embargo se conoce la existencia de concentraciones de nitratos, nitritos, fosfatos e, incluso, metales pesados, por encima de las cargas críticas en zonas de concentración de actividades ganaderas intensivas, que ponen de manifiesto cómo una mala gestión de ese subproducto ha superado la capacidad de asimilación de este vector.

Las figuras IV.5 a IV.7 sugieren unas relaciones biunívocas entre los tres requerimientos de las actividades y las tres funciones paralelas del territorio; sin embargo la interacción es más compleja; la extracción de recursos naturales produce emisiones y requiere elementos físicos que utilizan la función receptora y de soporte respectivamente; la extracción de agua de un río debilita su potencial autodepurador, receptor por tanto; la ocupación de un terreno por los elementos físicos de las actividades impide la extracción de recursos, y la emisión de contaminantes a un cauce reduce su potencial de recurso. Ello no invalida lo dicho, solo lo perfecciona; como en otros casos, la figura y su explicación configuran un modelo, una imagen necesariamente simplificada de la realidad, que ayuda a entender el concepto abstracto de desarrollo sostenible, del que se viene usando de forma poco definida, trasladándolo a la sostenibilidad de las actividades que le dan cauce. Aunque hay que considerar otros aspectos, no sería desarrollo sostenible aquel que se apoyase en actividades que utilizasen los recursos naturales renovables por encima de su tasa de renovación, los no renovables por encima de unos ritmos o intensidades de uso determinados, distribuyese actividad en el territorio sin respetar su capacidad de acogida y emitiese contaminantes al medio por encima de la capacidad de asimilación de los vectores ambientales.

Estos conceptos, aunque abstractos, no son entelequias, sino que se determinan de forma suficientemente precisa mediante modelos manejados por especialistas. En ocasiones puede no conocerse su magnitud, pero, a efectos de la sostenibilidad de una actividad y de los impactos que genera, más importante que el dato es el espíritu, es decir la forma en que los proyectistas, gestores y decisores en general, plantean las actividades con flexibilidad suficiente para adaptarse a los criterios expuestos.

Todo lo anterior proporciona una magnífica base para la concertación de los agentes implicados en la gestión del desarrollo. Solo sobre la determinación de los parámetros aludidos será posible establecer acuerdos para el reparto del aprovechamiento posible de los ecosistemas, entendiendo que, como se dijo, las tres funciones enunciadas constituyen recursos indispensables para el desarrollo.

Según todo lo expuesto, la relación actividades-medio físico/territorio, puede ser entendida en términos de «oferta» y «demanda»: el territorio y sus recursos naturales constituyen la oferta, mientras las actividades a implantar por los agentes sociales, públicos o privados, determinan la demanda. La ordenación territorial ha de buscar la concertación entre ambas. El razonamiento puede ser enfocado desde dos puntos de vista, si no encontrados, sí dialécticamente contrapuestos, en cuanto representan opciones con muy diferentes intereses; se trata de dos puntos de vista muy contrastados, presentes en toda actividad ambientalmente conflictiva, que, en caricatura, podrían hacerse corresponder con el del «promotor/desarrollista» que razona en términos de la actividad, y el del «conservador/ecologista» cuyo punto de vista es el medio en el que aquella se ubica.

De los tres conceptos citados, la capacidad de acogida es el que tiene un sentido territorial más claro, por su carácter horizontal, síntesis de numerosas características y procesos del medio físico; las tasas de renovación y la capacidad de asimilación tienen carácter vertical en cuanto se asocian a elementos simples del medio.

3.2. Los objetivos del diagnóstico del medio físico

Al final el diagnóstico del medio físico pretende conocer cómo es y cómo funciona, que problemas le afectan y de qué potencialidad dispone este subsistema; más específicamente el diagnóstico del medio físico contiene aspectos descriptivos e interpretativos con los siguientes objetivos:

- Conocimiento de las *características naturales del territorio*: estructurales y funcionales, basado en un inventario de las mismas y una interpretación de su funcionamiento.
- Comprensión de las *formas en que se utiliza el territorio* y sus recursos naturales, incluyendo las degradaciones y amenazas que actúan sobre él.
- *Valoración del territorio*, en términos de méritos de conservación, basado en la excelencia, significado y función de los elementos y procesos que se dan en él.
- Estimación de la *potencialidad del territorio*, en términos de las oportunidades que ofrece, en cuanto recurso, soporte y receptor de desechos, para las actividades humanas.
- Estimación de la *fragilidad o vulnerabilidad* del territorio para dichas actividades.
- Conocimiento de los *riesgos naturales* que se dan en el territorio y sus implicaciones para las actividades humanas.

— Determinación de la *capacidad de acogida* del territorio para las citadas actividades.

A estos aspectos se pueden añadir las afecciones normativas que condicionan su uso y aprovechamiento, es decir, el estado legal del suelo.

La capacidad de acogida puede entenderse como una síntesis de los aspectos citados, y es el concepto final a partir del cual se integra el medio físico con el resto de los subsistemas para configurar el diagnóstico global del sistema territorial; depende, para cada punto del territorio —y para cada actividad— de su valor, potencialidad, fragilidad y riesgos naturales y está condicionada por las afecciones del suelo, las degradaciones y las amenazas existentes o previsibles.

Representa la capacidad de acogida de un punto genérico del territorio (o de la unidad operacional que se adopte), el uso que puede hacerse de él teniendo en cuenta tanto el punto de vista del promotor de la actividad que ese uso comporta, como el punto de vista social representado por la necesidad de conservar el medio. Por otro lado, junto con los recursos existentes determina el potencial del medio físico para el desarrollo.

Constituye la capacidad de acogida la expresión, en términos operativos, de lo que la estrategia Mundial para la Conservación denomina «evaluación de los ecosistemas» como paso previo a la utilización y explotación de los mismos. También resulta un concepto similar al que sirve de base a la denominada «cartografía ecológica» planteada en el segundo Programa de Acción en materia ambiental de la Comunidad Económica Europea.

3.3. Los bloques de información y diagnóstico

El estudio del medio físico se puede organizar en cuatro grandes bloques, que son (figura IV.11):

— Los elementos y procesos naturales del territorio en su situación y utilización actual.
— Las afecciones legales del suelo y previsiones de planificación territorial o sectorial.
— Un inventario de degradaciones existentes.
— Las amenazas derivadas de las previsiones y de las tendencias observables.

3.4. Opciones metodológicas para determinar la capacidad de acogida del territorio

3.4.1. Antecedentes metodológicos

Los modelos que se exponen aquí se inspiran en los antecedentes incluidos en el Apéndice 1 de este libro; se recomienda al lector la lectura atenta de aquellos antecedentes porque tienen interés en sí mismos y porque le ayudarán a entender mejor lo que se propone a continuación.

3.4.2. Modelos disponibles

Tal como se dijo, la aportación última y fundamental del análisis del medio físico al diagnóstico territorial, consiste en la determinación de la capacidad de acogida del territorio y su expresión cartográfica para cada una de las actividades a ordenar. El proceso que conduce a su determinación, engloba una estimación de las tasas de renovación anual e interanual de los recursos naturales renovables y de la capacidad de asimilación de los denominados vectores ambientales: aire, agua y suelo.

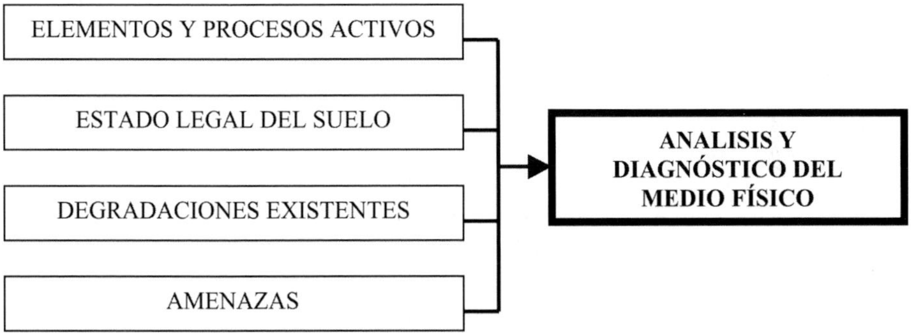

Figura IV.11. *Bloques informativos en el análisis y el diagnóstico del medio físico.*

Como se dijo, la capacidad de acogida expresa la relación actividades-territorio y proporciona un método para lograr la integración de ambos aspectos. Por capacidad de acogida del territorio para una actividad, se entiende el «grado de idoneidad» o la cabida de aquél para ésta teniendo en cuenta, a la vez, la medida en que el territorio cubre los requerimientos locacionales de la actividad y los efectos de ésta sobre el medio; indica y representa el mejor uso que puede hacerse del territorio teniendo en cuenta el punto de vista de las actividades que en él se pueden dar y el del medio; caricaturizando el tema, podría decirse que la capacidad de acogida concierta los puntos de vista del «promotor» y del «conservacionista», de la actividad y de su entorno. Representa la forma en que cada punto del territorio puede utilizarse en beneficio del hombre sin que sufra alteraciones inaceptables en sus características y valores.

Para representarla de forma fácilmente utilizable en la elaboración de un plan, se determina para unas unidades territoriales definidas bajo diversos criterios a las que se puede denominar *unidades de integración*, en cuanto integran en sus límites los diferentes aspectos que conforman la realidad territorial, o *unidades operativas u operacionales,* porque se adoptan como unidades de toma de decisiones en el diagnóstico y en las determinaciones del plan.

Resulta muy práctico, a efectos de una fácil y cómoda utilización de este importante concepto, expresar la capacidad de acogida del territorio para cada actividad, mediante un plano en el que se representan las unidades de integración /operativas, acompañadas por una tabla de doble entrada, a la que denominamos matriz de acogida; en una de las entradas de ésta, generalmente el encabezamiento de las filas, aparecen las unidades operacionales adoptadas y en la otra, generalmente columnas, las actividades a considerar en el plan. En las casillas de cruce se representa la capacidad de acogida de cada unidad territorial para cada una de dichas actividades, con diferentes términos: muy alta, alta, media, baja y muy baja o vocacional, compatible con limitaciones, compatible sin limitaciones e incompatible.

La figura IV.12 muestra un intento de sintetizar las diversas posibilidades existentes para la determinación de la capacidad de acogida. Cada uno de los caminos posibles expresados en ella, puede describirse en términos de un modelo/método para dicha determinación, los cuales pueden clasificarse así (ver figura IV.13):

- A. Sistemáticos:
  - A_1. Modelo impacto/aptitud:
    - A_{11}. Integración al final del proceso:
      - A_{111}. Manual: superposición de transparencias.
      - A_{112}. Informatizada.
    - A_{12}. Integración al principio del proceso.
  - A_2. Modelo de agregación de la capacidad de acogida por factores.
- B. No sistemáticos o empíricos.

3.4.3. Descripción de las opciones metodológicas

A continuación se describen sucintamente las opciones citadas sobre la referencia de la figura IV.12:

- *i. Inventario*. Todos los modelos comienzan con una fase de inventario que, con excepción de algunas matizaciones, viene a ser parecida en todos ellos, y se formaliza como indica un epígrafe posterior. El inventario incluye las afecciones del suelo, las degradaciones actuales, las amenazas y los riesgos naturales.

  A partir del inventario se abren dos caminos: integración inmediata de la información en unidades territoriales sobre las que se sigue el proceso, y no integración, en cuyo caso se progresa operando sobre los temas o factores de información para realizar la integración en una fase posterior.
- *ii. Integración al principio del proceso*. Esta integración se realiza definiendo unidades territoriales en función de criterios que varían según la finalidad del plan.
  - ii.1. Selección del tipo de unidad de integración. Esta vía se inicia decidiendo sobre el tipo de unidades de integración que se van a utilizar; estas pueden ser regulares, siempre que no deje huecos (retícula cuadrada —la más habitual— hexagonal, triangular, etc.) e irregulares, definiéndose, en este caso, por criterios de homogeneidad relativa o por criterios de relevancia de algún

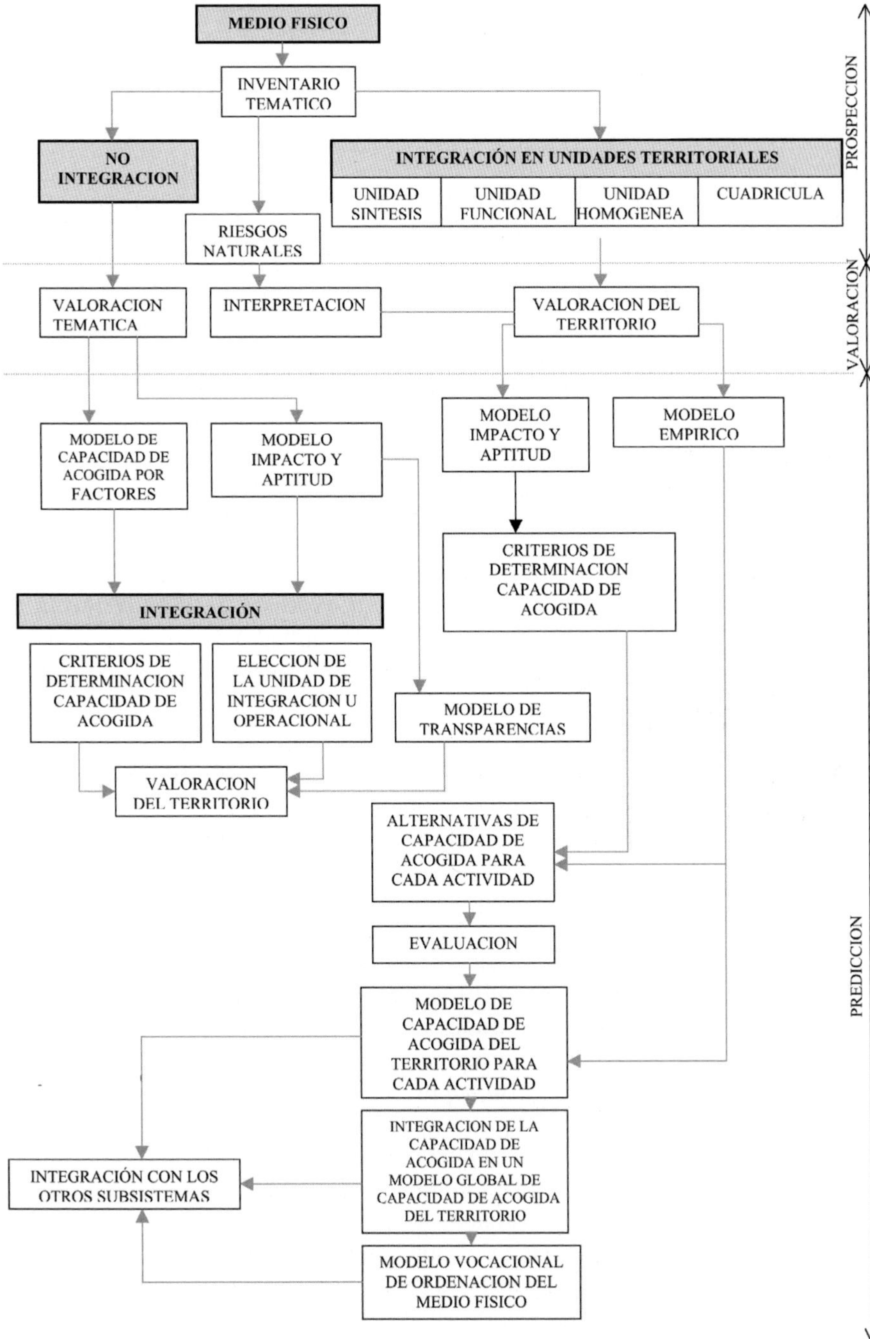

Figura IV.12. *Opciones metodológicas para determinar la capacidad de acogida del territorio.*

	Modelos sistemáticos	Modelos no sistemáticos
Integración al principio del del proceso	Modelo impacto/aptitud	Modelo empírico
Integración al final del proceso	Modelo impacto/aptitud	
	Modelo de capacidad de acogida por factores	

Figura IV.13. *Modelos disponibles para determinar la capacidad de acogida del medio físico.*

factor. Los riesgos naturales pueden tratarse de dos formas: representados mediante una trama que se superpone a las unidades de integración en las zonas a las que afecta el proceso de que se trate, o bien definiendo unas unidades de integración específicas para las áreas en que se den tales procesos; en cualquier caso intervienen en la capacidad de acogida.

ii.2. Valoración del territorio. Esta tarea, común para los dos modelos de esta opción, consiste en expresar de alguna forma los méritos de conservación de cada unidad definida y cartografiada; además, en caso de que los riesgos naturales se consideren superpuestos (y no como nuevas unidades) a las unidades de integración se hará una interpretación valorativa de sus méritos y/o de su función en términos estéticos, culturales, científicos, etc. A partir de aquí se abren dos posibilidades:

ii.2.1. Aplicación del modelo impacto/aptitud. Este modelo opera sobre los conceptos de impacto: efecto de una actividad sobre el territorio, y aptitud: medida en que el medio cubre los requisitos locacionales de una actividad. Se desarrolla en dos fases sucesivas:

ii.2.1.1. Formalización de matrices de aptitud y de impacto para cada unidad de integración.

ii.2.1.2. Fijación de criterios para determinar la capacidad de acogida y la determinación de ésta.

ii.2.2. Aplicación del modelo empírico. Este modelo se basa en la experiencia del equipo, de tal manera que supone un menor grado de sistematización que el resto de los que se exponen; se aplica confeccionando directamente una matriz de capacidad de acogida en la que se cruzan las unidades de integración y las actividades expresando su relación en términos de vocacional, compatible e incompatibles.

ii.3. Alternativas de capacidad de acogida. No siendo taxativa la determinación de la capacidad de acogida, cualquiera de los modelos que se describen pasa por esta fase, si bien en el modelo empírico es menos significativa que en los demás puesto que su propia elaboración, basada en la experiencia, incorpora, en cierto modo, la optimización que implica la evaluación de alternativas.

iii. *Integración al final del proceso*. Requiere la formalización de las siguientes tareas:

iii.1. Valoración. Esta fase se inicia con la identificación de los factores de inventario susceptibles de valoración y termina con la valoración de las clases inventariadas de cada uno de ellos; ésta puede consistir en una simple ordenación por rangos de mayor a menor mérito de conservación. Realizada esta tarea se abren dos posibilidades:

iii.2. Aplicación del modelo impacto/aptitud. Tal aplicación admite dos modalidades:

— superposición de transparencias.

— tratamiento informático.

En ambos casos pasa por dos fases:

iii.2.1. Formalización de matrices de aptitud y de impacto para cada elemento de inventario, coincidente para las dos modalidades citadas.

iii.2.2. Traducción a soporte transparente y superposición, en el caso de las transparencias, y fijación de criterios para determinar la capacidad de acogida de cada unidad de integración que se adopte, en el caso de tratamiento informático.

iii.3. Aplicación del modelo de capacidad de acogida por factores. Se formaliza también en dos fases:

iii.3.1. Confección de las matrices de acogida que relacionan las clases inventariadas para cada elemento considerado con las actividades.

iii.3.2. Fijación de criterios para determinar la capacidad de acogida de las unidades territoriales que se adopten.

iii.4. Integración. Esta fase, común para las dos opciones, consiste en:

iii.4.1. Definir la unidad territorial sobre la que se realizará la integración; ésta cumple el papel asignado en la vía anterior a las unidades de integración. Dicha unidad puede ser una cuadrícula superpuesta al territorio y apoyada en las coordenadas geográficas u otro tipo de recinto irregular.

iii.4.2. Aplicación de los criterios establecidos en la última fase de cualquiera de los dos modelos.

iii.5. Valoración del territorio. Esta fase consiste en agregar sobre cada unidad de integración definida los valores atribuidos a las clases inventariadas de cada factor en la fase 3.1. de esta vía.

iii.6. Alternativas de capacidad de acogida. En esta fase confluyen ambos caminos; las alternativas se justifican porque la determinación de este concepto, como se ha dicho, puede variar según el rigor más o menos conservacionista que se adopte.

iv. *Capacidad de acogida del territorio para cada actividad.* Un proceso de evaluación, más o menos convencional, permitirá establecer definitivamente la capacidad de acogida de cada unidad de integración para cada una de las actividades a ordenar.

v. *Integración de la capacidad de acogida por actividades,* para obtener un modelo global de capacidad de acogida del territorio. Consiste esta tarea, común para todas las vías descritas y representadas en la figura IV.12, en expresar para cada unidad de integración su capacidad de acogida en términos de vocacional, compatible, con o sin limitaciones, e incompatible; resulta cómodo representarla mediante una tabla o matriz de capacidad de acogida en la que se cruzan las unidades de integración con las actividades a regular/ordenar en el plan. Si esta tabla se dispone como leyenda del mapa de unidades de síntesis, tendremos representado un modelo global de capacidad de acogida del territorio.

vi. *Modelo vocacional de utilización del medio físico.* Formalizada la tarea anterior puede considerarse acabado el análisis del medio físico y proceder a su integración con el resto de los subsistemas que conforman el sistema territorial. Sin embargo es posible, y muchas veces necesario, dar un paso más que consiste en definir un modelo, que podríamos llamar endógeno o vocacional, de utilización del medio físico. La forma más sencilla de éste consistiría en atribuir a cada unidad de integración la actividad para la que arroja mayor capacidad de acogida y aquellas otras que resultan compatibles con ella. En ocasiones, en función de la demanda, pueden asignarse actividades a unidades territoriales con capacidad inferior a la máxima, si bien superando siempre un umbral mínimo de salvaguarda.

El modelo ideal que atribuyese a cada punto del territorio el uso y aprovechamiento vocacional puede ser traducido a empleo y población, sin más que aplicar unas tasas de empleo a cada unidad y traducir estos a población, definiendo así un escenario óptimo de ordenación territorial (ver capítulo V, punto 3).

3.5. Relación, tipología y definición de las actividades a ordenar en el plan

Se ha dicho que la capacidad de acogida pretende integrar las actividades con el medio; paso previo para ello será la definición de aquellas actividades que deban ser objeto de ordenación y regulación en el plan.

3.5.1. Las actividades a considerar

Estas pueden darse en la actualidad o no darse, pero estar expectantes en el territorio porque existan recursos —naturales, humanos o construidos— inexplotados, por la presencia de aptitudes de la población no aprovechadas o porque haya promotores dispuestos a invertir en actividades no existentes; a ellas hay que añadir las derivadas de las previsiones establecidas por los niveles administrativos superiores de decisión, particularmente aquellas que se intenta favorecer mediante ayudas técnicas, financieras o de gestión (figura IV.14).

La relación de actividades a considerar en el plan es un punto que exige la consideración conjunta de los cuatro subsistemas que conforman el sistema territorial. Constituye un hito que requiere gran atención porque, de un lado, las actividades humanas son el objeto central del plan: se trata precisamente de ordenar las actividades en el espacio, y de otro, porque el tipo de actividades a considerar refleja y va a ser determinante en el estilo de desarrollo que implica el plan.

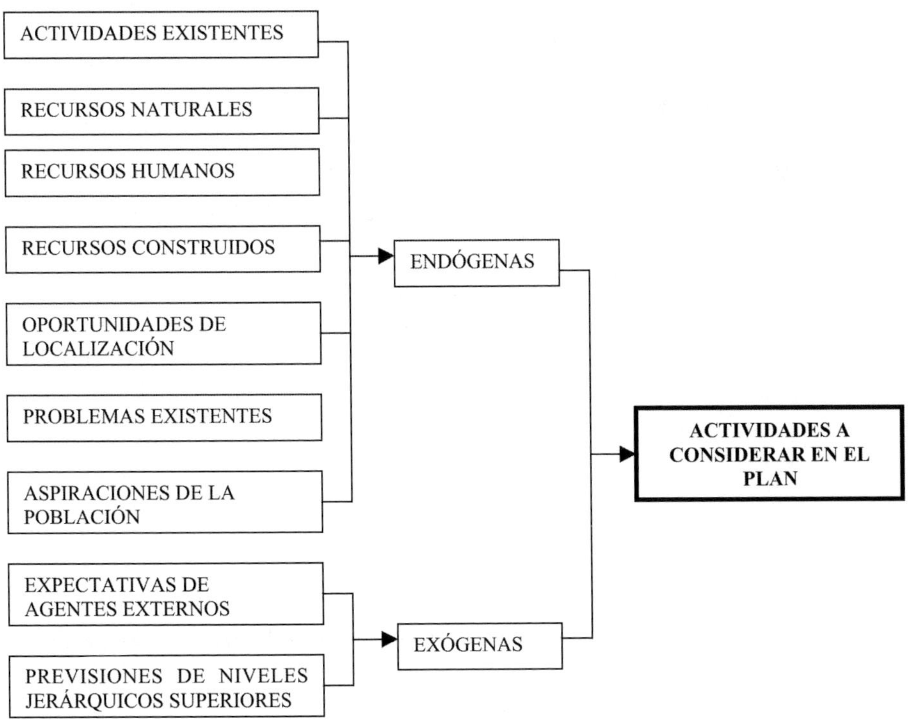

Figura IV.14. *Deducción de las actividades para las que se determina la capacidad de acogida del territorio.*

3.5.2. Relación de actividades

La relación de actividades que se da a continuación es sólo orientativa, debiendo ser ajustada para cada caso particular y se puede organizar de la siguiente manera:

A. Conservación y regeneración de la naturaleza

Preservación estricta. Mantenimiento de la situación actual y su evolución sin intervención humana o intervención mínima y de carácter estrictamente científico o cultural. Las zonas a que se aplique serían dignas de que se les otorgue alguna de las figuras más restrictivas de la Ley 4/1989, de 27 de marzo, de Conservación de Espacios Naturales y de la Flora y la Fauna Silvestre.

Conservación activa. Continuidad del uso actual, mantenimiento indefinido de las condiciones de uso y explotación tradicionales que se vienen realizando, siempre con la participación activa del hombre.

Regeneración del ecosistema y/o del paisaje. Tratamientos culturales capaces de reconducir la zona a que se aplique a su situación primigenia o a otros estados de equilibrio supuestamente más valiosos. Esta regeneración puede adoptar formas distintas según la casuística particular de las unidades a que se asigne (podas selectivas, pastoreo controlado, limpieza, eliminación selectiva de la vegetación, tratamiento de plagas y enfermedades, etc.) pudiendo especificarse éstas en el propio plan o dejarlo al criterio del responsable en la fase de ejecución.

Actividades científico culturales. Utilización del medio para experiencias e investigación de tipo científico, visitas de difusión de conocimientos en orden a la cultura de masas e iniciación a la naturaleza. Incluye los edificios, equipos e instalaciones (laboratorios, aulas, elementos de observación, etc.) necesarios.

Repoblación forestal: bosque protector. Plantación o siembra de especies arbóreas seleccionadas por criterios ecológicos y/o paisajísticos, pasando los productivos a un segundo plano. No significa que los espacios a que se asigne esta actividad se sustraigan al aprovechamiento económico, sino que éste queda supeditado a la conservación de la naturaleza y del paisaje. Puede considerarse esta actividad como un caso particular de la regeneración del ecosistema o del paisaje.

B. Esparcimiento y deportes al aire libre

Excursionismo y contemplación. Actividad de tipo extensivo que implica el simple tránsito peatonal, que no requiere, o sólo de pequeña envergadura, infraestructuras o acondicionamiento para su práctica: pasos sobre arroyos, tramos de sendas, miradores, etc., que se presumen cuidadosas e integradas en el paisaje.

Recreo concentrado. Adaptación de un espacio localizado para actividades recreativas concentradas de distinto tipo, dotándolo con equipos de pequeña entidad: mesas, bancos, barbacoas, fuentes, servicios sanitarios, juegos de niños, papeleras, crematorio de basuras, alguna edificación de pequeña entidad para el servicio de la zona.

Camping. Instalaciones fijas con dotaciones y servicios variables en función de su categoría, que exigen una fuerte adaptación y alteración directa del medio y suponen presión sobre su entorno.

Baño y actividades náuticas. Incluye no solo la práctica de estas actividades, sino también el necesario acondicionamiento de terrenos anejos en la ribera.

Caza. Práctica de esta actividad de acuerdo con la reglamentación, nacional o autonómica, que la regula.

Pesca. Práctica de esta actividad de acuerdo con la reglamentación, nacional o autonómica, que la regula.

Motocross, trial. Práctica de estos deportes sobre terrenos o circuitos acondicionados para ello, incluyendo el propio acondicionamiento.

Circulación campo a través con vehículos todo terreno. Práctica de esta actividad sobre espacios no acondicionados.

C. Actividades agrarias

Recolección de especies aromáticas y/o medicinales. Recolección manual de este tipo de plantas.

Recolección de hongos y setas. Recolección manual de estas especies.

Agricultura extensiva de secano. Además del laboreo y otras prácticas de cultivo, esta actividad incluye la construcción de los edificios e instalaciones ligados a la explotación.

Agricultura de regadío. Incluye todas las obras e instalaciones necesarias a esta actividad (acequias, caminos, depósitos de agua, etc.) así como los edificios ligados a la explotación agraria.

Huertos familiares y/o metropolitanos. Se trata de un especial tipo de agricultura de regadío en parcelas muy pequeñas, con finalidad de autoconsumo y/o de ocio para el usuario.

Invernaderos. Instalaciones fijas bajo cubierta de vidrio o plástico para cultivo forzado.

Pascicultura. Preparación del terreno, incluyendo instalaciones de control, albergue y manejo del ganado, así como el pastoreo y los cuidados culturales para su práctica.

Edificaciones ganaderas. Edificaciones e instalaciones para la cría de ganado en cautividad.

Repoblación forestal: bosque productor. Repoblación forestal con las especies más adecuadas desde el punto de vista de la producción maderera y su ordenación de acuerdo con el principio de «producción sostenida».

Edificaciones ligadas a la explotación agraria. Edificios destinados al almacenamiento de productos, materiales o maquinaria de la explotación así como los necesarios para otros servicios de la misma.

Vivienda rural. Edificación destinada a las personas directamente ocupadas en los trabajos de la explotación.

D. Urbanización

Urbanización institucional. Edificaciones aisladas de tamaño relativamente grande en amplios espacios abiertos, destinadas a albergar instituciones públicas o privadas: hospitales, universidades, colegios, cárceles, etc. Se supone resuelta la eliminación de las aguas residuales mediante algún tipo de tratamiento.

Urbanización dispersa en parcela grande. Viviendas unifamiliares en parcelas de tamaño superior a ...... m^2 y contiguas. En cuanto urbanización se les supone dotadas de las instalaciones necesarias de saneamiento y depuración de aguas residuales.

Urbanización dispersa en parcela pequeña. Viviendas unifamiliares aisladas en parcelas de tamaño entre ..... y ..... m^2, con instalación de saneamiento y depuración de aguas.

Urbanización de media densidad. Viviendas unifamiliares aisladas en parcelas inferiores a ..... m^2. u otro tipo de urbanización en que al menos quede libre de edificación, de viario y otros usos que impermeabilizan, el 50 por 100 del terreno.

Urbanización de alta densidad. Cualquier urbanización que suponga mayor densidad u ocupación del suelo que en el caso anterior.

E. Actividades industriales

Polígonos industriales. Terrenos urbanizados para localización industrial, incluyendo esta.

Industria pesada aislada. Industria con edificaciones de distinto tipo que ocupa la práctica totalidad del espacio afectado, con posibilidad de emitir vertidos sólidos, líquidos y gaseosos.

Industria limpia. Se asimila a la urbanización de media o alta densidad a la que puede acompañar.

Industria extractiva. Incluye todo tipo de extracción de materiales útiles del subsuelo, tanto por métodos subterráneos o de interior como de superficie o a cielo abierto, así como las instalaciones necesarias (plantas de tratamiento, naves, etc.).

F. Infraestructuras

Autopistas. Por tal se entiende en este documento lo que define como tal la vigente Ley de Carreteras; solamente se indica que requieren cerramiento en toda su longitud.

Autovías. Idem caso anterior, indicando que no es preceptivo su cerramiento.

Carreteras. Según definición de la Ley de Carreteras

Pistas forestales. Vías rurales para extracción de la madera de los bosques

Líneas aéreas de conducción eléctrica, telegráfica o telefónica. Tendido aéreo de cables soportados por postes o torres anclados en el terreno.

Repetidores de televisión y otras instalaciones puntuales de comunicación. Artefactos muy conspicuos y visibles generalmente, aunque no siempre, anclados en zonas culminantes del territorio.

Embalses. Presa y almacenamiento de agua en cerradas artificiales.

G. Deposición de residuos

Escombreras. Acumulación controlada de residuos sólidos inertes, procedentes de derribos, desmontes, vaciados, tierras sobrantes o inertes procedentes de la minería o de la industria.

Vertedero de residuos urbanos. Acumulación controlada de residuos procedentes de basuras domésticas y de composición heterogénea.

Vertidos peligrosos. Vertidos de procedencia industrial de tipo tóxico o peligroso.

Cementerios. Inhumación de cadáveres humanos; incluye instalaciones propias de este tipo de equipamiento: crematorio, capilla, etc.

3.6. La fase de prospección. Inventario del medio físico

El inventario consiste en el análisis y cartografía de los elementos y procesos del medio físico; se trata de una fase común a todas las opciones metodológicas descritas. No obstante admite ciertas variaciones en función del camino a seguir: si la integración se realiza al principio del proceso resulta aceptable la utilización de grados de detalle y escalas distintas para cada factor o tema de inventario, pues la fuerte interacción de conocimientos que va a exigir la definición y cartografía de las unidades de integración desplaza a un segundo plano los inventarios sectoriales; es sobre las citadas unidades donde debe aquilatarse la escala y precisión del inventario. Por el contrario cuando la integración se realiza en una fase posterior del proceso, resulta imprescindible utilizar escalas y nivel de detalle homogéneos en los inventarios sectoriales, a fin de que resulten comparables las predicciones de cada uno de ellos(matrices de impacto, de aptitud o de capacidad de acogida) que deben integrarse después.

No se van a describir aquí con detalle los elementos y procesos a considerar en el análisis del medio físico, tan sólo se hará una relación de los más comúnmente considerados, las variables descriptivas o atributos que deben acompañar su información y unas precisiones sobre su papel en la ordenación territorial.

La relación que se da se organiza en niveles, de los cuales el tercero es el principal, y los conceptos comprendidos en él deben ser objeto de representación en mapas; las variables en que podría descomponerse este nivel tienen carácter descriptivo respecto a los conceptos allí incluidos. La relación que se da a continuación, es sólo orientativa, debiendo ajustarse a cada caso particular[16].

1. Medio inerte:
    1.1. Factores climáticos:
        1.1.1. Indices bioclimáticos y/o de aptitud climática.
        1.1.2. Capacidad dispersante de la atmósfera.
        1.1.3. Confort climático.

[16] Puede completarse esta relación con la que se da en Gómez Orea, D. 1999. *Evaluación de Impacto Ambiental*. Ed. Mundi-Prensa y Agrícola Española. Madrid. Capítulo X.

1.1.4. Régimen de radiación: recursos energéticos.
1.1.5. Régimen de vientos: recursos energéticos
1.1.6. Microclimas.
1.2. Aire:
1.2.1. Calidad del aire: contaminación.
1.2.2. Niveles de ruido.
1.3. Agua:
1.3.1. Localización, régimen, calidad y tasa de renovación: ríos, embalses, fuentes, manantiales, etc.
1.3.2. Areas de recarga.
1.3.3. Vulnerabilidad a la contaminación.
1.3.4. Capacidad de autodepuración.
1.4. Materiales, formas y procesos del medio inerte:
1.4.1. Morfología del terreno, pendientes.
1.4.2. Litología. Recursos minerales.
1.4.3. Procesos geodinámicos internos: vulcanismo, sismicidad, diapirismo.
1.4.4. Procesos geodinámicos externos: movimientos de ladera, hundimientos, avenidas, expansividad, erosión/sedimentación, etc.
1.4.5. Erosionabilidad.
1.4.6. Recarga y vulnerabilidad a la contaminación de los acuíferos subterráneos.
1.4.7. Condiciones constructivas de los terrenos.
1.4.8. Patrimonio geológico, recursos culturales.
1.5. Aptitud de los suelos para la agricultura:
1.5.1. Tipos de suelos.
1.5.2. Clases agrológicas.
2. Medio biótico:
2.1. Vegetación:
2.1.1. Unidades de vegetación natural actual.
2.1.2. Unidades de vegetación natural potencial.
2.1.3. Unidades de vegetación artificial.
2.1.4. Elementos singulares.
2.2. Fauna:
2.2.1. Unidades/hábitats faunísticos.
2.2.2. Rutas migratorias y puntos de paso.
2.2.3. Elementos singulares.
3. Medio perceptual: paisaje:
3.1. Paisaje intrínseco:
3.1.1. Unidades de la base paisajística.
3.1.2. Elementos sobresalientes.
3.2. Potencial de visualización:
3.2.1. Unidades de visualización.
3.2.2. Puntos singulares.

3.3. Incidencia visual.
    3.3.1. Unidades de incidencia visual.
    3.3.2. Puntos singulares.
3.4. Recursos científico-culturales.
    3.4.1. Lugares o monumentos histórico-artísticos.
    3.4.2. Yacimientos arqueológicos.

3.6.1. Factores climáticos

El conocimiento del clima tiene varias formas importantes de aplicación en la ordenación del territorio:

- Como indicador de las condiciones ambientales en general: índices bioclimáticos y/o de aptitud bioclimática, microclimas especiales, etc.
- Como condicionante de la localización: capacidad dispersante de la atmósfera y su dirección dominante, confort climático.
- Como condicionante del diseño: lluvia, viento, insolación, nieve, estabilidad/calmas, etc.
- Como recurso: evaluación energética de la insolación y de los vientos.

Todos estos aspectos constituyen parámetros operativos de aplicación directa en la toma de decisiones, que dependen de una serie de datos climáticos básicos: temperaturas, régimen y forma de las precipitaciones, insolación, radiación, frecuencia de nieblas, de inversiones térmicas, dirección y velocidad de los vientos, etc.

3.6.2. La calidad del aire

Este factor está muy relacionado con el clima, pero también con ciertas características de la superficie terrestre, ya que el nivel de inmisión, determinante de la calidad del aire, que se mide por la ausencia de contaminantes, depende de:

- Las condiciones de dispersión de la atmósfera.
- La fisiografía del territorio al incidir en las condiciones de dispersión atmosférica, la existencia de obstáculos, naturales o artificiales, al movimiento del aire.
- Los tipos y niveles de emisión de las actividades humanas.

Como contaminación del aire hay que considerar también la energía disipada en forma de ruido, la cual puede cartografiarse mediante líneas o zonas isofónicas, y de calor.

3.6.3. El agua

A efectos de localización de las actividades humanas el agua ha de considerarse desde tres puntos de vista: como recurso, como medio receptor de residuos y como ecosistema o soporte de vida; todos ellos están muy relacionados entre sí, pero condicionan de diferente manera la localización.

En cuanto recurso, el agua debe ser inventariada en términos de cantidad, calidad (en función del uso a que se destine), distribución/localización, régimen y tasas de renovación anual e interanual. Ello para las diferentes formas en que se encuentra tanto superficiales (cursos de agua, fuentes y manantiales, lagos, lagunas, embalses y zonas pantanosas) como subterráneas (profundidad y variaciones estacionales del nivel freático y/o piezométrico, capacidad y calidad del acuífero, áreas y tipos de recarga y protección natural ante la introducción de agentes extraños).

En cuanto medio receptor el agua ha de ser interpretada en términos de capacidad de autodepuración, función del régimen y de sus características físicas y biológicas.

En cuanto ecosistema o soporte de vida interesa su valor o méritos de conservación basados en indicadores ecológicos como la diversidad, y otros.

Complementariamente, en relación con el agua, si bien dependiendo más que de este elemento de los materiales constituyentes del suelo, hay que analizar la vulnerabilidad a la contaminación de los acuíferos subterráneos.

Existe en España una Red de Control de Calidad del agua superficial cuyos datos se publican anualmente: caudal, temperatura, aspecto, oxígeno disuelto, materiales en suspensión, pH. Tds, dQO, dBO5, coliformes, cloruros y metales pesados, entre otros.

En cuanto a las aguas subterráneas también el ITGE dispone de la correspondiente red de control de calidad cuyos resultados se almacenen en una base de datos informatizada.

3.6.4. Materiales, procesos y formas del medio inerte

La ocupación y utilización de la superficie terrestre por el hombre (asentamientos humanos, vías de transporte y comunicación, instalaciones industriales y mineras, embalses y canales, explotaciones agrarias, etc.), suponen la transformación y aprovechamiento de los materiales y de las formas del medio geológico, cuyo conocimiento debe estar presente a la hora de diseñar y ordenar estas actividades. Por otro lado, el medio geológico, contrariamente a la idea general, no es estático sino que sufre una serie de procesos (naturales o inducidos por el hombre) que afectan, a su vez, a todo cuanto sobre él se asienta; son los procesos geodinámicos (internos o externos) que pueden convertirse en riesgos geológicos cuando interfieren sobre personas y bienes materiales (figura IV.16).

Materiales, formas y procesos geológicos intervienen en el análisis del medio físico tanto desde el punto de vista de los recursos que albergan, como de los condicionantes que suponen a la localización de las actividades; entre los primeros se encuentran los recursos minerales (metálicos, industriales y ornamentales), energéticos, hídricos y culturales. Entre los condicionantes podemos destacar la propia morfología del terreno, la presencia de áreas de recarga de acuíferos y la vulnerabilidad de éstos a la contaminación, la erosionabilidad de los terrenos, sus condiciones constructivas y los riesgos geológicos de variada

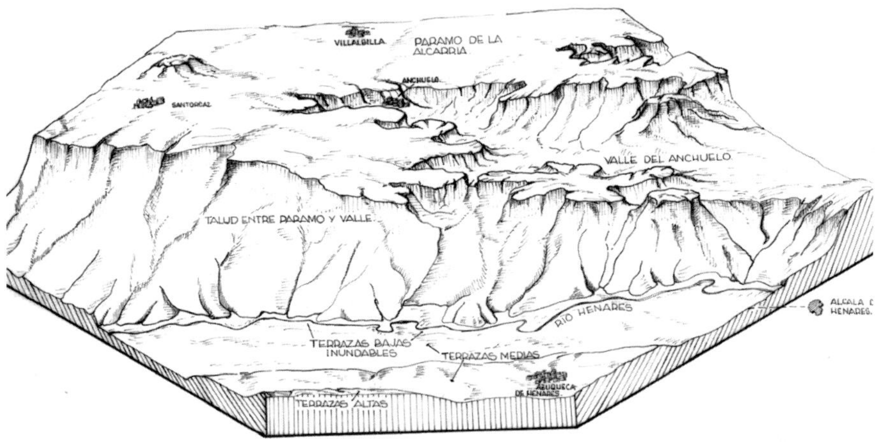

Figura IV.15. *Un bloque diagrama manifiesta de forma explícita la relación entre materiales, procesos y formas; la figura se refiere a un tramo del Corredor del Henares.*

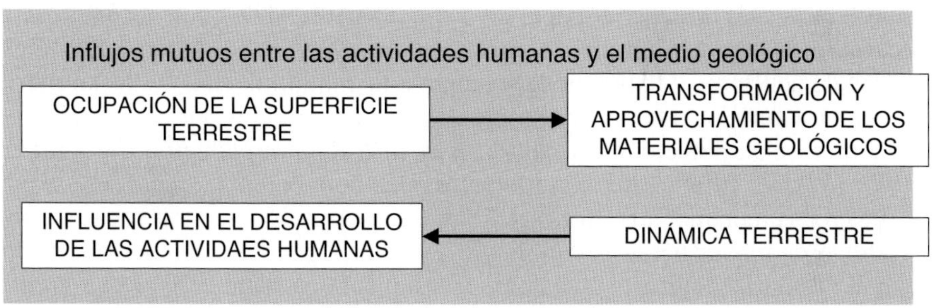

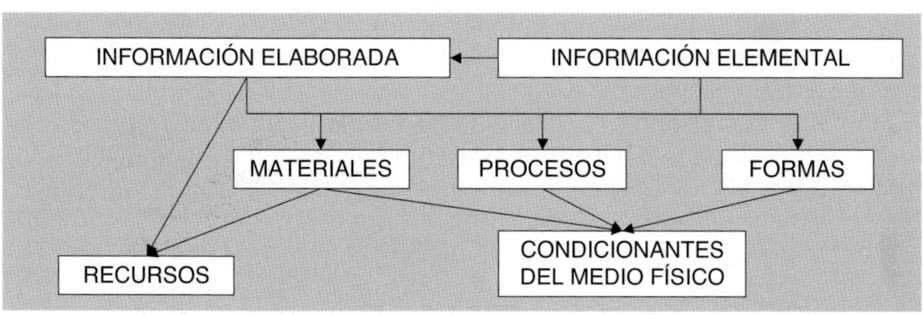

Figura IV.16. *Información geológico y minera para la ordenación del territorio.*

naturaleza que pueden afectar a infraestructuras, instalaciones productivas o áreas urbanizadas.

A efectos del análisis territorial, la información geológico-minera puede dividirse en elemental o de uso directo y elaborada. En el primer caso se trata de datos directamente utilizables por el analista territorial (por ejemplo, un mapa litológico). La información elaborada es aquella que, partiendo de datos geológico-mineros de base obtiene un producto fácilmente utilizable en la ordenación del medio físico, como por ejemplo un mapa de riesgos de deslizamientos.

Los materiales contienen los recursos minerales, hídricos, energéticos, y culturales; estos últimos fuertemente relacionados también con los procesos y las formas. Están constituidos por tres tipos de rocas: ígneas, sedimentarias y metamórficas.

Las rocas ígneas, procedentes de la solidificación de un magma, pueden albergar recursos mineros de importancia, disponen de buena capacidad portante, carecen de recursos energéticos y, no siendo permeables, hídrogeológicos, lo que les proporciona, en principio, buenas condiciones para la ubicación de actividades que viertan residuos al suelo, como vertederos, presas y balsas de residuos, etc.

Las rocas sedimentarias, formadas por depósito o precipitación de materiales procedentes de otras áreas, son proclives a contener recursos minerales (metálicos, industriales y ornamentales), energéticos (petróleo, carbón) e hidrogeológicos y presentan características muy variables en cuanto a los condicionantes:capacidad portante, recarga/vulnerabilidad de acuíferos y erosionabilidad; conviene destacar el papel de las rocas permeables (calizas y dolomías fracturadas o kársticas, arenas, areniscas, conglomerados y gravas, etc.) en la recarga de acuíferos y la mayor exposición a la contaminación de los acuíferos en rocas fracturadas o karstificadas frente a los permeables por porosidad (arenas y areniscas, por ejemplo) debido a la más lenta circulación del agua en estos y al poder filtrante de los sedimentos que contienen.

Las rocas metamórficas, formadas por transformación de otras rocas a causa del efecto de elevadas temperaturas y/o presiones, pueden contener o ser ellas mismas recursos mineros; su carácter escasamente permeable hace que no dispongan de recursos hidrogeológicos de importancia, su capacidad portante es de media a muy alta con ciertas discontinuidades y su erosionabilidad variable.

Los procesos geodinámicos actuantes en la corteza terrestre pueden clasificarse con arreglo al siguiente esquema:

a) Procesos tectónicos o relacionados con la geodinámica interna; están condicionados por tres factores fundamentales: la naturaleza de los materiales, su estructura y su estado de tensión-deformación. Son:
   - Vulcanismo.
   - Sismicidad.
   - Diapirismo.

b) Procesos relacionados con la geodinámica externa; están condicionados por los factores climáticos y por la naturaleza geológica de los materiales. Son:
   - Movimientos de ladera.
   - Hundimientos, subsidiencias y colapsos.
   - Expansividad.
   - Avenidas.
   - Procesos de erosión-sedimentación, continentales y costeros.
   - Procesos eólicos.

Estos procesos, fenómenos naturales que van modelando la superficie terrestre, pueden representar graves riesgos para bienes materiales y para personas. Las pérdidas provocadas por los desastres o catástrofes naturales se incrementan de forma paralela al uso y explotación creciente que el hombre hace del territorio. Por ello es necesario profundizar en su conocimiento y aplicarlo en las labores de planificación y ordenación del territorio, así como en el diseño y construcción de edificaciones e infraestructuras; en este sentido se elaboran diferentes tipos de mapas de riesgos, tal como ilustra la figura IV.17.

A partir del conocimiento de los procesos geológicos naturales se pueden tomar las medidas necesarias encaminadas a prevenir, mitigar o incluso evitar los riesgos o daños esperables. Estas medidas pueden ser:

- Estructurales: obras encaminadas a modificar las condiciones del terreno o construcción de estructuras resistentes.
- No estructurales: actuaciones de ordenación del territorio, orientadas al control de las zonas problemáticas, a partir de la información contenida en cartografías de peligrosidad, de riesgos, etc.

La actividad volcánica puede asolar enormes extensiones de terreno. Las coladas de lava y los piroclastos, junto con el propio edificio volcánico, modifican la morfología del terreno, pudiendo inducir diversos tipos de riesgos, condicionados, además, por la presencia de zonas habitadas o de actividades que puedan ser afectadas. Ante la dificultad de predicciones temporales las zonas activas, que están localizadas, deben ser objeto de vigilancia y prevención. Los mapas de riesgo volcánico consisten en la evaluación y representación gráfica de los fenómenos que pueden esperarse en una erupción volcánica y sus efectos previsibles sobre el entorno. Se basan en el estudio del comportamiento del volcán a partir del registro de la actividad anterior, teniendo en cuenta, además, la topografía de la zona, la red de drenaje, la población, las infraestructuras y las construcciones circundantes. Se debe añadir a la previsión de los posibles fenómenos volcánicos directos (explosiones, coladas, etc.), los asociados (flujos o avalanchas de lodos o rocas), y los caminos probables que recorrerán.

Los movimientos sísmicos o terremotos constituyen, tras las inundaciones, los fenómenos geológicos que mayor destrucción y pérdidas de vidas humanas han ocasionado en diversos puntos del planeta. Consisten en movimientos vibratorios de la corteza terrestre originados por la liberación repentina de energía en zonas tectónicamente activas de la corteza o del manto superior. Se presentan de forma brusca y frecuentemente, sin manifestaciones previas perceptibles; su duración varía de algunos segundos a varios minutos afectando a zonas de extensión muy variable.

La liberación de energía en fallas activas ocasiona, en general, los terremotos de mayor magnitud y más catastróficos, pero existen otras causas que pueden ocasionar sismicidad, como los movimientos de magma asociados a los procesos eruptivos en zonas volcánicas. También pueden originar pequeños terremotos inducidos las grandes explotaciones mineras, las variaciones repentinas del nivel de agua de los embalses, y los deslizamientos súbitos.

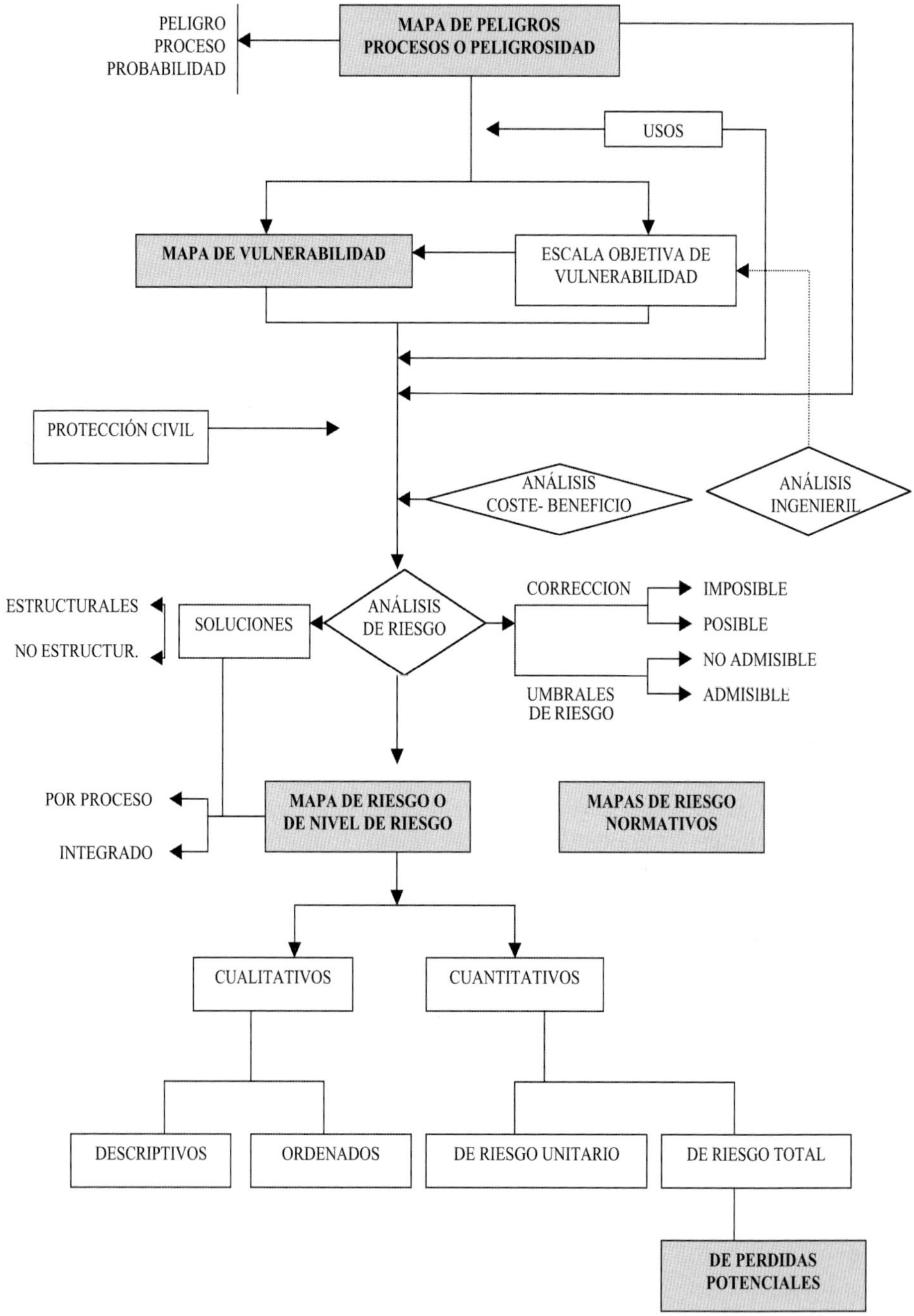

Figura IV.17. *Tipos fundamentales de mapas de riesgos según Ayala, F.J.*

Todo el conjunto de ondas de propagación da lugar a movimientos ondulatorios en el terreno que, a causa de sus diferentes frecuencias, provoca agrietamientos, desprendimientos y desplazamientos con la consiguiente rotura de todo tipo de construcciones situadas en la zona de influencia. En las zonas litorales los terremotos originados en el mar pueden provocar enormes olas, llamadas tsunamis, que llegan a destruir ciudades costeras.

Los daños causados por los terremotos se miden por su intensidad, mientras que el grado de movimiento registrado, independiente de los daños, se mide por su magnitud (a través de instrumentos de registro). La escala de intensidad de Mercalli contiene doce grados que van desde el sismo que no llega a ser percibido por personas hasta aquel que da lugar a la destrucción total de la zona. La escala de Richter tiene diferentes grados de magnitud, habiendo sido 9 la máxima medida hasta el momento.

Los mapas de peligrosidad por movimientos sísmicos pueden realizarse en función del grado de magnitud o aceleración sísmica esperable (calculadas por análisis de terremotos históricos y de las características de los procesos). Los mapas de isosistas, que dan el grado de intensidad esperable en una zona sísmica, se establecen en función de los daños previsibles o causados anteriormente, y se interpretan como mapas de riesgos. La representación cartográfica de epicentros es también una herramienta para conocer la distribución y densidad de terremotos de áreas sísmicas.

Actualmente, se desarrollan cartografías más específicas de microzonación sísmica en zonas concretas pobladas y cartografías de riesgos en función de la presencia de fallas activas y de la magnitud de los movimientos esperables. Para ello resulta imprescindible la monitorización y control de la actividad de las fracturas.

Un factor condicionante del riesgo sísmico es la naturaleza del terreno afectado: en función de las características litológicas, los efectos del terremoto pueden ser atenuados o acrecentados. Los materiales blandos son propensos al colapso, flujo o licuefacción. Asimismo la distancia al foco condiciona los posibles daños, aunque los efectos de un terremoto pueden extenderse centenares de kilómetros.

La prevención ante los movimientos sísmicos y procesos asociados, pasa por la realización de los comentados mapas de peligrosidad y riesgos y por la construcción de estructuras resistentes, aspecto que desarrolla la ingeniería sísmica y que queda recogido en todas las normas vigentes al respecto. En España existe, desde el año 1974, una normativa referente a construcciones en áreas de diferente grado de intensidad sísmica.

El diapirismo es un proceso ligado a materiales salinos o evaporíticos, que consiste en el ascenso y extrusión del material en forma de domo debido a las presiones listostáticas ejercidas por los terrenos circundantes y suprayacentes. Los diapiros se producen pues por el desplazamiento y acumulación de las rocas evaporíticas, más plásticas y más ligeras, que levantan o perforan la superficie. En el caso de materiales yesíferos, los movimientos inducidos en superficie pueden ser debidos al propio ascenso del material o al hinchamiento por procesos de hidratación. Otras veces el movimiento se origina por el cambio de volumen provocado por la disolución. Los diapiros suelen llevar asociados manantiales salinos.

El fenómeno del diapirismo debe quedar detectado antes de distribuir actividad en el territorio, en los correspondientes mapas de riesgo.

Los movimientos de ladera son uno de los procesos geodinámicos más extendidos, que afecta a cualquier región climática y a todo tipo de materiales y morfologías. Se trata de desplazamientos gravitacionales de material que tiene lugar en las laderas o taludes, debido a los reajustes que provoca la variación de las condiciones de estabilidad. Hay muchos tipos, siendo los deslizamientos y desprendimientos los más comunes; estos, aunque se dan de forma natural, aparecen con frecuencia asociados a las acciones humanas: taludes de carreteras, vías de ferrocarril, minería a cielo abierto, escombreras, laderas de embalses, etc., con resultados desastrosos y cuantiosas pérdidas económicas: cortes de vías de comunicación, aterramiento de embalses, represamiento en vías, agrietamientos y ruina de edificios, etc.

Los movimientos de ladera constituyen uno de los riesgos geológicos que más fácilmente puede ser prevenido y evitado, tanto con medidas estructurales como no estructurales. Si bien no suelen suponer catástrofes naturales, los daños ocasionados son superiores a los originados por otros procesos más violentos y espectaculares.

En la última década, se ha producido un gran avance en la realización de cartografía de peligrosidad y riesgo asociados a los movimientos de ladera, que incluyen la localización y características de los procesos actuales y potenciales. La estimación de la probabilidad de que ocurran movimientos de ladera en una zona determinada se establece a partir del estudio de todos los factores que influyen (desencadenantes o condicionantes) en estos procesos: litología, pendientes, climatología, hidrogeología de detalle, etc., haciendo uso para ello de la interpretación de fotografías aéreas, de mapas diversos (topográficos, geomorfológicos, geotécnicos, etc.) y de información de personas que viven en la zona de estudio.

Los hundimientos (colapsos rápidos) y subsidiencias (lentos), son movimientos verticales del terreno asociados a la presencia de materiales kársticos (o de ciertas actividades humanas: explotaciones subterráneas fundamentalmente); su causa está en las cavidades subterráneas efecto de la erosión por el agua y su manifestación en las formas superficiales típicas del modelado kárstico como las dolinas, uvalas y poljes.

Aparte de los efectos directos de estos procesos de hundimiento (que suelen tener dimensiones máximas de unos cuantos metros de diámetro y profundidad), las zonas kársticas pueden sufrir inundaciones debido a los sistemas de flujo y drenaje que en ellos funcionan.

El reconocimiento de las zonas hundidas o potencialmente colapsables, de las cavidades y de las zonas inundables por karsticidad, permite la selección de áreas estables o la toma de medidas adecuadas para cimentación de edificios u otras obras. En zonas con explotaciones mineras de interior, debe tenerse en cuenta su repercusión sobre el área de influencia en superficie la cual dependerá del tipo de explotación minera y de la naturaleza del terreno.

Los procesos de expansividad, aunque en menor medida y de una forma menos notoria que otro tipo de fenómenos dinámicos naturales, provocan movimientos no uniformes de componente vertical. Se deben a la presencia de arcillas expansivas (también se puede dar, aunque de forma más lenta, en anhidritas, que aumentan su volumen al pasar a yeso) en los suelos que cambian de volumen, bajo ciertas condiciones, en función de su contenido en humedad. El fenómeno no suele producir efectos espectaculares ni daños personales, pero sí deterioro, y ruina en ocasiones, de taludes, edificios, conducciones y todo tipo de estructuras asentadas sobre zonas expansivas.

Aparte de los factores climáticos que condicionan los procesos de expansividad, las actuaciones antrópicas pueden también desencadenarlos, en cuanto modifiquen el contenido de humedad natural del terreno: humectación rápida debida a riegos, plantaciones que desecan las capas superficiales, desecaciones por incidencia de hornos y calefacciones, etc.

Las avenidas, inundaciones o desbordamientos de los ríos son procesos naturales de la geodinámica externa que pueden verse agravados por actuaciones antrópicas. Sus daños sobre personas y bienes se magnifican por la tendencia de las actividades económicas a localizarse selectivamente sobre los espacios ribereños.

Las avenidas se pueden caracterizar por su período de retorno: tiempo medio, en términos de probabilidad, que tardan en repetirse a lo largo de la historia del río; según esto, las avenidas con mayor período de retorno tendrán mayores caudales y causarán más daños.

Los factores desencadenantes de una avenida pueden ser las lluvias, el deshielo súbito y la liberación de aguas retenidas natural o artificialmente, pudiendo coincidir varios de estos factores. Su gravedad depende de la intensidad con que operen tales factores y de las características de la cuenca fluvial. Estas últimas pertenecen a los siguientes grupos:

- Geomorfológicas: pendiente de la cuenca, tamaño, forma y red de drenaje.
- Hidrogeológicas: capacidad de infiltración y almacenamiento.
- Cubierta vegetal: reducción y regulación de la escorrentía.
- Edáficas: capacidad de retención de agua.
- Hidráulicas: sección y pendiente del cauce.
- Antrópicas: puentes en el cauce, embalses, obras de regulación, encauzamientos, áreas urbanizadas, áreas de uso agrícola, etc.

Los efectos son directos: inundación, aterramientos, modificación de cauces, e inducidos o asociados: movimientos de ladera, erosión, rotura de obras hidráulicas y contaminación química o bacteriológica. Su mitigación puede abordarse a través de medidas estructurales: embalses para la laminación de avenidas, obras de defensa en los cauces, corrección de torrentes y de acciones para la conservación de suelos y lucha contra la erosión. Estas deben ir precedidas de una correcta ordenación territorial, apoyada en mapas de riesgos o de peligrosidad y referida tanto a las zonas potencialmente inundables en distintos períodos de retorno, cuanto al control de los usos en la cuenca vertiente, como ilustra la figura IV.18.

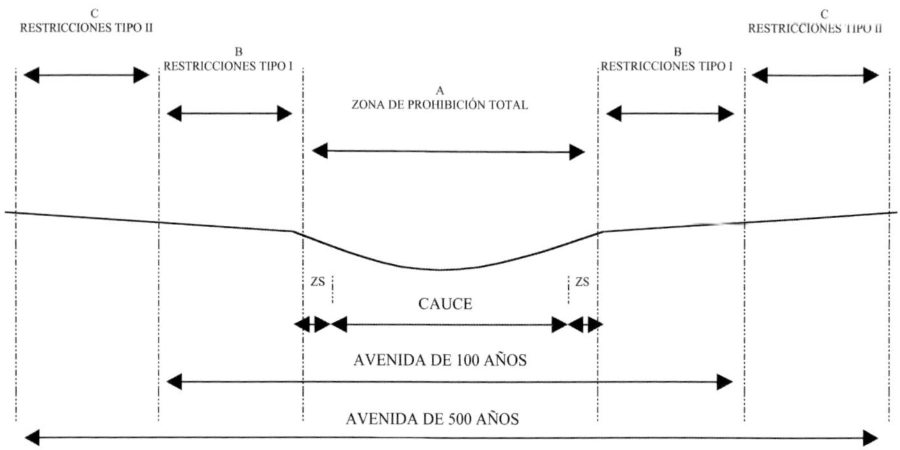

Figura IV.18. *Zonificación de las zonas inundables.*

Los Procesos de erosión-sedimentación, que «sensu estricto» incluyen también a los movimientos de ladera, son fenómenos determinados por la agresividad del clima y por la erosionabilidad de la superficie. En España, donde el tipo de erosión más extendido es de carácter hídrico, la agresividad del clima está fundamentalmente ligada a la torrencialidad de las lluvias. En las áreas donde la erosión sea eólica, será la fuerza y dirección de los vientos el parámetro que controle la agresividad del clima.

La erosionabilidad de la superficie depende de los siguientes factores:

- Factor litológico: las rocas duras, consolidadas, son difícilmente erosionables, mientras las blandas lo son fácilmente: los limos en mayor grado que las arenas (gracias a la permeabilidad de éstas) y que las arcillas (gracias a sus cargas eléctricasmoleculares), excepto en las expansivas.
- Factor edáfico: la erosionabilidad disminuye con la madurez edáfica del suelo y con el contenido en materia orgánica y aumenta con el de limo.
- Factor geomorfológico: La erosionabilidad aumenta con la pendiente y la longitud de pendiente.
- Factor vegetación: la vegetación disminuye la energía cinética con que las gotas de agua llegan al suelo, dificulta la escorrentía, retiene físicamente las partículas de suelo e incrementa el porcentaje de materia orgánica del suelo lo cual redunda en una mayor estabilidad, porosidad y permeabilidad, características todas ellasque reducen la erosionabilidad. La vegetación forestal o natural cubre el suelo durante todo el año, mientras que los cultivos agrícolas dejan el suelo desnudo y desprotegido cierto tiempo. Además la densidad de la vegetación, la presencia de varios estratos o el índice foliar de las especies presentes, son parámetros que controlan el grado de protección de la vegetación. En cualquier caso, se puede afirmar que la vegetación arbórea o arbustiva densa protege el

suelo para cualquier grado de la pendiente. En cambio, la cubierta herbácea, por muy bien conservada que esté, no garantiza la protección por encima del 30 por 100. Los cultivos agrícolas no protegen suelos con más del 3 por 100 de pendiente, haciéndose incontenible la erosión a partir del 18 ó 20 por 100; por ello son necesarias prácticas agrícolas de conservación en cultivos con pendientes del 3 al 20 por 100, no siendo aconsejable el cultivo en laderas de más del 20 por 100. Todas estas cifras son orientativas, pudiendo variar en función de la agresividad del clima y de los otros factores que controlan los procesos de erosión.

- Factor antrópico: el hombre introduce cambios en el medio natural que modifican los procesos erosivos; positivamente cuando introduce prácticas de conservación de suelos agrícolas, corrección de cauces torrenciales, etc., negativamente a través de incendios forestales, deforestación, prácticas culturales y cultivos inapropiados, sobrepastoreo, etc.

La ordenación del medio físico requiere cartografías de erosión, actual y potencial; ésta última es la resultante al eliminar la protección de la vegetación o de otros factores protectores. Estascartografías pueden realizarse a partir de ecuaciones paramétricas de pérdida de suelo (como la ecuación universal) o a partir del análisis de las formas de erosión para el caso de la erosión actual. La cartografía apoyada en medidas directas de pérdida de suelo son muy raras por la dificultad de abarcar grandes áreas y porque requiere largas series de mediciones.

Los procesos de la dinámica litoral, están controlados por el oleaje, las corrientes de marea y los cambios relativos en el nivel del mar; éstos, actuando sobre los materiales existentes dan origen a costas acantiladas o escarpadas, costas bajas arenosas (playas) y costas accidentadas con presencia de rías o estuarios.

En las costas abruptas predomina el proceso erosivo; el ataque del oleaje a los materiales competentes que forman los acantilados produce el retroceso de la línea de costa.

Las playas y otras formaciones sedimentarias como flechas litorales, barras arenosas, marismas y deltas, son resultado de procesos dinámicos que confieren a las costas un carácter móvil con geometrías cambiantes. Resulta más significativo el caso de las playas, las cuales, formadas por la acumulación de arena que produce el oleaje, pueden sufrir retrocesos porque se ubiquen obstáculos en la costa que impidan la deposición de materiales, porque las corrientes de marea actuantes en la zona no transporten material para su sedimentación o por que, éstas últimas, incidan en la playa con direcciones favorables a la erosión.

El material que se deposita en la costa procede, en gran medida, de los aportes fluviales; por ello las zonas escarpadas y altas son el reflejo de la falta de erosión. En cambio las playas arenosas, que suelen estar asociadas a entrantes costeros, reflejan el potencial erosivo de la cuenca o de los acantilados costeros a los que se asocian.

Los riesgos geológicos asociados a la dinámica litoral están relacionados con los procesos erosivos y sedimentarios actuantes y con el carácter de los materiales presentes en estas zonas. La construcción resulta afectada por los procesos de oleaje, mareas y cambios del nivel del mar, que pueden dar lugar a pérdida o deposición de materiales; en zonas arenosas, pantanosas o de marismas, se ha de contar con los problemas asociados a materiales no cohesivos y blandos: inestabilidad de excavaciones, baja capacidad portante, materiales saturados, niveles freáticos superficiales, etc.

Por otro lado las actividades antrópicas en el interior modifican la disposición de los materiales y la dinámica litoral; destaca el aumento de aportes por deforestación y/o destrucción de la cubierta vegetal, la reducción de aportes fluviales por construcción de embalses, obras de regulación y repoblación forestal, la extracción de arena en playas, cordones dunares, cauces de ríos, etc., la interrupción de la deriva litoral por construcción de puertos, diques, etc. y el vertido de escombros y aguas residuales.

Por último, la erosión eólica, de escasa incidencia en España, tiene en el fenómeno de las dunas móviles su representación más problemática de cara al diagnóstico del medio físico, tanto por el interés científico-cultural del proceso como por los efectos que puede producir el avance y extensión del manto arenoso sobre las actividades humanas. Se presenta generalmente en zonas litorales gracias al arrastre y acumulación de arenas de playa por los vientos dominantes del interior.

Las formas del terreno son el resultado de la acción de los procesos geodinámicos sobre los materiales de la corteza terrestre. De ahí que su análisis permitirá detectar y entender tales procesos, establecer hipótesis sobre la evolución en el tiempo y deducir las características de los materiales presentes. Este hecho justifica su importancia en el análisis territorial.

A ello hay que añadir que una adecuada cartografía geomorfológica resulta indispensable para definir las unidades de integración en el diagnóstico, las cuales serán el soporte sobre el que se establezca la capacidad de acogida del territorio. Esta circunstancia es de importancia excepcional como se verá en un epígrafe posterior. Una aproximación de mayor a menor escala, tal como la que se expone a continuación facilita la percepción de la estructura del territorio:

- Conjuntos geológicos nacionales: son grandes unidades con características geológicas similares. Por ejemplo las grandes cuencas terciarias, el Macizo Hespérico, etc., en España.
- Conjuntos geomorfológicos: división de los anteriores por criterios fisiográficos con significado general. Por ejemplo: las alineaciones morfológicas de los sistemas montañosos, las rampas que unen éstos con las cuencas, las grandes planicies de arrasamiento, etc.
- Unidades geomorfológicas: subdivisión, a su vez, de los conjuntos geomorfológicos en unidades con características genéticas similares: un ejemplo claro sería, la red fluvial de una zona con todos los elementos generados por ésta.
- Elementos geomorfológicos: descomposición de las unidades según las formas.

Las unidades geomorfológicas se definen según el agente geodinámico que modela las formas. Estos son de dos tipos:

- Internos, los que actuando desde el interior del planeta manifiestan sus efectos en superficie: se trata de los fenómenos tectónicos y volcánicos generadores de relieves abruptos, reflejo de una gran liberación de energía, en desequilibrio, que serán desgastados por los agentes externos; estos producirán formas estructurales o volcánicas.
- Externos: que actúan desde el exterior en la interfase tierra-aire. Se trata de los agentes atmosféricos, las aguas superficiales, la gravedad y el hombre.

Las formas estructurales derivan, por erosión, de las estructuras tectónicas y litológicas, en función de las cuales se producen los siguientes tipos:

- Sobre estratos horizontales: mesetas, mesas y cerros testigos; a las hay que añadir los cañones producto de la incisión fluvial.
- Sobre estratos plegados: hogbacks y crestas, según que la inclinación sea mayor o menor de 45° respectivamente. Los crestones son un caso límite que se produce sobre capas verticales.
- Derivadas de fracturas: con fisonomías típicas, anchura pequeña, mientras que la longitud y profundidad pueden ser grandes.

Las formas volcánicas presentan perfiles abruptos, típicos de los edificios volcánicos; son escasos recursos si no son de carácter turístico o minero. Formas menores son conos cinder, coladas de lava, cráteres, pitones, calderas, formas derivadas de emisiones piroclásticas, etc.

Las formas debidas a procesos fluviales proceden de la erosión: gargantas, barrancos, cañones, valles, cuencas de recepción, terrazas, o de la acumulación de materiales: llanuras aluviales, terrazas, abanicos aluviales, conos de deyección y deltas.

Las formas derivadas de los procesos eólicos también proceden de la erosión de material, muy características, o de su acumulación: dunas.

Las formas glaciares y periflaciares de erosión producen circos glaciares, artesas glaciares y crestas dentadas. Las de acumulación son morrenas laterales, morrena de fondo, morrena frontal, formas glaciofluviales y formas glaciolacustres.

Las formas derivadas de los procesos kársticos, cuyo agente principal es la disolución de la roca por el agua, son de dos tipos:

- Formas endokársticas, constituidas por simas y cavernas en las que se generan edificios muy diversas como son: estalactitas, estalagmitas, terrazas debidas a la actividad de los ríos subterráneos, acumulaciones de bloques cementados, etc.
- Formas exokársticas, visibles en la superficie del terreno. Las más importantes son lapiaces (superficie irregular, con microcanales, oquedades, alvéolos, etc., de escala muy variada), dolinas (depresiones en forma de embudo), poljes (zonas deprimidas de fondo plano y grandes dimensiones, recubiertas de aluviones y productos residuales de la disolución de calizas), uvalas (depresiones formadas por la unión de varias dolinas

cercanas), valles ciegos (no existe salida, perdiéndose los cursos fluviales en sumideros), valles muertos (valles amplios y bien desarrollados que carecen de canal, con el fondo ocupado por bloques y clastos irregulares procedentes de las laderas).

Las formas kársticas, que revelan recursos hidrogeológicos importantes, constituyen zonas de riesgos de los siguientes tipos:

- Riesgos geomecánicos, resultado de la acción de factores naturales (hidrogeológicos, terremotos, lixiviado y disolución en el pie de taludes) y antrópicos (presas, vibraciones por voladura y regadíos importantes) que dan lugar a una serie de fenómenos más o menos rápidos, como generación de nuevas dolinas, colapso de bóvedas de cavidades, subsidencia de suelos kársticos y desestabilización de rellenos y de laderas.
- Riesgos hidrogeológicos, motivados, los más importantes, por actuaciones humanas sobre las formas kársticas, destacan:
  - Inundaciones: derivadas del taponamiento de sumideros.
  - Fugas de presas: reactivación de sistemas de cavidades y conductos por el aumento de presión que origina el llenado de embalses.
  - Irrupciones acuíferas subterráneas (minas y túneles): debidas principalmente a modificaciones de la geometría subterránea.
  - Contaminación de acuíferos kársticos: consecuencia de la instalación de vertederos y redes locales de saneamiento en zonas conectadas con formas exokársticas y endokársticas. Es práctica común reprobable la utilización de dolinas, simas, cañones, etc., como vertederos.
  - Contaminación hidroquímica: debida a la liberación de acuíferos salinos o a la construcción de embalses en zonas de karst salinos.
  - Intrusiones salinas: a causa de la sobre-explotación de los recursos hídricos subterráneos en zonas costeras.
- Generación de terremotos: debidos al colapso de bóvedas por causas naturales, por la generación de vibraciones en explosiones o por el llenado de embalses.
- Acumulación de gases nocivos en cavidades: acumulación natural de CO_2 o procedente de vertederos.

Las formas derivadas de fenómenos gravitacionales se producen cuando la gravedad, superando las fuerzas cohesivas de las rocas o actuando sobre materiales incoherentes, los desplaza a favor de la pendiente. Las formas más características son:

- Coluviones: acumulaciones incoherentes de fragmentos de roca heterométricos y generalmente de composición heterogénea.
- Canchales: parecidos a los coluviones pero de mayor y más homogéneo tamaño.

Estas formas pueden originarse por procesos tales como desprendimientos o desplomes, cabeceos, deslizamientos (rotacionales y traslacionales), flujos (reptaciones, solifluxión, coladas de barro, flujo de derrubios) y avalanchas.

Estos movimientos, son de alto riesgo si se producen en las cercanías de poblaciones u obras civiles.

Las formas derivadas de la dinámica litoral, como en casos anteriores, son erosivas o de acumulación. Las primeras pueden ser heredadas, caso de las rías o intrusiones del mar en los tramos inferiores de valles fluviales y propias del ambiente costero, producidas por el oleaje y por el material que su acción remueve: son los acantilados y las plataformas de abrasión, estas últimas obra del desgaste del oleaje cargado de arenas o gravas. La acumulación del material extraído de los acantilados y el aportado por los ríos y viento, produce layas, barras litorales y llanuras de fango.

Por último las formas poligénicas, son el resultado de más de un agente morfogenético. Destacan las superficies de erosión, cerros testigo o «inselbergs» («monte isla») y glacis (superficies de suave pendiente que, enraizadas en una vertiente, la enlazan con un fondo de valle o depresión).

3.6.5. El patrimonio geológico

Los materiales de la corteza terrestre, los procesos que en ella actúan y las formas que generan, además de recursos materiales y condicionantes, constituyen un patrimonio de gran valor cultural y científico cuya pérdida en la mayoría de los casos es irreparable. La ordenación del territorio ha de prever la protección de los puntos de interés geológico por su valor intrínseco, de la misma forma en que protege las singularidades de flora y fauna.

Los puntos de interés geológico pueden definirse como los recursos no renovables de índole cultural o científica, cuya exposición y contenido son óptimos para reconocer e interpretar la evolución de los procesos geológicos que han modelado nuestro planeta. Su conjunto conforma el patrimonio geológico de cada región o país, incluso la importancia de algunas singularidades geológicas llega a ser tal que se consideran de valor supranacional. La tradición histórica o turística, una buena visualización, la sencillez de exposición didáctica y comodidad de acceso, la espectacularidad, expresividad y excepcionalidad, son algunas características a tener en cuenta en la valoración de las singularidades geológicas para su posible conservación.

Organismos nacionales (Instituto Tecnológico Geominero de España), autonómicos e incluso municipales, vienen desarrollando, desde 1978, trabajos de inventario de los Puntos de Interés Geológico.

3.6.6. El suelo, soporte y despensa de las plantas

El suelo, en cuanto soporte de las plantas y en cuanto despensa de la que se nutren, es la parte superior de la corteza terrestre modificada por la acción, lenta pero profunda, de elementos atmosféricos, climáticos y bióticos. Así se ha generado un complejo y delicado sistema en el que interaccionan materiales terrestres orgánicos e inorgánicos, agua, vegetales y animales superiores y multitud de microorganismos.

CARTA EUROPEA DE LOS SUELOS. CONSEJO DE EUROPA

1. *El suelo es uno de los bienes más preciosos de la humanidad. Permite la vida de los vegetales, animales y del hombre sobre la superficie de la tierra.*
2. *El suelo es un recurso limitado que se destruye fácilmente.*
3. *La sociedad industrial utiliza el suelo con fines agrícolas, industriales y otros. La política de ordenación del territorio debe concebirse en función de las propiedades de los suelos y de las necesidades de la sociedad actual y futura.*
4. *Los agricultores y los forestales deben adoptar medidas adecuadas para preservar la calidad del suelo.*
5. *El suelo debe ser protegido de la erosión.*
6. *El suelo debe ser protegido contra la contaminación.*
7. *Las aglomeraciones urbanas deben organizarse de modo que provoquen el menor efecto negativos sobre las zonas limítrofes.*
8. *En la realización de obras públicas y en la concesión de planes de transformación deben valorarse las repercusiones sobre las tierras circunstantes y tomar las medidas adecuadas.*
9. *Es indispensable la elaboración de un inventario de los recursos de suelos.*
10. *Son necesarios un mayor esfuerzo de investigación científica y una colaboración interdisciplinaria para asegurar la utilización racional y la conservación de los suelos.*
11. *La conservación de los suelos debe ser objeto de instrucción a todos los niveles y de una información pública cada vez mayor.*
12. *Los gobiernos y las autoridades administrativas deberán planificar y ordenar racionalmente los recursos del suelo.*

En este sistema tiene lugar el desarrollo de los productores primarios, vegetales, de los que dependen los consumidores primarios, herbívoros, que a su vez soportan a los consumidores secundarios o carnívoros..., y así toda una estructura organizada en niveles tróficos sobre los que se producen los ciclos de materiales y de la energía; en el ascenso de un nivel al siguiente se da una pérdida de energía, y desde cada uno de ellos, un retorno de materiales al suelo gracias a la acción de los organismos descomponedores.

En los sistemas naturales los ciclos de materiales y de energía que se dan en el proceso esbozado, son en general largos, dependiendo de su madurez; en ellos gran parte de la energía solar captada por la acción clorofílica de los vegetales, se destina al propio mantenimiento del sistema, lo que impide un aprovechamiento intensivo neto por parte del hombre. En cambio en los agrosistemas estos ciclos se acortan intencionadamente en beneficio de la productividad neta.

El papel del suelo debe ser entendido de distinta forma en uno y otro caso: desde el punto de vista ecológico en los ecosistemas naturales, y desde el punto de vista de la productividad primaria en los sistemas agrícolas. Se trata del valor intrínseco, basado en su génesis edafológica, frente al valor de uso basado en otras características, tal como pendientes, facilidad de laboreo, pedregosidad, drenaje, capacidad de retención de agua, disponibilidad de nutrientes, clima, etc. Aunque existe una relación entre ambos aspectos, no siempre a un suelo ecológicamente evolucionado le corresponde una posibilidad de uso agrícola y, por consiguiente, una elevada productividad; es el caso, por ejemplo, de un suelo bien desarrollado bajo un bosque en una pendiente elevada: no admite un uso agrícola porque acabaría con él.

La ciencia que se ocupa del estudio de los suelos es la edafología, que trabaja sobre su génesis y sobre sus características intrínsecas. Un estudio edafológico es el soporte a partir del cual se establecerá la calidad intrínseca del suelo y su capacidad para el uso agrario.

Por consiguiente el estudio del suelo a efectos del análisis y diagnóstico territorial, se orienta en dos direcciones:

- Inventario y clasificación de suelos a partir de su génesis y de sus características intrínsecas; existen varias clasificaciones de las cuales destacan la clasificación mundial de suelos del servicio de conservación de suelos del Departamento de Agricultura de los Estados Unidos de América (USDA) y el sistema de clasificación del suelo de la FAO.
- Inventario y clasificación de suelos desde el punto de vista de su capacidad de uso agrario; la forma más utilizada en España procede, también, del servicio de conservación de suelos del Departamento de Agricultura de los Estados Unidos de América (USDA); según ella, tal capacidad se expresa en forma de clases agrológicas (divisibles en subclases y unidades, según detalle requerido), que consisten en agrupaciones de suelos que presentan riesgos y limitaciones similares ante el uso agrícola. Para cada clase puede establecerse su productividad actual con prácticas comunes de cultivo y su productividad potencial derivada de la posibilidad de admitir técnicas e infraestructuras agrarias especiales.

3.6.7. El medio biótico: vegetación y fauna

La vegetación es uno de los más importantes indicadores de las condiciones naturales del territorio, y no sólo de los naturales, clima, suelo y agua, sino también de las influencias antrópicas recibidas. Es asimismo un elemento capital en la caracterización del paisaje y el soporte de las comunidades faunísticas. Su estabilidad la hace fácilmente cartografiable en unidades relativamente homogéneas que se corresponden con una uniformidad ecológica; puede preverse su evolución en el tiempo de acuerdo con las tablas de sucesión existentes, lo que facilita la interpretación de las influencias recibidas en el pasado y la predicción de situaciones futuras bajo acciones naturales o antrópicas.

Todo ello hace indispensable el análisis del recubrimiento vegetal del suelo en los trabajos de planificación territorial. Se inventaría en forma de unidades homogéneas, reconocibles y cartografiables por técnicas de teledetección; la homogeneidad es relativa dependiendo de la escala de trabajo y el criterio para definir las unidades variable, desde el puramente fisionómico, basado en la estructura dominante de la vegetación, hasta los estadísticos que descienden a la composición florística de diversas estaciones de muestreo.

Cada una de las unidades inventariadas debe quedar descrita en función de una serie de atributos que servirán de base a la posterior valoración, de los cuales destacan: estado vegetativo, especies dominantes y representativas, etapa serial en que se encuentra y su evolución espontánea, cobertura, densidad y continuidad/homogeneidad de la formación, presencia de endemismos u originalidad genética, carácter relicto en su caso, diversidad, rareza, singularidad y estabilidad de la formación, productividad bruta y neta, etc.

Contrariamente a la vegetación, la fauna es un factor difícil de inventariar por la dificultad de cartografiar, valorar y predecir su evolución. Ello se debe a varias características propias de las comunidades faunísticas como son las siguientes:

- Su movilidad en el espacio.
- Su variación en el tiempo, al estar sometidas a oscilaciones periódicas no siempre bien conocidas.
- La diferencia que puede existir entre los lugares de alimentación, nidificación, reproducción o estancia.
- La enorme cantidad de especies existentes, muy superior a las florísticas, difícilmente detectables por técnicas de percepción remota.
- El carácter migratorio de muchas especies.

No obstante su estudio se facilita gracias a que las comunidades faunísticas se hallan ligadas por una fuerte relación de dependencia a determinados biotopos. Muchas veces vienen definidas por la vegetación (comunidades vegetales que soportan una fauna característica asociada); otras por la geomorfología (acantilados); por la existencia de agua (marismas, ríos, etc.) o por las actuaciones antrópicas (parques, basureros, núcleos). También existen especies que son excelentes indicadores del tipo de comunidad (ciertos vertebrados, lepidópteros, etc.) y de su estado de conservación (superdepredadores).

Las unidades detectadas deben quedar descritas por las especies presentes, las especies más representativas o indicadoras de alguna particularidad, las protegidas y frágiles, las especies en peligro, vulnerables o raras; las especies sensibles, (indicadores biológicos), las de gran valor de captura (cinegéticas), de alta consideración conservacionista, especialistas e hábitat (reducida valencia ecológica), especies cuya variación poblacional indica el patrón de la comunidad, especies de etapa pionera de la sucesión, etc.

3.6.8. Medio perceptual: el paisaje

Por paisaje entendemos aquí la percepción del medio a partir de la expresión externa de éste. El medio se hace paisaje cuando alguien lo percibe. Esta percepción es subjetiva, variable, por tanto, en razón del tipo de perceptor y se adquiere a través de todos los órganos de percepción, directos e indirectos, que operan en el observador. Es la experiencia perceptiva quien induce en el individuo los sentimientos determinantes de la clasificación y valoración del paisaje. Por eso se dice que «el paisaje es un estado de ánimo».

> *«... para que en sus ojos quede la formidable impresión de estas laderas cultivadas en bancales. Cubiertas de viñas de arriba abajo, la grafía de los muros de sostén que van acompañando las curvas del monte, y los colores, como podrá el viajero describir estos colores. Es (...) un cuadro que nadie podrá pintar, es una sinfonía, una ópera, es lo inexpresable»*
>
> José Saramago, *Viaje a Portugal*

> *«Uno de los más duros desafíos para el individuo es la tensión que resulta de un mundo que es cada vez menos placentero a sus ojos. Nuestra paz mental, nuestras emociones e incluso nuestros sueños, están condicionados por lo que ven nuestros ojos».*
>
> Johnson, 1965

Esta concepción del paisaje no invalida la posibilidad de aproximarse a su análisis con unas mínimas garantías de objetividad, por cuanto existen, en un lugar y cultura dados, elementos positivos y negativos en la percepción ampliamente compartidos, como lo demuestran recientes investigaciones, en el campo de la ecología, de la psicología y de otras aproximaciones científicas al conocimiento del medio.

El paisaje, en cuanto manifestación externa y conspicua del medio, es un indicador del estado de los ecosistemas, de la salud de la vegetación, de las comunidades animales y del estilo del uso y aprovechamiento del suelo.

Pero, al mismo tiempo, el paisaje refleja el bagaje cultural del sujeto que lo percibe. Si la manifestación externa —visual, olfativa, táctil— es una experiencia sensorial directa, el significado del objeto percibido para el sujeto depende de las coordenadas culturales de este y del archivo histórico almacenado en aquel: tanto en los paisajes antropizados como en los naturales, caracterizados, éstos últimos, por la levedad de tal registro.

Así pues hay una doble componente cultural en la percepción del binomio hombre-entorno: el archivo histórico presente en el objeto paisajístico y el archivo cultural del sujeto. La memoria histórica está presente en ambos elementos de la percepción.

Puede afirmarse que el hombre crea paisaje, pero al mismo tiempo, éste modela afectiva y físicamente a aquel; si existe una adaptación del paisaje a las necesidades del hombre a través de la historia, también hay una paralela adaptación del hombre al paisaje. Todo ello en una evolución indisociable de mutuos influjos que van configurando el complejo de interacciones que determinan la vivencia perceptual. El hombre es configurador del paisaje, pero al mismo tiempo, es parte de él y sujeto receptor.

El paisaje se considera actualmente recurso natural, en el sentido socioeconómico del término, porque cumple la doble condición de utilidad y escasez.

Utilidad para la población y escasez para que resulte realmente un bien económico. En cuanto percepción polisensorial y subjetiva del medio, el paisaje es ilimitado, pero no ocurre así con los paisajes de calidad, aquellos capaces de inducir sentimientos de agrado en el observador. A estos son aplicables las dos condiciones citadas, determinantes de la naturaleza de recurso natural. Que el paisaje de calidad es útil al hombre, no necesita argumentación: es apreciado por todas las capas de la población, si bien de forma diferente según el nivel cultural de cada uno, pero con constantes en la apreciación positiva de un gran número de componentes: relieve variado, presencia de agua limpia y en movimiento, de vegetación frondosa, de elementos topográficossobresalientes, de sonidos y olores gratos, de orden, posibilidad de observar animales silvestres, etc., así como en la aportación negativa de otras: presencia de escombros y basuras, de agua sucia y/o estancada, de olores pestilentes, de sonidos discordantes como el ruido del tráfico, de edificaciones construidos con materiales, colores y diseños estridentes, de monotonía, etc.

Que el paisaje de calidad es escaso, también resulta obvio, porque obvio es el hecho de la depredación del paisaje por actividades de muy diversa naturaleza y de magnitud creciente: urbanización, infraestructuras de todo tipo, agricultura intensiva, minería, depósitos de residuos, etc.

Puede afirmarse que existe una demanda generalizada, creciente y cualificada, al menos en la parte del mundo en que nos encontramos, por el paisaje de calidad. Paralelamente, la oferta de paisaje resulta cualitativamente decreciente y, en consecuencia, el paisaje de calidad adquiere el carácter de recurso crecientemente escaso.

Si la demanda de paisaje se concentra en el medio urbano, al menos en proporción equivalente a la proporción de población que habita las ciudades, la oferta es patrimonio rural, siendo parte indisociable de este patrimonio la presencia del hombre, su huella histórica y su cultura.

El paisaje, en general, puede considerarse como recurso renovable dado su carácter dinámico, evolutivo, cambiante, capaz de ser generado, como renovables son la mayor parte de las componentes que lo constituyen. En la vieja Europa prácticamente todo el paisaje es fruto de la actividad humana, apenas quedan paisajes vírgenes, naturales. Históricamente el paisaje actual se ha ido formando a un cierto ritmo, que en conjunto puede considerarse lento, a pesar de que en ciertos momentos las «tasas de renovación» se han disparado: piénsese, por ejemplo, en los períodos de desamortización, en la introducción del ferrocarril, en el desarrollo de la minería o de la siderurgia, en los cuales el paisaje arbolado sufrió un tremenda recesión. Este paisaje rural histórico suele ser apreciado generalmente como valioso, no tanto por la presencia o abundancia de elementos positivos en la percepción, cuanto por la ausencia de los negativos. Se trata de paisajes consolidados, donde fenómenos naturales o introducidosfrecuentemente aumentaban la diversidad y, por tanto, el valor; tal es el caso de procesos erosivos intensos, de la estructura parcelaria tradicional del suelo rústico técnica y económicamente inviable pero de gran plasticidad, sobre todo cuando aparecen cerradas por muros secos o por setos vivos, aterrazamientos en pendientes que agrológicamente no se justifican, cultivos en terrenos inviables como por ejemplo sobre cenizas volcánicas, etc.

El criterio ante estos valiosos paisajes rurales, abiertos, que han adquirido una especie de naturalidad consustancial con su entorno, ha de estar presidido por la conservación. Cualquier actuación que pueda afectarles ha de tener en cuenta su valor y su fragilidad; de otro lado deben ser considerados como recursos capaces de ser aprovechados por actividades de tipo turístico o recreativo compatibles con su capacidad de acogida. Es un criterio en cierto modo opuesto al paisaje urbano donde el criterio está presidido por la renovación y consiguiente creación de paisaje urbano.

Si se atribuye al paisaje la condición de recurso socioeconómico debería ser inventariable, valorable y explotable mediante actividades de tipo social o económico. Si lo primero se acepta, con más o menos reservas, lo segundo repugna a aquellos expertos que adoptan una actitud romántica en su aproximación al conocimiento del paisaje.

Sin embargo, desde un punto de vista positivo, debe reconocerse que, si no directamente, el recurso paisaje es valorable no solo en términos de su grado de excelencia sino también a través de las actividades económicas que genera o que encuentran su justificación en la presencia de un paisaje de calidad. Se trataría de una especie de valor potencial de uso, de un recurso renovable susceptible de ser inventariado, valorado y utilizado. La inventariación del recurso, inexcusable para la ordenación, planificación y gestión del territorio, dispone de métodos suficientemente operativos. Proporciona buenos resultados, aunque existen otras formas de inventario, expresarla en términos de los siguientes parámetros:

- Paisaje intrínseco, representado por unidades territoriales perceptualmente autocontenidas o de percepción homogénea.
- Potencial de vistas, expresado por las zonas receptoras de vistas.
- Incidencia visual o visibilidad del territorio desde las zonas frecuentadas por la población, paisajes y elementos singulares en la percepción.

El valor, entendido como méritos de conservación, que nada tiene que ver con el precio de mercado, de las unidades inventariadas viene definido por la sensación que produce en el observador el «compositum» que forman sus características perceptibles. El valor es el resultado de una vivencia subjetiva determinada por la percepción, la cual permite hacer un juicio personal sobre su calidad. De ahí que se utilice como una de las técnicas de valoración del paisaje el análisis de preferencias, basado en la aceptación de que el valor de un paisaje es función del número de personas que lo prefieren. Otras veces la valoración se apoya en el criterio de expertos independientes, cuyos juicios de valor se aceptan por las partes implicadas en los resultados de la valoración. En ocasiones la valoración de una unidad de paisaje se basa en la ponderación de las componentes que la constituyen, y otras, por fin, se acepta como indicador del valor una medida de la singularidad relativa de los elementos que forman las diferentes unidades.

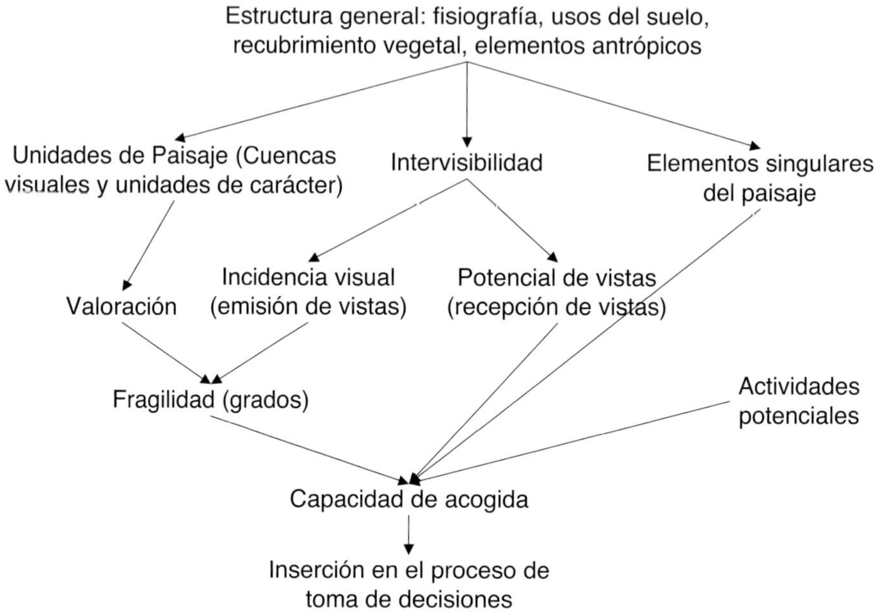

Figura IV.19. *Diagrama de flujos mostrando el análisis y diagnóstico del paisaje.*

El inventario del potencial de visualización del territorio, admite mayor objetividad, al menos en la detección de los puntos o zonas donde este potencial es elevado, que es lo que realmente tiene una utilización más clara e inmediata en la planificación del territorio o en la gestión ambiental. Se desprende del análisis topográfico del territorio y se valora en términos de la profundidad y amplitud del campo de visión y de la calidad del tema de las vistas, aspecto éste que se deduce del valor de las unidades de paisaje percibidas; haciendo variar dichos elementos —profundidad de campo, amplitud de campo y calidad del tema— se obtienen unidades de mayor o menor potencial de vistas.

Algo similar puede señalarse respecto a la incidencia visual, donde lo que interesa, a efectos de ordenación territorial, es detectar las zonas más visibles desde núcleos habitados, vías de comunicación o lugares más frecuentados por la población.

Lo que hemos denominado paisaje intrínseco y potencial de vistas, se comportan claramente como recursos socioeconómicos susceptibles de ser aprovechados por la población, que puede obtener de ellos beneficios de índole social o económica. En cambio la incidencia visual opera en la gestión del medio como un condicionante que limita las posibilidades de utilización del territorio en tanto que soporte de actividades. Es un parámetro definitorio de la fragilidad paisajística, derivada de tercer grado que se deduce del cruce entre calidad e incidencia visual: una zona de alto valor y muy visible, será paisajísticamente frágil.

3.7. Afecciones normativas del suelo y previsiones de planificación

El estado legal del suelo, determinado por disposiciones legales, administrativas o de planeamiento, condiciona de tal forma el uso del suelo y, por consiguiente, la localización de las actividades, que debe ser tenido en cuenta; y ello no sólo como elemento informativo de interés para la elaboración del diagnóstico y de las propuestas, sino que también puede intervenir en la definición de unidades operativas sobre las que basar el diagnóstico del medio físico y, desde luego, en la descripción de éste.

La representación cartográfica de las afecciones del suelo y de la incidencia territorial de la legislación, constituye el modelo espacial del sistema de intervención existente, en cuanto pone de manifiesto el cúmulo de regulaciones sobre el territorio; este debe ser completado con un análisis de la capacidad de las instituciones para controlarlo y hacerlo cumplir.

Las afecciones, sin ánimo de exhaustividad, pueden agruparse de la siguiente manera:

- Espacios naturales protegidos por la legislación nacional y por la legislación autonómica.
- Protecciones derivadas de la legislación sobre patrimonio histórico-artístico (parajes pintorescos, monumentos histórico artísticos fuera de núcleos, jardines, etc.).
- Protecciones derivadas de la legislación de yacimientos paleontológicos y arqueológicos.
- Reservas, refugios, cotos, etc. de caza y pesca.
- Catálogos de protección incluidos en el planeamiento urbanístico previsto en la Ley del Suelo y otras protecciones no incluídas en catálogo.
- Montes públicos de distinto tipo y otros espacios de uso o aprovechamiento limitado por la legislación de montes (protección hidráulico forestal, peligro de incendios, etc.).
- Otros espacios públicos: Patrimonio Nacional, Diputaciones, Ayuntamientos, etc.
- Vías pecuarias y descansaderos del ganado.
- Afecciones derivadas de legislación agrícola y rural: zonas de agricultura de montaña, de concentración parcelaria, de ordenación de explotaciones, etc.
- Oportunidades derivadas de la aplicación de los fondos estructurales de la CEE: zonas ecológicamente sensibles, programas operativos, etc.
- Dominio público hidráulico, dominio público marítimo terrestre, zonas de previsión de daños por avenidas, perímetros de repoblación obligatoria, de protección de acuíferos, de sondeos de abastecimiento de agua, áreas de investigación de aguas subterráneas, etc.
- Derechos mineros, reservas del estado, concesiones de explotaciones, autorizaciones de explotación y aprovechamiento, etc.
- Servidumbres de paso de energía eléctrica, gaseoductos, oleoductos, derivadas de grandes obras públicas, etc.

- Servidumbres derivadas de las instalaciones nucleares.
- Zonas condicionadas por instalaciones para la defensa nacional, polígonos de tiro, etc.
- Clasificación urbanística del suelo.
- Afecciones derivadas de planificación sectorial: agricultura, turismo, etc.
- Programas y proyectos previstos con incidencia territorial.
- Concesiones administrativas, etc.
- Otras.

3.8. Degradaciones y amenazas

Las degradaciones se refieren a situaciones indeseables de hecho, mientras las amenazas suponen degradaciones potenciales basadas en hipótesis de futuro en función de las tendencias observadas y de las previsiones detectadas en el capítulo de afecciones. El concepto de degradación es relativo, en principio se trata de situaciones insatisfactorias desde el punto de vista de la ecología, el paisaje o el uso del suelo, que podrá venir indicada por la ausencia de vegetación donde debería haberla, por un uso inadecuado del suelo es decir discordante con la capacidad de acogida del territorio o superposición y desorden de actividades, por la explotación de recursos naturales renovables por encima de su tasa de renovación, por la presencia de procesos erosivos activos, por la alteración negativa de otros elementos y procesos del medio, por la presencia de contaminaciones de diverso tipo, incluida la visual, etc. Resulta útil agruparlas en función del origen de los impactos producidos:

- Degradaciones derivadas del cambio en los usos del suelo:
  - Directas: ocupación.
  - Indirectas: efectos inducidos, despoblamiento rural, abandono de la agricultura, aumento de accesibilidad a espacios naturales, etc.
- Emisión y vertido de contaminantes:
  - Al aire, al agua y al suelo.
  - Discordancias en el paisaje.
  - Introducción de flora o fauna exótica, controles biológicos, etc.
  - Emisión de ruido de vibraciones o de otras formas de energía (calor, por ejemplo).
- Sobreexplotación de recursos naturales, ecosistemas y paisajes por encima de las tasas de renovación anual o interanual: acuíferos subterráneos, bosques, pastos, suelos, recursos pesqueros, esparcimiento y recreo al aire libre, etc.
- Subexplotación de recursos naturales, ecosistemas y paisajes y consiguiente degradación.
- Situaciones con riesgos geológicos naturales o inducidos.
- Incendios forestales.
- Plagas y enfermedades.

3.9. Tratamiento de la información: determinación de la capacidad de acogida del territorio

Ya se especificaron en el punto 3.4 las distintas posibilidades metodológicas que se abren para el tratamiento del medio físico. Vamos aquí a describirlas en detalle.

3.9.1. Integración al principio del proceso: unidades de integración

La integración consiste en tratar conjuntamente la información de que se dispone hasta el momento de realizarla.

3.9.1.1. Tipos de unidades de integración

Situada esta tarea inmediatamente después del inventario, su formalización consiste en la definición de unidades territoriales a partir del inventario de los factores o elementos informativos de carácter sectorial inventariados. Tales unidades se consideran como sistemas de relaciones de funcionamiento unitario cuyas componentes y procesos son precisamente los citados factores inventariados. Denominaremos en lo sucesivo a dichas unidades, unidades de integración, y se adoptarán como sectores territoriales básicos, tanto en el diagnóstico del medio físico como a lo largo del proceso de toma de decisiones para su ordenación; por eso en ocasiones nos referiremos a ellas con la denominación de «unidades operacionales».

Su interés se comprenderá a la vista del cúmulo de información temática sobre el medio físico, que hace difícil la elaboración de un diagnóstico del sistema si no hay un proceso previo de síntesis. En este sentido, las unidades de integración pueden entenderse como la expresión de los elementos y procesos del territorio en términos comprensibles y, sobre todo, en términos operativos. En esta idea, las unidades de integración no son más que una manera racional de hacer operativa la información transponiéndola a forma fácilmente utilizable.

En función de las unidades de integración se valorarán los méritos de conservación de cada punto del territorio, las amenazas de este por actividades expectantes incompatibles con el mantenimiento de la calidad ambiental, la vocación natural del suelo, a lo que llamaremos capacidad de acogida, las degradaciones e impactos existentes, etc. En resumen las unidades de integración son los sectores básicos del territorio en función de los cuales se hace el diagnóstico del medio físico.

La adopción del territorio como base de la integración, se justifica porque sobre él confluyen e interactuan todos los factores que configuran el sistema territorial.

De acuerdo con todo lo anterior, el tipo de unidades y los criterios de definición deben atender a dos objetivos:

- Facilitar la comprensión del sistema territorial.
- Hacer fácilmente utilizable la información sectorial recogida en el inventario.

Cada unidad definida puede considerarse, a su vez, como un subsistema del sistema territorial, incluso aunque la homogeneidad quede minimizada cuando se ha definido e identificado por algún elemento clave.

En principio existen cuatro grandes tipos de unidades de integración:

- Cuadrícula.
- Unidades homogéneas o unidades ambientales.
- Unidades no homogéneas, estratégicas o de síntesis.
- Unidades funcionales, definidas por una elevada intensidad de interacciones entre unidades o espacios simples.

La *cuadrícula* viene definida por una retícula superpuesta al territorio y apoyada en las coordenadas geográficas. Presenta como principal ventaja la facilidad con que se identifica e informatiza, mientras resulta un grave inconveniente la heterogeneidad derivada del carácter regular y predefinido de sus límites. Tal heterogeneidad se puede paliar de varias formas:

- Adaptando el tamaño al margen de error que admita la complejidad del ámbito y la escala de trabajo; este puede variar de unas a otras zonas dentro del ámbito de estudio en función de sus características particulares.
- Estableciendo criterios de asignación de características parciales al conjunto de la cuadrícula en función de la orientación y objetivos del plan. De éstos los más útiles son:
  - — Asignación de la cuadrícula a la clase/unidad que ocupe mayor extensión en ella.
  - — Asignación de la cuadrícula a la clase/unidad de mayor valor con independencia de la extensión que ocupe.

El moderno avance en los GIS (Sistemas de Información Geográfica) así como en la capacidad y velocidad de los ordenadores, permite sustituir la cuadrícula por otras unidades territoriales obtenibles por superposición automática de la cartografía temática. Pero este mismo hecho permite también trabajar con cuadrículas de tamaño muy reducido lo que, unido a las indudables ventajas que ofrece este tipo de unidad, hace que hacia el futuro se revitalice la utilización de la cuadrícula.

Las unidades homogéneas se suelen denominar *unidades ambientales*, nombre con el que las identificaremos en lo sucesivo; su grado de homogeneidad es sólo relativo y acorde con el nivel de detalle requerido. Las unidades ambientales se pueden definir e identificar de varias formas:

- empírica, a partir de la experiencia y de un buen conocimiento del terreno,
- por superposición de los factores inventariados dispuestos en soporte cartográfico. Este procedimiento tiene el inconveniente de que resulta engorroso cuando se dispone de muchas capas y de que proporciona un número excesivo de recintos; por ello suele resultar útil simplificarlo recurriendo a la
- superposición de aquellos factores con mayor carga explicativa: la geomorfología (que describe materiales, formas y procesos del medio inerte y sintetiza sus relaciones), la vegetación natural y cultivos (que explica

las condiciones ambientales determinantes de la vida y sintetiza las relaciones entre el medio biótico y abiótico) y los usos del suelo (que explican el devenir histórico de las formas de utilización y aprovechamiento del suelo y sus recursos). Con ello se consigue, indirectamente, una cierta homogeneidad respecto al resto de los factores de inventario, generalmente suficiente, al menos en las zonas de problemática menos compleja del ámbito del plan,

- divisiones sucesivas del territorio atendiendo primero a semejanzas climáticas, después a la estructura geológica, a continuación al recubrimiento vegetal y, por último, al suelo y a los usos de éste.

Las unidades ambientales se definen y nombran por sus rasgos fundamentales, tal como se ve en los ejemplos siguientes:

- Encinar adehesado sobre el páramo mioceno calizo de la Alcarria.
- Encinar bien conservado sobre taludes que disecan el páramo de la Alcarria.
- Cultivos de cereal de secano sobre glacis cacáreo aterrazado.
- Cultivos intensivos de regadío sobre terrazas bajas de cursos continuos de agua.
- Complejo de ribera fluvial bien conservado.
- Repoblación de pino carrasco sobre margas yesíferas degradadas.
- Matorral gipsícola sobre margas yesíferas degradadas.
- Pastizales de pterofitos sobre pédiment mioceno arcósico degradado.
- Matorral calcícola con encinar residual sobre margas, yesos y arcillas del Oligoceno.
- Pastos de cumbres alpinizados y piornales sobre circos glaciares y depósitos de morrena.

La figura IV.19 muestra un fragmento de un plano de unidades ambientales. Como se ve la unidad ambiental resulta de una combinación entre la base geomorfológica, el recubrimiento vegetal y el uso del suelo. Los ejemplos citados tienen sentido en una escala subregional, a otras escalas cambian los elementos y las clases de éstos que las definen.

Las unidades de integración no homogéneas se denominarán a partir de aquí *unidades de síntesis*. Son sectores del territorio definidos e identificados por la existencia de algún «factor controlante clave» o aspecto que condiciona de tal manera su vocación que, frente a él, pierden relevancia los demás. Se trata de unidades estratégicas, que se definen estratégicamente en función de los objetivos del plan (figura IV.20).

Dicho factor controlante clave puede ser la fuerte y clara homogeneidad de un sector, la presencia de un elemento sobresaliente (ecológico, productivo, paisajístico o cultural), su valor, un problema específico, actual o potencial (riesgo o amenaza por ejemplo) o una oportunidad que pueda permitir la puesta en valor de recursos de cualquier tipo que permanecen ociosos.

La propia tipología de unidades de síntesis que se da más abajo, muestra con claridad los criterios concretos utilizados en su definición. Estos responden, en un primer nivel, a cuatro categorías no excluyentes:

Unidad Nº	Descripción
1	Terreno completamente urbanizado.
2	Encinar (con algún raro quejigo) y sotobosque sobre calizas pontienses del páramo.
3	Olivar sobre glacis calcáreos o sobre páramo degradado.
4	Olivar sobre talud muy desarrollado, desde las calizas del páramo hasta las terrazas.
5	Matorral calizo y espartizales sobre laderas en arcillas y margas de la superficie de Guadalajara.
6	Matorral calizo sobre laderas y carcavas fuertes del talud calizo, delomítico, areniscas y margas.
7	Olivar sobre margas y arcillas en superficies de Guadalajara con algunos glacis calcáreos.
8	Secanos en terrazas altas, cortadas por valles y carcavas. Malas hierbas más o menos calcáreas, neutrófilas.
9	Regadío en terrazas medias altas.
10	Secanos en terrazas medias altas. Limos fluviales descalcificados.
11	Regadíos en terrazas medias bajas, limos fluviales descalcificados.
12	Secanos (que podrán ser fácilmente regadíos) en terrazas medias bajas. Limos fluviales descalcificados.
13	Complejo de vegetación de ribera (olmedas, choperas, sauces) en zonas inundables (no cartografiables) y regadíos en terrazas bajas.
14	Secano en glacis calcáreos.
15	Secano en arcillas más o menos arenosas y margas, con glacis (aterrazados) de la superficie de Guadalajara.
16	Secanos, generalmente aterrazados en taludes fuertes (con glacis no cartografiables) de la "cuesta del páramo"
17	Secano en suelos pardos calizos de la superficie del páramo.
18	Secano en páramo más degradado, arcillas descalcificadas; terra-rossa, rendzinas, suelos pardos calizos, alternancia de zonas más o menos profundas.
19	Vaguadas y valles (de alguna importancia, pues los pequeños no pueden cartografiarse al 100.000) con acumulación arcillosa, elementos finos, regadíos secano, vegetación de ribera (olmedas).
20	Encinar y quejigal muy aclarado en suelo ácido (raña) y pedrogoso, con matorral de cistus ladaniferus (más o menos interrumpido por cultivos, no cartografiados).
21	Encinar y quejigal muy aclarado, sobre rañas más planas y no degradadas.
22	Matorral (Retamar) y herbazales en laderas y taludes de zonas erosionadas de la raña (areniscas arcillas, margas, cantural) más o menos ácido o neutro.
23	Olivar sobre terrazas altas (más o menos cortadas por vaguadas).
24	Olivar sobre terrazas medias altas. Limos fluviales descalcificados.
25	Olivar sobre zonas degradadas de rañas (aparece por ejemplo en facies de Madrid).
26	Secano en zonas degradadas de rañas (igual que sobre glacis pero de naturaleza silícea).
27	Secanos en rañas más o menos silíceas y plano-suelos en la parte NO del corredor (gusanos, galapagos, etc.).
28	Terrazas bajas (regadío) cuando se pueden cartografiar) (V. 13).
29	Cauces y zona inundable de terrazas bajas (algunos regadíos y mucha vegetación de ribera, gravas, cantos, arenas) cuando se puede cartografiar (V. 13).
30	Repoblación de halepensis en taludes y cuestas del páramo.
31	Matorral más o menos neutrófilo calcicola sobre talud de la facies de Madrid (margas, arcillas arenosas).
32	Repoblación de halepensis sobre talud en la facies de Madrid (margas, arcillas arenosas).
33	Matorral más o menos gipsicola, con helianthemum squamatum sobre talud con yesos.
34	Secano sobre talud en la facies de Madrid (margas, arcillas arenosas).
35	Secano en lomas yesíferas.
129	Bosques de encina, de Quercus faginea o mixtos sobre pediment mioceno degradado, conglomerados, bloques graníticos, arenas.
130	Secanos y/o secanos abandonados sobre pediment mioceno degradado, conglomerados, bloques graníticos, arenas.

Fuente R. 4

Figura IV.20a. *Ejemplo de unidades ambientales en el corredor*

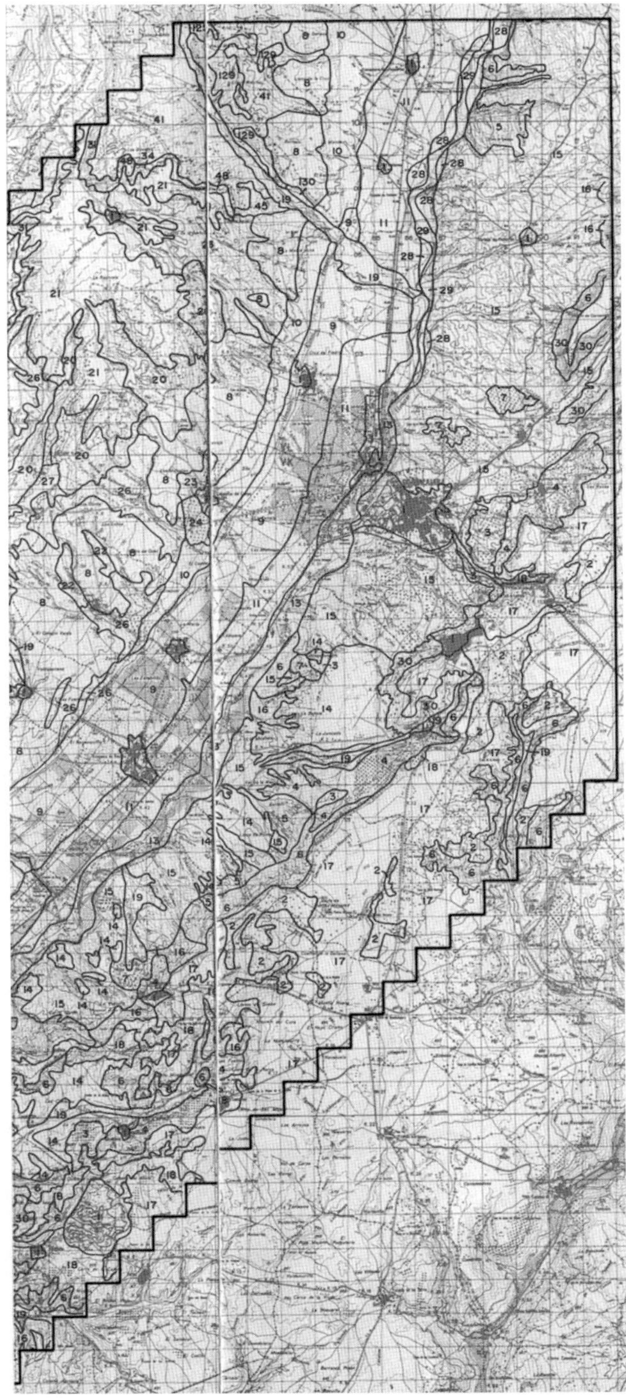

adalajara. Observar el detalle con que se representan en el plano.

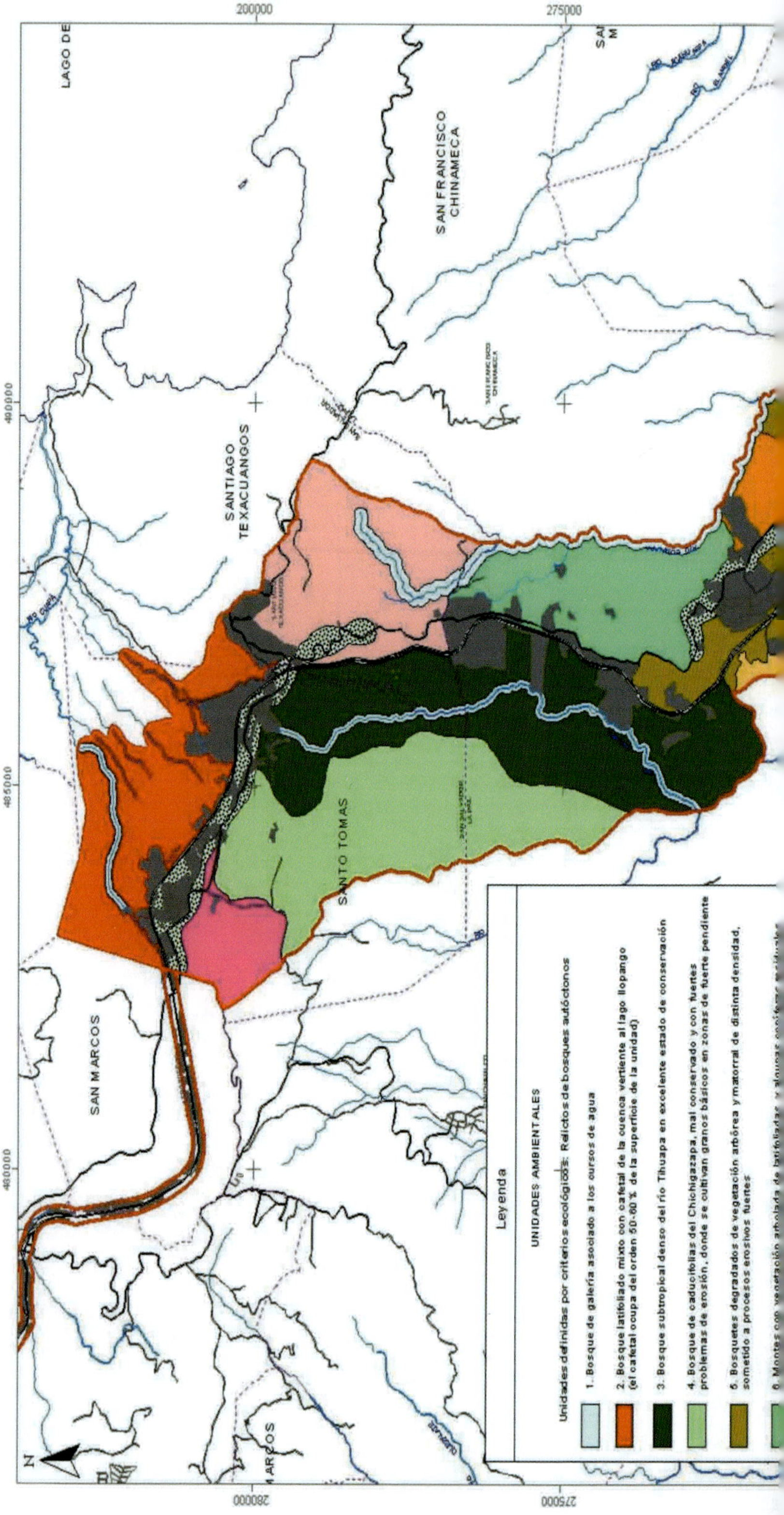
LAGO DE
SAN FRANCISCO CHINAMECA
SANTIAGO TEXACUANGOS
SANTO TOMAS
SAN MARCOS
Leyenda
UNIDADES AMBIENTALES
Unidades definidas por criterios ecológicos: Relictos de bosques autóctonos
1. Bosque de galería asociado a los cursos de agua
2. Bosque latifoliado mixto con cafetal de la cuenca vertiente al lago Ilopango (el cafetal ocupa del orden 50-60 % de la superficie de la unidad)
3. Bosque subtropical denso del río Tihuapa en excelente estado de conservación
4. Bosque de caducifolias del Chichigazapa, mal conservado y con fuertes problemas de erosión, donde se cultivan granos básicos en zonas de fuerte pendiente
5. Bosquetes degradados de vegetación arbórea y matorral de distinta densidad, sometido a procesos erosivos fuertes

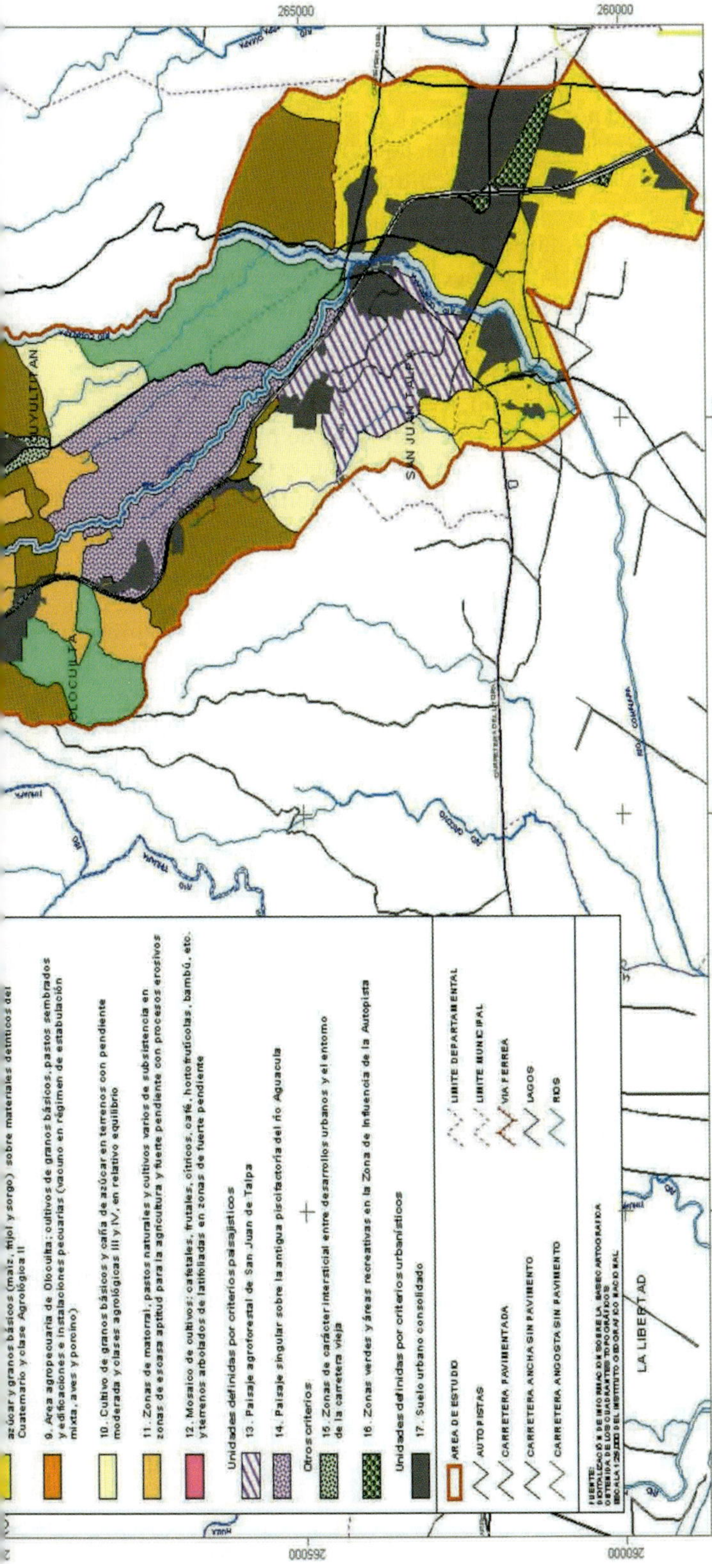

Figura IV.20b. *Ejemplo de unidades ambientales en Comalapa.*

- Criterios ecológicos para definir aquellas unidades que muestran indicadores ecológicos sobresalientes, generales de los ecosistemas o específicos. Los elementos principales de atención para concretar territorialmente este criterio son la vegetación y la fauna.
- Criterios científico-culturales, para definir aquellos sectores donde lo relevante es su interés para la ciencia o la cultura de masas e iniciación a la naturaleza.
- Criterios de productividad primaria, caracterizados por una capacidad sobresaliente del territorio para la producción agraria, o simplemente de biomasa. Los indicadores principales de este criterio son la calidad agrológica del suelo, el uso actual del mismo y, en menor medida, el clima local y el microclima. A la productividad citada se añade el potencial ligado a la explotación de recursos mineros o hidráulicos, de la energía eólica, de la insolación o mareomotriz y otras formas de productividad.
- Criterios paisajísticos, que permiten definir zonas donde lo más relevante es la calidad estética de la base paisajística o su visibilidad.
- Criterios de funcionalidad, permiten definir unidades por el papel que cumplen ciertas zonas en el conjunto del ámbito, por ejemplo en la recarga de acuíferos o en el control de la erosión.

Las *unidades funcionales,* definidas por el alto nivel de interacción entre unidades o espacios simples, son unidades a mitad de camino entre las homogéneas y las categorías de ordenación; se trata de sectores entre los que se producen interacciones tan fuertes que solo pueden ser entendidos en conjunto: una subunidad no tiene sentido si no es en relación con las demás con las que conforma la unidad funcional.

Los indicadores relativos a cada criterio utilizado permiten una fácil identificación y cartografía de las unidades de síntesis sin más que extraer cada uno de ellos de la información sectorial que lo contiene y trasladarlo al mapa de síntesis. El problema de los solapamientos se resuelve de las siguientes formas:

- Aplicando un orden de prioridad a los criterios, de forma que cuando una unidad pueda ser definida por dos o más criterios, queda ubicada bajo el considerado prioritario. Ello no significa que se ignore en su descripción el resto de los aspectos relativos a los criterios desechados, por el contrario la unidad queda descrita y valorada en términos de todos ellos.
- Definiendo unidades mixtas que participan de varios criterios.

En todo caso debe entenderse que la clasificación es irrelevante de cara a la determinación de la capacidad de acogida por cuanto las unidades son territoriales y confluyen en el territorio todos los aspectos (componentes y procesos) que las forman con independencia de su ubicación en la clasificación adoptada.

De los cuatro tipos de unidades descritos son las de síntesis las que proporcionan una mayor economía de medios en la integración y su posterior tratamiento. Es el tipo de unidad menos obvia y de identificación menos mecánica, por lo que su utilización requiere una gran experiencia en planificación y un detallado conocimiento de la estructura y funcionamiento del medio así como de las formas de utilización. Si se acierta en la elección de las unidades de síntesis a la hora de hacer un plan de ordenación territorial y se cartografían correctamente, se tiene un gran camino recorrido en la elaboración del plan y buenas garantías de establecer con precisión la capacidad de acogida.

3.9.1.2. Una tipología orientadora de unidades de síntesis

Dado el interés metodológico de las unidades de síntesis y de la importancia de acertar en su definición, a continuación se da una tipología orientativa de ellas que puede adoptarse como lista de referencia en niveles regionales.

- I. Unidades definidas por criterios ecológicos.
  - I.a. Ecosistemas bien conservados:
    - I.a.1. Ecosistemas climácicos:
      - I.a.1.1. Bosques autóctonos en buen estado.
      - I.a.1.2. Acantilados costeros colonizados por vegetación multiespecífica.
    - I.a.2. Zonas húmedas:
      - I.a.2.1. Estuarios y marismas.
      - I.a.2.2. Lagunas.
      - I.a.2.3. Embalses.
    - I.a.3. Complejos fluviales bien definidos.
  - I.b. Ecosistemas definidos por aspectos ecológicos particulares:
    - I.b.1. Vegetación sobresaliente:
      - I.b.1.1. Areas de vegetación especial.
      - I.b.1.2. Repoblaciones forestales bien ordenadas.
    - I.b.2. Hábitats faunísticos de interés:
      - I.b.2.1. Hábitats con endemismos.
      - I.b.2.2. Hábitats de rapaces.
      - I.b.2.3. Rutas migratorias y puntos de paso.
    - I.b.3. Vegetación de cantiles y roquedos en zonas elevadas.
    - I.b.4. Complejos dunares bien conservados.
  - I.c. Ecosistemas degradados o de sustitución:
    - I.c.1. Bosque autóctono degradado:
      - I.c.1.1. En etapa serial inferior a la clímax.
      - I.c.1.2. Con enclaves de vegetación exótica de crecimiento rápido.
    - I.c.2. Repoblaciones forestales.
    - I.c.3. Pastizal/matorral degradado.
- II. Unidades definidas por criterios científico-culturales.
  - II.a. Yacimientos paleontológicos.
  - II.b. Sitios de interés geológico.
  - II.c. Sitios de interés geomorfológico.
  - II.d. Acantilados costeros.
- III. Unidades definidas por criterios de productividad.
  - III.a. Areas de alta productividad agrícola actual:
    - III.a.1. Por infraestructuras agrarias:

III.a.1.1. Regadíos.
III.a.1.2. Zonas de huertas.
III.a.2. Por la calidad y aprovechamiento actual de los suelos:
III.a.2.1. Praderías fértiles y productivas.
III.a.2.2. Pastizales cacuminales.
III.a.2.3. Secanos de alta productividad sobre suelos buenos.
III.a.2.4. Cultivos de frutales en secano sobre suelos buenos.
III.a.2.5. Viñedos productivos con denominación de origen.
III.a.2.6. Choperas bien cultivadas.
III.b. Areas de alta productividad agrícola potencial:
III.b.1. Suelos de clase agrológica I o II no incluidos en clases anteriores.
III.c. Areas de mediana productividad agrícola:
III.c.1. Pastizales.
III.c.2. Cultivos sobre clase agrológica III o IV.
III.d. Areas con recursos minerales explotables.
III.e. Areas proclives al aprovechamiento de recursos eólicos.
III.f. Areas favorables al aprovechamiento energético de la insolación.
III.g. Areas con potencial mareomotriz.
IV. Unidades definidas por criterios paisajísticos.
IV.a. Paisajes de alta calidad intrínseca.
IV.b. Zonas de alta incidencia visual.
IV.c. Zonas de alto potencial de vistas.
IV.d. Zonas culminantes no incluidas en clases anteriores.
IV.e. Singularidades paisajisticas.
IV.f. Playas.
IV.g. Islas.
V. Zonas urbanas. Condicionantes superpuestos.

Existen ciertas características del territorio que no tienen relevancia por sí solas para definir unidades de síntesis, pero condicionan fuertemente el destino de la unidad sobre la que operan. Estos se tratan de forma superpuesta, como sobrecarga, a las mismas, y son del estilo de los siguientes:

A. Areas vulnerables a la contaminación de acuíferos.
B. Areas erosionables o con riesgos de erosión.
C. Areas susceptibles de fenómenos de deslizamiento/desprendimiento (movimientos de ladera).
D. Areas inundables.
E. Areas vulnerables frente a riesgos de tipo litoral.
F. Areas sensibles al fuego.
G. Areas con riesgos de sismicidad.

La figura IV.21 muestra un fragmento de un mapa de unidades de síntesis.

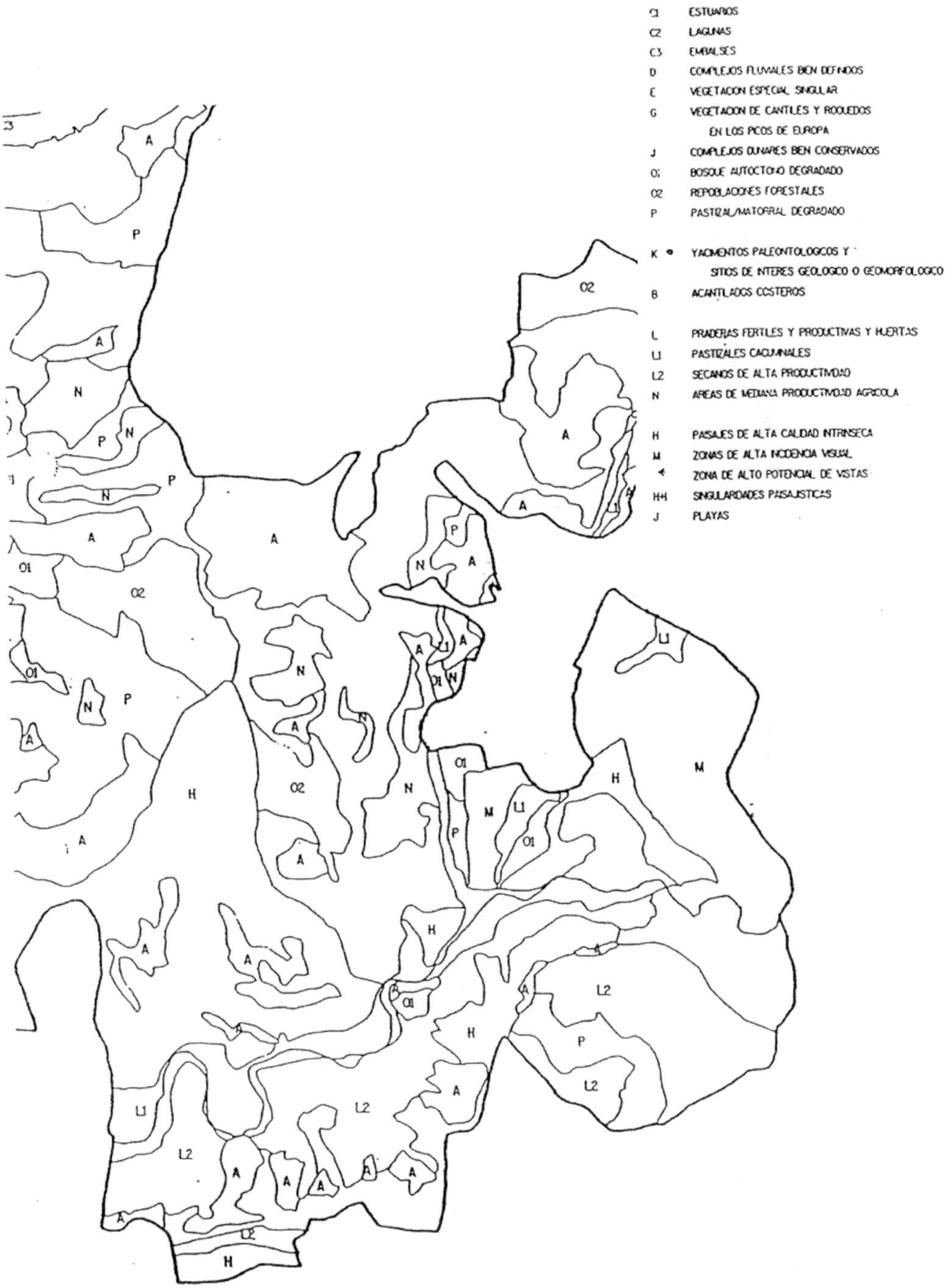

Figura IV.21. *Fragmento de un mapa de unidades de síntesis correspondiente a las Directrices de Ordenación del Territorio del País Vasco.*

3.9.1.3. Descripción de las unidades de integración

A fin de dar consistencia informativa al plan y de transmitir el conocimiento adquirido sobre el territorio conviene presentar una descripción de las unidades de integración. Esta debe ir precedida por una aproximación previa que habrá podido servir como marco general en la definición y delimitación de las unidades y que familiarice al profano con el tipo de territorio que se va a encontrar. Resulta útil plasmar tal aproximación en forma de lo que denominamos las grandes unidades estructurantes del territorio, a modo de comarcas naturales significativas, estructuras geológicas, fisiográficas, valles, espacios agrarios, etc., en general elementos naturales estructurales del medio físico, tal como muestra la figura IV.22. Conviene organizar la descripción en torno a los siguientes aspectos:

- Materiales, formas y procesos que componen la base física de la unidad. Papel de la unidad en el funcionamiento del conjunto. Aspectos notables y riesgos sobresalientes.
- Biocenosis y ecosistemas que la configuran o de los que forma parte. Especies notables de flora y fauna. Papel en el funcionamiento del conjunto.
- Base paisajística e intervisibilidad de la unidad, fundamentalmente en relación con las zonas accesibles habitadas y/o más frecuentadas por la población.
- Usos del suelo actuales, formas de utilización, influencias y aprovechamiento histórico, significado de la unidad en la economía del ámbito.
- Estado de conservación, valores sobresalientes de tipo científico, cultural y/o didáctico.
- Afecciones del suelo y legislación con incidencia en la unidad.
- Degradaciones existentes y amenazas futuras. Posibilidades de corrección y prevención.
- Potencialidad y actividades vocacionales y forma de hacerlas efectivas.
- Fragilidad y actividades compatibles e incompatibles.
- Otras características de interés para la interpretación de la unidad.

3.9.1.4. Valoración del territorio

Una vez descritas las unidades de integración por sus aspectos más relevantes, conocidas por tanto, se está en condiciones de estimar los méritos de conservación con que cuenta. Esto se entiende por valor, los méritos de un punto genérico del territorio, o, de forma operativa, una unidad de integración, que aconsejan conservarla o, lo que es lo mismo, evitar su alteración.

La expresión gráfica de este valor (figura IV.23) muestra donde se concentra el patrimonio natural más importante del territorio que debe conservarse, derivando, en la medida de lo posible, las actividades más agresivas hacia las zonas menos valiosas.

Los mapas de valor son muy significativos de cara a transmitir a los responsables y afectados por el plan el patrimonio natural de que dispone el terri-

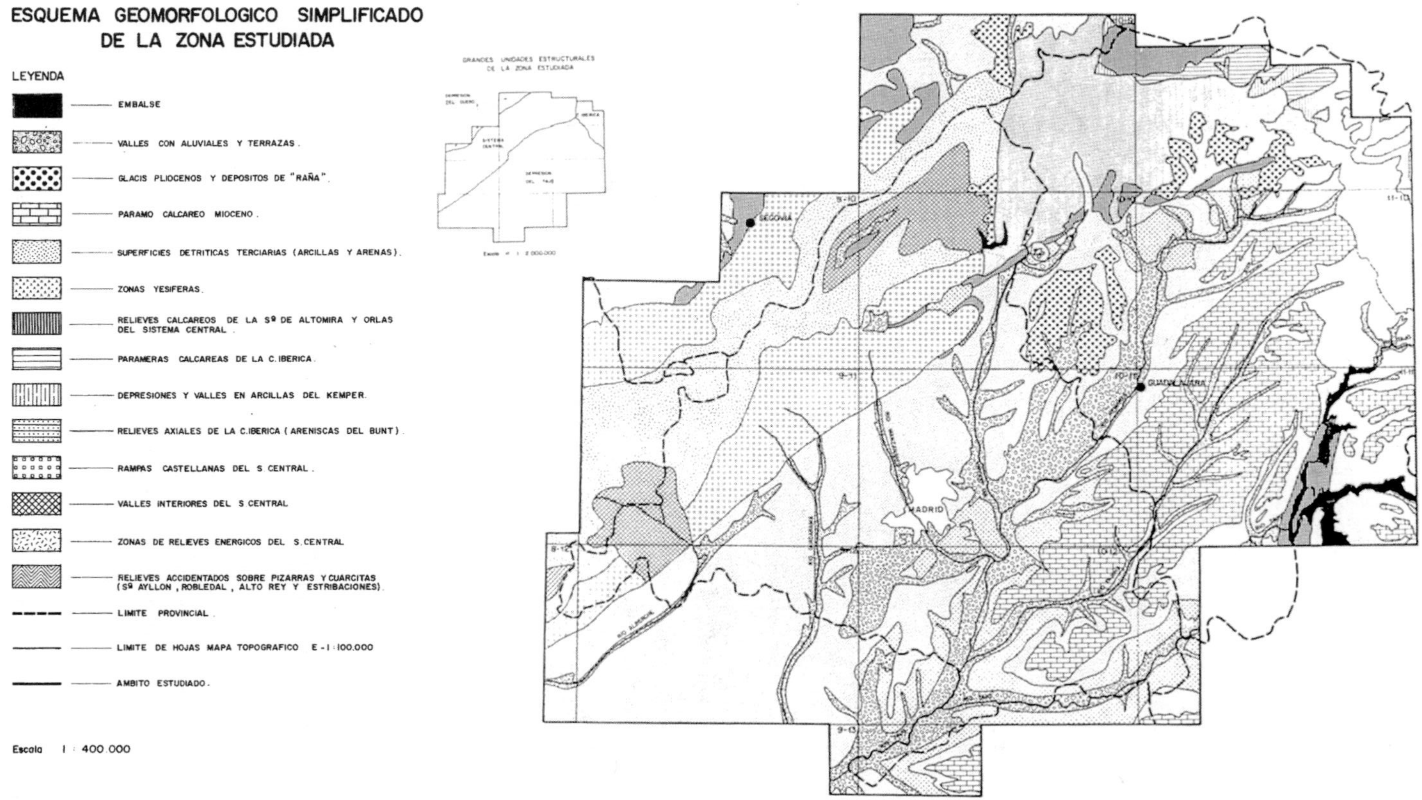

Figura IV.22.a. *Ejemplo de grandes unidades estructurales en la región de Madrid.*

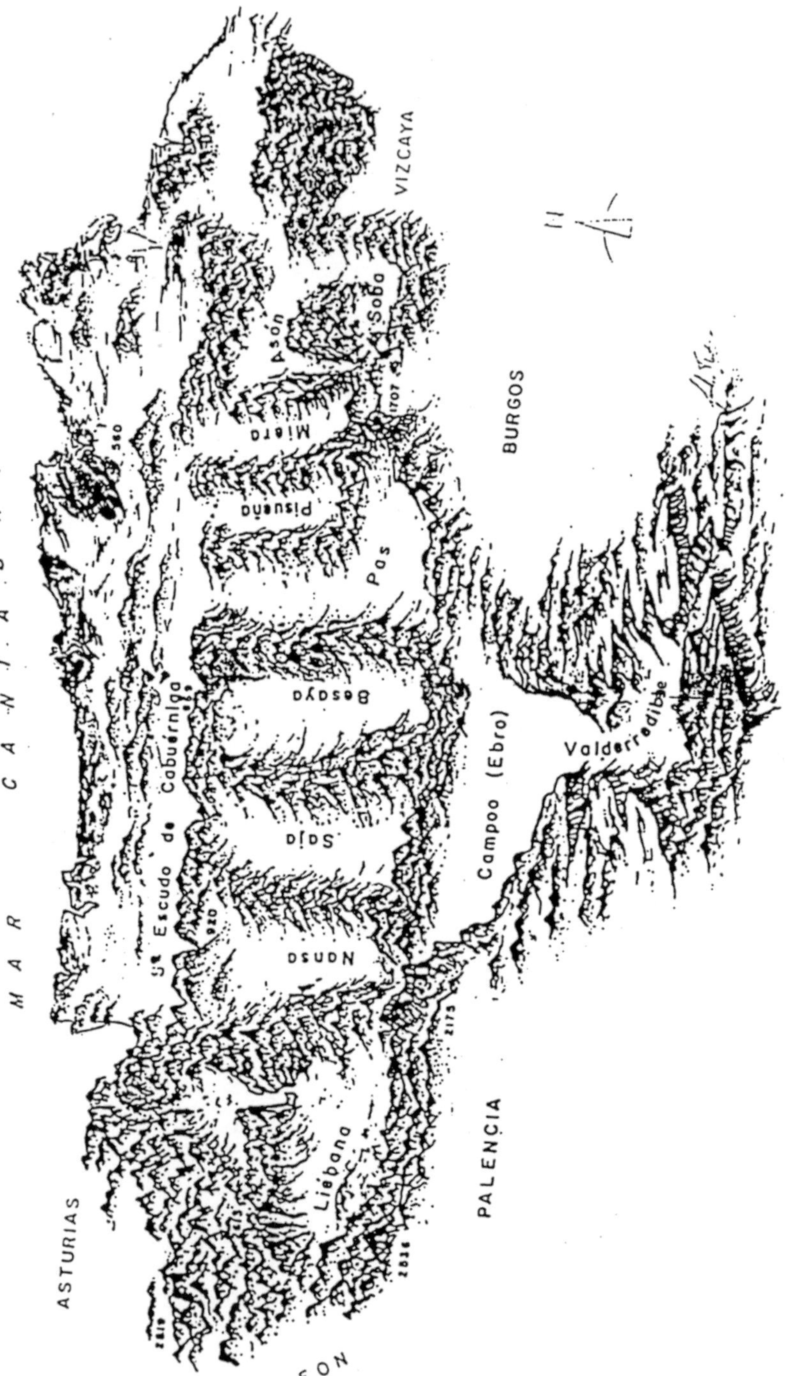

Figura IV.22.b. *Grandes unidades estructurales de Cantabria.*

torio y a detectar conflictos al comparar este plano con las tendencias urbanizadoras e infraestructurales.

Dimensiones de valor. Siendo cada unidad de integración la resultante de un conjunto de características y procesos de muy diversa índole, su valor puede considerarse, paralelamente, como la resultante de varias dimensiones. La experiencia ha consolidado las que coinciden con los criterios de definición de las unidades de síntesis: ecológica, científico/cultural, productiva y paisajística; a ellos se puede añadir la dimensión «funcional» que valora los méritos de una unidad desde el punto de vista de su aportación a la funcionalidad del sistema conjunto, por ejemplo, en términos de control de la erosión, producción de agua, retención de contaminantes, etc. Bien entendido que por más que una unidad de síntesis se haya definido bajo uno de estos criterios, ello no significa que no tenga valores por los demás.

En este sentido el valor total de cada unidad resulta de la consideración conjunta de las cuatro dimensiones enunciadas, de su agregación, en suma.

Criterios y escalas de valor. Las dimensiones de valor enumeradas son básicamente de carácter cualitativo, excepto el caso de la productividad que se puede medir en una escala de proporcionalidad. Por ello para la valoración es preciso aplicar criterios de valor ampliamente aceptados y contrastados, así como utilizar escalas jerárquicas que proporcionan simples rangos de valor. Los más importantes de dichos criterios son los siguientes:

- Grado de evolución ecológica.
- Diversidad.
- Naturalidad.
- Rareza.
- Representatividad.
- Significación para la región.
- Singularidad.
- Carácter endémico.
- Complejidad.

Tabla y mapa de valoración. Aplicando los criterios citados a las unidades de integración se puede confeccionar una tabla similar a la adjunta que recoge los valores atribuidos a cada dimensión de las que forman cada una de las unidades de integración.

Esta tabla, al estar referida territorialmente a las unidades de integración, admite una mapificación inmediata, tal como puede verse en la figura IV.23.

De este mapa es posible deducir, con facilidad, un primer nivel de conflicto en relación con las previsiones de planificación, programas o proyectos.

Conviene completar la valoración descrita, que se refiere a la situación actual, con otra valoración relativa a:

- Valoración de la situación primigenia, antes de la intervención humana.
- Evolución en que se encuentra la unidad y, por consiguiente, sus valores.
- Nivel de calidad demandado por la sociedad y grado de sacrificio que está dispuesta a realizar para alcanzarlo.

TABLA DE VALORACION AMBIENTAL SOBRE LAS UNIDADES AMBIENTALES

Unidades Ambientales	Valor Ecológico	Valor Productivo	Valor Funcional	Valor Paisajístico
1 Restos de bosque nebuloso sobre las áreas de mayor altura del volcán de S. S.	5	3	5	5
2 Bosque de galería asociado a los cursos de agua	5	5	5	5
3 Selva baja caducifolia cobijando cultivos o potreros				
4 Humedales del valle de Zapotitán	5	2	3	5
5 Lagunas y su cortejo vegetal acompañante	5	5	5	5
6 Formación de monte bajo y arboles aislados	3	1	3	4
7 Distritos de riego de Zapotitán y Atiocoyo	3	5	5	4
8 Suelos sedimentarios de fondo de valle	3	4	3	3
9 Terrenos de agricultura pluvial bien ubicada	2	4	4	3
10 Cultivos de grano basico en fuertes pendientes con fuertes procesos erosivos	2	2	0	0
11 Lavas recientes del Playón y San Isidro	5	1	5	4
12 Bosques de cafetal denso	5	5	5	5
13 Mosaico de cultivo y bosque de cafetal	4	5	4	4
14 Afloramientos de agua en la base de el Playón				
15 Yacimientos arqueológicos	3	0	0	3
16 Sitios de interes geológico o geomorfológico	3	1	2	5
17 Carreteras escénicas				5
18 Singularidades paisajísticas				5

Significado de los códigos: 5: Valor muy alto; 4: Valor alto; 3: Valor medio; 2: Valor bajo; 1: Valor muy bajo.

Nota:
El valor del distrito de riego debe ser resaltado por su papel en la conservación del valle y por su potencial equilibrador de los usos del suelo y la economía en la Cuenca.

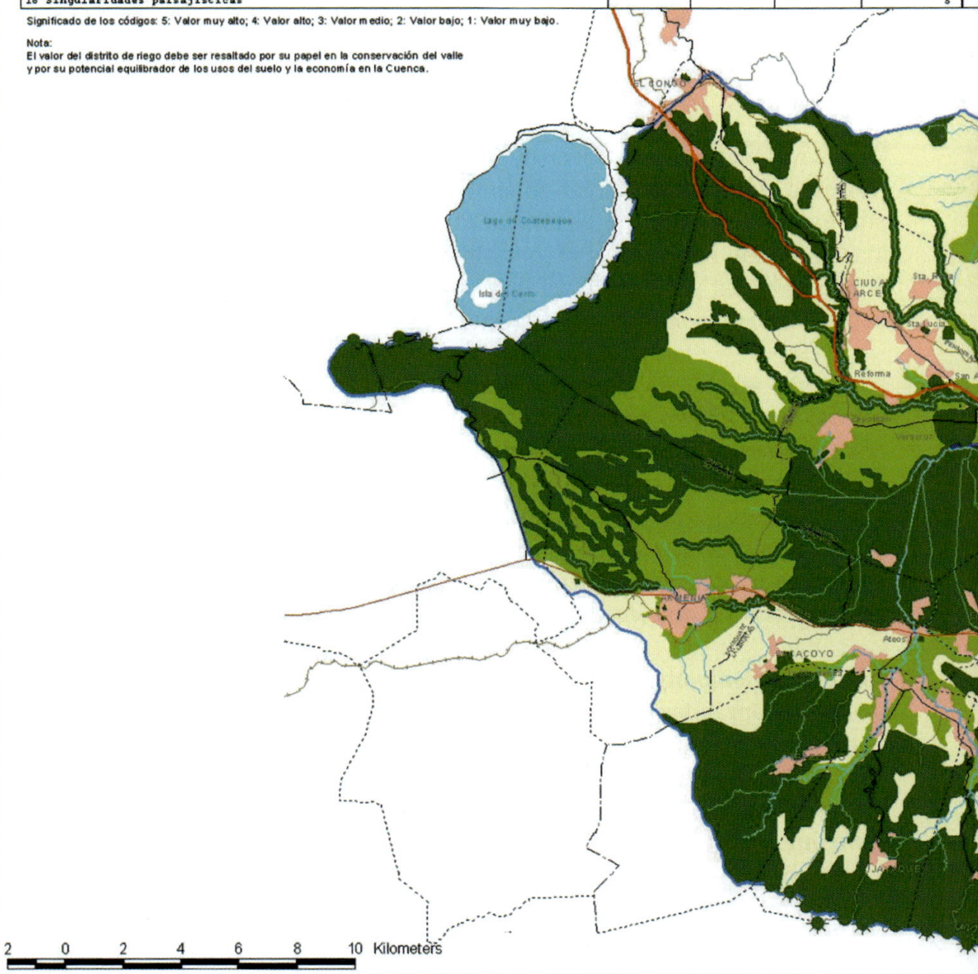

Figura IV.23. *Mapa de valoración del territorio en cuanto a méritos de conservació*

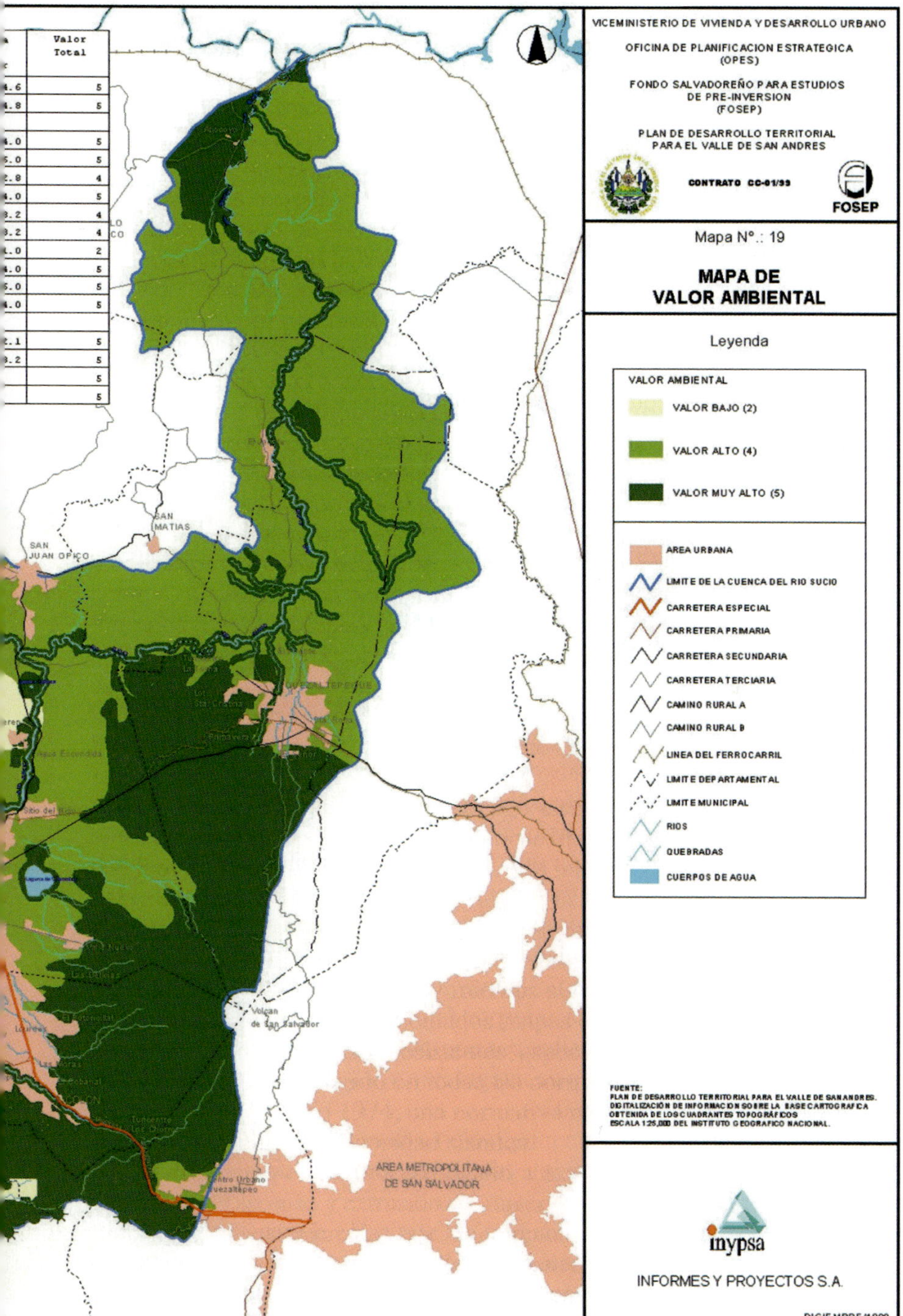

Cuenca del río Sucio.

La figura IV.24 muestra la estructura de una tabla de valoración y la figura IV.25, un ejemplo de los valores asignados a las unidades de síntesis relacionadas más arriba.

3.9.1.5. Aplicación del modelo Impacto/Aptitud

Como se indicó en el epígrafe 3.4.2 y 3.4.3, a partir de la valoración se pueden seguir dos modelos para determinar la capacidad de acogida del territorio: el modelo impacto/aptitud, de carácter sistemático, y el modelo empírico, no sistemático basado en la experiencia. A continuación se describe el primero de ellos.

Este modelo opera sobre los conceptos de impacto, efecto de una actividad sobre una unidad genérica de integración, y aptitud, medida en que una unidad de integración cubre los requisitos locacionales de una actividad.

Se fundamenta en la evidencia de que, de acuerdo con las definiciones dadas, la mayor capacidad de acogida para una actividad determinada la proporcionan aquellos puntos o unidades de integración donde coincide la máxima aptitud y el mínimo impacto negativo o, en su caso, el máximo positivo. Desde un punto de vista social podría decirse que en ese lugar convergen los intereses del promotor del proyecto y del conservacionista del medio.

Como también se vio en 3.4.2, el modelo puede aplicarse sobre unidades de integración o sobre factores del medio que se integran después. Aquí nos referimos al primer caso.

Se describe siguiendo las tareas especificadas en el diagrama de flujos que lo representa en la figura IV.26. Las siete primeras tareas del diagrama pueden considerarse ya descritas en epígrafes precedentes; son las siguientes:

- Se parte de un ámbito geográfico al que se refiere el plan y en función de su nivel y problemática, el contenido, alcance, escala y grado de detalle del trabajo. En ciertos casos puede ser útil diferenciar subámbitos a los que aplicar un tratamiento específico en términos de escala, alcance y contenido.
- Sobre él se realiza una prospección integrada que se expresa en términos de una serie de factores o elementos relevantes espacialmente representados, generalmente en forma de mapas; esta prospección se apoya en la información existente, en la interpretación de fotogramas aéreos y en recorridos de campo y se realiza por equipos multidisciplinares.
- Se define el tipo de unidades de integración y los criterios para su definición e identificación cartográfica.
- Se mapifican las unidades de integración a la escala decidida.
- Se describen las unidades de integración en términos de sus características y papel en el conjunto.
- Se valoran las unidades de integración según las dimensiones de valor descritas, figura IV.27 y se sitúa la valoración realizada en relación con su potencial natural y las espectativas de calidad ambiental a que aspira la sociedad.
- Por último se elabora una relación de las actividades a considerar en el plan.

Unidad ambiental	Dimensiones de valor					
	Valor Ecológico	**Valor productivo**	**Valor Paisajístico**	**Valor Científico Cultural**	**Valor Funcional**	**Valor de Conservación Total**
Unidad 1	Ve_1	Vp_1	Vpa_1	Vcc_1	Vf_1	$(Ve_1 + Vp_1 + Vpa_1 + Vcc_1) / 4$
Unidad 2	Ve_2	Vp_2	Vpa_2	Vcc_1	Vf_2	$(Ve_1 + Vp_1 + Vpa_1 + Vcc_1) / 4$
......	...	...	...	...	...	...

V (1 = bajo, 2 = muy bajo, 3 = medio, 4 = alto, 5 = muy alto).

Figura IV.24. *Formato para la valoración de las unidades de integración.*

	Valoración de las unidades de síntesis					
	Valor ecoló-gico	**Valor produc-tivo**	**Valor paisa-jístico**	**Valor científico cultural**	**Valor funcio-nal**	**Valor total**
I. Unidades definidas por criterios ecológicos.						
I.a. Ecosistemas bien conservados:						
I.a.1. Ecosistemas climácicos:						
I.a.1.1. Bosques autóctonos en buen estado	Alto	Medio	Alto	Alto	Alto	—
I.a.2. Zonas húmedas:						
I.a.2.1. Estuarios y marismas	Alto	Alto	Alto	Alto	Muy alto	—
I.a.2.2. Lagunas	Alto	Bajo	Alto	Alto	Alto	—
I.a.2.3. Embalses	Alto	Medio	Alto	Medio	Alto	—
I.a.3. Complejos fluviales bien definidos	Alto	Medio	Alto	Medio	Alto	—
I.b. Ecosistemas definidos por aspectos ecológicos particulares:						
I.b.1. Vegetación sobresaliente	Alto	Bajo	Alto	Alto	Bajo	—
I.b.2. Hábitats faunísticos de interés	Alto	Bajo	Alto	Alto	Bajo	—
I.b.3. Vegetación de cantiles y roquedos en en zonas elevadas	Alto	Bajo	Alto	Alto	Alto	—
I.b.4. Complejos dunares bien conservados	Alto	Bajo	Alto	Alto	Alto	—
I.c. Ecosistemas degradados o de sustitución:						
I.c.1. Bosque autóctono degradado	Medio	Bajo	Medio	Medio	Medio	—
I.c.2. Repoblaciones forestales	Bajo	Alto	Medio	Bajo	Medio	—
I.c.3. Pastizal/matorral degradado	Bajo	Alto	Medio	Bajo	Medio	—
II. Unidades definidas por criterios científico-culturales.						
II.a. Yacimientos paleontológicos	Alto	—	—	Alto	Bajo	—
II.b. Sitios de interés geológico	Alto	—	—	Alto	Bajo	—
II.c. Sitios de interés geomorfológico	Alto	—	—	Alto	Bajo	—
II.d. Acantilados costeros	Alto	—	—	Alto	Bajo	—
III. Unidades definidas por criterios de productividad.						
III.a. Areas de alta productividad agrícola actual:						
III.a.1. Praderas fértiles y productivas	Medio	Alto	Alto	Bajo	Bajo	—
III.a.2. Zonas de huerta	Bajo	Alto	Alto	Medio	Bajo	—
III.a.3. Pastizales cacuminales	Alto	Alto	Alto	Medio	Bajo	—
III.a.4. Secanos de alta productividad	Bajo	Alto	Bajo	Alto	Bajo	—
III.b. Areas de mediana productividad agrícola	Medio	Bajo	Bajo	Bajo	Bajo	—
IV. Unidades definidas por criterios paisajísticos.						
IV.a. Paisajes de alta calidad intrínseca	—	—	Alto	—	Bajo	—
IV.b. Zonas de alta incidencia visual	—	—	Alto	—	Bajo	—
IV.c. Zonas de alto potencial de vistas	—	—	Alto	—	Bajo	—
IV.d. Singularidades paisajisticas	—	—	Alto	—	Bajo	—
IV.e. Playas	Bajo	—	Alto	Medio	Bajo	—

Figura IV.25. *Ejemplo de tabla de valoración.*

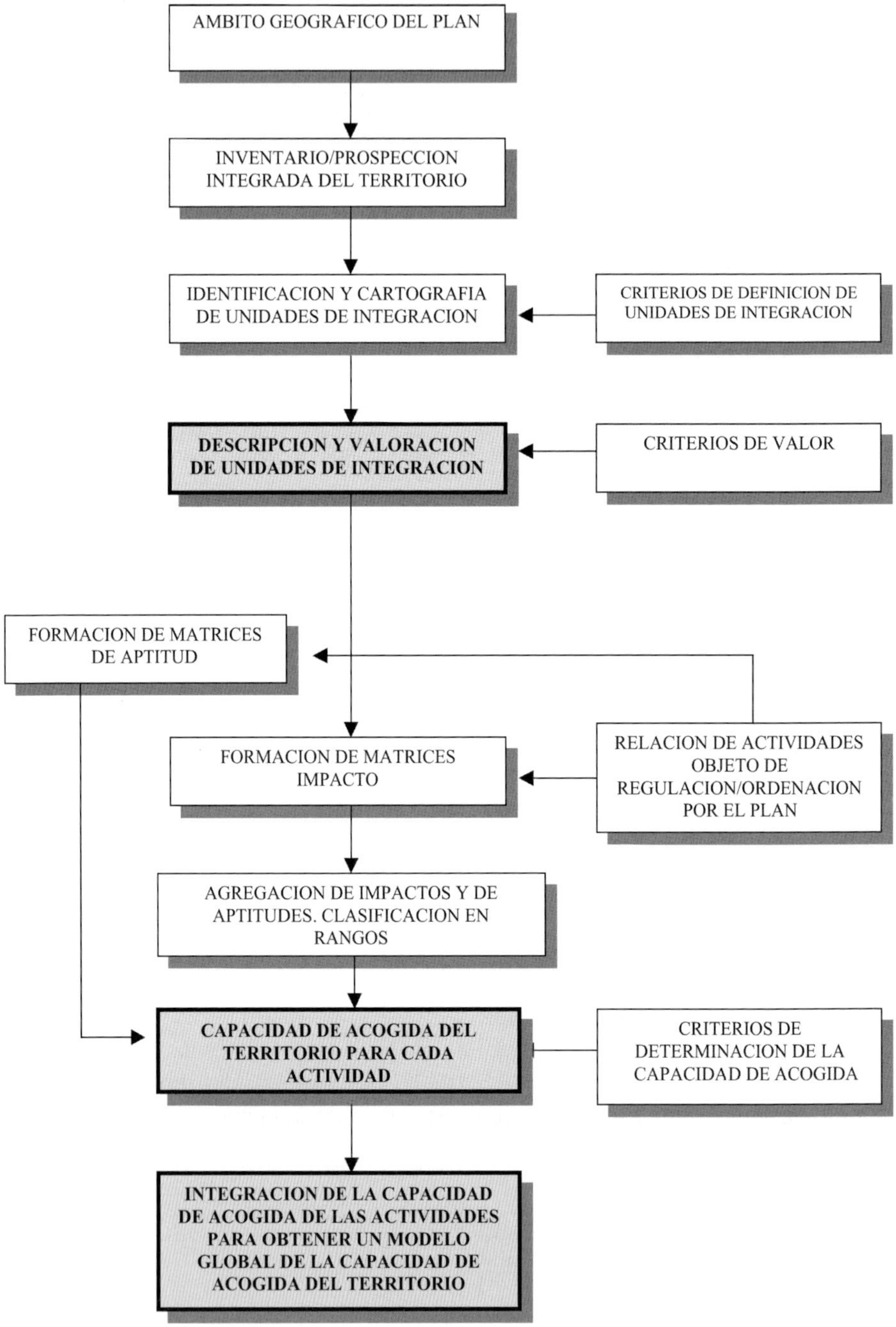

Figura IV.26. *Diagrama de flujos del modelo Impacto/Aptitud: integración al principio del proceso.*

Unidad ambiental	Dimensiones de valor				
	Valor Ecológico	Valor Paisajístico	Valor Científico-Cultural	Valor de conservación	
				Valor medio	Valor máximo
Ses Salines d'Eivissa	5	5	5	5	5
Pla de Sant Jordi-Pla De Vila	2	2	5	3	5
Es Jondal-Cova Santa-Es Cubells	4	3	4	3,7	4
Pla de Cala D'Hort-Punta Llentrisca	5	4	4	4,3	5
Calas de Ponent-Comte-Sa Bassa	3	3	2	2,7	4
Sa Talaia-Roques Altes	4	4	3	3,6	4
Sant Josep	3	3	4	3,3	4
Pla y Badia de Sant Antoni	3	2	4	3	4
Costa de Els Amunts	5	5	4	4,6	5
Corona-Eubarca	4	4	4	4	4
Ses Marrades	3	4	2	3	4
Talaia de Sant Carles-Pou Des Lleó	4	4	2	3,3	4
Serra Grossa- Benimussa	3	3	3	3	3
Roca Llisa-Cala Llonga	3	3	2	2,7	3
Benirras-Port de Sant Miquel-Portinatx	3	3	3	3	3
Sant Joan-Cala Sant Vicent-Ses Formigues	3	4	4	3,7	4
Vall de Morna	3	3	3	3	3
Buscastell	3	3	3	3	3
Santa Eularia-Es Canar	3	2	3	2,7	3
Pla de Sant Miquel-Sant Llorenc-Pla de Santa Eularia	3	3	4	3,3	4

Figura IV.27. *Tabla de valoración de las Unidades Ambientales del Plan Territorial Insular de Ibiza (no se han incluido las dimensiones: valor funcional y valor productivo).*

A partir de aquí comienza la aplicación del modelo impacto/aptitud propiamente dicho, pues las tareas esbozadas son comunes a éste y al modelo empírico.

Se inicia con la elaboración de las matrices de impacto y de aptitud; de estas pueden adoptar cualquiera de los formatos que se exponen en las figuras de IV.28 a IV.33. Las matrices de impacto se formalizan situando en las casillas de cruce el impacto de la actividad sobre cada uno de los aspectos o dimensiones de valor de la unidad de integración correspondiente así como sobre el conjunto: impacto agregado o total. El valor del impacto se hace coincidir con el cambio de rango en la escala de valor que introduciría la actividad en la hipótesis de que se ubicase en la unidad correspondiente.

Las matrices de aptitud tienen un formato similar a las de impacto; se formalizan disponiendo en las casillas de cruce uno de los códigos de una escala del tipo:

- + 2 muy positiva.
- + 1 positiva.
- 0 indiferente.
- – 1 negativa.
- – 2 muy negativa.
- – infinito excluyente.

		Actividades objeto de regulación en el plan							
Unidades de integración	**Valor de conservación**	**a**	**b**		**...**	**I**	**...**		**n**
1									
2									
⋮	⋮	⋮	⋮	⋮	⋮	⋮	⋮	⋮	⋮
J	Vj	Iaj	Ibj		...	Iij	...		Inj
⋮	⋮	⋮	⋮	⋮	⋮	⋮	⋮	⋮	⋮
M	Vm	Iam	Ibm		...	Iim	...		Inm

Vj: valor de la unidad j.
Iij: impacto de la actividad i sobre la unidad j.

Figura IV.28. *Formato más sencillo de matriz de impactos sobre unidades de integración.*

		Dimensiones de valor	**Valor de conservación**	**Actividades objeto de ordenación/regulación**					
				a	**b**	**...**	**i**	**...**	**n**
Unidades de integración	1	Valor ecológico		Iae1	Ibe1	...		...	
		Valor productivo				...		...	
		Valor paisajístico				...		...	
		Valor científico-cultural				...		...	
		Valor total Unidad 1			Ibc1	...			In1
		⋮	⋮	⋮	⋮	⋮	⋮	⋮	⋮
	J	Valor ecológico	Vej			...	Ieij	...	
		Valor productivo	Vpj			...	Iipj	...	
		Valor paisajístico	Vpaj			...	Iipaj	...	
		Valor científico-cultural	Vcj			...	Iicj	...	
		Valor total Unidad 1	Vj				Iij	...	
		⋮	⋮	⋮	⋮	⋮	⋮	⋮	⋮
	M	Valor ecológico				...		...	
		Valor productivo				...		...	
		Valor paisajístico				...		...	
		Valor científico-cultural				...		...	
		Valor total Unidad 1				...		...	Inm

Vej, Vpj, Vpaj, Vcj y Vj: valor ecológico, productivo, paisajístico y científico-cultural de la unidad de integración j.
Iiej, Iipj, Iipaj, Iicj: impacto de la actividad i sobre los valores ecológicos, productivos, paisajísticos y científico-culturales de la unidad j.
Iij: impacto total o agregado de la unidad i sobre la unidad de integración j.

Figura IV.29. *Matriz de impactos de la a,b,...,i,...n actividades sobre las unidades de integración, elaborada sobre las dimensiones de valor.*

		Factores que forman la unidad	Valor de conservación	Actividades objeto de ordenación/regulación					
				a	b	...	i	...	n
Unidades de integración	1	Suelo				...		...	
		Agua				...		...	
		Procesos				...		...	
		Vegetación, etc.				...		...	
		Valor total Unidad 1			Ibc1	...			In1
		⋮	⋮	⋮	⋮	⋮	⋮	⋮	⋮
	J	Suelo	Vsj			...	Iisj	...	
		Agua	Vaj			...	Iaj	...	
		Procesos	Vpj			...	Ipj	...	
		Vegetación, etc.	Vvj			...	Ivj	...	
		Valor total Unidad 1	Vj				Iij	...	
		⋮	⋮	⋮	⋮	⋮	⋮	⋮	⋮
	M	Suelo				...		...	
		Agua				...		...	
		Procesos				...		...	
		Vegetación, etc.				...		...	
		Valor total Unidad 1				...		...	

Vsj, Vaj, Vpj, Vvj y Vj: valor de los suelos, agua, procesos, vegetación, etc. de la unidad de integración j.
Iisj, Iiaj, Iipj, Iivj: impacto de la actividad i sobre los valores suelos, agua, procesos, vegetación, etc. de la unidad j.
Iij: impacto total o agregado de la unidad i sobre la unidad de integración j.

Figura IV.30. *Matriz de impactos de la a, b,...,i,...n actividades sobre las unidades de integración, elaborada sobre los factores constituyentes de la unidad.*

		Actividades objeto de regulación en el plan							
Unidades de integración	Valor de conservación	a	b		...	i	...		n
1									
2									
⋮	⋮	⋮	⋮	⋮	⋮	⋮	⋮	⋮	⋮
J	Vj	Iaj	Ibj		...	Iij	...		Inj
⋮	⋮	⋮	⋮	⋮	⋮	⋮	⋮	⋮	⋮
M	Vm	Iam	Ibm		...	Iim	...		Inm

Aaj: aptitud de la unidad de integración j para la actividad i.

Figura IV.31. *Formato más sencillo de matriz de aptitud de las unidades de integración.*

		Dimensiones de valor	Actividades objeto de ordenación/regulación					
			a	**b**	**...**	**i**	**...**	**n**
Unidades de integración	1	Aspectos ecológicos	Aae1	AIbe1	...		...	
		Aspectos productivos			...		...	
		Aspectos paisajísticos			...		...	
		Aspectos científico-culturales			...		...	
		Aptitud total Unidad 1		Abc1	...			An1
		⋮	⋮	⋮	⋮	⋮	⋮	⋮
	j	Aspectos ecológicos			...	Aeij	...	
		Aspectos productivos			...	Aipj	...	
		Aspectos paisajísticos			...	Aipaj	...	
		Aspectos científico-culturales			...	Aicj	...	
		Aptitud total Unidad 1				AIij	...	
		⋮	⋮	⋮	⋮	⋮	⋮	⋮
	m	Aspectos ecológicos			...		...	
		Aspectos productivos			...		...	
		Aspectos paisajísticos			...		...	
		Aspectos científico-culturales			...		...	
		Aptitud total Unidad 1			...		...	Anm

Aiej, Aipj, Aipaj, Vcj y Aij: aptitud para la actividad i de los aspectos ecológicos, productivos, paisajístico y científico-cultural de la unidad de integración j.
Aij: aptitud total o agregado para la actividad i sobre la unidad de integración j.

Figura IV.32. *Matriz de aptitud de las unidades de integración 1,2,...,j,...n, para las actividades a,b,...,i,...n, elaborada sobre las dimensiones de valor.*

		Factores que forman la unidad	Actividades objeto de ordenación/regulación					
			a	**b**	**...**	**i**	**...**	**n**
Unidades de integración	1	Suelo			...		...	
		Agua			...		...	
		Procesos			...		...	
		Vegetación, etc.			...		...	
		Valor total Unidad 1			...			In1
		⋮	⋮	⋮	⋮	⋮	⋮	⋮
	j	Suelo			...	Aisj	...	
		Agua			...	Aiaj	...	
		Procesos			...	Aipj	...	
		Vegetación, etc.			...	Aivj	...	
		Valor total Unidad 1				AIij	...	
		⋮	⋮	⋮	⋮	⋮	⋮	⋮
	m	Suelo			...		...	
		Agua			...		...	
		Procesos			...		...	
		Vegetación, etc.			...		...	
		Valor total Unidad 1			...		...	

Aisj, Aiaj, Aipj, Aivjm, etc.: aptitud para la actividad i de los suelos, agua, procesos, vegetación, etc. de la unidad de integración j.
Aij: aptitud total o agregada para la actividad i sobre la unidad de integración j.

Figura IV.33. *Matriz de aptitud de las unidades de integración 1,2,...,m, para las actividades a, b,...,i,...n elaborada sobre los factores constituyentes de la unidad.*

Esta escala resulta gráfica y cómoda pero puede también utilizarse otra con valores de 1 a 5, por ejemplo. La calificación de excluyente puede aplicarse a otros rangos de la escala. Una vez confeccionadas sendas matrices se agrupan los impactos y aptitudes agregadas o totales en clases (suele ser muy adecuado trabajar con cinco clases) y situando tales clases como entradas de la tabla de la figura IV.33 se dispondrá del formato en el que expresar los criterios para la determinación de la capacidad de acogida de cada unidad de integración.

La capacidad de acogida es un concepto que no admite una determinación taxativa. En función de que varíe la importancia de los criterios del conservacionista frente a los del promotor, varían también los citados criterios, justificando la posibilidad de que existan diversas alternativas de capacidad de acogida.

La figura IV.34 ilustra lo dicho: la combinación aptitud máxima-impacto mínimo proporciona a la unidad en que coinciden, la clase máxima de capacidad de acogida tanto desde el punto de vista del promotor como del conservacionista. La misma convergencia de criterios se produce cuando coinciden en una unidad el mayor rango de impacto con el menor de aptitud; en tal caso la capacidad de acogida es la mínima. Pero los criterios divergen a la hora de atribuir una clase de capacidad a las combinaciones máxima aptitud-impacto un rango superior al mínimo y aptitud un rango por debajo del máximo-impacto mínimo. El promotor preferirá la primera combinación a la segunda, mientras el conservacionista mantendrá el criterio opuesto. Por consiguiente, extendiendo el razonamiento al resto de las combinaciones posibles, habrá distintas posibilidades según que nos acerquemos más al criterio de uno u otro punto de vista. Así es posible obtener varias alternativas en la definición de criterios cuya aplicación proporcionará distintas alternativas de capacidad de acogida. A partir de ellas es posible garantizar la racionalidad del uso del suelo sin más que ubicar las actividades en aquellas unidades de integración más capaces; cuando esto no sea posible, en las que le sigan, sin sobrepasar nunca un cierto umbral de capacidad de acogida, que consideraremos excluyente; éste se puede establecer a partir de las clases de capacidad obtenidas o basarse en unos umbrales previos de aptitud e impacto por debajo de los cuales los rangos existentes proporcionarán siempre clases excluyentes de capacidad de acogida.

Aplicando los criterios descritos a las matrices de impacto y aptitud, se obtendrá la capacidad de acogida de cada una de las unidades de integración

		Clases de aptitud agregada				
		Muy baja	**Baja**	**Media**	**Alta**	**Muy alta**
Clases de impacto agregado	Muy desfavorable					
	Desfavorable	Muy baja			Baja	Media
	Indiferente			Baja	Alta	
	Positivo		Baja	Media		Muy alta

Figura IV.34. *Criterios de determinación de la capacidad de acogida a partir de rangos de impacto y aptitud.*

adoptadas, para cada actividad; ésta, llevada al plano de unidades de integración y superponiéndole los condicionantes derivados de los riesgos naturales, proporcionará un modelo de la capacidad de acogida del territorio para cada actividad.

Por último integrando los modelos de todas las actividades, se obtendrá el modelo global de capacidad de acogida del territorio para todas las actividades, tal como se indicó en el epígrafe 3.4.2.

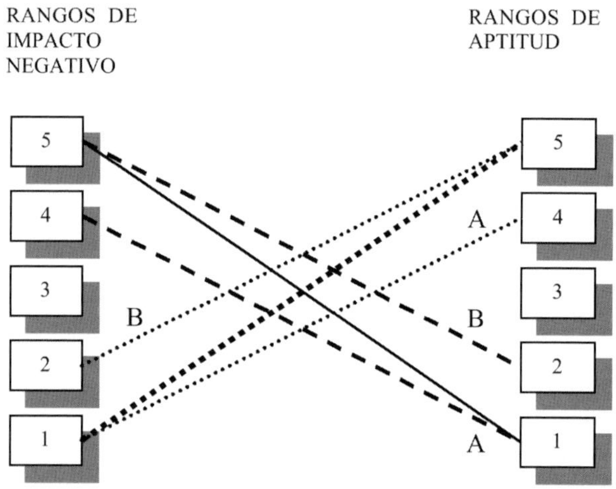

▪▪▪▪▪▪ Combinación que proporciona siempre la máxima capacidad de acogida no admitiendo alternativas.

——— Combinación que proporciona siempre la mínima capacidad de acogida no admitiendo alternativas.

·········· Combinación que proporciona alternativas de capacidad de acogida un rango superior a la máxima:
A/ en una alternativa conservacionista
B/ en una alternativa desarrollista

– – Combinación que proporciona alternativas de capacidad de acogida un rango superior a la mínima:
A/ en una alternativa conservacionista
B/ en una alternativa desarrollista

Figura IV.35. *Formación de criterios alternativos para la determinación de la capacidad de acogida.*

3.9.1.6. Aplicación del modelo empírico

Como muestra la figura IV.36, el modelo empírico se desarrolla en sus primeras tareas de forma coincidente al modelo impacto/aptitud descrito. Las diferencias afectan a las últimas fases cuando, una vez identificadas, descritas y valoradas las unidades de integración y definidas las actividades a regular por el plan, la capacidad de acogida se establece sobre una tabla o matriz de acogida de forma no sistemática, sino recurriendo a la experiencia y al conocimiento de que se dispone sobre la zona de trabajo.

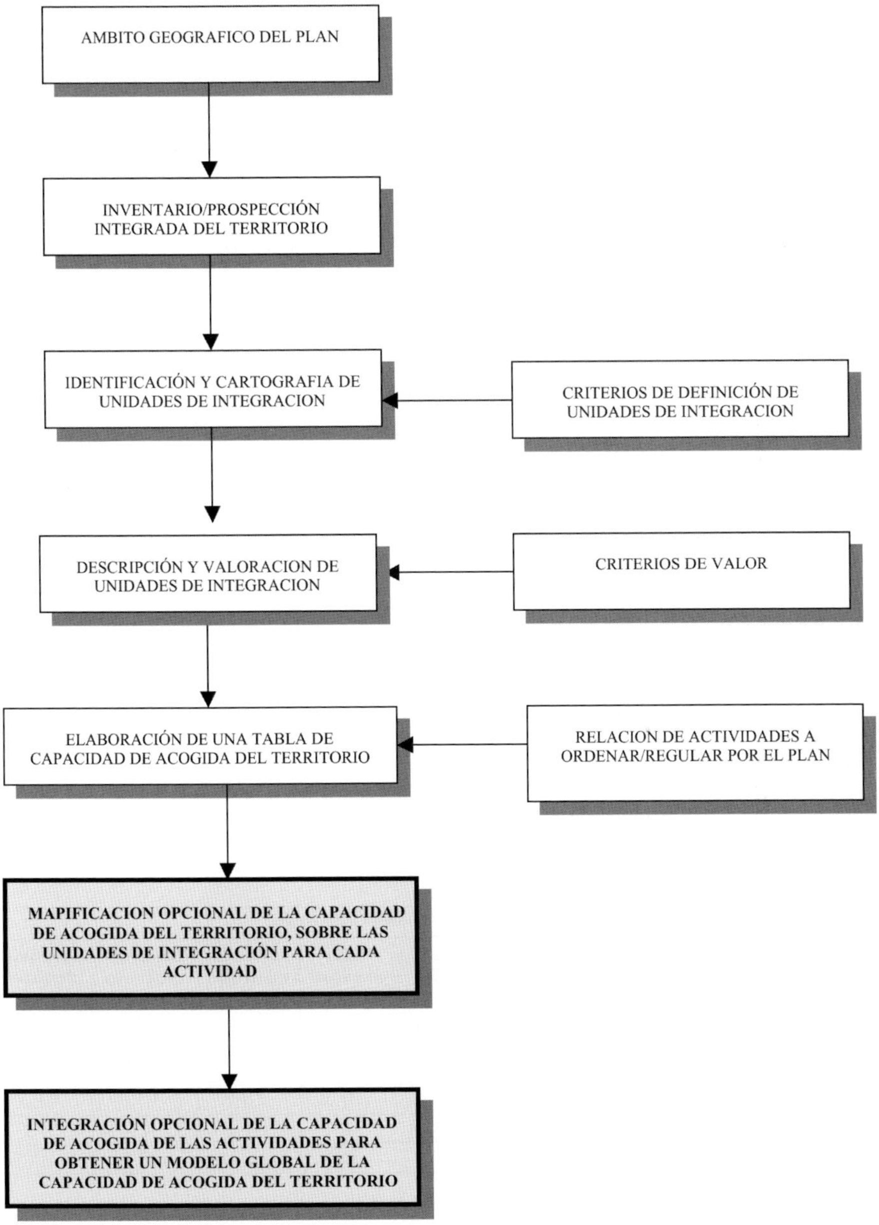

Figura IV.36. *Diagrama representativo del modelo empírico.*

Dicha tabla dispuesta como leyenda del mapa de unidades de integración, constituye el modelo de capacidad de acogida a que abocan todas las posibilidades metodológicas expuestas en las figuras IV.12 y 13.

La capacidad de acogida se expresa en este modelo según el formato de la figura IV.37, de la que la figura IV.38 es un ejemplo. La entrada por filas está ocupada por las unidades de integración antes definidas, y la entrada por columnas corresponde a las actividades a ordenar y regular por el plan. Las casillas de cruce pueden expresar y se formalizan con los siguientes códigos:

— Usos y actividades vocacionales:
  - Coincidentes con el uso actual: representado en la tabla por el código 6, indica que el área a que se asigna se está utilizando racionalmente en la actualidad.

		Actividades a ordenar/regular							
		a	**b**		**...**	**i**	**...**		**n**
Unidades de integración	1		3		...		...		
	2				...		...		4
	...	⋮	⋮	⋮	...	⋮	...	⋮	⋮
	J	2			...	Cij	...		
	...	⋮	⋮	⋮	...	⋮	...	⋮	⋮
	...				...		...		
	N				...		...		5

Cij Capacidad de acogida de la unidad de integración j para la actividad i.
6. Actividad vocacional coincidiendo con el uso actual.
5. Actividad vocacional a introducir.
4. Actividad compatible sin limitaciones.
3. Actividad compatible con limitaciones.
2. Actividad compatible sometido a EIA (Evaluación de Impacto Ambiental).
1. Actividad incompatible.
0. No aplicable.

Figura IV.37. *Formato de la Tabla/Matriz de acogida en el modelo empírico.*

	Unidades ambientales						
	Cauce río Carboeiro	**Molino harinero**	**Espacio público**	**Taller mecánico**	**Almacén materiales**	**Escombro materiales**	**Depósitos Propano**
Limpieza cauces	CS	CL					
Limpieza taludes			CS	CS			
Repob. protectora	V		V	V		CL	CL
Regen. entorno	V	V	V	V	CL	CL	CL
Actividad deportiva	CL		V	I	I	I	
Introducción pesca	V	I					
Baño	I	CL					
Aparcamiento		I	CL	I		I	
Area de descanso		V	V	CL		I	
Zona verde	V	V	V	V	CL	V	

V: vocacional.
Cs: Compatible sin limitaciones.
Cl: Compatible con limitaciones.
I: Incompatible.

Figura IV.38. *Ejemplo sencillo de matriz de capacidad de acogida.*

- No coincidente con el uso actual: representado por el código 5, indica que conviene cambiar el uso actual en caso de incompatibilidad con el propiciado, o que se superponga, como uso múltiple, en caso de compatibilidad.

— Usos y actividades compatibles:
- Sin limitaciones: representado por el código 4 indica que es compatible con las características de la unidad a que se aplica, aunque no vocacional.
- Con limitaciones: representado por 3, significa que sólo es aceptable en ciertas condiciones definidas por informes, dictámenes o licencias favorables del organismo responsable de la administración.
- Sometidos a EIA: representado por 2, indica que el uso sólo es aceptable en las condiciones que determine un Estudio de Impacto Ambiental, en la fase de proyecto.

— Usos y actividades incompatibles: representados por el símbolo 1, indica que si se ubicase en el área a que se aplica, se produciría grave quebranto de sus características y valores ecológicos, productivos y paisajísticos.

No aplicable: representado por el código 0 o en blanco, indica que la actividad no tiene sentido en la unidad correspondiente.

El mapa de unidades de integración acompañado, como leyenda, de la tabla de capacidad de acogida constituye un verdadero modelo global de la capacidad de acogida del territorio, al especificar para cada unidad los usos vocacionales, los compatibles y los incompatibles.

Este es un modelo de diagnóstico, no de propuestas; sólo representa lo que podríamos llamar la vocación natural intrínseca de las unidades de integración, sin tener en cuenta consideraciones de otro orden que, sin duda, inciden poderosamente en el destino del suelo. Resulta pertinente esta advertencia porque puede ocurrir que las propuestas del plan no respeten en su totalidad la capacidad de acogida del territorio por razones de oportunidad, situación, coste, etc. basadas en consideraciones de tipo económico, social o geográfico.

3.9.2. Integración al final del proceso

Esta vía alternativa se inicia a partir del inventario, tarea común a todas las posibilidades. Este debe realizarse de acuerdo con las condiciones siguientes:

- El inventario de cada uno de los factores/elementos, debe venir expresado en mapas de clases o unidades temáticas homogéneas para ese factor.
- El nivel de detalle, y por consiguiente la escala de trabajo, ha de ser similar para todos los factores inventariados.

Realizado el inventario se procede a la valoración temática; ésta se desarrolla en dos etapas:

- Selección de los factores inventariados objeto de valoración, los cuales serán aquellos cuyas clases inventariadas sean susceptibles de ser ordenadas según un baremo de méritos de conservación.

- Atribución a dichas clases de un rango de valor en una escala jerárquica o baremo de referencia; conviene que dicho baremo sea de igual tamaño para todos los factores, de otra manera habría que reducir las valoraciones a una escala común.

3.9.2.1. Aplicación del modelo Impacto/Aptitud por superposición de transparencias

Este modelo, cuyos fundamentos se explicaron en el epígrafe en que se describió su aplicación al caso de integración al principio del proceso, se aplica aquí de acuerdo con la secuencia de operaciones que muestra la figura IV.39 las cuales se describen a continuación:

1. Se parte, como siempre, de un ámbito geográfico objeto del plan. Sobre él se realiza un inventario y mapificación, en clases temáticas y a escala homogénea, de los factores/elementos relevantes del medio físico.
2. Se definen y describen las actividades objeto de ordenación y regulación en el plan.
3. Se identifican, para cada actividad, los factores susceptibles de recibir impacto (positivo o negativo) por la implantación y el funcionamiento de tal actividad. Por ejemplo para la actividad infraestructuras de comunicación (carreteras) estos factores podrían ser suelos, vegetación, fauna y paisaje; para cada uno de ellos se dispondrá de un mapa indicando las unidades homogéneas o clases presentes en el territorio.
4. Se valoran estos factores, desde el punto de vista de la conservación, atribuyendo a cada clase mapificada un rango en un aescala que, por comodidad, conviene que tenga el mismo tamaño para todos ellos, aunque no es necesario. Dichos rangos se asignan aplicando criterios de estado de conservación, evolución ecológica, diversidad, complejidad, rareza, singularidad, naturalidad, significación, etc.
   Esta valoración puede quedar expresada en un cuadro como el de la figura IV.40; en las casillas de cruce se dispone el rango de valor atribuido a cada clase.
5. Formación de matrices de impacto, una para cada factor valorado, con el formato de la figura IV.41. En las casillas de cruce se dispone el impacto expresado por el cambio de rango en la escala de valor que se produciría si la actividad considerada se dispusiese en la clase correspondiente de cada factor.
6. Traducción de la matriz de impacto a un mapa de impactos en soporte transparente (acetato por ejemplo); para ello se coloca el papel transparente sobre cada mapa de inventario y se dibuja con una gama de colores, más intensos y oscuros para los impactos negativos más altos, y más claros para los mayores impactos positivos.
   Si la gama de impactos fuese –2, –1, 0, +1, +2, por ejemplo, la gama de colores podría ser azul muy oscuro, azul oscuro, azul claro, azul muy

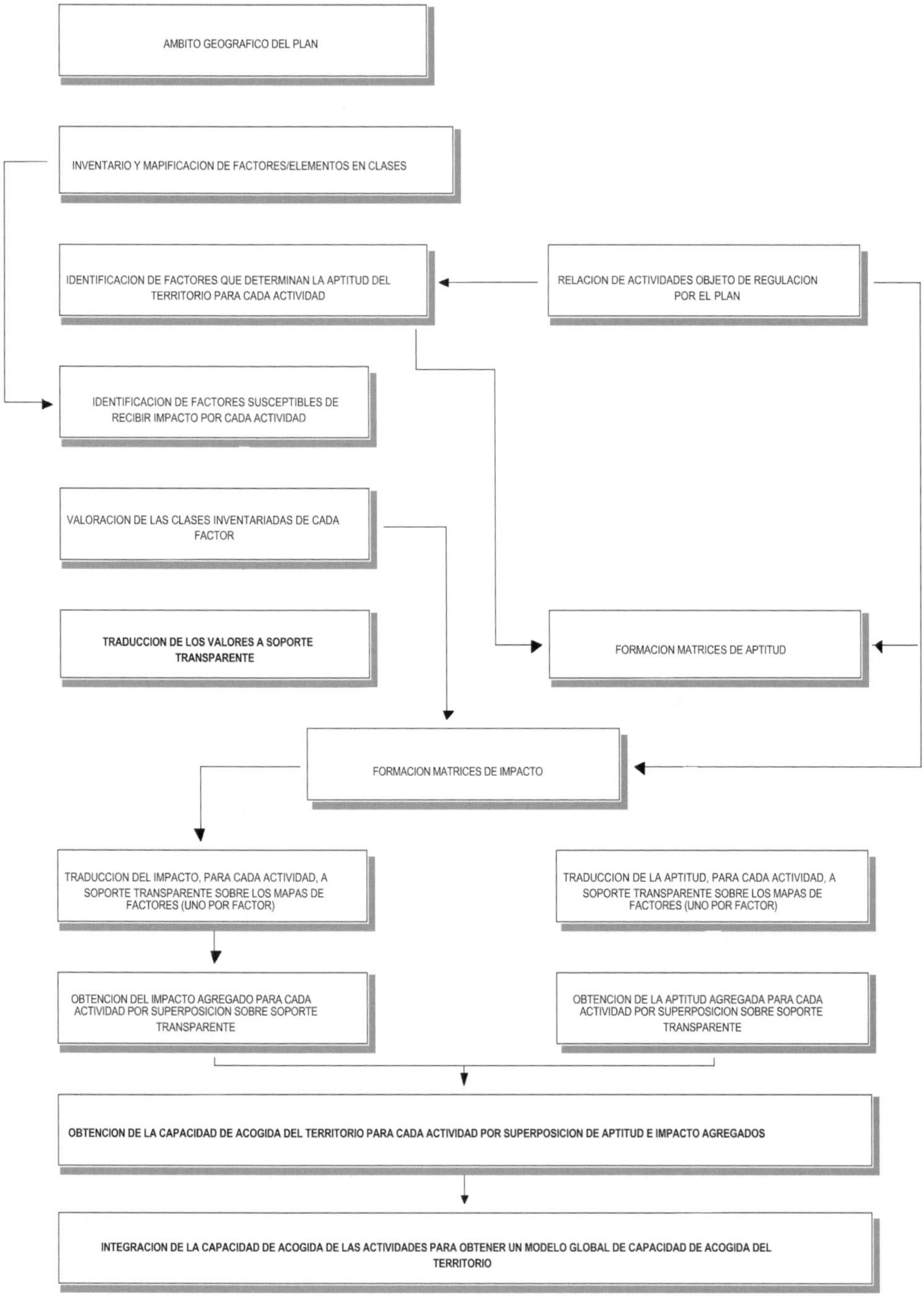

Figura IV.39. *Modelo Impacto/aptitud; integración al final del proceso por superposición de transparencias.*

		Clases inventariadas de cada factor/elemento								
		1	**2**		**...**	**i**	**...**		**n**	
Factores/elementos del inventario	f1		3		...		...			
	f2				...		...		4	
	⋮	⋮	⋮	⋮	...	⋮	...	⋮		⋮
	fj				...	Vij	...			
	fn	⋮	⋮	⋮	...		...			
	⋮				⋮	⋮	⋮	⋮		⋮
	n				...		...		5	

Vij: valor de la clase i del factor/elemento j.

Figura IV.40. *Formato tabla de valoración por elementos/factores del medio.*

Matriz impactos sobre el elemento ...		**Valor de conservación**	**Actividades a ordenar/regular**							
			A	**b**		**...**	**i**	**...**		**n**
Unidades/Clases del inventario	1		Ia1	3		...		...		
	2					...		...		
	⋮	⋮	⋮	⋮	⋮	...	⋮	...	⋮	⋮
	j	Vj				...	Iij	...		
	⋮	⋮	⋮	⋮	⋮	⋮	⋮	⋮	⋮	⋮
	n		Ian			...		...		Inn

Iij: Impacto de la actividad i sobre la clase j del elemento ...
Vij: valor de conservación de la clase j del elemento ...

Figura IV.41. *Formato de matriz de impactos sobre un elemento/factor del medio.*

claro y blanco. Para el ejemplo citado se tendrían cuatro mapas de impacto: sobre suelos, sobre vegetación, sobre fauna y sobre paisaje.

7. Superposición de los mapas de impacto para obtener el impacto agregado; al superponer aparecerá una gradación de color donde lo más oscuro representa los impactos más indeseables. Convendrá expresar el resultado también sobre soporte transparente y reducir las numerosas tonalidades de color que aparecerán a 4 ó 5 rangos-gamas de color.
8. Identificación de los factores que determinan la aptitud del territorio para la actividad. En nuestro ejemplo podrían ser geotecnia, pendientes, y propiedad del suelo.
9. Formación de una matriz de aptitud para cada factor, que puede tener el formato de la figura IV.42; las casillas de cruce rellenan con una escala del tipo +2, +1, 0, –1, –2 y – infinito, equivalente a muy positiva, positiva, indiferente, negativa, muy negativa y excluyente.
10. Traducción, como en el caso del impacto, de esta matriz a soporte transparente asignando los colores más claros a las clases con aptitud positiva más alta que se van oscureciendo a medida que disminuye la

Matriz aptitud del elemento ...		Valor de conservación	Actividades a ordenar/regular							
			A	b		...	i	...		n
Unidades/Clases del inventario	1		Aa1	3		...		...		
	2					...		...		
	⋮	⋮	⋮	⋮	⋮	...	⋮	...	⋮	⋮
	j					...	Aij	...		
	⋮	⋮	⋮	⋮	⋮	⋮	⋮	⋮	⋮	⋮
	n		Aan			...		...		Ann

Aij: Aptitud de la clase j del elemento/factor... para la actividad i.

Figura IV.42. *Formato de matriz de aptitud de un elemento/factor del medio.*

aptitud. La excluyente se colorea de negro. Tendremos así un mapa de aptitud para cada factor, tres en el caso del ejemplo.

11. Superposición de los mapas anteriores para obtener la aptitud total del territorio para la actividad. Se representa también en soporte transparente reduciendo la amplia gama de intensidad de color a 4 ó 5 clases.
12. Superposición del mapa de impacto agregado y de aptitud total; se observará una gama de colores que definen la capacidad de acogida del medio para la actividad correspondiente. Las manchas blancas marcan las zonas de mayor capacidad de acogida, la cual va disminuyendo a medida que se intensifica el color. Este mapa puede haber integrado en su propio proceso de elaboración los riesgos naturales, en caso contrario hay que superponerlos como sobrecargas. El mapa resultante constituye un modelo de la capacidad de acogida del territorio para cada actividad. Podrá disponerse de tantos modelos como actividades contemple el plan.

    Integrando estos modelos se obtendrá el modelo de capacidad de acogida global del territorio, tal como se especificó más arriba.

El método admite un refinamiento consistente en la duplicación, triplicación, etc. de los mapas correspondientes a aquellos factores que se desea ponderar con valores dobles, triples, etc.

3.9.2.2. Aplicación informatizada del Modelo Impacto/Aptitud

El sistema se desarrolla según las mismas tareas que en el caso anterior hasta la formación de las matrices de impacto y de aptitud; es decir que se repiten aquí los pasos 1, 2, 3, 4, 5, 8 y 9 antes descritos. La figura IV.43 representa el diagrama de flujos ilustrativo de la secuencia de operaciones que comporta el desarrollo del modelo. Para su aplicación resulta indispensable disponer de un programa informático capaz de almacenar y superponer información gráfica y numérica, de los cuales existe una amplia oferta en el mercado, así como del «Hardware» necesario para correrlos.

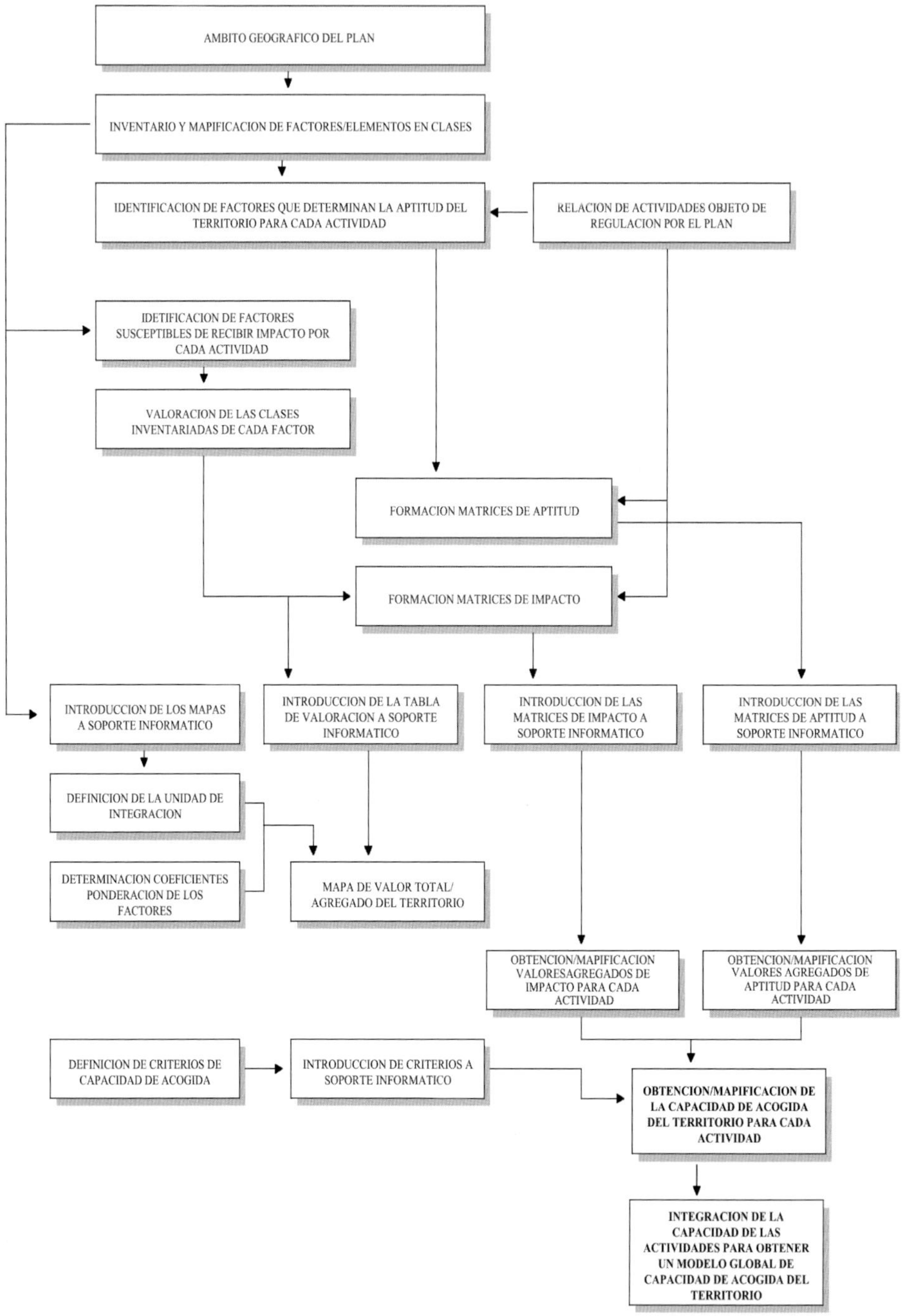

Figura IV.43. *Diagrama del modelo impacto/aptitud: integración informatizada al final del proceso.*

Una vez realizadas las citadas tareas comunes, se introducen en el programa informático los mapas de factores mediante cualquiera de los sistemas existentes (digitalización, «escanner, etc.), y se define la unidad de desagregación (del territorio) o de integración (de los factores/elementos de inventario). Esta puede ser una cuadrícula superpuesta a la zona de estudio, cuyo tamaño se adaptará a la escala del trabajo, o bien, aprovechando las posibilidades de superposición que proporcionan los modernos GIS (Sistemas de Información Geográfica), cualquier otro tipo de unidad.

Asimismo se llevan al programa informático la tabla de valoración, las matrices de aptitud y las de impacto (figuras IV.40, IV.41 y IV.42).

Por otro lado se establecen coeficientes de ponderación de los factores de impacto y de los de aptitud, utilizando para ello las técnicas de investigación social (comparación por pares, atribución de rangos, clasificación por grados escalares, etc.). Dichos coeficientes de ponderación deben representar:

- en el caso de los pesos correspondientes a valor y a impacto, que son coincidentes, representan la contribución relativa de cada factor a la calidad del territorio,
- en el caso de la aptitud, representan la contribución relativa de cada uno de ellos a la aptitud total de la unidad para cada una de las actividades.

Por consiguiente resulta, en este último caso, útil elaborar una tabla de pesos con el formato de la figura IV.44.

A partir de la tabla de valoración, de los coeficientes de ponderación asignados y de los mapas de inventario informatizados, se puede obtener ya como salida un plano de valor del territorio referido a la unidad de desagregación utilizada. Este será de gran interés para detectar un primer nivel de conflictos.

Aplicando los coeficientes de ponderación a los valores que proporcionan las matrices de impacto y de aptitud en cada cuadrícula, se calculan los valores agregados de estos últimos conceptos para cada unidad, los cuales se pueden mapificar; ello puede resultar útil, por ejemplo, en la gestión de proyectos, como una primera aproximación a su integración ambiental.

		Actividades a ordenar/regular					
		a	**b**	**...**	**i**	**...**	**n**
Factores/elementos del inventario	f1		3	...		...	
	f2			...		...	4
	⋮	⋮	⋮	⋮ ...	⋮	... ⋮	⋮
	fj			...	Pij	...	
	fn			...		...	
	⋮	⋮	⋮	⋮ ⋮	⋮	⋮ ⋮	⋮
	n			...		...	

Pij. Peso del factor fj para la aptitud de la actividad i.

Figura IV.44. *Formato de tabla de coeficientes de ponderación de los factores/elementos de inventario para formar la aptitud de una cuadrícula o unidad de integración.*

Teniendo en cuenta los valores agregados resultantes, se establecen unos rangos de aptitud y de impacto, generalmente cinco, y cruzándolos entre sí se diseñan los criterios a partir de los cuales se deducirá la capacidad de acogida del territorio para cada actividad, tal como muestran las figuras IV.31 y IV.32, y como se describió al exponer este modelo en el epígrafe 2.8.1.4. Como también se señaló es posible definir distintos juegos de criterios que producirán, a su vez, distintos juegos de altenativas de capacidad de acogida.

También los criterios se introducen en el programa de ordenador a utilizar.

Con todos estos elementos el programa deduce y representa la capacidad de acogida del territorio para cada actividad considerada, cuya integración, como en el resto de los modelos, permite obtener un modelo global de capacidad de acogida del territorio.

3.9.2.3. Modelo de capacidad de acogida por factores

Este modelo, que fue desarrollado con el nombre de MAUSAR (Modelo de Asignación de Usos del Suelo en Areas Rurales) en el campo de la planificación territorial, opera integrando los conocimientos de expertos en los elementos/factores del medio físico que intervienen en la localización; tal integración se realiza por agregación de la capacidad de acogida determinada por cada uno de ellos reflexionando desde su propio campo de especialización.

Tal como especifica el diagrama de flujos de la figura IV.45 la aplicación del modelo, parte, como siempre, de un ámbito geográfico a ordenar sobre el que se realiza una prospección por factores/elementos que se plasma en una serie de mapas temáticos representando clases o unidades temáticas homogéneas para cada uno de ellos: clases agrológicas, por ejemplo, para suelos, tramos de pendiente comprendida en un cierto intervalo, clases de vegetación, unidades de paisaje, biotopos faunísticos, rangos de carga portante del suelo, tipos de litología, clases de aprovechamiento del suelo, etc. Todos los mapas deben realizarse con un grado similar de detalle y representarse a la misma escala.

Cada experto establece su matriz de acogida desde su punto de vista y desde su propio campo de conocimiento. Estas matrices adoptan el formato que muestra la figura IV.46, de las cuales la figura IV.47 es un ejemplo; las casillas de cruce se formalizan mediante códigos o símbolos similares a descritos en el modelo empírico, como por ejemplo:

- Código 4: vocacional; la clase a que se asigna indica que es muy capaz para acoger la actuación, tanto desde el punto de vista del promotor como del conservacionista.
- Código 3: aceptable sin limitaciones; la clase a que se asigna, sin ser vocacionalmente adecuada para acoger la actuación, resulta aceptable, desde los dos puntos de vista citados.
- Código 2: aceptable con limitaciones; se aplica a situaciones similares al caso anterior, pero con la condición de un control riguroso sobre la actua-

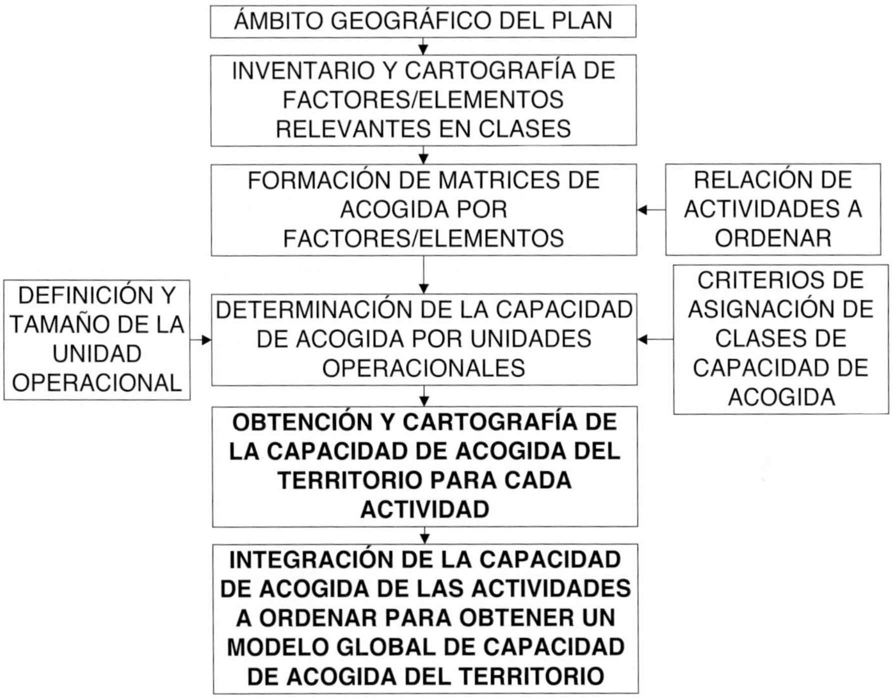

Figura IV.45. *Diagrama de flujos del modelo de capacidad de acogida por factores.*

Matriz de acogida para el elemento		**Actividades a ordenar/regular**							
		a	**b**		**...**	**I**	**...**		**n**
Clases inventariadas	1	Caj	3		...		...		
	2				...		...		4
	⋮	⋮	⋮	⋮	...	⋮	...	⋮	⋮
	j				...	Cij	...		
	⋮	⋮	⋮	⋮	...	⋮	...	⋮	⋮
					...		...		
	n	Can			...		...		Cnn

Cij: capacidad de la clase j del factor/elemento que se evalúa para la actividad i.

Figura IV.46. *Formato de tabla/matriz de acogida del elemento/factor del medio...*

ción en términos de diseño, tecnología, materiales, etc. Uno de estos controles, tal vez el más eficaz, es la vinculación al procedimiento de evaluación de impacto ambiental.

- Código 1: incompatible, significa que la clase no reúne condiciones para la localización de la actividad desde el punto de vista del promotor, del conservacionista o de ambos.
- Código 0: no aplicable, no tiene sentido la localización de la actividad en la clase a la que se aplica.

	CLASES AGROLOGICAS							
	I	II	III	IV	V	VI	VII	VIII
REPOBLACION FORESTAL-BOSQUE PROTECTOR							□	⊠
ESTUDIO Y RECUPERACION DE FLORA Y FAUNA					□			⊠
EXCURSIONISMO Y CONTEMPLACION	◘	◘	◘	◘	◘	◘	◘	◘
RECREO CONCENTRADO	●	●	●	◢	◢	●	●	◢
CAZA	■	■	■	■	■	■	■	■
CONDUCCION CAMPO A TRAVES	●	●	●	◢	◢	●	●	◢
RECOLECCION DE ESPECIES AROMATICAS Y/O MEDICINALES	■	■	■	■	■	■	■	■
RECOLECCION DE HONGOS Y SETAS	■	■	■	■	■	■	■	■
AGRICULTURA EXTENSIVA DE SECANO	□	□	□	■	●	●	●	●
AGRICULTURA DE REGADIO	□	■	■	●	●	●	●	●
DEHESAS	◘	◘	◘	⊠	●	●	●	●
HUERTOS	□	□	■	■	●	●	●	●
INVERNADEROS	□	□	■	■	■	●	●	
PASTOS	◘	◘	◘	⊠	⊠	⊠	⊠	●
EDIFICACIONES GANADERAS	●	●	■	■	■	■	■	
REPOBLACON FORESTAL-BOSQUE PRODUCTOR	◘	◘	◘	◘	⊠	⊠	⊠	●
URBANIZACION	●	●	◢	◢	◢	●	●	◢
INDUSTRIA	●	●	◢	◢	◢	●	●	◢
CARRETERAS	●	●	◢	◢	◢	◢	◢	◢
PISTAS FORESTALES						◢	◢	◢
LINEAS AEREAS DE CONDUCCION	●	●	◢	◢	◢	◢	◢	◢
ESCOMBRERAS	●	●	●	◢	◢	●	●	◢
VERTEDERO	●	●	●	◢	◢	●	●	◢

USOS PROPICIADOS

- □ SIEMPRE
- ⊠ EN ALGUNOS CASOS

USOS ADMISIBLES

- ◘ SIN LIMITACIONES
- ■ CON PERMISOS ESPECIALES O CONDICIONES ESPECIALES
- ◢ SOMETIDO A E.I.A.

USOS PROHIBIDOS

- ● USOS PROHIBIDOS

Figura IV.47. *Ejemplo de tabla/matriz de acogida del elemento/factor clases agrológicas; en lugar de códigos numéricos se ha utilizado un símbolo abstracto.*

El modelo está pensado para tratamiento informatizado, de modo que, a continuación, hay que definir la unidad básica de integración; esta puede hacerse corresponder con la cuadrícula definida por un retículo previamente superpuesto al territorio, cuyo tamaño debe adecuarse a la complejidad del medio y al margen de error que introduce su heterogeneidad, o bien utilizar otros recintos obtenibles de la superposición de capas temáticas aprovechando para ello las posibilidades que en la actualidad ofrecen los GIS (Sistemas de Información Geográfica).

Paralelamente se definen los criterios de asignación de las clases de capacidad agregada a partir de los datos de las matrices sectoriales, tal como expresa la figura IV.48. Pueden darse distintas alternativas en relación con estos criterios, cada una de las cuales proporciona un modelo distinto de capacidad de acogida, en función del punto de vista prevaleciente (desde conservacionista a ultranza a desarrollista a ultranza).

Los mapas de factores inventariados en forma de clases homogéneas, las coordenadas de las retículas, las matrices de capacidad por factores y los criterios de formación de los rangos de capacidad de acogida, constituyen las entradas del programa informático.

Este proporciona, a partir de ellas, las clases de capacidad de acogida agregada para cada unidad operacional y las representa en el mapa correspondiente; como en los otros modelos expuestos, los mapas de capacidad para cada actividad pueden integrarse para obtener un modelo global de capacidad de acogida del territorio.

El significado de las clases de capacidad de acogida agregada: A, B, C, D, E, F, podría ser similar al de los códigos numéricos, pero ahora referidos a cada cuadrícula y no a una clase de inventario; por ejemplo: A, vocacional; B, aceptable son limitaciones; C, aceptable con algunas limitaciones; D, aceptable con fuertes limitaciones, y E, excluyente, o bien: muy alta, alta, media, baja, muy baja y excluyente.

Aunque el modelo está pensado para tratamiento informático, nada impide su utilización manual, si bien con la lentitud inherente al número elevado de unidades operacionales que, generalmente, hay que evaluar.

		Clases de capacidad de acogida agregada					
		A	**B**	**C**	**D**	**E**	**F**
Códigos presentes en una cuadrícula	4	Sí	Sí	Sí	Sí		
	3	No	Sí	No	Sí		
	2	No	No	Sí	Sí		
	1	No	No	No	No	Sí	
	0	No	No	No	No	No	Sí

Figura IV.48. *Criterios de asignación de clases de capacidad a las unidades de integración en función de los valores asignados por los expertos en cada factor.*

3.9.3. Alternativas de capacidad de acogida: el modelo global de ordenación del medio físico

La determinación de la capacidad de acogida no proporciona resultados taxativos, sino que, a partir de un mínimo incuestionable, varía en torno a los conceptos con que opera el modelo de determinación que se utilice.

- En el caso del modelo impacto/aptitud instrumentado por superposición de transparencias, la capacidad de acogida varía según los rangos de impacto y de aptitud que se atribuyan en la confección de las transparencias, así como con el hecho de que se utilicen o no ponderaciones mediante la duplicación, triplicación, etc. de los factores a los que se desea atribuir una importancia mayor.
- Cuando el modelo impacto/aptitud se aplica por procedimientos informatizados, se pueden obtener alternativas de capacidad de acogida haciendo variar los criterios de definición de las clases de capacidad, es decir la tabla en que se cruzan los rangos establecidos de aptitud e impacto. Asimismo varía la capacidad de acogida al generar el modelo global de capacidad de acogida del territorio para el conjunto de las actividades.
- En el caso del modelo empírico la capacidad de acogida depende de los criterios del planificador.
- Por último el modelo de capacidad de acogida por factores (MAUSAR) admite variaciones del citado concepto al variar la combinación de los códigos que definen los criterios de definición de la capacidad de acogida.

3.10. Conflictos en relación con la situación actual y las tendencias

Como se dijo, en una de las primeras fases informativas del diagnóstico del sistema medio físico, se analizan las degradaciones y amenazas existentes así como las afecciones del suelo, particularmente la clasificación y calificación urbanística, y las repercusiones territoriales de la legislación. Por otro lado, en este momento, se dispone de un conocimiento muy completo del valor del territorio y de su capacidad de acogida.

Se trata ahora de identificar y valorar los conflictos que se generan por comparación entre ambos tipos de conceptos, tal como muestra la figura IV.49.

Teniendo en cuenta la repercusión del urbanismo en el suelo, uno de los conflictos más interesantes a considerar, a nivel municipal, es precisamente el que se deriva de la clasificación y calificación urbanística establecida por los Planes Generales y Normas Subsidiarias y Complementarias. Las divergencias pueden operar en los dos sentidos siguientes:

a) La clasificación propuesta por el planeamiento supera la capacidad de acogida del territorio. Existe entonces un conflicto cuya gravedad varía en dos direcciones:

- con el grado de valor de conservación del suelo y la diferencia entre la capacidad de acogida y la propuesta del planeamiento,

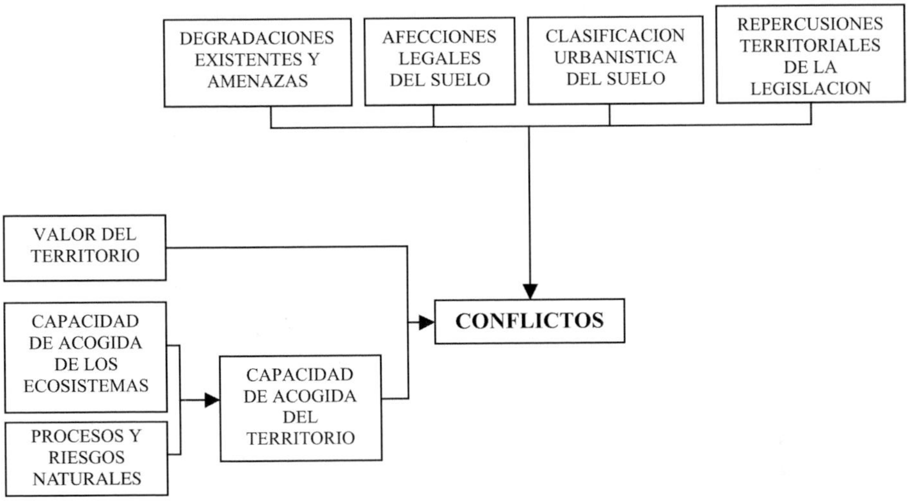

Figura IV.49. *La comparación entre la realidad, afecciones y previsiones legales sobre el suelo y el valor de éste y su capacidad de acogida, permiten identificar conflictos que el plan ha de resolver.*

- con el grado de compromiso adquirido, y, por tanto, la reversibilidad de la propuesta y el coste que ello supondría, incluyendo los posibles derechos adquiridos.

b) La clasificación propuesta por el planeamiento otorga mayor protección al medio físico que la permitida por la capacidad de acogida. Esta situación constituye un conflicto menor, pero debe tenerse en cuenta que la mejor integración con el medio físico se produce cuando es mayor la coincidencia entre la capacidad del medio y su aprovechamiento.

Estos conflictos, y en general, cuantos puedan identificarse, deben ser cartografiados y descritos en el diagnóstico territorial.

3.11. Síntesis de la problemática del medio físico

Se trata aquí de sintetizar la información elaborada de tal forma que, relacionando unos aspectos con otros, permita una fácil comprensión de la problemática que se aborda a los «clientes» del plan y, en particular, la población afectada. Tiene, pues, esta síntesis, un carácter de comunicación capaz de estimular la participación y el debate público, por lo que se redactará con un estilo directo y claro, de fácil comprensión por el profano, organizado por bloques y resaltando los aspectos valorativos sobre los puramente descriptivos de los problemas, los condicionantes y las oportunidades.

Muchos de los problemas coincidirán con las degradaciones y amenazas detectadas, otros con los conflictos deducidos al comparar las afecciones del suelo con los valores de conservación y la capacidad de acogida del territorio;

los condicionantes estarán definidos, de un lado, por las tasas de renovación de los recursos renovables, por la capacidad de asimilación de los vectores ambientales, por la homeostasia y resiliencia de los ecosistemas, etc.y, de otro, por los procesos activos y riesgos que amenazan a las actividades humanas; la potencialidad del territorio y sus recursos vendrá expresada por los propios recursos y las actividades a través de las que pueden explotarse y por la capacidad de acogida del territorio.

3.11.1. Clasificación de los problemas en función de las causas

Una primera forma de exponer los problemas de medio físico es en función de sus causas, tal como se describe a continuación.

3.11.1.1. Problemas derivados de la sobreexplotación del medio físico

Se asocian a las actividades que utilizan los recursos naturales sin respetar los criterios de sostenibilidad que se describieron; por lo tanto se pueden, a su vez, ordenar así:

Sobreexplotación de recursos naturales renovables; se producen cuando se extrae al medio o a un ecosistema bienes o servicios por encima de las tasas de renovación en los correspondientes ciclos. Son ejemplos significativos de este tipo de impactos los siguientes:

— La extracción de recursos acuíferos subterráneos por encima de la recarga media anual o interanual, provocando un desequilibrio cuyas consecuencias se manifiestan en los ecosistemas, en la biocenosis, en el paisaje, en los cultivos y en los usos del suelo.

— La extracción de aguas de los cursos superficiales sin respetar los caudales «ecológicos», entendido este concepto en términos de mantener un caudal que garantice los procesos ecológicos ligados al complejo fluvial, cuya repercusión se patentiza no solo en la degradación ecológica de riberas y márgenes sino que afecta también a los usos que dependen del cauce y del caudal.

— La extracción abusiva de madera, leñas, plantas de extractos, etc., de los bosques.

— El pastoreo con excesiva carga de ganado y/o empleando técnicas inadecuadas: quema de matorral en pendientes fuertes o en terrenos muy deleznables, ausencia de rotaciones, etc.

— La recolección espontánea e indiscriminada de especies aromáticas, culinarias y medicinales, hongos y setas, de terrenos naturales sin un control basado en un plan previo de aprovechamiento.

— La pesca y caza abusivas, sobre especies protegidas, no cinegéticas y/o con artes, técnicas y épocas inhábiles.

— Las prácticas de cultivo esquilmantes sobre la estructura y fertilidad del suelo o con una intensidad no acompasada a la capacidad de uso agrario del suelo.

Extracción de recursos naturales no renovables que se consumen cuando se utilizan a un ritmo tal que:

- Se agotan, previsiblemente, antes de que aparezca un sucedáneo. Es un problema generalmente asociado a la minería en sus múltiples, pero también lo produce la agricultura intensiva cuando extrae arenas y otros materiales para cultivos especiales, etc. alterando la morfología, el paisaje y otros recursos culturales.
- No dan tiempo a la adaptación del medio a las modificaciones que introduce la explotación; cuando la acción humana es pausada, el medio se va adaptando a ella, se van modificando los ecosistemas y paisajes preexistentes y son sustituidos progresivamente por otros no necesariamente menos valiosos; a menor ritmo mayor probabilidad de adaptación de los ecosistemas, paisajes y recursos.
- No permite una gestión racional de la explotación, es decir un control sobre las acciones aparejadas a tal explotación: localización, diseño y regulación de edificios, equipos, instalaciones, etc. A menor ritmo, mayor probabilidad de una gestión cuidadosa.
- El caso de la agricultura es paradigmático en relación con lo dicho; la practicada hasta hace relativamente poco tiempo evolucionó lentamente según un largo proceso de ajuste que permitió la adaptación de las formas de vida de multitud de organismos, hasta formar agrosistemas que mantienen, a semejanza de los naturales, una elevada diversidad; es el caso de las características dehesas. Mientras hay que calificar de problemáticos episodios rápidos y breves que han jalonado la historia: las diversas colonizaciones de tierras, la desamortización que transformó en tierras de cultivo grandes extensiones de bosque, las grandes obras hidráulicas, la concentración parcelaria, ... hasta desembocar en la actual agricultura dura y productivista que genera importantes degradaciones. Otro tanto ha ocurrido en el urbanismo, donde es posible encontrar magníficos ejemplos de adaptación al medio y de creación de paisajes, y en las obras públicas.

Utilización de recursos no renovables que no se consumen cuando se utilizan por encima de una cierta intensidad de uso; es el caso de recursos culturales, como yacimientos paleontológicos, puntos de interés geológico, cuevas, yacimientos arqueológicos, cuya degradación es inevitable cuando son visitados por un número de personas excesivo en términos del recurso o en términos de la capacidad de control por parte de los gestores. También debe ser interpretada como problema la sensación psicológica de congestión por parte de los usuarios en cuanto invalida la posibilidad de disfrute[17].

[17] Las Cuevas de Altamira, en la provincia de Santander, famosas por las pinturas rupestres que albergan, se cerraron al público a causa de las alteraciones en las condiciones de humedad y temperatura que producía la afluencia de visitantes y las repercusiones en la propias pinturas; se trata de un ejemplo significativo que no es excepcional.

3.11.1.2. Problemas derivados de la ocupación/transformación del espacio y/o cambio en los usos del suelo

Se genera este tipo de problemas cuando se produce discordancia entre la vocación de los ecosistemas, y del territorio en general, con la naturaleza y localización de las actividades humanas; suelen ser de carácter irreversible y, al venir denunciados externamente por la presencia de elementos o transformaciones físicas, muy evidentes. La acción causante reside en la ocupación del espacio por los edificios, equipos e instalaciones que cobijan a las actividades humanas y en la adaptación del suelo a sus necesidades; en estas se incluyen las acciones y elementos auxiliares que, no siendo consustanciales a la actividad, son necesarios para su implantación o explotación, por ejemplo desviaciones provisionales de cauces, extracción ocasional de materiales, equipos de utilización temporal, etc.

Se trata de un problema muy generalizado, difícilmente se puede encontrar una actividad que no lo produzca, si bien en unas lo relevante es la ocupación, como ocurre con las ligadas a los usos residenciales, industriales y a las infraestructuras, mientras la transformación es propia de la agricultura —que rotura ecosistemas naturales: bosques climácicos, zonas húmedas, etc., de alta diversidad para convertirlos en agrosistemas ecológicamente simples—, de la repoblación forestal —cuando es monoespecífica y se hace con especies de crecimiento rápido— y de la ganadería extensiva que también requiere una importante adaptación de los ecosistemas naturales, mientras en la intensiva, cuyos modos de producción la asemejan a la industria, predominan los problemas de ocupación (ello sin olvidar la contaminación que no se trata en este punto). La transformación del espacio inherente a los procesos de concentración parcelaria también se inscribe en este tipo de problemas por la fuerte modificación del paisaje que introduce: desaparición de ribazos, setos, arbolado disperso, muretes de separación, lomas y otros reductos de vida silvestre, por la introducción de infraestructuras: creación de una nueva y amplia red de excelentes caminos rurales cuya accesibilidad induce frecuentemente la aparición de urbanizaciones para segunda residencia, canalización y rectificación de cauces, etc., intensificación del cultivo: reducción del barbecho, incremento del número y profundidad de las labores así como del uso de fertilizantes, plaguicidas y pesticidas.

En todo caso, la introducción de unas y otras actividades supone, directamente, la intensificación del uso del suelo y del aprovechamiento preexistente e, indirectamente, induce la localización de otras actividades fuente, a su vez, de nuevos problemas; este último fenómeno puede manifestarse de distintas formas:

— Atracción de actividad hacia su entorno más o menos próximo, caso muy típico de las carreteras que se convierten en ejes de desarrollo, de localización, por tanto, de actividad económica; también suele acompañar este fenómeno a los embalses cuyo entorno resulta atractivo para actividades de tipo recreativo o turístico.

— Presión sobre el entorno resultante del funcionamiento de una actividad, tal como ocurre con numerosos desarrollo turísticos en zonas frágiles, donde al problema causado por los edificios e instalaciones necesarios se añade el comportamiento de los turistas que utilizan vehículos todo terreno para acceder a cualquier lugar, recolectan elementos minerales o vegetales, etc.
— Aumento de accesibilidad por apertura de nuevas vías de comunicación a espacios aislados y consiguiente presión sobre ellos. Es este un efecto típico, aunque no exclusivo, de las vía de saca forestales o de la concentración parcelaria que, además de simplificar la textura del paisaje tradicional proporcionada por las pequeñas parcelas y sus elementos de separación: ribazos, muretes, setos, arbolado disperso, etc. proporciona una excelente accesibilidad al territorio gracias al generoso viario rural que construye induciendo la penetración de usos residenciales en zonas inadecuadas.
— Revalorización económica del suelo rústico en el área de influencia de un centro de actividad.
— Depresión de actividad en zonas generalmente de carácter rural debido a la exigencia de mano de obra, induciendo así vaciado de población y consiguiente desertización.

3.11.1.3. Problemas derivados de la emisión de efluentes

Se trata de la contaminación, fenómeno complejo que implica, primero, la emisión de materiales o energía por una actividad, luego, su dispersión y transformación en el vector soporte, de aquí resultan unos niveles de inmisión y, por fin, unas consecuencias sobre el hombre, los ecosistemas, la biocenosis o los bienes materiales; el responsable directo del problema es el nivel de inmisión, y su manifestación, los efectos citados. Por lo tanto la clave del problema, como se dijo, está en la superación de la capacidad de asimilación de los vectores ambientales, la cual se particulariza en *capacidad dispersante de la atmósfera* para el aire, *capacidad de autodepuración* para el vector agua, y *capacidad de procesado/filtrado* para el caso del suelo, y en su traducción a unos niveles de inmisión inaceptables. Estos últimos pueden estar definidos en la legislación vigente o establecidos por la comunidad científica o técnica; el primer caso se da para el aire y para el agua a través de diversos Reglamentos que desarrollan la Ley de Protección del Ambiente Atmosférico y la Ley de Aguas, respectivamente; para el suelo existe alguna reglamentación —la denominada Directiva Nitratos, por ejemplo— pero solo para ciertos contaminantes, aunque existe intención de legislar en esta materia por parte de la UE.

Se trata de un problema generalizado a la mayor parte de las actividades. Aunque se considera a la industria y al transporte los máximos responsable, incluyendo la producción energética, el problema no es ajeno a la agricultura, actividad que lo manifiesta de forma difusa, es decir cuyas fuentes están muy repartidas en el espacio dificultando las posibilidades de control; los causantes son los fertilizantes, herbicidas y pesticidas no asimilados, los restos vegetales, los envases, las aguas sobrantes del riego, los residuos ganaderos, los olores, los gases y ruidos procedentes de la maquinaria agrícola, el polvo que producen las labores de cultivo, etc.

A la contaminación tradicional, que es la aludida, son asimilables otros tipos que tienen de común con ella la introducción de un elemento extraño; así ocurre con:

- Contaminación visual, producida por la introducción de elementos discordantes en el paisaje a consecuencia de su volumen, de los materiales utilizados, de las formas resultantes o de los colores.
- Introducción de flora y fauna exóticas, intencionada o casual, tal como puede ocurrir con la utilización de especies foráneas en la agricultura, la silvicultura, la ganadería o la jardinería y con los controles biológicos sobre enfermedades y plagas.
- Contaminación energética, calor, radiaciones y ruido, que no es otra cosa, este último, que energía disipada.
- Contaminación olfativa, a causa de la presencia de elementos de olor desagradable.

El concepto de carga crítica. La carga crítica es un concepto que se aplica a la contaminación y se refiere al umbral de concentración de un contaminante, aislado o asociado a otros, por debajo del cual no causa efectos significativos sobre la estructura y función de los ecosistemas. Para determinarlo se recurre a las curvas de respuesta de un ecosistema o de alguno de sus elementos más sensibles a los diversos tipos de contaminantes; la carga crítica vendría definida por el punto de la curva a partir del cual un nuevo aporte supondría la aparición de daños reconocibles. El concepto es extensible a los efectos de cualquier otra actividad, estableciendo la respuesta del medio a diferentes niveles de actuación e intensidad, con las siguientes ventajas:

- Permite dividir el espacio en zonas con diferentes grados de sensibilidad frente a los contaminantes potenciales y orientar la localización hacia las zonas de mayor capacidad de amortiguación.
- El conocimiento de dicha sensibilidad, permite considerar los efectos acumulados de una serie de actuaciones, cada una de ellas tolerable de forma aislada pero cuyo conjunto puede superar la resistencia o capacidad de respuesta del medio físico.

3.11.1.4. Problemas derivados del declive o ausencia de actividad

Los problemas que surgen por declive o ausencia de las actividades tradicionales, se pueden clasificar en los siguientes tipos:

Subexplotación de recursos o ecosistemas. En países poblados desde antiguo, los ecosistemas, el paisaje, la cultura y, en general, el equilibrio ambiental, son fruto de la ancestral intervención humana, con excepción de las escasas áreas de carácter estrictamente natural; en ellos la conservación exige la continuidad del uso y aprovechamiento que tradicionalmente se viene haciendo; si éste entra en declive, por las razones que sean, se altera el equilibrio conseguido con las consiguientes degradaciones; el problema surge precisamente por defecto de actividad, es decir por falta de la gestión y los cuidados que requiere la explotación de los recursos que tradicionalmente se viene haciendo. Algunos ejemplos podrían ser:

- La degradación de las dehesas tradicionales por falta de la gestión inherente a su explotación.
- La desaparición de los magníficos paisajes y ecosistemas específicos creados por la explotación salinera en determinadas zonas de costa.
- La erosión que sucede a la falta de los cuidados requeridos por el cultivo sobre terrazas propios de las zonas levantinas y otras.
- El embastecimiento de majadales, pastizales y praderas por falta de suficiente carga pastante.
- El crecimiento desmesurado de poblaciones animales cinegéticas o silvestres por falta de caza o de depredadores.
- El abandono de la agricultura en los espacios periurbanos y su sustitución por otras actividades que la ciudad expulsa por su carácter o por su consumo extensivo de suelo, produciéndose de esta forma un espacio invertebrado y un paisaje sin vigor.

Este tipo de problemas pueden justificar la introducción de actividades ambientalmente agresivas en las zonas que los sufren, siempre que garanticen la explotación humana de la que dependen los equilibrios preexistentes. Tal es el caso, por ejemplo, de fomentar industrias de base agraria en una vega cuya agricultura languidece por falta de estímulos frente a la competencia de otros sectores económicos, si ello propicia el mantenimiento de la actividad agraria que de otra forma entraría en declive; este caso es típico en zonas periurbanas, donde la agricultura en buenos suelos de vega languidece frente a la competencia por el terreno de otros usos; la localización industrial no corresponde a la vocación natural de la vega, sin embargo puede estar justificado si solo ocupa una pequeña parte del suelo y estimula la continuidad de la explotación agrícola que es la actividad vocacional.

Los problemas asociados a la pasividad. Se aplica esta idea a la falta de intervención ante degradaciones provocadas por fenómenos naturales o por situaciones artificiales, que se autoalimentan si no se interviene; la aparición de fenómenos erosivos de todo tipo (a consecuencia, por ejemplo, de un pastoreo excesivo o de prácticas de cultivo inadecuadas), los riesgos de incendio forestales derivados de costumbres ancestrales o de comportamientos indeseables, se deben a la falta de una intervención decidida por parte de las autoridades o instituciones adecuadas; Así la recolección indiscriminada de especies silvestres (setas y hongos, plantas medicinales o condimentarias, etc.), la captura de animales, de huevos, la extracción de minerales, la caza o pesca furtiva, etc. generan problemas achacables a la falta de control por parte de quien corresponda, etc. Un caso particular digno de atención es la pasividad del medio rural ante la incidencia de otros sectores, cuando actúa como soporte pasivo en la localización de vías de comunicación, líneas de transporte de energía eléctrica, vertederos de residuos peligrosos, oleoductos, industrias, actividades residenciales, extractivas, deportivas, turísticas, etc., que le afectan negativamente, con la complicidad pasiva de los agentes que operan en él.

3.11.1.5. Clasificación de los problemas por sus efectos

También pueden organizarse los problemas por sus manifestaciones y efectos; por ejemplo:

- Degradación de sistemas naturales: regresión del bosque autóctono, alteración de hábitats faunísticos, drenaje y relleno de zonas húmedas, introducción de especies exóticas, etc.
- Degradación de paisajes sobresalientes: alteración de elementos positivos en la percepción, introducción de elementos discordantes por su escala, materiales, colores, formas, etc.
- Alteración de procesos naturales: erosivos, ocupación de áreas de recarga de acuíferos y contaminación de éstos, incendios forestales, etc.
- Presencia de actividades desvinculadas del territorio, sus recursos, valores y condicionantes: actividades extractivas mal explotadas, procesos de urbanización indeseables, repoblaciones forestales desintegradas, etc.
- Presencia de recursos ociosos o mal explotados: subexplotación de recursos agrícolas y forestales (micorrización), recursos paisajísticos, recreativos y turísticos no aprovechados, etc.

3.11.1.6. Otras formas de expresión

Otra forma (ver punto 7 de este capítulo) de presentar la problemática del medio físico, que puede aplicarse complementaria o alternativamente a las descritas, consiste en utilizar el formato de las matrices de impacto. Estas, que antes se expusieron con carácter predictivo, tienen aplicación aquí con carácter explicativo de la realidad existente. Disponiendo los elementos y procesos del medio en una entrada y las actividades existentes en el territorio en la otra, se facilita la identificación de los cruces que definen relaciones causa-efecto indeseables y que, por consiguiente, se consideran problema.

También pueden utilizarse con el mismo fin otros formatos de matriz; resulta muy adecuado el que dispone en las entradas por filas las unidades de integración utilizadas en el inventario.

Para ilustrar con precisión problemas inducidos de segundo, tercer, etc. orden se pueden construir matrices sucesivas o escalonadas.

Por último para analizar las relaciones entre problemas se puede recurrir a la técnica de las matrices cruzadas donde, en una tabla de doble entrada, se enfrentan los problemas entre sí especificando en las casillas de cruce su relación en términos de complementariedad, neutralidad o incompatibilidad, por ejemplo. Si, por otra parte, los problemas se han ordenado en forma de árbol, la estructura de éste indica las relaciones de medio a fin entre ellos.

Otra técnica que permite identificar los problemas e ilustrar las relaciones entre ellos, son los grafos de relación causa-efecto. Estos, figura IV.50, parten del origen del problema y, a partir de él, van simulando la cadena sucesiva de

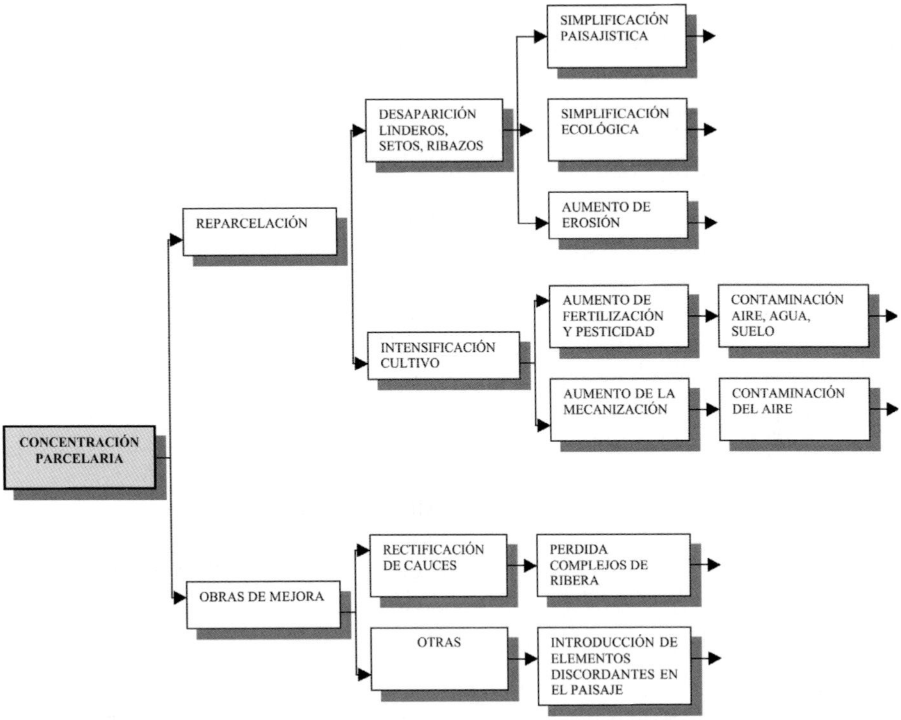

Figura IV.50. *Árbol de relación causa-efecto para identificar problemas de medio físico y la relación entre ellos.*

acontecimientos en forma de relaciones causa-efecto; estos son traducibles a matrices cruzadas o de acción recíproca.

En todo caso existe un nivel de definición de cada problema que permite considerarlo aisladamente y atribuirle un tratamiento específico. Por otro lado, como se dijo, todo problema no está determinado si no se explicitan sus atributos más definitorios. Por ello conviene realizar una ficha para cada uno de ellos o una tabla para el conjunto en la que se especifique: manifestación o forma en que se percibe, localización, evolución previsible, causas directas e indirectas, agentes implicados en sus causas, efectos, la relación con otros problemas, la gravedad, las posibles soluciones y los niveles administrativos más adecuados para su eficaz tratamiento.

La tabla de la figura IV.51, es un ejemplo de la problemática a nivel regional y la figura IV.52 un ejemplo de ficha de problemas.

3.11.2. Clasificación de las potencialidades del medio

La potencialidad del medio físico viene definida por la capacidad de acogida, que marca las posibilidades del territorio para las actividades humanas, y por los recursos existentes: climáticos, acuíferos, minerales, agrícolas, forestales, ganaderos, paisajísticos, recreativos, culturales, etc., ver figura IV.53. Paralelamente a la tipificación de los problemas descrita, las potencialidades del medio puede organizarse en función de tales recursos.

Por último resulta útil ordenar los condicionantes en función de los riesgos naturales y de la fragilidad de ecosistemas y paisajes.

3.11.3. Posibilidad de generar efectos positivos por las actividades humanas

Además de los efectos positivos de carácter económico o social, las actividades humanas pueden ser también beneficiosas para el medio físico en que se ubican. Así, tradicionalmente el hombre ha creado ecosistemas, paisajes, culturas y elementos diversos que deben ser considerados como positivos. Son significativas numerosas obras hidráulicas: presas, canales, norias, sistemas de riego, viaductos de los que son muy significativos los que soportan vías férreas, jardines, edificios civiles o militares, incluso hoy día se valoran algunos paisajes fruto de la actividad minera (como Las Médulas en la provincia de León). El caso de las actividades agrarias (agricultura, ganadería y silvicultura, aisladamente o combinadas) por su antigüedad y vinculación vital al hombre es muy relevante, como muestran los ejemplos siguientes:

- *Aportaciones ambientales de carácter científico y cultural*. La agricultura ha desarrollado conceptos y prácticas que hoy se consideran profundamente ambientales, y que no son sino la idea intuitiva de *sostenibilidad* inherente al agricultor y al silvicultor; por ejemplo, la adopción del cultivo o de la especie forestal más adecuados según e tipo de suelo, de clima y de otras condiciones ecológicas, los aterrazamientos y la adaptación de las parcelas para la conservación del suelo (ribazos, muretes, pequeñas correcciones hidrológicas, etc.), las mil formas de recoger y aportar agua a los cultivos, la conservación de setos y arbolado disperso que, además de contribuir a la biodiversidad, son fuente de alimento para el ganado (trasmochos), la adaptación del manejo pecuario a los ciclos anuales ligados a la latitud y altitud de los terrenos (transhumancia), incluso la explotación sostenible de recursos piscícolas o cinegéticos, ... El concepto de clase agrológica, que sintetiza el heterogéneo conjunto de variables determinantes del suelo, puede entenderse como un antecedente del de *unidad ambiental*, utilizado en los estudios ecológicos, como expresión externa de los ecosistemas; la capacidad de uso agrario, es un concepto paralelo al de *capacidad de acogida* del medio, y ambos son indispensables para ordenar racionalmente el aprovechamiento del territorio y sus recursos. Los agricultores dicen que «toda finca admite mejoras hasta la total ruina de su dueño», idea que está en la base del concepto de *integración ambiental*.
- *Desarrollo de técnicas adaptadas al medio*. La agricultura ha generado respuestas técnicas a todo tipo de ambientes, incluso a los más hostiles;

EJEMPLO DE SINTESIS DE LA PROBLEMATICA DEL MEDIO FÍSICO A NIVEL REGIONAL

Problema	Manifestación	Causa	Agentes	Localización	Relación con otros problemas	Magnitud, gravedad, evolución	Posibles soluciones
Progresión del bosque autóctono.	Deforestación del territorio. Disminución de la superficie ocupada por masas autóctonas.	Talas abusivas (roble). Roturación para pastos. Agricultura y especies forestales de crecimiento rápido. Incendios.	Agricultores y ganaderos. Empresas ganaderas/papeleras.	Generalizado a todo el territorio.	Alimentos de los riesgos naturales. Degradación paisajística/ecológica.	Muy alta	Medidas de protección del bosque autóctono. Política forestal adecuada.
Repoblación con especies exóticas.	Alimento de la superficie ocupada por eucalipto y P. Insignis.	Alimento de productividad forestal. Abandono de tierras de cultivo. Presiòn industrial papelera.	Propietarios del suelo rústico. Empresas papeleras/forestales. Servicio Forestal Regional.	Eucalipto en litoral hasta cota 300 m. P. Insignis en montañas del interior.	Regresión del bosque autóctono. Degradación paisajística/ecológica. Aumento de riesgo de erosión.	Alta	Política forestal adecuada. Uso de la E.I.A. en nuevas repoblaciones. Investigación en producción forestal.
Degradación. Hábitats ffaunistios valiosos.	Expecies en peligro de extinción. Regresión de biotopos.	Destrucción. Hábitats. Furtivismo y caza. Antropización del medio.	Agricultores y ganaderos. Promotores turísticos furtivos.	Areas montañosas del interior. Marismas del litoral.	Regresión del bosque autóctono. Vulnerables.	Muy alta	Protección y vigilancia de la fauna. Compensación a agricultores afectados. Declaración de zonas protegidas.
Degradación de sistemas dunares.	Fijación y destrucción de dunas vivas. Contaminación de acuíferos subálveos.	Extracción de áridos. Instalación de chiringuitos. Repoblación forestal.	Empresarios hosteleros (1). Jefatura de Costas.	Zonas costeras occidentales.	Ocupación de la franja costera.	Alta	Protección de zonas de dunas. Aplicación de la Ley de Costas.
Relleno de estuarios.	Desecación de zonas húmedas. Alteración de procesos mareales.	Obtención de suelo para agricultura y urbanización.	(1) Jefatura de Costas.	En todos los estuarios y rías del litoral.	Ocupación de la franja costera.	Alta	Control de usos en rías y estuarios. Aplicación de la Ley de Costas.
Incendios forestales.	Incremento de la superficie de monte quemada.	Obtención de terrenos. Descuidos de usuarios. Quemas de rastrojo y brezal. Falta de vigilancia y control. Otras causas de origen difuso.	Agricultores y ganaderos. Excursionistas. Propietarios/promotores. (1) Servicio Forestal Regional.	Zonas de landas eucaliptales y pinares. Encinares cantábricos.	Regresión del bosque autóctono. Repoblaciones inadecuadas. Actuaciones forestales inadecuadas.	Muy alta	Adecuación de las actuaciones forestales a los intereses de la población rural. Dotación de medios para la lucha contra el fuego.
Erosión e inestabilidad de suelos.	Areas degradadas con pérdidas del suelo. Deslizamiento de materiales.	Cortas a hecho. Deforestación. Abandono de cultivos. Pastos en fuertes pendientes.	Agricultores y ganaderos. Empresarios forestales. Servicio Forestal Regional.	Zonas en pendiente por todo el territorio.	Regresión del bosque autóctono. Incendios. Actuaciones forestales inadecuadas.	Alta	Realización de un mapa de riesgos. Regeneración de masas arbóleas. Control de usos en zonas de riesgo.
Eutrofización de embalses.	Pérdida de calidad del agua por materia orgánica en exceso.	Ganadería. Faltaa de control en cuencas vertiente.	Ganaderos. (1) Agricultores y ganaderos.	Embalses de Sosahoz y De Heras.	Contaminación de cauces.	Media	Control de usos en cuenca vertiente. Asistencia material y técnica a ganaderos.
Contaminación de acuíferos.	Contaminación de aguas subterráneas por nitritos y materia orgánica.	Manejo indebido de residuos. Ganaderos y agrícolas. Vertidos al suelo sin depurar.	Industria y vivienda aislada. Particulares.	Areas de recarga con usos ganaderos en toda la región. Zonas industriales.	Contaminación de cauces.	Allta	Depuración de vertidos. Control de usos en zonas vulnerables. Asistencia material y técnica a ganaderos.
Contaminación de cauces.	Pérdida de calidad del agua de los ríos. Desaparición de especies fluviales.	Falta de depuración de vertidos.	(1)	Tramos bajos de los principales ríos.	Contaminación de acuíferos y costas. Degradación hábitats faunísticos.	Alta	Depuración de vertidos.
Contaminación de costas.	Acumulación de residuos en playas y rías.	Falta de limpieza de playas. Vertidos de ríos contaminados.	(1) Jefatura de Costas.	General especialmente grave en ría y playas de Suances.	Contaminación de cauces. Ocupación de la franja costera.	Media	Depuración de vertidos a cauces y al mar. Dotaciones para limpieza de playas.
Explotación forestal no integrada en el medio.	Exceso de pistas forestales talas a hecho. Masas monoespecíficas de especies de crecimiento rápido.	Excesiva simplicidad en manejo de explotaciones forestales. Rentabilidad a corto plazo. Falta de consideración de factores ambientales.	Empresarios forestales. Empresas madereras/papeleras. Servicio Forestal Regional.	Masa de eucalipto y pinos sp. por toda la región.	Erosión. Incendios forestales. Degradación paisajística y ecológica.	Alta	Política forestal adecuada. Control de la actuación de las explotaciones.
Degradación por actividades extractivas.	Acumulación de vertidos. Ruptura del relieve y del paisaje.	Falta de planes de restauración. Falta de gestión de la E.I.A.	Empresarios mineros. (1)	En todo el territorio. Mayor gravedad en la zona Torrelavega (Santander).	Degradación del paisaje.	Media	Aplicación de la Legislación en lo relativo a E.I.A. y planes de restauración.
Urbanización desordenada del territorio.	Degradación paisajística de la franja costera. Presencia de elementos discordantes en zonas paisajísticas valiosas. Ocupación de suelos de calidad.	Incumplimiento planes urbanísticos. Facilidad de elementos. Discordantes en zonas paisajísticas valiosas. Ocupación de suelos de calidad.	Incumplimiento planes urbanísticos. Facilidad para modificar la dosificacion urbanística del suelo. Falta de consideración de los factores ambientales.	(1) Particulares. Promotores. Inmobiliarios.	En todo el territorio. Mayor gravedad en franja costera y vegas fluviales.	Degradación paisajística. Contaminación subexplotación de recursos agrarios.	Consideración de criterios ambientales en P.G.M. y normas subsidiarias. Aplicaciónn de la Ley de Costas. Vigilancia.
Subexplotación de recursos agrarios.	Infrautilización de los suelos de calidad agrícola. Despoblamiento de zonas rurales.	Falta de estímulos. Iniciativa y experiencia para desarrollar nuevas variantes más intensivas.	Agricultores y ganaderos. (1)	Vegas fluviales y franja costera hasta la cota de 300 m.	Erosión. Incendios forestales. Actuaciones forestales inadecuadas.	Alta	Fomento de agricultura intensiva para adaptarse a las demandas del mercado.

Ejemplo de síntesis de la problemática del medio físico a nivel regional (DOT de Cantabria).

1. DEFINICIÓN DEL PROBLEMA
Evidencia de procesos erosivos activos.

2. OBJETIVO GENERAL

A.2.1. Restituir la vegetación autóctona, actuando sobre las áreas degragadas y marginales, controlando los procesos activos de erosión y desertización.

3. EXPLICACIÓN DE LAS CAUSAS

En la vega: se deben al lavado del suelo superficial y pérdida de su estructura por la técnica de riego utilizado y el manejo de grandes volúmenes de agua.

4. CUANTIFICACIÓN: VARIABLE E INDICADORES

LOCALIZACIÓN	SUPERFICIE CON PÉRDIDAS 175 TM/HA/AÑO	INDICADORES SIGNIFICATIVOS
Se da de manera general en toda la comarca, pero alcanza su mayor severidad en las vertientes de la sierra de la virgen y en las últimas estribaciones del Moncayo, paredes de los valles del Grio y del Isuela.	Tobed: 2.584 ha Aranda de Moncayo: 4.406 ha Purujosa: 2.319 ha Calcena: 4.392 Pomer: 904 ha Sestrica: 477 ha El Frasno: 1.450 ha Alpartir: 1.420 ha	En laderas cubiertas por vegetación las pérdidas no son excesivas: alrededor de 5 Tm/ha/año, alcanzando valores de 175 Tm/ha/año en áreas deforestadas. Supone el 32,65% de la superficie total, de las cuales el 60% está deforestado.

5. RELACIÓN CON OTROS PROBLEMAS

1.5. Degradación del paisaje.
1.4. Degradación de los ecosistemas climáticos y acusados procesos de deforestación.

6. POSIBLES SOLUCIONES

Repoblación forestal.
Obras civiles: Aterrazamientos.
Mejora del manejo y limitación de la carga ganadera a 0,5 cabezas/ha
Prácticas de cultivo (abancalamientos, laboreo a nivel, elección de especias)

7. AGENTES IMPLICADOS

Agricultores de la comarca
Secomena
Servicio de extensión agraria
Consejería de Agricultura, ganadería y montes de la DGA

8. VALORACIÓN DEL PROBLEMA

Económica: 5
Espacial: 7
Social: 6
Global: 6

Figura IV.51. *Ejemplo de ficha problema.*

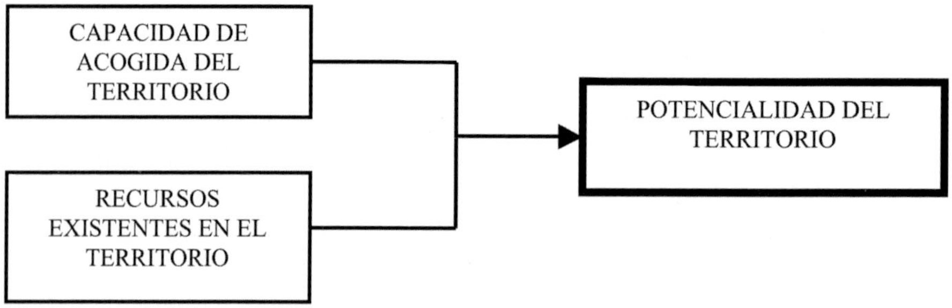

Figura IV.52. *Potencialidades del medio físico.*

obtiene aprovechamiento de suelos desérticos gracias a los enarenados, ha seleccionado especies resistentes a la sequía, ideado instrumentos muy ingeniosos para extraer agua, laborear el suelo, etc., ha construido cortavientos que además de proteger los cultivos de la fuerza del viento enriquecen la textura del paisaje, ha aterrazado laderas donde el cultivo parecería impensable, ha formado suelos donde no existían incorporando todo tipo de materiales orgánicos, ... y todo ello gracias a un espíritu de superación impuesto por la necesidad.

— *Ecosistemas y paisajes valiosos*. Aún siendo la actividad que históricamente más ha transformado el espacio, la agricultura ha creado paisajes y ecosistemas ejemplares, donde el manejo humano se integra con el resto de los factores ambientales hasta conseguir una especie de clímax ecológico, diverso, complejo, estable y productivo, donde existe un equilibrio entre aprovechamiento y productividad natural. («autosuficiencia»). Los que se citan a continuación son los más importantes, pero no los únicos.

— *Las dehesas: un ecosistema climácico ejemplar producido por el hombre*. Como ejemplo paradigmático de ecosistemas y paisajes ambientalmente modélicos producidos por la agricultura hay que citar, en primer lugar, las dehesas, ecosistemas agrosilvopastorales formados a partir del bosque primitivo a lo largo de un período de tiempo muy dilatado, que mantienen una alta biodiversidad, una gran estabilidad y una autosuficiencia de energía y materiales, gracias a la intervención del hombre. Una parte considerable de la agricultura mediterránea tiene su origen en la transformación y adaptación lenta del bosque primitivo desde épocas muy remotas, y caracterizada por la permanencia del elemento arbóreo. En ocasiones el árbol se ha «domesticado» profundamente, cual es el caso del olivo, del algarrobo, del avellano o de la higuera, mientras en otros la adaptación es más leve generando las dehesas de encina (de encina dulce —*Quercus ilex* ssp. *ballota*— las más típicas, aunque también las hay de alcornoque, melojo, quejigo, castaño, algarrobo e incluso, pino). La importante cantidad de biomasa leñosa confiere a estos ecosistemas una alta persistencia y estabilidad, al quedar fijado el carbono en varias decenas y aún centenas de años en la masa arbórea. El lento ritmo de adaptación del bosque primitivo, ha determinado la paralela adaptación de la fauna que lo poblaba, que permanece y contribuye al equilibrio ecológico. Por razones utilitarias, muchos ecosistemas agrosilvopastorales se han transformados en agrosistemas herbáceos, lo que ha supuesto tres importantes efectos: la disminución de la diversidad ecológica, la degradación paisajística y el paso del carbono de la forma reducida en que se encuentra en la madera a forma oxidada, contribuyendo así al temido efecto invernadero en la atmósfera.

— *Los majadales: una maravilla de estabilidad, diversidad y productividad*. Otro ejemplo es el de los majadales, pastizales de alta diversidad y productividad, generados gracias a la acción sobre el terreno combinada de pastoreo, pisoteo y aportación de deyecciones por el ganado lanar.

— *Las laderas aterrazadas: paisajes faraónicos muy frágiles.* También constituyen paisajes relevantes los aterrazamientos levantinos, canarios y de muchas otras zonas donde el relieve obliga a cultivar terrenos en fuerte pendiente; la construcción de terrazas es la adaptación requerida por el cultivo y los paisajes resultantes impresionan por su grandeza y plasticidad; su conservación es indisociable de la explotación activa por parte del hombre. Adaptación exigida por la necesidad es también el surrealista paisaje de La Geria lanzaroteña formado por una densa retícula de hoyos excavados en las cenizas volcánicas por el agricultor para buscar el suelo cultivable, tapado por una erupción volcánica.

— *Las huertas: ocio, productividad y belleza.* Asimismo, las tradicionales huertas de los pueblos, hoy día muy deterioradas debido a la falta de brazos y a otras causas, configuraban unos paisajes de gran belleza e interés cultural que incrementaba el atractivo de los pueblos y albergaban, al mismo tiempo, una rica fauna. Por otro lado, colaboraban de forma no despreciable a las economías familiares proporcionando a sus habitantes fortaleza ante situaciones de penuria.

— *Regadíos: frondosidad, riqueza y bienestar.* Otras hermosas realizaciones de la agricultura se manifiestan en los paisajes regados, emporios de frondosidad y riqueza, de estructuras agrarias de gran funcionalidad y belleza, de obras hidráulicas e industrias, de instalaciones ganaderas, que han alejado el fantasma del hambre y de la escasez que, cuando existen, han de ser interpretados como el impacto ambiental más importante.

— *Sistemas pastorales y silvopastorales perdidos.* En todo la zona mediterránea (y particularmente en la Península Ibérica) se encuentran indicios de sistemas pastorales y silvopastorales históricos, insuficientemente conocidos, testimonio de largos procesos de adaptación y ajuste, que son un ejemplo de estabilidad, diversidad biológica y salvaguarda para la conservación de especies amenazadas, así como protección frente a los incendios y contra la vegetación inestable que penetra cuando se abandonan.

Estos ecosistemas y paisajes agrarios son testimonio de un patrimonio cultural de gran interés porque pueden adoptarse como opciones o puntos de partida para diseñar modelos de desarrollo agrícola sostenible y formas de producción más extensivas y ambientalmente adaptadas, ante el replanteamiento del destino de muchos terrenos exigido por la situación de excedentes agrarios en la Unión Europea.

La acción positiva del hombre sobre el medio no debe limitarse al pasado sino que puede y ha de impregnar a todos los agentes implicados en la gestión ambiental. Como se dijo, la gestión ambiental ha de contemplar la posibilidad de generar impactos positivos. La obra civil puede ser un elemento que realce el entorno, en muchas zonas profundamente degradadas, las infraestructuras de comunicación constituyen una excelente oportunidad para introducir en sus márgenes bandas arboladas, con la simple precaución de afectar una mayor superficie de terreno. La generación de impactos positivos, en suma, debe ser considerada como uno de los principales criterios de calidad de la obra civil. Usos residenciales, incluso industriales, pueden ser diseñados de forma que su impacto global sea positivo, lo que al final se traduce en prestigio y eficacia productiva.

4. EL SUBSISTEMA POBLACIÓN Y ACTIVIDADES

Conceptualmente, la ordenación territorial, es la proyección en el espacio de una estrategia de desarrollo económico, social y ambiental. La población es el elemento activo de esta estrategia actuando mediante las actividades de producción, consumo y relación social, mientras el medio físico, como se dijo, es el soporte de tales actividades, la fuente de recursos naturales y materias primas y el receptor de sus efluentes. La población es, pues, el agente fundamental: adapta el medio físico para ubicar sus actividades, toma recursos de él para transformarlos en su propio beneficio y le incorpora los desechos o productos no deseados. La población, por otro lado, es el destinatario último de la ordenación territorial, en cuanto ésta no pretende otra cosa, en suma, que conseguir una buena calidad de vida para la población.

Desde el punto de vista del análisis y del diagnóstico territorial, la población tiene una triple consideración:

— *Recurso territorial,* en cuanto representa la fuerza de trabajo que ha de explotar los recursos disponibles y producir bienes y servicios; en este sentido, la población desarrolla las actividades de producción, las cuales pueden ser actuales: las que en el momento en que se realice el análisis están presentes en el territorio, y potenciales: las que podrían derivarse del aprovechamiento de recursos territoriales ociosos o insuficientemente aprovechados; endógenas: asociadas a recursos internos y a iniciativas locales, y exógenas: promovidas por iniciativas externas al ámbito del plan; tradicionales: practicadas históricamente por la población local, o innovadoras: aprovechan recursos, tecnologías, procedimientos o nichos de mercado nuevos; etc.

— *Sujeto territorial,* en cuanto demanda los bienes, servicios y equipamientos, cuyas dotaciones, en cantidad y calidad, son función de unas expectativas asociadas a la calidad de vida.

— *Objeto territorial,* en cuanto conjunto de individuos que se relacionan y así configuran tres elementos básicos del análisis territorial: los agrupamientos de individuos en ciertos lugares (poblamiento: núcleos de población), los agrupamiento de individuos por afinidades de diferente tipo formando estructuras que vertebran la sociedad, y la escala de valores que determina los comportamientos sociales e individuales. A su vez estas estructuras determinan las relaciones de los individuos dando así dinamismo al sistema.

De acuerdo con lo anterior, el diagnóstico de este subsistema atenderá, de un lado, a la propia población en cuanto destinatario último del proceso de ordenación territorial, y de otro, a las actividades que practica: producción consumo y relaciones sociales.

4.1. La población

Tal como se señaló, el diagnóstico de este importante factor territorial consiste en interpretar la población en relación con los aspectos antes citados y traducirlos a problemas y potencialidades; así habrá que analizar:

- Potencial productivo, es decir los recursos humanos, la oferta laboral del sistema, en cantidad y calidad, para desarrollar actividades de producción.
- Demanda, en cantidad, calidad y acceso, de bienes y servicios de la población.
- Estructura social y sistema de valores de una población que se organiza en función de la forma en que se relaciona. El poblamiento o sistema de asentamientos se considera otro subsistema y se analiza en el epígrafe 3 de este capítulo.

4.1.1. La población como recurso: la oferta laboral del sistema

Se trata de detectar las posibilidades de la población para el desarrollo de las actividades económicas, mediante la evaluación de su capacidad productiva. Esta depende de los efectivos demográficos existentes, de su estructura por sexos y edades, de sus aptitud o preparación técnico-profesional y de su actitud ante los problemas y las oportunidades de que se dispone.

La información que se requiere para ello es, por tanto, cualitativa y cuantitativa y, aunque tiene sentido en sí misma, su significado se refuerza cuando se compara con el valor de los datos en otros ámbitos de referencia: la región, la provincia u otras áreas de rango similar.

De una forma sintética los datos objeto de prospeccción son del estilo de los siguientes:

- Cuantitativos: población total existente, densidad de población, evolución en el tiempo, distribución en el espacio (población por cada asentamiento), estructura por edades y sexo (pirámides), población activa y dependiente, población ocupada y en paro, etc.
- Características cualitativas, determinantes de la *aptitud* o capacidad técnica de la población y *actitud* o disposición, estado de ánimo, para la acción.
- Cultura, estilos de vida o pautas de comportamiento en cuanto constituyen recursos a conservar o explotar.
- Nivel de participación en relación con decisiones de la colectividad y con la cohesión política y social.

Los datos cuantitativos se obtiene de los registros estadísticos de los Censos Generales y de los Padrones municipales, mientras los cualitativos requieren una aproximación directa (conocimiento por «ósmosis» o por «empapamiento») y la utilización de encuestas o entrevistas a diferentes personas.

4.1.1.1. Efectivos poblacionales y su evolución histórica

Describe en tablas y gráficos la evolución de la población en quinquenios o decenios; se puede expresar en valores absolutos, en números índice (población del año base, por ejemplo, 1900 = 100) o mediante tasas de crecimiento expresadas en porcentaje. Conviene distinguir entre población de derecho, la empadronada, y de hecho: la realmente residente; ésta última es la que muestra el verdadero potencial humano.

4.1.1.2. Distribución espacial: densidad y concentración

La densidad[18] establece la relación entre el número de habitantes y el territorio al que se refiere; éste puede ser el total del ámbito estudiado, o partes de él cuando hay diferencias notables entre zonas.

Densidades iguales en dos unidades espaciales distintas pueden esconder diferencias territoriales notables, por lo que el análisis de densidad se complementa con un análisis de la distribución; así surgen indicadores de *concentración* y de *dispersión;* el primero estima el porcentaje de la población total que se localiza en el núcleo de mayor tamaño, que suele ser el que detenta la capitalidad de la unidad; el segundo expresa la dispersión o, mejor, diseminación de la población, y se mide por el porcentaje de población que vive en «diseminado», entendiendo por tal los asentamientos de población inferior a un umbral dado.

4.1.1.3. Estructura por edades y sexo

Este importante concepto se representa en las clásicas pirámides de población, las cuales relacionan, sobre dos ejes verticales, las edades agrupadas en «cohortes» de 5 en 5 años, con el número de personas de cada sexo; en el eje vertical se disponen los grupos de edad («cohortes»), en el semieje horizontal a la izquierda el número de varones, y en el semieje de la derecha, el de mujeres. La última cohorte, a partir de una cierta edad, 75 u 85 años, se deja abierta.

La pirámide es una radiografía de la población, que proporciona información sintética sobre la edad media, la dependencia, el equilibro o desequilibrio entre sexos, etc., y de su evolución previsible; es posible proyectar la pirámide de población obteniendo así una idea sobre la sostenibilidad demográfica de una comarca, etc.

[18] La densidad de población da una idea del modelo posible de desarrollo: densidades inferiores a 9 habitantes por kilómetro cuadrado (que la OCDE asocia a desertización) supone una economía basada en la producción primaria extensiva; sólo a partir de 18 hab./km^2 es posible un tejido industrial y de serviciso significativos.

4.1.1.4. Razón entre sexos: tasas de masculinidad o femineidad

Se refiere a la razón entre sexos de una comunidad, y se mide en número índice de varones por cada 100 mujeres; suele ser diferente para cada grupo de edad de la pirámide de población, así en la cohorte de 0 años, el valor estándar es 105, mientras la razón se invierte en los últimos estadios de la pirámide para los que el número de hembras suele superar al de varones.

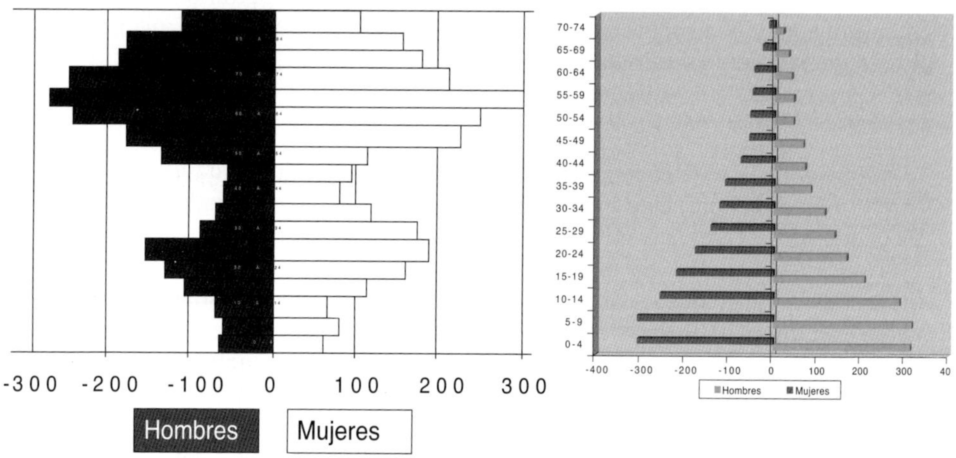

Figura IV.53. *Ejemplo de pirámides de población; a la izquierda de una población rural envejecida; a la derecha de una población joven.*

4.1.1.5. Índice de envejecimiento y Razón de dependencia

El índice de envejecimiento representa el grado de «juventud productiva» de una población, y se expresa por el porcentaje de población mayor de 65 años sobre la población total.

La tasa de dependencia representa la medida en que los efectivos potencialmente activos (entre 16 y 65 años) soportan a los económicamente improductivos y se expresa por el porcentaje de población menor de 16 años y mayor de 65 sobre la población de edades comprendidas entre 16 y 65 años: Tasa de dependencia = (Población <16 años + Población> 65años/Población entre 16 y 65 años) × 100.

4.1.1.6. Tasas de actividad

La población activa, masculina y femenina, es la que teniendo 16 o más años, está ocupada o en espera de ocupación. Por el contrario es población no activa la que no busca ocupación: jubilados, retirados, pensionistas, rentistas, estudiantes, personas dedicadas a las labores domésticas, incapacitados permanentes para el trabajo, opositores, etc.

El nivel de actividad económica viene determinado por la relación existente entre la población potencialmente activa: aquella con edad comprendida entre los 16 y los 65 años, y la efectivamente ocupada. Su expresión más sencilla se realiza a través de la Tasa de Actividad: (población ocupada/población activa) × 100, que puede calcularse para el conjunto de la población o para sectores discriminados por sexos o por ramas de actividad.

El conocimiento de los niveles de empleo reales de una zona es la información más directa a la que se puede acceder para estimar su potencial como fuerza de trabajo. Las estadísticas no son totalmente fiables debiendo ser interpretas, mediante trabajo de campo, a través del subempleo, de la economía sumergida y de la actividad femenina no declarada. El número de empleos viene recogido en los datos estadísticos del INEM y de la Seguridad Social; cuando no se conoce éste dato, se puede estimar a través de la población ocupada. La diferencia entre el número de empleos y la población ocupada da el nivel de pluriempleo.

Se complementa este análisis con las cifras de paro (proporcionadas generalmente por las oficinas de empleo), a partir de las cuales se elaboran las tasas de paro y su evolución.

4.1.1.7. Evolución demográfica: proyecciones de población

Estimar la población futura es un ejercicio indispensable para las previsiones del plan; las proyecciones de población consisten básicamente en el cálculo de la cantidad, o de la cantidad y estructura de una población, para uno o varios horizontes temporales determinados.

La evolución de la variable población viene determinada por tres parámetros: índice de natalidad, índice de mortalidad y balance de las migraciones; estableciendo su magnitud para el período de tiempo considerando, y partiendo del valor actual, se puede deducir matemáticamente el valor futuro para ese escenario determinado; pero la magnitud de los citados parámetros puede variar y autoajustarse según evolucionen otras variables como el empleo y las condiciones de vida y trabajo, que rápidamente repercuten en los movimientos de población, incluso en la natalidad, etc. Se trata, pues, de un tema complejo objeto de especialistas; pero con el deseo de dotar de una mínima autosuficiencia al texto, se describe a continuación una breve síntesis de los métodos más usuales en el campo de las proyecciones poblacionales, que son de dos tipos: matemáticos y demográficos.

Los métodos matemáticos consisten en extrapolar una serie poblacional de la que se conocen sus valores históricos para un período determinado, utilizando para ellos técnicas gráficas, regresión lineal, etc. Se trata de métodos demográficamente parciales, que proyectan valores totales pero no la estructura de la población (no proyecta una pirámide poblacional, sino una cifra total para un momento dado). Dentro de los métodos matemáticos también se incluye el método de las tasas, que consiste en extrapolar las tasas de crecimiento en un momento determinado.

La bondad de estos métodos radica en la calidad del ajuste o ajustes estadísticos. Hay que señalar, porque suele olvidarse, que un buen ajuste estadístico puede esconder una mala proyección si ésta no se ha planteado con una mínima coherencia de los parámetros demográficos fundamentales.

Dentro de los métodos estrictamente demográficos, el método más empleado es el de cohorte-supervivencia; consiste en proyectar una población en su estructura (sexo-edad) al año horizonte y obtener también la nueva estructura (sexo-edad) de la población en el año horizonte. Para ello se procede en los siguientes pasos:

1. Se parte de una pirámide de población del año base de proyección.
2. Se construye una tabla de «supervivencia» o de «probabilidades de paso» de una cohorte a la siguiente, tanto para los varones como para las mujeres. La tabla refleja la probabilidad que tiene un individuo de una cohorte de pasar, en el tiempo de proyección, a la cohorte siguiente. Si la proyección es a varios horizontes, se aplica sucesivamente a cada uno de ellos a partir del anterior.
3. Aplicadas estas probabilidades a la pirámide del año base, se obtiene la pirámide proyectada.

El problema más difícil es la confección de la tabla de probabilidades de paso (de varones y mujeres). La base para ello estriba en confeccionar una tabla de mortalidad a partir de las defunciones habidas en el período para cada grupo de edad. La tabla de «defunciones» (no confundir con la «mortalidad» que es la que se quiere obtener) se estandariza para una población inicial. Confeccionada esta tabla estándar se calculan las probabilidades de paso, o de supervivencia, de una a otra cohorte por un procedimiento de iteración, dando como resultado la tabla de mortalidad.

Los algoritmos de cálculo tanto de las tablas de mortalidad como de las probabilidades de paso están computarizados, y existen en el mercado programas adecuados.

La proyección descrita no ha tenido en cuenta las migraciones. Para incluirla, el método de cohorte-supervivencia permite incluir las «probabilidades de migración» (normalmente de emigración) para cada grupo de edad, que se obtiene de la experiencia del fenómeno en el quinquenio anterior. Dichas probabilidades de emigración se aplican a las probabilidades de paso obteniéndose ya las probabilidades de paso afectadas de la emigración. Multiplicando éstas por la pirámide del año base se obtiene la proyección al año horizonte de que se trate.

Los algoritmos computarizados simplifican el cálculo en el proceso iterativo, permite establecer hipótesis con alternativas sobre diferentes probabilidades de migración y de evolución de la natalidad y calcular otros parámetros gráficos como tasa bruta de reproducción, tasas estandarizadas de natalidad, esperanza de vida o probabilidad de que un individuo de una cohorte llegue a una determinada edad.

4.1.1.8. Aptitud de la población. Habilidades y Niveles de Instrucción

Las habilidades de la población, es decir, los conocimientos que la población adquiere por transmisión informal de los mayores (artesanía, gastronomía, explotación y manejo tradicional de recursos naturales, etc.), se detectan de la bibliografía sobre el lugar y por información directa.

Los niveles de instrucción: tipo y grado de enseñanza recibida por la población, se obtienen de los Censos de Población elaborados por el INE, que la proporcionan desagregada a nivel municipal; su valoración adquiere su mayor sentido cuando se compara con los datos correspondientes a otras unidades territoriales de referencia.

Las categorías socioprofesionales se deducen también de los datos censales; en ellos se establecen varias grandes categorías que van desde «empresario, profesional o trabajador por cuenta propia que emplea personal», hasta «persona que trabaja con carácter eventual o temporal a sueldo, comisión, jornal u otra clase de remuneración». Su tratamiento estadístico permite una aproximación, si bien grosera, al grado de iniciativa empresarial de una zona, así como a la estabilidad de los empleos que en ella se generan.

4.1.1.9. Especialización funcional

La estructura por sectores de actividad constituye una primera aproximación a la especialización económica de una zona. El Censo Nacional de Población establece veinte grandes categorías de profesiones, ocupaciones u oficios. No obstante, dado que normalmente el acceso a este nivel de desagregación es imposible, se utilizan tres grandes sectores de actividad: el Primario: agricultura, ganadería, silvicultura, pesca, caza y minería, el Secundario: industria y construcción, y el Terciario: servicios y administración en general. La proporción porcentual en uno u otro sector da una idea de la especialización del ámbito de estudio, más evidente si se lleva a cabo un análisis comparativo de los datos obtenidos con la media provincial, regional o nacional.

4.1.1.10. Actitud de la población

Se refiere a la disposición o grado de madurez de la población y de los agentes socioeconómicos para encarar el futuro de forma activa y al grado de madurez para aceptar las limitaciones impuestas por el bien común y la función social de la propiedad; es una información relacionada con la cultura, con el comportamiento, con el sentido de cohesión social, de pertenencia y de identificación con la zona, de la que se deducen aspectos tan importantes como el grado de iniciativa empresarial, la posibilidad de promocionar actividades endógenas, y la forma en que hay que establecer prioridades entre las acciones del plan, las cuales, frecuentemente en comarcas deprimidas, deben iniciarse con medidas orientadas a fomentar la cultura de la actividad y del riesgo, de la capacidad de iniciativa y de cohesión social.

4.1.2. La demanda de equipamientos y servicios de la población

Se trata aquí de estimar las necesidades y aspiraciones de equipamientos y servicios de la población[19] y compararlas con las dotaciones actuales. Las necesidades dependerán de los efectivos poblacionales, de su distribución espacial, de la estructura por sexos y grupos de edades, de los niveles de instrucción, etc. y de los estándares, cuantitativos y cualitativos, que se deseen. Se consideran equipamientos los siguientes:

— docente: enseñanza preescolar, EGB, BUP, COU, formación profesional, estudios superiores y otros no reglados,
— deportivo, instalaciones más o menos formalizadas para practicar deportes,
— sanitario: centros de salud, hospitales generales y especiales, servicios prestados por médicos, ATS y veterinarios, farmacias, botiquines o servicio de ambulancias, etc.,
— cultural, social y religioso: centros culturales, de asambleas, bibliotecas, videotecas, museos, auditorios, teatros, cines, iglesias, etc.,
— asistencial: guarderías infantiles, hogares-clubs, residencias para la tercera edad, centros de reinserción social y centros de enseñanzas especiales,
— administrativo: casas consistoriales, juzgados municipales y comarcales, comisarías de policía, cuarteles, correos y telégrafos, parques de bomberos, etc.,
— abastecimiento: mercados municipales, mataderos y mercados centrales,
— recreativos: parques y jardines municipales, áreas de recreo concentrado.

Para estimar la demanda de cada uno de ellos hay que distinguir entre demanda potencial: proporción de la población total susceptible de utilizar un servicio o un equipamiento, y demanda efectiva: proporción de la demanda potencial realmente usuaria de un servicio o equipamiento.

La dotación actual determinará, para cada tipo de equipamiento, la cantidad y calidad de los servicios ofertados, área y población servida, grado de utilización, carácter público o privado y nivel de servicio proporcionado a la población: accesibilidad en términos de distancia, tiempo y coste. El análisis se relativizará con respecto a unidades espaciales semejantes o superiores. Todo ello en función de la jerarquía: local, comarcal, regional y estatal, según el ámbito servido.

Por último hay que señalar que se incluye, también, en este epígrafe la vivienda, la cual se analizará en términos de, tipología: estableciendo categorías en función de su densidad y de las características constructivas, uso: distinguiendo entre vivienda principal, secundaria, ocupada y vacante, régimen de tenencia: alquiler, arrendamiento, propiedad, etc., régimen legal: cooperativas,

[19] Existen estándares oficiales sobre dotaciones de equipamientos y servios recogidos en la Ley del Suelo, y en estudios específicos (por ejemplo Estudio Comparado de Estándares de Equipamiento, publicado por el Ministerio de Obras Públicas y Transportes).

viviendas de protección oficial, construcción libre etc. y niveles dotacionales: adecuación de la demanda a la oferta.

4.1.3. La población y sus actividades de relación: estructura y sistema de valores sociales

Se trata en este punto de detectar la estructura social a través de los grupos de interés que actúan en el territorio, el grado de cohesión social, el nivel de identidad espacial, el sistema de valores sociales y las pautas de comportamiento que rigen el funcionamiento de la comunidad.

La estructura social viene determinada por los grupos sociales existentes en la zona, los cuales se forman por afinidades económicas, productivas, de intereses, religiosas o culturales. La definición de las relaciones entre ellos, los criterios sobre los que se forman, su dinamismo y su nivel de iniciativa, permitirán entender los mecanismos de funcionamiento, internos y externos, de la comunidad.

La cohesión social se refiere a la identidad colectiva y al sentido de pertenencia de la población a un determinado ámbito territorial; su interés estriba en la vertebración social que implica y en la comunidad de intereses.

El sistema de valores, las preferencias sociales, la percepción de los problemas, de las oportunidades y las pautas de comportamiento geográfico: espacios valorados y vividos, itinerarios de desplazamiento, etc., y sociológico: organización social y productiva, comportamiento socio-espacial, prácticas religiosas, costumbres culturales, etc., han de incorporadas al proceso de planificación, de otro modo el plan quedará desvinculado de la problemática real y de las aspiraciones sociales y, en consecuencia, será inviable.

Con excepción de la documentación a la que se pueda acceder, no existe información específica sobre los aspectos aquí tratados, debiendo obtenerse mediante la aplicación de técnicas de investigación social, de las cuales sólo se reseñan las más comúnmente empleadas:

- *La encuesta*. Es la técnica sociológica más frecuentemente utilizada pues proporciona tanto información objetiva y verificable (renta, edad, etc.), como opiniones que implican por parte del encuestado una toma de posición subjetiva. Estas encuestas pueden ser cualitativas ocuantitativas, estructuradas o no, orales o escritas, individuales o colectivas. Requieren un importante trabajo previo relativo a la definición del universo, elaboración del cuestionario, tamaño y estratificación de la muestra. La realización propiamente dicha de la encuesta culmina con el vaciado de la información y la emisión del informe final.
- *La entrevista en profundidad*. Suele realizarse entre lo que se denominan «testigos privilegiados», es decir personas que por su trabajo, experiencia, relaciones o conocimiento directo pueden aportar datos valiosos sobre la zona.
- *La reunión de grupo*. Esta técnica se emplea fundamentalmente para estudiar los fenómenos que afectan a la conducta del grupo; este puede

ser informal cuando lo constituyen personas simplemente interesadas o implicadas en el tema, de expertos, formado por personasexperimentadas, de líderes, representantes de grupos de interés, etc.; pero lo más frecuente es el grupo estandarizado (paneles) que se elige aleatoriamente y se estratifica por zonas y grupos de interés, de modo que están representados todos los segmentos e intereses de la población.

4.2. Las actividades productivas. Base económica

Se trata, de un lado, de identificar y analizar las actividades existentes desde los puntos de vista de su localización, su viabilidad, su comportamiento y su relación con las demás o papel en el conjunto, y de otro, de identificar las actividades que han de ser objeto de regulación en el plan, respecto de las cuales se determinará la capacidad de acogida del territorio y sobre las que se apoyará el desarrollo socioeconómico del ámbito de trabajo. En el epígrafe 3.5.2 de este capítulo, se da una relación de ellas donde se ve el amplio espectro que abarcan: conservación y mejora y restauración de la naturaleza, primarias y recreativas, de transformación, residenciales y comerciales, servicios, infraestructuras de apoyo, vertidos, etc.

En cuanto a las actividades económicas, producción y consumo, han de ser analizadas en un marco general y en el nivel de las explotaciones o unidades de producción. El estudio en el conjunto del ámbito objeto del diagnóstico, conducirá a detectar:

— La base económica o actividad/es que generan más empleo y/o más renta.
— Los desequilibrios intersectoriales existentes por comparación con otros ámbitos de referencia.
— Los problemas derivados de las relaciones inter e intrasectores: producción, transformación, intermediación y venta.
— Las relaciones con ámbitos externos: exportación y nivel de autoconsumo.
— Las carencias de servicios e infraestructuras de apoyo a las actividades económicas, a través del análisis de la inversión pública.
— Los estrangulamientos que impiden un desarrollo adecuado de actividades y sectores.

En el nivel de las unidades de producción, primero habrá que determinar la explotación o explotaciones tipo, y luego analizarlas para detectar problemas en relación con la productividad, la mano de obra, el capital, la rentabilidad y la gestión, describiendo cada uno de ellos por los atributos que conforman el diagnóstico de los problemas.

La *base económica* del ámbito de estudio se refiere a aquella actividad o conjunto de actividades económicas que:

— ocupan a la mayor parte de la población activa,
— generan un mayor «producto interior bruto»,
— contribuyen a una mayor retención del valor añadido en el ámbito del plan.

Para su determinación es necesario analizar el papel de los diferentes sectores en la estructura y dinamismo de la zona de estudio y su comparación con los niveles geográficos o administrativos en los que se inserta. Este análisis proporcionará, por otra parte, la especialización funcional de la zona, es decir sus peculiaridades productivas según los procesos de localización selectiva de las actividades.

4.2.1. La estructura económica: análisis de los sectores de actividad

Se trata de conocer la producción y los tipos de ésta que configuran su base económica; aunque tendente a una globalización final, su análisis se lleva a cabo por lo general de acuerdo con la división tradicional en sectores de actividad, sin perder de vista las interacciones entre ellos.

4.2.1.1. El Sector Agrario

Engloba a su vez a tres subsectores: agrícola, forestal y ganadero, que deben analizarse desde el punto de vista de la producción, el destino de ésta y la comercialización. La fuente principal de información son los Censos Agrarios, elaborados cada diez años por el Instituto Nacional de Estadística. Además el estudio se complementa con un análisis pormenorizado de las explotaciones individuales.

A. El análisis del *subsector agrícola* se organiza en torno a cuatro ejes fundamentales:

- Estructura económica que se plasma a través del análisis a nivel municipal de datos relativos a tipos de tierras, labradas y no labradas, explotaciones: número, tamaño, parcelación, mecanización y afecciones normativas.
- Estructura de la propiedad, reflejada en el análisis de los datos sobre régimen de tenencia de las explotaciones: propiedad, arrendamiento, aparcería etc. y empresarios del sector agrícola clasificados por edad y grado de ocupación.
- Producción, mediante el estudio de la distribución de los cultivos: tipos y superficies, rentabilidad por unidad de superficie, trabajo, capital y por explotación, cuantificación y valoración de la producción y empleo generado.
- Comercialización: canales intra y extracomarcales formas de organización, autoconsumo.

B. El *subsector ganadero*, se organiza igualmente en cuatro epígrafes:

- Estructura económica: distribución de la cabaña ganadera (censo ganadero), características de las explotaciones: tamaño y relación con las explotaciones agrícolas, manejo del ganado: grado de estabulación, estado sanitario, etc.
- Estructura de la propiedad: régimen de tenencia de las explotaciones: propiedad, arrendamiento, aparcería..., empresarios del sector ganadero, según su edad y grado de ocupación.

- Producción: cuantificación y valoración de la producción ganadera, empleo generado.
- Comercialización: canales intra y extracomarcales, formas de organización, autoconsumo.

C. El estudio del *subsector forestal* se centra en el papel del bosque desde el punto de vista de la producción económica: censo forestal: superficies, especies y valoración, propiedad, rentabilidad por unidad de explotación, hectárea y trabajo, actividades cinegéticas y piscícolas complementarias, empleo generado, comercialización, etc.

D. *Actividades extractivas*: recolección de aromáticas y medicinales, de hongos y setas, caza, pesca, etc.

E. Las *unidades productivas*: determinación de la problemática a nivel de explotación. El análisis pormenorizado de las explotaciones agrarias exige su tipificación en grupos representativos, de acuerdo con sus características productivas, de forma que se pueda evaluar su viabilidad mediante indicadores socioeconómicos y obtener, por comparación con los parámetros de las explotaciones objetivo (renta de referencia, etc., en explotaciones viables en el marco de la UE), las medidas a plantear en cada caso.

En una primera aproximación, los indicadores socioeconómicos que se aplicarán a cada tipo de las explotaciones analizadas, son:

- Orientación productiva.
- Titular de la explotación-régimen de tenencia.
- Tipo de explotación: individual, asociada, cooperativas.
- Base territorial: superficie, parcelas, etc.
- Capital de la explotación: fijo y circulante, propio y financiación exterior.
- Medios de producción: edificios e instalaciones, maquinaria y equipos, ganado, y otros activos.
- Estructura económica: margen bruto y neto, gastos.
- Empleo: familiar, asalariado, fijo, eventual.
- Renta por explotación (VAB: Valor Añadido Bruto).
- Renta por unidad de trabajo.
- Renta agraria familiar.
- Relación Renta UTH (Unidad Trabajo Hombre)/Renta de referencia.
- Renta por hectárea SAU (Superficie Agraria Util); explotaciones agrícolas extensivas o activo por hectárea.
- Renta por Unidad Ganado Mayor (UGM) en las explotaciones ganaderas.
- Ayudas concedidas y/o tramitadas.
- Perspectivas de inversión a corto plazo.
- Capacidad financiera de la explotación.
- Grado de iniciativa. Capacidad técnica profesional.
- Grado de concordancia con la idea de diversificación de rentas.
- Formas de gestión.

Independientemente de estos indicadores, se aplicarán otros específicos según tipos de explotación. La tipología de las explotaciones se fundamenta en la orientación productiva (agrícola, ganadera, forestal, mixta, etc.) y en la dimensión-estructura económica actual de las mismas. Pueden considerarse inicialmente los siguientes tipos:

Pequeñas explotaciones familiares: constituidas por explotaciones de capital reducido, generalmente con una base territorial escasa tanto en explotaciones agrícolas o ganaderas, como en explotaciones mixtas, y que ocupan una mano de obra limitada al titular, cónyuge e hijos. En general se encuentran por debajo del umbral mínimo de viabilidad, pudiendo tener carácter marginal. En este tipo de explotaciones se añadirán a los anteriores indicadores los siguientes:

- Relevo en la titularidad de la explotación en favor de hijos en edad laboral.
- Formación profesional.
- Indicadores de aspectos culturales y sociales.

Explotaciones agrícolas, que admiten una subdivisión:

- Explotaciones agrícolas potencialmente viables. Se trata de explotaciones especializadas con deficiencias en cuanto a la base territorial (pequeña superficie), al capital de la explotación (maquinaria y equipos obsoletos, descapitalización, etc.) y a la gestión. Estas explotaciones sobrepasan el umbral mínimo de viabilidad pero sus parámetros distan de la media comunitaria. Ocasionalmente habrá explotaciones que necesiten un cambio en la orientación productiva. En este caso es fundamental añadir al listado de indicadores, el grado o capacidad técnica profesional de los titulares.
- Explotaciones agrícolas consolidadas: con una buena dimensión y parámetros económicos acordes a las explotaciones objetivo establecidas para la zona de actuación. En general se trata de explotaciones especializadas con una orientación productiva basada en la calidad y con comercialización a través de líneas diferentes a los canales tradicionales. La renta de trabajo/UHT ha de ser igual o superior a la renta de referencia.

Explotaciones ganaderas, con varios tipos:

- Explotaciones ganaderas intensivas.
- Explotaciones ganaderas extensivas o semiextensivas potencialmente viables.
- Explotaciones ganaderas extensivas o semiextensivas consolidadas.

Grandes explotaciones mixtas: explotaciones con una base territorial extensa y diversa (regadíos, superficie de secano, superficie forestal e improductivo) cuyo titular, generalmente, no reside en la zona.

4.2.1.2. El sector secundario

Se trata de identificar, a través de la información estadística disponible, completada por lo general con la elaboración de una encuesta, los problemas estructurales de las actividades de transformación. Ello se realiza mediante el análisis de los dos procesos fundamentales: producción y comercialización, determinando su significado económico y su incidencia espacial. La fuente de información estadística más accesible para este análisis es el Registro de Establecimientos Industriales (REI), queproporciona la Administración (ministerio correspondiente) a nivel municipal, aunque frecuentemente la antigüedad de los datos hace imprescindible su actualización a través de trabajo de campo: entrevistas en profundidad a los empresarios industriales, planteamiento de una encuesta, etc.

A. Los procesos de producción: estructura económica. Se analiza a través de los siguientes aspectos:

- Distribución espacial de la industria, incluyendo minería: localización, procesos de concentración, etc.
- Tamaño de las empresas: empleo, potencia instalada, infraestructuras, etc.
- Sectores de actividad industrial: en cada caso se determinan los tipo de actividad transformadora desarrollada, sus características, las materias primas utilizadas y su origen, así como las fuentes de capitalización y los medios de producción empleados.

En el caso de análisis comarcal cobran especial relevancia los temas que se mencionan a continuación:

- Las interrelaciones entre las actividades transformadoras entre sí y con la producción primaria.
- El empleo generado y la cualificación exigida para ocuparlo.
- La inversión: volumen, fuentes de financiación discriminando su carácter público, privado o mixto, los mecanismos de financiación y su rentabilidad.
- La productividad del capital y de la mano de obra, muy relacionadas con el nivel tecnológico alcanzado.
- La capacidad de retener valor añadido dentro de la propia comarca, directamente conectado con el grado de transformación o de elaboración de las materias primas.

B. Los procesos de comercialización. La producción carece de sentido económico si no va acompañado de una estrategia de comercialización cuyo conocimiento resulta indispensable en el diagnóstico, tanto en lo que se refiere a los canales y/o procesos de intermediación, cuanto al destino final de la producción transformada.

4.2.1.3. El sector terciario: estructura y significado económicos

Dentro de la denominación genérica de sector servicios se incluye una amalgama de actividades económicas muy diferentes, tal como los subsectores siguientes:

- Electricidad, gas, agua y saneamiento.
- Comercio, al por mayor y al por menor.
- Bancos, entidades de crédito y seguros.
- Transporte público y privado, almacenaje y comunicaciones.
- Servicios oficiales.
- Servicios al público y personales.

Los datos para su análisis se refieren a las licencias fiscales, información que suelen facilitar los Consejos de Cámaras de Comercio e Industria. Ha de tenerse en cuenta que no debe asimilarse licencia fiscal con empresa, pues una misma empresa puede tener más de una licencia fiscal.

El análisis debe establecer una tipología de estos servicios, con la descripción de sus principales características, sistema de organización y nivel tecnológico, así como su significado económico, determinado esencialmente por el valor añadido y por el empleo generados.

Mención aparte merece el subsector turístico, en cuanto fenómeno que aúna de forma sinérgica numerosas actividades y con un importante papel sobre las rentas en áreas rurales. Su análisis desde el punto de vista económico habrá de centrarse en:

- La oferta turística en términos de oferta de recursos naturales, monumentales y culturales y oferta de plazas de alojamiento, especificando número, calidad, estacionalidad y grado de ocupación.
- La demanda turística: número y origen de los visitantes potenciales y actuales, plazas cubiertas, actividades inducidas, etc.
- Interrelaciones entre la actividad turística y el soporte sobre el que se desarrolla: medio físico, medio humano a través del análisis de impactos y aptitudes.
- Papel en la dotación de infraestructuras, equipamientos, diversificación de rentas y fijación de la población.

4.2.2. Diagnóstico de la funcionalidad entre las actividades humanas

Conviene analizar las relaciones entre las actividades existentes en la zona objeto de diagnóstico, es decir, la funcionalidad del sistema en el espacio en que se ubican, expresada en términos de:

— Sinergia, cuando dos o más actividades se refuerzan mutuamente.

— Complementariedad, cuando una actividad completa los requerimientos de otra u otras.

— Compatibilidad, cuando dos actividades pueden coexistir en el tiempo y en el espacio.

— Disfuncionalidad, cuando las actividades se molestan entre sí sin llegar a ser incompatibles.

— Incompatibilidad, cuando dos actividades no pueden coexistir en el mismo espacio y al mismo tiempo.

— Neutralidad, cuando la relación no existe o no afecta positiva ni negativamente.

La idea de integración ambiental propicia optimizar tales relaciones de tal forma que se maximicen las sinergias positivas y las relaciones de complementariedad, se minimicen las disfuncionalidades y se eviten las incompatibilidades.

4.2.3. Aspectos más relevantes del diagnóstico de población y actividades

De acuerdo con todo lo dicho, el diagnóstico de población y actividades identificará problemas y potencialidades en torno a los siguientes puntos:

- *Población:*
  - La fuerza del trabajo actual y potencial de la población, derivada de la cantidad, estructura por sexo y edades, densidad, distribución, aptitudes (conocimientos y habilidades) y actitudes (capacidad de iniciativa e innovación y postura ante el futuro) de la población.
  - La identificación de los agentes sociales responsables del dinamismo socioeconómico o «agentes motores».
  - La demanda de servicios y equipamientos de la población y su comparación con los estándares establecidos así como con las expectativas de futuro que tiene.
  - La forma en que se relaciona la población y su traducción a estructuras que vertebran la sociedad.
  - La percepción que tiene la población sobre la comarca y las expectativas de futuro.
- *Actividades:*
  - Relación de actividades existentes y potenciales en la zona.
  - Base económica y especialización funcional y de localización.
  - Identificación de las actividades impulsoras: aquellas que garantizan el funcionamiento del sistema socioeconómico mediante los adecuados intercambios.
  - Relación entre los sectores económicos: primario, secundario y terciario, en términos de producciones.
  - Población empleada por sectores.
  - Balance de las productividades espaciales y sectoriales actuales en comparación con el potencial.
  - Determinación de flujos entre producción y consumo.
  - Definición de áreas de influencia de las actividades.
  - Relaciones entre las actividades.
- *Nivel explotaciones o unidades productivas:*
  - Explotaciones tipo en cada uno delos sectores.
  - Tamaño, tecnología.
  - Gestión.
  - Productividad y rentabilidad.

El diagnóstico de las actividades productivas permite que se contemple su adecuación tanto a las necesidades de empleo, renta y equipamiento como a la capacidad del medio físico o la organización espacial.

4.3. Las áreas de diagnóstico

Paralelamente a las unidades de integración definidas para facilitar el diagnóstico del medio físico, salvando las distancias epistemológicas, el diagnóstico de la población y sus actividades puede espacializarse en forma de áreas de diagnóstico identificadas por una problemática relativamente homogénea. Su definición y delimitación se puede realizar superponiendo tres criterios básicos:

- El potencial de la población, que se calcula en función de la dinámica demográfica, niveles de dependencia y envejecimiento, proporción de empresarios y niveles de instrucción y actividad, adecuadamente ponderados.
- La epecialización funcional desde el punto de vista de los sectores de actividad productiva actual y potencial.
- Las dotaciones de equipamientos, en función de las áreas de servicio y los niveles de accesibilidad de la población.

El resultado es la definición de una serie de unidades espaciales de características y problemática relativamente homogéneas que pueden superponerse a las definidas en el análisis y diagnóstico del medio físico, con el que se complementan e interrelacionan. A partir de ambos tipos de unidades y/o de su interrelación se definirán áreas de intervención, tal como las categorías de ordenación que se mencionan en el capítulo siguiente.

5. ANÁLISIS Y DIAGNÓSTICO DEL SISTEMA DE ASENTAMIENTOS

El subsistema de asentamientos está formado por los núcleos de población: ciudades, pueblos, aldeas, pedanías, caseríos, etc., y los canales (infraestructuras de comunicación) a través de los cuales se relacionan intercambiando personas, mercancías, servicios e información. Tres elementos definen, pues, el sistema: el poblamiento u organización en el espacio a lo largo del tiempo de los asentamientos poblaciones, los canales de relación y los flujos de intercambio.

Este subsistema, indisociable de la población y sus actividades, añade al entendimiento de la población como recurso y como sujeto territorial, su consideración como objeto territorial, es decir, como elemento que se distribuye y organiza en el espacio según un modelo que evoluciona a lo largo del tiempo: el poblamiento. El modelo actual del sistema es el fruto de una progresiva adaptación histórica que tiende a maximizar el aprovechamiento de los recursos y la rentabilidad de la localización, y que resulta afectada por decisiones de orden político y administrativo.

5.1. Objetivos del diagnóstico

El diagnóstico de este subsistema que requiere la elaboración de un plan de ordenación del territorio, pretende valorar su capacidad para:

— que la población pueda acceder fácilmente a todos los puntos del ámbito del plan, y, en consecuencia, a la explotación de los recursos territoriales,

— dotar a la población de los bienes y servicios sociales necesarios, en cantidad, calidad y accesibilidad, de forma económica,

— que la población pueda acceder con comodidad y rapidez a los lugares de trabajo,
— facilitar el intercambio de mercancías, personas e información entre los núcleos habitados,
— que se produzca una fluida interrelación de los individuos entre sí y con las instituciones, de tal manera que se favorezca la vertebración y la cohesión de la sociedad,
— que puedan aprovecharse las rentas de localización mediante las oportunas conexiones del ámbito del plan con el exterior.

5.2. Análisis requerido

Para realizar este diagnóstico, es preciso entender la estructura u organización espacial, y el funcionamiento u organización dinámica en el tiempo, aspectos del conjunto tan íntimamente relacionados que resulta difícil exponerlos por separado de forma comprensible.

5.2.1. Sobre estructura

La estructura del subsistema viene definida por los elementos que lo forman y sus atributos; tales elementos son dos:

— *Los núcleos de población y sus atributos:*
  - Tamaño, medido por la población que reside temporal o permanentemente en los núcleos.
  - Tipo o modelo de organización espacial (íntimamente relacionada con la jerarquía entre los núcleos y sus áreas de influencia), pautas de localización que siguen y las razones que han llevado a ella, y su comparación con los modelos teóricos «horizontales» de estructura espacial (ver más abajo).
  - Estado y atributos de los propios núcleos: tamaño, estructura, tipologías de la edificación, morfología, tejido urbano y su comparación con modelos teóricos de referencia, cantidad y calidad de su patrimonio construido, incluyendo elementos de carácter histórico, artístico o cultural, así como la importancia de mantenerlo para salvaguardar tales valores; viabilidad hacia el futuro, teniendo en cuenta la cantidad y estructura de la población y las fuentes de riqueza con que puede contar para sostener un número mínimo de efectivos poblacionales.
  - Dotaciones de infraestructuras y equipamientos colectivos.

— *Los canales o infraestructuras de relación y sus atributos:*
  - Tipos: vías de comunicación terrestre: autopistas, autovías, carreteras, caminos rurales, ferrocarril, etc., telecomunicaciones, e infraestructuras de información: televisión, radio, etc.
  - Localización y estado.
  - Jerarquías.
  - Niveles de servicio que proporcionan.

5.2.2. Sobre funcionamiento

El funcionamiento del sistema viene determinado por los flujos o intercambio entre los núcleos de personas, bienes tangibles e intangibles e información, que se producen a través de los canales de relación. Se analiza sobre los aspectos funcionales siguientes:

- Jerarquía de los asentamientos y comparación con los modelos teóricos «verticales» del sistema (ver más abajo).
- Áreas de influencia basadas en las relaciones de dependencia entre los núcleos.
- Canales de relación y sus niveles de servicio como soporte de los flujos entre los núcleos.
- Flujos que se producen: de población, de bienes, servicios e información.

5.2.3. Sobre los factores determinantes del poblamiento

Los asentamientos de población se ordenan en el espacio de acuerdo con unos factores de localización y una red de relaciones, cuya influencia, unida a la de otros factores que van surgiendo, determina la dinámica evolutiva del sistema, así como la importancia (tamaño y funciones) de cada asentamiento en el conjunto; el conocimiento y comprensión de tales factores resulta indispensable para los objetivos de un correcto diagnóstico.

Varios factores explican las pautas del modelo locacional y las funciones de los asentamientos:

- Relativos al medio natural. Sin que pueda afirmarse la existencia del determinismo geográfico, parece evidente que los elementos del medio: clima, formas del terreno, accesibilidad, exposición y orientación del terreno, presencia de agua, potencial productivo del suelo, vegetación, fauna, etc., influyen en la localización de los asentamientos.
- Históricos. Vías de comunicación atávicas, necesidades de defensa y oportunidades que ofrece el terreno para ello, situación de los recursos agrícolas, forestales o ganaderos, cinegéticos o piscícolas, etc. Los primeros asentamientos suelen surgir en las encrucijadas, allá donde un camino, por ejemplo, cruza un río, etc.
- Sociales: cohesión social, identidad con la zona, expectativas y valores, oportunidades de empleo, desplazamientos de población, etc.
- Productivos. Valor añadido de los productos primarios, comercio, turismo, etc.
- Espaciales. Distancia a centros o ejes de desarrollo, accesibilidad (de la que es fuertemente dependiente la centralidad), la aglomeración (economías de escala), morfología de los núcleos de población.
- Otros.

5.3. Técnicas e indicadores de análisis

Para analizar cada uno de los tres aspectos fundamentales del subsistema de asentamientos: poblamiento, canales y flujos de relación, existe un amplio abanico de técnicas; a continuación se exponen aquellas cuya sencillez de aplicación y necesidad de datos las hace más usuales.

5.3.1. Análisis del poblamiento

Se realiza a través de la elaboración de índices estadísticos; los más comunes se describen a continuación:

5.3.1.1. Medidas de la tendencia a la centralidad

Detectan en qué medida la distribución de los asentamientos en el espacio se organiza en torno a un punto central y, cuando se analiza para momentos diferentes, cómo éste puede desplazarse en el tiempo:

El centro de gravedad. Se calcula a través de las medias de las coordenadas x e y de los núcleos respecto a ejes arbitrarios o de las coordenadas geográficas de longitud y latitud, y no considera el tamaño de los núcleos; se calcula según la fórmula:

$$\bar{x} = \frac{\Sigma x_i}{n} \qquad \bar{y} = \frac{\Sigma y_i}{n}$$

siendo n el número de núcleos, x_i e y_i las coordenadas del centro de gravedad de cada núcleo.

Centro de gravedad ponderado. Este indicador incluye el tamaño de los núcleos ponderando las coordenadas por el peso demográfico de cada uno de ellos; su determinación es útil en análisis diacrónicos, ya que registra las variaciones de los efectivos demográficos en el tiempo. Se calcula por la fórmula siguiente:

$$\overline{x_p} = \frac{\Sigma x_i \times p_i}{P} \qquad \overline{y_p} = \frac{\Sigma y_i \times p_i}{P}$$

Donde x_p e y_p son las coordenadas del centro de gravedad ponderado por la población, p_i es la población de hecho de los núcleos; x_i e y_i, sus coordenadas, y P la población total de la zona.

5.3.1.2. Medidas de dispersión-concentración

Constituyen una primera aproximación cuantificada al modelo de poblamiento; las más elementales son:

Indices de Concentración y de Dispersión. Ya señalados en el diagnóstico de población, miden, respectivamente, el porcentaje de la población que se localiza en el núcleo de mayor tamaño y el porcentaje de población que vive en «diseminado».

Desviación típica de las distancias. Cuantifica la separación de los datos analizados respecto a un valor promedio o medida de tendencia central; es el equivalente a la desviación típica en una distancia unidimensional, y se calcula por la expresión:

$$(s) = \frac{d^2}{n}$$

siendo d, la distancia entre los núcleos; n, el número de observaciones.

El valor obtenido (s) puede considerarse como el radio de un círculo hipotético que mediría la dispersión en torno al centro de gravedad antes determinado. Este cálculo tiende a maximizar la influencia de los puntos más separados del centro de gravedad.

Radio dinámico o distancia estándar. Este concepto, que deriva del anterior, tiene el mismo significado respecto al centro de gravedad que la desviación típica en una distribución unidimensional con respecto a la media aritmética. Se emplea pues para cuantificar la dispersión de las distancias que separan los diferentes asentamientos del centro de población. Se calcula así:

$$r = \frac{pd^2}{P}$$

donde p, es la población de cada uno de los núcleos; d, la distancia que separa cada núcleo del centro de gravedad (a «vuelo de pájaro», real en Km. o medida en tiempos); P, la población total del áreaconsiderada.

Potencial de población. Relaciona el potencial de interacción de un asentamiento con la población y la distancia, asumiendo que tal potencial es directamente proporcional a la población e inversamente proporcional a la distancia; proporciona, pues, un conocimiento indirecto, y cartografiable en mapas de isopotencial, de la influencia que puede ejercer un núcleo sobre su entorno, traducible en flujos de población, bienes y servicios, ideas, información, etc. Se calcula mediante la expresión siguiente:

$$p_i = \sum^{n} \frac{p_j}{d_{ij}}$$

siendo i, el núcleo para el que se determina el potencial; p, la población de los diferentes núcleos; d, la distancia que separa los núcleos de i.

Este cálculo incluye la Distancia Interna (di-i) equivalente al 50 por 100 de la distancia que separa i de su núcleo de población más próximo.

5.3.1.3. Medida de la regularidad: Indice Clark-Evans o del elemento más próximo

Permite comparar la distribución existente de los núcleos en el territorio con una distribución aleatoria. El índice de Clark-Evans se define por la expresión:

$$R = \frac{\overline{d_o}}{\overline{da}}$$

donde:

$\overline{d_o} = \frac{d}{n}$ es la media de las distancias de cada pueblo a su vecino más próximo, y

$\overline{da}$ (promedio aleatorio) = $\frac{1}{2\sqrt{n/s}}$ (n es el número de núcleos y s la superficie del área estudiada) representa la distancia media de cada punto a su vecino más próximo en el caso de una distribución al azar.

Los valores de R oscilan entre 0 y 2,149.

R = 0 indica una concentración absoluta de población en un punto.

R = 1 supone que da = do, de modo que todos los núcleos se distribuyen aleatoriamente.

R = 2 indica una disposición regular de los núcleos.

R = 2,149 los núcleos se distribuyen formando triángulos equiláteros.

Por lo general se considera que valores de R superiores a 1 indican que las distribución de los núcleos tiende a la dispersión.

5.3.2. Análisis interno de los núcleos

El tamaño de los núcleos viene dado por su población de hecho, la de derecho no representa la realidad.

La estructura interna de los núcleos se estudia sobre dos de sus características principales: la forma de ocupación del suelo y la tipología y morfología edificatorias; la primera se analiza sobre el plano del núcleo y se describe en función de las causas y factores que la determinan; así se identifican formas tipo: pueblo lineal, pueblo-calle, pueblo en estrella, apoyado en vías radiales, pueblo agrupado, nuclear, apiñado, redondo, con lugar central, con plano cuadriculado, en nebulosa, etc. La descripción de la tipología edificatoria de los núcleos diferenciará zonas homogéneas, zonas de edificación singular (administrativa, religiosa, arquitectura civil, etc.), etc. y señalará, para cada una de ellas, la localización, el tamaño, la época de construcción y estilo correspondiente, el sistema constructivo, los materiales empleados, el estado de conservación, etc.

El patrimonio construido requiere un inventario de los elementos que lo forman y de su calidad en cuanto soporte de actividades residenciales y productivas y en cuanto riqueza cultural.

La viabilidad o sostenibilidad hacia el futuro de cada núcleo, se analizará mediante la proyección de la pirámide de población, así como de las fuentes de riqueza con que puede contar para sostenerla.

5.3.3. Análisis de las infraestructuras

Persigue dos objetivos fundamentales: entender el papel de las comunicaciones e infraestructuras en los procesos de estructuración del territorio. Para ello, el análisis del subsistema se articula en torno a tres aspectos:

— *Tipologías,* infraestructuras hidráulicas: embalses, canales, captaciones, regadíos, etc.; de transporte: ferrocarril, carreteras, autopistas y autovías, así como el viario rural: caminos, cañadas y sendas; energéticas: redes de distribución de la energía eléctrica, oleoductos y gasoductos, etc.; y de información: antenas de radio, TV, telefonía móvil, etc.

— *Jerarquías,* el concepto tiene su mayor utilidad en las infraestructuras de transporte, las cuales se jerarquizan según su carácter: carreteras nacionales, comarcales, locales, su influencia en la formación de ejes y nodos, el grado de accesibilidad de la población al territorio, a los núcleos, a los servicios y equipamientos y volúmenes de flujo de mercancías y personas que por ellas circulan.

— *Estado y nivel de servicio,* aunque es aplicable a todas, en el modelo territorial son más significativas las infraestructuras de transporte y comunicación; se analiza en términos de cantidad, de distribución espacial y de calidad o estado de conservación, y determinando la adecuación de la accesibilidad al sistema de asentamientos, a la estructura productiva y a los recursos naturales existentes en el territorio.

5.3.4. Modelos teóricos de organización espacial: jerarquía y áreas de influencia de los núcleos

La jerarquía o importancia relativa de los asentamientos y su área de influencia son indisociables entre sí (y también, como se dijo, de la estructura del sistema) y se analizan por comparación con modelos teóricos, cuya naturaleza sugiere clasificarlos en verticales y horizontales; de entre los numerosos disponibles, aquí se describen solo los más utilizados.

5.3.4.1. Modelos verticales: la Regla rango/tamaño

Formulan la jerarquización de los núcleos en función únicamente de su tamaño o contingente poblacional, sin considerar otras variables, ni espaciales ni de estado. Entre ellos destaca la denominada Regla Rango/Tamaño, que permite detectar si existe una regularidad en la distribución de los núcleos y si ésta sigue un patrón lineal o escalonada; se expresa por la fórmula:

$$Pr = P \cdot r^{-q}$$

en la que:

Pr es la población de la ciudad con rango r.

P = población de la ciudad de mayor tamaño.

r = rango.

q = constante.

La relación puede expresarse en escala logarítmica por una recta según la expresión:

$$\log Pr = \log P - q \log r$$

siendo log Pr la variable dependiente, log r la independiente, q la pendiente de la recta y log P la ordenada en el origen de la recta.

Este modelo ha sido ampliamente contrastado y criticado; su cumplimiento se suele aceptar como fortaleza del sistema, mientras lo contrario se interpreta como debilidad.

5.3.4.2. Modelos horizontales

Representan la distribución de los núcleos en función de sus niveles de población y del número y rango de sus funciones; admite la posibilidad de que existan núcleos del mismo nivel o rango, lo que unido a las variables que añade, hace que se califiquen como más «realistas» que los verticales. Todos ellos surgen de la Teoría del Lugar Central desarrollada por Christaller (ver figura IV.54), en que parte de una idea básica: la función de un asentamiento de población consiste en servir de lugar central a un determinado espacio al que suministra bienes y servicios. Considera la teoría que en una situación ideal: una llanura isótropa (plana y con factores y recursos homogéneamente distribuidos o que varían de la misma forma en todas las direcciones) los asentamientos se localizarían según un determinado modelo resultan de la acción conjunta de dos fuerzas: las necesidades de intercambio y los costes de transporte. Si además se dan las siguientes condiciones:

- Que las preferencias de consumo son iguales para todos los consumidores.
- Que las técnicas de producción son semejantes para todos los bienes y servicios.
- Que se produce un óptimo de racionalidad económica con una minimización de los costes y una maximización de la utilidad de cada unidad de producción y consumo.

Entonces los núcleos se articularían en el territorio según una trama de triángulos equiláteros, cuyosvértices estarían ocupados por los centros primarios, agrupados hexagonalmente; los puntos centrales de los hexágonos formados serán centros de población de orden inmediatamente superior, con un «hinterland» de actuación más amplio y con un nivel característico de funciones centrales que no poseen los asentamientos de escalones inferiores; así, cada escalón (o malla hexagonal) posee los niveles de bienes y servicios existentes en los inferiores más todo un conjunto de servicios que estos no ofrecen.

Se supone que este tipo de estructuración territorial es el óptimo al que deben tender los sistemas territoriales, de tal manera que si falla un eslabón en la cade-

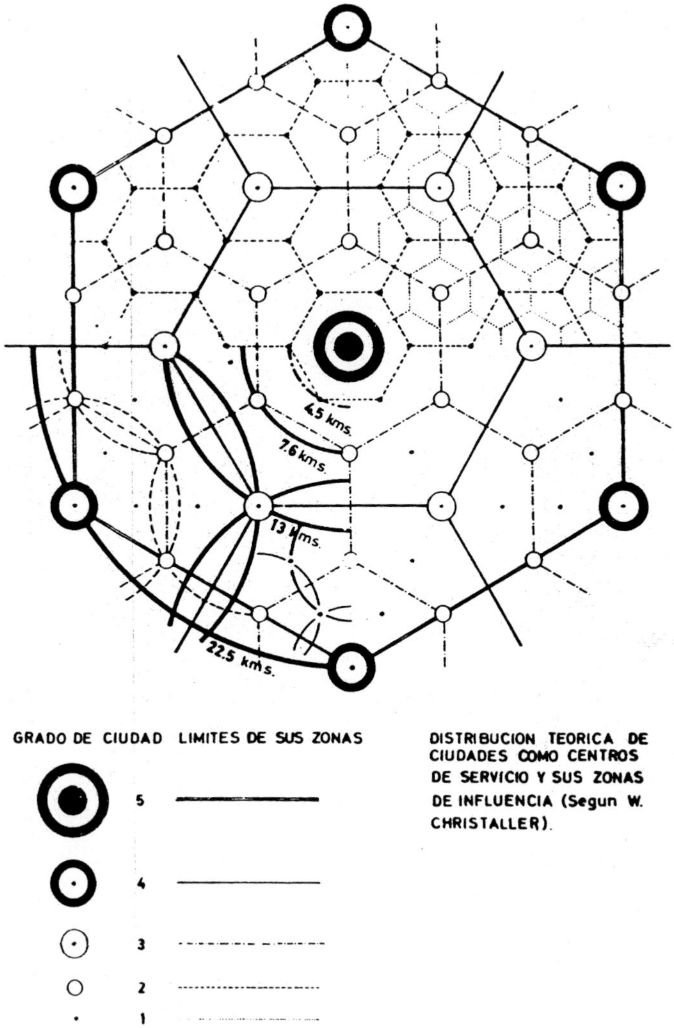

Figura IV.54. *Modelo de Christaller.*

na se producen desequilibrios territorial. Se asume, pues, su cumplimiento como fortaleza del sistema, mientras lo contrario se interpreta como debilidad.

Losch parte de la elaboración de una malla hexagonal constituida inicialmente por los puntos que se dedican a la producción de bienes primarios, pero aporta tres importantes variaciones a la formulación inicial de Christaller:

— Introduce la noción de discriminación espacial: existen sectores del territorio que, partiendo de un sistema radial concéntrico, aglomeran un número mayor de lugares centrales de mayor rango.

- Considera la importancia de los costes de transporte y, siguiendo el esquema de Von Thünen (rentas de localización), establece un umbral crítico en el que el coste de producción unido al de transporte de un determinado bien o servicio lo hace antieconómico, careciendo de sentido su producción en un determinado lugar.
- Como Christaller, considera que el núcleo de mayor jerarquía es aquél que proporciona el mayor número de bienes y servicios.

Las mayores críticas a esta formulación se derivan precisamente de la necesidad de la existencia de dicho núcleo principal y del hecho de que sigue considerando la demanda homogénea, espacial y socialmente.

W. Isard adopta como punto de partida que existe una correspondencia entre la jerarquía estadística de los núcleos y la de flujos de bienes, derivada de la distancia media y volumen del transporte; las relaciones entre núcleos de distinto orden jerárquico son función de ambos parámetros. A cada nivel jerárquico corresponde, pues, un grupo diferente de actividades dedicadas a la exportación, que a su vez exigen una serie de «inputs» y tienen un efecto multiplicador diferencial. La jerarquía de los núcleos se puede obtener así a partir de sus flujos de importación-exportación, correspondiendo a mayor flujo y distancia mayor nivel jerárquico.

Por último, se destaca la aportación de Berry, que establece una jerarquía de núcleos en función de la existencia de correlaciones entre áreas comerciales, población servida y densidades de población.

5.3.5. Análisis de flujos y Areas de influencia

La estructura demográfica y productiva del sistema y la red de relaciones entre los núcleos definen las jerarquías, y éstas las áreas de influencia, es decir centros y espacios de dependencia. Se analiza en función de tres criterios fundamentales:

- el grado de complementariedad entre los núcleos, medida por la especialización funcional y por el tipo de servicios y equipamientos que cada uno ofrece,
- la oportunidad de intercambios de población, productos e información, medida por el potencial de interacción, y
- la capacidad de transferencia, medida por la dinámica de cada núcleo, para lo que se utilizan modelos entre los que se describen en los epígrafes siguientes los más frecuentemente utilizados.

5.3.5.1. Flujos de población

Los flujos de población se suelen describir por tres atributos: la distancia, que los clasifica en locales, regionales e internacionales; la frecuencia, que distingue entre movimientos recurrentes (de ida y vuelta periódicos) y no recurrentes o esporádicos; y las causas que los determinan.

La distancia y la frecuencia permiten diferenciar a su vez entre:

— movimientos diarios que no suponen un cambio de residencia, son de carácter recurrente y con frecuencia pendulares,
— movimientos de circulación que son de corta duración, presentan un carácter cíclico y no suponen tampoco un cambio de la residencia habitual, y
— migraciones, de carácter definitivo, como por ejemplo el éxodo rural que supone el movimiento hacia fuera de la población rural, y la tercialización de este mundo, que supone un movimiento hacia él: «neorurales».

En cuanto a las causas, permiten discriminar movimientos laborales, de ocio, de abastecimiento, educativos, culturales, etc.

Se cuantifican e interpretan estos flujos mediante técnicas estadísticas y modelos teóricos. Entre los primeros destacan:

El Saldo Migratorio Anual

$$SM = \frac{(I - E) \times 100}{P}$$

donde I es el número de inmigrantes, E el de emigrantes y P la población media del año en cuestión.

La Tasa Bruta de Emigración Neta

$$I = \frac{2(I\ E)}{n\ (P_1 + P_2)}$$

donde P_1 es la población inicial, P_2 la final y n el número de años.

Estas tasas pueden matizarse diferenciando la población por sexos, edades, niveles culturales, etc.

En lo que se refiere a la utilización de modelos teóricos, se enuncian seguidamente los de mayor empleo y difusión.

Los modelos gravitatorios. Son aplicación del modelo de gravedad de Newton al sistema que nos ocupa que indican la capacidad de interacción entre los núcleos; existen varias formulaciones:

- La de Reilly, basada únicamente en la variable volumen de población, señala que la interacción existente entre dos lugares es directamente proporcional al producto de sus poblaciones e inversamente proporcional al cuadrado de las distancias que las separan.
- El modelo de «Intervenning Opportunites», formulado por Stauffer (1960), es una modificación del anterior; supone que el número de personas que se desplazan a un determinado lugar es directamente proporcional al número de oportunidades existentes en esa distancia, einversamente proporcional al número de oportunidades intermedias.
- El propio Stuffer y Hagerstrand, han elaborado versiones más depuradas del modelo anterior las cuales introducen la variable información como factor determinante de las interacciones de un determinado lugar; la información es mayor cuanto menor es la distancia.

Modelos psicológicos. Consideran los flujos poblacionales dependientes de la percepción que tengan los individuos sobre el grado de satisfacción o insatisfacción que un lugar les puede producir («place utility»); a este respecto destacan las aportaciones, interesantes aunque escasamente realistas, de Roseman (1971).

Modelos de regresión múltiple. Se trata de modelos que relacionan una medida de los flujos: los desplazamientos, que toman como variable dependiente, con una serie de indicadores demográficos: edad, condición socioeconómica, empleo, paro, etc., que adoptan como variables independientes.

F = f (indicador de edad, indicador de condición socioeconómica, indicador de empleo, etc.).

La función se ajusta por regresión múltiple a partir de los datos comprobados.

Aportaciones sistémicas y *modelos evolutivos*. Tratan de correlacionar la movilidad de la población con la evolución industrial y concretamente con el proceso de transferencia demográfica que ello comporta; entre los autores que han desarrollado estos modelos destaca Zelinsky.

5.3.5.2. Flujos económicos

Se refieren al intercambio de bienes y servicios; se caracterizan según las siguientes interrelaciones:

- Conexión entre la estructura productiva, la de consumo y la de comercialización.
- Conexión entre los diferentes núcleos.
- Conexión entre el subsistema de asentamientos y el sistema global.

Así, definidos los «inputs», (qué se produce, qué se consume y cómo se llevan a cabo dichos procesos), y los «outputs», (qué se traslada al exterior del sistema y a través de qué canales), pueden establecerse los flujos económicos existentes en un territorio.

Este análisis se realiza a nivel local (núcleos), comarcal y regional, partiendo del principio de la minimización de costes de transporte (en el caso de las producciones) y de entrega (en el caso de los servicios o equipamientos). Se centra pues en el subsistema comercial y, precisamente, en tres aspectos fundamentales:

- La determinación de áreas comerciales o hinterlands.
- La adecuación del sistema comercial al productivo y al de núcleos.
- La dinámica transformadora de este sistema sobre el espacio y el efecto de los canales e infraestructuras necesarios para su desarrollo.

5.3.5.3. Flujos de información

Los asentamientos de población son también centros productores de lo que globalmente puede denominarse información. Constituyen polos de intercambio de ideas, innovaciones y centros de toma de decisiones. Su análisis se realiza por lo general de manera cualitativa, recurriendo fundamentalmente a las ya mencionadas técnicas de investigación sociológicas trabajando sobre aspecto del siguiente estilo:

- Localización de medios de comunicación: radio, televisión, prensa, etc.
- Producción de imágenes: publicidad, información al consumidor, etc.
- Difusión de ideas: investigación e innovaciones técnicas.

5.4. Síntesis

En síntesis, el diagnóstico de este subsistema consiste en:

- Comprender la organización espacial de los asentamientos en términos de los factores que determinan la localización y las pautas que sigue ésta por comparación con los modelos teóricos horizontales y verticales; se interpreta como fortaleza del sistema la adaptación a alguno de los modelos teóricos, mientras el alejamiento de ellos se entiende como debilidad; todo ello matizado a la luz del medio físico y del diagnóstico de los otros subsistemas.
- Mostrar las limitaciones y fortalezas de las infraestructuras para conseguir la integración interna a través de la conectividad de los asentamientos, así como para acceder al potencial de recursos naturales existentes en el territorio y al sistema productivo, así como facilitar las relaciones de la población.
- Entender la forma en que el sistema se integra en unidades territoriales superiores.
- Detectar los flujos derivados de la estructura del sistema comercial, su adecuación al de asentamientos y al productivo y su papel en la dinámica transformadora del territorio, así como los flujos de información y su papel en la estructura territorial.

En resumen, y tal como se señaló en los objetivos del diagnóstico de este subsistema, se trata detectar la funcionalidad del sistema en relación con:

- Las posibilidades de explotación de los recursos territoriales: naturales, construidos y culturales, incluyendo la compatibilidad con la conservación.
- Con el desplazamiento de mercancías dentro y fuera de la zona ámbito del plan.
- Las conexiones con el exterior de tal forma que se facilite la integración hacia arriba.
- Las facilidades que el sistema ofrece a su población para acceder al empleo, a los servicios y a la información que en ellos se concentra.
- Las opciones del sistema para que se produzca una fluida interrelación de los individuos entre sí y con las instituciones, de tal manera que se favorezca la vertebración y la cohesión de la sociedad.
- Un último aspecto a considerar, directamente derivado de la jerarquía de los núcleos y de sus áreas de influencia, es la viabilidad de dicha organización espacial para una dotación racional, económica y socialmente rentable de equipamientos y servicios a la población actual.

5.5. Prognosis

El diagnóstico del sistema de núcleos quedaría incompleto si no se llevase a cabo una prognosis sobre su evolución hacia el futuro, realizando para ello una simulación de lo que ocurriría en el territorio de no actuar sobre él. Se trata de proyectar los mecanismos de funcionamiento, esencialmente demográfico, que rigen en la actualidad, para detectar los desequilibrios y oportunidades futuros.

Las proyecciones se efectúan sobre los efectivos demográficos presentes en el ámbito del plan, utilizando para ello alguna de las técnicas descritas en el diagnóstico de población y actividades.El cálculo del contingente demográfico futuro permite aquilatar los siguientes aspectos:

- La dinámica demográfica de los asentamientos, facilitando su discriminación en, por ejemplo, progresivos, regresivos, estacionarios o en situación terminal; esto último es muy relevante en zonas con dinámicas poblacionales regresivas, como ocurre en zonas rurales.
- La evaluación de fuerza de trabajo futura u oferta laboral que ha de llevar a cabo las tareas de producción e intercambio, estableciéndose así las posibles necesidades de importación o exportación de efectivos en edad de trabajar.
- La previsión de necesidades de vivienda, servicios y equipamientos sociales.
- Las necesidades «espaciales» de dicha población: suelo urbano y su posible incidencia en el planeamiento al nivel municipal y comarcal.

Estas extrapolaciones pueden utilizarse como eficaces instrumentos a la hora de plantear soluciones a los problemas detectados, plantear a su vez disfuncionalidades a largo plazo que un análisis sincrónico enmascara y actuar como criterios complementarios a la hora de formular alternativas en el proceso de toma de decisiones.

6. MARCO LEGAL E INSTITUCIONAL

El marco legal e institucional puede entenderse como el subsistema que establece y controla las reglas del juego que intervienen en el sistema territorial. Incluye la legislación de interés en cada caso, comunitaria, nacional y autonómica, y las instituciones con responsabilidades en el ámbito del plan.

El análisis del marco legal se reduce, como se indicó en el capítulo II, a pasar revista a la legislación y a las disposiciones administrativas que tienen incidencia territorial o que, no teniéndola, pueden resultar importantes desde el punto de vista de las determinaciones del plan. Las de consideración más general se enunciaron en el capítulo I, en el epígrafe destinado al marco legal de la ordenación del territorio, pero para cada ámbito y tipo de plan habrá que detectar las que resultan pertinentes. El análisis debe enfocarse hacia los siguientes aspectos:

Detectar las limitaciones y condicionantes que impone la regulación legal a las propuestas y, por consiguiente, a la generación de alternativas y a la instrumentación de la seleccionada. Tal es el caso de gravámenes a ciertas localizaciones, limitaciones de uso genéricas, etc. Muchas de éstas habrán sido ya incluidas en el epígrafe correspondiente a las afecciones del suelo.

Detectar las oportunidades que ofrece para el tratamiento de la problemática de la zona; por ejemplo, actividades que cuentan con ayudas técnicas y financieras, posibilidades de aplicación del principio «el que conserva, cobra» (zonas ecológicamente sensibles), legislación sobre zonas desfavorecidas, política agrícola común, etc.

A ello hay que añadir todo lo dicho en el epígrafe 3.7 de este capítulo referido a afecciones normativas.

En cuanto al marco institucional, habrá de hacerse un inventario de las instituciones públicas —comunitarias, nacionales o autonómicas—, y opcionalmente de las privadas incluyendo las organizaciones no gubernamentales, que intervienen en el control del sistema. Cada una de ellas deberá ser descrita en los siguientes términos:

- Capacidad de acción que les proporciona la legislación en que se apoya su actividad.
- Capacidad de acción que les proporciona la dotación de personal técnico de que disponen.
- Capacidad de acción que les permite el presupuesto con que cuentan.
- Eficacia demostrada en el pasado reciente.

Se completa el diagnóstico de las instituciones identificando también las «personas institución»: aquellas ilustres o de reconocido prestigio que pueden colaborar a la implantación del plan y a que éste produzca buenos resultados.

7. DIAGNÓSTICO INTEGRADO O DE SÍNTESIS

El diagnóstico es una interpretación del sistema territorial (de la información recogida sobre él) a la luz de su evolución histórica y de las tendencias observables hacia el futuro si no se actúa; con la síntesis a que se refiere este epígrafe, se pretende integrar y expresar de forma sintética los diagnósticos sectoriales desarrollados en epígrafes anteriores, poniendo de manifiesto las interconexiones que se dan entre los diferentes subsistemas. Se trata de plasmar en un esquema de conjunto cómo es, cómo funciona, qué problemas le afectan, que recursos y potenciales tiene y qué limitaciones o condicionantes operan sobre el sistema territorial objeto de planificación; se puede completar la síntesis con la presentación de los instrumentos de gestión disponibles.

7.1. Elementos del diagnóstico integrado

La citada visión de conjunto se puede sintetizar en los siguientes elementos:

— Un modelo territorial: expresión simplificada del sistema territorial en la situación actual; este modelo se puede completar con una prognosis sobre la evolución del sistema si no se interviene.

— Problemática o diagnóstico integrado de problemas organizado en:
  - Uno o más *grafos o redes de relaciones* causa-efecto (o de otro tipo), mostrando los problemas y sus relaciones.
  - Una o más *matrices o tablas de relación* causa-efecto, que pueden complementar o sustituir a los grafos citados en el punto anterior.
  - Una relación de los problemas organizada en forma de árbol.
  - Un plano representando aquellos problemas, de entre los identificados, que admitan un expresión espacial.
  - Una serie de fichas de problemas (o una tabla sintética de problemas en la que cada fila equivale a una ficha) en las que se describan por sus atributos más importantes.

— Diagnóstico de potencialidades, dispuesto en los siguientes términos:
  - Una relación de recursos aprovechables del sistema.
  - Un plano de potencialidades, representando aquellas vinculadas a puntos o zonas concretas del territorio. Se interpreta como potencialidad la capacidad de acogida del medio físico, representada mediante un plano de unidades de integración acompañado, como leyenda, de la tabla de capacidad de acogida.
  - Una serie de fichas de recursos (o una tabla sintética que las englobe) en las que se describan por sus atributos más importantes.
  - Una relación de instrumentos de gestión territorial (incluyendo los de gestión ambiental) disponibles.
  - Una memoria explicativa de todo lo anterior.

7.2. Sobre modelo territorial

El modelo territorial es una imagen del sistema territorial representada sobre un plano en el que se muestra de forma sintética y simplificada las relaciones entre el medio físico, la población, las infraestructuras, la estructura y el funcionamiento del territorio; los aspectos fundamentales a incluir en esta imagen son los siguientes:

— Las Unidades de Integración o Ambientales representativas del carácter, uso y aprovechamiento del medio físico incluyendo, en la medida de lo posible, las relaciones entre ellas.

— La distribución de los núcleos de población en el espacio.

— Las jerarquías o importancia relativa de tales núcleos, expresada generalmente por el tamaño, aunque puede medirse con otros indicadores.

— Los canales de relación internos (redes de transporte) que definen la accesibilidad y las posibilidades de interacción, así como una representación de los flujos de relación entre los núcleos.

— Las conexiones de la zona con el exterior.

— Otros elementos significativos del territorio.

Las figuras IV.55.a, b, y c son ejemplos de modelo territorial; otro ejemplo se puede ver con la figura I.5.

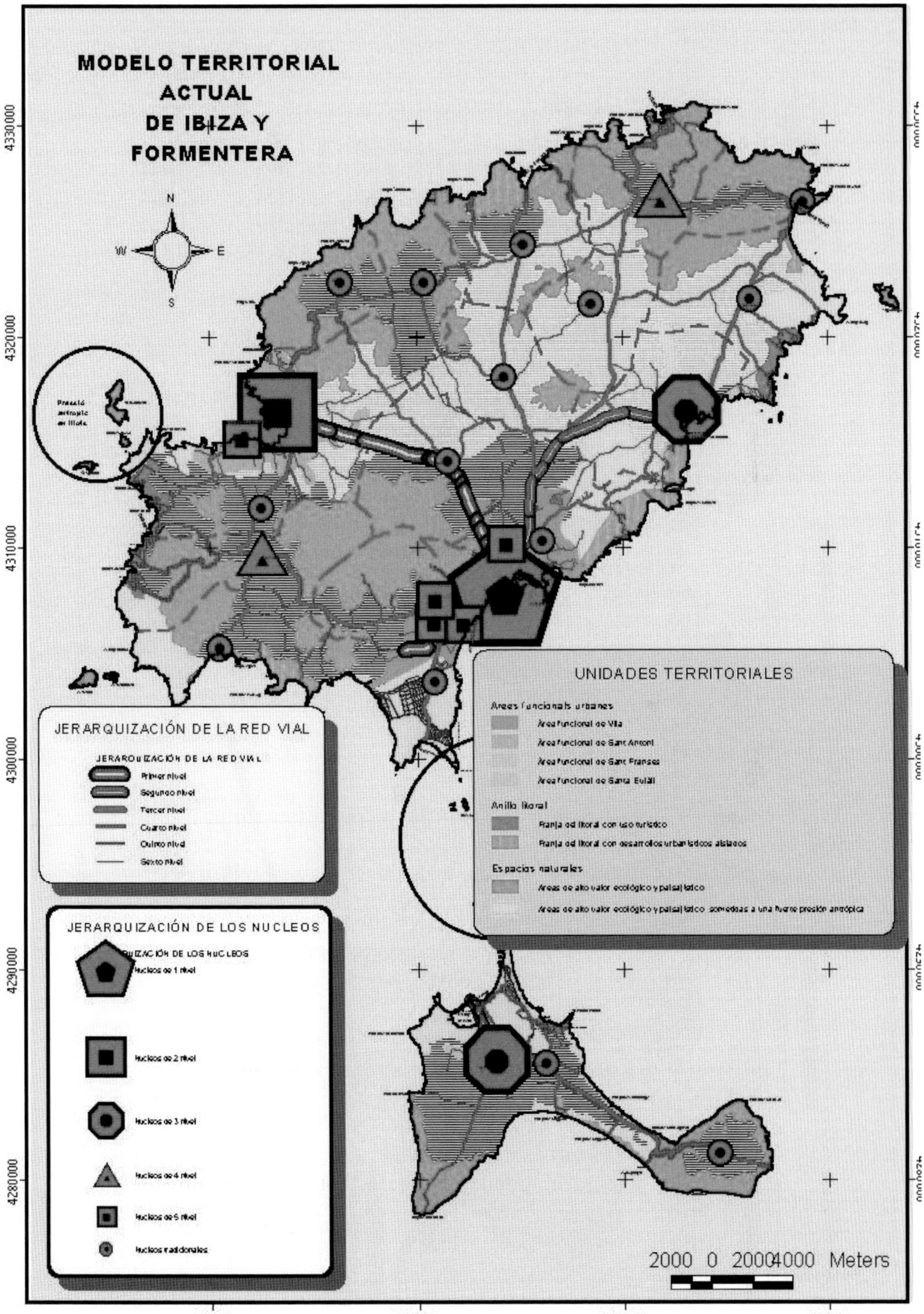

Figura IV.55a. *Modelo Territorial Actual del Plan Territorial de Ibiza y Formentera.*

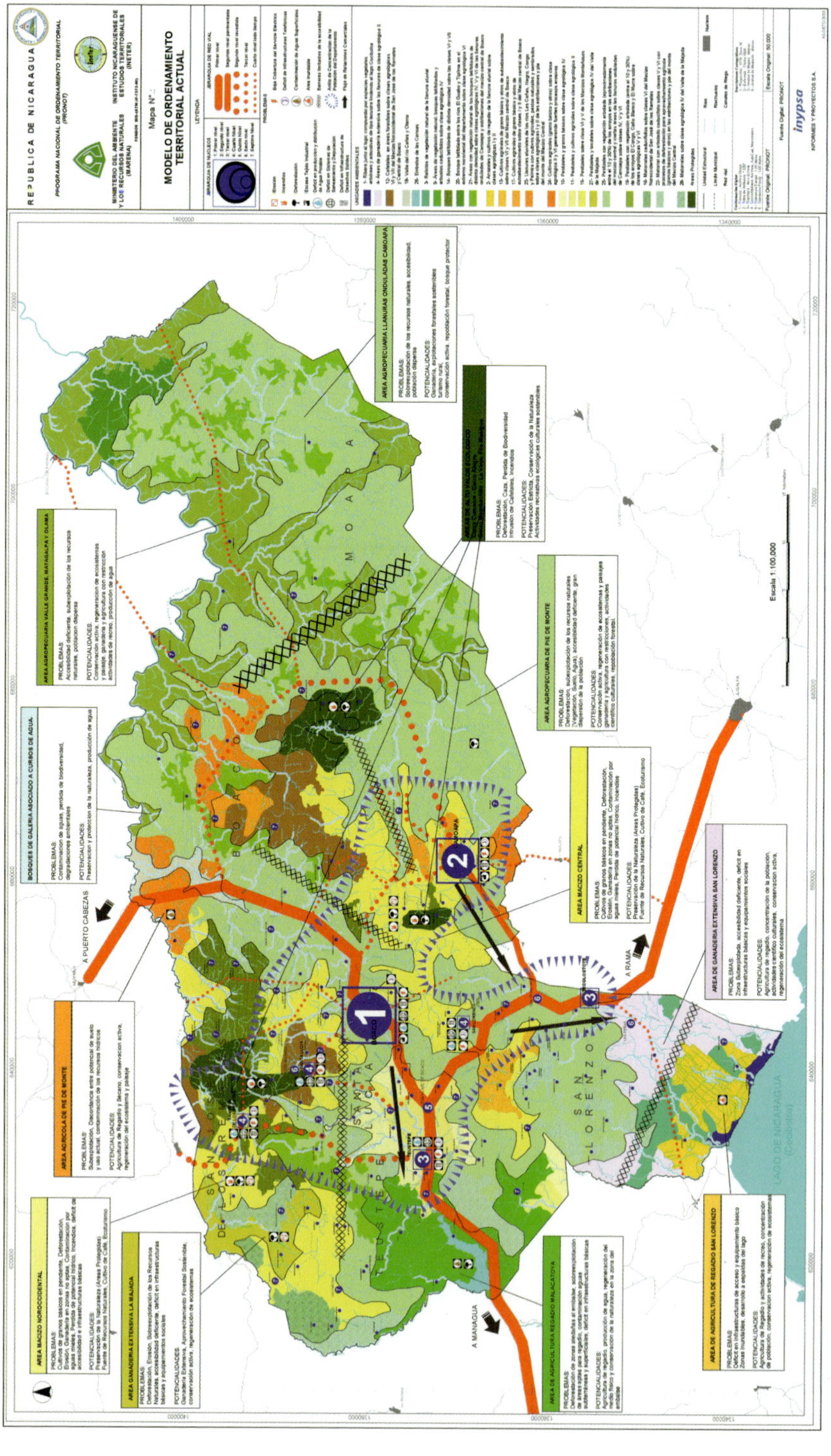

Figura IV.55.b. *Modelo Territorilal de una zona en Nicaragua.*

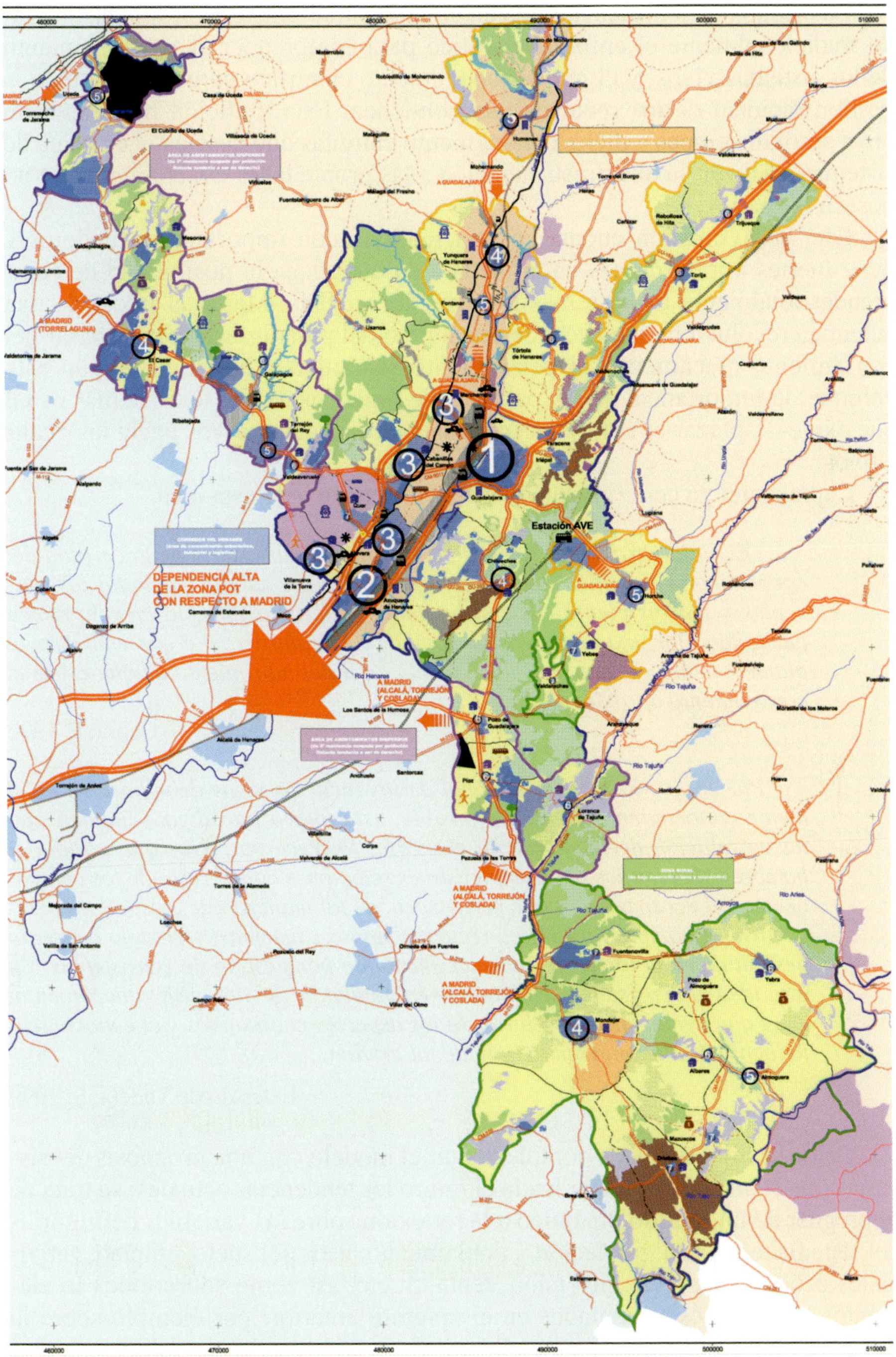

Figura IV.55.c. *Modelo Territorial de una parte del Corredor del Henares (Madrid-Guadalajara).*

La ortodoxia científica, basada en el viejo paradigma cartesiano, ha utilizado tradicionalmente el enfoque analítico para comprender el funcionamiento de los sistemas vivos, y el mejor conocimiento científico como requisito de la gestión racional de los recursos que contienen. Esta tradición ha bloqueado otras aproximaciones a dicho conocimiento entre las que destaca el enfoque de sistemas, es decir, la que presta atención a las propiedades del conjunto que no poseen las partes.

Esta aproximación cuenta en la actualidad con importantes valedores y tiene fuertes implicaciones en la medida en que niega la posibilidad de comprender totalmente los sistemas a través del análisis. Marca el inicio de una auténtica revolución científica, de un cambio del paradigma vigente: pasar del pensamiento mecanicista al pensamiento sistémico u holístico. Según este enfoque, la importancia de los patrones de organización de los sistemas es tal que exige desplazar el énfasis desde los aspectos cuantitativos hacia los cualitativos.

Capra sintetiza certeramente el alcance científico de esta idea:

> *«El viejo paradigma se basa en la creencia cartesiana de la certitud del conocimiento científico. En el nuevo paradigma se admite que todos los conceptos y teorías científicas son limitados y aproximados; la ciencia nunca puede facilitar una comprensión completa y definitiva... Lo que convierte el planteamiento sistémico en una ciencia es el descubrimiento de que existe el conocimiento aproximado.»*
>
> Capra, F. 1996

> *Puesto que la gestión racional de los recursos vivos debe basarse en el mejor conocimiento científico posible, este nuevo paradigma implica una nueva relación del hombre con el medio: los recursos vivos que explota el hombre están unidos por complejísimas relaciones con el resto de los componentes del ecosistema al que pertenecen, de tal manera que, desde esta perspectiva, el hombre no explota recursos sino ecosistemas, y el viejo concepto gestión de recursos vivos debe ser sustituido por gestión de ecosistemas. En esta idea el ecosistema se convierte en unidad de gestión y su conocimiento, en el que tienen enorme relevancia los aspectos cualitativos y el conocimiento local y tradicional, en la base de tal gestión.*
>
> Extraído de Tudela, S. 1999

Como se dijo, se puede complementar el modelo con una prognosis del sistema consistente en proyectar hacia el futuro las tendencias actuales; se trata de impregnar de un sentido dinámico a la reflexión sobre las variables definitorias del sistema territorial: población y poblamiento, usos del suelo, empleo, actividades económicas (PIB, inversión, renta...), etc. así como sobre todos lo elementos de la síntesis señalados en el epígrafe anterior; por ejemplo sobre la forma en que evolucionarán previsiblemente, o cómo podrían evolucionar si se dan ciertos supuestos, los problemas detectados, la escala de valores sociales que los justifica, la percepción social sobre los recursos y oportunidades, etc.

También se puede incluir un análisis prospectivo, es decir, la previsión de uno o más escenarios futuros posibles en caso de que se den ciertos supuestos.

7.3. Sobre problemática: diagnóstico integrado de problemas

El concepto de problema es relativo y depende de la escala de valores sociales, variando, por tanto, en el espacio y en el tiempo, aquello que se considere como problema; en general se entenderá como problema una situación que, en unas determinadas circunstancias de tiempo y lugar, se considera negativa o insatisfactoria para el correcto funcionamiento del sistema o de alguna de sus partes. Por ejemplo los estrangulamientos derivados del déficit o mal estado de los canales de relación, o de una población cuya estructura por edades y sexo o por su actitud no es capaz de proporcionar la fuerza de trabajo necesaria para mantener el tono vital del sistema, las degradaciones ecológicas o paisajísticas del medio físico, etc.; también pueden considerarse como problemas las aspiraciones no satisfechas de la población, en cuanto sean percibidas como déficit de calidad de vida.

Pero no se considerará como problema la ausencia de una solución, ni la existencia de oportunidades, recursos o potenciales endógenos no aprovechados. Por ejemplo la contaminación del suelo por purines de cerdo en una comarca rural es un problema bien formulado, pero no debe enunciarse como problema la inexistencia de un centro de recogida o tratamiento; tampoco es un problema la existencia de recursos paisajísicos o culturales que no se explotan, por ejemplo, la existencia de un recurso minero o de una habilidad de que disponen los habitantes de la zona, es una oportunidad pero no constituye un problema el hecho de que permanezcan sin explotar.

Los problemas son «poliédricos», es decir, tienen muchas caras o dimensiones: económica, financiera, social, estética, ambiental, cultural, de percepción, institucional, etc.; cortan por tanto horizontalmente a muchos temas, y todos ellos habrán de ser considerados en las soluciones que puedan adoptarse. Por otro lado los problemas se manifiestan de manera discriminada en el territorio, pudiendo vincularse a determinadas áreas.

Lejos de ser independientes entre sí, los problemas que aquejan al ámbito del plan suelen estar estrechamente relacionados, como corresponde a su carácter de sistema; dicha relación se percibe por las siguientes circunstancias:

- La existencia de causas compartidas por varios problemas.
- La producción de efectos comunes o superpuestos por distintos problemas.
- La coincidencia de agentes implicados en problemas diferentes.
- La polivalencia de las soluciones.
- La interrelación de los problemas a través de sus causas, de sus agentes, de sus manifestaciones o de sus efectos permite acceder a la problemática desde cualquier sector, por más que exista una especificidad de problemas en cada uno de ellos.

Los problemas surgen como resultado de un proceso que se desarrolla en el tiempo; son por ello diferentes en cada momento, de manera que su conocimien-

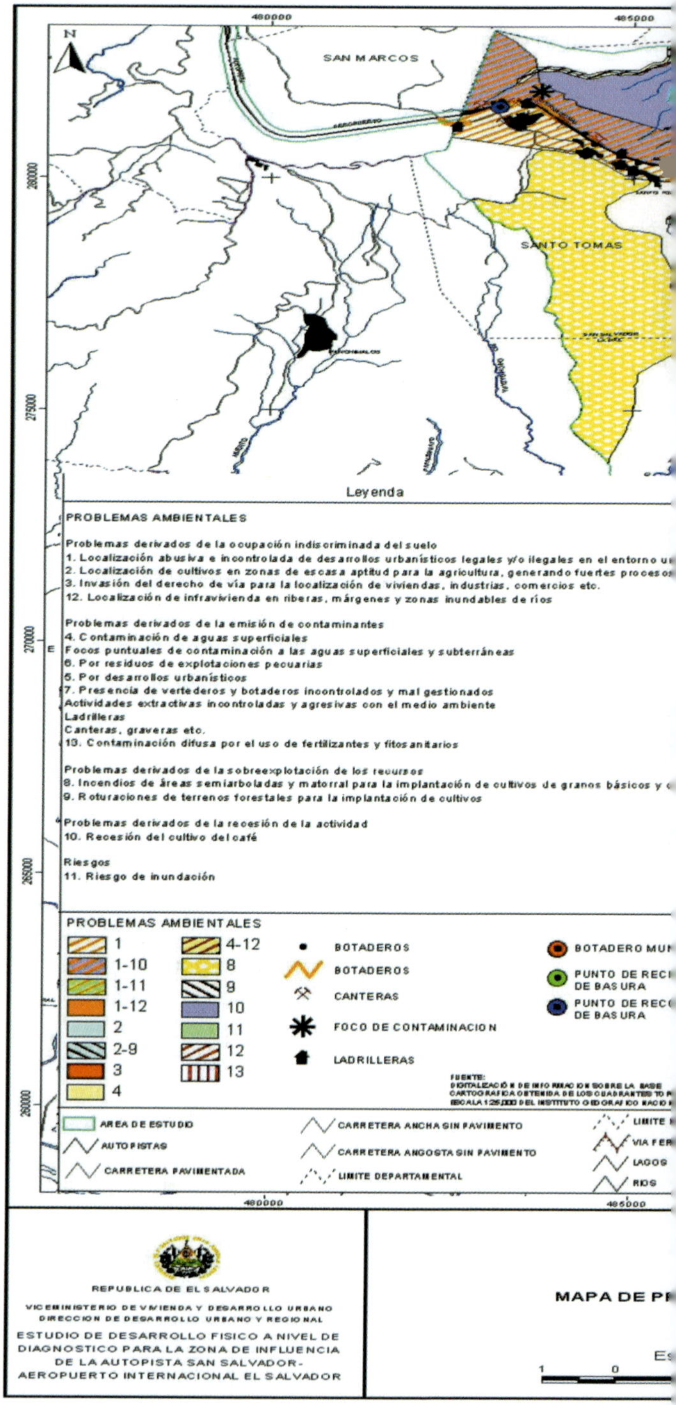

Figura IV.56. *Mapa de problem*

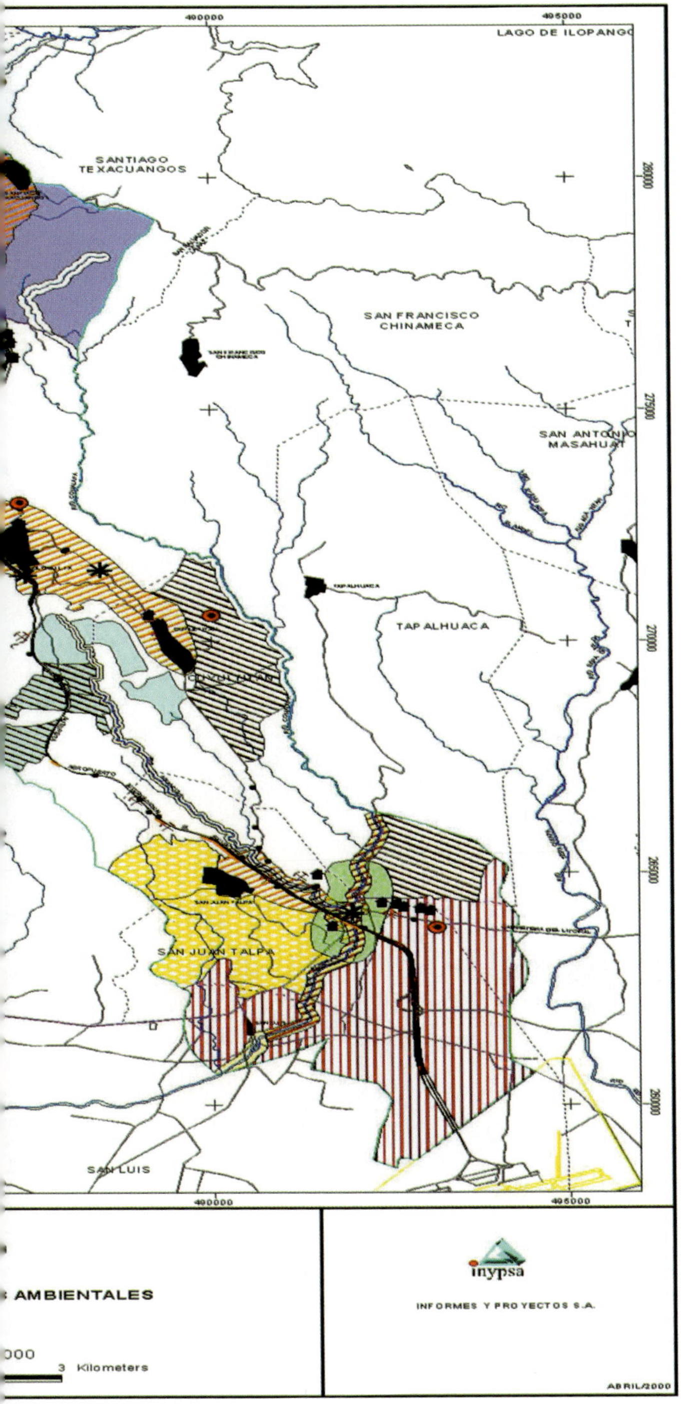

ales de Comalapa (El Salvador).

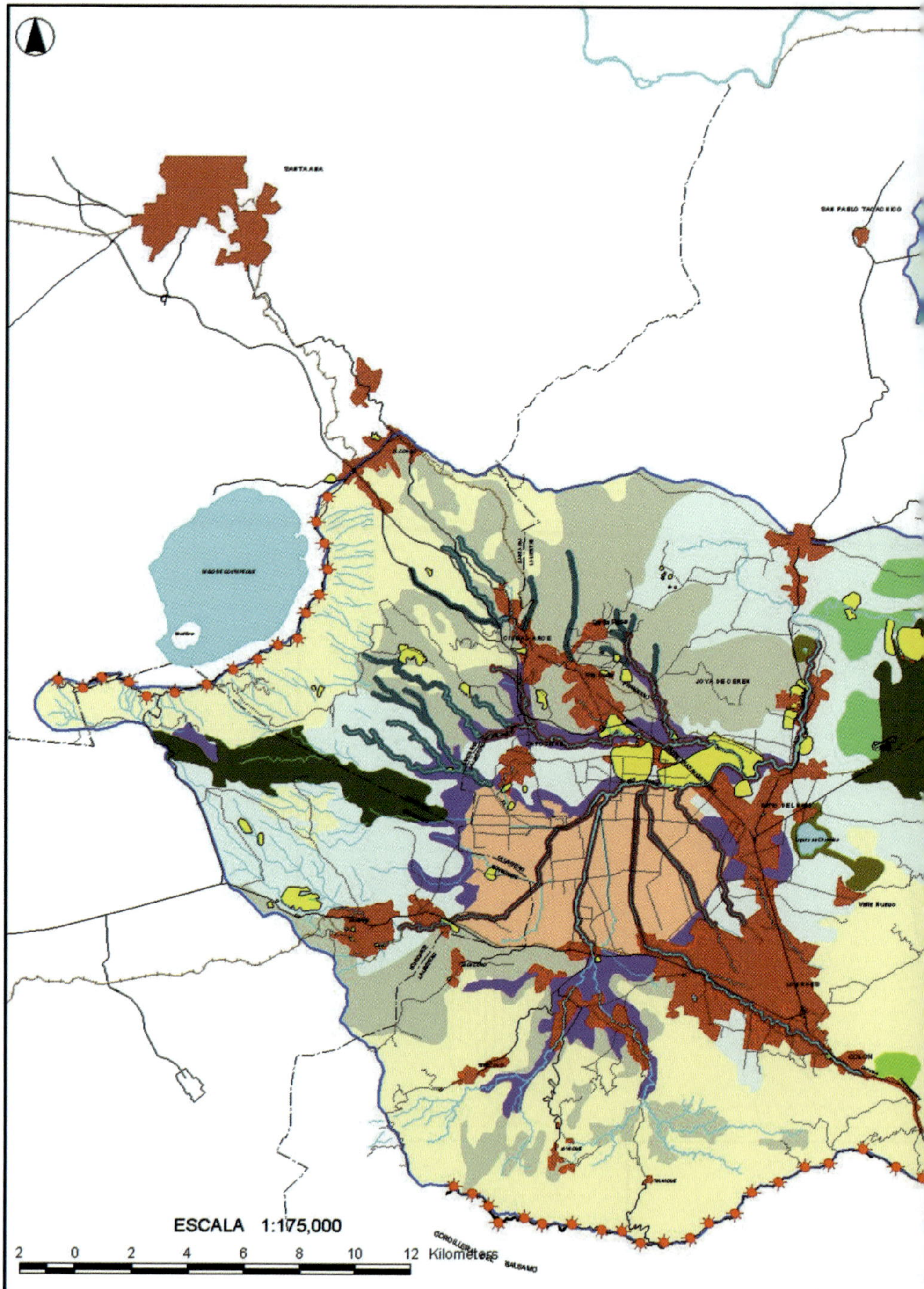

Figura IV.57. *Mapa de problemas a*

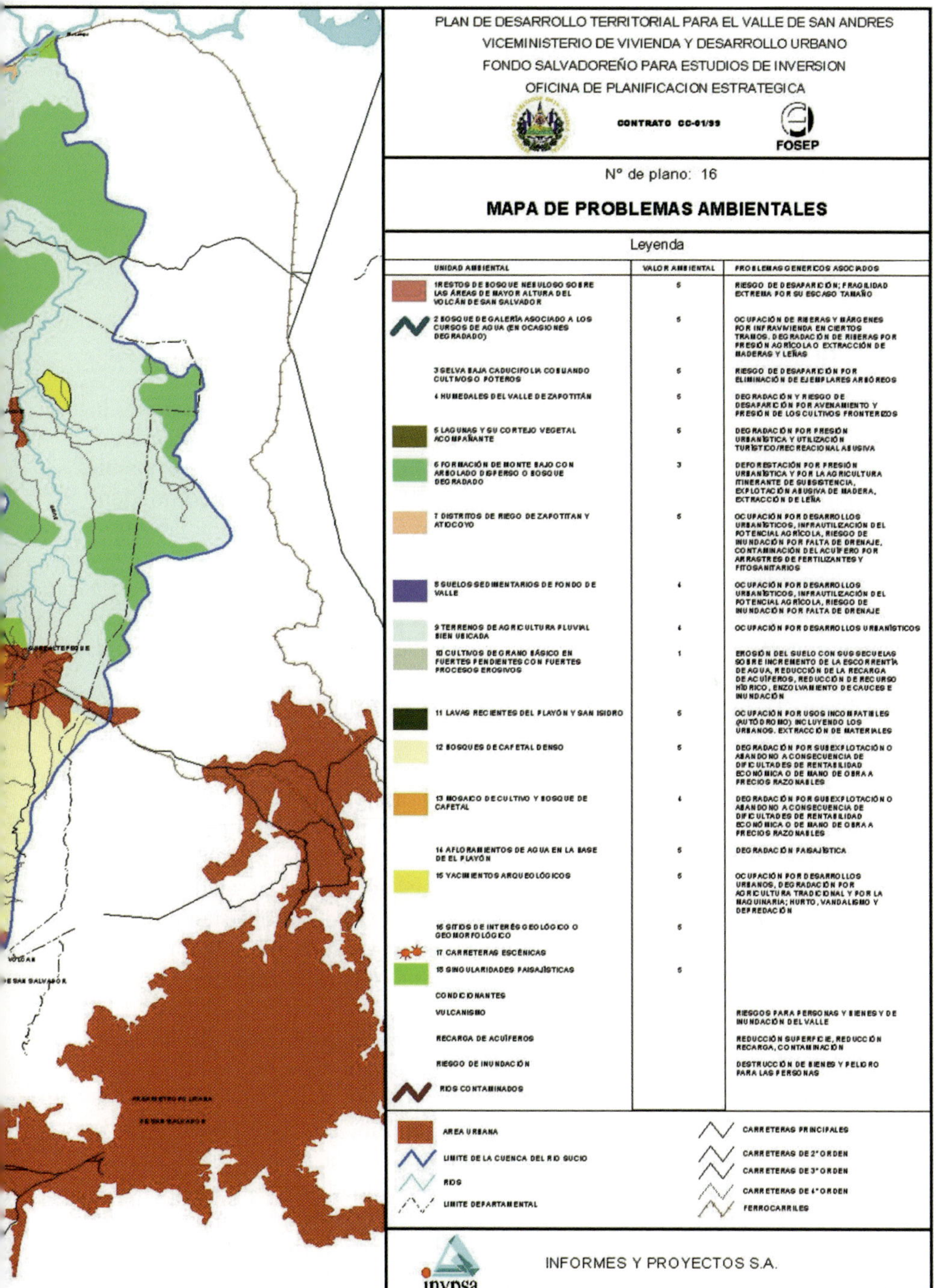

'el valle de San Andrés (El Salvador).

to se beneficia cuando se hace un análisis diacrónico del sistema, así como una explicación de las causas que históricamente han determinado la situación actual.

Otra importante cuestión es la evolución de la problemática hacia el futuro; aunque en cada problema se ha de hacer una reflexión sobre su evolución, en términos de causa, manifestación y efecto, aquí se trata de proyectar el conjunto de la problemática hacia el futuro.

Por último hay que señalar que no todos los problemas son igualmente importantes, lo que en una situación de recursos escaso: económicos y de gestión, que es la más habitual, exige establecer prioridades entre ellos mediante la combinación de criterios técnicos con la percepción social.

7.3.1. Atributos de un problema

Diagnosticar un problema significa entenderlo en toda su complejidad, lo que requiere expresarlo en términos de una serie de atributos que lo describen. Solo después de un diagnóstico certero podrá plantearse con solidez la posibilidad, oportunidad y premura de intervenir sobre los problemas, así como identificar los instrumentos —preventivos, correctores, curativos o potenciativos— más adecuados para tratarlos.

Por otro lado la eficacia de su tratamiento se facilita cuando se expresan de tal forma que sean fácilmente entendidos por las personas implicadas, particularmente aquellos de quienes depende la decisión de intervenir; esto exige representarlos en diagramas explicativos, fichas y planos.

La figura IV.58 representa los atributos que caracterizan con precisión los problemas; tales atributos son los siguientes:

- La *manifestación* del problema o forma en que evidencia su existencia y se percibe por parte de los afectados. Por ejemplo la deforestación de una zona o la baja densidad de población o la despoblación de los núcleos habitados. A veces la manifestación es obvia, fácilmente perceptible por cualquier persona, otras veces no, y requiere análisis técnicos no accesibles a cualquiera. Si es evidente el despoblamiento de una comarca, no lo es el nivel de preparación o la contaminación de un acuífero subterráneo cuya detección requiere extraer muestras de agua y analizarlas.
- Las *causas o cadenas de causas* que originan el problema; por ejemplo la causa para el ejemplo citado, podrían ser deficiencias de las instalaciones o del proceso productivo, insensibilidad o simple desidia de los responsables de la actividad contaminante, incapacidad económica de atender al problema, insuficiente control de la administración para hacer cumplir la legislación en materia de calidad ambiental o todas a la vez. Generalmente existe, como muestra el ejemplo, más que una causa, una o varias cadenas de causas, directas e indirectas, que, a su vez, pueden estar relacionadas e incluso generar sinergias.
- Los *efectos o cadenas de efectos*, es decir, las repercusiones en las personas, en la biocenosis, en el espacio o en las actividades de los sínto-

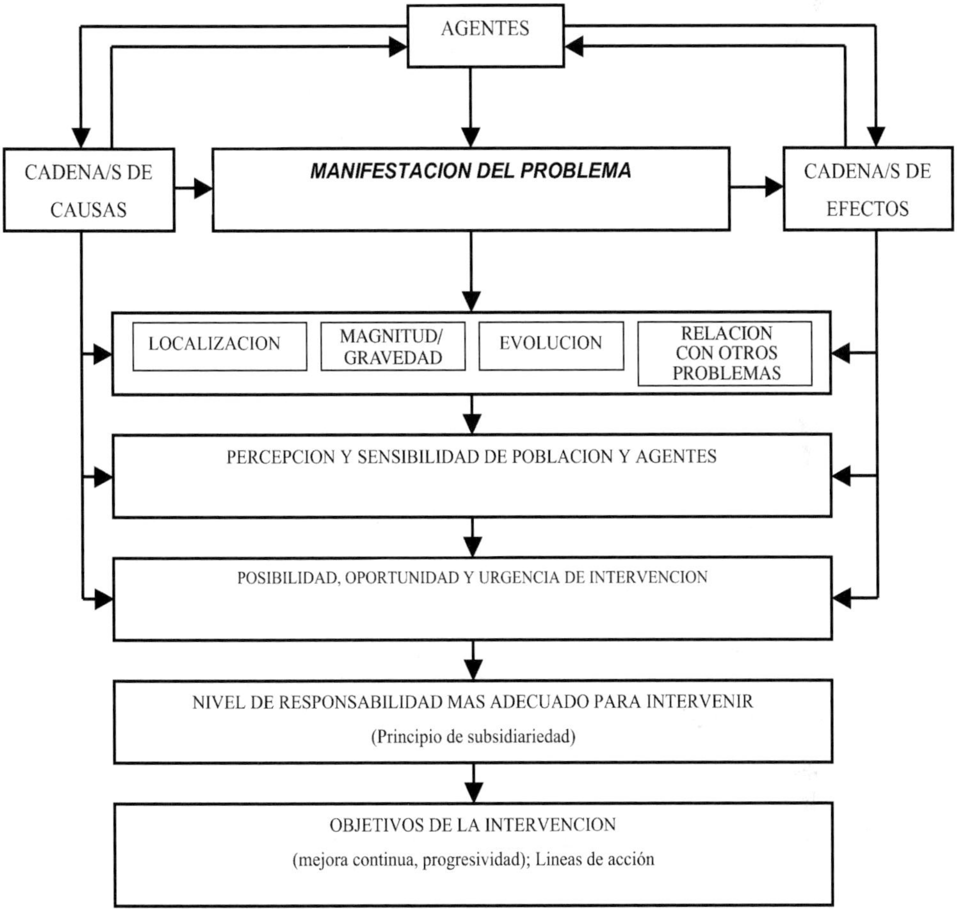

Figura IV.58a. *Elementos del diagnóstico de un problema.*

mas detectados; por ejemplo, para el caso citado: degradación del complejo de ribera, consiguiente pérdida de valor recreativo, eliminación de una zona de baño y repercusiones en los posibles usos productivos derivados de ellos, disfunciones en la toma de agua para abastecimiento, etc. Asimismo no solo existe un efecto, sino una o más cadenas de efectos.

— Los *agentes* implicados tanto en las causas como en los efectos; por agente se entiende las personas físicas o jurídicas implicadas en el problema, tanto si es a través de las causas como de los efectos; habrá, por tanto, agentes causales, cuya responsabilidad puede ser, a su vez, por acción o por omisión (pasividad), y agentes receptores; para el caso de la contaminación del río, los agentes causales podría ser el responsable de la actividad contaminante, por acción, y la Confederación Hidrográfica y el Ayuntamiento, por omisión, mientras los agentes receptores serían los que se beneficiaban de la utilización recreativa y la población en general[20].

- La *localización* , es decir la identificación del espacio donde residen las causas y donde se manifiesta los efectos, incluido el que se adopta como central. Conviene realizar un plano con las localizaciones citadas, que se puede aprovechar también para dibujar las relaciones entre los diferentes elementos.
- La *magnitud* del problema o medida directa o a través de algún indicador.
- La *gravedad* del impacto para los de signo negativo y el *grado de bondad* para los positivos; se deduce de la magnitud cuando se dispone de magnitudes de referencia; por ejemplo habrá un problema de contaminación cuando la magnitud se sitúe por encima de los establecido en la legislación como valor de alarma o de nivel inadmisible.
- La *evolución* o tendencia en el tiempo hacia su agravamiento o resolución.
- La de la administración y de la población en general, y la consiguiente.
- La *percepción* o *sensibilidad* ante el problema por parte de los agentes implicados, las autoridades y la población afectada, así como su disposición a presionar sobre los agentes y autoridades sobre la para que intervengan y su disposición a participar en las soluciones que se adopten. Estos aspectos son muy importantes a la hora de establecer prioridades entre los problemas.
- La *relación* directa o indirecta con otros problemas, incluyendo los posibles efectos de sinergia; afecciones indirectas a la flora, fauna y paisaje, etc. en el caso del ejemplo.
- Las *posibilidades de intervención* sobre causas, efectos, manifestación, agentes, población, etc. y de carácter preventivo, curativo o compensatorio.
- La *oportunidad* de la intervención, en la idea de que en ocasiones la situación podría no estar «madura», o que la intervención pudiera originar otros problemas peores que el que se desea resolver.

[20] A título de ejemplo resulta útil enumerar la multiplicidad de agentes implicados en el problema ocasionado por la rotura de una presa de residuos en la mina de Aznalcollar situada sobre el río Guadiamar que alimenta el «Complejo Doñana», constituido por una Reserva de la Biosfera, un Parque nacional, un Parque Natural y una serie de terrenos de propiedad privada próximos e interrelacionados con los anteriores; son los siguientes: El Ministerio de Medio Ambiente responsable de la gestión del Parque Nacional, El Consejo Superior de Investigaciones Científicas, responsable de la Reserva de la Biosfera, la Consejería de Medio Ambiente de la Junta de Andalucía, responsable del Parque Natural y del control ambiental de la mina, la Confederación Hidrográfica del Guadalquivir, La Consejería de Industria de la Junta de Andalucía, responsable de la actividad minera, la empresa propitaria de la mina, los agricultores que riegan con agua del río, los pescadores del estuario del Guadalquivir, los promotores turísticos, afectado por el desprestigio que supone el accidente, incluso los productores de fresas también afectados por la «imagen». Considerar estos agentes es condición necesaria para plantear la recuperación del espacio alterado.

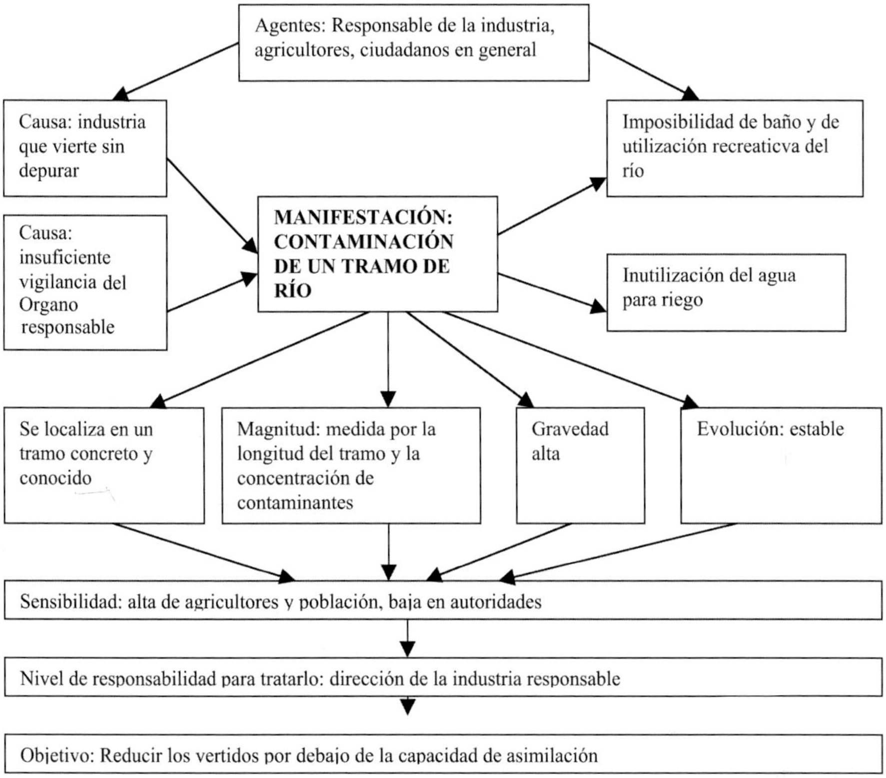

Figura IV.58b. *Ejemplo sencillo de atributos que definen el diagnóstico de un problema.*

— La *urgencia o prioridad* con que se debe intervenir.
— El *nivel de responsabilidad o administrativo* más adecuado para su resolución y control, siempre de acuerdo con el principio de subsidiariedad, que indica cómo los problemas deben tratarse al nivel de responsabilidad más bajo posible de tal manera que solo deben intervenir el nivel superior cuando no lo haga el inferior.
— Los *objetivos* a cubrir en su tratamiento preventivo o correctivo, dentro del principio de *mejora continua y progresiva*, es decir según la *espiral de mejora* que marca uno de los principios básicos de gestión ambiental: la gestión debe plantearse objetivos concretos, limitados y alcanzables y, una vez conseguidos, plantearse otros más ambiciosos, para ir así mejorando poco a poco.

7.3.2. Análisis de las relaciones entre problemas

Las relaciones entre problemas se pueden detectar y representar mediante diversos tipos de instrumentos técnicos, cual son los siguientes:

7.3.2.1. Los árboles de problemas como expresión de las relaciones verticales entre problemas

Una estructura organizativa de los problemas en forma de árbol con varios niveles de desagregación, pone de manifiesto las relaciones verticales de causa-efecto entre los niveles. Ver figuras IV.59a y IV.59b.

7.3.2.2. Las tablas de relación horizontal en un mismo nivel

Se puede complementar este árbol cruzado los problemas del mismo nivel en una matriz cuadrada sobre la que se señalan las relaciones horizontales; son particularmente importantes las relaciones de sinergia o reforzamiento entre problemas; este análisis tiene su máximo interés en el último nivel que corresponde al máximo detalle en la expresión de los problemas.

7.3.2.3. El análisis de sinergia

Una de las últimas incorporaciones al proceso de elaboración de planes, es el análisis de sinergia. Sinergia significa reforzamiento: dos o más problemas u oportunidades se relacionan de forma sinérgica cuando el resultado de su intervención conjunta es superior a la suma de ellos actuando aisladamente; cabe hablar de sinergias positivas, cuando el efecto combinado supone un debilitamiento del problema con relación a la suma simple. El concepto también es aplicable a las medidas que se adopten para prevenirlo, corregirlo, curarlo o compensarlo, las cuales pueden reforzarse si se toman pensando en su complementariedad.

La sinergia deriva de las conexiones entre problemas diferentes; éstas son de dos tipos: de influencia, cuando efectos derivados de causas distintas se refuerzan para provocar uno distinto, y de dependencia o causalidad, cuando la aparición de un problema está condicionado por la aparición de otros. Asimismo existen sinergias internas, las que se producen en el seno de una actividad, y externas, debidas a las conexiones entre efectos derivados de dos actividades distintas que afectan a un mismo factor territorial o espacio geográfico.

Hay poca experiencia para identificar y evaluar la sinergia; un método puede consistir en cruzar sobre una matriz cuadrada los problemas cuyas conexiones se desea conocer para identificar las casillas en que se da una interacción sinérgica; sobre la propia matiz se pueden valorar atribuyendo a cada casilla una puntuación entre –100 y +100 en función de la importancia de un efecto sobre otro y recurriendo a la opinión de expertos. La suma por filas refleja el grado de sinergia que un efecto aporta al resto y la suma por columnas la que recibe del resto de los problemas. La suma de filas y columnas muestra a su vez la imbricación de un problema en el conjunto de ellos, mientras la diferencia expresa el grado de sensibilidad de un problemas para verse reforzado por los demás.

Un ejemplo de análisis de sinergia: el aprovechamiento hidroeléctrico integral de una cuenca. Una de las situaciones en que esta herramienta resulta más útil se refiere al análisis entre los efectos derivados del aprovechamiento de un recurso en un sistema determinado; es significativo el caso de los «apro-

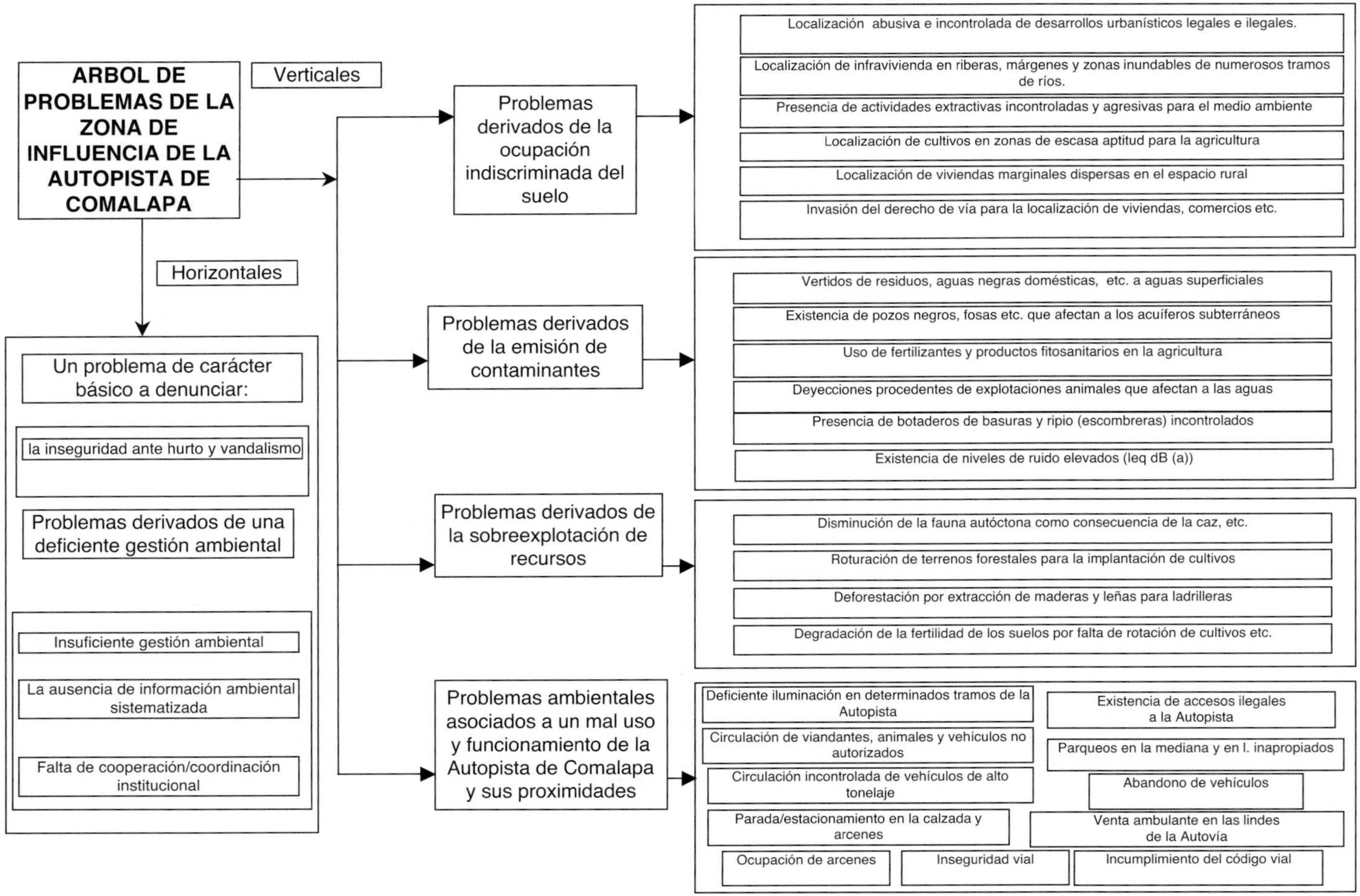

Figura IV.59.a. *Árbol de problemas de la zona de influencia una autopista en El Salvador.*

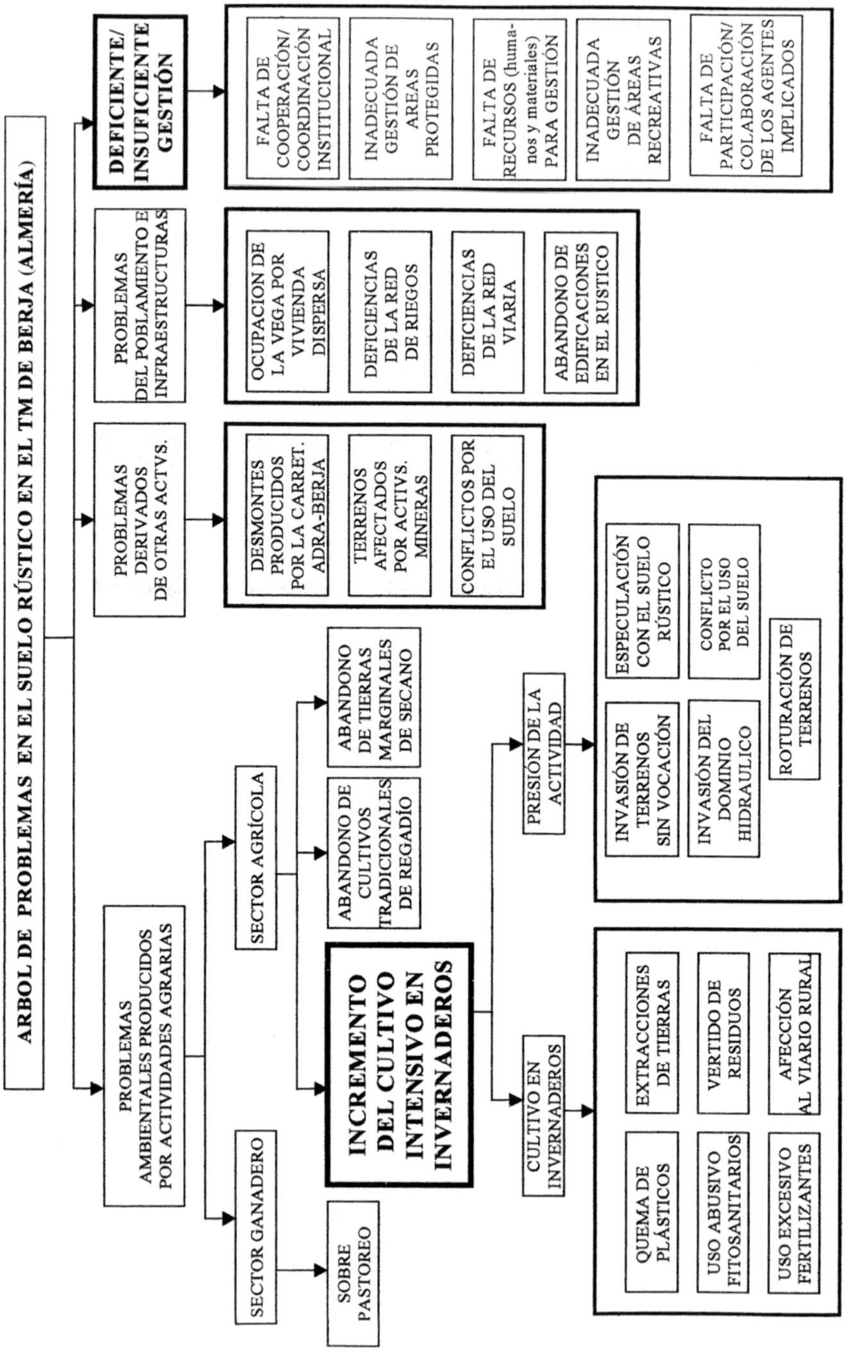

Figura IV.59.b. *Arbol de problemas del suelo rústico en el término municipal de Berja (Almería).*

vechamientos hidroeléctricos integrales» de tramos de ríos o incluso pequeñas cuencas fluviales enteras. En estas situaciones, y apoyados sobre la imagen de prestigio de energías renovables, los promotores proyectan un elevado número de pequeños saltos hidroeléctricos que, estudiados individualmente parecen responder a los más altos criterios de protección y respeto al entorno: presas de pequeña dimensión, reducidos caudales derivados, incorporación de las preceptivas escalas de peces, rejillas en la toma de agua para protección de la fauna piscícola, conservación de los caudales ecológicos, etc., que enmascaran una situación global diferente.

La tabla de la figura IV.60.a representa la matriz de identificación de potenciales sinergias en fase de explotación de un proyecto compuesto por 9 minicentrales en un río del noroeste de España. En filas y en columnas, que son idénticas, se disponen los impactos detectados en el estudio de impacto ambiental de cada una de ellas y siguiendo el mismo orden. La lectura por columnas recoge las sinergias que un impacto puede generar sobre todos los demás, y la lectura por filas informa de las sinergias generadas sobre un impacto por los demás. El análisis a realizar debe ser doble:

a) Por una parte considera la posible sinergia de un impacto con otro de diferente origen pero que afecta al mismo factor ambiental. Son las más habituales y normalmente de fácil detección, y responden no tanto a la repetición de los proyectos, cuanto a la magnitud de cada uno de ellos. Por ejemplo, sinergia generada por el impacto «*Modificación del caudal natural debido desviaciones de caudales*» con el impacto «*Alteración de los hábitats faunísticos acuáticos debido a las modificaciones físicas en los cauces*». Se trata aquí de relacionar dos dominios distantes como son la hidráulica y la biología: el primero de los impactos se debe a la reducción de los caudales circulantes en los cauces naturales motivado por el desvío de aguas hacia las centrales hidroeléctricas. Se producen en los tramos comprendidos entre las presas y las centrales. Estas modificaciones tienen efectos indirectos sobre las especies piscícolas que pueblan el área.

El segundo se refiere a una concepción física del hábitat fluvial en el que se estudia la situación sin y con proyecto en función de varios parámetros: características de las riberas (usos del suelo y anchura de ribera no alterada), características de las orillas (tipo de material, protección natural, estabilidad, forma y pendiente), características del cauce (dimensiones, sombreado de las aguas, tipos de macrohábitats, granulometría del sustrato, y capacidad de refugio), y calidad físico química de las aguas. El análisis de interrelación de estos conceptos puede realizarse mediante la utilización de modelos matemáticos[21] que permiten obte-

[21] Modelos PHABSIM (Physical Habitat Simulation System) y RHABSIM (Riverine Habitat Simulation System) basados en la metodología incremental IFIM (Ijnstream Flow Incremental Methodologhy), desarrollada inicialmente por Bovee y Cochnauer en el Cooperative Instream Flow Service Group, dependiente del US Fish and Wildlife Service.

MATRIZ DE IDENTIFICACIÓN DE SINERGIAS POTENCIALES. FASE DE EXPLOTACIÓN DEL PROYECTO	Alteración calidad agua en vaso	Alteración Calidad agua, aguas abajo	Modificación caudal natural	Barrera física por presencia vaso	Alteración procesos de avenidas	Alteración estabilidad laderas	Alteraciones morfología terreno	Alteraciones paisajísticas	Alteración dinámica de cauce	Pérdida vegetación terrestre	Pérdida vegetación riparia	Alteración Hábitats faunísticos	Alteración Hábitats faunísticos	Afecciones microclima	Alteración Sistema Territorial	Sustitución Fuentes
Alteración calidad agua en vaso embalses																
Alteración calidad agua, aguas abajo presas																
Modificación caudal natural																
Barrera física por presencia vaso embalse																
Alteración procesos de avenidas																
Alteración Estabilidad laderas																
Alteraciones Morfología terreno																
Alteraciones Paisajísticas																
Alteración Dinámica del cauce																
Pérdida Vegetación terrestre																
Pérdida Vegetación riparia																
Alteración hábitats faunísticos terrestres																
Alteración hábitats faunísticos acuáticos																
Afecciones Microclimáticas																
Alteración Sistema Territorial																
Sustitución Fuentes generación																

Figura IV.60.a. *Tabla para identificación de sinergias.*

ner los descensos en el *hábitat fluvial útil* motivados por cada uno de los saltos y por conjunto de ellos.

b) Por otra parte, el análisis más importante en este tipo de proyectos surge por la repetición de un mismo impacto sobre un mismo factor, en los diferentes saltos. Se detecta en la matriz en el cruce de un impacto sobre sí mismo. Por ejemplo:

- Alteración de la calidad del agua que se va acumulando en los embalses, procedente de los embalses situados aguas arriba de cada uno.

- Acumulación del efecto barrera que supone la existencia de una presa/azud en el río para la fauna piscícola.
- Alteración de las aguas, aguas debajo de las presas.
- Alteraciones microclimáticas por el conjunto del aprovechamiento.

El análisis de sinergias debe estar apoyado sobre un inventario ambiental concebido de forma especial, esto es, debe incluir no sólo la identificación del estado de los factores ambientales, sino el comportamiento y funcionamiento del medio en su conjunto, un inventario que permita conocer la situación real de cada parámetro en relación con los demás. Sobre este inventario se realiza entonces el análisis de la magnitud de las sinergias potenciales detectadas.

Una vez detectadas las sinergias se procede a la valoración de éstas. Los resultados para el caso ejemplo se muestran en la tabla de la figura IV.60.b. Por la dificultad en su valoración o lo interesante del resultado, se destacan las siguientes:

- Alteraciones en las calidades de las aguas de los embalses: la primera consecuencia del embalsamiento del agua es la alteración de sus características fisico-químicas respecto de las condiciones iniciales donde el río discurre de forma natural. En el ejemplo en estudio, los Estudios de Impacto Ambiental de cada uno de los saltos analizaron la variación del grado trófico de cada uno de los embalses proyectados, obteniéndose pequeñas variaciones, ya que en todos los casos se mantiene el grado ultraoligotrófico inicial de las aguas, excepto en los saltos 1 y 5, en que se pasaba de estado ultraoligotrófico a una situación mesotrófica. Según esto, los impactos, de forma individual, se encontraban dentro de un rango suficientemente aceptable. El problema, por aparición de sinergias, aparecería al estudiar de forma conjunta los nueve aprovechamientos. El resultado fue en cierto modo sorprendente, ya que se obtuvo que las presas números 1 y 5 influían positivamente sobre las demás, actuando como trampa de nutrientes disminuyendo la cantidad entrante de fósforo total. De esta forma, la sinergia podría ser valorada como positiva.
- Un resultado de sinergia elevada apareció, como era de esperar, en el estudio de la capacidad de la fauna piscícola para remontar las barreras físicas que constituyen las presas. Aunque todas dispongan de escalas de peces, el esfuerzo para remontar varias de ellas sucesivamente puede ser excesivo. Además es necesario que entre cada dos presas exista espacio suficiente para que el tramo útil de remontada permita el correcto acercamiento de los peces a las escalas. En este sentido, y para solucionar los problemas detectados se proyectó la ejecución de varios capturaderos de peces, con los correspondientes depósitos de capturación y estabulación. Desde ellos, los peces son devueltos manualmente a las zonas adecuadas.

De los resultados de la matriz, se obtiene, además una información fundamental para la vigilancia ambiental del proyecto ya que de la suma por columnas informará sobre cuales son los impactos que más efectos sinérgicos aportan, y por tanto, sobre los que deberán centrarse las operaciones de vigilancia. De la suma por filas, obtendremos los impactos más sensibles a los efectos

1. MATRIZ DE VALORACIÓN DE SINERGIAS. FASE DE EXPLOTACIÓN DEL PROYECTO

			Modif caudal natural	Barrera física por presencia vaso embalse	Alteración procesos avenidas	Alteración estabilidad laderas	Alteraciones morfología terreno	Alteraciones paisajísticas	Alteración dinámica de cauce	Pérdida vegetación terrestre	Pérdida vegetación riparia	Alteración Hábitats faunísticos terrestres	Alteración Hábitats faunísticos acuáticos	Afecciones microclima	Alteración Sistema Territorial	Sustitución Fuentes Generación	SUMA POR FILAS
Alteración calidad agua en vaso embalses	3																3
Alteración calidad agua, aguas abajo presas		2							3								5
Modif caudal natural																	
Barrera física por presencia vaso embalse																	
Alteración procesos avenidas																	
Alteración estabilidad laderas				2	1												3
Alteraciones morfología terreno					1												1
Alteraciones paisajísticas			1							1	1			1			4
Alteración dinámica de cauce			2														2
Pérdida vegetación terrestre																	
Pérdida vegetación riparia																	
Alterac. Hábitats faunísticos terrestres										2	2						4
Alterac. Hábitats faunísticos acuáticos			4	4					2					1			11
Afecciones microclima		1		4										1			6
Alteración Sistema Territorial																	
Sustitución Fuentes Generación																	
SUMA POR COLUMNAS	3	3	7	10	2				5	3	3			3			

GRADO DE LAS SINERGIAS DETECTADAS									
4	**Sinergia alta**		3	**Sinergia media**		2	**Sinergia baja**	1	**Sinergia muy baja**

Figura IV.60.b. *Tabla para valoración de las sinergias detectadas.*

sinérgicos y, por tanto, sobre los que deberán centrarse las medidas correctoras. En el ejemplo en estudio se tiene que, para la fase de explotación de los proyectos serán de especial sensibilidad los impactos que se derivan de la presencia física del vaso de embalse. Y como impactos a corregir tendremos las alteraciones de los hábitats faunísticos acuáticos.

7.3.3. Los grafos de relación causa-efecto como expresión de la problemática

Esta técnica consiste en representar la problemática general, o parte de ella, por medio de flechas expresivas de las relaciones que se desea expresar; para elaborar un diagrama de flujo se comienza identificando la manifestación del problema (figura IV.61), que se adopta como elemento central del grafo, y a partir de ella, como si se tratase del tronco de un árbol; se va progresando hacia atrás —hacia las raíces— para identificar las causas, y hacia delante —hacia las ramas— para identificar los efectos; la red se complica rápidamente haciéndose confusa, por lo que suele ser preferible representar la problemática mediante varios grafos más simples, que con uno demasiado complejo.

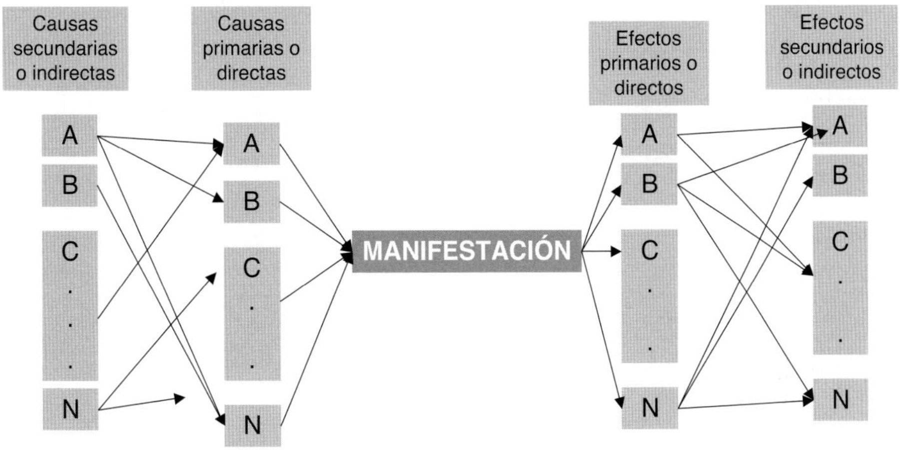

Figura IV.61. *Ilustración de la forma en que se confecciona un grafo de relaciones causa efecto.*

Las figuras IV.62.a, IV.62.b y IV.63 son ejemplos de grafos de problemas.

Este tipo de esquema puede ser también utilizado para diagnosticar la situación problema de una actividad o área, por ejemplo, la situación ambiental de una industria, de un espacio degradado o de un municipio.

Otra forma de realizar los grafos de relación causa efecto, consiste en comenzar por una circunstancia que se adopta como causa de problemas y simular sobre el papel las cadenas de relaciones sucesivas que partiendo de ella van identificando efectos primarios, secundarios, etc. Al ramificarse el grafo se va complicando rápidamente y se corre el riesgo de identificar problemas escasamente significativos o de duplicar la consideración de otros.

7.3.4. Evolución de la problemática

En todo caso los grafos de relación causa efecto deben ser un soporte importante de una reflexión sobre la evolución esperable de la problemática.

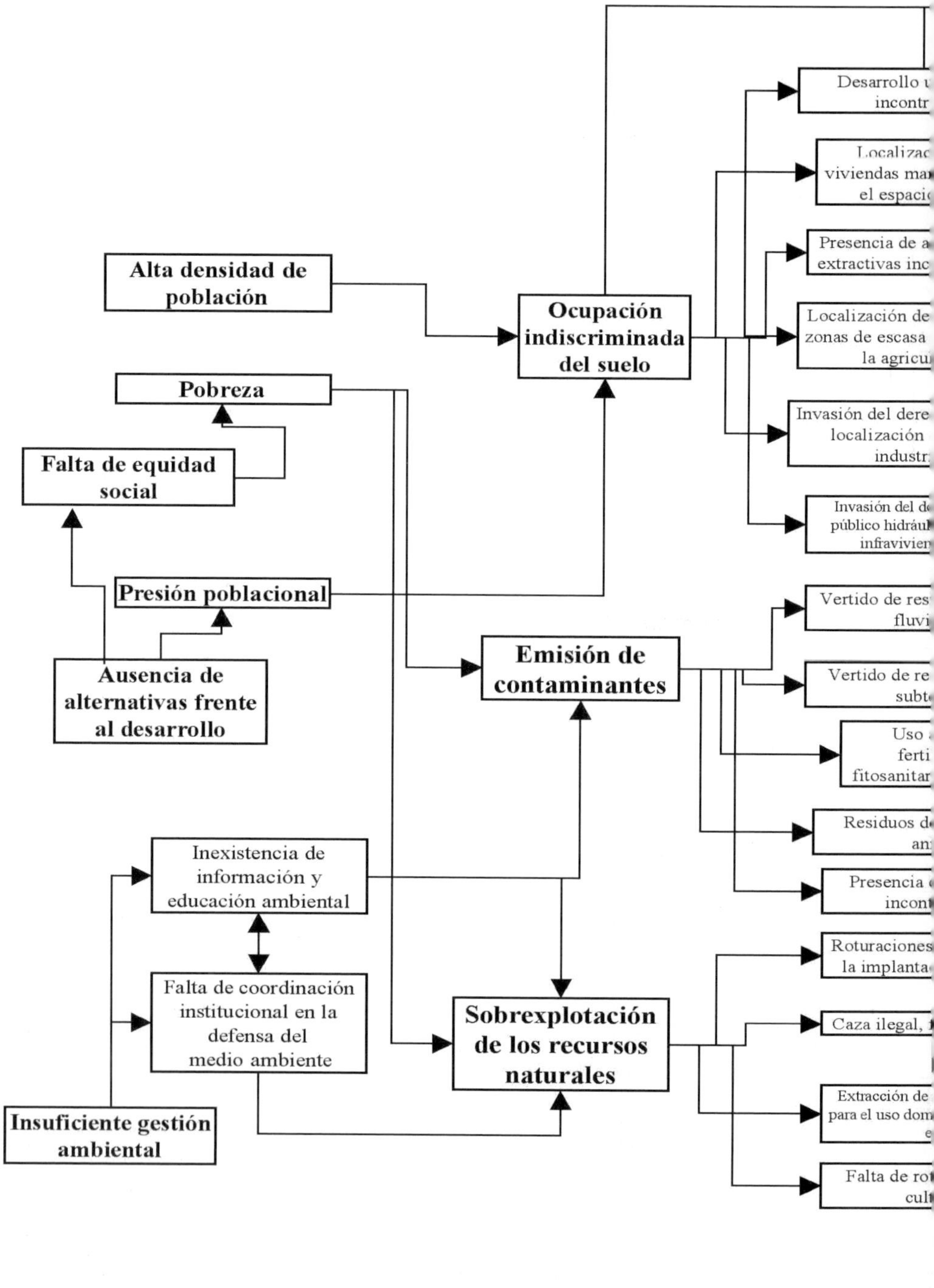

Figura IV.62.a. *Grafo causa-efecto del Diagnóstico*

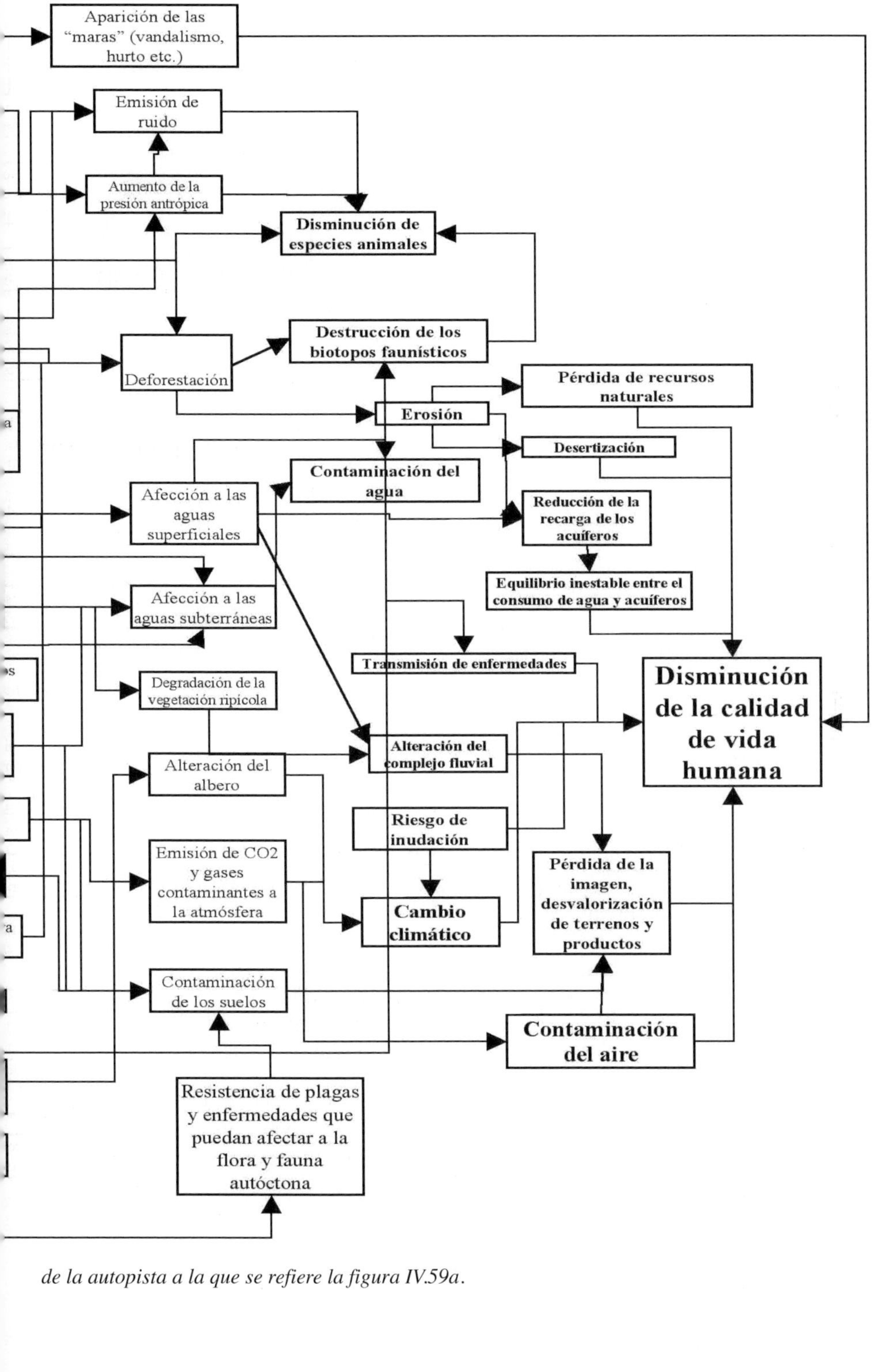

de la autopista a la que se refiere la figura IV.59a.

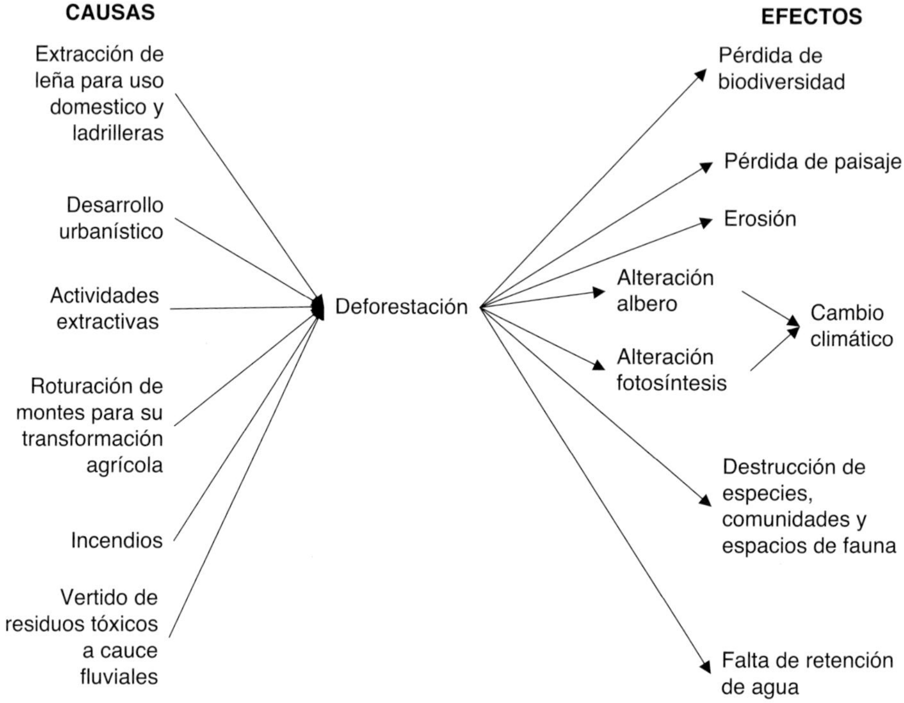

Figura IV.62.b. *Grafo causa efecto para la deforestación del Valle de Zapotitán (El Salvador).*

7.3.5. Tablas o matrices

7.3.5.1. Matrices de relación causa efecto

Es otra forma de representar los problemas de forma conjunta; se trata de cuadros de doble entrada (figura IV.64) en una de las cuales se disponen las causas y en la otra los elementos o procesos del sistema territorial receptores de los efectos. En la matriz se señalan las casillas donde se produce una interacción que identifica un problema actual o potencial, el cual describe con un símbolo o comentario breve.

7.3.5.2. Matrices sucesivas o escalonadas

Para identificar efectos de segundo, tercero... grado se puede recurrir a la confección de matrices sucesivas (figura IV.65), una de cuyas entradas son los efectos primarios, secundarios, ... causa a su vez de efectos secundarios, terciarios... respectivamente, sobre los elementos y procesos territoriales dispuestos en la otra entrada. Se pueden ir construyendo de forma escalonada: la primera matriz está constituida por una matriz causa efecto convencional como la descrita en el epígrafe anterior donde se identifican los efectos primarios. La

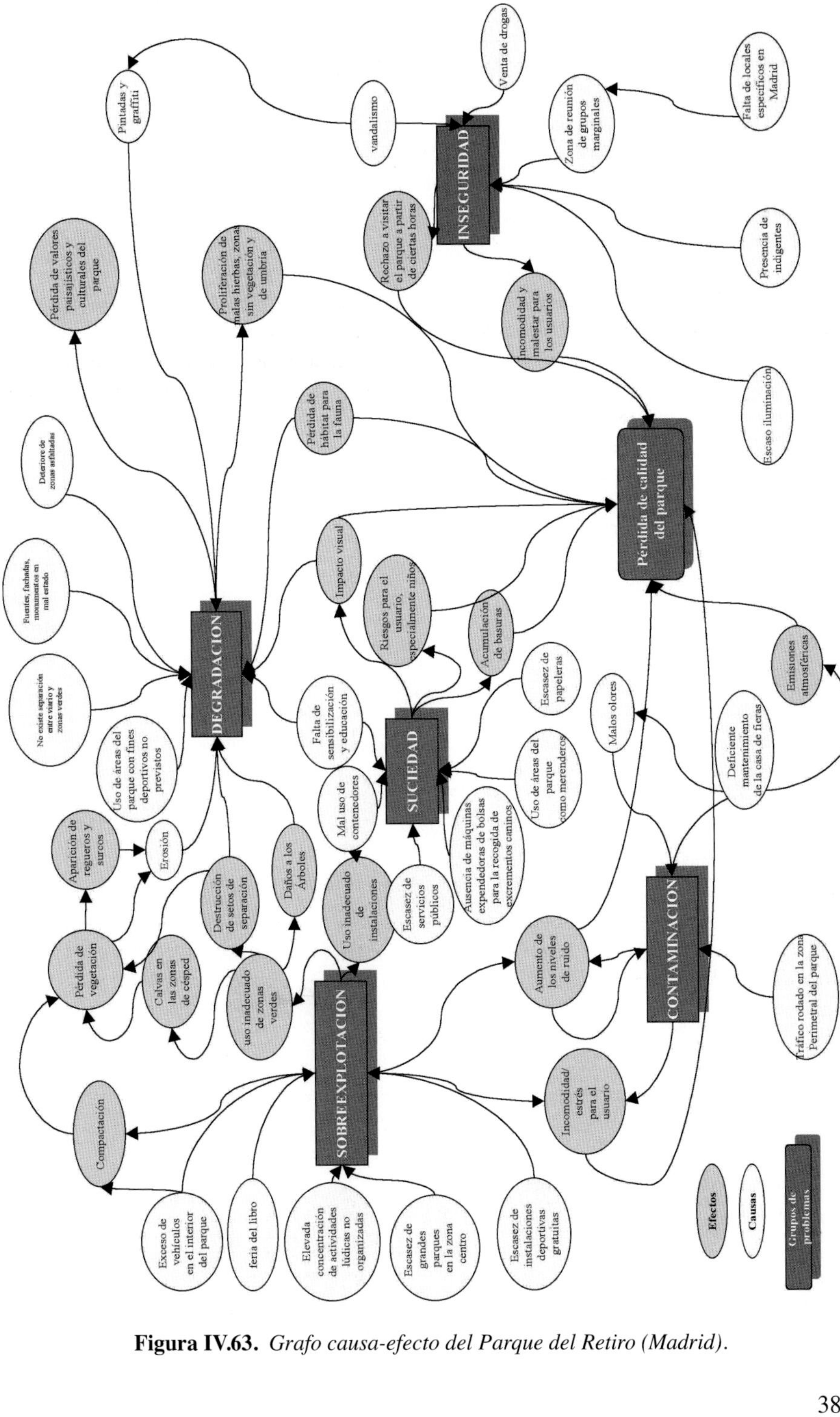

Figura IV.63. *Grafo causa-efecto del Parque del Retiro (Madrid).*

		AGENTES CAUSANTES/FACTORES A		
Problemas/Factores ambientales	**Ser humano Población**	**Flora**	**Fauna**	**Clima y microcli**
Problema 1: Localización abusiva e incontrolada de desarrollos urbanísticos legales y/o ilegales. Incluye la localización industrial.	Alteración del paisaje natural	Deforestación; pérdida de biodiversidad	Destrucción de biotopos; aumento de la presión antrópica (ruido, caza ilegal, etc.)	Alteración del alber
Problema 2: Localización de infravivienda en riberas, márgenes y zonas inundables de numerosos tramos de ríos.	Degradación del potencial turístico-recreativo de los complejos fluviales; riesgos de accidentes por inundación	Deforestación del bosquete de galería (Vegetación ripícola)	Destrucción de biotopos, aumento de la presión antrópica (ruido, caza ilegal, etc.); disminución de la fauna acuícola	
Problema 3: Presencia de actividades extractivas (canteras, graveras y ladrilleras)	Alteración del paisaje natural; pérdida de calidad atmosférica	Deforestación; pérdida de biodiversidad	Destrucción de biotopos; aumento de la presión antrópica (ruido, caza ilegal, etc.)	Alteración del alberc el carácter global de contaminación atmo hay que considerar l efectos sobre el cam climático
Problema 4: Localización de cultivos en zonas de escasa aptitud para la agricultura productiva. (fuertes pendientes, poca fertilidad, etc.)	Alteración del paisaje	Deforestación; pérdida de biodiversidad	Destrucción de biotopos; aumento de la presión antrópica (ruido, caza ilegal, etc.)	
Problema 5: Localización de viviendas marginales en el espacio rural		Deforestación pérdida de biodiversidad	Destrucción de biotopos; aumento de la presión antrópica (ruido, caza ilegal, etc.)	Alteración del albero
Problema 6: Invasión del derecho de vía para la localización de viviendas, puestos ambulantes, etc.	Alteración del paisaje; riesgos de accidentes; alteración del tráfico (atascos)		Migración de especies animales	
....	....	....	....	....

Figura IV.64. *Tabla de relación e*

LES AFECTADOS (del Problema 1 al 7)

Aire	Tierra y suelo	Agua	Bienes materiales	Procesos o interacciones
		Contaminación de aguas superficiales y subterráneas. Pérdida de agua útil	Pérdida de suelo agrícola fértil	Incremento de la escorrentía superficial. Reducción de la recarga de acuíferos. Sedimentación y alteración del régimen de los ríos, enzolvamiento y riesgo de inundación
		Contaminación del agua; vertido de residuos a los ríos, lavado de ropa en los ríos etc.	Pérdida de imagen, desvalorización de terrenos y productos	
ɜmisión de ɔolvo	Extracción de tierra; pérdida del suelo agrícola fértil		Pérdida de imagen, desvalorización de terrenos y productos	Desencadenamiento de fenómenos erosivos, alteración del paisaje natural; pérdida de cubierta vegetal favoreciendo la escorrentía que dificulta la recarga de los acuíferos subterráneos; alteración de la calidad ambiental y de vida de los habitantes
	Alteración de la morfología del terreno; erosión			Desencadenamiento de procesos erosivos, desplazamiento de materiales térreos y consiguiente deposición en los canales de desagüe naturales y construidos: riesgo de inundación. Alteración de la escorrentía superficial
		Contaminación de aguas superficiales y subterráneas. Pérdida de agua útil	Pérdida de imagen de la zona; causa una mala impresión en el turista y en el residente	Incremento de la escorrentía superficial. Reducción de la recarga de acuíferos. Sedimentación y alteración del régimen de los ríos, enzolvamiento y riesgo de inundación.
....	....	....	....	....

blemas y los factores ambientales.

		Acciones						Efectos primarios						Efectos					
		a_1	a_2		a_i		a_m	E_{11}	E_{12}		E_{Ej}		E_{nm}	E_{112}	E_{114}		E_{Ejm}		E_{nmm}
Factores ambientales	F_1																		
	F_2																		
	F_j				E_{Ej}												E_{ijmj}		
	F_m						E_{nm}				I_{ijm}								

1.ª MATRIZ: EFECTOS PRIMARIOS
E_{ij} representa el impacto de la acción a_i sobre el factor F_j

2.ª MATRIZ: EFECTOS SECUNDARIOS
E_{ijm} representa el efecto secundario del impacto primario E_{ij} sobre el factor F_m

3.ª MATRIZ: EFECTOS TERCIARIOS
E_{ij} representa el impacto de la acción a_i sobre el factor F_j

Figura IV.65. *Matrices sucesivas o escalonadas.*

segunda matriz se apoya en la primera al situar dichos efectos en la entrada por columnas y disponer en los cruces los efectos secundarios. La tercera matriz se apoya, a su vez, en ésta, pues dichos efectos secundarios se cruzan, a su vez, con los factores territoriales para obtener efectos terciarios. Así sucesivamente hasta que se consideren los efectos como finales[22].

7.3.5.3. Matrices cruzadas o de acción recíproca

Se trata de matrices cuadradas en las cuales los elementos y procesos territoriales o los riesgos de alteración aparecen dispuestos en filas como primarios y en columnas como secundarios, representando la interacción en los cruces. La figura IV.66 muestra un ejemplo de matriz cruzada.

7.3.6. Combinación de grafos y matrices

Los grafos de relación causa-efecto se pueden expresar en forma de matrices sucesivas, como muestra la figura IV.67, una causa determinada desencadena una secuencia de relaciones causa-efecto que definen problemas primarios, secundarios... y finales. Los problemas primarios del grafo equivalen a la primera columna de la primera matriz; éstos problemas primarios, llevados a las entradas por columnas de la segunda matriz, permiten representar problemas secundarios o consecuencias de los primarios; a su vez, éstos se pueden disponer como entradas por columnas de la tercera matriz para identificar problemas terciarios, y así sucesivamente hasta agotar las consecuencias.

En la técnica del grafo, los problemas vienen identificados por las flechas, las cuales definen relaciones causa-efecto: la causa está en el origen y el efecto en el final de la flecha. El grafo permite visualizar la importancia o gravedad de los problemas, incluso otros atributos del problema, sin más que utilizar diferentes color y grosor para cada flecha.

7.3.7. Fichas o tablas de problemas

La definición de un problema así como sus atributos, se pueden expresan de forma sintética mediante fichas del tipo de la que representa la figura IV.68 y la figura IV.69. También admiten una disposición en forma de tabla, facilitando así una panorámica sobre el conjunto.

Los condicionantes naturales más significativos, así como los procesos y riesgos activos, que intervienen como limitantes de gran importancia para las actividades humanas (inestabilidad del terreno, heladas tardías, baja calidad de los suelos, escasez de lluvias, inundación, erosión, sismicidad, vulcanismo, etc.) deben ser descritos y valorados de forma similar a los problemas, pero con la condición de debilidades.

---

[22] Se puede continuar el proceso hasta las soluciones, disponiendo en una nueva matriz las medidas o mecanismos de control que se desee prever.

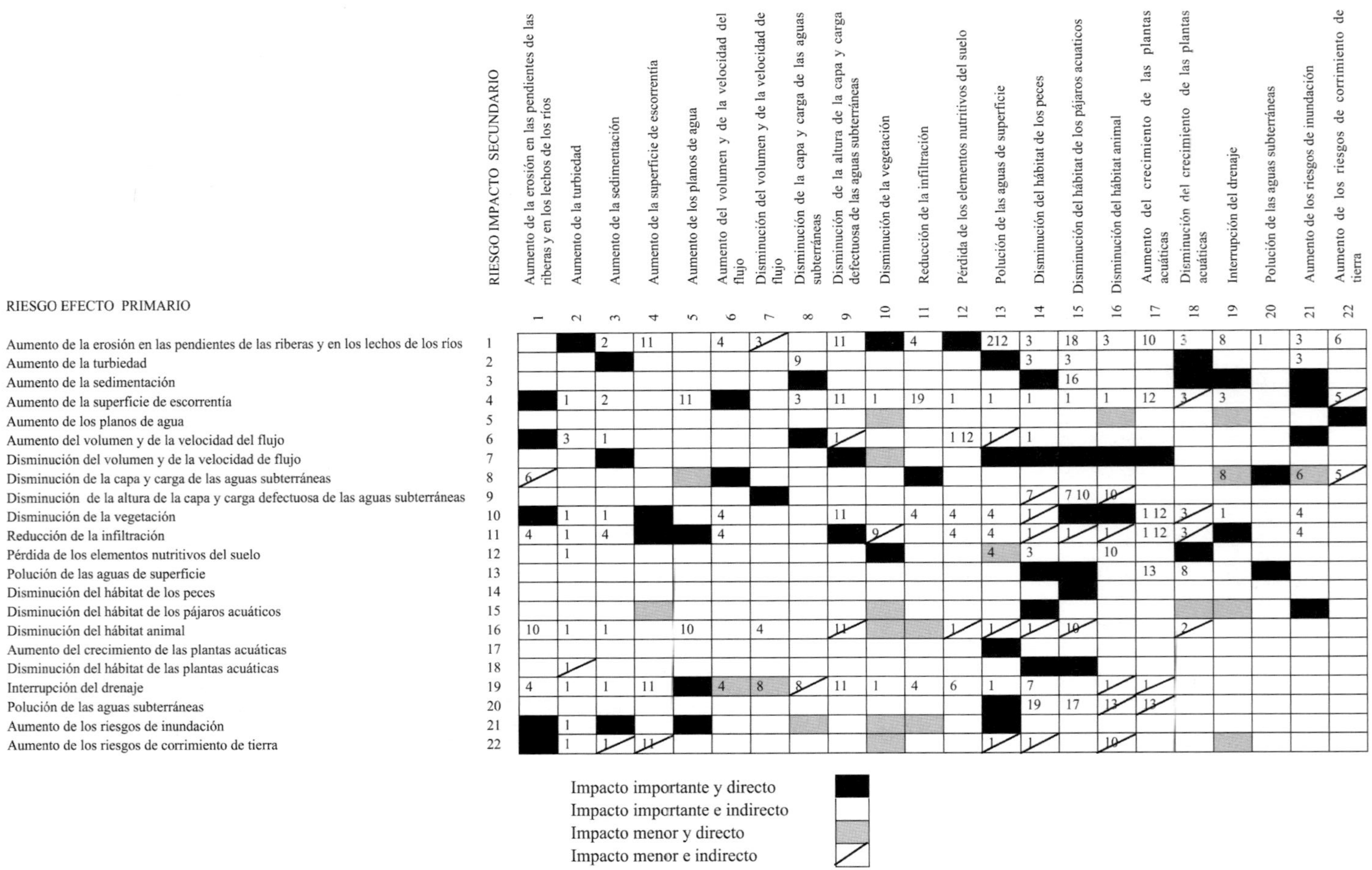

Figura IV.66. *Ejemplo de matrices cruzadas o de acción recíproca.*

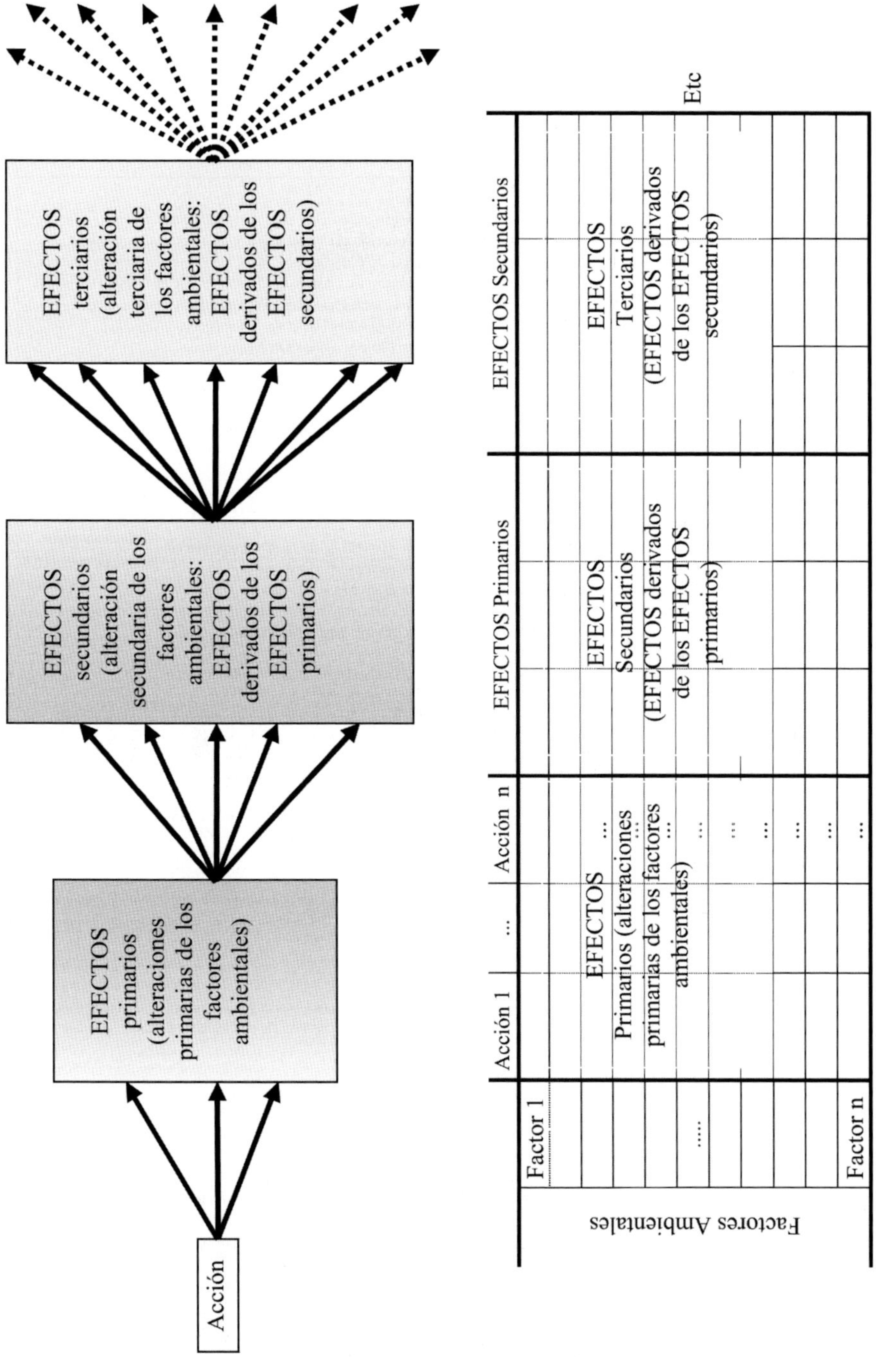

Figura IV.67. *Los grafos de relación causa efecto se pueden expresar también en forma de matrices sucesivas.*

Título del problema:
Problema: Degradación del entorno por actividades extractivas: canteras, graveras,...

Descripción del problema:
Las canteras tanto activas como inactivas actualmente presentes en Eivissa, se localizan en la mayoría de los casos en zonas de gran incidencia visual, laderas muy expuestas hacia zonas de gran concentración de pobladores . Durante la fase de explotación se presentan otros problemas como la eliminación de vegetación y hábitats faunísticos o la generación de nubes de polvo, tráfico de camiones, etc. De la misma forma, el abandono de las explotaciones una vez agotado el periodo de explotación se realiza sin la conveniente recuperación del espacio afectado. De la misma, forma se desarrollan extracciones, autorizadas o no, de áridos en zonas dunares.

Causas:
- Insuficiente control por parte de las administraciones competentes, especialmente en lo referente a la restauración de explotaciones y a control de impacto ambiental.
- Falta de sensibilidad ambiental en los titulares de la explotación y por consiguiente, falta de gestión ambiental de la explotación.
- Abandono de las explotaciones una vez agotado el plan de explotación, sin recuperación del espacio afectado.

Efectos:
- Intrusión visual, en algunos casos crítica.
- Eliminación de vegetación y de hábitats faunísticos.
- Riesgo de erosión.
- Sensación de abandono. Deterioro de la imagen de la isla.
- Daños en edificaciones de todo tipo.
- Molestias a vecinos.
- Deterioro de infraestructuras viarias.

Localización:
El problema (visual) afecta fundamentalmente al Pla de Vila y al Pla de Sant Jordi pese a no encontrarse las explotaciones ubicadas en esta unidad. En Formentera el problema se localiza fundamentalmente en la zona de Es Carnatge-Mitjorn.

Magnitud:
Grave (3)
- Número total de explotaciones.
- Explotaciones activas.
- Explotaciones restauradas.

Grave a nivel Pitiuso y muy grave en puntos concretos

Evolución esperada:
Regular (3)
Se observa una tendencia a un mayor control y una mayor exigencia medioambiental por parte de las administraciones implicadas.
La gran actividad del sector de la construcción, que deberá descender lentamente, y la próxima ejecución de una importante infraestructura portuaria comercial, suponen una importante demanda a corto y medio plazo.
A largo plazo deberá producirse una disminución de actividad extractiva.

Urgencia de intervención:
Muy Urgente (4)

Valoración total del problema:
Problema importante (10)

Agentes y Organismos Responsables:
- Administraciones locales/Propietarios de las explotaciones/Población en general/Agentes del sector turístico.

Problemas asociados:
Problema 1: Degradación ambiental (suelo, flora, fauna, ecosistemas, paisaje, patrimonio cultural/arqueológico) a consecuencia de la localización abusiva e incontrolada de desarrollos urbanísticos.
Problema 4: Edificación dispersa, de carácter turístico-residencial, en suelo rústico.
Problema 5: Proyectos de puertos deportivos y comerciales.
Problema 25: Erosión del suelo.

Líneas de acción
- Control estricto del cumplimiento de la legislación en materia de Evaluación del Impacto Ambiental y de recuperación del espacio ocupado por las canteras. Seguimiento del cumplimiento de los planes de restauración paralelamente a la explotación.
- Legalización de las explotaciones activas no autorizadas, o clausura de las mismas, según dictamen basado en estudio de impacto ambiental y en estudio de viabilidad y nivel de cumplimiento de la restauración.
- Vigilancia de medidas correctoras: control de polvos, control de detonaciones, control de pluviales, control de vehículos y maquinaria, cumplimiento de planes de restauración.
- Restricción al máximo de explotaciones areneras en zonas dunares.
- Implantar sistemas normalizados de Gestión Ambiental (EMAS O ISO14.000).
- Recuperación de espacios alterados por actividades extractivas clausuradas o definitivamente desautorizadas, con prioridad de las de mayor incidencia visual.
- Clausura definitiva de explotaciones antiguas que han originado hábitats naturales nuevos escasos en Pitiusas (zonas húmedas, hábitats riparios interiores; Ejemplo: Cantera de Can Sopes, en Sant Miquel).
- A medio o largo plazo, moderación y replanteamiento de la actividad del sector de la construcción.

Figura IV.68.a. *Ficha problema del Plan Territorial Insular de Ibiza y Formentera.*

Título del problema:

Problema: Localización de cultivos de escasa aptitud para la agricultura productiva

Descripción del problema:
Localización de cultivos en zonas de escasa aptitud para la agricultura; se cultivan frutales (citrícos, mangos, cocos, etc.), arboles maderables (tecas, bambú, etc.) e incluso granos básicos (maiz, frijol, sorgo) sobre tierras poco fértiles, de gran pendiente, sujetas a fuertes fenómenos erosivos que dificultan las labores y tratamientos culturales (laboreo, preparación del terreno para la plantación , aplicación de tratamientos fitosanitarios, recolección, etc.); por lo general suele ser una agricultura de subsistencia, pero en ocasiones existen fincas y explotaciones productivas.

Causas:	**Efectos:**
• Escasez de tierras aptas para la agricultura • Alta densidad de población • Miseria y pobreza • Tierras aptas para la agricultura destinadas con otros fines: turísticos, urbanísticos etc.	• Deforestación • Destrucción de biotopos para la fauna • Alteración de la morfología del terreno • Desencadenamiento de procesos erosivos • Alteración del paisaje natural

Localización:
En zonas forestales, con fuertes pendientes y escasa aptitud para la agricultura, y próximas a las poblaciones de: Santo Tomás, Santiago de Texacuangos, Olocuilta y Cuyultitán, y las carreteras: Autopista de Comalapa y carretera vieja.

Magnitud:	**Evolución esperada:**	**Urgencia de intervención:**
• Grave (3)	• Regular (3)	• Prioritario (2)

Valoración total del problema:
Problema Medio (8)

Agentes y Organismos Responsables:
- Población
- Ministerio de Agricultura
- Ministerio de Medio Ambiente y Recursos Naturales
- Alcaldías de las ciudades afectadas

Problemas asociados:
Problema 4: Cultivos de subsistencia en zonas de escasa aptitud agrícola
Problema 7: Vertido de residuos, aguas negras etc. a cauces fluviales
Problema 8: Existencia de fosas sépticas, pozos negros etc.
Problema 11: Presencia de botaderos espontáneos incontrolados

Figura IV.68.b. *Ficha de problema del Diagnóstico de la zona de influencia de la autopista de Comalapa (República de El Salvador).*

7.3.8. Jerarquías entre problemas

Generalmente es imposible atender a todos los problemas a la vez, por dificultades presupuestarias y de gestión, por lo que resulta imprescindible establecer una jerarquía entre ellos; para ello se aplican criterios técnicos incluidos en los atributos, en los que pesa mucho la gravedad y la evolución esperable del problema, pero sobre todo la percepción que de él tengan los agentes socioeconómicos y, en general, la población afectada; por ello es interesante, cuando no

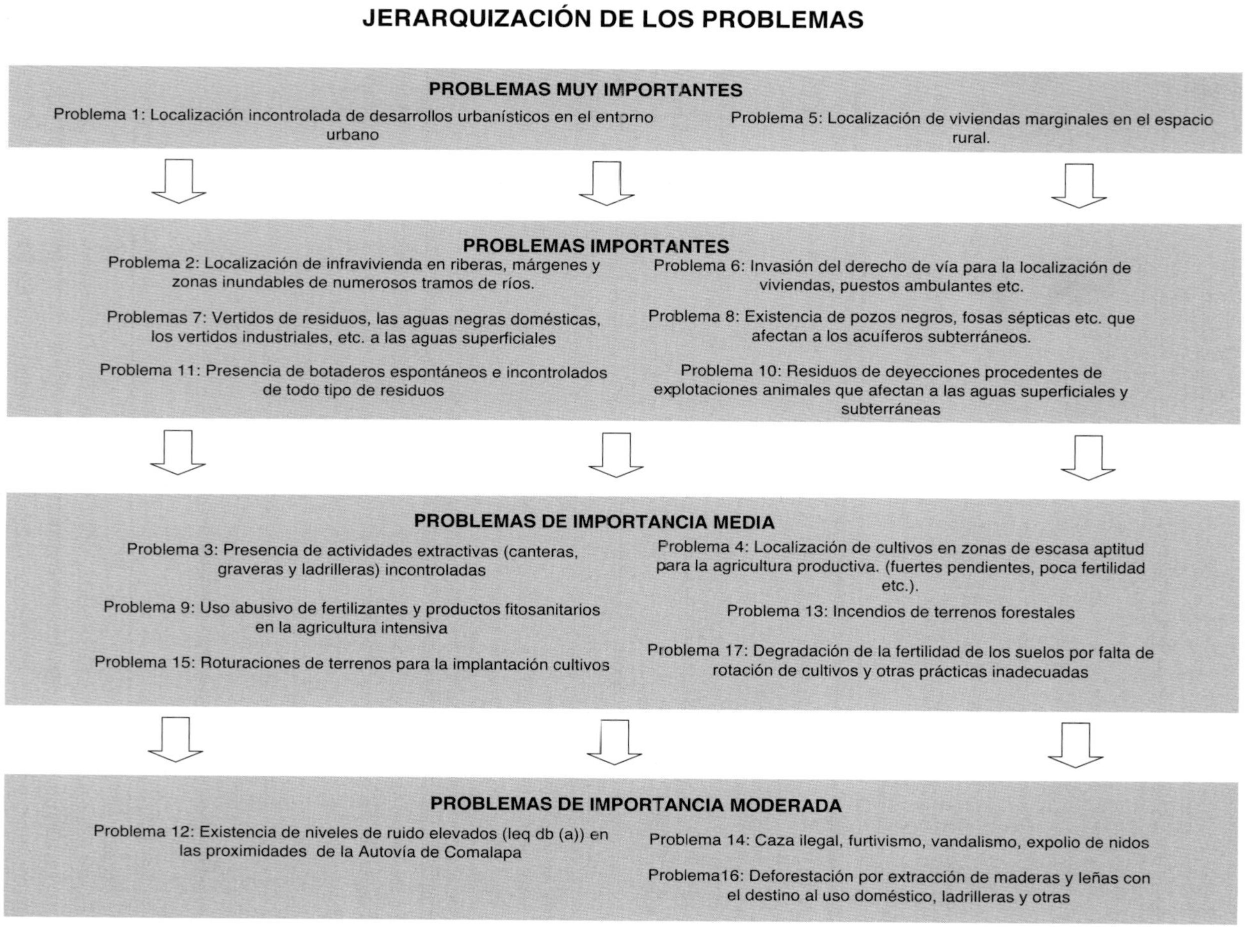

Figura 69. *Jerarquía de problemas.*

imprescindible, descubrir esta percepción mediante encuestas aplicadas con la técnica tipo Delphi.

Para jerarquizar problemas se suele recurrir a la consulta a paneles de expertos o a los propios «clientes del plan», cada uno de los cuales hace su propia jerarquización para luego obtener la que representa mejor la opinión media del grupo: media aritmética, moda, etc.

7.4. Diagnóstico de las potencialidades

Las potencialidades del medio físico pueden entenderse formada por dos elementos:

La Capacidad de Acogida que define las posibilidades de utilización del territorio.

Los recursos territoriales existentes de todo tipo existentes: naturales, humanos, construidos y de localización.

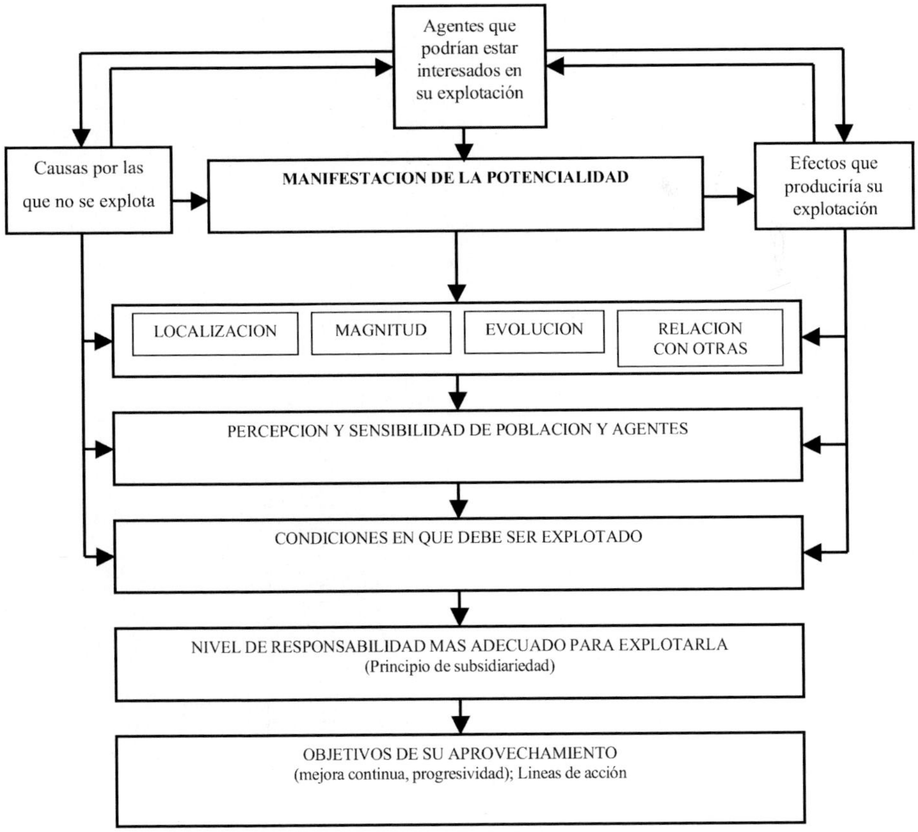

Figura IV.70. *Elementos del diagnóstico de una potencialidad.*

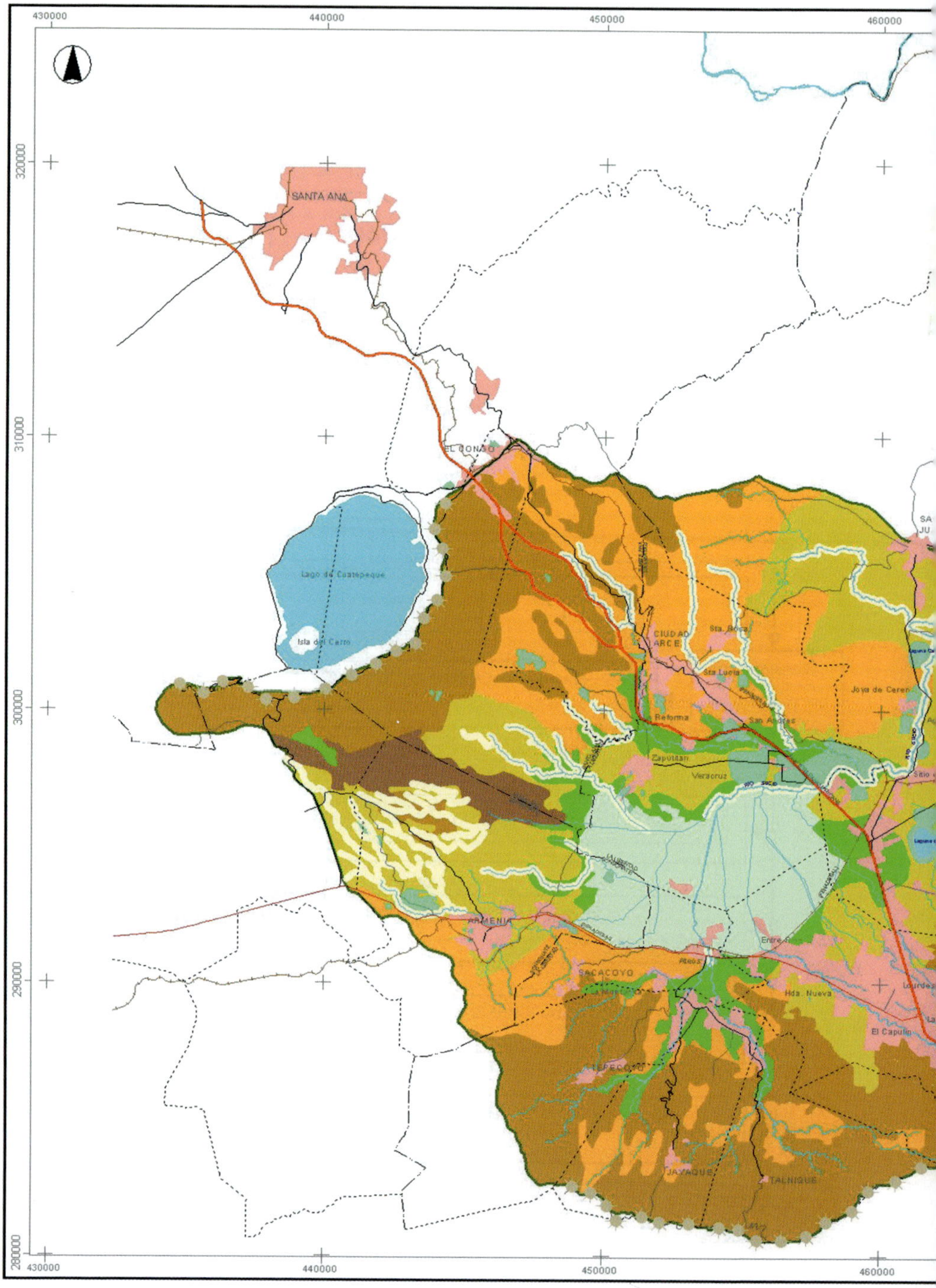

Figura IV.71. *Mapa de potencialid*

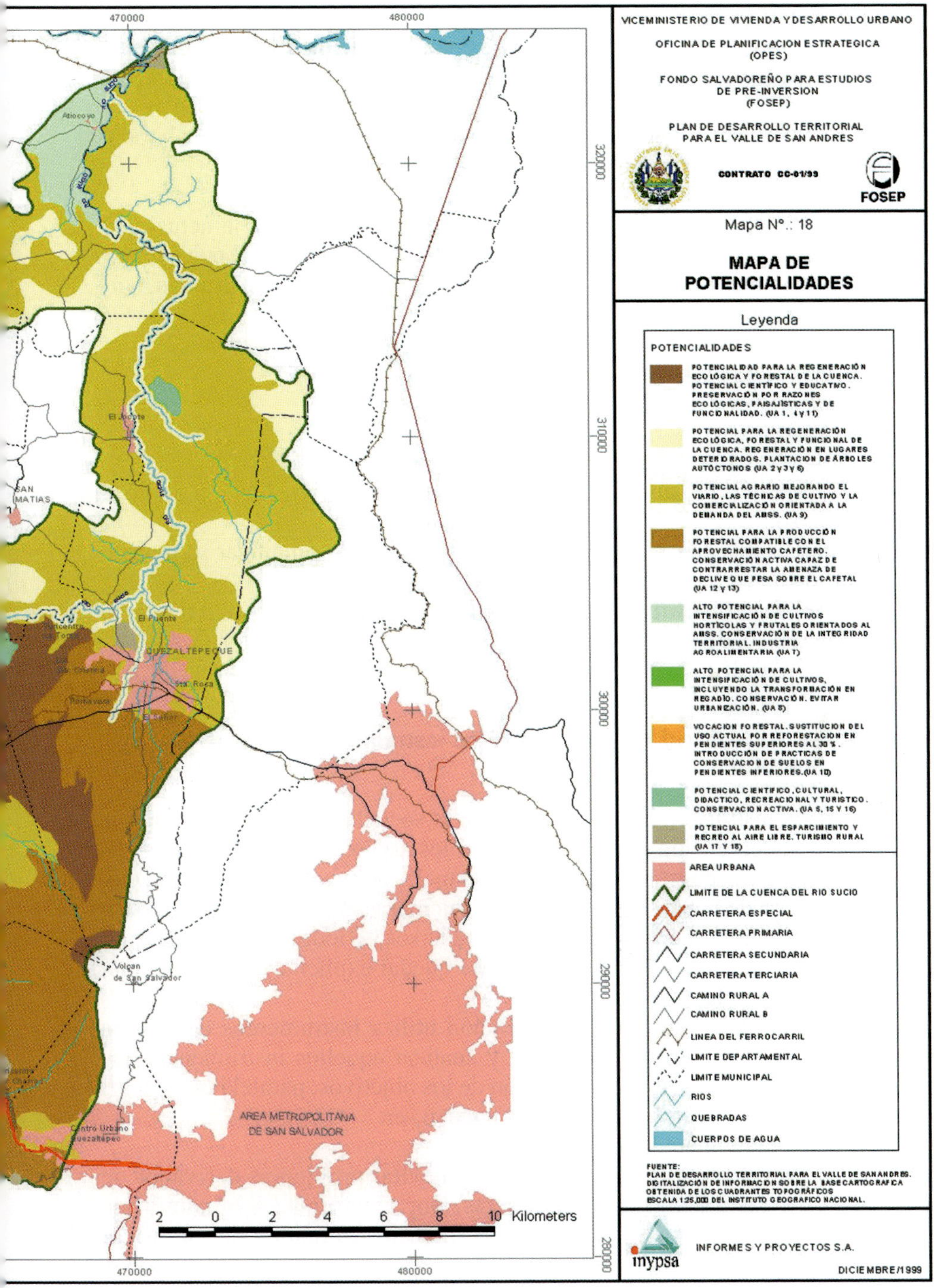

alle de San Andrés (El Salvador).

La primera, se trató en detalle en epígrafes anteriores; en el diagnóstico integrado se representa mediante dos elementos complementarios: el plano de unidades de integración y la tabla de capacidad de acogida, que le acompaña como leyenda.

En cuanto a los recursos, de forma paralela a los problemas, se elabora un diagnóstico sintético a través de los atributos siguientes:

— *Manifestación*.
— Causas por las que no se ha explotado el recurso hasta la actualidad; teniendo en cuenta que ciertos recursos se pueden crear, por ejemplo los humanos que pueden incrementar su calidad, y los construidos, también se puede citar este tipo de causa.
— *Efectos* que tendría la explotación del recurso sobre el sistema.
— Agentes que podría estar implicados en la explotación.
— *Actividades* a través de las que podría explotarse.
— *Localización*.
— *Magnitud* o cantidad de recurso disponible.
— *Percepción*, sensibilidad, consciencia que tiene la población sobre el recurso.
— *Condiciones* en las que deberá ser explotado para garantizar su sostenibilidad.
— Nivel de *responsabilidad* (municipal, provincial, autonómico o estatal) más adecuado para aprovecharlo.
— *Objetivos* de la explotación.

7.5. Sobre capacidad de intervención e instrumentos de gestión disponibles

El análisis institucional y la madurez de la sociedad permitirán estimar la capacidad de intervención que se tiene sobre los aspectos más conflictivos del sistema en términos de su problemática: el papel y desarrollo de las instituciones, la estructura de poder, la sensibilidad participativa de la población, la escala de valores sociales, la disponibilidad de recursos de todo tipo, etc. determinan la capacida de intervención, la cual debe quedar explícita antes de adoptar y priorizar las medidas.

Un parte considerable de la intervención utiliza instrumentos de gestión disponibles; se trata aquí de identificar y analizar aquellos instrumentos que puedan tener aplicación en la consecución de los objetivos; paralelamente a los de gestión ambiental, estos instrumentos pueden ser:

1. Según el momento en que operan:
   — *Preventivos*, los que se orientan a evitar problemas derivados de ciertas amenazas o tendencias; por ejemplo la Evaluación de Impacto Ambiental, así como otros instrumentos de planificación.
   — *Correctores*, los que se dirigen a mejorar el comportamiento de los agentes socioeconómicos, a los actores sociales y a la pobla-

ción en general; por ejemplo los Sistemas Normalizados de Aseguramiento de la Calidad, los Sistemas Normalizados de Gestión Ambiental, etc.

— *Curativos*, tienen por finalidad resolver una situación que se considera indeseable; por ejemplo los mecanismos orientados al tratamiento d suelos contaminados.

— *Potenciativos*, se refieren a incrementar la calidad de espacios o procesos; por ejemplo la tecnología para mejorar la homeostasia de los ecosistemas o para incrementar la resiliencia de los vectores ambientales.

— *Puesta en valor* de recursos ociosos o mal aprovechados, mediante las actividades capaces de aprovecharlos creando empleo o riqueza.

2. Según su naturaleza:
   — *Normativos*/legales: disposiciones legales o administativas.
   — *Económicos*: creación de mercados.
   — *Fiscales*: cánones, impuestos, exenciones, subsidios, etc.
   — *Financieros*: créditos, gravámenes aplicados a incumpliminetos, depósitos de buen fin, etc.
   — De mercado: títulos de:
     • *De participación social*: mesas sectoriales, mesas de concertación, etc.
   — Otros.

Ante una situación conflictiva determinada habrá que reflexionar primero sobre el instrumento o los instrumentos más adecuados para afrontarla y aplicarlos después. Para ello se relacionan los instrumentos con los problemas mediante una tabla en la que se hace corresponder a cada problema el instrumento o instrumentos más adecuado para resolverlo o prevenirlo. Ver figura IV.72.

INSTRUMENTOS / PROBLEMAS		PREVENTIVOS: Primarios: Formación	PREVENTIVOS: Primarios: Sensibilización	PREVENTIVOS: Primarios: Educación	PREVENTIVOS: Secundarios: Normativa	PREVENTIVOS: Secundarios: Investigación	PREVENTIVOS: Secundarios: Monitorización	PREVENTIVOS: Secundarios: Indicadores de calidad	PREVENTIVOS: De gestión: Control de usos del suelo	PREVENTIVOS: De gestión: EIA	PREVENTIVOS: De gestión: Compromiso ambiental	CORRECTORES: Orientados a actividades: SGA: En la industria hotelera	CORRECTORES: Orientados a actividades: SGA: EMAS	CORRECTORES: Orientados a actividades: SGA: ISO 14.000	CORRECTORES: Orientados a productos/servicios: Etiquetado ecológico	CORRECTORES: Orientados a productos/servicios: ACV	CORRECTORES: Orientados a productos/servicios: Etiquetado agricultura ecológica	CORRECTORES: Orientados a productos/servicios: Código de buenas prácticas ambientales	CURATIVOS: Recuperación	CURATIVOS: Reformación	CURATIVOS: Rehabilitación	CURATIVOS: Puesta en valor de recursos ociosos	POTENCIATIVOS: Instr. financieros	POTENCIATIVOS: Instr. legales	POTENCIATIVOS: Instr. económicos	POTENCIATIVOS: Instr. de participación social
Agua	Salinización de acuíferos.	✓	✓	✓	✓	✓	✓		✓	✓	✓						✓	✓	✓	✓				✓		✓
Agua	Agotamiento de acuíferos.	✓	✓	✓	✓	✓	✓		✓	✓	✓						✓	✓	✓	✓				✓		✓
Agua	Riesgo de contaminación de acuíferos por aguas fecales u otras causas.	✓	✓	✓	✓	✓	✓	✓	✓	✓	✓	✓	✓	✓		✓								✓	✓	✓
Agua	Contaminación de acuíferos por productos fitosanitarios y abonos.	✓	✓	✓			✓	✓	✓		✓						✓	✓						✓	✓	✓
Agua	Vertidos al mar de aguas residuales.	✓	✓	✓	✓		✓	✓		✓	✓	✓	✓	✓									✓	✓	✓	✓
Agua	Vertidos de efluentes de depuradoras, desaladoras y centrales térmicas.	✓	✓	✓	✓		✓	✓		✓	✓		✓	✓									✓	✓	✓	✓
Agua	Contaminación por aceites, restos de combustibles y aguas residuales domésticas en zonas de fondeo de barcos.	✓	✓	✓	✓		✓	✓			✓												✓	✓	✓	✓
Agua	Escasez de recursos hídricos durante la temporada estival.	✓	✓	✓																						
Agua	Contaminación de zonas húmedas por vertidos.	✓	✓	✓					✓	✓	✓												✓	✓	✓	✓
Suelos	Modificación de la geomorfología del terreno por proyectos de urbanización, implantación de canteras, desmontes en laderas, etc.	✓	✓	✓	✓			✓	✓	✓	✓								✓	✓	✓	✓	✓	✓	✓	✓
Suelos	Limpieza no adecuada de playas.	✓	✓	✓				✓										✓								
Suelos	Erosión y desestructuración del suelo.	✓	✓	✓				✓	✓										✓	✓	✓	✓				✓
Vegetación	Deterioro de la vegetación natural por uso recreativo del terreno.	✓	✓	✓	✓		✓	✓	✓										✓	✓	✓	✓	✓		✓	
Vegetación	Desaparición de la vegetación propia de humedales y cauces torrenciales por desecación o contaminación.	✓	✓	✓	✓		✓	✓	✓	✓	✓								✓	✓	✓	✓	✓		✓	
Vegetación	Destrucción de la vegetación natural por introducción de especies alóctonas e invasión de especies exóticas.	✓	✓	✓		✓	✓	✓										✓	✓					✓		
Vegetación	Destrucción de la masa forestal por incendio.	✓	✓	✓														✓	✓	✓	✓	✓		✓	✓	✓
...	....	....	...	....	...	...	....	....	....	...	....	....	....	....	....	...	....	....	....	....	....					

Figura IV.72. *Relación de los problemas con los instrumentos de gestión ambiental.*

V

PREPARACIÓN PARA LA FASE DE PLANIFICACIÓN

Para acceder con facilidad a la fase de planificación, conviene realizar dos ejercicios: el análisis DAFO y la generación de escenarios.

1. EL ANÁLISIS DAFO

El análisis DAFO[1] (acrónimo de Debilidades-Amenazas-Fortalezas-Oportunidades) es una forma de disponer el conocimiento adquirido en el diagnóstico para facilitar la identificación de estrategias y objetivos; se concreta en una matriz cuyas entradas por filas están ocupadas por las fortalezas y debilidades; las entradas por columnas corresponden a oportunidades y amenazas, tal como ilustran las figuras V.1 y V.2.

Matiz DAFO		Fortalezas	Debilidades
		F_1 F_2 ...	D_1 D_2 ... D_N
Amenazas	A_1 A_2 ... A_N	Estrategias resultado de cruzar: Amenazas y Fortalezas	Estrategias resultado de cruzar: Amenazas y Debilidades
Oportunidades	O_1 O_2 ... O_N	Estrategias resultado de cruzar: Oportunidades y Fortalezas	Estrategias resultado de cruzar: Oportunidades Debilidades

Figura V.1. *Formato de una matriz DAFO genérica.*

[1] En inglés SWOT: Strenghts, Weaknesses, Oportunities, Threats.

		Debilidades	Fortalezas
EJEMPLO DE MATRIZ DAFO APLICADA A UN MEDIO RURAL DEPRIMIDO DE CARÁCTER GENÉRICO		Decadencia Desprestigio social de la agricultura Éxodo rural Debilidad poblacional en cantidad, densidad y estructura Desequilibrio entre sexos Dificultades para la incorporación de la mujer al trabajo Desconfianza en las iniciativas exógenas Desprestigio de profesiones tradicionales Actitud negativa ante iniciativas de desarrollo Baja tasa de actividad Pérdida de identidad Inadecuación del sistema de asentamientos a la actualidad Desarticulación territorial Debilidad de los factores de localización industrial Déficit de infraestructura y equipamientos	Calidad ambiental Recursos paisajísticos Recursos hidrológicos Alta biodiversidad Recursos cinegéticos Recursos piscícolas Cantidad y calidad de patrimonio cultural construido Tradición cultural Tradición artesanal Amplia capacidad de adaptación profesional de la población Carácter estratégico de la agricultura
Amenazas	Atracción de las ciudades Control social Liberalización de mercados agrícolas mundiales Furtivismo externo Estacionalidad del turismo Presión del turismo sobre los recursos naturales Atracción externa sobre capitales internos Competencia de otras comarcas próximas Trasvases de agua a otras cuencas	ESTRATEGIAS Y LINEAS DE ACCION RESULTANTRES DE COMBINAR DEBILIDADES Y AMENAZAS	ESTRATEGIAS Y LINEAS DE ACCION RESULTANTRES DE COMBINAR FORTALEZAS Y AMENAZAS
Oportunidades	Preocupación social por el medio rural Demanda creciente de turismo rural Incremento de la conciencia y sensibilidad ambiental de la sociedad Preocupación por los desequilibrios territoriales Demanda de productos da calidad Desarrollo de las comunicaciones Desarrollo de la telemática Inmigración de otros países	ESTRATEGIAS Y LINEAS DE ACCION RESULTANTRES DE COMBINAR DEBILIDADES Y OPORTUNIDADES	ESTRATEGIAS Y LINEAS DE ACCION RESULTANTRES DE COMBINAR FORTALEZAS Y OPORTUNIDADES

Figura V.2. *Ejemplo de una matriz DAFO aplicada a una zona rural deprimida genérica.*

De acuerdo con la idea de planificación estratégica (aquella que plantea objetivos a largo plazo y considera el contexto externo en que se inscribe el ámbito del plan) el análisis DAFO separa lo que es el sistema interior: el que corresponde al ámbito del plan, del exterior. Las debilidades y fortalezas identifican a atributos del sistema interior; las primeras enumeran los puntos débiles del sistema, es decir, aquellos aspectos en que resultan deficientes para proporcionar a la población una adecuada calidad de vida; son debilidades, por ejemplo, la escasez de fuerza de trabajo, las limitaciones naturales para ciertos tipos de uso, la rigidez de los aprovechamientos agrícolas, el aislamiento y/o carácter periférico de una zona, las dificultades de accesibilidad interior, la insuficiente dotación de equipamientos, servicio e infraestructuras de apoyo a las actividades económicas. Las fortalezas ponen de relieve los puntos fuertes, es decir, los aspectos en que el sistema dispone de ventajas comparativas y resulta bien dotado para proporcionar una buena calidad de vida a los ciudadanos: situación central o sobre ejes de desarrollo, calidad ambiental, potencial de recursos naturales, abundancia y calidad de la fuerza de trabajo, por ejemplo.

Las amenazas y oportunidades se asocian al contexto exterior al ámbito del plan, y se refieren a aspectos dinámicos de carácter coyuntural que pueden interferir en el funcionamiento del sistema interior por vía negativa: amenazas, o positiva: oportunidades. Son amenazas, por ejemplo, la liberalización de mercados mundiales para los productos agrarios de las zonas desarrolladas, el aumento de los desequilibrios territoriales, la presión turística sobre recursos ambientales, etc. Las oportunidades identifican aspectos de los que puede beneficiarse el sistema: aumento de la sensibilidad social por el medio ambiente, dotación de fondos de cohesión interregional en la Unión Europea, demanda creciente de ocio y recreo al aire libre, por ejemplo.

En cuanto internas al ámbito del plan, es posible intervenir sobre las debilidades y fortalezas, mientras resulta muy difícil modificar las oportunidades y las amenazas por ser características que corresponden al sistema exterior.

El simple análisis de la matriz permitirá identificar objetivos y líneas de acción que han de ser consideradas en la fase de planificación. No obstante existe un procedimiento más sofisticado de utilización que opera de la forma siguiente:

1. Cruzar fortalezas con oportunidades y marcar el cruce con los siguientes signos:
   +, cuando la fortaleza permite aprovechar la oportunidad.
   =, cuando la fortaleza es indiferente para aprovechar la oportunidad.
   –, cuando la fortaleza impide aprovechar la oportunidad; esta situación es probable.
2. Cruzar fortalezas con amenazas y marcar como sigue:
   +, cuando la fortaleza reduzca la amenaza.
   =, cuando la fortaleza es indiferente con respecto a la amenaza.
   –, cuando la fortaleza aumente la amenaza.

3. Cruzar debilidades con oportunidades y marcar así:
   –, cuando la debilidad dificulte aprovechar la oportunidad.
   =, cuando la relación sea de indiferencia.
   +, cuando la debilidad permita beneficiarse de la oportunidad.
4. Cruzar las debilidades con las amenazas y marcar como sigue:
   –, cuando la debilidad incremente la amenaza.
   =, cuando sea indiferente.
   +, cuando la debilidad reduzca la amenaza.

Sumando algebraicamente los positivos, +, y los negativos, –, se obtiene el signo correspondiente que se interpreta de la siguiente manera:

Balance de la columna oportunidades:

— un balance positivo (+) significa que no existe dificultad estratégica para aprovechar la oportunidad que ofrece el entorno;
— un balance negativo (–) señala la existencia de un problema que reclama formular una estrategia orientada a cambiar ese signo, actuando para ello sobre las fortalezas y sobre las debilidades; el monto del balance define una jerarquía de actuación sobre fortalezas y debilidades.

Balance de la columna amenazas:

— un balance negativo (–), significa que existe un problema a resolver a corto plazo, centrando la atención en aquellas debilidades y fortalezas que han contribuido más a los cruces con –;
— un balance de positivo (+), aconseja continuar actuando como hasta el presente;
— el signo =, indica alerta: no requiere intervención a corto plazo pero sí vigilancia e intervención en caso de empeoramiento o cuando existan recursos.

Cruces de las filas fortalezas y debilidades:

— un balance negativo, aconseja formular estrategias dirigidas a los cruces responsables de tal balance negativo;
— un balance positivo recomienda continuar con la estrategia seguida hasta el momento;
— el signo indiferente (=) marca una situación que, no siendo peligrosa, debe tenerse en cuenta, al menos a medio plazo.

Todo lo anterior sugiere cuatro tipos de estrategias:

— *Defensivas*: son las orientadas a reducir las debilidades y a que éstas no incrementen el riesgo derivado de las amenazas.
— *Reactivas*: son las orientadas a fortalecer los puntos ya fuertes y a eliminar las amenazas.
— *Adaptativas*: son las orientadas a evitar que las debilidades impidan el aprovechamiento de las oportunidades.
— *Ofensivas*: orientadas a fortalecer los puntos fuertes para aprovechar las oportunidades.

2. PROSPECTIVA. ESCENARIOS DE FUTURO

2.1. Prospectiva

La Prospectiva se refiere a predecir, desde el presente, los futuros posibles de las variables, componentes o sistema al que se aplica[1], a representarlos traduciéndolos a modelos y a orientar a los planificadores sobre la trayectoria a seguir para avanzar hacia los que se consideran deseables.

Se trata de un término acuñado en los años sesenta que utiliza otros como *futuribles,* para identificar las diferentes formas alternativas en que puede evolucionar y presentarse un hecho del presente, *futuros probables* o *factibles* que son los futuros con mayor opción de suceder, *futurables,* que se refiere a los futuros deseables[2], etc. Además la prospectiva se relaciona con otros términos como *prognosis* o *pronóstico*, que alude a un proceso pasado-presente que se prolonga para predecir el futuro a través de relaciones más o menos lineales causa-efecto, *futurología*, que aplica al futuro la lógica del pasado, y *estudios de futuro,* que comprenden todas las vías para avizorar el futuro, desde las utopías hasta la proyección de tendencias; pero la prospectiva rebasa a todos ellos porque su propósito en «preparar el camino desde el futuro para el futuro», utilizando para ello la idea de *escenario*: *descripción y representación de una situación futura a largo plazo y el encadenamiento coherente de sucesos que, partiendo de la situación actual, permiten avanzar hacia la futura o llegar a ella.*

Para hacer sus predicciones, el análisis prospectivo parte del diagnóstico (que incluye el devenir histórico) e imagina supuestos de futuro sobre las variables y componentes más representativas y determinantes del sistema territorial así como sobre otros aspectos relevantes indirectamente relacionados con él. Algunos supuestos se basan en las tendencias observables, si bien la esencia de la prospectiva estriba en aquellos otros basados en ejercicios de imaginación y reflexión, independientes de tales tendencias e incluso que pueden suponer una ruptura respecto a ellas; por ejemplo, la puesta a punto de tecnología para conseguir energía barata, cambiaría completamente la problemática relacionada con el agua dulce, porque podría obtenerse de los océanos en cantidades ilimitadas. En términos generales, el esfuerzo prospectivo ha de tomar en consideración los dilemas y los retos que prefiguran la cultura, la ciencia, la tecnología, el ambiente, la economía, la política y las preferencias de localización poblacional[3],

---

[1] La prospectiva se ha utilizado mucho históricamente; es famoso el de Malthus, quien en 1798 pronosticó que la tasa a la que crecía la población superaría la capacidad de la Tierra para soportarla, que hoy podría formularse en estos términos: «si la población sigue creciendo, puede que la *capacidad de acogida* de la tierra se sobrepase, y que esta situación no sea *sostenible por mucho tiempo*». El informe Meadows, publicado en 1972, hizo predicciones sobre agotamiento de las reservas de varios recursos naturales que no se han cumplido.

[2] Lo deseable es relativo en la medida en que varía la percepción sobre el futuro ideal en función de los diferentes valores e intereses derivados de la edad, el sexo, la raza o la posición social.

[3] Generalmente se aceptan tres temas fundamentales objeto de suposiciones: los adelantos científicos y técnicos continuados, la mejora de las condiciones sociales y políticas y una razonable liberalización del mercado mundial.

haciendo uso de la capacidad de innovación para formular futuros y propuestas de acción para construirlos; y más concretamente, la prospectiva hará supuestos sobre cambios posibles en ecosistemas, paisajes y procesos naturales; sobre la forma en que variará la cantidad, estructura y comportamiento de la población; sobre la cantidad, tipo y localización de las actividades económicas; sobre la urbanización; sobre los comportamientos de los mercados, etc.

«Es importante interrogarse sobre el futuro, porque estamos condenados a pasar el resto de nuestras vidas en él».

Woody Allen

El futuro de un sistema territorial no es predecible taxativamente, a causa del paradigma de incertidumbre y velocidad que caracteriza la evolución del sistema sociofísico actual, de la existencia de mecanismos de retroalimentación muy complejos y de los grandes efectos a largo plazo que pueden tener alteraciones muy pequeñas; pero sí lo son, con mayor o menor grado de incertidumbre, muchas de las tendencias que determinarán la realidad de la sociedad futura.

Pero el esfuerzo prospectivo se justifica por el convencimiento, antifatalista, de que el *futuro se puede decidir y construir*. Que es la esencia y el fundamento de la planificación; para hacerlo es preciso definir un futuro lejano y deseable y la forma de caminar hacia él, a través de un ejercicio de creatividad e innovación colectiva en el que participan expertos e interesados en general; en tal proceso se utilizan *técnicas prospectivas*, tales como tormenta de ideas, análisis estructural, juego de actores, matrices de impacto cruzado, consultas tipo Delphi, Analogías, etc., entendidas como elementos de búsqueda e investigación que generan propuestas anticipatorias del futuro. Se trata, en suma, de superar la brecha existente entre la «visión y la misión» y la realidad tendencial aplicando la tensión creativa de los participantes. La *visión* se refiere a un ideal utópico, a largo plazo, inalcanzable del sistema territorial al que se aplica; la *misión* a la función que, de forma utópica también, se espera que cumpla el sistema en un horizonte temporal muy largo.

Con carácter general, el análisis prospectivo se puede desarrollar sobre una serie de cuestiones que recuerdan el proceso de planificación territorial tratado en esta obra, y que se desarrolla respondiendo a las siguientes cuestiones:

Percepción del presente: ¿donde estamos?

- Definición del sistema objeto de análisis, o que incluye el tema de interés, y su contexto.
- Horizonte temporal del estudio.
- Formulación de conjeturas iniciales sobre las variables esenciales, internas y externas o de contexto.

Percepción del futuro probable: ¿a dónde vamos?

- Análisis retrospectivo del sistema indagando los mecanismos evolutivos, los invariantes o constantes en el horizonte temporal definido y las tendencias a largo plazo en los aspectos determinantes del modelo territorial.

— Examen de los conflictos y estrategias de los actores para identificar los elementos estables y los indicios de cambio.
— Definición y evaluación de *eventos portadores de futuro*: sucesos que podrían darse en el futuro y que, de hacerlo, podrían alterar las tendencias, modificando su dirección o reforzándola. Exploración de los gérmenes de cambio, supuestos probables y alternativas.
— Elaboración de escenarios tendenciales (los que en el futuro seguirán vigentes a partir de las tendencias del desarrollo) con la información del diagnóstico.

Diseño del futuro deseable: ¿a dónde queremos ir?

— Definición de escenarios alternativos a partir de la evolución más probable de las variables esenciales, de los eventos portadores de futuro (importancia, deseabilidad, probabilidad de ocurrencia, plazo), de sus combinaciones y su posible impacto sobre las tendencias, de la interacción y negociación de los actores y de los cambios que pueden emerger.

Estrategias de desarrollo: ¿hacia dónde podemos ir?

— Selección del escenario más deseable y desarrollo en términos de estructura, función y variables cuantitativas.
— Identificación de las acciones a seguir y su encadenamiento temporal para avanzar hacia tal escenario.

2.2. Los escenarios

Como se ha dicho, en prospectiva se denomina escenario a la descripción de una situación futura y el encadenamiento coherente de sucesos que, partiendo de la situación actual, permite avanzar hacia la futura o llegar a ella. Se trata de un panorama a medio o largo plazo basado en suposiciones más o menos inciertas sobre la evolución de los aspectos relevantes del sistema, que pueden incluir diversas imágenes a diferentes horizontes temporales; una de éstas puede adoptarse como imagen objetivo del plan, siempre que exista coherencia entre la cantidad y distribución de la población, las actividades que practica, el empleo, el nivel de renta y las infraestructuras, equipamientos y servicios sociales; y todo ello de acuerdo con los criterios de sostenibilidad repetidamente expuestos en esta obra.

En cuanto elemento de planificación, la construcción de escenarios se justifica porque si se identifica el futuro deseable, será posible, retrocediendo, identificar las acciones necesarias para conseguirlo[4]; éstas no son necesariamente las más probables, sino otras que voluntariamente deben aplicarse si se desea llegar al escenario definido.

Para elaborar un escenario, el planificador fija su atención en la dinámica y en las interacciones entre sectores y espacios, establece una serie de suposicio-

[4] El término anglosajón «backcasting» (muy empleado en la planificación en el mundo de los negocios) consiste en identificar futuros escenarios deseables, para, retrocediendo desde ellos, identificar las acciones necesarias para alcanzarlos.

nes sobre el futuro y describe las consecuencias que tendría el cumplimiento de tales suposiciones[5]. Las variables objeto de prospectiva son las que conforman las componentes del sistema territorial y otras más o menos directamente relacionadas con él y que pueden afectarle: los ecosistemas y procesos del medio físico, el paisaje, la población en términos de cantidad, escala de valores, sensibilidad ambiental, aptitud y actitud ante el cambio, la tasa de actividad y de desempleo, la inversión productiva y social, el PIB, la estructura económica por sectores, los cambios en los precios y en los costes relativos, las tasas de descuento, la localización de la población y de las actividades económicas, etc. y, naturalmente, las predicciones de avances en la ciencia y en la tecnología.

Con respecto a los cambios tecnológicos, la construcción de escenarios puede incluir solamente aquellas tecnologías que suponen un avance progresivo sobre las actualmente utilizadas o considerar saltos cualitativos de más largo alcance, por ejemplo en el crucial problema de la energía; en la medida en que tal horizonte sea más o menos amplio, mayor o menor será la probabilidad de que se vayan a producir innovaciones tecnológicas importantes. La participación de expertos es inevitable para identificar tales innovaciones.

La realización de suposiciones sobre el medio ambiente es indispensable. Por ejemplo, se pueden suponer el establecimiento de límites para los niveles de generación de residuos sólidos o para las tasas de extracción de los distintos recursos como objetivos a alcanzar en una determinada fecha. Los cambios en los valores sociales, por ejemplo pautas de comportamiento menos consumistas o materialistas, determinarán nuevas políticas que pueden afectar a las tasas de utilización de los recursos o a la degradación ambiental.

Una decisión importante afecta a la forma en que se van a generar los escenarios, en una situación en que los analistas generalmente tienen limitado el tiempo y los recursos disponibles; se pueden adoptar dos opciones diferentes: definir un número breve de escenarios o identificar un gran número de ellos para ir eliminando después hasta quedarse con uno. En todo caso conviene evitar la tendencia, cuando se elige generar varios escenarios, a concentrarse en los intermedios, es decir, aquellos que ni son los más optimistas ni los más pesimistas, porque se supone que reflejan el futuro más razonable.

En suma, aplicado a la ordenación territorial, el escenario derivado del ejercicio prospectivo consistirá, obviamente, en diseñar un modelo territorial deseable a largo plazo (definido en estructura, función, imagen y variables descriptivas cuantificadas) fundamentado en una visión compartida del futuro y en

---

[5] Un escenario famoso se describe en el libro de Rachel Carson *La primavera silenciosa* que alertaba sobre las consecuencias futuras del uso indiscriminado de productos químicos para combatir las plagas y las malas hierbas: un hipotético núcleo rural de los Estados Unidos, que una vez fue un próspero centro agrícola con una vegetación y fauna rica y diversa, vio cambiar su situación cuando se utilizaron masivamente productos químicos: el ganado comenzó a morir de una forma inexplicable, los ancianos y los niños enfermaron y algunos murieron de forma repentina sin causa aparente, las bandadas de pájaros desaparecieron, la vegetación empezó a marchitarse; la voz de la primavera se había silenciado en muchos lugares de los Estados Unidos debido al uso excesivo de productos químicos.

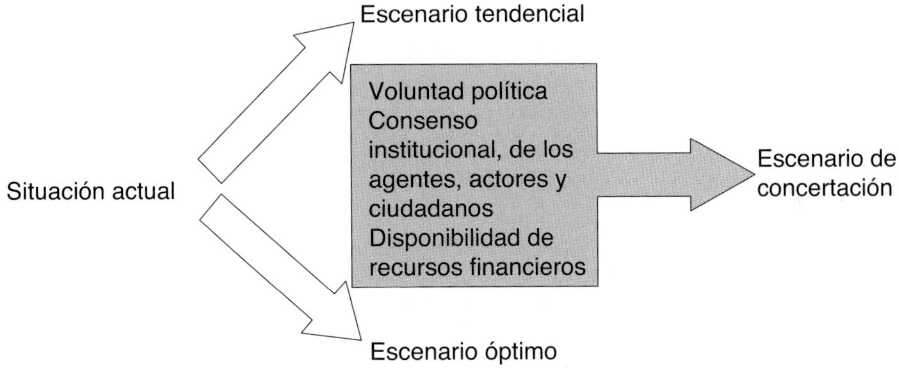

Figura V.3. *Escenarios paradigmáticos en la ordenación territorial.*

identificar las medidas necesarias (de regulación, de intervención y de gestión) para avanzar hacia él. Para llegar a este modelo se pueden generar múltiples escenarios, pero existen tres paradigmáticos: tendencial, óptimo y de compromiso o concertación.

Escenario tendencial

Describe el futuro más probable si no se interviene sobre el sistema, es decir, si el estado de cosas no varía significativamente; se concibe como un progreso acumulativo sobre la situación actual desarrollado mediante relaciones más o menos lineales causa-efecto y que se basa en la proyección o extrapolación de las tendencias a largo plazo aplicando modelos de simulación que permiten predecir el valor futuro de numerosas variables a partir del valor presente. Corresponde a una situación en que se fía el futuro al libre juego de la dinámica actual en el ámbito del plan, sin intervención; en términos generales, se considera un modelo de desarrollo *no deseable*, porque en su formación predominan los intereses privados, de los que tienen más capacidad de intervención o de los más fuertes y la visión a corto plazo, como se apuntó en el Capítulo I de esta obra. Las bases de este escenario son la evolución previsible del medio ambiente y de los comportamientos de los agentes socioeconómicos en la materia, la prospectiva demográfica y la evolución tendencial de las inversiones en infraestructuras públicas y en actividades productivas.

Escenario óptimo

Se refiere al futuro más deseable del modelo territorial futuro, en el supuesto de que no existan restricciones de medios, recursos y voluntades y, por tanto, es posible conseguir la *visión y misión* del plan para su ámbito y todos los objetivos concretos, los cuales se pueden resumir así:

- Dotación en cantidad y accesibilidad a la población de los más altos estándares de equipamientos y servicios.
- Gestión sostenible de los recursos naturales.
- Uso del territorio que conjugue la eficiencia y la equidad y facilite la cohesión social.

Para definir este escenario, se supone la suficiente disponibilidad de recursos financieros, humanos y tecnológicos para utilizar los recursos del territorio, la adecuación de los usos y aprovechamientos futuros a las condiciones ecológicas de sostenibilidad, la resolución de los estrangulamientos y problemas identificados en el diagnóstico, y la adaptación del crecimiento poblacional, en cada punto o área funcional, a estas premisas.

Escenario de concertación

Es un escenario intermedio entre los anteriores, cuya consecución parece más razonable en las circunstancias sociales, económicas, institucionales y políticas en las que actualmente se encuentra el sistema; se sitúa entre los dos primeros y será la referencia más próxima para definir el modelo territorial objetivo a proponer; éste se puede definir directamente o mediante un ejercicio de generación y evaluación de escenarios alternativos. Representa el futuro más viable en las circunstancias que concurren en el sistema. Es una imagen formada con elementos de los escenarios anteriores y otros derivados de la voluntad política, del consenso entre las instituciones y agentes socioeconómicos públicos y privados, de la participación ciudadana, y de la disponibilidad de recursos financieros. Por último: es el escenario con más posibilidades de prosperar y se puede considerar como etapa intermedia en una progresión hacia el escenario óptimo.

Los escenarios se evalúan en términos de su viabilidad física, tecnológica y socioeconómica y de sus implicaciones políticas.

2.2.1. Metodología para definir los escenarios

El diagrama de flujos de la figura V.4. ilustra las tareas a través de las cuales se pueden definir de forma sistemática cada uno de los escenarios. Dichas tareas se describen a continuación acompañando el texto con una serie de figuras que muestran la aplicación del modelo a un espacio dominado por la antigua capital de Honduras, Comayagua.

Bases de partida

Las bases de las que parte el método se extraen del diagnóstico y son:

— El modelo territorial actual (figura V.5).
— El mapa de unidades ambientales del medio físico y su vocación en términos de uso y aprovechamiento primario (figura V.6).
— La potencialidad del territorio, expresada en un mapa específico o sobre el propio mapa de unidades ambientales (figura V.7).

Asignación del uso primario del suelo

Para cada uno de los escenarios a diseñar se elabora un mapa (figura V.8) representando el uso primario del suelo que el planificador asigna a cada unidad ambiental o a partes de ellas.

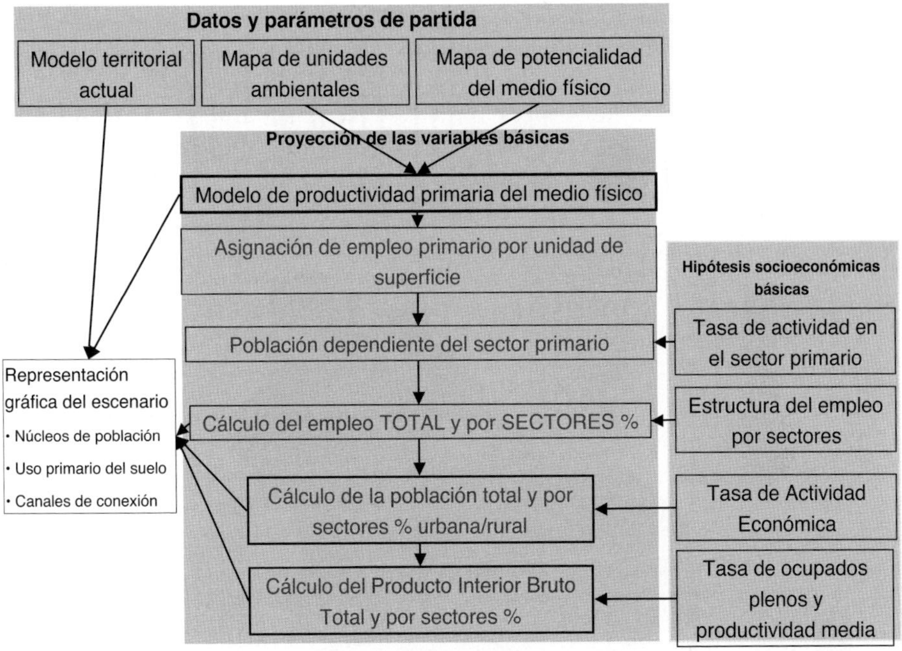

Figura V.4. *Diagrama de flujos de la metodología para diseñar los escenarios.*

Hipótesis y secuencia de cálculos numéricos

Se establecen a nivel municipal para cada uno de los escenarios, y son las siguientes:

- Empleo unitario que genera cada tipo de uso primario del suelo expresado en el mapa anterior.
- Estructura del empleo por sectores.
- Tasa de actividad económica.
- Índice de ruralidad: porcentaje de población rural con respecto al total.
- Tasa de ocupados plenos.
- Productividad media por empleo en cada sector.

Con estas hipótesis se realizan (en un formato de tabla) los siguientes cálculos:

- Empleo en el sector primario.
- Empleo total y distribución en los distintos sectores socioeconómicos: primario, secundario y terciario, aplicando la hipótesis de estructura de empleo por sectores.
- Población por sectores y total, aplicando la tasa de actividad, y distribución en población rural y urbana considerando la proyección del índice de ruralidad (en el ejemplo se ha considerado que los núcleos

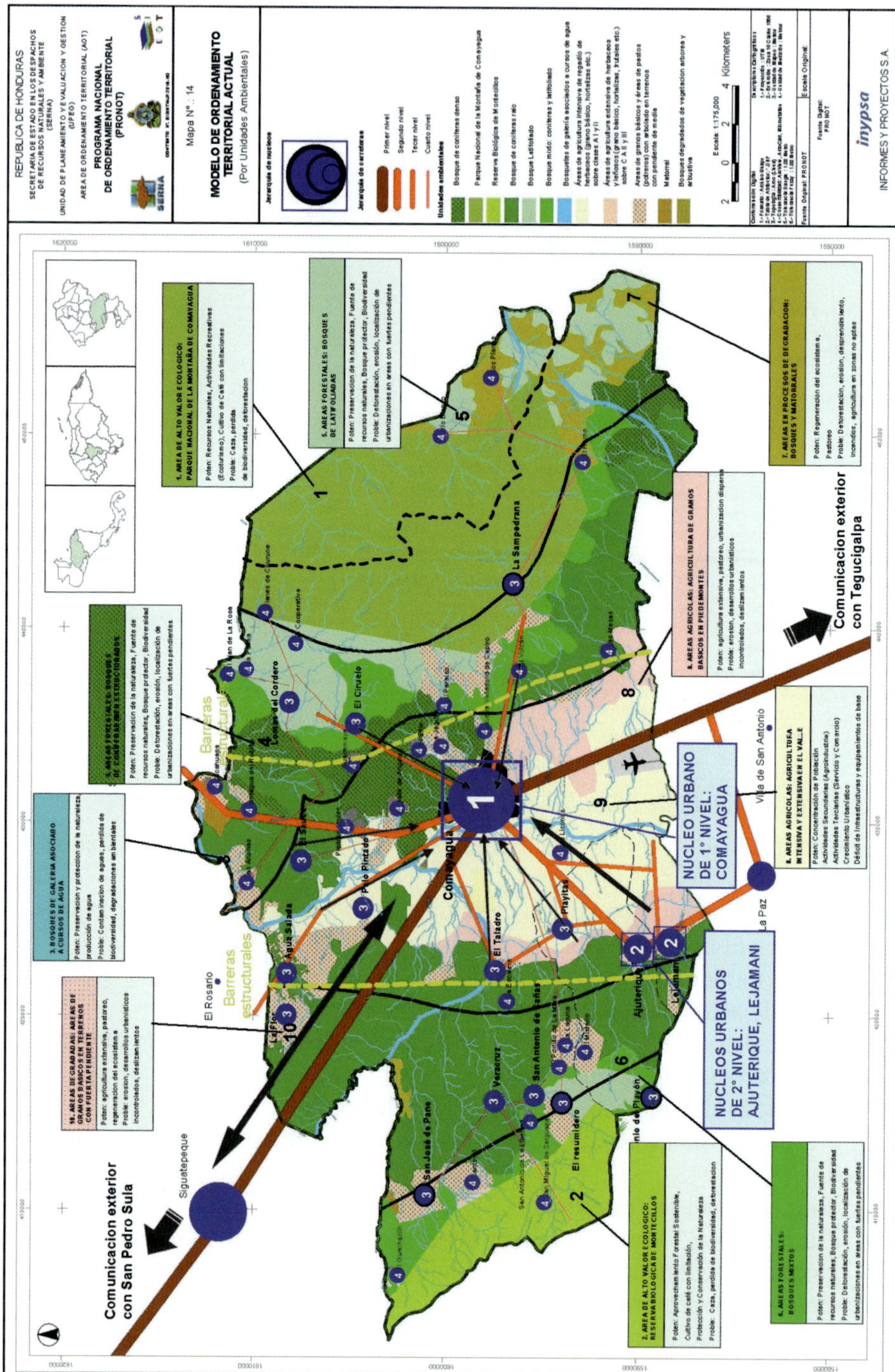

Figuar V.5. *Modelo territorial actual.*

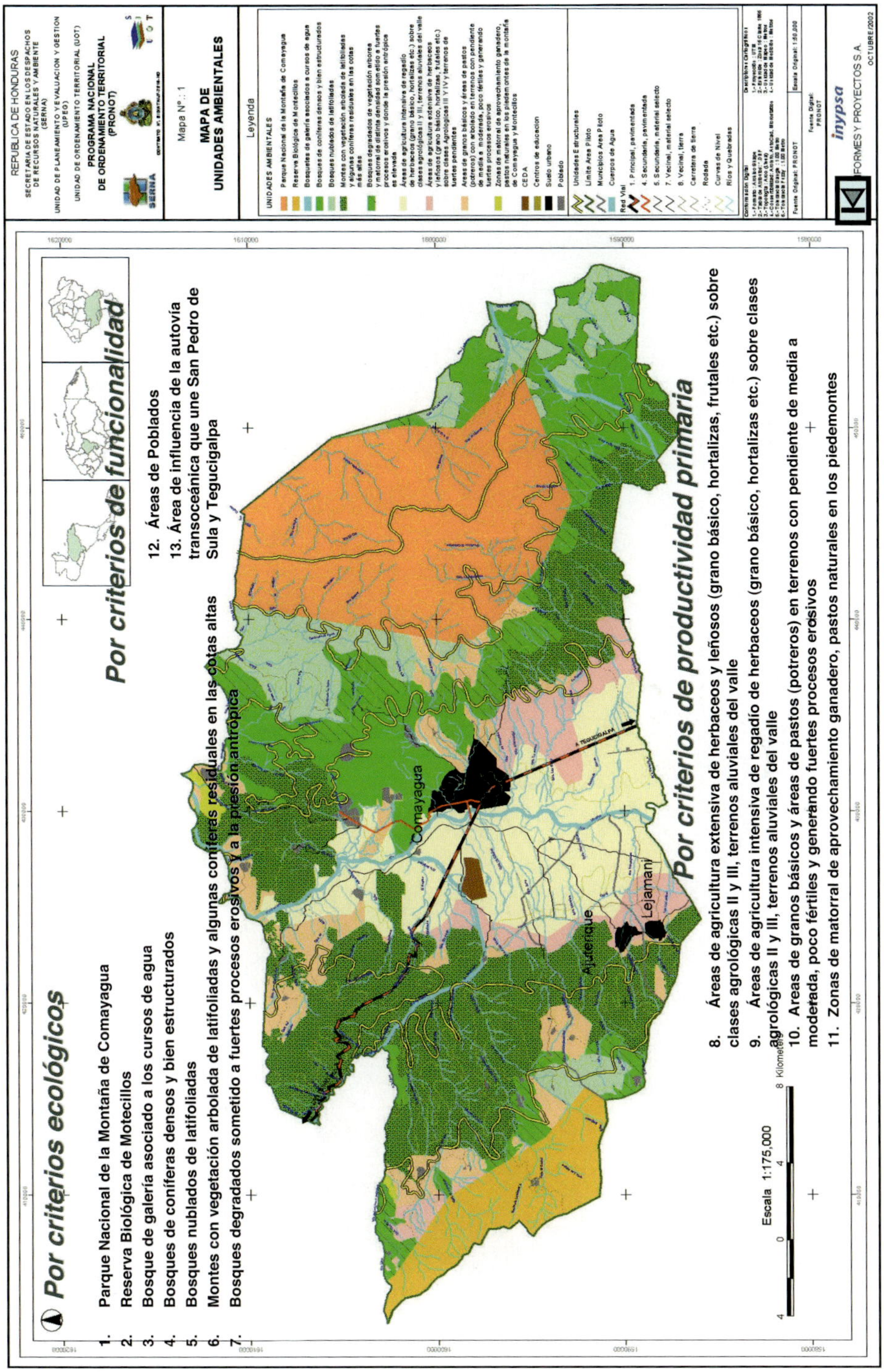

Figura V.6. *Mapa de unidades ambientales.*

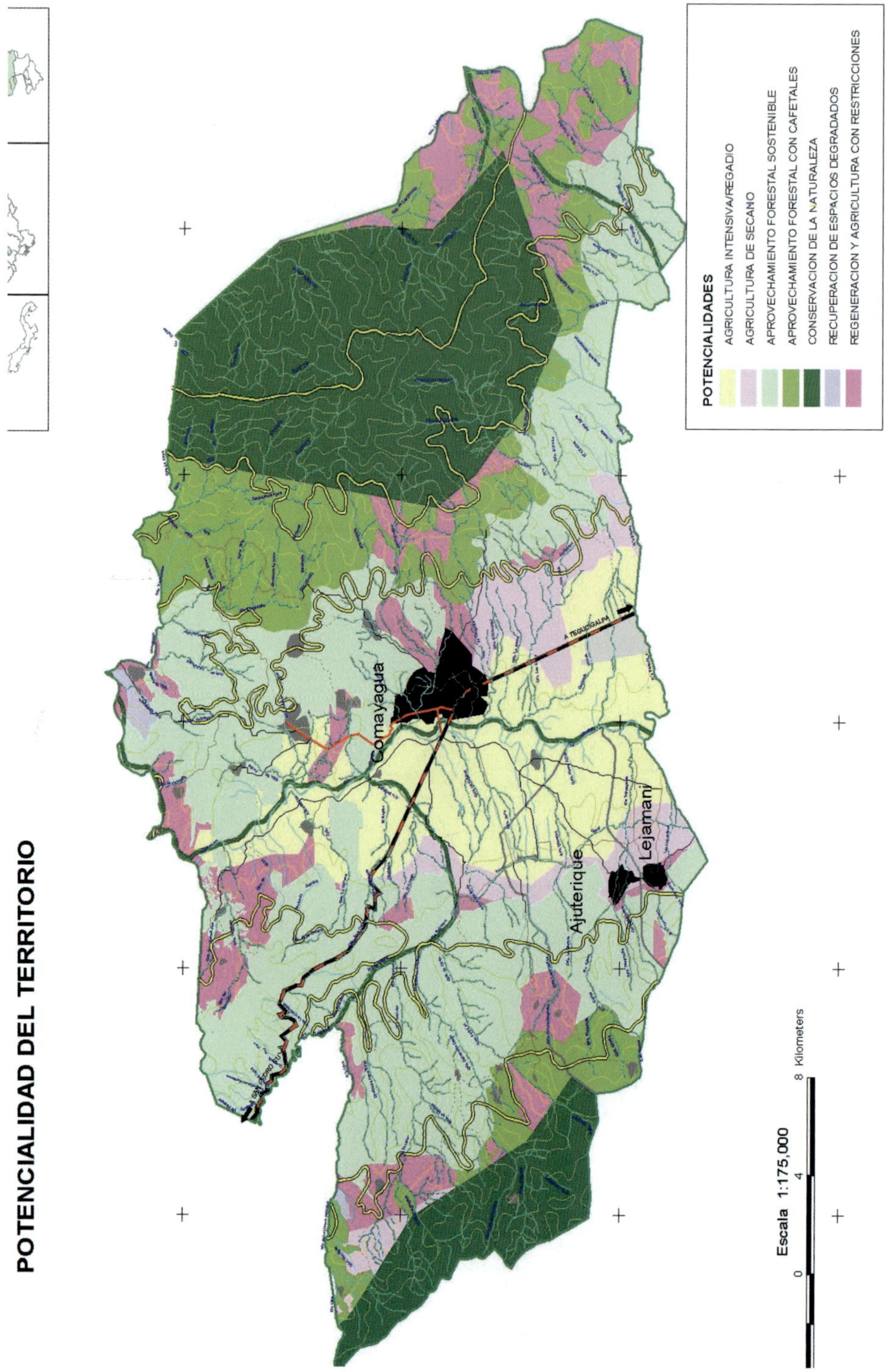

Figura V.7. *Mapa de potencialidad del territorio, sobre las unidades ambientales.*

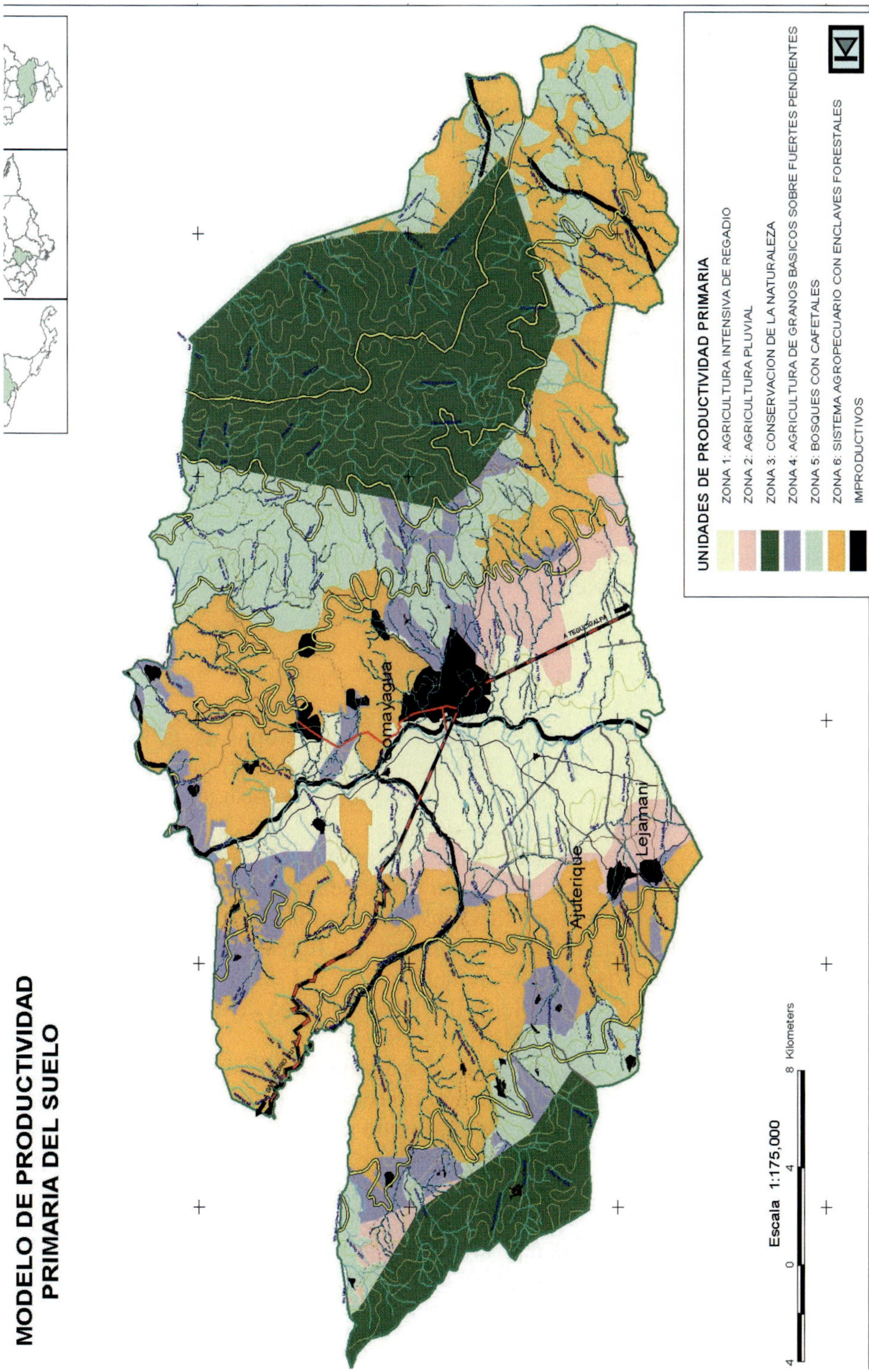

Figura V.8. *Modelo de productividad primaria del suelo.*

urbanos son las cabeceras municipales y el resto tiene un carácter rural).

— Producto Interior Bruto por sectores y total, aplicando la tasa de ocupados plenos y la de productividad media.

Representación del escenario

El escenario obtenido se representa sobre el propio mapa de productividad primaria del suelo diseñado al que se añaden los núcleos de población representados por su tamaño y su carácter rural o urbano; una vez realizado esto, se diseñan los canales de conexión (infraestructuras de transporte) que darán operatividad al sistema. Así cada uno de los escenarios queda representado en términos de los tres elementos básicos: el uso primario del suelo, el sistema de asentamientos poblacionales y las infraesctructuras de transporte.

Seguimiento, revisión y ajuste de los escenarios

Los escenarios generados deben ser ajustados en ciclos de al menos 5 años a la evolución y condiciones reales de la zona a la que se aplique.

Las figuras V.9, V.10 y V.11 muestran el resultado para los tres escenarios considerados en el ejemplo del caso de la zona de Comayagua (Honduras), los cuales se describen también en forma de texto.

Escenario óptimo

Uso primario del suelo

— Se conservan estrictamente el Parque Nacional de la Montaña de Comayagua y la Reserva Biológica de Montecillos.
— Se destinan a agricultura intensiva de regadío en su totalidad las clases agrológicas II y III del fondo de valle.
— Se conservan las unidades ambientales definidas como bosques de coníferas densos y bien estructurados y bosque nublados de latifoliadas.
— Las zonas actualmente cultivadas para grano básico en fuerte pendiente se recuperan para un aprovechamiento de tipo cafetal.
— Se conservan los cafetales actuales.
— Se naturalizan los complejos fluviales y el agua de los ríos corre limpia porque se depuran todos los vertidos.
— Los bosques degradados sometidos a procesos erosivos y erosión antrópica y las zonas de matorral con aprovechamiento ganadero, se reconvierten a bosque con aprovechamiento pecuario y, por zonas, a bosque cafetal.

Sistema de asentamientos poblacionales

— Se organiza en forma de malla en torno a Comayagua.
— Comayagua potencia su papel de lugar central creciendo en los intersticios actualmente existentes y en la dirección sureste hasta alcanzar la población señalada en el escenario.

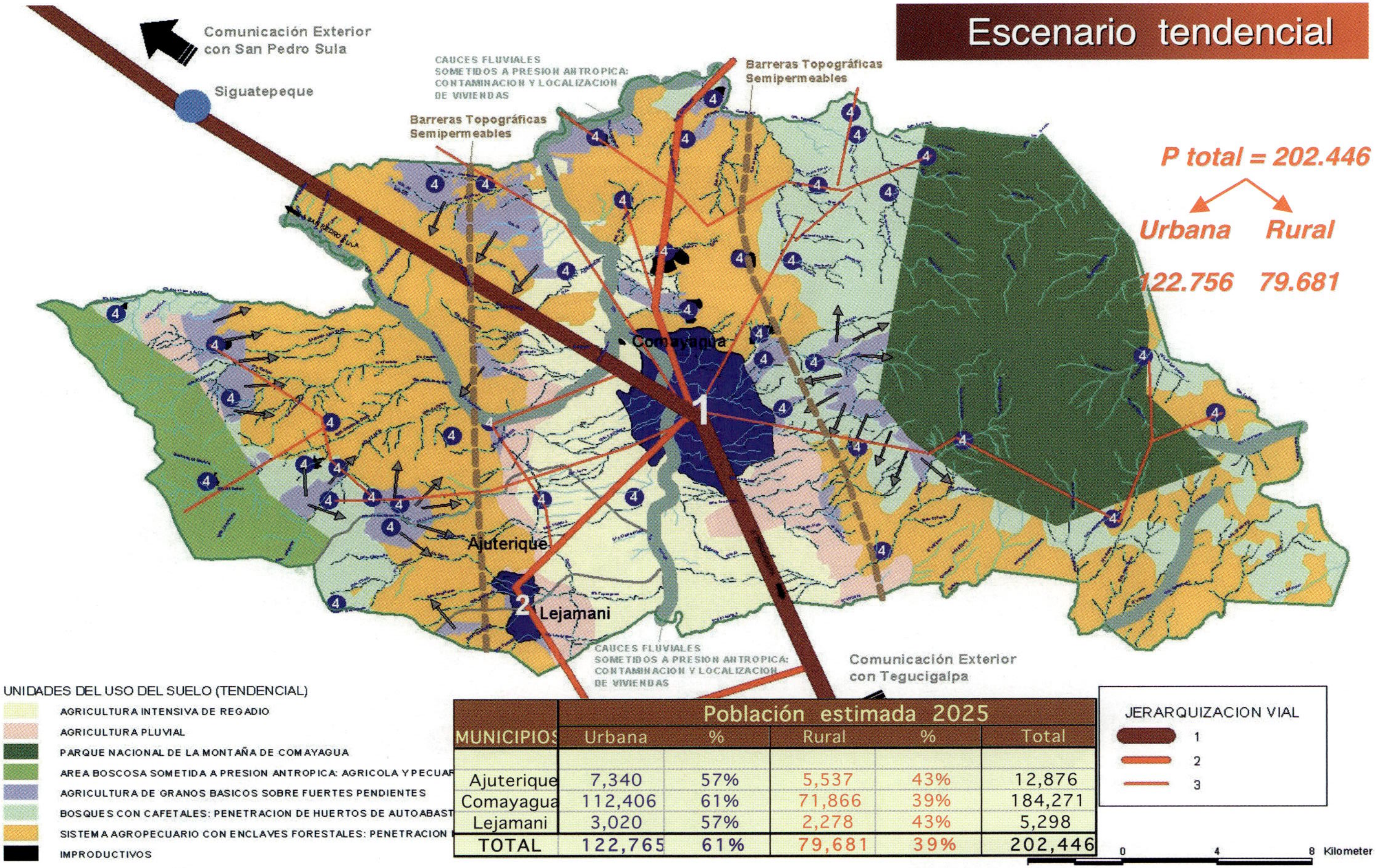

MUNICIPIOS	Población estimada 2025				
	Urbana	%	Rural	%	Total
Ajuterique	7,340	57%	5,537	43%	12,876
Comayagua	112,406	61%	71,866	39%	184,271
Lejamani	3,020	57%	2,278	43%	5,298
TOTAL	122,765	61%	79,681	39%	202,446

Figura V.9. *Ejemplo de un modelo de escenario tendencial.*

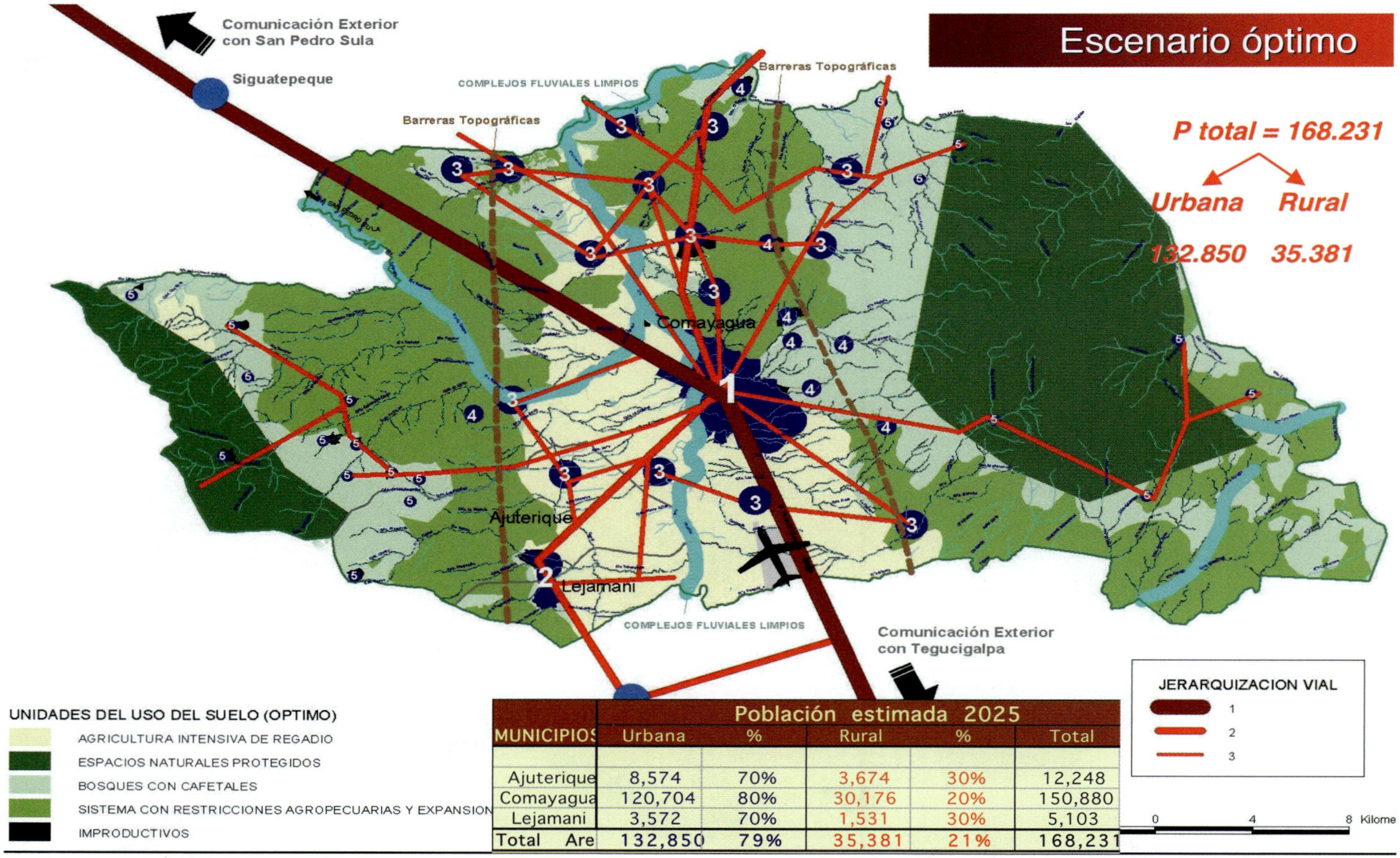

Figura V.10. *Ejemplo de un modelo de escenario óptimo.*

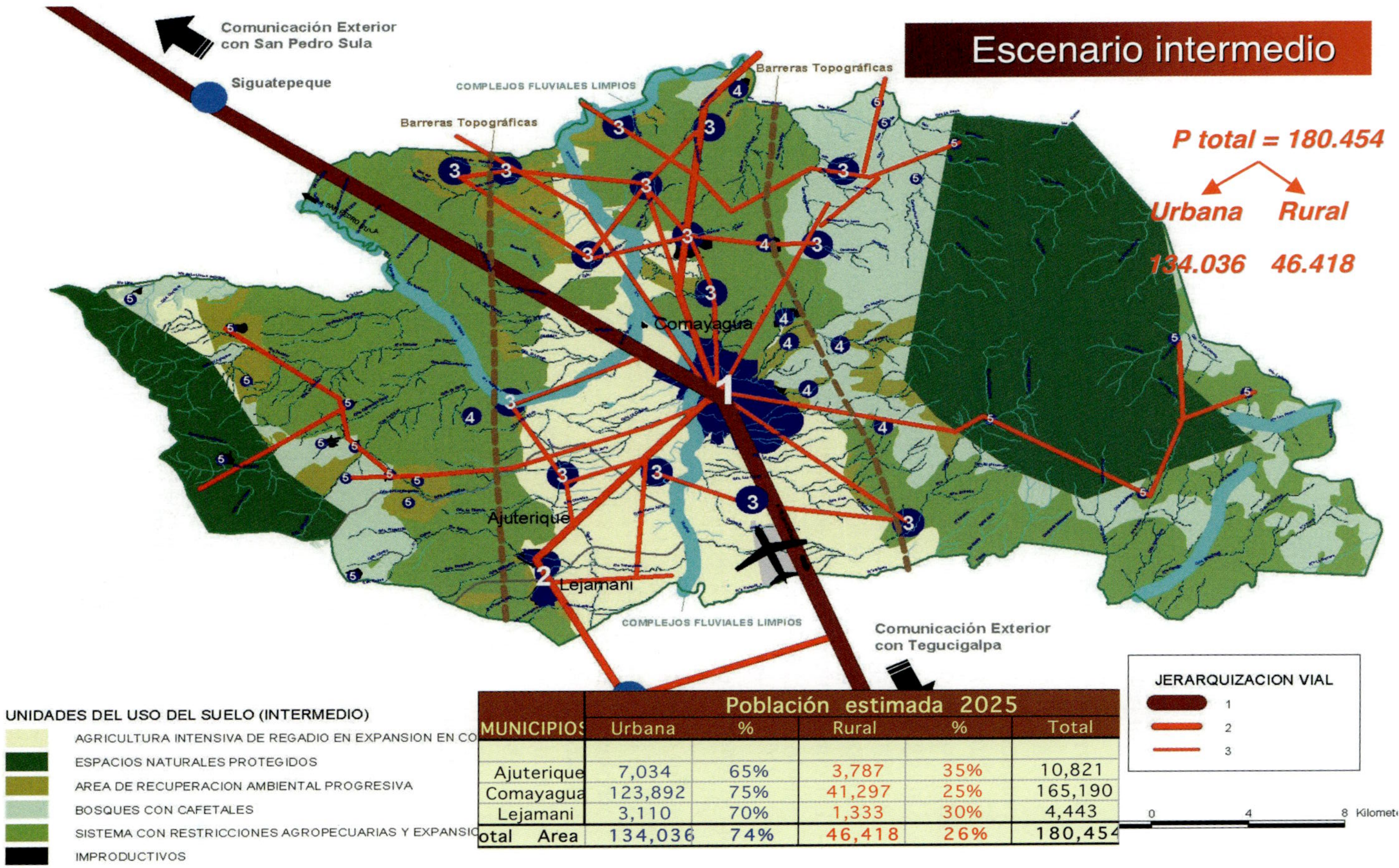

MUNICIPIOS	Población estimada 2025				
	Urbana	%	Rural	%	Total
Ajuterique	7,034	65%	3,787	35%	10,821
Comayagua	123,892	75%	41,297	25%	165,190
Lejamani	3,110	70%	1,333	30%	4,443
otal Area	134,036	74%	46,418	26%	180,454

Figura V.11. *Ejemplo de un modelo de escenario de concertación.*

- Ajuterique y Lejamaní refuerzan su papel configurando una sola entidad que se convierte en lugar central de segundo grado.
- Se consolida la ubicación del aeropuerto internacional en La Palmerota.
- Se refuerza un sistema de ciudades de tercer grado. Se destaca que aparece una nueva ciudad inducida por el aeropuerto.
- El cuarto nivel estaría formado por los asentamientos situados en la zona del piedemonte.
- El resto de los pueblos, ubicados en las montañas, reducen progresivamente su población y configura el quinto nivel poblacional.

Infraestructuras de transporte

- Se rompe el actual sistema radial para configurar un sistema en red potenciando las conexiones transversales.
- El primer nivel queda configurado por el eje CA/5, que se potencia transformándolo en autovía o autopista.
- Un segundo nivel es la antigua carretera reforzada que conecta La Paz, Ajuterique/Lejamaní, Comayagua y Siguatepeque.
- El tercer nivel conecta el resto de las ciudades de tercero y cuarto nivel.
- Un cuarto nivel, que no se potencia, es el que da accesibilidad a los pueblos ubicados en las montañas.

Escenario tendencial

Uso primario del suelo

- Sigue disminuyendo la superficie dedicada al cultivo de café, con los problemas asociados para la recarga de acuíferos y funcionamiento hidrológico de la valle.
- Continúa el cultivo de granos básicos en laderas de gran pendiente, con el problema de erosión asociado.
- Los distritos de riego siguen con los cultivos extensivos de maíz y caña.
- Se conserva estrictamente el Parque Nacional de la Montaña de Comayagua.
- La Reserva Biológica de Montecillos sigue sometida a una fuerte presión antrópica.
- Sigue o se incrementa la degradación de los complejos fluviales y el agua de los ríos se sigue contaminando por los vertidos urbanos, industriales y agrícolas.

Sistema de asentamientos poblacionales

- Comayagua potencia su papel de lugar central creciendo desordenada e inapropiadamente hacia el norte, donde existen fuertes pendientes y bosque, y hacia el río Humuya llegando a sobrepasarlo, con los consiguientes riesgos de inundación.
- No se rellenan los intersticios actualmente existentes y, por tanto, sigue la desestructuración actual de las zonas de expansión.

— Ajuterique y Lejamaní crecen en mancha de aceite en todas las direcciones ocupando las zonas del oeste con fuerte pendiente; continúan teniendo un déficit de equipamientos y servicios públicos.
— Permanece como aeropuerto militar el existente en La Palmerota.
— Se mantiene el sistema de ciudades desestructurado como en la actualidad.
— Siguen creciendo los asentamientos existentes en las zonas montañosas, degradando su entorno por transformación del espacio forestal en agrícola o urbano y presionando sobre los espacios naturales protegidos.

Infraesctructuras de transporte

— Se mantiene el actual sistema radial.
— Se potencia el eje CA/5 como estructura viaria de primer nivel.
— Permanece como eje de segundo nivel la antigua carretera que conecta La Paz, Ajuterique/Lejamaní, Comayagua y Siguatepeque.
— El resto de carreteras mantiene su actual jerarquía y características.

Escenario intermedio o de concertación

Uso primario del suelo:

— Como en el escenario óptimo, se conservan estrictamente el Parque Nacional de la Montaña de Comayagua y la Reserva Biológica de Montecillos.
— La clase agrológica II del fondo de valle se destina a agricultura intensiva de regadío en su totalidad.
— En la clase agrológica III se potencia la transformación en regadío pero convive con la agricultura pluvial.
— Se conservan los cafetales actuales.
— Las zonas unidades ambientales definidas como bosques de coníferas densos y bien estructurados y bosques nublados de latifoliadas se conservan.
— Las zonas actualmente cultivadas para grano básico en fuerte pendiente se recuperan para un aprovechamiento de tipo cafetal.
— Los complejos fluviales se naturalizan y el agua de los ríos corre limpia porque se depuran todos los vertidos
— Los bosques degradados sometidos a procesos erosivos y presión antrópica se someten a un proceso de recuperación ambiental progresiva.

Sistema de asentamientos poblacionales

Se adopta el modelo previsto para el escenario óptimo.

Infraesctructuras de transporte

Se adopta el sistema descrito para el escenario óptimo.

2.2.2. Técnicas para definir los escenarios: la consulta a expertos

Consiste en buscar la interacción e intercambio de ideas entre expertos sobre situaciones complejas e inciertas. Si todo el proceso de planificación se beneficia de la consulta a expertos, ésta es obligada en el caso del análisis prospectivo. Se debe realizar de forma sistemática, en talleres de trabajo o a distancia mediante el método Delphi.

La consulta a expertos, que intercambian sus ideas en talleres de trabajo, permite hacer previsiones relativamente fiables cuando el número de ellos es suficientemente elevado. Los talleres suelen desarrollarse mediante la tradicional tormenta de ideas *(brainstorming)* u otras, cuyo éxito depende de la existencia de un marco y un ambiente que facilite el diálogo; para ello es fundamental la figura de un moderador para asegurar a todos la oportunidad de intervenir, evitando tanto el dominio como la inhibición de algunos o la tendencia a tratar siempre los mismos temas. Sin embargo, el método tiene las dificultades logísticas y económicas que supone reunir un número considerable de personas en el mismo lugar y al mismo tiempo.

La consulta Delphi[6] consiste en realizar varias rondas de encuestas a los participantes, que no se conocen, mediante cuestionarios, generalmente, enviados por correo; se trata, pues, de una serie de rondas de «tormentas de ideas». Con este método se eliminan los problemas logísticos y económicos que acarrea reunir a un grupo de personas, elimina la posibilidad de que la conversación del grupo sea dominada por una o varias personas, reduce la presión de responder según lo que piensen las personas más expertas y permite a los encuestados reflexionar más tiempo antes de expresar sus ideas.

El método tiene dos inconvenientes: requiere bastante tiempo, lo que puede producir fatiga, incluso abandono, en los participantes; y no da oportunidad a que surjan discusiones espontáneas.

La elección de los expertos debe partir de la elaboración de un listado de aquellos que potencialmente se consideran adecuados acompañada de una serie

[6] El Método Delphi fue desarrollado por la Rand Corporation con el objetivo de identificar la importancia que podían tener los avances tecnológicos, el crecimiento de la población, la automatización, el progreso espacial, y los sistemas de defensa sobre el desarrollo futuro, así como para establecer la probabilidad de que se pudieran producir conflictos bélicos. Se procedió de la siguiente manera. Se establecieron paneles de expertos para cada uno de los puntos citados; en el caso de los avances científicos, cada miembro del panel citó los cambios tecnológicos que a su entender eran más urgentes y que podían ser alcanzables en los próximos 50 años, llegándose a identificar 49; en una segunda ronda, se les dio a los miembros del panel una lista con los 49 cambios sugeridos y se les preguntó cuales tenían una probabilidad igual o superior al 50% de darse en el futuro. Se analizaron los resultados, y después de hacer una estudio estadístico de los mismos, se volvieron a mandar a los expertos. En una tercera ronda, se logró un consenso razonable para 10 de los avances. Se preguntó a los expertos que disentían las razones por las que no estaban de acuerdo y se alcanzó cierto consenso para 17 de los avances tecnológicos para los cuales no se había logrado anteriormente el consenso. Posteriormente se realizó una cuarta ronda de encuestas. Para cada ronda, el número de avances tecnológicos para los que se alcanzaba el consenso iba creciendo.

de datos descriptivos, como edad y experiencia profesional, sexo, residencia, lugar geográfico e institucional de trabajo, formación, especialidad, trayectoria profesional, vínculos con otros expertos, actitud frente a la política de ordenación territorial, etc.

A partir de la información anterior se seleccionan los expertos buscando la máxima calidad y diversidad en términos de características y de procedencia geográfica e institucional: sector público y niveles de éste, sector privado, sector social —ONG y otros–, investigación y docencia.

2.2.3. Técnicas para definir los escenarios: las analogías

Las analogías se refieren a la comparación, para entenderlas, de situaciones no familiares o desconocidas con otras de las que se tiene información fiable y en series históricas suficientemente largas para permitir una percepción certera. Si se conoce a fondo una situación, se podrán inferir las de otra que se considera análoga; así se puede arrojar luz sobre el futuro y sus implicaciones de sistemas desconocidos, mediante analogías con situaciones pasadas conocidas. No obstante las analogías tienden a converger sobre cuales van a ser las condiciones más probables, en lugar de plantear las más deseables.

La dificultad de aplicar esta técnica estriba en la elección de las experiencias o situaciones comparables por parte del planificador, que debe preguntarse sobre la naturaleza y el número de similitudes existentes en la estructura y el funcionamiento de aquellas.

Por ejemplo, una analogía muy eficaz para entender el posible calentamiento de la Tierra y el cambio climático es el denominado «efecto invernadero». El ambiente cerrado de los invernaderos y el material de cierre (cristal o plástico) produce un aumento de temperatura, efecto similar al derivado de la concentración del dióxido de carbono en la atmósfera, el cual se convierte en una barrera que no deja escapar las radiaciones producidas por la Tierra a la atmósfera contribuyendo a su calentamiento.

3. EJEMPLO DETALLADO DE UN ESCENARIO SOSTENIBLE

A partir del diagnóstico del medio físico, y utilizando los criterios de sostenibilidad expuestos, se formula un escenario sobre la cantidad y la localización de la población que estaría en equilibrio con el medio que la aloja, acoge y alimenta; bastaría añadirle las infraestructuras de comunicación (transporte) para obtener el modelo territorial sostenible.

3.1. Descripción del método

En esquema, el método se desarrolla según el diagrama de flujos que muestra la figura V.12. y se describe a través de las siguientes fases:

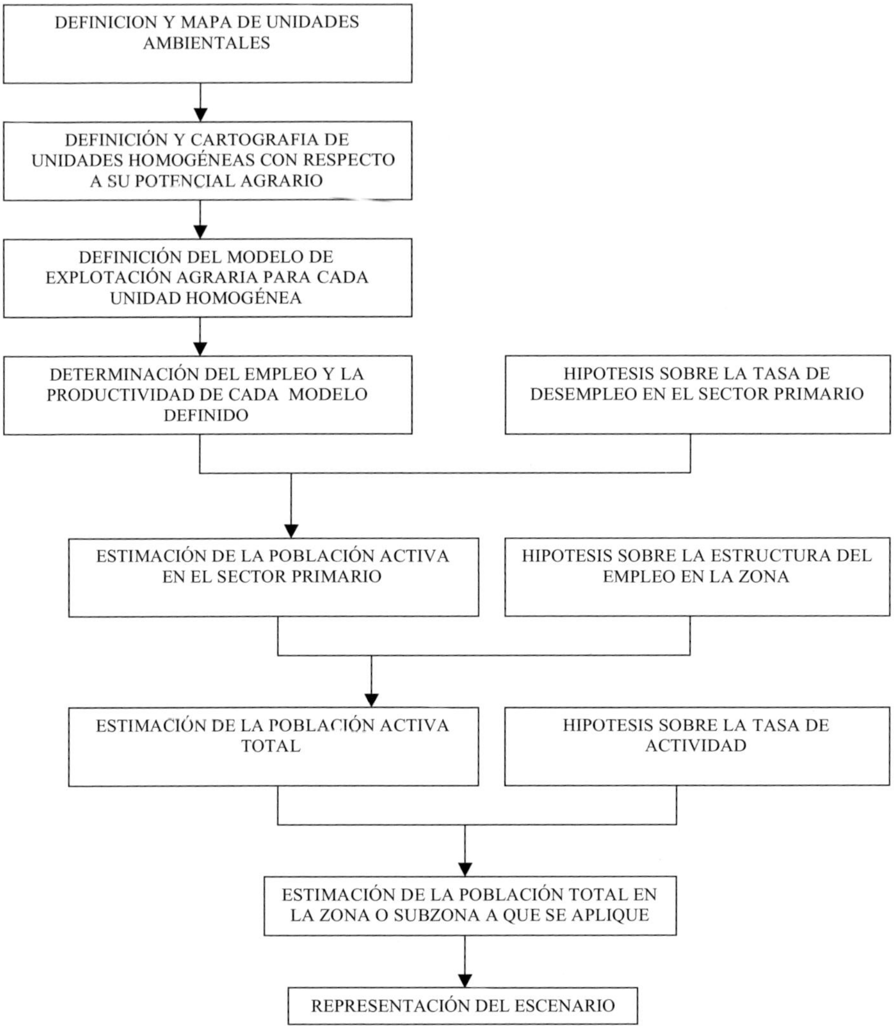

Figura V.12. *Diagrama de representación del escenario de flujos del modelo correspondiente al escenario de sostenibilidad.*

1. *Zonificación del área de estudio*. Partiendo del plano de unidades de integración, se definen por agrupación de aquellas, una serie de *unidades homogéneas* respecto a su potencial agrarios: agrícola, forestal y ganadero.
2. *Definición de un modelo de explotación agraria*. Para cada una de las *unidades homogéneas* antes definidas, y de acuerdo con sus potencialidades y con los objetivos del Plan, se define un *modelo de uso y aprovechamiento agrario*: agrícola, ganadero y forestal, que optimice la explotación de los recursos naturales, dentro de los criterios de sos-

tenibilidad repetidamente aludidos; el modelo quedará definido en términos de:

- Las alternativas de cultivos, para el modelo agrícola.
- La cabaña ganadera y tipo de explotación agropecuaria, para el modelo ganadero.
- El tipo de explotación forestal, para el modelo forestal.

3. *Determinación del empleo y la productividad de cada modelo definido*. Estimar la capacidad de creación de empleo y de producción, en términos económicos, de cada unidad homogénea en el sector primario: agrícola, ganadero y forestal. Dicha estimación se hace en función de los siguientes parámetros:
   - Superficie de cada cultivo o aprovechamiento agrícola según las alternativas.
   - Número de unidades ganaderas de cada tipo de ganado en las explotaciones pecuarias.
   - Superficie de cada una de las especies forestales con aprovechamiento económico.
   - Producción unitaria de cada cultivo o aprovechamiento agrícola según las alternativas.
   - Producción unitaria para cada unidad ganadera considerada en las explotaciones pecuarias.
   - Producción unitaria de las superficies forestales con aprovechamiento económico.
   - Empleo unitario generado, por unidad de superficie, para cada cultivo o aprovechamiento agrícolas considerado.
   - Empleo unitario generado, por unidad ganadera, para cada una de las especies ganaderas explotadas.
   - Empleo unitario generado, por unidad de superficie, para cada una de las especies forestales consideradas.
4. *Definición de hipótesis sobre ciertas variables socioeconómicas*. Establecer, para el horizonte temporal seleccionado y para el escenario de desarrollo sostenible del Plan, el valor de las siguientes variables:
   — *Tasa de desempleo,* para cada uno de los sectores económicos: primario, secundario y terciario, a partir de la tasa de desempleo existente en el área de estudio, que se considera coherentes con el escenario de desarrollo al horizonte temporal elegido.
   — *Estructura sectorial de la población activa,* distribución porcentual de la población económicamente activa, entre los tres sectores económicos: primario, secundario y terciario, al horizonte temporal seleccionado.
   — *Tasa de actividad*, porcentaje de población económicamente activa, al horizonte temporal considerado.
5. *Estimación de la población activa del sector primario*. A partir del empleo del sector primario calculado o estimado según el punto 3, y de la hipótesis 1 (tasa de desempleo), se obtiene, la *población activa del*

sector primario, para cada una de las Unidades Homogéneas, y para el conjunto de la zona a que se aplique, sin más que totalizar.

6. *Estimación de la población activa total*. A partir de la población activa del sector primario y de la hipótesis 2 (estructura sectorial de la población activa, es decir, proporción por sectores), se obtiene la población activa conjunta de los sectores secundario y terciario y, por simple adición, la población activa total dc cada Unidad Homogénea.
7. *Estimación de la población total*. A partir de la población activa total y de la hipótesis 3 (tasa de actividad), se estima la población total para cada Unidad Homogénea, y sumando todas ellas, la Población Total de la Región que estaría en equilibro con los recursos primarios del territorio.

3.2. Posibilidades del método

El modelo se puede aplicar a la totalidad del ámbito del plan o por zonas, por ejemplo por términos municipales o, incluso, por pedanías, de tal forma que no solo se obtiene la cantidad de población en equilibrio con el territorio, sino distribuida en él por municipios o entidades inferiores.

El modelo no distribuye estrictamente las actividades secundarias y terciarias, pero sí da una idea de las posibilidades de cada núcleo, sin más que hacer intervenir criterios de densidad; aquellos núcleos de densidad inferior a 9 habitantes por km^2, solo albergaría actividades primarias, mientras los de densidad superior a 18 h/km^2, tendrían una distribución de actividades secundarias y terciarias más equilibrada; referencias de otras zonas permitirían, en todo caso, definir otros escenarios territoriales más completos.

Se trata, en suma, de manera técnicamente correcta de abordar el calculo de capacidades de acogida poblacional para un territorio determinado, permitiendo objetivar, en la medida de lo posible, un cálculo que hecho de forma convencional suele ignorar los aspectos territoriales.

3.3. Ejemplo de aplicación

El modelo se ha aplicado en la cuenca hidrográfica del río Sucio, en El Salvador, que tiene *830 km^2*, y está situada a 25 km de la ciudad de San Salvador, ciudad de 2 millones de habitantes cuya proximidad es causa de una fuerte presión urbanística desordenada. La cuenca tiene vocación eminentemente agrícola, existen dos sectores de riego en el fondo de valle, cultivos herbáceos en las laderas y cafetales de sombra.

3.3.1. Zonificación del área de estudio

Utilizando procedimientos ya descritos se identificaron las unidades ambientales que se describen en el Apéndice 2 donde se presenta el Plan de Ordenación Ambiental de la Cuenca del Río Sucio. Por agregación de dichas unidades, se definen las Unidades Homogéneas siguientes:

- *Unidad 1:* distritos de riego de Zapotitán y Atiocoyo. Son áreas con una posición topográfica baja (fondos de Valle), de suelos pesados, con riesgos de inundación y aptitud especial para cultivos que soporten condiciones de saturación de humedad del suelo durante períodos de tiempo largos, pero en general con producciones bastante elevadas. Necesitan un sistema de drenaje eficiente, mediante el cual la unidad es apta para todo tipo de cultivos (granos básicos, hortalizas, frutales, pastos, etc.). El área de Zapotitán, como la mayoría de la parte central del Valle, está sometida a una fuerte presión urbanística, lo que va en detrimento de su explotación agrícola.
- *Unidad 2:* suelos de fondo de valle, en posición topográfica algo más elevada, con suelos de texturas más equilibradas, aunque todavía en general pesados, con alta potencialidad agrícola para el cultivo en regadío y también en agricultura pluvial. Existe el riesgo de inundaciones y precisan de un drenaje adecuado para permitir el desarrollo de los cultivos de forma eficiente. Están igualmente sometidos a la presión urbanística general en toda la zona del centro del valle.
- *Unidad 3:* terrenos de agricultura pluvial bien ubicada, con terrenos de topografía suavemente ondulada, suelos de texturas menos pesadas y normalmente rendimientos de los cultivos en condiciones pluviales muy elevados. Son adecuados para todos los cultivos que puedan desarrollarse con el agua de lluvia, pero consecuentemente, sólo pueden producir cosechas durante la estación húmeda (salvo en pequeñas zonas de regadío). Están siendo igualmente afectada por desarrollos urbanísticos.
- *Unidad 4:* terrenos en fuertes pendientes y suelos de calidad suficiente que permiten el cultivo en laderas de granos básicos principalmente, pero que debido a esta circunstancia están sufriendo una grave degradación como consecuencia de la erosión hídrica. En el momento actual no se ha producido aún ninguna agresión urbanística de importancia.
- *Unidad 5:* cafetal denso situado en las unidades estructurales de ladera, protegida de los efectos de la erosión por su cubierta vegetal, y cuyo principal problema se deriva de las condiciones cambiantes del mercado de ese producto y de los costes de la mano de obra y de otros insumos de su proceso productivo.
- *Unidad 6:* corresponde a zonas de mosaico de cafetal y cultivos repartidos en toda la zona. Presentan en muchos casos problemas de degradación por subexplotación debido a los costes de mano de obra y de otros insumos a precios tales que no permiten una explotación agrícola rentable.

El resto de la Cuenca, no incluida en ninguna de las unidades descritas, no tienen una orientación o uso agrícola apreciable, de manera que su aportación productiva es irrelevante.

3.3.2. Definición del modelo de explotación agraria

Se parte de la superficie actualmente existente de secano y de regadío; teniendo en cuenta la tendencia evidenciada en el Valle, se estima la superficie que en el horizonte temporal del plan, 2025, se dedicaría a los aprovechamientos en secano.

La Tabla 1 muestra esta distribución de superficies para cada unidad y municipio; la Tabla 2 incluye la hipótesis de evolución de esas superficies al horizonte 2025, y la Tabla 3 recoge la distribución porcentual de cada aprovechamiento en la alternativa de cultivos prevista al 2025.

Definidas las superficies dedicadas a cada aprovechamiento, se procede a la estimación de los rendimientos unitarios esperados para cada uno de ellos, también para cada zona y cada municipio (ver Tabla 4). Y con la superficie y los rendimientos unitarios se calculan las producciones brutas totales.

Tabla 1. Distribución de la superficie agrícola útil de secano/regadío de la cuenca en la situación actual

Unidad	Municipio	Superficie agrícola útil		
		Regadío Ha.	**Secano Ha.**	**Superficie total**
1	Ciudad Arce	2.316,1	173,8	2.489,9
	Colón	517,3	280,6	797,9
	Sacacoyo	431,6	100,3	531,9
	S. Pablo Tacachico	900,0	0,0	900,0
	Total	**4.165,0**	**554,7**	**4.719,7**
2	Ciudad Arce	329,7	1.017,1	1.346,9
	Colón	0,9	186,1	187,0
	Sacacoyo	0,0	296,7	296,7
	S. Pablo Tacachico	0,0	0,0	0,0
	Total	**330,6**	**1.499,9**	**1.830,6**
3	Ciudad Arce	311,0	646,7	957,7
	Colón	0,0	432,4	432,4
	Sacacoyo	0,0	0,0	0,0
	S. Pablo Tacachico	0,0	0,0	0,0
	Total	**311,0**	**1.079,1**	**1.390,1**
4	Ciudad Arce	0,0	2.544,9	2.544,9
	Colón	0,0	104,9	104,9
	Sacacoyo	0,0	844,1	844,1
	S. Pablo Tacachico	0,0	0,0	0,0
	Total	**0,0**	**3.493,9**	**3.493,9**
5	Ciudad Arce	0,0	76,4	76,4
	Colón	0,0	3.705,5	3.705,5
	Sacacoyo	0,0	80,3	80,3
	S. Pablo Tacachico	0,0	0,0	0,0
	Total	**0,0**	**3.862,2**	**3.862,2**
6	Ciudad arce	0,0	0,0	0,0
	Colón	0,0	0,0	0,0
	Sacacoyo	0,0	0,0	0,0
	S. Pablo Tacachico	0,0	2.277,1	2.277,1
	Total	**0,0**	**2.277,1**	**2.277,1**
	Total general	**4.806,6**	**12.766,9**	**17.573,6**

Tabla 2. Evolución de las superficies de los cultivos al horizonte 2025

Zona	Regadío 2025		Secano 2025	
	% sobre la superficie de regadío del 99	% sobre la superficie de secano del 99	% sobre la superficie de regadío del 99	% sobre la superficie de secano del 99
1	100	0	0	85
2	150	20	0	85
3	120	20	0	60
4	100	4	0	20
5	100	3	0	110
6	100	3	0	102

Tabla 3. Alternativa de cultivos. Distribución de superficies. Año 2025

Zonas	Modelo agrícola			
	Regadío		Secano	
	Cultivo	**%**	**Cultivo**	**%**
1	Maíz/Frijol	13	Maíz/Frijol	32
	Hortalizas/Frutales	50	Hortalizas/Frutales	25
	Forrajes	10	Forrajes	15
	Caña azúcar	5	Caña azúcar	7
	Café	22	Café	21
	Total	**100**		**100**
2	Maíz/Frijol	22	Maíz/Frijol	28
	Hortalizas/Frutales	50	Hortalizas/Frutales	30
	Forrajes	12	Forrajes	15
	Caña azúcar	5	Caña azúcar	7
	Café	11	Café	20
	Total	**100**		**100**
3	Maíz/Frijol	27	Maíz/Frijol	38
	Hortalizas/Frutales	30	Hortalizas/Frutales	15
	Forrajes	15	Forrajes	12
	Caña azúcar	5	Caña azúcar	7
	Café	23	Café	28
	Total	**100**		**100**
4	Maíz/Frijol	56	Maíz/Frijol	60
	Hortalizas/Frutales	7	Hortalizas/Frutales	8
	Forrajes	15	Forrajes	12
	Caña azúcar	2	Caña de azúcar	5
	Café	20	Café	15
	Total	**100**		**100**
5	Maíz/Frijol	8	Maíz/Frijol	7
	Hortalizas/Frutales	2	Hortalizas/Frutales	2
	Forrajes	2	Forrajes	3
	Caña azúcar	8	Caña de azúcar	13
	Café	80	Café	75
	Total	**100**		**100**
6	Maíz/Frijol	23	Maíz/Frijol	30
	Hortalizas/Frutales	15	Hortalizas/Frutales	7
	Forrajes	20	Forrajes	25
	Caña azúcar	10	Caña de azúcar	8
	Café	32	Café	30
	Total	**100**		100

Tabla 4. Rendimientos unitarios. Año 2025

Zonas	Cultivo	Rendimientos unitarios		Precio unitario colones/Ql.
		Regadío Qls/Ha.	Secano Qls/Ha.	
1	Maíz/Frijol	70	50	80
	Hortalizas/Frutales	500	300	80
	Forrajes	800	400	10
	Caña de azúcar	.1200	800	15
	Café	30	25	480
2	Maíz/Frijol	70	50	80
	Hortalizas/Frutales	500	300	80
	Forrajes	800	400	10
	Caña de azúcar	1.200	800	15
	Café	30	25	480
3	Maíz/Frijol	60	40	80
	Hortalizas/Frutales	300	150	80
	Forrajes	500	200	10
	Caña de azúcar	1.000	500	15
	Café	30	25	480
4	Maíz/Frijol	50	40	80
	Hortalizas/Frutales	200	100	80
	Forrajes	300	150	10
	Caña de azúcar	800	300	15
	Café	30	25	480
5	Maíz/Frijol	50	35	80
	Hortalizas/Frutales	250	150	80
	Forrajes	600	300	10
	Caña de azúcar	800	300	15
	Café	30	25	480
6	Maíz/Frijol	50	35	80
	Hortalizas/Frutales	400	250	80
	Forrajes	600	300	10
	Caña de azúcar	1.200	800	15
	Café	30	25	480

Finalmente, conociendo la demanda unitaria en mano de obra de cada uno de los cultivos para las producciones esperadas, se determina la demanda total de mano de obra generada por los aprovechamientos previstos.

La Tabla 5 incluye el empleo unitario de cada aprovechamiento y la Tabla 6 recoge el cálculo de la Mano de Obra que ocupa el sector agrícola.

Todas las hipótesis de cálculo utilizadas para definir la evolución de la Cuenca hacia una situación de desarrollo sostenible se pueden resumir así:

- Se mantiene e incluso se aumenta la superficie dedicada al cafetal, asegurando el aprovisionamiento del recurso agua en el Valle.
- En los distritos de riego se produce una total reconversión de cultivos, disminuyendo al mínimo el cultivo de granos básicos y caña de azúcar a favor de cultivos más intensivos: hortícolas y frutales.
- Desaparece completamente el cultivo de granos básicos en laderas de alta pendiente. Estas zonas han sido recuperadas y reforestadas, dedicando al cultivo del café una parte de estas superficies.

Tabla 5. Empleo unitario

Cultivo	Empleo unitario	
	Regadío jornales/Ha./año	Secano jornales/Ha./año
Maíz/Frijol	40	30
Hortalizas/Frutales	110	60
Forrajes	40	20
Caña de azúcar	80	60
Café	120	80

Tabla 6. Empleo generado en el sector primario por zonas y municipios

Zona	Municipio	Cultivo	Empleo unitario		Empleo necesario total		
			Regadío jornales/ Ha./año	Secano jornales/ Ha./año	Regadío nº empleos	Secano nº empleo	Total nº empleos
1	Ciudad Arce	Maíz/Frijol	40	30	37	5	42
		Hortalizas/Frutales	110	60	637	11	648
		Forrajes	40	20	46	2	49
		Caña de azúcar	80	60	46	3	49
		Café	120	80	0	0	0
	Total Ciudad Arce				**767**	**21**	**788**
	Colón	Maíz/Frijol	40	30	8	8	16
		Hortalizas/Frutales	110	60	142	18	160
		Forrajes	40	20	10	4	14
		Caña de azúcar	80	60	10	5	15
		Café	120	80	0	0	0
	Total Colón				**171**	**34**	**206**
	Sacacoyo	Maíz/Frijol	40	30	7	3	10
		Hortalizas/Frutales	110	60	119	6	125
		Forrajes	40	20	9	1	10
		Caña de azúcar	80	60	9	2	10
		Café	120	80	0	0	0
	Total Sacacoyo				**143**	**12**	**155**
	S. Pablo Tacachico	Maíz/Frijol	40	30	14	0	14
		Hortalizas/Frutales	110	60	124	0	124
		Forrajes	40	20	18	0	18
		Caña de azúcar	80	60	18	0	18
		Café	120	80	0	0	0
	Total S. Pablo Tacachico				**174**	**0**	**174**
TOTAL ZONA 1					**1.255**	**68**	**1.323**
6	Ciudad Arce	Maíz/Frijol	40	30	0	0	0
		Hortalizas/Frutales	110	60	0	0	0
		Forrajes	40	20	0	0	0
		Caña de azúcar	80	60	0	0	0
		Café	120	80	0	0	0
	Total Ciudad Arce				**0**	**0**	**0**
	Colón	Maíz/Frijol	40	30	0	0	0
		Hortalizas/Frutales	110	60	0	0	0
		Forrajes	40	20	0	0	0
		Caña de azúcar	80	60	0	0	0
		Café	120	80	0	0	0
	Total Colón				**0**	**0**	**0**
	Sacacoyo	Maíz/Frijol	40	30	0	0	0
		Hortalizas/Frutales	110	60	0	0	0
		Forrajes	40	20	0	0	0
		Caña de azúcar	80	60	0	0	0
		Café	120	80	0	0	0
	Total Sacacoyo				**0**	**0**	**0**

Tabla 6. Empleo generado en el sector primario por zonas y municipios (Cont.)

	S. Pablo Tacachico	Maíz/Frijol	40	30	2	87	89
		Hortalizas/Frutales	110	60	6	49	54
		Forrajes	40	20	3	58	61
		Caña de azúcar	80	60	3	56	58
		Café	120	80	0	0	0
	Total S. Pablo Tacachico				13	250	263
TOTAL ZONA 6					**13**	**250**	**263**
TOTAL VALLE					**4.339**	**14.265**	**18.604**

- Los usos del suelo son acordes con su vocación, evitando el desarrollo urbanístico en zonas cuya vocación intrínseca corresponda a otros usos; esto significa que no se invaden por la urbanización los sectores de riego ni el cafetal.

3.3.3. Definición de hipótesis socioeconómicas para el horizonte temporal

Por comparación con otras áreas de parecidas características, que se adoptan como modelo a seguir en esta zona, se establecen las hipótesis siguientes:

Tasa de desempleo del Sector Agrario: 8 %
Estructura de la población activa del Sector Primario: 15 %
Tasa de actividad total de la Población: 42 %

3.3.4. Estimación de la población activa del sector primario, población activa total y población total

En la Tabla 7 se recoge, para cada Unidad Homogénea, Departamento y Municipio, el valor calculado de la Población Activa del Sector Primario, la población activa total y la Población Total.

Esta población total correspondería precisamente a la Capacidad de Acogida Poblacional de la Cuenca del Río Sucio, para un escenario de desarrollo sostenible en el horizonte del año 2025.

Tabla 7. Estimación de la población activa del sector pimario, población activa total y población total

Zona	Municipio	Empleos agrarios	Tasa actividad	Desempleo	P. activa agraria	Estructura por sectores	P. activa total	P. total
1	Ciudad Arce	788	42%	8%	857	15%	5710	13.596
	Colón	206	42%	8%	224	15%	1493	3.554
	Sacacoyo	155	42%	8%	168	15%	1123	2.674
	S. Pablo Tacachico	174	42%	8%	189	15%	1261	300
TOTAL ZONA 1		**1.323**	**42%**	**8%**	**1.438**	**15%**	**9.587**	**2.2826**
2	Ciudad Arce	0	42%	8%	0	15%	0	0
	Colón	0	42%	8%	0	15%	0	0
	Sacacoyo	0	42%	8%	0	15%	0	0
	S. Pablo Tacachico	263	42%	8%	286	15%	1.906	4.538
TOTAL ZONA 6		**263**	**42%**	**8%**	**286**	**15%**	**1.906**	**4.538**
TOTAL VALLE		**18.604**	**42%**	**8%**	**20.222**	**15%**	**134.812**	**320.980**

4. DEFINICIÓN DEL SISTEMA DE OBJETIVOS

Un objetivo es algo a lo que se tiende con pretensiones de conseguirlo; ese algo puede venir definido con mayor o menor concreción. En su forma más general el objetivo último de todo plan consiste en mejorar la calidad de vida de la población del ámbito a que se aplica; como se vio en el capítulo I, la calidad de vida de los ciudadanos puede considerarse como la agregación de nivel de renta, condiciones de vida y trabajo y calidad ambiental, de tal manera que la mejora de alguno o todos de estos tres grandes componentes puede adoptarse como punto de partida para la formulación de los objetivos.

Dado que la calidad de vida viene marcada por los problemas y las potencialidades del sistema, la formulación de los objetivos se traducirá, en suma, en expresar formalmente la voluntad de resolver los problemas actuales, prevenir los futuros, aprovechar las oportunidades y satisfacer las demandas de la población, así como de cumplir las directrices de rango superior, si existen, y las previsiones de niveles institucionales de rango inferior al del ámbito del plan.

Existe un neto paralelismo entre problemas y potencialidades con los objetivos, de tal manera que, de forma paralela al árbol de problemas, es posible estructurar los objetivos según un árbol (figura V.13), expresivo de las relaciones verticales de medio a fin, que se va dividiendo y subdividiendo a partir de un tronco constituido por proposiciones muy generales, expresadas de forma abstracta (mejorar el nivel y distribución de la renta, mejorar la calidad ambiental, por ejemplo), hasta objetivos concretos formulados con un alto grado de definición en términos de sujeto, cantidad y tiempo: reducir el nivel

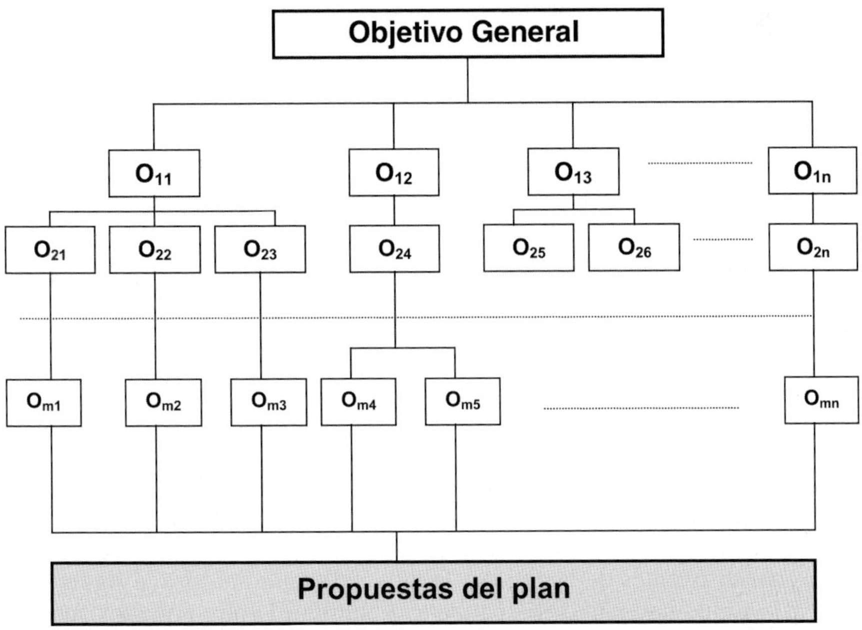

Figura V.13. *Estructura general del árbol de objetivos. Oij: objetivo ij.*

de contaminación de un cauce (sujeto) en un 20 por 100 (cantidad) en dos años (tiempo), por ejemplo.

El último nivel es metodológicamente el más operativo; a los objetivos en este nivel se les suele añadir el calificativo de «concretos o específicos», debiendo venir expresados de tal manera que:

- Resulte inequívoca la dirección en que se avanza o retrocede en su consecución.
- En la medida de lo posible, tal avance o retroceso sea susceptible de medida, bien de forma directa o indirectamente a través de algún indicador.

Un grado más de detalle en la formulación de los objetivos y se tendrá una propuesta, que no es sino un objetivo definido en términos ejecutables.

En ocasiones, la bibliografía sobre el tema, hace corresponder los niveles de desagregación con los conceptos de fin-objetivo-meta-propuesta, que van concretándose de mayor a menor generalidad.

Metodológicamente la identificación de los objetivos parte de la relación de problemas y potencialides detectados en el diagnóstico. Todo problema y toda potencialidad debe quedar contemplado al menos en un objetivo y todo objetivo debe atender al menos a un problema o potencialidad; la correspondencia no es biunívoca, sino tal que un mismo objetivo puede orientarse hacia varios problemas y potencialidades, y un solo problema o potencialidad puede estar contemplado en varios objetivos.

En este sentido un objetivo puede entenderse como la expresión explícita de resolver un problema o aprovechar una potencialidad, atendiendo a los elementos básicos que lo definen: manifestación y sus efectos, causa y agentes implicados, y teniendo en cuenta los atributos que lo describen. Así a un problema formulado como «erosión en una zona a causa depastoreo excesivo» corresponden dos objetivos: restaurar las áreas erosionadas y controlar la carga pastante donde exista riesgo de erosión, a lo que se podría añadir todavía un objetivo orientado a la formación de los ganaderos; a un problema de inestabilidad de una ladera por acumulación de escombros pueden corresponder tres objetivos: detener el vertido, estabilizar la ladera y dotar a la zona de algún tipo de estructura que prevenga los daños que podrían causar los posibles desplazamientos de los materiales.

La formulación de los objetivos se facilita, como en la identificación de los problemas, por consulta a los agentes implicados en el plan así como con modelos teóricos de referencia.

Completa el análisis el establecimiento de preferencia o jerarquía entre los objetivos del mismo nivel, lo que es particularmente importante para aquellos entre los que se den relaciones de disfuncionalidad o incompatibilidad.

Por coherencia con la estructura del diagnóstico, el árbol representativo del sistema de objetivos puede organizarse, indistintamente, haciendo coincidir las ramas de su primer nivel con los subsistemas allí considerados o con los tres aspectos constituyentes de la calidad de vida, tal como muestra la figura V.14; ello es así porque hay una correspondencia biunívoca entre aquellos subsistemas y los citados elementos.

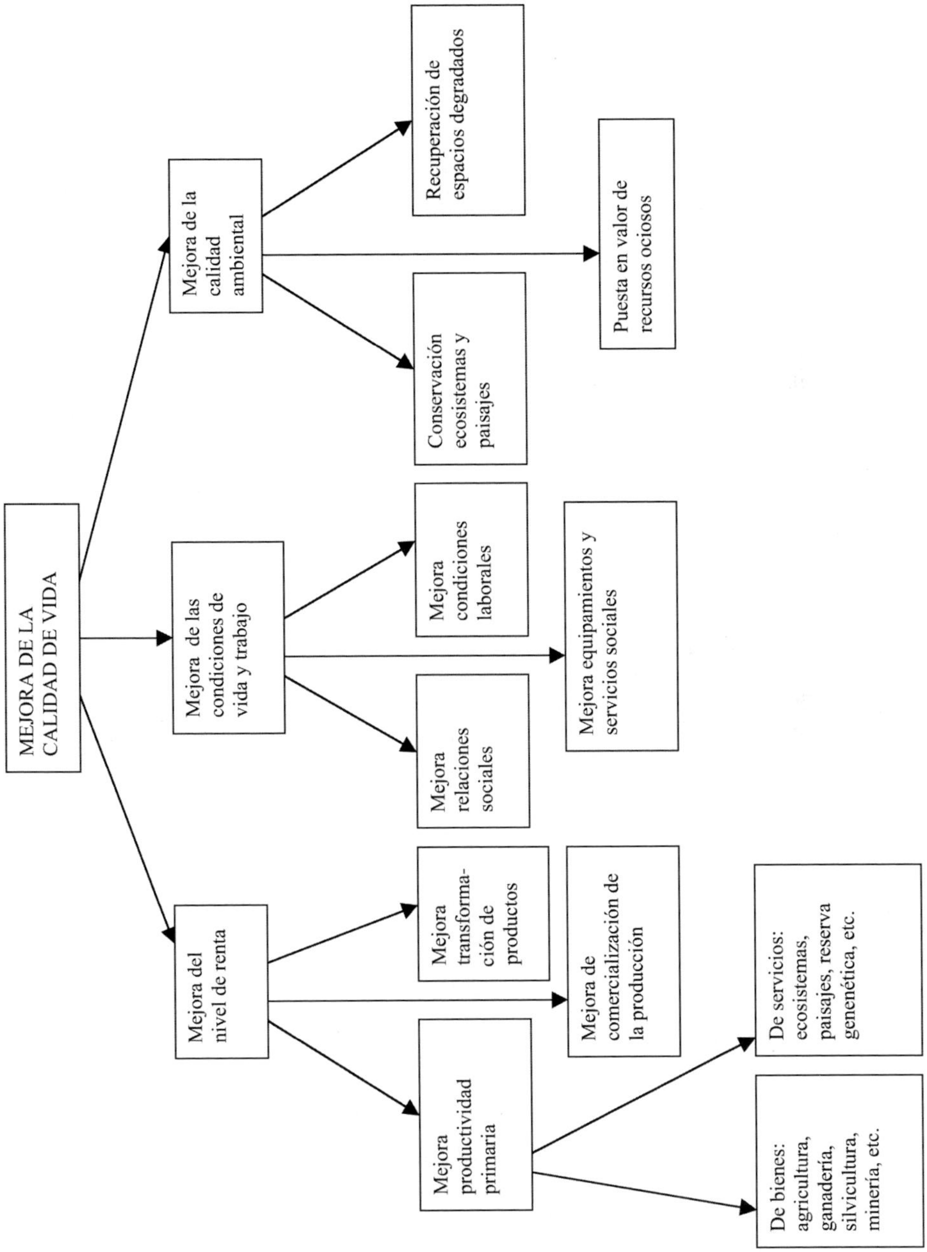

Figura V.14. *Ilustración de la forma en que puede organizarse un árbol de objetivos.*

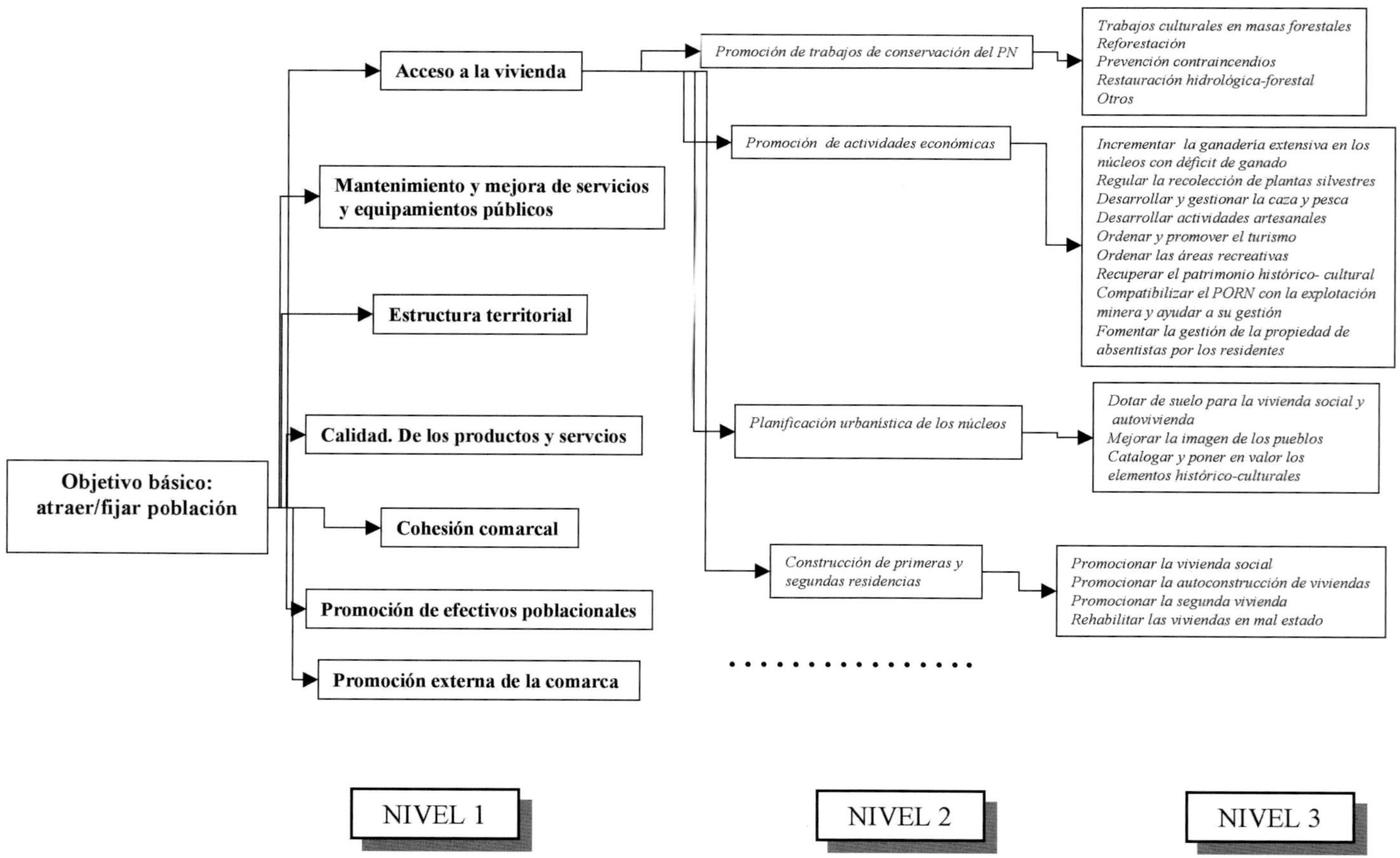

Figura V.15. *Arbol de objetivos del plan de desarrollo sostenible del Alto Tajo (Parcial).*

El árbol de objetivos constituye una estructura en la que se dan, como en el caso de los problemas, dos tipos de relaciones: verticales y horizontales; las primeras vienen definidas por los niveles del árbol y expresan relaciones de medio a fin, porque para alcanzar un objetivo o vértice de un nivel hay que pasar primero por los del nivel inferior que lo forman. Las relaciones horizontales son internas a cada uno de los niveles del árbol, siendo más fáciles de detectar y de calificar en los niveles inferiores. Estas son de cinco tipos:

— Complementariedad: dos objetivos son complementarios cuando avances positivos en la dirección de uno implican aproximación también al otro.
— Neutralidad: cuando la aproximación a un objetivo es independiente de la de otro.
— Competencia y/o disfuncionalidad: cuando avances en la dirección de un objetivo suponen merma para la consecución de otro.
— Incompatibilidad: dos objetivos son incompatibles entre sí cuando la consecución de uno implica la no-consecución del otro.
— Compatibilidad: dos objetivos son compatibles cuando son complementarios, neutros o escasamente disfunciona.

Estas relaciones horizontales se detectan y visualizan con facilidad cruzando en una matriz cuadrada los objetivos del último nivel, tal como muestra la figura V.16. La figura V.17 muestra algunos ejemplos de tales relaciones horizontales.

Ante objetivos incompatibles el plan deberá optar por uno o por otro. Se denomina aquí sistema de objetivos al árbol de objetivos compatibilizado y consolidado; en él, cada problema, cada conflicto, cada amenaza, cada estran-

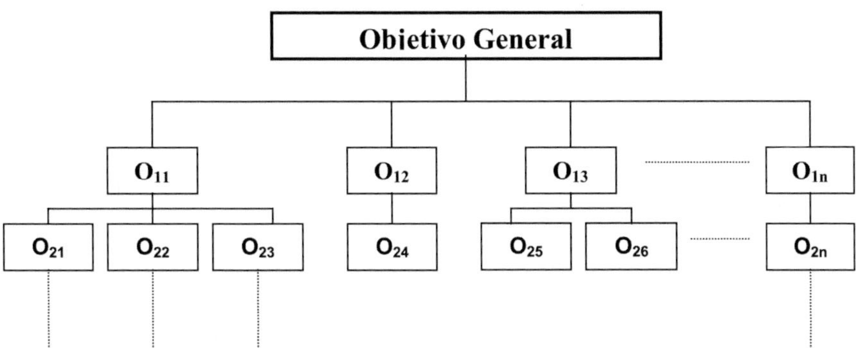

	O_{n1}	O_{n2}	O_{n3} …	………………	…O_{nn}
O_{n1}	……	……	……	………………	…..
O_{n2}	……	……	……	………………	…..
….	……	……	……	………………	…..
O_{nn}	……	……	……	………………	…..

Figura V.16. *Formato de tabla para establecer las relaciones horizontales entre objetivos.*

S: Sinérgicos C: Complementarios N: Neutros D: Disfuncionales I: Incompatibles	Elevar la densidad de población en medio rural	Mantener y extender la superficie de bosques climácicos	Mantener en activo los usos del suelo que han definido históricamente el paisaje	Crear oferta de espacios recreativos al aire libre	Recuperar el patrimonio histórico y cultural	Evitar el aterramiento y eutrofización de embalses
Elevar la densidad de población en medio rural		D	C	C	S	D
Mantener y extender la superficie de bosques climácicos			D	D	N	C
Mantener en activo los usos del suelo que han definido históricamente el paisaje				D	C	D
Crear oferta de espacios recreativos al aire libre					S	D
Recuperar el patrimonio histórico y cultural						N
Evitar el aterramiento y eutrofización de embalses						

Figura V.17. *Ejemplo de relaciones horizontales entre objetivos.*

gulamiento, cada recurso, cada oportunidad, cada directriz de rango superior, cada demanda o aspiración ... debe quedar contemplado, al menos, en un objetivo, y cada objetivo debe atender, al menos, a uno de tales aspectos, auque no se de una relación biunívoca.

De acuerdo con todo lo anterior, y en síntesis, la formalización del sistema compatibilizado de objetivos, pasa por las siguientes etapas:

— Identificar los objetivos concretos a partir del diagnóstico realizado.
— Disponer los objetivos en forma de árbol con varios niveles de desagregación, expresivo de las relaciones verticales, de medio a fin, entre ellos.
— Analizar las relaciones horizontales entre objetivos del último nivel, el más concreto, expresándolas en términos de incompatibilidad, disfuncionalidad o competencia, neutralidad, complementariedad y/o sinergia.
— Atribuir un orden de prioridad a los objetivos de un mismo nivel y de preferencias en caso de incompatibilidad.
— Elaborar el sistema compatibilizado de objetivos: versión depurada del primer árbol de objetivos.

En lo que sigue se esboza un ejemplo de sistematización de objetivos generales que, con los lógicos ajustes, son aplicables a cualquier situación. Dada la naturaleza de esta obra se pone énfasis en el subsistema físico natural.

4.1. Objetivos generales en el subsistema físico natural

i. Garantizar para cada punto del territorio la conservación de sus valores ecológicos, paisajísticos, productivos y científico-culturales.
ii. Proponer medidas para mejorar, recuperar o rehabilitar, los elementos y procesos del ambiente natural que se encuentren degradados por actividades incompatibles con su vocación intrínseca.
iii. Establecer líneas de acción para la puesta en valor de aquellos recursos naturales que se encuentren ociosos o insuficientemente aprovechados.
iv. Mejorar el comportamiento ambiental de los agentes socioeconómicos: productores y consumidores.

El primero de estos objetivos se plantea de acuerdo con la filosofía de la Estrategia Mundial para la Conservación, cuyo concepto de la conservación consiste en gestionar la utilización de los recursos naturales en beneficio del hombre de tal manera que se garantice su permanencia en el tiempo, es decir, la producción sostenida del bien o servicio que puedan prestar.

La conservación es activa, implica gestión, en cuanto supone el aprovechamiento (racional, sostenible y sostenido) de recursos naturales, ecosistemas y paisajes. Va asociada a la idea de desarrollo sostenible, la cual contempla los recursos naturales, en el más amplio sentido del término, incluyendo los denominados intangibles, como elementos activos de primer orden en la economía moderna. Resulta inconcebible en la actualidad desligar las actividades económicas de un entorno de calidad, lo «económico es ecológico y lo ecológico es económico» se acepta como principio. A ello hay que añadir la simple justificación del respeto a la naturaleza por simples razones éticas.

La conservación, no obstante, aún siendo condición necesaria, no es suficiente, por ello hay que dar entrada al segundo de los objetivos enunciados: mejorar, recuperar o rehabilitar para otros usos aquellos recursos, ecosistemas o paisajes degradados, en el ámbito del plan. Identificar las áreas degradadas y proponer medidas, directas o indirectas, en el nivel institucional más adecuado al problema, es una tarea potenciadora del ambiente que debe tener entrada en la ordenación del territorio.

La misma idea de que la mejor forma de conservar el ambiente natural consiste en utilizar racionalmente sus recursos naturales, preside el tercer objetivo general que se enunció: poner en explotación recursos existentes que permanecen ociosos, mediante actividades vocacionales, susceptibles de generar rentas o beneficios económicos a más o menos largo plazo.

Hay que tener en cuenta que los problemas ambientales no sólo se producen por un exceso de actividad, sino también por un defecto de ella. En este sentido la propuesta de actividades vocacionales capaces de diversificar la renta de los agricultores, de transferir rentas del medio urbano al rural e incluso de los sectores secundario y terciario a la agricultura, contribuirán a fijar población en el medio rural, condición indispensable para la conservación de ecosistemas, culturas, paisajes, tradiciones, patrimonio histórico e incluso arquitectónico, todos ellos factores ambientales importantes. Ello además se justifica por la contribución al equilibrio territorial que supone la fijación de población en el agro.

El cuarto objetivo se inserta en la idea de que los problemas que afectan al medio físico derivan fundamentalmente del comportamiento de los agentes socioeconómicos; éstos son tanto los productores como los consumidores; para los primeros, fundamentalmente las empresas, mejorar el comportamiento ambiental se traduce en ahorro de insumos, mejora de los procesos productivos, recuperación de recursos de los residuos, mejora de la imagen, etc.; por parte de los productores el incremento de la sensibilidad ambiental se puede traducir en las preferencias por los bienes producidos mediante procesos ambientalmente cuidadosos y en unos comportamientos regidos por el viejo principio «pensar globalmente y actuar individual y localmente».

Los tres grandes objetivos citados se pueden desagregar en un segundo y tercer nivel, como puede verse en el ejemplo que se expone a continuación, el cual hay que entenderlo a escala de directrices regionales:

- i. Garantizar para cada punto del territorio la conservación de sus valores ecológicos, paisajísticos, productivos y científico-culturales.
  - i.1. Conseguir una distribución de actividades en el territorio y, en particular, una clasificación y urbanística del suelo compatible con la capacidad de acogida del medio físico.
    - i.1.1. Garantizar el mantenimiento y/o la mejora de la cubierta vegetal en aquellas zonas con riesgo de desplazamiento de materiales (erosión, solifluxión, etc.), y evitar la localización en ellas de actividades que puedan verse negativamente afectadas por este fenómeno.
    - i.1.2. Mantener y extender la superficie existente de bosques climácicos.
    - i.1.3. Evitar vertidos contaminantes en los tramos de ríos que conservan una aceptable calidad de las aguas y depurarlos en los demáshasta conseguir que la calidad de aquellas permita los usos previstos.
    - i.1.4. Mantener expedito y en perfecto funcionamiento hidráulico todos los cauces naturales.
    - i.1.5. Mantener la calidad de los recursos acuíferos subterráneos y evitar su sobreexplotación, controlando tanto los vertidos industriales y urbanos como los agropecuarios.
    - i.1.6. Evitar la eutrofización y el aterramiento de los embalses mediante el control de usos en la cuenca vertiente
    - i.1.7. Mantener la calidad visual del territorio evitando la localización de elementos discordantes y la práctica de actividades negativas para la percepción. En particular procurar el mantenimiento en actividad de aquellos elementos y usos del suelo que han definido históricamente el paisaje.

- i.1.8. Conservar y potenciar el uso científico-cultural de los yacimientos paleontológicos existentes así como de los elementos geológicos y geomorfológicos de interés.
- i.1.9. Garantizar el mantenimiento de la superficie agraria útil en los suelos de mejor calidad y buscar usos alternativos a los cultivos actuales sobre suelos marginales.

i.2. Extender la EIA, en cuanto instrumento preventivo de gestión ambiental, a proyectos y actuaciones no recogidos en la legislaciónque lo regula (anexo 2 del RD 1302/1986), así como a espacios sensibles desde el punto de vista ambiental.

- i.2.1. Exigir estudios previos de valoración ambiental, tasas de renovación de los recursos naturales renovables, capacidad de acogiday capacidad de asimilación de los vectores ambientales (aire, agua y suelo) ante la localización de cualquier proyecto como requisito indispensable para la integración ambiental de las actuaciones. Esto resulta particularmente importante en la localización de infraestructuras y otros elementos estructurantes del territorio.
- i.2.2. Exigir la generación de múltiples alternativas de localización, tecnología, diseño, tamaño, etc. y su evaluación, para el proyecto de cualquier actuación como garantía de la consideración ambiental.
- i.2.3. Orientar las EIA hacia los aspectos relevantes, de acuerdo con lo que se deduzca del cumplimiento de los dos objetivos anteriores.

i.3. Evitar las construcciones no agrarias en suelo rústico y vincular estas últimas a las necesidades de la explotación.

i.4. Prevenir el vertido y lavado de barcos en el mar.

i.5. Controlar la introducción de flora y fauna exótica.

i.6. Vincular las explotaciones ganaderas intensivas a la disposición de terreno suficiente para absorber las deyecciones sólidas y líquidas, así como exigir una capacidad de almacenamiento de las mismas que permita evitar la época invernal para distribuir dichas deyecciones.

i.7. Evitar carga pastante excesiva en las áreas de pastoreo a diente.

i.8. Gestionar la práctica de la caza con el doble objetivo de satisfacer la demanda y evitar su agotamiento.

i.9. Evitar el exceso de vías de saca y pistas forestales en las zonas de uso forestal.

i.10. Prevenir los incendios forestales y dotar a las masas de elementos de extinción suficientes.

ii. Mejorar, recuperar o rehabilitar, los elementos y procesos del ambiente natural que se encuentren degradados por actividades incompatibles con su vocación intrínseca.

- ii.1. Regenerar o rehabilitar para otros usos, las zonas de extracción minera abandonada así como las escombreras.
- ii.2. Exigir el cumplimiento del R.D. 2994/82 relativo a la recuperación de terrenos afectados por la explotación en las que estén activas.
- ii.3. Contrarrestar los procesos erosivos en los suelos que los padezcan y controlar los tipos y técnicas de cultivo sobre ellos.
- ii.4. Procurar la reversión paulatina de las plantaciones de eucalipto y pino radiata a formaciones vegetales ecológica y paisajísticamente más adaptadas a las zonas que se definan.
- ii.5. Frenar la degradación de los bosques autóctonos y procurar su regeneración mediante tratamientos culturales.
- ii.6. Depurar los vertidos en los tramos contaminados de los ríos hasta una calidad tal que permita la vida acuática y el uso recreativo.
- ii.7. Extender la red de toma de muestras de agua a toda la región a fin de controlar su calidad.
- ii.8. Recuperar las márgenes de ríos y arroyos hasta conseguir sus características propias.
- ii.9. Eliminar los vertidos directos al mar y recuperar los espacios periplayeros para el uso recreativo.
- ii.10. Aplicar con rigor la Ley de Costas.
- ii.11. Eliminar o enmascarar las instalaciones visualmente discordantes en el paisaje.
- ii.12. Eliminar la publicidad en el suelo rústico.
- ii.13. Sellar o eliminar los vertederos incontrolados existentes y prevenir el vertido incontrolado combinando medidas punitivas y remunerativas.
- ii.14. Garantizar una respuesta rápida a los efectos sobre las costas de accidentes de barcos.
- ii.15. Controlar y dotar de medidas antiruido a las actividades que los produzcan por encima de límites tolerables.

iii. Establecer líneas de acción para la puesta en valor de aquellos recursos naturales que se encuentren ociosos o insuficientemente aprovechados.

- iii.1. Crear una oferta de espacios e itinerarios recreativos al aire libre, capaz de satisfacer la demanda actual y potencial de la población.
- iii.2. Buscar usos alternativos y nuevas formas de gestión a las tierras marginales cultivadas.
- iii.3. Potenciar la productividad de la vegetación autóctona investigando nuevas variedades y técnicas de cultivo.
- iii.4. Mejorar la estructura parcelaria, el tamaño y la gestión de las explotaciones.
- iii.5. Fomentar y ordenar las explotaciones forestales garantizando la «producción sostenida».

iii.6. Reutilizar las aguas residuales urbanas en la agricultura y en la regeneración paisajística.
iii.7. Evitar la práctica de la quema de rastrojeras y matorrales.
iii.8. Aprovechar los embalses para cultivos acuícolas.

iv. Mejorar el comportamiento ambiental de los agentes socioeconómicos: productores y consumidores.
iv.1. Promocionar la implantación de sistemas normalizados de gestión ambiental en las empresas.
iv.2. Fomentar el etiquetado ecológico de los productos.
iv.3. Procurar la formalización de «compromisos» tendentes a mejorar el comportamiento ambiental en sectores productivos específicos.
iv.4. Estimular la creación de mesas de concertación por zonas.
iv.5. Incrementar la sensibilización, educación y formación ambiental.
iv.6. Fomentar la implantación de la «Agenda 21 Local» en los muncipios.

4.2. Objetivos generales para el subsistema población y actividades

i. Optimizar las actividades productivas de la población.
i.1. Adecuar los aprovechamientos de las actividades productivas a las tasas de renovación de los recursos naturales renovables y a lacapacidad de asimilación del suelo, agua y aire.
i.2. Optimizar la estructura por edades de la población:
i.2.1. Garantizar la cantidad y calidad de población necesaria para la explotación racional de los recursos y la conservación del medio.
i.2.2. Garantizar la cantidad y calidad de población necesaria para el desarrollo de las actividades económicas.
i.2.3. Garantizar la cantidad y calidad de población necesaria para el desarrollo de las actividades de relación.
i.3. Capacitar al personal productivo de la zona partiendo de sus características propias, de sus tradiciones y de acuerdo con su aptitud y actitud.
i.4. Aumentar el nivel de vida de la población:
i.4.1. Aumentar los niveles de renta.
i.4.2. Mejorar la redistribución de las rentas generadas.
i.5. Maximizar la creación de empleo local, tanto en cantidad de los empleos ofertados como en calidad de los mismos.
i.6. Paliar los desequilibrios territoriales y las desigualdades sociales generados por los procesos de concentración y distribución de las actividades económicas.
i.7. Maximizar la complementaridad de los sectores económicos productivos.
i.8. Maximizar la retención del valor añadido en el ámbito del plan.

i.9. Maximizar la integración de los procesos de producción/transformación/comercialización.

ii. Objetivos sobre la población y sus actividades de consumo:

ii.1. Garantizar a la población el acceso a los bienes, servicios y equipamientos de acuerdo con sus necesidades y demandas actuales yfuturas, en términos tanto de calidad como de cantidad.

iii. Objetivos sobre la población y sus actividades de relación:

iii.1. Garantizar el respeto al sistema de valores, idiosincrasia y pautas de comportamiento de la población.

iii.2. Priorizar las aspiraciones económicas, culturales y sociales de la población.

iii.3. Integrar la población en los procesos de planificación.

4.3. Objetivos generales correspondiente al subsistema de asentamientos

i. Adecuar la distribución y la estructura de los núcleos a las características del medio:

i.1. Adaptar el crecimiento de los núcleos a la capacidad de acogida del territorio.

i.2. Adecuar el sistema de núcleos de modo que no se generen fenómenos de segregación socio-espacial ni marginaciones socioeconómicas.

ii. Adecuar la estructura interna de los núcleos evitando desequilibrios tanto espaciales como estructurales o sectoriales.

iii. Organizar el sistema de infraestructuras de modo que garantice:

iii.1. La accesibilidad en términos de tiempo y coste de la población a la explotación viable de los recursos del medio.

iii.2. La accesibilidad en términos de tiempo y coste de la población a los bienes y servicios por ella demandados.

iii.3. Conseguir una dotación adecuada y económicamente eficiente, de servicios y equipamientos para la población.

iii.4. Desarrollar las relaciones sociales y la accesibilidad a las fuentes de información y a los centros de toma de decisiones.

iii.5. Facilitar el intercambio de población.

iii.6. Organizar los intercambios y actividades económicas facilitando la entrada de los «inputs» y la salida de los «outputs».

4.4. Un ejemplo de objetivos específicos: el caso del Plan de Ordenación de la Cuenca del Río Sucio

El objetivo básico del plan consistía en: «Racionalizar el uso del suelo y el aprovechamiento de los recursos naturales, estéticos y culturales, manteniendo una elevada calidad del espacio y garantizando el funcionamiento de todos los procesos ecológicos que operan en la Cuenca».

Teniendo en cuenta que los problemas del medio físico derivan de la relación entre las actividades y su entorno, el plan y la gestión que lo materialice, afectará, a los dos elementos implicados en dicha relación, es decir:

- al elemento activo: las actividades (los agentes socioeconómicos) que están en la causa y que son el vehículo del desarrollo,
- al elemento pasivo: los elementos y procesos del medio físico que reciben los efectos, y
- a los influjos mutuos entre las actividades y los citados factores.

Por otra parte, los objetivos concretos, no son otra cosa que la expresión formal del deseo de resolver los problemas y aprovechar las potencialidades detectadas para la Cuenca, contando para ello con las facilidades que ofrece la estructura de la matriz DAFO. En consecuencia, el objetivo básico señalado, sugiere una inmediata partición en cinco objetivos más concretos que, a su vez, definen otras tantas líneas de acción que se complementan y refuerzan de forma sinérgica; son los siguientes:

1. Prevenir degradaciones, es decir evitar que se localicen actividades conflictivas para el medio en zonas que superen un umbral de valor ambiental. Se trata con este objetivo de garantizar para cada punto del territorio la conservación de sus valores ecológicos, paisajísticos, productivos y científico-culturales.
2. Corregir el comportamiento de actividades que generen o puedan generar degradaciones.
3. Curar degradaciones: es decir: recuperar, restaurar, reformar, rehabilitar espacios y factores ambientales degradados.
4. Potenciar la fortaleza del medio (homeostasia) y de los factores (resiliencia) que lo forman.
5. Poner en valor recursos ociosos, entendiendo que la mejor manera de conservar un recurso natural consiste en hacer de él una explotación que, conservándolo, resulte rentable.
6. Aprovechar las oportunidades que brinda la cuenca y sus recursos.

Con el marco de referencia descrito, y una vez identificados los problemas y las potencialidades en el diagnóstico, los razonamientos anteriores sugieren expresarlos con la estructura de árbol definida en los epígrafes siguientes:

Prevenir degradaciones

- Conseguir una distribución de actividades en el territorio y, en particular, una clasificación urbanística del suelo compatible con la capacidad de acogida del medio físico.
- Evitar la deforestación de las áreas arboladas:
  - Conservar el relicto del bosque nebuloso existente en el volcán El Boquerón.
  - Conservar los bosques de galería asociados a todos los cursos de agua.
  - Conservar el arbolado que acompaña al complejo de la laguna de Chalmico, incluyendo el Resumidero y Caldera.

   — Evitar la práctica de la caza en la laguna de Chalmico.
   — Conservar el arbolado disperso residual de la selva baja subtropical.
- Extender/ampliar la superficie existente de bosques climácicos.
- Evitar la alteración artificial de las lavas recientes de El Playon y de Santa Ana.
- Conservar los humedales del Valle de Zapotitlan.
- Conservar para la agricultura los suelos agrícolas con elevado potencial productivo:
   — Conservar los distritos de riego de Zapotitan y de Chalpico.
   — Conservar el suelo agrícola de fondo de valle.
   — Conservar los suelos pertenecientes a las Clases Agrológicas I y II.
- Evitar la emisión de contaminantes a los cursos de agua y al suelo:
   — Conseguir que todo núcleo residencial o de otro tipo cuente con red de alcantarillado y con sistema de depuración.
   — Evitar que las aguas de los rastros se eliminen sin tratamiento.
   — Idem de los mercados municipales.
- Conservar los bosques de cafetal:
   — Desarrollar tecnologías específicas para abaratar costes.
   — Identificar nuevas fuentes de renta en los cafetales.
   — Procurar el uso múltiple de los cafetales.
- Garantizar la funcionalidad de los sistemas fluviales manteniendo libres y expeditos los cauces y evitando los procesos de erosión sedimentación, siempre respetando la vegetación de ribera:
   — Evitar el enzolvamiento de los cursos fluviales.
   — Mantener limpios los cursos fluviales y los canales que drenan el distrito de riego de Zapotitan.
   — Evitar la localización de «tugurios» residenciales sobre las márgenes de los ríos.
- Regular la localización de actividades extractivas y vincular su autorización a la recuperación del espacio afectado por ellas.
- Evitar la localización del aprovechamiento agrícola en terrenos fácilmente erosionables, como son los que superan pendientes del 15 por 100.
- Adoptar métodos de cultivo que eviten procesos erosivos en terrenos erosionables, aquellos con pendientes superiores al 15 por 100.
- Evitar la localización de usos residenciales, industriales y de servicios en cotas inferiores a 500 msn y en los lugares donde existe riesgo de vulcanismo, así como en áreas de recarga de acuíferos.
- Evitar la eliminación de aguas residuales urbanas directamente al suelo, previendo para ello las necesarias infraestructuras de saneamiento y depuración.
- Evitar que la población extraiga leña para el consumo doméstico de forma indiscriminada.
- Mantener la calidad visual del territorio evitando la localización de elementos discordantesy la práctica de actividades negativas para la percepción.
- Controlar la introducción de flora y fauna exótica.

Corregir el comportamiento de los agentes (actividades) socioeconómicos

- Conseguir que todas las basuras de origen doméstico sean depositadas en rellenos sanitarios.
- Conseguir que los residuos industriales se depositen en vertederos específicos.
- Vigilar y garantizar el equilibrio entre oferta y demanda de recursos hídricos.
- Dotar de un sistema de depuración de aguas residuales a todos los pueblos.
- Conseguir que las industrias depuren sus aguas residuales.
- Conseguir que las granjas intensivas reutilicen o traten los efluentes de todo tipo que generen.
- Evitar que las industrias ladrilleras y de cal utilicen neumáticos y madera como combustible.
- Diseñar las nuevas lotificaciones de tal manera que se respete en la medida de lo posible la vegetación arbórea
- Promover la creación de conciencia y sensibilidad ambiental en los empresarios, técnicos, gestores y población en general.
- Crear sistemas de información ambiental.
- Difundir la información ambiental entre los agentes socioeconómicos y la población en general.
- Desarrollar sistemas de educación ambiental.
- Procurar que las industrias adopten sistemas de gestión ambiental.
- Estimular métodos de transporte alternativos: bicicleta, caminar.
- Vincular las explotaciones ganaderas intensivas a la disposición de terreno suficiente para absorber las deyecciones sólidas y líquidas, así como exigir una capacidad de almacenamiento de las mismas que permita aprovechar los momentos en que el suelo tiene mejor capacidad receptora para distribuir dichas deyecciones.
- Procurar que los agricultores adopten prácticas de cultivo compatibles con el medio ambiente:
  - Fomentar la agricultura ecológica.
  - Fomentar la rotación de cultivos.
  - Fomentar la creación de ATRIAS.
  - Utilizar pesticidas biodegradables en el cafetal.
  - Utilizar técnicas de cultivo adecuadas al cultivo en ladera.

Curar degradaciones: recuperar, restaurar, reformar, rehabilitar espacios degradados

- Recuperar o rehabilitar para otros usos los espacios afectados por las actividades mineras, particularmente canteras, graveras y ladrilleras.
- Sellar el antiguo vertedero de Santa Tecla y recuperar el espacio afectado.
- Sellar y recuperar los vertederos incontrolados existentes.
- Recuperar El Playon eliminando los usos incompatibles.

- Recuperar las riberas de los ríos como lugares de esparcimiento y recreo al aire libre.
- Ordenar la utilización turístico/recreativa de la laguna de Chalmico.
- Facilitar la reforestación de los terrenos que se cultivan en pendientes superiores al 15 por 100.
- Eliminar la publicidad en el suelo rústico.

Potenciar la fortaleza del medio y de los factores que lo forman

- Garantizar caudal ecológico en los ríos.
- Procurar que los ríos circulen en régimen turbulento.

Poner en valor recursos ociosos

- Evitar el vandalismo en los yacimientos arqueológicos.
- Conservar y poner en valor los recursos arqueológicos unificando los existentes así como de los elementos geológicos y geomorfológicos de interés:
  - Conservar y potenciar el uso científico-cultural de los yacimientos paleontológicos.
  - Evitar la depredación y el vandalismo sobre los yacimientos arqueológicos.
  - Mantener la utilización turística por debajo de un determinado umbral de intensidad de uso (número de personas que lo visitan por unidad de superficie y de tiempo).
  - Dotar de un sistema para que los agricultores denuncien la presencia o el hallazgo de yacimientos arqueológicos.
  - Controlar la venta de objetos arqueológicos precolombinos en el mercado.
- Conservar y poner en valor el patrimonio histórico y cultural.
- Potenciar la utilización recreativa de ríos y riberas.
- Intensificar el aprovechamiento agrícola de los distritos de riego de Zapotitlan y de Antiocoyo:
  - Fomentar la preparación de los productos agrícolas con vistas a su comercialización en el Area Metrpolitana de San Salvador.
  - Mejorar el viario rural.
  - Facilitar la capitalización de los agricultores.
- Crear una oferta de espacios recreativos al aire libre e itinerarios capaz de satisfacer la demanda actual y potencial de la población.
- Analizar la posibilidad de incrementar las tierras de regadío mediante la utilización de aguas superficiales:
  - Estudiar la regulación de los ríos Talnique y Copapayo, y tal vez el Aguas Calientes.
  - Estudiar la viabilidad de practicar agricultura a tiempo parcial.
  - Estudiar la viabilidad de practicar agricultura destinada al autoconsumo.

- Practicar el marqueting ecológico en relación con los productos agrícolas de la cuenca.
- Fomentar la industria agroalimentaria capaz de entrar en sinergia con la intensificación de la producción primaria en el valle.
- Aprovechar el recurso paisajístico de la Cuenca facilitando el uso de las dos carreteras escénicas.

Aprovechar las oportunidades que brinda la cuenca y sus recursos

- Fomentar la idea de excelencia del valle en el AMSSA (Asociación de Municipios).
- Intensificar la explotación de las tierras bajo riego.
- Fomentar la instalación de industrias agroalimentarias en las proximidades de los distritos de riego de tal manera que contribuyan a animar la intensificación de la producción.
- Facilitar la comercialización de los productos de las zonas de riego en el AMSSA.
- Incrementar el regadío como medida de adaptación a la existencia de un largo período seco en el que prácticamente no hay lluvias y se hace inviable la agricultura pluvial.

VI
LA PLANIFICACIÓN TERRITORIAL

La planificación territorial es la última fase del proceso de elaboración de un plan de ordenación del territorio, tal como se describió en el capítulo III. Consiste, básicamente, en diseñar, en función del diagnóstico elaborado, un modelo territorial o imagen objetivo[1] que se desea conseguir a largo plazo y en definir las medidas necesarias para avanzar en la dirección de hacerlo realidad. Estas últimas se refieren tanto a lo *que* se debe hacer como a lo que *no* se debe hacer, por lo que se pueden agrupar en tres clases:

— De regulación y control de los usos del suelo, actos administrativos, aprovechamiento y comportamientos.
— De intervención o acción positiva.
— De gestión.

Y se hacen operativas a través de los siguientes instrumentos:

— Las medidas de regulación, mediante una normativa general y otra particular asociada a una zonificación en categorías de ordenación. Tales categorías corresponden a la ordenación del medio físico en la imagen objetivo o modelo territorial a alcanzar.
— Las medidas de intervención o acción positiva, mediante programas, subprogramas y proyecto o acciones concretas localizadas en ciertos lugares, según la imagen objetivo, en su caso.
— Las medidas para la gestión, mediante el diseño de un ente gestor y un sistema de gestión.

Tal como indica la figura VI.1, la fase de planificación parte del sistema compatibilizado de objetivos descrito en el capítulo anterior; muchos de éstos quedarán recogidos en el modelo territorial objetivo, otros no, pero todos ellos han de

[1] En el caso de la metodología expresada en la figura III.24 del capítulo III, no se define explícitamente un modelo territorial objetivo, quedando este implícito en el submodelo de ordenación del medio físico: categorías de ordenación, y en la representación de las medidas de acción positiva.

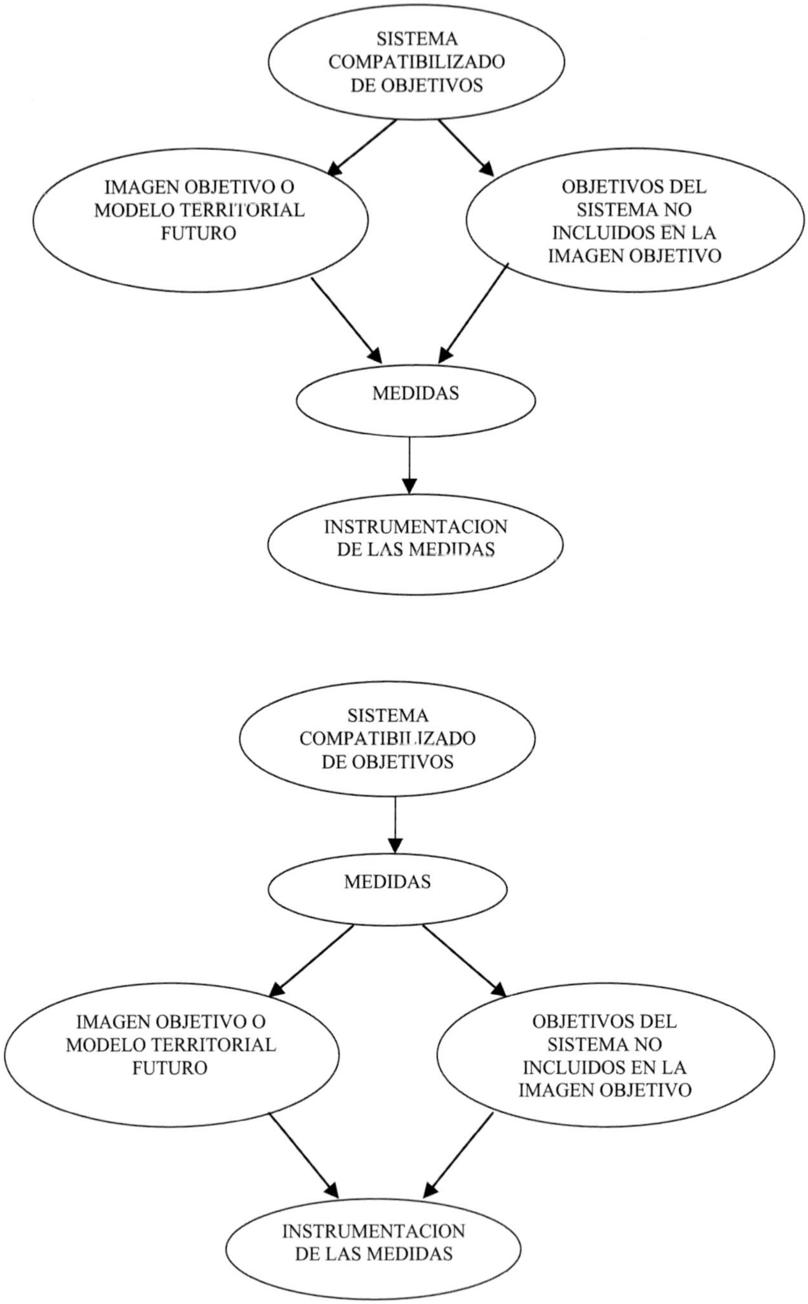

Figura VI.1. *Parte de los objetivos del sistema compatibilizado de objetivos se transmiten a la imagen objetivo o modelo territorial futuro; otros no, y deben ser objeto de medidas específicas. Las medidas pueden identificarse antes (esquema superior) o después (esquema inferior) de diseñar la imagen objetivo, y, en todo caso han de ser traducidas a instrumentos operativos.*

estar contemplados en el conjunto de medidas que se propongan; la identificación de éstas puede realizarse antes o después, ver de nuevo la figura VI.1 pero en cualquier caso deben ser objeto de una traducción a instrumentos operativos que permitan aplicarlas.

1. ESTRUCTURA DEL DOCUMENTO DE PROPUESTAS

De acuerdo con lo anterior y teniendo en cuenta los subsistemas que forman el modelo territorial, en esta obra se estructura el contenido del documento de planificación según los siguientes puntos (figura VI.2):

a) *Modelo territorial objetivo* a alcanzar, formado por:
   - un submodelo relativo a la ordenación del medio físico,
   - un submodelo relativo a población y poblamiento incluyendo canales de comunicación, y
   - otros elementos, como se señala después.

b) *Medidas para conseguir el sistema de objetivos*: los incluidos en el modelo territorial y aquellos otros externos a él; tales medidas están integradas por:
   - Medidas dirigidas a regular y controlar el uso del suelo:
     - Normas Generales,
     - Normas Particulares asociadas a una zonificación o modelo de ordenación del medio físico, y
     - Normas para la gestión.
   - Medidas de intervención positiva, o acciones generalmente asociadas a una inversión:
     - Otros Planes, Programas, Subprogramas, Proyectos y otras acciones.
     - Presupuesto.
     - Prioridad de la medidas y cronograma de aplicación.
     - Asignación de responsabilidades entre los agentes para la materialización del plan.

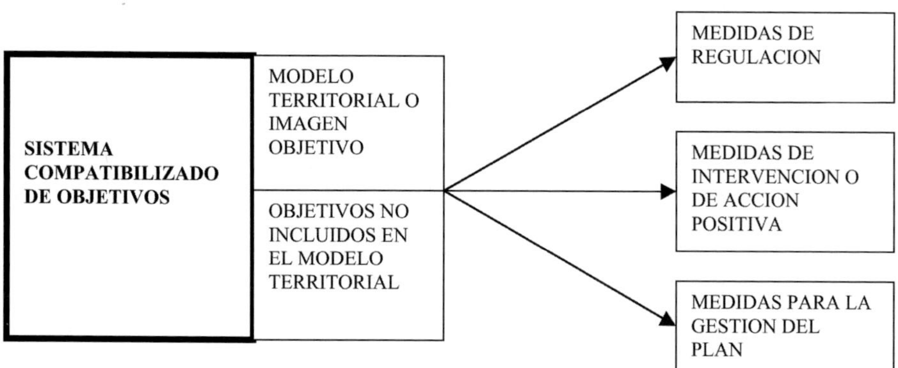

Figura VI.2. *Elementos básicos del documento de propuestas.*

c) *Medidas para la gestión del plan*, integradas por:
   - Diseño de un Ente Gestor.
   - Sistema de gestión.
   - Programa de puesta en marcha.
   - Programa de seguimiento y control.
   - Presupuesto para la gestión.

La elaboración de cada uno de los elementos de las propuestas puede hacerse mediante un proceso en el que explícitamente se generan y evalúan alternativas de forma iterativa, o bien mediante un proceso de reflexión en el que las propuestas se van depurando continuamente hasta que el planificador queda satisfecho; en este segundo caso, no es que no haya una sucesión iterativa de generación y evaluación de alternativas, sino que éstas alternan en ciclos muy breves y no son explícitas.

2. LA IMAGEN OBJETIVO: EL MODELO TERRITORIAL A ALCANZAR

Esta tarea consiste en diseñar la imagen del sistema territorial que se desea conseguir en el horizonte temporal del plan, y representarla sobre un plano a la escala adoptada. El modelo territorial es el instrumento necesario para racionalizar y controlar los usos del suelo y los aprovechamientos; se trata de la plasmación geográfica de la mayor parte del sistema de objetivos planteado, aunque no de todos ellos; y a la inversa, este modelo constituye el marco en el que se inscriben el control del uso del suelo y las acciones necesarias para la consecución del conjunto de los objetivos.

Como referencia para orientar el diseño de la imagen objetivo, en planificación se suelen utilizar dos expresivos términos: *visión y misión*. La *visión* se refiere a un ideal utópico, a largo plazo, inalcanzable. La *misión* se refiere a la función que, de forma utópica también, se espera que cumpla el sistema al que se aplica en un horizonte temporal muy largo.

2.1. Los elementos del modelo territorial objetivo

Paralelamente al modelo territorial actual, el futuro estará constituido por un submodelo de ordenación del medio físico expresado en términos de usos y aprovechamientos, y un submodelo relativo a población y poblamiento y los canales de relación interna y externa; asimismo se puede representar la localización de las actividades productivas secundarias y terciarias (las primarias están incluidas en el submodelo del medio físico). Otros aspectos del sistema de objetivos como el marco institucional previsto no son representables y quedarán recogidos en la memoria del plan.

En consecuencia los elementos que configuran el modelo territorial o imagen objetivo a alcanzar, son los siguientes:

- Las Categorías de Ordenación, que representan el carácter, uso y aprovechamiento del medio físico.

- La distribución de los núcleos de población en el espacio.
- Las jerarquías o importancia relativa de tales núcleos, expresada generalmente por el tamaño (cantidad de población), pero también por otros indicadores como el número de servicios que ofrecen, la localización industrial, etc. que miden su importancia.
- Los canales de relación internos (redes de comunicación) que dan accesibilidad al territorio y posibilidades de interacción entre los núcleos, clasificados jerárquicamente según su importancia.
- Las conexiones de la zona con el exterior.
- La localización preferente de actividades secundarias y terciarias.
- Otros elementos significativos del territorio.

Y todo ello representado cartográficamente a la escala de trabajo adoptada para el plan.

El diseño del modelo exige un gran esfuerzo de creatividad por parte del equipo planificador, el cual ha de hacer un ejercicio de imaginación, contando para ello con unas bases de partida que facilitan y orientan el lapsus creativo. Se trata de la información elaborada en el diagnóstico y en la fase preparatoria a la planificación, y que se concreta en los siguientes puntos (figura VI.3):

- El modelo territorial actual.
- La cartografía de capacidad de acogida del medio físico, es decir, la tabla de capacidad de acogida asociada al mapa de unidades de integración.

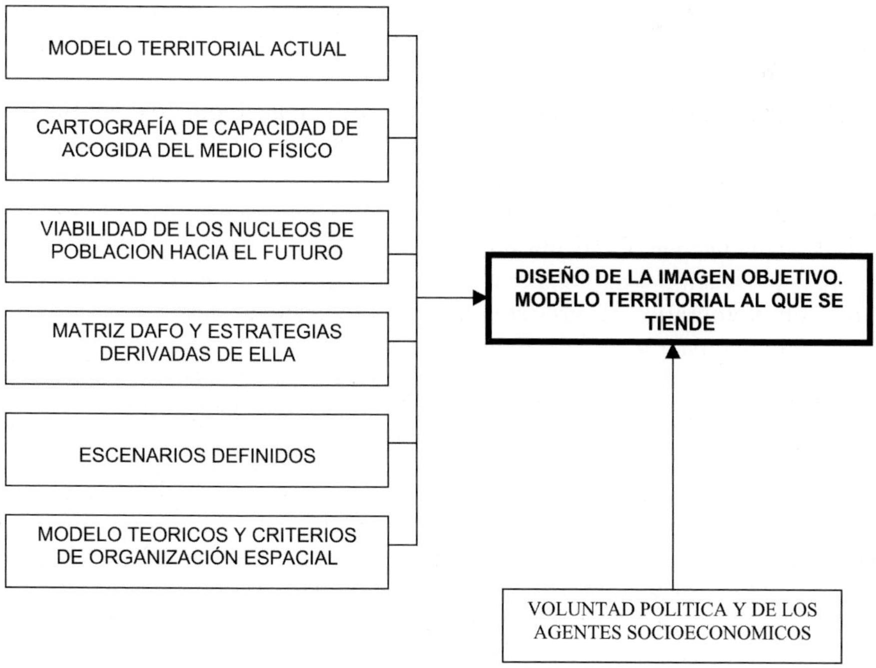

Figura VI.3. *Bases de partida para el diseño de la imagen objetivo o modelo territorial a alcanzar.*

- La viabilidad de los núcleos hacia el futuro.
- La matriz DAFO y las estrategias deducidas de ella.
- Los escenarios establecidos en la a prognosis del sistema: óptimo y tendencial, al menos.
- Los modelos teóricos y criterios de organización espacial disponibles.

El escenario definido por la extrapolación de las tendencias es muy importante en el diseño del modelo territorial a alcanzar, ya que la dificultad de que efectivamente llegue a realizarse tal modelo depende muy estrechamente de la desviación respecto a aquel escenario. Sin embargo es frecuente que tales tendencias, en el sistema sociopolítico imperante, favorezcan desequilibrios territoriales, deseconomías de diverso tipo y externalidades negativas inaceptables, al operar sobre una lógica de aprovechamiento al máximo de las rentas de localización, de las economías de escala y aglomeración, aspectos que se autorrefuerzan interaccionando de forma sinérgica. Si el modelo tendencial puede ser eficaz desde el punto de vista productivo, frecuentemente es territorialmente poco equitativo, depredador de los recursos naturales y ambientalmente conflictivo; en consecuencia insostenible. Por el otro lado el escenario óptimo que cumple los criterios de sostenibilidad resulta difícilmente alcanzable. En consecuencia el modelo a proponer ha de estar enmarcado en los dos anteriores y ha de incorporar la voluntad política y la de los agentes socioecnómicos, todo ello acordado en un ejercicio de concertación.

2.2. El submodelo de ordenación del medio físico: Categorías de Ordenación

La ordenación del subsistema físico natural puede expresarse en términos de unos ámbitos espaciales a los que se denomina, en esta obra, categorías de ordenación. Se trata de zonas identificadas con criterios diversos, cada una de las cuales se adopta como base para definir los niveles de uso del territorio y la forma en que pueden desarrollarse las actividades humanas para que se garantice la conservación y explotación sostenida de los recursos que contiene. La expresión cartográfica de las categorías de ordenación constituye el modelo que se propone para la ordenación del medio físico.

Las categorías de ordenación se definen, de forma voluntarista[2], a partir de las unidades de síntesis y de su capacidad de acogida, ambas determinadas en el diagnóstico; sobre esta base el planificador las identifica, cartografía y nombra, aportando nuevos criterios, fundamentalmente de tipo zonal, de accesibilidad, de oportunidad de intervención, de afecciones normativas, de facilidad

[2] Existen ciertos invariantes en el territorio, es decir, zonas ya ordenadas en las que ni interesa ni es posible cambiar el uso, por lo que pasan al modelo como categorías de ordenación predefinidas; es el caso, por ejemplo, de Espacios Naturales Protegidos, ya ordenados por las figuras previstas en la legislación: PORN y PRUG, de zonas afectadas por la seguridad, incluso aspectos muy importantes definidos por la Ley de Costas, o de Aguas en el dominio público hidráulico, o de Carreteras en unas bandas próximas, etc.

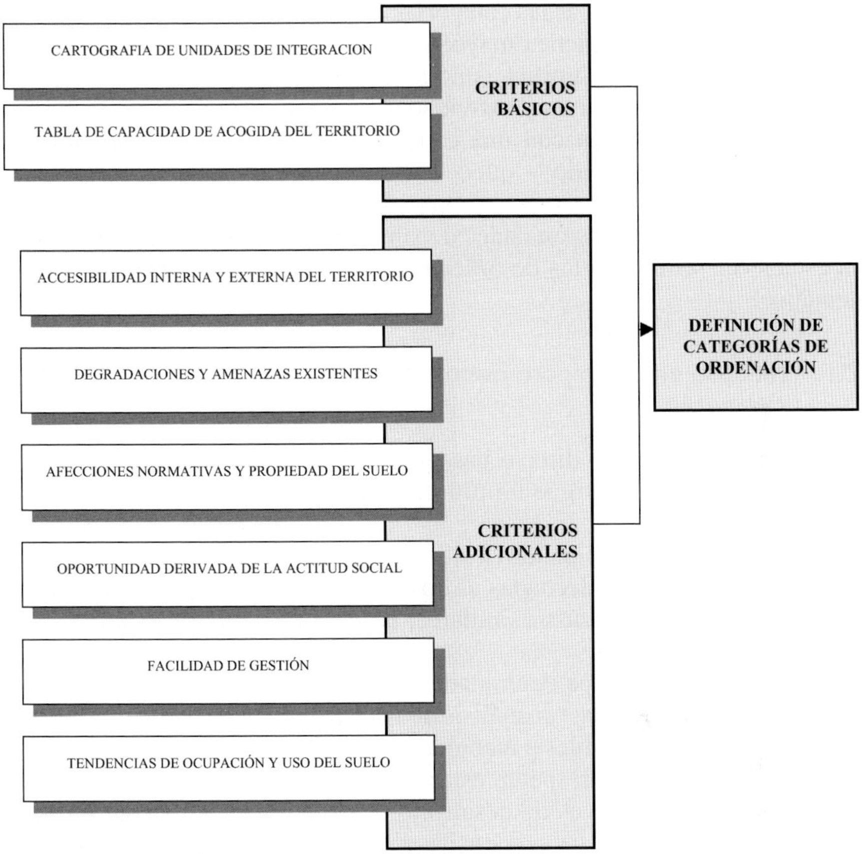

Figura VI.4. *Criterios que intervienen en la definición de categorías de ordenación del medio físico.*

de gestión, de propiedad, de uso y aprovechamiento actual del suelo, etc., tal como ilustra la figura VI.4.

Las categorías de ordenación tienen carácter propositivo, constituyen las unidades territoriales básicas sobre las que se elaboran las determinaciones relativas al medio físico; son el soporte gráfico de tales determinaciones. A ellas se asociará, de un lado, la normativa de utilización del territorio y de sus recursos naturales y, de otro, ciertas medidas de acción positiva para la protección, conservación activa, mejora, recuperación, restauración o puesta en valor de recursos ociosos.

En algunas de las categorías habrá acuerdo entre la vocación del medio físico y la realidad actual del territorio; en otros casos ambos aspectos serán discordantes, dando origen a categorías de ordenación a crear. Ello implica la necesidad de establecer un período transitorio de tiempo en el que la normativa del plan tendrá carácter provisional y de adoptar medidas de acción positiva para conducir dichas áreas a su categoría definitiva.

Resulta práctico nominar las categorías de ordenación por el uso que les es propio: aquél para el que tienen mayor vocación, dando así una idea de lo que se propone; pero ello no significa, sino todo lo contrario, que sobre la categoría no puedan darse otros usos y actividades, siempre que resulten compatibles con el propiciado, cuenten con una capacidad de acogida por encima de un cierto umbral preestablecido y queden sometidos a las determinaciones del plan.

Como en el caso de las unidades de síntesis, existen dos enfoques básicos para establecer las categorías de ordenación, uno de carácter empírico y otro sistemático.

2.2.1. Método empírico para definir las categorías de ordenación del medio físico

Se trata de un método directo basado en la experiencia con que cuenta el equipo planificador; éste sigue un proceso que se puede esquematizar en tres pasos:

- Definición previa y tentativa de las categorías de ordenación que, en principio, parecen adecuadas al tipo y ámbito del plan; para ello recurre a la experiencia de casos similares, tal como los que se exponen como ejemplos más abajo.
- Observación del mapa de unidades de integración asociado a la tabla de capacidad de acogida; un análisis de la distribución de usos y actividades prioritarios, compatibles e incompatibles, informará sobre la oportunidad y conveniencia de respetar estas vocaciones intrínsecas, teniendo en cuenta las expectativas de desarrollo de cada actividad, la accesibilidad actual del territorio, las tendencias de ocupación del suelo, la viabilidad de una gestión eficaz, etc.
- Con todo ello decide las categorías de ordenación definitivas y las cartografía, obteniendo así el modelo de ordenación del medio físico.

En las figuras VI.5, VI.6, VI.7, VI.8 y VI.9 se exponen varios ejemplos muy contrastados de categorías de ordenación, obtenidas por el método empírico, correspondientes a tres ámbitos significativos; el primero se refiere a la ordenación de un espacio regional: las Directrices de Ordenación del Territorio del País Vasco; el de la figura VI.5, que muestra, además, la matriz de acogida, se ha extraído de la ordenación de un ámbito supramunicipal: el Plan de Ordenación de la Zona Periférica del Parque Natural de Oyambre (Cantabria); el tercero corresponde al Plan Insular de Lanzarote habiéndose definido las categorías de acuerdo con la Ley sobre la Ordenación Urbanística del Suelo Rústico de la Comunidad Autónoma de Canarias. Además se aportan las categorías definidas en el Plan Insular de Ibiza y las de la Cuenca del Río Sucio en El Salvador.

Resulta ilustrativo detenerse en la citada Ley sobre la Ordenación Urbanística del Suelo Rústico de la Comunidad Autónoma de Canarias, porque señala como en el suelo rústico, el Planeamiento Municipal o Insular, estable-

Figura VI.6. *Categorías de ordenación utilizadas en el Plan de Protección de la Zona Periférica del Parque Natural de Oyambre.*

cerá alguna o todas de las siguientes categorías mediante la identificación precisa de cada una de ellas:

- Suelo rústico forestal: aquél que está ocupado por masa arbórea o sea susceptible de consolidar masas arbóreas existentes.

Figura VI.5. *Categorías de ordenación del medio físico utilizadas en las Directrices de Ordenación Territorial del País Vasco.*

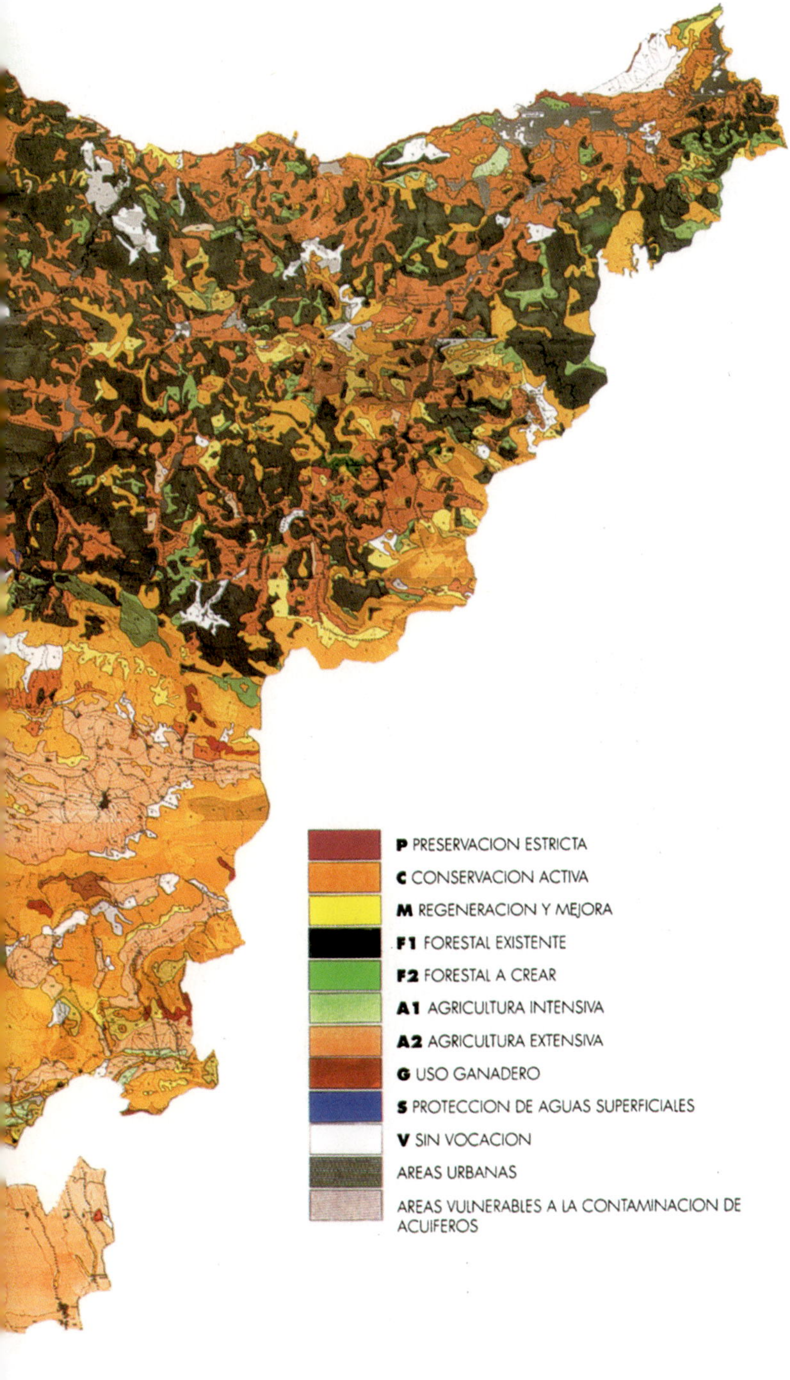
P PRESERVACION ESTRICTA
C CONSERVACION ACTIVA
M REGENERACION Y MEJORA
F1 FORESTAL EXISTENTE
F2 FORESTAL A CREAR
A1 AGRICULTURA INTENSIVA
A2 AGRICULTURA EXTENSIVA
G USO GANADERO
S PROTECCION DE AGUAS SUPERFICIALES
V SIN VOCACION
AREAS URBANAS
AREAS VULNERABLES A LA CONTAMINACION DE ACUIFEROS

A. Suelo rústico forestal
B. Suelo rústico potencialmente productivo
  B1. Minero
    B11. Areas de extracción de picón exclusivamente para la agricultura
    B12. Areas de extracción de picón para la agricultura y la construcción
    B13. Areas de extracción de «jable» para la construcción
    B14. Areas de extracción de lava para construcción
  B2. Agrícola
    B21. Vegas
    B22. Dominio correspondiente al cultivo de cochinilla
    B23. Vegas con interés paisajístico
    B24. «Malpaís» de Maguez
C. Suelo rústico de producción
  C1. Areas de alto valor natural/ecológico
    C11. Risco de Famara
    C12. El jable
    C13. Enclaves de acumulación de arena
    C14. Enclaves con vegetación de interés
    C15. Pequeñas lagunas litorales
    C16. «Malpaíses»
  C2. Areas de alto valor paisajístico
    C21. Paisajes singulares
    C22. Areas de alto potencial de vistas
    C23. Areas de alta incidencia visual
    C24. Conos volcánicos
  C3. Entorno de monumentos históricos
D. Suelo rústico litoral y costero
E. Suelo rústico residual
  E1. Areas de agricultura abandonada
  E2. Resto del territorio

Figura VI.7. *Categorías consideradas en el Plan Insular de Lanzarote de acuerdo con la Ley 5/1987 sobre la Ordenación Urbanística del Suelo Rústico de la Comunidad Autónoma de Canarias.*

- Suelo rústico de cumbre: el que ubicado en zona de cumbre precise por sus características fisiográficas y valor paisajístico, un tratamiento diferenciado, con independencia de su aptitud forestal.
- Suelo rústico potencialmente productivo: el susceptible de ser aprovechado desde el punto de vista minero, agrícola, ganadero, forestal o hidrológico.
- Suelo rústico de protección: formado por aquél que tenga un valor natural, ecológico o paisajístico, por el que afecte a monumentos del patrimonio histórico-artístico y su entorno y por el de protección de acuíferos.
- Suelo rústico litoral y costero: formado por la zona marítimo-terrestre y los terrenos colindantes, con independencia de que pertenezca a alguna de las categorías anteriores.
- Asentamientos rurales, integrados por aquellas entidades depoblación cuyo origen y desarrollo están directamente vinculados a las actividades

SUELO RUSTICO PROTEGIDO

AANP: Areas naturales de especial interés de Alto Nivel de Protección

- Ses Salines.
- Les Amunts.
- Complejo asociado a torrenteras.
- Dunas y otras áreas caracterizadas por vegetación costanera.
- Sabinares.
- Islotes.

ANEI: Areas Naturales de Especial Interés

ARIP: Areas Rurales de Interés Paisajístico

SUELO RUSTICO COMUN

AIA: Areas de interés agrario

- Reserva para agricultura intensiva de riego con aguas residuales.
- Regadío y secanos existentes.
- Reserva para cultivos agrarios de calidad.

SRG: Suelo Rústico General

- Áreas de Regeneración y Mejora.
- Áreas de paisajes agrarios.
- Urbanización dispersa.

AREAS DE TRANSICION AL RUSTICO

APA: Areas de prevención de riesgos (de inundación, de incendio, de erosión o desprendimiento, independientemente se su inclusión en otras categorías).

APT: Areas de protección territorial

- La franja de 500 m para la isla de Ibiza, y la de 100 m para la de Formentera, medidas desde el limite interior de la ribera del mar.
- La franja comprendida entre dos líneas longitudinales paralelas a las aristas de explanación de las carreteras y a una distancia de estas de 25 m en las carreteras de cuatro o más carriles, de 18 m en las carreteras de dos carriles de las redes primaria y secundaria, y de 8 m en las carreteras de dos carriles de las redes local o rural.

Figura VI.8. *Categorías de ordenación utilizadas en el Plan de Ordenación Territorial de Ibiza (ver mapa en figura III.14).*

agrícolas, ganaderas, forestales o mineras y cuyas características no justifican su clasificación y tratamiento como suelo urbano.

- Suelo rústico residual: constituido por el que no se incluya en alguna de las otras características.

En desarrollo de estas clases, el Plan Insular de Lanzarote, por ejemplo, establece las categorías de ordenación relacionadas en la figura VI.7.

2.2.2. Método sistemático para definir las categorías de ordenación del medio físico

Este método permita obtener las categorías de ordenación a través de un proceso formalizado de optimización de los usos del suelo y actividades. En él se parte, como en el caso anterior, del mapa de unidades de integración asociado a la matriz de capacidad de acogida, y se atribuye a cada unidad de inte-

	Escenario óptimo	Escenario razonable
Zonas de máxima protección	1, 2, 3, 4, 5, 6, 11	1, 2, (+3 y 4), parte de 5 (resurgidero) y 11
Zonas de desarrollo restringido		
Bosque cafetal bajo sombra	12, 13 y parte de la 10	12, 13 y los enclavados en la unidad ambiental número 10
Bosque degradado y matorrales con ejemplares arbóreos	6	6
Zonas de desarrollo agropecuario		
Reserva para agricultura intensiva	7 y 8	7 + parte de 8
Zona de agricultura pluvial sostenible	5	9
Zonas de desarrollo especial		
Zonas de conservación de recursos arqueológicos y desarrollo de turismo cultural	15	15
Zonas de desarrollo turístico ecosostenible	17 y 18	17 y 18 + 5 (entorno de la Laguna Chanmico)
Zonas de recuperación ambiental progresiva		
Areas con procesos de erosión activos (agricultura de grano básico de subsistencia)	10	Sólo parte de 10 (quitando expansión urbana)
Complejos de ribera	2 (los tramos de complejo de ribera invadido por la ocupación de tugurios y otros tramos alterados, por la agricultura fundamentalmente)	2 (los tramos de complejo de ribera invadido por la ocupación de tugurios)
Zonas compatibles con la expansión urbana	Resto del espacio no incluido en categorías anteriores	Resto del espacio no incluido en categorías anteriores

Figura VI.9. *Categorías utilizadas en la Cuenca del Río Sucio (El Salvador) y Unidades Ambientales (identificadas por el código numérico) que las forman en cada uno de los escenarios considerados.*

gración el uso del suelo vocacional, es decir aquél para el que tiene mayor capacidad de acogida; de forma complementaria se aceptan sobre ella otros usos que resulten compatibles con el vocacional y para los que disponga de capacidad suficiente. Sin embargo este criterio general no siempre se puede aplicar directamente, sino que se abren varias posibilidades sucesivas, las cuales pueden seguirse sobre la figura VI.10. Hasta un total de siete caminos conducen a la definición de categorías de ordenación.

La primera encrucijada se presenta ante aquellas unidades que muestran un grado máximo de capacidad de acogida para varias actividades; cuando esto ocurre, que suele ser frecuente, aparece la primera dicotomía del esquema: unidades con capacidad de acogida máxima para una sola actividad y unidades con capacidad de acogida máxima para dos o más actividades.

En el primer caso se asignan las unidades a dicha actividad. No obstante, surge aquí de nuevo una posible bifurcación: puede ocurrir que exista una demanda cuantificada de la superficie necesaria para tal actividad o que tal demanda no se conozca. En este último caso se atribuye a cada unidad la actividad para la que tiene mayor capacidad de acogida y, por supuesto, las que son compatibles con ella (ver las figuras VI.12, VI.13). Cuando la demanda está cuantificada, se abren tres opciones:

1. que la demanda esté equilibrada con la superficie de las unidades que disponen de la máxima capacidad de acogida para la actividad, en cuyo caso se asigna a ésta,
2. que falte superficie: se tomará la necesaria de las unidades que muestren un rango inferior de capacidad de acogida,
3. que sobre superficie: el exceso se atribuirá a la actividad con un rango inferior de capacidad de acogida.

Volviendo a la primera bifurcación del esquema, aparece el segundo caso: unidades de integración que tienen capacidad de acogida máxima para dos o más actividades. El primer problema a solventar se refiere a la posibilidad de coexistencia de dichas actividades en el tiempo y en espacio, en función de sus requerimientos y relaciones, expresadas en términos de compatibilidad o incompatibilidad; esta expresión no es generalmente taxativa, sino que se dan situaciones intermedias según una gradación que va desde la incompatibilidad total (urbanización y conservación de ecosistemas, caza y recreo extensivo, por ejemplo) hasta la compatibilidad clara (repoblación forestal con la caza), pasando por situaciones intermedias definidas por grados más o menos intensos de disfuncionalidad (explotación ganadera con pastoreo extensivo a diente y recreo al aire libre); incluso cabe pensar en un efecto positivo de unas actividades sobre otras (equipamiento turístico en medio rural con la caza y pesca, por ejemplo) en cuyo caso tales actividades se definirían como complementarias.

Se facilita el análisis de la relación entre pares de actividades cruzándolas entre sí en una matriz de doble entrada, cuyas celdas se formalizan con una serie de símbolos expresivos de la relación. Se trata de un análisis similar al que se realiza para optimizar la distribución en planta en proyectos de instalaciones industriales, como muestra la figura VI.11.

La matriz de incompatibilidad admite la intervención de la variable tiempo, tal como ilustra la figura VI.12, que ilustra la relación entre actividades recreativas al aire libre en los siguientes términos:

- Compatibilidad: dos actividades se pueden practicar en el mismo espacio y al mismo tiempo sin merma para el ejercicio de ninguna de ellas. Por ejemplo, senderismo y acampada.
- Incompatible en el tiempo: las actividades pueden practicarse en el mismo lugar, pero no al mismo tiempo. Por ejemplo, la caza y el senderismo.
- Incompatible en el tiempo y en el espacio: dos actividades no se pueden practicar al mismo tiempo y en el mismo lugar. Por ejemplo caza fotográfica y deporte formalizado en equipos.

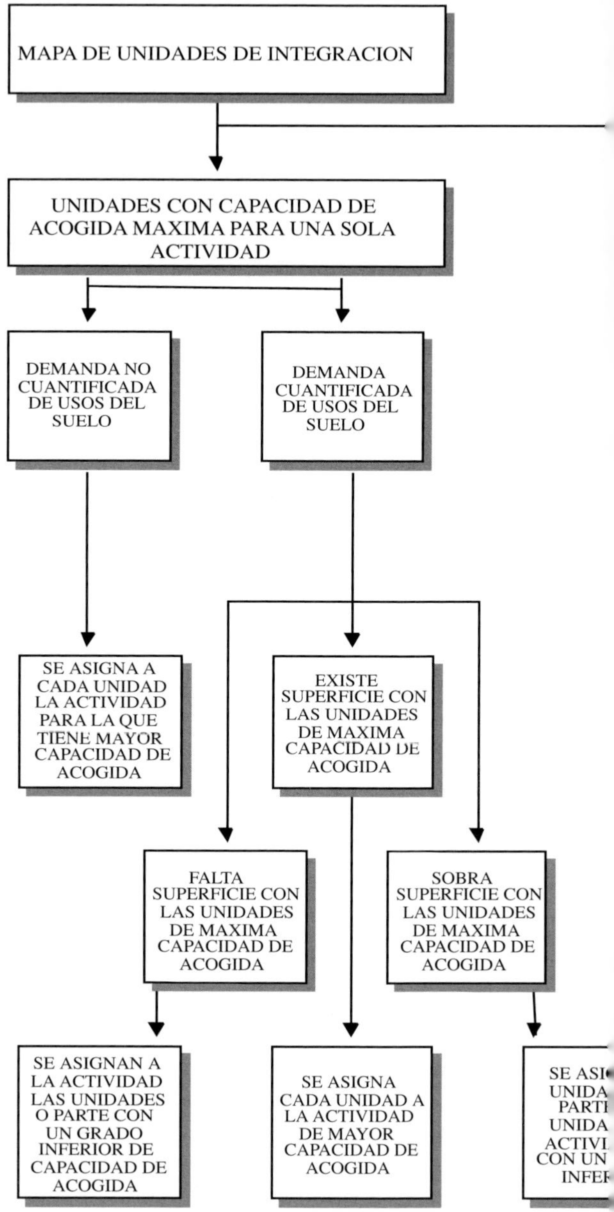

Figura VI.10. *Caminos alternativos para la gener*

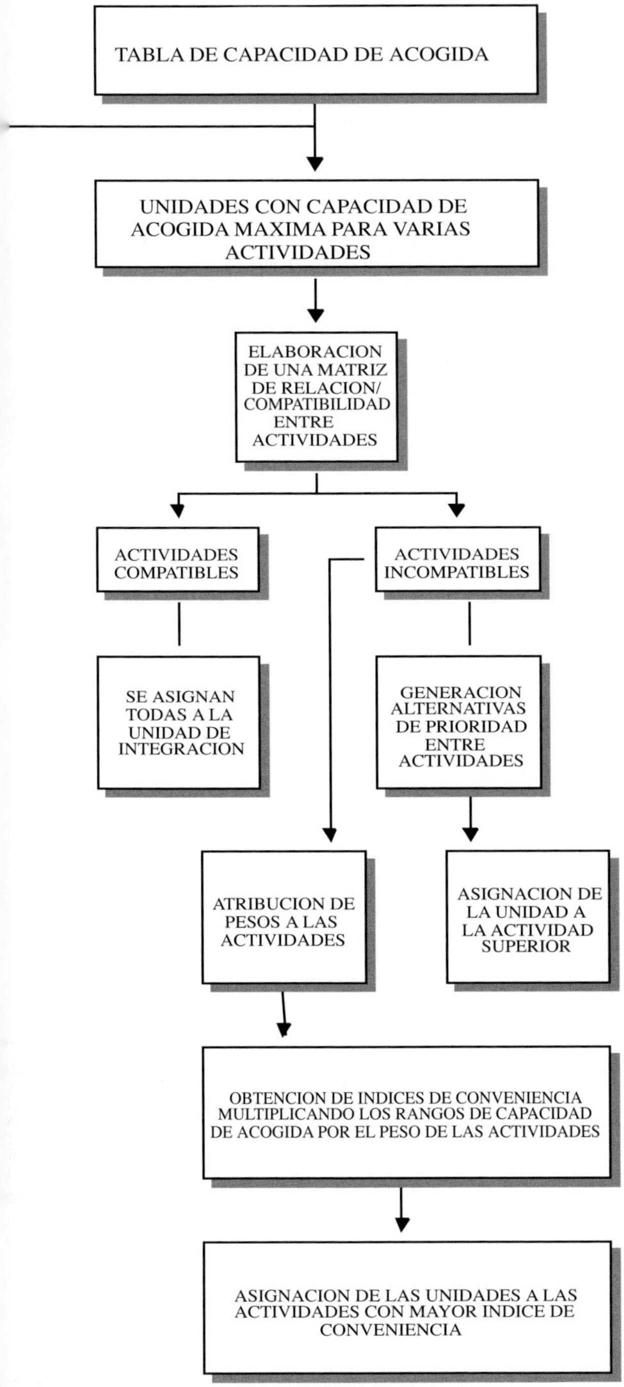

ıática de categorías de ordenación del medio físico.

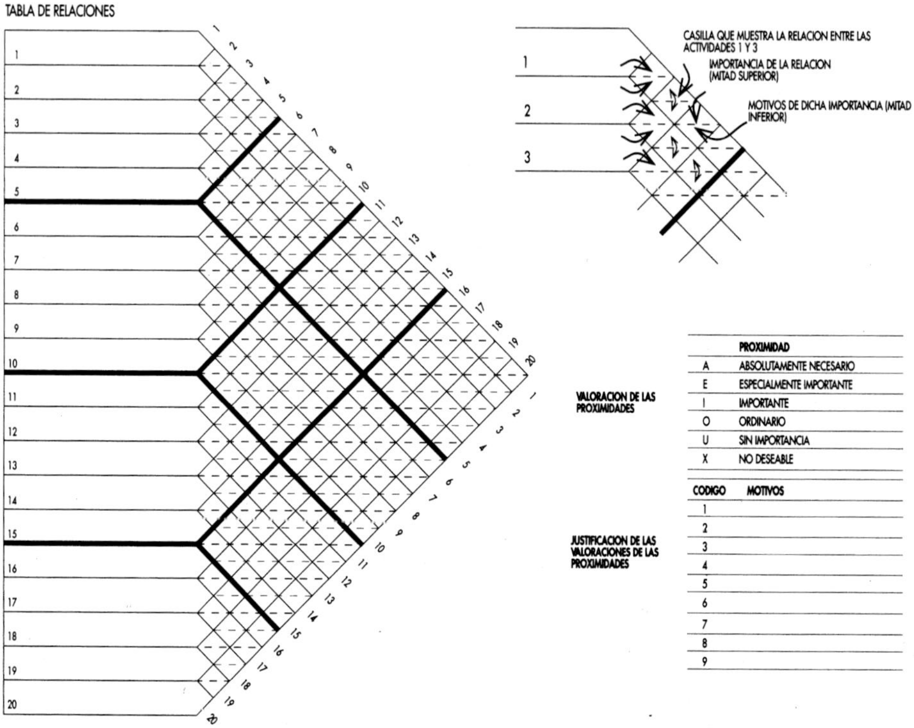

PROCESO A SEGUIR PARA ANALIZAR LAS RELACIONES ENTRE ACTIVIDADES

1. Identificar todas las actividades a estudiar:
   a) Establecer una relación de los departamentos, sectores, operaciones o características locales y comprobarla luego con todos los responsables para lograr una verificación exacta y exhaustiva.
   b) Agrupar las actividades similares o que dependen de la misma persona, como en un organigrama.
   c) No utilizar más de 50 actividades en una misma tabla; agrupar con anterioridad y efectuar otras tablas.
2. Numerar las actividades en la Tabla Relacional:
   a) Anotar primero las actividades en la Tabla Relacional.
   b) Incluir los elementos fijos o construcciones como: caja del ascensor, transformador, desvío ferroviario.
3. Determinar o establecer las relaciones más convenientes para cada par de actividades y los motivos que las justifican; esto puede llevarse a cabo:
   a) Gracias a vuestro conocimiento de las prácticas operatorias.
   b) Por una serie de cálculos para cada motivo indicado, igual que si se tratara de un recorrido de los productos.
   c) Por contactos personales con los Jefes de los Departamentos o los responsables de las zonas estudiadas.
   d) Por reuniones y cuestionarios individuales.
   e) Utilizando las proximidades y los motivos para establecer las cifras que nos indiquen los espacios necesarios para cada actividad.
4. Establecer una Tabla Relacional a partir de las anotaciones, observaciones, cálculos y aprobaciones recibidas acerca de las distintas relaciones. Estas últimas os permitirán empezar con buen pie:
   a) La tabla sirve para comprobar si se han examinado todas las relaciones entre todas las actividades.
   b) Falta, finalmente, conseguir la aprobación de la tabla.

Figura VI.11. *Tabla relacional utilizada para la distribución en planta de actividades en proyectos industriales. (Muther, R. 1968 Planificación y proyección de la empresa industrial ETA Barcelona).*

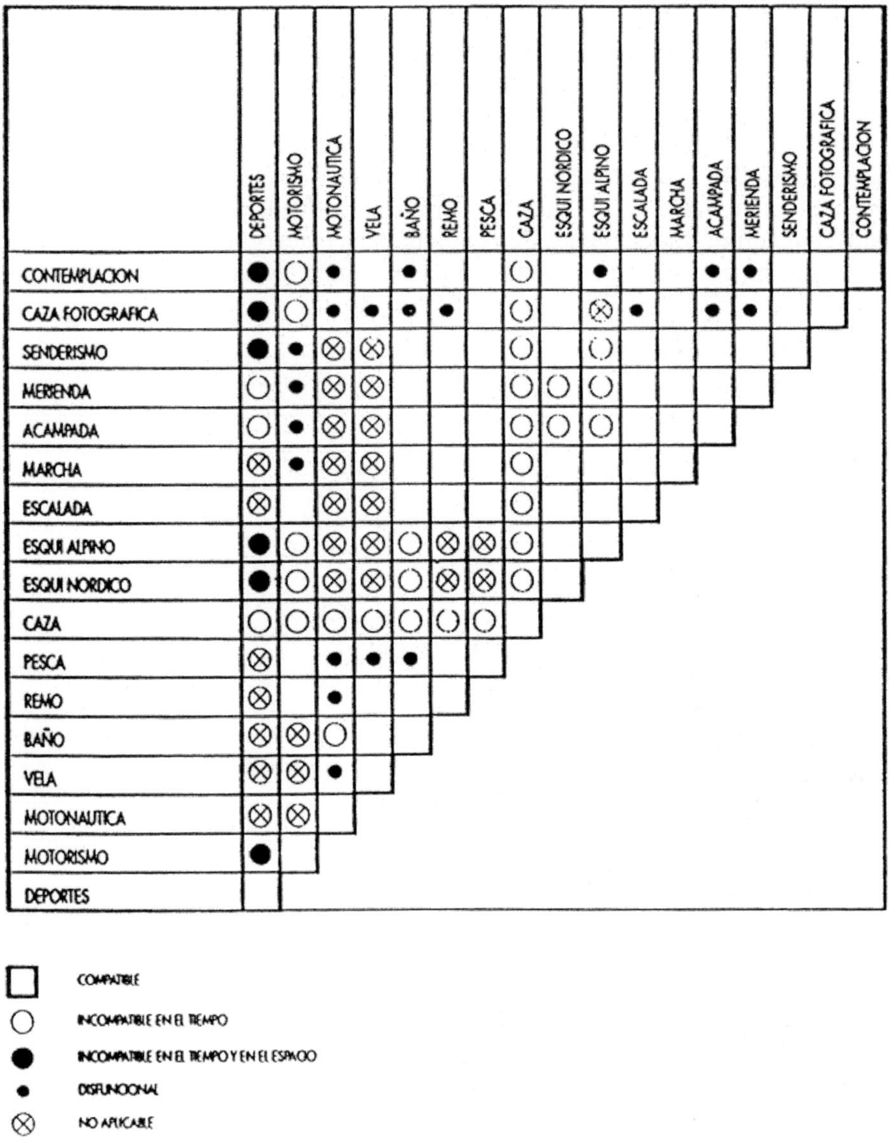

Figura VI.12. *Matriz de relación entre actividades recreativas al aire libre incorporando la variable tiempo.*

- Disfuncional: el ejercicio de una actividad disminuye la calidad de los factores que determinan la otra. Por ejemplo la pesca y el baño en un río.

La matriz de relación tal como se ha expresado, permite juzgar la compatibilidad entre actividades dos a dos, pero no grupos de actividades más numerosas; para este caso habría que recurrir a matrices de más dimensiones o a matrices cuadradas sucesivas; en esta última opción, la primera matriz enfrenta las actividades dos a dos, la segunda cruza los pares de actividades compatibles con las actividades simples, la tercera los tríos de actividades compatibles con las actividades simples, etc., tal como muestra la figura VI.13.

Definida la relación entre actividades, se abren dos posibilidades (volver a la figura VI.10). Las unidades de integración que tienen capacidad de acogida máxima para varias actividades compatibles, quedarán adscritas a ellas, pudiendo definir directamente y en conjunto una categoría de ordenación. Pero se plantea un conflicto en aquellas unidades donde las actividades capaces no

a) Cruce de actividades por pares

	a	b	...	j	...	n
a						
b						
...						
j						
...						
m						

b) Compatibilidad de tríos de actividades

	ac	bj	...	ij	...	nm
a						
b						
...						
j						
...						
m						

c) Compatibilidad de grupos de cuatro actividades

	acm	bjl	...	ijm	...	nmc
a						
b						
...						
j						
...						
m						

Figura VI.13. *Formato de matrices sucesivas para análisis de las compatibilidades entre varias actividades. (a, b,...n) son las actividades.*

son compatibles; tal conflicto puede resolverse por una de las dos opciones siguientes:

- Estableciendo una escala de prioridad entre las actividades, de acuerdo con una determinada estrategia (tendencial, conservacionista, desarrollista, de equilibrio, etc.). En este caso se atribuye la unidad a la actividad de mayor rango, acompañada, con carácter subsidiario, por aquellas otras que, siendo compatibles con la principal, disponen de una capacidad de acogida inferior, siempre que ésta se considere suficiente.
- Atribuyendo coeficientes de ponderación a las actividades en función, como antes, de unos determinados escenarios voluntaristas de futuro. Al multiplicar los rangos de capacidad de acogida por los pesos atribuidos a las actividades, se obtienen unos índices, a los que se denomina aquí de conveniencia, expresivos del grado de idoneidad entre una unidad de integración y una actividad: a cada una de aquellas se asocia la actividad para la que presenta mayor índice de conveniencia, quedando como subsidiarios aquellos usos compatibles que tengan un índice inferior superando un determinado umbral.

En este último caso también cabe la posibilidad de que se conozca o no la demanda de superficie para cada actividad, debiendo procederse como se explicó antes para el caso de que solo una actividad es la vocacional.

Abundando en lo dicho, una unidad puede adscribirse a una actividad para la que no tiene la capacidad de acogida más alta, aunque sí suficiente (por encima de un cierto umbral), en beneficio de otra u otras actividades que cumplen objetivos preferidos por la estrategia definida a través de las prioridades o de los pesos.

La atribución de pesos a las actividades objeto de localización y regulación en el plan, se inscribe en la temática de ponderación de objetivos (y de elementos cualitativos valorables a través de escalas de preferencia). Tales pesos deben reflejar la contribución relativa de las actividades al escenario socioeconómico que se pretenda, siendo aplicables para su determinación diversas técnicas de investigación social (atribución de valores o comparación por pares hecha por un panel de expertos mediante consultas tipo Delphi).

Obviamente diferentes estrategias darán origen a distintas prioridades o sistemas de pesos relativos entre las actividades y, por consiguiente, a distintas alternativas de categorías de ordenación del medio físico; a distintos modelos en suma, que pueden ser evaluados en función de otros criterios no incluidos en el proceso de optimización descrito. Abundando en esto, cabe pensar en estrategias distintas para sectores diferentes del territorio, internos al ámbito del plan, en función de su problemática específica.

El proceso descrito, aunque puede ser formalizado manualmente, se facilita con el concurso de la informática haciendo uso de alguno de los GIS (Sistemas de Información Geográfica) presentes en el mercado (figura VI.14).

Uniendo las unidades de integración a las que se ha asociado una actividad o grupo de actividades comunes, se tendrá cartografiado un primer esbozo de las categorías de ordenación. Ahora bien, en él no han intervenido, o lo han hecho sólo indirectamente, los criterios adicionales (ver figura VI.4), por lo

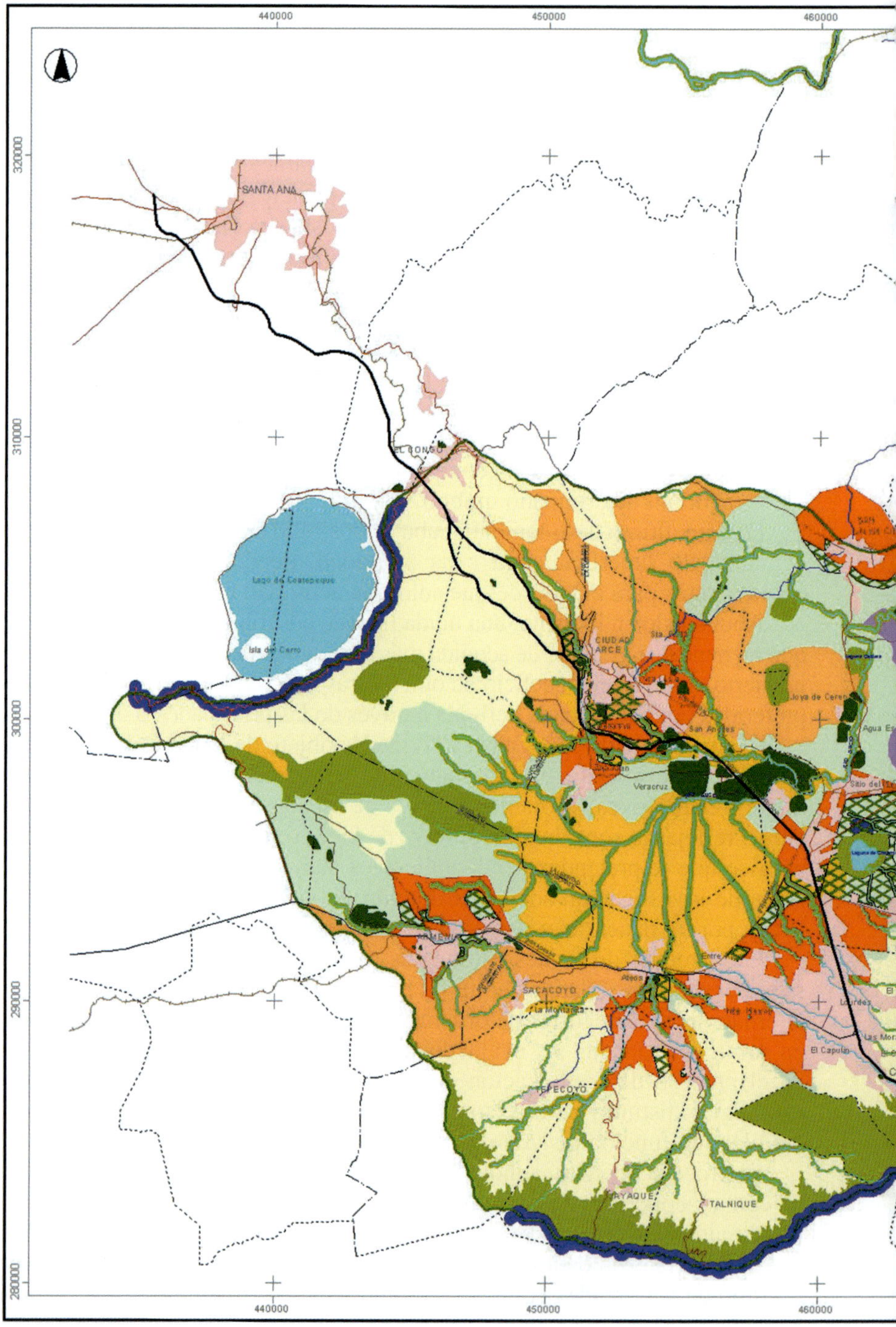

Figura VI.14.a. *Categorías*

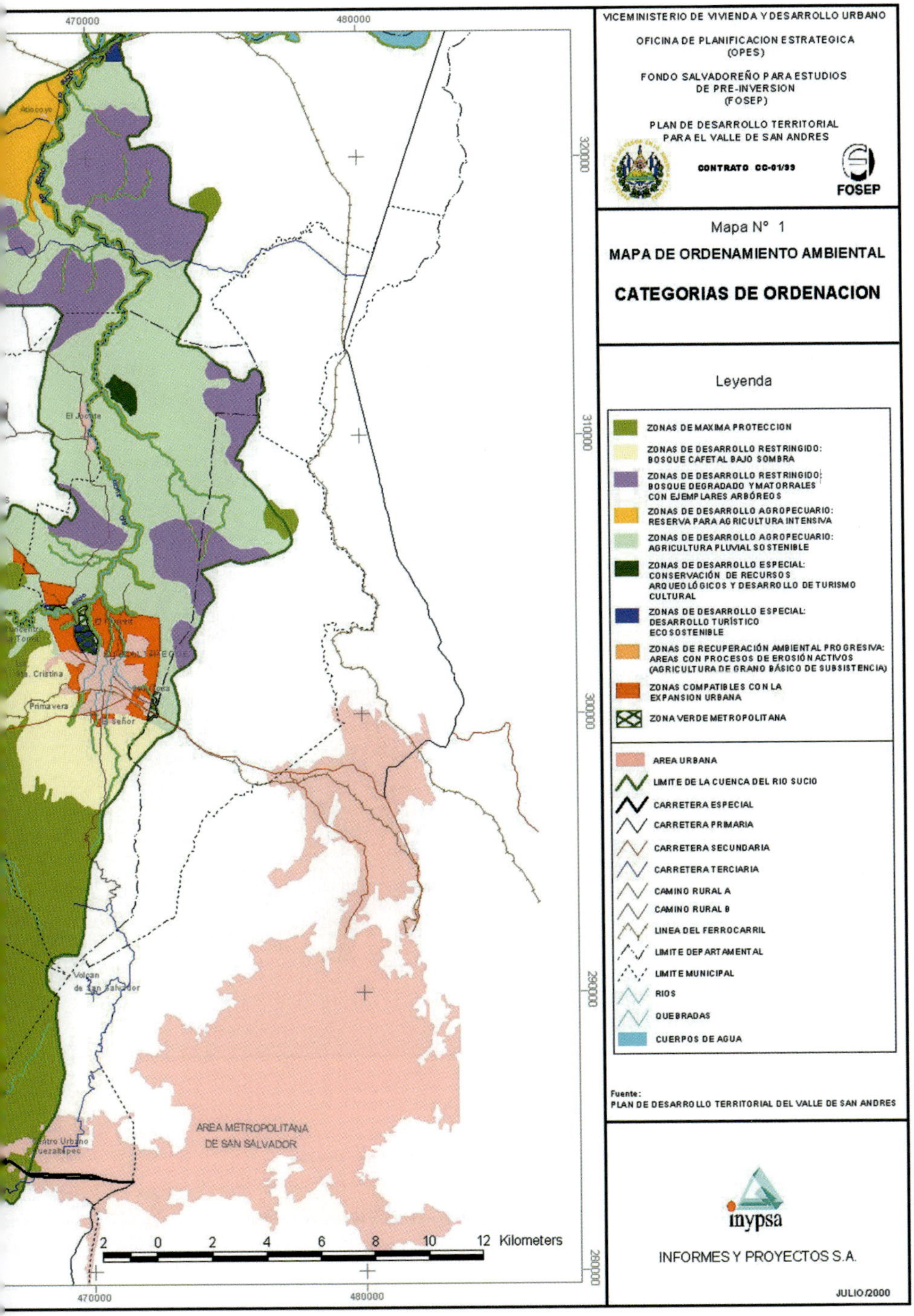

ión de la cuenca del río Sucio.

Figura VI.14b. *Cat*

ordenación de Ibiza.

que será necesario tomarlos en consideración para, de forma voluntarista, decidir definitivamente las categorías que se propongan; también se pueden adoptar tales criterios adicionales como criterios de evaluación en caso de que se hayan generado varias alternativas de índices de conveniencia.

2.2.3. Niveles de uso en el medio físico

Las categorías de ordenación y el modelo que comportan, pueden reducirse a tres niveles de actuación sobre el medio físico: conservación, explotación y expansión.

Las Zonas de Conservación se orientan al mantenimiento de aquellos recursos naturales, elementos, procesos, ecosistemas y paisajes valiosos, bien por su estado de conservación, bien por la relevancia de su papel en el funcionamiento de los sistemas en el ámbito del plan. La conservación se plantea con distinto grado de intensidad según las características de aquello que se trata de proteger, circunstancia que hace surgir diferentes categorías de ordenación. La categoría «preservación estricta», por ejemplo, donde se restringe al mínimo todo tipo de intervención antrópica, se aplica a aquellos espacios donde se dan todas o alguna de las siguientes circunstancias:

- Contienen los elementos naturales intrínsecamente más valiosos del ámbito en estudio.
- Cumplen un papel vital en el funcionamiento del conjunto.
- Soportan elementos naturales que, en un contexto amplio, se consideran bien conservados.
- Sin contener elementos de máximo valor, se encuentran geográficamente aislados siendo fácil que se cumplan los designios de la conservación.

La categoría «conservación activa» recoge otros elementos de alto interés y bien conservados, pero cuyo valor está ligado precisamente a la actividad antrópica; se trata aquí, por tanto, de evitar que desaparezca tal actividad en cuanto resulta necesaria para la conservación y potenciación del recurso que se trata de proteger.

Por ultimo las «áreas de regeneración y mejora» se aplican a espacios dignos de recuperación y/o rehabilitación por su estado artificialmente degradado, por su localización o por ser causa de procesos indeseables que requieren intervención.

Las Zonas de Explotación se orientan al aprovechamiento de recursos naturales susceptibles de explotación económica, propiciando, en cada caso, el uso para el que el territorio presenta mayores capacidades y evitando la aparición de actividades que puedan mermar esta potencialidad. En este sentido, en función de criterios tales como la calidad de los suelos, la pendiente del terreno, la presencia de recursos mineros, los usos actuales y la localización geográfica, se plantearán diferentes categorías: las Areas de Uso Forestal se asignarán a las zonas que en la actualidad soportan este uso, así como a aquellas otras que, teniendo potencial forestal, están dedicadas a usos y aprovechamientos en regresión; tal es el caso de muchos cultivos sobre terrenos que, desde el punto de vista de la producción agrícola, deben ser considerados marginales. Las Areas de Uso Agrícola englobarán los suelos de mayor calidad, los que dispongan de infraestructuras agrarias dignas de conservación y las zonas con menor potencial productivo pero en las que la agricultura juega un importante papel en la economía rural y no son susceptibles de otros aprovechamientos más intensivos. Las Areas de Uso Ganadero se asignarán a las zonas con mayor potencial para el pastoreo a diente, siempre que la coyuntura socioeconómica que se prevea lo aconseje.

También resulta oportuno incluir en esta categoría las Areas con Potencial de Esparcimiento, reservando esta utilización como propia para las zonas del territorio cuyas características, actuales y/o potenciales, las hacen adecuadas para satisfacer las demandas de esparcimiento y recreo de la población al aire libre.

Asimismo engrosan esta categoría las Zonas con Potencial Minero; en ellas la regulación de usos del suelo y aprovechamientos que se haga, debe ser tal que no se hipoteque la posibilidad de extracción de este recurso en el futuro, aunque sea a largo plazo.

Por último las Zonas de Expansión corresponden a la categoría Areas sin Vocación de Uso Definida, formada por las unidades cuyas características no determinan un uso definido. Se trata de zonas cuyos recursos son insuficientes para justificar un desarrollo endógeno, es decir, basado en sus propios recursos. Conforman, por lo tanto, las zonas más aptas para soportar usos que consumen de forma irreversible el territorio: urbanos, industriales y de infraestructuras; concentrando en esta categoría tales desarrollos, no ligados directamente a los recursos del medio físico, será posible salvaguardar el resto del territorio.

2.2.4. Categorías de ordenación típicas

De forma paralela a la tipología de unidades de integración que se especificaron en el capítulo de análisis y diagnóstico territorial, es posible definir aquí también unos tipos genéricos de categorías de ordenación aplicables a ámbitos de planificación muy diversos. Son las siguientes:

- Areas de preservación estricta.
- Areas de conservación activa:
  - Subáreas de mantenimiento de las formas de uso y aprovechamiento actuales.
  - Subáreas de introducción de actividades de conservación incluyendo el control de actividades y/o aprovechamientos incompatibles.
  - Subáreas de regeneración/recuperación/rehabilitación.
- Areas de uso forestal:
  - Subáreas de uso forestal existente.
  - Subáreas de uso forestal a introducir.
- Areas de uso agrícola:
  - Subáreas de agricultura intensiva existente.

— Subáreas de agricultura intensiva a introducir.
- Areas de uso ganadero.
- Areas de uso minero:
  — Subáreas afectadas por explotaciones mineras en activo.
  — Subáreas de reserva minera.
- Areas con potencial de esparcimiento y recreo al aire libre.
- Areas sin vocación de uso definida.

De cara a la elaboración de una normativa particular para las categorías de ordenación así como de un programa de actuaciones sobre ellas, conviene formalizar, de manera similar a la tabla de capacidad de acogida contenida en el diagnóstico para las unidades de integración, una tabla donde se especifique la relación territorio-actividades en los siguientes términos (ver la figura VI.15; un ejemplo concreto se puede ver en) pero esta vez no con carácter de diagnóstico sino de propuesta o determinación del plan:

- *Usos y actividades propiciados:*
  — Coincidentes con el uso actual: representado en la tabla por el símbolo ... indica que el área a que se asigna se está utilizando racionalmente en la actualidad.
  — No coincidente con el uso actual: representado por el símbolo ... indica que debe cambiarse el uso actual por el propiciado en caso de

		Actividades a regular									
		Conservación activa	**...**	**Caza**	**...**	**Agricultura de regadío**	**...**	**Urbanización baja densidad**	**...**	**Industria extractiva**	**...**
Areas de preservación estricta											
Areas de conservación activa	Subárea...					P				Pr	
	Subárea...			L							
Areas de uso forestal											
Areas de uso agrícola	Subárea...										
	Subáreas...							I			
Areas de uso ganadero											
Areas de uso minero											
Areas de esparcimiento y recreo al aire libre											
Areas sin vocación de uso definida								A			

Figura VI.15. *Formato de matriz que sintetiza la relación entre usos del suelo, aprovechamientos y actividades con las Categorías de Ordenación: Usos y actividades propiciados: P; Usos y actividades permitidos o autorizables sin limitaciones: A; Usos y actividades permitidos con limitaciones: L; Usos y actividades permitidos sometidos a estudio de I.A.: I; Usos y actividades prohibidos: Pr*

incompatibilidad, o superponerlo como uso múltiple, en caso de compatibilidad con aquél.

- *Usos y actividades permitidos o autorizables:*
  - Sin limitaciones: representado por el símbolo ... indica que el uso se permite en la categoría de ordenación a que se aplica, aunque no se propicia.
  - Con limitaciones: representado por el símbolo ... significa que sólo se permitirá en ciertas condiciones definidas por informes, dictámenes o licencias favorables del organismo responsable de la administración.
  - Sometidos a estudio de impacto ambiental: representado por símbolo ... indica que el uso sólo se permite en las condiciones que determine un Estudio de Impacto Ambiental, en la fase de proyecto.
- *Usos y actividades prohibidos:*
  - Representados por el símbolo ... indica que el uso o actividad de que se trate no se permitirá en ningún caso en esa categoría de ordenación.

Las casillas en blanco significan que la actividad no tiene sentido en la categoría de ordenación correspondiente.

2.3. El submodelo de población, poblamiento e infraestructuras

Los elementos que conforman este modelo son los asentamientos poblacionales que cobijan a la población y a las actividades productivas secundarias y terciarias, incluyendo los equipamientos sociales, y las infraestructuras de relación entre ellos. Se busca una especie de malla o red cuyas cuerdas son las vías de comunicación, y otros canales de relación y cuyos nudos corresponden a los núcleos habitados, por donde circulan los flujos o intercambios de mercancías, personas e información.

Esta estructura debe ser tal que, como se señaló en el capítulo IV epígrafe destinado a poblamiento: *a)* permita proporcionar de forma económica (no dispendiosa) a la población los servicios sociales necesarios; *b)* los núcleos tengan un tamaño suficientes para que se produzca una adecuada cohesión social a través de relaciones intensas, sin llegar al gigantismo; *c)* la densidad de población y las conexiones entre los núcleos debe ser tal que permita el surgimiento y localización de actividades secundarias y terciarias; *d)* debe garantizar un acceso fácil a los recursos naturales, a los centros de trabajo y a los equipamientos sociales.

Estas condiciones pueden conseguirse, de acuerdo con la Teoría del Lugar Central, mediante una jerarquía de los asentamientos, según la cual los equipamientos y actividades con mayor área de servicio, se concentren en los núcleos de mayor rango y se van descentralizando hacia los de menor nivel a medida que tales servicios se hacen más básicos.

Se juega pues con cuatro elementos fundamentales: la localización en el espacio, la jerarquía, las áreas de servicio y el tamaño mínimo de los núcleos. Sobre ellos habrá que definir las infraestructuras de comunicación que soportan los flujos de relación necesarios para que el sistema funcione.

Esta estructura habrá de ser diseñada a partir de la situación actual, teniendo en cuenta los modelos teóricos de organización espacial y dentro de los condicionantes que impone:

- El cañamazo formado por las unidades de integración asociadas a la capacidad de acogida y a las categorías de ordenación del medio físico.
- Los escenarios de crecimiento poblacional que se derivan de las expectativas socioeconómicas.
- El potencial de localización derivado de la situación relativa respecto a ejes de comunicación y/o de desarrollo superiores, fronteras, proximidad a núcleos importantes de actividad, centralidad geográfica respecto al conjunto de los asentamientos, etc.
- Las rentas debidas a la escala y a la aglomeración.

Con todo ello se detectarán los núcleos que ejercerán funciones de centralidad con distinto rango, los que no ejerciendo funciones centrales resultan viables hacia el futuro y, por último, los que careciendo de viabilidad a medio o largo plazo, deben perder la consideración de asentamientos poblacionales activos para integrarse en el sistema productivo, de tal forma que se justifique la conservación del patrimonio edificado: caso de numerosos pueblos rurales que sólo pueden mantener su casco convirtiéndose en colonias de vacaciones, centros de artesanía, rehabilitación, etc. (figura VI.16).

2.3.1. Sobre alternativas del modelo territorial

Pueden hacerse varias alternativas del modelo de ordenación objetivo, tanto en lo que respecta al medio físico como a los asentamientos e infraestructuras, pero siempre se ha de llegar a la fase de definición de las propuestas con una sola imagen objetivo a la que tender; para ello resulta muy útil el análisis de escenarios expuesto en el capítulo precedente. El desarrollo de unas u otras de estas alternativas, implica una decisión política que debe estar precedida por un proceso técnico de evaluación multicriterio aplicado según las técnicas que se describen en un epígrafe posterior de este capítulo; entre tales criterios no deben faltar:

- El ajuste con la capacidad de acogida del medio físico, con las tasas de renovación de los recursos naturales renovables y con la capacidad de asimilación de los vectores ambientales.
- La separación de la imagen objetivo respecto a la imagen prognosis o escenario tendencial.
- La aceptación y/o conflictividad social que genere.

Como se dijo, las determinaciones de un plan se concretan en un modelo territorial o imagen objetivo y en las propuestas instrumentales para conseguirlo a medio o largo plazo; cada alternativa que se genere debe atender a ambos elementos, y las medidas que comporta deben estar definidas con el detalle suficiente para que pueda ser evaluada. De acuerdo con lo anterior, la generación de alternativas implica:

- Diseñar *imágenes objetivo* alternativas y evaluarlas para seleccionar una de ellas. Los elementos fundamentales que forman cada imagen objetivo

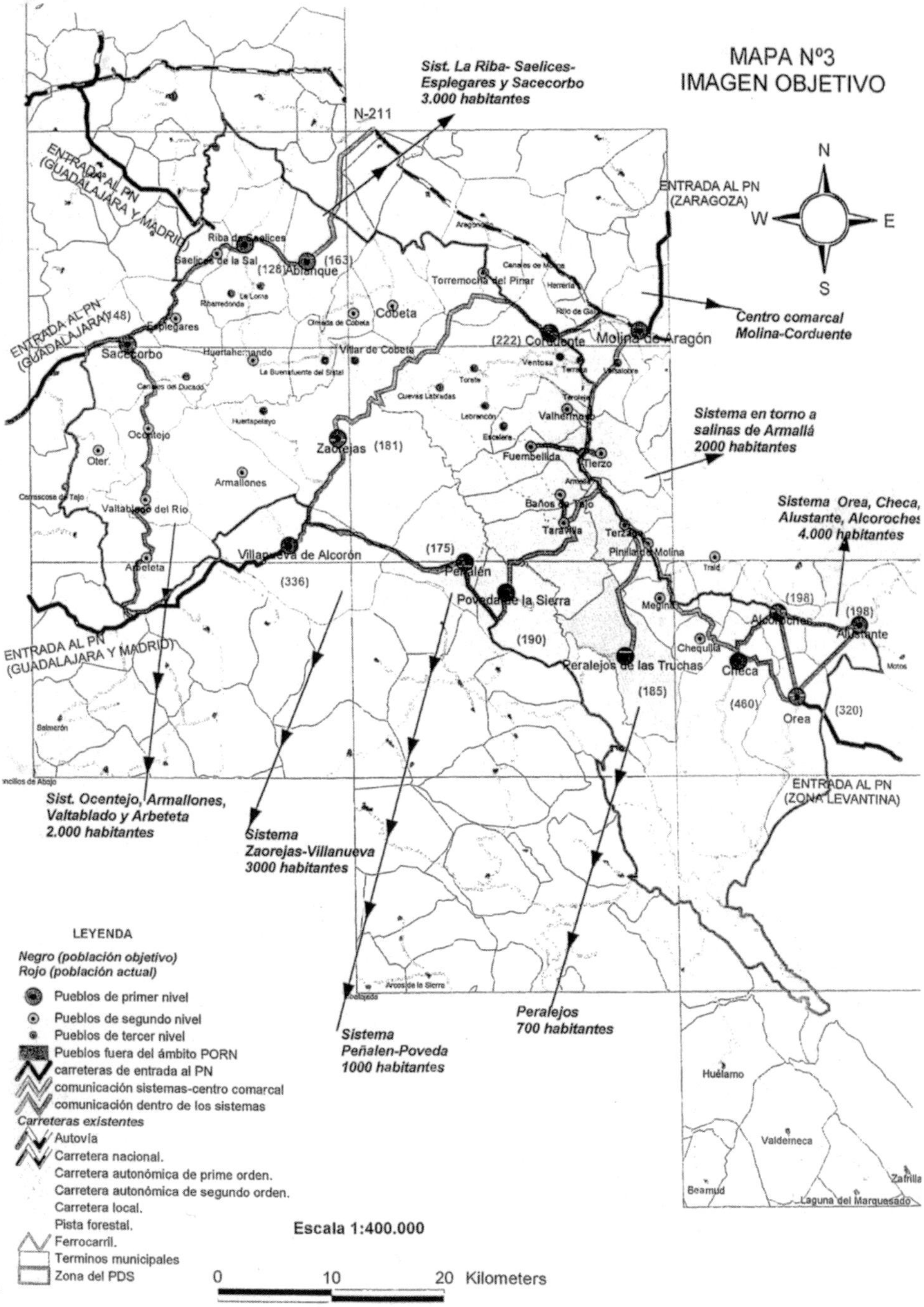

Figura VI.16. *Ejemplo de modelo de poblamiento propuesto en Alto Tajo.*

son: un modelo de ordenación del medio físico, una población, una base económica que la sustente, un sistema de asentamientos que la cobije y unas infraestructuras de comunicación que le den funcionalidad.
- Un conjunto de medidas encaminadas a la consecución de cada una de ellas; de éstas unas se orientan a mantener los elementos de la situación actual que no cambian en la imagen objetivo (normas), otras a conducir las situación actual hacia la prevista en aquello en que no coincida con el estado presente (acciones positivas), y otras a gestionar la aplicación de las anteriores.

Cuando el plan adopta un enfoque incrementalista, no habría una imagen objetivo definida, sino simplemente una serie de propuestas cuya aplicación se supone que va a mejorar la situación actual del sistema.

La imagen objetivo tiene carácter voluntarista, por tanto diverge generalmente de la imagen prognosis o evolutiva del sistema. Para diseñarla resulta útil definir varios escenarios enmarcados entre el *tendencial*, determinado por la extrapolación de las tendencias, y el *óptimo*: aquel que se deduce de un respeto escrupuloso a la «lectura» del territorio, que cumple rigurosamente los criterios ecológicos de sostenibilidad repetidamente definidos; entre ambos se pueden formular otros con diferente carácter: *productivista* —el que aprovechando economías de escala y de localización, maximiza la producción—, de *equilibrio territorial* —el que plantea inversiones para favorecer el desarrollo de las zonas más deprimidas—, etc. para acabar seleccionando uno que siendo adecuado resulte alcanzable: el denominado de compromiso. El diseño final de la imagen objetivo ha de tomar muy en cuenta la capacidad de acogida del territorio determinada en el diagnóstico del medio físico, y los modelos teóricos de organización espacial existentes en relación con el sistema de asentamientos. Sobre todo ello se razonará para hacer las propuestas a partir del conocimiento acumulado de que se dispone en esta fase del trabajo.

3. PROPUESTAS TERRITORIALES Y NO TERRITORIALES PARA ALCANZAR LA IMAGEN OBJETIVO: GENERACIÓN DE ALTERNATIVAS

Muchos de los elementos de la imagen objetivo coincidirán con la situación actual, otros no; por consiguiente las propuestas se orientarán en una doble dirección:
- Conservar aquello que coincide con la imagen objetivo.
- Aproximar hacia tal imagen lo que no coincida con ella.

La primera se instrumenta, en su mayor parte, a través de una normativa reguladora del uso del suelo, actos, comportamientos y aprovechamientos; la segunda a través del programa de intervención o de acción positiva.

Las propuestas que se generen pueden pertenecer a uno u otro tipo, es decir, que a veces adoptarán la forma de una norma prohibitiva o restrictiva, por ejemplo, y otras la de una acción positiva que requiere inversión y que se puede materializar a través de otros planes, programas, subprogramas y proyecto o acciones concretas físicas o no físicas ayudas técnicas y financieras, gravámenes y desgravaciones, incentivos, etc.), así como otras medidas de gestión.

Además existirán otros objetivos del sistema compatibilizado de objetivos no atendidos por las medidas anteriores, de manera que deberán ser objeto de otras propuestas.

3.1. Identificación de medidas potenciales para alcanzar los objetivos

Se trata ahora de buscar las soluciones potenciales dirigidas a conseguir los objetivos planteados. El método que parece más adecuado para ello, se basa en la idea de progresibidad o avance por aproximaciones sucesivas, que comienza con una primera aproximación a la identificación de medidas potenciales que luego se van depurando una y otra vez hasta concretarlas a un nivel tal de detalle que permita su valoración en términos de su efecto en la consecución de los objetivos y su comportamiento en relación con ciertos criterios de evaluación.

La identificación de medidas (y la posterior tarea de generación y evaluación de alternativas, en su caso) es una tarea fundamentalmente creativa, que se realiza aunando intuición, imaginación, creatividad, conocimientos científicos, criterios técnicos y toda la información captada en el diagnóstico, incluidos los instrumentos de gestión disponibles. Conviene pensar en términos de conexiones entre los problemas y entre los elementos que configuran el diagnóstico de cada uno de ellos, para aprovechar el potencial de sinergia o reforzamiento entre las propuestas. Un espíritu innovador permitirá explorar vías no contrastadas por la experiencia, en la idea de que el documento técnico que elabora el equipo de planificación, es solo un avance del plan, que habrá de pasar por una serie de filtros a través de la participación pública a varios niveles, de la intervención institucional y de la voluntad política, a lo que se añaden los controles correspondientes a la fase de gestión.

Se trata de una tarea difícil de encorsetar mediante técnicas de generación, si bien pueden utilizarse algunas que faciliten el «lapsus» creativo, tal como las que se mencionan a continuación:

- *Estimular la creatividad* trabajando con imágenes, dibujos, esquemas, música, colores, que activan el cerebro.
- *Mindmapping*: diagramas mentales a partir de la palabra que define el problema expresados en un esquema libre, no lineal, mediante dibujos y colores. Se utiliza la expresión «pensamiento lateral» para identificar un tipo de organización mental que no progresa en línea para llegar a un objetivo y evita la presencia de una idea dominante.
- El *Brainstorming* o tormenta de ideas: consiste en que varias personas sugieran ideas, a partir de su propia formación y sin inhibiciones, porque se trata de que las ideas de cada uno sugieran otras a los demás; funciona mejor cuanto más variada sea la formación y procedencia de los participantes.

Sobre Brainstorming

Con el fin de evitar la autocrítica, superar los problemas de autoridad y conseguir una comunicación fluida alejada de conflictos, al comenzar una sesión, es necesario desbloquear a los participantes en el plano particular (psicológico) y en el del conjunto (psicosocial); se trata de poner al grupo en una situación de espontaneidad que induzca al pensamiento creativo.

Para ello conviene aplicar unas reglas (o antirreglas, dado su carácter liberalizador) que se señalan a continuación:

1. Eliminar toda crítica durante la sesión.
2. Expresar toda ocurrencia, por absurda que parezca: la cantidad es la base de la calidad.
3. Servirse de las ideas de los demás para generar ideas propias o combinarlas o transformarlas.

Pasos a seguir

1. Preparación: El director de la reunión explica el tema y las reglas.
2. Incubación: No tratar el tema de forma consciente, dejar actuar el inconsciente, incluso durante el sueño.
3. Producción: Expresión de las ideas.
4. Evaluación: Desecho de lo no factible o inútil, valoración del resto de las ideas mediante la incorporación de los correspondientes criterios, depuración.

— El *Brainwriting:* es similar al anterior pero las ideas se escriben en una pizarra.
— *Metaplan:* las ideas se escriben en tarjetas y se pinchan en la pared, para que las lean los demás y les sirva de inspiración de nuevas ideas que a su vez escribirán y clavarán en la pared.
— *6-3-5-:* en un grupo de seis personas cada una escribe tres soluciones en un papel que pasan al compañero de al lado que escribe otras tres, de tal forma que cada uno escribe tres soluciones ayudado por los cinco restantes participantes.
— *Thinking time:* tiempo para pensar: buscar tiempo para que la parte consciente de nosotros se olvide de los problemas para dejar al subconsciente «pensar sobre ellos» y así facilitar «digerir la información». El inconsciente tiene menos condicionantes y barreras y está asociado al banco de datos de la memoria.
— *Delphi:* consulta formalizada a expertos basada en el anonimato y en la repetición de las consultas buscando la convergencia.
— *Juegos de simulación:* en los que cada panelista, de un grupo que actúa como tal, razona desde el punto de vista de un agente social.
— *Escenarios comparados:* referencias a otras situaciones más o menos similares ya resueltas.

Aprovechando el paralelismo existente entre problemas/oportunidades, objetivos y medidas, éstas últimas se pueden organizar, como aquellos, por niveles, es decir según un árbol con sus ramas; luego, para hacerlas aplicables, se traducen a normas reguladoras de los usos y aprovechamientos del suelo, a proyectos o a formas de gestión.

3.2. Sobre generación y evaluación de alternativas

El proceso de identificar, depurar y decidir las medidas que el plan va definitivamente a adoptar puede prolongarse, si se considera suficiente, con dos tareas clásicas en la teoría de toma de decisiones: la generación y la evaluación de alternativas, que conviene formalizar cuando no se tiene suficiente seguridad sobre la soluciones. En la generación de alternativas se buscan medidas potenciales, para cada objetivo y para el conjunto de ellos, mientras en la evaluación se valora el comportamiento de tales medidas, individualmente y/o en conjunto, en relación con una serie de criterios, para seleccionar el conjunto de medidas que mejor se adapta al conjunto de criterios. En la generación de alternativas predomina el elemento creativo sobre el técnico, mientras en la evaluación ocurre lo contrario, de tal manera que la solución elegida debe resultar completamente viable en todos sus extremos: técnicos, económicos, sociales y ambientales. El propio proceso de evaluación puede sugerir nuevas alternativas o modificación de las anteriores, de tal forma que la evaluación retroalimenta la generación en ciclos sucesivos hasta llegar a una solución que se estima la mejor; ambas tareas no son, pues, secuenciales sino iterativas, retroalimentándose una a la otra tantas veces como se desee en la búsqueda de la solución óptima, proceso que se justifica por la incapacidad de encontrar directamente dicha alternativa óptima que hiciese innecesaria la evaluación.

3.3. Generación de alternativas

Se entenderá aquí por *alternativa un conjunto coherente y compatibilizado de propuestas o medidas para la consecución del conjunto de los objetivos.*

Existen muchas formas de generar propuestas, todas ellas basadas en los mismos elementos informativos que se enunciaron para el diseño del modelo territorial (ver figura VI.3); a las que hay que añadir la consulta sistemática a la propia población afectada a lo largo de todo el proceso de elaboración del plan. El telón de fondo de las propuestas es el sistema de objetivos que se definió, la mayor parte de los cuales están subsumidos en el modelo territorial, así como la matriz DAFO y los escenarios de referencia. Teniendo en cuenta todos estos elementos, la generación de alternativas se puede estructurar, con carácter general, en los siguientes pasos: (figura VI.17).

- Partiendo del árbol de objetivos, así como del modelo territorial objetivo, en su caso, elaborar una lista de ideas, medidas potenciales o posibilidades para alcanzar cada objetivo.
- Depurar esta lista de posibilidades y concretarlas hasta convertirlas en propuestas; ello significa definirlas con el detalle suficiente para que pue-

OBJETIVOS	PROPUESTAS	ALTERNATIVA 1	ALTERNATIVA 2	.....	ALTERNATIVA n
O1	P_{11} P_{12} · · · P_{1n}	P_{11}	P_{11} P_{1n}	.....	P_{12}
02	P_{21} P_{22} · · · P_{2n}	P_{23}	P_{22} P_{2n}	....	P_{12}
· · ·	· · ·	· · ·	· · ·	....	· · ·
On	P_{n1} P_{n2} · · · P_{nn}	P_{n1} P_{n7}	P_{n1} P_{n7}	....	P_{n3} P_{nn}

Figura VI.17. *Formato de tabla para generar alternativas. Cada alternativa se forma seleccionando un conjunto coherente de propuestas.*

dan ser evaluadas, es decir, valoradas en términos de su efecto en relación con los objetivos y con otros criterios de evaluación.

Las dos tareas anteriores pudieron haber sido realizadas antes, tal como se señaló en el punto 3.1.1, en cuyo paso se parte de las medidas allí identificadas y depuradas; en cualquier caso se utilizarán las técnicas descritas allí.

- Formar una alternativa seleccionando una o más propuestas para cada objetivo.
- Teniendo en cuenta que una alternativa es un conjunto coherente de propuestas, el paso siguiente consiste en eliminar o modificar aquellas propuestas que impidan la coherencia del conjunto.

El formato sugiere la posibilidad de generar numerosas alternativas en función del tipo de propuestas que se seleccionen para cada objetivo; sin embargo, paralelamente a los cuatro escenarios típicos descritos en el capítulo anterior, se pueden diferenciar cuatro alternativas de referencia típicas, en torno a los cuales girarán otras que se puedan generar: *tendencial* o adaptada a la evolución previsible del sistema, *desarrollista* que favoreciendo la producción relega a un segundo plano las condiciones de sostenibilidad, *adaptativa* o plegada a la vocación endógena definida en el modelo de sostenibilidad descrito en el capítulo anterior, y *equitativo* que prioriza el equilibrio territorial sobre los demás. Otros tipos pueden ser los siguinetes: *conservacionista* que es la que favorece más el modelo de sostenibilidad, *agraria*, que enfatiza este tipo de actividades, *recreativo/turística*, que favorece un modelo marcado por la sociedad de la cultura, del ocio y del tiempo libre, y *desarrollista*, que favorece un modelo económico productivista, etc. Cada una de estas alternativas enfatiza un tipo de actividades sobre las demás y por tanto un estilo diferente de desarrollo.

4. EVALUACIÓN DE ALTERNATIVAS

Evaluar alternativas significa comparar aquellas de que se dispone para seleccionar la mejor. Ello implica analizar el comportamiento de cada una de ellas en relación con una serie de criterios de muy distinta índole; la evaluación, por tanto, es multicriterio y, en consecuencia, multi e interdisciplinar, como corresponde al carácter multiefecto de cada alternativa.

Tanto como un método de evaluación, el multicriterio es una filosofía que ayuda a entender el sistema al que se aplica mediante el contraste transparente de ideas por parte de los múltiples agentes con sus múltiples perspectivas.

4.1. Método general

De acuerdo con el concepto esbozado, la evaluación de alternativas, en su forma más general, consiste en formar una matriz de datos y aplicar un modelo de decisión; se puede desarrollar en los siguientes pasos:

1. Identificar/seleccionar los criterios de evaluación

Una vez identificados los criterios, separar, en su caso, los cuantificables de los cualitativos o intangibles y, entre los primeros, diferenciar los directamente cuantificables de los que sólo pueden medirse a través de algún indicador; para estos últimos, buscar el indicador correspondiente. La identificación/selección de los criterios de evaluación es iterativa; deben, en conjunto, ser representativos de los factores determinantes de la calidad de vida en el ámbito del plan (nivel de renta, condiciones de vida y trabajo y calidad ambiental, en un primer nivel, que se pueden en un segundo nivel o más, dando entrada a otros criterios, como por ejemplo: distribución de la renta, diversificación de la economía, innovación, generación de empleo, equilibro territorial, inversión en equipamiento público, capacidad de acogida del territorio, aprovechamiento de recursos endógenos, respeto a tasas de renovación, a capacidad de asimilación, biodiversidad, paisaje, etc.) y de factibilidad de las propuestas (facilidad de gestión, modernización tecnológica, aceptabilidad o conflictividad social, flexibilidad, concordancia odiscordancia con el modelo tendencial, etc.): partiendo de una lista previa de ellos, se complementa con los elementos del sistema que pueden ser afectados por alguna de las propuestas. A los criterios seleccionados, que deben ser los menos posibles, se le exige ciertas condiciones: deben ser exhaustivos, coherentes, independientes, operacionales (aplicables) y no redundantes.

2. Identificar los efectos de cada alternativa sobre cada criterio

Esta tarea se facilita construyendo una tabla de efectos o matriz cuyas entradas están ocupadas una por los criterios y la otra por las propuestas de la alternativa, tal como muestra la figura VI.18. Conviene agregar de alguna forma estos efectos de tal manera que puedan disponerse en una sola fila.

	PROPUESTAS QUE FORMAN LA ALTERNATIVA	CRITERIOS DE EVALUACIÓN					
		C1	C2	.....	Cj	.....	Cn
ALTERNATIVA n	P1			.....		.....	
	P2			.....		.....	
	⋮	⋮	⋮	⋮	⋮	⋮	⋮
	Pi			.....	Eij	.....	
	⋮	⋮	⋮	⋮	⋮	⋮	⋮
	Pn			.....		.....	
EFECTO TOTAL DE LA ALTERNATIVA n					Enj		

Eij: Efecto de la propuesta i de la alternativa n sobre el criterio j.
Enj: Efecto total de la alternativa n sobre el criterio j.

Figura VI.18. *Tabla para identificación de efectos de una alternativa sobre los criterios de evaluación.*

3. Cuantificar tales efectos

Para ello se utilizará algún tipo de medida, directa cuando el criterio sea cuantificable, o indirecta a través de algún indicador cuando no lo sea.

4. Valorar los efectos

Valorar los efectos significa interpretarlos en términos de comportamiento respecto a los criterios de evaluación.

5. Adoptar alguna regla de decisión para seleccionar una alternativa

Se trata de adoptar un modelo de decisión a los datos anteriores, que permita seleccionar la alternativa de mejor comportamiento en relación con los criterios de evaluación adoptados; el modelo ha de permitir un tratamiento de tales datos cuyos resultados permitirán: elegir una o varias alternativas, segmentar el conjunto de las alternativas en grupos de valor: buenas, regulares, malas, por ejemplo, y aquellas que requieren un análisis más detallado, u ordenar las alternativas según clases de valor.

Por consiguiente la evaluación de alternativas implica dos fases muy claras:

1. Formalizar una matriz de datos para la evaluación.
2. Aplicar un método de tratamiento de los datos recogidos en la matriz anterior y decidir en función de los resultados.

En la medida en que las tareas descritas se realicen de distintas maneras, desde las más simples a las más complejas, se tendrán distintos métodos de evaluación; la utilización de unos u otros dependerá del número y tipo de las alternativas de que se disponga; cuando el número es muy elevado o las alternativas son muy diferentes unas de otras, se comenzará por las técnicas más simples a fin de eliminar algunas de ellas; sobre las no eliminadas se aplicarán las técnicas más complejas hasta seleccionar la mejor alternativa. Este proceder responde a un principio de economicidad orientado a conseguir el resultado que se busca con el mínimo esfuerzo.

La generación y evaluación de alternativas, así como los pasos enumerados para esta última, no deben entenderse como fases secuenciales sino iterativas en el esquema general; esta iteración es lo que proporciona racionalidad al proceso de planificación. En el desarrollo de las tareas de generación y evaluación pueden aparecer nuevas propuestas con las que se va perfeccionando la decisión.

En cuanto a los métodos de evaluación hay que señalar que no proporcionan resultados objetivos, incuestionables, sino que deben entenderse simplemente como ayuda a la decisión sistematizando y haciendo explícito el proceso de reflexión.

4.2. Formas simples/reducidas de aplicación del método general

La forma más simple de la matriz de datos para la evaluación de alternativas adopta el formato de la figura VI.19.

		CRITERIOS DE EVALUACIÓN					
		C1	C2	.....	Cj	.....	Cn
ALTERNATIVAS A EVALUAR	A1			.....		.....	
	A2			.....		.....	
	⋮	⋮	⋮	⋮	⋮	⋮	⋮
	Ai			.....	Vij	.....	
	⋮	⋮	⋮	⋮	⋮	⋮	⋮
	An			.....		.....	Vnn

Vij: Valor de la alternativa Ai para el criterio Cj, que puede expresarse de diferentes formas.

Figura VI.19. *Formato simplificado de matriz de datos para evaluación de alternativas.*

Sobre este formato se procede a la formalización de la matriz de datos; esto puede hacerse de diferentes formas las cuales, de menor a mayor complejidad, son las siguientes:

— Cumplimiento de criterios.

Sobre la matriz se escribe «sí» o «no» según que la alternativa sea o no satisfactoria, respectivamente, para cada criterio de evaluación, tal como muestra la figura VI.20.

Es la forma más elemental posible de formalizar la matriz de datos, de utilidad solamente para eliminar alguna de las alternativas generadas y difícilmente para seleccionar una de ellas.

		CRITERIOS DE EVALUACIÓN					
		C1	C2	.....	Cj	.....	Cn
ALTERNATIVAS A EVALUAR	A1	**sí**	**sí**	.....	**no**	.....	**sí**
	A2	**sí**	**sí**	.....	**sí**	.....	**sí**
	⋮	⋮	⋮	⋮	⋮	⋮	⋮
	Ai	**sí**	**sí**	.....	**no**	.....	**sí**
	⋮	⋮	⋮	⋮	⋮	⋮	⋮
	An	**sí**	**no**	.....	**sí**	.....	**no**

Figura VI.20. *Matriz de evaluación por listado de criterios con la formalización más elemental posible: cumplimiento de los objetivos.*

Ordenación

Consiste en ordenar las alternativas según su comportamiento relativo respecto a cada criterio, tal como muestra la figura VI.21; una simple observación de la forma en que se ordenan las alternativas permitirá, si no seleccionar una de ellas, sí eliminar las que ocupen órdenes más bajos para todos los criterios. Más adelante se verá cómo alguno de los métodos de agregación parcial operan sobre este tipo de matriz.

Valoración simple

Consiste en atribuir un código, de una escala sencilla, representativo del comportamiento de cada alternativa respecto a cada criterio; la escala puede ser del tipo:

- +2, comportamiento muy positivo.
- +1, comportamiento positivo.
- 0, comportamiento medio.
- –1, comportamiento insuficiente.
- –2, comportamiento muy insuficiente tal como muestra la figura VI.22.

		CRITERIOS DE EVALUACIÓN					
		C1	C2	.....	Cj	.....	Cn
ALTERNATIVAS A EVALUAR	A1	1ª	1ª	.....	3ª	.....	4ª
	A2	2ª	3ª	.....	1ª	.....	2ª
	⋮	⋮	⋮	⋮	⋮	⋮	⋮
	Ai	5ª	4ª	.....	3ª	.....	1ª
	⋮	⋮	⋮	⋮	⋮	⋮	⋮
	An	6ª	2ª	.....	4ª	.....	5ª

Figura VI.21. *Matriz de evaluación por listado de criterios formalizada mediante ordenación de las alternativas respecto a cada criterio.*

		CRITERIOS DE EVALUACIÓN					
		C1	C2	.....	Cj	.....	Cn
ALTERNATIVAS A EVALUAR	A1	+2	+1	.....	-2	.....	+1
	A2	+1	+2	.....	0	.....	+1
	⋮	⋮	⋮	⋮	⋮	⋮	⋮
	Ai	-1	0	.....	+2	.....	+2
	⋮	⋮	⋮	⋮	⋮	⋮	⋮
	An	+2	+2	.....	+1	.....	0

Figura VI.22. *Matriz de evaluación por listado de criterios formalizada mediante la atribución de códigos de una escala sencilla representativos del comportamiento de cada alternativa.*

La decisión, que generalmente no permitirá seleccionar una alternativa, puede adoptarse por simple observación de la ubicación de los códigos asignados; también es posible considerar tales códigos como valores, recurriendo entonces a su agregación, bien por suma simple o por suma ponderada, para obtener el valor total de cada alternativa; esto último exigiría atribuir pesos a los criterios, tal como se describe más abajo. No obstante los datos de la matriz no suelen disponer de la suficiente precisión como para que se pueda aconsejar este tipo de agregación. Los juicios expresados permitirán aplicar la noción de dominancia: una alternativa Ai domina a otra Ak si el rango o valor asignado a Ai es superior al asignado a Ak para todos los criterios. Ello permite ordenar las alternativas en dos clases: las dominantes, que se pueden eliminar y las no dominadas que se denominan eficaces u óptimo de Pareto.

Matrices gráficas

Pueden visualizarse fácilmente las matrices anteriores atribuyendo una gama de colores, fría para los comportamientos/valores/órdenes bajos y cálida para los altos; de esta forma se obtiene una matriz gráfica que permite una rápida aproximación visual al problema. Por ejemplo, la matriz de la figura anterior, VI.22, se puede convertir en gráfica dando colores de la gama de rojos a los valores positivos (+2, +1), de la gama azul a los negativos (–2,–1) e intermedia al 0.

Las técnicas descritas se han expuesto por orden de sencillez, es decir de facilidad de aplicación; de tal manera que conviene utilizarlas consecutivamente; ante una evaluación de numerosas alternativas, conviene empezar por la posibilidad a.; si no permite seleccionar una alternativa sí aconsejará generalmente eliminar alguna; a continuación se pasará a la posibilidad b. y por último a la c y/o d. Si con ello no se ha podido seleccionar una alternativa, se habrá reducido, al menos, su número; sobre este resto se utilizará alguna de las técnicas complejas que se describen a continuación.

4.3. Formas complejas de aplicación del método general

La forma compleja de una matriz de datos añade, a la forma simple, el peso relativo de los criterios de evaluación adoptados, figura VI.23. Sobre el formato de la tabla completa expuesto en la figura se procede a la formalización de la matriz de datos; estos son de dos tipos: los pesos de los criterios y los valores de cada alternativa para los diferentes criterios.

		CRITERIOS DE EVALUACIÓN					
		C1	C2	.....	Cj	.....	Cn
PESO DE LOS CRITERIOS		P1	P2	.....	PJ	.....	Pn
ALTERNATIVAS A EVALUAR	A1			.....		.....	
	A2			.....		.....	
	⋮	⋮	⋮	⋮	⋮	⋮	⋮
	Ai			.....	**Vij**	.....	
	⋮	⋮	⋮	⋮	⋮	⋮	⋮
	An			.....		.....	**Vnn**

Pj: Peso del criterio Cj.
Vij: Valor de la alternativa Ai para el criterio Cj.

Figura VI.23. *Formato complejo de matriz de datos para evaluación de alternativas.*

4.3.1. Los coeficientes de ponderación de los criterios

Los pesos o coeficientes de ponderación de los criterios representan la contribución relativa de cada uno de ellos a la calidad de vida de la comunidad afectada por el plan, tal como la perciben los ciudadanos y a la actitud ante el plan; por ello han de incorporar la opinión pública y ser expresivos de la escala de valores sociales. Pueden atribuirse de diferentes maneras siempre que se garantice la representación de los grupos de interés afectados y sean realmente representativos de la escala social de valores. Esto se puede conseguir de múltiples formas entre las cuales resulta útil y cómoda la que se formaliza a través de los siguientes pasos:

- Identificación de los grupos de interés social existentes en el ámbito del plan.
- Selección de un panel o grupo de personas responsables de la ponderación, con dos condiciones.
- Cada grupo de interés debe estar representado por un panelista.

Los panelistas han de ser expertos, es decir iniciados en los problemas a tratar.

Consulta y convergencia de criterios de los panelistas hasta llegar a unos valores ponderales que satisfagan a todos. Esta consulta puede realizarse por simple discusión informal entre los panelistas o formalizarse mediante técnicas de investigación social, tal como la ordenación por rangos, la atribución de valores y la comparación por pares.

En la ordenación por rangos cada panelista ordena de mayor a menor los elementos a valorar, atribuyendo el mayor rango al de más valor; el valor ponderal de cada elemento, que más se aproxima a la opinión conjunta del panel se obtiene sumando los rangos atribuidos a ese elemento por cada panelista y dividiendo por el sumatorio de los rangos atribuidos a todos los elementos por todos los panelistas. En la atribución de valores, cada panelista puntúa cada elemento en una escala de referencia (de 1 a 10, por ejemplo); a continuación se calcula el valor asignado por cada panelista a cada elemento; el valor atribuido por un panelista a un elemento se obtiene dividiendo la puntuación asignada por él a dicho elemento por la suma de las puntuaciones asignadas a todos ellos por él mismo; por último se obtiene el valor ponderal de un elemento haciéndolo coincidir con la media de los valores asignados por todos los panelistas a dicho elemento.

En la comparación por pares, se enfrentan dos a dos los elementos a valorar, de los cuales cada panelista selecciona uno; a continuación se calcula el valor ponderal atribuido a cada elemento por cada panelista; este valor, para un elemento y un panelista, se calcula dividiendo el número de veces que tal elemento ha sido seleccionado por él, por el número de decisiones de preferencia que ha realizado el panelista (n multiplicado por n-1, siendo n el número de elementos); el valor ponderal de un elemento se obtiene por la media entre los valores anteriores.

Cuando las divergencias, y consiguiente falta de consenso, entre la opinión de los panelistas son muy acusadas, se puede recurrir a técnicas de convergencia, tales como las encuestas tipo Delphi; éstas se basan en respuestas individuales y anónimas realizadas al panel de expertos en varios ciclos; en cada ciclo el panelista responde la encuesta conociendo los resultados proporcionados por el ciclo anterior, cediendo en sus posiciones de partida.

Por convención general los pesos de los criterios suelen ajustarse a una escala que varia entre 1 y 10.

4.3.2. Valoración/puntuación de las alternativas para cada criterio

Los valores de las alternativas para cada criterio deben representar la medida en que la alternativa correspondiente cumple el criterio en cuestión. Como en el caso de los pesos, estos valores se suelen estandarizar entre 1 y 10; el 1 representa una aproximación muy escasa a la consecución del criterio, mientras el 10 indica un cumplimiento totalmente satisfactorio.

La forma de atribuir estas puntuaciones puede ser sistemática y no sistemática o empírica, tal como se describe a continuación:

4.3.2.1. Formas no sistemáticas para elaborar la matriz de datos

Consiste en atribuir directamente a cada alternativa una puntuación, que por convención se hace variar entre 1 y 10, para cada criterio, la cual se dispone en las casillas de cruce correspondientes de la matriz.

Tal puntuación debe asignarse a partir de un análisis detallado de las alternativas planteadas que puede incluir la identificación de los efectos esperados, tal como se señaló en la descripción general de la evaluación; en los casos de alta incertidumbre conviene recurrir al consenso entre expertos de diferente formación, los cuales pueden operar por simple discusión o hacer uso de alguna de las técnicas aludidas en el epígrafe 3.3.1 de este capítulo.

4.3.2.2. Forma sistemática de elaborar la matriz de datos

Consiste en seguir un procedimiento, más o menos secuencial, que incluye las siguientes tareas:

1. Separación de los criterios de evaluación en cuantificables y no cuantificables; los primeros, a su vez, se dividen en directamente cuantificables y los que sólo se pueden cuantificar mediante algún indicador representativo del grado de aproximación al cumplimiento óptimo del criterio. De acuerdo con esto, la evaluación quedará dividida en dos fracciones: la cuantificable y la cualitativa. Los puntos que siguen se refieren a la cuantificable.
2. Búsqueda de indicadores a través de los cuales se puedan medir los criterios de evaluación cuantificables y adopción de la unidad de medida correspondiente. Por indicador entendemos la expresión cuantificable de un criterio.
3. Construcción de una matriz de identificación de efectos tal como la expuesta en el método general.

4. Construcción de funciones de transformación o de cumplimiento de criterios. Estas funciones consisten en unas gráficas (o tablas) que relacionan, sobre un sistema de coordenadas, la magnitud de cada criterio (o de su indicador correspondiente) medida en las unidades propias de cada uno de ellos, con una puntuación homogénea expresiva del grado de cumplimiento del criterio.

Existen siete formas básicas de funciones de transformación que aparecen en la figura VI.24.

Otro tipo importante de función de transformación es aquella con un máximo en un punto intermedio del eje de abscisas; corresponde a aquellos criterios para los que tanto el aumento como la disminución de su magnitud, a partir de un cierto punto, resultan negativos; tal ocurre con el empleo en relación con la población activa en ciertas regiones donde estas magnitudes se encuentran estabilizadas manteniendo la relación en torno a uno, por ejemplo; en ellas puede ser negativo tanto la generación como la destrucción de empleo.

La elaboración de las relaciones de transformación es difícil, pero intelectualmente interesante; han de reflejar, de un lado, rigor científico, y de otro, el sentir de la población, debiendo predominar uno u otro aspecto en función del

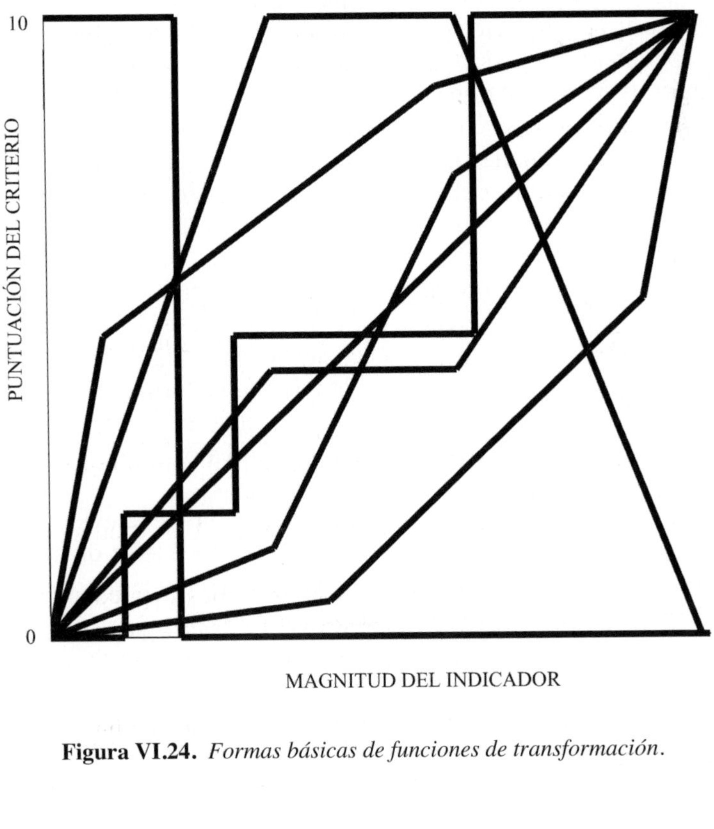

Figura VI.24. *Formas básicas de funciones de transformación.*

carácter más o menos social del criterio considerado y de la existencia de consenso entre la comunidadcientífica y técnica. Por ello, aún permaneciendo constante su forma y estructura, sus parámetros pueden variar de unos lugares a otros dependiendo de las condiciones sociales, de las prioridades políticas y de los requerimientos legales establecidos. La construcción de funciones de transformación y su ajuste a las condiciones del ámbito del plan, es tarea de especialistas, los cuales han de proceder de forma sistemática; resulta aconsejable el siguiente método:

a) Recabar información sobre la postura aceptada por la comunidad científica o, en su caso, sobre la opinión de expertos en el tema.

b) Analizar la normativa legal en relación con el criterio considerado.

c) Seleccionar un panel de expertos, independientes cuando se trate de construir funciones básicas, y representativo de los grupos de interés social cuando se trate de ajustarlas a una zona concreta.

d) Pedir a cada uno que construya su propia gráfica teniendo en cuenta la información recabada en 1 y 2 y las formas básicas de las funciones.

e) Construir las curvas ajustándolas a la opinión media del panel cuando no existan fuertes discordancias.

f) En caso contrario, discutir conjunta o anónimamente (tipo Delphi) para buscar la convergencia de criterios.

g) Obtener los resultados finales o repetir el método con otro grupo de expertos, dando así mayor fiabilidad y credibilidad al resultado.

La figura VI.25 proporciona algunos ejemplos de funciones de transformación, para los criterios más comúnmente utilizados.

5. A partir de la matriz de identificación de efectos cuantificar la situación de cada indicador «sin» alternativa es decir en un momento dado del tiempo si no se interviene y «con» la intervención que supone la alternativa.
6. Aplicar las funciones de transformación a cada uno de los criterios para obtener, por diferencia entre la situación «sin» y «con» proyecto, el valor del efecto sobre cada uno de ellos, es decir, la puntuación representativa del comportamiento de cada alternativa respecto a cada criterio, sobre el eje de ordenadas. Teniendo en cuenta los parámetros de las funciones de transformación dicho valor queda limitado entre 1 y 10.

Con esto queda puntuada la fracción cuantificable de la evaluación.

Respecto a la fracción no cuantificable puede procederse de dos formas:

— Expresar en forma de texto la consideración técnica sobre el comportamiento o valor de cada alternativa.

— Atribuir directamente una puntuación empírica equivalente a la obtenida de forma sistemática para los criterios cuantificables. Estos valores sólo pueden agregarse con el resto de los criterios en caso de que se utilice una forma no sistemática de puntuación para todos ellos.

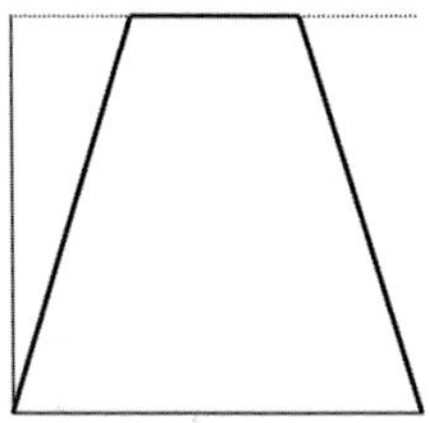

Criterio: generación de empleo.
Indicador: 100 × empleo/pobl. activa
Por debajo de la población activa la generación de empleo es positiva. por encima, en cambio, incrementos de empleo tienen un efecto negativo. (Excepto cuando se desea incrementar la población total).

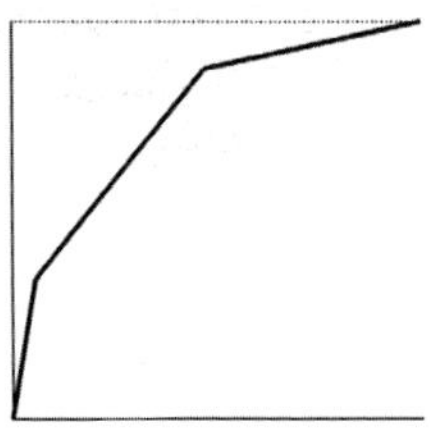

Criterio: ajuste a la capacidad de acogida del medio físico.
Indicador: proporción de coincidencia expresado en porcentaje sobre superficie total.
Se minimiza la importancia del efecto en las proximidades del punto de coincidencia total y se magnifica tal importancia cuando la coincidencia se aproxima a cero.

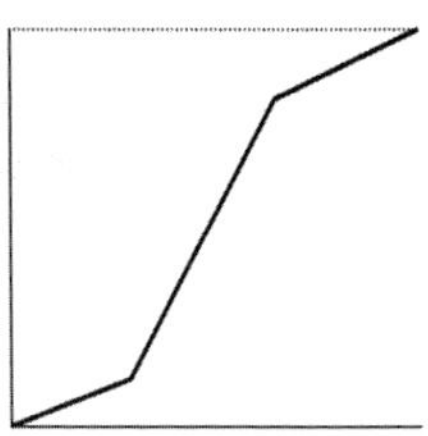

Criterio: estado de conservación de un valor ambiental.
Indicador: indice de calidad del factor.
Por debajo de cierto nivel la calidad es tan baja que las pérdidas resultan irrelevantes.

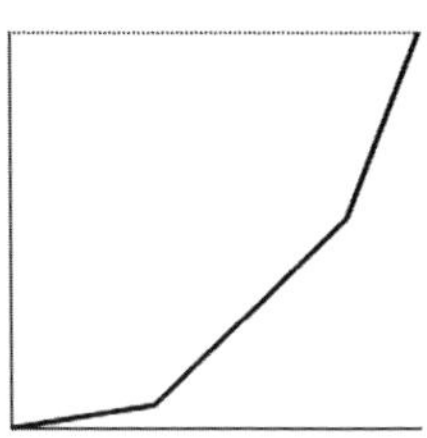

Criterio: conflictividad social.
Indicador: porcentaje de personas en desacuerdo sobre el total de la población.
La valoración se magnifica a medida que aumenta la proporción de población en desacuerdo.

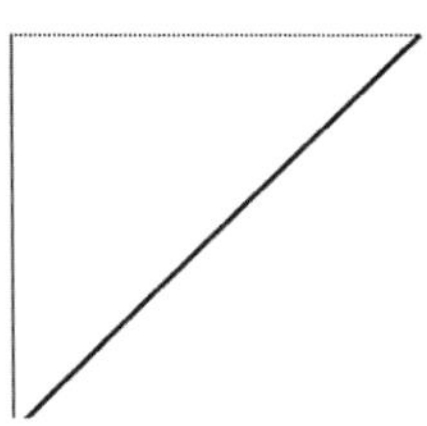

Criterio: coincidencia con el modelo tendencial.
Indicador: porcentaje (en superficie o en otro tipo de medida) de coincidencia con el modelo tendencial.
La puntuación puede considerarse proporcional al grado de coincidencia.

Figura VI.25. *Ejemplos de funciones de transformación para valorar las alternativas.*

4.3.3. Manejo de la matriz de datos para la decisión

Formalizada la matriz de datos compleja, el paso siguiente consiste en tratarlos de alguna forma para facilitar el pronunciamiento técnico sobre la calidad de las alternativas: aunque existen numerosos métodos (tasas de sustitución, «goal-programing», desclasificaciones comparadas, etc.) aquí sólo se exponen los de más fácil aplicación. Agregación total mediante una función de utilidad y agregación parcial mediante ELECTRE y QUALIFLEX.

4.3.3.1. Agregación total: funciones de utilidad

Este método opera obteniendo el valor de cada alternativa Vai por media ponderada, es decir, multiplicando las puntuaciones asignadas a cada una de ellas para cada criterio por el peso de los criterios, sumando después y dividiendo el resultado por la suma total de los pesos. Se elige la alternativa que obtenga mayor valor, si la diferencia resulta significativa, o se desechan las de menor valor:

$$\text{Vai} = \frac{\Sigma\, V_{ij} \times P_j}{\Sigma\, P_j}$$

Otra forma de agregar, que permite utilizar escalas de diferentes tamaños para la puntuación de cada criterio, consiste en multiplicar las evaluaciones parciales, una vez normalizadas, de la siguiente forma: se adopta una alternativa cualquiera como referencia (el resultado es independiente de la que se tome), por ejemplo A_1, y se normalizan todas con respecto a ella dividiendo sus puntuaciones por la otorgada a la de referencia; el valor agregado de cada alternativa se obtiene multiplicando los citados valores normalizados, tal como muestra la siguiente expresión:

$$\text{Vai} = \frac{\Pi\, V_{ij}}{\Pi\, V_{1j}}$$

También se puede ponderar este valor utilizando los pesos de los criterios como exponentes según la siguiente expresión:

$$\text{Vai} = \frac{\Pi\, (V_{ij})^{P_j}}{\Pi\, (V_{1j})^{P_j}}$$

Los valores obtenidos en ambos casos proporcionan, como en la suma ponderada, una ordenación de las alternativas.

La figura VI.26 muestra un ejemplo de matriz de datos para la que se han obtenido los valores de cada alternativa mediante suma/media ponderada, producto y producto ponderado.

4.3.3.2. Agregación parcial: ELECTRE (Elimination et Choix Traduisant la Realité), PROMETEO, QUALIFLEX y ORESTES

Electre es una familia de métodos, iniciados por B. Roy a partir de 1968 y desarrollados por él y sus colaboradores posteriormente. Surge de reconocer que la evaluación multicriterio no goza de la propiedad transitiva y que se dan situaciones en que las alternativas a evaluar no son comparables.

		Criterios de evaluación								
		Nivel de renta	Diversidad actividades económicas	Generación de empleo	Adaptación a capacidad de acogida del medio físico	Inversión en equipamiento público	Concordancia con las tendencias del modelo territorial	Aceptación social	Facilidad de gestión	Flexibilidad
Peso de los criterios		9	8	7	9	5	4	7	7	5
Alternativas a evaluar	A1	6	4	7	8	6	5	6	5	8
	A2	7	7	6	4	7	4	6	5	7
	A3	9	8	8	5	4	3	7	5	5
	A4	6	6	4	5	4	8	6	3	6

a) suma/media ponderada

	Suma ponderada	Media ponderada
A1	374	6,13
A2	360	5,90
A3	397	6,51
A4	329	5,39

b) producto una vez normalizadas las alternativas respecto a A1

A1...1
A2...0,71
A3...0,63
A4...0,31

c) producto ponderado (exponencial)

A1...1
A2...0,16
A3...2,12
A4...0,0004

Figura VI.26. *Ejemplo de evaluación de alternativas por agregación total.*

En cualquiera de sus versiones, el método procede en dos tiempos: primero se comparan todas las alternativas dos a dos de forma ordenada (la pareja a/b es distinta de la b/a) para obtener después una síntesis de conjunto sobre un grafo. Entre un par ordenado de alternativas, una es superior a la otra cuando se cumple la condición de concordancia: el peso de los criterios para los que es igual o superior (tiene igual o mayor puntuación en la matriz de evaluación) es suficientemente grande, y la de discordancia: no existe ningún criterio para el que sea demasiado peor.

Electre I. Enfrenta en una matriz cuadrada todas las alternativas entre sí, para, después de un proceso, establecer las relaciones de preferencia entre ellas mediante las letras, V (verdadero) cuando la alternativa columna supera a la correspondiente alternativa fila y F (falso) cuando ello no ocurre.

El proceso opera a través de los denominados índices de concordancia y de discordancia entre cada par de alternativas. El índice de concordancia entre dos alternativas es la suma de los pesos de los criterios para los cuales la primera es igual o superior a la segunda dividido (para estandarizar el resultado entre 0 y 1) por la suma total de los pesos; este índice varía entre 1, que corresponde a una preferencia absoluta, y 0 que representa la ausencia de preferencia para cualquier criterio. El índice de discordancia entre dichas alternativa es la diferencia mayor de puntuación asignada a las alternativas para aquellos criterios en los que la primera es inferior a la segunda, dividido por el tamaño de la esca-

	A_1	A_2	A_3	...	A_4
A_1	•	V	F	...	V
A_2	F	•	V	...	F
A_3	V	F	•	...	V
⋮	⋮	⋮	⋮		⋮
A_n	F	F	F	...	•

la de puntuación, es decir, por el máximo desacuerdo posible; su valor varía, también entre 1, que representa el desacuerdo máximo, y 0, que expresa un desacuerdo nulo.

A fin de quitar severidad a la restricción de superioridad impuesta por el índice de discordancia, se puede suavizar el valor del índice sustituyendo para su cálculo la diferencia/divergencia mayor por la que le sigue. Se habla entonces de severidad de grado 2 (s = 2), mientras la anterior era de grado 1 (s = 1).

Para la matriz de datos del ejemplo adjunto se obtienen los siguientes índices de concordancia y de discordancia: (en las matrices el orden de cada par se expresa nombrando primero la alternativa columna).

De cada par se retiene la alternativa mejor clasificada cuando el índice de concordancia es suficientemente elevado y el de discordancia suficientemente bajo. Esta condición se concreta estableciendo un umbral mínimo de concordancia requerido, p, entre 0,5 y 1 (generalmente próximo a 1) y un umbral máximo de divergencia tolerado, q, entre 0,5 y 0 (generalmente próximo a 0). Se conservan las alternativas que pasan esta criba y se abandonan las demás.

En el ejemplo del esquema adjunto, para un umbral de concordancia de 0,7 y uno de discordancia (s=1) de 0,2 (condiciones que se expresan por la notación 0,7/0,2/1), se mantienen, en principio, dos alternativas, la $A^1/_2 2$ y la $A^1/_2 3$, las cuales se señalan en una tabla, como la adjunta, con un aspa, mientras el resto no se señalan.

La tabla se acompaña de un grafo que permite visualizar el resultado y realizar una síntesis. De él se deduce que $A^1/_2 3$ supera a $A^1/_2 1$, que $A^1/_2 2$ supera a $A^1/_2 3$, pero no se puede afirmar que $A^1/_2 2$ supera a $A^1/_2 1$ a causa de la intransitividad de las preferencias: la relación $A^1/_2 2$ R $A^1/_2 1$ no pasa alguno de los filtros exigidos. En cuanto a la alternativa $A^1/_2 4$ no se puede afirmar nada y se retiene. En consecuencia, quedan seleccionadas las alternativas $A^1/_2 2$ que está bien colocada, $A^1/_2 4$, por la duda y $A^1/_2 1$ a causa de la intransitividad.

El conjunto de alternativas seleccionadas se denomina nudo en teoría de grafos y debe cumplir las siguientes exigencias:

		Criterios de evaluación				
		Nivel de renta	**Diversidad actividades económicas**	**Generación de empleo**	**Adaptación a capacidad de acogida del medio físico**	**Facilidad de gestión**
Peso de los criterios		1	3	1	1	4
Alternativas a evaluar	A1	5	10	7	7	2
	A2	4	8	5	5	7
	A3	5	8	7	7	6
	A4	7	6	5	3	7

	A_1	A_2	A_3	A_4
A_1	•	0,4	0,7	0,5
A_2	0,6	•	0,6	0,6
A_3	0,6	0,7	•	0,5
A_4	0,5	0,9	0,5	•

Indices de concordancia

	A_1	A_2	A_3	A_4
A_1	•	0,2	0,2	0,4
A_2	0,5	•	0,1	0,2
A_3	0,4	0,2	•	0,4
A_4	0,5	0,3	0,2	•

Indices de discordancia para s = 1

	A_1	A_2	A_3	A_4
A_1	•	0,2	0,2	0,4
A_2	0	•	0	0,2
A_3	0	0,2	•	0,2
A_4	0,2	0	0,1	•

Indices de discordancia para s = 2

	A_1	A_2	A_3	A_4
A_1			x	
A_2				
A_3		x		
A_4				

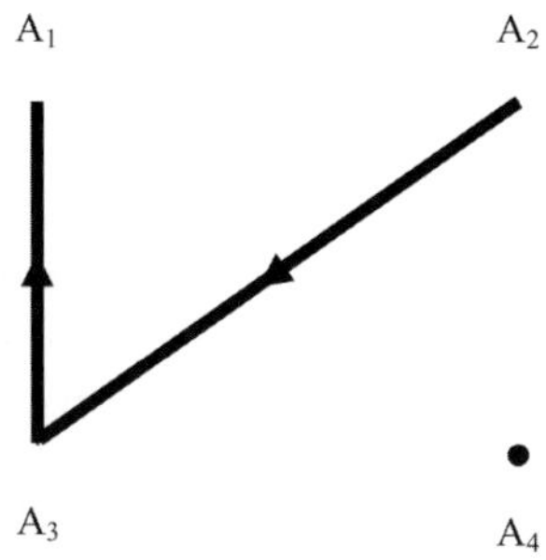

— Estabilidad interna: ausencia de arcos entre los elementos del nudo.

— Estabilidad externa: cualquier elemento exterior del nudo ha de admitir al menos un arco desde algún elemento del nudo.

Si se adoptan otros umbrales, por ejemplo 0,7/0,3/1, 0,7/0/2 ó 0,7/0,2/2 se obtienen los resultados de la figura VI.27 donde el nudo (conjunto de alternativas seleccionadas) está identificado por un círculo. Destaca que A_2 es la única alternativa siempre incluida en el nudo, de modo que parece razonable que sea la seleccionada.

	A_1	A_2	A_3	A_4
A_1			X	
A_2				
A_3		X		
A_4				

	A_1	A_2	A_3	A_4
A_1			X	
A_2				
A_3		X		
A_4		X		

	A_1	A_2	A_3	A_4
A_1			X	
A_2				
A_3				
A_4		X		

	A_1	A_2	A_3	A_4
A_1			X	
A_2				
A_3		X		
A_4		X		

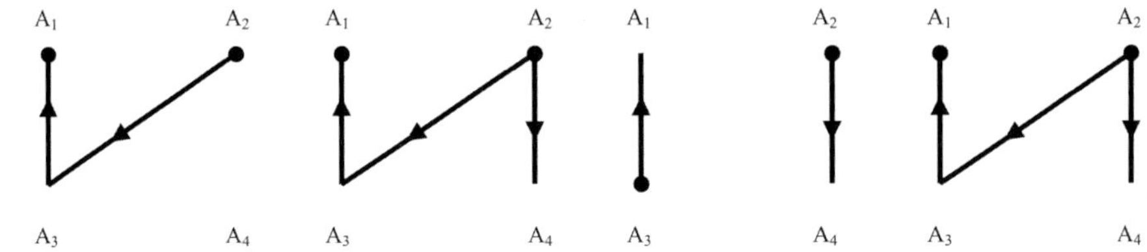

Umbrales 0,7/0,2/1 — Umbrales 0,7/0,3/1 — Umbrales 0,7/0/2 — Umbrales 0,7/0,2/2

Figura VI.27. *Grafos de preferencia obtenidos para la matriz de datos del ejemplo.*

Electre simplificado: la versión de Rochat. La modificación que introduce Rochat se refiere al criterio de superioridad y a los umbrales. Obtiene el índice de concordancia por el cociente P^+/P^- en el que considera globalmente incluida la discordancia entre el par de alternativas Ai y Aj.

P^+ es la suma de los pesos de los criterios para los cuales la primera alternativa es superior (excluye la igualdad) a la segunda: $A_i > A_j$.

P^- es la suma de los pesos de los criterios para los cuales la primera alternativa es inferior a la segunda: $A^i < A^j$.

También calcula $P^=$: suma de los pesos de los criterios para los cuales ambas alternativas son iguales.

A continuación establece un umbral de concordancia, a partir del cual se considera que la primera supera a la segunda $A_i > A_j$. A partir de aquí se sigue como en Electre I, señalando en una tabla las alternativas que se retienen, haciendo el grafo de preferencias y estableciendo la síntesis final.

El método permite trabajar con juicios nominales (muy bueno, bueno, medio, malo, muy malo, por ejemplo) en la matriz de valoración.

Para evitar los escrúpulos que pueden surgir de la inclusión global de la discordancia en el índice de concordancia, Rochat introduce una especie de cerrojo, índice de discordancia, definido para cada criterio discordante por el cociente del valor de la segunda acción, la más fuerte, por el de la primera, e imponiendo un umbral a este valor: por ejemplo que tal índice no sea superior a 2. Esta seguridad complementaria obliga a expresar los juicios de la matriz de datos en cifras.

Obsérvese que el índice de concordancia de Rochat es P^+/ P^-, mientras el de Electre I es

$$P^+ + P^= / P^+ + P^= + P^-$$

Electre simplificado: la versión de Vansnick. También integra la discordancia global en el cálculo de la concordancia en un primer paso, para introducir una seguridad adicional después. Ante un par de alternativas, a/b, Vansnick calcula un índice de concordancia para la hipótesis «a superior b», al que denomina P(a/b), mediante la expresión:

$$P(a/b) = P^+ / P^+ + P^= + P^-$$

y otro de discordancia:

$$P^- / P^+ + P^= + P^-$$

Igualmente calcula otro par de índices similares para la hipótesis contraria: «b superior a».

Ambos índices de concordancia, P(a/b) y P(b/a), cuyo valor es inferior o igual a 1 y cuya suma es también inferior o igual a 1, se llevan sobre un sistema de coordenadas como se ve en la figura.VI.28; a) el punto cuyas coordenadas sean los índices de concordancia P(a/b), P(b/a) debe pertenecer forzosamente al triángulo OXY.

Se observa que en el gráfico existen cuatro puntos con un significado indiscutible:

i. El punto X representa que a es superior a b para todos los criterios. Se nota así: a P b.
ii. El punto Y significa que b es superior a a para todos los criterios: b P a.
iii. El punto W representa que a es superior a b para la mitad del total de los pesos de los criterios y que b es superior a a para la otra mitad.
iv. El origen representa que a es igual a b para todos los criterios, en cuyo caso hay indiferencia entre ambas alternativas lo que se nota así: a I b.

El resto de los puntos del triángulo no corresponden a ningún resultado indiscutible, debiendo el evaluador referirlos a los cuatro puntos clave descritos mediante alguna regla que decide él mismo. Una consiste en trazar dos paralelas a los ejes a una distancia k del origen, fijada según la exigencia del evaluador, tal como muestra la figura VI.28.c; se forman así cuatro recintos cuyo significado es b P a (b superior a), a P b (a superior b), a I b (indiferencia) y a R b (incomparabilidad).

Este valor de k representa el complemento con respecto a 1 del umbral de concordancia de Electre I. A mayor valor de k corresponde una menor zona de incomparabilidad y una mayor inseguridad de los resultados; se ve así cómo un umbral débil de concordancia en Electre I hace más discutibles las preferencias deducidas. Con un k = 0,4 (umbral de concordancia en Electre I de 0,6), la zona de incomparabilidad se hace muy pequeña, y desaparece cuando ese valor llega a 0,5. Por último conviene añadir que el índice de discordancia de Electre I se sustituye aquí por la idea de indiferencia o de incomparabilidad.

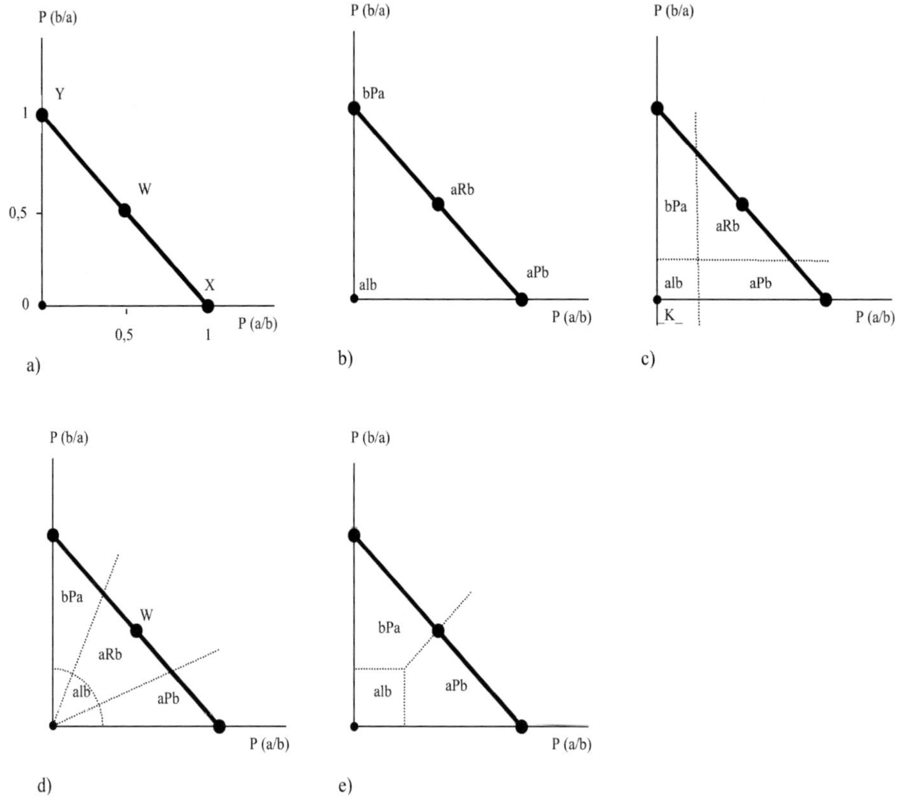

Figura VI.28. *Gráficos de Vansnick.*

Otra forma de proceder consiste en dividir el triángulo mediante el trazado de sendas rectas por el origen, obteniendo los recintos que muestra la figura VI.28.d). El evaluador fija las pendientes de dichas rectas en función de sus exigencias. La pendiente de las fronteras interiores de los triángulos que proporcionan las preferencias, coinciden con el umbral de concordancia de Rochat.

La atribución de preferencias en los puntos próximos al origen ofrece dudas, pudiendo definirse una zona de indiferencia por un arco. Cuando las dos rectas coinciden, pendiente 0,5, los puntos próximos al origen están en situación de indiferencia, los alejados de aquél en situación de incomparabilidad, mientras el resto define una relación de preferencia.

Por último se puede partir el triángulo a voluntad, según el evaluador quiera admitir la existencia de preferencias; por ejemplo como muestra la figura VI.28 e).

En cuanto al «veto» derivado de la consideración de la divergencia, Vansnick propone ligarlo a la diferencia de las puntuaciones asignadas, en lugar de al cociente como hace Rochat; pero todo ello depende de la voluntad del evaluador. No obstante convine señalar que la introducción de tal precaución exige atribuir puntuaciones numéricas, mientras el resto del método sólo requiere juicios nominales.

Electre II. Una de las principales críticas que se hacen a Electre I se refiere a los umbrales: si estos son muy exigentes se obtienen pocas relaciones de preferencia, mientras una relajación de los umbrales implica menor seguridad.

Por otro lado, el conjunto de las alternativas seleccionadas no son necesariamente las mejores: tan sólo es posible afirmar que entre ellas se encuentra la mejor; en efecto, cuando una alternativa sea fácil de comparar con otra y algo peor que ella, no pertenecerá al nudo y sin embargo puede ser superior a otra que sí pertenezca. Por consiguiente, si por cualquier circunstancia no se pudiese desarrollar la mejor alternativa, no debe seleccionarse la que parece segunda en el nudo, sino que debe reiniciarse todo el proceso sin contar con aquella.

Estas son algunas de las razones que hicieron surgir Electre II (publicado por B. Roy y P. Bertier en 1971 y 1972), que permite ordenar las alternativas de mejor a peor.

Este método introduce sobre Electre I una condición suplementaria para la preferencia:

$$P^+ / P^- > 1$$

Esto equivale a un umbral de seguridad de Rochat igual a 1; asimismo en relación con el gráfico de Vansnick, representado en la figura VI.29, esta condición significa cortar el cuadrado que identifica la zona de indiferencia en dos; de esta manera desaparece tal zona de indiferencia, integrándose en dos trapecios isósceles que contienen los puntos correspondientes a relaciones de preferencia.

El índice de discordancia no cambia en su concepto, pero se calcula para cada criterio discordante; se le asocian dos umbrales, elegidos por el evaluador, para cada criterio discordante en función del tamaño de la escala que se utilice

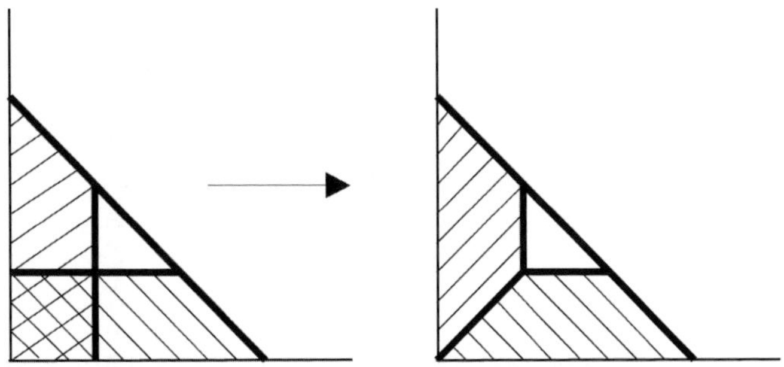

Figura VI.29. *Relaciones de preferencia de Electre II a partir del gráfico de Vansnick.*

para evaluar el comportamiento de cada alternativa respecto a cada criterio; éstos umbrales permiten utilizar valoraciones heterogéneas (inconmensurables) en la matriz de datos; en ella la valoración respecto a cada criterio se hace en la escala que resulte más adecuada (cualitativa o cuantitativa). Ello implica que los órdenes de magnitud de los juicios serán diferentes y que la significación de una diferencia entre dos valores será también diferente de unos criterios a otros; por ello son necesarios dos umbrales de discordancia por criterio.

Todo lo anterior permite distinguir entre preferencias fuertes y débiles; las primeras son las muy seguras, mientras las débiles corresponden a umbrales menos exigentes quedando, por tanto, menos sólidamente fundadas.

El grafo de preferencias final tendrá dos tipos de arcos: unos, representados con trazos llenos para las preferencias fuertes y otros, punteados, para las débiles. Se considera prioritariamente las preferencias fuertes y sólo las débiles para afinar los juicios; por ejemplo, para deshacer empates entre alternativas que las preferencias fuertes dan como equivalentes.

La ordenación de las alternativas en rangos o clases, se hace a partir de los caminos que forman el grafo de las preferencias fuertes y en función de la longitud de los caminos que acaban en cada una de ellas (en teoría de grafos la longitud de un grafo viene dada por el número de arcos que lo forman). Electre II utiliza dos tipos de clasificaciones: directas e inversas. En la clasificación directa, la primera clase queda constituida por las alternativas no sobrepasadas, es decir aquellas a las que llega un camino de longitud cero; la segunda clase se forma con las alternativas a las que llega un camino de longitud 1; y así consecutivamente. A su vez es posible ordenar las alternativas dentro de cada clase, en caso de que haya más de una, utilizando para ello las preferencias débiles.

La clasificación inversa se funda en la idea de que una alternativa está tanto mejor clasificada cuanto los caminos que surgen de ella son más largos; en consecuencia, cada alternativa queda clasificada en función de la longitud de los caminos que parten de ella. La última clase estará formada por las alternativas no preferidas a ninguna otra, es decir por aquellas de las que no parte ningún camino, la penúltima por aquellas de las que parte un camino de longitud 1, y así sucesivamente hasta la primera clase de cuyas alternativas partirá un camino de longitud máxima. Como antes, dentro de cada clase, cuando haya más de una, es posible obtener un orden aplicando el mismo procedimiento a las preferencias débiles.

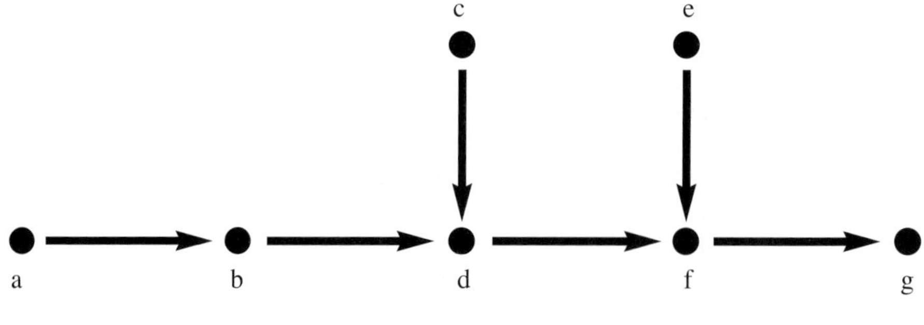

En el gráfico de la figura, donde sólo se han representado las preferencias fuertes, la clasificación directa proporciona las siguientes clases:

a
c > b > d > f > g
e

Mientras la clasificación inversa arroja otro resultado:

b d
a > > > f > g
c e

Si las diferencias obtenidas son, a juicio del evaluador, poco diferentes, se entiende que los resultados son sólidos. En tal caso el evaluador tiene la doble opción de adoptar ambas clasificaciones en cuanto representaciones extremas de sus juicios o bien obtener una clasificación media, donde los rangos de las alternativas son la media de los proporcionados por los dos métodos. No obstante lo más interesante es comparar ambos resultados prestando especial atención a las alternativas que cambian de rango de una a otra clasificación: cuando las diferencias son pequeñas puede tener sentido la media, pero no así cuando tales diferencias son demasiado grandes; entonces la media arrojaría un resultado no sólido. En este caso el evaluador debe revisar los umbrales utilizados y, si ello no es suficiente, habrá de concluir que no es posible dar una clasificación de todas las alternativas con buenas garantías de solidez; aquellas alternativas que cambian mucho de clase deben ser interpretadas como no comparables.

Electre III. Este método, desarrollado también por B. Roy a partir de 1977, explota la distinción entre preferencia fuerte y preferencia débil, pero, aprovechando los progresos en teoría sobre «subconjuntos borrosos», extiende tal distinción hasta considerar una variación de preferencias con distinto grado de credibilidad: desde las totalmente justificadas por los juicios realizados, a cuya credibilidad asigna un valor 1 —preferencia cierta— hasta aquellas para las que ningún juicio justifica tal preferencia, valor de credibilidad 0 —preferencia inexistente—, pasando por 0,5 para una credibilidad de tipo medio.

El método se desarrolla también en tres pasos: construcción de las relaciones de preferencia, construcción de dos clasificaciones antagónicas y elaboración de una clasificación final tan matizada como sea posible.

Las relaciones de preferencia se obtienen mediante los índices de concordancia y de discordancia, y ambos a partir de las valoraciones que aparecen en la matriz de datos, las cuales pueden formalizarse, como en Electre II, con escalas diferentes para cada criterio.

Se entiende que a es indiferente respecto de b, (a I b), para un determinado criterio, cuando la diferencia de valor entre a y b está por debajo de un valor q denominado umbral de indiferencia. Cuando tal diferencia está comprendida entre q y otro valor p, denominado umbral de preferencia, se dice que existe preferencia débil de a sobre, b (a Q b), y cuando la diferencia de puntuación entre a y b es superior a p se considera que a tiene preferencia estricta sobre b, (a P b). El mismo esquema opera para establecer la preferencia de b sobre a. Ver figura IV.29.

Para determinar la concordancia entre a y b, debe recordarse que la relación «a superior b» significa que a es tan buena como b, al menos; de esta manera dos alternativas iguales —y por extensión, indiferentes— se consideran aquí superior la una a la otra. La concordancia en la hipótesis «a es superior b» estará situada en la zona situada entre –q y q y con más razón a la derecha de q, mientras a la izquierda de –q no existe concordancia para dicha hipótesis; la zona entre –q y q define el intervalo entre concordancia débil y concordancia total aumentando hacia la derecha. Se asocia la concordancia a un grado de credibilidad, que vale 1 cuando la concordancia es total (las tres zonas a la derecha de –q) y 0 cuando la concordancia es nula (zona a la izquierda de –p) y que varia entre 0 y 1, interpolados linealmente, en la zona crítica –p y –q (Gráfico segundo de la figura VI.30).

Los mismos razonamientos permiten construir la curva inversa que representa la credibilidad de la concordancia para la hipótesis inversa «b sobrepasa a» (Tercer gráfico de la figura VI.30).

Se ve que la credibilidad de la concordancia vale 1 para las dos hipótesis en la zona media, la de indiferencia.

Los grados de credibilidad, uno por criterio, de la concordancia «a sobrepasa b», permiten calcular el índice de concordancia de esta hipótesis mediante la suma ponderada de los pesos (cuya suma total se hace coincidir con 1) de todos los criterios por el grado de credibilidad correspondiente. De esta forma los criterios no concordantes no inciden en el resultado al quedar multiplicados por cero.

Los índices de discordancia, uno por criterio y por par ordenado de alternativas, se razonan sobre dos umbrales. La discordancia en la hipótesis «a superior b significa que la credibilidad de la concordancia de esta hipótesis es nula; nos encontramos, en la zona de diferencia de notas negativa del penúltimo gráfico (b > a) donde el carácter preferente de b aumenta hacia la izquierda. Se considera que hasta el valor de –p la discordancia es soportable, pero a partir de ahí la hipótesis de preferencia es dudosa hasta un valor –v (umbral de veto) donde tal preferencia no existe. Por analogía se calcula una intensidad de discordancia, que es el índice de discordancia de la hipótesis establecida para el criterio contemplado, y que se hace variar entre 0 y 1. Ver último esquema de la figura VI.30.

Hacia la izquierda del umbral de veto, la discordancia es total (índice = 1). A la derecha del umbral de preferencia «inversa» la discordancia es 0, y entre los dos se hace una interpolación lineal. Esta intensidad es pues un valor «borroso».

Cuando todo lo anterior se ha calculado para un par ordenado de alternativas, se está en condiciones de fijar una credibilidad a la hipótesis «a supera b», mientras que los otros tipos de Electre no admitían este matiz, denunciando sólo la existencia o no de una preferencia. Tal grado de credibilidad se puede

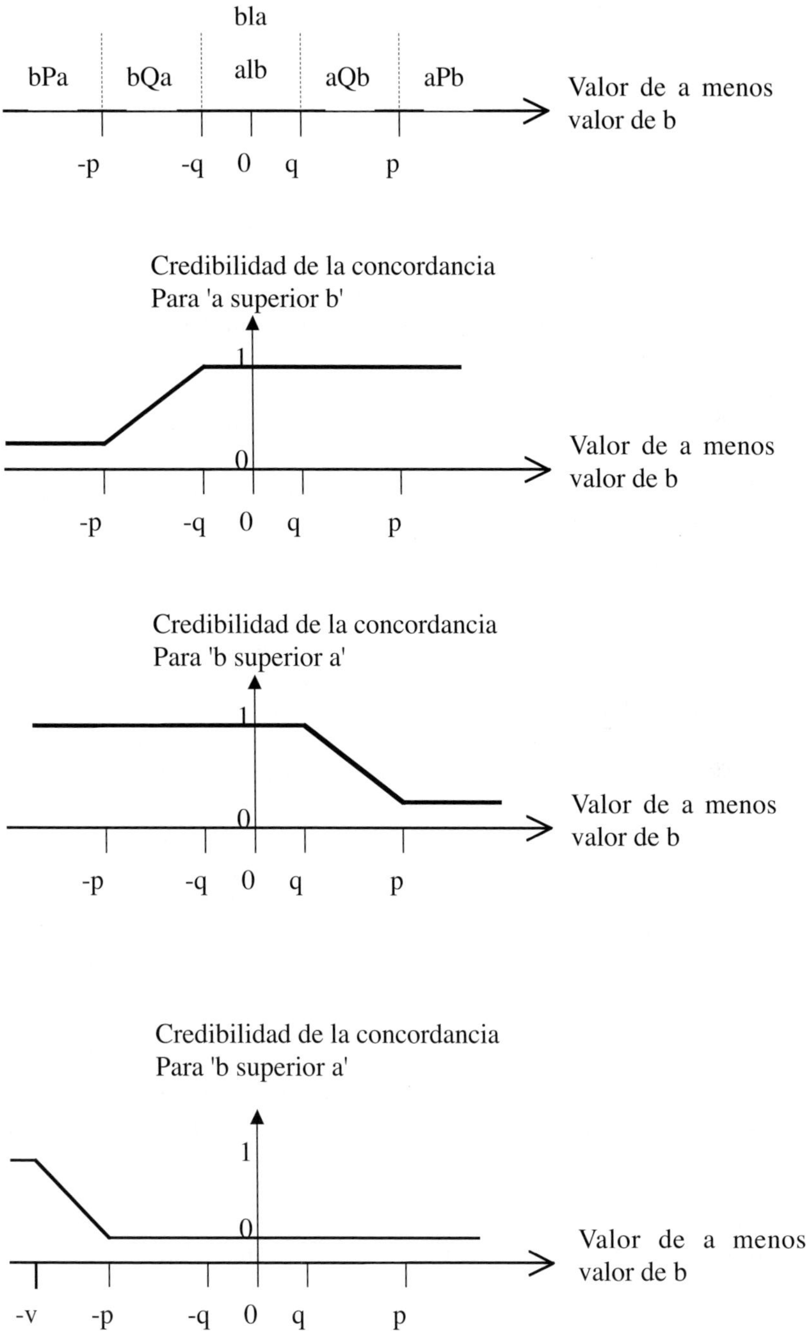

Figura VI.30. *Umbrales de preferencia y credibilidad en Electre III.*

calcular mediante una fórmula que atenúa el índice de concordancia a través de multiplicaciones en las que interviene el índice de discordancia: si los índices de discordancia son fuertes la atenuación será fuerte y viceversa; y puede ser total, reduciendo el grado de credibilidad a 0, cuando se sobrepase un umbral de veto.

Cuando todos los pares ordenados de alternativas han recibido el índice de credibilidad de la hipótesis «a supera b», se pasa a la clasificación. Para ello se hace intervenir el nivel de significación del grado de credibilidad, entendiento por tal el grado a partir del cual se considera significativa la diferencia entre dos grados de credibilidad; así se procede a «destilaciones» sucesivas descendentes y ascendentes que reemplazan la búsqueda de clasificaciones directas e inversas del Electre II.

Ello conduce a dos clasificaciones que se tratan como en Electre II: se detectan las alternativas que cambian de orden de una a otra y, si no hay demasiada diferencia, se extrae una clasificación media. También aquí la clasificación se considera sólida si las dos clasificaciones son aproximadamente iguales; si existe demasiada diferencia debe establecerse una clasificación para las alternativas seguras, declarando las otras alternativas poco o nada comparables con las del primer grupo.

La complicación y escasa transparencia de Electre III hace que sea poco utilizado, pudiendo considerarse el Electre II una simplificación de éste; no obstante debe reconocerse que explota la información con gran cuidado proporcionando resultados muy fundados.

Electre IV. Una vez más fue B. Roy quien expuso este método en 1980, el cual supone una fuerte simplificación con respecto a Electre III. Como aquél recurre a umbrales (uno de indiferencia y otro de preferencia) y a clasificaciones borrosas, pero prescinde de los pesos de los criterios en la matriz de datos (que por lo demás es idéntica a la que utiliza Electre III), reconociendo las dificultades existentes para otorgarlos racional y razonablemente.

Como siempre cada par de alternativas se compara, primero, respecto a cada criterio, para establecer, después, la relación de preferencia para el conjunto de ellos. La primera comparación opera sobre el valor de la diferencia de juicios obtenidos por las dos alternativas; según que tal valor sea inferior al umbral de indiferencia propio del criterio, esté comprendida entre este umbral y el de preferencia o sea superior éste último, se concluye que tales alternativas son indiferentes para dicho criterio, que hay preferencia débil o preferencia estricta, respectivamente.

Analizada la pareja a/b para todos los criterios, la relación de preferencia entre ellas, con independencia del orden, se establece aplicando las siguientes reglas:

- a sobrepasa fuertemente a b cuando:
  - No existe ningún criterio para el que b es estrictamente preferido a a, y
  - el número de criterios para los que b es débilmente preferido a a, es igual o menor que el número de criterios para los que a es estricta o débilmente preferida a b.

- a sobrepasa débilmente a b, cuando:
  - para ningún criterio b es estrictamente preferido a a y no se verifica la segunda condición expresada aquí abajo, o
  - si b es estrictamente preferido a a sólo para un único criterio, con la condición de que la diferencia sea al menos igual al doble del umbral de preferencia, y si a es estrictamente preferida a b al menos para tres criterios.

Una vez analizados a la luz de las reglas descritas todos los pares de alternativas, se dispone de un grafo como en Electre II, con unos arcos de preferencia fuerte y otros de preferencia débil. Sólo queda buscar las dos clasificaciones antagónicas, lo que se hace, como en Electre III, por destilación.

La destilación se realiza de la siguiente manera: se establece primero la cualificación de cada alternativa; por tal se entiende el número de alternativas a las que sobrepasa fuertemente (su «potencia») disminuida en el número de alternativas por las que ella es sobrepasada fuertemente (su «debilidad»).

A continuación se procede a la destilación, que puede ser descendente o ascendente. En la destilación descendente se forma un grupo de cabeza con las alternativas de cualificación máxima, que, opcionalmente, se puede subdividir recurriendo a las preferenciasdébiles. Se retira este grupo y se recalcula la cualificación de cada una de las alternativas restantes para formar el grupo siguiente con aquellas que presentan la mayor cualificación; y así sucesivamente. La destilación ascendente se realiza igual pero operando en sentido contrario: se forma el último grupo con las alternativas de cualificación mínima y se retira del conjunto. Se recalcula la cualificación de las alternativas que restan y se incluyen en el penúltimo grupo las de menor nivel; y así sucesivamente. Aún es posible partir cada grupo mediante destilación de las alternativas que lo forman.

Hechas las operaciones anteriores sólo queda comparar las dos clasificaciones realizadas bajo los mismos criterios descritos en Electre II. Aquellas alternativas cuya potencia y debilidad están próximas a cero ocuparán las últimas posiciones en la destilación descendente, mientras serán situadas en cabeza por la ascendente: se trata de alternativas que no admiten una comparación fácil, para las que ambas clasificaciones proporcionan resultados antagónicos, no pudiendo ser ubicadas con certeza en la clasificación final.

Prometeo: otra derivación de Electre. Ideado por J.P. Brans en 1982, constituye una simplificación con respecto a Electre III. Distingue seis tipos de criterios y establece para cada uno de ellos una función de preferencia que adopta valores entre 0 y 1 según que la preferencia sea menos o más fuerte, respectivamente.

Los tipos de criterios, son los que aparecen en la figura VI.31.

El usuario del método debe identificar el tipo a que pertenece cada criterio de evaluación seleccionado y los parámetros correspondientes.

Hecho esto se analiza cada par ordenado de alternativas, a/b, a la luz del correspondiente criterio, obteniendo un valor de preferencia entre 0 y 1; este valor estará situado a la derecha del eje vertical en la hipótesis a > b y a la izquierda en la hipótesis contraria.

Verdadero criterio (sin parámetro).

Quasi-criterio (con un parámetro I) presenta un salto brusco entre la preferencia nula y la preferencia total.

Pre-criterio (parámetro m) hace pasar la preferencia progresivamente de 0 a 1 en el intervalo de preferencia débil.

Seudo-criterio (parámetros q y p), con Una función de preferencia en escalera.

Seudo-criterio (parámetros s y r), que pasa de 0 a 1 a través de una función lineal.

Criterio Gaussiano (parámetro sigma) intermedio entre pre-criterio y seudo criterio.

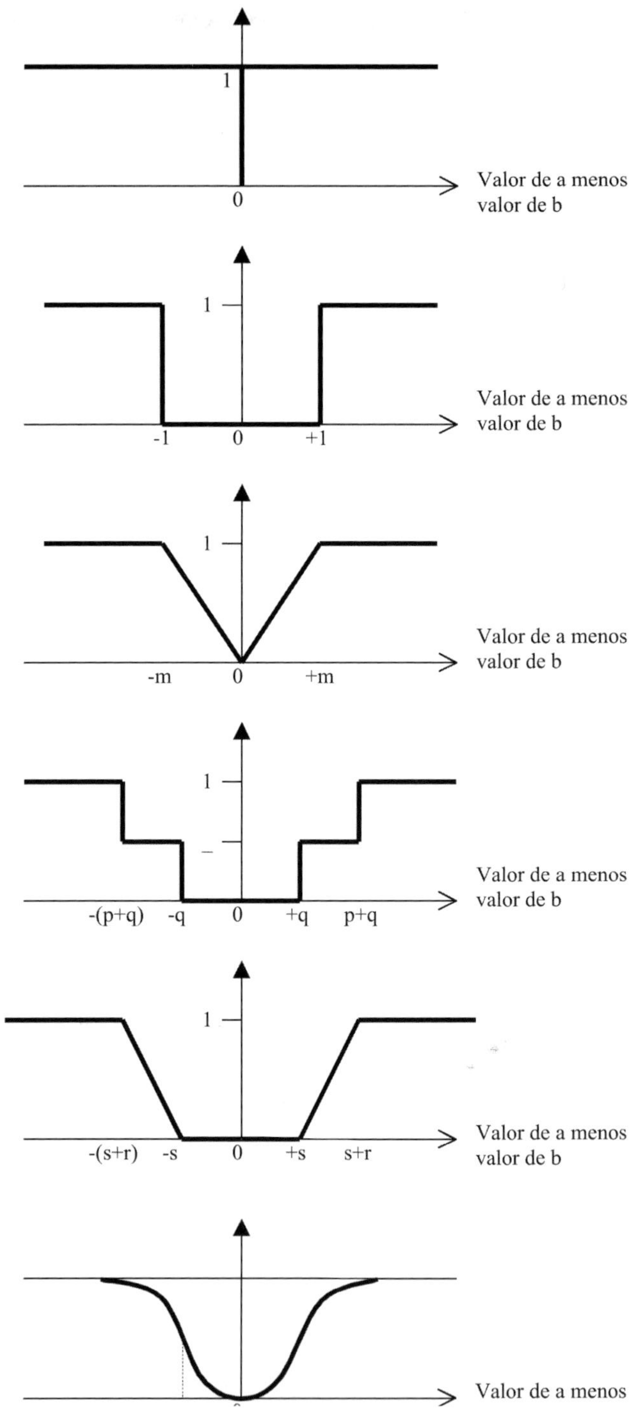

Figura VI.31. *Criterios de Brans en el método Prometeo.*

El índice de concordancia para la hipótesis a > b se obtiene sumando los valores de preferencia obtenidos para los criterios concordantes ponderados por su peso; esta suma, como en Electre III, se ajusta a 1.

El índice de discordancia vale 1 cuando al menos para un criterio, la alternativa a tiene tan mala valoración que desaconseja preferirla a b; en el resto de los casos al índice de discordancia se le atribuye el valor 0. Se trata de un proceso de veto: en efecto el arco de preferencia que expresa a > b no existe cuando el índice de discordancia vale 1; en el caso contrario, en que no hay discordancia, este arco existe y está valorado por el índice de concordancia relativo a la hipótesis que representa.

Queda por explotar el grafo constituido por todos estos arcos que expresan una preferencia más o menos fuerte, mediante el balance de los flujos entrantes y salientes; Esto se realiza sumando para cada alternativa los valores ligados a los arcos «salientes» (quitando el vértice que corresponde a la alternativa) y sustrayendo la suma de los valores ligados a los arcos «entrantes». Se opera construyendo una tabla de doble entrada con los índices de concordancia relativos a la preferencia de alternativas línea por alternativas columna: el flujo saliente es la suma vertical y el flujo entrante, la suma horizontal. Se clasifican entonces las alternativas por orden de balance de flujos decrecientes: la mejor colocada es la que presenta mayor balance positivo.

El método Qualiflex. El método Qualiflex, publicado por J. Paelinck en 1976, sustituye en la matriz de datos los valores de las alternativas y los pesos de los criterios por rangos o preferencias entre ellos, admitiendo empates. Parte, pues, de una matriz de juicios expresados en forma de rangos, que se adopta como base; Por ejemplo para tres alternativas y tres criterios:

	c_1	c_2	c_3
Pesos	1	2	3
a_1	1	2	3
a_2	2	1	3
a_3	2	3	2

El juego de rangos que representa la importancia relativa de los criterios, puede variar a condición de que sea compatible con el juego de pesos base y de que la suma de los rangos sea 1; en el ejemplo las condiciones serían:

$$P_1 + P_2 + P_3 = 1$$
$$P_1 \geq P_2$$
$$P_2 \leq P_3$$

En cuanto a la ordenación de las alternativas, el método exige inventariar todas las clasificaciones posibles sin preocuparse de que sean coherentes con la dada; este número es, para n alternativas, n factorial, de ahí que la aplicación del método esté limitada a los casos en que se dispone de un número pequeño de alternativas.

Todas estas clasificaciones se señalan con un número Ri (R, inicial de Ranking); en el ejemplo:

R_1	a_1	a_2	a_3
R_2	a_2	a_1	a_3
R_3	a_2	a_3	a_1
R_4	a_3	a_2	a_1
R_5	a_3	a_1	a_2
R_6	a_1	a_3	a_2

A continuación se comparan estas clasificaciones posibles con las clasificaciones dadas y se les atribuye una nota a la vista de las clasificaciones dadas para cada uno de los criterios. Esta nota puede entenderse como un índice de concordancia.

La forma de proceder consiste en comparar cada clasificación posible con cada clasificación de la base; cada vez se consideran todos los pares de alternativas en Ri, y se mira si la posición relativa de las dos alternativas de cada par es la misma en Ri que en la clasificación dada. En caso afirmativo, hay una concordancia sobre este par y el índice de Ri recibe un punto; en caso contrario, las posiciones relativas son inversas habiendo una discordancia, y se resta un punto al índice Ri; el índice no varia si las dos alternativas del par tienen el mismo rango.

En el ejemplo hay que comparar las 6 clasificaciones posibles con las 3 clasificaciones de la base, lo que hace 18 comparaciones y, por consiguiente, 18 índices de concordancia. El primer paso compara R1 con la clasificación correspondiente al criterio c1, desarrollándose así:

R_1 da: a_1 mejor clasificado que a_2, c_1 da: a_1 mejor clasificado que a_2,
a_2 mejor clasificado que a_3, a_2 empata con a_3,
a_1 mejor clasificado que a_3. a_1 mejor clasificado que a_3.

Se ve que hay concordancia en 2 pares y no hay discordancia, por lo que R_1 recibe el índice + 2 para el criterio c_1.

Calculados el resto de los índices se obtienen los siguientes resultados:

	c_1	c_2	c_3
R_1	1	3	2
R_2	2	1	3
R_3	-2	1	0
R_4	-2	-1	-2
R_5	0	-3	2
R_6	2	-1	0

En este momento se eliminan aquellas clasificaciones dominadas por alguna otra: es decir las que obtienen para cada criterio un índice inferior o igual a alguna; en el ejemplo esto no se cumple para ninguna clasificación, lo que habría ocurrido en una clasificación 1 –1 0, que habría sido dominada por R6.

A continuación se calcula un segundo índice de concordancia, en este caso global, establecido a la manera de una función de utilidad, mediante la suma de los índices obtenidos por Ri para los diferentes criterios ponderados por los pesos de cada juego de criterios. Una vez que todas las clasificaciones Ri han recibido el índice de concordancia global, se elige como óptimo el índice más elevado. En el ejemplo para un juego de pesos 0,5, 0,4 y 0,1, se obtiene:

R_1	1,2	R_4	-1,2
R_2	1,0	R_5	-1,0
R_3	-0,6	R_6	0,6

Resulta que la clasificación R1 de las alternativas es la más conforme con la dada y se retiene esta clasificación: a_1 en cabeza, a_2 en segunda posición y a_3 en cola.

Realizado este trabajo para cada uno de los juegos de pesos se extrae la síntesis final: se adopta como mejor solución la que domina a las demás, en su caso, división en grupos, etc. implementado una discusión con los decisores.

El método Orestes. Publicado por M. Roubens desde 1979, trabaja con una matriz de datos similar a la de Qualiflex, es decir con rangos de alternativas y de criterios. La idea del Orestes es representar esta base sobre un gráfico de dos dimensiones constituido por una cuadrícula en cuyo lado vertical se representan los criterios de más a menos importantes a medida que se asciende y en cuyas semirectas horizontales se representan las alternativas en el orden que les confiere el criterio correspondiente, la menos importante ocupará el lugar más alejado a la derecha. Por ejemplo, para 3 alternativas y tres criterios:

	c_1	c_2	c_3
Pesos	1	2	3
a	1	3	2
b	2	1	3
c	3	2	1

La representación de las cuatro clasificaciones es como se ve en la figura VI.32.

Para buscar una clasificación es suficiente con proyectar esta figura de dos dimensiones sobre un eje de pendiente variable, variación que conduce a diferentes clasificaciones:

La proyección de un cuadrado sobre el eje, llamada alfa (aquí b1c1, por ejemplo) y dado el valor 1 a la proyección de la diagonal de un cuadrado (aquí c_2b_3, por ejemplo): alfa es una medida de la pendiente y varía de un valor 1 para un eje horizontal a un valor 0 cuando el eje sea vertical. Se puede entonces medir las diversas posiciones de cada alternativa sobre el eje decidiendo arbitrariamente que la del vértice inferior izquierdo está a distancia 1 y entonces b1 está a distancia 1 + alfa, b3 a una distancia 3, y así sucesivamente. Se constata que estas distancias responden a la fórmula:

$$\text{Distancia} = \alpha \times (\text{rango de la alternativa en el criterio}) + (1 - \alpha) \times (\text{rango del criterio correspondiente})$$

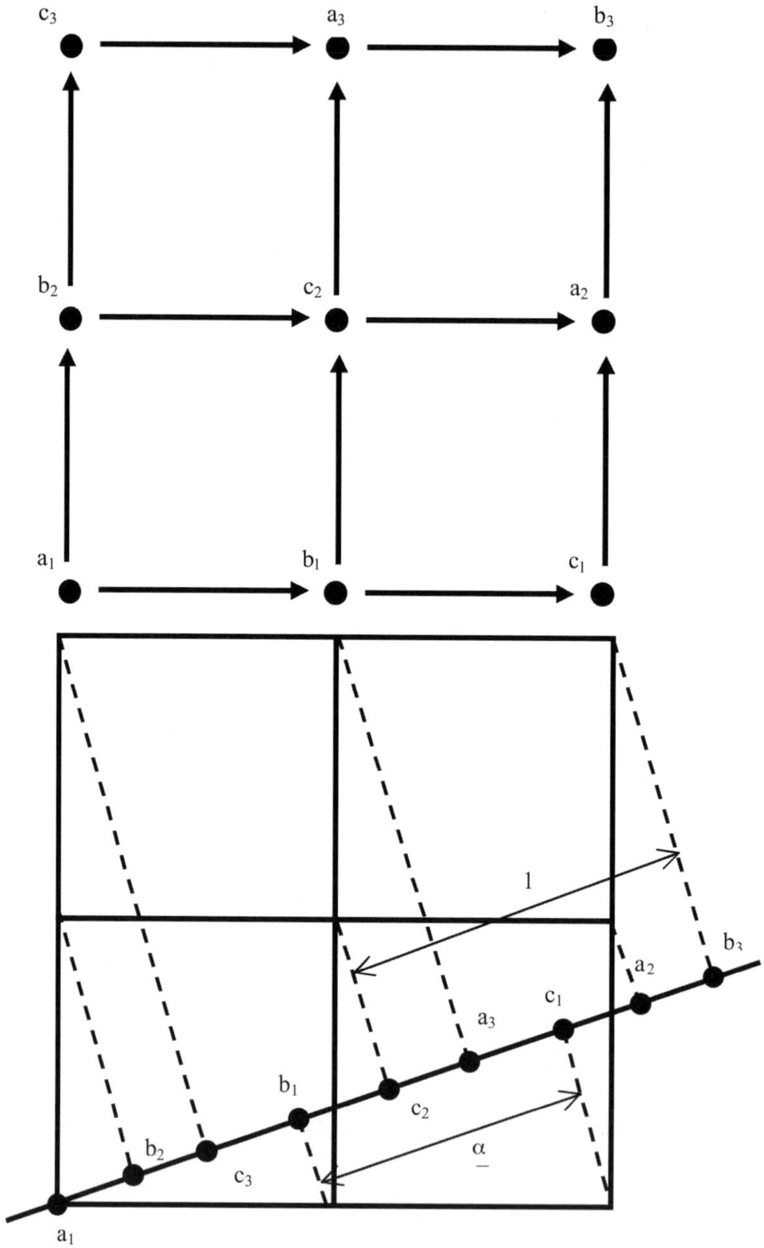

Figura VI.32. *Representación de las clasificaciones de Orestes.*

En el ejemplo las distancias de las alternativas según los criterios son las siguientes:

$$
\begin{array}{c} \\ a \\ b \\ c \end{array}
\begin{array}{ccc} 1 & 2 & 3 \\ \left[\begin{array}{c} 1 \\ 1+\alpha \\ 1+2\alpha \end{array} \right. & \begin{array}{c} 2+\alpha \\ 2-\alpha \\ 2 \end{array} & \left. \begin{array}{c} 3-\alpha \\ 3 \\ 3-2\alpha \end{array} \right] \end{array}
$$

Estas distancias permiten establecer una clasificación media, donde cada alternativa se reencuentra tantas veces como criterios existen; esta clasificación depende estrechamente del valor atribuido al parámetro alfa. Por ejemplo, si este valor está comprendido entre 1/2 y 2/3, las jerarquías de las distancias, y por tanto los rangos de las alternativas, serán las siguientes:

$$
\begin{array}{ccccccccc}
1 & < 2-\alpha & < 1+\alpha & < 3-2\alpha & 2 & < 1+2\alpha & < 3-\alpha & < 2+\alpha & < 3 \\
R(a_1) & < R(b_2) & < R(b_1) & < R(c_3) & < R(c_2) & < R(c_1) & < R(a_3) & < R(a_2) & < R(b_3) \\
1 & 2 & 3 & 4 & 5 & 6 & 7 & 8 & 9
\end{array}
$$

Se calculan ahora dos tipos de valores sobre la base de esta clasificación; por un lado se suman los rangos obtenidos por cada alternativa, lo que da en el ejemplo:

$$R(a) = 16 \qquad R(b) = 14 \qquad R(c) = 15$$

Esto permite un primer bosquejo del orden medio buscado, aquí a/c/b; por otro lado se calcula, para cada par de alternativas tomadas en el orden de los valores R, un valor C que es la suma de las diferencias de rango en los criterios que dan la primera alternativa mejor clasificada que la segunda. Aquí para el par a/c sólo el criterio c1 da a mejor clasificada que c siendo la diferencia de rangos de 5: el valor C (a/c) es pues 5, obteniendo en el ejemplo:

$$C(a/b) = 4 \qquad C(a/c) = 5 \qquad C(c/b) = 5$$

Una vez calculados R y C, solo queda refinar la clasificación proporcionada por los valores de R: si una alternativa a tiene un R al menos tan bueno como otra b:

$$XR(a) \leq R(b)$$

Sólo resta saber si hay indiferencia, preferencia o incompatibilidad: a I b o a P b o a R b.

Esto se decide a través del organigrama de la página siguiente, donde se ven aparecer umbrales, beta y gamma, que son dos nuevos parámetros.

En este gráfico K es el número de criterios y m el número de alternativas.

Es suficiente entonces jugar sobre las variaciones de los tres parámetros alfa, beta y gamma para hacerse una idea del orden medio buscado.

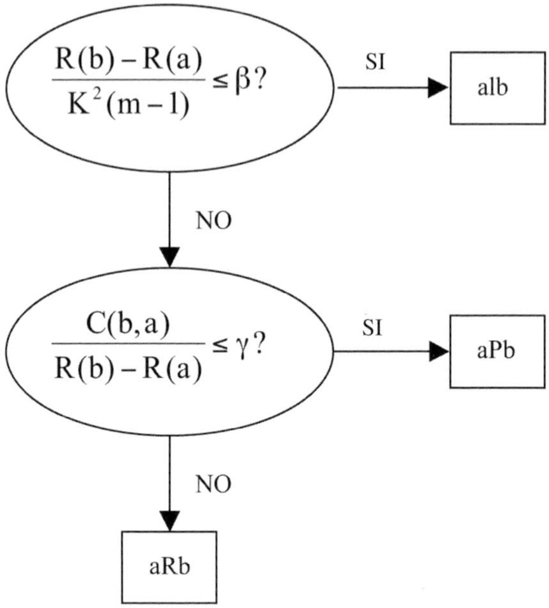

Por último se termina como en Qualiflex, haciendo una «separación fina» dependiente de lo que rebelan la manipulación de los parámetros.

4.4. Matriz de evaluación incorporando grupos sociales

Consiste, este modelo, en la elaboración de un cuadro para cada alternativa tal como el representado en la Figura VI.33. En ella se hacen intervenir los cuatro conceptos siguientes:

- Los criterios de evaluación.
- El comportamiento de cada alternativa para cada criterio expresada en términos costes y beneficios.
- Los pesos o importancia relativa de los criterios.
- Los grupos sociales afectados, también ponderados según su importancia relativa.

Para cada criterio, que como en el resto de los modelos, debe estar expresado de forma que pueda valorarse en algún tipo de escala, se elabora una contabilidad singular de costes, o retroceso de valor, y beneficios, o aumento de valor, en relación con la situación actual de los indicadores de los criterios.

La valoración de costes y beneficios, así como la ponderación de los criterios, se hace teniendo en cuenta la opinión de los grupos sociales afectados positiva o negativamente.

Los efectos, positivos o negativos, pueden medirse en unidades cuantitativas no monetarias o en categorías cualitativas, pero los relativos a un mismo

		Criterios de Evaluación									
		C1		C2		......	Cj		......	Cn	
Peso de los criterios		P1		P2		......	Pj		......	Pn	
Grupos sociales afectados	Peso de los grupos sociales	C	B	C	B		C	B		C	B
Ga	Pa					......			......		
Gb	Pb					......			......		
⋮	⋮	⋮	⋮	⋮	⋮	......	⋮	⋮	......	⋮	⋮
Gi	Pi					......	Cij	Bij	......		
⋮	⋮	⋮	⋮	⋮	⋮	......	⋮	⋮	......	⋮	⋮
Gm	Pm					......			......	Cmn	Bmn

Cij: Coste de la alternativa en términos del criterio i para el grupo social j.
Bij: Beneficio de la alternativa para el grupo social j en términos del criterio i.
El valor total de la alternativa es la suma ponderada de los puntos asignados por cada grupo social por el peso de los grupos y por el conjunto de los criterios.

Figura VI.33. *Formato de matriz de evaluación por grupos sociales para cada alternativa.*

factor han de expresarse en la misma unidad de medida; de esta forma se podrán compensar, por resta, los positivos de los negativos.

La tabla puede utilizarse de dos formas distintas en la toma de decisiones.

La primera consiste en presentar el neto del valor, para cada criterio, en las correspondientes categorías inconmesurables, sin pretender un índice ponderado conjunto. A partir de ahí será el responsable de la decisión quién considere las equivalencias y/o preferencias entre distintos volúmenes de valor neto.

La segunda forma consiste en obtener, a partir de la tabla, un índice ponderado de valor. Para ello se asignan códigos arbitrarios a los respectivos grados de valor: +1 simboliza avance de valor; –1 retroceso y 0 representa variación nula. Multiplicando por los factores de ponderación (de grupos sociales y de criterios) se obtiene un índice ponderado representativo del valor de la alternativa.

Evidentemente el método sirve para comparar alternativas pero no para decidir si la seleccionada merece realizarse. En todo caso siempre será posible comparar con la alternativa «cero»: no hacer nada.

Con la aportación de los datos técnicos elaborados acaba la intervención del planificador en la decisión; a partir de aquí será a las instancias decisorias, generalmente distintas de los niveles técnicos, a quienes corresponde la selección final de una alternativa o de una composición de ellas.

5. INSTRUMENTACIÓN DE LA ALTERNATIVA SELECCIONADA

Como se dijo, instrumentar la alternativa seleccionada consiste en expresarla de tal manera que pueda ser puesta en práctica. Se trata, por tanto, de decidir con precisión suficiente para que pueda ejecutarse, los siguientes puntos:

- qué no se hace, donde, cuando, como y quien la controla
- qué se hace,
- cuándo se hace,
- cómo se hace,
- quién lo hace,
- quién lo financia y
- quién lo controla.

La respuesta a estas cuestiones queda incluida en los tres instrumentos fundamentales que hacen operativa la alternativa de planificación adoptada: la normativa, el programa de intervención y el sistema de gestión.

A los anteriores instrumentos hay que añadir los relativos a evaluación ambiental: la EIA o evaluación de impacto ambiental de proyectos, la EIT o evaluación del impacto territorial y la EAE o evaluación ambiental estratégica aplicable a todo tipo de planes.

5.1. La normativa reguladora del uso del suelo, aprovechamientos y comportamientos

La normativa es el conjunto de reglas a que deben ajustarse las actividades y las actuaciones previstas en el plan o que, no estando previstas en él, pueden ser objeto de localización en su ámbito de afección; la normativa regula, por tanto, el uso del suelo, los aprovechamientos, los comportamientos y los actos administrativos; su cumplimiento evitará que se alteren los elementos coincidentes de la situación actual con la imagen objetivo.

Las normas pueden ser de aplicación directa, que operan a través de la gestión directa del plan, e indirectas, cuando adquieren virtualidad a través de otros planes, muy particularmente el planeamiento urbanístico, o son asumidas por instituciones solo indirectamente implicadas en el plan. Asimismo la legislación en materia de ordenación territorial, distingue, en ciertos casos, entre normas vinculantes, de carácter obligatorio para la administración y los particulares, y orientativas o simples recomendaciones. Todos estos extremos: carácter vinculante u orientativo, aplicación directa o indirecta, etc. deben quedar explicitados en el plan.

5.1.1. Estructura de la normativa

Resulta cómodo estructurar la normativa en relación con el territorio y sus recursos naturales de la siguiente forma:

- Normas Generales.
- Normas Particulares, asociadas a una zonificación o modelo de ordenación del medio físico.

- Normas para la gestión.
- Además, con el fin de dotar al plan de una cierta autosuficiencia, conviene incluir la legislación más directamente aplicable al caso, si bien esto no es imprescindible.

Por otro lado las normas pueden ser:

- Normas no vinculantes o recomendaciones, las cuales incluyen:
  - Aquellas respecto a las cuales no se tiene suficiente seguridad como para exigir taxativamente su cumplimiento.
  - Aquellas cuyo cumplimiento es imposible de garantizar por carecer de suficiente capacidad de control sobre los agentes.
- Vinculantes o de obligado cumplimiento, que se pueden dividir en:
  - Vinculantes solo para la Administración.
  - Vinculantes para los administrados.

Este carácter debe quedar explicitado en la redacción de la normativa.

Normas generales

Son las que afectan al conjunto del ámbito ordenado. Se justifican por el hecho de que existen aspectos comunes a todo el ámbito que admiten un enfoque temático, en lo que se refiere los procesos y elementos del medio físico, y sectorial en cuanto a los aspectos socioeconómicos. El enfoque temático se refiere al elemento pasivo en la relación territorio-actividades humanas, es decir, a los elementos y procesos del medio; el enfoque sectorial se refiere al agente activo en esa relación, es decir, a las actividades humanas que afectan al medio. La existencia de relaciones internas a los elementos del medio físico entre sí, de influjos mutuos entre los diferentes sectores, así como de interrelaciones entre tales elementos temáticos y sectores socioeconómicos, supone que las normas relativas a alguno de ellos afectan a los demás; ello puede dar origen a redundancias, circunstancia esta que, lejos de invalidar las normas, contribuyen a su claridad y confirmación.

Las normas generales pueden entenderse como una prolongación, complemento y adaptación específica al ámbito del plan, de la legislación aplicable al ámbito del plan, en los tres niveles que le conciernen: comunitario, nacional y autonómico. Se subdividen en dos tipos:

- Relativas a elementos y procesos del medio.
- Relativas a las actividades humanas.

Normas particulares

Se refieren específicamente a las categorías de ordenación que conforman el modelo de ordenación del medio físico. Para cada una de tales categorías las normas particulares se pueden organizar de acuerdo con el siguiente esquema:

- Definición de la categoría y referencia a su ubicación cartográfica.
- Criterio general que se adopta en relación con la categoría.
- Actividades propiciadas, aceptadas, con o sin limitaciones, y prohibidas.

Normas para la gestión

Regulan el comportamiento del ente gestor y el sistema de gestión, por lo que se tratarán en el punto 8 de este capítulo relativo a la gestión.

5.1.2. Criterios básicos para la elaboración de las normas generales relativas al medio físico

A continuación se recogen una serie de criterios que pueden servir de referencia para la confección de una normativa de carácter temático, reguladora del uso del suelo, actos, comportamientos y aprovechamientos del medio físico. Se trata solo de unas ideas de referencia, que deberá ajustarse a las peculiaridades de la zona objeto de ordenación, a los requerimientos que establece la legislación para el tipo de plan que se elabora, y por supuesto, a todo tipo de disposiciones legales de carácter sectorial que afecten al dicho ámbito territorial.

Aunque no aparezcan con títulos explícitos, las ideas que se aportan se han ordenado, siempre que ha sido posible, en torno a los siguientes puntos:

- Justificación.
- Requerimientos informativos.
- Ideas en relación con la normativa de protección, de conservación, de mejora, de regeneración o de recuperación.
- Ideas sobre la puesta en explotación del recurso o proceso de que se trate.

Protección del suelo

El suelo es un recurso natural importante que debe ser conservado, en cuanto sistema soporte de vida, vehículo de procesos y, en suma, soporte y despensa de las plantas y, por tanto, de biodiversidad. En el primer sentido, la conservación del suelo, requiere de una cartografía edafológica que clasifique, describa y valore los suelos según su estado evolutivo y establezca sus valores y su fragilidad. Esta información servirá, de un lado, para detectar los suelos dignos de protección, y de otro, para establecer su capacidad de uso agrario, generalmente en términos de clases agrológicas.

De acuerdo con ello, toda modificación, uso o aprovechamiento del suelo, debe basarse en un estudio edafológico y en una interpretación de su capacidad de uso agrario. Las zonas incorrectamente utilizadas deben retrotraerse, en la medida de lo posible, a sus condiciones iniciales.

Conscientes de la función social del suelo, los organismos públicos velarán para que el aprovechamiento primario de aquél se realice con los cultivos y prácticas de manejo que garanticen su conservación, es decir, de acuerdo con la capacidad de uso agrario establecida en el estudio edafológico. En este sentido se proporcionará el aporte técnico necesario en relación con la fertilización, los tratamientos fitosanitarios y herbicidas, a fin de que se adecuen a las necesidades reales de los cultivos, evitando, de un lado, el despilfarro y, de otro, la contaminación de los suelos. Asimismo se deberá asesorar sobre los problemas de ciertas prácticas, pudiendo llegar a prohibirlas en las zonas sensibles (quema de rastrojos, de matorrales, de herbazales, etc.), sobre las técnicas que permiten obviarlas y sobre las posibilidades del laboreo de conservación, laboreo mínimo e incluso no laboreo.

Cuando lo anterior implique merma o penalización de la rentabilidad, se facilitará la compensación directa o el acceso a los fondos previstos en las instancias regionales, nacionales o comunitarias.

Los proyectos de reparcelación evaluarán la incidencia en el suelo de la actuación en sí, y de las prácticas que le siguen: eliminación de ribazos, de arbustos y árboles, muros, terrazas, etc., así como de las formas de laboreo subsiguientes, con el fin de prevenir y corregir aquellas que acrecienten la erosión. En las zonas donde existan procesos intensos de erosión activa o altos riesgos de deslizamiento, deberá evitarse el cultivo, rescatarse de él cuando lo soporten y repoblarse con especies ecológica y paisajísticamente compatibles. Igualmente en las zonas fácilmente erosionables sostenidas por la vegetación, deberá evitarse la alteración de ésta.

Protección de la vegetación

La vegetación es un elemento fundamental de los ecosistemas y del paisaje, de tal manera que su protección supone, implícitamente, la de otros numerosos factores del medio. De ahí que la información sobre los tipos de vegetación y de su estado, debe estar presente en la localización de cualquier actividad. En la valoración de la vegetación se tendrán en cuenta los catálogos existentes de especies vegetales y animales amenazadas derivados de la legislación comunitaria, estatal o autonómica sobre conservación de la naturaleza.

Con carácter general, y con independencia del cumplimiento de la legislación vigente en materia de especies vegetales protegidas, deberían conservarse estrictamente todas las masas arbóreas deespecies autóctonas climácicas cualquiera que sea su tamaño, incluso ejemplares aislados, prohibiéndose taxativamente su roturación así como cualquier otro tipo de alteración o cambio de uso. No obstante, cuando razones de fuerza mayor exijan el cambio de uso de una superficie de bosque climácico, este cambio debe someterse a informe de los servicios ambientales o forestales competentes, en el cual convendría vincular la autorización a que el efecto producido fuese compensado mediante la creación de un ecosistema similar en otra parte.

Se procurará, con carácter general, la extensión superficial y mejora de los bosquetes climácicos existentes mediante ayudas de todo tipo, adquisición pública de terrenos o formación de consorcios en sus márgenes. Esta idea tiene su mejor aplicación en las zonas donde alternan en forma de mosaico, pequeños bosquetes autóctonos con otros tipos de vegetación o uso del suelo, así como sobre los bosques climácicos degradados existentes.

Complementariamente se establecerá, la exigencia de considerar, de forma explícita, la posibilidad de utilizar las especies autóctonas en el tratamiento vegetal de las obras, infraestructuras y desarrollos territoriales.

La Ley 4/1989 de «Espacios y Especies», vincula al procedimiento de EIA la introducción de especies exóticas en repoblaciones forestales o en cultivos en superficies superiores a 100 ha. La norma debe orientar su contenido y alcance en función de la calidad y fragilidad de las distintas unidades territoriales. Por otra parte conviene establecer un sistema de ayudas a los particulares orientado a la sustitución progresiva de las plantaciones de especies exóticas por especies autóctonas equivalentes mejoradas.

La recolección de especies aromáticas y medicinales, frutos silvestres, hongos y setas, es una práctica creciente que está ocasionando problemas. Este hecho y el papel que puede jugar en la economía de ciertas comunidades rurales, aconsejan prever alguna forma de control.

La defensa contra los incendios forestales requiere tanto de una política forestal que atienda a las causas socioeconómicas de los mismos, como de una adecuada ordenación de las masas forestales. No obstante el plan puede incluir normas de comportamiento tendentes a evitar el riesgo, tal como mantener y acrecentar la pluralidad genética y morfológica de los ecosistemas, utilizar vegetación resistente al fuego en las actuaciones silvícolas (higrófilas, baja combustibilidad, capacidad de regeneración tras el incendio), reducir la cantidad de combustible en los bosques, pastoreo, dotación de infraestructuras e instalaciones necesarias para la prevención y lucha contra incendios, formas de gestión de los montes que eliminen las causas socioeconómicas de los incendios, educación y divulgación a la población sobre causas y consecuencias de los incendios así como de las formas de comportamiento individual y colectivo para su prevención, exigencia al planeamiento urbanístico de delimitar las áreas sensibles al fuego y de prever las infraestructuras y espacios necesarios para su control dotándoles de las medidas precautorias pertinentes, etc.

Protección de la fauna

La protección de la vegetación implica indirectamente la protección de la fauna asociada que alberga. Cualquier propuesta de actuación considerará el valor de los hábitats faunísticos y adoptará la conservación de los valiosos como criterio de localización y diseño. La valoración de los hábitats citados tendrá en cuenta los catálogos existentes de especies vegetales y animales amenazadas derivados de la legislación en materia de conservación de la naturaleza.

Se evitará la difusión de datos sobre los lugares de refugio, alimentación o reposo de las especies protegidas y se prohibirá la liberación de especies animales ajenas a la fauna autóctona de la zona, si no es bajo el control de las autoridades ambientales correspondientes.

El diseño de las infraestructuras se hará de forma que eviten daños a la fauna: ausencia de obstáculos a los desplazamientos, particularmente en cauces de agua, previsión de dispositivos que eviten la electrocución en tendidos eléctricos de alta tensión, etc. Deben prohibirse los cerramientos que impidan la libre circulación de la fauna en ambos sentidos, particularmente los electrificados que puedan suponer riesgo de electrocución. Asimismo la localización de las infraestructuras que generen el denominado «efecto barrera», procurarán evitar su localización en los hábitats más valiosos y, en todo caso, adecuarán su trazado de tal manera que el tamaño de los hábitats a cada lado sea suficiente para albergar indefinidamente su fauna asociada.

Protección de los complejos fluviales

Los ecosistemas ligados a los cauces de agua deberán ser conservados en los lugares donde la biocenosis se encuentre en su estado natural y mejorados donde ésta se halle degradada. En todo caso se procurará compatibilizar la conservación con el uso recreativo de los cauces, riberas y márgenes.

Se evitará la cubrición, el relleno, la canalización y el aterramiento de cauces naturales, particularmente en suelo rústico, y en suelo urbano o urbanizable, cuando ello no se posible, se procurará integrarlo en la ciudad, por ejemplo, formando parte del sistema de zonas verdes.

En consonancia con la vigente Ley de Aguas, cualquier obra o instalación en la red de drenaje superficial, o que pueda afectar al funcionamiento hidráulico, incluyendo la corrección de cuencas, se vinculará a EIA, la cual deberá garantizar, que no afecta a la libre y rápida evacuación de las aguas y que no se producirán efectos adversos sobre su calidad, la seguridad de las poblaciones y los aprovechamientos aguas abajo.

Como criterio general, todo aprovechamiento debe procurar el reciclado del agua y la reutilización de las residuales, así como respetar el mantenimiento del caudal mínimo ecológico. Para ello resulta recomendable que los organismos públicos competentes determinen tal caudal para cada uno de los cursos continuos de agua teniendo en cuenta su calidad ambiental, las fluctuaciones asociadas al régimen hídrico, etc. En este sentido conviene establecer los límites de calidad funcionales y legales de los cauces.

El planeamiento municipal deberá considerar el «dominio público hidraúlico» definido en la Ley de Aguas; asimismo delimitará las áreas inundables de los cursos de agua, para garantizar que cualquier actuación sobre ellas incorporará las obras necesarias que aseguren el funcionamiento hidráulico, sea cual sea la propiedad y clasificación del terreno.

Protección de acuíferos subterráneos

La protección de acuíferos subterráneos plantea dos objetivos: evitar la sobreexplotación y mantener la calidad del agua. El plan ha de garantizar ambos extremos.

Se vigilará el alumbramiento de aguas fuera de lo dispuesto en la Ley de Aguas vigente y se controlará la extracción para evitar que se superen las tasas de renovación.

Todo plan deberá incorporar la información sobre los perímetros de protección de acuíferos, identificar los agentes de impacto que puedan afectarle (núcleos de población, industrias, residuos, agricultura intensiva, etc.) y prever las medidas preventivas y correctoras necesarias, incluida la erradicación en su caso, que asegure el mantenimiento, cualitativo y cuantitativo, de las aguas subterráneas.

Particular atención debe ponerse en cuanto a los tipos y dosis de abonado que utiliza la agricultura intensiva, así como las épocas en que se realiza la aportación de estiércoles y purines procedentes de la ganadería intensiva, debiendo evitarse el período de parada vegetativa invernal. A estos efectos puede ser recomendable exigir a los establecimientos correspondientes que se doten de depósitos para almacenamiento de las deyecciones con capacidad suficiente para contener las que se produzcan durante la citada parada invernal; lo que, por otra parte, dotará de flexibilidad a las explotaciones para elegir el mejor momento. En esta idea, las instalaciones de ganadería intensiva deben contar con superficie de tierra suficiente para absorber las deyecciones sólidas y líquidas que produzcan, sin riesgo para las aguas subterráneas; cuando esto no ocurra, deberán disponer de los elementos de eliminación necesarios, entre los que deben considerarse las instalaciones de producción de biogás. Aunque es muy variable según el tipo de terrenos, a título muy orientativo se aventura la cifra de 2 cabezas mayores el ganado cuyas deyecciones puede procesar 1 ha de suelo agrícola.

Debe prohibirse la construcción de elementos (pozos, zanjas, galerías, etc.) que faciliten la absorción por el suelo de efluentes tóxicos o cuya composición química o bacteriológica les de carácter contaminante. No obstante es autorizable la inyección de residuos en acuíferos profundos, salinos o inconexos, precedida de los estudios pertinentes.

Las fosas sépticas para el saneamiento de viviendas solo podrán autorizarse cuando se den las suficientes garantías de que no suponen riesgo alguno para la calidad de las aguas superficiales o subterráneas. Cuando existan dudas razonables sobre la inocuidad de las fosas o cuando así lo aconseje la magnitud o concentración del proyecto, se exigirá un estudio de impacto ambiental que incorpore un análisis hidrogeológico.

Protección de embalses

La capacidad de los embalses y la calidad de sus aguas están estrechamente ligadas a los usos y actividades en su cuenca, por lo que el plan debe conocer, prever y controlar:

- Los arrastres de materiales inertes que contribuyan a la colmatación del vaso.
- Los vertidos contaminantes.
- Las aportaciones de nutrientes susceptibles de provocar la eutrofización de las aguas, particularmente por fosfatos y nitratos.
- Una valoración de la capacidad autodepuradora del embalse y de su susceptibilidad a la eutrofización.

Las actividades que pretendan instalarse en el área de influencia de los embalses deberán evitar estrictamente la generación de procesos erosivos y cualquier tipo de vertidos contaminantes.

Asimismo el plan propiciará el uso recreativo del embalse y de su entorno, en la medida en que pueda hacerse compatible con el aprovechamiento a que está destinado y con si calidad ambiental.

Protección del espacio litoral y medio marino

La vigente Ley de Costas, supone una ordenación bastante detallada del espacio litoral, tanto en lo referente a la zona de dominio publico marítimo-terrestre como a las zonas de influencia y servidumbre de protección y tránsito. Por ello la normativa, en función del tipo de plan, ámbito y escala, puede limitarse a explicitar dichos criterios o extenderlos a mayor detalle.

Protección del paisaje

El paisaje se configura crecientemente como un recurso natural útil y cualitativamente escaso, de tal manera que las propuestas de cualquier naturaleza, deben contar con un inventario y una valoración de la base paisajística, del potencial de vistas y de la incidencia visual del entorno afectado.

Los hitos y singularidades paisajísticas naturales: peñas, crestas, árboles centenarios, etc. o artificiales: torres vigía, ermitas, molinos, antiguas fábricas de electricidad, etc. deben protegerse dotándoles de un perímetro de protección que tengan en cuenta su cuenca visual.

Especial atención se dedicará a la localización y diseño de las instalaciones más conflictivas desde el punto de vista del impacto visual, tal como aerogeneradores de energía, cementerios de vehículos, chatarra, líneas de alta tensión, antenas de todo tipo, etc., cuya licencia sólo debe concederse tras una cuidadosa valoración de su visibilidad desde núcleos habitados, vías de comunicación y lugares más frecuentados por el público.

Los materiales, formas, colores, alturas y volúmenes, de las obras, edificios e instalaciones en suelo rústico deberán proyectarse de tal forma que sean coherentes con la textura y estructura del paisaje en que se inscriben. Se procurará su adaptación al perfil característico de los núcleos de población y en general del territorio, evitando su ruptura. En todo caso el proyecto debe contar con las posibilidades que ofrece la vegetación (barreras de árboles, bosquetes, setos, etc. para la incorporación al paisaje o el enmascaramiento de las obras discordantes.

Como criterio general conviene evitar la construcción de viviendas dispersas en el suelo rústico, máxime las que se ejecuten fuera de algún tipo de planeamiento; no obstante debe ser considerada la posibilidad de utilizar la demanda de este tipo de uso como elemento regenerador de paisajes degradados o de mejora ambiental. Tampoco debe aceptarse en esta clase de suelo, la publicidad exterior, tanto sobre soporte artificial como natural (roquedos, árboles, laderas, etc.). Asimismo la instalación de elementos figurativos u ornamentales de cualquier naturaleza, cultural o conmemorativa, debe hacerse de manera que no suponga discordancia en el paisaje estableciendo en la normativa los controles necesarios para ello.

En general puede ser recomendable elaborar un programa para la integración paisajística de las infraestructuras, edificaciones e instalaciones existentes en el suelo rústico que resulten discordantes en el paisaje.Paralelamente conviene plantear el tratamiento paisajístico de los espacios marginales y de dominio público, previo su deslinde, tal como vías pecuarias, márgenes de ríos o arroyos, de vías públicas, caminos rurales, etc.

Protección del patrimonio geológico

Se entiende por patrimonio geológico las áreas de carácter geológico, estratigráfico, geomorfológico, paleontológico, etc. cuya protección debe quedar asegurada por su interés para la investigación, la enseñanza o la cultura. Para ello se cartografiarán dichas áreas y se delimitará un territorio envolvente de protección, en el que es recomendable distinguir tres subzonas, las cuales, de forma orientativa, podrían ser:

- De protección, donde sólo se permitirán actividades de tipo científico y cultural.
- De conservación, compatible con actividades que no alteren el área y su contenido: visita, agricultura en ciertos casos, etc.
- De alerta, que solamente se condiciona a la vigilancia de actuaciones que requieran movimiento de tierras.

Se procurará utilizar estas áreas de forma activa en la promoción cultural de la población e integrarlas en polígonos de uso recreativo.

5.1.3. Criterios básicos para la elaboración de las normas generales relativas a las actividades humanas

Estos criterios deben interpretarse como las determinaciones que desde el sector medio físico se hacen a las actividades objeto de regulación en el plan.

Con carácter general es recomendable que el plan prevea en su normativa que las actividades utilicen los instrumentos, preventivos y correctores, disponibles de gestión ambiental[3]: la Evaluación de Impacto Ambiental (EIA), los Sistemas Normalizados de Gestión Ambiental (como el Sistema Comunitario de Ecogestión y Ecoauditoría, EMAS, o las Normas ISO serie 14.000), el Etiquetado Ecológico, etc.

Criterios relativos a las infraestructuras

La localización y diseño de toda infraestructura debe plantear diversas alternativas sobre la base de un estudio previo o paralelo de la capacidad de acogida del territorio. Se aplicará, con carácter general, el criterio de respetar al máximo la citada capacidad de acogida, así como el resto de los criterios de sostenibilidad señalados en esta obra.

En particular las líneas eléctricas de alta tensión, evitarán adoptar como criterio básico de su trazado el camino más corto, el cual se produce cuando se suben y bajan cotas por divisorias de aguas o según líneas de máxima pendien-

---

[3] Ver Gómez Orea, D. 1999. Evaluación de Impacto Ambiental. Ed. Mundi-Prensa y E. Agrícola Española. Madrid.

te; por el contrario deberá introducir como variable decisoria, la minimización del impacto ecológico y visual.

Se vincularán a la presentación de un estudio de impacto ambiental los proyectos de infraestructura no obligados a ello por la legislación vigente en la materia, en aquellas zonas cuya fragilidad lo recomiende; esta circunstancia puede quedar recogida en la normativa particular.

Teniendo en cuenta que muchos impactos sólo pueden corregirse fuera del ámbito directamente ocupado por las infraestructuras, éstas considerarán tal extremo a la hora de la delimitación de los terrenos a afectar por expropiaciones, servidumbres, etc.

Durante la realización de las obras deberán tomarse las precauciones necesarias para evitar la alteración de la cubierta vegetal en las zonas adyacentes y, en todo caso, el proyecto incluirá las necesarias partidas presupuestarias para la corrección del impacto producido así como para su adecuación ecológica y paisajística.

Criterios relativos a las actividades extractivas

De acuerdo con la legislación minera, toda actividad extractiva está sometida al procedimiento de EIA vinculado a un plan de restauración del espacio afectado por la actividad.

Las zonas adecuadas para extracción de áridos y, en la medida de lo posible, la de otros materiales, deben quedar fijadas en el plan, incluso con especificaciones para la elaboración del estudio de impacto ambiental, del plan de restauración y de las fianzas necesarias que aseguren su cumplimiento.

Las actividades extractivas se diseñarán de tal manera que las instalaciones queden ocultas a las vistas desde vías de comunicación, lugares frecuentados y núcleos habitados; por otro lado utilizarán maquinaria y tecnología limpia, que minimice la producción de polvo, ruidos y proyecciones por voladura.

Asimismo se darán normas en relación con la recuperación, regeneración o rehabilitación para otros usos, de las explotaciones abandonadas.

Las explotaciones que se encuentren en activo se analizarán a la luz de las directrices particulares, de acuerdo con los siguientes criterios:

- Cuando no exista discordancia entre dichas directrices y la explotación se presentará un proyecto de recuperación de los terrenos afectados, tal como señala la legislación minera vigente.
- La discordancia entre las directrices particulares y la realidad de la explotación, se considerará situación a extinguir, renegociando las concesiones existentes en términos de áreas a ocupar y plazos, así como la regeneración de los terrenos afectados.

Criterios relativos a las actividades industriales

Con independencia de las previstas en la legislación específica sobre EIA y en la legislación sectorial, se exigirá un estudio de impacto ambiental a las industrias que pretendan instalarse en el suelo rústico.

De acuerdo con la Directiva Comunitaria IPPC, sobre control integrado de la contaminación, las industrias utilizarán la «mejor tecnología disponible». En ningún caso deben aceptarse vertidos contaminantes sin la correspondiente autorización.

Criterios relativos a las actividades urbanísticas y edificatorias

La localización y diseño de todo desarrollo urbanístico debe ir precedido de un inventario, valoración y estimación de la capacidad de acogida del territorio y plantear diversas alternativas que respeten al máximo tal capacidad de acogida.

Se procurará prevenir las parcelaciones urbanísticas y edificaciones urbanas encubiertas bajo parcelaciones y edificaciones rústicas.

La normativa definirá las características arquitectónicas para que los edificios en suelo rústico procuren adaptarse a la tipología, volumen y diseño del entorno, así como al perfil del terreno, evitado su ruptura por dominancia vertical u horizontal. Asimismo conviene establecer una tipología de edificaciones y construcciones ligadas a las explotaciones agrarias, en función de los modelos de explotación actual y de las pautas históricas de localización y ocupación del territorio, a la cual deben adaptarse las construcciones para que sean autorizables.

Todo desarrollo urbanístico deberá procurar la reutilización de las aguas residuales en la agricultura y zonas verdes o su eliminación por sistemas naturales (filtros verdes, lagunado); solo cuando ello no sea posible, se recurrirá a sistemas más sofisticados de depuración.

Criterios relativos a vertederos de residuos sólidos

La localización de vertederos (además de considerar la legislación sectorial y el Reglamento de Actividades Molestas, Insalubres, Nocivas o Peligrosas), deberá apoyarse, como mínimo, en un análisis visual del terreno y en una evaluación de la vulnerabilidad a la contaminación de los acuíferos subterráneos. Metodológicamente, debe generar varias alternativas y evaluarlas.

Por otra parte resulta conveniente que el plan defina y delimite las áreas no aptas para el vertido en función de las actividades generadoras de residuos presentes en su ámbito, analice las condiciones de los vertederos existentes a fin de detectar y, en su caso, mitigar los impactos derivados de su localización y programe la eliminación o sellado de los vertederos incontrolados existentes.

La deposición de residuos fuera de los lugares destinados para ello, está penalizada por la legislación sectorial; para reforzar la eficacia de tal prohibición es recomendable instrumentar un procedimiento por el que se abone un canon por los residuos aportados a vertedero, mientras se penaliza su abandono; dicha penalización puede adoptar la forma que corresponde a una infracción urbanística, lo que exige que la normativa considere como tal el abandono de residuos.

Criterios relativos a vertidos líquidos

Debe proscribirse todo vertido directo o indirecto en el mar, cauce público, embalse, canal de riego o acuífero subterráneo, de aguas residuales cuya composición química o bacteriológica, pueda contaminar las aguas.

En este sentido, la autorización de cualquier actividad que pueda originar vertidos, exigirá la justificación de tratamiento suficiente para evitar la contaminación de aguas superficiales, subterráneas o marinas.

El tratamiento del efluente debe ser tal que su incorporación al receptor respete su capacidad autodepuradora, de modo que la calidad de las aguas resultantes esté dentro de las normas de calidad exigible para los usos a que se destinen. En el supuesto de cauces públicos dicha calidad se ajustará a los límites establecidos por su clasificación legal.

Pueden ser aceptables los vertidos industriales a la red general de alcantarillado sin tratamiento previo, siempre que no dañen las conducciones y exista estación depuradora que los pueda procesar

Criterios relativos a actividades turísticas y recreativas

El plan valorará las posibilidades de ocio y recreo al aire libre del territorio, señalando las áreas aptas para su adecuación al uso recreativo.

Se recomienda prever terrenos para la instalación de huertos de ocio, de promoción pública y privada, en aquellos municipios de concentración industrial, en una proporción que, orientativamente, puede oscilar entre 1 y 5 metros cuadrados por habitante. Esta dotación, además, debe localizarse y diseñarse de manera que contribuya a la regeneración de terrenos degradados por la incidencia de la ciudad.

Debe proscribirse la práctica de motocross, trial y deportes con vehículos motorizados todo terreno, excepto en los lugares expresamente destinados para ello.

Igualmente se prohibirá la acampada libre, excepto en los lugares acondicionados para ello, los cuales deben ser objeto de una cierta gestión, incluyendo vigilancia, limpieza, número de usuarios, límite de permanencia, permisos exigibles y efectos en el medio.

La localización, acondicionamiento y equipamiento de áreas de recreo concentrado, adecuación recreativa o similares, serán objeto de autorización por parte de los servicios ambientales.

La autorización de campamentos, aparte de las disposiciones sectoriales, deben condicionarse a la dotación de los equipos necesarios para la depuración de vertidos líquidos y la recogida de los sólidos.

Criterios relativos a las actividades agrarias

Se consideran actividades agrarias la agricultura, silvicultura, ganadería y acuicultura. Estas deben practicarse bajo el criterio general de conservación del suelo en las tres primeras, y el recurso acuífero en la última.

La consideración de la agricultura debe transcender su mero papel como sector económico para alcanzar su reconocimiento como sector estratégico, que, además, tiene importantes funciones en relación con el equilibrio territorial y ambiental, lo que se denomina multifuncionalidad de la agricultura.

Asimismo debe reconocerse el papel del agricultor en la conservación de ecosistemas, paisajes, patrimonio arquitectónico y cultural, y por ello han de crearse las condiciones que garanticen la permanencia de la población agraria en los núcleos rurales. En este sentido, se sugiere diversificar la renta de los agricultores mediante el fomento de actividades vinculadas al medio rural distintas de la agricultura propiamente dicha: conservación y gestión de ecosistemas, y paisajes valiosos, caza, pesca, turismo rural, etc.

Las condiciones actuales de liberalización de mercados y la nueva política agrícola común van a rescatar grandes extensiones de la tensión del cultivo. Ello debe considerarse tanto una oportunidad como un problema, a condición de que se planifique con anticipación los posibles usos y aprovechamientos alternativos, las formas de gestión necesarias para implementarlos a nivel privado y público y las estructura territorial que le sirva de soporte.

Los efectivos de las explotaciones ganaderas intensivas deben limitarse en función de la disponibilidad de una superficie de tierra capaz de absorber las deyecciones sólidas y líquidas sin riesgos de contaminación. La aportación de las citadas deyecciones deberá evitarse durante la época de paro vegetativo invernal, debiendo disponer las explotaciones ganaderas intensivas de instalaciones con capacidad suficiente para almacenarlas durante dicha época.

Las construcciones vinculadas a las explotaciones agrarias sólo se autorizarán cuando se justifique su necesidad, debiendo guardar una relación de dependencia y proporción adecuadas a la intensidad del aprovechamiento.

La instalación de cultivos acuícolas, tanto sobre agua dulce como salada, pueden originar problemas ambientales no fácilmente detectables, por lo que conviene cuidar el programa de vigilancia ambiental en el procedimiento de EIA al que están vinculadas.

En zonas sensibles resulta recomendable dar normas sobre dosis, épocas y forma de abonado, especialmente para los nitrogenados, para la agricultura intensiva a fin de prevenir la contaminación de las aguas subterráneas por nitratos y otros fertilizantes. Asimismo se controlará el tipo, dosis y épocas de los tratamientos con herbicidas, pesticidas y fitosanitarios.

5.1.4. Criterios básicos para la elaboración de las normas particulares o por categorías de ordenación

Las normas particulares recogen las determinaciones del plan en relación con los usos, aprovechamientos, actos y comportamientos, para cada una de las categorías de ordenación. Las consideradas aquí son las categorías genéricas que se dieron antes y que son las siguientes:

- Areas de conservación estricta.
- Areas de conservación activa:

— Subáreas de mantenimiento de las formas de uso y aprovechamiento actuales.
— Subáreas de introducción de actividades de conservación incluyendo el control de actividades y/o aprovechamientos incompatibles.
— Subáreas de regeneración/recuperación/rehabilitación.

- Areas de uso forestal:
  - — Subáreas de uso forestal existente.
  - — Subáreas de uso forestal a introducir.
- Areas de uso agrícola:
  - — Subáreas de agricultura intensiva existente.
  - — Subáreas de agricultura intensiva a introducir.
- Areas de uso ganadero.
- Areas de reserva para uso minero o extractivo.
- Areas con potencial recreativo y de esparcimiento al aire libre.
- Areas sin vocación de uso definida.

Conviene articular la normativa particular bajo los siguientes epígrafes:

1. Definición.
2. Criterio general de control y tratamiento.
3. Actividades propiciadas.
4. Actividades aceptables: sin limitaciones, con limitaciones y sometidas a estudio o evaluación de impacto Ambiental.
5. Actividades prohibidas.

Areas de preservación estricta

Esta categoría se aplicará a aquellas zonas, generalmente de extensión reducida, con altos valores de conservación y muy frágiles desde el punto de vista de la ecología, de sus valores científico y culturales, del paisaje o de todo ello conjuntamente.

El criterio general de tratamiento en ellas consiste en la reducción al mínimo de la intervención antrópica, limitándose ésta a mantener la situación preexistente. Conviene garantizar su protección reforzando la que le otorga el planeamiento territorial, mediante su integración, junto con otros espacios, en alguna de las figuras específicas de protección que establece la legislación vigente en materia de conservación de la naturaleza.

Se propiciarán exclusivamente las actividades científico-culturales, y, aun éstas, sometidas a control por parte de los organismos públicos.

Sólo se consideran aceptables las actuaciones orientadas al mantenimiento u obtención de estados ecológicos climax, si bien éstas han de darse en grado mínimo, dado que se trata de ámbitos naturales bien conservados.

Todas las demás actividades se consideran incompatibles con el mantenimiento de los valores del territorio en la categoría.

Areas de conservación activa

Se aplica a las unidades de integración que, acumulando altos valores ecológicos, paisajísticos o científico culturales,

a) son de origen antrópico,
b) mantienen sus características naturales en buen estado gracias a la intervención del hombre,
c) requieren dicha intervención para prevenir su degradación.

Estas tres circunstancias pueden dar origen a sendas subcategorías.

Incluye espacios del siguiente estilo: ecosistemas climácicos, bosques autóctonos bien conservados, ciertos paisajes antrópicos, dehesas, zonas húmedas, rías y estuarios, complejos fluviales bien conservados y, en general, todos los elementos naturales de alto valor no asignados a la categoría anterior.

También pueden ser tratados como una subcategoría de ésta, aquellos espacios que por razones zonales, de oportunidad, por su aptitud, etc., sean dignos de recuperación o regeneración. Un caso típico de esta circunstancia son los enclaves de pequeño tamaño y menor valor que su entorno, los cuales pueden, también, ser asimilados a la misma categoría que la zona que los circunscribe.

El tratamiento de estas zonas obedecerá al criterio general de mantener «activamente» la explotación y uso tradicionales, de los que depende su existencia, o introducir actividades de conservación/mejora en el caso de la última subcategoría mencionada, con los edificios e instalaciones necesarias para ello. Conviene que los sectores territoriales que forman esta categoría, engloben, en la medida de lo posible, a la anterior, preservación estricta, otorgándoles, conjuntamente, protección específica de acuerdo con las figuras previstas en la legislación vigente sobre conservación de l naturaleza.

Están indicadas en estas zonas actividades del tipo regeneración del ecosistema en aquellos lugares que lo requieran, la conservación activa en cualquiera de las formas que han propiciado la permanencia de la unidad (forestales, ganaderas, agrícolas y otras —explotación salinera, por ejemplo, en ciertos casos— y las actividades científico-culturales.

Son aceptables sometidas a control estricto según legislación sectorial, la caza, la pesca, donde su práctica sea legal y físicamente factible, la recolección de plantas aromáticas, medicinales, hongos y setas, el excursionismo siempre que se adopten las medidas necesarias para evitar la masificación, la aparición de focos de basuras y el incremento de riesgo de incendios forestales.

Pueden ser admisibles las construcciones e instalaciones necesarias para las actividades científico culturales, las que favorezcan el excursionismo y la contemplación, así como aquellas destinadas a la ganadería extensiva, siempre que sean de pequeño tamaño, construidas con materiales tradicionales e integradas en el paisaje.

Cualquier infraestructura o equipamiento, distintos de los señalados, incluidos los destinados a actividades turísticas y recreativas al aire libre, que pretenda ubicarse en esta categoría, deberá justificar la necesidad de tal localización y condicionarse a la presentación de un Estudio de Impacto Ambiental que garantice la consideración del hecho ambiental.

Se consideran incompatibles el resto de las actividades.

Áreas de regeneración y mejora

Esta categoría, que puede considerarse —como se vió— una subcategoría de la anterior, se aplica fundamentalmente a zonas degradadas que, por razones de ubicación, de accesibilidad, facilidad intervención, de mejora y de gestión, por ser colindantes o estar enclavadas dentro de la categoría anterior, etc., resulta oportuno mejorar o recuperar; tal es el caso, por ejemplo, de los bosques autóctonos degradados, ciertos matorrales, cultivos sobre suelos marginales, pastizales, etc.

El criterio general a aplicarle consiste en hacerla evolucionar hasta la categoría anterior. Se trata de conducir la situación actual hacia estados ecológicamente más evolucionados mediante actuaciones de tipo cultural.Se favorecerá la formación de bosque protector de carácter climácico, el excursionismo y contemplación, el pastoreo tradicional y los aprovechamientos primarios (maderas, leñas, etc.) siempre que no vulneren el criterio general más arriba establecido.

Son aceptables, en general, las actividades que no comprometan la regeneración propuesta. La construcción dc carreteras, vías de saca o caminos de servicio se limitarán a lo mínimo indispensable para su gestión y se adaptarán al perfil del terreno, reduciendo todo lo posible el movimiento de tierras. También pueden ser aceptables las edificaciones indispensables para ganadería extensiva, que en todo caso serán de pequeño tamaño y adaptadas al paisaje.

Deberán extremarse los controles y las limitaciones establecidas en la legislación específica que regula la caza y la pesca, a todos los niveles administrativos.

Igualmente la recolección de especies espontáneas aromáticas, condimentarias y medicinales, hongos y setas, deberán ser reguladas y controladas por los correspondientes servicios del medio natural, los cuales velarán para que no se produzca sobreexplotación y el consiguiente agotamiento.

Otras actividades más duras y concentradas como el recreo concentrado, camping, edificios aislados de tipo institucional, industria extractiva, infraestructuras de transporte, vertidos urbanos y escombreras, deben someterse a la presentación de un estudio de impacto ambiental y, en todo caso, habrán de demostrar la imposibilidad de localizarse en categorías de menor nivel de conservación.

Dado el destino previsto para estas áreas, deben proscribirse el resto de las actividades.

Áreas de uso forestal existentes

Esta categoría queda formada por las repoblaciones forestales con finalidad productora existentes en la actualidad.

Con carácter general se debe garantizar el uso forestal de una forma ordenada e indefinida, es decir, asegurando la «producción sostenida» de las masas. En consecuencia se aceptarán aquellas actividades que no comprometan este criterio.

Se propiciará el uso forestal ordenado del suelo, manteniendo y renovando las masas productoras. Deben respetarse los posibles enclaves de categorías superiores. El sistema de corta ha de tomar en consideración los riesgos de erosión o deslizamiento.

Se consideran actividades compatibles con el criterio general de uso, las actividades científico culturales, el excursionismo y contemplación y la práctica del pastoreo; esta última siempre subordinada a la explotación forestal, si bien debe procurarse la coexistencia de ambos aprovechamientos mediante su gestión como ecosistema silvopastoral.

Son generalmente aceptables, siempre bajo control de los servicios del medio natural sobre cantidad y métodos de extracción, la recolección de plantas aromáticas, medicinales, hongos y setas (incluso tratamientos de micorrización), la caza y la pesca, el esparcimiento y recreo activo al aire libre sin acondicionamientos especiales, aulas de la naturaleza, así como las edificaciones, instalaciones y vías necesarias para la explotación ganadera y forestal, siempre de pequeño tamaño, adaptadas al entorno y vinculadas a la explotación.

Las infraestructuras y equipamientos públicos, incluido el recreo concentrado con estructuras de acogida, sólo son aceptables en las condiciones que determine el correspondiente estudio de impacto ambiental que debe acompañar, y previa justificación de la ausencia de alternativas viables de localización fuera de esta categoría.

El resto de las actividades expectantes deben evitarse en esta categoría.

Áreas de uso forestal a introducir

Son susceptibles de formar esta categoría aquellas zonas que, sin reunir valores relevantes, puedan proporcionar una productividad forestal interesante y otras cuya localización hace recomendable su conversión en masa forestal, tal como ocurre con situaciones de enclave o vecindad de ésta unidad con la categoría antes descrita. También resulta oportuno incluir en ésta categoría cultivos sobre tierras marginales o que, no siendo marginales, sea probable su abandono, así como áreas con procesos activos o riesgos de erosión.

Estas áreas están destinadas a convertirse, después de un programa de tratamiento, en la categoría anterior; en ese momento, que deberá ser fijado por dicho programa, les serán aplicables las normas correspondientes a aquella. Así el criterio general de uso es evitar cualquier actuación que comprometa el logro de este fin. Entre tanto se le aplicarán unas normas propias.

El programa de tratamiento para la conducción de estas zonas a la categoría de forestal existente, ha de procurar el aprovechamiento múltiple. En este sentido, los tratamientos de regeneración del ecosistema no sólo son aceptables sino recomendables en el conjunto de la zona; se procurará compatibilizar el uso forestal con el aprovechamiento ganadero extensivo a diente, la micorrización del suelo para la producción de hongos y setas, la utilización de especies mejoradas que complementen la producción de madera con otros bienes, como

Áreas de reserva para uso minero

Categoría formada por las áreas que disponen recursos minerales explotables. El criterio general en ellas se orientará a no compromoter la posible extracción minera en el futuro. Serán, por tanto, aceptables las actividades que no exijan infraestructuras fijas e importantes o inversiones que puedan hipotecar en su día la extracción.

Áreas con potencial de esparcimiento

Esta categoría está formada por aquellas áreas en las que predomina su potencial recreativo al aire libre sobre otros aprovechamientos, siempre que se presuma una demanda para este tipo de actividades. Son típicos las zonas de playa, entorno de ciertos embalses, algunos tramos de ríos, etc. Cuando el potencial recreativo de una zona pueda considerarse subsidiario respecto a otros destinos, quedará englobado en la categoría definida por alguno de estos últimos. La diversidad de utilizaciones recreativas puede aconsejar la formación de subcategorías.

El criterio será favorecer la formación de una red de espacios recreativos, en cuanto servicio público y en cuanto método para transferir rentas al campo. Para ello habrán de promoverse las actuaciones necesarias para satisfacer este tipo de demanda compatible con las condiciones paisajísticas, ecológicas o de funcionamiento.

En esta categoría de ordenación se favorecerá la práctica de actividades científico culturales, el excursionismo, el recreo concentrado, el camping (sometido a EIA), el baño y las actividades náuticas y, con estrictos controles, la caza y la pesca, así como las edificaciones e instalaciones necesarias; todo ello con los necesarios controles sobre compatibilidad entre actividades. Se propiciará, también, la mejora de las condiciones ecológicas y paisajísticas mediante repoblaciones y conservación activa del ecosistema.

Son aceptables las edificaciones ganaderas vinculadas a la explotación y compatibles con la actividad principal. La urbanización y las infraestructuras solo se podrán construir en las condiciones que determine la evaluación de su impacto ambiental.

Son incompatibles todas las demás actividades.

Áreas sin vocación de uso definida

Se recoge en esta categoría el resto del territorio no incluido en algunas de las categorías anteriores.

Estas áreas deben ser prioritarias a la hora de localizar las actividades de desarrollo propias de los sectores secundario y terciario así como de las infraestructuras y equipamientos ambientalmente más agresivos.

Se propiciarán la localización de las actividades antes mencionadas con preferencia a otras categorías, siempre que exista posibilidad de elección.

Son aceptables todas las actividades con las únicas limitaciones de la legislación y normativa general al respecto.

No debe prohibirse específicamente ninguna actividad en esta categoría.

Las figuras VI.34.a y b muestra un ejemplo de tabla síntesis de la normativa particular extraída del plan de ordenación territorial de la isla de Ibiza, que muestra la regulación de usos y actividades por categorías de ordenación.

Condicionantes superpuestos

Los condicionantes operan superponiéndose a las categorías de ordenación antes expuestas, de tal manera que sus requerimientos deben entenderse como una norma complementaria a la especificada para aquellas. Esta limita no tanto el uso cuanto la forma en que se practica en función del tipo de riesgo que se presenta en cada caso.

Areas vulnerables a la contaminación de acuíferos subterráneos. Corresponden a las áreas de recarga de los acuíferos subterráneos así como a las que presentan un alto grado de vulnerabilidad a su contaminación. En ellas se evitará, en la medida de lo posible, la localización de actividades potencialmente emisoras de contaminantes el suelo; cuando razones de causa mayor impidan cumplir este criterio, se exigirá la garantía de su inocuidad para las aguas subterráneas.

Son aceptables sin limitaciones aquellas actividades que no generan residuos apreciables tales como el excursionismo, la recolección de plantas y frutos, etc. El resto, actividades agrícolas, ganaderas, urbanísticas, etc., deben condicionarse a un estudio de impacto ambiental que asegure su inocuidad frente a los acuíferos subterráneos.

Areas con riesgos de erosión o deslizamiento. Se trata de zonas con alto grado de susceptibilidad a la aparición de fenómenos de desplazamiento de materiales. En ellas se evitarán aquellas actividades que afecten a la estabilidad del suelo, se mantendrá la cubierta vegetal, cuando exista, y se procurará su introducción y extensión en el caso de suelos desnudos, como elemento fundamental de protección frente a los fenómenos erosivos.

Son aceptables las actividades que estabilicen el suelo, incluyendo la urbanización, siempre que no lo impida la categoría infrayacente.

Areas inundables. Areas cuya localización, relieve y características topográficas, están sometidas a riesgos de inundación con una cierta periodicidad. En ellas deberá, de un lado, garantizarse la libre circulación del agua, evitando interrupción y anegamiento de cauces y zonas de aliviaderos y, de otro, prevenirse los daños a instalaciones, infraestructuras y construcciones susceptibles de ser afectadas por las aguas desbordadas.

Serán aceptables las actividades que no impliquen la instalación de construcciones o infraestructuras ni acumulaciones de materiales de cualquier clase. El resto deben someterse a estudio de impacto ambiental.

Areas vulnerables frente a riesgos de tipo litoral. Son aquellas áreas litorales sometidas a erosión costera y a inundación marina, así como las expuestas a temporales o a avances de dunas. En ellas se evitará el desarrollo de actividades que limiten los procesos naturales del litoral, así como las que puedan verse afectadas por estos riesgos, con daños para las personas o los bienes.

Son aceptables los usos que se desarrollen sin necesidad de infraestructuras permanentes, debiendo vincularse las demás a la presentación de un estudio de impacto ambiental.

Areas con riesgos de incendio. Se trata de zonas de fácil y alta combustibilidad, como consecuencia del carácter de las especies vegetales que las habitan o de las formas de aprovechamiento que se practican. En ellas deben extremarse las precauciones para la prevención de incendios. La primera de estas consiste en la educación y sensibilidad de la población; la segunda en gestionar estas zonas de tal manera que se eviten las causas socioeconómicas de los incendios; la tercera en actuar directamente sobre el medio en orden a favorecer la diversidad vegetal, estimular la vegetación resistente al fuego, procurar el pastoreo para evitar el material combustible, etc. Al mismo tiempo deberán prohibirse las actividades que comporten peligro de incendios: quema de matorrales o rastrojeras, hacer fuego para cocinar en el campo, etc. Por último, estas zonas deberán dotarse del personal, infraestructuras e instalaciones necesarias para la lucha contra incendios y de los espacios necesarios para su control.

Ver por ejemplo las tablas resumen de la Normativa Particular en la figura del Apéndice 2. Caso de San Andrés.

5.2. Programa de actuaciones positivas: propuestas de intervención

Los criterios y medidas esbozados en los epígrafes precedentes, tienen una intención reguladora del uso del suelo, aprovechamientos, actos y comportamientos en el territorio; son de carácter marcadamente preventivo, orientado a evitar que aquellas zonas, recursos o procesos correctamente gestionados, puedan ser objeto de utilizaciones incompatibles con su producción sostenida, con su capacidad de acogida o con su capacidad de asimilación, por las actividades de desarrollo. Pero esto no es suficiente, sino que la consecución del modelo territorial previsto en el plan requiere intervención sobre el medio; a ella se dedica este punto.

5.2.1. Estructura del programa de intervención

El programa de intervención se materializa en acciones que exigen inversión y en la gestión correspondiente, siendo muchas de ellas, susceptibles de producir beneficios a horizonte temporal variable, generalmente a medio o largo plazo. A pesar del carácter positivo de estas acciones frente al fundamentalmente preventivo de las normas, ciertas propuestas pueden haber sido enunciadas bajo el título de aquellas, debiendo entenderse su inclusión en el programa como el primer paso para su materialización.

Las interrelaciones existentes entre problemas y objetivos, unido al hecho de que para un mismo objetivo pueden existir diversas propuestas de actua-

	U													
	PROTECCIÓN EDUCACIÓN AMBIENTAL			CONSERVACIÓN DE LA NATURALEZA			ACTIVIDADES DE CARÁCTER EXTENSIVO				ACTIVIDADES DE CARÁCTER INTENSIVO			(
	ACTIVIDADES CIENTÍFICO-CULTURALES	EXCURSIONISMO Y CONTEMPLACIÓN	...	PRESERVACIÓN ESTRICTA	CONSERVACIÓN ACTIVA	...	RECOLECCIÓN DE ESPECIES SILVESTRES	GANADERIA EXTENSIVA	AGRICULTURA DE SECANO	...	INVERNADEROS	EXPLOTACIÓN GANADERA	...	GRANJAS CINEGÉTICAS
AANP	PROPICIADO	ACEPTABLE		PROPICIADO	ACEPTABLE		ACEPTABLE CON LIMITACIONES	✸	✸		✸	✸		
ANEI	ACEPTABLE CON LIMITACIONES	ACEPTABLE		ACEPTABLE	PROPICIADO		ACEPTABLE CON LIMITACIONES	ACEPTABLE CON LIMITACIONES	ACEPTABLE CON LIMITACIONES		ACEPTABLE	ACEPTABLE CON LIMITACIONES		
ARIP	ACEPTABLE	ACEPTABLE			PROPICIADO		ACEPTABLE CON LIMITACIONES	PROPICIADO	ACEPTABLE CON LIMITACIONES		ACEPTABLE PREVIO ESTUDIO DE IMP	ACEPTABLE CON LIMITACIONES		
AIA	ACEPTABLE	ACEPTABLE						ACEPTABLE	ACEPTABLE			ACEPTABLE CON LIMITACIONES		ACEPTABLE
SRG														
ARM	ACEPTABLE	ACEPTABLE		ACEPTABLE	PROPICIADO		ACEPTABLE CON LIMITACIONES	ACEPTABLE CON LIMITACIONES	ACEPTABLE		✸	✸		ACEPTABLE
Áreas de paisajes agrarios	ACEPTABLE	ACEPTABLE CON LIMITACIONES					ACEPTABLE CON LIMITACIONES	ACEPTABLE	ACEPTABLE		ACEPTABLE CON LIMITACIONES	ACEPTABLE CON LIMITACIONES		ACEPTABLE
Urbanización dispersa														
AREAS DE TRANSICION AL RUSTICO	ACEPTABLE	ACEPTABLE					ACEPTABLE	ACEPTABLE	ACEPTABLE		ACEPTABLE PREVIO ESTUDIO DE IMP	ACEPTABLE PREVIO ESTUDIO DE IMP		ACEPTABLE PREVIO ESTUDIO DE IMP

ACEPTABLE — ACEPTABLE CON LIMITACIONES

PROPICIADO — ACEPTABLE PREVIO ESTUDIO DE IMP

AANP: Areas de Alto Nivel de Protección; ANEI: Areas Naturales de Especial Interés; ARIP: Areas Rural
y Mejora.

Figura VI.34a. *Tabla de síntesis de la regulación de usos y activid*

…TENCIALES

…ACT. …XTR.	ACTIVIDADES INDUSTRIALES		EQUIPAMIENTO SIN CONSTRUCCIÓN		RESTO DE EQUIPAMIENTOS			INFRAESTRUCTURAS			DEPOSICIÓN DE RESIDUOS		
…NDUSTRIA EXTRACTIVA Y ELEMENTOS AUXILIARES	INDUSTRIA LIMPIA	INDUSTRIA PESADA	RECREO CONCENTRADO	ACTIVIDADES NAUTICAS	GOLF	CAMPING/ CIRCUITOS DEPORTIVOS	…	VIAS DE TRANSPORTE	CONDUCCIONES Y TENDIDOS	…	ESCOMBRERAS	VERTEDERO DE RESÍDUOS URBANOS	…
PROHIBIDO	PROHIBIDO	PROHIBIDO	⛈	⛈	PROHIBIDO	PROHIBIDO		PROHIBIDO	⛈		PROHIBIDO	PROHIBIDO	
PROHIBIDO	PROHIBIDO	PROHIBIDO	🌧	⛈	PROHIBIDO	PROHIBIDO		⛈	⛈		PROHIBIDO	PROHIBIDO	
⛈	PROHIBIDO	PROHIBIDO	🌧	⛈	PROHIBIDO	PROHIBIDO		⛈	⛈		PROHIBIDO	PROHIBIDO	
🌧		⛈	🌧		PROHIBIDO			⛈	⛈		PROHIBIDO	PROHIBIDO	
								⛈	⛈				
🌧	⛈	PROHIBIDO	🌧		PROHIBIDO	PROHIBIDO					PROHIBIDO	PROHIBIDO	
🌧	🌧	⛈	🌳		⛈	⛈					⛈	⛈	
	🌧	⛈	🌳								⛈	⛈	
PROHIBIDO	PROHIBIDO	PROHIBIDO	🌧	🌧	⛈	PROHIBIDO		⛈	⛈		PROHIBIDO	PROHIBIDO	

PROHIBIDO

…MBIENTAL

…s Paisajístico; AIA: Areas de Interés Agrario; SGR: Suelo Rústico General; ARM: Areas de Regeneración

…ategorías de ordenación de la isla de Ibiza (versión siomplificada).

MATRIZ PARA LA ORDENACION DEL MEDIO FISICO

		USOS AC													
		CONSERVACION DE LA NATURALEZA					OCIO Y ESPARCIMIENTO							E	
		PRESERVACION ESTRICTA	CONSERVACION ACTIVA	MEJORA AMBIENTAL	ACTIVIDADES CIENTIFICO-CULTURALES	REPOBLACION BOSQUE PROTECTOR	EXCURSIONISMO Y CONTEMPLACION	RECREO CONCENTRADO	CAMPING	BAÑO Y ACTIVIDADES NAUTICAS	CAZA	PESCA	CIRCULACION CON VEHICULOS DE MOTOR	RECOLECCION DE HONGOS, SETAS Y PLANTAS	AGRICULTURA DE SECANO
AREAS DE ORDENACION	PRESERVACION ESTRICTA (P)	1	-	1 (1)	2 PE	-	2 PE	3	3	3	3	3	3	3	3
	CONSERVACION ACTIVA (C)	2 SL	1	1	1	1	2 SL	2 EIA	3	2 SL(3)	2 PE	2 PE	3	2 PE(5)	3
	REGENERACION Y MEJORA (M)	-	1	1	2 SL	1	2 SL	2 PE(2)	2 EIA	-	2 PE	-	2 PE	2 PE(5)	2 S
	FORESTAL EXISTENTE (F1)	-	-	2 SL	2 SL	2 SL	2 SL	2 PE(2)	2 EIA	-	2 PE	-	3	2 SL	2 E
	FORESTAL A CREAR (F2)	-	-	2 SL	2 SL	2 SL	2 SL	2 PE(2)	2 PE(2)	-	2 PE	-	2 PE	2 SL	2 S
	AGRICULTURA INTENSIVA (A1)	-	-	2 SL	2 SL	2 SL	2 SL	2 PE(2)	2 PE(2)	-	2 PE	-	2 SL	2 SL	2 S
	AGRICULTURA EXTENSIVA (A2)	-	-	2 SL	2 SL	2 SL	2 SL	2 PE(2)	2 PE(2)	-	2 PE	-	2 SL	2 SL	1
	USO GANADERO (G)	-	-	2 SL	2 SL	2 SL	2 SL	2 PE(2)	2 PE(2)	-	2 PE	-	2 SL	2 SL	2 S
	PROTECCION DE AGUAS SUPERFICIALES (S)	-	-	1	2 SL	1	2 SL	2 PE(2)	2 EIA	2 SL(4)	2 PE	2 PE	2 PE	2 SL	2 EI
	SIN VOCACION DE USO DEFINIDO	-	-	2 SL	2 SL	2 SL	2 SL	2 SL	2 PE(2)	-	2 PE	-	2 SL	2 SL	2 S
CONDICIONANTES	VULNERABILIDAD DE ACUIFEROS	-	-	-	-	1	2 SL	2 PE(2)	2 EIA	-	-	-	-	-	2 P
	AREAS EROSIONABLES	-	1	1	-	1	2 SL	2 PE(2)	2 PE(2)	-	-	-	2 PE	-	2 EI
	AREAS INUNDABLES	-	-	-	-	1	2 SL	2 PE(2)	2 PE(2)	-	-	-	-	-	-

MECANISMOS DE REGULACION

1. Propiciado

2. Admisible
SL: Sin Limitaciones
EIA: Sometido a EIA
PE: Sometido a Permisos o Controles Especiales
PTP: Regulado por las DOT o el Plan Territorial Parcial
PTS: Regulado por Plan Territorial Sectorial
PM: Regulado por Planeamiento Municipal

3. Prohibido

- No Corresponde

(1) Exclusivamente donde Correspon
(2) Con Estudio de Compatibilidad A
(3) Sólo en Playas
(4) En Areas No Prohibidas Expresam
(5) Previa Determinación de las Epoc

Figura VI.34b. *Tabla sintética de*

OTENCIALES DEL MEDIO FISICO

	DE RECURSOS PRIMARIOS					INFRAESTRUCTURAS						DESARROLLOS URBANISTICOS		ACTUACIONES EDIFICATORIAS AISLADAS		
	PASCICULTURA	PISCICULTURA	REPOBLACION BOSQUE PRODUCTOR	INDUSTRIAS AGRARIAS	ACTIVIDADES EXTRACTIVAS	VIAS DE TRANSPORTE	LINEAS DE TENDIDO AEREO	LINEAS SUBTERRANEAS	INSTALACIONES TECNICAS DE SERVICIOS DE CARACTER NO LINEAL TIPO A	INSTALACIONES TECNICAS DE SERVICIOS DE CARACTER NO LINEAL TIPO B	ESCOMBRERAS Y VERTEDEROS DE RESIDUOS SOLIDOS	CRECIMIENTOS APOYADOS EN NUCLEOS PREEXISTENTES	DESARROLLOS NO APOYADOS EN NUCLEOS PREEXISTENTES	EDIFICIOS DE UTILIDAD PUBLICA E INTERESES SOCIAL	VIVIENDA UNIFAMILIAR	INDUSTRIAS O ALMACENAMIENTOS PELIGROSOS
[illegible]	3	3	3	3	3	3	3	3	3	3	3	3	3	3	3	3
3	3	3	3	3	3	2 PTS	2 PTS	2 EIA	3	3	3	3	3	3	3	3
E	2 SL	-	2 EIA	3	2 EIA	2 PTS	2 PTS	2 PTS	2 PTS	2 PTS	2 PTS	2 PTP	3	2 PM	3	3
A	2 PE	-	1	3	3	2 PTS	2 PTS	2 PTS	2 PTS	2 PTS	3	2 PTP	3	3	3	3
2 E	2 SL	-	1	2 EIA	2 EIA	2 PTS	2 PTS	2 PTS	2 PTS	2 PTS	2 PTS	2 PTP	2 PTP	2 PM	3	2 PM
1	2 SL	-	2 EIA	2 EIA	2 EIA	2 PTS	2 PTS	2 PTS	2 PTS	2 PTS	3	2 PTP	3	3	3	3
2 E	2 SL	-	2 EIA	2 EIA	2 EIA	2 PTS	2 PTS	2 PTS	2 PTS	2 PTS	3	2 PTP	3	3	3	3
2 E	1	-	2 PE	2 EIA	2 EIA	2 PTS	2 PTS	2 PTS	2 PTS	2 PTS	2 PTS	2 PTS	2 PTP	2 PM	3	2 PM
3	2 PE	2 EIA	2 EIA	3	2 EIA	2 PTS	2 PTS	2 PTS	2 PTS	2 PTS	3	3	3	3	3	3
2 SL	2 SL	-	2 SL	2 PE	2 EIA	2 PTS	2 PTS	2 PTS	2 PTS	2 PTS	2 PTS	2 PTP	2 PTP	2 PM	3	2 PM
2 IA	2 PE	-	-	2 EIA	2 EIA	-	-	2 EIA	-	2 EIA	2 EIA	2 EIA	2 EIA	2 EIA	-	2 EIA
2 EIA	2 PE	-	1	2 EIA	2 EIA	2 EIA	2 EIA	2 EIA	-	2 EIA	2 EIA	2 EIA	2 EIA	2 EIA	-	2 EIA
2 EIA	-	2 EIA	2 SL	2 EIA	2 EIA	2 EIA	2 EIA	2 EIA	2 EIA	2 EIA	2 EIA	2 EIA	2 EIA	2 EIA	-	2 EIA

a Diputación Foral

ermitidas

a particular en DOT del País Vasco.

ción, permite agrupar las medidas de un programa por bloques, que añadidos a otros aspectos sugieren estructurar las intervenciones positivas de la siguiente manera:

- Otros *Planes*.
- *Programas*: conjunto de medidas orientados a un mismo objetivo, *Subprogramas*: desagregación de los programas en paquetes, *Proyectos*: unidades concretas de inversión y *otras acciones*: incentivos, ayudas técnicas y de gestión, subvenciones y estímulos fiscales, gravámenes y desgravaciones, etc. que animen a la iniciativa privada a implicarse en el plan.
- Asignación de *responsabilidades* entre los diferentes agentes socioeconómicos en la materialización del plan, particularmente las entidades públicas.
- *Cronograma* para la aplicación de las medidas
- *Estudio económico financiero y presupuesto* y forma de financiación.

5.2.1.1. Ejemplo: Programa de intervención en el medio físico del Plan de Desarrollo Territorial de la Cuenca del Río Sucio (El Salvador)

Se organiza en Programas, Subprogramas y/o Proyectos u otras acciones concretas.

1. *Programa para la educación, sensibilización y formación ambiental en la Cuenca.*
   - 1.1. Subprograma para la Educación Ambiental de niños y jóvenes de la Cuenca.
     - 1.1.1. Proyecto para la inclusión de docencia ambiental en la enseñanza general básica. Se trata, básicamente, de la elaboración de un documento de estudio y trabajo para los alumnos que se facilita a los maestros de enseñanza básica y media para orientar y facilitar su labor docente.
     - 1.1.2. Proyecto de circuito didáctico y cultural para ser recorrido por escolares con sus maestros y acompañados por guías especializados. La sensibilización incluye también los aspectos relativos a recursos culturales arqueológicos y al patrimonio arquitectónico urbano. Se trata simplemente de enriquecer el circuito recreativo con elementos educativos orientados a escolares de primaria y secundaria.
   - 1.2. Subprograma de sensibilización ambiental (orientado a la aplicación del principio de responsabilidad compartida) dirigido a las autoridades locales, a los agentes socioeconómicos y a la población en general y de formación de cuadros para la gestión ambiental.
     - 1.2.1. Proyecto de edición de folletos, carteles, etc. sobre el medio ambiente y sus recursos en la Cuenca, enfatizan-

do la divulgación del principio de responsabilidad compartida (el medio ambiente es un problema de todos).

1.2.2. Proyecto para el dictado de charlas o conferencias cíclicas en la materia para ser impartidas en los pueblos.

1.2.3. Proyecto de Convenio con la Escuela Nacional de Agricultura para la formación de cuadros en materia ambiental, orientado a los siguientes campos:

- Evaluación de Impacto Ambiental.
- Realización de diagnósticos ambientales para la implantación de Sistemas Normalizados de Gestión Ambiental en las industrias y en otras actividades contaminantes.
- Manejo de infraestructuras y equipamientos ambientales.
- Formación de Monitores Agroambientales capaces de extender entre los agricultores las prácticas agrícolas compatibles con el medio ambiente.
- Recuperación de espacios afectados por actividades extractivas.
- Recuperación ambiental en general.

1.2.4. Proyecto para la difusión de la obligatoriedad de aplicar la EIA a ciertas actividades de la Cuenca.

1.2.5. Convenio con el Ministerio del Ambiente para la creación de una Base de Datos Ambientales en la Cuenca gestionada por la entidad gestora del Plan, y su difusión entre los agentes socioeconómicos y la población en general.

1.2.6. Creación de una página web que recoja la información contenida en las bases de datos anteriormente mencionada, así como aplicaciones para uso escolar en materia ambiental.

2. *Programa para la conservación de espacios, especies y elementos singulares.*

2.1. Subprograma para la creación en la Cuenca de una Red de Espacios Naturales Protegidos conectados entre sí e integrada en el Sistema Salvadoreño de Areas Protegidas.

2.2. Subprograma para la catalogación de Elementos Ambientales Sobresalientes en la Cuenca.

2.2.1. Proyecto para la realización de un Catálogo de especies vegetales y animales amenazadas en la Cuenca y establecimiento de una norma para su conservación.

2.2.2. Proyecto para la realización de un Catálogo de puntos o áreas singulares en la Cuenca, incluyendo «sitios» de interés geológico o geomorfológico, lugares de interés histórico cultural en suelo rústico, hitos y singularidades paisajísticas naturales: rocas, coladas, árboles notables, etc. y establecimiento de una norma para su conservación.

2.2.3. Proyecto para la realización de un catálogo del patrimonio urbano arquitectónico, así como el establecimiento de normas y lineamientos para su conservación.

2.2.4. Elaboración de un disposición administrativa que establezca el régimen de los diferentes tipos de protección para los inmuebles con valor cultural, así como las zonas, centros y conjuntos históricos, definiendo los tipos de intervención a efectuar en los mismos.

2.3. Subprograma para la extensión de los relictos de ecosistemas climácicos.

2.3.1. Convenio con la Universidad para la realización de un estudio que identifique los relictos existentes de bosque climácico y la posibilidad de extender/incrementar su superficie.

2.3.2. Proyecto de adquisición de tierras por parte del erario público para la extensión del bosque húmedo nebuloso existente en El Boquerón.

2.3.3. Elaboración de un modelo de convenio o de consorcios con personas físicas o jurídicas de carácter privado para la extensión del bosque húmedo tropical y su aplicación.

2.4. Subprograma orientado a garantizar la permanencia de los cafetales.

2.4.1. Creación, por la Entidad Gestora del Plan de una «Mesa de Concertación» constituida, al menos, por representantes de las siguientes instituciones: PROCAFE (asociación de cafetaleros), Municipalidades del Valle, Organizaciones de Industriales del Valle, Distrito de Riego, Ministerio de Salud y Universidad, para concertar los siguientes aspectos:

- Establecimiento de un «Canon» sobre el consumo de agua con destino a la defensa del cafetal, basado en la importancia de la continuidad de este cultivo para la producción de agua en la Cuenca y para el equilibrio hidráulico.
- Diseño de un método para la cuantificación del canon y criterios para su distribución entre los usuarios del agua.
- Entidad responsable de su cobro.
- Entidad gestora del canon.
- Medidas para garantizar la permanencia de la mesa mediante su independización de los abatares que afectan a los partidos políticos.

2.4.2. Proyecto de convenio entre la Entidad Gestora del Plan y PROCAFE, con los siguientes objetivos básicos:
- Rentabilizar la producción de leña del cafetal como elemento de diversificación de las rentas de la explotación y, por tanto, de conservación de éste importante agrosistema.
- Evitar la deforestación producida por el consumo doméstico de leña poniendo a su disposición la procedente del bosque cafetal.
- Evitar la deforestación producida por el consumo de madera y leña de las industrias ladrilleras y de cal ofertando como combustible leña y madera procedente del cafetal.

2.4.3. Convenio con PROCAFE para la realización de un estudio sobre el Uso Múltiple del Cafetal (utilización recreativa, caza fotográfica, caza convencional, oferta didáctico cultural, etc.).

2.5. Subprograma para sustituir una parte del uso de leña en el consumo doméstico.

2.5.1. Proyecto para la creación de un centro para el almacenamiento y la distribución de combustibles fósiles (¿gas propano o butano?).

2.5.2. Realización de una campaña de difusión del consumo de este tipo de energía.

2.6. Subprograma para mantener el funcioamiento hidráulico de los cauces en la Cuenca y la calidad del recurso agua.

2.6.1. Proyecto para la creación de un sistema para la limpieza anual de los cauces en la zona inundable de Zapotitán y otros puntos críticos.

2.6.2. Proyecto para concienciar a los agricultores, promotores urbanísticos, contructores, etc. sobre los riesgos de inundación y las repercusiones de su comportamiento en el funcionamiento hidráulico de la red de drenaje exterior del valle.

2.7. Subprograma para el control de la calidad de las aguas.

2.7.1. Reforzamiento de la red de monitoreo de la red de medición de calidad y cantidad de las aguas superficiales.

2.7.2. Creación de una red de monitoreo de la calidad y profundidad de las aguas subterráneas. Se trata de tomar y analizar periódicamente, una vez al mes, muestras en 50 pozos.

2.7.3. Promoción de la reutilización de las aguas servidas una vez depuradas.

3. *Programa para corregir el comportamiento ambiental de los agentes socioeconómicos.*

3.1. Subprograma para el fomento de la implantación de Sistemas Normalizados de Gestión Ambiental en las industrias de la Cuenca.
   3.1.1. Realización de un estudio sobre el estado de la gestión ambiental en las industrias de la Cuenca.
   3.1.2. Establecimiento de un sistema de ayuda para la elaboración de diagnósticos ambientales individuales en las industrias y para la adopción de las medidas a tomar en cada una de ellas.
   3.1.3. Búsqueda de fuentes de financiación, incluyendo la «esponsorización» o patrocinio de entidades interesadas a cambio de la promoción comercial.
   3.1.4. Previsión de asesoramiento técnico para la gestión ambiental en las industrias por parte de la Oficina Técnica de la Entidad Gestora.

3.2. Subprograma específico para mejorar el comportamiento ambiental de las industrias ladrilleras y de fabricación de cal.
   3.2.1. Convenio con las industrias ladrilleras y de cal para la realización de un estudio con los siguientes objetivos:
      - Utilizar técnicas ahorradoras de energía.
      - Evitar la utilización de neumáticos como combustible.
      - Posibilidad de utilizar como combustible subproductos de otras actividades: residuos de podas, aserrín de industrias de la madera, etc.
      - Analizar la viabilidad de concertar con PROCAFE la utilización de leña procedente del cafetal.
   3.2.2. Sistema de medidas de apoyo financiero y técnico para la implantación de los resultados del estudio anterior.
   3.2.3. Promoción de un convenio entre ladrilleras y PROCAFE para el aprovisionamiento de leña de este tipo de industrias.

3.3. Subprograma para la formalización de «Compromisos de Progreso» para diversos sectores, por los que los miembros del sector adoptan voluntaria y solidariamente ciertas formas de comportamiento ambiental. En particular se recomiendan los siguientes:
   3.3.1. Compromiso de progreso entre industriales de la industria química
   3.3.2. Compromiso de progreso entre los promotores urbanísticos
   3.3.3. Compromiso de progreso en la ganadería intensiva

3.4. Subprograma para la transformación de efluentes en subproductos.
   3.4.1. Estudio para la identificación, caracterización y cuantificación de los efluentes industriales en la Cuenca, así como las posibilidades para la reutilización o reciclaje.

3.4.2. Creación de una «Bolsa de Residuos» para la Cuenca gestionada por la Entidad Gestora del Plan o por alguna Organización Empresarial. La Bolsa de Residuos consiste en un boletín que se publica y distribuye periódicamente entre los industriales, en el que cada uno de éstos, de forma anónima, anuncia el tipo y cantidad de los efluentes que genera; si otro industrial está interesado en alguno de estos efluentes, el órgano gestor de la Bolsa le pone en contacto directamente con el productor; entre ellos: productor y usuario potencial, se ponen de acuerdo sobre los términos del aprovechamiento.

3.5. Subprograma para el fomento entre los agricultores de prácticas agrícolas compatibles con el medio ambiente. Este subprograma se desarrolla a través de los proyectos que se enumeran en los siguientes epígrafes:

3.5.1. Proyecto para la introducción y promoción de ATRIAS (Asociación de Agricultores para el Tratamiento Integrado). Se funda este proyecto en que la lucha contra enfermedades y plagas hecha individualmente por un solo agricultor no es eficiente, porque las fincas no tratadas de los vecinos harán que se propague de nuevo la enfermedad a las tratadas; de ahí que los tratamientos deben hacerse conjuntamente por todos los agricultores de la zona invadida por la enfermedad o plaga.

3.5.2. Proyecto para la introducción de la Agricultura Ecológica en la Cuenca.

3.5.3. Proyecto para la promoción de la compra de productos agrícolas dotados con la etiqueta de «producto de agricultura ecológica». Se basa este proyecto en la idea de que «lo verde vende», es decir que los productos con etiqueta ecológica podrían tener un nicho de mercado en una sociedad ambientalmente concienciada; este proyecto pretende contribuir a dicha concienciación.

3.5.4. Fomento de la utilización de productos fitosanitarios biodegradables en el cafetal. Dada la función que tiene el cafetal en la recarga de acuíferos, se trata de evitar la penetración de los productos fitosanitarios a los acuíferos subterráneos arrastrados por las aguas pluviales en su camino hacia los acuíferos.

3.6. Subprograma para valorizar los efluentes de las granjas intensivas y evitar la contaminación, con dos medidas.

3.6.1. Proporcionar asistencia técnica y financiera para la reutilización de los efluentes de todo tipo que generen; esta asistencia técnica podría estar a cargo de la oficina técnica de la entidad gestora del Plan.

3.6.2. Promoción por parte de la entidad gestora del Plan de un convenio entre los agricultores y las granjas intensivas para que aquellos utilicen los residuos sólidos de éstas como fertilizantes de los suelos. Con este mecanismo, se transforma un efluente en un recurso, es decir, se resuelve un problema no solo a coste cero, sino con beneficios.

3.7. Subprograma para el tratamiento de aguas residuales.

3.7.1. Proyecto para imponer un Permiso de Vertido y un «Canon de Vertido» a todo vertido a ríos o masas de agua, calculado en función de la capacidad autodepuradora del receptor y la carga contaminante emitida. Esta propuesta se apoya en el principio «el que contamina, paga», y el monto del canon debería ser disuasorio, es decir, que fuese más caro el coste del canon que el coste de la depuración. Este proyecto debería ser el fruto del trabajo de una Mesa de Concertación con participación de los implicados en el ciclo del agua, por ejemplo: Organizaciones de Industriales del Valle, Municipalidades del Valle, Distrito de Riego, Ministerio de Salud y Universidad, PROCAFE, organizaciones de agricultores, etc. para concertar los siguientes aspectos:

- Establecimiento de la forma en que se tramita y gestiona el permiso de vertido.
- Diseño de un método para la cuantificación del canon.
- Entidad responsable de su cobro.
- Entidad gestora del canon.
- Medidas para garantizar la permanencia de la mesa mediante su independización de los abatares que afectan a los partidos políticos.

3.7.2. Realización de un proyecto modelo, basado en técnicas «blandas» (lagunaje) para la depuración de las aguas residuales de los núcleos menores.

3.7.3. Realización de un proyecto modelo/piloto para la reutilización de las aguas residuales depuradas en la agricultura de ocio y/o autoconsumo.

3.7.4. Realización de un Plan de Saneamiento Integral de la Cuenca; las líneas maestras de este plan serian las siguientes:

- Estudio para identificar con precisión, la cantidad, composición y localización de los efluentes.
- Tratamiento basado en técnicas blandas (lagunaje) para los pueblos de escaso tamaño y de población eminentemente agrícola, cual es el caso de los ubicados en la ladera de la Cordillera de El Bálsamo.

Requiere un red de recogida en cada pueblo que conduzca las aguas a la depuradora.
- Tratamiento mediante depuradoras convencionales en la zona central. Requiere la construcción de la red de aguas servidas que recoja los efluentes y los conduzca a la depuradora.
- Tratamiento en depuradora específica de los vertidos de las industrias, cada una de las cuales habría de hacer un tratamiento previo individual para dejar las aguas en un estado capaz de ser aceptadas por la depuradora industrial. Requiere una red de saneamiento que recoja los efluentes de cada industria.
- Los pueblos más alejados, deberian, en principio contar con una depuradora convencional individual para cada uno de ellos y la correspondiente red de saneamiento.

4. *Programa para la recuperación de espacios degradados.*
    4.1. Subprograma para la reconducción de los bosques degradados de la Cuenca hasta la situación de bosques climácicos.
        4.1.1. Identificación a escala reducida de los bosques climácicos degradados, diagnóstico de los procesos de degradación e investigación de la propiedad.
        4.1.2. Convenio con los propietarios sobre la aplicación de medidas para la recuperación del bosque.
    4.2. Subprograma para la eliminación de «tugurios»/habitaciones existentes sobre las márgenes de los ríos, mediante dos acciones consecutivas.
        4.2.1. Creación de suelo público a través del planeamiento urbanístico.
        4.2.2. Diseño de un Sistema de Autoconstrucción de Vivienda con la ayuda del Ministerio canalizada a través de la Entidad Gestora de la Cuenca; las líneas básicas de este sistema serían:
            a) diseño de uno o más proyectos modelo de vivienda,
            b) formación de grupos con la máxima representación de los oficios que intervienen en la construcción de una vivienda (albañiles, carpinteros, fontaneros, etc.), aprovisionamiento a fondo perdido de los materiales necesarios,
            c) construcción en común del grupo de viviendas y
            d) reparto de las viviendas entre los participantes por sorteo de
    4.3. Subprograma para la eliminación de «tugurios»/habitaciones y otros usos incompatibles existentes sobre las lavas.
        4.3.1. Creación de suelo público a través del planeamiento urbanístico para estos fines.

4.3.2. Aplicación del Sistema de Autoconstrucción de Vivienda definido en el subprograma anterior.

4.4. Subprograma para el deslinde, amojonamiento, recuperación y acondicionamiento, en su caso, para la utilización como lugares de esparcimiento y recreo al aire libre, de los espacios marginales de dominio público: riberas y márgenes de ríos y de masas de agua, márgenes de carreteras, márgenes de ferrocarriles, etc. y vigilancia de las servidumbres sobre vías y otros elementos de titularidad o uso público.

4.4.1. Identificación de los espacios marginales de dominio público.

4.4.2. Proyecto de deslinde, amojonamiento, recuperación y tratamiento paisajístico de cada uno de ellos.

4.5. Subprograma de lucha contra la erosión en los terrenos destinados a la agricultura de granos básicos de subsistencia en fuertes pendientes, conteniendo los siguientes proyectos.

4.5.1. Acuerdo con los gestores del Plan Ambiental de El Salvador (PAES) para intensificar las acciones que llevan a cabo en materia de Agroforestería y Conservación de Suelos.

4.5.2. Convenio con la Escuela de Agricultura para el desarrollo y aplicación de técnicas agrícolas que eviten la erosión derivada del cultivo de granos básicos en terrenos erosionables (altas pendientes).

4.5.3. Idem para el desarrollo y puesta en marcha de experiencias piloto sobre creación y gestión de sistemas silvopastorales mediante la repoblación forestal compatible con el aprovechamiento ganadero, sobre los suelos erosionados de agricultura de granos básicos en fuertes pendientes. Los citados sistemas deberían ser de aprovechamiento múltiple, que añaden a su producción de pastos y madera, la extracción de plantas aromáticas y medicinales, hongos, setas, caza, y pesca, sin contar la producción de servicios no menos valiosos aunque no entren en los normales circuitos de mercado: la producción de paisaje y de agua limpia.

4.5.4. Extensión de las técnicas entre los agricultores.

4.5.5. Fortalecimiento de las ayudas establecidas en la Cuenca para el fomento de la Agroforestería entre los agricultores. Tal fortalecimiento podría apoyarse en las siguientes acciones complementarias:

- *a)* financiación a los agricultores, a fondo perdido, de los costes de reforestación, y *b)* garantizar a los agricultores que voluntariamente se acojan al sistema, una renta equivalente a la que supone el cese de la actividad al menos durante 10 años.

- Proporcionar un puesto de trabajo garantizado al menos durante 10 años a los agricultores que se acojan al sistema.

4.6. Subprograma para la recuperación de terrenos afectados por la extracción de gravas, arenas y arcillas.
 4.6.1. Inventario detallado de los lugares de extracción, con información sobre localización, estado, accesos, propiedad, etc. incluye fotografía y plano a escala detallada de cada uno de ellos.
 4.6.2. Estudio para la búsqueda de usos alternativos para las zonas de extracción de áridos, con especial énfasis en detectar los que pudieran utilizarse como zona para relleno sanitario.
 4.6.3. Proyecto de convenio entre propietarios y Municipalidades afectadas para la utilización como relleno sanitario de las zonas de donde se han extraído arcillas para fabricación de ladrillos; incluye la recuperación una vez agotada la capacidad, es decir, una vez llenado el hueco.

4.7. Subprograma para el sellado de todos los vertederos municipales incontrolados y recuperación del espacio afectado por ellos.
 4.7.1. Proyecto de sellado del antiguo vertedero de Santa Tecla y recuperación del espacio afectado.
 4.7.2. Realización de un inventario de vertederos incontrolados.
 4.7.3. Proyecto estandar de sellado y recuperación ambiental.

5. *Programa para la puesta en valor de recursos ociosos o mal aprovechados.*

5.1. Subprograma para la creación de una red recreativa/cultural/turística en la Cuenca.
 5.1.1. Identificación de los elementos a integrar en la red; en principio estaría constituida por las siguientes áreas.
 5.1.2. Promocionar en el exterior oferta «turismo verde» en la Cuenca del Río Sucio.

5.2. Subprograma para conservar y poner en valor los recursos arqueológicos, mediante:
 5.2.1. Identificación e investigación de este patrimonio científico-cultural.
 5.2.2. La creación de un sistema de guardería que evite el vandalismo y la depredación sobre los yacimientos arqueológicos.
 5.2.3. Difusión entre los agricultores la necesidad de denunciar la presencia o el hallazgo de yacimientos arqueológicos.
 5.2.4. Controlar la venta de objetos arqueológicos precolombinos en el mercado.

5.3. Subprograma para conservar y poner en valor el patrimonio histórico y cultural. Los proyectos que forman este programa son los correspondientes a cada uno de los elementos o conjunto de elementos que forman este patrimonio.

5.4. Previsión de espacio para ubicar actividades de apoyo a la intensificación de la agricultura en los distritos de riego y en los fondos de valle.

5.4.1. Prever en el planeamiento urbanístico y facilitar mediante ayudas financieras, técnicas, etc. la instalación de industrias agroalimentarias en las proximidades del distrito de riego, como estrategia orientada a la intensificación de los cultivos e, indirectamente, a la conservación de las tierras en regadío.

5.4.2. Prever en el planeamiento urbanístico suelo próximo al Distrito de Riego para localizar un centro de comercialización, tipo «Alhóndiga» o «Central Hortofrutícola», que empalme la producción primaria de los agricultores con la venta en grandes superficies y otros lugares adecuados. La Alhóndiga consiste en una nave debidamente acondicionada a la que los agricultores llevan sus productos los cuales se subastan entre los mayoristas interesados en ellos. La Central Hortofrutícola es un edificio en el que se limpian, calibran, acondicionan y envasan los productos hortofrutícolas, los cuales se expiden desde allí a los centros de consumo.

5.5. Subprograma para la intensificación de la agricultura en los distritos de riego y en los fondos de valle con suelos de elevada calidad.

5.5.1. Estudio sobre los cultivos alternativos a incluir para la intensificación de la agricultura.

5.5.2. Extensión entre los agricultores de técnicas para la implantación e intensificación de los cultivos identificados en el estudio anterior.

5.5.3. Proyecto para proporcionar asistencia técnica a los agricultores.

5.5.4. Proyecto para la mejora del viario rural.

5.5.5. Estudio de Viabilidad sobre incremento de las tierras de regadío mediante la utilización de aguas superficiales.

5.5.6. Estudio de viabilidad de almacenamiento de agua superficial.

5.5.7. Creación de una entidad (¿consorcio?) con participación de la Administración Agrícola y organizaciones de agricultores para la creación de una Alhóndiga, una Central Hortofrutícola y un vivero para producción de plantón selecto, en los terrenos previstos para ello.

6. *Programa para la promoción exterior de la Cuenca.*

6.1. Subprograma para fomentar la idea de excelencia de la Cuenca.

6.1.1. Proyecto para la difusión de la idea entre los residentes, actores y agentes de la Cuenca.
6.1.2. Proyecto para la creación de una marca de calidad representativa de la Cuenca, como forma de practicar el marketing ecológico en relación con los productos agrícolas (etiqueta ecológica) y otros productos específicos
6.2. Subprograma para la introducción en la Cuenca actividades para las que, no siendo tradicionales, existe potencial.
6.2.1. Proyecto para la introducción y promoción de la caza deportiva.
6.2.2. Proyecto para la promoción de la pesca.
6.2.3. Proyecto para la recolección de especies silvestres: aromáticas, medicinales, culinarias, otras.

Plano de programas y subprogramas de intervención. Sobre un plano a escala 1/50.000 se representan aquellas medidas de acción positiva, al nivel de subprogramas o de proyectos, que cumplen dos condiciones:

- Pueden ser asignados con un cierto grado de aproximación a un espacio concreto.
- Admiten una representación espacial.

El resto de las medidas no se representan, si bien perfectamente definidas en la memoria del documento.

5.2.1.2. Ejemplo: Programa de actuaciones del Alto Tajo en lo que respecta al medio socioeconomico

En el Apéndice 2, donde se expone el caso del Alto Tajo, se puede ver, a título de ejemplo, su programa de intervención.

5.2.1.3. Presentación del programa de actuaciones: Planos, fichas, responsabilidades

Siempre que lo admitan, las actuaciones previstas en el nivel más concreto de definición, deben representarse gráficamente formando parte de un plano de propuestas para la consecución de los objetivos. Asimismo, quedarán definidas en una tabla o ficha (figura VI.35) en la que se especifiquen una serie de datos descriptivos de la actuación, entre los que no deben faltar los siguientes:

- Definición.
- Objetivo.
- Localización.
- Prioridad/urgencia y plazo en que debe ser realizada.
- Presupuesto: costes de inversión y de mantenimiento en su caso y su desglose por años.
- Organismos financiadores.
- Desglose del presupuesto por organismos financiadores.
- Necesidades de gestión y/o seguimiento.
- Organismo gestor responsable de ejecución y/o seguimiento.

Ficha de Actuación Plan de Desarrollo de la Comarca del Alto Tajo

Título: *Conservación del Parque Natural*

Descripción

El motor capaz de iniciar el proceso de desarrollo se encuentran en los trabajos de conservación del PN: tratamientos culturales, restauración hidrológico forestal, reforestación de tierras marginales, tratamientos de mejora, creación de infraestructuras para la visita, didáctico culturales, vigilancia y, en general, los que plantea el PORN; su materialización requiere estudios y proyectos técnicos, ejecución de los mismos y mantenimiento; estos trabajos son contratatos por la Administración a las empresas que se creen, y son éstas las que generan los puestos de trabajo correspondientes. El «mecanismo de discriminación positiva» en este caso podría incluir, entre otras, las siguientes medidas: exigencias de a) un carnet de «Especialista en Conservación de la Naturaleza» otorgado por la Junta Rectora del Parque a través del Centro Virtual de Formación, b) Residir en la Comarca, c) Creación de una empresa pública interpuesta que es quien contrata con la Administración y luego subcontrata libremente con las empresas creadas; por otro lado este mecanismo evita las fluctuaciones presupuestarias propias de la Administración.

Objetivos relacionados	**Prioridad de la intervención**
• Calidad ambiental • Generación de empleo • Promoción externa de la zona	• Urgente

Localización

El programa de actuación afecta a todo el Parque Natural del Alto Tajo.

Presupuesto aproximado

Acciones	*Presupuesto (mill. ptas.)*
Subvención para la instalación de las empresas del orden de 600.000 ptas/puesto de trabajo	120
Tratamiento cultural de masas forestales de 800 ha/año de masa forestal con un coste de 120.000 ptas/ha	960
Mejora del dispositivo actual de vigilancia de incendios forestales con un coste esperado de 240 mill./año (Control contra incendios)	2.400
Dotación de equipos de emergencia a Ayuntamientos y Mancomunidades por valor de 30.000.000 ptas. (Control contra incendios)	300
Mantenimiento de vías de penetración 30 millones ptas/año. (Control contra incendios)	300
SUBTOTAL trabajos conservación en los 10 años	4.080

Desglose del Presupuesto global

Año 1	*Año 2*	*Año 3*	*Año 4*	*Año 5*	*Año 6*	*Año 7*	*Año 8*	*Año 9*	*Año 10*
408	408	408	408	408	408	408	408	408	408

Agentes implicados

- Consejería de Agricultura y Medioambiente
- Agentes forestales
- Población afectada

Entidad gestora

- Consejería de Agricultura y Medioambiente

Entidad financiera (Fuentes de financiación y porcentaje de participación)

- Consejería de Agricultura y Medioambiente
- Ayudas UE
- Ministerio de Medioambiente
- Ayuntamiento
- Diputaciones

Indicadores

Ambientales:
Socioeconómicos:
Urbanístico-territoriales:

Figura VI.35. *Ejemplo de ficha de actuaciones.*

- Especificaciones para la redacción del proyecto, incluyendo la evaluación de impacto ambiental, en su caso.
- Precauciones en su ejecución.

En el apéndice 2, se da un ejemplo de plano con medidas de intervención en la Cuenca del Río Sucio.

5.2.1.4. Puesta en marcha. Cronograma de las intervenciones

Se trata aquí de situar en el tiempo la puesta en marcha de las intervenciones y medidas de regulación, de acción positiva y de control propuestas por el plan; para ello se pueden utilizar dos técnicas complementarias:

— Un diagrama de flujos en el que se refleje la forma en que se va sucediendo en el tiempo la puesta en marcha de las medidas.

— Un diagrama de barras que complementa el anterior mediante la representación del comienzo y final de cada acción, y una estimación del tiempo disponible para la ejecución de cada una de ellas, en caso de que tengan un vigencia temporal, es decir, un principio y un final.

5.2.2. Estudio económico-financiero: Presupuesto del plan

Como se ha visto, todo plan de ordenación tiene importantes implicaciones económicas que podemos clasificar en:

- Directas, en cuanto requiere una asignación de recursos financieros para la realización de inversiones destinadas a la ejecución de las actuaciones programadas.
- Indirectas, en tanto que marca una estrategia de desarrollo del ámbito afectado y contiene disposiciones que, afectando al territorio, suponen una modificación de las relaciones y expectativas económicas.

Estas últimas quedan fuera del estudio económico-financiero, incorporándose a las propuestas del plan de forma más o menos explícita según el mayor o menor contenido económico de éste.

El estudio económico-financiero, como documento del plan, se ocupa tan sólo de los efectos directos inducidos por su propia propuesta de inversión, analizando los efectos sobre la capacidad de gasto de cada uno de los agentes implicados en su financiación.

5.2.2.1. El precedente del estudio económico-financiero en el planeamiento urbanístico

Todas las figuras legales que regulan las distintas clases de planes de ordenación territorial demandan, más o menos explícitamente, un estudio de este tipo, si bien es en el planeamiento urbanístico donde existe una mayor experiencia. El estudio económico-financiero es un documento integrante de los Planes Generales definido en la Ley del Suelo, que señala que tal estudio debe contener la valoración económica de la ejecución de las obras de urbanización (..) y de los servicios, tanto para el suelo urbano como para el urbanizable programado, así como el carácter público o privado de las inversiones a realizar indicando, en el primer caso, los organismos o entidades públicas que asumen el importe de la inversión.

En la práctica el estudio económico-financiero se reduce a cuantificar la inversión necesaria para cada una de las actuaciones previstas y establecer cuales han de ser financiadas por particulares, cuales por entes administrativos ajenos al ayuntamiento y cuales deben ser financiadas por este último. En este caso el estudio analiza, de un lado, la capacidad de gasto del municipio para llevar a cabo las inversiones que le corresponden, mediante extrapolación de los presupuestos municipales, y de otro, la medida en que pueden contribuir al gasto los recursos procedentes del 10 por 100 de cesión obligatoria y gratuita del aprovechamiento medio del suelo urbanizable programado.

5.2.2.2. Objetivos del estudio económico-financiero

La utilidad del procedimiento descrito resulta escasa tanto por su particularidad como por carecer, en general, de una profundidad de análisis tal que permita asegurar la viabilidad y eficiencia de la propuesta de inversión realizada. A un nivel más general, el estudio económico-financiero en los planes de ordenación del territorio debe perseguir un conjunto de objetivos que podrían resumirse en los siguientes puntos:

- Conocer el coste de cada una de las propuestas de inversión planteadas en el programa de actuación.
- Determinar los beneficios económicos o financieros que se derivan de cada una de estas actuaciones.
- Establecer para cada uno de los agentes, públicos o privados, implicados en el plan, la cuantía en que deben contribuir a la financiación de las inversiones a realizar en función de sus disponibilidades, de sus competencias y de los retornos y beneficios esperados como consecuencia de su ejecución.
- Identificar y cuantificar las líneas de financiación, subvenciones, créditos especiales y programas de inversión a los que cabe asignar las diferentes actuaciones.
- Evaluar la adecuación de las propuestas de inversión a las disponibilidades financieras de los entes ejecutores.

Alcanzar estos objetivos no resulta, normalmente, sencillo. Por un lado está la dificultad, por parte del equipo planificador, para decidir sobre la asignación de dinero público, cuando no dispone de seguridad sobre el destino real de estos recursos en relación con los fines propuestos. Por otro lado la vinculación de las inversiones públicas al desarrollo de ciertas actuaciones, contrariamente a lo que ocurre en otros tipo de proyectos públicos, resulta problemática en el caso de los planes, porque raramente se cuenta con una estimación de las partidas presupuestarias que la administración tiene intención de poner a disposición del desarrollo del plan.

No obstante este es un problema previo que condiciona la elaboración del plan, pero que no debe ser determinado por él, sino que corresponde a niveles de decisión superiores; se trata de una cuestión de elección pública ligada a las preferencias sociales, las cuales deben manifestarse a través de los mecanismos establecidos para ello.

El equipo redactor del plan sólo debe considerar como variables relevantes aquellos factores y elementos que quedan bajo su competencia, que es exclusivamente técnica. Es por tanto responsabilidad suya establecer, bajo unas condiciones determinadas, una propuesta de gasto público razonable desde el punto de vista de la asignación de los recursos, y repartir la inversión privada equitativamente entre los beneficiarios de las actuaciones. Esto presenta problemas metodológicos específicos cuando se refiere a inversiones que no ofrecen una rentabilidad financiera cuantificable en términos monetarios. En todo caso, la propuesta de inversión debe ir acompañada de los elementos informativos necesarios para que el órgano decisor elija una u otra opción sobre datos consistentes.Por otra parte, una sistemática como la descrita para los planes urbanísticos, no es trasladable a las situaciones que se plantean en los planes en los que el medio físico y los factores ambientales tienen un papel preponderante. En primer lugar no existe norma legal alguna que permita establecer con carácter general, el grado de aprovechamiento que se deriva para los particulares de las inversiones propuestas por el plan, por lo que cada caso ha de analizarse independientemente. En segundo lugar, es usual en estos casos encontrarse ante inversiones cuyo destino es la prestación de bienes o servicios de carácter público, con beneficios intangibles desde el punto de vista financiero y que repercuten sobre toda la población sin que sea posible asignarlos a un grupo social determinado.

5.2.2.3. Organización del estudio económico-financiero

En la práctica de los planes de ordenación territorial, el estudio económico-financiero puede organizarse mediante un análisis pormenorizado de cada una de las actuaciones propuestas que recoja, para cada una de ellas, los siguientes aspectos:

- Cuantificación del coste de la actuación con la aproximación que corresponda a su grado de definición.
- Determinación del volumen necesario de inversión anual, tanto durante la fase de ejecución como en la de funcionamiento.
- Cuantificación de los beneficios que genera la inversión y los agentes sobre los que recaen. En la medida en que resulte factible y razonable, tal cuantificación se dará en magnitudes económicas; pero dado el carácter intangible o difícilmente monetarizable de la mayor parte de estos beneficios, esto no será siempre posible, lo que no debe eximir del esfuerzo de determinar con la mayor fiabilidad posible aquellos aspectos en los que el beneficio puede estimarse mediante alguna magnitud cuantitativa.

- Determinación de las opciones existentes para la financiación de las actuaciones y los agentes económicos que han de afrontarlas. Para cada uno de ellos se establecerá la cuantía de la inversión anual a realizar, valorándose su capacidad para hacer frente a dichos desembolsos. En el caso de los agentes particulares, sus aportaciones deben guardar relación con los retornos financieros que reciben como consecuencia de dicha actuación. En el caso de agentes institucionales deben contemplarse criterios de equidad y eficiencia de la inversión pública, tomándose en cuenta aspectos como los siguientes:
  - Capacidad de inversión y de endeudamiento del organismo de que se trate.
  - Evolución del gasto presupuestario dedicado a ese tipo de inversiones.
  - Porcentaje de dichos presupuestos que debería corresponder al ámbito geográfico objeto del plan en función de los indicadores que resulten relevantes en cada caso, tales como características demográficas. extensión superficial, estimadores macroeconómicos, especialización económica, eficacia comparada de la inversión, etc.

5.2.2.4. Evaluación económico-financiera de los planes de ordenación territorial

Como resumen, el estudio debe incorporar una evaluación de la viabilidad del plan según la capacidad inversora de cada uno de los agentes implicados y de la eficacia de la propuesta de inversión en términos de justificación del gasto a realizar en función de los objetivos del Plan.

En general la propuesta de inversión del Plan va dirigida, en un alto porcentaje a la obtención de beneficios no monetarizables, por lo que difícilmente admite técnicas de evaluación tipo análisis coste-beneficio; y su problemática la acerca más a las técnicas de análisis empleadas en la evaluación de proyectos sociales. En este sentido, resulta especialmente adecuado, para la racionalización de las decisiones de asignación, el criterio de eficiencia.

La efectividad de acciones y decisiones que se refieren a la asignación de recursos para la obtención de resultados no monetarizables, se suele medir por el módulo de la consecución de los objetivos propuestos. Sin embargo la consecución del objetivo como único parámetro de eficiencia no informa sobre los recursos consumidos para su logro, ni sobre los resultados sacrificados por el hecho de no haber elegido acciones o decisiones alternativas. Por tanto la relación coste-rendimiento se impone como criterio último de eficiencia. Optimizar esta relación y proporcionar la información necesaria para optar por una decisión consistente, en el ámbito de los planes de ordenación y protección del medio físico, debe ser el objetivo último del estudio económico-financiero.

5.2.3. Intervenciones típicas en relación con el medio físico

Las actuaciones admiten una adscripción a los objetivos; para el caso del medio físico pueden agruparse así: actuaciones de conservación, de mejora, de regeneración o restauración, de rehabilitación y de puesta en valor de recursos ociosos. Las que se enumeran a continuación, deben interpretarse como meros ejemplos, si bien generalizables a muchas zonas.

Acciones de protección

En la medida de lo posible, resulta recomendable formar una red de espacios naturales protegidos para el conjunto de la región, de acuerdo con la legislación en materia de conservación de la naturaleza. Conviene diseñar esta red mediante la redacción de un plan, que puede adoptar la forma de un PORN (Plan de Ordenación de los Recursos Naturales) previstos en la citada legislación o bien la de un plan sectorial de ordenación del territorio de acuerdo con la legislación específica de las autonomías en la materia. Tal plan determinará la figura, de entre las previstas en la legislación, más adecuada para cada espacio protegido.

Para la puesta en marcha de numerosas acciones es indispensable la elaboración del «catálogo de especies vegetales y animales amenazadas» previsto en l repetidamente citada legislación de conservación de l anaturaleza. Inventario, cuando no exista, y catalogación en su caso de los elementos singulares que incluya los yacimientos paleontológicos, sitios de interés geológico y geomorfológico, lugares de interés histórico cultural en suelo rústico, hitos y singularidades paisajísticas naturales, como peñas, crestas, árboles centenarios, etc. Para cada uno de los elementos catalogados se delimitarán las áreas de conservación, protección y alerta.

Acciones de conservación activa/fomento

Ordenación y gestión de los montes públicos y privados de acuerdo con el principio del uso múltiple; particular atención se prestará a la compatibilización del pastoreo y el esparcimiento al aire libre con la producción forestal. Además se debe estudiar la dotación en personal y medios para prevención y lucha contra incendios forestales y adopción de medidas para una eficaz garantía en la materia.

Redacción de planes para la ordenación de la cuenca vertiente de los embalses, contemplando tanto las medidas necesarias para asegurar la conservación y funcionalidad del embalse, como su acondicionamiento para usos turísticos y recreativos.

Delimitación de zonas ecológicamente sensibles según lo establecido en la legislación comunitaria, que autoriza a los estados miembros a concertar y abonar cuotas anuales por hectárea a los agricultores de estas zonas a condición de que utilicen las prácticas establecidas para la conservación de la vida silvestre y del paisaje, así como para la continuidad de las formas tradicionales de cultivo. Gestión de la recolección de plantas aromáticas y medicinales, frutos silvestres, hongos y setas, de acuerdo con un plan que establezca, para cada especie, las zonas adecuadas para la recolección, los calendarios y cantidades en que se permite esta práctica asi como los criterios de vigilancia a seguir por la guardería de montes, de tal manera que se controle el aprovechamiento de este importante recurso garantizando su producción sostenida.

Actuación piloto tendente a la compatibilización de la agricultura con la caza: liberación de bandas del tratamiento con herbicidas, pesticidas y fitosanitarios en el entorno de las parcelas, creación de zonas silvestres de refugio, etc.

Actuación piloto tendente a la búsqueda de compatibilidad entre el uso agrícola y recreativo del suelo en los espacios periurbanos.

Acciones de regeneración, recuperación, restauración o rehabilitación

Tratamiento de las márgenes de ríos y arroyos, creación y/o extensión de una red de toma de muestras para el análisis y control de la calidad del agua, y determinación del caudal ecológico de los cursos de agua continuos de la región en coordinación con las determinaciones del correspondiente Plan Hidrológico de Cuenca.

Restauración progresiva de los bosques climácicos degradados.

Puesta en marcha de programas o proyectos piloto para la reconducción de las repoblaciones forestales realizadas con especies exóticas, ecológicamente inadecuadas, a explotaciones forestales mixtas con especies autóctonas, afectando a las zonas representativas de los diferentes ambientes del ámbito del plan.

Puesta en marcha de experiencias piloto sobre creación y gestión de sistemas silvopastorales mediante la repoblación forestal compatible con el aprovechamiento ganadero, sobre los suelos peores que, previsiblemente, serán abandonados. La opción que con mayor interés se ve en el horizonte es la creación de los citados sistemas silvopastorales, de aprovechamiento múltiple, que añaden a su producción de pastos y madera, la extracción de plantas aromáticas y medicinales, hongos, setas, caza, y pesca, sin contar la producción de servicios no menos valiosos aunque no entren en los normales circuitos de mercado: la producción de paisaje y de agua limpia. También se ve en el horizonte la posibilidad de cultivos energéticos que, además, contribuyen a la mejora del paisaje.

Actuación en materia de abandono de cultivos, con el siguiente contenido:

a) Estudio predictivo para determinar las tierras que, de acuerdo con la creciente liberalización de mercados y la reducción de ayudas a la agricultura, serán probablemente abandonadas.

b) Búsqueda de usos alternativos para dichas tierras: sistemas silvopastorales, cultivos energéticos, cultivos de plantas de extractos: aromáticas, medicinales y condimentarias, etc.

c) Diseño de nuevas formas de gestión que sustituyan a la tradicional explotación familiar (agricultura a tiempo parcial, sociedades anónimas, sociedades mixtas, etc.)

d) Estudio y diseño de un nuevo sistema de asentamientos poblacionales y búsqueda de soluciones para la conservación del patrimonio construido en aquellos núcleos que resulten inviables
e) Análisis del papel que pueden jugar las instituciones públicas en este panorama y propuestas para su adaptación.

Actuación sobre espacios degradados referido a:

a) Actividades extractivas orientado tanto a la regeneración y/o rehabilitación de zonas abandonadas como a las que se encuentran en explotación.
b) Sellado, limpieza y/o acondicionamiento de vertederos incontrolados.
c) Limpieza y/o acondicionamiento de residuos agrícolas y, en su caso, creación de una red de instalaciones para el vertido y reciclado de tales residuos; se analizará, además, los posibles beneficios ambientales y económicos del establecimiento de un banco de estiércol y se propondrán acciones en consecuencia.

Estudio y actuación piloto sobre reutilización de aguas residuales urbanas en la agricultura, aguas abajo de todos los núcleos de población importantes.

Deslinde, recuperación y tratamiento paisajístico de los espacios marginales de dominio público y vigilancia de las servidumbres sobre vías y otros elementos de titularidad o uso público.

Deslinde, recuperación y tratamiento de vías pecuarias y descansaderos del ganado.

Acciones para la puesta en valor de recursos ociosos

Fomento del «turismo verde» que permita obtener un aprovechamiento económico de los valores ecológicos y paisajísticos de la zona compatible con la extensión de su conocimiento y conservación.

Estudio/proyecto piloto para el aprovechamiento acuícola de los embalses, a desarrollar en colaboración con las Universidades y Centros de Investigación.

Estudio y programa piloto de micorrización de las formaciones forestales, por parte de los servicios forestales, sobre zonas piloto situadas en los diferentes dominios bionaturales de la zona y referido tanto a los efectos sobre el crecimiento maderero como sobre la producción de hongos y setas.

6. LA EVALUACIÓN DE IMPACTO AMBIENTAL COMO INSTRUMENTO DE ORDENACIÓN TERRITORIAL[4]

La Evaluación de Impacto Ambiental (EIA) es un instrumento preventivo de gestión ambiental, que pretende controlar las repercusiones ambientales de las

[4] Sobre Evaluación de Impacto Ambiental ver el libro del autor Gómez Orea, D. 2002. Evaluación de Impacto Ambiental. Ed. Mundi-Prensa. Madrid.

actuaciones en el nivel de proyecto, antes de que sea ejecutado. Se trata de un procedimiento administrativo que, apoyado en un Estudio de Impacto Ambiental, que debe presentar el promotor, sobre las incidencias ambientales del proyecto, y en un proceso de participación pública sobre tales incidencias, concluye con la aprobación, modificación o rechazo del proyecto por parte de un órgano ambiental específico de la administración pública, (Organo Ambiental) distinto del organismo responsable del proyecto bajo evaluación (Organo Sustantivo). Al pronunciamiento del órgano ambiental rechazando o aceptado el proyecto, con o sin condiciones, se denomina Declaración de Impacto Ambiental.

En el procedimiento intervienen cuatro agentes: el *promotor* del proyecto, que puede ser público o privado, el *órgano sustantivo* u organismo público en quien residen las competencias sobre el proyecto sustantivo, el *órgano ambiental* o entidad también administrativa en quien residen las competencias ambientales en relación con el proyecto y la *población* afectada por la actuación.

El hecho de que el Estudio de Impacto Ambiental sea elaborado, generalmente, por personas con formación e ideas distintas a las de los redactores del proyecto sustantivo y de que lo enjuicie un organismo ambiental, dotado, generalmente, por personas con formación, criterios e intereses, distintos a los del organismo responsable del proyecto sustantivo, le dotan de un cierto carácter antipático, consustancial a toda opción «reactiva», fiscalizadora de las acciones de otros. Hay una idea de contraposición (al menos dialéctica) de intereses que difícilmente se acompasa con la integración ambiental, objetivo que persigue la gestión ambiental; por ello, en esta obra se plantea una forma «adaptativa» de enfocar el desarrollo de los proyectos en el tiempo que facilita la integración en su entorno.

La legislación por la que se vinculan determinados proyectos a evaluación de su impacto ambiental, tiene un doble carácter:

- Específico: el Real Decreto Legislativo 1302/85, el RD 1131/1988, el RD 9/2000 y la Ley 6/2001 de modificación del RDL 1302, de evaluación de impacto ambiental, están dedicados específicamente a regular el procedimiento de EIA en el nivel estatal; en el nivel autonómico, la mayor parte de las comunidades autónomas han desarrollado su propia legislación, generalmente ampliando la relación de proyectos sometidos al procedimiento de EIA por la regulación estatal e introduciendo versiones simplificadas del procedimiento.
- Sectorial: la legislación nacional sobre Minas, Protección del Ambiente Atmosférico, Aguas, «Espacios y Especies», Carreteras, Ferrocarriles, Actividades Clasificadas, Costas... también vinculan ciertas actuaciones al procedimiento de EIA; y lo mismo ocurre en el nivel autonómico, por ejemplo la Ley sobre Concentración Parcelaria en Castilla y León, para los proyectos que contempla.

6.1. La indisociable dualidad proyecto-entorno

Los proyectos que esta legislación vincula al procedimiento de EIA, suelen estar definidos, en función de su naturaleza exclusivamente, con independencia del lugar donde se ubiquen, tamaño y forma en que se conciban y ejecuten.

Sin embargo en el impacto ambiental de una actuación están implicados dos elementos dialécticamente contrapuestos: el proyecto y el medio en el que se sitúa; en efecto, la incidencia del proyecto depende, para una localización geográfica dada, de su tamaño, de las materias primas que transforme y lugar de donde las obtenga, de la mano de obra, del diseño, de los materiales que emplee en la obra civil, de la tecnología que aplique en el proceso productivo, del destino y naturaleza de los efluentes, etc.; pero, paralelamente la incidencia de un proyecto dado, depende de la fragilidad y potencialidad del medio en que se ubique, o más concretamente, de la capacidad de acogida del territorio, de las tasas de renovación interanual de los recursos naturales renovables que utilice, del ritmo e intensidad de uso con que consuma o aproveche recursos no renovables y de la capacidad de asimilación de los vectores ambientales: aire, agua y suelo, que reciban sus desechos.

Como se ha visto repetidamente en esta obra, los tres aspectos citados, son parte sustantiva de un plan de ordenación territorial, que las estudia y determina dentro del tratamiento del medio físico. Por tanto un proyecto que estuviese conforme con un plan previo, tendría asegurada su integración ambiental, al menos hasta el nivel de análisis que corresponde a la escala de planificación.

6.2. El enfoque adaptativo para la integración ambiental

El espíritu de la EIA se centra en la integración del proyecto con el entorno. Esta integración viene por dos vías (figura VI.36): la del impacto o incidencia del proyecto en el medio y la de la aptitud o medida del comportamiento del medio con el proyecto.

El esquema lógico para la integración ambiental de los proyectos, debería ser de naturaleza «adaptativa», lo que significa que el estilo y las consideraciones ambientales se van incorporando progresivamente a lo largo de todas las fases del proceso de toma de decisiones (figura VI.37), empezando por el nivel de planificación territorial y terminando en la explotación del proyecto. De esta forma la EIA se reduciría a los aspectos más conflictivos y que requieren ser tratados con gran detalle.

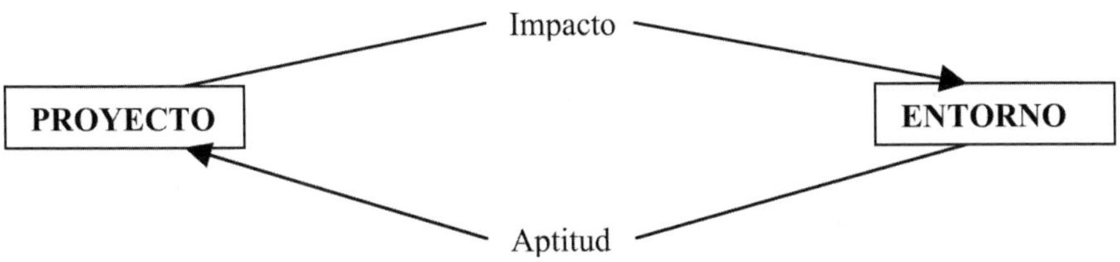

Figura VI.36. *El impacto se refiere a la incidencia del proyecto en su entorno, mientras la actitud identifica el comportamiento del entorno para con el proyecto.*

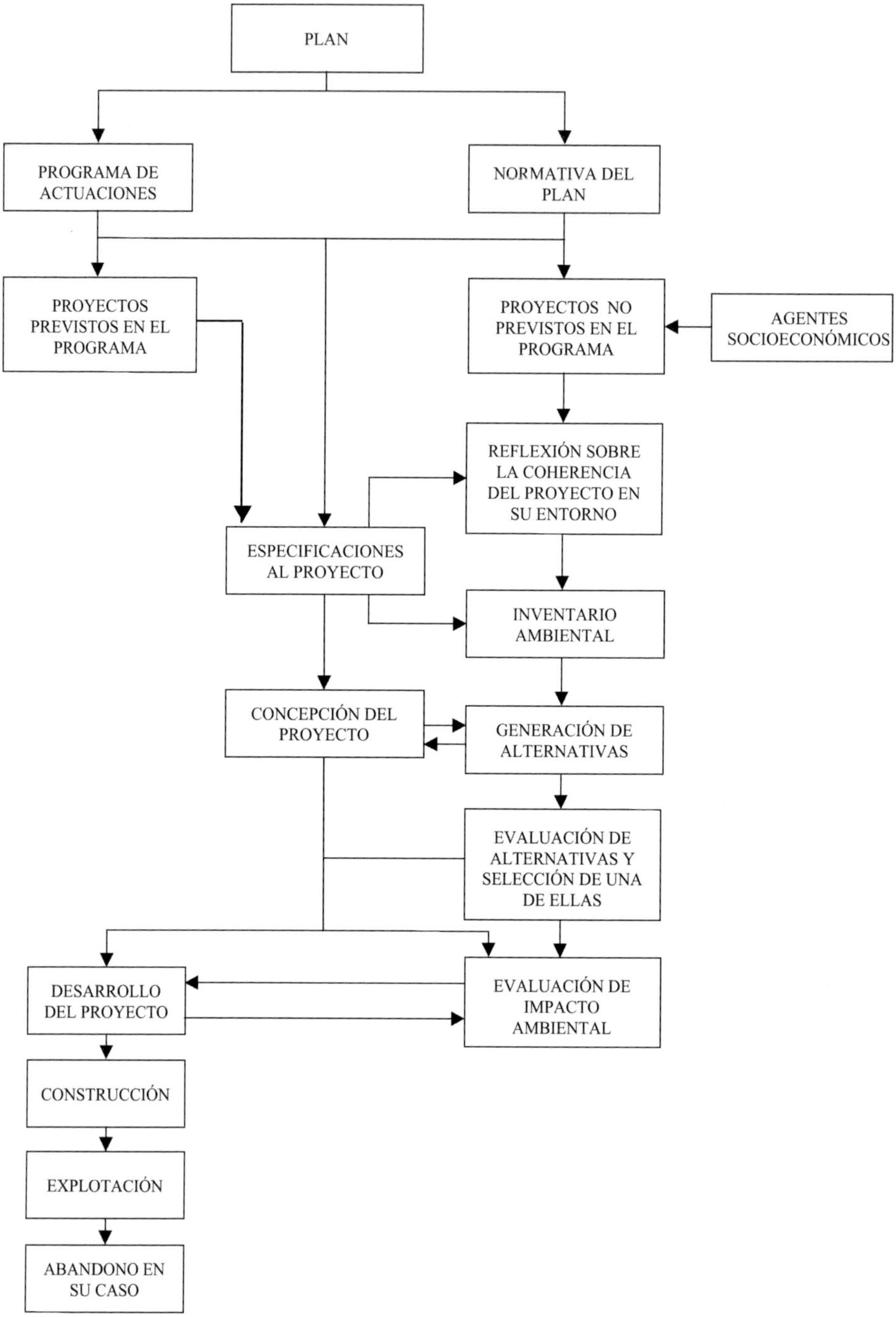

Figura VI.37. *Esquema adaptativo para la integración ambiental.*

Por otra parte los planes de ordenación territorial pueden utilizar la EIA como instrumento de control que ofrece la posibilidad de extender sus determinaciones hasta la fase de proyecto, e incluso de realización y explotación de la obra mediante el programa de vigilancia ambiental; tal posibilidad se hace realidad, en su caso, en el programa de actuaciones y en la normativa. Para los proyectos contemplados en el programa de actuaciones, el plan establece una serie de especificaciones entre las que se encuentran las relativas a la forma en que ha de hacerse el estudio de impacto ambiental, cuando se estime oportuno y para aquellos proyectos sometidos por ley a EIA. La normativa, por su parte puede vincular ciertas actuaciones, incluidas o no en el programa, a la realización de un estudio de impacto ambiental que asegure la consideración del hecho ambiental en el desarrollo del proyecto y, a través de él, su integración ambiental. Asimismo la normativa o las especificaciones dadas en el programa, orientarán la realización del estudio de impacto que debe presentar el promotor, hacia los aspectos verdaderamente relevantes a la luz de los análisis elaborados en el plan.

De esta forma la evaluación ambiental de todo proyecto queda contemplada desde la dualidad que determina su incidencia. en el medio: su propia naturaleza y el entorno geográfico en que se localiza.

6.3. Evaluacion Ambiental Estratégica (EAE) de los planes de ordenación del territorio[1]

La Evaluación Ambiental Estratégica (EAE) es un instrumento para *integrar* primero el medio ambiente en el proceso de formulación de políticas, planes y programas (PPP en lo sucesivo) y para *verificar* después la realidad de ello. La integración consiste en incorporar sensibilidad, criterio, conocimiento y compromiso ambiental al proceso de elaboración del PPP, desde el principio, con el fin de que la decisión pública al respecto sea lo más acertada posible. La verificación comporta dos facetas: la comprobación de que efectivamente se ha hecho un esfuerzo de integración ambiental en la elaboración del PPP y la evaluación del resultado conseguido, evaluación que se realiza a través de la identificación, valoración, prevención y seguimiento de los impactos que se producirían en caso de que llegue a ejecutarse.

La integración ambiental comienza en el momento mismo en que surge la idea de elaborar el PPP, y su evaluación también; luego se concreta en un documento técnico (Informe de Sostenibilidad Ambiental: ISA) que es parte integrante de la documentación del PPP y que se va desarrollando al mismo tiempo que el borrador o avance del PPP; ambos elementos se formalizan en un documento técnico al mismo tiempo; después sigue el proceso de integración incorporando las determinaciones establecidas en la Memoria Ambiental, que incluirá los resultados de la participación pública, a la elaboración del PPP definitivo.

[1] Este epígrafe se ha extraído de Gómez Orea, D. 2007. *Evaluación Ambiental Estratégica*. Mundi-Prensa. Madrid.

En suma, el espíritu señalado en los párrafos anteriores se hace operativo (figura VI.38), de acuerdo con lo establecido por la Directiva comunitaria 2001/42/CE y por la Ley Española 9/2006, según la secuencia siguiente:

— Incorporando primero el medio ambiente y los principios de sostenibilidad al proceso de elaboración del borrador del PPP.
— Formalizando después el Informe de Sostenibilidad Ambiental, documento técnico que se forma con elementos procedentes del proceso de elaboración del PPP y con una doble evaluación de los resultados de tal proceso en los siguientes términos:
  • Una de carácter general: en qué medida el PPP como unidad o, más concretamente, su objetivo o fin general, se considera razonable desde el punto de vista de la sostenibilidad, de los criterios de integración ambiental y de la referencia del modelo territorial en que se inscribe y de su evolución.
  • Otra de carácter específico: identificar y valorar los impactos significativos que las propuestas podrían producir sobre el medio ambiente en caso de ejecutarse, proponer las medidas para evitar, mitigar o compensar los impactos identificados y diseñar un sistema para el seguimiento del comportamiento ambiental del PPP, con el fin de

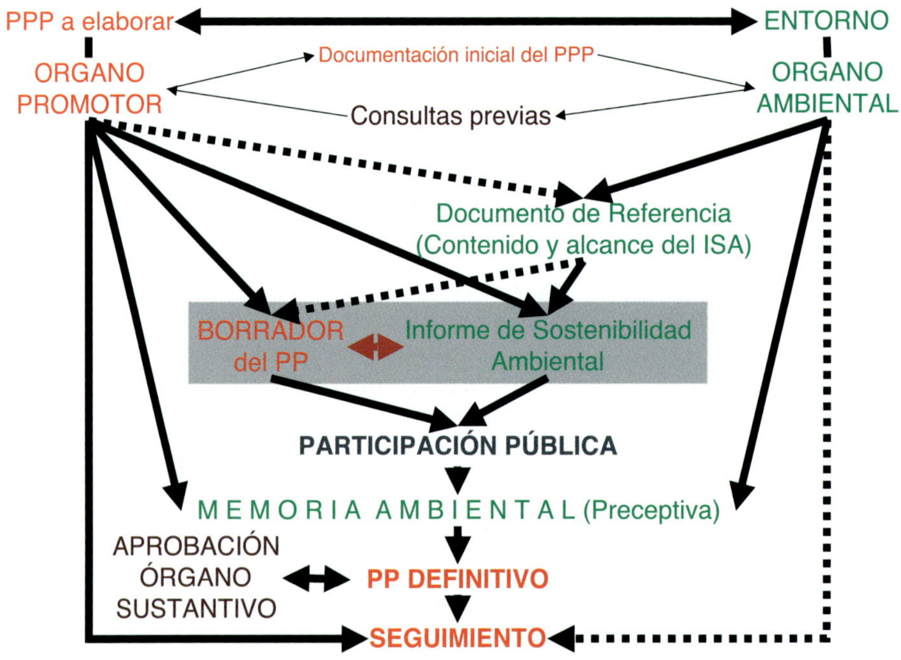

Figura VI.38. *El procedimiento de EAE exige la colaboración entre el órgano promotor del PPP y el órgano ambiental y se basa en un informe técnico: Informe de Sostenibilidad Ambiental y en la participación pública.*

informar a la Administración responsable del medio ambiente sobre los aspectos que deben ser objeto de vigilancia, los indicadores a través de los cuales deben ser controlados dichos aspectos y el método o sistema para realizar tal vigilancia.

— Sometiendo ambos elementos: PPP e ISA, a un proceso de participación en el que intervienen las autoridades (el Órgano Sustantivo o autorizante del Plan, el Órgano Ambiental, el Órgano Promotor del Plan), la Administración pública afectada, los agentes socioeconómicos y la población interesada, para expresar su opinión con la idea de informar a los decidores e influir en la decisión que adopten.
— Elaborando a continuación una Memoria Ambiental (MA) en la que se valora la integración del medio ambiente en el borrador del PPP a la vista del ISA, cuya calidad también se juzga, de la forma en que se ha considerado el resultado de la consulta pública y de los impactos significativos identificados. Además la MA contendrá las determinaciones a incorporar, con carácter preceptivo, al documento final del PPP.

Solo después de todo este proceso podrá ser elaborada la versión definitiva del avance del PPP que se someterá a la correspondiente aprobación por el Órgano Sustantivo, quien resolverá teniendo en cuenta, específicamente, lo establecido en la MA.

6.3.1. Marco legal

La EAE está legalmente regulada a nivel de la UE por la Directiva 2001/42/CE del Parlamento Europeo y del Consejo sobre evaluación de los efectos de determinados planes y programas (PP en lo sucesivo) en el medio ambiente (DOL197, 21 julio 2001), a nivel español por la Ley 9/2006, de 28 de abril, sobre evaluación de los efectos de determinados planes y programas en el medio ambiente, y a nivel de las Comunidades Autónomas por otra legislación específica.

La legislación anterior así como la vigente Ley 8/2007 del suelo, vinculan específicamente los instrumentos de ordenación territorial a EAE; esta última establece en su artículo 15 la obligatoriedad de incluir un mapa de riesgos naturales del ámbito objeto de ordenación en el informe de sostenibilidad previsto en el procedimiento administrativo de EAE, y da carácter determinante a los informes de aguas, costas y carreteras y demás infraestructuras.

6.3.2. Metamodelo para elaborar los elementos técnicos de la EAE

En el proceso descrito y representado en la figura VI.38. existe una fase técnicamente crucial, que corresponde a la parte sombreada: la elaboración al mismo tiempo del Borrador del PP y del ISA, de tal manera que éste se podría interpretar como la incorporación de la dimensión ambiental al proceso de elaboración del Borrador del PP, la verificación de ello y la denuncia de los posibles impactos; pero, además, la EAE requiere que el ISA se configure en un documento específico, diferente del documento del PP.

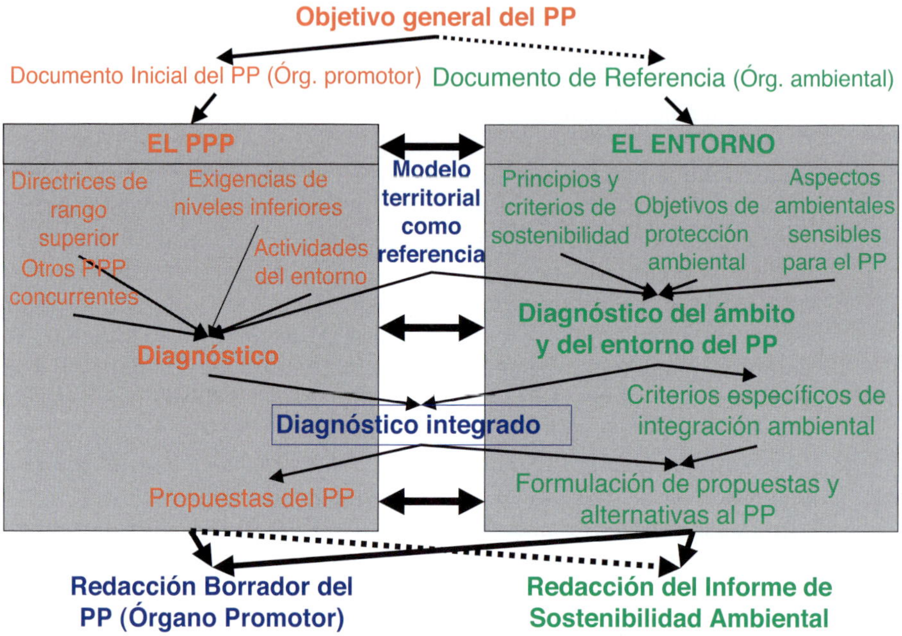

Figura VI.39. *El medio ambiente se inserta en la elaboración del PP y luego utiliza los materiales para redactar el Informe de Sostenibilidad Ambiental.*

La idea expresada sugiere dos metodologías, que se desarrollan sucesivamente, para elaborar el ISA: la primera *de integración* y la segunda *de verificación*, tal como se representa en la figura VI.39. que desarrolla metodológicamente la parte sombreada de la figura VI.38; en ella se observa cómo el ISA, partiendo de los dos documentos previos: el Inicial del PP y el de Referencia, se va desarrollando y tomando forma a través de una fase de integración y otra de verificación a cada una de las cuales corresponde su propia metodología:

Fase 1. Integración del medio ambiente en la elaboración del borrador del PP, lo que supone:

— Explicitar los objetivos generales, los principios y los criterios que determinan la aportación de la dimensión ambiental. Identificar los aspectos ambientales sensibles ante el PP para orientar el diagnóstico posterior. Adoptar el modelo territorial, y su evolución, en que se inscribe el PP como marco de referencia que determina las demandas y la calidad de vida de los ciudadanos.

— Elaborar un diagnóstico ambiental del ámbito y del entorno, inspirado por lo anterior, deducir de él unos criterios específicos para formular propuestas al PP y luego integrar tal diagnóstico con el diagnóstico del PP.

— Colaborar en la identificación de las propuestas, es decir, en el proceso iterativo, explícito o implícito, de generación y evaluación de alternativas orientadas a la formulación del borrador del PP. En particular se establecerán las alternativas previstas en el artículo 8 de la Ley 9/2006 cuando señala que el ISA deberá identificar *unas alternativas razonables, técnica y ambientalmente viables, incluida entre otras la alternativa cero, que tengan en cuenta los objetivos y el ámbito territorial de aplicación del PP.*

Fase 2. Elaboración de un documento específico orientado a verificar dicha integración y los resultados de ello, lo que comporta dos niveles:

— Auditar o preguntar al borrador del PP sobre el proceso de integración y los resultados que ha producido, especialmente desde el punto de vista de los objetivos generales y de la concepción del PP; metodológicamente esta tarea se puede resolver a través de diferentes sistemas de preguntas más o menos formalizadas en árboles de decisión.

— Identificar, valorar, prevenir y seguir los impactos significativos derivados de la ejecución del PP, tarea a la que se pueden aplicar técnicas similares a las de los Estudios de Impacto Ambiental de proyectos, pero con un grado de definición adaptado al carácter estratégico de los impactos.

La formalización del ISA requiere, pues, la aplicación de tres metodologías diferentes y específicas: una para elaborar el borrador del PP, otra para hacer el diagnóstico ambiental del ámbito y entorno del PP e integrarlo en el proceso de su elaboración y una tercera para formalizar el documento conteniendo el ISA. Las dos primeras se han tratado a lo largo de toda la obra, cuya redacción, precisamente, ha estado presidida por la sensibilidad, el compromiso y el conocimiento ambiental. La tercera se expone en el punto siguiente.

6.3.3. Metodología de verificación: elaboración del Informe de Sostenibilidad Ambiental

La figura VI.40. representa el diagrama de flujos metodológico, de carácter general, que se puede adaptar a cualquier caso particular. La primera tarea consiste en estudiar, describir y diagnosticar, respectivamente, los dos elementos que conforman la interacción determinante de cualquier impacto: el origen o causa potencial de impactos: el PP, y el medio ambiente en el espacio afectado: el entorno o, más específicamente, los factores que lo forman.

El PP

Respecto al primero de los citados elementos, comporta dos subtareas:

— Elaborar un esbozo del contenido, los objetivos principales del PP y las relaciones con otros planes y programas pertinentes.

— Un resumen de los motivos de la selección de las alternativas contempladas y una descripción de la manera en que se realizó la evaluación, incluidas las dificultades (como deficiencias técnicas o falta de conocimientos y experiencia) que pudieran haberse encontrado al recabar la

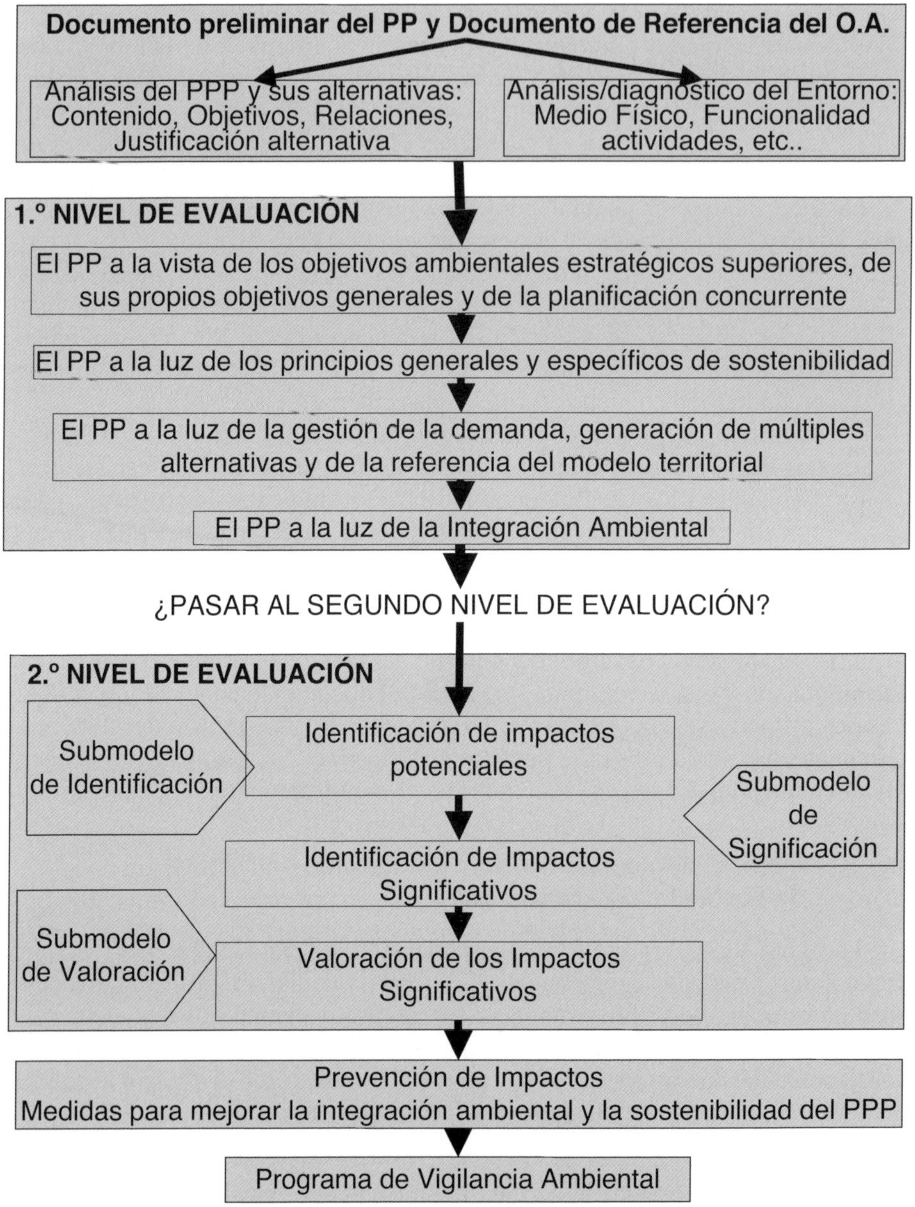

Figura VI.40. *Metodología diagrama de flujos.*

información requerida. La selección de las alternativas en caso de propuestas tecnológicas, incluirá un resumen del estado del arte de cada una y justificará los motivos de la elección respecto a las mejores técnicas disponibles en cada caso.

El entorno: análisis y diagnóstico ambiental

Se realiza aplicando las técnicas descritas en el capítulo IV, especialmente en lo que respecta al medio físico, y se puede concretar en los siguientes puntos:

— Los aspectos relevantes de la situación actual del medio ambiente y su probable evolución en caso de no aplicación del plan o programa.
— Las características ambientales de las zonas que puedan verse afectadas de manera significativa.
— Los problemas ambientales relevantes para el PP, incluyendo los relacionados con cualquier zona de particular importancia ambiental designada de conformidad con la legislación aplicable sobre espacios naturales y especies protegidas.
— Los objetivos de protección ambiental fijados en los ámbitos superiores al del PP que guarden relación con él y la manera en que tales objetivos y cualquier aspecto ambiental se han tenido en cuenta durante su elaboración.

Estos puntos se pueden asimilar al análisis y diagnóstico del entorno, entendido como un sistema territorial, al que se ha destinado el Capítulo IV de esta obra, especialmente en lo que respecta al medio físico.

Luego la metodología se desarrolla en dos niveles que se describen a continuación.

PRIMER NIVEL DE LA EVALUACIÓN

El primer NIVEL analiza e interpreta el PP en términos de:

1. *Los objetivos ambientales estratégicos y de orden superior así como de sus propios objetivos generales y de la planificación concurrente.* Se trata de evaluar la coherencia de los objetivos del PP con las previsiones de la Administración en materia ambiental y de desarrollo en el entorno del PP, con el papel que se le asigna desde ámbitos territoriales de nivel jerárquico superior y con las aspiraciones que se reclaman desde los inferiores inscritos en él. Paralelamente se analizará la coherencia interna de los objetivos del PP y la externa con los planes concurrentes, si los hubiere, y muy especialmente con los objetivos específicos deducidos del diagnóstico del entorno.
2. *Los principios generales y específicos del desarrollo sostenible y, en particular, de los definidos en el documento de referencia.* Se puede concretar el análisis dando respuesta a las siguientes preguntas:
   — ¿Considera el PP con la misma atención, sensibilidad, compromiso, conocimiento y criterio los aspectos económicos, los sociales y los ambientales?
   — ¿Considera la importancia relativa de tales aspectos en las circunstancias en que se encuentra la zona a la que se refiere el plan?
   — ¿Considera la posibilidad de generar sinergias entre dichos aspectos?
   — ¿Considera la posibilidad de compensar objetivos e impactos entre las tres facetas de la sostenibilidad?

— ¿Cumple los principios generales y específicos de sostenibilidad, particularmente los señalados en el Documento de Referencia?
— ¿Están justificados los incumplimientos?

3. *La gestión de la demanda.* Los problemas ambientales derivan en gran medida de los comportamientos de la población y de los agentes socioeconómicos, lo que sugiere exigir al PP una reflexión sobre la justificación de las demandas al respecto y sobre las posibilidades de reducirlas a través del enfoque y de las propuestas del PP. Para ello la primera pregunta se refiere a averiguar si el PP ha diagnosticado la problemática atendiendo a todos los atributos que la determinan, y especialmente a las causas.
4. *La generación de múltiples alternativas;* es una exigencia ambiental en el sentido de exigir al PP una atenta reflexión sobre las diferentes posibilidades que se presentan, evitando limitarse a las soluciones más evidentes y estructurales. Tal idea requiere realizar las dos tareas iterativas que se suceden de forma cíclica: generación y evaluación de alternativas en relación con el modelo territorial o imagen objetivo, con las medidas para avanzar hacia ella y con la forma de gestión.
5. *La referencia del modelo territorial óptimo.* El modelo territorial, además de mostrar externamente el estilo de desarrollo, define el marco de calidad de vida de la población y es determinante de demandas ambientalmente muy significativas: movilidad, energía, agua, etc. La evaluación se hará comparando el modelo territorial propuesto en el plan con modelo deducido del escenario óptimo: equilibrado, adaptado a la vocación del medio físico, a la cabida poblacional y razonable desde el punto de vista de las demandas que implica por parte de la población.
6. *Los criterios de integración ambiental.* En un nivel de mayor detalle, la sostenibilidad se evalúa a través de la integración ambiental del PP, la cual se expresa en los términos de las preguntas (figuras VI. 42.a a VI.42.h) deducidas del modelo de integración basado en el modelo de ordenación territorial que utiliza esta obra y descrito en el Capítulo I, figura I.16, y los criterios de sostenibilidad expresados en el punto 3.1 del Capítulo IV.

SEGUNDO NIVEL DE LA EVALUACIÓN

El segundo nivel de la evaluación da respuesta al contenido legalmente establecido para el ISA que requiere identificar los probables efectos significativos en el medio ambiente, incluidos aspectos como la *biodiversidad, la población, la salud humana, la fauna, la flora, la tierra, el agua, el aire, los factores climáticos, los bienes materiales, el patrimonio cultural incluyendo el arquitectónico y el arqueológico, el paisaje y la interrelación entre estos factores;* sobre los factores ambientales, en suma.

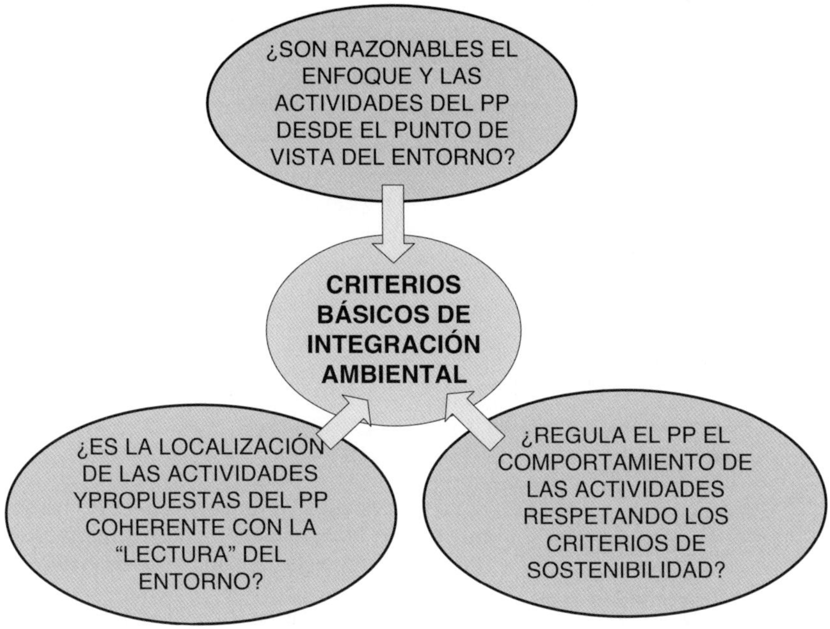

Figura VI.41. *Submodelo de integración, La integración se evalúa a través de tres preguntas básicas.*

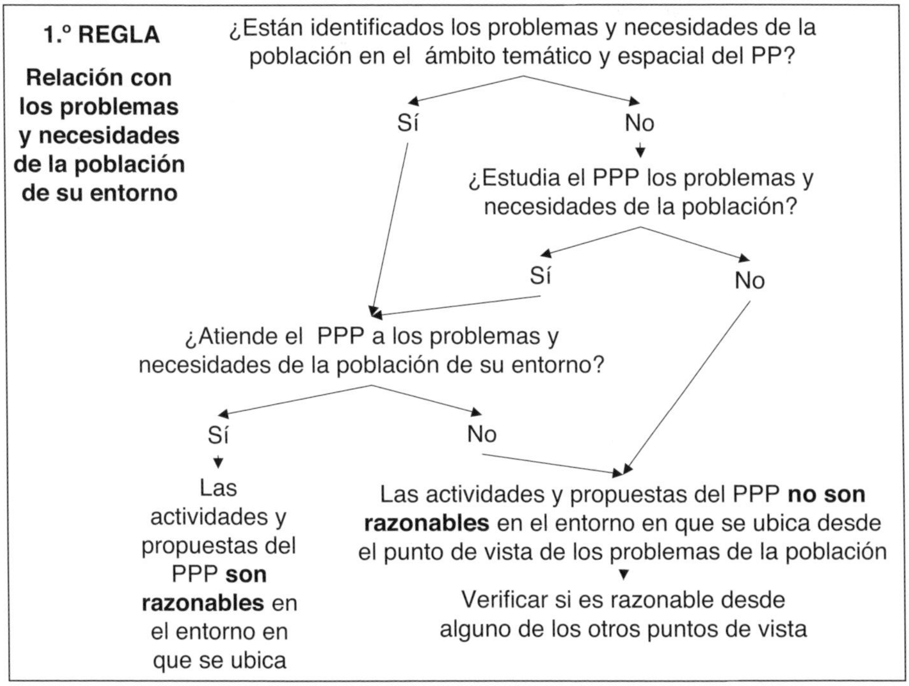

Figura VI.42.a. *Traducción de la versión compleja del Submodelo de Integración a reglas para determinar la integración del PP.*

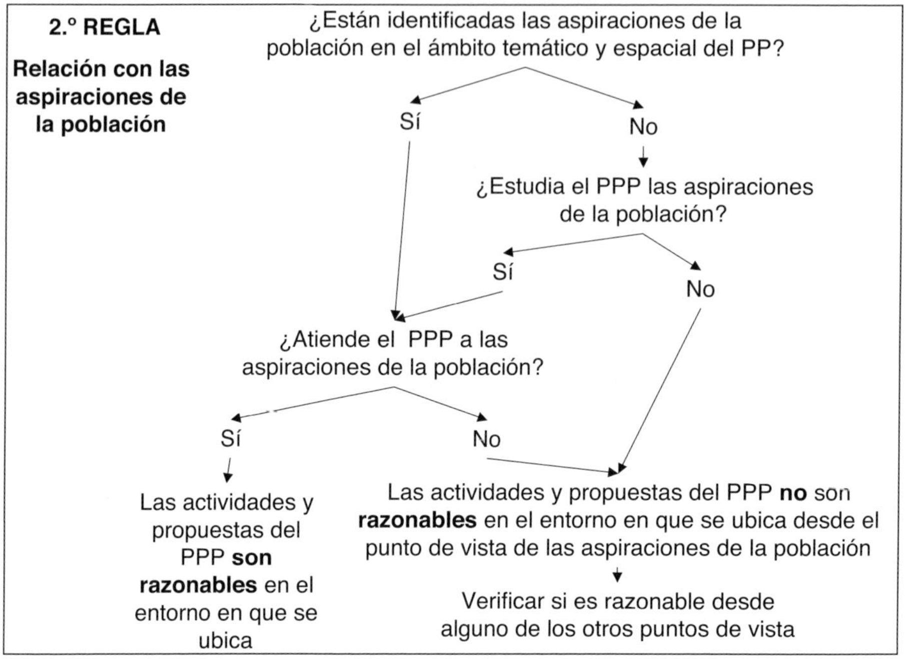

Figura VI.42.b. *Traducción de la versión compleja del Submodelo de Integración a reglas para determinar la integración del PP.*

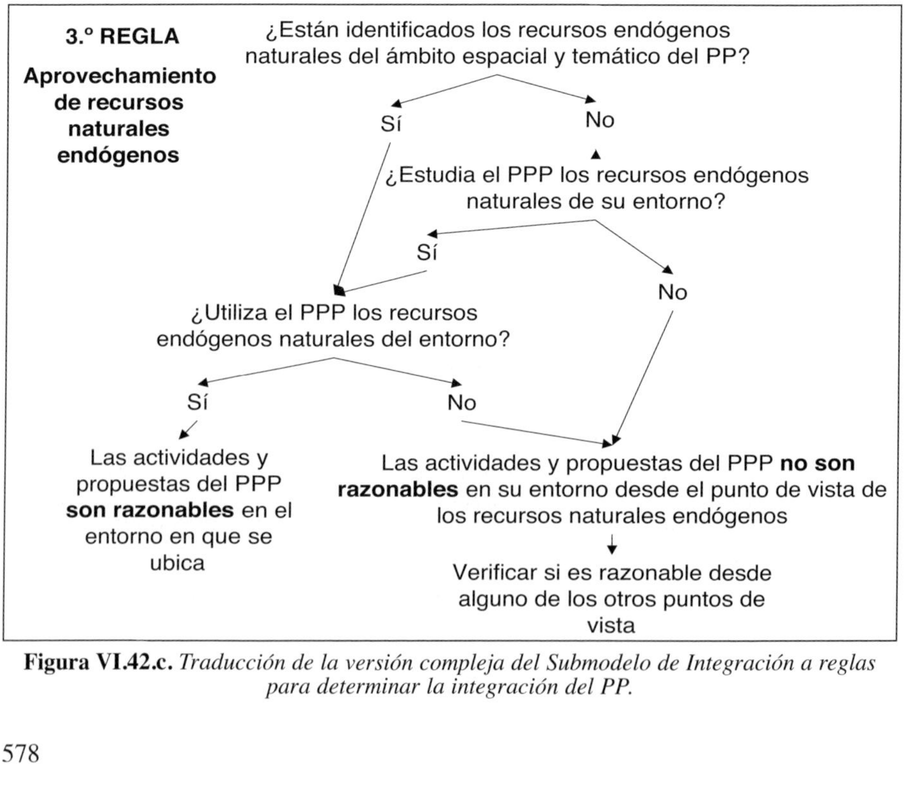

Figura VI.42.c. *Traducción de la versión compleja del Submodelo de Integración a reglas para determinar la integración del PP.*

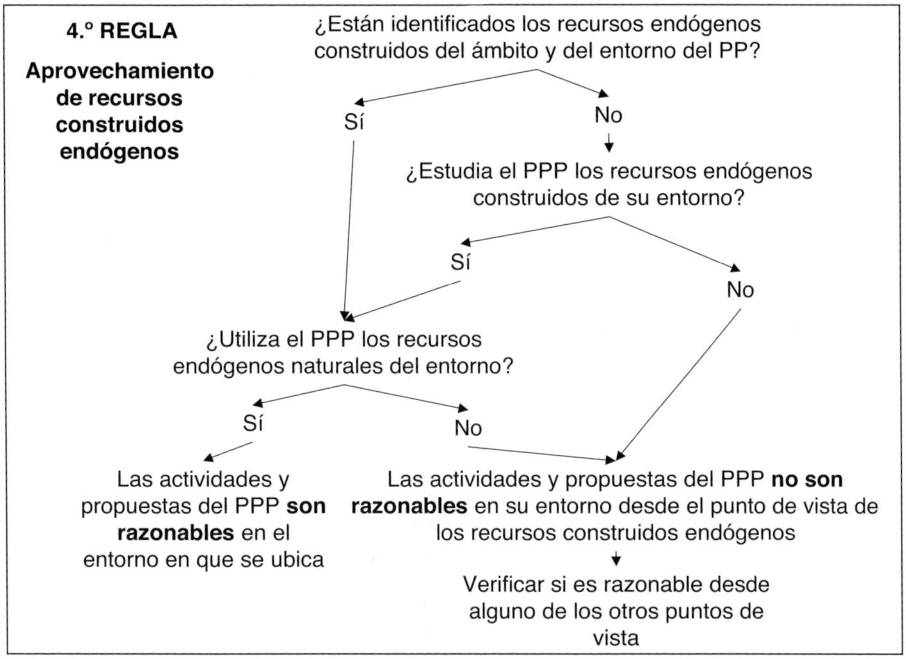

Figura VI.42.d. *Traducción de la versión compleja del Submodelo de Integración a reglas para determinar la integración del PP*

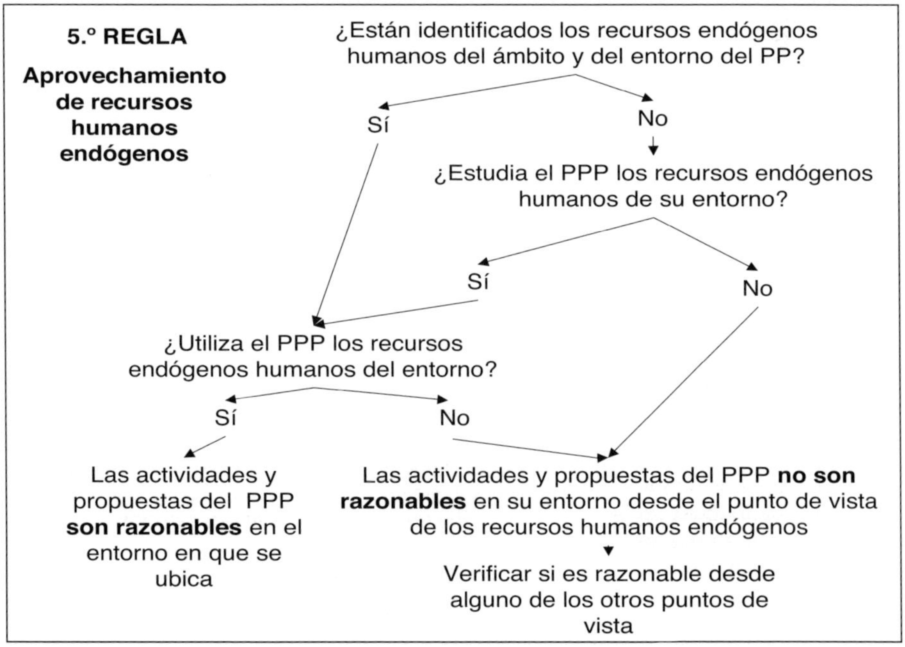

Figura VI.42.e. *Traducción de la versión compleja del Submodelo de Integración a reglas para determinar la integración del PP.*

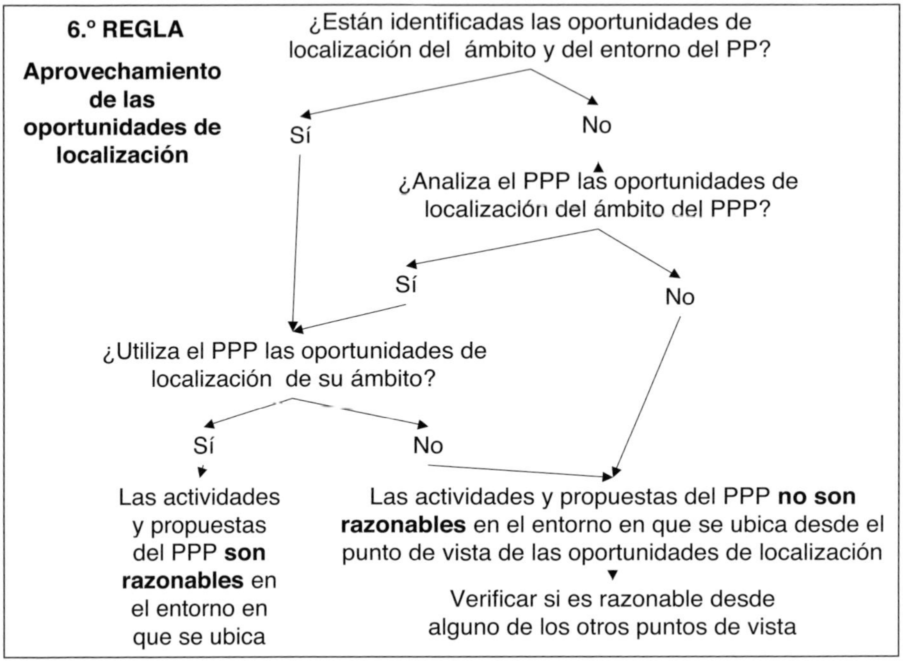

Figura VI.42.f. *Traducción de la versión compleja del Submodelo de Integración a reglas para determinar la integración del PP.*

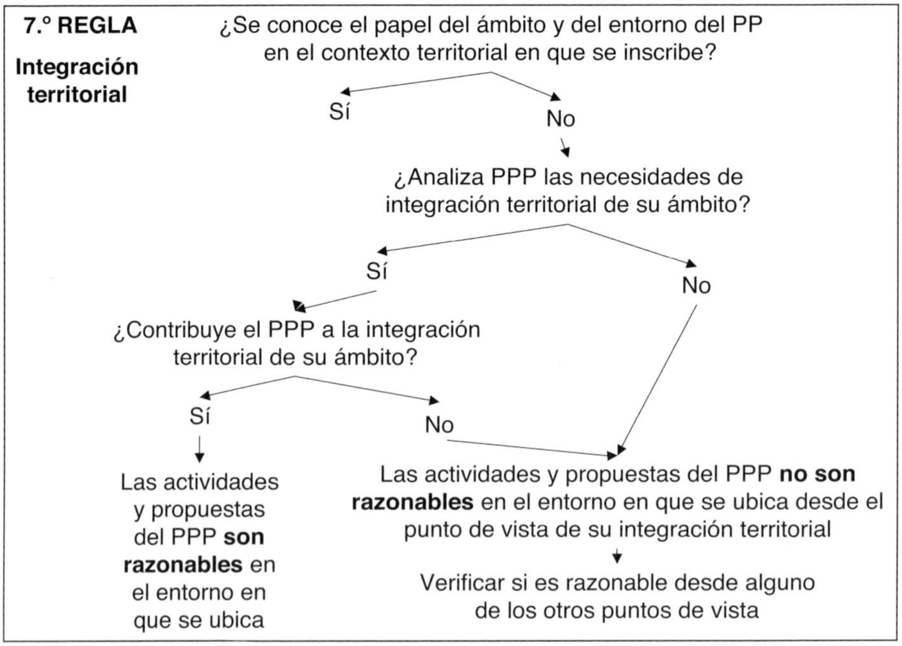

Figura VI.42.g. *Traducción de la versión compleja del Submodelo de Integración a reglas para determinar la integración del PP.*

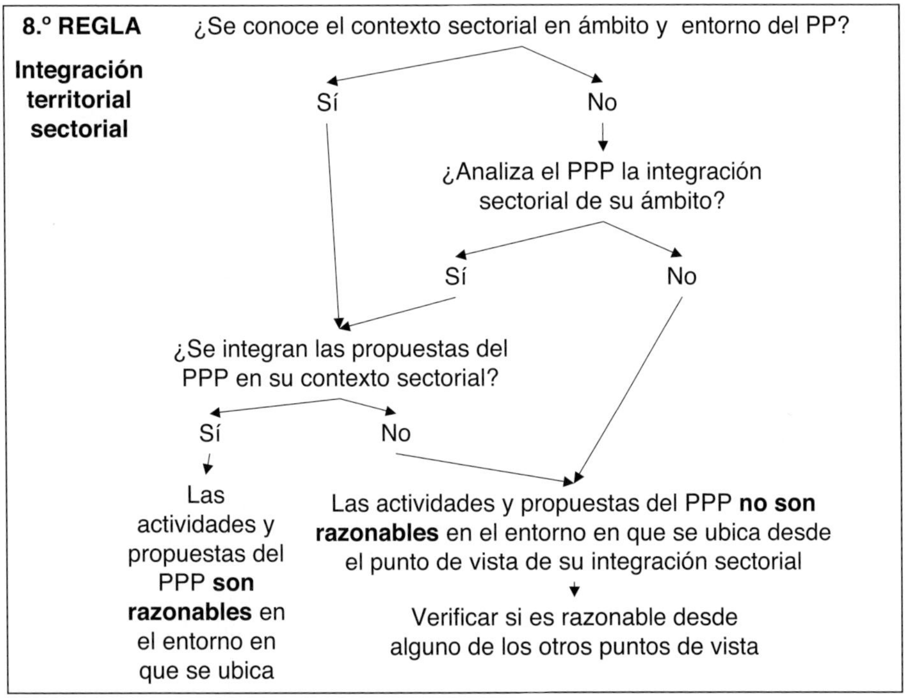

Figura VI.42.h. *Traducción de la versión compleja del Submodelo de Integración a reglas para determinar la integración del PP.*

6.3.3.1. Identificación de impactos

En términos generales, la identificación de impactos admite los enfoques que se describen en los puntos siguientes.

Enfoque basado en los EsIA

Las inevitables concomitancias entre el contenido del ISA y el de un EsIA sugiere un proceso de evaluación que se desarrolla según las siguientes tareas (figura VI.43):

1. Desagregar el PP en fases, elementos y acciones, para el conjunto del PP y, en su caso, para cada una de las propuestas: proyectos, normas u otras, susceptibles de producir o desencadenar impactos ambientales.
2. Desagregar el entorno en factores y subfactores susceptibles de recibir impactos ambientales. En principio tal desagregación se hará a tres niveles que corresponden a otras tantos niveles geográficos del entorno: nivel global, nivel del entorno del PP en cuanto unidad y nivel del entorno específico de cada una de las actividades y propuestas del PP.
3. Identificar los impactos, directos e indirectos, para cada uno de los tres niveles mediante relaciones causa efecto, que serán las fundamentales

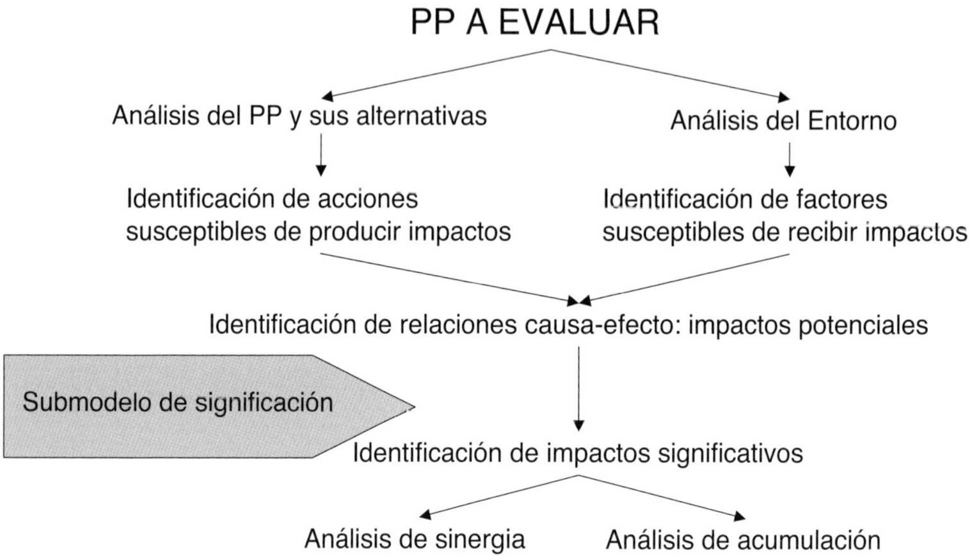

Figura VI.43. *Diagrama de flujos del enfoque basado en los EsIA.*

y más habituales, u otras de carácter más o menos colateral que no responden a ese tipo de relaciones.

4. Para el caso de las propuestas específicas, analizar las relaciones de sinergia y de acumulación entre los impactos.

Este enfoque puede estar más justificado para PP relativamente simples, pero no se excluye la posibilidad de utilizarlo en otros casos.

Enfoque basado en la aplicación directa de técnicas clásicas

Consiste, sencillamente, en aplicar diversas técnicas, solas o combinadas, al PP en cuanto unidad y a todas o a cada una de las partes en que se haya podido desagregar. Se trata de las siguientes técnicas:

— Listas de chequeo.
— Cuestionarios de referencia.
— Entrevistas a expertos, a personas relevantes o paneles.
— Matrices de impacto o de relación causa-efecto.
— Grafos de relación causa/efecto.
— Análisis de tendencias.
— Prognosis.
— Escenarios.
— Analogías y escenarios comparados.
— Otras.

Superposición sobre la «lectura» del medio físico

Se trata de un enfoque particularmente adecuado para los planes de ordenación territorial o urbanismo así como para las actividades y propuestas localizadas del PP, que requiere ser complementado con alguna de las técnicas anteriores para identificar riesgos de impacto o los impactos derivados de los elementos no localizados del PP.

Consiste, simplemente, en superponer el PP en cuanto unidad o sus determinaciones, aisladas o agrupadas de alguna forma que se estime conveniente, sobre diferentes espacios o factores del entorno (figura VI.44) y aplicar después los oportunos análisis de sinergia y de acumulación a los impactos identificados. Los elementos sobre los que se puede superponer son los siguientes:

- Un mapa representando las unidades ambientales identificadas en la prospección integrada del medio físico.
- Un mapa de valoración de las unidades ambientales.
- Un mapa representando la «lectura» del medio físico, es decir, la capacidad de acogida de las unidades ambientales, incluidos o no los aspectos críticos.
- Diversos mapas de recursos para identificar riesgos de impactos de sobreexplotación.
- Diversos mapas de aspectos críticos: Capacidad Dispersante de la Atmósfera, Vulnerabilidad a la Contaminación de los Acuíferos Subte-

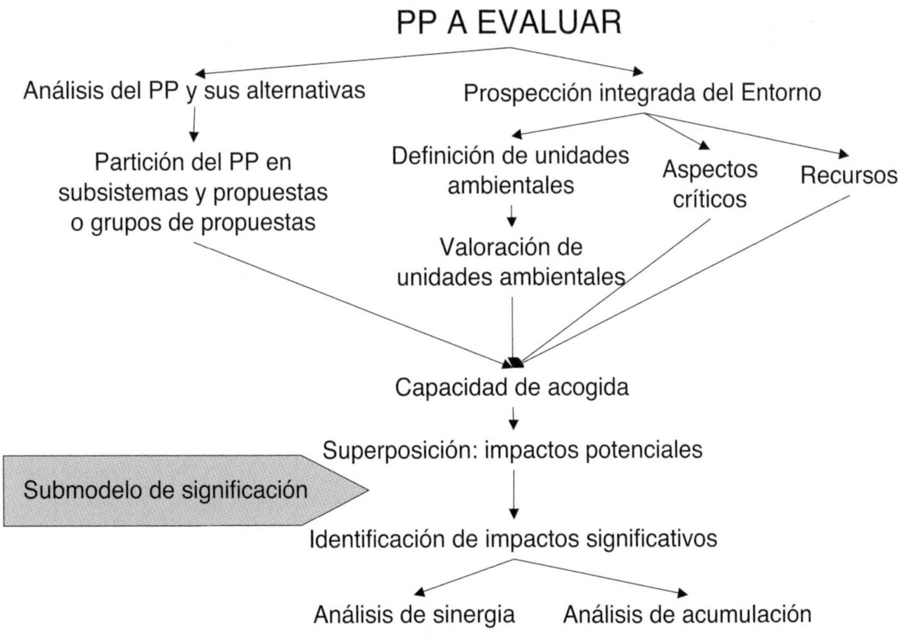

Figura VI.44. *Diagrama de flujos de proceso de identificación basado en la superposición.*

rráneos, Limitaciones de procesado del suelo, etc., para identificar riesgo de impactos de contaminación.

— Mapas diversos de otros aspectos críticos: erosionabilidad del suelo, sensibilidad al fuego, etc. para identificar riesgo de otros impactos.

Además se puede realizar la superposición sobre:

— Un mapa representando el sistema territorial actual o diversos escenarios futuros: tendencial, óptimo, concertado, etc., que se adoptan como referencia del PP.

— Un mapa representando la funcionalidad del sistema territorial, es decir, las relaciones entre las actividades actuales o potenciales.

— Otros.

La superposición se puede hacer de forma manual pero se facilita extraordinariamente haciendo uso de sistemas de información geográfica (SIG).

6.3.3.2. Valoración de impactos

Valorar los impactos significa interpretar los identificados en términos de calidad de vida de la población; el enfoque de la valoración será diferente para cada uno de los dos niveles definidos en la metodología, el general en que se juzga el enfoque del PP sin llegar a identificar impactos específicos, y el particular en el que se identifican los impactos de forma más clásica.

La valoración en el primer nivel consiste en interpretar cualitativamente la «razonabilidad» del PP y sus propuestas utilizando para ello el propio criterio, la opinión de expertos y la percepción de la sociedad. La valoración del PP desde el punto de vista de coherencia con los objetivos de conservación establecidos en el entorno (generalmente por disposiciones de carácter legal o administrativo, pero también por la conciencia social o de la comunidad científica), se puede realizar a través de los porcentajes de coincidencia cuando tales objetivos se encuentran geográficamente representados. En el caso del submodelo de integración (ver Gómez Orea, D. 2007. *Evaluación Ambiental Estratégica*. Mundi-Prensa. Madrid) se puede hacer una valoración más objetiva a través del porcentaje de reglas o criterios por los que las propuestas del plan son razonables en su entorno sobre el número máximo de reglas.

La coherencia con el modelo territorial de referencia que se considera ambientalmente adecuado puede operar comparando los aspectos fundamentales de este modelo con el que favorecería el PP; y ello a través de las tres componentes básicas de todo modelo territorial: medio físico, población/doblamiento y canales de relación.

El segundo nivel admite, como en el caso de la EIA, una valoración cuantitativa generalmente a través de indicadores para llegar a un juicio expresado en los términos de la EIA: Compatible, Moderado, Severo, Crítico o positivo. En principio es aplicable la técnica IMPRO descrita en Gómez Orea, D. 2002. *Evaluación de Impacto Ambiental*. Mundi-Prensa. Madrid.

En caso de que se encuentren localizadas las propuestas y sea, por tanto, posible utilizar técnicas de superposición, se pueden adoptar dos indicadores:

— *Indicador* 1: % de superficie de no coincidencia sobre la superficie de la unidad X valor de la unidad (0 a 1) X diferencia entre el nivel de agresividad de la actividad prevista y el de la actividad vocacional (medido de 0 a 5 o por la diferencia de rango en una escala de agresividad de las actividades).
— Indicador 2: % de superficie de no coincidencia sobre la superficie de la unidad X valor de la unidad (0 a 1) X nivel de agresividad de la actividad (0 a 5).

6.3.3.3. Prevención de impactos

Puesto que las medidas que se propongan deben ser adoptadas por el PP, pertenecerán a los tres grandes tipos de éstas:
— Medidas de regulación, que instrumentalmente pasarán a la normativa del PP.
— Medidas de intervención, que instrumentalmente pasarán al programa de intervención del PP.
— Medidas de gestión que instrumentalmente pasarán al diseño del ente gestor y del sistema de gestión que se adopte.
Y se pueden dirigir a los siguientes aspectos:
— Medidas asociadas al enfoque del PP.
— Medidas a adoptar a través de los instrumentos que desarrollan el PP.
— Utilizar los instrumentos correctores de gestión ambiental.
— Medidas curativas: el enfoque de recuperación de espacios degradados.

6.3.3.4. Seguimiento y control de impactos

El seguimiento consiste en incorporar el medio ambiente al sistema general de seguimiento y control del PP, en cuanto dimensión indisociable de la económica y la social que conforman la sostenibilidad de todo PP. Cuestión importante es informar a la Administración responsable sobre las incidencias detectadas.

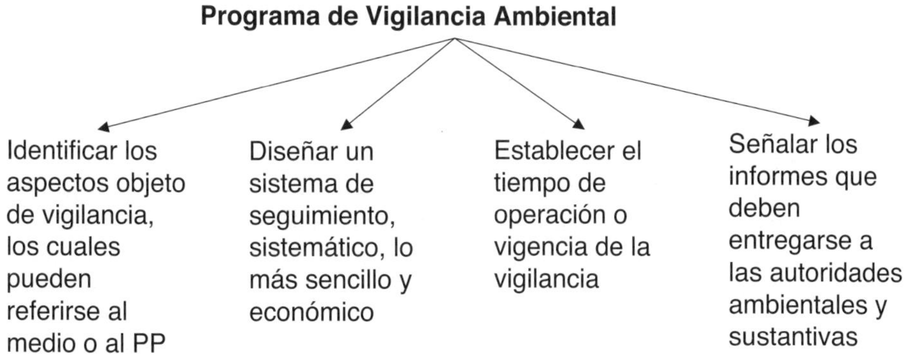

Figura VI.45. *Objetivos del Programa de Vigilancia Ambiental.*

6.3.3.5. Viabilidad económica de las alternativas y de las medidas

La Ley española 9/2006 exige, como último punto del ISA un informe sobre la viabilidad económica de las alternativas y de las medidas dirigidas a prevenir, reducir o paliar los efectos negativos del plan o programa.

Para elaborar este informe se puede utilizar la metodología que se describe a continuación, teniendo en cuenta que el nivel de detalle de la evaluación es el que corresponde al alcance de un plan, el cual requiere ser desarrollado a través de los correspondientes anteproyectos y proyectos, por lo que las cifras, tendrán un carácter aproximativo y se orientan a determinar si cumplen un primer test de viabilidad económica. Se trata de una metodología habitual en este tipo de análisis que se desarrolla en los puntos que se describen.

1. Estimación de las inversiones. Conviene diferenciar entre las inversiones propiamente dichas y los gastos, que sin ser propiamente inversiones amortizables, constituyen costes asociados a aquellas, pero cuyo tratamiento no puede ser asimilado al de inversiones. De alguna manera son flujos de coste que derivan del arrastre de las inversiones principales, a las que complementan, y que no tienen la condición de costes amortizables. Se trata de gastos ligados a los inicios de las operaciones.
2. Establecimiento de los flujos de costes e ingresos de operación o de explotación que permiten determinar los cash_flow (flujo de caja) de cada una de las actividades. Se trata de una aproximación a las cuentas de explotación, a nivel de margen de contribución, excluidas las correspondientes amortizaciones que en el algoritmo de cálculo ya se tienen en cuenta en la imputación de las propias inversiones. Así pues, estos datos no constituyen resultados en el sentido dado a este término en la Cuenta de Pérdidas y Ganancias, sino de fondos generados por los proyectos que desarrollan las propuestas. Esto se realiza para un horizonte proyectivo determinado en función del tipo de PP: de un orden comprendido entre 5 y 20 años.
3. Descuento de los flujos de caja a la tasa de descuento correspondiente, 10 por 100, por ejemplo, para determinar el valor actualizado neto (VAN), equivalente a los fondos generados por las actividades en el período de análisis, o dicho de otra manera, de los flujos de caja generados por el proyecto. Si éstos son positivos la medida es viable y, en sentido contrario, si se obtienen valores negativos, la medida no es viable. Cuanto mayores sean o más negativos sean, las actividades serán más o menos viables, dependiendo de su signo.

El método del Valor Presente Neto es muy utilizado por dos razones: porque es de muy fácil aplicación, ya que todos los ingresos y salidas de caja futuros se transforman a unidades monetarias actuales (de hoy), y así puede verse fácilmente si los ingresos son mayores o menores que las salidas. Como ya se ha dicho, cuando el VAN es menor que cero implica que hay una pérdida a una cierta tasa de interés o por el contrario si el VAN es mayor que cero se presenta una ganancia. Cuando el VAN es igual a cero se dice que el proyecto es indiferente.

La condición indispensable para comparar alternativas es que siempre se tome en la comparación igual número de años, pero si el tiempo de cada una es diferente, se debe tomar como base el mínimo común múltiplo de los años de cada alternativa

$$VAN = -FNC_o + FNC1 / (1 + k) + FNC2 / (1 + k)^2 + ... + FNCn/(1 + k)^n$$

Por lo general el VAN disminuye a medida que aumenta la tasa de descuento, como ilustra la siguiente gráfica:

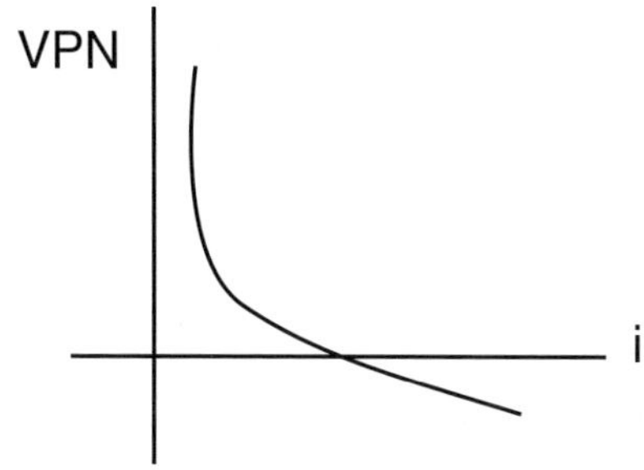

Gráfica representando el VAN y la tasa de descuento.

En consecuencia para la misma propuesta puede presentarse que, a una cierta tasa de interés, el VPN varíe significativamente, hasta el punto de exigir su rechazo o aceptación según sea el caso.

Al evaluar propuestas con la metodología del VAN se recomienda que se calcule con una tasa de interés superior a la Tasa de Interés de Oportunidad (TIO), con el fin de tener un margen de seguridad para cubrir ciertos riesgos, tales como liquidez, efectos inflacionarios o desviaciones que no se tengan previstas. En suma:

— El Valor Actual Neto surge de sumar los flujos de fondos actualizados de una propuesta que supone inversión.
— Mide la riqueza que aporta el proyecto medida en moneda del momento inicial.
— Para actualizar los flujos de fondos, se utiliza la tasa de descuento.
— La regla de decisión es la siguiente: o Aceptar las propuestas con VAN>0 o Rechazar las propuestas con VAN<0. Es indiferente aceptar o rechazar los proyectos con VAN=0.
— Entre dos propuestas alternativas, se debe seleccionar la que tenga mayor VAN.
— Existe un único VAN para cada propuesta.
— Considera todos los flujos de fondos de la propuesta.
— Considera los flujos de fondos adecuadamente descontados.
— Mide la rentabilidad en términos monetarios.

Existen otros indicadores de la rentabilidad de proyectos tales como la TIR (Tasa Interna de Retorno) que no es otra cosa que la tasa a la que se igualan los flujos actualizados de ingresos y costes (VAN = 0) y que cuando es positivo es superior a la tasa de descuento utilizada. En este caso, al tratarse de un porcentaje, obtenido por iteraciones sucesivas, no muestra la rentabilidad de las propuestas en términos monetarios cuantificados.

6.4. Cuestionario de referencia

Una de las técnicas de evaluación del impacto ambiental de planes consiste en pasar revista a una serie de cuestiones a través de las cuales se va reflexionando sobre el comportamiento ambiental de las propuestas; los requisitos de integración ambiental señalados en el epígrafe anterior, inspirados (figura I.16), a su vez, en el modelo conceptual de ordenación del territorio que utiliza esta obra, nos proporcionan las cuestiones a que habría de atender el estudio de impacto ambiental; son las siguientes:

1. ¿Se ha incorporado sensibilidad y compromiso ambiental a todo el proceso de formulación del plan, y precisamente desde las primeras fases y desde los niveles más altos?
2. ¿Se ha incorporado un diagnóstico del medio físico en el que se analice e interprete la estructura y el funcionamiento de los ecosistemas, sus valores y la forma en que puede ser utilizado?
3. ¿Se considera la posibilidad de generar impactos positivos no solo a través de las medidas de recuperación y mejora, sino en todas las actuaciones que proponga, incluso las ambientalmente conflictivas?
4. Las actividades que contempla el plan y que, en su caso, plantea como vehículo de desarrollo, ¿son acordes con los recursos endógenos del área objeto de planificación, con las oportunidades de localización que ofrece y con el papel que debe cumplir en el concierto regional o en el nivel geográfico superior?
5. ¿Plantea alternativas?, ¿Se desarrolla la más coherente con el carácter del área sobre la que opera el plan?
6. ¿Analiza el plan la coherencia de las actividades existentes con la lógica del entorno, los problemas ambientales derivados de su localización y de su comportamiento, así como las amenazas y riesgos potenciales?
7. ¿La localización de las actividades se hace de forma coherente con la capacidad de acogida de los ecosistemas?
8. ¿Considera la localización de las actividades los riesgos y procesos activos que operan en el territorio: inundación, erosión, incendio, inestabilidad, sismicidad, vulcanismo, etc.)?
9. ¿Establece precauciones para la localización y el comportamiento de las actividades exógenas expectantes o que puedan surgir en el futuro?
10. ¿Es funcional el sistema constituido por las actividades en el sentido de complementariedad o sinergia, compatibilidad, disfuncionalidad o incompatibilidad?

11. ¿Se plantea el uso múltiple de los ecosistemas y, en tal caso, se hace de forma correcta?
12. ¿Queda regulada en la normativa del plan la extracción de recursos naturales por las actividades de tal forma que se garantice el respeto a las tasas de renovación de los recursos naturales renovables?. Si no se regula en la normativa, ¿se introducen mecanismos de seguimiento y control en el plan con el objetivo citado?
13. ¿Queda regulado en la normativa del plan, en su caso, el ritmo de consumo de los recursos naturales no renovables que se consumen cuando se utilizan, de tal manera que permitan a) gestionar adecuadamente las actividades que los utilizan, b) una cierta adaptación del medio a las modificaciones introducidas por extracción y aprovechamiento, y c) un plazo de agotamiento capaz de dar tiempo a la introducción de una tecnología sustitutoria? Si no se regula en la normativa, ¿se introducen mecanismos de seguimiento y control en el plan con el objetivo citado?
14. ¿Queda regulada en la normativa del plan la intensidad de uso de los recursos naturales no renovables que no se consumen cuando se utilizan, en términos de número de personas por unidad de superficie y de tiempo que pueden utilizarlos sin merma de su valor y sin que se produzca situaciones que se perciban como congestión? Si no se regulan en la normativa, ¿se introducen mecanismos de seguimiento y control en el plan con el objetivo citado?
15. ¿Queda garantizada en el plan la emisión de contaminantes a la atmósfera de tal manera que no se superen los niveles de inmisión previstos en la legislación vigente?
16. ¿Queda garantizada en el plan la emisión de contaminantes a las aguas de tal manera que se garantice el funcionamiento ecológico correcto del complejo fluvial?
17. ¿Quedan libres y excluidas de cualquier vertido las áreas de recarga de acuíferos subterráneos y protegidas la zonas vulnerables a la contaminación?
18. ¿Se considera la capacidad receptora del suelo ante la aportación de residuos de todo tipo?
19. ¿Son coherentes los elementos físicos previstos: infraestructuras, edificios, instalaciones, y cualquier elemento que físicamente ocupa o transforma el espacio, con las condiciones ecológicas del medio, es decir, con el clima, los ecosistemas, los hábitats y la biocenosis?
20. ¿Son coherentes los elementos citados con el paisaje en términos de visuales: volúmenes/escala, formas, materiales, colores, olfativos y sonoros?
21. ¿Atiende el plan a las necesidades, demandas, exigencias, aspiraciones, preferencias y expectativas de la población, deducidas de un proceso efectivo de participación?. ¿Prevé asimismo la participación de la población en la gestión?

22. ¿Considera el plan el comportamiento de las instituciones en relación con la gestión del plan?

Evidentemente no todas las cuestiones tienen el mismo significado para todo tipo de planes y muchas de ellas ni siquiera serán pertinentes en numerosos casos, pero el evaluador debe tener presentes a todas ellas, así como añadir otras, en su caso.

6.5. Ejemplo: Evaluación del impacto Ambiental del Plan de Desarrollo Territorial de la Cuenca del Río Sucio en el Valle de San Andrés (El Salvador)

Se trata de un plan que pretende poner orden en un espacio que concita graves conflictos derivados de la incoherencia entre el uso vocacional y el funcionamiento de la cuenca a causa de la fuerte presión que produce la demanda de localización residencial, industrial, infraestructural, etc. en ausencia de unas mínimas precauciones tanto de localización como de comportamiento ambiental de los agentes socioeconómicos; todo ello conduce a la cuenca a un modelo insostenible de desarrollo que el plan pretende reconducir hacia la sostenibilidad. En este ejemplo se resume la evaluación ambiental realizada.

6.5.1. Sobre inventario ambiental

El análisis y diagnóstico realizado permite entender como es y como funciona la Cuenca, conocer la calidad ambiental de que dispone, identificar y valorar los problemas ambientales que le afectan, así como las potencialidades con que cuenta. En consecuencia se adopta la información y diagnóstico realizados, como el inventario ambiental de la presente Evaluación Ambiental Estratégica.

6.5.2. Respuesta al cuestionario de referencia

Cuestión 1. ¿Se ha incorporado sensibilidad y compromiso ambiental a todo el proceso de formulación del POA y del PTU y precisamente desde las primeras fases y desde los niveles más altos de responsabilidad?

La respuesta es sí, porque desde el principio el medio ambiente ha sido objeto de información, interpretación y valoración. En efecto, se ha partido de un análisis/estudio temático de los factores ambientales, a partir de él se ha realizado una síntesis en términos de un concepto integrador: las unidades ambientales o manifestación externa de los ecosistemas que subyacen, que ha permitido interpretar y entender la estructura y el funcionamiento ambiental de la Cuenca, se ha valorado cada unidad en términos de méritos de conservación, y con esta información, se han identificado, descrito, relacionado y valorado los problemas ambientales existentes y las potencialidades que la cuenca ofrece para plantear un proceso de desarrollo basado en la búsqueda de la calidad de vida de los habitantes de la Cuenca.

Cuestión 2. ¿Se proponen medidas para generar impactos positivos?

El Plan prevé este requisito en varios sentidos:

- Incluye en su programa de intervención medidas para corregir el comportamiento ambiental de los agentes socioeconómicos que operan en la Cuenca.
- Propone medidas para la recuperación de los factores ambientales y de los espacios ambientalmente degradados.
- Introduce normas en el sentido de que las transformaciones previstas, se inserten con naturalidad en su entorno.
- Establece condiciones en relación a la Evaluación de Impacto Ambiental de las actividades más conflictivas (por ejemplo, la extracción de minerales y áridos a cielo abierto).
- Las bajas cotas de calidad ambiental que actualmente hay en la Cuenca, puesta de manifiesto en el diagnóstico, de tal forma que no parece arriesgado afirmar que el Plan producirá, en conjunto, un impacto ambiental positivo sobre la Cuenca.

Cuestión 3. Las actividades y transformaciones que plantea el plan, ¿son acordes con los recursos endógenos de la Cuenca, con las oportunidades de localización que ofrece y con el papel que debe cumplir en el conjunto de El Salvador?

La respuesta es afirmativa con respecto al requisito *a)* de integración (que las actividades consideradas —propuestas y reguladas— en el Plan sean ambientalmente razonables), puesto que se han deducido a partir de los siguientes análisis contenidos en el Plan:

— Un inventario de las actividades existentes en la actualidad, de su localización y de los problemas ambientales que generan, y un reconocimiento de los riesgos potenciales merecedores de intervención.

— Un inventario ambiental para conocer los recursos endógenos: naturales, humanos y construidos de la Cuenca.

— Un análisis de la localización general de la Cuenca para conocer las oportunidades o rentas de localización que se derivan de ella: ubicación contigua al AMSSA y conectada con dos ejes importantes de comunicación: La autopista de Sonsonate y la carretera Panamericana.

— Un análisis de su papel en el conjunto del país.

— Un conocimiento de las previsiones de instancias administrativas o políticas de rango superior a la Cuenca, es decir, la Administración Central.

— Un conocimiento de las expectativas de los niveles administrativos inferiores, es decir, de las municipalidades.

Cuestión 4. ¿Plantea el Plan alternativas?, ¿Se desarrolla la más coherente con el carácter del área sobre la que opera el plan?

Sí; el Plan plantea varios escenarios o imágenes objetivo alternativos; son los siguientes: óptimo, tendencial e intermedio; no obstante hay que señalar que no se desarrolla el más favorables desde el punto de vista ambiental, que sería el óptimo, sino el intermedio o de compromiso. Este, en cambio, puede considerarse razonable, en cuanto es el más coherente con las circunstancias sociales, económicas y territoriales de la Cuenca, mientras resulta ambientalmente aceptable.

Cuestión 5. ¿Analiza el plan la coherencia de las actividades existentes con la lógica del entorno, los problemas ambientales derivados de su localización y de su comportamiento, así como las amenazas y riesgos potenciales?

Sí; el Plan considera las amenazas y riesgo derivados de tres circunstancias que operan en él:

— Su proximidad al Area Metropolitana de San Salvador, con la presión que ello supone sobre la localización de actividades inducidas por la concentración de más de dos millones de habitantes.
— Es atravesado por dos ejes importantes de comunicación, y por tanto, de desarrollo: la Autopista a Sonsonate y la carretera Panamericana, que también propician presión de todo tipo sobre el Valle.
— La calidad intrínseca del Valle que le hace atractivo para todo tipo de localizaciones, desde las agrarias a las industriales, pasando por las recreativas, turísticas, comerciales y otras.

Cuestión 6. ¿La localización de las actividades de desarrollo se hace de forma coherente con la capacidad de acogida de los ecosistemas y con los riesgos naturales que operan en la Cuenca y de su vulnerabilidad ante ellos?

Sí, en la medida en que el plan ha realizado, de forma solvente, las siguientes tareas:

— Determinación de la capacidad de acogida del medio físico.
— Un estudio de los riesgos naturales: inundación, vulcanismo y erosión.
— Un análisis de las relaciones entre las actividades como soporte para definir un sistema funcional.
— Un estudio sobre la posibilidades de aprovechamiento como base para plantear el uso múltiple de los ecosistemas.

Dada la dinámica de los procesos que operan en la Cuenca, y más concretamente, en el fondo del Valle, es imposible excluir la totalidad de la zona inundable y de la delimitada como de riesgo sísmico, del proceso urbanizador y del cúmulo de usos y actividades que comporta; esta circunstancia se prevé imponiendo condiciones más exigentes a la localización en estas zonas: exigencia de construir, de redactar los proyectos, por tanto, de tal manera que soporten la contingencia del riesgo, o la exigencia de suscribir un seguro con una entidad solvente, como forma de hacer frente a la citada contingencia.

Cuestión 7. ¿Establece el Plan precauciones para la localización y el comportamiento de las actividades exógenas expectantes o que puedan surgir en el futuro?

El Plan contempla en su normativa, no solo las actividades existentes o deducidas de sus recursos endógenos, sino otras muchas para cuya localización la Cuenca puede resultar atractiva.

Cuestión 8. ¿Es funcional el sistema constituido por las actividades en el sentido de complementariedad o sinergia, compatibilidad, disfuncionalidad o incompatibilidad?

Al nivel actual de detalle al que está formulado el Plan, la respuesta es afirmativa, pues se trata de un criterio básico de diseño. A nivel más detallado es un aspecto difícil de juzgar, y prever, por lo que se remite a precauciones de seguimiento y control en la fase de gestión.

Por otra parte, la relación entre las actividades, es un factor cuya importancia se acrecienta en la Cuenca, porque en ellas las interacción funcional es muy intensa, precisamente porque la Cuenca es, sobre todo, una unidad funcional, donde todo esta relacionado; así las prácticas agrícolas tienen repercusiones inmediatas en la inundabilidad y en la «producción» de agua, por ejemplo.

De acuerdo con esta idea, el Plan, propone la formación de «Mesas de Concertación» entre los diferentes agentes relacionados por algún aspecto del funcionamiento de la Cuenca. Es el caso por ejemplo de la necesaria concertación entre cafetaleros, cuyos cafetales son determinantes en la recarga de agua, que «producen» agua, los consumidores de agua: urbanos, industriales y agrícolas, y las entidades gestoras de este recurso.

Cuestionario 9. ¿Se plantea el uso múltiple de los ecosistemas y, en tal caso, se hace de forma correcta?

El Plan hace uso de esta idea cuando prevé un estudio para determinar nuevas fuentes de riqueza del cafetal, como forma de contribuir a su rentabilidad, que es la mejor garantía de permanencia de tan importante agrosistema.

Asimismo se propone la realización de estudios para la promoción de la caza, la pesca, la recolección de hongos, setas, plantas aromáticas y medicinales, etc.

Cuestión 10. ¿Queda regulada en la normativa del plan la extracción de recursos naturales por las actividades de tal forma que se garantice el respeto a las tasas de renovación de los recursos naturales renovables?. Si no se regula en la normativa, ¿se introducen mecanismos de seguimiento y control en el plan con el objetivo citado?

Este aspecto, en las actuales circunstancias de la Cuenca, solo afecta a los suelos en pendientes fuertes cultivados de grano básico y desencadenando fuertes procesos erosivos; se trata de un caso claro de sobreexplotación de un recurso natural; para ello se prevén varias medidas: utilización de técnicas agrícolas adecuadas, cambio de uso hacia lo forestal y/o hacia sistemas silvopastorales.

La explotación de los acuíferos subterráneos está en el límite de su tasa de renovación; el Plan considera este hecho y prevé medidas para evitar que se rompa el actual equilibrio actuando tanto sobre la oferta como sobre la demanda de agua.

Respecto a otros recursos naturales: caza, pesca, recolección de vegetales, etc., que en la actualidad no se aprovechan y para los que el plan propone medidas de introducción, quedará regulado en las especificaciones para dicha introducción la aplicación de los criterios ecológicos de sostenibilidad.

Cuestión 11. ¿Queda regulado en la normativa del plan el comportamiento ambiental de las actividades extractivas e introduce mecanismos de seguimiento y control en el plan con el objetivo de minimizar el impacto ambiental?

Sí; el Plan introduce especificaciones para la EIA de estas actividades y las vincula a la recuperación del espacio afectado por ellas, no solo desde el punto de vista legal, sino proponiendo la creación de fianzas que garanticen la real recuperación de dicho espacio o la acción de la Administración utilizando la fianza depositada para ello.

Cuestión 12. ¿Queda regulada en la normativa del plan la intensidad de uso de los recursos culturales, en términos de número de personas por unidad de superficie y de tiempo que pueden utilizarlos sin merma de su valor y sin que se produzca situaciones que se perciban como congestión?. Si no se regulan en la normativa, ¿se introducen mecanismos de seguimiento y control en el plan con el objetivo citado?

No es posible regular este aspecto porque primero hay que poner en valor los citados recursos, y solo después de ello, se podrá estimar la intensidad de uso máxima. Pero sí introduce el Plan este concepto y lo exige como especificación para el desarrollo de la propuesta de puesta en valor de los yacimientos arqueológicos de la Cuenca, que son los fundamentales.

Cuestión 13. ¿Queda garantizada en el plan la emisión de contaminantes a la atmósfera de tal manera que no se superen los niveles de inmisión previstos en la legislación vigente?

No se ha detectado como problema la contaminación atmosférica en la Cuenca, y, dada la dinámica de la misma, no es previsible que se presente en el futuro, por lo que no parece necesario introducir tal garantía en la actualidad.

Cuestión 14. ¿Queda garantizada en el plan la emisión de contaminantes a las aguas de tal manera que se garantice el funcionamiento ecológico correcto del complejo fluvial?

El Plan prevé medidas de diverso tipo en este sentido:

- La depuración de todos los vertidos contaminantes de procedencia urbana que vierten a los cauces.
- El establecimiento de un permiso de vertido para las actividades empresariales.
- El pago de un «canon» de vertido que se cuantifica en función de la carga contaminante, y en aplicación del principio «contaminador, pagador».
- El sellado de los vertederos incontrolados para que evitar lixiviados,los cuales, antes o después, acaban en los ríos.

Estas medidas se aplicarán según el principio de progresividad: «espiral de mejora»: se irán adoptando poco a poco, de tal manera que la garantía a que se refiere la cuestión, solo se producirá a largo plazo.

Cuestión 15. ¿Queda garantizado en el plan el funcionamiento hidráulico de la red de drenage externo de la Cuenca?

Sí, a medio y largo plazo, porque el plan propone las siguientes medidas en relación con el sistema fluvial:

- Retirada de la población marginal que ha ocupado con «tugurios» habitacionales las márgenes de numerosos tramos de ríos.
- Recuperación ecológica de los complejos fluviales degradados.
- Limpieza periódica de los cauces en las zonas del fondo de valle y en los lugares donde hay más riesgo de enzolvamiento.
- Medidas contra la erosión en los lugares de la Cuenca sometidos a procesos activos de desplazamiento de materiales.

Cuestión 16. ¿Quedan libres y excluidas de cualquier vertido las áreas de recarga de acuíferos subterráneos y protegidas la zonas vulnerables a la contaminación?.

Sí, a medio plazo, cuando se adopten y entren en funcionamiento las medidas que el plan propone para ello:

- La vinculación de las explotaciones ganaderas intensivas a una superficie de terreno suficiente para procesar los residuos ganaderos de tal manera que no se produzcan arrastres a las aguas subterráneas.
- La extensión de prácticas agrícolas respetuosas con el medio ambiente, y en particular, que evite la contaminación difusa de las aguas subterráneas.
- El sellado de los vertederos incontrolados para que se eviten los lixiviados.
- La retirada de los usos inadecuados existentes en las áreas de recarga más significativas: las lavas de El Playón y de San Isidro.

Cuestión 17. ¿Se considera la capacidad receptora del suelo ante la aportación de residuos de todo tipo? Si no es así, ¿se introducen mecanismos para evitar que se sobrepase la capacidad de procesado del suelo?

Sí; el Plan prevé que los principales agentes productores de residuos que llegan al suelo en la Cuenca, que son los purines y estiércoles procedentes de las granjas intensivas de ganado, dispongan de una capacidad de almacenamiento de estos residuos tal, que les permita adaptarse a la épocas en que el suelo está en mejores condiciones para procesarlos.

Cuestión 18. ¿Son coherentes los elementos físicos previstos: infraestructuras, edificios, instalaciones, y cualquier elemento que físicamente ocupa o transforma el espacio, con las condiciones ecológicas del medio, es decir, con el clima, los ecosistemas, los hábitats y la biocenosis?

El Plan difiere la garantía de esta coherencia a la Evaluación de Impacto Ambiental para aquellas transformaciones ambientalmente más conflictivas.

Cuestión 19. ¿Son coherentes los elementos citados con el paisaje en términos de visuales: volúmenes/escala, formas, materiales, colores, olfativos y sonoros?

Idem cuestión anterior.

Cuestión 20. ¿Atiende el plan a las necesidades, demandas, exigencias, aspiraciones, preferencias y expectativas de la población, deducidas de un proceso efectivo de participación? ¿Prevé asimismo la participación de la población en la gestión?

La participación pública ha estado presente en todo el proceso de formulación del Plan; asimismo prevé la participación de representantes de todo tipo de agentes sociales en la Entidad Gestora del Plan.

Cuestión 21. ¿Considera el plan el comportamiento de las instituciones en relación con la gestión del plan?

El diseño de la Entidad Gestora que se propone, parte de un análisis de las instituciones existentes, su capacidad de acción y su dinámica.

6.5.3. Identificación de impactos

6.5.3.1. Impactos de ocupación

Sólo existe alguna discordancia que afectan a zonas de escaso valor ambiental: áreas de agricultura pluvial, por lo que el impacto puede calificarse como aceptable.

Quedan los efectos inducidos por la localización de las actividades, tanto los que derivan del comportamiento de los usuarios (caso por ejemplo del turismo o esparcimiento y recreo que se potencia en la Cuenca), como por la atracción que las zonas de desarrollo urbanístico y los ejes de comunicación ejercen sobre otras actividades. Este impacto queda previsto por la Normativa Particular asociada a las Categorías de Ordenación: en la medida en que las actividades atraídas cumplan dicha Normativa, resultarán ambientalmente integradas y el impacto será aceptable.

6.5.3.2. Impactos de sobreexplotación

La sobreexplotación se refiere a la utilización abusiva de los recursos renovables o no renovables, y se basa en conceptos de difícil estimación: tasas de renovación, ritmos de consumo e intensidades de uso, que solo la experiencia permite ajustar en cada caso. Por ello la Evaluación Ambiental Estratégica requiere del Plan:

- Que proporcione especificaciones detalladas sobre la concepción, elaboración y desarrollo de los proyectos.
- Enfatizar el rigor con que debe ser controlada la ejecución/construcción de los proyectos, a través del programa de vigilancia ambiental.
- Una gestión cuidadosa en la fase de explotación, la cual podría adaptarse a alguno de los sistemas normalizados existentes (Normas ISO serie 14.000 u otros).

De esta forma quedaría garantizado el ajuste entre la extracción de los recursos y su conservación o sustitución.

En cuanto a la explotación de recursos que propone el Plan: caza, pesca, recolección de plantas silvestres (condimentarias, medicinales o aromáticas, culinarias, etc), el proyecto que los desarrolle debe someterse a los requerimientos apuntados.

6.5.3.3. Impactos de contaminación

El razonamiento anterior es extensible a los impactos derivados de la emisión de agentes contaminantes, en cuanto depende de la forma en que se conciba cada proyecto susceptible de emitir contaminantes y se gestione una vez en marcha, aspectos que el plan difícilmente puede controlar, por lo que parece más razonable transferir el control a la fase de gestión exigiendo la implantación de un sistema, preferiblemente normalizado, de gestión ambiental.

6.5.3.4. Impactos positivos

Como se dijo, el impacto ambiental se mide por la diferencia de calidad ambiental entre la situación «sin» Plan frente a la situación «con» Plan; las razones que se incluyeron en la respuesta a la Cuestión 2, particularmente el déficit de calidad ambiental de que se parte, permite afirmar que el impacto global del Plan será a todas luces positivo. Ello no significa que en ciertos factores o lugares se produzcan impactos negativos para los cuales la Evaluación habrá de proponer medidas orientadas a evitarlos, mitigarlos, corregirlos o compensarlos.

6.5.4. Medidas protectoras, correctoras y compensatorias

De acuerdo con el enfoque utilizado, se trata de proponer aquí las medidas para conseguir la integración ambiental de los elementos a través de los cuales se materializa el Plan.

6.5.4.1. Medidas para la integración ambiental de las propuestas del Plan en el nivel de proyecto

La metodología de integración parte de una idea elemental: antes que el proyecto está el medio, siendo preciso comprender éste para desarrollar aquél. De acuerdo con todo lo anterior, el esquema de integración habría de ser «adaptativo» y partir del inventario ambiental: conocimiento e interpretación del medio, para concebir después el proyecto de acuerdo con tal inventario. Tal concepción requiere realizar dos tareas que se suceden interaccionando de forma cíclica:

- Búsqueda de numerosas soluciones a la idea del proyecto: generación de alternativas de naturaleza, localización del proyecto y de sus elementos más significativos, tamaño, diseño, proceso productivo, calendario, etc. Una de las alternativas a considerar es la denominada «0»: no realizar el proyecto.
- Evaluación multicriterio de las alternativas, para seleccionar la mejor.

Sólo entonces se pasará a la elaboración del proyecto de ingeniería en todas sus fases y detalles, el cual después será construido, explotado y, en su caso, abandonado o desmantelado.

6.5.4.2. Medidas para la integración ambiental de las actividades en marcha

Teniendo en cuenta que una actividad interacciona con su el medio ambiente en términos de los insumos/efluentes que utilizan, del espacio que transforma y de los efluentes que emite, la integración ambiental de una actividad en marcha se traduce en:

- Minimizar la utilización de «influentes»: agua, energía, materias primas, y gestionarlos de forma cuidadosa.
- Utilizar la tecnología ambientalmente más adecuada.

— Procurar, por este orden, la minimización/no producción, el reciclado, la reutilización, la recuperación y, solo si no es posible alguna de las opciones anteriores, el tratamiento de los efluentes.
— Aplicar un código de buenas prácticas de comportamiento ambiental a todos los procesos y operaciones de la gestión. empresarial.
— Implicar al personal en el compromiso ambiental.

Se instrumenta el avance hacia la integración ambiental incorporando *sistemas de gestión ambiental* a los agentes productivos, controlados, interna y/o externamente, mediante auditorias ambientales, aplicando el márketing basado en el *etiquetado ecológico* y a través *del análisis del ciclo de vida de los productos*: «de la cuna a la tumba».

La instalación de un Sistema de Gestión Ambiental puede hacerse según el criterio de la empresa, pero interesa acogerse a los normalizados porque ello proporciona transparencia a la gestión y porque permite la utilización de marchamos de gran interés en la promoción comercial; todos ellos se basan en la mejora continua y progresiva («espiral de mejora») y en la transparencia de cara a la Administración, a los clientes y a la población en general. El más extendido internacionalmente es la serie de Normas ISO 14.000.

6.5.4.3. Medidas para la integración en la restauración/recuperación ambiental

El Plan propone la recuperación de numerosos espacios degradados existentes en la Cuenca; Aquí se dan una serie de orientaciones para que esa recuperación resulte ambientalmente integrada.

La integración desaconseja soluciones tecnológicas, simples, frecuentemente estructurales y a corto plazo, para recomendar opciones flexibles, participativas y susceptibles de una autonomía en la gestión.

6.5.4.4. Utilizar la EIA de proyectos como instrumento del Plan

Dada la imposibilidad de controlar los proyectos desde las determinaciones del Plan, conviene idear un instrumento para que pueda prolongar su control ambiental hasta la fase de concepción, elaboración y ejecución de los proyectos; este instrumento ya existe es el procedimiento de EIA de Proyectos (no estratégica): el Plan hace uso de él vinculando en la Normativa al procedimiento de EIA, aquellos proyectos, públicos o privados, que:

— Estando incluidos en su Programa de Intervención, no es posible garantizar su integración ambiental mediante las especificaciones propias del nivel de detalle que corresponde al Plan.
— No estando previstos en el Programa de Intervención aparecen expectantes en el ámbito afectado por el plan.

En ambos casos el instrumento se refiere a aquellos no sometidos por la legislación vigente al procedimiento de EIA; para los que sí lo están, el plan puede orientar el contenido y el alcance del estudio de impacto ambiental.

6.5.4.5. Sobre Programa de Vigilancia Ambiental

Elemento de clave del seguimiento será identificar los aspectos a seguir, establecer indicadores para el seguimiento de tales aspectos y diseñar un sistema de vigilancia. En principio se adoptan como aspectos objeto de vigilancia los identificados como problemas en el diagnóstico: ocupación del suelo, contaminación, etc. que no se repiten aquí sino que se remite al lector a la relación de problemas que aparecen en el Diagnóstico. Como indicadores se adoptan los recogidos y utilizados en las fichas descriptivas de los problemas. El Sistema consiste en responsabilizar a la Entidad Gestora del Plan de esta vigilancia, lo cual habrá de comunicar semestralmente, como mínimo, los resultados del seguimiento al Ministerio de Medio Ambiente.

6.6. Conclusiones finales

1. El «hecho ambiental» ha informado todo el proceso de elaboración del Plan de Desarrollo Territorial.
2. La situación ambiental en la Cuenca muestra una calidad ambiental tan baja y un déficit de equipamientos ambientales tal alto, que difícilmente podría considerarse negativo el impacto global del Plan.
3. Cuando sectorial o puntualmente existe riesgo de impacto significativo, el Plan, los previenen mediante medidas solventes.
4. El Plan es coherente con la Política Nacional de Medio Ambiente

En consecuencia cabe concluir que el Plan es ambientalmente aceptables, y procede hacer un juicio positivo sobre su realización.

7. EVALUACIÓN DE IMPACTO TERRITORIAL [5]

La Evaluación de Impacto Territorial, EIT en lo sucesivo, es un instrumento potencial cuyo desarrollo y aplicación vienen recomendados por la Estrategia Territorial Europea (ETE), aprobada en 1999 por los Ministros responsables de ordenación del territorio de la UE. Dicho desarrollo se justifica por las escasas experiencias existentes, su carácter informal o su aplicación en acciones piloto, por lo que no existen ni procedimientos ni metodológicas contrastados.

El grupo de trabajo formado por la Unidad de Desarrollo Territorial del Ministerio de Medio Ambiente para desarrollar este instrumento, lo define así:

> *«Conjunto de estudios, análisis y propuestas encaminados a predecir y valorar la posible incidencia, espacialmente concretada y diferenciada, de una actuación o serie de actuaciones sobre un ámbito espacial deter-*

[5] Este epígrafe se ha redactado a partir del documento elaborado por el grupo de trabajo constituido a instancias del MIMAM, por las siguientes personas: G. Acosta, J. Marquínez, J. M. Alvarez, M. A.Troitiño, A. Leboreiro, C. Ordoñez, J. López, J. Mora, L. Lázaro, L. Zalarruqui, A. Serrano, D. Gómez Orea, E. Pallardó, E. Calderón y F. Esteban.

minado y a optimizar su contribución a unos objetivos de desarrollo predefinidos.»

Según este enfoque, la EIT puede considerarse como una herramienta capaz de mejorar los procesos de toma de decisiones, de optimizar la planificación de actuaciones y proyectos de desarrollo con incidencia territorial, y, en suma, útil para alcanzar objetivos de sostenibilidad.

7.1. Antecedentes

En el nivel de la UE no hay más referencias a las EIT que las ya indicadas en el contenido propositivo de la Estrategia Territorial Europea, así como la también citada propuesta de la Comisión Europea para una evaluación socioeconómica global de las actuaciones candidatas a ser financiadas por los Fondos Estructurales Europeos.

En el ámbito estatal, solo dos estados de la UE tienen regulada legalmente la EIT: Alemania y Austria, donde se aplica a nivel de proyectos, asumiendo que en los planes los objetivos políticos de desarrollo se integran dentro del propio proceso planificador. La legislación establece los tipos y tamaños de las actuaciones que deben ser sometidas a EIT, y atribuye la competencia a las autoridades de ordenación del territorio cuyas 0propuestas, por otro lado, no tienen carácter vinculante.

El Reino Unido, dada su amplia cultura en materia de planificación y gestión territorial, no se apoya en instrumentos normativos, sino en el fomento de buenas prácticas sobre una base informal y voluntaria. En este contexto se ha desarrollado la llamada Evaluación de Sostenibilidad (Sustainaibility Appraisal), aplicada preferentemente a la escala de planificación y programación, y concebida como un proceso interno de garantía de calidad de esa planificación. Fundamentalmente se ha aplicado y se aplica en la elaboración de los planes y estrategias de desarrollo regional, sin una dimensión explícitamente territorial.

Un enfoque similar tiende a establecerse en otros países, como Finlandia o Países Bajos, donde se propugna una ampliación del contenido de las Evaluaciones de Impacto Ambiental y las Evaluaciones Ambientales Estratégicas con elementos e indicadores de análisis económico-social y de desarrollo territorial. Estos procesos tienen carácter voluntario e informal, aunque en el caso de Países Bajos se han sistematizado los métodos de estudio para algunos tipos de actuaciones, por ejemplo en el ámbito del planeamiento urbanístico.

7.2. El caso español

En España la mayoría de las Comunidades Autónomas establecen, en su legislación sobre ordenación del territorio, disposiciones sobre la EIT, con esta denominación u otras: por ejemplo, Evaluación de Impacto Estructural en el caso de Asturias. Los planteamientos de las distintas Comunidades son muy diferentes en sus criterios, prioridades, y modalidades de actuación, pero se orientan a uno de los dos enfoques citados:

— El de la planificación, adoptado en Andalucía y el País Vasco, que centran su interés en la planificación territorial o con incidencia territorial. El sistema andaluz también contempla la evaluación caso a caso para proyectos singulares.
— El de proyectos, con grandes diferencias entre CC.AA. en la cantidad y tipo de actuaciones que vinculan a EIT.

Este panorama demuestra interés político por el instrumento, pero la dificultad de su puesta en marcha ha supuesto un desarrollo normativo insuficiente y que las experiencias de aplicación práctica sean todavía muy escasas.

Por último, la Administración Central estableció, en 1991 y 1993, disposiciones sobre la competencia de las unidades responsables de la planificación territorial para la evaluación de las implicaciones territoriales de las políticas sectoriales nacionales, disposiciones que no se han desarrollado posteriormente, pero tampoco revocado.

7.3. Contenido de la EIT

De forma paralela a la EIA, la EIT se puede formalizar de acuerdo con el siguiente contenido:

— Identificación de los efectos directos e indirectos de una actuación sobre el sistema territorial.
— Valoración de esos efectos o cambios mediante su contraste con unos objetivos de desarrollo o situación deseada del sistema en el futuro.
— Adecuación, en su caso, de la localización, concepción y desarrollo de la actuación en para mejorar su contribución a los objetivos perseguidos.

A este contenido, equivalente al estudio de impacto ambiental en la EIA, denomina el citado grupo de trabajo Análisis de Impacto Territorial en la EIT.

7.4. Características específicas de la EIT

Aunque la EIT puede tener semejanzas con la EIA y compartir algunos principios y objetivos con otros tipos de evaluaciones, como la evaluación económica o social, constituye un proceso diferente a ellas, con unas características propias entre las que destaca:

— La *dimensión territorial*, en cuanto se refiere al sistema territorial.
— La *transversalidad* intersectorial, en cuanto que debe considerar los tres aspectos del desarrollo: social, económico y ambiental, y el equilibrio entre ellos;
— El *carácter positivo* de su planteamiento, en cuanto se concibe más que de control, como un instrumento de impulso al desarrollo;

— La *integración* en el proceso de concepción y desarrollo de los proyectos, evitando la evaluación *a posteriori*.

7.5. Campos de aplicación

En principio, los proyectos objeto de EIT serían aquellos con capacidad potencial de inducir cambios significativos en el sistema territorial; este criterio plantea la cuestión de la escala (transnacional, nacional, regional o local) de la actuación y su relación con los niveles administrativos y de gestión del territorio. El grupo de trabajo antes citado, señala, de forma orientativa, las siguientes actuaciones como dignas de ser sometidas EIT:

- *Infraestructuras de transportes y comunicaciones:*
  — Ejes y corredores lineales.
  — Centros de transporte.
- *Infraestructuras hidráulicas:*
  — Embalses y conducciones.
  — Infraestructuras puntuales.
- *Actuaciones ambientales:*
  — Espacios naturales.
  — Tratamiento de aguas y gestión de residuos.
  — Acciones en el litoral.
- *Actividades productivas:*
  — Explotaciones mineras.
  — Producción y distribución de energía.
  — Plantas industriales.
  — Transformación agrícola y desarrollo rural.
- *Urbanización y dotaciones:*
  — Desarrollos urbanísticos y residenciales.
  — Equipamientos de ocio, culturales y deportivos.
  — Equipamientos comerciales.
  — Equipamientos educativos y sanitarios.

Estos campos habrían de ser matizados en función de un umbral de tamaño o a través del denominado «scrining» o «cribado»: proceso para determinar si una actuación debe o no someterse a EIT, y el tipo de ésta, en su caso.

7.6. Modos de inserción

La EIT se puede aplicar en la fase de planificación y programación general o en la de proyecto; asimismo cabe integrarla en el proceso de desarrollo de la actuación de forma independiente a él, como en el caso de la EIA. La experiencia en la aplicación de ésta ultima ha mostrado, en la UE, la necesidad de la Evaluación Ambiental Estratégica (EAE) de planes y programas; tal experiencia parece aconsejar un doble nivel de aplicación de la EIT:

— Evaluación de planes y programas.
— Evaluación de proyectos.

7.7. Hacia la evaluación integral

Parecen coincidir planificadores y responsables políticos sobre la conveniencia de una Evaluación Integrada, buscando no tanto la unificación de las diferentes evaluaciones, cuanto la coordinación y complementariedad entre ellas. A este respecto, el sistema más maduro en el ámbito de la UE es la propuesta de directiva sobre la Evaluación Ambiental Estratégica (EAE), al que se une la propuesta de la Comisión Europea, introducida en el vigente Reglamento de los Fondos Estructurales, de una evaluación socioeconómica global de las actuaciones que se propongan, ampliando el más restrictivo sistema de evaluación económico-financiera y presupuestaria; en esta dirección apuntan, también, algunas medidas puestas en marcha en varios países europeos.

7.8. Sobre contenido del análisis o estudio de impacto territorial

El análisis de impacto territorial es un proceso técnico, dirigido a predecir los efectos de las actuaciones consideradas sobre el sistema territorial, a contrastar dichos efectos con los objetivos y criterios de desarrollo establecidos y a valorar el grado de adecuación de la actuación a los objetivos, así como a proponer medidas para maximizar dicha adecuación. En consecuencia, y esquemáticamente, un estudio de impacto territorial podría tener el siguiente contenido:

- Caracterización de la situación y tendencias de evolución.
- Efectos previsibles de la actuación propuesta.
- Análisis de alternativas a la actuación, y previsión de los correspondientes efectos.
- Valoración comparativa de las alternativas, en función de la respectiva adecuación de sus efectos a los criterios y objetivos de desarrollo prefijados.
- Selección y propuesta de la actuación preferida, y diseño de las pertinentes estrategias de prevención y acompañamiento.
- Propuesta y programa de implantación de los mecanismos oportunos de seguimiento.

7.9. Sobre objetivos y criterios

Como se dicho, la definición de un conjunto de objetivos de desarrollo y criterios de evaluación es condición de partida necesaria para la realización de Evaluaciones de Impacto Territorial. Para ello el marco de referencia más útil son los objetivos establecidos en la Estrategia Territorial Europea (ETE) y los que se deducen de los criterios de sostenibilidad del desarrollo.

7.10. Factores y elementos de análisis

La lista adjunta contiene una relación orientativa sobre los tipos de efectos a considerar.

- *Efectos económicos y sobre las actividades productivas:*
  - Costes de oportunidad de los recursos.
  - Efectos espacialmente diferenciados sobre la renta.
  - Afecciones a las actividades productivas: agricultura, industria, servicios.
  - Afecciones a las infraestructuras y su funcionalidad.
  - Efectos en el mercado de suelo y los valores patrimoniales.
- *Efectos sociales:*
  - Efectos sobre el empleo y su diferenciación espacial.
  - Afecciones a sectores o grupos sociales frágiles.
  - Efectos sobre la seguridad.
  - Costes sociales y políticos.
- *Efectos ambientales y sobre el patrimonio natural y cultural:*
  - Afecciones a espacios naturales y ecológicamente sensibles.
  - Presión sobre los recursos naturales.
  - Efectos sobre el patrimonio cultural.
  - Efectos sobre el paisaje.
- *Efectos sobre la estructura territorial:*
  - Cambios en la accesibilidad y la movilidad.
  - Cambios en la estructura de ocupación del territorio: pautas de localización, expansión urbana, etc.
  - Efectos sobre la articulación y las interrelaciones territoriales.
  - Cambios en la distribución espacial de población y actividades productivas: equilibrio territorial.

7.11. Metodologías y herramientas

Los antecedentes en materia de ordenación del territorio, de EIA y otros, aconsejan la utilización simultánea de procedimientos cuantitativos y cualitativos. Desagregan el ámbito del análisis en subsistemas menos complejos, en cada uno de los cuales se establecen los indicadores de análisis y valoración adecuados, para luego hacer la integración de todos ellos; para esta última tarea es muy útil la evaluación multicriterio. Como herramientas complementarias se utilizan metodologías más globales, como el escenarios comparados, matrices de relación causa efecto, consulta a paneles de expertos, modelos de simulación e incluso sistemas de inteligencia artificial.

Para que los métodos puedan aplicarse, es preciso desarrollar técnicas capaces de identificar, caracterizar e interpretar las lógicas de interrelación entre diferentes niveles territoriales y factores, elaborar baterías de indicadores para valoración de los efectos y crear bases de datos y sistemas de información alfanuméricos y geográficos.

7.12. Síntesis

Como síntesis se puede afirmar que existe consenso entre los profesionales con respecto a los siguientes puntos:

— La pertinencia de las EIT, como instrumento que contribuye a mejorar la calidad de los procesos de toma de decisiones en materia de planificación y realización de las actuaciones susceptibles de generar efectos relevantes en el sistema territorial.
— La necesidad de que las evaluaciones sean orientadas y dirigidas por criterios y objetivos políticos de desarrollo, los cuales han de adoptar como base los principios de la sostenibilidad del desarrollo. Una referencia obligada al respecto son los objetivos definidos por la Estrategia Territorial Europea (ETE) adaptados a cada realidad territorial.
— La Evaluación de Impacto Territorial se ha de realizar de forma abierta al debate y a la participación pública, de todos los sectores políticos y de gestión implicados, así como de toda la sociedad en su conjunto.
— Dado el carácter dinámico de los procesos de transformación territorial, los sistemas y métodos de análisis y evaluación de impacto territorial han de considerar tal dinámica y establecer instrumentos de seguimiento adecuados.

8. GESTIÓN TERRITORIAL

La gestión se refiere la ejecución del plan; se trata de prever la puesta en marcha, el seguimiento y el control de las determinaciones que establece el plan. La gestión, que ha de quedar recogida en el documento del plan, como una de sus propuestas fundamentales, se puede concretar en las siguientes medidas:
— Diseño de un Ente Gestor específico para el plan o asignación de la responsabilidad gestora a una entidad ya existente. En ambos casos, se trata de definir una organización capaz de conducir la materialización del plan de forma ágil y eficaz.
— Sistema de gestión: se refiere al funcionamiento del ente gestor, expresado en términos de flujos de decisiones, flujos de información y normas de funcionamiento.
— Programa de puesta en marcha: diagrama de flujos y cronograma (diagrama de barras) que define la forma en que se suceden las intervenciones, así como instrucciones para iniciar y materializar las propuestas. Este se ha incluido como instrumento, por lo que no se desarrolla aquí. (ver punto 5. destinado a instrumentos).
— Programa de seguimiento y control: indicadores, controles e instrucciones para seguir la ejecución de las medidas y comprobar en qué grado las realizaciones se aproximan o alejan de lo previsto; definición de señales de alerta que denuncien las separaciones inaceptables de los previsto y las medidas a adoptar en tal caso, según un proceso de adaptación continua; criterios sobre las causas y supuestos que hagan necesaria la revisión del plan y procedimiento a seguir para ello.

— Evaluación «ex post».
— Presupuesto para la gestión.

8.1. El Ente Gestor

Como se ha dicho, dos opciones surgen a la hora de plantear el diseño del ente gestor[6]:

1. Atribuir la gestión a un organismo existente de la administración pública, que sería aquél que dispone de las competencias en materia de ordenación territorial. Esta opción plantea el problema de la falta de representatividad y, frecuentemente, de agilidad, lo que unido a la idea que considera necesaria la cooperación y colaboración de los agentes implicados para una gestión eficaz y reciente, lleva a que este modelo se considere inadecuado en la mayoría de los casos; a ello se une la posibilidad de que se genere un conflicto de carácter ético sobre el derecho a decidir, que, por lo general, se atribuye con demasiada facilidad a quien otorga la financiación. Por otra parte, la implicación de todo tipo de agentes en la gestión, evita que la Administración sea a la vez juez y parte, y permite establecer claramente las competencias y las responsabilidades de cada uno de modo que hace más difícil la presión de intereses particulares.
2. Crear una entidad nueva que disponga de la representatividad, flexibilidad y agilidad que requiere una gestión eficaz. Es lo que se denomina *gestión concertada*, enfoque cada día más aceptada para la gestión de los planes, que no supone una cesión total de las competencias administrativas, sino que se trata de conseguir una mayor colaboración de los agentes implicados en el plan. En este enfoque se implicar a todas las administraciones, organismos, asociaciones, particulares y en general a todos los agentes afectados por el plan.

8.1.1. Funciones

Tanto si se gestiona el plan desde un organismo existente de la administración como si se crea un ente ex novo, la materialización de un plan requiere de una organización ágil y dinámica que urja a la administración pública en el cumplimiento de los compromisos que se deducen del plan, anime a la iniciativa privada y, en general, se responsabilice de la gestión del plan. Más concretamente las principales funciones del ente gestor se concretan en los siguientes puntos:

[6] La legislación específica en materia de ordenación del territorio solamente prevé la formación de un ente gestor independiente de los organismos administrativos para los Planes de Ordenación del Medio Físico y del Medio Natural. No así para las directrices, los planes integrales y los planes sectoriales de ordenación del territorio, cuya gestión queda generalmente encomendada a las consejerías responsables de la política territorial.

— Animación de los agentes públicos y privados para que materialicen las propuestas que el plan les haya asignado.
— Control, velando para que todas las medidas, tanto normativas como de inversión, se realicen dentro de las previsiones del plan y se ajusten a derecho.
— Coordinación, entre las actuaciones de todos los agentes públicos y privados, dentro de las previsiones del plan, y de forma coherente con las actuaciones de otro origen que se desarrollen en su ámbito territorial. Por otro lado coordinará las acciones de promoción y difusión realizadas por las administraciones que intervengan en el plan.
— Seguimiento, del estado de materialización de cada una de las fases del plan y de cada una de las actuaciones que lo forman. Para ello se tomarán en cuenta indicadores físicos y financieros ajustados al carácter específico de cada determinación y conforme a lo estipulado en el propio plan. En función de ello propondrá las modificaciones y adaptaciones adecuadas.
— Evaluación, identificación, estimación y valoración de los efectos del plan en todos los aspectos relevantes y sectores.
— Elaborar informes sobre su actividad en relación con todas las funciones enunciadas a las autoridades responsables.

8.1.2. Estructura general

La forma y composición del ente gestor serán específicas de cada plan; no obstante, para cumplir con eficacia las funciones señaladas, es posible señalar algunas características de tipo general que pueden orientar su diseño. En principio contará con (ver figura VI.38):

— Un *órgano «político»* en el que se encuentren representados la mayor parte de los agentes socioeconómicos implicados en el plan, con funciones de dirección. En concreto la representación abarcará, al menos, las distintas administraciones públicas responsables del plan o implicadas de alguna forma relevante en él, los organismos financiadores, los sindicatos, las asociaciones de todo tipo y los particulares.
— Un *órgano técnico* u oficina técnica, con funciones ejecutivas y dependiente del anterior; que debe ser ágil, de tal manera que su brazo ejecutivo ha de contar, en términos relativos, con pocos efectivos; debe disponer de gran autonomía, quedando desvinculado de las urgencias políticas; debe actuar de forma flexible, dentro de los márgenes de libertad que admite el plan; debe contar con el respaldo de los poderes públicos y debe, por fin, actuar con la seguridad científico técnica para lo que conviene dotarle del oportuno asesoramiento.

Además el ente gestor puede contar con la colaboración de instituciones docentes o de investigación capaces de dar solvencia técnica y científica a la gestión, así como algún tipo de asesoría jurídica.

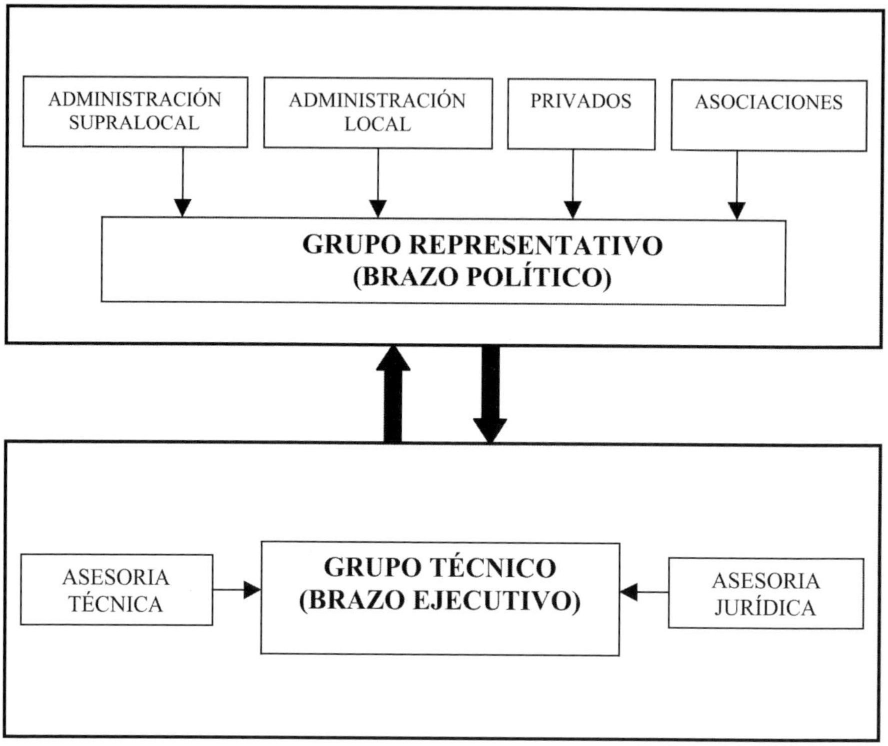

Figura VI.46. *Esquema Organizativo general del Ente Gestor; las flechas indican los flujos de decisiones y de información.*

8.1.2.1. El Grupo Representativo

Es un instrumento para la coordinación, entre las actuaciones de los distintos organismos públicos (administración supralocal y local) y privados; se trata de un órgano político de decisión que se reúne con cierta periodicidad para orientar, dotar de medios y verificar la gestión del plan; la personalidad jurídica que adopte, dependerá de cada plan concreto: Sociedad Mercantil con Junta de Accionistas y Consejo de Administración, Asociación sin Animo de Lucro provista de Asamblea y Junta Directiva, Consorcio, etc. Sus principales funciones son:

— Dirección y coordinación, entre las actuaciones de todos los agentes públicos y privados dentro de las previsiones del plan y en coherencia con las actuaciones procedentes de otros campos que se desarrollen en su ámbito territorial.
— Contratación de técnicos y administración de fondos para que se materialicen las previsiones del plan.
— Incorporación de socios (entidades, fundaciones etc.) que le refuercen con medios técnicos y/o financieros.

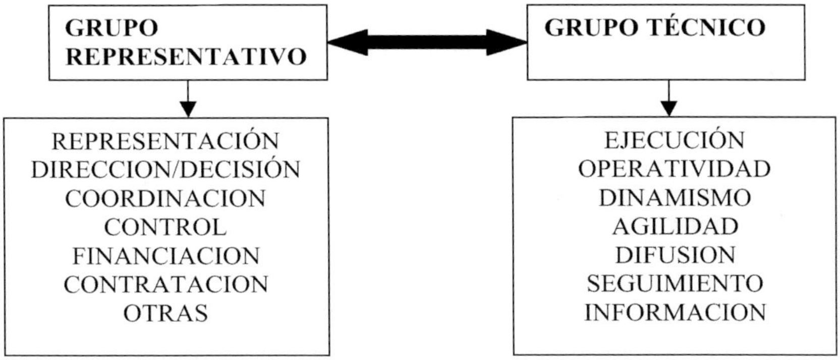

Figura VI.47. *Características y funciones de los grupos que forman el Ente Gestor.*

— Evaluación, estimación y valoración de los efectos del plan en todos los aspectos relevantes y sectores.
— Otras.

8.1.2.2. El Grupo Técnico

Actúa como brazo ejecutivo del anterior; se trata de un órgano operativo cuyo principal objetivo consiste en la materialización del plan, es decir, la aplicación de la normativa prevista con carácter general y particular, y la puesta en marcha y seguimiento de los programas de intervención, por lo que debe estar dotado de recursos humanos, técnicos y materiales suficientes en cantidad y calidad. Para garantizar el cumplimiento de las previsiones del plan y actuar con una seguridad científica y técnica, el Grupo Técnico debe contar con una Asesoría Técnica y otra Asesoría Jurídica, ambas con carácter orientador y asesor. Las funciones principales del grupo técnico son:

— Materialización del plan, es decir, aplicación de la normativa y ejecución de los programas de intervención previstos en el mismo.
— Seguimiento, del estado de materialización de cada una de las fases del horizonte temporal del plan y de cada una de las actuaciones que lo forman; para ello se tomarán en cuenta indicadores físicos y financieros ajustados al carácter específico de cada determinación y conforme a lo estipulado en el propio plan. En función de ello propondrá las modificaciones y adaptaciones adecuadas.
— Dinamización de la población local e identificación de posibles voluntarios dispuestos a colaborar en la materialización del plan.
— Animación de los agentes públicos y privados de los cuales depende la materialización del plan.

— Difusión y divulgación de la forma en que se orienta el desarrollo del plan.
— Elaboración de informes sobre la puesta en marcha y seguimiento del plan.
— Otras.

8.2. Algunos ejemplos de entidad gestora en distintos tipos de planes

Como ejemplos representativos se ha seleccionado cuatro casos reales significativos: Ente Gestor de un Plan de Desarrollo Integral (PDI), Ente Gestor unas Normas para la ordenación del suelo rústico, Ente Gestor de un Plan Rector de Uso y Gestión (PRUG) y Ente Gestor de un Plan Leader.

8.2.1. Ente Gestor Propuesto en el Plan de Desarrollo Integral del Alto Tajo

El Plan de Desarrollo Integral (PDI) del Alto Tajo plantea un modelo de desarrollo económico social para la comarca del Alto Tajo como contrapunto al PORN elaborado para la creación del Parque Natural del Alto Tajo; ambos conjuntamente, definen un estilo de desarrollo sostenible, por cuanto este concepto no es otra cosa que la consideración, a la vez y en un plano de igualdad, de lo económico y lo ecológico, bien entendiendo que ambos aspectos, en la comarca, tienen una relación sinérgica y se refuerzan en la consecución de un sistema viable, sostenible y próspero hacia el futuro. Por ello en el diseño de la entidad gestora del PDI se debe considerar a la Junta Rectora del Parque Natural.

La Entidad Gestora del Plan, está constituida por (figura VI.48):

— *Grupo de Desarrollo Local (GDL),* que vertebra la acción conjunta de los agentes socioeconómicos interesados en el desarrollo comarcal, para lo se constituye como un Consorcio integrado por representantes de los Ayuntamientos y Mancomunidades, de la Consejería de Agricultura y Medio Ambiente de Castilla la Mancha, de la Junta Rectora del Parque Natural, de asociaciones —sindicales, empresariales, profesionales, de la mujer, de la juventud, vecinales y otras— e instituciones privadas.
— *Oficina Técnica del Plan (OT);* se trata de un espacio físico dotado con personal y medios técnicos para actuar como brazo ejecutivo del GDL: un gerente, agentes de desarrollo local, formadores/divulgadores y administrativos. Cuenta con una Asesoría Técnica y otra Jurídica, ambas con carácter orientador y asesor. Asimismo prevé una red de voluntarios que incluye, además de otros, a los «ilustres», de origen comarcal o que tuvieran algún vínculo con la comarca. Por otro lado, la Oficina Técnica contará con patrocinadores, «sponsors» (entidades financieras, grandes empresas, etc.) que pudieran financiar actividades en la comarca en aplicación de su función social.

El esquema que ilustra la estructura y funcionamiento del ente diseñado, incluye además los principales elementos que propone el plan para generar empleo, mejorar los recursos humanos, fomentar la cohesión comarcal, etc.

8.2.2. Ente Gestor para la gestión del suelo rústico en el término municipal de Berja (Almería)

El objetivo de la gestión en éste caso particular, consiste en conseguir la aplicación real de los planes que afectan al suelo rústico de este municipio, sometido a fuertes presiones por localización de invernaderos bajo plástico, urbanización y todo lo que ellos comporta; tal planeamiento se concreta en: Normas Subsidiarias y Complementarias, Ordenanzas Municipales, Plan Especial de Protección del Medio Físico y Catálogo de la Provincia de Almería (PEPMF) y cuantas otras disposiciones que afectan al suelo rústico en el ámbito del término municipal de Berja.

Tal multiplicidad de planes exige participación de aquellos organismos que tienen competencias sobre ellos: Ayuntamiento, Medio Ambiente, Agricultura, etc. así como aquellos agentes que tienen en el suelo rústico su elemento de acción: los agricultores y las asociaciones que los organizan, los ganaderos, incluso grupos ecologistas, etc.

Sobre estas bases se diseña, bajo la forma de Consorcio, la Entidad Gestora del Suelo Rústico en el TM de Berja. (EGSRB), ver figura VI.49, formada por:

- El *Grupo Gestor del Suelo Rústico de Berja (GGSRB),* órgano representativo para la organización y la actuación coordinada de los agentes implicados en el suelo rústico, en el que existe una representación equilibrada y ponderada de las instituciones públicas: Ayuntamiento, Consejería del Medio Ambiente y Consejería de Agricultura, privados: empresas, de agricultores, ganaderos, etc. y de asociaciones: comunidades de regantes, sindicatos, etc.
- La *Oficina Técnica (OT),* constituida por: un Jefe de la Unidad, un auxiliar administrativo, un divulgador/formador y tres inspectores del suelo rústico. Cuenta además con una Asesoría Técnica y otra Asesoría Jurídica.

8.2.3. Ente Gestor del Plan Rector de Uso y Gestión de la Cuenca Alta del Manzanares

El ente gestor, denominado Junta Rectora, está formado por dos órganos (ver figura VI.50):

- *El grupo gestor o «Patronato»*, con representación de las Consejerías de Agricultura y Ganadería, MedioAmbiente, Ministerios de Fomento, Medio Ambiente y Ministerio de Defensa, de todos los ayuntamientos,

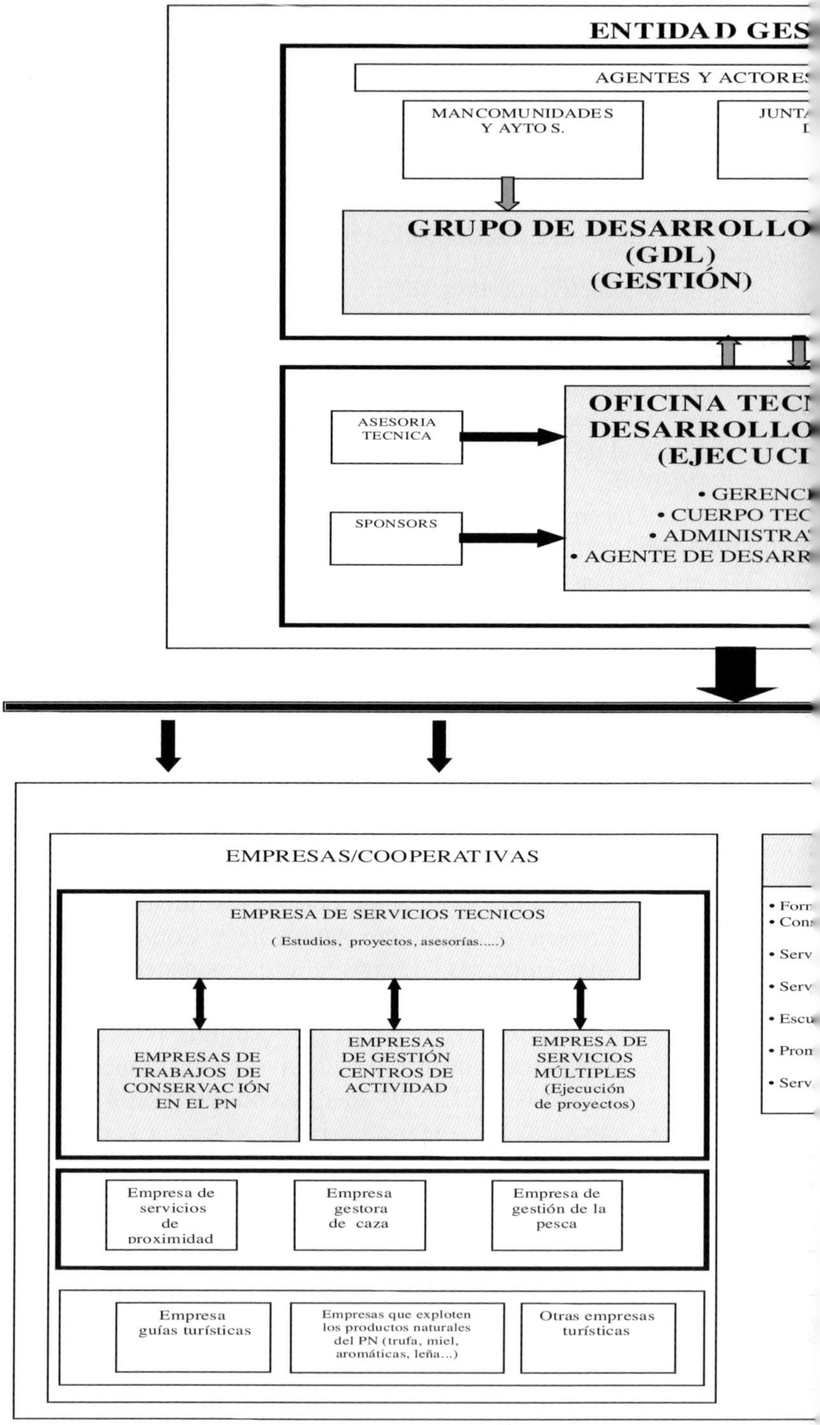

Figura VI.48. *Esquema organizativo y funcional para la gestión e instrument*

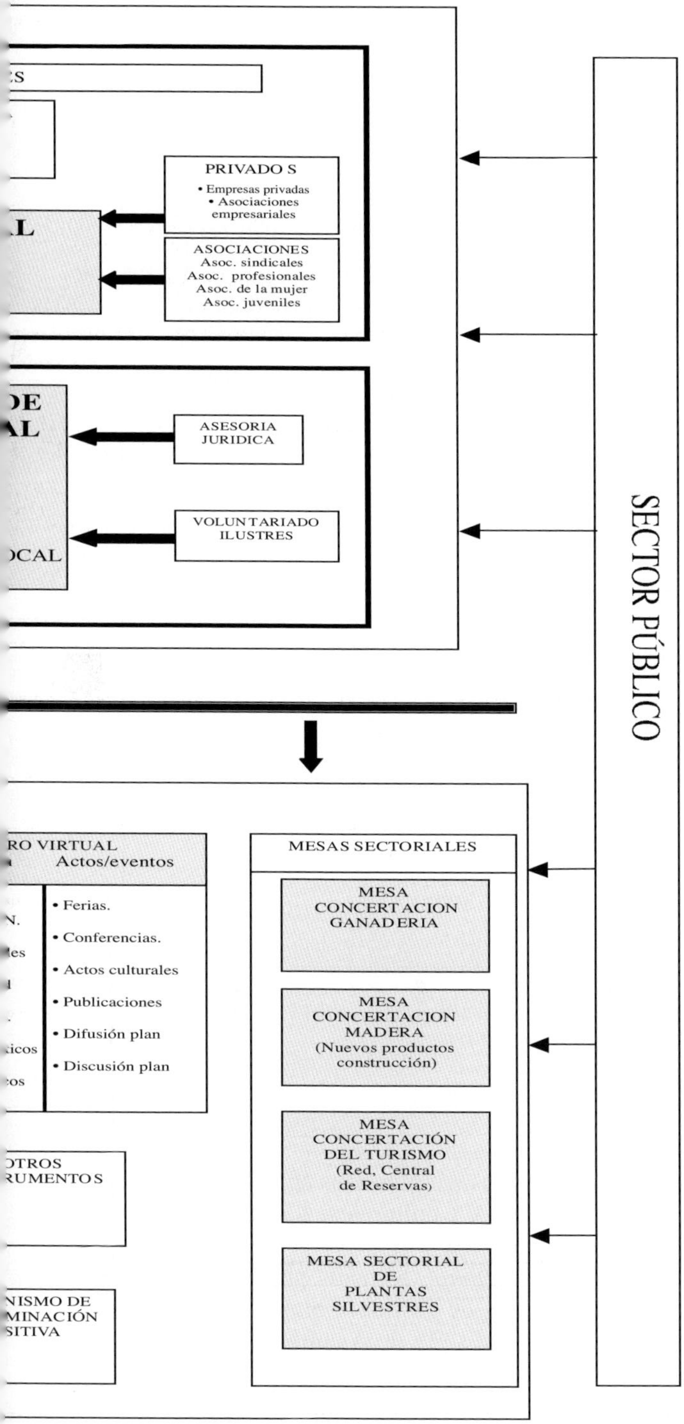

...a dinamización socioeconómica del Plan de Desarrollo Sostenible del Alto Tajo.

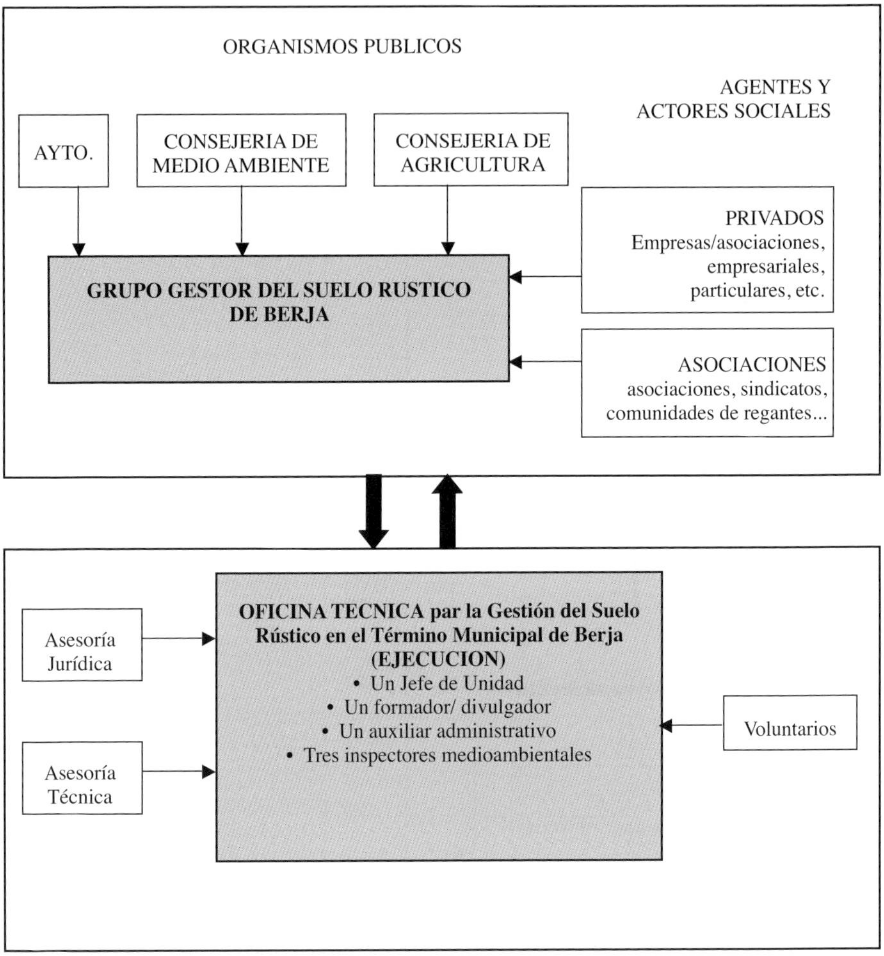

Figura VI.49. *Esquema Organizativo propuesto para el Ente Gestor del suelo rústico del término municipal de Berja.*

de particulares: propietarios de terrenos, empresarios agrícolas y ganaderos, de asociaciones: de montañismo, y culturales; además participa el Director-Conservador del Parque.

— *La Unidad Operativa del Parque Regional,* formada por un Director-Conservador, y dos subsecciones: una de gestión y planificación, que cuenta con un Director-Adjunto y una serie de Agentes Forestales, y otra de obras y mantenimiento dotada con cuatro equipos formados por un encargado-conductor, un oficial de 1.ª, un oficial de 2.ª y cuatro peones.

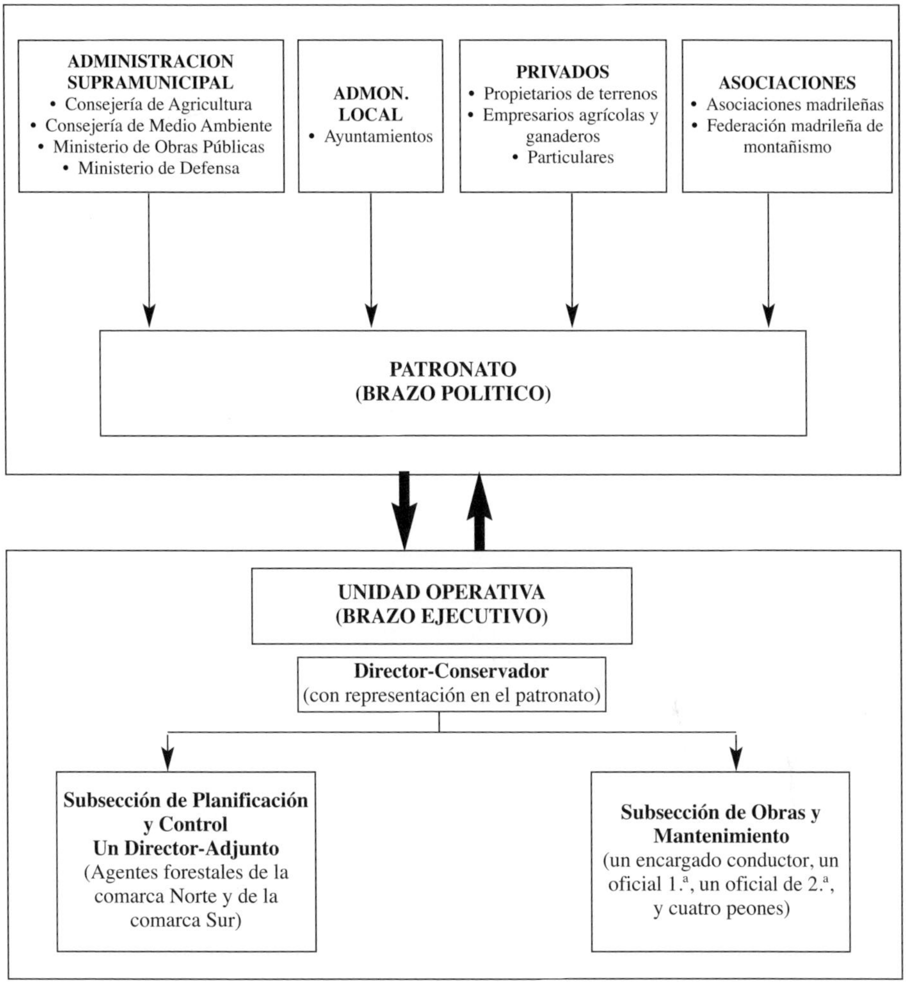

Figura VI.50. *Esquema Organizativo del Ente Gestor del PRUG de la Cuenca Alta del Manzanares.*

8.2.4. Ente Gestor del Plan Leader de la Sierra Norte de Madrid

La iniciativa comunitaria Leader tiene como objetivo el desarrollo rural en las zonas a las que se aplica. La entidad gestora está organizada así (ver figura VI.50):

— El brazo representativo, *GAL (Grupo de Acción Local)»,* se denomina GALSINMA, y está formada por Ayuntamientos, Mancomunidades, Cooperativas, Asociaciones, Asociaciones Empresariales etc.,

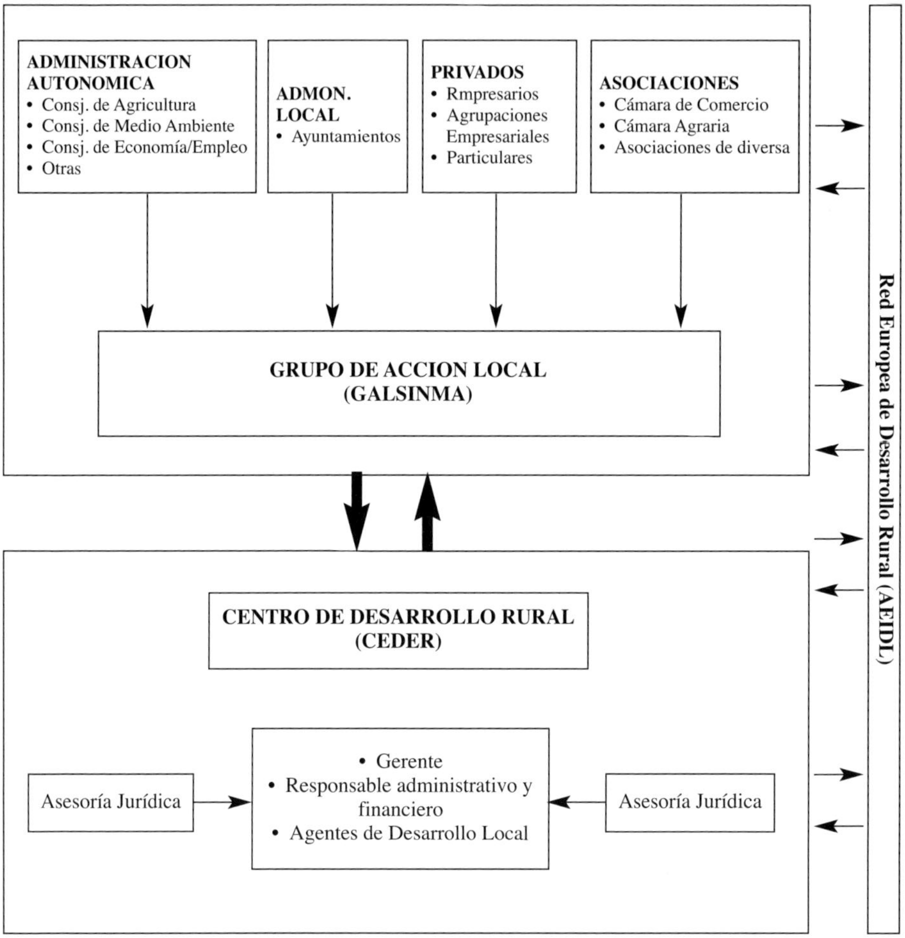

Figura VI.51. *Esquema Organizativo del Ente Gestor del LEADER de la Sierra Norte de Madrid.*

bajo forma de Consorcio; dispone de sus propios Estatutos, Organos de Gobierno y Sede Social.

— El CEDER es el brazo operativo de GALSINMA, y está constituido por: un gerente, un administrativo y varios agentes de desarrollo local, responsables de buscar, identificar y valorar cualquier tipo de iniciativa que incida en el desarrollo de la zona y que este contemplado en el Programa de Desarrollo.

8.3. Sistema de gestión

Seguir y controlar un plan significa conocer el grado y la forma en que se aplican sus determinaciones, así como la medida en que están alcanzando sus objetivos. Para ello es necesario disponer de información sobre:

— Los medios movilizados para alcanzar los objetivos.
— Las realizaciones, o transformación de los medios en realidades.
— Los resultados o efectos directos, es decir, las consecuencias inmediatas generadas.

Tal información se hace operativa a través de indicadores, en la forma en que se describe después, aplicados por la entidad gestora.

Las funciones definidas para el ente y los dos brazos que lo forman, constituyen las bases del sistema de gestión, que se completa con la definición de los flujos de decisiones, la toma y tratamiento de datos y los flujos de información entre los diferentes elementos de su estructura. En el esquema esbozado, los flujos de decisiones van de arriba hacia abajo, es decir, desde el grupo representativo, político, que ostenta la dirección del ente, hacia el grupo técnico, opertivo, que tiene un papel subordinado respecto de aquél; los flujos de información se dirigen en sentido contrario, del grupo técnico al grupo director, y de éste a las diferentes instituciones representadas en él; por su parte las asesorías informan directamente al grupo técnico y, a través de él, al grupo decisor y a las instituciones.

La aplicación de este esquema a cada caso particular ha de desarrollar, a su vez, la estructura interna de cada grupo, y concretar el tipo de decisiones y de información que fluyen entre ellos, lo que puede quedar representado por medio de flechas.

8.3.1. Sobre seguimiento y control del plan

En la elaboración de un plan se definen unos objetivos específicos y las intervenciones para alcanzarlos. En el programa de seguimiento y control se aplica esta lógica en sentido inverso: se estudian los resultados que producen las acciones concretas y la medida en que se cumplen los objetivos específicos planteados.

Por tanto, el seguimiento y control de un plan («monitoring»), se refiere a la recolección, registro, análisis, e interpretación de los datos sobre la materialización de las previsiones del plan y sobre sus efectos, así como su transmisión a los responsables con poder de decisión. Se trata, por tanto, de conocer y comunicar lo que realmente se materializa del plan y los efectos intermedios y finales que produce a la luz de las metas (objetivos cuantificados en magnitud y en tiempo) y de los objetivos a largo plazo que se desea alcanzar.

Esta tarea puede estar encomendada al ente gestor, cuando existe, o a una comisión de seguimiento creada al efecto, con funciones de control, la cual ha de evaluar dicho comportamiento del plan en términos de:

— Aproximación a la trayectoria planeada.
— Estimación de la conveniencia de introducir acciones en caso de alejamiento de lo previsto.
— Estimación de la conveniencia de modificar o no dicha trayectoria prevista.

Cada plan requiere su propio sistema de seguimiento, pero con carácter general, en todos ellos ha de estar prevista la vigilancia de la ejecución material , la eficacia en el avance hacia los objetivos, la eficiencia con que se logren los resultados y el impacto global de lo que se va ejecutando:

— El seguimiento de la *ejecución* incluye las tareas, técnicas y administrativas, a realizar periódicamente para conocer en todo momento la materialización del plan.
— La *eficacia* del plan se refiere a la relación entre lo realizado y lo previsto (por ejemplo, kilómetros de carreteras construidos/kilómetros de carreteras previstos); también puede aplicarse a la relación entre resultados conseguidos y esperados.
— La *eficiencia* se refiere a las realizaciones y los resultados obtenidos en relación con los recursos movilizados; por ejemplo Coste de kilómetro construido/Coste de kilómetro. previsto.
— El *impacto* se refiere a la consecución de los objetivos intermedios y finales o a largo plazo y en general a todos los efectos del plan sobre el sistema territorial.

Con los datos obtenidos, y a la vista de los objetivos, se podrán adoptar las medidas para perfeccionar la ejecución del plan o revisar y modificarlo los objetivos en términos de los efectos del plan sobre el sistema.

De acuerdo con lo anterior, el seguimiento comprende dos tipos de actividades:

— Las relacionadas con los datos: medición, recolección, registro, procesamiento y análisis.
— Las relacionadas con la transmisión de la información a los organismos y agentes socioeconómicos encargados de la gestión del plan así como a la población afectada.

8.3.2. Indicadores para la gestión

Para valorar los resultados y el cumplimiento de los objetivos planteados se utilizan *indicadores*; por indicador se entiende la señal, elemento o expresión que se adopta para *medir* la materialización del plan y sus resultados, cuya necesidad se justifica porque no se puede controlar ni gestionar lo que no se mide.

La selección de los indicadores es una labor esencial en el diseño del programa de seguimiento y control, así como de la evaluación «ex post» del plan. Los indicadores pueden ser directos cuando lo que se desea medir es cuantificable: por ejemplo tiempo de desplazamiento entre dos localidades, e indirectos cuando no existe unidad ni método de medida para aquello que se desea medir: por ejemplo la mejora de la calidad de vida de los habitantes de una comarca.

En cuanto a los aspectos a medir, los indicadores pueden ser:

- De realizaciones: se mide a través de la diferencia que existe entre la realización de una determinada actuación y la meta u objetivo específico esperado. Por ejemplo, Has de bosque mejoradas, numero de beneficiarios, etc.
- De impacto o de resultados: miden los efectos directos o inmediatos y finales; a su vez puede ser:
  - De impacto específico: o medida del resultado que las acciones realizadas han permitido lograr.
  - De impacto global que los objetivos específicos alcanzados han ayudado a obtener, en relación con el objetivo global establecido por el plan. Este impacto solo podrá medirse con métodos más complejos y una vez concluida la intervención.

Y ser de naturaleza monetaria (reducción de costes, incremento de renta) o no monetaria (incremento de cantidad y calidad de las aguas depuradas).

El análisis de impacto requiere establecer relaciones de causalidad mediante grafos o matrices de relación causa efecto y conocer la tendencia de evolución del sistema en cuanto que el impacto mide la diferencia entre la evolución si no se interviene —sin plan— y la evolución con la intervención establecida por el plan.; para ello es preciso generalmente recurrir a encuestas a la población afectada, a los gestores del plan y a expertos independientes.

A su vez los anteriores pueden ser:

- De eficiencia: se refiere al cumplimiento de las metas en cuanto a la calidad, cantidad y plazo programado en relación con los medios utilizados o movilizados (metas frente a los medios utilizados). pueden venir expresados en cualquier tipo de medida pero normalmente se hace en términos de costes monetarios, por ejemplo coste por unidad mejora.
- Eficacia: se refiere a la relación entre los medios utilizados y la realización de los objetivos, es decir, mide lo que se ha conseguido frente a lo que se pretendía.

Por último, los indicadores se pueden referir a los diferentes aspectos objeto de análisis, y así puede haber:

- Indicadores sociales, por ejemplo; Ej. porcentaje de población beneficiada, etc.
- Indicadores económicos, por ejemplo costes, ingresos, etc.
- Indicadores ambientales (figura VI.52), que, a su vez, se clasifican en:
  - Indicadores de *presión*, por ejemplo cantidad de personas que visitan un recurso natural o cultura, demanda de suelo urbanizable, CO_2 que se vierten a la atmósfera, etc. Describen las presiones de las actividades humanas sobre el medio ambiente, incluyendo la calidad y cantidad de los recursos naturales. Se puede distinguir entre indicadores de presión directa, normalmente expresadas en términos de emisiones o consumo de recursos naturales, e indicadores de presión

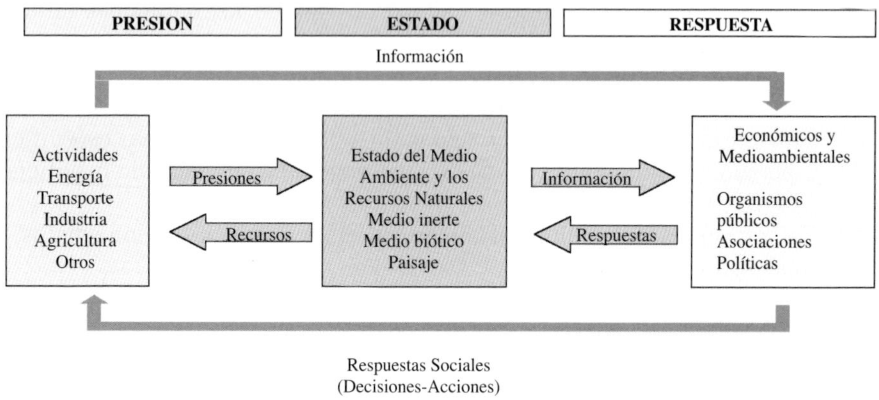

Figura VI.52. *Modelo PER (acrónimo de Presión-Estado-Respuesta) se basa en el* concepto de causalidad: *las actividades humanas ejercen* presión *sobre el medio ambiente y los recursos naturales y modifican la cualidad y calidad,* estado, *de los mismos; la población y los agentes socioeconómicos responden a tales cambios a través de políticas ambientales y sectoriales:* respuesta. *Estas últimas producen una retroalimentación dirigida a modificar las presiones a través de las actividades humanas. Dichos fases forman un ciclo de política ambiental que incluye la percepción de los problemas y la formulación de acciones, así como el seguimiento y la evaluación de las mismas.*

indirecta o de estructura que presionan al ambiente a través de las actividades.

— Indicadores de *estado*, por ejemplo concentración de contaminantes en la atmósfera o biodiversidad de un ecosistema.
— Indicadores de *umbral*, o nivel a partir del cual el problema requiere una intervención.
— Indicadores de *respuesta*, miden el esfuerzo social y político que se hace para resolver un problema, por ejemplo, cantidad de dinero público invertido en depuración de aguas o en sensibilizar a la opinión pública. Cuando se refieren al efecto de retroalimentación de las respuestas sociales sobre las presiones ambientales, estos indicadores pueden considerarse de presión. Por ejemplo, una reducción de la emisión de gases que provocan el efecto invernadero, puede considerarse como indicador de presión y de respuesta para el cambio climático. Idealmente, el indicador de respuesta ha de reflejar los esfuerzos de la sociedad en resolver problemas ambientales concretos.

Asimismo existen indicadores de medios que miden el esfuerzo en la realización del plan, y pueden ser:

— Indicadores monetarios sobre los recursos financieros utilizados para cada acción (por ejemplo el coste en pesetas de un programa de formación).

Tipos de indicadores	
Base	De medios: • *Monetarios.* • *No monetarios.*
	De realización física.
	De resultados o efectos directos: • *Monetarios.* • *No monetarios.*
	De efectos indirectos: • *Monetarios.* • *No monetarios.*
Gerenciales (complementarios)	De eficacia: • *Monetarios.* • *No monetarios.*
	De efifciencia: • *Monetarios.* • *No monetarios.*

Figura VI.53. *Tipos de indicadores.*

— Indicadores de recursos materiales y humanos no monetarios utilizados para cada acción (por ejemplo el numero de horas de dedicación del personal).

La figura VI.53 muestra sintéticamente los distintos tipos de indicadores.

La selección de los indicadores es una labor esencial en el diseño del programa de seguimiento y control; para seleccionarlos hay que considerar que deben ser capaces de señalar los cambios de tendencia en el medio, preferiblemente a corto plazo, deben estar formados por variables de fácil obtención, comprensión y medida, directamente observables, cuantificables siempre que sea posible, deben abarcar todos los aspectos esenciales del tema analizado, y por último, deben ser eficientes en términos de coste y de capacidad para transmitir la información que se desea.

Finaliza las previsiones de gestión definiendo señales de alerta en diversos grados, cuya función consiste en poner en guardia a los gestores sobre incumplimientos graves en la materialización del plan o en la consecución de sus objetivos, que obligarán a tomar medidas para corregir y reorientar la trayectoria seguida.

8.4. Evaluaciones intermedias y finales. Evaluación «ex post»

El seguimiento descrito permite la evaluación de las realizaciones en relación con las metas intermedias y sobre el cumplimiento de los objetivos finales; asimismo permite una toma de decisiones continua sobre todo ello. Sin embargo, la visión continua del plan tiende a concentrarse sobre la ejecución y los objetivos intermedios y a descuidar el cumplimiento de los objetivos finales, lo que hace necesaria la realización de evaluaciones periódicas para detectar los factores externos que pueden estar impidiendo la correcta ejecución del

Intervención	Descripción	Indicadores de base	Indicadores de eficacia	Indicadores de eficiencia
ACCION	Construcción de una autopista	**De realización:** Km de autopista, número de beneficiarios, m² de superficie construida	Km realizados/km previstos Beneficiarios reales/beneficiarios previstos	Coste por km realizado Coste por beneficiario
RESULTADO	Reducción del tiempo de recorrido y de los costes de transporte	**De resultado:** Reducción de tiempo de recorrido, accidentes actuales por automóvil-km y respecto a la anterior situación	Reducción real/reducción prevista Nivel de cualificación real/nivel de cualificación prevista	Coste por unidad de reducción de tiempo Coste por unidad de nivel de cualificación
OBJETIVO ESPECIFICO	Incremento de los flujos interregionales de las personas y mercancías	**De impacto específico:** Porcentaje incremento de automóviles en circulación (empleabilidad)	Aumento real/aumento previsto Reducción real/reducción prevista	Coste por unidad de incremento de los flujos Coste por unidad de reducción del índice de desempleo
OBJETIVO GLOBAL	Incremento de las actividades económicas y sociales, mejora de la competitividad	**De impacto global:** De la estructura productiva y de los servicios Del mercado de trabajo Del PIB regional por persona y por empleado	Crecimiento real/crecimiento previsto Reducción real de disparidades/reducción de disparidades prevista	Coste por unidad de crecimiento Coste por unidad de reducción de disparidades

Figura VI.54. *Algunos ejemplos de indicadores.*

plan. Por lo tanto son importantes las evaluaciones intermedias que refuerzan el mecanismo de seguimiento y permiten, al final, que se pueda disponer de un instrumento de ayuda para la toma de decisiones y las evaluaciones ex-post para un mejor análisis del impacto global del plan.

8.5. Evaluación conjunta del plan

La diferenciación temporal y funcional de la evaluación implica variedad de análisis y criterios, sin embargo, en cuanto le es de aplicación el principio de globalidad de la teoría de sistemas —la percepción de una parte desconectada del todo, como elemento aislado, no solo deforma el todo, sino que también distorsiona la parte—, la evaluación debe ser global y afectar, por tanto, a todos los aspectos del plan, en la idea de que el plan pretende un conjunto de objetivos, todos ellos subordinados a la finalidad del plan.

Una forma de evaluar los resultados globales de un plan consiste en comparar la evolución con respecto a otras zonas, es decir, la convergencia de las variables fundamentales hacia las mejor situadas y la divergencia de las que se encuentran peor. Para ello se puede recurrir a un gráfico de diamante, ver figura VI.47, en caso de que se seleccionen cuatro variables, en cada uno de cuyos semiejes se emplaza el objetivo propuesto y el nivel de la variable en la zona de que se trate; así se obtienen distintos «rombos» para distintas zonas, que dan una idea de la separación o convergencia entre ellas.

8.6. Presupuesto para la gestión

Los órganos para la gestión requieren su propio presupuesto; asimismo hay que prever los locales y materiales necesarios para su funcionamiento. Todo ello debe quedar reflejado en el presupuesto del plan.

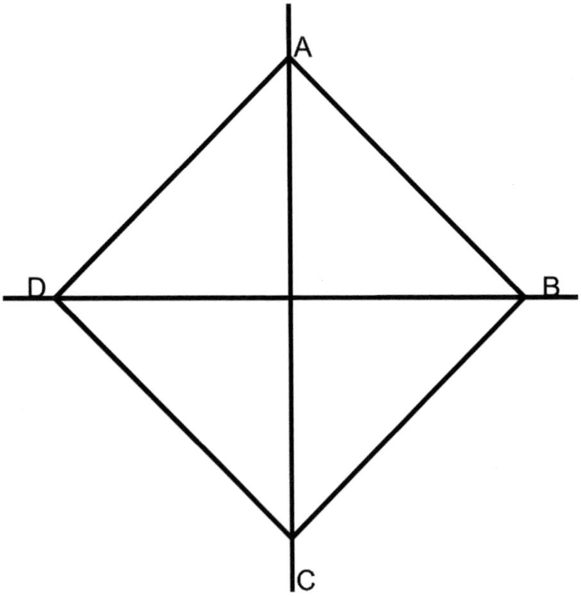

Figura VI.55. *Esquema del diamente.*

APÉNDICE 1
ANTECEDENTES METODOLÓGICOS

1. LOS ESTUDIOS DEL MEDIO FÍSICO EN LA ORDENACIÓN DEL TERRITORIO

Los estudios de medio físico consisten en un conjunto de técnicas para la recogida, elaboración y tratamiento de la información relativa al entorno natural, tal como lo encontramos en la actualidad, de manera que sea fácilmente utilizable en la toma de decisiones sobre usos del suelo y manejo de dicho entorno.

1.1. Antecedentes extranjeros

Sobre esta temática existen importantes precedentes históricos, algunos de los cuales se relatan a continuación. Uno de los de mayor interés se encuentra en los estudios integrados, que enlazan la visión contemporánea del medio con la gran tradición naturalista que arranca y cubre el siglo XIX. Los estudios integrados adoptan enfoques globales que contemplan el territorio como un sistema cuyos elementos son componentes interdependientes e interactuantes.

Esta concepción unitaria del medio fue habitual en la antigüedad y retomada en la actualidad por investigadores australianos trabajando para un organismo de investigación aplicada, CSIRO (Commonwealth Scientific an Industrial Research Organization). Su método consiste en una descripción fisionómica realizada por un equipo multi e interdisplinar trabajando sobre fotogramas aéreos cuya interpretación se controla a lo largo de transectos en recorridos de campo[1]. Los resultados que obtienen se expresan según la siguiente taxonomía:

[1] Christian, C. S. (1958): «The concept of land units and land systems». *Proceeding ninth Pacific Science Congrec*, 20: 74-81.

- «Site»: unidad elemental que tiene una homogeneidad relativa respecto a geomorfología, suelo y vegetación. Esta unidad sintetiza e integra todos los recursos por lo que se adopta como unidad operativa para la toma de decisiones en la planificación. En su interior existe un medio ambiente particular con condiciones especiales para la vida allí presente. Este medio ambiente característico se repite en cuantas ocasiones vuelve a encontrarse un mismo «site».
- «Land unit»: conjunto de «sites» relacionados o asociados de una determinada manera; en todas las partes en que se presente una determinada «land unit» estará formada por los mismos «sites» y relacionados de la misma forma. Se define básicamente por criterios geomorfológicos, de modo que puede entenderse como una unidad geomorfológica, sobre la que habrá variaciones de suelo y vegetación.
- «Land system»: conjunto de «land units», que, por características geográficas y geomorfológicas, forman pautas repetitivas en el paisaje. En todos los sitios en que se presente un «land system» existe la misma pauta de «land units».

Los equipos de trabajo de la CSIRO eran poco numerosos, estando constituidos cada uno por un geomorfólogo, un botánico sesgado hacia la ecología y un edafólogo, a los que opcionalmente se incorpora un geólogo y un forestal o agrónomo. El método fue concebido para el reconocimiento de regiones científicamente inexploradas, prácticamente despobladas y a pequeña escala (1/1.000.000).

Los enfoques integrados europeos suelen utilizar la noción de paisaje, como «unidad natural», —caracterizada por una asociación de elementos, relieve, clima, vegetación, suelos—, traducción del término alemán «landschaft», introducido desde hace tiempo en el vocabulario científico. En Rusia el fundador de la pedalogía, Dokuchaer adopta la misma idea de interacción y, situando al suelo en su contexto natural, lo expresa en relación con otros aspectos del medio, principalmente la vegetación («suelo de estepa», por ejemplo); de ahí la tendencia a insistir en la zonalidad de los suelos en paralelo con la zonalidad de la vegetación.

El concepto de unidad natural, está presente en la tradición naturalista rusa, cuyos científicos actuales se han interesado en los procedimientos de la CSIRO para la prospección de las grandes áreas inexploradas del Asia Soviética, si bien éstos, a diferencia de los australianos, aplican las modernas herramientas matemáticas sobre parcelas piloto representativas de unidades naturales, a las cuales extrapolan los resultados.

Algo similar se hizo en Polonia y, sobre todo, en la República Democrática Alemana, cuyas publicaciones, desde 1962, se refieren a la «Landschaftsokologie» o ecología de los paisajes.

En Francia, G. Bertrand incorpora al concepto de paisaje la dimensión evolutiva, definiéndolo como «una porción de espacio caracterizada por un tipo de combinación dinámica, por tanto inestable..., que evoluciona en bloque». En este mismo país se elabora la llamada «Cartographie de Risques Ecologiques».

Este enfoque del medio como algo dinámico, tiene especial interés en la planificación, pues permite tener en cuenta la evolución del sistema ante diversos tipos de intervención; a fin de cuentas la planificación consiste en modificar o cambiar por otra la *dinámica* existente.

En Canadá se ha utilizado el mismo concepto por algún forestal como Hills[2] que actúa por divisiones sucesivas. Divide primero el territorio en «zonas» a partir de semejanzas macroclimáticas, éstas en «subzonas» o «tipos de suelo» por criterios geológicos, morfológicos o hidrogeológicos; haciendo intervenir el clima local, divide las subzonas en «clases fisiográficas» y, por consideraciones de microforma, obtiene «tipos fisiográficos»; haciendo intervenir la vegetación pueden agregarse los tipos fisiográficos en «tipos totales», concepto que considera como la proyección espacial de un ecosistema.

En España, en los inventarios realizados para la redacción del Plan Espacial de Protección del Medio Físico de la región de Madrid, por ejemplo, se utiliza también una prospección integrada del territorio, que se concreta en la definición y delimitación de unidades ambientales, definidas por «una síntesis de numerosas características, justificándose por la redundancia o repetibilidad de ellas y la relativa homogeneidad del sistema así constituido». Por lo tanto, puede concebirse como la proyección espacial del ecosistema subyacente, denunciado en forma externa por indicadores fácilmente perceptibles (vegetación, geomorfología) distribución de cultivos, etc.

Otros enfoques se dirigen a la prospección independiente, aunque coordinada, de cada uno de los aspectos o dimensiones del medio objeto de inventario, dejándose la integración para una etapa más avanzada del proceso de planificación.

Esta aproximación se ha utilizado por varios autores americanos dedicados a la ordenación territorial porque, aparentemente, se presta mejor a realizar la integración mediante modelos manejados por un ordenador. Tal es el caso de Steinitz en Harvard que desarrolló, en las décadas de los sesenta y setenta, técnicas automáticas para la ordenación del espacio en los que integra datos del medio físico.

Otros autores americanos han utilizado este enfoque, como Lewis en Wisconsin, que en los sesenta, introdujo el concepto de «pasillo ambiental» como estructura donde se concentra la mayor parte de los recursos naturales importantes; McHarg en Pennsylvania, elabora un inventario que consiste en la mapificación de factores, ligados por relaciones de causalidad, en este orden: clima, geología histórica, fisiografía, hidrología, suelos, flora, fauna y usos actuales del suelo. D. M. Johns realizó en la Universidad de Manitoba un modelo muy complejo en el que introducía el carácter dinámico mediante un análisis de la capacidad intrínseca del territorio y un estudio de los impactos que producirían las diferentes alternativas.

---

[2] Hilss, G. A. (1961): «The Ecological Basis of Land-Use planning». Ontario Departarnent of Land and Forests. Research Report, 46. Hills, G. A. (1970): «Developping a better enviromnent». Ontario. Economic Council. Toronto.

En Israel se desarrolló el programa LESA[3] que opera sobre un inventario por sectores que luego integra para establecer la sensibilidad del territorio ante proyectos concretos y, a partir de ella, orientar, enmarcar y definir las especificaciones para la elaboración de las evaluaciones de impacto ambiental que pueden exigirse a esos proyectos.

También son importantes los esfuerzos holandeses, motivados por lo limitado del país, para estudiar el medio físico, e incorporarlo a los planes, en sus aspectos científico, técnico, administrativo, institucional y legal. A partir de 1972 se desarrolló el modelo GEM[4], encargado por la Agencia Nacional de Planificación Física, a un grupo de ecólogos, modelo que pretende establecer las bases ecológicas para un nuevo sistema de planificación física en todo el país.

Por último, citaremos las aportaciones producidas en la elaboración de los Planes de Estructura ingleses que surgen al principio de los sesenta como respuesta a los problemas que plantea el crecimiento demográfico y económico. Opera sobre la generación y evaluación de un gran número de alternativas, obtenidas a partir de la medición de la capacidad relativa de cada punto del territorio para acoger las actividades y usos del suelo expectantes.

1.2. Antecedentes españoles

La temática y, en concreto, los trabajos que con posterioridad se han conocido como ordenación del medio físico, aparecen en España con una década de retraso respecto de los demás países europeos y de Estados Unidos. De manera que, cuando aquí se inicia ese tipo de trabajos, ya existen importantes precedentes en dichos países, que son conocidos en España solamente a partir de los últimos años de la década de los sesenta. No obstante, pueden considerarse, ya antecedentes propiamente españoles los que aparecen durante la década de los sesenta, y otros más remotos[5], aunque por esas fechas se está lejos todavía de los enfoques metodológicos que se desarrollarían años después.

Como antecedentes más interesantes citamos los trabajos relativos al medio natural que, con carácter previo, se encargaban a especialistas para ser

[3] Una referencia del mismo ha publicado AMIR, S. (1976): «A programme to improve the presentation of enviromnental impact assesments». *Landscape planning*, vol. 2, núm. 4, 229-241.

[4] Maarel, E., y Vellena, D. (1975): «Towards and ecological model for physical planning in The Netherlands». In: *Seminar UN Economic Commission for Europa, Ecological Aspects of Economic Development Planning Report*. Rotterdam. Ministry of Housing and Physical Planning, 1977. Study Reports. *Summary* General Ecological Model. National Physical Agency, The Hague.

[5] Entre estos más remotos debe citarse la rica tradición española en actuaciones conducentes al fomento y mejora de la producción agraria y de las comunidades rurales: la ordenación de grandes zonas regables, ordenación hidráulica e hidrológica a nivel de cuenca, planes de colonización, etc., incorporaban estudios de excelente calidad sobre el medio físico, si bien adolecen de la moderna idea de integración.

incluidos en las memorias de los planes urbanísticos. Son estrictamente sectoriales: geología, clima, edafología, vegetación, topografía, hidrología, etc.; muchos de ellos utilizan un lenguaje específico, sólo inteligible por los propios redactores, sin propuestas claras y coherentes, cuya integración se deja a cargo, generalmente, del arquitecto encargado del plan, que se ve ante un cúmulo de datos poco operativos, de difícil utilización en la toma de decisiones final.

Coincide esta época con una concepción del planeamiento urbanístico que se realiza en el marco de la Ley del Suelo de 1956, encomendada a profesionales poco habituados al trabajo de equipo, que toman sus decisiones por una especie de inspiración en la que no aparecen explícitamente criterios ni metodologías. El enfoque interdisciplinar está ausente aunque, como se dijo antes, había en las memorias y planos de estos trabajos gran cantidad de información procedente de diferentes ramas de la ciencia, información muy heterogénea tanto en su temática como en las escalas de representación y niveles de profundidad.

Otro precedente está en la cartografía básica y temática que desde antiguo vienen realizando diferentes organismos de la Administración: Servicio Geográfico del Ejército, Instituto Geológico y Catastral, Instituto Tecnológico Geominero de España y Consejo Superior de Investigaciones Científicas, como más importantes. Los dos primeros elaboran fundamentalmente cartografía básica en mapas de un rico contenido, mientras los segundos realizan cartografía temática: geología, geotecnia, geomorfología, edafología, etc. No obstante la información temática y la escala a que se realiza la hace muy útil para planeamiento a nivel provincial, o de ámbito superior, pero su utilidad es menor en el ámbito municipal.

Dentro de este grupo de organismos que elaboran cartografía temática habría que incluir también a la Dirección General de la Producción Agraria, en cuanto publica desde hace tiempo dos series de cartográfica temática: «Mapa de Cultivos y Aprovechamientos» y «Mapa de Clases Agrológicas» para todo el país por hojas del mapa 1:50.000.

Ya en 1969 aparece un libro[6] de los profesores L. Lillo y Ramos, que se trata de enlazar los conocimientos botánicos, las tareas de conservación de la naturaleza y la edificación del habitat humano. Se trata en el libro de justificar y defender la necesidad de la presencia del paisaje vegetal en cualquier proceso de planificación, precisando el sentido del contacto humano con la naturaleza, como idea base. También trata de desarrollar los aspectos técnicos, reseñando la complejidad de factores que han de tenerse en cuenta, y de facilitar el empleo de las plantas como elementos fundamentales, apuntando su gran potencialidad ornamental y funcional. Como innovación más importante se consideran, con especial énfasis, las particulares aplicaciones derivadas de los

[6] Lillo, A., y Ramos, A. (1969): Valoración del paisaje natural. ETS Ingenieros de Montes. Madrid.

diferentes lugares de contacto: la propia ciudad, el ámbito rural y el paisaje primitivo.

Un precedente interesante surge con la iniciación de las primeras autopistas de peaje. Si bien los estudios sobre medio físico no influyen en la localización del corredor de la autopista y por lo tanto, en la planificación de la misma, sí se introducen en la fase de proyecto y a estos efectos se encargan estudios relacionados con el medio físico, encaminados a la adecuación de las obras al paisaje circundante, aunque esté todavía lejos la metodología de una verdadera integración con el resto del equipo que hace el proyecto. Al profesional de las ciencias de la naturaleza se le ve todavía como un ser exótico que adorna el equipo y cuya aportación adorna también el proyecto. Su aportación se considera marginal y si se le solicita es, básicamente, porque en otros países (Alemania, Italia, Estados Unidos) se hace.

En este sentido se encarga el «Estudio Geobotánico y Paisajístico del Ambito de la Autopista Barcelona-La Junquera». Como complemento, en esa misma autopista y en la de Barcelona-Tarragona, se hacen proyectos sectoriales en relación con la adecuación de las obras al paisaje circundante, tratamiento vegetal de desmontes, terraplenes y medianas contra la erosión, tratamiento vegetal de puntos o líneas concretas con carácter funcional (señalización, protección contra descumbramientos, etc.) y estético y asimismo se hacen proyectos de jardinería en nudos, aparcamientos, áreas de descanso, obras auxiliares, etc.

Este tipo de estudios, relativos al tratamiento vegetal de las primeras autopistas de peaje, se continúa en el resto de las autopistas españolas y se extiende también a las grandes obras de infraestructura que se inician en el período de «boom» económico de los sesenta: Plan Sur de Valencia, Acueducto Tajo-Segura, Canal Sevilla-Bonaza y algunos embalses.

En esta misma línea algunos organismos ejecutivos de la Administración, encargan estudios ecológicos en etapas previas a sus grandes obras de transformación del medio natural y usos del suelo correspondientes. Pero dichos estudios sólo se utilizan si son «cómodos», si están de acuerdo con las ideas preconcebidas y si sus determinaciones no suponen un costo excesivo a la realización del proyecto. En caso contrario se les ignora o, simplemente, se prescinde de ellos.

Como último y más inmediato precedente de los estudios del medio físico, tal como se conciben en la actualidad, deben citarse los trabajos que se encargan, a finales de 1971, a COPLACO por el Consejo de Ministros, para la realización del Esquema Director de la Región Central. En él, a partir de dos estudios uno sobre el sector primario y otro sobre el paisaje, se delimitan una serie de zonas a proteger en diferente forma y grado. Está aquí, implícitamente utilizado, el concepto de capacidad de acogida que habría de ser desarrollado posteriormente en el Plan Espacial de Protección del Medio Físico de la Provincia de Madrid, que se describe más adelante.

1.2.1. Primeras aproximaciones metodológicas

El primer intento metodológico hacia la consideración de la capacidad del medio físico en los trabajos de ordenación[7], tal como se concibe en la actualidad, es el que se plantea para ser integrado en el Plan Comarcal de Sevilla. En este trabajo, realizado en 1971-72, González Bernáldez y sus colaboradores elaboran una metodología que en su fase de información consiste en una prospección integrada del territorio que realizan profesionales de diferentes campos[8]; prospección que se fundamenta en el reconocimiento del hecho de que lo que confiere un determinado potencial de uso al medio, no es la presencia de factores aislados, por importantes que sean, sino su interacción en forma de sistema de relaciones. Dicha prospección está inspirada en la que se utilizó para el reconocimiento e inventario de recursos naturales por la Divisón of Land Research Organization (Australia) desde 1960[9] si bien el tipo de unidades obtenidas, a las que denomina unidades de paisaje, es diferente por razones de escala y por el tipo de uso que va a hacerse de ellas en la toma de decisiones.

El diagnóstico de las unidades de paisaje, y la evaluación de su capacidad de acogida, se realiza también de forma conjunta e integrada por los miembros del equipo de prospección, mediante el análisis de la reacción Previsible del sistema que subyace en la unidad de paisaje, frente a diversos usos del suelo o formas e intervención.

La aportación, pues, de este estudio al Plan Comarcal de Sevilla, consiste en una serie de recomendaciones relativas a la manera en que cada unidad de paisaje inventariada ha de ser conservada o puede ser modificada, en términos de localización de las actividades, que contemplaba el citado Plan Comarcal. No hay por tanto, aquí, todavía, ningún tipo de evaluación, cuantitativa o jerárquica, del medio físico en los sectores delimitados. Este paso lo dio, en un estudio posterior encargado en 1973 por el Ministerio de Obras Públicas, al mismo equipo, si bien reforzado por expertos en paisaje como se verá más adelante, para ser presentado al XI Congreso de «International Commsion on Largue Dams», celebrado en Madrid.

En este trabajo[10] se hace hincapié en la inclusión de la variable paisajística, —tratada en cuanto característica perceptual del medio y bajo criterios científicos— como un recurso territorial más. Por esta razón se incorpora al equipo «Grupo de Análisis Ambiental» del Departamento de Ecología de la Universidad de Sevilla, otro equipo que habría de tratar en profundidad el tema paisaje.

[7] Conviene puntualizar que, en estas fechas, el planeamiento que se hace es fundamentalmente de carácter sectorial y, dentro del campo que aquí interesa, urbanístico, y no se da un sentido propio a la ordenación del territorio.

[8] Ecología general, botánica, bioclimatología, geomorfología, hidrogeología, hidrobiología, biocenosis animal, zoología, paisajismo, agricultura, silvicultura, etc.

[9] Véase Chistian, C. S. (1953): Survey and assesment of Land Resources UNCSATE/ Conf. 39/V/354.

[10] Díaz Pineda, E. *et al.* (1974): Terrestrial ecosistems adjacent to larga reservois: Ecological surveys and impact diagnosis. Intemat. Com. On Large Dams. XI Congress. Madrid.

Para ello elabora una metodología inspirada en el modelo de evaluación de impactos diseñado por el Instituto Battelle Columbus de Estados Unidos[11] para la evaluación del impacto producido por las grandes obras hidráulicas, y que consiste básicamente en la desagregación del medio en sus componentes relevantes, a los que se asigna un sistema de puntuación, para obtener la calidad del medio por suma ponderada.

Posteriormente este modelo fue desarrollado en una tesis doctoral[12], leída en la Escuela de Ingenieros Agrónomos en 1975, en la que se proponen técnicas cuantitativas para la evaluación del paisaje, que manejadas informaticamente, permiten obtener salidas gráficas, expresión, justamente, de la calidad perceptual del paisaje o de alguna de sus componentes.

En el trabajo citado «Terrestrial Ecosistems...» se introduce por primera vez el método de las matrices de Impacto, las cuales consisten en cuadros de doble entrada, donde en filas aparecen los diferentes aspectos o dimensiones que constituyen la calidad ambiental de la unidad y en columnas los usos del suelo que potencialmente pueden modificar esos componentes del valor.

A raíz de este trabajo se presenta una comunicación[13] al Coloquio Internacional «Informática y Medio Ambiente» celebrado en Arlon (Bélgica) en 1974, en la cual se propone un modelo en el que se sustituye la unidad ambiental, como unidad de inventario y de toma de decisiones, por una unidad predefinida, retícula cuadrada, que se adopta como unidad operacional de planeamiento. La prospección del medio se realiza separadamente para cada tema o parámetro relevante: vegetación natural, suelos, biocenosis animales, etc.

La agregación de las magnitudes heterogéneas, correspondientes a los impactos que diferentes hipótesis de uso del suelo producirían sobre una cuadrícula genérica, se resuelve mediante regresión lineal múltiple. Ello permite extrapolar de forma coherente al conjunto de cuadrículas, una ponderación obtenida por la aplicación de una política de ordenación dada, la cual está definida por el valor asignado a una muestra de retículas. Todo el proceso puede realizarse de forma informatizada.

Con anterioridad a esta época se había trabajado en el tema paisaje, habiendo publicado un documento[14] «Análisis de respuestas subjetivas ante el paisaje natural» cuyo objetivo es llevar a cabo un análisis de la estructura de las respuestas subjetivas de la población ante los valores estéticos y de interés huma-

[11] Whitman L., *et al.* (1971): Design of an environmental system. Bureau of Reclamation, Depart. Int., Washington.

[12] Gómez Orea, D. (1975); Análisis de la calidad ambiental: procedimiento para la formulación y representación de los valores paisajísticos de los espacios naturales. Tesis doctoral. E.T.S. Ingenieros Agrónomos. Madrid. Una síntesis del trabajo se ha publicado en el número de 1975-76 de la revista Geográphica, del CSIC.

[13] González Bernáldez, E, Martín, R., Ródenas, M., y Sancho Royo, F. (1974): «Un système d'enregistrement et máimízation des impacts sur I'environnement: IRAMS. Colloque Intern. «Informafique et Environnement». Arlon (Belgique).

[14] González Bernaldez, E., Sancho Royo, E. y García Novo, E. (1973): *Analyse des reactions face au paysage naturel*, Opcions Mediterraneennes, núm. 17.

no del medio natural. El interés del experimento se fundamenta en la necesidad de obtener criterios que faciliten la descripción, interpretación, y medida de la calidad del paisaje en términos de interés humano. Sin esos criterios es difícil emprender una valoración sistemática y coherente de los impactos, cambio de los valores paisajísticos, y, por ende, de la capacidad de acogida de uno de los aspectos más importantes del medio físico: el paisaje.

Entretanto la conciencia ambiental se va abriendo paso en España, se crean algunas asociaciones para la protección de la naturaleza y comienzan a aparecer, en la prensa y en otras revistas, literatura que usa y abusa de la palabra ecología.

La Comisión de Planeamiento y Coordinación del Area Metropolitana de Madrid (COPLACO), organismo autónomo encargado de la gestión y revisión del Plan General de Madrid, recibió del Gobierno, en 1971, el encargo de redactar el Esquema Director de la Región Central; durante 1972, elabora el «Avance del Esquema Director de la Región Central» que es sometido a estudio, evaluación y corrección por diversas subcomisiones que a tal efecto se habían constituido en representación de los diferentes departamentos ministeriales interesados.

Este plan incluía entre otros objetivos el «control del medio natural» y la «distribución de los asentamientos humanos en integración con el medio natural en todos sus grados»; por ello plantea un estudio sobre el sector primario y otro sobre el paisaje, de los cuales se extrae la delimitación de una serie de zonas a proteger en diversa forma y grado. No obstante. no existe una verdadera aportación metodológica al estudio del medio físico.

Por ello, se reciben, en este sentido, algunas críticas entre las que cabe destacar aquellas que ponen énfasis en la ausencia de un informe ecológico que sirviera de base para las determinaciones del Esquema Director; en realidad se estaba refiriendo a un estudio del medio físico, tal como se concebiría después. Esta crítica, junto con otras de los demás sectores, decidieron a COPLACO a elaborar con carácter previo a la redacción del Plan General de Madrid, una metodología y programa detallado para la redacción de los citados planes: Proyecto MYP: Metodología y Programación.

En esta metodología[15] se incorpora al equipo, constituido básicamente por arquitectos, ingenieros de caminos y economistas, un profesional en ciencias de la naturaleza, concretamente Ingeniero Agrónomo con experiencia en trabajos de ecología aplicada, que colabora integrado en el resto del equipo y elabora una metodología para insertar el medio físico en la metodología general a que se alude. No hay sin embargo, salvo algunos aspectos muy particulares, una innovación metodológica, sino que se adapta al caso de la región central, la utilizada por el «Grupo de Análisis Ambiental» de la Universidad de Sevilla, en el Plan Comarca¡ de dicha Ciudad en los aspectos relativos a prospección e inventariación del medio físico e incorporándose también el método de las matrices de impacto.

---

[15] COPLACO (1973): MYP: *Metodología y Programación*. Ministerio de la Vivienda. Madrid.

Como consecuencia del documento MYP, COPLACO encarga varios estudios sectoriales relativos al medio físico, estudios que se plantean bajo una perspectiva integradora y programados de tal forma que pudiesen utilizarse en lo que se llamó «Estudio Ecológico de la Subregión de Madrid» redactado durante 1973-74 por un equipo constituido por miembros de la Cátedra de Ecología de la Universidad de Sevilla, Cátedra de Planificación y Proyectos de la ETS de Ingenieros de Montes, Consejo Superior de Investigaciones Científicas y reforzado con algunos profesionales en temas específicos. La metodología utilizada coincide con la descrita para el documento «Terrestrial ... » y para el Campo de Gibraltar. De hecho se realiza coincidiendo en el tiempo con esta última.

La primera parte de este estudio corresponde al área denominada «Corredor Madrid-Guadalajara» y, tal como estaba concebido, se utilizó sin dificultad en el «Estudio Subregional de Corredor Madrid-Guadalajara», documento que configura la ordenación territorial de esa zona[16].

En este mismo plan se incluye un estudio sobre el paisaje, este sí elaborado con una metodología que trata de objetivar la inventariación, cuantificación y evaluación de este importante parámetro, metodología que se inspira en el procedimiento utilizado en el Coventry-Solihull-Warwickshire Study[17].

A partir del «Estudio Ecológico de la Subregión Central» se elabora en el seno de la COPLACO, que había iniciado una nueva estrategia de planeamiento como consecuencia de su reestructuración interna, el Plan Especial de Protección del Medio Físico de la Provincia de Madrid[18] cuya aprobación se produce en julio de 1975.

Este plan, con el que quizás termina la primera generación de metodologías que trabajan sobre unidades ambientales a las que se les asocian matrices de impacto, marca un hito en el planeamiento del medio físico; precisamente es aquí donde se acuña la expresión «medio físico» que se concibe como el conjunto de los elementos del espacio rural (no urbano) y sus interacciones mutuas. Y marca un hito por diferentes razones:

- Define con precisión, y utiliza, el concepto de capacidad de acogida, como «los usos del suelo y actividades, definidos en tipo e intensidad, que puede soportar cada punto del territorio sin que se degrade por encima de límites considerados como tolerable».
- Se convierte en documento vinculante de planeamiento puesto que se tramita y aprueba como Plan Especial, dentro de la Ley del Suelo de 1956, con los efectos vinculantes que esto comporta tanto para los particulares como para la Administración.

---

[16] Menéndez de Luarca *et al.* (1974): Estudio Subregional del Corredor Madrid-Guadalajara. COPLACO. Madrid.

[17] Conventry Solihull-Warwickshire (1971): A *Strategy for the Subregion. Conventry Citi Council*, Solihull County.

[18] COPLACO (1975): Plan especial de protección del medio físico de la provincia de Madrid. Ministerio de la vivienda. Madrid.

— Contribuye de forma definitiva, especialmente en niveles técnicos, tanto en el sector público como privado, y en los promotores urbanos, a concienciar a los urbanistas y planificadores en general sobre la importancia de incorporar el tratamiento científico del medio físico.

En suma puede afirmarse que este plan generó una cultura en relación con el planeamiento y la coordinación de importantísimos efectos en la concepción y enfoque de la ordenación del territorio así como de la gestión ambiental.

1.2.2. La Segunda Generación de Metodologías: planificación con base ecológica

En 1974, ICONA, cuyo personal directivo se había renovado parcialmente en esta época, encarga un trabajo para la ordenación integral de la comarca de Ayllón[19], que se realiza a partir exclusivamente de parámetros relativos al medio físico.

En lugar del concepto de unidad ambiental se trabaja directamente sobre aspectos sectoriales del medio físico, a los que se denomina elementos del medio, que se analizan con independencia, si bien de forma coordinada, unos de otros trasladándose su integración a una fase posterior; integración que se realiza mediante la utilización de programas informatizados, en aquella época poco desarrollados.

La comarca reúne todas las características de área de montaña deprimida, por cuya razón se trabaja dando prioridad al concepto de capacidad (potencialidad o vocación natural intrínseca del territorio[20]), sobre el de fragilidad o de impacto. En resumen el trabajo pretende asignar a cada punto del territorio el uso del suelo y actividad acorde con su vocación natural, buscando el aprovechamiento máximo sostenido de sus recursos.

El trabajo aporta una inventariación muy completa de los elementos del medio físico y particularmente la cuantificación de la capacidad de cada uno de sus elementos para las actividades de posible implantación en la zona, así con la capacidad resultante de la interacción entre ellos. Y todo ello tratado por técnicas informáticas, cuyas salidas constituyen diferentes alternativas de distribución de la actividad en el territorio, extraídas directamente por impresora.

A partir de este trabajo, que tuvo una importante componente investigadora, se redactó una tesis doctoral[21], que completó y desarrolló el modelo.

Abundando en el concepto de capacidad, que evidentemente tiene una importancia grande en áreas rurales, mayormente en áreas deprimidas, en 1977 se realiza otro estudio dirigido básicamente a la evaluación de la capacidad del

[19] ICONA (1974): Estudio Integral de la Comarca de Ayllón. Ministerio de Agricultura. Madrid.

[20] Evaluación de la medida en que un determinado punto del territorio cumple los requerimientos de una actividad. En otros trabajos a este concepto se denomina aptitud, reservándose el término capacidad para la consideración conjunta de impacto y aptitud.

[21] Ayuso E. (1975): Diseño y verificación de un modelo dirigido al planeamiento integral de áreas rurales. ETS Ingenieros de Montes. Madrid.

territorio para la producción de bienes y servicios. Este trabajo se realiza en el Valle de la Liébana (Santander)[22].

El estudio de capacidad define y delimita las áreas potenciales para una actividad, deducidas por regresión a partir de las características del espacio ocupado actualmente por la actividad. Si es posible determinar las relaciones medio natural-estado actual del suelo, podrían predecirse las vocaciones de determinadas áreas del territorio para actividades que no tienen representación en dichas áreas debido quizás a agentes exógenos (antropógenos)[23].

La importancia de la aportación que los estudios del medio físico hacen a la ordenación territorial, se va reconociendo ampliamente, y en 1976 la Diputación Provincial de Vizcaya encarga un estudio[24] con objetivos similares al Plan Especial de Protección del Medio Físico de la Provincia de Madrid: establecer la capacidad de acogida del territorio en el sentido en que se definió más atrás: tipo e intensidad de usos que admite un punto del territorio sin degradarse.

Por tratarse de un área altamente urbanizada e industrializada y con fuerte dinámica de crecimiento, en aquella época, el equipo encargado del trabajo prepara una metodología fundamentada en el concepto de fragilidad o impacto. Por otra parte, el precedente del trabajo de Ayllón, así como de otros trabajos realizados en el extranjero, especialmente en la Universidad de Harvard, deciden también la utilización de técnicas cuantitativas y automáticas para la obtención de los resultados finales, y así se plantea la toma de datos, y su elaboración posterior, para ser dispuestos en soporte magnético, legible por ordenador, a partir del cual pudieran obtenerse, automáticamente graficadas, las decisiones. Dos grandes diferencias presenta este trabajo en relación con el citado Ayllón:

1. Trabajar con impactos en contraposición a capacidad, como corresponde a la dicotomía región dinámica (Vizcaya) región deprimida (Ayllón).
2. Trabajar con lo que el estudio llama «parámetros operativos» en contraposición a «elementos simples» que se consideraban allí: ello supone utilizar la información de forma agregada, más elaborada. Son por ejemplo elementos simples la litología, pendientes, pedregosidad, etc. mientras que un parámetro operativo sería «aptitud de los suelos para la agricultura» o «vulnerabilidad a la contaminación de los acuíferos subterráneos», que se deducen de ellos.

A ello habría que añadir que este trabajo presenta metodología interesantes de estudio e interpretación de los elementos del medio a los que aquí se denominó parámetros operativos.

Otra aportación notable de este trabajo estriba en la consideración de relaciones de distancia a la hora de prever los efectos que el impacto de un uso

---

[22] ICONA (1977): Estudio Integrado del Valle de Liébana (Santander). Ministerio de Agricultura.

[23] En otras palabras: si pudiera descubrirse qué elementos del medio y de qué manera condicionan la existencia del alcornocal, por ejemplo, en la zona de estudio, se deduciría, a través de la interpretación de las relaciones halladas, su distribución potencial.

[24] Excma. Diputación Provincial de Vizcaya, 1976-77. *Estudio de los condicionantes medioambientales a la localización espacial de las actividades del planeamiento*. Bilbao.

genérico en un punto también genérico puede producir sobre los puntos próximos a él.

Con metodología similar a la del citado estudio de Vizcaya se realiza en 1978 otro trabajo «Estudio piloto para la Protección del Medio físico en una zona del entorno de Málaga[25]», cuya calidad y aportación fue reconocida al otorgársele el Premio Nacional de Trabajos de Investigación en Planeamiento.

Estos trabajos sientan las bases para la consideración conjunta de aptitudes e impactos, advirtiéndose la proposición, obvia por otra parte, de que desde el punto de vista del medio físico la distribución óptima de los usos y actividades en el territorio es aquélla que maximiza la aptitud agregada y global de los recursos o elementos que coexisten en ese territorio en tiempo y espacio, y al mismo tiempo minimiza el impacto también global. Se trata, en suma, de compaginar el interés de «promotor» (aptitud) y del «ecologista» (impacto).

Sobre esta proposición operan dos trabajos «Estudio integral de la Comarca de Gredos» y el «Plan Espacial de la Sierra Calderona».

Con diferencias poco significativas en cuanto a la evaluación de aptitudes e impactos, la más importante diferencia estriba en el procedimiento parra relacionar e integrar ambos concepto en el proceso de toma de decisiones. Efectivamente en el trabajo de Gredos se utiliza una técnica de superposición de transparentes inspirada en el procedimiento elaborado por Steinitz y colaboradores en Harvard[26], que en esencia consiste en «un análisis gráfico que usa flexible y adecuadamente los datos, sin emplear demasiado tiempo en la obtención de los mapas para cada una de las evaluaciones y a un precio razonable».

En el trabajo de la Sierra Calderona, en cambio, se utiliza un programa de ordenador para integrar en el proceso de toma de decisiones, las evaluaciones previas de capacidad e impacto. Como otra aportación interesante de este último trabajo, tal vez cabe citar el hecho de que hace intervenir un tercer elemento en la generación de alternativas: la ponderación de la importancia de los objetivos traducidos y especializados en términos de usos del suelo. En efecto, la distribución de los usos del suelo o actividades no se hace asignando cada punto al uso que le correspondería bajo la condición de maximizar la capacidad y minimizar el impacto negativo, ambos globales, sino que esa asignación se corrige en función de la importancia de ese uso para los objetivos que debe alcanzar el planeamiento de la zona, tal como se describe en el resumen del trabajo.

En esta época se dispone de un importante bagaje metodológico y no se producen avances de consideración. La planificación en España, con la consolidación de la democracia y la alternancia de los partidos políticos en el poder, se hace más participativa y, paralelamente, menos tecnocrática de manera que

---

[25] ICONA y Dirección General de Urbanismo (1978): Estudio piloto para la protección del medio físico en una zona del entorno de Málaga. Madrid.

[26] Steinitz, C. *et al*. (1976): Hand-Drawn Overlays: their history and prospective uses», Landcape Architecture, 9: 444-55.

los cambios más significativos no afecten a metodología y técnicas, sino al enfoque de los problemas y a las formas de participación pública.

Por otro lado se producen importantísimos avances en el campo de la informática, tanto en lo que se refiere al «hardware» como al «software», que permiten almacenar fácilmente la información por capas temáticas y su rápido tratamiento incorporándole criterios de integración. Esta circunstancia se refuerza con la difusión de los ordenadores personales capaces de utilizar sistemas de información geográfica (GIS).

En 1982 el autor de esta obra diseña el modelo MAUSAR: Modelo de Asignación de Usos del Suelo en Areas Rurales, que permite integrar información y criterios de expertos trabajando cada uno de ellos desde su propio campo temático, para generar alternativas de capacidad de acogida. Cada experto elabora la información de su especialidad, la expresa en clases asociadas a recintos espaciales y expresa la relación de cada clase inventariada de su tema para las actividades contempladas, formalizando una matriz mediante una serie de códigos. Posteriormente el programa integra por cuadrículas, unidad operativa previamente adoptada, las matrices temáticas para deducir la capacidad de acogida de cada cuadrícula, que expresa en términos de lo que denomina grado de vocación de las actividades contempladas.

Uno de los códigos utilizados vincula la compatibilidad uso-territorio a un procedimiento de Evaluación de Impacto Ambiental, sentando así un precedente en la utilización de la EIA como instrumento de planificación a través del cual se prolonga el control del plan a la fase de proyecto. Este precedente ha adquirido, a partir de 1986, rango legal mediante la legislación en materia de EIA.

Recientemente hemos utilizado un concepto que permite una considerable economía de tiempo, a condición de que se establezcan con claridad los objetivos del plan y se disponga de amplia experiencia en este tipo de trabajos. Se trata de las denominadas unidades de síntesis que son sectores del territorio definidos e identificados bajo criterios variables de unas a otras zonas del ámbito de estudio: desde la homogeneidad relativa a la existencia de algún «factor controlante clave» o aspecto que condiciona de tal manera su vocación que, frente a él, pierden relevancia los demás. Constituyen las unidades de síntesis la expresión de los elementos y procesos del territorio en términos comprensibles y, sobre todo, en términos operativos. Su interés se comprende a la vista del cúmulo de información temática que comporta el medio físico, que hace imposible a su consideración en la elaboración de un diagnóstico si no hay un proceso previo de síntesis. En esta idea, las unidades de síntesis no son más que una forma racional de hacer operativa dicha información transponiéndola a forma fácilmente utilizable; la capacidad de acogida de cada una de ellas se determina de forma empírica por el equipo y se expresa en una tabla en términos de actividades vocacionales, compatibles (con o sin vinculación a EIA) e incompatibles. También aquí se utiliza la EIA como garantía de adaptación de las actividades al medio.

2. ALGUNOS MODELOS EXTRANJEROS MÁS SIGNIFICATIVOS DE PLANIFICACIÓN DEL MEDIO FÍSICO

Se exponen aquí una serie de experiencias internacionales significativas en materia de ordenación del medio físico, las cuales son antecedentes de las metodologías de ordenación del medio físico que expuestas en el capítulo IV.

2.1. El Pasillo Ambiental de Lewis

La idea desarrollada por Lewis surgió de un encargo abrumador que debía realizar en un año: «identificar, conservar, proteger y realzar los valores intrínsecos más sobresalientes del territorio y conseguir que la intervención del hombre se desarrolle armónicamente con estos recursos cualitativos», en el Estado de Wisconsin (USA). Desde el punto de vista de la ordenación del territorio, este encargo supone llegar a una especie de modelo en negativo: señalar donde no deben localizarse las actividades que pudieran tener una incidencia negativa en el medio físico.

La premura de tiempo exigió a Lewis desarrollar una técnica que, aplicada a un área relativamente pequeña, pudiera extrapolarse a la superficie total. Así distingue los recursos consustanciales a la naturaleza a los que llama «mayores», los más importantes: superficies de agua, tierras húmedas y zonas con topografía notable, de los «adicionales» que cuentan con adaptaciones humanas y son menos importantes; y observó que los primeros y la mayor parte de los adicionales se localizaban en estructuras continuas alargadas que sugerían la idea de corredor, de ahí la denominación de «pasillo ambiental», en el que se encuentran todos los recursos mayores y la mayor parte de los adicionales (al menos en el estado de Wisconsin: 90 por 100, y en algún otro caso estudiado), frecuentemente concentrados en forma nodal. La idea del pasillo es importante por las siguientes razones:

- Constituye una estructura geográfica fácilmente comprensible por el público, lo que tiene interés por el objetivo protector del trabajo.
- La economía de medios que supone localizar la mayor parte de los recursos ambientales con la determinación de los recursos mayores.
- Proporciona un primer nivel de ordenación territorial consistente adoptar medidas de protección y localizar la actividades menos agresivas (ligadas al esparcimiento y recreo al aire libre, por ejemplo) sobre los pasillos, y fuera de ellos las actividades supongan alteraciones más graves.
- Permite sumar las fuerzas de los diferentes grupos que puedan estar interesados cada uno de los diferentes recursos.

La figura 1.1 muestra el diagrama de flujos del modelo, que, sintéticamente puede describirse en términos de las tareas siguientes:

A) Delimitación de áreas de estudio.
B) Identificación de las actividades a localizar y sus requerimientos.
C) Selección de un área pequeña de estudio, que sea representativa, donde puedan examinarse las relaciones espaciales entre recursos mayores y adicionales. Sobre ella se opera como sigue:

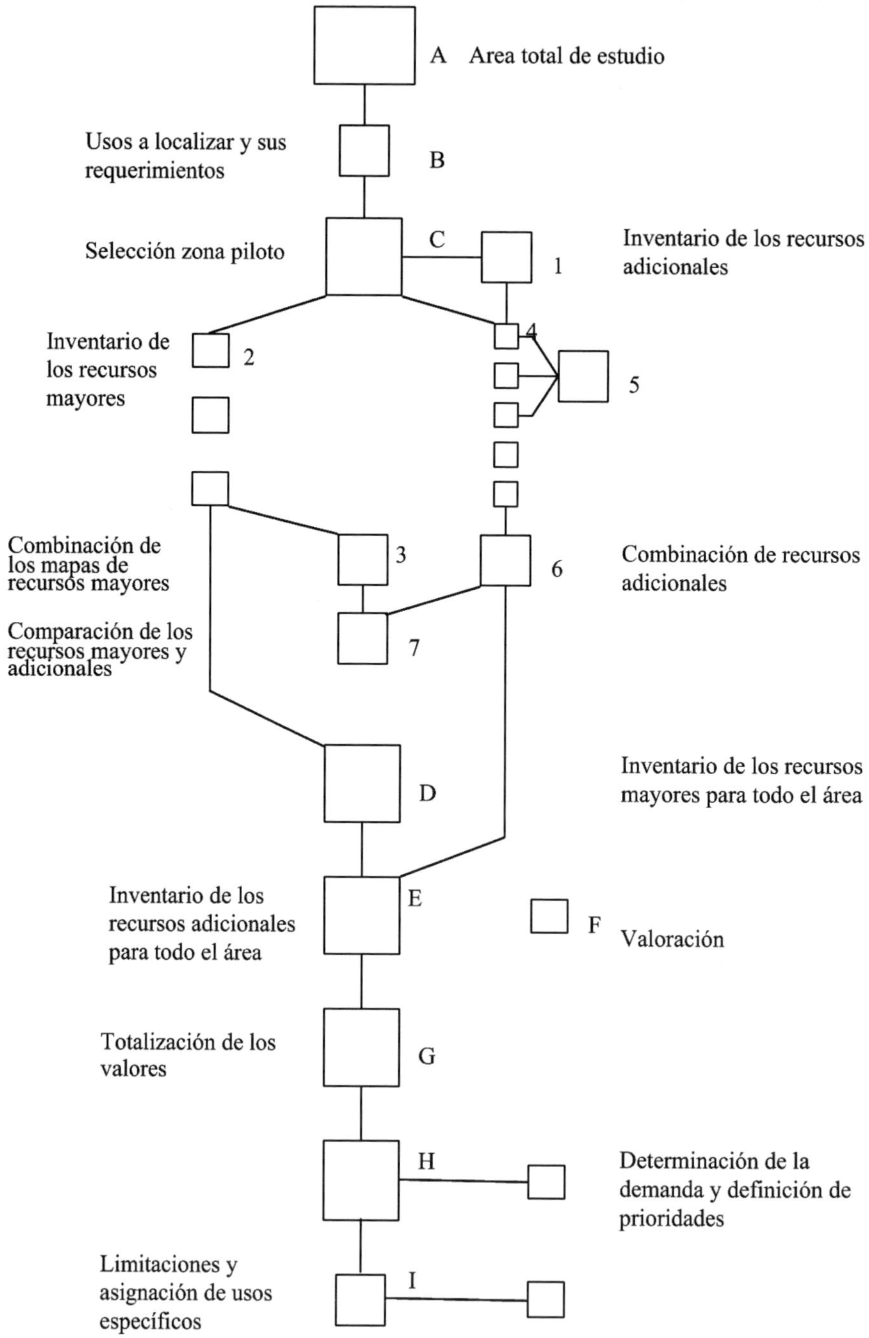

Figura 1.1. *Diagrama del método de Lewis.*

1. Identificación de los recursos que cumplen los requerimientos o criterios de uso establecidos en B, distinguiendo entre los mayores y los adicionales. La tabla de la figura 2.1 da una idea de los recursos considerados.
2. Inventariación y cartografía de los recursos mayores en tres mapas diferentes (capas) sobre soporte transparente.
3. Combinación por superposición de los tres mapas de recursos mayores en uno solo que define el pasillo ambiental.
4. Inventariación y cartografía de los recursos adicionales, para lo que se reclama colaboración de los servicios públicos locales y de los particulares.
5. Establecimiento, si ha lugar, de zonas con objetivos específicos en función de sus recursos. Tal es el caso de cultivos insólitos, vegetación residual, arquitectura local, etc. detectados de la información local en el inventario de los recursos adicionales.
6. Combinación, por superposición, de los recursos adicionales a la misma escala que los mayores.
7. Comparación de los recursos mayores y adicionales y establecimiento de las correlaciones oportunas. Normalmente se podrá observar que la mayor parte de los recursos adicionales está dentro del pasillo ambiental.

D) Inventario de los recursos mayores en todo el área; de ahí surgirá normalmente una estructura lineal: pasillo ambiental. Si se añade a los mapas las carreteras principales y las tendencias de expansión urbana, se pondrá de manifiesto las áreas de conflicto potencial.

E) Inventario de los recursos adicionales en todo el áreas. Esto no es indispensable pues se concentran en su mayor parte en el pasillo. Sin embargo es conveniente, especialmente para adoptar medidas de conservación fuera del pasillo.

1. Caracteres naturales:	
• Lago menor de 20 ha	2
• Lago mayor de 10.000 ha	10
• Ríos: según caudal, navegabilidad, etc.	
• Tierras llanas: según tamaño y tipo de propiedad	
2. Recursos adicionales extrínsecos:	
• Cota máxima de la zona	10
• Gruta 4	
• Cascada 10	
• Zonas de reposo de aves migratorias	2
3. Areas científicas y vulnerables:	
• Arboles notables	10
• Praderas 20	
• Pantano 1	
4. Recursos extrínsecos:	
• Torre de incendios	2
• Ciudad antigua (abandonada)	5
• Baños	2

Figura 1.2. *Algunos valores asignados por Lewis.*

F) Valoración de los recursos mediante un sistema de puntuación; los valores se asignan atendiendo a las características de cada recurso y a la demanda que existe sobre él. A título orientativo se señalan en la figura 2 algunos valores asignados por Lewis.
G) Totalización por suma aritmética de los valores para la identificación de áreas prioritarias.
H) Determinación de la demanda de los usos propuestos y definición de prioridades. Se determinan las zonas necesarias para satisfacer la demanda y se proyecta su desarrollo.
I) Identificación de limitaciones y asignación de usos específicos, a partir de estudios de suelos y «visuales», ya que cada actividad origina un determinado impacto en los recursos naturales.

2.2. Capacidad, adecuación y viabilidad de uso de Hills

El sistema que propone Hills responde a un encargo de la administración canadiense que planteaba las siguientes preguntas:

a) ¿Se está utilizando el potencial de los recursos renovables hasta el máximo nivel compatible con las condiciones económicas y sociales?
b) Si no es así, ¿qué ajustes o cambios han de hacerse en el uso del suelo?
c) ¿Cuál es la estructura científica dentro de la cual hay que dar respuesta a estas preguntas?

El contenido del sistema puede resumirse en los dos puntos siguientes:

— Una clasificación del suelo en unidades homogéneas.
— Una valoración del potencial de esas unidades para usos múltiples, alternativos o combinados, bajo varios niveles y condiciones de ordenación.

La secuencia de proceso se desarrolla como sigue (ver figura 1.3):

A) División sucesiva del área objeto de estudio en unidades cada vez más pequeñas de acuerdo con un gradiente escalar de factores climáticos y de formas externas de suelo. Las unidades son las siguientes:
   1. Zonas, obtenidas por semejanzas climáticas amplias: en ellas la temperatura del aire y la humedad relativa, se corresponden generalmente con una forma del suelo y una sucesión vegetal semejantes. Su tamaño puede variar de 2.500 a 10.000 km^2 formando a menudo unidades administrativas o de tipos homogéneos de explotación.
   2. Subzonas o tipos. División de las zonas atendiendo a la estructura geológica y a una amplia gama de elementos: textura, profundidad de la roca madre, composición mineralógica y contenido en agua.
   3. Clases fisiográficas. Areas dentro de las subzonas aisladas en función de las variaciones climáticas locales, de la temperatura del aire y de la humedad. El principal indicador de estas variaciones es la diferencia de las comunidades vegetales.

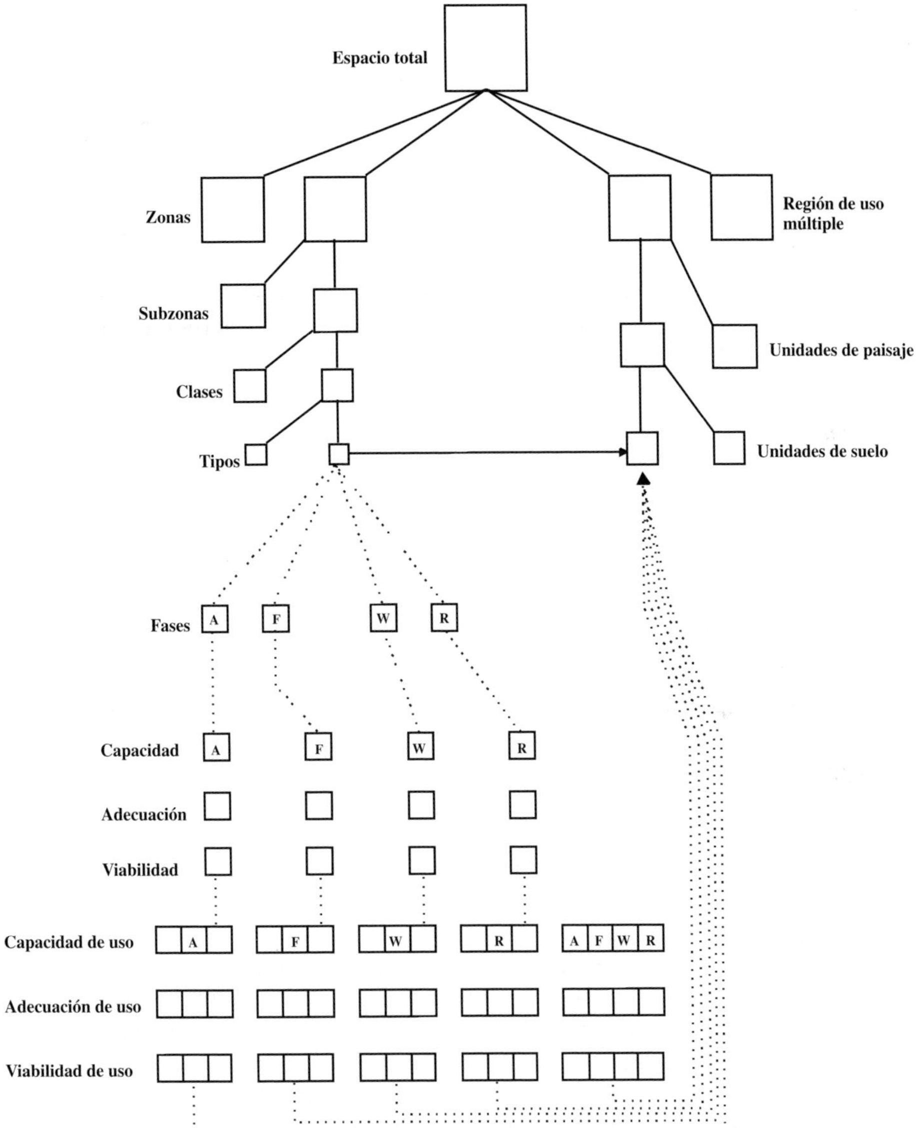

Figura 1.3. *Diagrama del método de Hills.*

4. Divisiones o tipos fisiográficos, división de las clases mediante criterios de profundidad y humedad del suelo. Hills considera el tipo fisiográfico como la unidad básica de la ecología vegetal, dentro de la cual pueden desarrollarse gran variedad de ecosistemas al intervenir controles naturales y humanos. La superficie de un tipo fisiográfico puede variar de 2 a 40 ha.

B) Elaboración de una lista de usos a considerar y los requerimientos físicos o exigencias de cada uno. Hills considera cuatro usos generales: Agricultura (A), Forestal (F), Reservas Forestales (W) y Recreo (R), que a su vez divide en usos más concretos, para los que se establecen sus requerimientos. Estos pueden exigir mayor detalle en la clasificación del territorio, lo que conduce a ampliar en un nivel la jerarquía, dividiendo los tipos fisiográficos en fases fisiográficas para «aislar» otras cualidades significativas.

C) Determinación para cada tipo fisiográfico o fase —en caso de que las haya— el uso potencial, en términos de capacidad, adecuación y viabilidad, utilizando escalas distintas de valoración para cada nivel.

1. Capacidad de uso: expresión del potencial productivo en condiciones óptimas de explotación. La evaluación de la capacidad se hace según una escala de 7 grados (a-g), que obviamente establece el nivel de productividad, aunque habitualmente se mide por el grado de ausencia de limitaciones para el desarrollo de la actividad. Una identidad de capacidad no implica homogeneidad intrínseca, de modo que dos unidades con igual valor de capacidad pueden tener características físicas diferentes.
2. Adecuación de uso. Se refiere al grado de esfuerzo necesario para llevar una unidad desde su estado actual al nivel estimado de explotación. Puede expresarse, por ejemplo, por el número de horas necesario para hacer una repoblación forestal, la cantidad de drenaje necesario para poner en cultivo una zona, las instalaciones necesarias para el uso recreativo o los kilómetros de carretera a construir para llegar a un determinado lugar. Hills no explica la manera de hacer esta valoración. Lógicamente, el procedimiento debiera incluir una lista de las mejoras necesarias para poner en uso una unidad.
3. Viabilidad de uso. Expresa el grado de conveniencia para desarrollar una unidad dadas las condiciones económicas y sociales existentes. La viabilidad podría aplicarse, por ejemplo, en función de la accesibilidad o de la población potencial: a mayor proximidad a un núcleo urbano o vía de comunicación mayor viabilidad. Tampoco Hills explícita la forma en que valora este índice.

Estos tres conceptos, como se dijo antes, se estudian a nivel local y a nivel de conjunto. Podría decirse que el primero se refiere a la potencialidad intrínseca de las unidades, mientras el nivel de conjunto las evalúa en relación con el contexto, es decir, con la totalidad de la zona de estudio.

A continuación se reagrupan aquellos tipos y fases fisiográficas, si las hay, que presentan características morfológicas similares para constituir unidades espaciales de paisaje más grandes (40 km^2 como mínimo); dentro de estas pueden aislarse unidades de suelo, lugares más pequeños con un significado especial para algún uso. La unidad de suelo suele ser un elemento repetitivo y «erráticos» zonas de pequeño tamaño dentro de la unidad de paisaje. Para cada unidad se vuelve a calificar su capacidad, adecuación y viabilidad.

D) Para cada unidad de paisaje se recomienda como uso principal o co-principal, aquella actividad que haya obtenido la más alta calificación de viabilidad.

E) Por último se realizan mapas que representan los usos múltiples principales o co-principales que se han recomendado para cada unidad de paisaje.

2.3. El diseño con la naturaleza de Mc Harg

Mc Harg, experto en planificación regional y arquitectura paisajista, se ocupa especialmente por el modo en que los procesos biológicos, que considera como recursos naturales, deberían ser reconocidos como criterios orientadores en la planificación regional. Su teoría consiste, en resumen, en presentar los procesos naturales como «expresivos» de las condiciones territoriales, —por ejemplo: el paisaje refleja la interacción de un sistema complejo de procesos biológicos y culturales—, y como determinantes naturales del uso del suelo, lo que supone una corrección al determinismo económico que ha guiado la localización, forma y crecimiento de los desarrollos urbanos; sobre esta idea, concibe al arquitecto paisajista como el puente entre los planificadores regionales y los estudiosos de las ciencias naturales.

Para ello Mc Harg propone un sistema que permite la incorporación de la ciencia del medio natural a la planificación, localización y forma de desarrollo, cuya secuencia es como sigue (ver figuras 1.4 y 1.5):

Comienza por la representación cartográfica de los siguientes factores: clima, geología histórica, fisiografía, hidrología, suelos, flora, fauna y uso actual del suelo, precisamente en el orden en que se exponen, con el fin de considerar la forma en que influyen unos en otros, en tendiendo el medio en términos de procesos; así el clima y la geología permiten interpretar la fisiografía que, a su vez, determina la hidrología y todo ello permite comprender la formación del recurso suelo; la distribución de la vegetación es el resultado de la interacción entre los factores citados, y la fauna está estrechamente ligada a ella; por último, los usos del suelo, al menos hasta épocas recientes, han estado estrechamente correlacionados con las características del medio.

En segundo lugar se interpretan los datos de inventario en relación con las actividades objeto de localización (2a.) y se traduce en mapas de capacidad intrínseca (2b.) para cada una de las actividades, que, básicamente, son: agricultura, recreo, forestal y uso urbano.

Por otra parte, se atribuye valores a los procesos, lo que permite realizar una zonificación del área total según su valor (3a.). Mc Harg establece cuatro valores a los recursos naturales:

1. Cualidades inherentes: por ejemplo, el paisaje tiene valor por sí mismo, para la satisfacción estética o la educación.

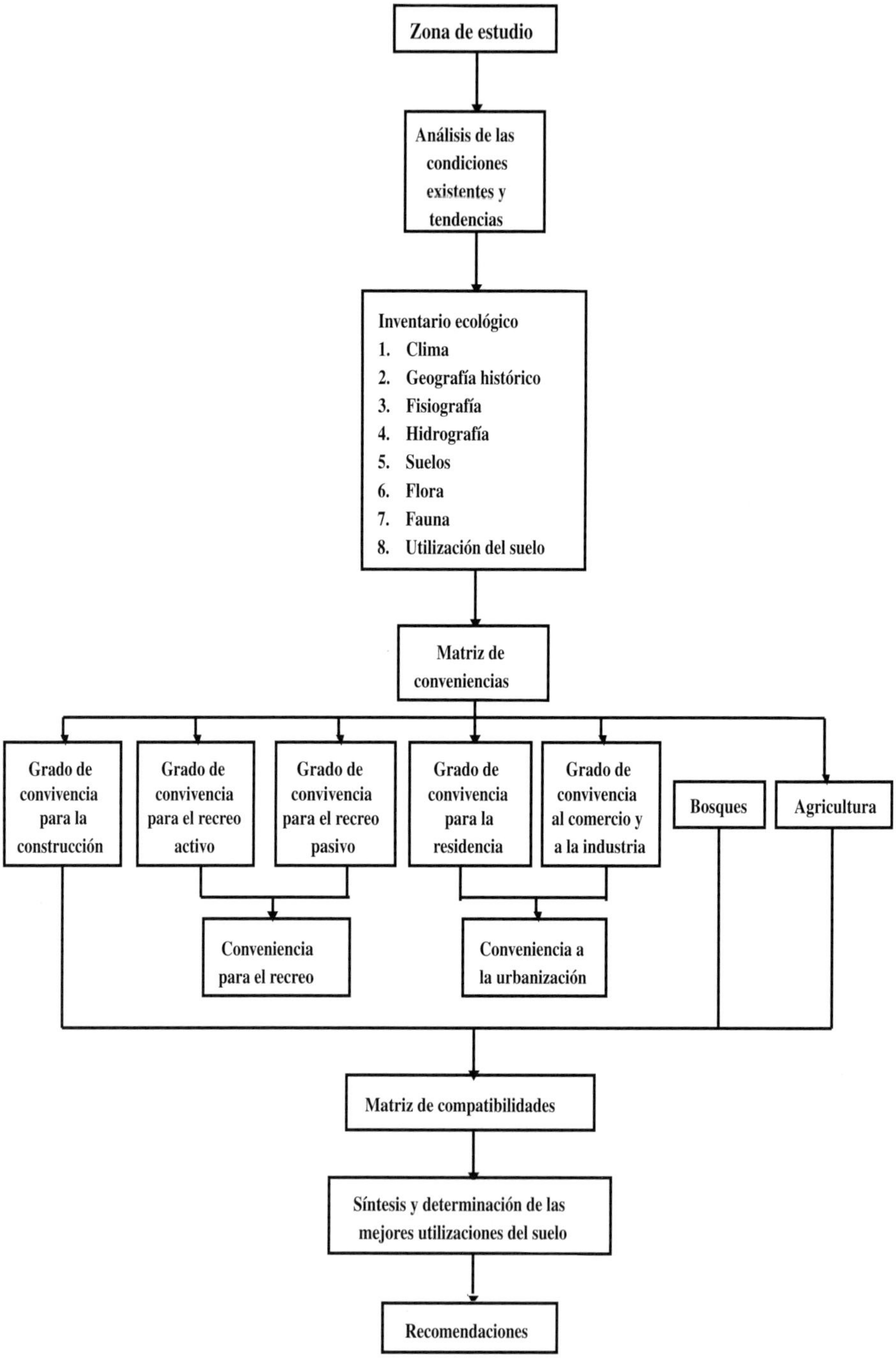

Figura 1.4. *Secuencia del método de Mc Harg.*

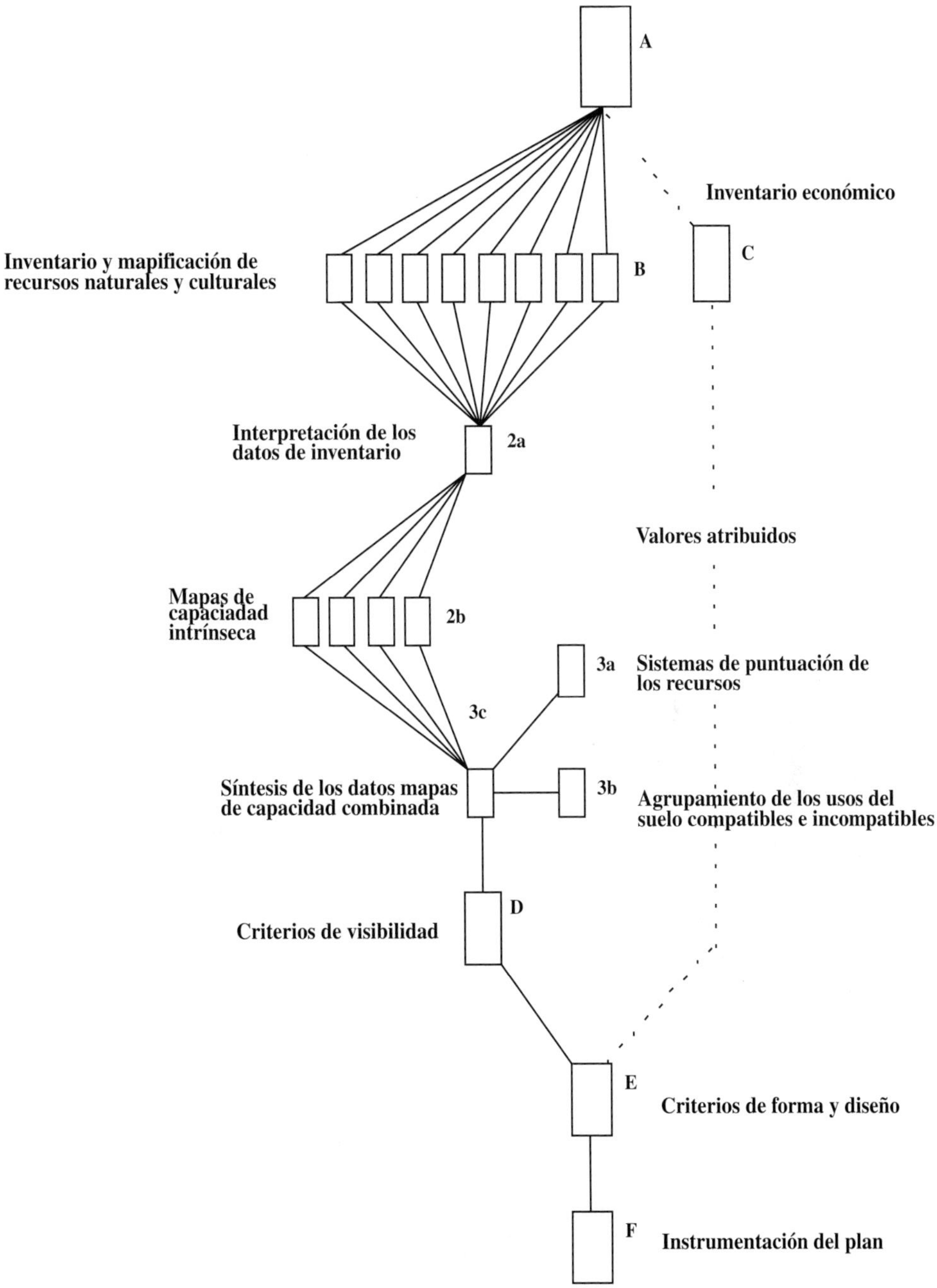

Figura 1.5. *Diagrama del método de Mc Harg.*

2. Productividad: agricultura, forestal, recreo.
3. Mantenimiento del equilibrio ecológico.
4. Riesgos potenciales derivados del uso inadecuado de los procesos o recursos naturales.

La valoración es un paso delicado que ofrece muchas dificultades. Mc Harg trata de resolverlo utilizando numerosos criterios de medida relacionados con la salud o el bienestar humano.

Todos estos datos, —mapas de valor, mapas de capacidad y matriz de incompatibilidades—, se sintetizan en un mapa de adecuación o capacidad combinada para los cuatro usos simples considerados y sus combinaciones compatibles, o sea los múltiples usos posibles.

Paralelamente al proceso descrito, que Mc Harg denomina «inventario ecológico», realiza un «inventario económico» (C) y también un análisis visual del paisaje, a partir del cual se establecen criterios de visibilidad (D). Estos datos unidos a los mapas de adecuación y a los criterios de forma y diseño establecidos (E), constituyen documentos que permiten incorporar con facilidad el análisis del medio natural a la ordenación del territorio.

Mc Harg ha desarrollado también técnicas para resolver problemas concretos, especialmente en lo que se refiere a la localización de las grandes infraestructuras de transporte, identificando y clasificando las facilidades y limitaciones del medio físico. Los puntos donde concurran los mayores costes sociales de la construcción y existan limitaciones derivadas de las características del medio, son los menos favorables a la localización. Cada factor inventariado se valora, y este valor se expresa cartográficamente en distintas tonalidades de gris: a mayor valor, mayor intensidad de color. El proceso es secuencial y cada secuencia se traduce en mapas transparentes o en datos codificados legibles por ordenador. La superposición de los mapas muestra las zonas que mejor responden al conjunto de los criterios de partida.

El sistema de utilizar tonalidades de grises sobre soportes transparentes permiten obtener por superposición modelos de asignación de usos al territorio. La figura 1.5 recoge el diagrama de este último método descrito.

2.4. La aproximación conceptual de Kevin Lynch

Este autor publicó ya en los años 70 un interesante libro titulado La Imagen de la Ciudad, donde hace una aproximación semántica a la imagen visual en contraposición a la pura representación física. Utiliza la expresión «site planning» como «el arte de disponer o adaptar el medio físico externo para acoger las actuaciones humanas», creando una nueva escuela de urbanistas interesados en desarrollar técnicas capaces de abordar el urbanismo desde una perspectiva integral, única forma de llegar a soluciones racionales y conscientes.

El método de Lynch pone el acento en los sistemas de interacción entre el organismo y su entorno, de manera que el territorio a ordenar, se ve como un sistema de estructuras, superficies, espacios, elementos vivos, climas, detalles, etc. y como una colección de elementos yuxtapuestos.

El impacto biológico, social y sociológico del desarrollo territorial va más allá de las funciones de coste y de la técnica comúnmente aceptada. En ese sistema, se reconocen como esenciales los conflictos que surgen de la oposición espacio-tiempo. Es preciso desarrollar técnicas para evaluar el «grado de deterioro» del espacio supuesto en equilibrio, por implantación de nuevas estructuras y para determinar los puntos clave y los sistemas de interacción que los relacionan.

El esquema de la figura 1.6 ilustra el fundamento del método, cuya esencia son los bucles de feed-back, que permiten resolver el conflicto espacio-tiempo de forma progresiva.

A partir de mapas sobre clima, microclima, equilibrio ecológico, topografía, pendientes, singularidades, suelo, procesos de erosión, paisajes, cualidades intangibles, etc., se elaboran mapas por superposición manual (transparencias) o informatizada, que constituyen en un modelo o interpretación operativa de la zona de estudio muy útil en la asignación de usos del suelo. Paralelamente se hace un análisis de las necesidades, valores, comportamientos, etc. de los usuarios de ámbito de estudio.

La secuencia del proceso es como sigue:

A) Datos Físicos.
   1. Geología y suelos:
      a) Geología del suelo del subsuelo, naturaleza de la roca y profundidad.
      b) Tipo de suelo y profundidad, valor en cuanto soporte para la construcción.
      c) Saturación, deslizamientos, asentamientos.

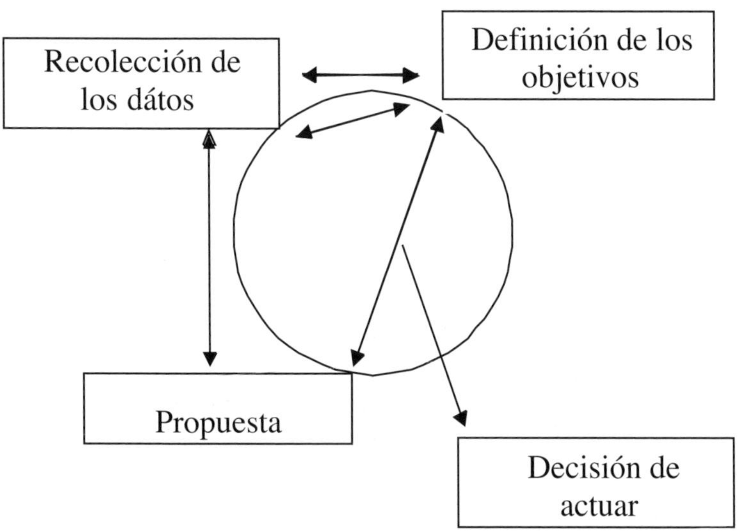

Figura 1.6. *Fundamento del método de K. Lynch.*

2. Agua:
   a) Corrientes de agua existentes.
   b) Canales naturales y artificiales, caudal, capacidad y calidad.
   c) Estructura del sistema de drenaje de superficie, zonas endorreicas.
   d) Agua potable, caudales, fuentes.
3. Topografía:
   a) Tipo de forma del terreno.
   b) Curvas de nivel.
   c) Análisis de pendientes.
   d) Análisis de visualización.
   e) Análisis de las circulaciones.
   f) Formaciones únicas.
4. Clima:
   a) Datos regionales sobre la variación de temperatura, precipitaciones, humedad, insolación, dirección y fuerza de los vientos.
   b) Microclimas locales: laderas calientes y frías, láminas de aire, vientos locales, sombra, reflexión y almacenamiento del calor.
   c) Niveles de ruido, olores, calidad de la atmósfera.
5. Ecología:
   a) Caracteres dominantes de la fauna, localización y estabilidad de los grupos.
   b) Evaluación de los niveles de dependencia de las características existentes respecto al sitio y su sensibilidad al cambio.
   c) Mapas del carácter de la superficie, comprendiendo las zonas boscosas.
   d) Especímenes de árboles a conservar, su localización, extensión, tipos y altura.
6. Estructuras artificiales:
   a) Edificios existentes: silueta, localización, estado y destino.
   b) Vías de comunicación: localización, capacidad y estado.
   c) Equipamientos (electricidad, gas, teléfono, agua, alcantarillado, vapor, etc.).
7. Cualidades intuitivas:
   a) Carácter y relaciones de los espacios visuales.
   b) Puntos de Vista
   c) Carácter y ritmo de las secuencias visuales
   d) Calidad y variación de luz, ruidos, olores, sensaciones.

B) Datos culturales.

1. Población residente:
   a) Número y calidad.
   b) Estructura social e instituciones.
   c) Estructura económica.

d) Estructura política.
e) Cambios ordinarios y problemas.
2. Asentamientos humanos en el sitio y en los sitios vecinos: naturaleza, localización, ritmo, participantes, conflictos.
3. Valor del sitio, derechos y restricciones.
a) Propiedad.
b) Controles legales.
c) Valores económicos.
d) «Territorios» afectados.
e) Jurisdicciones políticas.
4. Pasado y futuro:
a) Historia del sitio y su huella.
b) Utilización del sitio prevista por el sector público y el privado: conflictos.
5. Imagen:
a) Identificación global y singular: organización del sitio.
b) Significado del sitio, expresión simbólica.
c) Aspiraciones, temores, deseos, preferencias.

C) Correlación de los datos.
1. Clasificación del sitio en zonas de estructura idénticas, calidad y problema.
2. Identificación de los puntos clave, líneas y zonas.
3. Análisis de los cambios actuales y futuros, aspecto dinámico del sitio.
4. Identificación de los problemas importantes y de las oportunidades.

Lynch desarrolla técnicas para el estudio de cada uno de los factores citados y establece la secuencia para optimizar el resultado, aunque reconoce que dadas las dificultades para llegar al óptimos es preferible generar varias alternativas y evaluarlas después.

2.5. Métodos automáticos de Steinitz

Carl Steinitz y sus colaboradores en el Departamentos de Landscape Architecture, Urban Desing y City Planning de la Universidad de Harvard, han elaborado diferentes modelos matemáticos y técnicas informatizadas capaces de dar una respuesta profesional al problema de la incorporación de los datos ambientales a la planificación territorial.

Aunque con múltiples variaciones en los distintos trabajos realizados, los procedimientos de Steinitz, si bien difíciles de resumir, pueden sintetizarse esquemáticamente de la siguiente manera. (Véase la figura 1.7).

i) Inventario, geográficamente referenciado, de los elementos del medio físico y su archivo, previamente codificados, en una base de datos informatizada. De ella pueden extraerse mapas mediante programas de cartografía automática (en los primeros trabajos se utili-

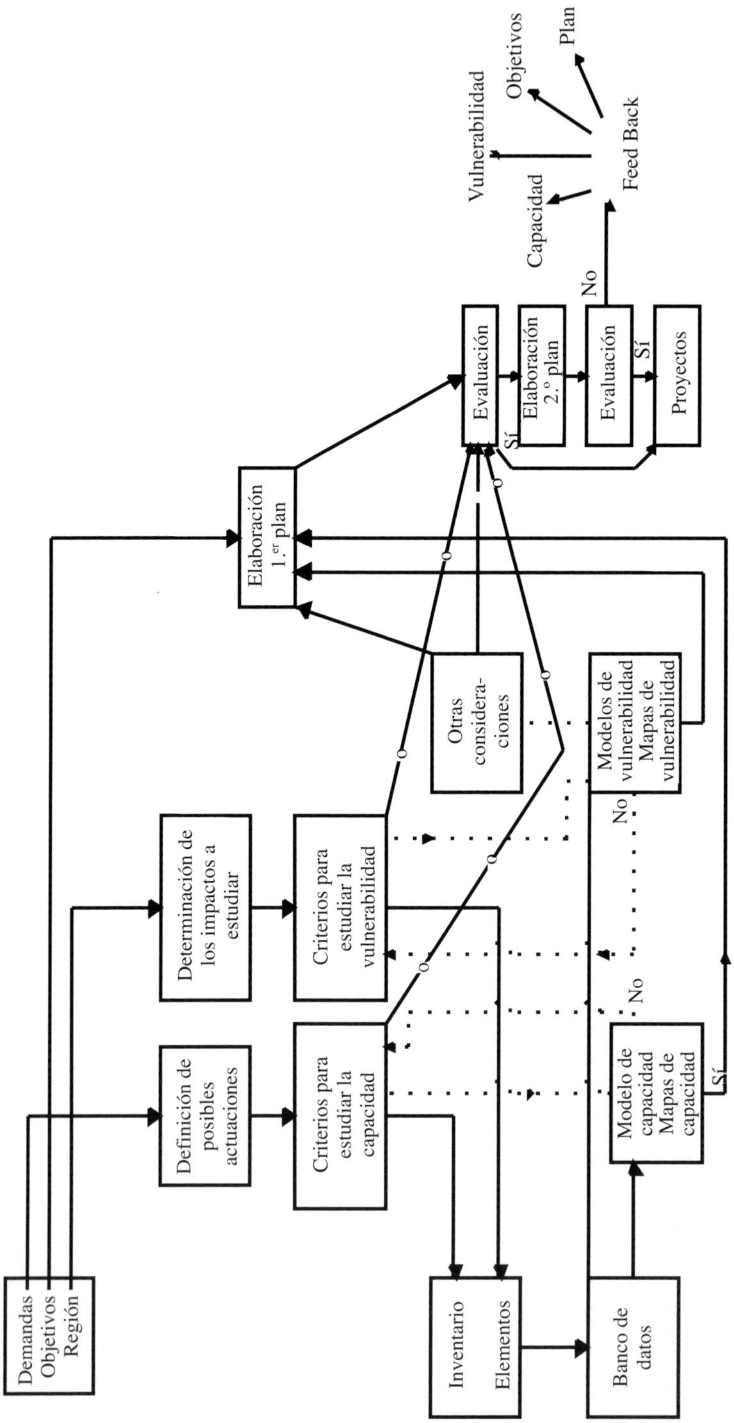

Figura 1.7. *Diagrama de flujos que resume el método Steiniz.*

zó el GRID). La referencia geográfica se hace superponiendo una retícula apoyada en las coordenadas. UTM (Proyección Universal Transversal de Mercator). Las variables objeto de inventario dependen de la región a estudiar y de las actividades a desarrollar en ella.

ii) Establecimiento de las actividades potenciales. Estas se seleccionan teniendo en cuenta las posibilidades del área de estudio, las necesidades existentes y la orientación del planeamiento. En el estudio realizado sobre el parque de Honey Hill se decidieron las siguientes actividades:
   — Verano: caza, pesca, natación, senderismo, camping, picnic, navegación deportiva, aparcamiento, urbanizaciones, carreteras.
   — Invierno: caza, esquí, esquí campo a través, senderismo, trineos automóviles, patinaje, urbanizaciones, aparcamientos, carreteras.

iii) Determinación de la atracción (potencial o aptitud) y de la vulnerabilidad del territorio para cada una de las actividades. Con este fin, se deciden los elementos significativos y se enfrentan con las actividades propuestas. Para calcular la atracción se consideran los requerimientos de cada actividad y se estima, en una escala jerárquica, el grado en que cada elemento significativo las satisface en los distintos puntos del territorio. Mediante suma, u otra operación sencilla, se obtiene un valor para cada cuadrícula y tantos mapas de capacidad como actividades. La vulnerabilidad se obtiene igualmente valorando cada elemento del medio en escalas de orden para cada actividad potencial; después por agregación de la vulnerabilidad, y según las diferentes combinaciones de variables o recursos que puedan darse en las distintas cuadrículas, se obtienen los mapas de vulnerabilidad, uno para cada actividad o grupo de actividades.

iv) A partir de los mapas de atracción y vulnerabilidad, y teniendo en cuenta consideraciones de tipo económico, social, político, etc., se decide una primera alternativa. Esta se evalúa de forma automática según la atracción o capacidad intrínseca del territorio, el impacto que se introduce, y las demandas existentes para cada actividad en la región.La generación de alternativas puede hacerse de forma intuitiva a partir de la experiencia, o aplicando modelos de optimización.

v) Como resultado de la evaluación puede corregirse el plan primitivo; este ciclo puede repetirse hasta llegar a un plan satisfactorio.

La utilización de GIS, permite alterar los mapas por incorporación de nuevos datos y obtener otros modelos, proporcionando así un carácter dinámico al sistema.

Producción o cosecha se entiende aquí en sentido amplio: incluye tanto producción agrícola, como recreativa o para edificar.

3. ANTECEDENTES ESPAÑOLES: EL PLAN ESPECIAL DE PROTECCIÓN DEL MEDIO FÍSICO DE LA PROVINCIA DE MADRID

El Plan Especial de Protección del Medio Físico de la Provincia de Madrid, redactado entre 1973 y 1975 coincidiendo con la última fase de una época de expansión económica en España, fue pionero en la integración explícita del medio físico en la ordenación del territorio.

Ha tenido una importante repercusión tanto por sus determinaciones como por la sensibilidad y cultura que generó en políticos, técnicos y promotores urbanísticos, y fue durante largo tiempo referencia obligada en la metodología de planificación física.

3.1. Estudios preparatorios del plan

Tomando como antecedente los estudios realizados en Australia por la División of Land Research Organization, el profesor González Bernáldez y colaboradores, elaboraron una metodología que se ha utilizado en los trabajos preparatorios del plan de referencia. Parte de una prospección integrada del territorio, para llegar a la identificación de unidades ambientales, o zonas identificadas por la redundancia o repetibilidad de numerosas características y por la relativa homogeneidad del sistema así constituido; por lo tanto pueden entenderse como la expresión del ecosistema subyacente, denunciado en forma externa por indicadores fácilmente perceptibles: vegetación, geomorfología, distribución de cultivos, etc.

La homogeneidad de la unidad ambiental es relativa y coherente con el nivel de detalle del inventario, por lo que puede deducirse de los indicadores ambientales más importantes. Por ejemplo, en el estudio sobre la provincia de Madrid, se obtuvieron superponiendo vegetación y geomorfología, factores que condicionan otros muchos: al nivel de detalle allí estudiado (escala 1:100.000), la homogeneidad geomorfológica supone homogeneidad de relieve, litología, acuíferos subterráneos, procesos, erosiorabilidad, suelos, etc. y la homogeneidad de vegetación implica homogeneidad de comunidades animales, productividad, uso del suelo, etc. y la homogeneidad respecto de ambos factores supone también una homogeneidad paisajística. En suma la unidad ambiental tiene dos cualidades relacionadas que permiten adoptarla como unidad operativa en la ordenación territorial:

a) Su homogeneidad relativa y coherente con la escala de trabajo.

b) En consecuencia, su capacidad de reacción o evolución ante un uso hipotético es la misma en todos sus puntos.

Estas dos características determinan idéntica compatibilidad e incompatibilidad de uso idéntica en toda la extensión de la unidad ambiental, permitiendo basar sobre ella la asignación de usos al territorio.

En los estudios preparatorios del plan que se resume, cada unidad ambiental se describe en fichas especiales (figura 1.8) según 42 aspectos, que proporcionan un conocimiento profundo y multidimensional de las mismas. Se pasa

1. DEFINICIÓN GEOLÓGICA *CALIZA DEL PARAMO (PONTIENSE)* 0 5	2. LITOLOGÍA *CALIZAS-RECUBRIMIENTO DE ARCILLAS-LIMOS-ARENAS* 0 5	3. ESTRUCTURA *HORIZONTAL* 0 4
4. CONSTRUCCION *FAVORABLE - PROBLEMAS GEOTECNICOS* 3 3	5. INTERES ECONOMICO MAT. GEOLOGIC *CALIZAS* 4 2	6. CARÁCTER GEOMORFOLOGICO *SUPERFICIE EROSIÓN PLIOCENA* 0 7
7. RELIEVE *LLANO O SUAVEMENTE ONDULADO* 0 5	8. PENDIENTES *LLANO* 0 1	9. EROSIONABILIDAD *MEDIA EN LOS BORDES* 0 2
10. CATENAS *LOCALMENTE MICRORELIEVES-PEQUEÑAS VAGUADAS. DISPOSICIÓN IRREGULAR DE LA CALIZA, FENOMENOS CARSTICOS POCA IMPORTANCIA* 0 5	11. DRENAJE *SUBTERRANEO MEDIO. SUPERFICIAL POCO DESARROLLADO. PROBLEMAS DONDE RECUBRIMIENTO CUATERNARIO.* 0 1	12. ADECUACIÓN FOSA SEPTICAS *MALO* 0 3
13. INUNDABILIDAD *EN ZONAS, MAL DRENAJE* 0 4	14. PERMEABILIDAD *MEDIA.* 0 2	15. HIDROGEOLOGIA *MANTO LIBRE COLGADO - MANANTIALES NEMORALES LIGERAS* 0 4
16. CONTAMINABILIDAD *MEDIA - ALTA* 0 2	17. MACROCLIMA *MEDITERRANEO, CONTINENTAL, MODERADO* 0 1	18. CLIMA LOCAL *EFECTOS DE PARAMERA - INFLUENCIAS NEMORALES LIGERAS* 2 2
19. TRANSFERENCIA TURBULENTA *NORMAL* 1	20. DRENAJE *PARDOS CALIZOS, RENDSIMAS, LITOSUELOS Y TERRA ROSA.* 0 1	21. FITOTROFIA *CO Co PRESENTE, COMPLEJO SATURADO SEQUÍA PRECOZ* 2 3 1
22. PRODUCTIVIDAD *MEDIA* 2	23. BIOCENOSIS VEGETAL *ENCINAR CON L. LATIFOLIA* 0 3	24. BIOCENOSIS ANIMAL *BUTEO - COLUMBA- ALECTORISPICA* 0 2
25. ESPECIES NOTABLES *BUTEO - ACCIPITER - MILVUS - FALCO - OTUS* 2	26. DEGRADACIÓN FAUNÍSTICA *DEGRADADO* 2	27. SUCESIÓN *CUASICLIMAX* 6
28. RAREZAS *RELATIVAMENTE ESCASO* 2	29. DIVERSIDAD *VEGETACIÓN HERBACEA MUY DIVERSA. VEGETACIÓN LEÑOSA MUY DIVERSA.* 3 3	30. REVERSIBILIDAD *NULA* 1
31. FRAGILIDAD *RELATIVAMENTE RESISTENTE* 3	32. USOS E INFLUENCIAS *FORESTAL, GANADERA, CAZA* 2 2	33. POTENCIAL AGRICOLA *NO ADECUADO EXPLOTACIÓN AGRICOLA. SI PARA PASTOS* 4
34. ESTETICA MEDIO FÍSICO *LLANO CON ALGUNA ONDULACIÓN, CUBIERTA VEGETAL < 50% PERMANENTE CONTRASTE PIEDRA - ARCILLA* 1 5 0	35. ESTETICA MEDIO BIOLOGICO *DOMINAN LO TONOS GLAUCOS Y GRISACEOS. DIVERSIDAD ALTA MATORRAL. ARBOLES DE ESTADO MEDIO. ASPECTO ACOGEDOR* 5 8 8	36. ESTETICA COMPOSICIÓN *PATTER CONTINUA DE ENCINAR + CULTIVOS CONTRASTES DE COLOR* 7 5
37. PAISAJISMO *FORMACIÓN ABIERTA APTA PARA FAVORECER LA EXTENSIÓN DE ENCINA* 7 5 0	38. CAZA *ALECTORIS - SCOLOPAX - COLUMBA STREPTOPELIA - LEPUS - DRYCTOLAGUS - SUS* 0 3 1	39. PESCA *NO APLICABLE* 0 0
40. INTRODUCCIÓN ANIMALES *CERVUS - DIARIA - CAPREOLUS - SUS.* 2 2	41. ESPARCIMIENTO *CAPACIDAD ALTA RECREO PASIVO Y MEDIA PARA ACTIVO (PASEO). FRAGILIDAD MEDI ANTE EL USO Y BAJA ANTE LA PRESENCIA* 8 5 5	42. INTERES EDUCATIVO *ALGUN INTERES* 1

Figura 1.8. *Descripción de unidades ambientales.*

después a la predicción de la reacción o respuesta del medio ante diferentes tipos de utilización, lo que se hace mediante comparación con otros casos conocidos.

Para llegar a ella se establece previamente el valor de las unidades ambientales en su estado actual. Este valor se describe por medio de un vector V_i, cuyos elementos V_1, V_2, ... V_n se refieren a los aspectos, puntos de vista o componentes en que puede desmembrarse ese valor. Por ejemplo:

V_1 = Aspectos relacionados con la conservación de ecosistemas (estabilidad, diversidad, etc.).

V_2 = Esparcimiento al aire libre.

V_3 = Valores estéticos y culturales.

V_4 = Productividad agrícola, en sentido amplio.

V_5 = Aspectos críticos relacionados con la contaminación erosión, inundación, etc.

Los valores de V_1, V_2 ... V_n son ordinales y se asignan por referencia a un baremo preestablecido: la coherencia del sistema que se describe sólo requiere que los valores sean relativos, es decir, que mantengan sus rangos dentro del área estudiada.

Bajo el efecto de nuevas utilizaciones o destinos hipotéticos del terreno, el vector de valores V, asociado a cada unidad, puede fluctuar simulando cambios de valor debidos a decisiones de planificación por medio de aplicaciones de un operador matricial A_l propio de cada alternativa de utilización, i. Se supone que las utilizaciones posibles del medio, o hipótesis alternativas de planificación, son:

A_1 = Urbanización de alta densidad.

A_2 = Urbanización de baja densidad.

A_3 = Urbanización con grandes espacios libres, «institucional».

A_4 = Polígonos industriales.

A_5 = Silvicultura con repoblación de especies indígenas.

A_6 = Silvicultura con repoblación de especies exóticas.

A_7 = Agricultura de regadío.

A_8 = Agricultura de secano.

A cada una de las decisiones le corresponde una matriz A_i cuyos elementos efectúan la transición del estado de calidad ambiental actual al resultante después de efectuada la nueva utilización o destino (valor final). El sistema es susceptible de varios refinamientos, pero, en el caso más sencillo, la matriz de la alternativa i es:

$$A_i = \begin{pmatrix} a_{11} & 0 & 0 & 0 & \ldots 0 \\ 0 & a_{22} & 0 & 0 & \ldots 0 \\ 0 & 0 & a_{33} & 0 & \ldots 0 \\ 0 & 0 & 0 & a_{44} & \ldots 0 \\ \ldots & \ldots & \ldots & \ldots & \ldots \\ 0 & 0 & 0 & 0 & \ldots\ldots a_{nm} \end{pmatrix}$$

Aplicada a cada sector del territorio definido por su calidad, V_i, donde se intente desarrollar la alternativa de utilización i, dará la nueva calidad V_f definida por otro vector:

$$V_i \cdot A_i = V_f$$

$$\begin{pmatrix} V_1 \\ V_2 \\ V_3 \\ \cdots \\ V_n \end{pmatrix} \times \begin{pmatrix} a_{11} & 0 & 0 & 0 & \ldots 0 \\ 0 & a_{22} & 0 & 0 & \ldots 0 \\ 0 & 0 & a_{33} & 0 & \ldots 0 \\ 0 & 0 & 0 & a_{44} & \ldots 0 \\ \cdots & \cdots & \cdots & \cdots & \cdots \\ 0 & 0 & 0 & 0 & \ldots a_{nm} \end{pmatrix} \longrightarrow \begin{pmatrix} V_1 \times a_{11} \\ V_2 \times a_{22} \\ V_3 \times a_{33} \\ \cdots \\ V_n \times a_{nn} \end{pmatrix}$$

Denominamos vectores de impactos ambientales a la diferencia

$$\Delta V = V_f - V_i$$

Los elementos del vector de impactos representan los cambios de los valores desde los puntos de vista ya indicados, V_1, V_2, V_3 ... V_n. Cada alternativa de planificación i corresponde a un vector de impactos V_i El signo de cada elemento corresponde al carácter negativo o positivo de la variación del valor.

Ejemplos:

Si la unidad ambiental considerada se usa como pastizal extensivo en zona semiárida, y posee la calidad ambiental siguiente (valores sobre 10):

- V_1 (Aspectos relacionados con la conservación) 3
- V_2 (Esparcimiento al aire libre) 4
- V_3 (Valores estéticos y culturales) 3
- V_4 (Valores relacionados con productividad en sentido amplio) . . . 2
- V_5 (Aspectos críticos relacionados con la contaminación, erosión) . 5

y tiene como matriz de transición, para la alternativa urbanización de baja densidad la matriz:

$$\begin{pmatrix} 0{,}8 & 0 & 0 & 0 & 0 \\ 0 & 0{,}6 & 0 & 0 & 0 \\ 0 & 0 & 0{,}5 & 0 & 0 \\ 0 & 0 & 0 & 0{,}0 & 0 \\ 0 & 0 & 0 & 0 & 0{,}5 \end{pmatrix}$$

Cuyo producto por el vector de valores iniciales $\begin{pmatrix} 3 \\ 4 \\ 3 \\ 2 \\ 5 \end{pmatrix}$ Da el vector de valores finales $\begin{pmatrix} 2{,}4 \\ 2{,}4 \\ 1{,}5 \\ 0{,}0 \\ 4{,}5 \end{pmatrix}$

Y donde los coeficientes 0,8 indican una reducción del (100-80) 20 por 100 de los valores relativos a V_1 (conservación del ecosistema); 0,6, una reducción del (100-60) 40 por 100 de esparcimiento al aire libre, etc.

El vector de impactos:

$$\begin{pmatrix} 2{,}4 \\ 2{,}4 \\ 1{,}5 \\ 0{,}0 \\ 4{,}5 \end{pmatrix} - \begin{pmatrix} 3 \\ 4 \\ 3 \\ 2 \\ 5 \end{pmatrix} = \begin{pmatrix} -0{,}6 \\ -1{,}6 \\ -1{,}5 \\ -2{,}0 \\ -0{,}5 \end{pmatrix}$$

da una idea de las pérdidas y beneficios ambientales debidos a la urbanización con baja densidad del territorio. En este caso los influjos son todos negativos: la pérdida en valores del ecosistema a conservar (–0,6) es escasa, tanto debido al escaso valor inicial como a lo «poco» grave de la modificación. El impacto mayor está en la supresión de la producción agrícola (aprovechamiento de pastizales).

Si por el contrario, se examinase la alternativa de la utilización de la unidad en forma de agricultura extensiva, cuya matriz fuese la indicada más abajo, el cambio del valor sería:

$$\begin{pmatrix} 3 \\ 4 \\ 3 \\ 2 \\ 5 \end{pmatrix} \begin{pmatrix} 0{,}1 & 0 & 0 & 0 & 0 \\ 0 & 0{,}2 & 0 & 0 & 0 \\ 0 & 0 & 0{,}5 & 0 & 0 \\ 0 & 0 & 0 & 1{,}3 & 0 \\ 0 & 0 & 0 & 0 & 0{,}1 \end{pmatrix} \begin{pmatrix} 0{,}3 \\ 0{,}8 \\ 1{,}5 \\ 2{,}6 \\ 0{,}5 \end{pmatrix}$$

Y el correspondiente vector de impactos:

$$\begin{pmatrix} -2{,}7 \\ -3{,}2 \\ -1{,}5 \\ 0{,}6 \\ -4{,}5 \end{pmatrix}$$

Se observa que se ha estimado un aumento de producción agrícola del 30 por 100, y un efectivo negativo de la calidad ambiental (erosión) importante, último elemento del vector de impactos.

En la práctica, muchas veces podrán determinarse directamente los estados finales de la calidad (V_f) a partir de comparaciones con ejemplos de la misma unidad ya sometidos a esos usos.

Los impactos resultantes de toda la serie de alternativas se presentan juntos en hojas especiales, ordenadas en forma de matriz (matriz de impactos), tal como se especifica en la figura 1.9. Un valor potencial determinado en la evaluación fija el límite máximo o techo del cambio producido por una matriz de

Unidad n.º = 2

Hojas: 10-11, 10-12 / 11-10, 11-11 — Zona: Area de diagnóstico E

Proyecto

Mapa

Hoja

Foto aérea

Foto terrestre

	Valores medioambientales / Destino (hipótesis)	1. Valor actual	2. Urb. alta densidad	3. Urb. baja densidad	4. Parque industrial	5. Parque, zona verde	6. Res. parcial, parque regional	7. Res. ecológica
I	Conservación	13	–13	–11	–13	–6	0	2
Ip	Ponderación							
1	Conservación general	7	–7	–6	–7	–3	0	0
2	Conservación aspectos parciales	6	–6	–5	–6	–3	0	2
II	Esparcimiento	17	–16	–14	–16	–3	2	0
IIp	Ponderación							
3	Picnic, visita, esparcimiento, pasivo	8	–8	–6	–8	–1	0	0
4	Valores cinegéticos o piscícolas	5	–5	–5	–5	–2	2	0
5	Montañismo, esquí, excursiones	3	–3	–3	–3	0	0	0
6	Deportes náuticos, baño	1	0	0	0	0	0	0
III	Productividad	6	–6	–5	–6	–1	0	0
IIIp	Ponderación							
7	Productividad agrícola	3	–3	–3	–3	–1	0	0
8	Productividad ecológica	3	–3	–2	–3	0	0	0
IV	Valores culturales y estéticos	6	–6	–4	–6	1	0	0
IVp	Ponderación							
9	Valores estéticos, pedagógicos, erosión	6	–6	–4	–6	1	0	0
V	Contaminación, erosión	22	–7	–4	–5	0	0	0
Vp	Ponderación							
10	Recarga acuíferos	8	–3	–1	–1	0	0	0
11	Vulnerabilidad aguas superficiales y subterráneas	5	–4	–3	–4	0	0	0
12	Vulnerabilidad contaminación atmosférica	1	0	0	0	0	0	0
13	Erosionabilidad	8	0	0	0	0	0	0
VI	Impactos	64	–48	–38	–46	–9	2	0
VIp	Ponderación							

Figura 1.9. *Matriz de impactos utilizada en los estudios preparatorios del plan.*

transición que simula acciones favorables. Las unidades ambientales, una vez cartografiadas, y sus matrices de impactos asociadas, son de fácil utilización en la planificación física. Se trataría de distribuir los usos en el territorio de manera que se haga máxima la cantidad V_i es decir, minimizando los impactos adversos. Así pueden generarse numerosas alternativas y aproximarse por convergencia al óptimo aludido.

3.2. El Plan Especial de Protección del Medio Físico de Madrid

El Plan constituye, un conjunto de directrices de planeamiento dirigidas a la conservación de los valores ecológicos, estéticos, culturales y productivos, del medio natural y a su defensa frente a los agentes contaminantes.

Dichas directrices determinan el respeto a la capacidad de acogida del territorio para las actividades que interesan al planeamiento, determinada sobre el criterio de que no se produzcan deterioros irreversibles en el medio más allá de límites considerados como tolerantes. Se hace intervenir así los valores del medio natural como factores de localización, incorporándolos en las propuestas de planeamiento.

El plan consta de dos documentos: Memoria Técnica y Normativa Legal. La primera constituye la justificación técnico-científica de la capacidad de acogida, establecida en los mapas finales. La segunda define, de forma articulada, las condiciones de uso, volumen y ordenación que tolera cada punto del territorio de acuerdo con su capacidad de acogida.

El Plan tiene, por tanto, carácter restrictivo y no califica urbanísticamente el suelo. Sin embargo sus determinaciones tienen la condición de directrices vinculantes para la realización del planeamiento territorial subsiguiente. Tampoco cuenta con un programa de actuaciones, dado su carácter de plan por la vía negativa: no pretende realizar acciones positivas, sino de evitar los deterioros que se producen por la acción de los agentes sociales en ausencia del plan.

Las actividades aludidas, reguladas en la normativa en términos de uso, volumen y ordenación, son traducibles a densidades de población y, por lo tanto, puede establecerse un primer techo a la capacidad poblacional de la provincia. Esto, naturalmente, en el supuesto de que se acepte la filosofía de partida explícita en el Plan, a saber: la función pública, administradora del patrimonio común, debe impedir cualquier acción sobre el medio natural que suponga el deterioro irreversible de éste, o de sus elementos fundamentales, por debajo de límites tolerables. Esta filosofía se concreta en dos principios:

- La necesidad de utilizar racionalmente los recursos naturales renovables, en cuanto constituyen bienes escasos.
- La necesidad de conservar los recursos naturales no renovables, valiosos desde el punto de vista natural, productivo, paisajístico o de cultura de masas e iniciación a la naturaleza.

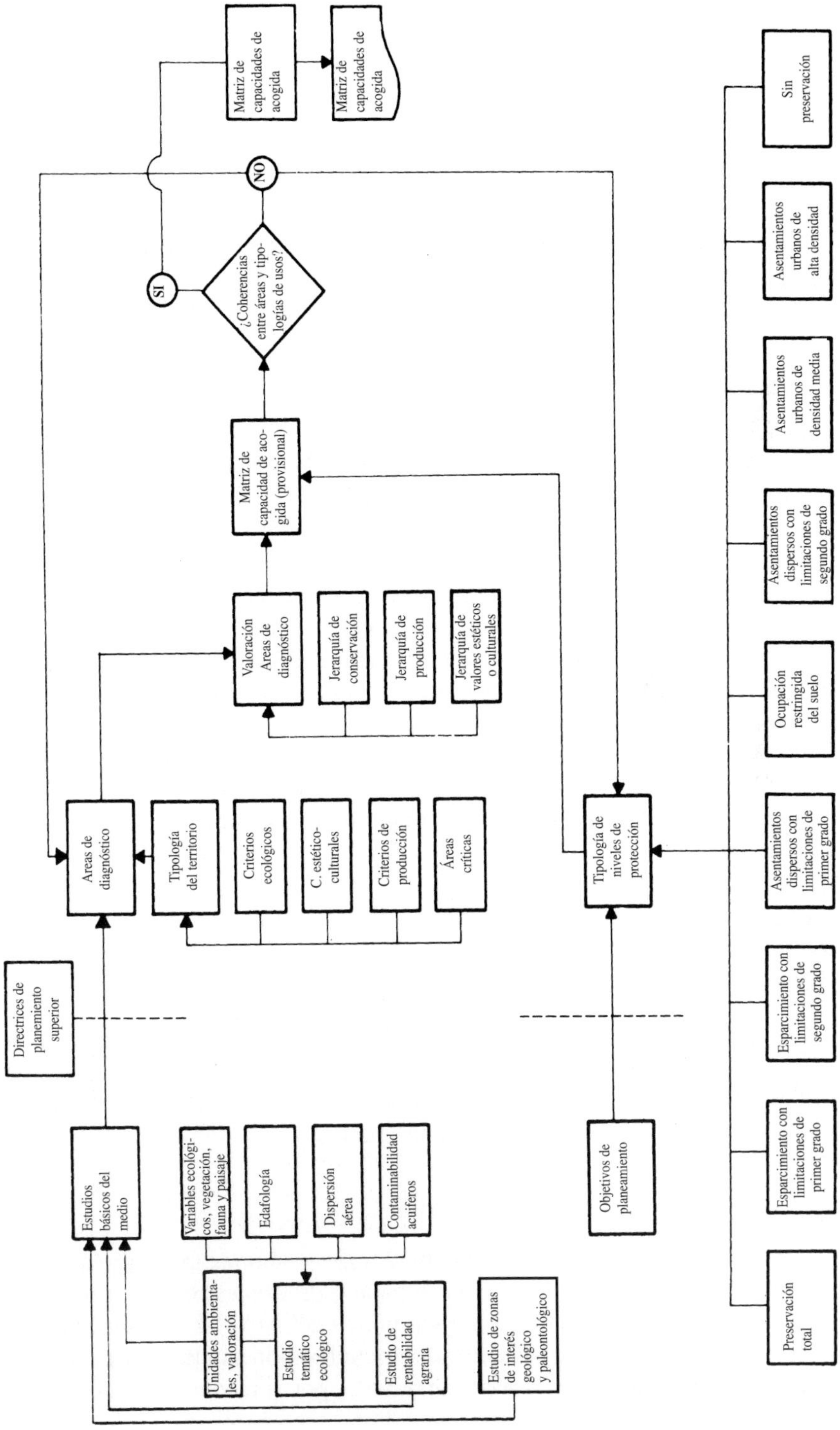

Figura 1.10. *Metodología utilizada en el Plan Especial de Protección del Medio Físico de Madrid.*

3.2.1. Metodología

Como marco conceptual básico, el estudio parte de la descripción de las cuatro unidades morfoestructurales que integran la zona de estudio: el sistema Central, la Depresión del Tajo, la Cordillera Ibérica y la Depresión del Duero (figura 1.11).

Seguidamente se pasa al estudio de las componentes de los sistemas de relaciones del medio físico, para lo que se reúne a un equipo de especialistas en los siguientes campos: ecología, geomorfología e hidrología, climatología, edafología, agricultura, paleontología, esparcimiento y paisajismo. Este equipo, trabajando de forma coordinada, desarrolla una serie de estudios básicos que terminan con su integración para la delimitación de unidades ambientales: zonas homogéneas denunciadas por una pauta repetitiva de topografía, suelo y vegetación.

La valoración de cada unidad ambiental se realiza distinguiendo entre valores relacionados con la conservación, el esparcimiento, la productividad, estético-culturales y relacionados con la contaminación y erosión.

La calidad ambiental de una unidad determinada puede variar bajo la influencia de actividades humanas. Para simular su comportamiento se construyen las matrices de impacto que describen los impactos favorables o adversos de cada unidad ambiental ante una serie de usos hipotéticos.

La aplicación de matrices de impactos a las unidades ambientales, permite distinguir amplias zonas de respuesta similar ante la localización de actividades humanas, a las que se llama áreas de diagnóstico.

De acuerdo con una serie de observaciones sobre la existencia de determinados factores no considerados en la unidad, se introducen los denominados «aspectos críticos» que pueden suponer una mayor restricción al uso del suelo asignado a la unidad. El destino de cada unidad de diagnóstico en términos de niveles de uso recomendables, se realizará a través de la matriz de diagnóstico, en la que se clasifica cada unidad según el criterio de mayor relevancia desde el punto de vista de la conservación de sus valores, ya sean de tipo naturalístico, estético o de productividad, señalándose los niveles máximos de uso recomendados.

Termina el estudio con la representación cartográfica de las unidades de diagnóstico y de los niveles máximos de acogida de actividades, fijándose para cada tipo de zona con capacidad similar, la correspondiente normativa para su obligada consideración en el planeamiento urbanístico subsiguiente.

3.2.2. Estudios básicos sobre el medio

En 1973 y como consecuencia de las recomendaciones que, apoyadas en las directrices del III Plan de Desarrollo Español, diferentes organismos hacen al Avance del Esquema Director elaborado por COPLACO, se plantea la necesidad de realizar un estudio ecológico sobre la Subregión Central definida en el Avance. Dicho estudio se justifica, por otra parte, por el reconocimiento de que el medio funciona como un «sistema» cuya interpretación requiere reunir abundante información sobre sus características parciales. Por ello se emprenden una serie de estudios sectoriales, que después recoge e integra el citado estudio ecológico, el cual establece las bases ambientales para el planeamiento a nivel subregional. Estas bases se plantean, por lo tanto, mediante una metodología de integración de las diferentes componentes del medio, a fin de proceder a una valoración conjunta de los ecosistemas y anticipar su capacidad de acogida ante diferentes hipótesis de uso o destino. Se reconoce así que su potencionalidad, o restricción de uso, no depende de los factores considerados aisladamente, sino de su interacción recíproca. Los estudios sectoriales realizados son: geología y geomorfología, vegetación y cultivos, fauna, variables ecológicas, paisaje, rentabilidades agrarias, contaminabilidad de acuíferos subterráneos, capacidad dispersante de la atmósfera y áreas de interés paletológico y/o estratigráfico. Dichos estudios se plantean con una estructura común desarrollada en cuatro fases: prospección del medio, clasificación del territorio en área homogéneas y su descripción por variables, valoración en escalas jerárquicas de las diferentes clases y diagnóstico de su respuesta ante distintas hipótesis de uso comunes.

La información más relevante de dichos estudios se sintetizó, como se dijo, en los mapas de unidades ambientales, en las fichas descriptivas asociadas y en las matrices de impactos.

3.2.3. Areas de diagnóstico. Criterios de clasificación

Reuniendo aquellas unidades ambientales que tienen una matriz de impacto equivalente, se obtiene, por agregación, las áreas de diagnóstico. Estas áreas, por lo tanto, han perdido, con respecto a las unidades ambientales, algo de su homogeneidad interna, pero conservan ésta en lo que se refiere a la capacidad de respuesta o evolución cuando sean hipotéticamente sometidas a alguna de las actividades o usos considerados.

Las áreas de diagnóstico (descritas en la figura 1.12) se han clasificado en ocho grupos según los criterios siguientes:

1. Criterios ecológicos

1. Ecosistemas íntegros o poco degradados. Bajo esta denominación se han incluido áreas naturales bien conservadas o con degradación poco acusada, que mantienen sus características ecológicas propias inalteradas y, en general, están escasamente representadas en el ámbito del territorio considerado.
2. Masas arbóreas, dehesas arboladas de relativa conservación o bosques naturales más o menos aclarados, no incluidos en los ecosistemas antes citados.
3. Ecosistemas degradados o de sustitución. Se trata de lugares en los que, debido a las actividades humanas o accidentes naturales (incen-

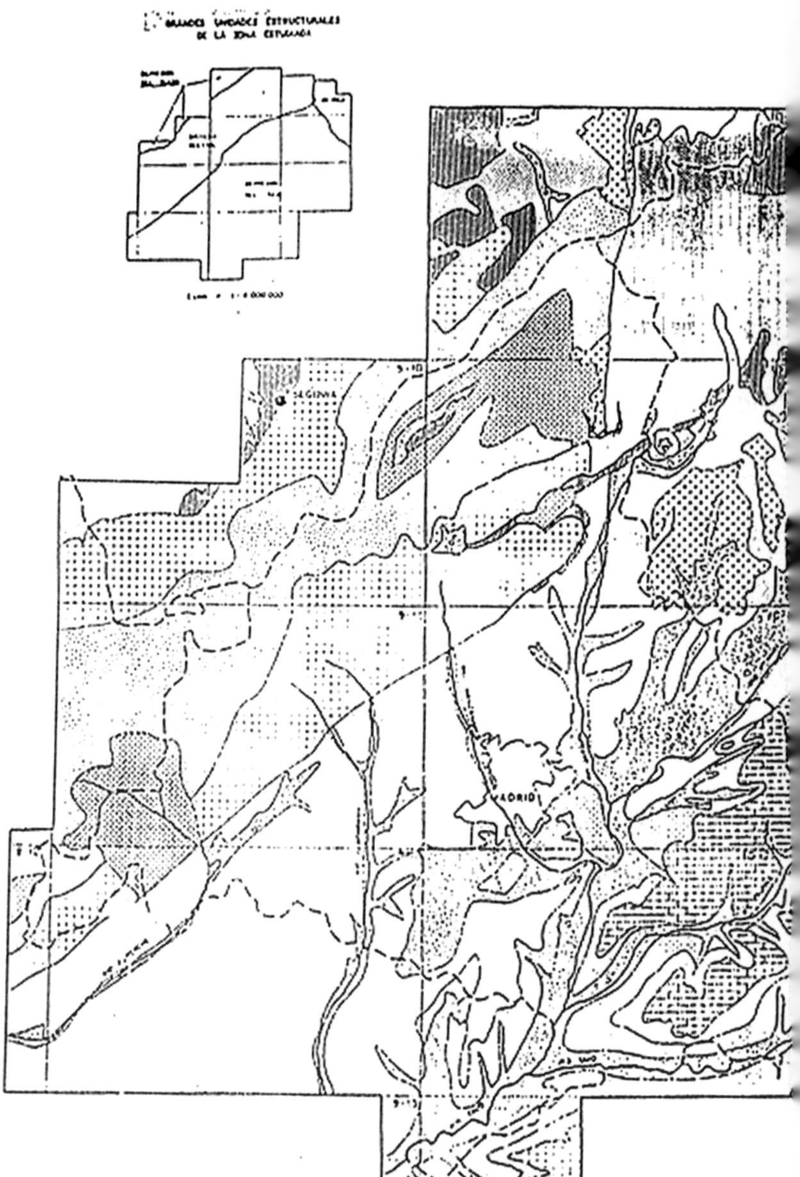

Figura 1.11. *Grandes unidad*

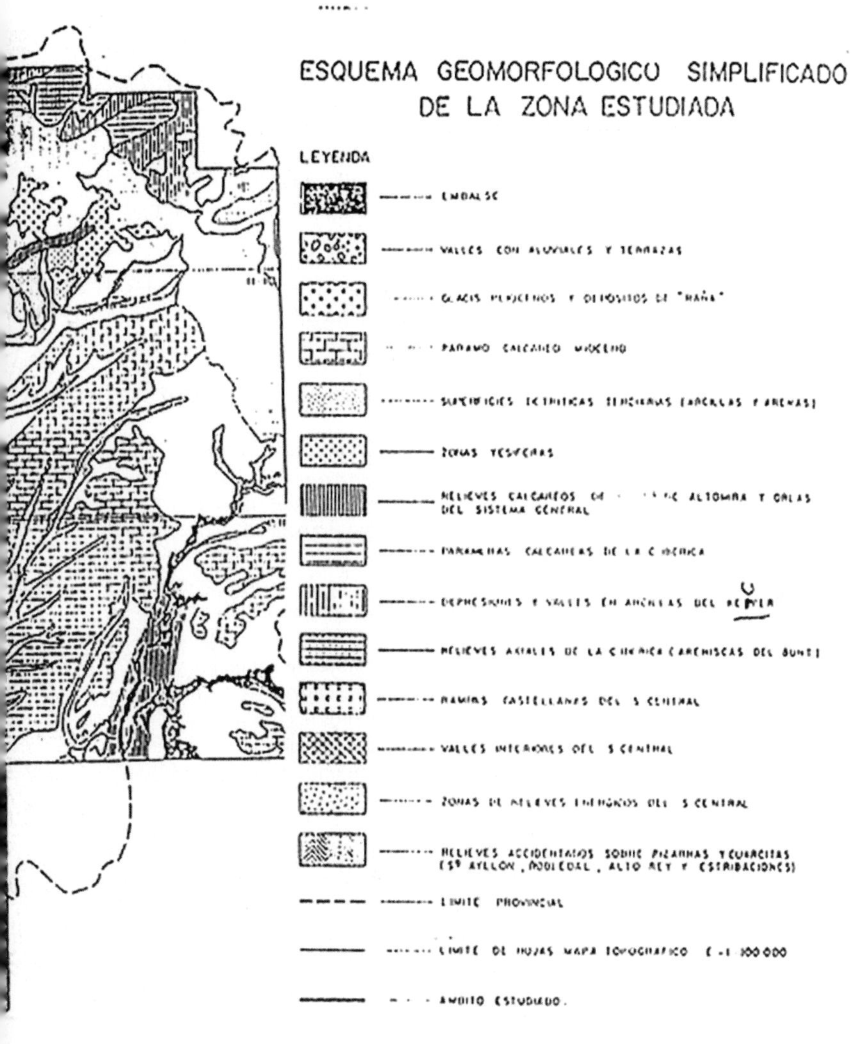

cturales de la región central.

TIPOLOGÍA DEL TERRITORIO

I. Ecosistemas íntegros o poco degradados.

I.A. Ecosistemas de cumbre montañosas. Areas de gran interés naturalístico y cultural. Matorral enano de piorno y sabino. Céspedes duros de Festuca. Cervunales. Sustrato formado por granitos y neises: crestas graníticas, superficies en cumbre, taludes, canchales, circos, depósitos glaciares, etc.

I.B. Paisaje montañoso con pinares de pino albar. Sustrato constituido principalemte por granitos y neises, rar vez calizas, pizarras o yesos.
Fondos de valles en montañas con presencia de árboles caducifolios. Ecosistemas climáticos en zonas altas y disclimax en zonas húmedas de altitud media.

I.D. Bosques de zonas húmedas, normalmente situados en altitudes superiores a los 1.000 m. Robledales y quejigares con pastos frescos. Sabinares de interés naturalístico notable. Fragilidad alta y reversibilidad difícil.
Se comprenden aquí paisajes montañosos, crestas y laderas graníticas, neisicas o pizarrosas y pédiment arcósico, con encinares robledales bien conservados. Areniscas y conglomerados con encimeras —quejigares o robledales y quejigares en calizas cretácicas.

I.E. Pédiment mioceno arcósico, materiales oligocenos o pédiment pizarroso con vegetación de encina o enebro formando masas arbóreas densas bien conservadas. Sabinares. Altitudes inferiores a los 1.000 m litosuelos, rankers y formaciones de tierra parda meridional. Ecosistemas no degradados de relativa fragilidad y reversibilidad difícil.

I.P. Superficies degradadas de neises, cuarcitas y pizarras con formaciones de hayas. Sectores de rareza acusada en la región e interés naturalístico grande.

II. Masas arbóreas y dehesas arboladas de relativa conservación.

II.E. Formaciones arbóreas esclerófilas aclaradas, principalmente encinares y enebrales, sobre materiales oligocenos, suelos arcillosos o calizos ricos en bases, pédiment mioceno arcósico o pizarroso más o menos degradado, laderas montañosas y ocasionalmente en terrazas degradado, laderas montañosas y ocasionalmente en terrazas medias altas. Constituyen una variante de I.E. de menor valor.

III. Ecosistemas degradados o de sustitución.

III.H. Matorrales acoidófilos y netrófilos procedentes de la regresión de encinares y enebrales. Jarales y retamales en cresterías rocosas, laderas erosionadas, mioceno arcósico degradado, pizarras, conglomerados y taludes con litosuelos o tierra parada poco profunda. Escasa productividad.

III.O. Matorrales calcícolas y gipsícolas sobre creterías calizas, arcillas y margas, taludes calizos dolomíticos y taludes yesíferos fundamentalmente. Tomillares, espartizales. Ecosistemas degradados procedentes de regresión de etapas más evolucionadas de vegetación natural.

IV. Paisajes escénicos, emisores de visitas y de calidad estética o cultural.

IV.H. Matorrales procedentes de la degradación de etapas más avanzadas de vegetación natural en terrenos silíceos con una situación topográfica relevante desde el punto de vista estético.

IV.I. Superficie de agua libre. Lagunas y embalses.

IV.J. Cultivos de secano integrados en el paisaje natural, o que ocupan posiciones topográficas relevantes desde el punto de vista estético.

▶

Figura 1.12. *Areas de diagnóstico.*

- IV.L. Pastizales mediterráneos en laderas o lomas de situación relevante desde el punto de vista estético.
- IV.M. Cultivos de olivar integrados en el paisaje natural.
- IV.N. Constituyen una variante de IV.H. sobre terrenos calizos, margo-calizos y yesíferos.
- IV.O. Constituyen una variante de IV.H. sobre terrenos calizos, margo-calizos y yesíferos.

V.º Zona de alta productivida gandera.

- V.ºC. Pastos productividad y praderas de siega sobre parameras, fondos de valle, llanos de pie de monte y en general en suelos fértiles de origen aluvial. Setos de vegetación natural de roble, fresno, quejigo, etc. Normalmente se sitúan en altitudes superiores a los 1.000 m. En altitudes inferiores se incluyen aquí a los pastos frescos de pie de monte, frecuente con restos de encinar o quejigar de interés ganadero.

V. Zonas de alta productividad agrícola.

- V.G. Terrazas fluviales, aluviales y fondos de valles. Galerías. Complejos de vegetación de ribera: galerías y regadíos. Vegetación natural residual en los bordes de los cauces de gran valor naturalístico. Ecosistemas muy productivos. Suelos fértiles sin perfil diferenciado.
- V.J. Cultivos de secano, o cultivos regados por pozos, sobre suelos fértiles de gran interés agrícola.

VI. Zonas forestales.

- VI.F. Repoblaciones de pino negral, carraco o piñonero fundamentalmente. El sustrato sobre el que se encuentran localizados puede ser muy diverso (crestas graníticas de poca altitud, taludes que disecan el pédiment granítico o pizarroso, calizas cretácicas, areniscas oligocenas, etc.).
- VI.K. Castañares, con mayor o menor presencia de robles o pinos en superficie de robles o pinos en superficie de la paramera granítica, laderas y pédimeent neísico o granítico más o menos degradado.

VII. Zonas de mediana productividad agrícola o ganadera.

- VII.J. Terrazas medias altas, pédiment arcósico, pédiment pizarroso, margas y arcillas fundamentalmente. Suelos no calizos utilizados como cultivos de secano de mediana productividad. A veces en rotación con pastos. Ecosistemas artificiales con escasos restos de vegetación naatural.
- VII.L. Pastizales mediterráneos de mediana productividad.
- VII.M. Glacis calcáreos, páramos calizos, margas yesíferas degradadas y terrazas medias altas fundamentalmente, con cultivos de olivar de productividad media.
- VI.N. Glacis calcáreos, arcillas más o menos arenosas y margas. Lomas yesíferas y depósitos cuaternarios en páramos calizos. Suelos pardos calizos utilizados como cultivos de secano de productividad media.

VIII. Zonas de baja productividad agrícola o ganadera.

- VIII.J. Cultivos de secano sobre terrenos de baja productividad.
- VIII.L. Pastizales mediterráneos de productividad baja. Especies de terófitos. Situaciones locales húmedas poco importantes.
- VIII. N. Cultivos de secano sobre terrenos calizos, yesíferos o margosos de baja profundidad.

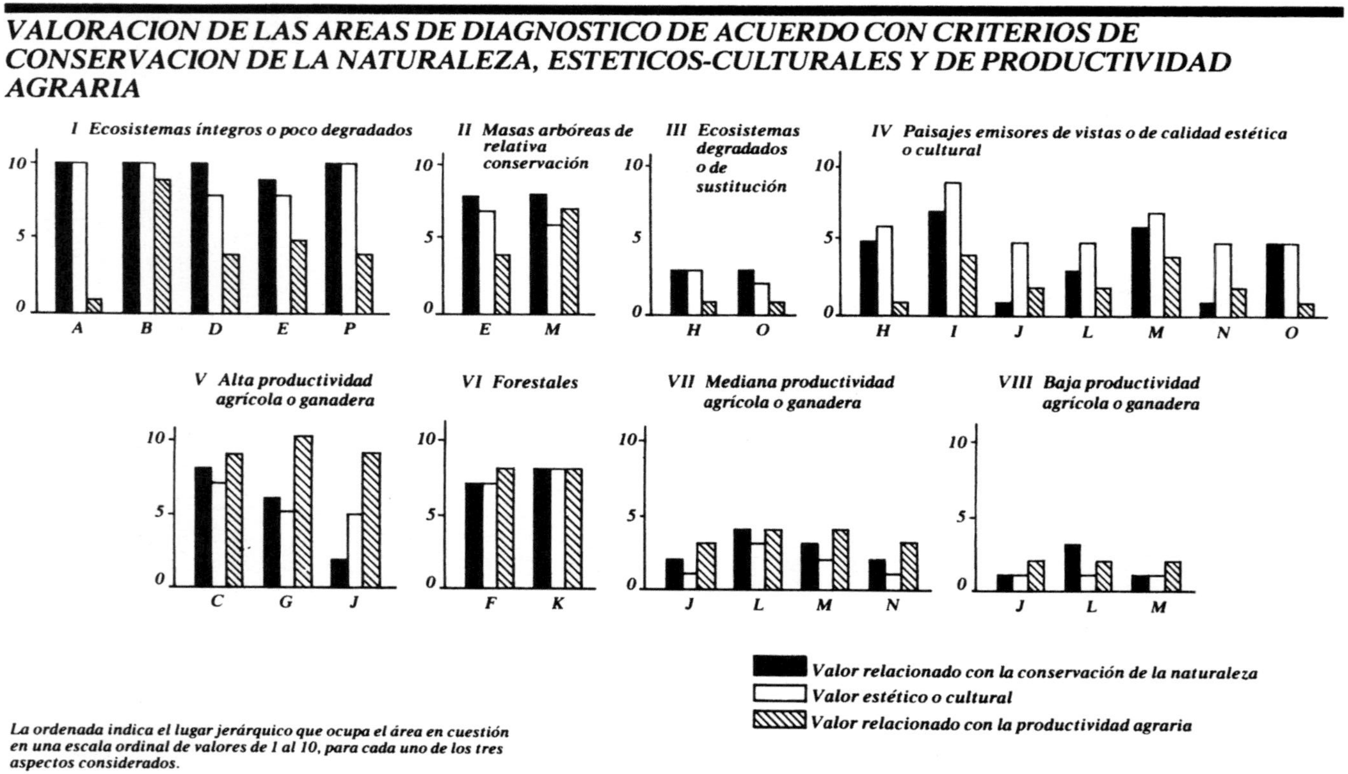

Figura 1.13. Valoración.

dios normalmente), ha habido una alteración intensa del medio natural, encontrándose en la actualidad degradados o sustituidos por otro tipo de ecosistema.

2. Criterios estéticos y culturales

4. Paisajes escénicos, emisores de vistas o de calidad estética o cultural. Se refiere a lugares de interés paisajístico especial, con calidad estética, visual o plástica, no incluidos en apartados anteriores. Se presta atención especial a determinadas áreas degradadas sin valor naturalístico o productivo, que ocupan posiciones topográficas relevantes, lagunas, embalses y cultivos, integrados en el paisaje natural, que conservan su carácter rural y personalidad en un determinado hábitat.

3. Criterios de productividad

5. Zonas de alta productividad agrícola o ganadera. Incluye dos subgrupos:
6. Pastos frescos con humedad freática alta y praderas de siega de pie de montaña.
7. Vaguadas, complejos de ribera, regadíos y cultivos de secano sobre suelos profundos de interés agrícola notable o fácilmente transformables en regadío.
8. Zonas forestales, repoblaciones de coníferas, castaños, etc., de interés maderable, resinero, de semilla o recreativo.
9. Zonas de mediana productividad agrícola o ganadero.
10. Zonas de baja productividad agrícola o ganadera. Se trata de cultivos en suelos de escaso interés agrícola, o con limitaciones para el cultivo, y pastos de terófitos de baja productividad.

3.2.4. Áreas críticas

La valoración de las unidades ambientales, mediante matrices de impactos, se realiza en cada una de ellas independientemente, sin considerar la posible existencia de determinados factores que pueden ser predominantes en otras unidades contiguas, y que podrían verse directamente afectados; por ejemplo, una zona dedicada al cultivo de cereal de secano, de escasa productividad e interés naturalístico nulo, puede estar atravesada por un curso de agua de cierto interés, o puede ser una cuenca de vertido sobre un lago o embalse cercano: un tipo de actividad que produjera un mínimo impacto sobre la zona en cuestión —urbanización de media densidad, por ejemplo—podría tener, sin embargo, consecuencias graves para la zona contigua.

De acuerdo con este tipo de observaciones, y paralelamente a la clasificación anterior, se consideran los denominados «aspectos críticos», cuya especificación puede recaer sobre cualquiera de las zonas antes enumeradas.

Cada sector, considerado como área crítica, se especifica en la cartografía mediante un subíndice. Para evitar complejidad al mapa final, este subíndice sólo aparece anotado en los mapas si representa un aspecto que suponga mayor restricción de uso del suelo que el asignado a la zona en cuestión. Los aspectos críticos considerados aparecen representados en la figura 1.14.

3.2.5. Tipología de usos del suelo

El grado de actuación o nivel de uso recomendable para cada área de diagnóstico, considerado por la alteración que produciría sobre el lugar en cuestión, se ha especificado mediante una jerarquía de 9 niveles sucesivos de uso, ordenados de menor a mayor impacto. Estos niveles aparecen en la figura 1.14.

3.2.6. Matriz de capacidad de acogida: asignación de niveles de protección recomendables

Un mismo sector del territorio puede ser denominado de acuerdo con más de uno de los criterios adoptados; por ejemplo, el área de diagnóstico I.A., que comprende los ecosistemas climáticos de cumbres montañosas, puede definirse como «ecosistema íntegro o poco degradado», dadas las características ecológicas que posee, pero al mismo tiempo cabe definirlo como «paisaje escénico» o «zona de baja productividad agrícola».

Cada sector podría, pues, valorarse desde cada uno de estos tres puntos de vista y establecer sendas jerarquías de valores de forma que todos los sectores delimitados se ordenaran de acuerdo con su interés naturalístico, estético-cultural y de producción, respectivamente. La figura 1.13 representa los valores asignados a las 28 áreas de diagnóstico, antes descritas, de acuerdo con cada uno de estos criterios. El criterio bajo el que cada área de diagnóstico ha sido encuadrada es el de mayor relevancia desde el punto de vista de la conservación de sus valores más importantes, entre los tres tipos citados.

En la figura 1.14 se indican los criterios de calificación adoptados y niveles de protección, o usos máximos, recomendados para los distintos sectores del territorio.

Las filas I a VIII representan las denominaciones bajo las que se han encuadrado las áreas de diagnóstico, mientras que las columnas 1 a 9 indican los tipos de utilización considerados, ordenados sucesivamente de menor a mayor impacto sobre el medio. Las filas que siguen a la VIII representan áreas críticas.

En cada fila, la trama oscura indica el espectro de usos, que se corresponden con actividades tolerables.

La tolerancia de cada sector, entre las hipótesis de uso consideradas, queda de esta forma establecida previendo que un uso equivalente al situado en una columna no cubierta por la trama supondría una destrucción irreversible de los valores ambientales del sector.

Para su representación cartográfica cada área de diagnóstico se identifica por un número romano que indica el criterio bajo el que ha sido encua-

CRITERIOS ADOPTADOS PARA LA TIPIFICACIÓN Y PROTECCIÓN DEL TERRITORIO			CARÁCTER DE LA ZONA		NOTACION	NIVELES DE PROTECCIÓN: PRESERVACION TOTAL	ESPARCIMIENTO CON LIMITACIONES DE 1ER GRADO	ESPARCIMIENTO CON LIMITACIONES DE 2º GRADO	ASENTAMIENTOS DISPERSOS CON LIMITACIONES DE 1ER GRADO	OCUPACION RESTRINGIDA DEL SUELO	ASENTAMIENTOS DISPERSOS CON LIMITACIONES DE 2º GRADO	ASENTAMIENTOS URBANOS DE MEDIA DENSIDAD	ASENTIMIENTOS URBANOS DE ALTA DENSIDAD	SIN PRESERVACION
TIPOLOGIA DEL TERRITORIO	CRITERIOS PARA CALIFICACION	ECOLOGICOS	ECOSISTEMAS INTEGROS O POCO DEGRADADOS		I									
			MASAS ARBOREAS DE RELATIVA CONSERVACIÓN		II									
			EXOSISTEMAS DEGRADADOS O DE SUSTITUCION		III									
		CULTURAL	PAISAJES ESCENICOS EMISORES DE VISTA O DE CALIDAD ESTETICA O CULTURAL		IV									
		PRODUCTIVIDAD	ALTA PRODUCTIVIDAD AGRICOLA O GANADERA	REGADIOS Y SECANOS PRODUCTIVOS	V									
				PRADERAS DE SIEGA Y PASTOS FRESCOS	Vº									
			FORESTALES		VI									
			MEDIANA PRODUCTIVIDAD AGRICOLA O GANADERA		VII									
			BAJA PRODUCTIVIDAD AGRICOLA O GANADERA		VIII									
	ASPECTOS CRITICOS		VERTIDO A MASAS DE AGUA		vv									
			VERTIDO A CURSOS DE AGUA		v									
			PROXIMIDAD A NUCLEOS URBANOS		p									
			RESTOS DE BIOCENOSIS EN AREAS DEGRADADAS		r									
			BAJA CAPACIDAD DE DISPERSION ATMOSFERICA		d									
			CONTAMINABILIDAD DE AGUAS SUBTERRANEAS		c									
			INTERES NATURALISTICO ESPECIAL		h									
			INTERES GEOLOGICO O PALEONTOLOGICO		g									

Figura 1.14. *Nivel de usos asignados.*

drada. Si esta simbología va afectada por un subíndice, indicará que sobre la zona actúa alguno de los aspectos críticos, y el grado de actuación permitido se restringe hasta donde lo permite el subíndice (trama más clara). Por ejemplo, el área VIII-J —cultivos de secano sobre suelos silíceos de baja productividad— tolera un grado de actuación equivalente al 9; en cambio, para el área VIII-Jvv —el mismo área situada junto a una laguna o embalse— será recomendable el nivel de uso 2, permisible para este área crítica.

3.2.7. Normativa

La normativa recoge de forma articulada la matriz de capacidades de acogida haciendo referencia a los mapas correspondientes y definiendo con detalle los nueve niveles de protección. Dentro de estos nueve niveles cabe establecer tres grupos.

El primero supone un nivel de uso muy restringido, englobando las categorías preservación total, esparcimiento con limitaciones de primer grado. En este grupo la norma detalla mucho, señalando para cada uno de ellos los usos permitidos, condiciones de volumen, condiciones de ordenación, unidad mínima de planeamiento, forma de tramitación y cesiones. Aquí el Plan impone condiciones duras a cualquier tipo de desarrollo para disuadir de su iniciación, aunque deja suficientes posibilidades a su utilización para las actividades recreativas (principalmente desarrollos necesarios para los deportes de nieve).

El segundo grupo engloba las tres categorías siguientes, asentamientos dispersos con limitaciones de primero y de segundo grado y ocupación restringida de suelo, definiendo también para cada uno de ellos las condiciones de uso, volumen y ordenación. Es interesante insistir en la ocupación restringida de suelo, cuyo factor condicionante es la alta productividad de los terrenos y su carácter en general, contaminable. La tendencia espontánea de crecimiento de Madrid se dirige, en gran medida, por dichos lugares, que ofrecen topografía favorable y abundancia de todo tipo de recursos. Para contrarrestar de alguna forma esta tendencia, la normativa exige concentraciones de volumen y cesión importante, al Ministerio de Agricultura, de terrenos en zonas amplias, continuas y próximas a los cauces, cuando existen, que sean atractivas para su explotación agrícola. De esta manera es posible salvar el 70 por 100 del recurso suelo calificado como de alta productividad, y en razón de la concentración de volumen que permite tamaños importantes de las parcelas, establecer sobre ellos una agricultura profesional próspera.

Para los tres niveles siguientes, media densidad, alta densidad y preservación, la normativa se remite al planeamiento territorial ordinario, y solo especifica las condiciones de contaminabilidad de acuíferos y dificultad para la dispersión aérea (para la media densidad), condicionantes éstos que lógicamente no imponen restricciones al uso, pero sí exigen precauciones en relación con los posibles efluentes contaminantes.

Seguramente por la deformación profesional del equipo básico de trabajo, constituido en gran mayoría por profesionales relacionados con la conservación y manejo de los recursos naturales, la normativa originaria del Plan era muy restrictiva. Esta pasó por una primera criba en el propio equipo pluridisciplinar de la Dirección Técnica de Planeamiento Metropolitano, cuando se sometió a su crítica. El Plan, con esta normativa ya modificada, se aprobó provisionalmente por el Pleno de la COPLACO en abril de 1975, y pasó a información pública. Se recibieron numerosas alegaciones y, en base a las que parecieron justificadas, se corrigieron ligeramente los mapas y, más intensamente, se modificó la normativa sobre todo en los cinco primeros niveles de protección y en el sentido de reducir las unidades mínimas de planeamiento.

4. METODOLOGÍA DE ELABORACIÓN DE LAS DIRECTRICES REGIONALES DE ORDENACIÓN TERRITORIAL (DOT) DE CANTABRIA EN EL SECTOR «TERRITORIO Y RECURSOS NATURALES»

Las DOT que se presentan contienen 10 sectores temáticos: defensa, demografía, derecho, economía, equipamientos, infraestructuras, patrimonio, planeamiento, sociología, vivienda y territorio y recursos naturales; el resumen que se da aquí se centra en el sector «Territorio y Recursos Naturales», nombre con que se denominó al medio físico.

4.1. Índice completo de las DOT en el sector territorio y recursos naturales

1. Presentación.
2. Definición de objetivos.
3. Orientación, enfoque y contenido.
4. Metodología.
5. Niveles de aproximación.
6. El territorio y sus recursos naturales.
    - 6.1. El clima.
    - 6.2. El sustrato inerte: materiales, formas y procesos.
    - 6.3. El suelo.
    - 6.4. El agua.
    - 6.5. La biocenosis: vegetación y fauna.
    - 6.6. Las formas de utilización y aprovechamiento: usos del Suelo.
    - 6.7. El paisaje.
    - 6.8. Los recursos cientifico-culturales.
7. Las afecciones del suelo.
    - 7.1. Espacios naturales protegidos. Distintas figuras.
    - 7.2. Reservas de caza y otras.
    - 7.3. Cotos de caza y pesca.
    - 7.4. Montes públicos de distinto tipo.
    - 7.5. Catálogos de protección.

8. Degradaciones y amenazas fundamentales.
9. Las grandes unidades estructurales del medio físico.
10. Las unidades de síntesis.
    10.1. Concepto e interés para el trabajo.
    10.2. Criterios de definición e identificación de las unidades de síntesis.
    10.3. Relación de unidades de síntesis.
    10.4. Descripción de las unidades de síntesis.
11. Valoración del territorio.
    11.1. Concepto e interés para el trabajo.
    11.2. Dimensiones de valor.
    11.3. Criterios y escala de valor.
    11.4. Mapa de valoración del territorio.
12. Actividades actuales y potenciales objeto de regulación en las DOT.
13. Capacidad de acogida del territorio.
    13.1. Concepto e interés para el trabajo.
    13.2. Tabla de capacidad de acogida.
    13.3. Mapa de capacidad de acogida: usos vocacionales, compatibles e incompatibles.
14. Conflictos con la situación actual y las tendencias.
    14.1. Conflictos con el planeamiento urbanístico.
    14.2. Definición de áreas problema.
15. Síntesis del diagnostico: problemas y oportunidades.
    15.1. Problemas y oportunidades.
    15.2. Tabla de síntesis.
    15.3. Definición de objetivos concretos.
16. Esquema del modelo territorial a desarrollar en las directrices del sector territorio y recursos naturales: imagen objetivo.
    16.1. Categorías de ordenación del medio físico: modelo territorial.
    16.2. Descripción de las categorías de ordenación.
    16.3. Capacidad de acogida de las unidades de ordenación.
17. Directrices.
    17.1. Directrices particulares por categorías de ordenación.
    17.2. Directrices sectoriales de tipo general para todo el territorio regional.
        17.2.1. Directrices sectoriales relativas a elementos y procesos del medio físico.
        17.2.2. Directrices sectoriales relativas a las actividades humanas.
18. Medidas de acción positiva: propuestas de acción.
    18.1. Acciones de protección.
    18.2. Acciones de conservación activa/fomento.
    18.3. Acciones de regeneración, recuperación, restauración o rehabilitación.
    18.4. Acciones para la puesta en valor de recursos ociosos.

4.2. Índice de planos

1. Materiales formas y procesos.
2. Suelos.
3. Vegetación.
4. Fauna.
5. Usos del suelo.
6. Paisaje.
7. Recursos cientifico-culturales.
8. Degradaciones y amenazas.
9. Unidades de síntesis.
10. Condicionantes (i): riesgos de erosión y deslizamiento.
11. Condicionantes (ii): vulnerabilidad de acuíferos, inundabilidad, riesgos litorales.

10-12. Valoración de las unidades de síntesis.
10-13. Categorías de ordenación.
10-14. Propuestas de actuación.

4.3. Filosofía y principios de partida

La finalidad del trabajo en el sector 10 «Territorio» reside básicamente en:

1. Garantizar para cada punto del territorio la *conservación* de sus valores ecológicos, paisajísticos, productivos y científico-culturales.
2. Proponer medidas para *mejorar, recuperar o rehabilitar,* los elementos y procesos del ambiente natural que se encuentren degradados por actividades incompatibles con su vocación intrínseca.
3. Establecer líneas de acción para la *puesta en valor* de aquellos recursos naturales que se encuentren ociosos o insuficientemente aprovechados.

El primero de estos objetivos se plantea de acuerdo con la filosofía de la *Estrategia_Mundial para la Conservación,* suscrita por el Gobierno Español, cuyo concepto de la *conservación* consiste en *gestionar la utilización de los recursos naturales en beneficio del hombre* de tal manera que se garantice *su permanencia en el tiempo*, es decir, la *producción sostenida del bien o servicio que puedan prestar.*

La conservación es activa, implica gestión, en cuanto supone el aprovechamiento de recursos naturales, ecosistemas y paisajes. Va asociada a la idea de desarrollo, *sostenible,* que propicia la CEE, la cual contempla los recursos naturales, en el más amplio sentido del término, incluyendo los denominados intangibles, como elementos activos de primer orden en la economía moderna. Resulta inconcebible en la actualidad desligar las actividades económicas de un entorno de calidad. A ello hay que añadir la simple justificación del respeto a la naturaleza por simples razones éticas.

La conservación, no obstante, aún siendo condición necesaria, no es suficiente, por ello hay que dar entrada al segundo de los objetivos enunciados: mejorar, recuperar o rehabilitar para otros usos aquellos recursos, ecosistemas o paisajes degradados, que aparecen en Cantabria con demasiada frecuencia. Identificar las áreas degradadas y proponer medidas, directas o indirectas, a través de las instituciones de rango más adecuado al problema, es una tarea potenciadora del ambiente que debe tener entrada en las DOT mediante la propuesta de líneas de acción generadoras solamente de beneficios sociales.

La misma filosofía de que la mejor forma de conservar el medio ambiente consiste en utilizar racionalmente sus recursos naturales, preside el tercer objetivo general que se enunció: poner en explotación recursos existentes ociosos, mediante actividades vocacionales, estas sí, susceptibles de generar rentas o beneficios económicos a más o menos largo plazo.

Hay que tener en cuenta que los problemas ambientales no solo se producen por un exceso de actividad, sino también por un defecto de ella. En este sentido la propuesta de actividades vocacionales capaces de diversificar la renta de los agricultores, de transferir rentas del medio urbano al rural e incluso de los sectores secundario y terciario a la agricultura, contribuirán a fijar población en el medio rural, condición indispensable para una garantía de conservación de ecosistemas, culturas, paisajes, tradiciones, patrimonio histórico e incluso arquitectónico, todos ellos factores ambientales importantes.

4.4. Orientación, enfoque y contenido

El estudio se orienta a enmarcar las actividades humanas en una estrategia territorial de respeto a los elementos y procesos ambientales, minimizando en la medida de lo posible los impactos negativos, no sobrepasando los efectos que puedan considerarse críticos, y que, en todo caso, exija la justificación, por razones poderosas, socialmente aceptables, de todos los efectos ambientalmente indeseables. Más allá del respeto, la estrategia citada se encamina también a su potenciación, tanto a través de su aprovechamiento sostenido como de su rehabilitación o mejora.

Se pretende utilizar, con este fin y con lo señalado en el punto anterior, todos los instrumentos legales disponibles de gestión ambiental preventiva, entre los cuales destacamos la Evaluación de Impacto Ambiental.

En esta idea las DOT, en lo que se refiere al territorio y sus recursos naturales, dan prioridad a las medidas de tipo preventivo frente a las de tipo curativo, de acuerdo con la filosofía de la política ambiental en la CEE. Esta prioridad no excluye medidas de tipo curativo y potenciador como se señaló.

El diagnóstico se apoya en un concepto altamente operativo para los objetivos de las DOT: lo que denominamos *unidades de síntesis*, adoptadas como unidad territorial operativa en la toma de decisiones.

Se ha dado al trabajo un enfoque fundamentalmente territorial, de tal manera que prácticamente todos los pasos metodológicos se plasman en mapas.

La escala de trabajo ha sido 1:50.000; a esta escala se han homogeneizado los mapas informativos de carácter temático. No obstante se presentan en el documento a escala 1:200.000. En cambio los mapas de diagnóstico se presentan a 1:100.000 ; esto, unido al gran conocimiento directo del terreno por parte del equipo de trabajo, ha proporcionado una gran fiabilidad a la documentación, gráfica soporte de las directrices.

La información temática se sintetiza en un plano de unidades de síntesis que presentándose a 1:100.000, existe en soporte magnético a 1:50.000. El territorio se valora desde el punto de vista de la conservación sobre otro mapa de valor también a 1:100.000. A partir de esta síntesis- y valoración y teniendo en cuenta la capacidad de acogida establecida para cada unidad de síntesis, se define el modelo territorial o imagen objetivo del medio físico a escala 1:50.000.

De acuerdo con todo lo anterior el contenido de este documento se estructura en las fases que se describen en el punto siguiente, y puede resumirse así:.

- Síntesis operativizada de la información, tanto de la existente como de la específicamente tomada para este trabajo, tomada a 1:50.000 y presentada en planos informativos a escala 1:200.000. Esta información contiene tres bloque: medio físico, afecciones del suelo y degradaciones/amenazas existentes.
- Definición, y cartografía de unidades de síntesis a escala 1:100.000.
- Valoración de los méritos de conservación del territorio en términos de las unidades de síntesis detectadas, y expresión a escala 1:100.000.
- Definición, en colaboración con los otros equipos y responsables de la administración, de las actividades a regular a través de las DOT.
- Determinación de la capacidad de acogida del territorio, en función, también, de las unidades de síntesis.
- Conflictos actuales y tendenciales.
- Síntesis del diagnóstico en términos de problemas y oportunidades, especificando magnitud, localización, gravedad, causas, agentes implicados, posibilidades, nivel y rango administrativo más adecuado para su tratamiento.
- Concreción del diagnóstico para las áreas funcionales establecidas, a escala 1:100.000.
- Esquema de una imagen objetivo para la ordenación del medio físico, a escala 1:50.000. A partir de este esquema se proponen directrices desde el sector 10, Territorio y recursos naturales.
- Directrices generales y particulares.
- Programa de actuaciones de protección, conservación, mejora, recuperación, restauración, rehabilitación y de puesta en valor de recursos ociosos.

4.5. Metodología

La metodología utilizada se expresa en forma de diagrama de flujos en la figura siguiente, que se describe a continuación.

La primera fase consiste en la recopilación y homogeneización de la información existente sobre el tema, publicada y no publicada, mediante contactos con organismos de la administración, universidad, organizaciones no guberna-

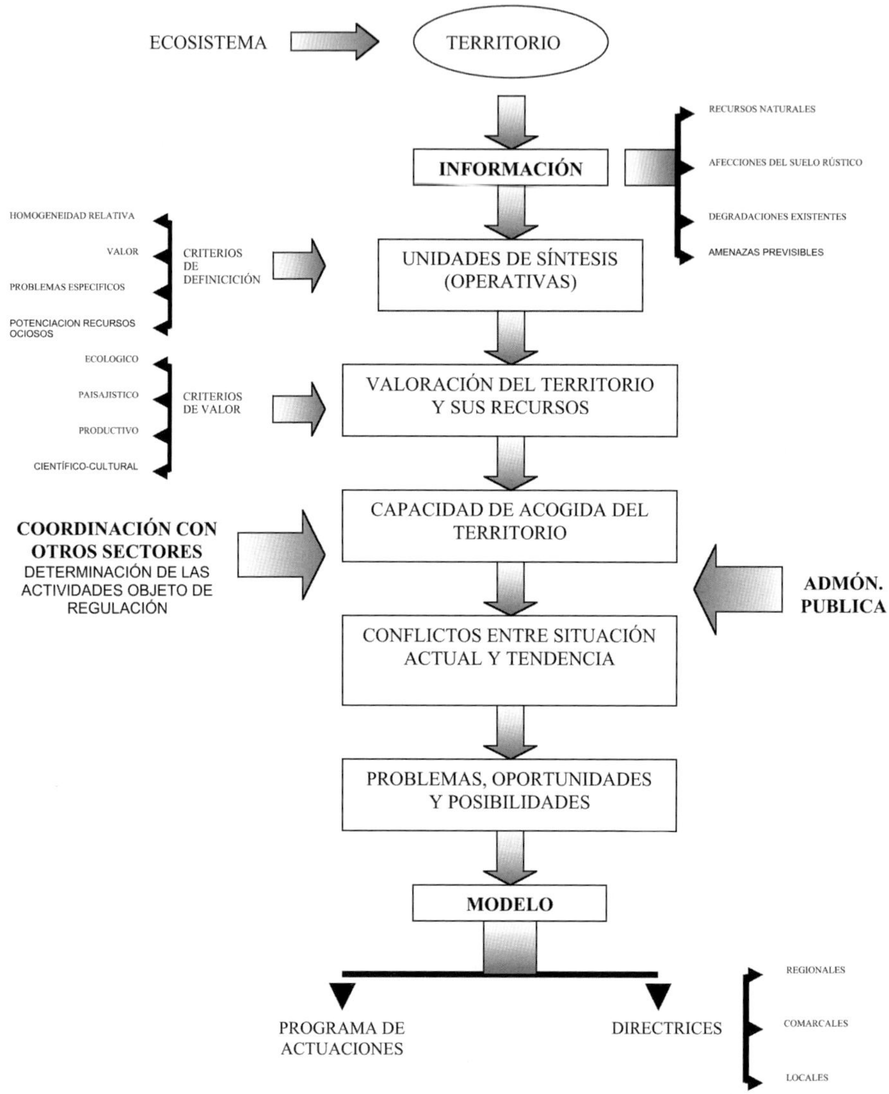

mentales y, en general, aquellas personas interesadas en el tema y con conocimientos sobre la región. La información se orienta a la situación real del medio físico, a las afecciones sobre él y a las degradaciones y amenazas actuales.

Las lagunas informativas se han completado con información directa, a través de trabajo de campo, consistente, de un lado en la observación de la realidad mediante largos y detallados recorridos por el territorio regional y, de otro, en la comprensión de dicha realidad por conversaciones y entrevistas con todo tipo de personas directa o indirectamente afectadas. Además se ha realizado una encuesta municipal que ha permitido detectar problemas y establecer criterios de valor.

El conocimiento proporcionado por las dos fases anteriores, ha permitido abordar una de las tareas más difíciles del trabajo, que es la definición de lo que hemos denominado *unidades de síntesis*. Estas son sectores del territorio definidos e identificados bajo criterios de homogeneidad o por la existencia de algún «factor controlante clave» es decir algún aspecto que condicione de tal manera su uso o destino que, frente a él, pierden relevancia los demás.

Las unidades de síntesis se han definido en términos de su homogeneidad relativa, de su valor, de un problema específico, actual o potencial (riesgo o amenaza por ejemplo) o de una oportunidad que pueda permitir la puesta en valor de recursos de cualquier tipo que permanecen ociosos.

Constituyen las unidades de síntesis la expresión de los elementos y procesos del territorio en términos comprensibles y, sobre todo, en términos operativos. En función de ellas se valorarán los méritos de conservación de cada punto del territorio, las amenazas de este por actividades espectantes incompatibles con el mantenimiento de la calidad ambiental, la vocación natural del suelo, a lo que llamaremos capacidad de acogida, las degradaciones e impactos existentes, etc. En resumen las unidades de síntesis son los sectores básicos del territorio en función de los cuales se hace el diagnóstico del medio físico.

A continuación se valoran las unidades de síntesis, en escalas jerárquicas, desde el punto de vista de la conservación, teniendo en cuenta los indicadores ecológicos, paisajísticos, científico-culturales y de productividad primaria. Esta valoración se expresa en los correspondientes mapas y tablas. Estos mapa son de gran utilidad para mostrar el valor del patrimonio natura a los no iniciados y para detectar conflictos en relación con los usos y aprovechamientos del suelo.

La fase siguiente consiste en determinar la capacidad de acogida para los usos del suelo y actividades a regular pos las DOT. La determinación de las actividades a regular por las DOT ha requerido un gran esfuerzo de coordinación con los equipos que desarrollan el resto de los sectores temáticos y con personas e instituciones implicadas.

Además se aporta en forma de cuadro de doble entrada, una relación de los problemas y oportunidades en este sector. Estos aparecen en filas, mientras en las entradas por columnas se disponen los atributos que caracterizan los problemas. Este cuadro se acompaña de una memoria explicativa, redactada en términos fácilmente accesibles a los no iniciados, de tal manera que pueda utilizarse como documento de participación y debate público, sirviendo, todo ello, de base a la fijación de los objetivos concretos de las DOT en función de la importancia real de los problemas y de la percepción que la población tiene sobre la problemática territorial de la región. Se completa el diagnóstico de expresando los problemas de forma gráfica sobre un mapa a escala.

Por último se entra en la fase propositiva de las DOT, que se concreta en las siguientes determinaciones:

- un modelo territorial o imagen objetivo a largo plazo del espacio regional, expresado en términos de las denominadas categorías de ordenación: sectores del territorio definidos por un uso principal y otros asociados y compatibles con él,
- un conjunto de directrices expuestas de forma articulada, distinguiendo entre las de aplicación directa, a través de planeamiento diferido, de organismos públicos, vinculantes, no vinculantes, etc.,
- un programa de actuaciones en orden a la protección, conservación, recuperación, rehabilitación e intensificación o puesta en valor de los recurso que permanecen ociosos en el territorio.

APÉNDICE 2
PRESENTACIÓN DE CASOS

Se presentan en este apéndice dos casos reales que pueden considerarse complementarios; el primero enfatiza la ordenación del medio físico en una cuenca mientras que en el segundo prima un enfoque de desarrollo socioeconómico en un área deprimida.

1. PLAN DE ORDENACIÓN AMBIENTAL DE LA CUENCA DEL RÍO SUCIO (EL SALVADOR)

Se resume aquí este plan como un ejemplo ortodoxo de aplicación de la teoría, metodología y técnicas de ordenación del territorio expuestas en esta obra. Se le denomina POA, acrónimo de Plan de Ordenamiento Ambiental de la cuenca citada que, con una superficie de 830 km^2, se ubica muy próxima al Area Metropolitana de San Salvador (AMSA en lo sucesivo), ciudad que alcanza los 2,5 millones de habitantes.

1.1. Filosofía y principios de partida

El POA pretende garantizar el funcionamiento correcto de la Cuenca, conseguir una elevada calidad ambiental y, más allá, lograr un espacio de excelencia en un lugar cuyas condiciones naturales así lo demandan. Para ello se dirige, estratégicamente a controlar el uso del suelo y a mejorar el comportamiento de los agentes socioeconómicos, y se inscribe en la más amplia idea de desarrollo sostenible.

1.2. Metodología utilizada

La metodología utilizada adopta elementos del modelo empírico expuesto en el capítulo IV para el diagnóstico del medio físico y de la metodología sinóptica descrita en el capítulo III.

1.3. La problemática ambiental de la cuenca

El POA comienza con una descripción e interpretación del medio físico en la cuenca: clima, materiales, procesos y formas, aptitud de los suelos para la agricultura, recubrimiento vegetal del suelo, fauna, paisaje, calidad del aire, recursos hídricos: calidad y cantidad, recursos culturales: arqueológicos, patrimonio histórico, todos ellos representados en los correspondientes mapas temáticos acompañados de una memoria explicativa; hecha esta descripción, el POA aborda la problemática de la Cuenca mediante los instrumentos de síntesis descritos en el capítulo IV: grafos, tablas y mapas, básicamente.

Dos elementos están en la base de los problemas ambientales que afectan a la Cuenca: la presión poblacional determinada, entre otros aspectos, por su proximidad al AMSA, y la cantidad, calidad y fragilidad de los recursos ambientales que posee. El primer aspecto permite calificar de desequilibrado el desarrollo de la Cuenca del Río Sucio; desequilibrio que debe entenderse en dos sentidos: de un lado, desde el punto de vista regional (o departamental) en cuanto concentra mayor población, actividades y renta que otros lugares del país, y de otro, porque se produce a través de actividades, sobre todo industriales, escasamente vinculadas al potencial endógeno de la Cuenca, las cuales podrían ubicarse en lugares del AMSS, incluso fuera de ella, de menor fragilidad, si se diesen las condiciones necesarias para ello; puede denunciarse, por tanto, como problema la ausencia de alternativas de localización para numerosas actividades, para las cuales, la excelencia de la Cuenca, lejos de ser una ventaja, constituye una amenaza en cuanto antes o después alguien ha de reivindicar la salvaguarda de los valores y recursos ambientales que posee.

En este contexto, los problemas ambientales de la Cuenca derivan de cuatro grandes tipos de acciones que luego se ramifican en numerosas relaciones causa-efecto y de otro tipo.

1.3.1. Problemas derivados de la ocupación indiscriminada del suelo

La primera acción se asocia al fortísimo desarrollo urbano, incluyendo el cúmulo de usos asociados que comporta, con independencia de su carácter legal o ilegal, que ocupa el territorio de forma indiscriminada; consecuencia de ello es la deforestación y consiguiente pérdida de biodiversidad de la Cuenca, la destrucción de suelos de alto potencial agrícola, la ocupación de yacimientos arqueológicos de gran interés, el incremento de la escorrentía superficial con la consiguiente reducción de la recarga de los acuíferos subterráneos y el desplazamiento de materiales de todo tipo hasta los cursos de agua, reduciendo su capacidad de drenaje y contribuyendo así a incrementar los riesgos de inundación.

Una versión de ocupación urbanística menos visible y extendida que la anterior, pero no menos grave, la constituyen los asentamientos ilegales de infravivienda sobre márgenes, riberas y zona inundable de numerosos tramos de ríos, los cuales tienen tres efectos: uno, los riesgos de inundación y salubridad que se derivan para la población, otro el deterioro de los valores ecológicos que acompañan a los cauces fluviales y, por último, la alteración del funcionamiento hidráulico de la corriente de agua.

La revalorización del suelo rústico es un efecto ambientalmente perverso de la presión urbanística sobre el entorno rural, porque hace poco atractivo el cultivo frente a las expectativas de negocio urbanizador; es esta una de las razones que explica la escasa intensidad de uso de los suelos que disponen de infraestructuras de riego. Generalmente el propietario espera rentabilizar su tierra por la más fácil vía urbanística, y por otro lado, los trabajadores prefieren el empleo en la industria o los servicios antes que en el sector agrario, generalmente más ingrato y menos remunerado.

También hay que citar como impacto de ocupación los asociados a las actividades extractivas: canteras, gaveras y arcilleras, las cuales generalmente no incluyen la variable ambiental en sus planes de extracción y no recuperan el espacio afectado cuando abandonan la explotación. Elemento clave en la valoración y tratamiento de este problema es la enorme capacidad de recuperación que tiene el medio por la propia homeostasia de los ecosistemas que lo forman.

1.3.2. Problemas derivados de la emisión de contaminantes

La segunda gran acción causa de problemas es la emisión de agentes contaminantes sin ningún tratamiento por todo tipo de actividades: aguas negras procedentes de las viviendas, vertidos industriales, arrastres de los rastros municipales y de las aguas lluvias, lixiviados procedentes de antiguos botaderos, de los botaderos municipales insuficientemente gestionados (ninguno de ellos es sanitario) y los botaderos de carácter clandestino y, por último, la contaminación difusa de origen agrícola y ganadero.

Los contaminantes de la citada procedencia, superada la capacidad de asimilación, deterioran la calidad del agua de los ríos haciéndola inviable para usos urbanos y recreativos y dando una imagen negativa de lo que es el Valle y sus habitantes. La contaminación también llega a los acuíferos subterráneos de la cuenca dado el carácter permeable de los terrenos sobre los que se ubican las actividades que la producen; si se considera que prácticamente la totalidad de los asentamientos poblacionales se abastecen de estos acuíferos, se comprenderá la importancia de este problema.

Un problema ambiental menor es el ruido (energía disipada) generado por el tráfico en las vías de comunicación, si bien no es despreciable por la densa banda de población que ocupa sus orillas.

Se podría también considerar como problema ambiental el riesgo de accidentes para esta población, si bien este problema se trata en el PDT.

1.3.3. Problemas derivados de la sobreexplotación de recursos

El tercer gran bloque de problemas deriva de la práctica de la agricultura itinerante de grano básico sobre terrenos deleznables en fuertes pendientes. Se trata de cultivos que pueden denominarse de subsistencia, pero cuya práctica hunde sus raíces en las formas tradicionales, incluso ancestrales, en que se han explotado los recursos de la Cuenca; generalmente se desarrollan en aquellos terrenos cuyas condiciones determinan arrendamientos baratos, en la banda situada entre los terrenos aluviales del valle y la cota a la que se suele cultivar el café.

La causa de esta ocupación no estriba solo en el escaso coste del arrendamiento, sino en que dichos terrenos reúnen condiciones sanitarias más favorables para los cultivos que los de fondo de valle; así por ejemplo, no se dan los típicos problemas de anegamiento por deficiencias de drenaje, la mejor ventilación favorece la sanidad y las menores temperaturas determinan una menor incidencia de plagas.

Esta práctica produce una cadena de efectos graves: comienza con la deforestación, sigue con fenómenos de erosión de unos terrenos desprovistos del manto protector que les proporciona la cubierta vegetal, continúa con el incremento de la escorrentía superficial en detrimento de la infiltración y, por tanto, de la recarga de los acuíferos y, al final, de la cantidad de agua disponible; por último, los arrastres contribuyen al anegamiento de los desagües incrementado los riesgos de inundación en un vaso cuyo drenaje es problemático.

Para entender la importancia del agua conviene señalar que en este momento la Cuenca se encuentra en equilibrio entre la «producción», procede exclusivamente de las aguas subterráneas, y la extracción en la estación seca. Un mayor consumo de agua requeriría utilizar las superficiales, lo que implicaría realizar obras de regulación, es decir, embalses, cuya localización sólo sería viable sobre los terrenos impermeables de las formaciones Bálsamo o Cuscatlan.

El aprovisionamiento de leñas para uso doméstico, es un problema ambiental de importancia menor. Más grave es el originado por las ladrilleras porque utilizan leña más gruesa, incluso madera, y contribuyen a la deforestación con los efectos descritos.

1.3.4. Problemas derivados del declive de actividad

Como se dijo, el cafetal tiene un alto riesgo de declive e incluso de abandono, si no se interviene de forma decidida. Tres son las razones concretas: la difícil rentabilidad económica asociada a la competencia de otras zonas que hacen más fácil y, por tanto económicamente más competitivo; la dificultad de conseguir mano de obra en una zona en que debe competir con el empleo secundario y terciario; y, por último, el robo de la producción, así como la delincuencia ligada a cuadrillas o «maras», que se extiende por ciertas zonas cafetaleras, las cuales, al parecer, tienen un efecto disuasorio sobre la población juvenil.

1.3.5. Un problema clave a denunciar: la inseguridad ante hurtos y vandalismo

La agricultura, en un entorno presidido por la densidad residencial, está sometida a fenómenos de robo, vandalismo y otros, que disuaden a los agricultores de su práctica; esto, unido a las razones más arriba señaladas, explica el desaprovechamiento del potencial agrícola del Valle.

La problemática esbozada se sintetiza en las figuras 1, 2 y 3.

1.4. Instrumentos de gestión ambiental aplicables

La tabla de la figura 4 muestra la relación de los problemas con los instrumentos de gestión ambiental disponibles.

1.5. Potencial sostenible de la Cuenca

En este epígrafe se hace una aproximación integrada a la potencialidad del medio, utilizando para ello el concepto de *Capacidad de Acogida*, la cual expresa la relación entre el medio y las actividades humanas en términos de vocacionalidad, compatibilidad (en diversos grados) e incompatibilidad. Dado que el medio no es homogéneo, para determinar su capacidad de acogida o vocación natural, se hace uso del concepto de *Unidad Ambiental,* que se desarrolla a continuación.

1.5.1. Las Unidades Ambientales

Las unidades ambientales son sectores o porciones del territorio identificadas y cartografiadas a partir de los análisis sectoriales realizados. Tales unidades se consideran, y tratan, como ecosistemas, y su interés estriba en que la potencialidad del medio no depende de los factores o recursos ambientales considerados aisladamente, por importantes que sean, sino de su interacción en forma de sistemas. En esta idea, las unidades ambientales permiten tratar la información de forma integrada rompiendo la aproximación por factores para pasar a una a aproximación por sistemas.

Sobre las unidades ambientales se valorarán los méritos o valores de conservación del territorio, las degradaciones e impactos que le afectan (ver figura 2), las amenazas derivadas de actividades expectantes, la vocación natural del medio e incluso o su potencialidad.

Para identificar las unidades ambientales se ha partido de las grandes unidades estructurales que forman la cuenca y de la información sectorial, conocimiento completado con recorridos de campo, a pie, en automóvil y en helicóptero.

Tabla 1: AGENTES CAUSANTES DE PROBLEMAS AMBIENTALES	FACT				
	SER HUMANO POBLACION	FLORA	FAUNA	CLIMA Y O MICROCLIMA	AI
Desarrollos urbanos, legales e ilegales, para uso de vivienda, industria, actividades extractivas e infraestructuras		Deforestación. Pérdida de biodiversidad	Pérdida de hábitat y afecciones directas	Alteración del albedo	
Incremento de la superficie de cultivo de granos básicos sobre laderas de fuerte pendiente (principalmente en cuencas de los ríos Colón, Talmique y Copapayo)		Deforestación. Pérdida de biodiversidad	Pérdida de hábitat y afecciones directas.	Alteración del albedo	
Vertidos industriales y de granjas avícolas a ríos y acuíferos subterráneos	Degradación del potencial recreativo y de otros usos	Alteración negativa del complejo fluvial	Alteración negativa del complejo fluvial		Emisión d
Emisiones contaminantes a la atmósfera por industria (particularmente ladrillera en Armenia y Santa Lucía) y otras actividades	Afección a la morbilidad de la población de su entorno	Debilitamiento de la vegetación afectada		Dado el carácter global de la contaminación atmosférica, hay que considerar los efectos sobre el cambio climático	Increment de inm. especialm CO
Ocupación de riberas y zona inundable de numerosos tramos de ríos por infravivienda en precario	Riesgo de accidentes por inundación.	Alteración negativa del complejo fluvial	Alteración negativa del complejo fluvial		
Deforestación en zonas puntuales por extracción de leñas para la industria ladrillera, afectando, sobre todo, a la zona de Armenia y Santa Lucía		Degradación de la cubierta vegetal. Pérdida de biodiversidad	Pérdida de hábitats faunísticos. Pérdida de biodiversidad	Alteración del albedo	
Extracción de leñas para consumo doméstico afectando fundamentalmente a la cuenca baja del río Sucio		Degradación de la cubierta vegetal. Pérdida de biodiversidad	Pérdida de hábitats faunísticos. Pérdida de biodiversidad	Alteración del albedo	
Emisión de ruido en las principales vías de tráfico	Afecciones a la población marginal residente en las proximidades de las grandes vías de comunicación				
Prácticas agrícolas intensivas orientadas a maximizar la producción	Riesgos para la salud de los trabajadores	Desaparición especies silvestres. Pérdida de biodiveridad	Afecciones directas e indirectas a la fauna		
Depredación y vandaliso sobre yacimientos arqueológicos					

Figura 1. *Relación entre causas de p*

AMBIENTALES ALTERADOS

IERRA Y SUELO	AGUA	BIENES MATERIALES	PATRIMONIO CULTURAL	PROCESOS O INTERACCIONES
Pérdida de suelo fértil	Contaminación de aguas superficiales y subterráneas. Pérdida de agua ˙til	Pérdida de suelo agrícola fértil	Alteración, incluso destrucción, de yacimientos y recursos arqueológicos	Incremento de la escorrentía superficial. Reducción de la recarga de acuíferos. Sedimentación y alteración del régimen de los ríos, enzolvamiento y riesgo de inundación
Alteración morfología	Pérdida de agua ˙til	Pérdida de suelo agrícola fértil		Desencadenamiento de procesos erosivos, desplazamiento de materiales térreos y consiguiente deposición en los canales de desag¸e naturales y construidos: riesgo de inundación. Alteración de la escorrentía superficial
	Degradación y pérdida real del recurso acuífero para usos de todo tipo	Pérdida de imagen, desvalorización de terrenos y productos		
Riesgo de fenómenos de lluvia ácida		Pérdida de imagen, desvalorización de terrenos y productos		
				Alteración negativa de la funcionalidad de los ríos ocupados, incremento de los riesgos de inundación
				Incremento de la erosión, reducción de la infiltración, reducción de la recarga de acuíferos subterrános, riesgo de inundación
				Incremento de la erosión, reducción de la infiltración, reducción de la recarga de acuíferos subterrános, riesgo de inundación
				Alteración de la funcionalidad de las vías a las que afecta
	Contaminación de acuíferos superficiales y subterráneos. Pérdida del recurso		Afección a los yacimientos y recursos arqueológicos	
			Pérdida de recursos arqueológicos	

mas y factores ambientales alterados.

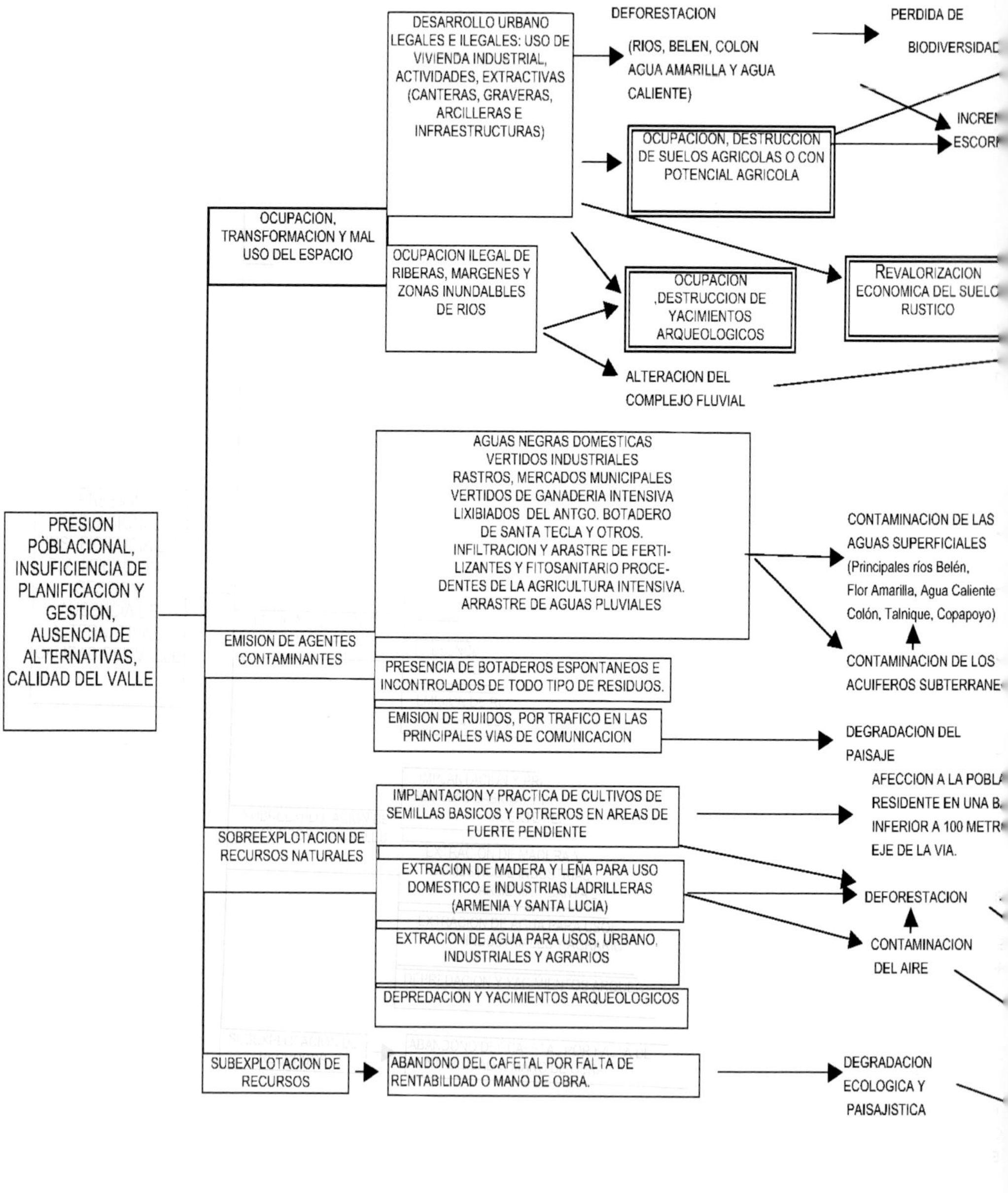

Figura 2. *Grafo de relaciones causa-ef*

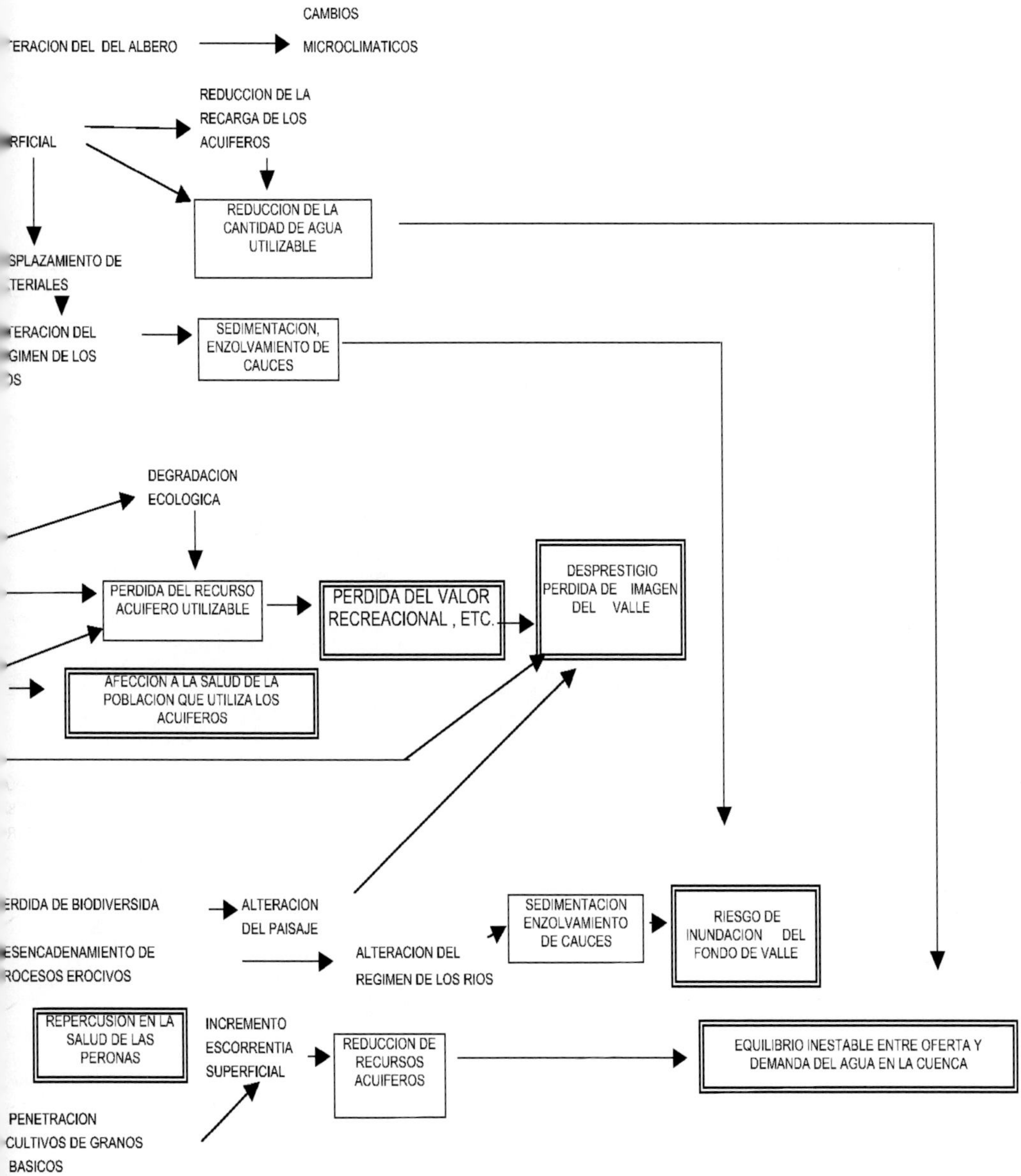

ue ilustra la problemática de la cuenca.

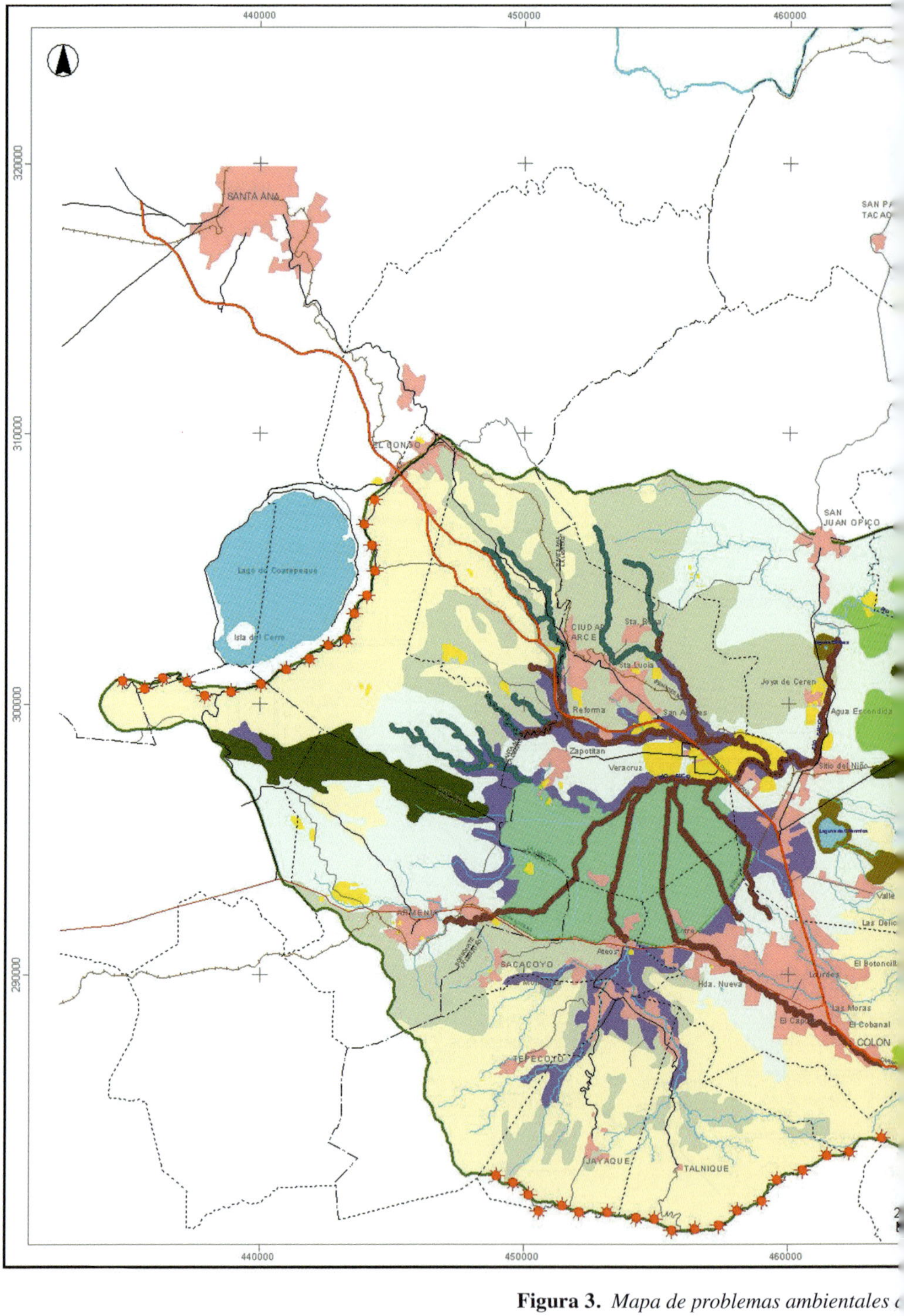

Figura 3. *Mapa de problemas ambientales*

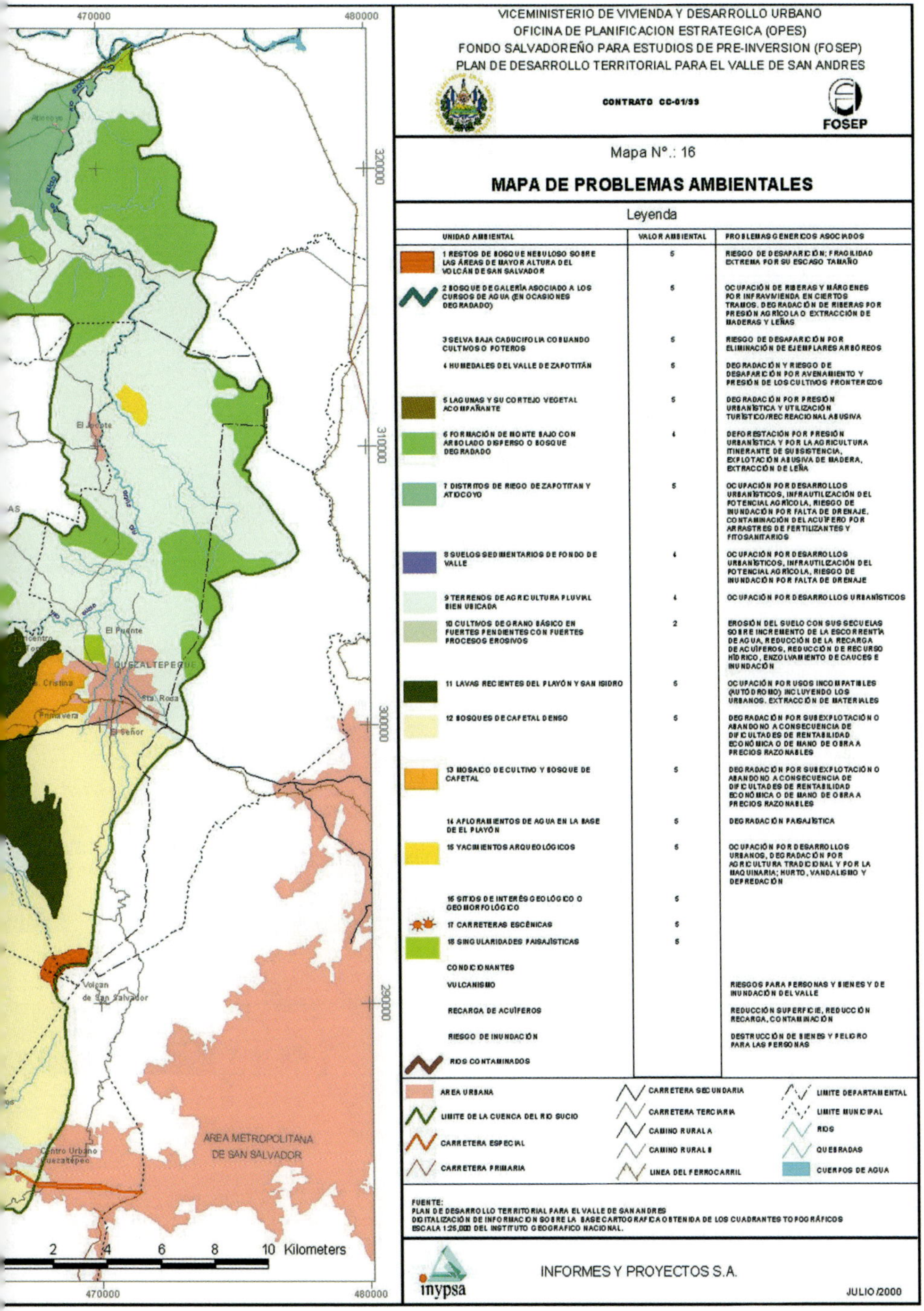

uenca asociados a las unidades ambientales.*

Tabla N°1.10: RELACION PROBLEMAS AMBIENTALES/ INSTRUMENTOS DE GESTION		Formación, sensibilización, educación ambiental	Elaboración de Normativa en materia de calidad ambiental	Investigaciónaplicada	Elaboración de bases de datos informatizadas de fácil actualización y cómodo acceso al público	Elaboración de indicadores de calidad ambiental	Establecimiento de normas específicas para el Valle de San Andrés	Evaluación de Impacto Ambiental (EIA)	Compromiso ambiental
PROBLEMAS AMBIENTALES	Degradación ambiental por localización abusiva e incontrolada de desarrollos urbanísticos								
	Degradación ecológica y contaminación del agua debido a ocupación de riberas por infravivienda.								
	Ocupación y degradación de yacimientos arqueológicos								
	Degradación del entorno por actividadextractivas (canteras, graveras y arcilleras)								
	Contaminación de las aguas superficiales por todo tipo de vertidos.								
	Contaminación de acuíferos subterráneos por vertidos urbanos e industriales.								
	Contaminación de acuíferos subterráneos por infiltración de agroquímicos.								
	Presencia de botaderos espontáneos incontrolados y de todo tipo de residuos.								
	Existencia de niveles de ruido elevados (leq db (a)) en las proximidades de las carreteras principales.								
	Deforestación erosión por agricultura de grano básico eb pendientes fuertes.								
	Equilibrio inestable entre consumo de agua y potencial acuífero de la cuenca en época seca.								
	Deforestación por extracción de maderas y leñas con destino al uso doméstico								
	Deforestación por extracción de maderas y leñas con destino a las industrias ladrilleras.								
	Depredación y vandalismo de recursos arqueológicos								
	Declive o abandono del cafetal por falta de rentabilidad o dificultad para encontrar mano de obra								
	Degradación de la fertilidad de los suelos por prácticas agrícolas inadecuadas								

Fuente: Elaboración Propia

Figura 4. *Tabla que muestra los instrumentos de gestión ambiental qu*

STRUMENTOS DE GESTIÓN AMBIENTAL													
	Etiquetado Ecológico (marketing ecológico)	El Análisis del Ciclo de Vida (ACV) de un producto, "desde la cuna a la tumba"	El Etiquetado relativo a la agricultura ecológica	Códigos de buenas prácticas agrarias	Impuestos, directos e indirectos	Cánones y tasas	Regulaciones legales	Creación de mercados	Garantías financieras para asegurar el cumplimiento: Gravámenes y Fianzas	Subsidios y ayudas financieras	Desgravaciones fiscales a los agentes o sistemas ambientalmente más eficientes	Intervención directa de la administración en los precios de mercado	Mesas de concertación

en utilizarse en la prevención y resolución de los problemas detectados.

1.5.2. Relación de Unidades Ambientales

Unidades definidas por criterios ecológicos: Relictos de bosques autóctonos

1. Relicto de bosque nebuloso sobre las áreas culminantes del volcán de San Salvador.
2. Bosque de galería asociado a los cursos de agua.
3. Relicto de selva baja caducifolia: dosel arbóreo que cobija cultivos o potreros.
4. Relictos de humedales de fondo de valle que cobijan especies raras o en peligro.
5. Lagunas y su cortejo vegetal acompañante: Laguna de Chanmico y Laguna Caldera.
6. Formación de monte bajo con presencia de árboles aislados de la antigua selva.

Unidades definidas por criterios de productividad

7. Distritos de riego de Zapotitan y Atiocoyo.
8. Suelos sedimentarios de fondo de valle con alto potencial agrícola.
9. Campiñas de agricultura pluvial sobre pendientes suaves y suelos adecuados.

Unidades definidas por criterios de funcionalidad

10. Cultivos de grano básico en fuertes pendientes sobre formación Bálsamo
11. Lavas recientes con vegetación sucesional colonizadora más o menos avanzada.
12. Bosques de cafetal denso sobre cualquier tipo deformación.
13. Mosaico de cultivo y bosque de cafetal sobre formación San Salvador.
14. Afloramientos y manantiales de agua procedentes de las infiltraciones en lavas.

Unidades definidas por criterios científico-culturales

15. Yacimientos arqueológicos.
16. «Sitios» de interés geológico o geomorfológico

Unidades definidas por criterios paisajísticos

17. Líneas culminantes divisorias de aguas con amplio y profundo potencial de vistas

1.5.3. Condicionantes superpuestos

Existen ciertas características del territorio que no tienen relevancia por sí solas para definir unidades de ambientales, pero condicionan fuertemente el destino de la unidad sobre la que operan. Se representan como sobrecarga mediante una trama superpuesta a las unidades ambientales. Son los siguientes:

A. Areas con riesgos de vulcanismo.
B. Areas inundables (se adopta la cota 500 en la Cuenca).
C. Areas de recarga de acuíferos subterráneos y/o vulnerables a la contaminación.

1.5.4. Valoración ambiental del medio

Valor del medio significa grado de excelencia del mismo, mérito para ser conservado en la situación en que se encuentra. Metodológicamente la valoración del medio se hace sobre las unidades ambientales. El valor puede ser apreciado desde diferentes puntos de vista o dimensiones y valorado en escalas de orden o semánticas. Aquí se utilizan las siguientes dimensiones de valor:

— *Valor ecológico*: méritos denunciados por indicadores de carácter ecológico, como biodiversidad, integridad, evolución, rareza, representación, tamaño, etc.
— *Valor funcional,* derivado del papel de la unidad en el funcionamiento de la Cuenca.
— *Valor productivo*: expresión de la capacidad de la unidad para fijar energía solar por unidad de superficie y de tiempo, o lo que es lo mismo, potencial de producir biomasa.
— *Valor paisajístico*: excelencia plástica, olfativa o sonora de la unidad, denunciada por indicadores de percepción sensorial positivos y negativos.
— *Valor científico-cultural*: se refiere a los méritos de la unidad para la ciencia o la cultura.

El valor total de cada unidad se obtiene por agregación simple o ponderada de los valores asignados a las cuatro dimensiones que lo forman; éstos, de carácter jerárquico, se ha asignado en función de los siguientes criterios:

— *Estado de evolución o grado de madurez ecológica:* estado de la unidad en la sucesión ecológica en relación con la situación climática del ecosistema. El valor crece con la madurez.
— *Diversidad:* criterio próximo al anterior, cuya importancia fue sancionada por la Cumbre de Río.
— *Rareza:* criterio de raíz económica: lo escaso es valioso. A mayor rareza, mayor valor, y dentro de la condición de raro, a mayor abundancia relativa, mayor valor también.
— *Singularidad:* criterio que expresa la rareza en grado sumo, y se aplica a las unidades con características diferenciales con respecto al medio representativo o típico.

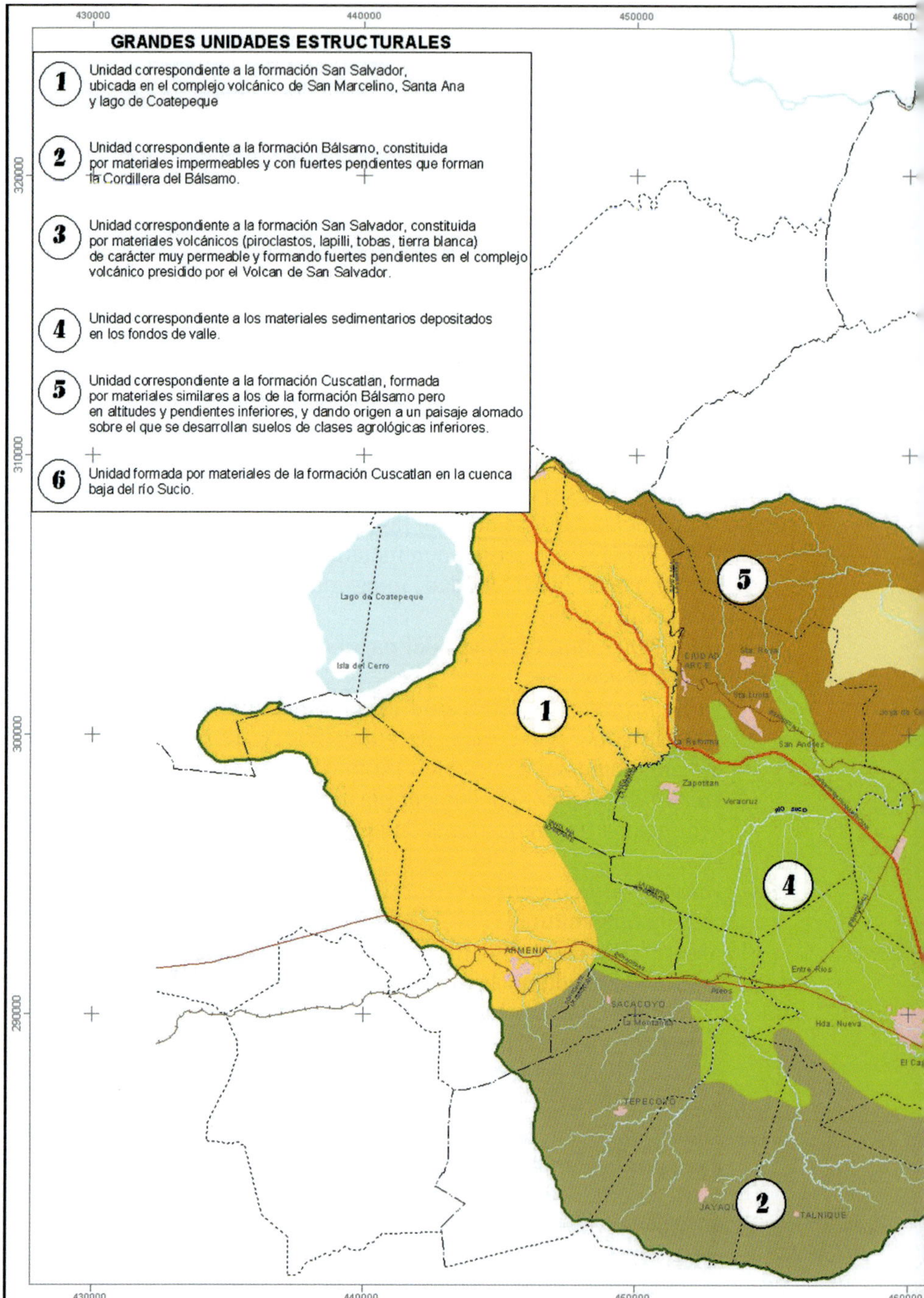

Figura 5. *Las grandes unidades*

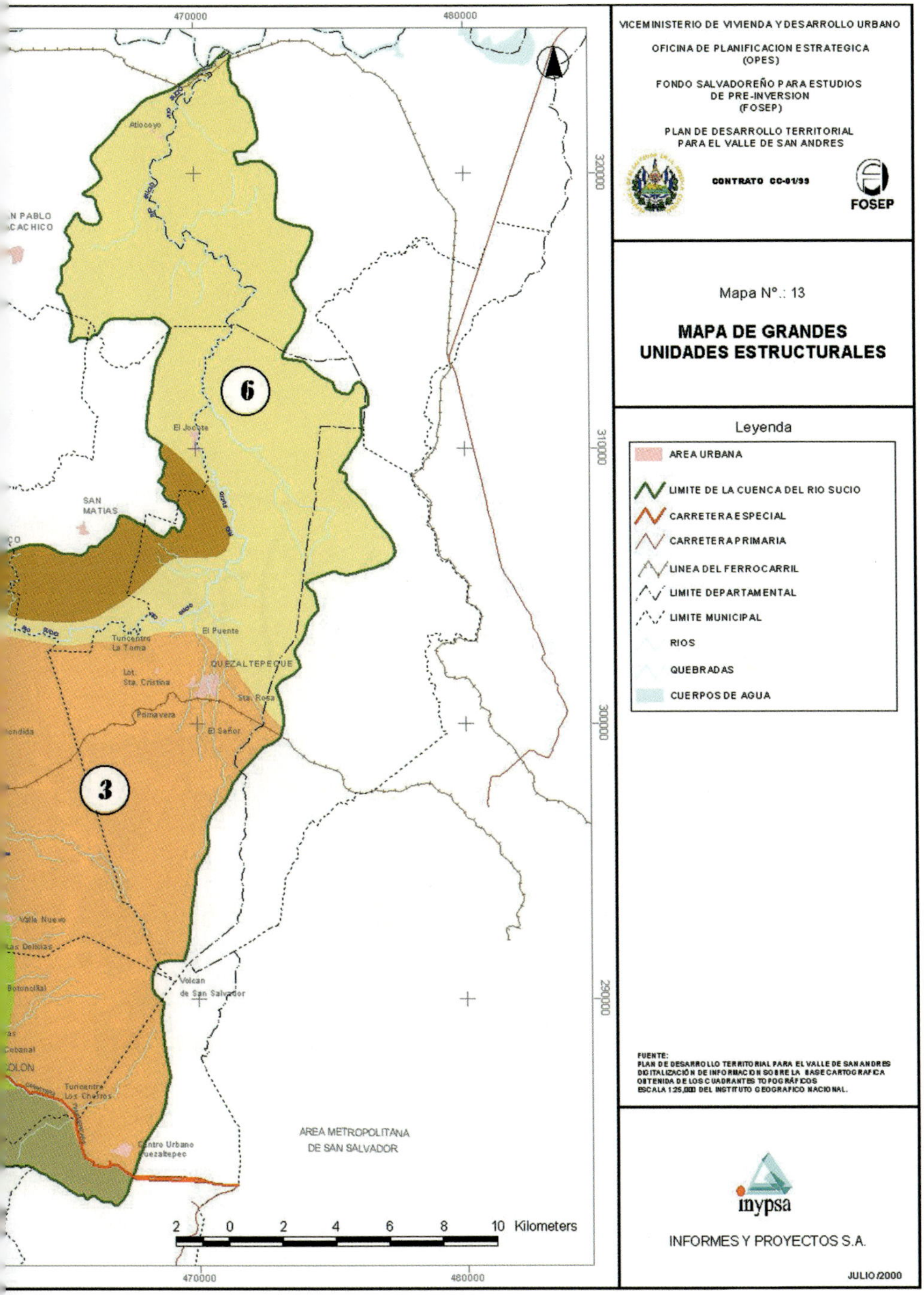

turales de la cuenca del río Sucio.

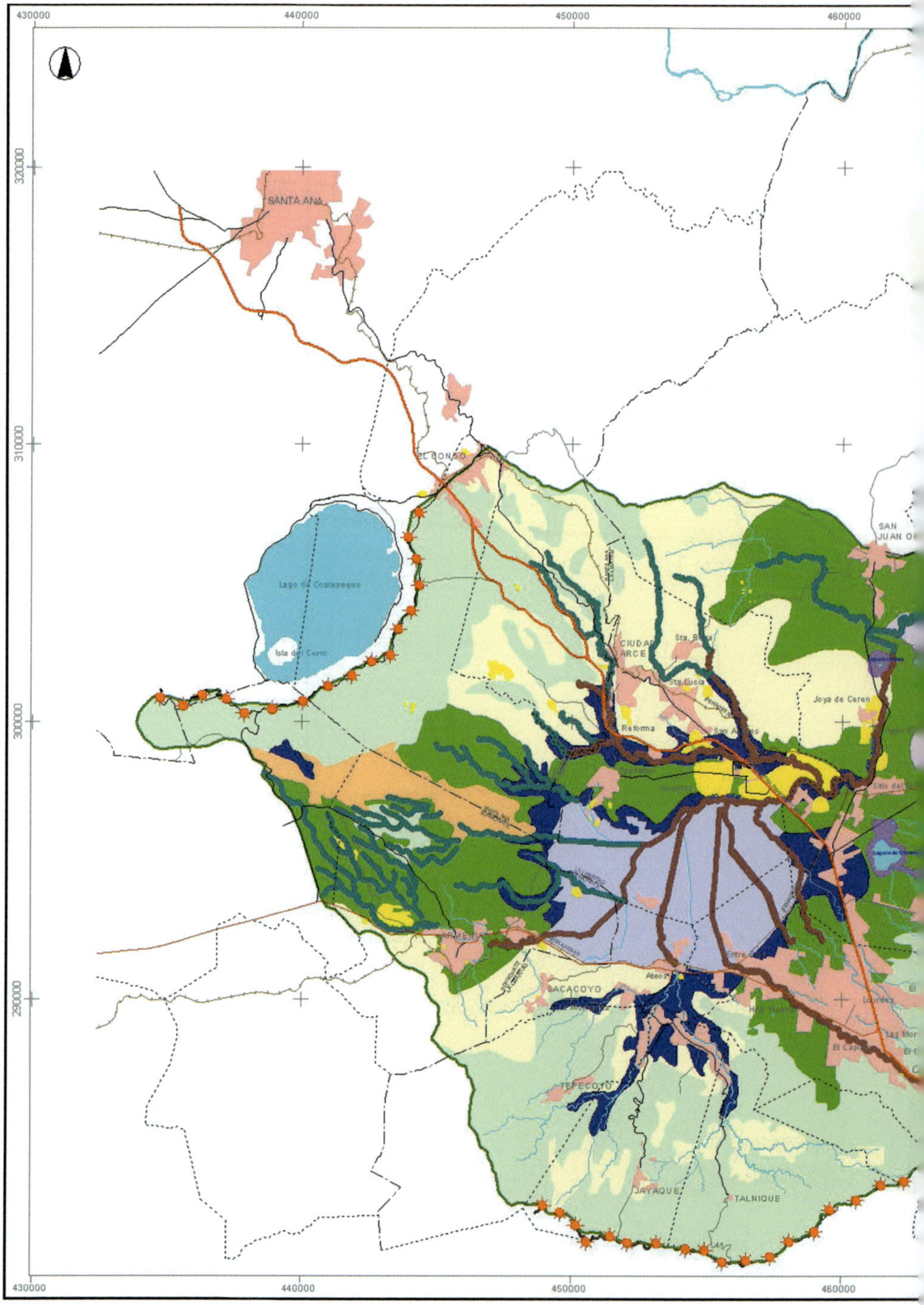

Figura 6. *Mapa de unidades a*

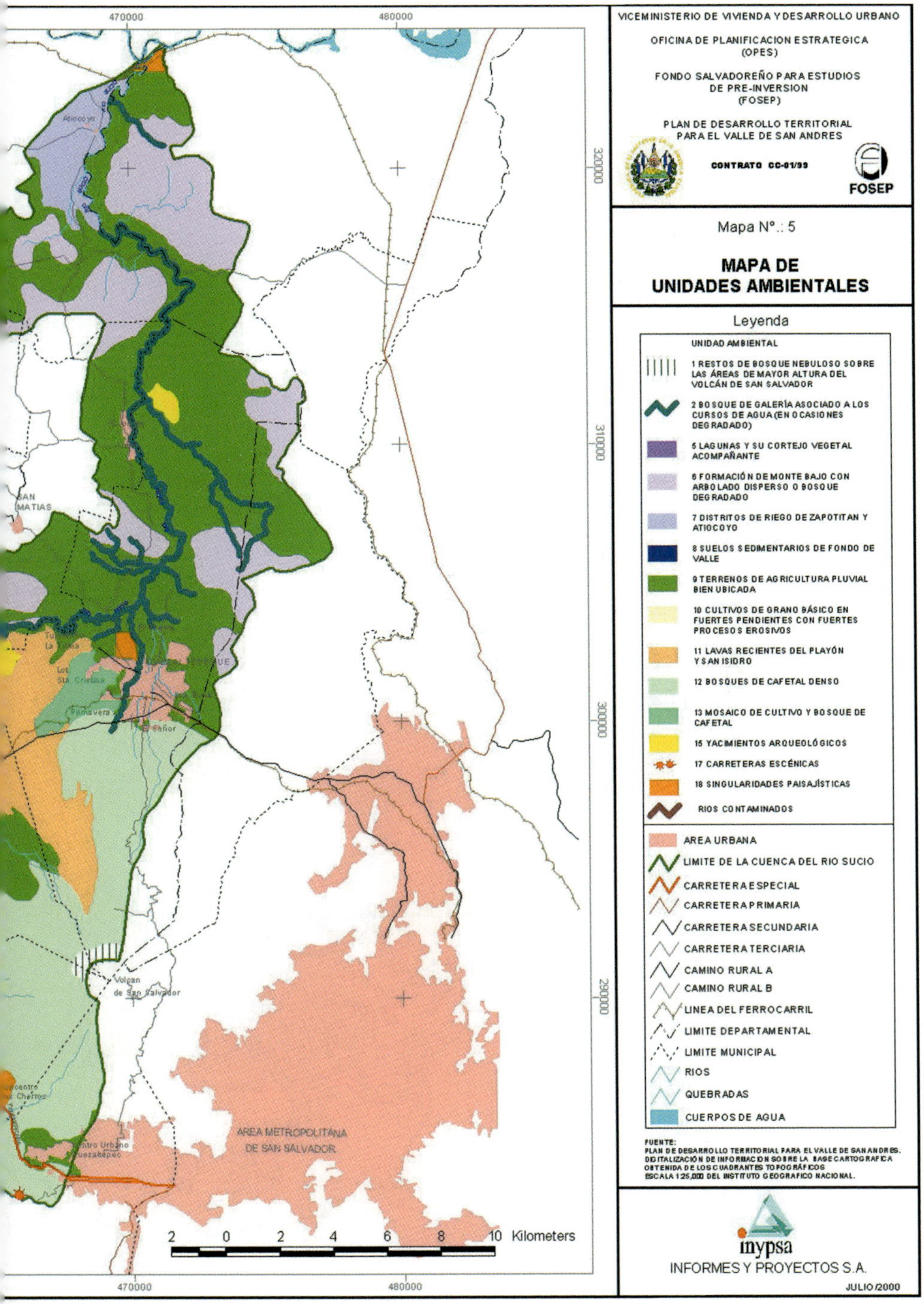

ales de la cuenca del río Sucio.

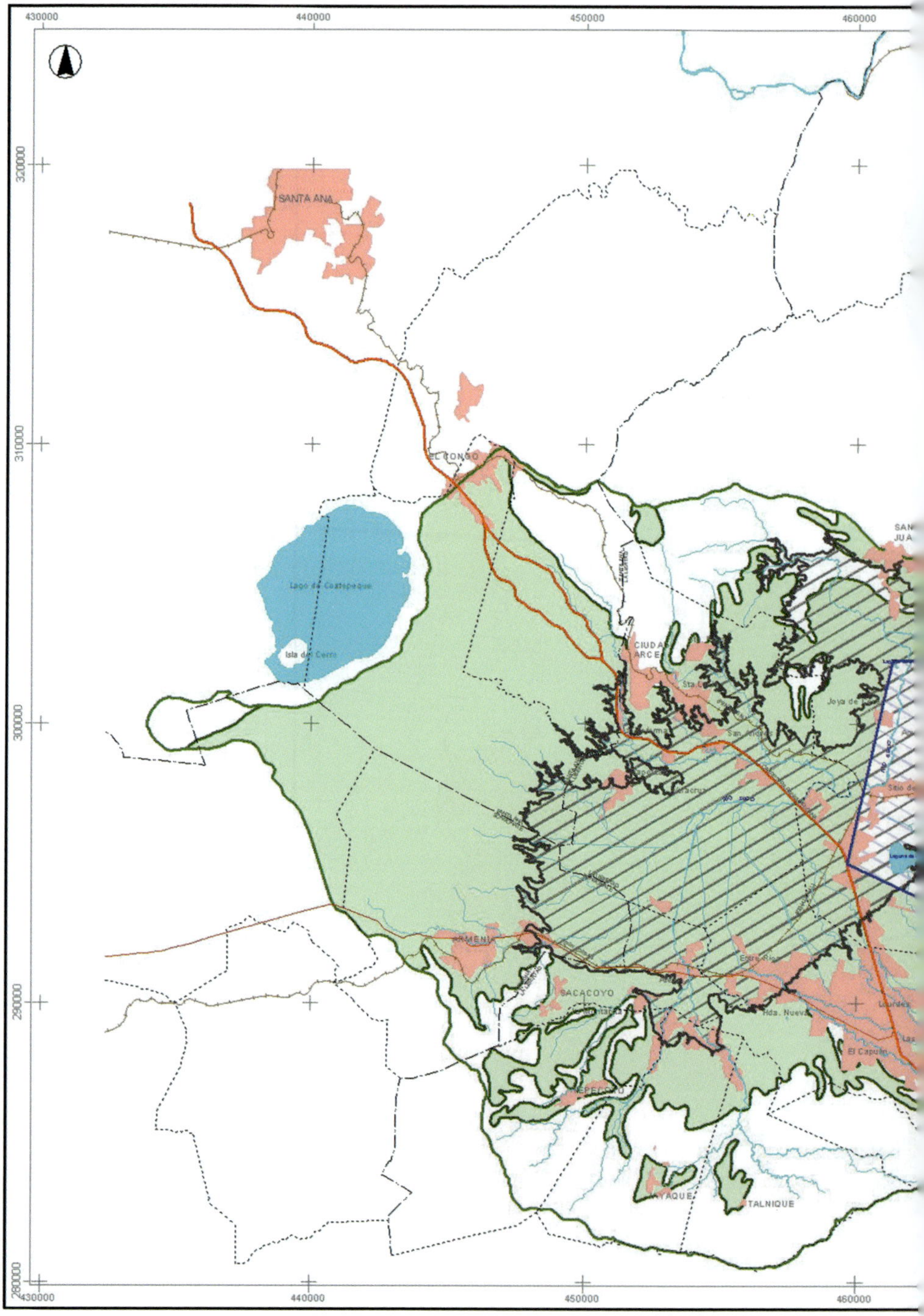

Figura 7. *Condicionantes sup*

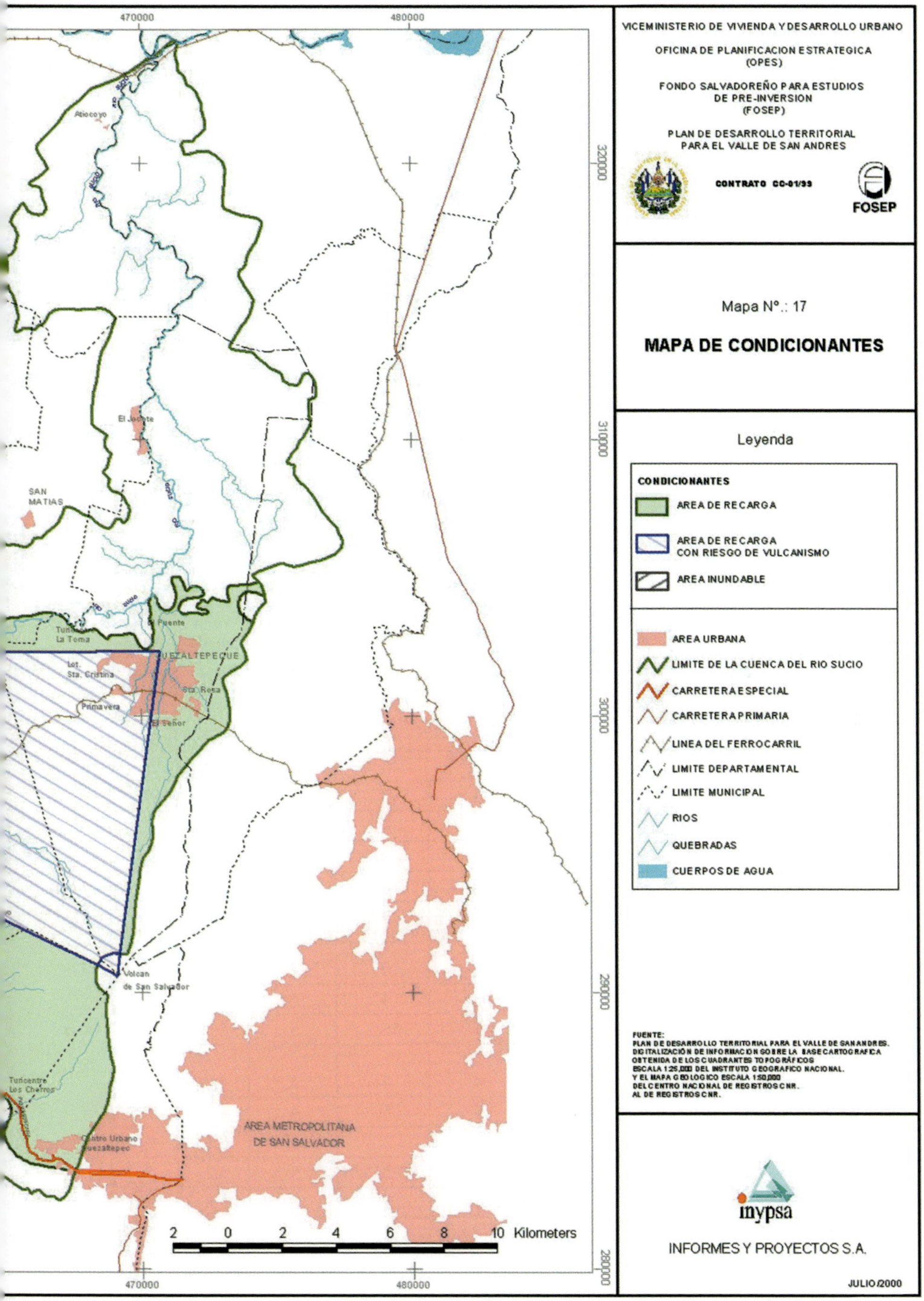

os de la cuenca del río Sucio.

— *Tamaño/Área:* se refiere este criterio a la viabilidad de un ecosistema en función de su tamaño, en la idea de que por debajo de un área mínima no está garantizado su funcionamiento y, por tanto, su supervivencia. El criterio es también aplicable a poblaciones mediante el concepto de población mínima viable o tamaño umbral para la reproducción de la comunidad.
— *Representatividad:* capacidad de representar a espacios o comunidades más amplias, por ejemplo el conjunto del país.
— *Fragilidad ecológica*: susceptibilidad al deterioro derivado de los cambios introducidos en las variables ambientales. A mayor fragilidad, mayor valor.
— *Reversibilidad/irreversibilidad:* capacidad de la unidad para recuperarse, por sí misma, una vez alterada. Esta propiedad es intrínseca a la unidad y representa la homeostasia del ecosistema que subyace.
— *Naturalidad*: lo natural vale más que lo exótico o introducido.

De acuerdo con los criterios descritos y por consenso entre los miembros del equipo de trabajo, se ha elaborado la tabla de la figura 8 que muestra los valores asignados a las unidades ambientales identificadas en la Cuenca.

Unidad ambiental	DIMENSIONES DE VALOR						
	Ecológico	Productiv.	Funcional	Paisajístico	Científico Cultural	Valor medio	Valor Total
1. Bosque nebuloso	5	3	5	5	5	4,6	5
2. Bosque de galería	5	5	5	5	4	4,8	5
3. Selva de caducifolia	5	3	3	5	5	4,2	5
4. Humedales	5	2	3	5	5	4,0	5
5. Lagunas	5	5	5	5	5	5	5
6. Monte bajo	3	1	3	4	3	2,8	2,8
7. Distritos de riego	3	5	5	4	3	4,0	5
8. Suelos fondo valle	3	4	3	3	3	3,2	4
9. Campiñas agrícolas	2	4	4	3	3	3,2	4
10. Cultivos con procesos erosivos	2	2	0	0	1	1	1
11. Lavas recientes	5	1	5	4	5	4,0	5
12. Bosque cafetal	5	5	5	55	5	5,0	5
13. Mosaico de cultivo y bosque de cafetal	4	5	4	4	3	4,0	4
14. Afloramientos agua	4	3	5	5	4	4,2	5
15. Yactos. arqueológicos	3	0	0	3	5	2,1	5,0
16. Sitios de interés	3	1	2	5	5	3,2	5
17. Divisorias escénicas	3	2	4	5	3	3,4	5
18. Singular. paisajístico	—	—	—	5	—	—	5

5: Valor muy alto; 4: V. alto; 3: V. medio; 2: V. bajo; 1: V. muy bajo.

Figura 8. *Tabla de valoración de las Unidades Ambientales.*

Los valores asignados quedan representados en el Mapa de Valor Ambiental (figura 9).

A cada unidad ambiental se le puede asociar uno o más problemas y una vocación natural, los cuales se describen en la tabla de la figura 12 y se representa en los Mapas de Problemas y de Potencialidad Natural.

1.5.5. Capacidad de acogida

La tabla de la figura 10 muestra la capacidad de acogida de las unidades ambientales para las actividades objeto de regulación en el POA. Esta tabla asociada al mapa de unidades ambientales proporciona una idea clara del potencial del medio, la cual se sintetiza en el mapa de la figura 11.

En la tabla de la figura 12 se sintetizan, a la vez, y referidos a las unidades ambientales, la potencialidad y los problemas que afectan al medio en la Cuenca del Río Sucio.

1.5.6. Definición de un escenario de sostenibilidad

A partir del análisis anterior de potencialidad es posible:

1. definir unos modelos de uso primario del suelo,
2. traducirlos a empleo primario,
3. éste, considerando la estructura por sectores, a empleo en el resto de los sectores y,
4. haciendo intervenir hipótesis sobre tasas de actividad, a población y su distribución en el territorio.

Este cálculo se ha desarrollado en el punto 3 del capítulo V, al que se remite al lector.

1.6. Matriz DAFO

La tabla de la figura 13 contiene un resumen del análisis DAFO realizado.

1.7. Objetivos

La relación de objetivos se ha incluido como ejemplo en el punto 4.4 del capítulo V, al que se remite al lector.

1.8. Medidas potenciales para alcanzar los objetivos

Las medidas para avanzar en el sentido marcado por los objetivos, como se dijo, pueden ser de tres clases, si bien existen solapamientos entre ellas. Son las siguientes:

- De carácter regulador, orientadas fundamentalmente a prevenir problemas ambientales mediante la regulación del uso del suelo, actos administrativos, aprovechamientos y comportamientos. Generalmente adoptan la forma de normas articuladas.

TABLA DE VALORACION AMBIENTAL SOBRE LAS UNIDADES AMBIENTALES

Unidades Ambientales	Valor Ecológico	Valor Productivo	Valor Funcional	Valor Paisajístico
1 Restos de bosque nebuloso sobre las áreas de mayor altura del volcán de S. S.	5	3	5	5
2 Bosque de galería asociado a los cursos de agua	5	5	5	5
3 Selva baja caducifolia cobijando cultivos o potreros				
4 Humedales del valle de Zapotitán	5	2	3	5
5 Lagunas y su cortejo vegetal acompañante	5	5	5	5
6 Formación de monte bajo y arboles aislados	3	1	3	4
7 Distritos de riego de Zapotitán y Atiocoyo	3	5	5	4
8 Suelos sedimentarios de fondo de valle	3	4	3	3
9 Terrenos de agricultura pluvial bien ubicada	2	4	4	3
10 Cultivos de grano basico en fuertes pendientes con fuertes procesos erosivos	2	2	0	0
11 Lavas recientes del Playón y San Isidro	5	1	5	4
12 Bosques de cafetal denso	5	5	5	5
13 Mosaico de cultivo y bosque de cafetal	4	5	4	4
14 Afloramientos de agua en la base de el Playón				
15 Yacimientos arqueológicos	3	0	0	3
16 Sitios de interes geológico o geomorfológico	3	1	2	5
17 Carreteras escénicas				5
18 Singularidades paisajísticas				5

Significado de los códigos: 5: Valor muy alto; 4: Valor alto; 3: Valor medio; 2: Valor bajo; 1: Valor muy bajo.

Nota:
El valor del distrito de riego debe ser resaltado por su papel en la conservación del valle y por su potencial equilibrador de los usos del suelo y la economía en la Cuenca.

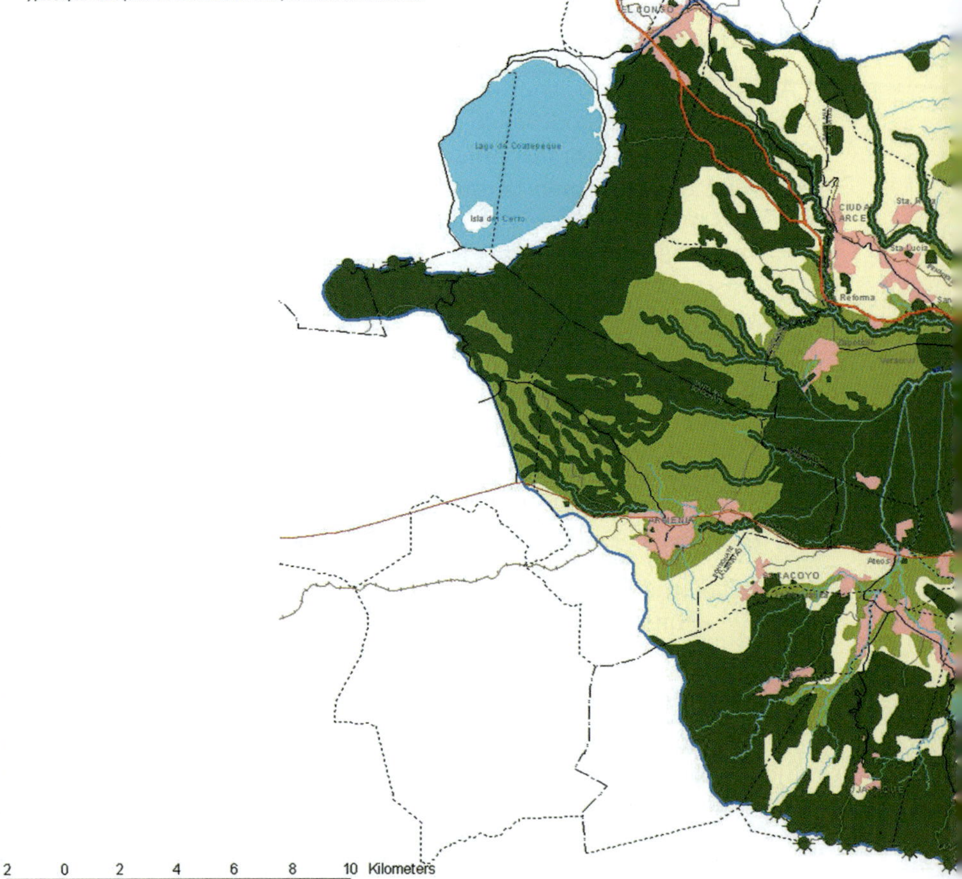

Figura 9. *Ma*

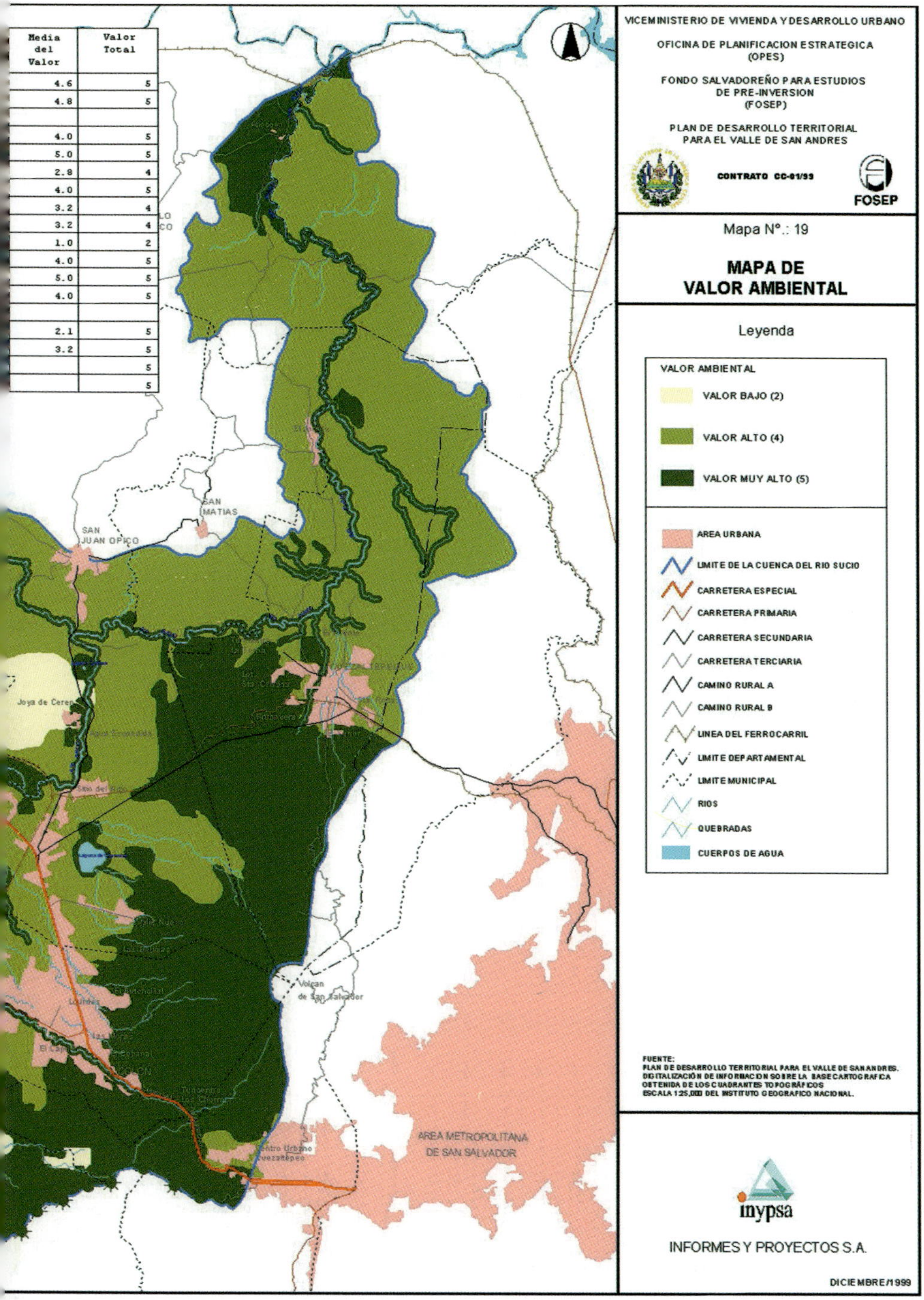

Media del Valor	Valor Total
4.6	5
4.8	5
4.0	5
5.0	5
2.8	4
4.0	5
3.2	4
3.2	4
1.0	2
4.0	5
5.0	5
4.0	5
2.1	5
3.2	5
	5
	5

alor ambiental.

Tabla 1.8: MATRIZ DE CAPACIDAD DE ACOGIDA		ACTIVIDADES A CONSIDERAR EN EL POA																				
		CONSERVACIÓN Y REGENERACIÓN DE LA NATURALEZA					ESPARCIMIENTO Y RECREACIÓN AL AIRE LIBRE							ACTIVIDADES AGRARIAS								
		Preservación estricta	Conservación activa	Regeneración del ecosistema y/o del paisaje	Actividades científico culturales	Repoblación forestal: bosque protector	Excursionismo y contemplación	Recreo concentrado	Camping	Baño y actividades náuticas	Pesca	Motocross, trial	Circulación campo a través con vehículos todo terreno	Recolección de especies silvestres de plantas aromáticas y/o medicinales, hongos, etc.	Agricultura pluvial (secano)	Agricultura de regadío	Invernaderos	Pascicultura/potreros	Edificaciones ganaderas	Repoblación forestal: bosque productor	Edificaciones ligadas a la explotación agraria	Vivienda rural
UNIDADES AMBIENTALES	1 Restos de bosque nebuloso sobre las áreas de mayor altura del volcán de San Salvador	V	CL	NA	C	I	CL	I	I	NA	NA	I	I	CL	I	I	I	I	I	I	I	I
	2 Bosque de galería asociado a los cursos de agua	V	C	V	C	C	C	CL	I	CL	CL	I	I	CL	I	I	I	I	I	I	I	I
	3 Selva baja caducifolia cobijando cultivos o potreros	C	V	V	V	V	C	I	I	NA	NA	I	I	CL	CL	CL	I	CL	CL	CL	CL	CL
	4 Humedales del Valle de Zapotitán	V	V	V	V		CL	I	I	I	I	I	I	I	I	I	I	I	I	I	I	I
	5 Lagunas y su cortejo vegetal acompañante	C	V	C	V	C	V	CI	I	CL	CL	I	I	CL	I	I	I	I	I		I	I
	6 Formación de monte bajo y árboles aislados	NA	V	V	V	V	C	CI	I	NA	NA	CI	I	CL	I	I	I	CL	CL	CL	CL	CL
	7 Distritos de riego de Zapotitán y Atiocoyo	NA	V	NA	C	NA	CL	I	I	NA	NA	I	I	CL	NA	V	CI	CL	CL	CL	CL	CL
	8 Suelos sedimentarios de fondo de Valle	NA	V	NA	C	NA	CL	I	CI	NA	NA	I	I	CL	V	V	CI	CL	CL	CL	CL	CL
	9 Terrenos de agricultura pluvial bien ubicada	NA	V	C	C	C	CL	I	CI	NA	NA	CI	I	CL	V	C	C	C	C	C	C	C
	10 Cultivos de granos básicos en fuertes pendientes con fuertes procesos erosivos	NA	NA	V	C	V	I	I	I	NA	NA	CI	I	CL	CL	I	NA	CL	CL	CL	CL	CL
	11 Lavas recientes del Playón y San Isidro	V	C	NA	V	I	CL	I	I	NA	NA	I	I	I	I	I	I	I	I	I	I	I
	12 Bosques de cafetal denso	NA	V	NA	C	V *	CL	I	I	NA	NA	I	I	CL	I	I	I	I	I	CL*	CL	CL
	13 Mosaico de cultivo y bosque de cafetal	NA	V	C**	C	V *	CL	I	I	NA	NA	I	I	CL	CL	I	I	CL	CL	CL*	CL	CL
	14 Afloramientos de agua en la base de el Playón	NA	V	V	C	C	C	CL	I	C	NA	I	I	I	NA	NA	NA	NA	NA	CL	I	I
	15 Yacimientos arqueológicos	NA	V	NA	V	NA	V	I	I	NA	NA	I	I	I	I	I	I	I	I	I	I	I
	16 Sitios de interés geológico o geomorfológico	V	C	C	C	NA	C	I	I	NA	NA	I	I	I	I	I	I	I	I	I	I	I
	17 Carreteras escénicas	NA	NA	NA	NA	NA	V	NA	NA	NA	NA	NA	NA	NA	NA	NA	NA	NA	NA	NA	NA	NA
	18 Singularidades paisajísticas	NA	V	V	C	C	V	I	I	NA	NA	I	I	I	I	I	I	I	I	I	I	I

V: Vocacional C: Compatible sin limitaciones CL: Compatible con limitaciones CI: Compatible con Evaluación de Impacto Ambiental I: Incompatible NA: No Aplicable
(*) En linderos, márgenes, viario etc. Y compatible con el aprovechamiento del cafetal
(**) Reconducción a cafetal

Figura 10. *Tabla matriz de capacidad de acogida.*

(Continuación)

Tabla 1.8: MATRIZ DE CAPACIDAD DE ACOGIDA	ACTIVIDADES A CONSIDERAR EN EL POA																	
		URBANIZACIÓN			ACTIVIDADES INDUSTRIALES.				INFRAESTRUCTURAS						DEPOSICIÓN DE RESIDUOS			
UNIDADES AMBIENTALES	Urbanización institucional	Urbanización dispersa	Urbanización de media densidad	Urbanización de alta densidad	Polígonos industriales	Industria pesada aislada	Industria limpia	Industria extractiva	Autopistas y autovías	Carreteras	Pistas forestales	Líneas aéreas de conducción eléctrica, telegráfica o telefónica	Repetidores de televisión y otras instalaciones puntuales de comunicación.	Embalses	Escombreras	Vertedero de residuos urbanos	Vertidos tóxicos	Cementerios
1 Restos de bosque nebuloso sobre las áreas de mayor altura del volcán de San Salvador	I	I	I	I	I	I	I	I	I	I	I	I	I	I	I	I	I	I
2 Bosque de galería asociado a los cursos de agua	I	I	I	I	I	I	I	I	I	I	I	I	I	I	I	I	I	I
3 Selva baja caducifolia cobijando cultivos o potreros	I	I	I	I	I	I	I	I	CI	CI	CI	CI	CI	I	I	I	I	I
4 Humedales del Valle de Zapotitán	I	I	I	I	I	I	I	I	I	I	I	I	I	I	I	I	I	I
5 Lagunas y su cortejo vegetal acompañante	I	I	I	I	I	I	I	I	I	I	I	I	I	I	I	I	I	I
6 Formación de monte bajo y árboles aislados	CI	I	I	I	I	I	I	CI	CI	CI	CL	CI	CI	CI	I	I	I	I
7 Distritos de riego de Zapotitan y Atiocoyo	I	I	I	I	I	I	I	I	CI	CI	NA	CI	CI	NA	I	I	I	I
8 Suelos sedimentarios de fondo de Valle	I	I	I	I	I	I	I	I	CI	CI	NA	CI	CI	NA	I	I	I	I
9 Terrenos de agricultura pluvial bien ubicada	CI	CI	CI	CI	CI	CI	CI	CI	CI	CI	NA	CL	CL	CI	CI	CI	CI	CI
10 Cultivos de granos básicos en fuertes pendientes con fuertes procesos erosivos	CI	I	I	I	I	I	I	CI	CI	CI	CI	CI	CI	CI	I	I	I	I
11 Lavas recientes del Playón y San Isidro	I	I	I	I	I	I	I	I	CI	CI	NA	CI	CI	I	I	I	I	I
12 Bosques de cafetal denso	CI	I	I	I	I	I	I	CI	CI	CI	CI	CI	CI	CI	I	I	I	I
13 Mosaico de cultivo y bosque de cafetal	CI	I	I	I	I	I	I	CI	CI	CI	CI	CI	CI	CI	I	I	I	I
14 Afloramientos de agua en la base de el Playón	I	I	I	I	I	I	I	I	I	I	I	I	I	I	I	I	I	I
15 Yacimientos arqueológicos	I	I	I	I	I	I	I	I	I	I	I	I	I	I	I	I	I	I
16 Sitios de interes geológico o geomorfológico	I	I	I	I	I	I	I	I	I	I	I	I	I	I	I	I	I	I
17 Carreteras escénicas	NA	NA	NA	NA	NA	NA	NA	NA	NA	NA	NA	NA	NA	NA	NA	NA	NA	NA
18 Singularidades paisajísticas	I	I	I	I	I	I	I	I	I	I	I	I	I	I	I	I	I	I

V: Vocacional C: Compatible sin limitaciones CL: Compatible con limitaciones CI: Compatible con Evaluación de Impacto Ambiental I: Incompatible NA: No Aplicable
(*) En linderos, márgenes, viario etc. Y compatible con el aprovechamiento del cafetal
(**) Reconduccion a cafetal

Figura 10. *Tabla matriz de capacidad de acogida.*

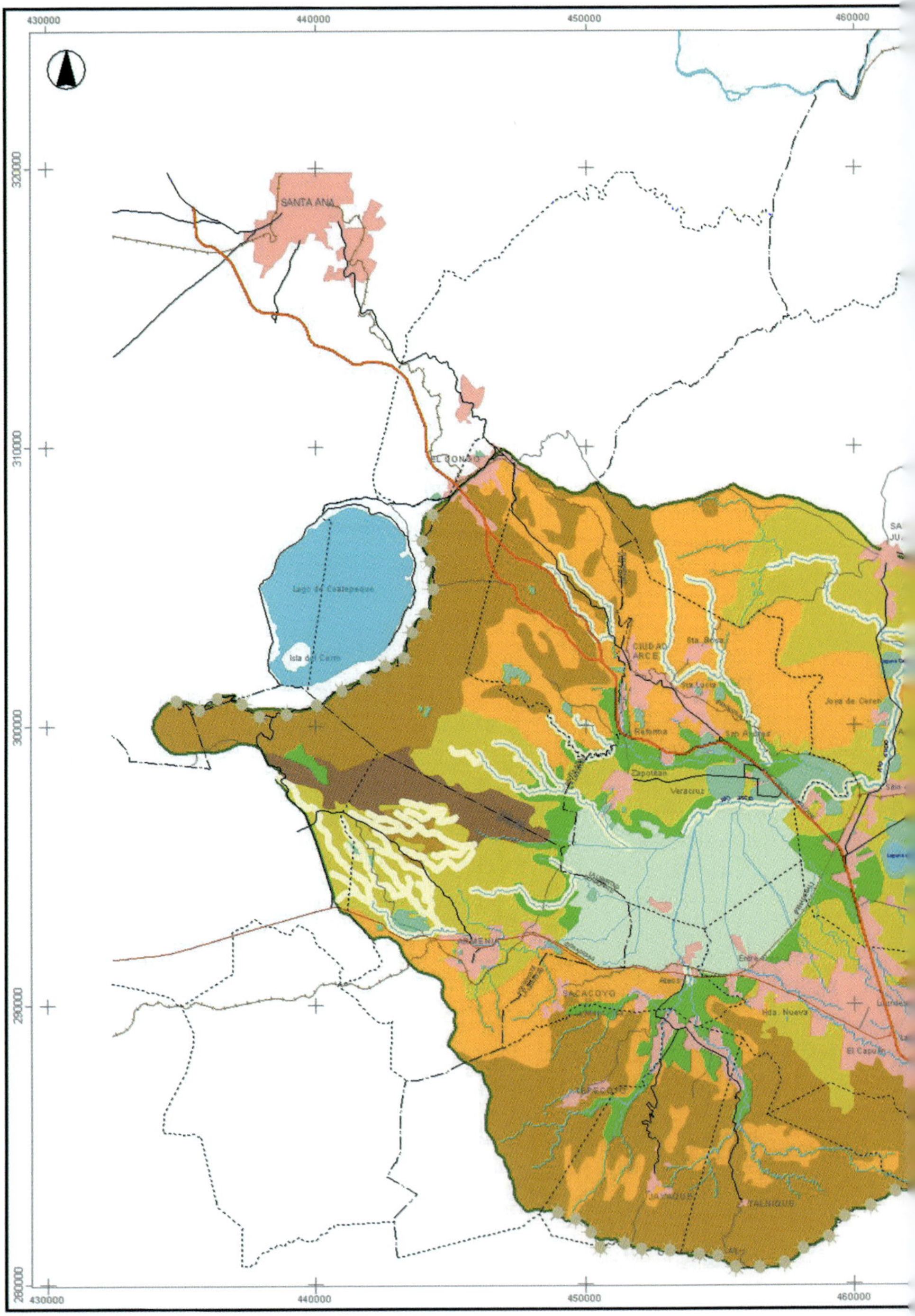

Figura 11. *Mapa en el que se esboza de la poten*

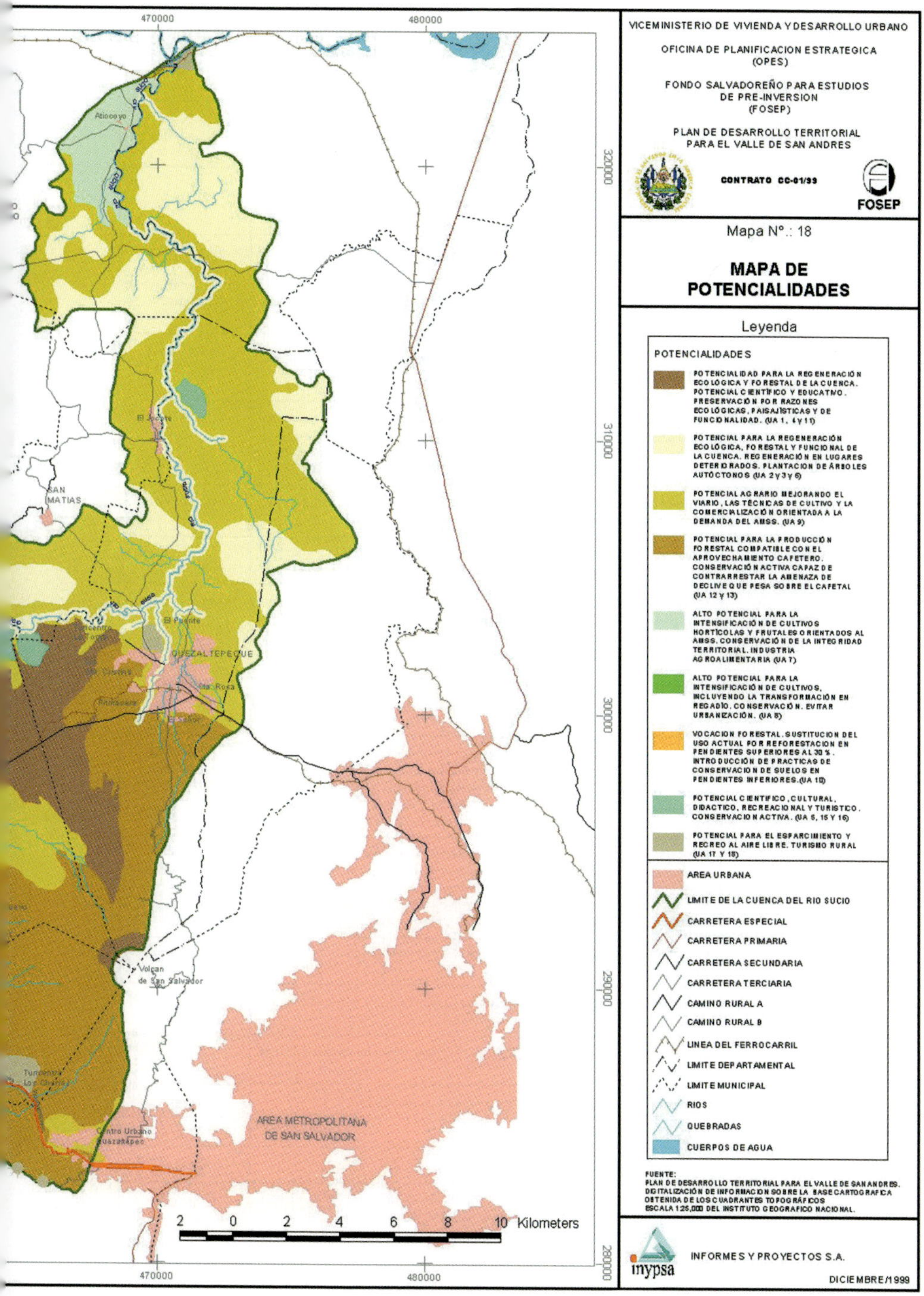

d del medio asociada a las unidades ambientales.

Unidad ambiental	Potencialidad genérica asociada	
1. Restos de bosque nebuloso sobre las áreas de mayor altura del volcán de San Salvador.	Potencialidad para la regeneración ecológica y forestal de la cuenca ampliando la extensión del bosque nebuloso. Potencial científico y educativo. Preservación estricta por razones ecológicas, paisajísticas y de funcionalidad.	
2. Bosque de galería asociado a los cursos de agua (en ocasiones degradado).	Potencial para la regeneración ecológica y forestal de la Cuenca. Conservación estricta y regeneración en los lugares en que se encuentre deteriorado, por razones ecológicas, paisajísticas y de funcionalidad.	Ocupación Degradación
3. Selva baja caducifolia cobijando cultivos o potreros.	Potencial para la regeneración ecológica y forestal de la cuenca. Conservación activa, continuidad del uso actual, incremento del arbolado, reposición de árboles que se corten.	
4. Humedales del Valle de Zapotitán.	Potencial científico y educativo. Potencial para la recuperación ecológica de humedales. Conservación estricta.	Degradación
5. Lagunas y su cortejo vegetal acompañante.	Alto potencial para el esparcimiento y recreación al aire libre y para el turismo rural. Conservación activa.	Degradación
6. Bosque más o menos degradado, en ocasiones formación de monte bajo con arbolado disperso.	Potencial para la recuperación forestal de la cuenca mediante tratamientos culturales o reforestación. Explotación forestal y ganadera.	Deforestación subsistente
7. Distritos de riego de Zapotitán y Atiocoyo.	Alto potencialpara la intensificación de cultivos hortícolas y frutales orientados a satisfacer la demanda del AMSS. Conservación de los polígonos en toda su integridad, evitar urbanización. Favorecer la implantación de industria agroalimentaria en sus proximidades como motor de la intensificación.	Ocupación agrícola
8. Suelos sedimentarios de fondo de valle.	Alto potencial para la intensificación de cultivos, incluyendo la transformación en regadío. Conservación, evitar urbanización.	Ocupación
9. Terrenos de agricultura pluvial bien ubicada.	Potencial agrario mejorando el viario, las técnicas de cultivo y la comercialización orientada a la demanda del AMSS. Conservación activa.	
10. Cultivos de grano básico en fuertes pendientes con fuertes procesos erosivos.	Vocación forestal o de bosque cafetal. Eliminar el cultivo actual en la medida de lo posible. En todo caso siempre que la pendiente supere al 30%; cuando la pendiente sea inferior recurrir a prácticas de conservación de suelos que eviten la erosión. Reforestación en los suelos donde se haya eliminado este uso.	Erosión del agua, reducción
11. Lavas recientes del Playón y San Isidro.	Alto potencial científico, cultural, didáctico y como singularidad paisajística. Preservación estricta por razones ecológicas y por su papel en la recarga de los acuíferos.	Ocupación
12. Bosques de cafetal denso.	Conservación activa por su papel ecológico, su protección frente a procesos erosivos y una cierta contribución a la recarga de los acuíferos debido al agua que almacenan en el suelo vegetal (aunque están sobre suelos impermeables); están amenazados de recesión por razones económicas y de mano de obra. Potencial para la producción forestal compatible con el aprovechamiento cafetero.	Degradación dificultades
13. Mosaico de cultivo y bosque de cafetal.	Potencial para la conversión en bosque cafetal. Conservación activa, sobre todo del cafetal; ayudar a convertir los cultivos en cafetal.	Degradación dificultades
14. Afloramientos de agua en la base del Playón.	Potencial recreacional y turístico. Protección estricta por su función en cuanto surgimientos de agua.	
15. Yacimientos arqueológicos.	Potencial científico, cultural y turístico. Conservación activa: utilización didáctica, cultural y turística.	Ocupación tradicional
16. Sitios de interés geológico o geomorfológico.	Potencial científico, cultural y turístico. Conservación activa: utilización didáctica, cultural y turística.	
17. Carreteras escénicas.	Potencial para la utilización turística y recreacional. Necesita mejora del firme y medidas de seguridad.	
18. Singularidades paisajísticas.	Potencial cultural, didáctico y turístico. Conservación activa.	
CONDICIONANTES	RECOMENDACIONES	
Vulcanismo	Evitar localización urbana e industrial.	Riesgos
Recarga de acuíferos	Conservar usos y aprovechamientos tradicionales; evitar localización urbana e industria. Reforestación de las zonas agrícolas en pendiente.	Reducción
Riesgo de inundación	Conservar usos y aprovechamientos tradicionales; evitar localización urbana e industria.	????

Figura 12. *Tabla en la que se sintetizan los problemas y las potencialidades de la cuenca.*

- De acción positiva requeridas por el manejo sostenible de la Cuenca. Se trata de medidas que exigen inversión y la gestión correspondiente, siendo muchas de ellas, susceptibles de producir beneficios a horizonte temporal variable, generalmente a medio o largo plazo. Desde el punto de vista instrumental, estas medidas pueden adoptar diversas formas: otros planes, programas y subprogramas, proyectos, estudios, catálogos, etc., disposiciones/acciones administrativas, tal como cánones y tasas, incentivos de distinto tipo, gravámenes y desgravaciones, ayudas técnicas, financieras o fiscales, etc., relacionados entre sí.
- De gestión, orientadas a hacer factible la materialización de las propuestas.

Todas las medidas se plantean bajo el principio de mejora continua y cíclica, o «espiral de mejora», que es como se denomina en gestión ambiental al proceso de progresiva mejora de las condiciones ambientales.

Las medidas admiten una adscripción a los objetivos propuestos, de tal manera que, como aquellos, pueden agruparse bajo los mismos epígrafes: medidas de prevención/ conservación, de corrección de las actividades en marcha, de recuperación, regeneración, restauración o rehabilitación y de puesta en valor de recursos ociosos.

En la identificación de las medidas han participado todos los miembros del equipo mediante tormenta de ideas y depuración recurrente, hasta definirlas con un detalle tal que puedan ser bien entendidas y, por tanto, valoradas en términos de la consecución de los objetivos cumplimiento de otros criterios. La depuración se ha realizado teniendo en cuenta criterios de viabilidad técnica, viabilidad económica y financiera, eficiencia y eficacia ambiental y facilidad de implantación, mantenimiento, seguimiento y control. También se ha considerado el fenómeno de sinergia, tanto negativa como positiva.

Las medidas se agrupan con la misma estructura de los objetivos, tal como muestra la relación siguiente:

Prevenir Degradaciones Ambientales

- Crear una Red de Espacios Naturales Protegidos en la Cuenca.
- Catalogar las «especies vegetales y animales amenazadas» en la Cuenca.
- Catalogar los elementos singulares: sitios de interés geológico y geomorfológico, lugares de interés histórico cultural, hitos y singularidades paisajísticas naturales, etcétera.
- Crear, por adquisición cesiones, un patrimonio de suelo público orientado a extender los bosques relictos.
- Evitar los arrastres contaminantes ligados a la venta callejera en rastros.
- Conectar los mercados municipales con la red de alcantarillado.
- Crear un sistema para la limpieza anual de los cauces en la zona inundable del fondo de valle.
- Elaborar una norma en el POA que vincule la autorización de actividades extractivas a la recuperación del espacio afectado por ellas.

MATRIZ DAFO
Debilidades
Ocupación/Transformación y mal uso del espacio
Degradación ambiental (suelo, flora, fauna, ecosistemas, paisaje, patrimonio cultural/arqueológico...) a consecuencia de la localización a ilegales, incluyendo industrias
Degradación ecológica del complejo fluvial y contaminación del agua debido a la ocupación por infravivienda de riberas, márgenes y zo
Ocupación y consiguiente degradación de yacimientos arqueológicos por desarrollos urbanísticos, industriales y localización de infraestr
Degradación del entorno por actividades extractivas (canteras, graveras y arcilleras) que no adoptan precauciones en cuanto a su localiza acopio de los productos, y a la restauración ambiental de los espacios afectados
Fuerte contaminación de las aguas superficiales por todo tipo de vertidos
Contaminación de acuíferos subterráneos por pozos negros, fosas sépticas y penetración difusa de todo tipo de agentes contaminantes
Contaminación de acuíferos subterráneos por infiltración de fertilizantes y productos fitosanitarios utilizados en la agricultura intensiva
Presencia de botaderos espontáneos incontrolados y de todo tipo de residuos ofreciendo una imagen de suciedad y degradación y origina aguas superficiales y subterráneas
Existencia de niveles de ruido elevados (leq db (a)) en las proximidades de las carreteras principales
Deforestación y consiguiente desencadenamiento de procesos erosivos como consecuencia de la implantación y práctica de cultivos de s pendiente
Equilibrio inestable entre el consumo de agua y el potencial acuífero de la cuenca durante la estación seca
Deforestación por extracción de maderas y leñas con destino al uso doméstico
Deforestación por extracción de maderas y leñas con destino a las industrias ladrilleras
Depredación y vandalismo de recursos arqueológicos
Abandono o subexplotación de las zonas de cafetal por falta de rentabilidad o dificultad para encontrar mano de obra
Degradación de la fertilidad de los suelos por falta de rotación de cultivos y otras prácticas inadecuadas
Ausencia de información sistematizada y de un método sistemático de obtenerla
Fortalezas
Clima con elevado potencial para la producción vegetal y con buen confort climático
Suelos agrícolas de alto potencial
Agua en cantidad y calidad, incluso bien distribuida en el espacio
Desarrollada y compleja red fluvial
Cantidad y calidad de los recursos arqueológicos
Belleza en interés del paisaje, entendido este, como la expresión externa y perceptible del medio
La elevada biodiversidad de los ecosistemas propios de la estación ecológica (debe entenderse como una externalidad positiva que la soc
La potencialidad del medio para la implantación de cafetales; el cafetal además de los beneficios productivos propios de un cultivo, man ciclo del agua
Las oportunidades (o rentas) de localización derivada de su localización relativa con respecto al AMSS y la red de comunicaciones del pa
La elevada capacidad de recuperación del ecosistema (homeostasia) derivada de la veracidad del suelo, del clima y de la cantidad y calid
Presencia de elementos singulares adecuados para la práctica de esparcimiento y recreación al aire libre
Recursos minerales explotables; áridos para la construcción y otros
La actitud favorable de los agentes locales
El riesgo de inundación que afecta al valle frente a la localización de actividades residenciales y secundarias
El riesgo de vulcanismo y sismicidad que afecta a una parte considerable del valle

Figura 13. *Matriz qu*

	Amenazas			**Oportunidades**					
	Presión urbanística inducida por el AMSSA	Incremento del tráfico derivado de la atracción del AMSSA	Condiciones favorables del valle para la localización de todo tipo de usos y actividades y ausencia de alternativas para dicha	La existencia de instrumentos de gestión ambiental previstos en la ley de medio ambiente de El Salvador y de otros comprobados en otras	La preocupación de las autoridades por el futuro del valle	El hecho de que el país sea deficitario en producción de alimentos, lo que permite defender la dedicación de los suelos buenos	La demanda de espacios libres y de esparcimiento y recreo al aire libre por parte de la población del AMSSA	El incremento del tiempo libre	La proximidad del AMSSA
ncontrolada de desarrollos urbanísticos legales y/o									
ble de numerosos tramos de río									
procesos de extracción, acondicionamiento y									
ntes que acaban contaminando los suelos y las									
ísicas (en ocasiones potreros) en zonas de fuerte									
ndial debe remunerar)									
ta biodiversidad y contribuye a la regulación del									
ua									

tiza el análisis DAFO.

- Prohibición mediante Norma en el POA de la roturación con fines agrícolas de terrenos erosionables.
- Diseñar y difundir después métodos de cultivo que eviten procesos erosivos.
- Diseñar sistemas silvopastorales como alternativa a los cultivos de granos básicos en terrenos agrícolas sometidos a altos riesgos de erosión.
- Reforestar las tierras agrícolas dedicadas a granos básicos sobre terrenos erosionables.
- Clasificar y calificar como no urbanizables los terrenos con riesgo de inundación.
- Clasificar como no urbanizables los lugares con riesgo de vulcanismo y de recarga de acuíferos.
- Dotar de un sistema de combustible que evite la extracción de leña y madera.
- Establecer un «canon» sobre el consumo de agua que contribuya a rentabilizar el cafetal.
- Estudiar e implantar aprovechamientos complementarios en el cafetal (uso múltiple).
- Realizar un convenio con PROCAFE para utilizar las leñas procedentes del cafetal.
- Vincular la introducción de flora y fauna exótica a Evaluación de Impacto Ambiental (EIA).

Corregir el comportamiento ambiental de los agentes (actividades) socioeconómicos

- Responsabilizar a una unidad administrativa para vigilar el equilibrio entre oferta y demanda de agua.
- Hacer una campaña anual sobre la necesidad de ser ahorradores en el consumo de recursos hídricos.
- Dotar a toda la Cuenca de las infraestructuras de saneamiento y depuración necesarias y adecuadas a las características de cada actividad y lugar.
- Creación de una red de toma de muestras para el análisis y control de la calidad del agua.
- Estudio y actuación piloto sobre reutilización de aguas residuales urbanas en la agricultura.
- Crear un sistema para la recogida y tratamiento de los residuos sólidos urbanos.
- Dar asistencia técnica y ayudas financieras para que todos los municipios recuperen el terreno afectado por los botaderos existentes y el vertido incontrolado.
- Crear un sistema para la educación, sensibilización y creación de conciencia ambiental en los empresarios, técnicos, gestores y población en general mediante conferencias, cursos, publicaciones, etc.

- Prever un relleno sanitario que acoja residuos industriales para el conjunto de la Cuenca.
- Crear una Bolsa de Residuos en la Cuenca.
- Crear un sistema de ayudas técnicas y financieras para que las industrias implanten Sistemas Normalizados de Gestión Ambiental (SGA), en concreto la ISO 14.000.
- Concertar con la Universidad la formación de técnicos para implantar SGA en las empresas.
- Prohibir la utilización de neumáticos en las industrias ladrilleras y de cal.
- Concertar entre PROCAFE y ladrilleras el aprovisionamiento de leña y madera como combustible.
- Dar asistencia técnica a las industrias ladrilleras y de cal para que utilicen sistemas ahorradores de energía y para el manejo de subproductos como combustibles.
- Crear un sistema de abastecimiento de combustible fósil para las industrias ladrilleras y de cal.
- Crear una Base de Datos Ambientales en la Cuenca abierta a cualquier interesado.
- Dotar de vías de comunicación de infraestructuras (carriles de bicicleta, caminos peatonales, aceras, etc.
- Programa para que las granjas intensivas reutilicen o traten los efluentes de todo tipo que generen.
- Promoción por parte de la entidad gestora del POA de un convenio entre los agricultores y las granjas intensivas para que aquellos utilicen los residuos sólidos de éstas como fertilizante de los suelos.
- Vincular las explotaciones ganaderas intensivas a la disposición de terreno suficiente para absorber las deyecciones sólidas y líquidas, así como exigir una capacidad de almacenamiento de las mismas que permita evitar las épocas de menor capacidad receptora del suelo para distribuir dichas deyecciones.
- Procurar que los agricultores adopten prácticas de cultivo compatibles con el medio ambiente: fomentar la agricultura ecológica, la rotación de cultivos, la creación de ATRIAS (Asociaciones de agricultores para el tratamiento integral de plagas) y utilizar pesticidas biodegradables en el cafetal.
- Crear una brigada de vigilancia ambiental.

Revertir degradaciones: recuperarr, reformar, rehabilitar espacios y factores ambientales degradados

- Crear una norma en el POA que vincule de forma fehaciente la autorización de las actividades mineras/extractivas, canteras, graveras, ladrilleras e industrias de cal a la recuperación y/o rehabilitación para otros usos de los espacios afectados por los lugares de extracción de áridos.
- Programa para sellado y recuperación de los botaderos incontrolados existentes, al menos uno por municipio.

- Proyecto para eliminar y recuperar la instalación de «Cars «en lavas recientes.
- Elaborar un programa para el traslado de los tugurios/habitaciones existentes sobre las márgenes de los ríos, con acciones del siguiente estilo: 1. Preparación de terreno para acoger las viviendas, 2. Creación de un Sistema de Autoconstrucción incluyendo asistencia técnica y financiación.
- Programa para la recuperación y utilización recreativa de las riberas de los ríos.
- Proyecto de ordenación para la utilización turístico/recreativa de la Laguna de Chanmico.
- Programa para la reforestación de los terrenos agrícolas fácilmente erosionables, con los siguientes elementos: 1. Producción de planta en viveros por parte de una instancia pública, 2. Creación de un sistema de ayudas para *a)* financiar a fondo perdido la reforestación, *b)* garantizar unas rentas equivalentes a las que suponen el cese de la actividad para los agricultores al menos durante 10 años. La adhesión al sistema por parte de los agricultores será voluntaria.
- Incluir una norma general que prohíba la publicidad exterior en el suelo rústico.
- Proyecto de deslinde, recuperación y tratamiento paisajístico de los espacios marginales de dominio público: márgenes de ríos, márgenes de carreteras, etc. y vigilancia de las servidumbres sobre vías y otros elementos de titularidad o uso público.
- Estudio de los bosques climácicos y de las posibilidades de extender/incrementar su superficie.
- Puesta en marcha de experiencias piloto sobre creación y gestión de sistemas silvopastorales mediante la repoblación forestal compatible con el aprovechamiento ganadero, sobre los suelos erosionados de agricultura de granos básicos con procesos erosivos.

Potenciar la fortaleza del Medio Ambiente y de los factores que lo forman

- Cuidados culturales a los bosques degradados para conducirlos a la situación climácica.
- Mantener libres los cauces de los ríos y su caudal funcionando en régimen natural.

Poner en valor Recursos Ambientales ociosos

- Dar facilidades (de localización, técnicas, financieras, etc.) para la instalación de industrias agroalimentarias en las proximidades o dentro de los distritos de riego.
- Crear un centro de comercialización, tipo «Alhóndiga» o «Central Hortofrutícola».

- Ayudar a PROCAFE para encontrar el «uso múltiple» del cafetal: «producción» de agua, producción de leña, caza, etc.
- Creación de un «canon de producción» de agua.
- Creación de una guardería que evite el vandalismo y la depredación sobre los yacimientos arqueológicos.
- Programa para conservar y poner en valor los recursos arqueológicos unificando los existentes, mediante *a)* el fomento de la investigación científico-cultural, *b)* la utilización turística por debajo de un determinado umbral de intensidad de uso (número de personas que lo visitan por unidad de superficie y de tiempo).
- Dotar de un sistema para que los agricultores revelen el hallazgos de yacimientos arqueológicos.
- Controlar la venta de objetos arqueológicos precolombinos en el mercado.
- Conservar y poner en valor el patrimonio histórico y cultural.
- Crear una oferta de espacios recreativos al aire libre e itinerarios capaz de satisfacer la demanda.
- Estudio sobre la posibilidad de incrementar el regadío mediante aguas superficiales.
- Estudio sobre las posibilidades de almacenar agua superficial en ciertos ríos.
- Aprovechar el recurso paisajístico de la Cuenca facilitando el uso de las dos carreteras escénicas.
- Promocionar en el AMSSA la oferta «turismo verde» en la Cuenca del Río Sucio.

Aprovechar las oportunidades que brinda la Cuenca y sus recursos

- Fomentar la idea de excelencia de la Cuenca en el AMSSA.
- Crear una marca de calidad representativa de la Cuenca, como forma de practicar el marketing ecológico.

1.9. Instrumentación de las medidas. Propuesta de Manejo Ambiental de la Cuenca

Las medidas se hacen operativas a través de los siguientes elementos, los cuales representan el Manejo Ambiental de la Cuenca:

- Una Zonificación del Territorio: Categorías de Ordenación.
- Una Normativa asociada a la Zonificación: Normas reguladoras del uso del suelo, aprovechamientos, actos administrativos y comportamientos particulares para cada Categoría de Ordenación.
- Un Programa de Intervención organizado en: Programas, Subprogramas, y Proyectos u otras Acciones.

1.9.1. Las Categorías de Ordenación

Las categorías de ordenación son recintos territoriales identificados con criterios diversos, cada uno de los cuales se adopta como base para definir los niveles de uso del territorio y la forma en que las actividades pueden desarrollarse garantizando la conservación y explotación racional y sostenida de los recursos que contiene. Se identifican a partir de las unidades ambientales y de su capacidad de acogida, ambas determinadas en el diagnóstico, a lo que se añaden nuevos criterios, fundamentalmente de tipo zonal, de accesibilidad, de oportunidad de intervención, de afecciones normativas o estado legal del suelo, de facilidad de gestión, de propiedad del terreno, de uso y aprovechamiento actual del suelo y de sus recursos, etc.

Para definirlas se ha seguido un método directo basado en la experiencia y conocimiento con que cuenta el equipo planificador, y siguiendo un proceso desarrollado según los siguientes pasos:

- Selección del tipo y carácter de las categorías de ordenación a utilizar.
- Observación del mapa de unidades ambientales asociado a la tabla de capacidad de acogida. un análisis de la distribución de usos y actividades prioritarios, compatibles e incompatibles, informa sobre la oportunidad y conveniencia de respetar estas vocaciones intrínsecas, teniendo en cuenta las expectativas de desarrollo de cada actividad, la accesibilidad actual del territorio, las tendencias de ocupación del suelo, la viabilidad de una gestión eficaz, etc.
- Adopción de las categorías de ordenación definitivas.
- Cartografía de las mismas para obtener la representación cartográfica correspondiente.

Se han adoptado las siguientes categorías de ordenación:

- *Zonas de máxima Protección.*
- *Zonas de Desarrollo Restringido:*
  - Bosque cafetal.
  - Bosque degradado y matorrales con ejemplares arbóreos.
- *Zonas de desarrollo Agropecuario:*
  - Reserva para Agricultura Intensiva.
  - Zona de Agricultura Pluvial Sostenible.
- *Zonas de Desarrollo Especial:*
  - Zonas de valorización de recursos culturales arqueológicos.
  - Zonas de desarrollo Turístico Ecosostenible.
- *Zonas de recuperación Ambiental.*
  - Areas con procesos de erosión activos (agricultura de granos básicos de subsistencia en fuertes pendientes).
  - Complejos de Ribera.
- *Zonas compatibles con la utilización urbanística.*

El significado de estas categorías se desarrolla en la Normativa Particular del POA, y en el Plano Adjunto se representan las Categorías de Ordenación adoptadas para la Cuenca.

1.9.2. La Normativa Asociada a las Categorías de Ordenación

A cada Categoría de Ordenación se asocia una Norma que se expresa en forma de texto y, por razones de espacio, no se incluye en este resumen, sino que se sustituye por la matriz de la figura 7 que, de modo sintético, resume tal normativa cruzando las Categorías de Ordenación con las actividades a regular en la cuenca para expresar en los correspondientes cruces los siguientes niveles de compatibilidad:

- Actividades que se propician.
- Actividades que se aceptan.
- Actividades que se aceptan con limitaciones.
- Actividades que se aceptan tras un estudio de impacto ambiental.
- Actividades que se prohíben.
- Actividades que no tienen sentido en la correspondiente categoría.

Por último, sobre la propia matriz se pueden añadir las filas correspondientes a los condicionantes superpuestos: *Areas de Recarga de Acuíferos Subterráneos, Areas Inundables y Areas con Riesgo de Vulcanismo*,y utilizando los mimos símbolos, representar los usos y actividades propiciados, aceptables y prohibidos de forma complementaria en las zonas sobre las que operan.

Además se añade una nueva Categoría: en la que no se propicia ninguna actividad, es aceptable cualquiera con las lógicas limitaciones de localización coherente con la estructura territorial, buen diseño y adecuada gestión, y no se prohíbe ninguna actividad, si bien con las limitaciones impuestas por la lógica de la estructura territorial, de diseño y de gestión.

1.9.3. El Programa de Intervención

La existencia de relaciones entre las medidas, unido al hecho de que los objetivos están conectados por influjos horizontales, y que para un mismo objetivo las medidas pueden adscribirse a diversos instrumentos, sugiere agruparlas en bloques jerárquicos en términos de Programas, Subprogramas y Proyectos o Acciones. A su vez cada uno de estos niveles esta identificado por un código numérico de un dígito para los Objetivos, dos dígitos para los Programas, tres para los Subprogramas y cuatro para los Proyectos o Acciones.

El Programa de Intervención de este plan se ha incluido como ejemplo en el apartado 5.2.1.1. del Capítulo VI al que se remite al lector.

1.9.4. Propuestas de carácter temático

Además el POA se completa con las siguientes propuestas:

— Gestión agrícola sostenible.
— Gestión hídrica de la cuenca.
— Gestión de residuos.
— Gestión del patrimonio arqueológico.
— Gestión del patrimonio cultural.

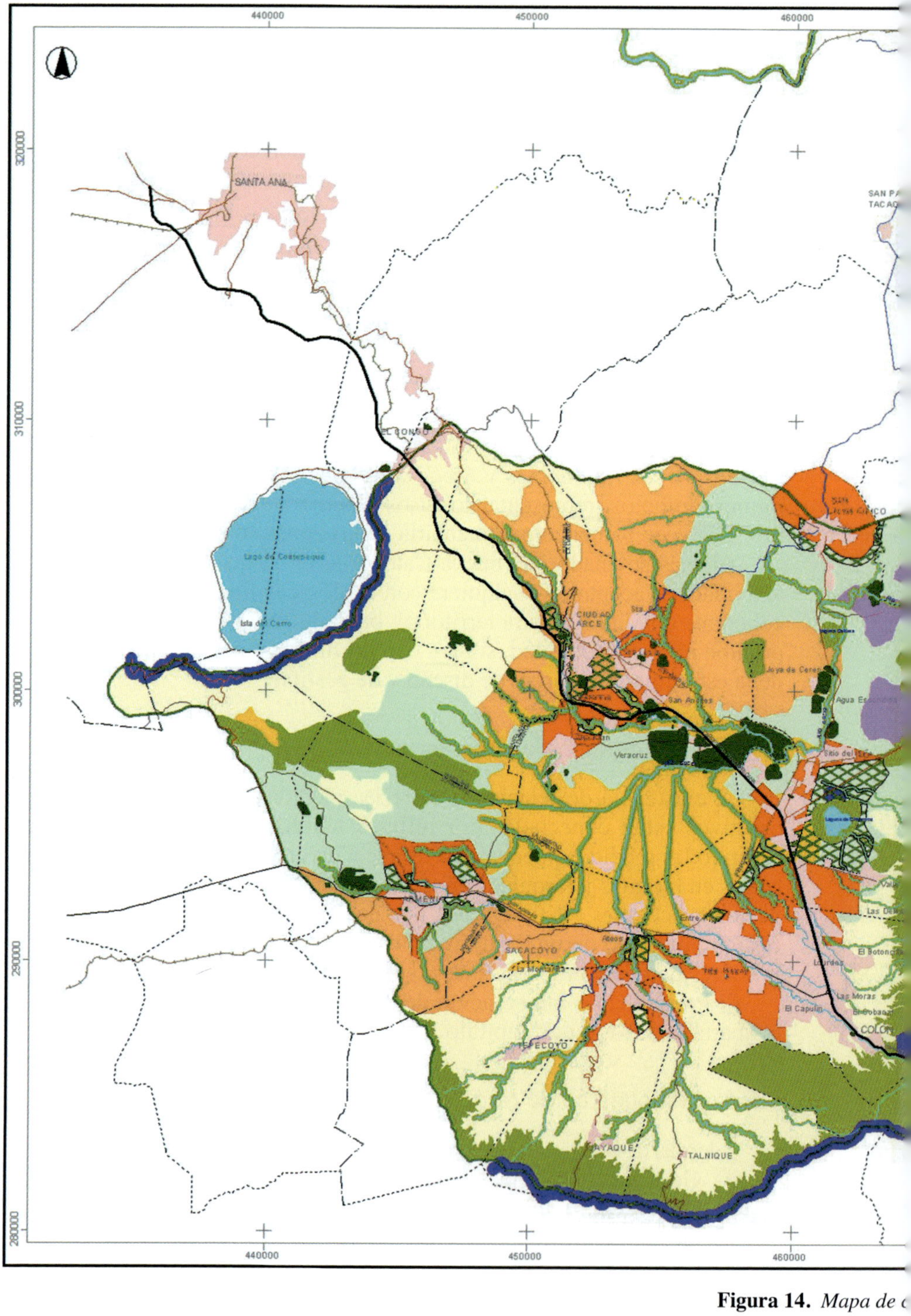

Figura 14. *Mapa de c*

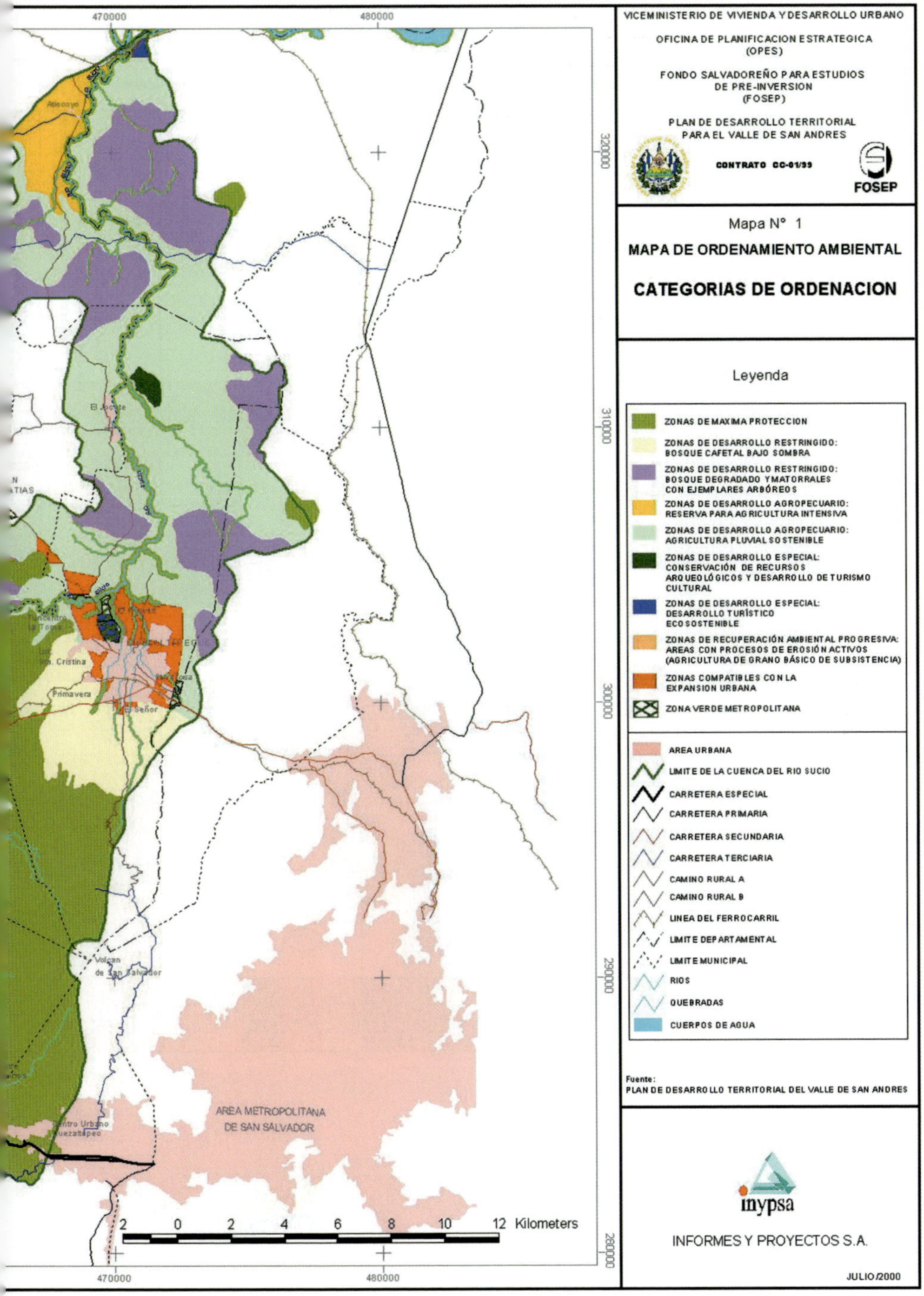

orías de ordenación.

TABLA 6: REGULACIÓN DE USOS EN LA CUENCA

TABLA SINTÉTICA DE LA REGULACIÓN DE USOS EN LA CUENCA		CONSERVACION Y REGENERACION DE LA NATURALEZA				ESPARCIMIENTO Y RECREACION AL AIRE LIBRE									
		Preservación estricta	Conservación activa	Regeneración del ecosistema y/o del paisaje	Actividades científico culturales	Repoblación forestal: bosque protector	Excursionismo y contemplación	Recreo concentrado	Camping	Baño y actividades náuticas	Caza	Pesca	Motocross, trial	Circulación campo a través con vehículos todo terreno	Recolección de especies silvestres de plantas aromáticas y/o medicinales, hongos, etc.	Agricultura pluvial (secano)
CATEGORIAS DE ORDENACIÓN	Zonas de máxima Protección.	☺	□	☺	☺	□	□	⊘	⊘	⊘	⊘	⊘	⊘	⊘	⊘	⊘
	Zonas de Desarrollo Restringido: Bosque Cafetal.	○	☺	○	○	□	□	◎	⊘		☺		⊘	⊘	□	⊘
	Zonas de Desarrollo Restringido: Bosque degradado y matorrales con ejemplares arbóreos.	○	☺	☺	☺	☺	□	⊘	⊘	⊘	☺	○	⊘	⊘	□	⊘
	Zonas de desarrollo Agropecuario: Reserva para agricultura intensiva.			□	○	⊘	□	⊘	⊘		□		⊘	⊘	⊘	○
	Zonas de desarrollo Agropecuario: Zona de agricultura pluvial sostenible.		☺	○	○	○	□	◎	◎		□		◎	⊘	□	☺
	Zonas de Desarrollo Especial: Zona de valorización de recursos culturales arqueológicos.	○	○	□	☺	◎	☺	⊘	⊘		⊘		⊘	⊘	⊘	⊘
	Zonas de Desarrollo Especial: Zonas de desarrollo turístico ecosostenible.	○	○	○	○	○	☺	☺	□	○			⊘	⊘		
	Zonas de recuperación Ambiental: Areas con procesos de erosión activos (agricultura de grano básico de subsistencia en fuertes pendientes)..		○	☺	○	☺			◎		☺		⊘	⊘	□	□
	Zonas de recuperación Ambiental: Complejos de rivera.	○	○	☺	☺	☺	○	□	⊘	☺	□	□	⊘	⊘	□	

- ☺ Actividades que se propician
- ○ Actividades que se aceptan sin limitaciones
- □ Actividades que se aceptan con limitaciones
- ◎ Actividades que se aceptan en caso de que se someta a evaluaciones del Impacto Ambiental
- ⊘ Actividades que se prohibe
- (blanco) Actividad que no tiene sentido en la categoría

Figura 15. *Matriz mostrando la regula*

ACTIVIDADES A CONSIDERAR EN EL POA																							
…VIDADES AGRARIAS						URBANIZACION				ACTIVIDADES INDUSTRIALES.				INFRAESTRUCTURAS						DEPOSICION DE RESIDUOS			
…nvernaderos	Pascicultura/potreros	Edificaciones ganaderas	Repoblación forestal: bosque productor	Edificaciones ligadas a la explotación agraria	Vivienda rural	Urbanización institucional	Urbanización dispersa	Urbanización de media densidad	Urbanización de alta densidad	Polígonos industriales	Industria pesada aislada	Industria limpia	Industria extractiva	Autopistas y autovías	Carreteras	Pistas forestales	Líneas aéreas de conducción eléctrica, telegráfica o telefónica	Repetidores de televisión y otras instalaciones puntuales de comunicación.	Embalses	Escombreras	Vertedero de residuos urbanos	Vertidos tóxicos	Cementerios
⊘	⊘	⊘	⊘	⊘	⊘	⊘	⊘	⊘		⊘	⊘	⊘	⊘	⊘	⊘	⊘	⊘	⊘	◎	⊘	⊘	⊘	⊘
⊘	⊘	⊘	◎	□	□	⊘	⊘	⊘	⊘	⊘	⊘	⊘	⊘	⊘	⊘	⊘	⊘	⊘	⊘	⊘	⊘	⊘	⊘
⊘	□	□	□	□	□	⊘	⊘	⊘	⊘	⊘	⊘	⊘	⊘	◎	◎	□	◎	□	◎	⊘	⊘	⊘	⊘
☺	◎	◎	⊘	□	⊘	⊘	⊘	⊘	⊘	⊘	⊘	⊘	⊘	⊘	⊘		◎	◎	⊘	⊘	⊘	⊘	⊘
☺	☺	□	○	○	○	◎	◎	◎	◎	◎	◎	□	◎	◎	◎		◎	◎	◎	◎	◎	◎	◎
⊘	⊘	⊘	⊘	⊘	⊘	⊘	⊘	⊘	⊘	⊘	⊘	⊘	⊘	⊘	⊘	⊘	⊘	⊘	⊘	⊘	⊘	⊘	⊘
□	□	□	☺	□	□	◎	◎	◎	◎	◎	◎	◎	◎	◎	◎	◎	◎	◎	◎	◎	◎	◎	◎
			□	⊘	⊘	⊘	⊘	⊘	⊘	⊘	⊘	⊘	⊘	⊘	⊘	⊘	⊘	⊘	⊘	⊘	⊘	⊘	⊘

…de usos en las categorías de ordenación.

PROGRAMAS DE I

N.°	PROGRAMA	N.°	SUBPROGRAMA	N
1.1	**Educación, sensibilización y formación ambiental en la Cuenca**	1.1.1	Educación ambiental de niños y jóvenes de la Cuenca	1.1 1.1
		1.1.2	Sensibilización ambiental dirigido a las autoridades locales, a los agentes socioeconómicos y a la población en general y de formación de cuadros para la gestión ambiental	1.1 1.1 1.1 1.1 1.1 1.1
1.2	**Para la conservación de espacios, especies y elementos singulares**	1.2.1	Catalogación de elementos ambientales sobresalientes en la cuenca	1.2. 1.2. 1.2.
		1.2.2	Extensión de los relictos de ecosistemas climáticos	1.2. 1.2. 1.2.
		1.2.3	Garantizar la permanencia de los cafetales	1.2. 1.2. 1.2.
		1.2.4	Para sustituir una parte del uso de leña en el consumo domestico	1.2. 1.2.
		1.2.5	Para mantener el funcionamiento hidráulico de los causes en la cuenca y la clidad del recurso agua	1.2. 1.2.
		1.2.6	Para mantener el funcionamiento hidráulico de los causes en la cuenca y la clidad del recurso agua	1.2. 1.2.
1.3	**Para corregir el comportamiento ambiental de los agentes socioeconómicos**	1.3.1	Para el fomento de la implantación de Sistemas normalizados de gestión ambiental en las industrias de la cuenca	1.3. 1.3. 1.3. 1.3.
		1.3.2	Para mejorar el comportamiento ambiental de las industrias ladrilleras y de fabricación de cal	1.3.2 1.3.2 1.3.2
		1.3.3	Para la formalización de los compromisos de progreso para diversos sectores. por los que los miembros del sector adoptan voluntaria y solidariamente ciertas formas de conmportamiento ambiental	1.3.3
		1.3.4	Para la transformación de afluentes en subproductos	1.3.4 1.3.4
		1.3.5	Para el fomento entre agricultores de prácticas agrícolas compatibles con el medio ambiente	1.3.5 1.3.5 1.3.5 1.3.5

Figura 16. *Cuadro resumen de programa*

VENCION DEL POA

PROYECTO
ısión de docencia ambiental en la enseñanza general básica de la cuenca.
uito didáctico y cultural para ser recorrido por escolares con sus maestros y acompañados por guias especializados (asosiado al rograma 5.1).
ión de folletos, carteles, etc. Sobre el medio ambiente y sus recursos en la Cuenca, enfatizando la divulgación del principio de onsabilidad compartida.
ado de charlas o conferencias cíclicas en materia ambiental para ser impartidas en los pueblos.
ión de manuales, folletos y charlas o conferencias en materia de patrimonio con valor cultural.
venio con la Escuela Nacional de Agricultura para la formación de cuadros en materia ambiental, orientado a los campos de evaluación del acto ambiental, diagnosticos ambientales, manejo de infraestructuras y equipamientos ambientales, formación de monitores ambientales, recuperación de espacios y recuperación ambiental en general.
venio con el Ministerio del Ambiente para la creación de una base de datos ambientales en la Cuenca gestionada por la entidad gestora del A, y su difusión entre los agentes socioeconómicos y la población en general.
ıción de una pagina web que recoja la información contenida en las bases de datos anteriormente mencionadas, así como aplicaciones para escolar en materia ambiental.
ización de una ctálogo de especies vegetales y animales amenazadas en la Cuenca y establecimiento de una norma para su conservación.
ización de una catálogo de puntos o áreas singulares en la cuenca, incluyendo «sitios» de interés geológico o geomorfológico, lugares de és histórico cultural en suelo rústico, hitos y singularidades paisajisticas naturales y establecimiento de una norma para su conservación.
ización de un catálogo del patrimonio urbano arquitectónico, así como el establecimiento de normas y lineamientos para su conservación.
venio con la Universidad para la realización de un estudio de los relictos existentes de bosques climáticos y la posibilidad de extender/ ementar su superficie.
uisición de tierras por parte del erario público para la extensión del bosque húmedo existente en El Boquerón.
ooración de un modelo de convenio o de consorcio con personas físicas o jurídicas de carácter privado para la extensión del bosque húmedo ical y su aplicación.
ación, por la entidad Gestora del POA, de una mesa de concertación constituida, al menos, por representantes de PROCAFE, ANDA, nicipalidades del Valle, Organizaciones industriales del Valle, Distrito de Riego, Ministerio de Salud y Universidad, para concertar el blecimiento de un «Canon» sobre el consumo de agua.
venio entre la entidad gestora del POA y PROCAFE con los objetivos basicos de rentabilizar la producción de leña del cafetal, evitar la restación producida por el consumo de leña y evitar la deforestación producida por el consumo de madera y leña de la industria ladrillera.
venio con PROCAFE para la realización de un estudio sobre el uso múltiple del cafetal.
ación de un centro para el almacenamiento y la distribución de combustibles fósiles.
lización de una campañas de difusión del consumo de este tipo de energia.
ación de un sistema para la limpieza anual de los causes en la zona inundable de Zapotitán y otros puntos críticos.
npaña de concienciación a los agricultores, promotores urbanísticos, constructores, etc. Sobre los riesgos de inundación y las repercusiones u comportamiento en el funcionamiento hidráulico de la red de drenaje exterior del Valle.
orzamiento de la red de monitoreo de la calidad y cantidad de las aguas superficiales y subterráneas.
moción de la reutilización de las aguas servidas una vez depuradas.
udio sobre el estado de la gestión ambiental en las industrias de la cuenca.
ablecimiento de un sistema de ayuda para la elaboración de diagnósticos ambientales individuales en las industrias y para la adopción de la didas a tomar en cada una de ellas.
squeda de fuentes de financiación, incluyendo la «esponsorización» o patrocinio de entidades interesadas a cambio de la promoción nercial.
esoramiento técnico para la gestión ambiental en las industrias por parte de la Oficina Técnica de la entidad gestora.
nvenio con las industrias ladrilleras y de cal para la realización de un estudio con los objetivos de utilizar técnicas ahorradoras de energía, tar la utilización de neumáticos como combustible, posibilidad de utilizar subproductos de otras actividades de residuos de podas, aserrín . Y analiazar la viabilidad de concertar con PROCAFE la utilización de leña prodecente del cafetal.
tema de medidas de apoyo financiero y ténico para la implementación de los resultados del estudio anterior.
omoción de un convenio entre ladrilleras y PROCAFE para el aprovechamiento de leña de este tipo de industrias .
omoción de compromisos de progreso especialmente dirigidos a los siguientes sectores: Industria química, Promototes urbanísticos y naderı́a intensiva..
udio para identificar, caracterización y cuantificación de los efluentes industriales en la cuenca, así como las posibilidades para la tilización o reciclaje.
eación de una bolsa de residuos para la cuenca.
roducción y promoción de ATRIAS (Asociación de Agricultores para el Tratamiento Integrado).
gulación legal de la Agricultura Ecológica en la Cuenca.
omoción de la compra de productos agrícolas dotados con la etiqueta de «producto de agricultura ecológica».
mento de la utilización de productos fitosanitarios biodegradables en el cafetal.

programas y proyectos de acción positiva.

PROGRAMAS DE INTE[R…]

N.°	PROGRAMA	N.°	SUBPROGRAMA	N[…]
1.3	**Para corregir el comportamiento ambiental de los agentes socioeconómicos**	1.3.6	Para valorizar los efluentes de las granjas intensivas y evitar la contaminación	1.3 1.3
		1.3.7	Para el tratamiento de aguas residuales	1.3 1.3 1.3
		1.3.8	Para el fortalecimiento de la gestión en materia de manejo de los Residuos Sólidos	1.3 1.3 1.3
1.4	**Para la recuperación de espacios degradados**	1.4.1	Para la reconducción de los bosques degradados de la cuenca hasta su situación de bosuqes climáticos	1.4. 1.4
		1.4.2	De recuperación de espacios ocupados	1.4 1.4. 1.4.
		1.4.3	De lucha contra la erosión en los terrenos destinados a la agricultura de granos básicos de subsistencia en fuertes pendientes	1.4. 1.4. 1.4. 1.4. 1.4.
		1.4.4	Para la recuperación de terrenos afectados por la extracción de gravas. arenas y arcillas	1.4. 1.4.
		1.4.5	Sellado de todos los vertederos municipales incontrolados y recuperación de espacios afectados por ellos	1.4. 1.4.
1.5	**Para la puesta en valor de recursos ociosos o mal aprovechados**	1.5.1	Creación de una red recreativa/ cultural/ turística en la Cuenca	1.5.
		1.5.2	Conservar y poner en valor los recursos arqueológicos	1.5.
		1.5.3	Rehabilitación. sonservación y puesta en valor del patrimonio con valor urbano arquitectónico	1.5. 1.5. 1.5. 1.5. 1.5. 1.5.
		1.5.4	Para la puesta en valor de los distritos de riego	1.5.4 1.5.4 1.5.4 1.5.4 1.5.4 1.5.4 1.5.4
1.6	**Promoción exterior de la Cuenca**	1.6.1	Fomentar la idea de exelencia de la Cuenca en el AMSSA	1.6.1 1.6.1
		1.6.2	Introducción en la Cuenca actividades para las que. no siendo tradicionales. existe potencial	1.6.2 1.6.2 1.6.2

CION DEL POA *(continuación)*

PROYECTO
porcionar asistencia técnica y financiera para la reutilización de efluentes de todo tipo que generen.
moción por parte de la entidad gestora del POA de un convenio entre los agricultores y las granjas intensivas para que aquellos utilicen los duos sólidos de éstas como fertilizantes de los suelos.
yecto para imponer un permiso de vertido y un «canon de vertido» a todo vertido a ríos o masas de agua, calculado en función de la acidad autodepuradora del receptor y la carga contaminante emitida.
lización de un proyecto modelo basado en técnicas «blandas» (lenguaje) para la depuración de las aguas residuales depuradas en la cultura de ocio y/o autoco..
lización de un proyecto modelo / piloto para la reutilización de las aguas residuales depuradas en la agricultura de ocio y/o autoconsumo.
lizaación de un plan de saneamiento integrado de la cuenca.
yo a los Municipios del valle para organizar sus secciones de aseo urbano.
yo a los Municipios del valle para utilización del relleno sanitario de Nejapa.
ntificación a escala reducida de los bosques climáticos degradados, diagnóstico de los procesos de degradación.
venio con los propietarios sobre la aplicación de medidas para la recuperación del bosque.
bicación de tugurios / Habitaciones existentes sobre las márgenes de los ríos.
bicación de tugurios / Habitaciones existentes sobre las lavas de El Playón.
uperación de espacios marginales de dominio público.
oyo institucional y de promoción a la Agroforestería en los terrenos destinados de granos básicos de subsistencia en fuertes pendientes.
venio con la escuela de Agricultura para el desarrollo y aplicación de técnicas agrícolas que eviten la erosión derivada del cultivo de nos básicos en terrenos erosionables.
m para el desarrollo y puesta de experiencias piloto sobre creación y gestión de sistemas silvopastorales mediante la repoblación forestal npatible con el aprovechamiento ganadero, sobre los suelos erosionados de agricultura de granos básicos en fuertes pendientes.
ensión de las técnicas entre los agricultores.
talecimiento de las ayudas establecidas por los gestores del PAES en la cuenca para el fomento de la agroforestería entre los agricultores.
entario detallado de los lugares de extracción, con información sobre localización estado, accesos, propiedad, etc..
nvenio entre propietarios y municipalidades efectadas para la utilización como relleno sanitario de las zonas de donde se han extraído illas para fabricación de ladrillos; incluye la recuperación una vez agotada la capacidad, es decir, una vez llenado el hueco.
alización de un inventario de botaderos incontrolados y proyecto o proyectos tipo de recuperación ambiental.
ntrol y recuperación de botaderos existentes mediante la aplicación de los proyectos tipo a los mismos..
ntificación de los elementos a integrar en la red .
nservación y puesta en valor del patrimonio arqueológico.
alización de un catálogo del patrimonio urbano arquitectónico que incluya el establecimiento de normas y lineamientos para su nservación.
ectuar un estudio de diferentes mecanismos de protección legal.
fusión para el conocimiento y valoración del patrimonio cpn valor urbano arquitectónico en cada localidad.
udio sobre el accesorio legal y financiero de los municipios con valor urbano arquitectónico.
ablecer una propuesta de obras a ejecutar que proponga las medidas necesarias para su rehabilitación y su costo aproximado.
udio exhaustivo de la estructura edilicia, urbana y tipología.
evisión de suelo y establecimiento de ayudas para la localización de actividades de transformación y comercialización agraria que ntribuyan a la intensificación de la agricultura en los distritos de riego y fondo de valle.
tudio sobre los cultivos alternativos en los distritos de riego y en los fondos de valle con suelos de elevada capacidad agronómica.
tensión entre los agricultores de técnicas para la implantación e intensificación de los cultivos identificados sobre los que habría de oducirse la intensificación en el valle.
ra la mejora del viario rural.
tudio de viabilidad sobre incremento de las tierras de regadío mediante la utilización de aguas superficiales.
tudio de viabilidad sobre almacenamiento de agua superficial.
eación de una entidad para la construcción de una alhondía una central Hortofrutícola y un vivero para producción de plantón selecto, en los renos previstos para ello en el PTU (Sitio del Niño).
fusión de la idea entre los residentes, actores y agentes de la cuenca.
eación de una marca de calidad representativa de la Cuenca como forma de practicar el marketing ecológico en relación con los productos rícolas (etiqueta ecológica) y otros productos específicos.
troducción y promoción de la caza.
omoción de la pesca.
ecolección de especies silvestres: aromáticas, medicinales culinarias, otras.

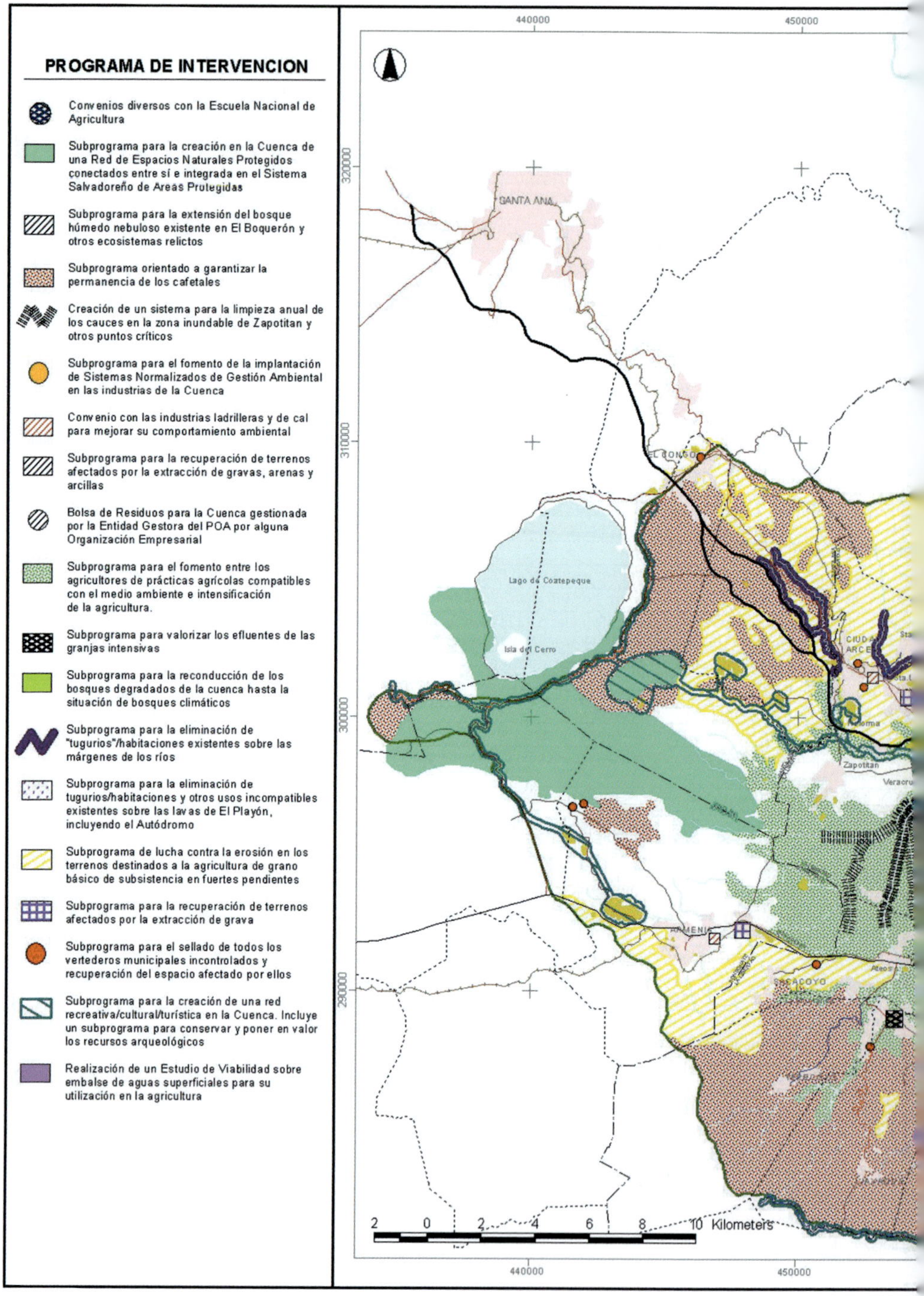

Figura 17. *Mapa de prog*

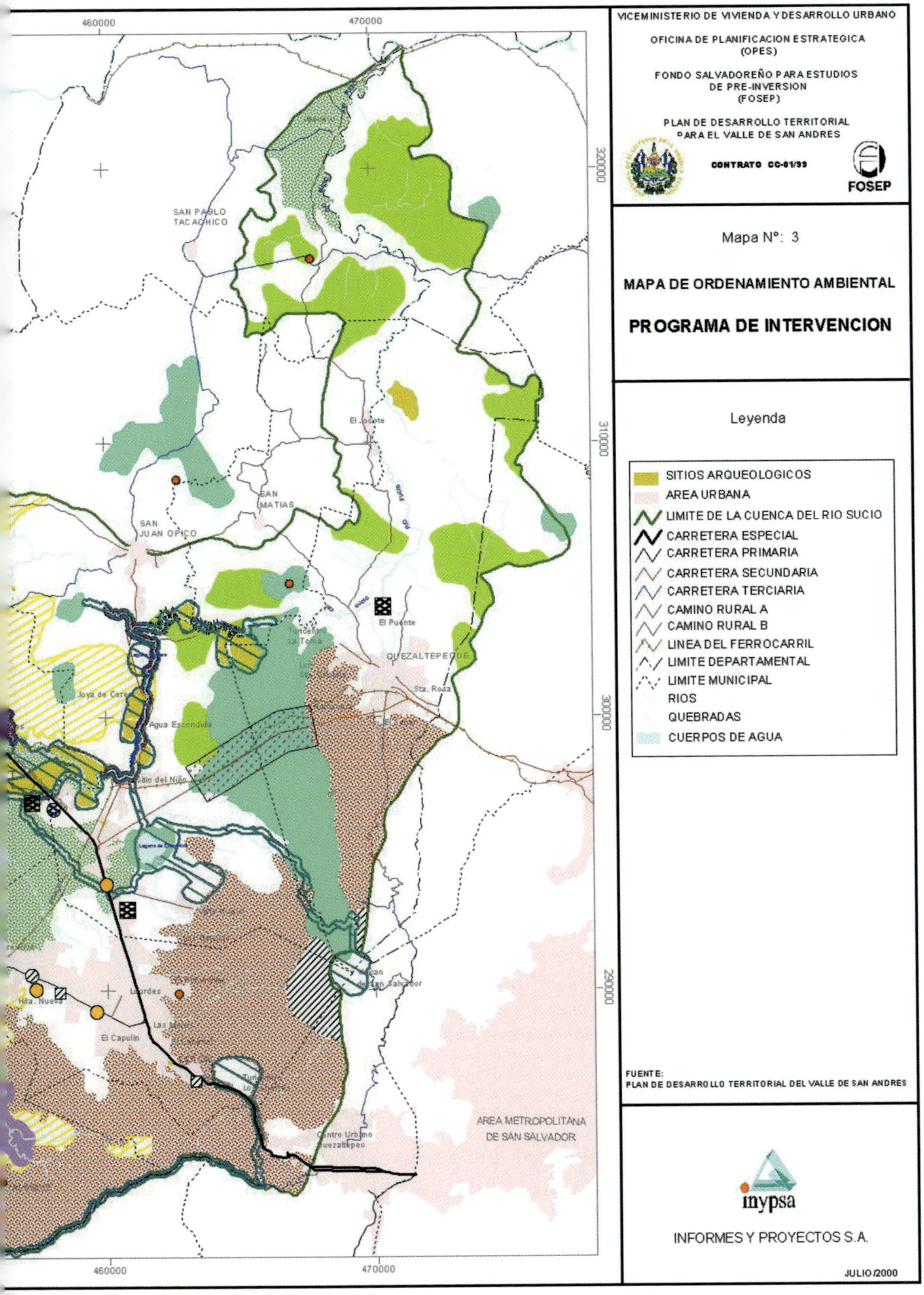

a de intervención positiva.

2. PLAN DE DESARROLLO SOSTENIBLE DEL ALTO TAJO (PDS)[1]

Se presenta aquí una síntesis del Plan de Desarrollo Sostenible (PDS en lo sucesivo) del territorio incluido en el Parque Natural del Alto Tajo. Este plan se entiende como el contrapunto «socioecnómico» al enfoque «ecológico», representado por el PORN (Plan de Ordenación de los Recursos Naturales) redactado para la declaración del Parque Natural.

Afecta a una superficie aproximada de 176.000 ha en la parte superior de la cuenca del río Tajo, de gran valor ecológico, paisajístico y cultural, en la que existen 36 términos municipales de la provincia de Guadalajara y 2 de la de Cuenca, todos ellos sometidos desde los últimos años 50, a un proceso de declive poblacional y humano que ambos planes, PORN y PDS, actuando de forma sinérgica, pretenden frenar primero y cambiar de signo después, para conseguir a largo plazo un sistema territorial sostenible y próspero.

2.1. Encuadre general del plan

2.1.1. Ámbito espacial y horizonte temporal

El ámbito de aplicación del PDS coincide con el del PORN. El plazo de tiempo en el que se prevén las acciones, es de 10 años, dividido en un primer año «de choque», con acciones muy selectivas, y tres trienios.

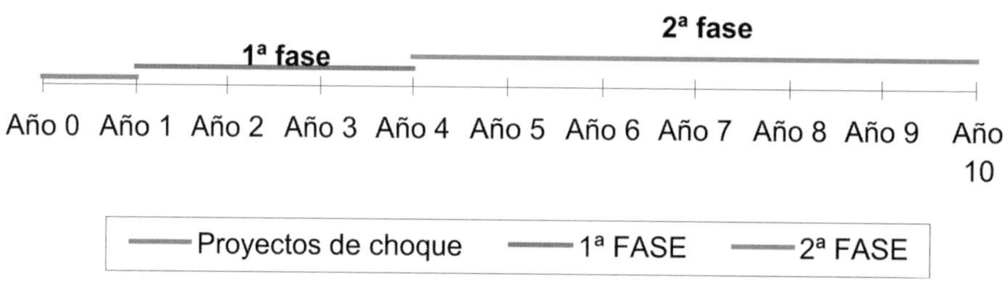

Gráfico 1. *El horizonte temporal del plan son 10 años; el primer año se inician los proyectos más significativos y capaces de generar confianza en la población; el resto de las acciones se desarrollan en tres trienios.*

2.1.2. Alcance

El PDS se ha elaborado a un nivel tal que puede entenderse como el contrapunto económico del PORN; los dos conjuntamente definen un estilo de desarrollo sostenible para la comarca, en cuanto este concepto no es otra cosa que la consideración, a la vez y en un plano de igualdad, de lo ecológico y lo

[1] Esta síntesis se ha elaborado en colaboración con el doctorando don Daniel Rubio Blanco.

económico, bien entendido que ambos aspectos, en la comarca, se refuerzan en la consecución de un sistema viable, sostenible y próspero.

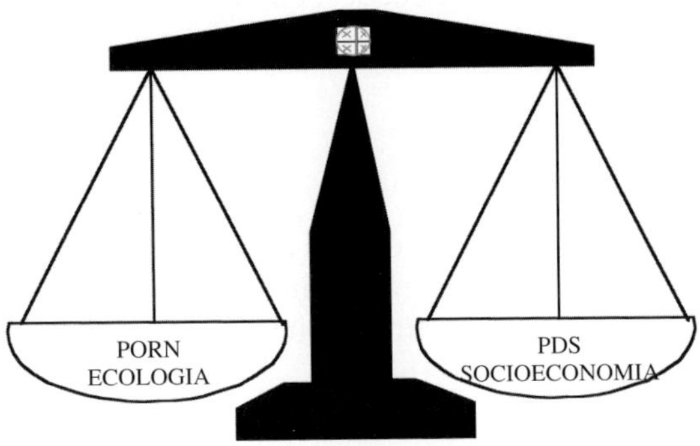

Gráfico 2. *El PORN, lo ecológico, y el PDS, lo económico, actuando en un plano de igualdad, se complementan para conseguir un sistema viable, sostenible y próspero hacia el futuro.*

2.1.3. Desarrollo posterior

De la misma manera que el PORN debe ser desarrollado en un PRUG (Plan Rector de Uso y Gestión) para pasar a la fase de gestión, el PDS deberá también ser desarrollado en un documento que podría denominarse PRASS: Plan Rector de Acción Socioeconómica, que haga operativa su gestión.

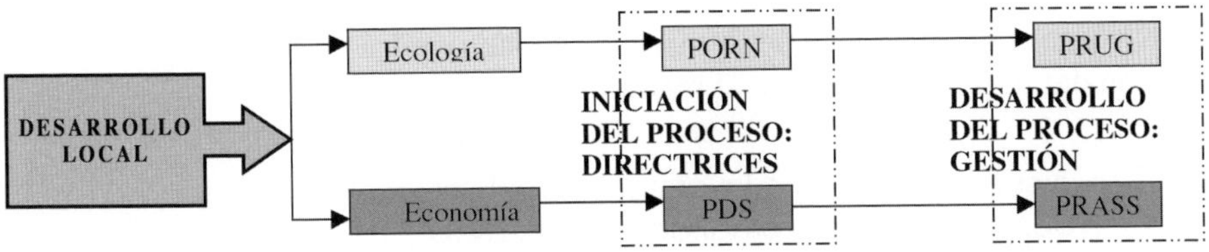

Gráfico 3. *El PRUG y el PRASS desarrollan, respectivamente, el PORN y el PDS hasta expresarlos en términos ejecutables; así, conjuntamente, permitirán que la conservación y el aprovechamiento de los recursos se alíen para conseguir el desarrollo integral de la zona.*

2.1.4. Extensión al conjunto de la comarca

El ámbito afectado por el plan adquiere coherencia funcional en la comarca encabezada por Molina de Aragón, lo que, unido al peligro en que ésta se encuentra, recomienda extender, a medio plazo, su ámbito geográfico a la totalidad del sistema comarcal.

2.1.5. Metodología seguida

La elaboración del plan fue muy artesanal, ha partido del buen conocimiento que el equipo tenía de la zona, y se ha basado en un intenso proceso de reflexión sobre los problemas y oportunidades, en densas reuniones periódicas con una Comisión de Alcaldes y en contactos continuos con la Delegación de Agricultura de Guadalajara.

2.1.6. Oportunidad del plan

El PDS se justifica por sí mismo en una comarca que lo necesita; pero más allá, el plan es la forma de aprovechar el impulso inversor y estimulante del PORN para frenar, primero, e invertir, después la fatal pendiente de declive en que se encuentra la comarca.

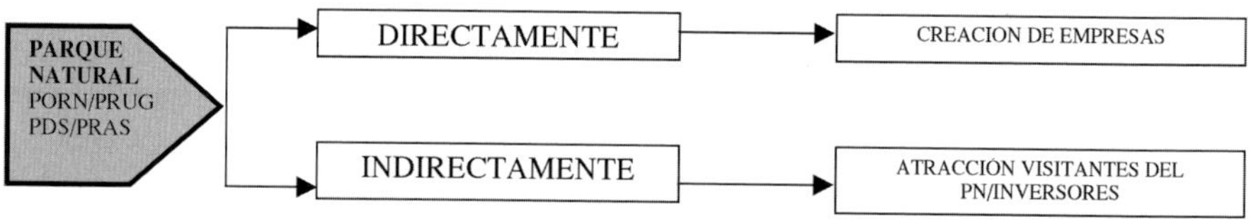

Gráfico 4. *La gestión del Parque contribuye al desarrollo local: directamente, porque requiere unas inversiones que necesariamente generan empleo estable y riqueza, e indirectamente, porque contribuye a crear una imagen de marca y propaganda gratuita para la localización residencial e inversora, y para la atracción de visitantes.*

Por otro lado, la aceptación de ambos por parte de la población y de los agentes socioeconómicos, se facilita, en cuanto el PDS permitirá entender el PORN como un elemento de desarrollo, y éste pondrá de manifiesto cómo la gestión del Parque contribuye al mismo.

2.1.7. Justificación de las inversiones públicas como motor del desarrollo: las externalidades positivas

El papel descrito para el PN en el desarrollo comarcal se justifica con la siguiente reflexión: la calidad ecológica y paisajística del espacio, es no solo el resultado de la acción de la naturaleza, sino del comportamiento ancestral de la población de la comarca; dicha calidad debe ser interpretada como una externalidad positiva, es decir como un servicio que la comarca produce para el conjunto de la sociedad y por el que no es retribuida; en este sentido deben ser entendidas las inversiones públicas que requiere la recuperación de la zona. Si en una primera fase es el sector público el encargado de retribuir tales externalidades, a medio plazo serán los visitantes quienes las paguen, si bien indirectamente, haciendo uso de los bienes y servicios que ofrezcan los diferentes agentes implicados en la gestión del PN.

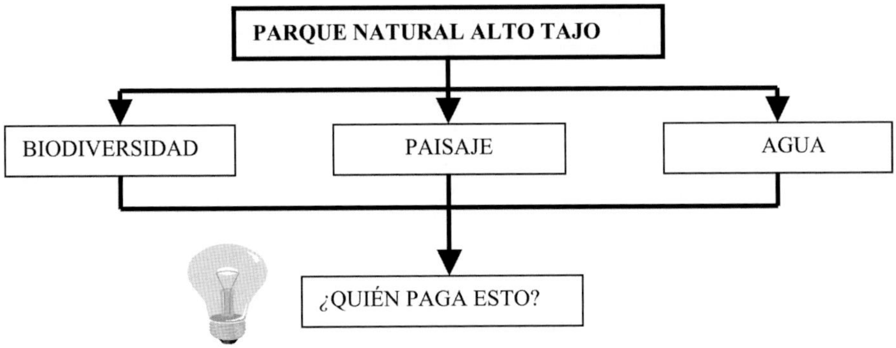

Gráfico 5. *El principio «quien contamina, paga» se extiende a lo positivo en los términos «quien conserva, cobra»: el Alto Tajo conserva la biodiversidad, el paisaje, los elementos científico-culturales y produce agua para el conjunto de la sociedad, que nadie paga.*

2.1.8. Carácter del plan

El PDS pretende aprovechar las oportunidades que se derivan de la declaración del PN para romper la *«espiral de declive»* en que se haya la comarca, haciéndola entrar en una *«espiral de progreso»*, en la que poco a poco se van consiguiendo objetivos que sirven de plataforma para acceder a otros más ambiciosos, hasta llegar a la consecución a largo plazo de un sistema viable, sostenible y próspero, al que el plan denomina *Imagen Objetivo*.

El éxito del proceso, si bien es inseparable de un decidido impulso de la Administración —que en una primera fase debe liderar el plan y soportar la práctica totalidad de las acciones previstas en él—, dependerá de la forma en que la población se sienta vinculada y comprometida con la comarca y con su futuro. De ahí la importancia de actuar sobre los recursos humanos, para mejorar su preparación y para cambiar su actitud ante el futuro.

2.1.9. Estilo del plan

El plan se ha elaborado de acuerdo con una serie de criterios que definen su estilo. Son los que se exponen a continuación.

Enfoque estratégico

Las propuestas del plan se orientan hacia los aspectos críticos que estrangulan el sistema y hacia los factores clave que determinan el aprovechamiento de las oportunidades. El objetivo de progreso que se propone se traduce en otro crítico: aumentar la población, actuando para ello sobre tres ejes estratégicos:

- Generación de empleo a través de la creación y consolidación de empresas y de la formación de recursos humanos, incluyendo a los que residiendo fuera de la comarca, estén dispuestos a afincarse en ella.

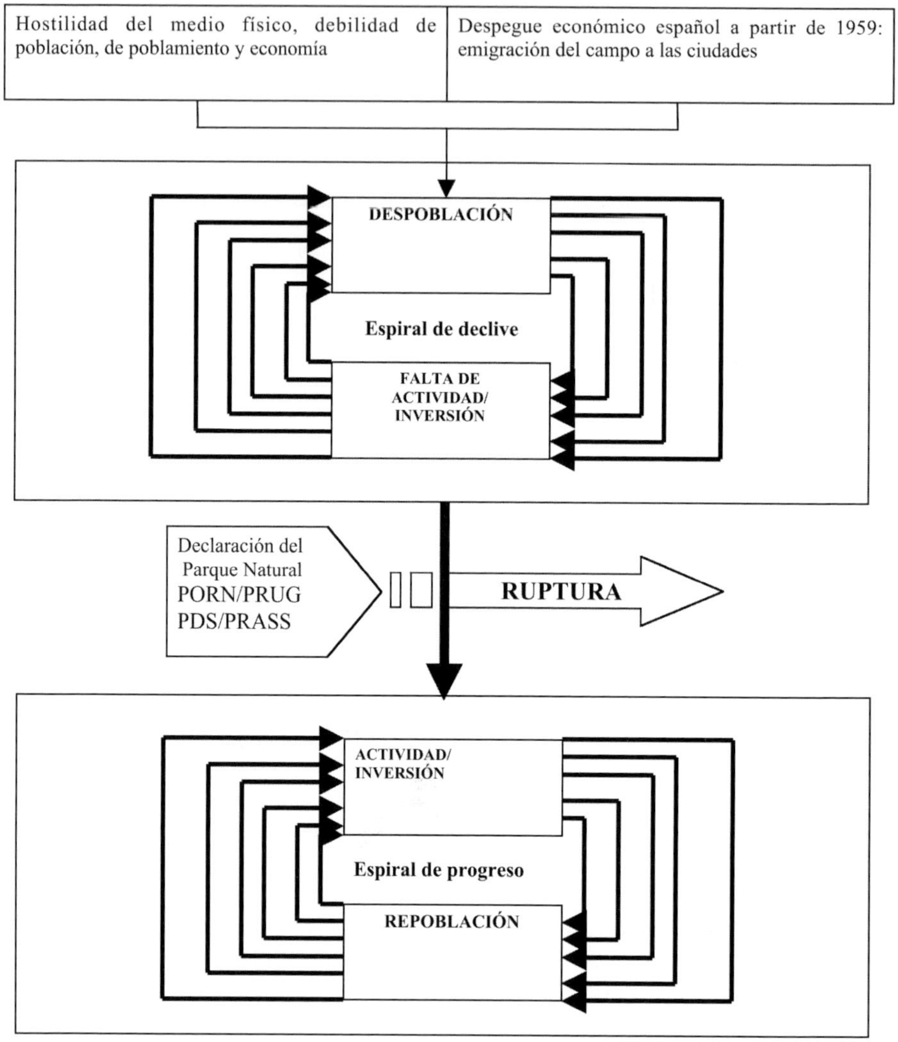

Gráfico 6. *El Parque Natural es el ariete capaz de romper la espiral de declive en que se encuentra sumida la comarca para entrar en una espiral de mejora/progreso.*

• Sistema de acceso a una vivienda digna.

• Garantía de servicios y equipamientos públicos en cantidad y calidad suficiente

Y se complementan con otros relativos a:

• La estructura y funcionalidad del sistema territorial.

• La calidad del espacio, de los procesos, de los productos y de los servicios.

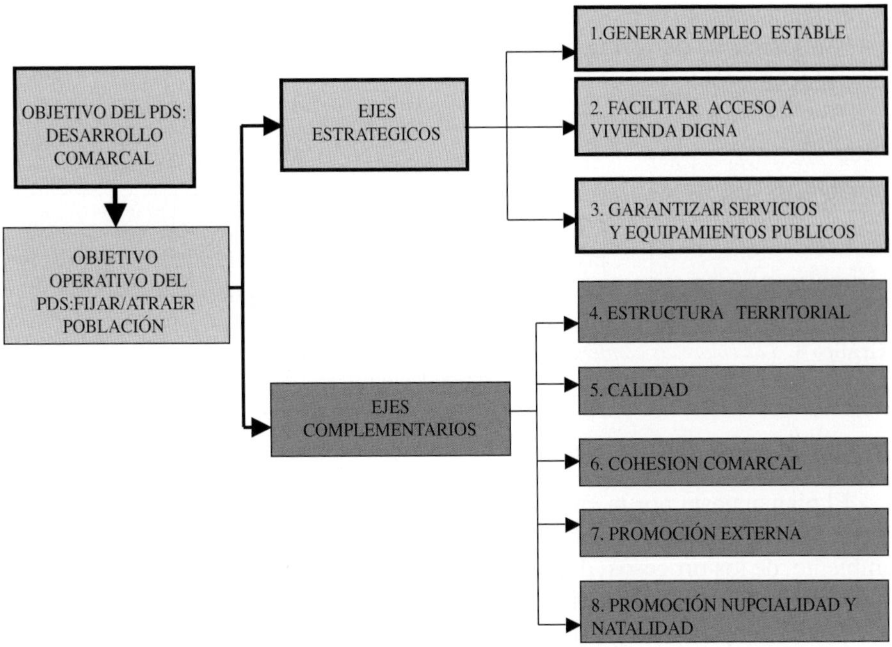

Gráfico 7. *El desarrollo comarcal se traduce en aumentar la densidad de población, para ello, el plan, propone tres ejes de acción estratégicos: generar empleo, facilitar el acceso a la vivienda y garantizar la cantidad y calidad de los servicios y equipamientos públicos; a ellos añade otros complementarios.*

- La cohesión y solidaridad comarcal, incluyendo la actitud de la población ante la situación y su futuro, favoreciendo la cultura de la actividad, del riesgo y de la innovación.
- La promoción externa de la zona entre inversores, visitantes y residentes potenciales.
- La promoción de la nupcialidad y de la natalidad.

Flexibilidad

En tanto que desencadenante de un proceso cuya evolución no se puede prever, el plan selecciona sus propuestas y la forma de gestionarlas de tal manera que puedan adaptarse a la evolución del sistema; en este sentido adopta dos precauciones importantes:

- Adaptación del ritmo de las inversiones públicas, es decir, de su programación temporal, a la capacidad de las empresas e instrumentos creados para beneficiarse de ellas con vistas a su consolidación, de tal manera que puedan persistir cuando deba desplazarse la dependencia de la contratación pública hacia la iniciativa privada.

- Planteamiento «modular» de las empresas e instrumentos, de forma que, iniciándose de forma embrionaria, puedan ir creciendo y consolidándose según evolucione el sistema.

Gráfico 8. *Las empresas comienzan de forma embrionaria y van creciendo poco a poco hasta su consolidación.*

El emblema de la calidad

El plan apuesta por la calidad, en el más amplio sentido del término, por un espacio de excelencia; el desarrollo del Alto Tajo ha de basarse en la calidad: del ambiente, de los procesos, de los servicios, de los productos y de los habitantes; si un día la afluencia de visitantes se ha de convertir en la base económica de una población próspera y viable, aquellos deben estar motivados por la calidad.

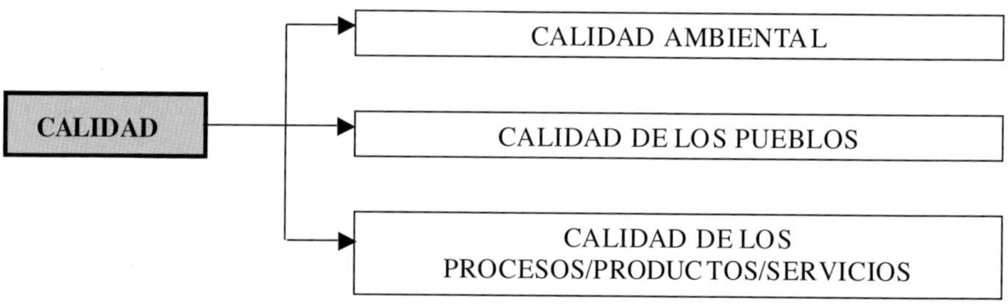

Gráfico 9. *El plan adopta la* Calidad *como referente básico de todo el proceso de desarrollo: el Alto Tajo debería ser un espacio de excelencia en todos los sentidos: ambiental, de procesos, de productos y de servicios.*

Progreso incremental

Estratégicamente se adopta la idea de que el desarrollo solo vendrá por la adición de pequeñas acciones más que por grandes actuaciones industriales o de otro tipo, para las que la zona no dispone de los factores para su localización primero y para su permanencia después.

En todo caso, la gran «industria» de la comarca, la actividad responsable del empleo básico, es el Parque Natural, por su capacidad, como se dijo, para justificar fuertes inversiones públicas, promocionar gratuitamente la zona y motivar las expectativas locales.

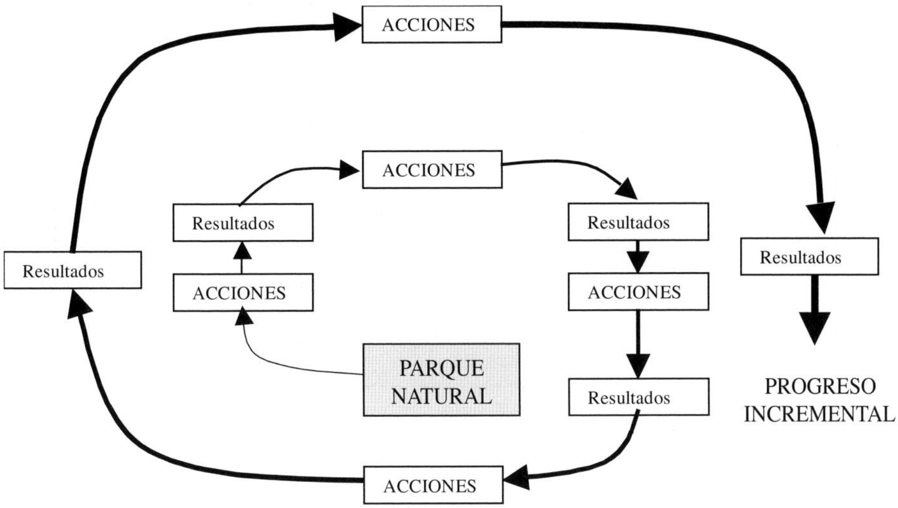

Gráfico 10. *El plan apuesta por la idea de que el desarrollo se basa en la adición de pequeñas acciones.*

2.1.10. Gestión del Plan

Para llevar a buen término las propuestas del plan, incluso, para conducir el proceso de mejora, el plan prevé la formación de una Entidad Gestora, que tiene dos elementos: uno de representación: el Grupo de desarrollo Local, y otro de carácter ejecutivo: La Oficina Técnica del Plan.

2.2. Diagnóstico de la zona

La Comarca del Alto Tajo, y con ella el ámbito afectado por el PORN, entró a partir de 1959, en una *espiral de declive*, fenómeno frecuente en el mundo rural profundo que se conoce como *efecto sumidero*; consiste en que la escasez de población implica deterioro de las actividades, y éste, a su vez, determina más pérdida de población, y esta menos actividad... y así ambas: población y actividad siguen un fatal circuito de retroalimentación negativa que agota la comarca como se agota el agua girando en torno al sumidero de un depósito.

Esta evolución se traduce en un problema básico y tres oportunidades, que sintetizan el diagnóstico:

- La debilidad poblacional en cuanto fuerza de trabajo: escasa cantidad y densidad, mala estructura por sexo y por edad y baja tasa de actividad, actitud negativa generalizada ante el futuro de la zona y escaso nivel de conocimientos y habilidades; todo ello pone a la comarca en un estado de postración del que le resulta difícil salir.

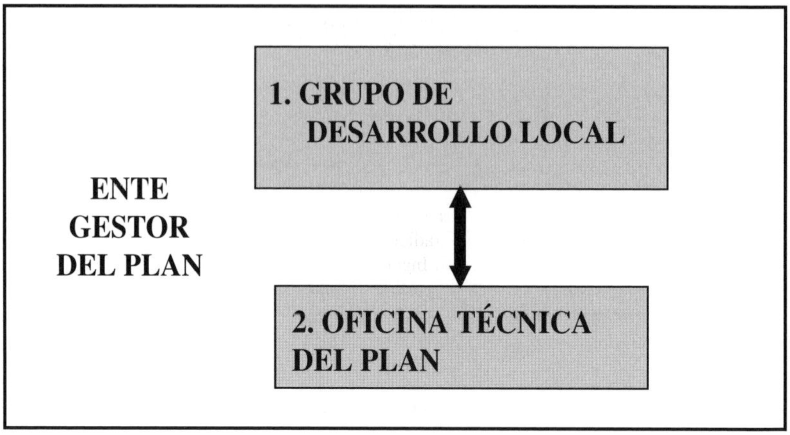

Pero al mismo tiempo la comarca dispone de un punto fuerte y dos oportunidades que son motivo de esperanza:

- La cantidad y calidad de recursos naturales tangibles e intangibles, así como un paisaje excepcional.
- Localización en el centro de un triángulo cuyos vértices, Madrid, Zaragoza y Valencia, constituyen una demanda potencial para el tipo de productos y servicios que puede ofrecer la zona.
- La creciente sensibilidad de la población por las áreas bien conservadas y el aumento del tiempo libre.

El panorama se completa con otros puntos que aparecen en los cuadros y gráficos adjuntos.

2.3. Imagen Objetivo

El PDS propone una imagen objetivo o representación ideal, utópica, de la comarca a largo plazo (30 años); con ello pretende marcar la dirección en la que debe orientarse el esfuerzo de todos los agentes que operan en ella, para alcanzar un sistema comarcal sostenible, viable y próspero, en el que los habitantes disponen de una calidad de vida (condiciones económicas, socioculturales y ambientales) tal que hace poco atractiva la emigración.

2.3.1. Población

2.3.1.1. Cantidad, densidad y estructura de la población

Frente a la población de derecho actual en la zona PORN: 4.331 habitantes, repartidos en 38 pueblos, y con una densidad de 2,3 hab./km^2, la imagen objetivo estima unos 18.000 habitantes, con una densidad de 10,5 hab./km^2, y una estructura equilibrada en cuanto a sexos y edades similar a la provincial: 20 por 100 menores de 16 años y 19 por 100 mayores de 65 años.

Puntos débiles (internos)
Escasez de recursos humanos 1. Muy baja densidad de población. 2. Exodo rural. 3. Población envejecida. 4. Desequilibrio entre sexos. 5. Baja tasa de población activa. 6. Gran dificultad para la incorporación de la mujer al trabajo. 7. Falta de preparación para actividades no tradicionales (innovadoras). 8. Falta de asistencia técnica de mayor nivel: Ingeniería, arquitectura, economía... 9. Desprestigio de profesiones tradicionales, particularmente pastor y forestal. 10. Escasez de profesiones liberales (carpinteros, fontaneros, albañiles...). 11. Pérdida de la cultura propia y de las señas de identidad de la comarca. 12. Desconfianza en la enseñanza y asistencia sanitaria. 13. Escasez de relaciones culturales y sociales (cohesión comarcal). 14. Actitud negativa de la población para el desarrollo y pesimismo ante el futuro.
Debilidad del poblamiento e infraestructuras 1. Debilidad del centro comarcal. 2. Insuficiente jerarquización de los pueblos. 3. Excesivo número de pueblos con población muy baja, dispersión e incomunicación entre ellos. 4. Insuficiente cobertura de los equipamientos asistenciales y sanitarios. 5. Escasez de centros culturales y recreativos. 6. Dificultad de desplazamientos internos en puntos localizados. 7. Numerosas casas en mal estado de conservación, en ruinas o abandonadas. 8. Lejanía de los grandes núcleos de desarrollo: Madrid, Zaragoza y Valencia.
Debilidad económica 1. Excesivo predominio del sector primario con rendimientos escasos e inseguros. 2. Déficit ganadero en relación con el potencial total. 3. Alto porcentaje de tierras marginales. Agricultura de bajo rendimiento. 4. Sector secundario y terciario poco desarrollado. 5. Turismo mal gestionado. 6. Mala conservación del patrimonio artístico/histórico/cultural. 7. Propiedad del suelo en manos de emigrantes absentistas y deficiente estado legal.
Debilidad del medio físico 1. Clima hostil, con inviernos largos y rigurosos. 2. Relieve accidentado que favorece el aislamiento y dificulta los aprovechamientos. 3. Régimen torrencial de los ríos y falta de regulación. 4. Presencia de escombreras y vertederos indebidamente gestionados. 5. Vertido de residuos a los cauces.

Amenazas (externos)
1. Atracción de las ciudades y centros de desarrollo. 2. Falta de continuidad de una PAC. 3. Liberalización de los mercados mundiales agrícolas. 4. Aumento de la competitividad en los sectores agrarios. 5. Especulación del suelo urbano en la zona. 6. Furtivismo y falta de conciencia sobre el problema. 7. Presión del turismo sobre los recursos naturales. 8. Salida de capital de la zona para invertir en las grandes urbes. 9. Competencia de otras comarcas próximas.

Puntos fuertes (internos)
Recursos naturales 1. Calidad ambiental. 2. Recursos hidrológicos de la zona. 3. Recursos paisajísticos. 4. Biodiversidad. *Recursos económicos* 1. Recursos forestales. 2. Recursos ganaderos. 3. Recursos apícolas. 4. Recursos cinegéticos. 5. Recursos piscícolas. 6. Presencia de especies silvestres, aromáticas, medicinales, hongos, setas... 7. Recursos construidos: i. Monumentos histórico-culturales (castillos, ermitas, cuevas...). ii. Otros elementos histórico-culturales (casonas, molinos...). iii. Escena urbana (casas, establecimientos colectivos...). *Recursos de localización* 1. Localización centrada y relativamente próxima a centros densos de población. 2. Facilidad de completar ofertas de otras comarcas próximas. 3. Futura existencia del parque natural. 4. Demanda de construcciones de segunda vivienda. *Fortalezas de la población* 1. La población de hecho se cuadriplica en los períodos vacacionales. 2. Tradición cultural. 3. Tradición artesanal (mimbre, hierro, pan...). 4. Educación juvenil garantizada. *Fortalezas del poblamiento e infraestructuras* 1. Servicio de primera necesidad. 2. Cobertura de asistencia sanitaria. 3. Servicio de recogida de viajeros. 4. Vías de acceso en buen estado de conservación.

Oportunidades (externos)
1. Preocupación por el medio rural. 2. Demanda creciente del turismo rural. 3. Conciencia ecológica y respecto por el medio ambiente. 4. Preocupación por los desequilibrios territoriales. 5. Demanda de productos artesanales. 6. Ayudas agroambientales. 7. Papel amortiguador de las subvenciones de la PAC. 8. Creciente mercado de productos agroalimentarios de calidad. 9. Desarrollo de comunicaciones y telemática. 10. Agenda 2000. 11. Inmigración de otros países.

2.3.1.2. Tasa de actividad

La tasa de actividad actual es del 32 por 100, unas 1.385 personas, con un alto desequilibrio entre sexos: 49 por 100 hombres y 14 por 100 mujeres. La media provincial es de 45 por 100, de los cuales el 64 por 100 son varones y el 27 por 100 mujeres; como imagen objetivo se fija una tasa un poco inferior a la provincial en varones: 55 por 100, y un poco superior en mujeres: 35 por 100, lo que supondría unas 4.860 personas activas. Esto significa que en 30 años habría que crear unos 4.000 puestos de trabajo y construir o rehabilitar unas 4.000 viviendas.

2.3.1.3. Actitud de la población

La población en el año horizonte se sentirá identificada con la comarca y orgullosa de pertenecer a ella, participará en la vida política, social y cultural, actuará con sentido de solidaridad, dispondrá de cultura de la actividad y de la innovación (empresarial), considerará al turista como un cliente importante para la economía comarcal, evitará culpar a los demás del declive comarcal y pensará que el futuro es fruto de su trabajo.

Asimismo será solidaria en el tiempo, pensando que las generaciones futuras tienen derecho a conocer una comarca poblada y próspera que mantiene las señas de identidad heredadas de sus ancestros.

2.3.1.4. Aptitud de la población

La población tendrá formación en todos los aspectos que configuran la base económica de la comarca y con capacidad para la innovación en un doble sentido: hacia actividades alternativas diferentes de las tradicionales y hacia nuevas formas de enfocar las actividades tradicionales. Asimismo dispondrá de formación en materia empresarial y existirá dotación suficiente de titulados superiores.

2.3.1.5. Estructura de núcleos

Es posible definir áreas funcionales o sistemas/grupos de pueblos cada uno de los cuales puede funcionar como una especie de *ciudad polinucleada*, en la que los pueblos más dinámicos serían centros que se complementan en población y en servicios. En principio, y con los lógicos ajustes, son los siguientes (ver figura VI.16 del capítulo VI):

- Sistema en red constituido básicamente por Orea, Checa, Alustante y Alcoroches, y complementado por Megina, Chequilla y Pinilla de Molina.
- Peralejos de las Truchas que tiene entidad propia y futuro en sí mismo.
- Sistema lineal Peñalén-Poveda de la Sierra.
- Sistema lineal básicamente formado por Zaorejas-Villanueva de Alcorón y complementado por Torremocha del Pinar, Cobeta, Olmeda de Cobeta y Huertahernando.

- Sistema lineal Ablanque, Riba de Saelices, Sacecorbo, Saelices de la Sal y Esplegares.
- Sistema configurado en torno a un Centro de Actividad en las Salinas de Armallá constituido por Valhermoso, Fuembellida, Tierzo, Baños de Tajo, Taravilla y Terzaga.
- Sistema Ocentejo, Oter, Armallones, Valtablado del Río y Arbeteta

2.3.2. Base económica

La base económica (actividades que generan la mayor parte del empleo y de la renta, lo que no implica que no existan otras), a largo plazo, girará en torno a los siguientes campos de actividad:

Trabajos de gestión del Parque natural

Conservación de los ecosistemas y del paisaje, programas de investigación, aprovechamiento de los recursos naturales, programas de investigación, formación, etc., uso público, tratamientos culturales en masas forestales, reforestación de tierras marginales, control de incendios, recuperación de salinas y minas abandonadas, riberas degradadas...

Sector primario

- Agricultura: La adopción de las medidas agroambientales, el rejuvenecimiento de los trabajadores agrícolas y el cambio hacia una agricultura orientada a la calidad más que a la producción, supondrá, por un lado, un aumento de la rentabilidad y por otro una integración completa en la filosofía del Parque Natural.
- Ganadería: La ganadería se integrará en la gestión del PN y estará reforzará hasta enjugar el déficit actual y conseguir un equilibrio con el potencial pastable; la cabaña ovina aumentará en unas 10.000 cabezas hasta completar unas 70.000, y la caprina triplicará su número hasta 20.000 reses. Las explotaciones ganaderas aumentarán su dimensión empresa-

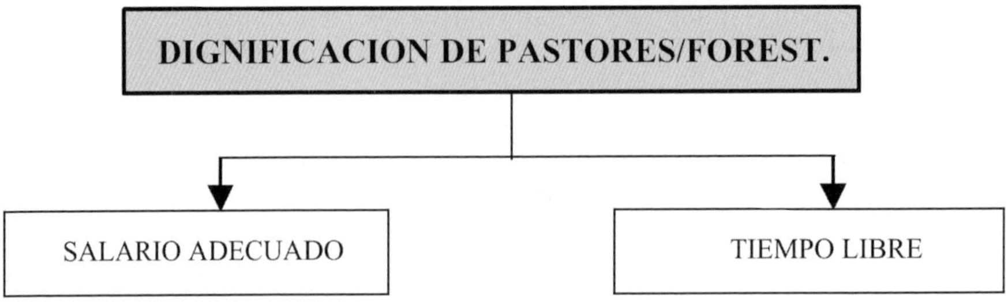

Gráfico 12. *Las profesiones tradicionales, pastores y forestales, de pastor estarán dignificadas por una formación adecuada, un sueldo elevado y tiempo libre.*

rial, pasando de 60 a 400 cabras por explotación media y de 200 a 500 ovejas por explotación media. Los productos pecuarios estarán valorizados por una mayor transformación y una exigencia de calidad controlada por organizaciones sectoriales.

- Forestal: Aprovechamiento de la excelente materia prima y su transformación e innovación a través de una mesa de concertación que agrupe a todos los interesados en el sector.

Sector secundario

- Construcción de primeras viviendas y segundas residencia para turistas, incluyendo rehabilitación del patrimonio construido.
- Avance en la cadena de transformación de productos agrarios; valorizar los productos.
- Producción agroalimentaria de calidad y con marca Alto Tajo; como ejemplo fábricas de queso asociada a tienda de venta directa y visita de las mismas, empresas de productos derivados de la agricultura ecológica...

Sector terciario

- Turismo: La zona recibirá a cuatro tipos de visitantes:
  1. Visitantes a las áreas recreativas: actualmente reciben 12.000 personas/día durante los meses de julio y agosto; en el horizonte, con la mejora progresiva de los servicios y de la gestión, se puede plantear un objetivo de crecimiento del 2/3 por 100 anual acumulativo en cuanto a los efectivos y una prolongación del período visitado del 10 por 100. El límite vendrá impuesto por una de estas dos razones: colmatación de la capacidad de carga del ecosistema, o sensación de congestión que supone la pérdida de atracción para una parte considerable de visitantes.
  2. Emigrantes o sus descendientes que disponen de una casa acondicionada; se caracterizan por una permanencia corta, inferior a un mes; se plantea el objetivo de que aumente la estancia media a dos meses en la época estival y abarque también la Semana Santa, Navidad y fines de semana.
  3. Turistas sin ningún tipo de arraigo en la comarca, que adquieren (compran o alquilan) una vivienda rural rehabilitada, o utilizan los servicios de hostelería. La imagen final plantea que se cubran las viviendas durante 90 días al año y se consiga una utilización de la capacidad hotelera del 50 por 100.
  4. Cazadores, pescadores, recolectores de setas/trufas/aromáticas/medicinales, deportistas, senderistas, etc. con carácter estacional; el objetivo consistiría en que permanezcan en la zona más tiempo y utilicen los servicios hosteleros.

- Turismo rural, basado en «Casas Rurales», Hoteles Familiares y Restaurantes; todos integrados en una Red de Reservas Comarcal y coordinado por una *Mesa de Concertación del Turismo*.
- Centros de Actividad: áreas de carácter puntual próximas a los puntos de entrada al PN desde las principales ciudades en las que se concentran una serie de actividades como Centro de Interpretación, Aula de Formación Ambiental, Centro de Información, Servicio de Guías, Tienda de productos artesanos, recuerdos, mapas, libros, etc.
- Gestión de las áreas recreativas.
- Gestión de las actividades relacionadas con otros usos del PN: investigación, educación, esparcimiento y recreo, etc.
- *S*ervicios cinegéticos y piscícolas.
- Servicios: Servicios de proximidad para el cuidado de ancianos, niños... así como la atención de segundas viviendas.

2.3.3. Calidad ambiental

En el futuro todo el proceso de mejora se debe basar en la calidad; el alto tajo debería ser un espacio de excelencia en todos los sentidos; ambiental, de procesos, de productos y de servicios. El Parque estará perfectamente conservado gracias a la gestión prevista en el PRUG.

Dado el papel que el turismo esta llamado a jugar en la comarca, los pueblos dispondrán de planeamiento urbanístico, no existirán casas en ruinas ni abandonadas, las construcciones estarán integradas en el paisaje urbano según patrones estéticos tradicionales, estarán limpios y su entorno cuidado, sin escombreras, dispondrán de un sistema de recogida de basuras, las huertas aparecerán en actividad, las vías pecuarias tendrán un uso, los elementos agrarios: abrevaderos, fuentes, corrales de piedra, parideras, naves de esquileo, silos..., estarán integrados en el paisaje.

2.3.4. Servicios y equipamientos públicos

En la imagen objetivo existen unos estándares, en cantidad y calidad, de servicios y equipamientos públicos suficiente para atender a toda la población, y se encuentran distribuidos de tal forma que permiten una buena accesibilidad de todos los habitantes a ellos.

2.4. Propuestas de intervención: ejes, subejes, programas y actuaciones

Para avanzar hacia la imagen objetivo, el plan organiza sus líneas de acción en Ejes, Subejes, Programas y Actuaciones concretas.

Para ejecutar los programas y actuaciones se prevén una serie de instrumentos: empresariales, formativos, culturales y de concertación sectorial, que la Entidad Gestora utilizará para materializar el plan. A continuación se hace una síntesis de ellos.

Eje 1. Generación de empleo: Instrumentos empresariales

El plan encomienda la generación de empleo a las empresas[2] existentes y a las de nueva creación, y atribuye a la Oficina Técnica del Plan la responsabilidad de que surjan y se consoliden.

El éxito del plan no depende tanto de la inversión pública cuanto de su capacidad para que surjan y se consoliden empresas que son las principales responsables de la generación de empleo gracias a la contratación de los trabajos previstos en el PORN y en el PDS; si el plan falla en esto, la inversión se canalizará a través de empresas foráneas que no dejarán apenas huella en la economía, población y estructura territorial de la comarca. En este sentido el plan adopta tres medidas:

- Iniciación de las empresas en forma de «núcleos» con pocos efectivos, para crecer después con los recursos humanos que paralelamente se irán formando.
- Acompasar el ritmo de las actuaciones, y por tanto de las inversiones, a la capacidad de las empresas locales para atender a los trabajos a contratar. Este criterio debe estar presente en la programación de las actuaciones junto a otros más clásicos: necesidad y prioridad de actuaciones y presupuesto disponible.
- Previsión de un Mecanismo de Discriminación Positiva capaz de hacer que la contratación de los trabajos públicos, particularmente los de conservación y gestión del PN, beneficie a las empresas locales y muy especialmente a las de nueva creación. La formación («carnet de conservador» por ejemplo y el conocimiento de la zona deberían aspectos a valorar e incluir en los correspondientes pliegos).

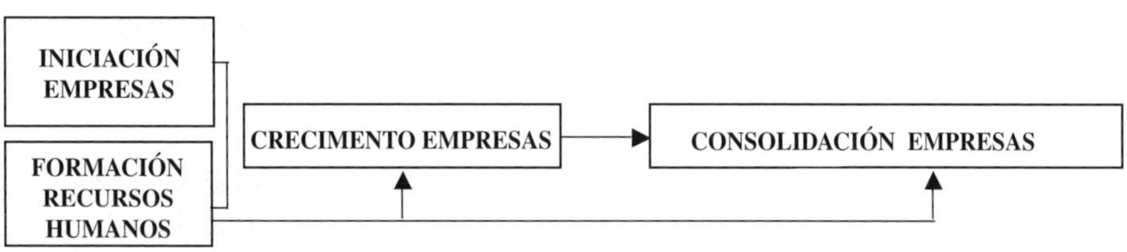

Empresas que dependen de la contratación pública en una primera y segunda fase. Ej Empresas de conservación del PN.

Empresas que en la primera fase del Plan dependen de la contratación pública. EJ. Empresa de guías turísticos.

Empresas

— Empresas a iniciar con carácter inmediato. Son las siguientes:
  - Empresa/s para trabajos de conservación del PN. Se crean para atender, en una primera fase, a los trabajos previstos en el PORN y en el PRUG, sin excluir otros.

Gráfico 13. *Las empresas que dependen de la contratación pública, se inician de forma embrionaria con pocos efectivos, para crecer después con los recursos humanos que paralelamente se irán formando. Se debe acompasar el ritmo de las inversiones, a la capacidad de las empresas locales para atender a los trabajos a contratar. En este sentido existen dos tipos de empresas: las que dependen de esta contratación en una primera fase y las que dependen durante una primera y segunda fase.*

- Empresa/s de Servicios Técnicos. Su función consiste en elaborar los planes, proyectos, estudios e inventarios previstos en los programas del PDS. Están constituidas por titulados en campos complementarios: agronomía, forestal, urbanismo, economía, sociología, ingeniería civil, etc., preferiblemente jóvenes y que fijen su residencia en la comarca.
- Empresa/s de servicios múltiples. Constituidas por personas con oficios liberales: albañiles, carpinteros, fontaneros, electricistas, herreros, etc., se orientan a la ejecución y mantenimiento de proyectos previstos en el PDS (rehabilitación y puesta en valor de elementos degradados) y otros demandados por la iniciativa privada.
- Empresas para la Gestión de los Centros de Actividad, atienden y promocionan los Centros de Actividad.

— Empresas a iniciar sin carácter inmediato pero lo antes posible, en la primera fase del plan; también deberían comenzar lo antes posible; se enumeran las siguientes:

- Empresa/s de Servicios de Proximidad.

   - Empresa/s de Servicios piscícolas.
   - Empresa/s de Servicios cinegéticos.
- Empresas que irán surgiendo con menor prioridad que las anteriores. Se enumeran las siguientes:
   - Empresas de Guías Turísticos.
   - Empresas Turísticas (particularmente hosteleras).
   - Empresas para la Gestión de Actividades Recreativas en el PN.
   - Empresas de Productos Agroalimentarios Artesanales (queso, miel, productos ecológicos, hortofrutícolas y otros, etc.)

Instrumentos para la formación de los recursos humanos

La formación tiene sentido amplio: profesional y cultural; el plan prevé los siguientes instrumentos:

Centro virtual de formación para el empleo

El carácter virtual del Centro indica que no se trata de un espacio físico sino de una función de la Oficina Técnica orientada a la formación en tres direcciones: al empleo, a fomentar la cultura de la iniciativa/innovación y a crear conciencia, dignidad y cohesión comarcal. Para cumplir sus fines el Centro Virtual utilizará, a su vez, otros disponibles, cual son las Escuelas Taller, los recientemente creados Talleres de Empleo y Cursos más o menos convencionales. Particular atención por su novedad e interés para la zona tiene la Escuela de Pastores que se describe a continuación.

«Escuela de Pastores»

En la zona existe un déficit de ganadería y de pastores; esta profesión pide a gritos dignificación, para atender a ello el plan propone operar de la siguiente manera:

- Identificación de los ganaderos más aptos para acoger aprendices de pastores/ ganaderos.
- Creación de una ayuda económica y modelo de convenio con los ganaderos seleccionados para la acogida de los aprendices.
- Campaña de búsqueda de candidatos a aprendices de pastores/ganaderos.
- Establecimiento de ayuda o beca de aprendizaje a los futuros ganaderos, cubriendo gastos de manutención y alojamiento y un salario mínimo durante al menos un año.
- Ayuda para la transformación, a medio plazo, de los pastores en ganaderos por cuenta propia.

Eje 2. Sistema para la dotación de vivienda

El segundo eje prioritario para lograr el objetivo básico es facilitar el acceso a la vivienda; ello se hace a través de tres medidas:

- Planeamiento urbanístico: redacción de Normas Subsidiarias para cada Sistema de Pueblos.
- Promoción de vivienda social.
- Establecimiento de un sistema de autoconstrucción.
- Ayudas a la rehabilitación.

Eje 3. Dotación de servicios y equipamientos públicos

Este eje es se refiere fundamentalmente a garantizar la cantidad y calidad de los servicios que podrían empeorar en la medida en que declina la población, particularmente los educativos, sanitarios y asistenciales. El plan se limita a señalar las carencias y a proponer la dotación necesaria teniendo en cuenta las necesidades de la población de hecho en la época estival. Dota con una UCI móvil a los centros de salud de Molina, Checa, Villanueva de Alcorón y Beteta (Cuenca) y propone la creación de un nuevo centro de salud a medio plazo. Asimismo prevé la construcción de viviendas tuteladas y guarderías de niños.

Eje 4. Canales de relación interna y conexión externa

El plan actúa sobre las infraestructuras de transporte con el fin de:

- Conectar la zona con el exterior: en las direcciones de Madrid, Valencia y Zaragoza.
- Facilitar la formación de los sistemas de pueblos señalados en la imagen objetivo.
- Proporcionar un acceso cómodo a la explotación de los recursos territoriales: naturales y construidos.
- Fortalecer el centro comarcal.

Eje 5. Calidad

La calidad es una de las «palabras mágicas» que deben guiar el desarrollo de la zona. Este concepto ha evolucionado hasta el punto de que ha pasado de ser una cualidad asociada al producto, a constituir una cultura de las cosas bien hechas, que afecta a los procesos, pero también a los espacios y a los servicios. En este sentido, el plan contiene medidas orientadas a la calidad ambiental: depuración de las aguas residuales, recuperación y puesta en valor de recursos ociosos (salinas, cuevas, vías pecuarias, patrimonio histórico cultural, etc.), recuperación minera y recuperación de riberas y ordenación de áreas recreativas; a la calidad de productos y servicios: creación de una marca «Alto Tajo», información; y calidad de los pueblos: rehabilitación y embellecimiento.

La idea de calidad debe estar presente en todos los agentes, en todos los productos, en todos los servicios y en todos los espacios; el turismo rural, que es uno de los pilares estratégicos de desarrollo a medio plazo, se debe basar en la calidad antes apuntada y en la buena disposición de las personas, en la idea de que el turista es un buen cliente al que conviene atender, para que vuelva y para que difunda las excelencias naturales y de trato de la zona.

Eje 6. Cohesión comarcal

Se pretende con este eje recuperar el sentido de unidad cultural y el equilibrio territorial que históricamente tuvo la comarca, así como la solidaridad en el espacio y en el tiempo (generaciones futuras) y el orgullo de pertenecer a ella. Para ello el plan propone aplicar instrumentos tan clásicos como poco utilizados en la comarca: ferias y exposiciones temáticas: ganado, artesanía, etc., conferencias, actos culturales con la máxima participación, publicaciones, etc., liderados por la Oficina Técnica a través del Centro de Virtual de Formación.

Por otro lado todas las acciones del plan están impregnadas por la idea de conexión y muy particularmente las Mesas de Concertación antes descritas.

Instrumentos para la promoción concertada de sectores productivos

La promoción de ciertos sectores solo es posible si se ponen de acuerdo los implicados en él. Para ello el plan prevé las siguientes ***Mesas de concertación sectorial:***

- Mesa sectorial de la ganadería: se forma con representación de ganaderos, industriales y carniceros, con objetivos de promover la calidad de la carne, crear una marca «Alto Tajo» y poner en marcha de proyectos conjuntos: matadero, secado y curtido de pieles, etc.
- Mesa sectorial de la madera: incluye a madereros, carpinteros, constructores, etc. y se orienta fundamentalmente a promover la utilización de la madera en la construcción mediante la investigación de nuevos productos con ese fin.
- Mesa sectorial del turismo: su principal función consiste en organizar a los interesados en el sector para definir el «producto» turístico, formalizar una Red de Servicios Turísticos, una Central de Reservas y la promoción común de la zona en el exterior.
- Mesa Sectorial de Plantas Silvestres: con finalidad de organizar a los agentes implicados en este subsector, regular la recolección silvestre y para valorizar los productos.

Eje 7. Promoción externa de la zona

Se trata de realizar una promoción en los centros de desarrollo con la idea de atraer inversores, residentes potenciales y visitantes a la comarca; las propuestas son clásicas: edición y divulgación de documentos y presencia en agencias de viajes y centrales de reserva.

Eje 8. Promoción de la formación de núcleos familiares y la natalidad

Se refiere a las medidas para fomentar activamente la formación de núcleos familiares y de incrementar su descendencia mediante ayudas al acceso a la vivienda, primas o premios de natalidad, etc.

2.5. Esquema organizativo e instrumentos para la gestión del plan

Para gestionar el plan, se diseña una entidad que se responsabiliza de la materialización de sus propuestas y, más ampliamente, de llevar la comarca hacia la imagen objetivo.

La entidad gestora se entiende como un instrumento para la articulación y la acción coordinada de los agentes socioeconómicos interesados en el desarrollo comarcal; en su composición habrá, por tanto, una representación equilibrada de las instituciones públicas, de las organizaciones sociales, culturales, profesionales, sindicales, económicas y políticas.

Su personalidad jurídica debe ser tal que le permita contratar técnicos, contratar servicios, administrar fondos, realizar inversiones e incorporar socios. Aunque se puede constituir como Sociedad Mercantil provista de una Junta de Accionistas y de Consejo de Administración, como Asociación sin Animo de lucro provista de Asamblea y Junta Directiva y otras formas, este documento propone la constitución de un Consorcio constituido por los siguientes agentes:

- Mancomunidades y Ayuntamientos.
- Junta Rectora del Parque Natural.
- Asociaciones: sindicales, empresariales, profesionales, de la mujer, de la juventud, vecinales y otras.
- Privados: empresas, cooperativas y particulares

La estructura de la entidad gestora es la siguiente:

- Grupo de Desarrollo Local (GDL): órgano de decisión formado por representante de los agentes señalados.
- Oficina Técnica, o espacio físico dotado con personal que actúa como brazo ejecutivo del GDL; está constituida, al menos, por: un Gerente, Cuerpo técnico, Agente/s de desarrollo local, Formadores/divulgadores y un Administrativo.

La sede del GDL y de la Oficina técnica sería la cabecera comarcal: Molina de Aragón.

La Oficina Técnica, y a través de ella el Grupo de Desarrollo Local, debe contar con una Asesoría Técnica y otra Asesoría Jurídica, ambas con carácter orientador y controlador. Asimismo contará con una Red de Voluntarios que incluye, además de otros, a los «ilustres», de origen comarcal o que tuvieran algún vínculo con la comarca.

Asimismo, la Oficina Técnica contará con patrocinadores, «sponsors» (entidades financieras, grandes empresas, etc.), que pudieran financiar actividades en la comarca en aplicación de su función social.

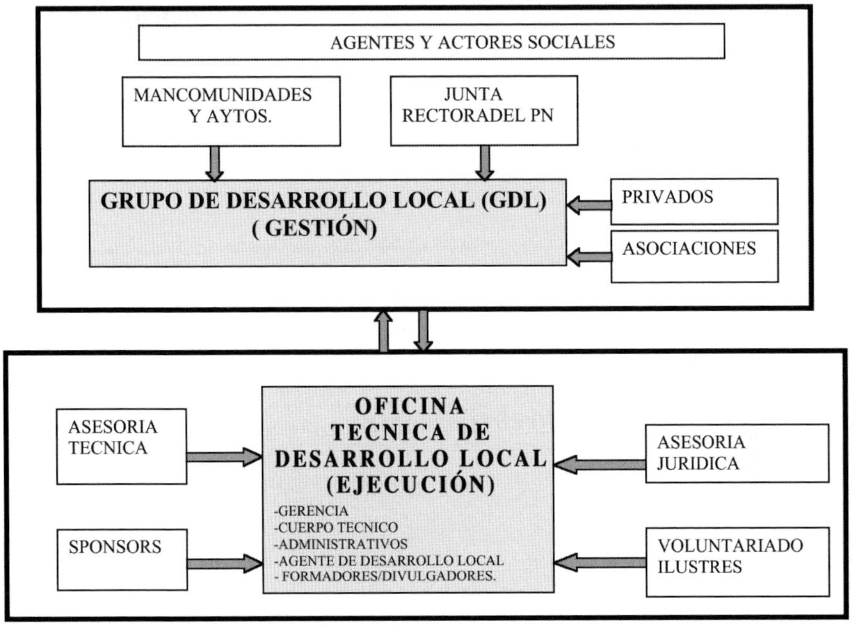

Gráfico 14. *Esquema Organizativo para la gestión del plan.*

2.6. Presupuesto estimado del plan

La tabla adjunta recoge el presupuesto estimado del plan.

Ejes	Presupuesto en millones de pesetas
Eje 1.Generación de empleo	9.915
Eje 2. Dotación de vivienda	1.726
Eje 3. Dotación de servicios y equipamientos públicos	996
Eje 4. Estructura territorial	5.080
Eje 5. Calidad	5.099
Eje 6. Cohesión comarcal	150
Eje 7. Promoción externa de la zona	4.200
Eje 8. Promoción de núcleos familiares y natalidad	100
TOTAL	**27.266**

2.7. Estimación del empleo generado

La generación de empleo se produce a través de la Oficina Técnica y de las empresas; en la tabla adjunta se hace una estimación de los empleos *directos* en los diez años de acción del plan.

Institución generadora de empleo	**Estimación del número de empleos directos**
Oficina Técnica del Plan	8
Empresas de Conservación	200
Empresas de Servicios Técnicos	10
Empresas de Servicios Múltiples	20
Empresas de Gestión de los Centros de Actividad	12
Empresa para Servicios de Proximidad	14
Viviendas Tuteladas	12
Empresa gestora de la Pesca	4
Empresa Gestora de la Caza	12
Jóvenes empresarios pastores/ganaderos	60
Empresas de Gestión de Actividades Recreativas	30
Empresas de carácter turístico	450
Empresas de productos alimentarios agroartesanales	8
Formación de los recursos humanos	10
TOTAL PUESTOS DE TRABAJO EN LOS 10 AÑOS	**850**

BIBLIOGRAFÍA

ABREU, J.M. 1975. *El Medio Natural en la Planificación del Desarrollo*. ICONA. Madrid.

ACOSTA, G. y BURRACO, M. 1998. *Glosario Básico de Ordenación Urbanística y Territorial*. Ed. Junta de Andalucía. Consj. de Obras Públicas y Transportes. Sevilla.

AESIGYT. 1996. *Diccionario glosario de términos SIG*. Asociación Española de Sistemas de Información Territorial. Madrid.

ALDEN, J. y BOLAND, Ph. (Eds.) 1999. *Regional Development Strategies: A European Perspective (paper)*. Distr. Mundi-Prensa. Madrid.

ÁLVAREZ NOVALES, 1998. *Acción Estratégica*. McGraw-Hill.

ALMOROX, J. y otros. 1994. *Métodos de estimación de la erosión hídrica*. Ed. Agrícola Española. Madrid.

ALLENDE LANDA, J. 2000. *Medio ambiente, ordenación del territorio y sustentabilidad*. Mundi-Prensa. Madrid.

AMARTYA, K. 1976. *Elección Colectiva y Bienestar*. Alianza Editorial. Madrid.

ARACIL, J. 1995. *Dinámica de Sistemas*. Ed. ISDEFE. Madrid.

ATTALI, J. 1991. *Milenio*. Editorial Seix Barral, Barcelona.

AVILA, J.L. 1998. *El suelo como elemento ambiental. Perspectiva territorial y urbanística*. Distr. Mundi-Prensa. Madrid.

AYUGA, F. (director) y otros. 2001. *Gestión Sostenible de Paisajes Rurales*. Ed. Fundación Alfonso Martín Escudero. Madrid.

AZQUETA, D. 1994. *Valoración Económica de la Calidad Ambiental*. Ed. McGraw-Hill.

AZQUETA, D. y PÉREZ, L. 1996. *Valoración y Gestión de Espacios Naturales. La demanda de servicios recreativos*. Ed. McGraw-Hill. Madrid.

BAILEY, R. 1996. *Ecosystem geography*. Springer-Verlag. New York.

BALCHIN, P. SYKORA, L. 1999. *Regional Policy and Planning Europe*. Distr. Mundi-Prensa. Madrid.

BANCO MUNDIAL. 1998. *Indicators of Land Quality and Sustainable Land Management.*

BANCO MUNDIAL. 1999. *Integrating Biodiversity in Agricultural Intensification. Toward Sound Practices.*

BARCELÓ, J. 1996. *Simulación de Sistemas Discretos.* Ed. ISDEFE. Madrid.

BARREDO, J.L. 1999. *Sistemas de Información Geográfica y Evaluación Multicriterio en la Ordenación del Territorio.* Ra-Ma. Madrid.

BEAVON 1981. *Geografía de las actividades terciarias, una reinterpretación de la Teoría de los Lugares Centrales.* OIKOS-Tau. Barcelona.

BENTLEY, G. y GIBNEY, J. 2000. *Regional Development Agencies and Business Change (Hardback).* Distr. Mundi-Prensa. Madrid.

BERTALALANFFY. L. 1976. *Teoria General de los Sistemas* Ed. Fondo de Cultura Económica. Madrid.

BIFANI, P. 1980. *Desarrollo y Medio Ambiente.* CIFCA. Madrid.

BLANCHARD, B. 1995. *Ingeniería Logística.* Ed. ISDEFE. Madrid.

BLANCHARD, B. 1995. *Ingeniería de Sistemas.* Ed. ISDEFE. Madrid.

BOISIER, S. 1976. *Diseño de planes regionales.* C.I.C.C.P. Madrid.

BOISIER, S. 1999. *Teorías y metáforas sobre el desarrollo territorial.* Distr. Mundi-Prensa. Madrid.

BOLOS, M. 1992. *Manual de Ciencia del Paisaje. Teoría, métodos y aplicaciones.* Ed. Masson. Barcelona.

BRANS, J. P. 1982. *L'ingeniérie de la décision, l`élaboration d'instrumentes d'aide á la décision, colloque d'aide á la décision.* Université Laral. Québec. CICCP. Madrid

BRUNDTLAND, G. 1988. *Nuestro futuro Común (Informe Brundtland).* Comisión Mundial del Medio Ambiente y del Desarrollo. Naciones Unidas. Alianza Editorial. Madrid.

CABO ALONSO, A., *et al.* 1980. *Las regiones del interior de España.* Asociación de Geógrafos Españoles. Valladolid.

CADARSO, F. y otros. 1993. *Una política ambiental para el desarrollo sostenible en la Comunidad de Madrid.* Ed. Agencia de Medio Ambiente. Madrid.

CÁNCER, L. A. 1999. *La Degradación y la Protección del Pasisaje.* Ed. Cátedra. Madrid.

CAPEL, H. 1972. «La validez del modelo rank-size». Revista de Geografía. Departamento de Geografía de la Universidad de Barcelona, vol. VI, ná§á 1. 1972. Barcelona.

CAPRA, F. 1996. *The web of life.* Anchor Books. New York.

CARRERAS, J.M. 1983. «Por una Política Territorial Eficaz». *C.E.U.M.T.,* n.° 59. Barcelona.

CARSON, R.L. 1962. *The Silent Spring.* Hpughton Mifflin. Boston.

CASADO DE OTAOLA, S. 1997. *Los primeros pasos de la Ecología en España.* Ed. Mundi-Prensa.

CASTROVIEJO, M. (Coord.). 1991. *Prácticas para la Planificación de Espacios Naturales*.ICONA. Madrid.

CEDEX. 1998. *Las obras públicas en el paisaje*. Mº de Fomento. Madrid.

CEE. 1999. Environmental Signals 2000. European Environmental Agency Regular Indicator Report. *Environmental Assesment Report nº. 6*. Ed. Comunidades Europeas.

CEE. 1999. *Schéma de développement de l'Espace communautaire. Vers un développement spatial équilibré et durable du territoire*.

CEE. 1999. *Sixth Periodic Report on the Social and Economic Situation and development of the Regions of the European Union*.

CEE. 1999. *Spatial Perspectives for the Enlargement of the European Union. Study No. 36*.

CEE. 1999. *Information Tools for Environmental Policy Under Conditions of Complexity*.

CEE. 2000. *Are We Moving in the Right Direction? Indicators on Transport and Environment Integration in the EU. Term 2000*. UE.

CEE. 2001. *Environmental Pressure Indicators for the EU. Data 1985-98*.

CEE. 2000. *Compendium des systèmes et des politiques d'aménagement du territoire dans l'Union européenne*.

CEE. 2000. *Compendium of Spatial Planning Systems and Policies, The Austria*.

CEE. 2000. *Compendium of Spatial Planning Systems and Policies, The Belgique*.

CEE. 2000. *Compendium of Spatial Planning Systems and Policies, The Denmark*.

CEE. 2000. *Compendium of Spatial Planning Systems and Policies, The France*.

CEE. 2000. *Compendium of Spatial Planning Systems and Policies, The Greece*.

CEE. 2000. *Compendium of Spatial Planning Systems and Policies, The Italy*.

CEE. 2000. *Compendium of Spatial Planning Systems and Policies, The Portugal*.

CEE. 2000. *Compendium of Spatial Planning Systems and Policies, The Spain*.

CEE. 2000. *Compendium of Spatial Planning Systems and Policies, The Sweden*.

CEE. 2000. *Compendium of Spatial Planning Systems and Policies, The United Kingdom*.

CEE. 2000. *Compendium of Spatial Planning Systems and Policies, The Germany*.

CEE. 2000. *Compendium of Spatial Planning Systems and Policies, The Netherlands*.

CEE. 2000. *Compendium of Spatial Planning Systems and Policies, The Finland*.

CEE. 2000. *Compendium of Spatial Planning Systems and Policies, The Ireland.*

CEE. 2000. *Regional Development Studies. Local Enterprising Localities: Initiatives in the United Kingdom.*

CENTRO DE LAS NACIONES UNIDAS PARA LOS ASENTAMIENTOS HUMANOS. 1991. *Directrices Ambientales para la Planificación y Gestión de Asentamientos/Habitat, PNUMA. Versión española del Instituto del Territorio y Urbanismo*. M.O.P.U. Madrid.

CEOTMA. 1981. *Evaluación de experiencias europeas en materia de ordenación territorial*. MOPU. Madrid.

CEOTMA. 1984. *Planes Generales: Manual de los Estudios Económico-Financieros*. MOPU. Madrid.

CLARK, M. y HERINGTON, J. 1988. *The role of environmental impact assessment in the planning process*. Mansell Publishing Limited, London.

COLEGIO OFICAL DE FÍSICOS. 2001. *Actas Del V Congreso Nacional del Medio Ambiente*. Ed. COFIS. Madrid.

COMISIÓN DE LAS COMUNIDADES EUROPEAS. 1992. *V Programa Comunitario de la UE sobre Medio Ambiente y Desarrollo Sostenible. Hacia un desarrollo sostenible*. COM (92), Bruselas.

COMISIÓN DE LAS COMUNIDADES EUROPEAS. 1997. *Hacia un desarrollo sostenible*. Luxemburgo.

COMISIÓN DE LAS COMUNIDADES EUROPEAS.1999b. *Estrategia Territorial Europea (ETE): Hacia un desarrollo equilibrado y sostenible del territorio de la UE*. Bruselas.

COMISIÓN DE LAS COMUNIDADES EUROPEAS. 2000. *VI Programa Comunitario de la UE en materia de Medio Ambiente*. Bruselas.

COMISIÓN DE LAS COMUNIDADES EUROPEAS. 2000. *Europe: Una sociedad de la información para todo*s. Bruselas.

COMISIÓN EUROPEA. 1994. *Competitividad y Cohesión: las tendencias de las regiones*. Ed. Oficina de publicaciones oficiales de las Comunidades Europeas. Lusemburgo.

COMISIÓN EUROPEA. Varios años. *Informes anuales sobre los fondos de cohesión*. Ed. Oficina de publicaciones oficiales de las Comunidades Europeas. Luxemburgo.

COMISIÓN EUROPEA. 2000. *Compendium des syistemes et de politiques d`amenegement du territoire dans l'Union Européenne. Union Européenne*. D.G. Politique Regional. Luxembourg.

CONSEJO DE EUROPA. 1987. *Carta Europea de Ordenación del Territorio*. En «Diccionario de la Naturaleza. Hombre, ecología y paisaje». Angel Ramos. Madrid. 1987.

CRANG, M. y THRIFT, N. 2000. *Thinking Space*. Distr. Mundi-Prensa. Madrid.

CHADWICK, G.F. 1973. *Una visión sistemática del planeamiento*. Ed. G. Gil. Barcelona.

CHEVALIER. 1999. *Planification par Project et Organization des Territoires*. Ed. L'Harmatian. París.

CHORLEY, R.J. y P. HAGGETT (Eds.) 1971. *La geografía y los modelos socio-económicas*. Instituto de Estudios de Administración Local. Madrid.

CHRISTALLER, W. 1933. *Central places in Southern Germany*. Prentice Hall. (reed.1966)

CHUVIECO, E. 1990. *Fundamentos de teledetección espacial*. Rialp. Madrid.

DALY (Ed.). 1990. *For de Commom Good*. Beacon Press. Boston.

DALY, H. E. (Ed.). 1991. «Criterios operativos para el desarrollo sostenible». en *Debats*, n.º 35-36, pp. 38-41.

DEATON, M. y WINEBRAKE, J. 1999. *Dynamic Modeling of Environmental Systems. Incluye CD-ROM*. Mundi-Prensa. Madrid.

DEPARTMENT OF ENVIRONMENT. 1994. *Guide on Preparing Environmental Statements for Planning Projects. N.° Consultation Draft*. Department of Environment. London, UK.

DÍAZ PINEDA, F. 1989. *Ecología I*. Síntesis. Madrid.

DÍAZ PINEDA, F.; DE MIGUEL, J. M., y CASADO, M.A. 1998. *Diversidad Biológica y Cultura Rural en la Gestión Ambiental del Desarrollo*. Ed. Mundi-Prensa.

DOC. FRANÇAISE. 1999. *La Politique de la montagne*. 2 vols. Distr. Mundi-Prensa. Madrid.

DOC. FRANÇAISE. 2001. *Aménagement du territoire*. Distr. Mundi-Prensa. Madrid.

DOC. FRANÇAISE. 1998. *La Charte de territoire. Une démarche pour un projet de développement durable*. Distr. Mundi-Prensa. Madrid.

DOMMERGUES, Y. y otros. 1999. *Les Arbres fixateurs d'azote. Caractéristiques fondamentales et rôle dans l'aménagement des écosystèmes mediterranéens*. Mundi-Prensa. Madrid.

DREW, D. 1995. *Dinámica de Sistemas Aplicada*. Ed. ISDEFE. Madrid.

DRUCKER, P. 1992. *La innovación y el empresario innovador.* 3.ª edición. Editorial Sudamericana. Buenos Aires, Argentina.

DUVIGNEAU, P. 1978. *La síntesis ecológica*. Alhambra. Madrid.

EDICIONES D. 2001. *Impacto ambiental*. Contiene disquete. Distr. Mundi-Prensa. Madrid.

ESTÉBANEZ, J. y BRADSHAW, R. 1979. *Técnicas de cuantificación en Geografía*. Ediciones Tebar. Madrid.

EUROPEAN CONGRESS OF TERRITORIAL PLANNING.1988. *Actas del Primer Congreso Europeo de Ordenación del Territorio*. Fundicot, UPM, Valencia.

FAO. 1998. *Lucha Contra la Desertificación: Conservación y Desarrollo de los Recursos de la Tierras Aridas*. CD-Rom. Ed. FAO.

FARREL, G. 1999. *La Competitividad Territoria*l. Observatorio Europeo Leader. Bruselas.

FERNÁNDEZ DURÁN, R. 1980. *Transporte, espacio y capital*. Nuestra Cultura. Madrid.

FONT, N. y SUBIRATS, J. (Eds.). 2000. *Local y sostenible. La agenda 21 local en España*. Distr. Mundi-Prensa. Madrid.

FORMAN, R.T.T. y GODRON, M. 1986. *Landscape ecology*. John Willey and Sons. New York.

FREEMAN, H.; ROSSI, P., y WRIGHT, S. 1980. *Evaluating social projects in developing countries*. OCDE, Publications and Information Center. París.

FRIEDMANN, J. 1991. *Planificación en el ámbito público*. Colección Estudios. Ministerio para las Administraciones Públicas. Madrid.

FRIEDMANN, J. 1993. Toward a Non-Euclidian Mode of Planning. En *Journal of the American Planning Association,* Vol. 59, No 4, Autumn, 1993.

FRIEDMANN, J. y WEAVER, C. 1981. *Territorio y Función*. Madrid. Instituto de Estudios de Administración Local. Madrid.

GANDULLO, J.M. y SERRADA, R. 1977. *Mapa de Productividad Potencial de la España Peninsular.* INIA, Monografía n.° 16. Madrid.

GARCÍA BARBANCHO, A. 1979. *Disparidades regionales y ordenación del territorio*. Ariel. Barcelona.

GABIÑA, J.J. 1998. *Prospectiva y ordenación del territorio. Hacia un proyecto de futuro*. Distr. Mundi-Prensa. Madrid.

GARCÍA RAMÓN, M.D.; TULLA I PUJOL, A.F., y VALDOVINOS PERDICES, N. *Geografía Rural n.º 10. Espacios y Sociedades*. Ed. Síntesis. Madrid.

GAUDEMAR, J.P. (Direc.) 1996. *Environnment et Amenagement du Territoire*. DATAR – La Documentation Française. París.

GOBIERNO DE NAVARRA. 1990. *Proyecto de Ordenación Territorial de Navarra*. Pamplona.

GOBIERNO VASCO. 1990. *Directrices de ordenación del territorio de la comunidad autónoma del País Vasco*. Vitoria.

GODET, M. 1991: *Problemas y métodos de prospectiva: Caja de Herramientas*. Prospektiker Futuribles. UNESCO.

GÓMEZ OREA, D. 1985. *El Espacio Rural en la Ordenación del Territorio*. Instituto de Estudios Agrarios, Pesqueros y Alimentarios. Madrid.

GÓMEZ OREA, D. 1992. *Planificación Rural*. Ed. Agrícola Española, S.A. Madrid.

GÓMEZ OREA, D. 1994. *Ordenación del Territorio: Una aproximación desde el Medio Físico*. Instituto Tecnológico Geominero de España y Ed. Agrícola Española, S. A. Madrid.

GÓMEZ OREA, D. *et al*. 2001. *Plan de Desarrollo Territorial del Valle de San Andrés*. Ed. Gobierno de El Salvador y Banco Interamericano de Desarrollo. San Salvador.

GÓMEZ OREA, D. 2007. *Evaluación ambiental estratégica*. Mundi-Prensa. Madrid.

GÓMEZ OREA, D. y GÓMEZ VILLARINO, M. 2007. *Consultoría e Ingeniería ambiental*. Mundi-Prensa. Madrid.

GONZÁLEZ BERNALDEZ, F. 1981. Ecología y paisaje. Blume. Madrid.

GÜNTHER, O. 1998. *Environmental information systems*. Springer-Verlag. Berlin.

HAGGETT, P. 1976. *Análisis Locacional en la Geografía Humana*. Gustavo Gili. Barcelona.

HAGGETT, P. 1988. *Geografía: una síntesis moderna*. Omega. Barcelona.

HAGERSTRAND, T. 1967. *Innovation Diffusion as Spatial Process*. Chicago University Press.

HAMMOND, R. y McCULLAGH. 1980. *Técnicas cuantitativas en Geografía*. Ed. Saltes. Madrid.

HELMER,O. 1966. *The Delphi method for systematizing judgements about the future*. Unv. Calif. Los Angeles.

HERNÁNDEZ, S. 1987. *Ecología para ingenieros*. Ed. Colegio de Ingenieros de Caminos, Canales y Puertos. Madrid.

HOUGH, M. 1998. *Naturaleza y ciudad*. Mundi-Prensa. Madrid.

ICONA. 1999. *Estrategia Española para la Conservación y el Uso sostenible de la Diversidad Biológica*. Ed. D.G. Parques Nacionales.

INSTITUTO TECNOLÓGICO GEOMINERO DE ESPAÑA (IGME). 1988. *Riesgos Geológicos*. Ed. ITGE, Serv. Publicaciones. Madrid.

INSTITUTO TECNOLÓGICO GEOMINERO DE ESPAÑA. 1988. *Catalogo nacional de riesgos geológicos*. Ed. ITGE, Serv. publicaciones. Madrid.

INSTITUTO TECNOLÓGICO GEOMINERO DE ESPAÑA. 1993. *Los peligros naturales en España en 1993*. Ed. ITGE, Serv. publicaciones. Madrid.

INSTITUTO TECNOLÓGICO GEOMINERO DE ESPAÑA. 1995. *Reducción de riesgos geológicos en España*. Ed. ITGE, Serv. publicaciones. Madrid.

IRMASA. 1991. *La Construcción social de espacios de desarrollo*. Ed. Iniciativas Regionales Madrileñas, S.A. Madrid.

ISDEFE. 1995. 1996. *Ingeniería de Sistemas Aplicada*. Ed. ISDEFE. Madrid.

ISDEFE, 1996. E*ncuentro sobre la ingeniería de sistemas en la defensa y seguridad nacional*. Ed. ISDEFE. Madrid.

ITGE. 1988. *Geología Ambiental*. Madrid.

JACOBS, J. 1985. *Las ciudades y la riqueza de las naciones*. Adel, S.A. Barcelona.

JOHNSON, G. y SHOLES, K. 1999. *Dirección Estratégica*. Ed. Prentice May.

JIMÉNEZ GALLARDO, R. 2000. *Contaminación por Escorrentía Urbana*. Colección Seinor. Colegio de I. Caminos Canales y Puertos.

JIMÉNEZ HERRERO, L. 1989. *Medio ambiente y desarrollo alternativo*. Lepala. Madrid.

JIMÉNEZ HERRERO, L. 2000. *Desarrollo Sostenible*. Pirámide. Madrid.

JUDEZ, L. 1989. *Técnicas de Análisis de Datos Multidimensionales*. M.A.P.A. Madrid.

JUNCEDA MORENO, J. 2001. *Minería, medio ambiente y ordenación del territorio*. Mundi-Prensa. Madrid.

JUNG, J. 1.972. *La Ordenación del Espacio Rural*. I.E.A.L. Madrid.

JUNTA DE ANDALUCÍA. 1999. *Plan de Ordenación del Territorio de Andalucía. Bases y Estrategias*. Ed. Junta de Andalucía. Consj. de Obras Públicas y Transportes. Sevilla.

JUNTA DE ANDALUCÍA. 1999. *Riesgos catastróficos y ordenación del territorio en Andalucia*

KEENEY, R. y RAIFFA, H. 1976. *Decisions with multiple objetives: preferencies and value trade offs*. Wiley. New York.

KUBLINSKI, A. 1977. *Social issues in regional policy and regional planning*. Ed. Louton. La Haya

LABASSE, J. 1973. *La organización del espacio*. IEAL. Madrid.

LAGUJIE, J., DELFAUD, P. y LACOURT, C. 1979. *Espace Territorial et Amenagement du Territoire*. Dalloz. París.

LASSEY, W. 1977. *Planning in Rural Environments*. McGraw Hill. New York.

LEÓN, O. 1993. *Análisis de Decisiones*. McGraw-Hill de Management. Madrid.

LEÓN SERRANO, G. 1996. Ingeniería de Sistemas de Software. Ed. ISDEFE. Madrid.

LÓPEZ RAMÓN, F. 1987. «Planificación Territorial». *Revista de Administración Pública*, n.° 114. Madrid.

LOSCH, A. 1963. *Teoría Económica Espacial*. Colección de Economía. Buenos Aires.

LOVELOCK, J. 1995. *The ages of Gaia a biography of our living earth*. Oxford University Press. Oxford.

LOWE, P.; MURDOCH, J., y WARD, N. 1997. Redes en el desarrollo rural: más allá de los modelos exógenos y endógenos. *Revista Agricultura y Sociedad,* n.° 82, Pp. 13-43. Ministerio de Agricultura, Pesca y Alimentación. Madrid.

LUTZ, E. 1998. Agriculture and the Environment: Perspectives on Sustainable Rural Development. Distr. Mundi-Prensa. Madrid.

LYNCH, K. 1969. *Site Planning*. Ed. The M.I.T-Press. Cambridge. Massachusets

LYNCH, K. 1998. *La Imagen de la Ciudad*. Ed. Gustavo Gili, S.A. Barcelona.

McHARG, I. 1969. *Design with Nature*. The Natural History Press, New York.

MARTÍNEZ ALIER, J. 1999. *Introducción a la economía ecológica*. Distr. Mundi-Prensa. Madrid.

MARTÍNEZ ALIER, J. y ROCA JUSMET, J. 2000. *Economía ecológica y política ambiental*. Mundi-Prensa. Mexico.

MADIOT, Y. 1979. *L'Amenagement du Territoire*. Masson. Paris.

MASERA, O.; ASTIER, M., y LÓPEZ-RIDAURA, S. 1999. *Sustentabilidad y Manejo de Recursos Naturales: El Marco de Evaluación MESMIS*. Ed. Mundi-Prensa.

MATTLI, W. 1999. Logic of Regional Integration: Europe and Beyond (paper).

MARGALEF, R. 1974. *Ecologia*. Omega. Barcelona.

MARTÍNEZ FALERO, E.; CAZORLA, A. *et al*. 1995. *Quantitative Techniques in Landscape Planning*. Editorial Lewis. Chicago.

MEADOWS *et al*. 1982. *Groping in the dark: the first decade of global modelling*. John Wiley & Sons. Chichester, England,

MERLIN, P. 1988. *Dictionaire d l'urbanisme et de l'Amenagement*. P.U.F. París.

MINISTERIO DE ECONOMÍA Y HACIENDA. 1990. *La Política Regional Europea. Un Futuro para Ganar.* Acción Institucional 93. Madrid.

MINISTERIO DE ECONOMÍA Y HACIENDA .1993. *La Política Regional Comunitaria*. Acción Institucional. Madrid.

MINISTERIO DE MEDIO AMBIENTE. 1996. *Indicadores ambientales*. Madrid.

MINISTERIO DE MEDIO AMBIENTE (CÓDIGO SA 942). 1998. *Sistema español de indicadores ambientales: subáreas de agua y suelo*. Madrid.

MINISTERIO MEDIO DE AMBIENTE (CÓDIGO SA 948). 1999. *Hacia un desarrollo sostenible*. Madrid.

MINISTERIO DE MEDIO AMBIENTE (CÓDIGO SA 947). 1999. *Sistema español de indicadores ambientales: subáreas de atmósfera y residuos*. Madrid.

MINISTERIO MEDIO AMBIENTE. 2000. *Documentación ambiental. Bibliografía ambiental. Tesauro multilingüe de medio ambiente (CD-ROM)*. Madrid.

MINISTERIO DE MEDIO AMBIENTE. 2000. *Indicadores Ambientales. Una Propuesta para España*. Ed. Ministerio de M. Ambiente.

MINISTERIO DE MEDIO AMBIENTE (CÓDIGO SA0975). 2000. *Principios directores para el desarrollo territorial sostenible del continente europeo*. Madrid.

MINISTERIO DE MEDIO AMBIENTE (CÓDIGO SA0977). 2001. *Sistema español de indicadores ambientales: área de medio urbano*. Madrid.

MINTZBERG, H. *et al*. 1999. *Safari a la Estrategía*. Mc Graw Hill.

MITCHELL, B. (Traducc. Gómez Orea, D.; Gascó Guerrero, G.). 1998. *La Gestión de los Recursos y del Medio Ambiente*. Ed. Mundi-Prensa.

MOJICA SASTOQUE, F. 1991: *La prospectiva. Técnicas para visualizar el futuro*. Colección Manuales Prácticos para Gerentes. Legis Editores, S. A. Bogotá, Colombia.

MOLINERO, F. 1990. *Los espacios rurales*. Ariel geografía. Barcelona.

MOLDES, J. 1995. Tecnología de los Sistemas de Información Geográfica. RA-MA Editorial. Madrid.

MOPU. 1983. *Documentos sobre Política Territorial: Carta Europea de Ordenación del Territorio*. Madrid.

MOPU. 1984. *Geografía y Medio Ambiente*. Madrid.

MORENO, A. y ESCOLANO, S. 1992.*Los servicios y el territorio*. Ed. Síntesis. Madrid.

MOYA, L. 1994. *La práctica del planeamiento urbanístico*. Ed. Síntesis. Madrid.

NYERERE, J. 1968. *Freedom and socialism*. Dar es Salaam. Oxford University Press. Londres.

OBSERVATORIO EUROPEO DE INNOVACIÓN Y DESARROLLO RURAL. AEIDL. 1994. *La gestión local del proyecto local*. Cuadernos LEADER. Bruselas.

OBSERVATORIO EUROPEO DE INNOVACIÓN Y DESARROLLO RURAL. AEIDL. 1994. *Medio ambiente y Desarrollo Local*. Leader Magazine, n.° 6, Bruselas.

OBSERVATORIO EUROPEO DE INNOVACIÓN Y DESARROLLO RURAL. AEIDL. 1995. *La constitución del proyecto de desarrollo local: la experiencia LEADER*. Cuadernos LEADER. Bruselas.

OBSERVATORIO EUROPEO DE INNOVACIÓN Y DESARROLLO RURAL. AEIDL. 1997. Especial Coloquio Leader o Local. *Leader Magazine*, n.° 16. Bruselas.

OCDE. 1997. Globalisation and Small and Medium Enterprises (SMEs). Vol 1.

OCDE. 1999. *Environmental Indicators for Agriculture*. 3 Vols.

OCDE. 2000.*Towards Sustainable Development. Indicators to Measure Progress*. Proceedings of the OECD Rome Conference.

OCDE. 2000. *Towards a New Role for Spatial Planning*.

OCDE. 2000. *Innovation an the Environment*. Distr. Mundi-Prensa. Madrid.

OCDE. 2001. *Indicateurs environnementaux pour l'agriculture*. Volume 3. Méthodes et resultants.

ONU. 1999. *Economic Instruments for the Sustainable Management of Natural Resources. A Case Study on the Philippines' Forestry Sect*.

ONU. 2000. *Integrated Environmental and Economic Accounting. An Operational Manual*.

ONU. 2000. *Technical Workbook on Environmental Management Tools for Decision Analysis*.

ORDUÑA, P. 1995. *El medio ambiente en la política de desarrollo*. Esic Editorial. Madrid.

OTERO, I (Coord.). 1995. *Diccionario de Cartografía, Topografía, Fotogrametría, Teledetección, GPS, GIS, MDT*. Ediciones de las Ciencias Sociales. Madrid.

OZCARIZ, J. *et al*. 1995. *Jornadas Técnicas sobre Sistemas de Información Geografía y Teledetección especial aplicados a la Ordenación del Territorio y el Medio Ambiente*. Ayuntamiento de Vitoria-Gasteiz.

PAELINCK, J. 1976. «Qualitative multiple criteria analysis, environmental protection and Multiregional development». *Papers of the Regional Science Association,* vol. 36.

PAELINCK, J. 1978. «Qualiflex, a flexible multiple-criteria method». *Economic Letter*, vol. 3.

PAGIOLA, S. 1999. *Global Environmental Benefits of Land Degradation Control on Agricultural Land*. Global Overlays Program.

PÉREZ RAMÍREZ, B. y CARRILLO BENITO, E. 2000. *Desarrollo local: Manual de uso*. Distrib. Mundi-Prensa. Madrid.

PRECEDO, A. 1988. *La Red Urbana*. Ed. Síntesis. Madrid.

PRINCIPADO DE ASTURIAS. 1987. *Normas Urbanísticas regionales en el Medio Rural*. Ed. Consejería de Ordenación del Territorio, Vivienda y Medio Ambiente. Oviedo.

PUJADAS, R. y FONT, J. 1998. *Planificación y Ordenación Territorial*. Ed. Síntesis. Barcelona.

PUYOL, R. 1984. Población y Espacio. Editorial Cincel. Madrid.

QUINN, M. 1987. *How to use qualitative methods in evaluation. Sage Pubiications*. Newbury Park.

RACIONERO, L. 1978. *Sistema de ciudades y ordenación del territorio*. Alianza. Madrid.

RAMÓN FERNÁNDEZ, T. 1990. *Manual de Derecho Urbanístico*. Ed. El Consultor de los Ayuntamientos. Madrid.

RAMOS, A. y otros. 1979. *Planificación Física y Ecología*. E.M.E., S.A. Madrid.

RAMOS, A. 1987. *Diccionario de la Naturaleza*. Espasa Calpe. Madrid.

REGIDOR, J. 2000. *El Futuro del Medio Rural en España*. CES, colección Estudios. Madrid.

REIFG B. 1.978. *Modelo en Planificación de Ciudades y Regiones*. I.E.A.L., Madrid.

RICHARDSON, H. 1986. *Economía Regional y Urbana*. Alianza Universidad. Madrid.

RIETVELD, P. y SHEFER, D. (eds.). 1999. *Regional Development in an Age of Structural Economic Change*. Distr. Mundi-Prensa. Madrid.

RIVAS MARTÍNEZ, S. 1987. *Mapa de Series de Vegetación de la España peninsular*. ICONA. Madrid.

RODRÍGUEZ-POSE, A. 1998. *Dynamics of Regional Growth in Europe, The. Social and Political Factors*. Distrib. Mundi-Prensa. Madrid.

ROMERO, C. 1996. *Análisis de las Decisiones Multicriterio*. Ed. ISDEFE. Madrid.

ROCHAT, J.C. 1980. *Mathématiques pour la gestion de lénvironnement*. Birkháuser. Bá*f*ále.

ROSEMAN, C. 1971. «Migration as a spacial and temporal process». Anales de la Asociación de Geógrafos Americanos. N.° 61.

ROUBENS, M. 1982. «Preference relations on actions and criteria in multicriteria decision making». *European Journal of Operations Research*, vol. 10, n.° 1

ROUBENS, M. 1982. «Preference relations on actions and criteria in multicriteria decision making». *European Journal of Operations Research*, vol. 10, n.° 1.

ROY, B. 1968. «Classement et choice en présence de points de vue multiples (La methode Electre)», *Revue Française d'Informatique et de Recherche Operationnelle*, vol. 8.

ROY, B. (ed.) 1983. *La décision, ses disciplines, ses acteurs*. Presses Universitaires de Lyon.

ROY, B. 1985. *Métodologie multicritère dàide à la decisión*, 2 volúmenes. Presses Universitaires de Lyon.

SÁNCHEZ DEL RÍO, R. 1980. «Lugar de la información en el planeamiento». *Rev. Ciudad y Territorio*. Madrid.

SÁNCHEZ DEL RÍO, R. 1985. *La utilización del ordenador en el planeamiento*. I.E.A.L. Madrid.

SÁNCHEZ MADARIAGA, I. 1999. *Introducción al Urbanismo. Conceptos y métodos*. Alianza Editorial. Madrid.

SARABIA, A. 1995. *La Teoría General de Sistemas*. Ed. ISDEFE. Madrid.

SCHARLIG, A. 1985. *Décider sur plusieurs critères*. Ed. Press Polytechniques Romandes. Lausanne.

SEDJARI, A. 1999. *Aménagement du territoire et développement durable. Quelles intermédiations?* Distr. Mundi-Prensa. Madrid.

SEOÁNEZ CALVO, M. 1999. *El Gran Diccionario del Medio Ambiente y de la Contaminación*. Ed. Mundi-Prensa.

SERRANO RODRÍGUEZ, A. 1981. *Ordenación del territorio*. Universidad Politécnica de Valencia.

SERRANO RODRÍGUEZ, A. 1991. Conclusiones finales del segundo congreso internacional de ordenación del territorio. Valencia.

SEGUI, J.M. y PETRUS, J.M. 1991. *Geografía de redes y sistemas de transportes*. E. Síntesis. Madrid.

SIMOS, J. 1990. *Evaluer l'impact sur l'environment. Un approche par l'analiyse multicritere et la negociation*. Presses Polytechniques et universitaires Romandes. Lausanne.

SOTELO, J. A. 2000. *Regional Development Models*. Oxford University Press.

SOTELO, J.A. 2000. *Desarrollo y medio ambiente en España*. Distr. Mundi-Prensa. Madrid.

SOUBRIER, R. 1988. *Planification, amenagement et loisir*. Presses de l'Université du Québec.

STAUFFER, S. 1960. «Intervening opportunities and competing migrants». Journal of Regional Science, 2.

STEER, A. y LUTZ, E. 1993. *Medición del desarrollo ambientalmente sostenible*. Finanzas y Desarrollo. Washington. Diciembre.

STRAHLER, A.N. 1986. *Geografía Física*. Omega, Barcelona.

TAMAMES, R. 1991. *La Comunidad Europea. 3.ª ed*. Alianza Universidad Textos. Madrid.

TORRES, J.C. 1982. «Propuestas para una Política de Ordenación del Territorio en España». Rev Estudios Territoriales, n.° 8. Madrid.

TORRÓN, R. 1997. *El Análisis de Sistemas*. Ed. ISDEFE. Madrid.

TRICART, J. y KIEWIETDEJONGE, C. 1992. *Ecography and rural management*. Longman. Essex.

TRICART, J. y KILIAN, J. 1982. *La ecogeografía y la ordenación del medio natural*. Anagrama. Barcelona.

TUDELA, S. 1999. Nuevos Planteamientos para Gestionar los Recursos Vivos. En *Revista Quercus,* n.° 162, agosto 1999. Madrid.

UE. 1999. *Estrategia territorial europea. Hacia un desarrollo equilibrado y sostenible del territorio de la UE*. Comisión de las CC.EE.

UICN, PNUMA y WWF. 1991. *Cuidar la Tierra. Estrategia para el futuro de la vida*. Gland, Suiza.

UNESCO. 1987. *Methodological guidelines for the integrated Evaluation Resources Development*.

U.P.M., CEOTMA E ICONA. 1981. *Tratado del Medio Natural*. Madrid.

URTEAGA, L. 1987. *La Tierra esquilmada*. SERBAL/CSIC. Madrid.

VANDERMOTTEN, CH. y MARISSAL, P. 1998. *Production des espaces économiques,* La. Tome 1. Distr. Mundi-Prensa. Madrid.

VANSNICK, J.C. 1979. *Une approche nouvelle des problemes de décision: l'aide á la décision*. Faculté de sciences economiques et sociales. Université de l'Etat. Mons.

VARIOS AUTORES. 1994. *Planificación Física y Evaluación de Impactos*. Fundación Conde del Valle de Salazar. ETSI Montes. Madrid.

VARIOS AUTORES. 1995. *Medio Ambiente y Desarrollo Rural*. Secretaría de Publicaciones de la Univ. de Valladolid.

VARIOS AUTORES. 1998. *Paisaje y Medio Ambiente*. Secretaría de Publicaciones de la Univ. de Valladolid.

VARIOS AUTORES. 2000. *Guía para la Elaboración de Estudios del Medio Físico. Contenido y Metodología*. Ed. Ministerio de M. Ambiente.

VARIOS AUTORES. 2001. «Desarrollo Local y Desarrollo Regional frente al siglo XXI». Número Monográfico de la revista *Ciudad y Territorio y Estudios Territoriales*. Ed. Ministerio de Fomento. Madrid.

VOLTES, P. 1978. *La Teoría General de Sistemas*. Ed. Hispano Europea. Barcelona.

WALZ, U. 1999. *Dynamics of Regional Integration (paper)*. Distr. Mundi-Prensa. Madrid.

WEBBER, M.M. *et al*. 1964. *Explorations into urban structure*: University of Pensylvania Press. Filadelfia.

WHITE, D.J. 1972. *Teoría de la decisión. Alianza*. Ed. Madrid.

WYNNE, B. 1992. «Uncertainty and Environmental Learning: reconceiving science and policy in the preventative paradigm». *Global Envaironmental Change*, 2(2): 111-27.

WORLD RESOURCES INSTITUTE. 2000. *Recursos Mundiales 2000*. Ed. ECOESPAÑA.

WOLPERT, J. 1965. «Behavioural aspects of the decision to migrate», en *Papers of Regional Science Association*.

ZELINSKY, W. 1971. «The hypothesis of the mobility transition». *Geographical Review*.

ZUBE *et al*. (eds.) 1975. *Landscape Assessment: Value, Perception and Resources*. Stoudsburg. Pensilvania.